# Prüfungstrainer Physik

Claus Wilhelm Turtur

# Prüfungstrainer Physik

## Klausur- und Übungsaufgaben mit vollständigen Musterlösungen

4., aktualisierte Auflage

Claus Wilhelm Turtur
FH Braunschweig/Wolfenbüttel
Wolfenbüttel, Deutschland

ISBN 978-3-658-01577-0
ISBN 978-3-658-01578-7 (eBook)
DOI 10.1007/978-3-658-01578-7

Die Deutsche Nationalbibliothek verzeichnet diese Publikation in der Deutschen Nationalbibliografie; detaillierte bibliografische Daten sind im Internet über http://dnb.d-nb.de abrufbar.

Springer Spektrum


Gedruckt auf säurefreiem und chlorfrei gebleichtem Papier.

Springer Spektrum ist eine Marke von Springer DE. Springer DE ist Teil der Fachverlagsgruppe Springer Science+Business Media
www.springer-spektrum.de

# Vorwort

„Rechnen lernt man durch Rechnen“ – diesen plakativen Satz gab uns als Studenten einer unserer Professoren mit auf den Weg. Der Satz geleitete mich durch mein Studium und blieb mir bis heute in Erinnerung, denn er bringt den Kern des Lernerfolgs auf den Punkt: Zuerst hören die Studierenden in der Vorlesung die fachlichen Inhalte, danach erst kommt der Hauptteil des Lernens, das eigene Üben.

Aus diesem Grunde stelle ich seit Anbeginn meiner Lehrtätigkeit meinen Studierenden eine umfangreiche Übungsaufgabensammlung mit vollständig ausgearbeiteten Musterlösungen zur Verfügung, anhand derer sie den Vorlesungsstoff zuhause aufbereiten können. Viele Studierende haben mir bestätigt, dass diese Aufgabensammlung einen wichtigen Beitrag zum Erfolg bei den Klausuren leistet. Die große Beliebtheit dieser Aufgabensammlung bei den eigenen Studierenden brachte mich auf die Idee, die Aufgabensammlung als Buch auch Studierenden anderer Hochschulen zur Verfügung zu stellen.

**Das didaktische Konzept des Buches ist so einfach wie sein Ziel:**

**Es soll den Studierenden zu Fähigkeiten und Rechentechniken verhelfen, die sie brauchen, um gute Klausuren im Fach Physik schreiben zu können**. Dass sie damit das nötige Grundwissen erwerben, um später die Physik in ihren eigentlichen Hauptfächern sinnvoll einzusetzen, ist ein durchaus erwünschter Nebeneffekt.

Im Übrigen ist das Buch nicht als Lehrbuch, sondern als Übungsbuch gedacht. Sinnvollerweise werden die Studierenden den Lehrstoff in den Vorlesungen hören, um das zu Erlernende dann mit Hilfe des vorliegenden Buches vorlesungsbegleitend umfangreich zu üben.


# Mein besonderer Dank gilt

- meiner Ehefrau für die Idee, meine Übungsaufgabensammlung in Form eines Buches den Studierenden vieler Hochschulen zugänglich zu machen, und die mich unermüdlich durch ihre praktische Hilfe unterstützt hat.
- Herrn Sandten, Frau Domnick und Frau Hoffmann sowie den anderen Mitarbeitern des Verlags Springer Spektrum, ehemals Teubner Verlag, für die ausgezeichnete Unterstützung bei der Ausarbeitung dieses Buches. Besonders hervorheben möchte ich das immerfort besonders freundliche kreative Miteinander, das wesentlich zum Erfolg dieses Buchs beigetragen hat.
- Schließlich seien an dieser Stelle auch noch diejenigen Kollegen an verschiedenen Hochschulen erwähnt, die mir über den Verlag Springer Spektrum, Klausuren aus ihrem Original-Prüfungsprogramm zur Verfügung gestellt haben.

# Inhalt

# 0 Zum richtigen Gebrauch dieses Buches

Zu vielen Geräten gibt es Gebrauchsanweisungen, aber nur zu wenigen Büchern. Dieses Buch hat eine, denn es ist kein Lesebuch sondern eine Anleitung zum Selbermachen.

Lesen Sie die folgenden Seiten als Gebrauchsanweisung zum Buch – nehmen Sie sie ernst.

**Achtung: Der richtige Umgang mit dem Buch entscheidet über den Lernerfolg !**

„Rechnen lernt man durch Rechnen" – das Motto zur Entstehung dieser Aufgabensammlung beschreibt auch den richtigen Umgang mit ihr. Nur wer die Aufgaben selbst durchdenkt und durchrechnet, entwickelt die für den Prüfungsfall nötige Übung. Wer nur die Lösungswege liest und nachvollzieht, verschenkt den eigentlichen Wert des Buches.

Nun genügt beim Umgang mit Aufgaben der Physik nicht alleine das Erlernen diverser Rechentechniken und das Anwenden von Formeln. Diese Fähigkeiten sollten aus der Mathematik bekannt sein und werden für das vorliegende Buch vorausgesetzt. Zum optimalen Lösen von Klausur- und Klausurvorbereitungs-Aufgaben spielt vielmehr die physikalisch-naturwissenschaftliche Intuition beim Herangehen an die jeweilige Fragestellung die entscheidende Rolle. Aus diesem Grunde wurden die Musterlösungen soweit möglich (außer bei reinen Erklärungsfragen ohne Berechnung) in zwei Stadien unterteilt:

Das erste Stadium dient dem Umsetzen der physikalischen Intuition und ist als Planung einer sinnvollen Vorgehensweise zu verstehen. Hierbei erarbeitet man die Lösungsstrategie zur jeweiligen Aufgabenstellung, die auf dem Verständnis der zugrunde liegenden Physik basiert. Die zu Beginn der Musterlösungen dargestellten „Lösungsstrategien" kann man auch als Hinweise auf die Lösungswege verstehen.

Das zweite Stadium befasst sich mit dem mathematischen Handwerkszeug. Jetzt sind die Lösungsschritte, die man sich im ersten Stadium überlegt hat, konkret auszuführen, d.h. man setzt Formeln ein und berechnet das Ergebnis der Aufgabe. Dies ist in den Musterlösungen als „Lösungsweg" dargestellt.

Eine solchermaßen strukturierte Vorgehensweise soll den Lesern helfen, den eigenen Umgang mit physikalischen Aufgaben zu optimieren. Wie man sich dorthin durcharbeiten kann, zeigt Bild 0-1.

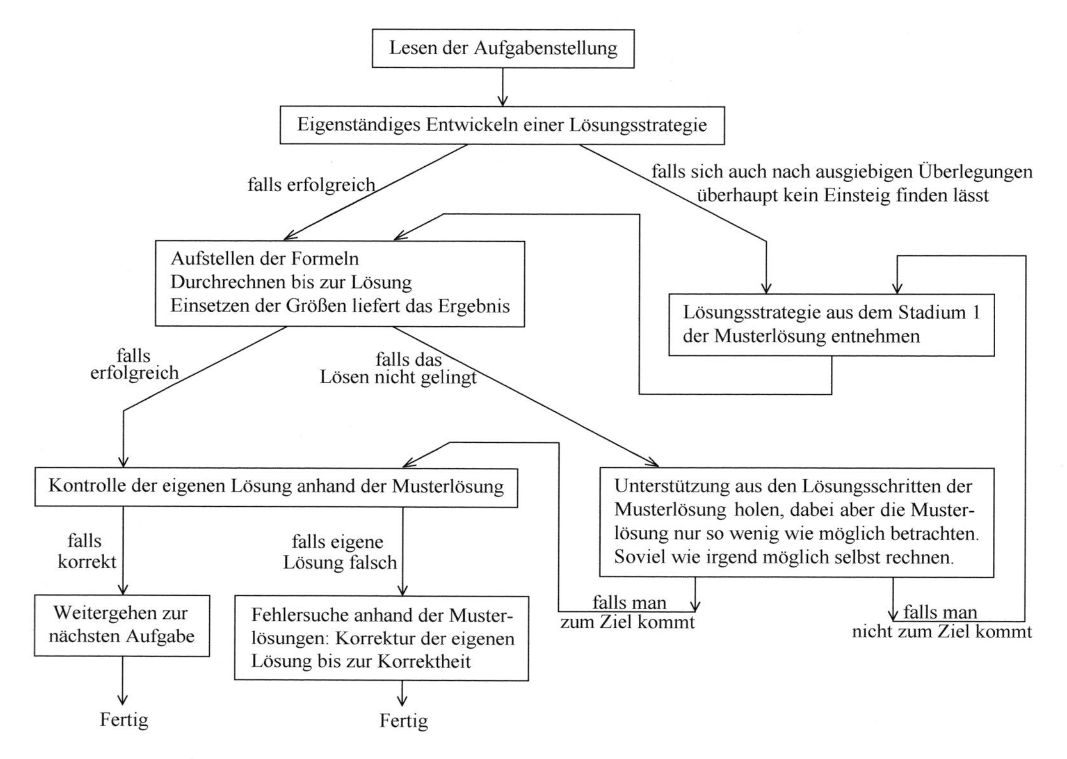


**Bild 0-1** Empfohlene Vorgehensweise zur Benutzung der Aufgaben und der Musterlösungen

Da bei vielen Aufgaben für Anfänger, besonders für diejenigen, die Physik im Nebenfach studieren, die größte Hürde das eigenständige Entwickeln einer Lösungsstrategie als erster Schritt des Lösungsweges ist, wollen wir diesen zentral entscheidenden Aspekt noch etwas näher beleuchten. Wer zu Beginn des Lösungsweges (Bild 0-1) den Einstieg nicht intuitiv findet, der kann versuchen, nach dem Schema von Bild 0-2 vorzugehen.

Und wer dann immer noch gar keine Idee hat, sucht sinnvollerweise in einer Formelsammlung oder einem Lehrbuch nach Formeln, die möglichst viele der gegebenen und der gesuchten Größen enthalten. Auch das kann helfen, die ersten Schritte eines Lösungsweges zu erkennen. Um dies zu unterstützen wurde dem Buch das Kapitel 11 angefügt, in dem genau diejenigen Formeln zusammengestellt sind, die man für das Lösen der im Buch vorgestellten Übungsaufgaben braucht.

Was speziell die Lösungsstrategien anbetrifft:

Bei Aufgaben, bei denen es möglich und sinnvoll erscheint, ist der eigentlichen Musterlösung eine sogenannte „Lösungsstrategie“ vorangestellt, der die Leser (entsprechend Bild 0-1) Ideen für einen möglichen Einstieg entnehmen können. Selbstverständlich wird empfohlen, derartige Strategiehinweise möglichst sparsam dem Buch zu entnehmen und solche lieber möglichst weitgehend aus eigener Kraft zu entwickeln, denn so nur erzielt man den optimalen Lerneffekt im Hinblick auf das Einüben des Aufgaben-Lösens.

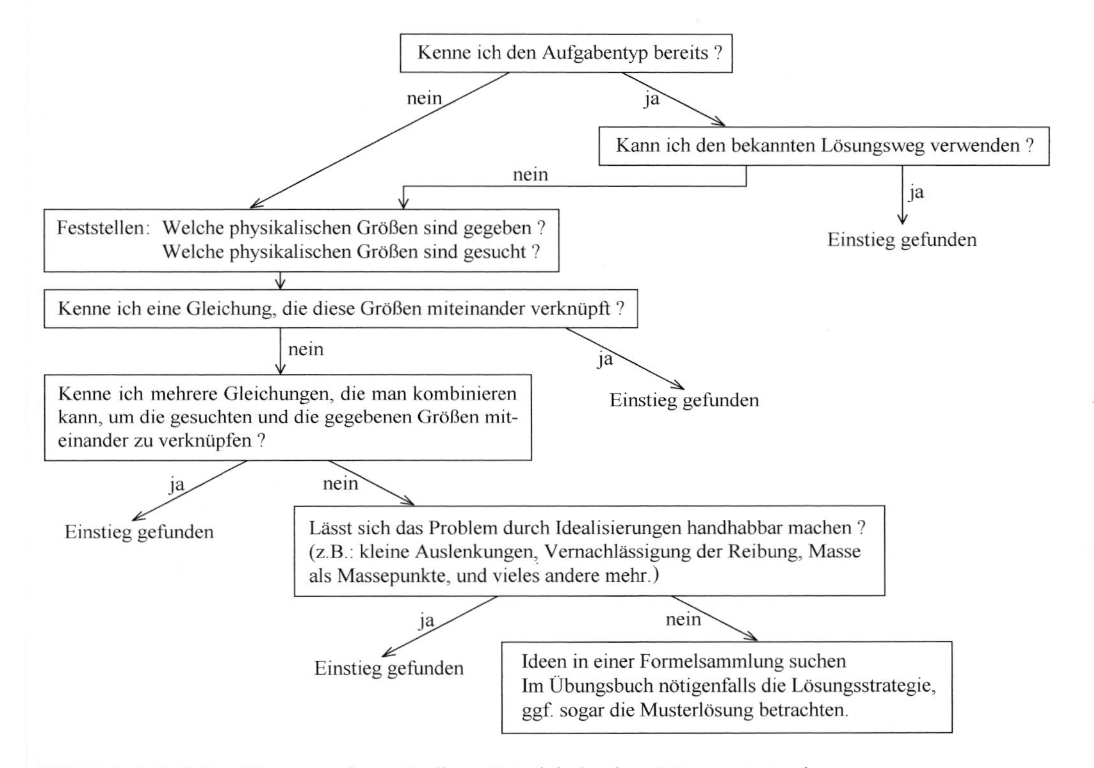


**Bild 0-2** Möglicher Weg zum eigenständigen Entwickeln einer Lösungsstrategie

Bei manchen Fragestellungen existieren mehrere Aufgaben oder Teilaufgaben gleichen oder ähnlichen Typs. Dahinter steckt ein doppelter Sinn: Einerseits soll dadurch die Übung vertieft werden, andererseits soll all denjenigen Übenden, die nicht ohne Musterlösung mit dem Aufgabentyp zurechtkommen, die Möglichkeit gegeben werden, sich anhand der ersten Aufgabe durch Betrachten der Musterlösung mit dem Aufgabentyp vertraut zu machen und darauf basierend dann weitere ähnliche Aufgaben selbstständig zu lösen.

## 0.1 Achtung: Konsistenz-Prüfung !! Wichtig !!

Ein ganz wichtiger Punkt, der von Anfängern immer wieder übersehen wird, besonders von Studierenden, die Physik „nur“ im Nebenfach lernen, ist die selbstkritische Überprüfung der Ergebnisse. Deshalb wird allen Lesern dringend empfohlen, ihre Ergebnisse mit klarem Menschenverstand zu betrachten und zu reflektieren: Kann das denn überhaupt stimmen?

Beispiel: In einer Aufgabe soll die Masse des Mondes aus den Daten seines Umlaufs um die Erde berechnet werden. Beim Korrigieren der Klausuren findet man dann als Prüfer Lösungen bis hinunter zu $10^{-20}\,kg$. Das kann doch nicht sein. Da wäre der Mond ja wesentlich kleiner als ein Reiskorn. Derartige Sinnlosigkeiten müssen doch bemerkt werden. Im Falle einer Unstimmigkeit wird man sinnvollerweise nochmals nachrechnen. Die Konsistenzprüfung mag Zeit kosten, aber sie vermeidet den häufig beobachteten Verlust wertvoller Punkte.

Um einen optimalen Konsistenz-Check aufzubauen, hat sich der Autor dieses Buches folgende Arbeitsstrategie angewöhnt, die er auch den Lesern empfiehlt:

Schritt 1 → Ist das Ergebnis mit dem gesunden Menschenverstand verträglich? Passt die Größenordnung zu dem, was wir nach einer Abschätzung erwarten?

Schritt 2 → Stimmen die Einheiten?
Rechnen Sie beim Einsetzen der Werte immer alle Einheiten komplett durch. Denken Sie niemals: „Die Einheiten werden schon stimmen, dann schreibe ich deren Ergebnis einfach hin.“ Arbeiten Sie konsequent mit dem SI-System.

Bsp.: Sie sollen eine Geschwindigkeit berechnen und erhalten das Ergebnis in der Einheit $\sqrt{\frac{Volt \cdot Coulomb}{kg}}$. Überprüfen Sie die Einheiten wie folgt:

$$\sqrt{\frac{V \cdot C}{kg}} = \sqrt{\frac{\frac{J}{C} \cdot C}{kg}} = \sqrt{\frac{J}{kg}} = \sqrt{\frac{kg \cdot \frac{m^2}{s^2}}{kg}} = \sqrt{\frac{m^2}{s^2}} = \frac{m}{s}$$

Das Ergebnis ist richtig. Das ist wirklich die Einheit einer Geschwindigkeit. Erst jetzt können Sie die Kontrolle der Einheiten als beendet betrachten.

Schritt 3 → Führen Sie eine grobe Überschlagsrechnung der Zahlen im Kopf durch. Schön ist es, wenn Sie ungefähr die Zahlen verrechnen können, aber wenn die Zeit sehr knapp ist, dann zählen Sie wenigstens die Zehnerpotenzen zusammen.

Beispiel: Als Zahlenwerte erhalten Sie $\frac{3.5 \cdot 10^{-6} \cdot \left(2 \cdot 10^{5}\right)^2}{\sqrt{7 \cdot 10^4}} \overset{TR}{\approx} 529$ mit dem Taschenrechner.

Die grobe Überschlagsrechnung ergibt

$$\frac{3.5 \cdot 10^{-6} \cdot \left(2 \cdot 10^{5}\right)^2}{\sqrt{7 \cdot 10^4}} \approx \frac{3.5 \cdot 4 \cdot 10^{-6+10}}{2.5 \cdot 10^2} \approx \frac{14}{2.5} \cdot 10^{-6+10-2} \approx 5.6 \cdot 10^2 = 560 \quad .$$

Das sehr grobe Zusammenzählen der Zehnerpotenzen führt zu

$$\frac{3.5 \cdot 10^{-6} \cdot \left(2 \cdot 10^{5}\right)^2}{\sqrt{7 \cdot 10^4}} \approx \text{einige} \frac{10^{-6+10}}{10^2} \approx \text{einige } 10^{-6+10-2} = \text{einige } 10^2 \quad .$$

Die Anzahl der signifikanten Stellen ist bei der Kontrolle im Kopf natürlich geringer als beim Rechnen mit dem Taschenrechner, aber dessen Ergebnis wird im Rahmen beider grober Überschlagsrechnungen einwandfrei bestätigt.

## 0.2 Fehlersuche

Ist ein Ergebnis falsch (was man z.B. anhand einer Konsistenzüberprüfung feststellen kann), so will man es korrigieren. Dazu muss im Lösungsweg der Fehler gesucht und lokalisiert werden.

Fehlerursachen können sehr vielfältig sein. Hat jemand z.B. mangels physikalischer Intuition unpassende Formeln verwendet, so wird er den Fehler nur sehr schwer erkennen können. Eine häufige Fehlerursache sind aber auch Fehler beim mathematischen Umformen von Gleichungen und beim Einsetzen der Formeln ineinander. Um derartige Fehler zu finden, eignet sich erneut eine Kontrolle anhand der Einheiten. Zur Veranschaulichung des Verfahrens betrachte man folgendes Beispiel, in dem die Berechnung der Gravitationskraft auf einen $1000\,km$ über dem Erdboden fliegenden Satelliten mit einer Masse von $100\,kg$ berechnet werden soll. Wir verwenden Newton's Gravitationsformel

$$F_G = \gamma \cdot \frac{m_E \cdot m_S}{r^2} \quad \begin{array}{l} \text{mit } m_E = \text{Erdmasse}, \ m_S = \text{Satellitenmasse} \\ \text{und } \gamma = \text{Gravitationskonstante}, \ r = \text{Abstand zum Erdmittelpunkt} \end{array}$$

und erhalten durch Einsetzen der Werte (mit $r = \underbrace{6371\,km}_{Erdradius} + \underbrace{1000\,km}_{Flughöhe}$) das Ergebnis

$$F_G \stackrel{?}{=} \underbrace{\gamma \cdot \frac{m_E \cdot m_S}{r^2}}_{(*0)} \stackrel{?}{=} 6.67 \cdot 10^{-11} \frac{N \cdot m^2}{kg^2} \cdot \underbrace{\frac{5.98 \cdot 10^{24}\,kg \cdot 100\,kg}{(6371+1000) \cdot 10^3\,m}}_{(*1)} \stackrel{?}{=} 5.41 \cdot 10^9 \underbrace{\frac{N \cdot m^2 \cdot kg^2}{kg^2 \cdot m}}_{(*2)} \stackrel{?}{=} 5.41 \cdot 10^9 J \,.$$

Offensichtlich ist das Ergebnis falsch, denn die Kraft kann nicht in Joule angegeben werden. Eine Konsistenzprüfung anhand der Einheiten lässt dies sofort erkennen. Deswegen müssen zunächst sämtliche Gleichheitszeichen in Frage gestellt werden, was in der Berechnung durch Fragezeichen über den Gleichheitszeichen markiert wurde.

Wir wollen nun den Fehler anhand der Einheiten suchen. Dazu betrachten wir die noch vollständig aufgelösten Einheiten an der Stelle $(*2)$ und sehen, dass dort eine Längeneinheit zu viel auftaucht. Bei $(*2)$ muss also der Fehler bereits vorhanden sein. Gehen wir also einen Umformungsschritt zurück nach $(*1)$ und suchen, an welcher Stelle mit einer Längeneinheit zu viel multipliziert oder durch eine Längeneinheit zu wenig dividiert wurde. Eine Längeneinheit taucht bei $(*1)$ nur im Nenner auf. Dort müsste also eine Längeneinheit zu wenig stehen. Und tatsächlich erkennen wir nun, dass dort das Quadrat bei der Längeneinheit vergessen worden war. Bei $(*0)$ steht es noch, also wurde es beim Umformen von $(*0)$ nach $(*1)$ verloren. Damit können wir unsere Berechnung nun korrigieren und erhalten

$$F_G = \gamma \cdot \frac{m_E \cdot m_S}{r^2} = 6.67 \cdot 10^{-11} \frac{N \cdot m^2}{kg^2} \cdot \frac{5.98 \cdot 10^{24}\,kg \cdot 100\,kg}{\left((6371+1000) \cdot 10^3\,m\right)^2} = 732.74 \underbrace{\frac{N \cdot m^2 \cdot kg^2}{kg^2 \cdot m^2}}_{(*2)} = 732.74\,N \,.$$

Die Leser mögen nun die Wichtigkeit der genauen Bearbeitung aller physikalischen Einheiten erkennen. Diese kann man gar nicht hoch genug einschätzen.

## 0.3 Vorlesungsbegleitendes Üben der Rechentechniken

Um die Vorgehensweise des eigenen Übens (Bild 0-1) zu unterstützen, sind zu Beginn jeder einzelnen Aufgabenstellung und ebenso zu Beginn jeder zugehörigen Musterlösung dicke schwarze „Balken" angebracht. Diese dienen dazu, den Leser sofort erkennen zu lassen, an welcher Stelle die Musterlösung beginnt, noch bevor er die Lösungsstrategie oder die Formeln gelesen hat. Damit wird bezweckt, dass niemand aus Versehen die Musterlösungen zu früh betrachtet. Man braucht also nur die Musterlösungen mit einem Blatt Papier abzudecken, und beim Lesen der Aufgabenstellungen dieses nicht über den nächsten schwarzen Balken hinaus zu schieben.

Darüber hinaus existieren zusätzliche Erläuterungen wie „Arbeitshinweise" oder „Stolperfallen", die grau unterlegt sind. Graue Unterlegungen werden auch zum Markieren von Erläuterungen benutzt, die man sich im Hinblick auf Prüfungssituationen besonders merken kann.

**Sogenannte Arbeitshinweise**

erklären bei komplizierten Lösungswegen die prinzipielle Vorgehensweise und strukturieren die Arbeitsgänge.

**Sogenannte Stolperfallen**

weisen auf typische Stellen hin, die bei Anfängern häufig zu Fehlern führen. Hier sehen Studierende, worauf sie aufpassen sollen, um im Falle einer Prüfung einen unnötigen Verlust von Pluspunkten zu vermeiden.

## 0.4 Konkrete Klausurvorbereitung: Zusammenstellen eigener Übungs- und Trainings-Klausuren

Studierende, die einen gewissen Übungsstand erreicht haben, möchten oftmals gerne kontrollieren, ob sie schon „fit für die Klausur" sind. Dazu können sie sich eigene Testklausuren zusammenstellen, indem sie eine Reihe geeigneter Übungsaufgaben auswählen.

Die Eignung der auszuwählenden Übungsaufgaben für solche Testklausuren ergibt sich natürlich einerseits aus dem thematischen Inhalt der zu erwartenden eigenen Klausuren. Andererseits achte man aber sinnvollerweise auch darauf, nicht nur all zu einfache Aufgaben auszuwählen. Den Schwierigkeitsgrad einer Aufgabe erkennt man an der Anzahl der Gewichtheber im Kopf der Aufgabe (siehe Bild 0-3).

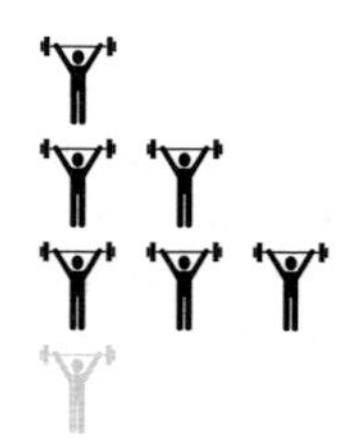

**Bild 0-3** Piktogramme für Schwierigkeitsgrade
Zur Interpretation der Skala:

Grad 1: Einstiegsniveau – kommt in Klausuren nicht allzu oft vor

Grad 2: Übungsniveau – durchschnittliche Klausuraufgaben

Grad 3: Leistungsniveau – jede Klausur sollte einige solcher Aufgaben enthalten

Zwischenstufen sind ggf. durch grau gefärbte Gewichtheber gekennzeichnet.

Wichtig beim Zusammenstellen eigener Übungs- und Trainings-Klausuren ist auch die Zeitplanung. Man weiß, wie lange die eigene Klausur zu erwarten ist – auf eine entsprechende Zeitdauer sollte man auch die Übungs- und Trainings-Klausuren einrichten. Hilfsmittel dazu bietet das Buch in Form von Zeitangaben an, die neben dem Piktogramm einer Uhr im Kopf jeder einzelnen Aufgabe zu sehen sind (siehe Bild 0-4).

X min

**Bild 0-4** Piktogramm für die Bearbeitungszeit:
Neben der Uhr ist die typische Bearbeitungsdauer der einzelnen Aufgaben in Minuten angegeben (hier „X" Minuten). Anhand dieser Angabe lässt sich die Aufgabenmenge für die Zusammenstellung von Übungsklausuren abschätzen.

## 0.5 Selbstkontrolle durch Bewertung der eigenen Lösungen

Nachdem man die solchermaßen zusammengestellte eigene Testklausur in der gegebenen Zeit bearbeitet hat, korrigiert man die eigene Lösung und bewertet sie anhand der in den Musterlösungen des Buches am Papierrand aufgeführten Punktezahlen. Zu jedem Rechenschritt ist dort eine zugehörige Punkteangabe vorhanden, die man sich im Falle der korrekten Bearbeitung als Pluspunkte zuerkennen kann. Als Beispiel hierfür betrachte man die Angabe „x P" neben dem vorliegenden Absatz. Diese bedeutet, dass man für die korrekte Bearbeitung eines solchen Absatzes „x Punkte" erhielte.

x P

Zählt man am Schluss der Selbstkontrolle alle erreichten Punkte zusammen, so erkennt man nicht nur den eigenen Leistungsstand (die Aufgaben sind so ausgelegt, dass man etwa 50 % der Punkte zur Note 4.0 und knapp 100 % der Punkte zur Note 1.0 benötigt), sondern auch eigene Stärken und Schwächen, die ggf. einen entsprechenden Übungsbedarf aufzeigen.

## 0.6 Rundungsfehler und ein Sonderzeichen dieses Buches

Manche Anfänger neigen mitunter dazu, bereits während des Verlaufes einer Berechnung mehrmals Werte für physikalische Größen einzusetzen und auf diese Weise Zwischenergebnisse quantitativ auszurechnen. Solch wiederholtes Einsetzen von Zahlenwerten führt oftmals zum Anhäufen von Rundungsfehlern. Deshalb ist davon abzuraten. Eine optimale Arbeitsweise hingegen, zu der auch die Minimierung von Rundungsfehlern gehört, erreicht man meistens, wenn man das Einsetzen von Zahlenwerten nur dann durchführt, wenn es unerlässlich ist. Dies ist z.B. der Fall, wenn es in der Aufgabenstellung gefordert ist, oder aber auch wenn numerische Iterationen erforderlich sind. Bei „einfachen" Übungsaufgaben genügt es in vielen Fällen (allerdings nicht immer), wenn das Einsetzen der Zahlenwerte erst im letzen Gedankengang eines Lösungsweges geschieht. Noch weiter lassen sich Rundungsfehler nicht verringern. Setzt man „zwischendurch" Werte ein, so kann es sinnvoll sein, Rundungsungenauigkeiten des Taschenrechners durch Anwendung der Bruchrechnung zu vermeiden.

Tatsächlich wird den Studierenden dringend empfohlen, sich von Anfang an daran zu gewöhnen, konkrete Zahlenwerte erst so spät wie irgend möglich einzusetzen, denn es gibt viele Prüfer, die die Fähigkeit des abstrakten Lösens in Formeln (und ohne Zahlenwerte) dadurch testen, dass die Aufgaben ohne Angabe von Zahlenwerten gestellt werden. Das Ergebnis ist dann kein Zahlenwert, sondern nur eine Formel. Auf das Einsetzen konkreter Zahlenwerte wird dabei gänzlich verzichtet. In solchen Fällen wird in der Aufgabenstellung nur angegeben, welche Größen als bekannt vorauszusetzen sind – und dies sind diejenigen Größen, die im Endergebnis noch auftauchen dürfen. Auch im vorliegenden Übungsbuch existieren derartige Aufgaben.

Unabhängig davon können Rundungsfehler und Berechnungsunsicherheiten prinzipiell nie völlig vermieden werden. So sind z.B. alle physikalischen Konstanten immer mit gewissen Unsicherheiten behaftet. Darüberhinaus bilden Taschenrechner alle Ergebnisse auf rationale Zahlen mit einer endlichen Anzahl signifikanter Stellen ab. Immer dann, wenn numerische Berechnungen Rundungsfehler oder Unsicherheiten enthalten, ist das Rechenzeichen „$=$“ nicht wirklich richtig, angebracht wäre eher ein „$\approx$“. Um den Grund für den Gebrauch des letztgenannten Zeichens nicht aus den Augen zu verlieren, sind diejenigen Stellen, bei denen Ungenauigkeiten auftreten, mit einem „$\overset{TR}{\approx}$“ markiert („TR“ = Taschenrechner), auch wenn der Grund für die Ungenauigkeiten nicht immer in der Benutzung eines Taschenrechners liegt. Wenn man sich solchermaßen bewusst macht, an welchen Stellen Ungenauigkeiten auftreten, dann ist es auch weitgehend unwichtig, wie viele Nachkommastellen man angibt.

Im Übrigen werden Rundungsungenauigkeiten normalerweise nicht als Fehler verstanden und daher in Prüfungen von den meisten Prüfern auch nicht mit Punktabzug bewertet. Es ist völlig normal, dass die Ergebnisse, die die Leser selbst rechnen, sich von den Ergebnissen in den Musterlösungen dieses Buches um Rundungsungenauigkeiten unterscheiden. In diesem Zusammenhang ist es auch nicht nötig, alle Naturkonstanten immer mit der maximal verfügbaren Genauigkeit einzusetzen (siehe z.B. Kap. 0.11). Will man z.B. die Elementarladung einsetzen, so kann man den Wert $e=1.60217653\cdot 10^{-19}C$ verwenden, ebenso gut aber genügt auch $e=1.6\cdot 10^{-19}C$ – der Lerneffekt beim Üben ist derselbe. Unterschiede in den Nachkommastellen sind daher unbedeutend. Aus diesem Grunde wurden mitunter bei den vorliegenden Musterlösungen weniger Stellen eingesetzt als in Liste der im Buch mehrfach verwendeten Naturkonstanten auf der Innenseite des hinteren Buchumschlags angegeben sind. Auf diesem Hintergrund ist es auch zulässig, bei unterschiedlichen Aufgaben mit unterschiedlichen Genauigkeiten zu arbeiten.

## 0.7 Hinweis zum Kürzen und Vereinfachen von Ausdrücken

Mitunter findet man Terme, die sich sehr bequem kürzen oder vereinfachen lassen. Soweit dies der Übersichtlichkeit dienlich schien, sind solche Ausdrücke in grau gedruckt (anstatt in schwarz), um den Lesern das Erkennen der jeweiligen Umformungsschritte zu erleichtern. Derartige Hilfestellungen werden sowohl beim Kürzen als auch beim Erweitern von Brüchen eingesetzt. Besonders beim Umrechnen physikalischer Einheiten wird man diese Darstellungsform als angenehm empfinden.

## 0.8 Hinweise zum Gebrauch von Formelsammlungen

Sehr vielfältig ist das Spektrum der für die Lösungen vorauszusetzenden Formeln. Allen Benutzern dieses Buches wird dringend empfohlen, sich ein gutes Physik-Lehrbuch und eine gute Formelsammlung anzuschaffen.
Als Lehrbuch für Physik im Nebenfach ist z.B. geeignet: „Physik für Ingenieure“ von P. Dobrinski, G.. Krakau und A. Vogel, Teubner Verlag, 11. Auflage, 2006.
Als Formelsammlung für Physik im Nebenfach ist z.B. geeignet: „Physik in Formeln und Tabellen“ von J. Berber, H. Kacher und R. Langer, Teubner Verlag, 10. Auflage, 2005.

Darüberhinaus existiert im Anhang des vorliegenden Klausurtrainers eine Zusammenstellung genau derjenigen Formeln, die speziell zum Lösen der hier gezeigten Aufgaben benötigt werden. Das hat vor allem den Sinn, all denjenigen, die nicht gleich aus eigener Kraft den

Weg zur Lösung finden, den frühen Blick in die Musterlösung zu ersparen. In der Liste der Formel-Zusammenstellung im Anhang (Kapitel 11) haben die Formeln direkten Bezug zu den vorliegenden Aufgaben. Ein Blick dorthin kann vielleicht helfen, Ideen für Lösungsansätze zu entwickeln.

## 0.9 Noch eine Bitte an alle Leserinnen und Leser

Für Anregungen und Verbesserungsvorschläge sind Autor und Verlag immer dankbar. Schon bei der Entstehung dieses Buches wurden mannigfaltige Anregungen seitens der Studierenden berücksichtigt. So wurden zum Beispiel Erläuterungen gerade an den Stellen angebracht, an denen die Studierenden erfahrungsgemäß Verständnisschwierigkeiten haben. Hier können Leserhinweise helfen, spätere Auflagen dieses Buches zu optimieren. Auch Hinweise auf Tippfehler werden dankbar aufgenommen, um spätere Auflagen zu verbessern. Hierfür wurde eigens eine Email-Adresse eingerichtet: pruefungstrainer@teubner.de. Für Rückmeldungen sind wir jederzeit dankbar. Insbesondere können zur weiteren Optimierung neuer Auflagen auch Musterklausuren von Fachkollegen beitragen. Sollten sich also Kollegen bereit finden, uns aus ihren eigenen authentischen Klausuren Material zum Zwecke der Erweiterung des Klausurtrainer-Buches zu Verfügung zu stellen, so würden wir uns sehr darüber freuen.

## 0.10 Hinweis: Nicht alle Leser verstehen alle Aufgaben

Vorlesungsinhalte unterscheiden sich von Hochschule zu Hochschule, von Fachbereich zu Fachbereich und natürlich auch von Semester zu Semester. (Im ersten Semester wird ein anderer Stoff behandelt als im dritten.) Empfohlen wird daher, nur solche Aufgaben zu bearbeiten, deren Thema man aus der eigenen Vorlesung kennt oder kennen sollte. Ggf. kann der eigene Dozent auf Fragen der Studierenden hin Hinweise geben. Das Buch ist nicht als Lehrbuch zum „Neu-erlernen“ des Stoffes konzipiert, sondern als Begleitwerk zu Vorlesungen. Deshalb wird auch vorausgesetzt, dass grundlegende Kenntnisse aus den entsprechenden Vorlesungen vorhanden sind.

In diesem Sinne wurde bei der Auswahl der Aufgaben bewusst **nicht** versucht, einen vollständigen Überblick über die behandelten Themengebiete der Physik zu erarbeiten. Vielmehr wurden die Aufgaben thematisch derart ausgewählt, dass für möglichst viele Studenten an möglichst vielen Hochschulen maximaler Nutzen für ihre persönliche Klausur-Vorbereitung zu erwarten sein sollte.

## 0.11 Naturkonstanten und Zahlenwerte

Naturkonstanten, aber auch Zahlenwerte die häufiger verwendet werden, finden sich in einer Liste auf der Innenseite des hinteren Buchumschlags. Deshalb werden sie nicht bei jeder Aufgabe in der Aufgabenstellung immer wieder vorgegeben.

Das dient der Effizienz, denn ein wiederholtes Aufzählen derselben Werte, jedes Mal wenn sie einzusetzen sind, würde unnützes Papier verbrauchen und so den Preis des Buches erhöhen. Auf diesem Hintergrund werden die Leser vielleicht den zusätzlichen Aufwand akzeptieren, bei der Suche nach allgemeingültigen Größen umzublättern.

Im Übrigen unterstützt diese Vorgehensweise das automatische Merken wiederkehrender Werte (wie z.B. die Elementarladung, die Elektronenmasse, etc...) im Laufe des Übens. Auch solche Kenntnisse sind im Prüfungsfall von Vorteil.

# 1 Mechanik

## Aufgabe 1.1 Einführendes Beispiel: Geschwindigkeiten

| | | Punkte |
|---|---|---|
| 5 Min. | | 2 P |

Ein Jäger will ein Ziel treffen, das sich im Abstand von 100 Metern mit einer Geschwindigkeit von $30 \, ^m\!/_s$ senkrecht zur Bahn des Geschosses bewegt. Das Geschoss hat eine Geschwindigkeit von $800 \, ^m\!/_s$. Um welche Strecke und um welchen Winkel muss der Jäger vorhalten, damit er sein Ziel treffen kann?

## Lösung zu 1.1

Lösungsstrategie:

Zwei Bewegungen mit unterschiedlichen Strecken aber identischen Laufzeiten enden im selben Punkt. Deshalb stehen die Beträge der Geschwindigkeiten im selben Verhältnis zueinander wie die Beträge der zurückzulegenden Strecken. Wer sich die Situation nicht vorstellen kann, mag eine Skizze anfertigen.

Lösungsweg, explizit:

Nach der Definition der Geschwindigkeit $\vec{v} = \frac{\vec{s}}{t}$ (mit $\vec{s}$ = Strecke und $t$ = Zeit) folgt

einerseits für das Geschoss $t = \frac{|\vec{s}|}{|\vec{v}|} = \frac{100\,m}{800\,\frac{m}{s}}$

und andererseits für das Ziel $t = \frac{|\vec{s}|}{|\vec{v}|} = \frac{x}{30\frac{m}{s}}$ (wo $x$ die gesuchte Strecke ist). 1 P

Da für beide Bewegungen dieselbe Zeitspanne zur Verfügung steht, erhalten wir

$\frac{100\,m}{800\frac{m}{s}} = t = \frac{x}{30\frac{m}{s}} \Rightarrow x = \frac{100\,m}{800\frac{m}{s}} \cdot 30\frac{m}{s} = 3.75\,m$. Um diese Strecke muss der Jäger vorhalten. 1 P

Den gefragten Winkel berechnen wir aus der in Bild 1-1 dargestellten Geometrie: $\tan(\alpha) = \frac{x}{a} = \frac{3.75m}{100m} = 0.0375 \Rightarrow \alpha \overset{TR}{\approx} 2.1476°$

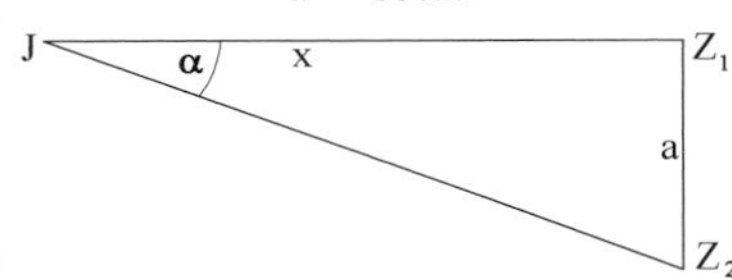


**Bild 1-1**
Geometrische Verhältnisse der Situation der Aufgabenstellung.
„J"=Jäger, „Z1" = Ziel beim Start des Geschoßes
„Z2" = Ziel bei der Landung des Geschoßes

## Aufgabe 1.2 Beschleunigte Translationsbewegung

14 Min. Punkte 6 P

Ein Fahrzeug bremse aus einer Anfangsgeschwindigkeit von 144 $^{km}/_{h}$ mit einer Verzögerung von $|\vec{a}_1| = 4 \, ^{m}/_{s^2}$ auf eine Geschwindigkeit von 72 $^{km}/_{h}$ ab. Dann rolle es ungebremst 10 Sekunden weiter. Anschließend werde es mit $|\vec{a}_2| = 2 \, ^{m}/_{s^2}$ bis zum völligen Stillstand abgebremst.

Berechnen Sie den gesamten zurückgelegten Weg für die Vorgänge „Bremsen" plus „Rollen" plus „Bremsen".

## Lösung zu 1.2

Lösungsstrategie:

Der Einfachheit halber berechnet man die benötigten Strecken für jeden einzelnen der drei Vorgänge für sich und addiert diese zu guter Letzt. Speziell zum Vorgang des Bremsens gelingt die Berechnung der Strecke am bequemsten durch Integration der Geschwindigkeit über die Zeit. Wer Schwierigkeit mit der Abstraktion hat, mag sich zur Verbesserung der Übersicht ein Geschwindigkeits-Zeit-Diagramm anfertigen.

Lösungsweg, explizit:

Da eine eindimensionale Bewegung zu betrachten ist, werden wir trotz der Verwendung vektorieller Größen auf Vektorpfeile verzichten.

Die Geschwindigkeit $v$ als Funktion der Zeit $t$ ergibt sich bei jedem der Bremsvorgänge aus der Startgeschwindigkeit $v_0$ und der Verzögerung $a$: $v(t) = v_0 - a \cdot t$.

Die während jeder Bremsphase zurückgelegte Strecke folgt nun durch die Integration zu

$$s = \int_{t_{Anfang}}^{t_{Ende}} v(t)\,dt = \int_{t_{Anfang}}^{t_{Ende}} (v_0 - a \cdot t)\,dt = \left[ v_0 t - \tfrac{1}{2} a t^2 \right]_{t_{Anfang}}^{t_{Ende}} = v_0 \cdot \left( t_{Ende} - t_{Anfang} \right) - \tfrac{1}{2} a \cdot \left( t_{Ende}^2 - t_{Anfang}^2 \right).$$

1 P Wir setzen nun die Werte der Bewegung ein und erhalten für die drei einzelnen Phasen:

- 1. Phase: „Bremsen" → $v_0 = 144 \frac{km}{h} = 40 \frac{m}{s}$.

Zum Bremsen auf $v_{Ende} = 72 \frac{km}{h} = 20 \frac{m}{s}$ benötigt man bei $|a_1| = 4 \frac{m}{s^2}$ die Zeit

1 P $t_1 = \frac{\Delta v}{a_1} = \frac{40 \frac{m}{s} - 20 \frac{m}{s}}{4 \frac{m}{s^2}} = 5s$. Für unsere Integration ist also $t_{Anfang} = 0s$ und $t_{Ende} = 5s$.

Damit wird

1 P $s_1 = v_0 \cdot \left( t_{Ende} - t_{Anfang} \right) - \tfrac{1}{2} a \cdot \left( t_{Ende}^2 - t_{Anfang}^2 \right) = 40 \frac{m}{s} \cdot 5s - \tfrac{1}{2} \cdot 4 \frac{m}{s^2} \cdot \left( 5s^2 - 0s^2 \right) = 150m$.

- 2. Phase: „gleichförmige Bewegung" → Hier rollt das Fahrzeug einfach weiter mit $s_2 = v \cdot t = 20\frac{m}{s} \cdot 10s = 200m$. 1 P

- 3. Phase: „erneute Bremsung" → Wir verwenden wieder dieselben Formeln wie beim ersten Bremsvorgang und setzen die Werte zur dritten Phase ein:

$v_0 = 72\frac{km}{h} = 20\frac{m}{s}$. (Dabei hat $v_0$ einen anderen Wert als bei der ersten Bremsphase.)

Zum Bremsen auf $v_{Ende} = 0\frac{m}{s}$ benötigt man bei $|a_2| = 2\frac{m}{s^2}$ die Zeit $t_2 = \frac{\Delta v}{a_2} = \frac{20\frac{m}{s} - 0\frac{m}{s}}{2\frac{m}{s^2}} = 10s$.

Für unsere Integration ist also $t_{Anfang} = 0s$ und $t_{Ende} = 10s$. 1 P

Damit wird

$$s_3 = v_0 \cdot (t_{Ende} - t_{Anfang}) - \frac{1}{2}a \cdot (t_{Ende}^2 - t_{Anfang}^2) = 20\frac{m}{s} \cdot 10s - \frac{1}{2} \cdot 2\frac{m}{s^2} \cdot (10s^2 - 0s^2) = 100m.$$ 1 P

Das Endergebnis der insgesamt zurückgelegten Strecke erhalten wir durch Summation über die drei Teilstrecken: $s_{gesamt} = s_1 + s_2 + s_3 = 150m + 200m + 100m = 450m$.

## Aufgabe 1.3 Freier Fall

| | | | |
|---|---|---|---|
| (a.) 20 Min. | | Punkte | (a.) 7 P |
| (b.) 5 Min. | | | (b.) 2 P |

Zur Abschätzung der Tiefe eines Brunnens lässt man einen Stein hineinfallen. Nach genau 3.0 *Sekunden* hört man den Aufschlag des Steines am Brunnenboden.

(a.) Berechnen Sie die Tiefe des Brunnens, wobei Sie beim Fallen des Steines die Luftreibung vernachlässigen. Berücksichtigen Sie aber die Laufzeit des Echos bei einer Schallgeschwindigkeit von $c = 343\,m/s$.

(b.) Wie viel trägt der Einfluss der endlich großen Schallgeschwindigkeit zum Ergebnis bei?

## Lösung zu 1.3

Lösungsstrategie:

(a.) Die Zeit von 3 Sekunden ist die Summe aus der Falldauer des Steines und der Rücklaufzeit des Schalls. Beide Ereignisse laufen dieselbe Strecke, aber mit unterschiedlichen Geschwindigkeiten. Die beiden Laufzeiten addiert man zur Laufdauer von 3 Sekunden, wodurch man eine Gleichung erhält, die sich nach der Strecke auflösen lässt.

(b.) Den Einfluss der Schalllaufzeit findet man heraus, indem man zum Vergleich mit dem Ergebnis von Aufgabenteil (a.) die Tiefe des Brunnens unter Vernachlässigung der Schalllaufzeit berechnet. Der Unterschied dieses Wertes mit der in (a.) berechneten Tiefe geht auf den Einfluss der endlich großen Schallgeschwindigkeit zurück.

Lösungsweg, explizit:

Wenn $s$= Brunnentiefe, $t_f$ = Falldauer und $t_S$ = Schall-Laufzeit sei, dann ist

beim Fallen des Steines $s = \frac{1}{2} g t_f^2 \Rightarrow t_f = \sqrt{\frac{2s}{g}}$ (wo $g$= Erdbeschleunigung) und

1 P für das Rücklaufen des Schalls $s = c \cdot t_S \Rightarrow t_S = \frac{s}{c}$.

Gibt man die Summe $t_{ges} = 3\,\text{sec.} = t_f + t_S = \sqrt{\frac{2s}{g}} + \frac{s}{c}$ an, so erhält man eine Wurzelglei-

1 P chung in der gesuchten Größe $s$, die man auflösen kann gemäß

$$t_{ges} = \sqrt{\frac{2s}{g}} + \frac{s}{c} \Rightarrow t_{ges} - \frac{s}{c} = \sqrt{\frac{2s}{g}} \Rightarrow \left(t_{ges} - \frac{s}{c}\right)^2 = t_{ges}^2 - 2t_{ges} \cdot \frac{s}{c} + \frac{s^2}{c^2} = \frac{2s}{g}.$$

Sortieren nach Potenzen von $s$ liefert

2 P

$$\frac{s^2}{c^2} - \left(\frac{2t_{ges}}{c} + \frac{2}{g}\right) \cdot s + t_{ges}^2 = 0 \Rightarrow s^2 - \left(2ct_{ges} + \frac{2c^2}{g}\right) \cdot s + c^2 t_{ges}^2 = 0.$$

Anwendung der pq-Formel liefert die beiden Lösungen dieser quadratischen Gleichung

$$s_{1/2} = \left(ct_{ges} + \frac{c^2}{g}\right) \pm \sqrt{\left(ct_{ges} + \frac{c^2}{g}\right)^2 - c^2 t_{ges}^2}.$$

Setzt man Werte ein, so erhält man

2 P

$$s_{1/2} = \left(343\frac{m}{s} \cdot 3s + \frac{\left(343\frac{m}{s}\right)^2}{9.80665\frac{m}{s^2}}\right) \pm \sqrt{\left(343\frac{m}{s} \cdot 3s + \frac{\left(343\frac{m}{s}\right)^2}{9.80665\frac{m}{s^2}}\right)^2 - \left(343\frac{m}{s}\right)^2 \cdot (3s)^2}.$$

Für die beiden Lösungen der quadratischen Gleichung erhält man

$s_1 \overset{TR}{\approx} 26011.01\,m$ und $s_2 \overset{TR}{\approx} 40.71\,m$.

Welche der beiden Lösungen der quadratischen Gleichung dann tatsächlich die Lösung der Wurzelgleichung ist, könnte man durch Einsetzen ausprobieren. Aus Gründen der Anschauung liegt aber auf der Hand, dass dies nur $s_2$ sein kann. Der Brunnen hat also eine Tiefe von

1 P 40.71 Metern.

(b.) Will man den Einfluss der Schallgeschwindigkeit extrahieren, so berechnet man im Vergleich die Lösung im Falle unendlich schneller Schallausbreitung, also $c = \infty \frac{m}{s}$. Damit wird $t_S = 0$, also $t_{ges} = t_f$,

1 P $\Rightarrow s_{ohne} = \frac{1}{2} g t^2 = \frac{1}{2} \cdot 9.80665 \frac{m}{s^2} \cdot (3s)^2 \overset{TR}{\approx} 44.13\,m$.

1 P Der Einfluss der Schallgeschwindigkeit beläuft sich also auf $\Delta s \overset{TR}{\approx} s_{ohne} - s_2 = 3.42\,m$.

Bezogen auf den tatsächlichen Wert macht dies $\frac{\Delta s}{s_2} = \frac{3.42\,m}{40.71\,m} \overset{TR}{\approx} 8.4\%$ aus.

## Aufgabe 1.4 Beschleunigte Translationsbewegung

| 20 Min. | | Punkte 12 P |
|---|---|---|

Betrachten wir einen Wettkampfsprinter, der 100 Meter in 10.0 Sekunden laufen kann. Nehmen wir an, seine Beschleunigung beim Start betrage das 0.8fache der Erdbeschleunigung (was aufgrund der Reibung seiner Schuhsohlen auf dem Boden realistisch scheint). Diese Beschleunigung behalte er bei, bis er seine konstante Endgeschwindigkeit erreicht.

(a.) Wie groß ist seine Endgeschwindigkeit?
(b.) Für welche Dauer beschleunigt er?
(c.) Welchen Streckenanteil durchläuft er beschleunigend und welchen Streckenanteil durchläuft er mit seiner konstanten Endgeschwindigkeit?

## Lösung zu 1.4

Lösungsstrategie:

Man setze die zurückgelegte Strecke aus einem gleichförmig beschleunigten Anteil und einem Anteil mit konstanter Geschwindigkeit zusammen. Dabei kennt man alle Variablen außer der Dauer der Beschleunigung, die übrigens quadratisch auftaucht. Nach dieser Größe löst man die Gleichung für die zurückgelegte Strecke auf – und hat damit das Problem geknackt.

Lösungsweg, explizit:

Sei $a = 0.8 \cdot 9.80665 \frac{m}{s^2} \overset{TR}{\approx} 7.845 \frac{m}{s^2}$ die konstante Beschleunigung zu Beginn der Bewegung

und $s_0 = 100m$ die gesamte in der Zeit $t = 10.0s$ zurückgelegte Strecke,

dazu $v_0 =$ Endgeschwindigkeit und $t_0 =$ Dauer der Beschleunigungsphase. 1 P

Mit diesen Bezeichnungen können wir die Strecke $s_0$ zusammensetzen aus der Beschleunigungsphase (1. Teil) und der Phase der konstanten Geschwindigkeit (2. Teil) gemäß

$$s_0 = \underbrace{\tfrac{1}{2} a t_0^2}_{1.\,\text{Teil}} + \underbrace{v_0 \cdot (t - t_0)}_{2.\,\text{Teil}} \qquad (*1)\,.$$ 2 P

Man beachte, dass die Dauer der 2. Phase sich als Gesamtdauer abzüglich der Dauer der 1. Phase ergibt.

Die Gleichung enthält zwei Unbekannte, $v_0$ und $t_0$. Also brauchen wir noch eine zweite Gleichung, um auflösen zu können. Diese lautet $v_0 = a \cdot t_0 \quad (*2)$, weil die Endgeschwindigkeit am Ende der Beschleunigungsphase erreicht wird. 2 P

Also setzen wir $(*2)$ in $(*1)$ ein und erhalten $s_0 = \frac{1}{2} a t_0^2 + a \cdot t_0 \cdot (t - t_0) = \frac{1}{2} a t_0^2 + a \cdot t_0 \cdot t - a \cdot t_0^2$. 1 P

Dies ist eine quadratische Gleichung mit einer Unbekannten ($t_0$), die wir nach gewohnter Art auflösen: $\frac{1}{2} a t_0^2 + a \cdot t_0 \cdot t - a \cdot t_0^2 - s_0 = 0 \;\Rightarrow\; -\frac{1}{2} a t_0^2 + a \cdot t_0 \cdot t - s_0 = 0 \quad \Big| \cdot \frac{-2}{a}$ 1 P

$$\Rightarrow\; t_0^2 - 2 \cdot t_0 \cdot t + \frac{2}{a} s_0 = 0 \;\Rightarrow\; t_{0_{1,2}} = t \pm \sqrt{t^2 - \frac{2}{a} s_0} = 10.0s \pm \sqrt{100s^2 - \frac{2}{7.845 \frac{m}{s^2}} \cdot 100m}\,,$$

2 P $$\Rightarrow \quad t_0^2 \overset{TR}{\approx} 10.0s \pm 8.632s = \begin{cases} 18.632s \\ 1.368s \end{cases}.$$

Die physikalisch sinnvolle Lösung ist sicherlich nicht diejenige, bei der die Beschleunigungsphase länger dauert als die Bewältigung der gesamten Strecke. Übrig bleibt $t_0 \overset{TR}{\approx} 1.368s$.

Damit ist die eigentliche Schwierigkeit der Aufgabe bewältigt. Wir brauchen jetzt nur noch die bekannte Beschleunigungsdauer in die Werte der einzelnen Teilaufgaben einsetzen.

1 P (a.) Die Endgeschwindigkeit ist nach $(*2)$ $v_0 = a \cdot t_0 = 7.845\frac{m}{s^2} \cdot 1.368s \overset{TR}{\approx} 10.732\frac{m}{s} \overset{TR}{\approx} 38.635\frac{km}{h}$.

s.o. (b.) Die Beschleunigungsdauer wurde bereits genannt mit $t_0 \overset{TR}{\approx} 1.368s$.

(c.) Der Streckenanteil der Beschleunigungsphase steht in $(*1)$ mit

1 P $$\tfrac{1}{2}at_0^2 = \tfrac{1}{2} \cdot 7.845\tfrac{m}{s^2} \cdot (1.368s)^2 \overset{TR}{\approx} 7.34m.$$

Der Streckenanteil der Phase konstanter Geschwindigkeit steht in $(*1)$ mit

1 P $$v_0 \cdot (t - t_0) \overset{TR}{\approx} 10.732\tfrac{m}{s} \cdot (10s - 1.368s) \overset{TR}{\approx} 92.64m.$$

Kontrolle: Die Summe der beiden Streckenanteile muss die Gesamtstrecke ergeben. Wir addieren $\tfrac{1}{2}at_0^2 + v_0 \cdot (t - t_0) \overset{TR}{\approx} 7.34m + 92.64m = 99.98m$. Im Rahmen der Rundungsungenauigkeiten des Taschenrechners stimmt das Kontrollergebnis mit der Gesamtstrecke von $100.00m$ in der Tat überein.

## Aufgabe 1.5 Wurfparabel (zweidimensional)

| | | | |
|---|---|---|---|
| (a.) 15 Min. | | Punkte | (a.) 7 P |
| (b.) 5 Min. | | | (b.) 4 P |

Ein Kind spritzt mit einem Wasserschlauch unter einem Winkel von 40° in die Luft. Die Geschwindigkeit des Wassers beim Austreten aus dem Schlauch sei $20\,m/s$. Die Starthöhe beträgt $h = 1m$. Die Situation ist dargestellt in Bild 1-2.

(a.) Berechnen Sie die Gleichung $y = y(x)$, die die Form des Wasserbogens angibt.

(b.) Wie weit spritzt das Wasser?

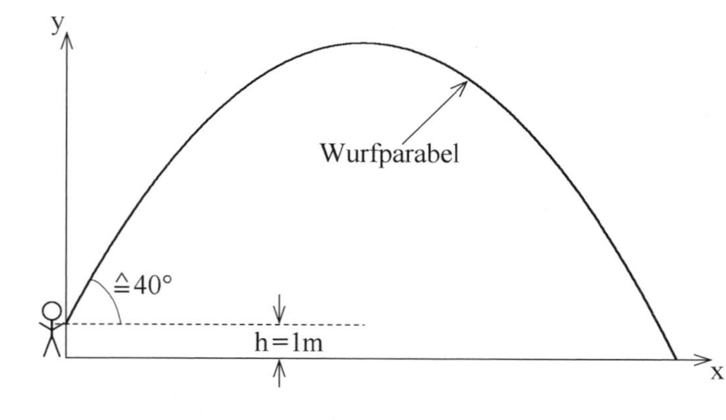


**Bild 1-2**
Darstellung eines Wasserbogens, wie er beim Spritzen mit einem Gartenschlauch erzeugt wird. Er beschreibt eine Wurfparabel, deren mathematische Funktion bestimmt werden soll. Anmerkung: In der nebenstehenden Skizze ist die Längenskala an der Abszisse anders als an der Ordinate, deshalb sieht der Startwinkel auf dem Papier nicht wie 40° aus.

## Lösung zu 1.5

Lösungsstrategie:

(a.) Der Wasserstrahl beschreibt eine Wurfparabel, die man am leichtesten bekommt, indem man die x- und die y- Koordinate der Bahnkurve in Parameterdarstellung (als Funktion der Zeit $t$) aufstellt und anschließend durch Elimination des Parameters $t$ den Zusammenhang zwischen x und y findet.

(b.) Dazu bestimmt man die in Bild 1-2 ersichtliche Nullstelle der Wurfparabel.

Lösungsweg, explizit:

(a.) Da in x-Richtung eine gleichförmige Bewegung vorliegt, in y-Richtung jedoch eine Bewegung mit konstanter Beschleunigung, beschreibt man die Bahnkurve als

$$\vec{s}(t) = \begin{pmatrix} x(t) \\ y(t) \end{pmatrix} = \begin{pmatrix} s_{ox} + v_{ox} \cdot t \\ s_{oy} + v_{oy} \cdot t - \frac{1}{2} g t^2 \end{pmatrix}$$ 2 P

mit den Startwerten $\underbrace{\vec{s}_0 = \begin{pmatrix} s_{ox} \\ s_{oy} \end{pmatrix} = \begin{pmatrix} 0m \\ 1m \end{pmatrix}}_{\text{Startort}}$ und $\underbrace{\vec{v}_0 = \begin{pmatrix} v_{ox} \\ v_{oy} \end{pmatrix} = \begin{pmatrix} 20\frac{m}{s} \cdot \cos(40°) \\ 20\frac{m}{s} \cdot \sin(40°) \end{pmatrix}}_{\text{Startgeschwindigkeit}}$. 1 P

Da die Wurfparabel explizit als Funktion $y = y(x)$ gefragt ist, müssen wir danach auflösen. Am einfachsten gelingt dies, wenn wir einen Zusammenhang zwischen der Zeit und x-Koordinate herstellen: Wegen $s_{ox} = 0$ ist $x = v_{ox} \cdot t \Rightarrow t = \frac{x}{v_{ox}}$. 1 P

Setzt man den Parameter $t$ in die y-Komponente von $\vec{s}(t)$ ein, so erhält man

$$y = s_{oy} + v_{oy} \cdot \frac{x}{v_{ox}} - \frac{1}{2} g \left( \frac{x}{v_{ox}} \right)^2 = \frac{-g}{2v_{ox}^2} \cdot x^2 + \frac{v_{oy}}{v_{ox}} \cdot x + s_{oy} .$$

Dies ist die gesuchte explizite Angabe der Wurfparabel. 2 P

Will man die Wurfparabel zeichnen (wie dies in Bild 1-2 geschehen ist), so muss man die Zahlenwerte einsetzen und bekommt

$$y(x) = \frac{-9.80665\frac{m}{s^2}}{2 \cdot \left(20\frac{m}{s} \cdot \cos(40°)\right)^2} \cdot x^2 + \frac{20\frac{m}{s} \cdot \sin(40°)}{20\frac{m}{s} \cdot \cos(40°)} \cdot x + 1m \overset{TR}{\approx} \frac{-0.020889}{m} \cdot x^2 + 0.8391 \cdot x + 1m .$$ 1 P

(b.) Die Nullstellen dieser Wurfparabel erhält man durch Anwendung der pq-Formel zu

$$y(x) \overset{TR}{\approx} \frac{-0.020889}{m} \cdot x^2 + 0.8391 \cdot x + 1m = 0 \Rightarrow x^2 - \frac{0.8391m}{0.020889} \cdot x - \frac{1m^2}{0.020889} = 0 ,$$

$$\Rightarrow x_{1/2} \overset{TR}{\approx} \frac{0.8391m}{2 \cdot 0.020889} \pm \sqrt{\left( \frac{0.8391m}{2 \cdot 0.020889} \right)^2 + \frac{1m^2}{0.020889}} \overset{TR}{\approx} 20.084m \pm 21.242m ,$$

$$\Rightarrow x_1 \overset{TR}{\approx} -1.158m \text{ und } x_2 \overset{TR}{\approx} 41.326m .$$ 3 P

Da der negative Wert einer Extrapolation der Parabel nach links entspricht, ist der gefragte Wert der andere. Der Wasserschlauch spritzt also $41.326m$ weit. Das reicht bis in Nachbars Garten. 1 P

## Aufgabe 1.6 Bahnkurve in Parameterform

| | | | |
|---|---|---|---|
| (a., b.) je 3 Min. | | Punkte | (a., b.) je 1 P |
| (c.) 2 Min. | | | (c.) 1 P |

Die Bewegung eines Massepunktes in der xy-Ebene werde beschrieben durch die Bahnkurve

$$\vec{s}(t) = \begin{pmatrix} R \cdot \cos(\omega t) \\ R \cdot \sin(\omega t) \end{pmatrix}.$$

(a.) Geben Sie den Vektor und den Betrag der Geschwindigkeit der Bewegung an.
(b.) Geben Sie den Vektor und den Betrag der Beschleunigung der Bewegung an.
(c.) Welche geometrische Form beschreibt die Gestalt der Bahnkurve?

## Lösung zu 1.6

Lösungsstrategie:

Geschwindigkeit und Beschleunigung erhält man durch fortgesetztes Ableiten des Ortsvektors (der Bahnkurve) nach der Zeit. Die Betragsbildung ist eine bekannte mathematische Operation.

Lösungsweg, explizit:

(a.) Der Vektor der Geschwindigkeit ist $\vec{v}(t) = \frac{d}{dt}\vec{s}(t) = \begin{pmatrix} -R \cdot \omega \cdot \sin(\omega t) \\ R \cdot \omega \cdot \cos(\omega t) \end{pmatrix}$. Sein Betrag lautet

$$v(t) = \sqrt{(-R \cdot \omega \cdot \sin(\omega t))^2 + (R \cdot \omega \cdot \cos(\omega t))^2} = \sqrt{R^2 \cdot \omega^2 \cdot \underbrace{(\sin^2(\omega t) + \cos^2(\omega t))}_{=1}} = R \cdot \omega .$$

1 P

(b.) Der Vektor der Beschleunigung ist $\vec{a}(t) = \frac{d}{dt}\vec{v}(t) = \begin{pmatrix} -R \cdot \omega^2 \cdot \cos(\omega t) \\ -R \cdot \omega^2 \cdot \sin(\omega t) \end{pmatrix}$. Sein Betrag lautet

$$a(t) = \sqrt{\left(-R \cdot \omega^2 \cdot \cos(\omega t)\right)^2 + \left(-R \cdot \omega^2 \cdot \sin(\omega t)\right)^2} = \sqrt{R^2 \cdot \omega^4 \cdot \underbrace{(\cos^2(\omega t) + \sin^2(\omega t))}_{=1}} = R \cdot \omega^2 .$$

1 P

(c.) Am Betrag des Ortsvektors

$$s(t) = |\vec{s}(t)| = \sqrt{(R \cdot \sin(\omega t))^2 + (R \cdot \cos(\omega t))^2} = \sqrt{R^2 \cdot \underbrace{(\sin^2(\omega t) + \cos^2(\omega t))}_{=1}} = R$$

erkennt man den festen konstanten Bahnradius. Es handelt sich also um eine Kreisbahn. Wie man in Aufgabenteil (a.) sieht, ist die Winkelgeschwindigkeit der Kreisbewegung $\frac{v}{R} = \omega$ .

1 P

## Aufgabe 1.7 Geschwindigkeit, Reibung, Leistung

| 10 Min. | | Punkte 5 P |
|---|---|---|

Ein Auto (Masse $m = 2000\,kg$) vollführe aus Höchstgeschwindigkeit ($v_0 = 180\frac{km}{h}$) eine Vollbremsung. Der Bremsweg betrage $s = 200\,m$. Die Verzögerung (= bremsende Beschleunigung) ist aufgrund der Reibung der Gummireifen auf der Straße konstant.

Wie groß ist die maximal benötigte Bremsleistung (Ergebnis bitte in kW angeben)?

## Lösung zu 1.7

Lösungsstrategie:

(i.) Gleichförmige Verzögerung (= bremsende Beschleunigung) berechnen.
(ii.) Daraus folgt die bremsende Kraft auf das Auto.
(iii.) Daraus folgt Bremsleistung, deren Maximum zu Beginn des Bremsvorgangs auftritt.

Lösungsweg, explizit:

(i.) Konstante Verzögerung $a$ liefert den Bremsweg $s = \frac{1}{2}at^2$.

Wegen $a = \frac{v_0}{t}$ ist die Bremsdauer $t = \frac{v_0}{a}$ $\Rightarrow$ $s = \frac{1}{2}a \cdot t^2 = \frac{1}{2}a \cdot \left(\frac{v_0}{a}\right)^2 = \frac{v_0^2}{2a}$ $\Rightarrow$ $a = \frac{v_0^2}{2s}$. 2 P

(ii.) Die Bremskraft ist somit $F = m \cdot a = m \cdot \frac{v_0^2}{2s}$. 1 P

(iii.) Die maximale Leistung tritt bei maximaler Geschwindigkeit auf: $P_{max} = F \cdot v_0 = m \cdot \frac{v_0^3}{2s}$.

Zu guter Letzt können wir Werte einsetzen: $P_{max} = 2000\,kg \cdot \frac{\left(50\frac{m}{s}\right)^3}{2 \cdot 200\,m} = 625 \cdot 10^3\,kg\frac{m^2}{s^3} = 625\,kW$. 2 P

Die Bremse hat bei fast allen Autos eine höhere Leistung als der Motor.

## Aufgabe 1.8 Beschleunigung und Energieerhaltung

| 10 Min. | | Punkte 5 P |
|---|---|---|

Zur Leistungsfähigkeit menschlicher Muskulatur: Manche Spitzensportler können aus dem Stand derart hoch springen, dass ihr Schwerpunkt sich um 1.20 Meter hebt. Nehmen wir an, die Beinmuskulatur habe dafür einen Anlaufweg von 60 Zentimetern zur Verfügung nach dessen Beendigung die Füße den Boden verlassen und das in der Aufgabe zu betrachtende Hochheben des Schwerpunktes beginne.

Die von der Muskulatur zur Verfügung gestellte Kraft sei konstant.

Frage: Das Wievielfache der Erdbeschleunigung müssen die Beinmuskeln dabei leisten?

## Lösung zu 1.8

Lösungsstrategie:

Vorgehen in zwei Schritten:

(i.) Wegen der Konstanz der Muskelkraft ist die Beschleunigung vor dem Absprung gleichförmig.

(ii.) Die Geschwindigkeit beim Abspringen ergibt sich aus der Energieerhaltung, weil nach dem Absprung nur noch kinetische Energie in potentielle umgewandelt wird. Wenn die Füße den Boden verlassen haben, kann keine Energie mehr zugeführt werden.

Lösungsweg, explizit:

Weil wir für Schritt (i.) das Ergebnis aus Schritt (ii.) brauchen, fangen wir mit dem letztgenannten an. Gleichsetzen der kinetischen Energie mit der potentiellen führt zu $\frac{1}{2} m v_{max}^2 = m \cdot g \cdot h \Rightarrow v_{max} = \sqrt{2 \cdot g \cdot h} \quad (*1)$,

1 P wobei $v_{max}$ die Geschwindigkeit vor dem Absprung ist, $g$ die Erdbeschleunigung und $h$ die Flughöhe.

Es folgt Schritt (i.). Wir setzen $v_{max}$ in (i.) ein, wobei $s$ die Beschleunigungsstrecke vor dem Absprung ist, $t$ die Dauer des Beschleunigungsvorganges und $a$ die Beschleunigung.

$$\left.\begin{array}{l} s = \frac{1}{2} a t^2 \\ v_{max} = a \cdot t \end{array}\right\} \Rightarrow s = \frac{1}{2} \frac{v_{max}}{t} \cdot t^2 = \frac{1}{2} v_{max} \cdot t \Rightarrow t = \frac{2 \cdot s}{v_{max}} \quad (*2)$$

2 P

Abermals wegen $v_{max} = a \cdot t$ folgt aus $(*2)$: $\frac{v_{max}}{a} = t = \frac{2 \cdot s}{v_{max}} \Rightarrow a = \frac{v_{max}^2}{2 \cdot s}$

1 P

Dort können wir $v_{max}$ nach $(*1)$ einsetzen $\Rightarrow a = \frac{2 \cdot g \cdot h}{2 \cdot s} = \frac{g \cdot 1.20m}{0.6m} = 2 \cdot g \overset{TR}{\approx} 19.6133 \frac{m}{s^2}$

1 P Die gefragte Beschleunigung $a$ ist also das Doppelte der Erdbeschleunigung. Dies leisten die Muskeln und dazu für das Halten des Körpergewichts die einfache Erdbeschleunigung – das gibt zusammen das Dreifache der Erdbeschleunigung.

## Aufgabe 1.9 Beschleunigte Rotationsbewegung

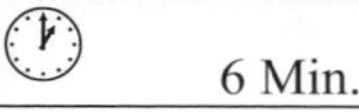

6 Min. | Punkte 4 P

Der Rotor einer Turbine werde innerhalb von 60 *Sekunden* aus dem Stillstand auf eine Drehzahl von $3000 \, {}^{U}\!/_{\min}$ hochgefahren. Wir gehen von einer konstanten Winkelbeschleunigung aus.

(a.) Wie viele Umdrehungen macht der Rotor beim Hochfahren?

(b.) Wie groß ist dabei die (konstante) Winkelbeschleunigung?

## ▾ Lösung zu 1.9

Lösungsstrategie:
Für viele Studierende gelingt die Lösung von Fragestellungen der Rotationsbewegung am einfachsten, wenn sie sich eine analoge Fragestellung in einer geradlinigen Bewegung vorstellen und vorab diese lösen. Sobald der Lösungsweg der geradlinigen Bewegung klar ist, überträgt man diesen dann auf die Fragestellung der Kreisbewegung. Wir üben diese Vorgehensweise anhand der vorliegenden Aufgabe.

Lösungsweg, explizit:
Eine gleichförmig beschleunigte geradlinige Bewegung lässt sich beschreiben mit den Formeln $s(t)=\frac{1}{2}at^2$, wobei $s$ = zurückgelegte Strecke und $a = \frac{v}{t}$ = konstante Beschleunigung (mit $v$= Geschwindigkeit und $t$ = Zeit).

Die in Analogie aufzustellenden Formeln der Rotationsbewegung lauten dann:

$\varphi(t) = \frac{1}{2}\alpha t^2$, wobei $\varphi$= Drehwinkel und $\alpha = \frac{\omega}{t}$ = konstante Winkelbeschleunigung (mit $\omega$= Winkelgeschwindigkeit). 2 P

Setzt man die Größen der Aufgabenstellung ein

($t$=60sec. und dazu $\omega=3000\frac{Umdrehungen}{Minute}=3000\cdot\frac{2\pi\ rad}{60\ \text{sec.}}=100\cdot\pi\frac{rad}{\text{sec.}}$), so erhält man:

(a.) $\varphi(t) = \frac{1}{2}\alpha t^2 = \frac{1}{2}\cdot\left(\frac{\omega}{t}\right)\cdot t^2 = \frac{1}{2}\omega t = \frac{1}{2}\cdot 100\,\pi\frac{rad}{\text{sec.}}\cdot 60\,\text{sec.} = 1500\cdot 2\pi\,rad = 1500\ Umdrehungen$. 1 P

(b.) Die Winkelbeschleunigung lautet $\alpha = \frac{\omega}{t} = 100\cdot\pi\frac{rad}{\text{sec.}}\cdot\frac{1}{60\text{sec.}} = \frac{5}{3}\pi\frac{rad}{\text{sec.}^2} \overset{TR}{\approx} 5.236\frac{rad}{\text{sec.}^2}$. 1 P

## Aufgabe 1.10 Drehimpuls und Rotationsenergie

15 Min. 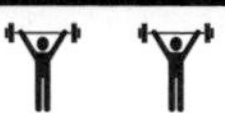 Punkte 8 P

Ein beliebtes Kunststück bei Eiskunstläufern ist die sehr schnelle Drehung um die eigene Achse. Die Technik dazu kann man sich wie folgt vorstellen: Man beginnt mit gerade gehaltenem Körper (zur Vereinfachung der Berechnungen) und weit nach außen gestreckten Armen und dreht sich dabei so schnell man kann. Dann zieht man die Arme senkrecht über den Kopf, um deren Rotationsradius zu minimieren. Dadurch erhöht sich die Winkelgeschwindigkeit spürbar.

Betrachten wir hierzu ein Zahlenbeispiel. Gegeben seien:

Rotationsträgheitsmoment des gerade gehaltenen Körpers: $J_K = 5\,kg\cdot m^2$

Rotationsträgheitsmoment eines nach außen gestreckten Armes: $J_A = 4\,kg\cdot m^2$

Rotationsträgheitsmoment eines nach innen gezogenen Armes: $J_I = 0.5\,kg\cdot m^2$

Drehfrequenz bei nach außen gestreckten Armen entsprechend 1 Umdrehung pro Sekunde

Gesucht ist: Die Drehfrequenz bei nach innen gezogenen Armen.

Hinweis: Überlegen Sie welche der beiden Größen erhalten ist – Drehimpuls oder Rotationsenergie?

Zusatzfrage: Berechnen Sie auch, um wie viel sich die nicht erhaltene der beiden Größen durch das Anziehen der Arme verändert.

## Lösung zu 1.10

Lösungsstrategie:

Bevor wir Formeln für die Berechnung aufstellen können, müssen wir dem Hinweis der erhaltenen bzw. nicht erhaltenen Größen nachgehen. Erhalten ist der Drehimpuls, verändert wird die Rotationsenergie. Beim Anziehen der Arme wird Arbeit verrichtet, sodass sich die Rotationsenergie erhöht. Dass der Impuls die erhaltene Größe ist, ist auch klar, denn Impulse und Drehimpulse können ohne Wechselwirkung mit der Umgebung nicht verändert werden (was hier der Fall ist).

2 P Damit planen wir den Rechenweg: Drehimpuls vor dem Anziehen der Arme berechnen. Das Trägheitsmoment verringert sich beim Anziehen der Arme, der Drehimpuls bleibt. Zum Ausgleich muss sich die Winkelgeschwindigkeit erhöhen.

Lösungsweg, explizit:

Mit Index „1" für den Zustand vor dem Anziehen der Arme und Index „2" für den Zustand nach dem Anziehen der Arme schreiben wir die Erhaltung des Drehimpulses $L$ hin:

1 P $L_1 = L_2 \Rightarrow J_1 \cdot \omega_1 = J_2 \cdot \omega_2$ , mit $\omega =$ Winkelgeschwindigkeit

1 P $(*1)$ und $J_1 = J_K + 2 \cdot J_A = 5kg \cdot m^2 + 2 \cdot 4kg \cdot m^2 = 13\ kg \cdot m^2$

1 P sowie $J_2 = J_K + 2 \cdot J_I = 5kg \cdot m^2 + 2 \cdot 0.5kg \cdot m^2 = 6\ kg \cdot m^2$.

Die Drehimpulserhaltung $(*1)$ lösen wir auf nach $\omega_2$ und erhalten $\omega_2 = \omega_1 \cdot \frac{J_1}{J_2} = \frac{13}{6}$.

Das Verhältnis der Winkelgeschwindigkeiten ist mit dem Verhältnis der Rotationsfrequenzen identisch (denn $\omega = 2\pi \cdot f$), also ist die Drehfrequenz bei nach innen gezogenen Armen $\frac{13}{6} \cdot 1 \frac{\text{Umdrehung}}{\text{sec.}} \overset{TR}{\approx} 2.17$ Umdrehungen pro Sekunde.

1 P

In der Aufgabenstellung ist noch quantitativ nach der Veränderung der nicht erhaltenen Größe der Rotationsenergie gefragt. Dazu berechnen wir diese in beiden Zuständen:

$$W_{Rot,1} = \frac{1}{2} J_1 \cdot \omega_1^2 = \frac{1}{2} J_1 \cdot \left(\frac{2\pi}{T_1}\right)^2 = \frac{1}{2} \cdot 13kg \cdot m^2 \cdot \left(\frac{2\pi}{1s}\right)^2 \overset{TR}{\approx} 256.6J$$

1 P

$$W_{Rot,2} = \frac{1}{2} J_2 \cdot \omega_2^2 = \frac{1}{2} J_2 \cdot \left(\frac{2\pi}{T_2}\right)^2 = \frac{1}{2} \cdot 6kg \cdot m^2 \cdot \left(\frac{2\pi}{\frac{6}{13}s}\right)^2 \overset{TR}{\approx} 556.0J$$

1 P

Tatsächlich wird durch das Anziehen der Arme die Rotationsenergie um 299.4 Joule erhöht, was gegenüber dem Zustand „1" mehr als eine Verdoppelung bedeutet.

## Aufgabe 1.11 Zentrifugalkraft

| 15 min | | Punkte 7 P |
|---|---|---|

Bei einer Achterbahn läuft ein Wagen durch einen Looping mit einem Durchmesser von 15 Metern. Am höchsten Punkt (Köpfe der Fahrgäste nach unten) soll die Geschwindigkeit so groß sein, dass die Fahrgäste mit einfacher Erdbeschleunigung in ihre Sitze gedrückt werden.

Frage: Wie schnell ist der Wagen bei der Ausfahrt aus dem Looping an dessen unterem Ende?

(Vernachlässigen Sie die Reibung.) Zur Veranschaulichung betrachte man die Situation in Bild 1-3.

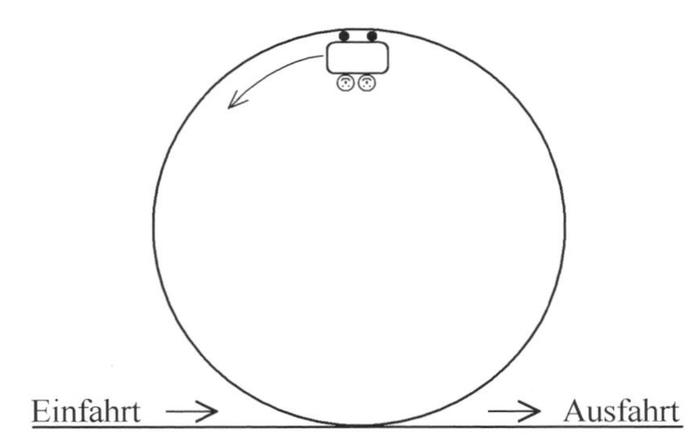


**Bild 1-3**
Veranschaulichung einer Achterbahn, in der ein Wagen einen Looping fährt. Im Bild ist die Wagenposition im obersten Punkt markiert, bei der die Passagiere aufgrund der Zentrifugalkraft mit einfacher Erdbeschleunigung in ihre Sitze gedrückt werden sollen.

## Lösung zu 1.11

Lösungsstrategie:

Wir gliedern die Aufgabe in die drei folgenden Schritte:

In ersten Schritt berechnen wir die Geschwindigkeit ( $\vec{v}$ ), die im obersten Punkt nötig ist, damit die in der Aufgabenstellung geforderte Zentrifugalkraft auftritt. Die dazu gehörige kinetische Energie berechnen wir ebenfalls.

Im zweiten Schritt berechnen wir die potentielle Energie im obersten Punkt der Wagenbahn.

Im dritten Schritt summieren wir die beiden Energien aus den ersten beiden Schritten. Diese Summe muss der kinetischen Energie am Ausgang des Loopings entsprechen und erlaubt die Angabe der Geschwindigkeit eben dort.

Lösungsweg, explizit:

Erster Schritt → Am höchsten Punkt wirkt die Zentrifugalkraft ( $\vec{F}_Z$ ) genau in die entgegengesetzte Richtung wie die Schwerkraft ( $\vec{F}_g$ ). Da die Vektorsumme aus beiden in Richtung der Zentrifugalkraft zeigen muss, der Betrag der Vektorsumme aber (laut Aufgabenstellung) genauso groß sein soll wie der Betrag der Schwerkraft, muss die Zentrifugalkraft dem Betrage nach doppelt so groß sein wie der Betrag der Schwerkraft. Beträge sind durch Weglassen der Vektorpfeile markiert: 1 P

$F_z = 2 \cdot F_g \Rightarrow \frac{m \cdot v^2}{r} = 2 \cdot m \cdot g \Rightarrow v^2 = 2rg =$ Quadrat der Geschwindigkeit im höchsten Punkt

1 P mit $r = 7.5\,m$ als Radius des Loopings und $g =$ Erdbeschleunigung.

1 P Die zugehörige kinetische Energie ist $W_{kin} = \frac{1}{2} m v^2 = \frac{1}{2} m \cdot 2rg = m \cdot r \cdot g$.

1 P Zweiter Schritt → Die potentielle Energie im höchsten Punkt ist $W_{pot} = m \cdot g \cdot 2r$.

Dritter Schritt → Bei der Ausfahrt aus dem Looping ist die Summe beider Energien in kinetische Energie umgewandelt entsprechend der Berechnung

$$W_{exit} = W_{kin} + W_{pot} = mrg + 2mrg = 3 \cdot mrg = \frac{1}{2} \cdot m \cdot v_{exit}^2 \quad \Rightarrow \quad v_{exit}^2 = 6rg \quad \Rightarrow \quad v_{exit} = \sqrt{6rg}\,.$$

2 P

Setze man Zahlen ein, so erhält man

$$v_{exit} = \sqrt{6rg} = \sqrt{6 \cdot 7.5m \cdot 9.80665 \tfrac{m}{s^2}} \overset{TR}{\approx} 21.007 \tfrac{m}{s} \overset{TR}{\approx} 75.6 \tfrac{km}{h}\,.$$

1 P

Mit dieser Geschwindigkeit verlässt der Wagen bei der Ausfahrt den Looping.

## Aufgabe 1.12 Drehmomente beim Abrollen eines Fadens

| 23 Min. | | Punkte 9 P |
|---|---|---|

Betrachten wir eine besondere Art des Auf- und Abrollens eines Nähfadens von einer Fadenrolle. Die Situation ist in Bild 1-4 illustriert. Die Rolle liegt auf einer Tischplatte, am Faden wird seitlich gezogen, und zwar so schwach, dass die Rolle nicht verrutscht (also nicht mit Reibung über den Tisch schleift) sondern sich nur drehen und rollen kann. Ansonsten schenken Sie bitte der Reibung keine weitere Beachtung.

Zieht man den Faden flach über die Platte (Position „1"), so bewegt sich die Rolle auf den Faden zu, der Faden rollt sich dabei auf. Hält man hingegen den Faden beim Ziehen steil nach oben (Position „2"), so bewegt sich die Rolle vom Faden weg, sodass dieser sich abrollt. Logischerweise muss es zwischen beiden Zuständen eine Grenze geben, bei der sich der Faden weder auf noch abrollt („3"). Die Rolle bleibt dann stehen, weil die Kraft nicht reicht, um die Rolle über die Tischplatte zu schleifen. Den Winkel $\alpha$ zu dieser Grenzposition berechnen Sie bitte.

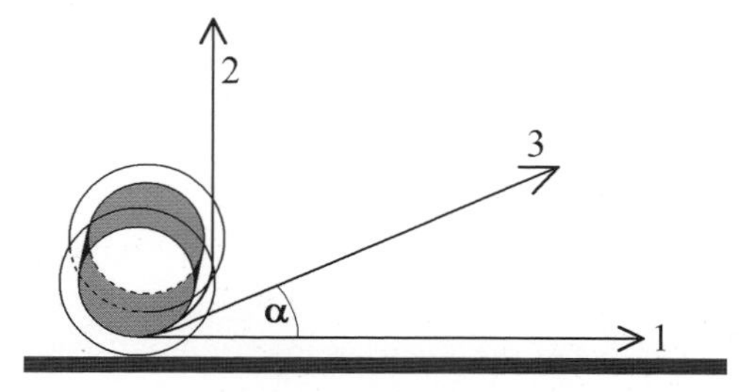


**Bild 1-4**
Garnrolle, die auf einer Tischplatte rollen kann.
Der Faden läuft über einen inneren Spulenkörper mit einem Durchmesser von $2 \cdot r_i = 2cm$.
Die Rolle läuft auf dem Tisch über den Spulenrand mit einem äußeren Durchmesser von $2 \cdot r_a = 3cm$

## Lösung zu 1.12

Lösungsstrategie:

Zwei Kräfte wirken. Nach rechts zieht der Faden die Spule – diese Kraft liefert in Fadenposition „1“ die einzig wirkende Ursache für eine Bewegung. Ein Drehmoment, welches die Spule in Rotation nach links versetzt, ist bei Fadenposition „2“ die alleinig wirkende Ursache für eine Bewegung. Bei allen Positionen zwischen „1“ und „2“ (wie z.B. bei „3“) entscheidet die Überlagerung aus beiden Kräften über die Richtung der Bewegung. 3 P

Lösungsweg, explizit:

▪ Um bei Fadenposition „3“ den nach rechts ziehenden Anteil der Kraft zu ermitteln, wird die Zugkraft $F$ vektoriell in Komponenten zerlegt. Nach rechts wirkt der Anteil $F_R = F \cdot \cos(\alpha)$. Der Anteil $F_\perp = F \cdot \sin(\alpha)$ könnte nur die Rolle etwas anheben, kommt aber nicht gegen die Schwerkraft an. 2 P

▪ Der Anteil, der die Spule nach links rotieren lässt, ergibt sich aus dem Drehmoment, welches der Faden auf den Spulenkörper ausübt, den er wie eine Achse dreht. Wegen der Erhaltung des Drehmoments ist das Drehmoment am Spuleninnenkörper dasselbe wie am Spulenaußenrand:

$F_L \cdot r_a = F \cdot r_i \;\Rightarrow\; F_L = \frac{F \cdot r_i}{r_a}$. Darin ist $F_L$ die nach links wirkende Kraft. 2 P

▪ In Summe wirken beide Kräfte, $F_R$ nach rechts und $F_L$ nach links. Diejenige Kraft, die dominiert, verleiht der Spule ihre Bewegungsrichtung. Der Grenzfall ohne Bewegung der Spule liegt dann bei $F_R = F_L \;\Rightarrow\; F \cdot \cos(\alpha) = \frac{F \cdot r_i}{r_a} \;\Rightarrow\; \alpha = \arccos\left(\frac{r_i}{r_a}\right) = \arccos\left(\frac{2 \cdot 2\,cm}{2 \cdot 3\,cm}\right) \overset{TR}{\approx} 48.19°$.

Da laut Vorgabe der Aufgabenstellung so schwach zu ziehen ist, dass die Spule nicht über den Tisch schleift, bleibt sie bei diesem Zugwinkel einfach stehen. 2 P

## Aufgabe 1.13 Schwerpunkt eines Zweikörpersystems

| | | Punkte | |
|---|---|---|---|
| (a.) 10 Min. | | | (a.) 5 P |
| (b.) 15 Min. | | | (b.) 8 P |

Die Erde dreht sich nicht um ihren Mittelpunkt, sondern um den gemeinsamen Schwerpunkt des Systems aus Erde und Mond (siehe Bild 1-5.)

(a.) Wie weit ist der gemeinsame Schwerpunkt Erde – Mond vom Erdmittelpunkt entfernt? Bestimmen Sie zur Beantwortung dieser Frage den in Bild 1-5 mit „x“ markierten Abstand. Hinweis: Einzusetzende Größen findet man in Kapitel 11.0.

(b.) Sowohl die Rotation der Erde als auch die Rotation des Mondes wird um den gemeinsamen Schwerpunkt vollführt. Erklären Sie auf dieser Basis das Zustandekommen der Gezeiten. Warum beträgt deren Periodendauer 12 Stunden und 25 Minuten ? Im Verlaufe des Monats sind die Gezeiten unterschiedlich stark (Springtiden und Nipptiden) – warum?

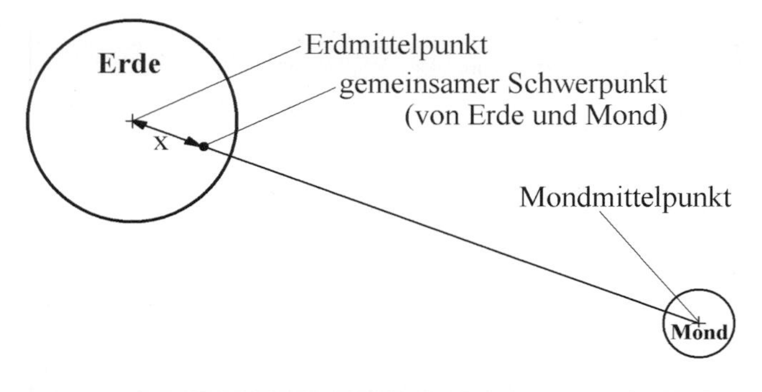


**Bild 1-5**
Schaubild zur Bestimmung der Lage des gemeinsamen Schwerpunkts des Zweikörpersystems aus Erde und Mond.
Das Bild ist nicht maßstäblich.

## ▾ Lösung zu 1.13

Lösungsstrategie:

(a.) Der Ortsvektor $\vec{r}_s$ zum Schwerpunkt eines Systems aus $n$ Massepunkten ist definiert gemäß $\vec{r}_S = \frac{m_1 \cdot \vec{r}_1 + m_2 \cdot \vec{r}_2 + \ldots + m_n \cdot \vec{r}_n}{m_1 + m_2 + \ldots + m_n}$.

2 P Wir setzen $n = 2$ ein und berechnen den gesuchten Schwerpunkt.

(b.) Hierzu sind außer den Gravitationskräften auch noch die Zentrifugalkräfte zu berücksichtigen, die auf die Rotation der Erde um den in (a.) berechneten Schwerpunkt zurückgehen.

Lösungsweg, explizit:

(a.) Am leichtesten gelingt die Lösung, wenn man den Koordinatenursprung im Erdmittelpunkt festlegt und die x-Achse zum Mittelpunkt des Mondes zeigen lässt. Dann lautet der Ortsvektor des Schwerpunktes in Komponentenschreibweise

2 P $$\vec{r}_S = \begin{pmatrix} x \\ 0 \\ 0 \end{pmatrix} = \frac{m_E \cdot \vec{r}_E + m_M \cdot \vec{r}_M}{m_E + m_M}$$ mit $m_E$ = Erdmasse, $m_M$ = Mondmasse, $R$ = Abstand Erde-Mond

1 P $$\Rightarrow \quad x = \frac{m_E \cdot 0 + m_M \cdot R}{m_E + m_M} = R \cdot \frac{m_M}{m_E + m_M} = 384000\,km \cdot \frac{7.348 \cdot 10^{22}\,kg}{5.9736 \cdot 10^{24}\,kg + 7.348 \cdot 10^{22}\,kg} \overset{TR}{\approx} 4666.1\,km\,.$$

(b.) Zur Unterstützung der Erklärung betrachte man Bild 1-6.

2 P

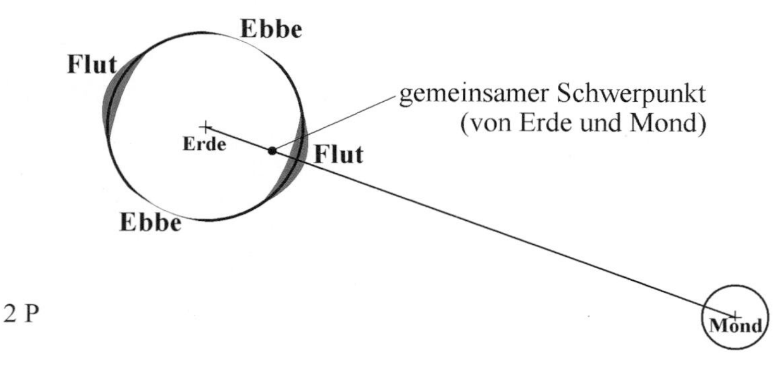


**Bild 1-6**
Schaubild zur Entstehung der Gezeiten.
Auf der dem Mond zugewandten Seite sieht man ebenso einen Flutberg wie auf der dem Mond abgewandten Seite.
Dort wo das Wasser, welches die Flutberge bildet fehlt, ist Ebbe.
Das Bild ist nicht maßstäblich.

Das Wasser kann an der Erdoberfläche fließen. Aufgrund der Anziehung des Mondes (Gravitation) bildet sich daher ein Flutberg auf der dem Mond zugewandten Seite. Des Weiteren bildet sich ein zweiter Flutberg aufgrund der Rotation der Erde um den gemeinsamen Schwerpunkt des Systems Erde-Mond genau dort, wo die Zentrifugalkräfte am größten sind. Dies ist die Stelle, die am weitesten vom Rotationsmittelpunkt (also dem gemeinsamen Schwerpunkt) entfernt liegt, also die dem Mond abgewandte Seite. 2 P

Das Zustandekommen der Periodendauer von 12 Stunden und 25 Minuten hat seinen Grund in der gleichzeitigen Bewegung von Erde und Mond, und zwar wie folgt: Während die Erde relativ zur Sonne eine Umdrehung vollführt (= ein Tag), läuft der Mond auch ein Stück um die Erde (ganz genau um den gemeinsamen Schwerpunkt). Deshalb dauert eine Umdrehung der Erde relativ zum bewegten Mond nicht genau 24 Stunden sondern 24 Stunden und 50 Minuten. Da die Erde sich während dieser einen Umdrehung relativ zum Mond zweimal unter einem Flutberg und zweimal unter den zwischen den Flutbergen liegenden Ebben durchdreht, gibt es in der genannten Zeit zweimal Flut und zweimal Ebbe. Die Hälfte dieser Zeit, nämlich 12 Stunden und 25 Minuten ist also die Dauer einer Periode der Gezeiten. 2 P

Für das Zustandkommen der Spring- und Nipptiden sind zwei Ursachen verantwortlich. Die eine ist das Variieren des Abstandes zwischen Erde und Mond. Je kleiner dieser Abstand ist, um so stärker sind die Gravitationskräfte. Die andere ist der Einfluss der Sonne. Die Gravitationskräfte von Mond und Sonne, die auf das Wasser wirken, addieren sich vektoriell, sodass der Betrag der Gesamtkraft zwischen der Summe der beiden Einzelbeträge und deren Differenz variiert. 2 P

## Aufgabe 1.14 Schwerpunkt eines Vielkörpersystems

(a., b.) je 8 Min.
je nach Rechenweg

Punkte (a.) 3 P
(b.) 3 P

In Bild 1-7 sind Klebbauteile aus aneinander geklebten Holzwürfeln zu sehen, deren Schwerpunktslage innerhalb der eingezeichneten Koordinatensysteme Sie bitte bestimmen.

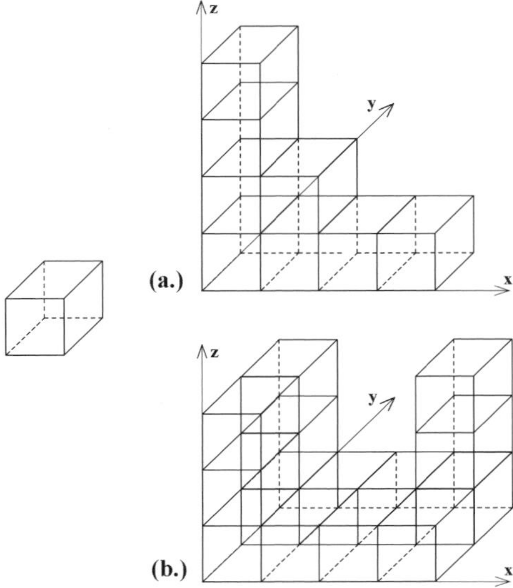


**Bild 1-7**
Links im Bild ist ein Holzwürfel der Kantenlänge 1 Meter zu sehen.
Daneben (a.,b.) sind solche Würfel zu Klebbauteilen aneinandergeklebt. Berechnen Sie die Lage der Schwerpunkte der beiden Klebbauteile, wenn der Koordinatenursprung jeweils in der äußerst linken unteren Ecke der Bauteile liegt.

## Lösung zu 1.14

Lösungsstrategie:

Zwar könnte man bei der Berechnung des Schwerpunktes beliebig geformter Körper über deren Volumen integrieren, aber das ist hier nicht nötig, denn man kann jeden einzelnen Würfel mit dessen Schwerpunkt und Masse in seinem Raummittelpunkt einsetzen. Es genügt also eine diskrete Summation über eine endliche Anzahl von Würfeln.

Im Prinzip kann man diese Summation über die einzelnen Massen und ihre Ortsvektoren für alle Würfel einzeln ausführen. Von Vorteil ist dabei die Tatsache, dass alle einzelnen Würfel gleich groß und gleich schwer sind. Dies ließe sich nach einem sturen Rechenschema wie ein Computerprogramm ausführen.

Wer allerdings an Arbeitseffektivität gewinnen will, kann Gruppen einzelner Würfel zusammenfassen, deren Schwerpunktsposition durch scharfes Nachdenken erkennbar ist und dadurch die Zahl der Summanden bei der Schwerpunktsberechnung verringern.

Lösungsweg, explizit:

Nach Definition liegt der Ortsvektor $\vec{r}_s$ des Schwerpunkts eines Systems aus $n$ Massepunkten bei der Position $\vec{r}_s = \frac{m_1 \cdot \vec{r}_1 + m_2 \cdot \vec{r}_2 + \ldots + m_n \cdot \vec{r}_n}{m_1 + m_2 + \ldots + m_n}$.

(a.) Summiert man über alle einzelnen Würfel, so ergibt sich aufgrund der Tatsache, dass der Schwerpunkt jedes einzelnen Teilwürfels immer in dessen Raummitte liegt

$$\vec{r}_a = \frac{1}{8 \cdot m_W} \cdot \left[ \begin{pmatrix} 0.5m \\ 0.5m \\ 0.5m \end{pmatrix} m_W + \begin{pmatrix} 1.5m \\ 0.5m \\ 0.5m \end{pmatrix} m_W + \begin{pmatrix} 2.5m \\ 0.5m \\ 0.5m \end{pmatrix} m_W + \begin{pmatrix} 3.5m \\ 0.5m \\ 0.5m \end{pmatrix} m_W + \begin{pmatrix} 0.5m \\ 0.5m \\ 1.5m \end{pmatrix} m_W + \begin{pmatrix} 1.5m \\ 0.5m \\ 1.5m \end{pmatrix} m_W + \begin{pmatrix} 0.5m \\ 0.5m \\ 2.5m \end{pmatrix} m_W + \begin{pmatrix} 0.5m \\ 0.5m \\ 3.5m \end{pmatrix} m_W \right]$$

$$= \frac{1}{8} \cdot \begin{pmatrix} 11m \\ 4m \\ 11m \end{pmatrix} = \begin{pmatrix} 11/8 \\ 1/2 \\ 11/8 \end{pmatrix} m \quad \text{für die Lage des Schwerpunktes in Aufgabenteil (a.)},$$

wobei $m_W$ die Masse jedes einzelnen Würfels ist, die nicht mit der Einheit $m$ wie Meter verwechselt werden möchte. Da alle Würfel gleich schwer sind, kürzt sich die Masse heraus.

Der alternative Rechenweg unter Zusammenfassung kleiner Gruppen ist bequemer:

3 P

$$\vec{r}_a = \frac{1}{8 \cdot m_W} \cdot \left[ \underbrace{\begin{pmatrix} 2.0m \\ 0.5m \\ 0.5m \end{pmatrix} \cdot 4 m_W}_{\text{unterste Zeile}} + \underbrace{\begin{pmatrix} 0.5m \\ 0.5m \\ 2.5m \end{pmatrix} \cdot 3 m_W}_{\text{linke Spalte ohne untersten Würfel}} + \underbrace{\begin{pmatrix} 1.5m \\ 0.5m \\ 1.5m \end{pmatrix} \cdot 1 m_W}_{\text{einzelner Würfel in Zeile 2, Spalte 2}} \right] = \frac{1}{8} \cdot \begin{pmatrix} 4 \cdot 2 + 3 \cdot 0.5 + 1.5 \\ 4 \cdot 0.5 + 3 \cdot 0.5 + 0.5 \\ 4 \cdot 0.5 + 3 \cdot 2.5 + 1.5 \end{pmatrix} m = \begin{pmatrix} 11/8 \\ 1/2 \\ 11/8 \end{pmatrix} m .$$

Man muss nur aufpassen, dass man jeden Teilwürfel genau einmal mitnimmt. Die Übereinstimmung der beiden Ergebnisse war bei der Musterlösung nicht anders zu erwarten.

(b.) Da die Anzahl der einzelnen Würfel ziemlich groß ist, wird hier nur der Rechenweg mit Gruppenbildung und einer geringen Anzahl von Summanden vorgeführt:

$$\vec{r}_b = \frac{1}{14 \cdot m_W} \cdot \left[ \underbrace{\begin{pmatrix} 2.0m \\ 1.0m \\ 0.5m \end{pmatrix} \cdot 8m_W}_{\text{8 Würfel am Boden}} + \underbrace{\begin{pmatrix} 0.5m \\ 1.0m \\ 2.0m \end{pmatrix} \cdot 4m_W}_{\text{linke Wand ohne Boden}} + \underbrace{\begin{pmatrix} 3.5m \\ 1.5m \\ 2.0m \end{pmatrix} \cdot 2m_W}_{\text{Säule rechts hinten ohne Boden}} \right] = \frac{1}{14} \cdot \begin{pmatrix} 8 \cdot 2.0 + 4 \cdot 0.5 + 2 \cdot 3.5 \\ 8 \cdot 1.0 + 4 \cdot 1.0 + 2 \cdot 1.5 \\ 8 \cdot 0.5 + 4 \cdot 2.0 + 2 \cdot 2.0 \end{pmatrix} m$$

$$= \begin{pmatrix} 25/14 \\ 15/14 \\ 16/14 \end{pmatrix} m = \begin{pmatrix} 25/14 \\ 15/14 \\ 8/7 \end{pmatrix} m \quad \text{für die Lage des Schwerpunktes in Aufgabenteil (b.)}.$$

3 P

Bei der „linken Wand“ und bei der „Säule rechts hinten“ sind die Würfel, die direkt am Boden liegen, nicht mitzurechnen, da diese bereits mit der Partie „8 Würfel am Boden“ erfasst wurden.

# Aufgabe 1.15 Ballistisches Pendel

| 17 Min. | | Punkte 9 P |
|---|---|---|

Das ballistische Pendel dient dem Zweck, die Geschwindigkeit eines Geschosses bestimmen zu können. Dazu wird das Geschoss in einen Auffangkörper hineingeschossen, der an einem Faden pendelnd aufgehängt ist (siehe Bild 1-8). Aus dem maximalen Auslenkungswinkel $\varphi$ des Fadens schließt man dann zurück auf die Geschwindigkeit des Geschosses vor dem Auftreffen. Dies tun Sie bitte für die in Bild 1-8 gegebenen Beispielwerte.

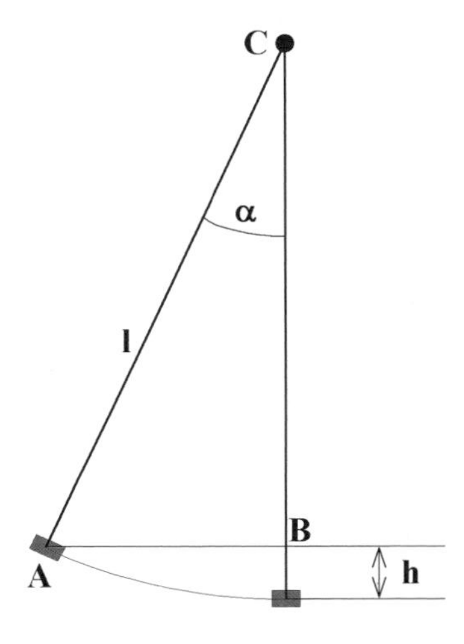


**Bild 1-8**
Ballistisches Pendel. An einem (in Näherung masselosen) Faden der Länge $l = 214cm$ hängt ein Probekörper der Masse $m_2 = 230g$, der als Auffangkörper dient. Auf den Probekörper trifft ein Geschoss der Masse $m_1 = 0.55g$, was den Faden dazu bewegt, sich um den Winkel $\alpha = 3.5°$ auszulenken (und danach eine pendelnde Bewegung zu vollführen, die für die vorliegende Aufgabe nicht weiter von Bedeutung ist).

## Lösung zu 1.15

Lösungsstrategie:

Lösungsweg in zwei Schritten:

(i.) Das Geschoss gibt seinen Schwung an den Auffangkörper weiter.

Aber was ist mit dem diffusen Begriff „Schwung“ gemeint? Arbeitet man mit Energieerhaltung oder mit Impulserhaltung?

Antwort: Impulserhaltung ist erfüllt, Energieerhaltung ist nicht erfüllt.

1 P Begründung: Beim Auftreffen des Geschosses wird kinetische Energie in Verformungsarbeit umgewandelt, die sich der direkten Messung entzieht. (Man könnte sie nur indirekt berechnen, wenn man die kinetische Energie des Geschosses aus der Auswertung der Impulserhaltung bestimmt hat.)

1 P (ii.) Das nunmehr „auf Schwung gebrachte“ Pendel wird ausgelenkt. Dabei gilt dann die Energieerhaltung, wobei die kinetische Energie zu Beginn der Pendelauslenkung in potentielle Energie umgewandelt wird. Das ist typisch für ein Fadenpendel.

Lösungsweg, explizit:

(zu i.) In unserem Bsp. formuliert sich die Impulserhaltung wie folgt: $m_1 \cdot v_G = (m_1 + m_2) \cdot v_P$

Dabei ist $v_G$ die Geschwindigkeit des Geschosses vor dem Auftreffen und $v_P$ die Geschwindigkeit des Pendels nach dem Aufnehmen des Geschosses.

1 P Nach $v_G$ aufgelöst erhalten wir $v_G = \frac{m_1 + m_2}{m_1} \cdot v_P$. $(*1)$

1 P (zu ii.) Schreiben wir die Energieerhaltung kurz als $m \cdot g \cdot h = \frac{1}{2} m v_P^2$ $(*2)$, so ist $m = m_1 + m_2$.

Die Höhe $h$ bestimmen wir aus dem Winkel $\alpha$, der im Dreieck ABC nach Definition des Kosinus abgelesen werden kann:

$$\cos(\alpha) = \frac{\text{Ankathete}}{\text{Hypothenuse}} = \frac{l-h}{l} \quad \Rightarrow \quad l - h = l \cdot \cos(\alpha) \quad \Rightarrow \quad h = l - l \cdot \cos(\alpha) = l \cdot (1 - \cos(\alpha)).$$

Mit diesem $h$ folgt aus $(*2)$

3 P

$$g \cdot h = \frac{1}{2} v_P^2 \quad \Rightarrow \quad g \cdot l \cdot (1 - \cos(\alpha)) = \frac{1}{2} v_P^2 \quad \Rightarrow \quad v_P = \sqrt{2 \cdot g \cdot l \cdot (1 - \cos(\alpha))},$$

woraus wir nach $(*1)$ auf die Geschwindigkeit des Geschosses rückschließen können:

1 P

$$v_G = \frac{m_1 + m_2}{m_1} \cdot v_P = \frac{m_1 + m_2}{m_1} \cdot \sqrt{2 \cdot g \cdot l \cdot (1 - \cos(\alpha))}.$$

1 P Setzen wir die Werte der Aufgabenstellung, gegeben in Bild 1-8 ein, so erhalten wir als Ergebnis $v_G = \frac{0.55\,g + 230\,g}{0.55\,g} \cdot \sqrt{2 \cdot 9.80665 \frac{m}{s^2} \cdot 2.14\,m \cdot (1 - \cos(3.5°))} \stackrel{TR}{\approx} 117.3 \frac{m}{s} \stackrel{TR}{\approx} 422.3 \frac{km}{h}$.

## Aufgabe 1.16 Elastischer Stoß (eindimensional)

| 25…30 Min. | | Punkte 16 P |
|---|---|---|

Berechnen Sie den elastischen Stoß zweier Kugeln im eindimensionalen Fall. Die Geschwindigkeiten der Kugeln vor dem Stoß entnehmen Sie bitte dem Bild 1-9. Die Massen der Kugeln seien $m_1 = 20kg$ und $m_2 = 5kg$ .

Wie schnell bewegen sich die Kugeln (im Laborsystem) nach dem System?

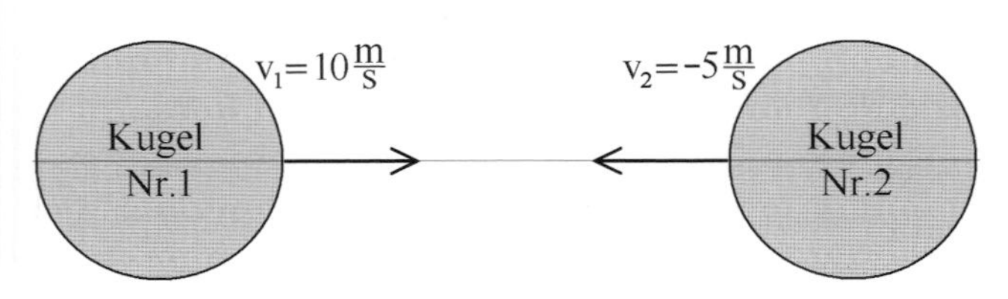


**Bild 1-9**
Veranschaulichung des Stoßes zweier Kugeln im eindimensionalen Beispiel. Positive Geschwindigkeiten beschreiben Bewegungen nach rechts, negative Geschwindigkeiten stehen für Bewegungen nach links.

## Lösung zu 1.16

Lösungsstrategie:

Im Schwerpunktsystem lässt sich die Impulserhaltung besonders einfach rechnen, denn dort ist die Summe aller Teilimpulse Null. Dies ändert sich auch nicht durch den Stoß, denn dabei findet keine Wechselwirkung mit der Umgebung statt, d.h. es wird kein Impuls von außen aufgenommen. Also gliedert sich unser Lösungsweg in drei Schritte:

1. Berechnung der Schwerpunktsbewegung und Umrechnen der Bewegungen der einzelnen Kugeln vom Laborsystem in das Schwerpunktssystem.
2. Berechnung des Stoßes im Schwerpunktssystem.
3. Zurückrechnen der Geschwindigkeiten in das Laborsystem. 2 P

Lösungsweg, explizit:

Schritt 1 → Wir leiten die Definition des Schwerpunktes nach der Zeit ab und erhalten aus den Ortsvektoren $\vec{r}$ die Vektoren der Geschwindigkeiten $\vec{v}$ :

$$\vec{r}_S = \frac{m_1 \cdot \vec{r}_1 + m_2 \cdot \vec{r}_2 + \ldots + m_n \cdot \vec{r}_n}{m_1 + m_2 + \ldots + m_n} \quad \Rightarrow \quad \vec{v}_S = \frac{m_1 \cdot \vec{v}_1 + m_2 \cdot \vec{v}_2 + \ldots + m_n \cdot \vec{v}_n}{m_1 + m_2 + \ldots + m_n} .$$ 2 P

Für unser Beispiel mit zwei bewegten Massen in einer Dimension bekommen wir dann eine Schwerpunktsgeschwindigkeit $v_S = \frac{m_1 \cdot v_1 + m_2 \cdot v_2}{m_1 + m_2} = \frac{20kg \cdot 10\frac{m}{s} + 5kg \cdot \left(-5\frac{m}{s}\right)}{20kg + 5kg} = 7\frac{m}{s}$ . 1 P

(Aufgrund der Eindimensionalität der Aufgabe haben wir die Vektorpfeile entfallen lassen.)

Die Geschwindigkeit trägt ein positives Vorzeichen, also läuft die Bewegung des Schwerpunktes nach rechts. Die Geschwindigkeiten der beiden Kugeln im Schwerpunktssystem lauten also:

$v_{1S} = v_1 - v_S = 10\frac{m}{s} - 7\frac{m}{s} = 3\frac{m}{s}$ für die Kugel Nr. 1

1 P $v_{2S} = v_2 - v_S = -5\frac{m}{s} - 7\frac{m}{s} = -12\frac{m}{s}$ für die Kugel Nr. 2

Schritt 2 → Basis der Stoßberechnung ist die Impulserhaltung und die Energieerhaltung. Die Erstgenannte lautet im Schwerpunktssystem $m_1 \cdot v_{1S} + m_2 \cdot v_{2S} = m_1 \cdot u_{1S} + m_2 \cdot u_{2S}$ ,

wobei $v$ = Geschwindigkeiten vor dem Stoß

1 P und $u$ = Geschwindigkeiten nach dem Stoß.

1 P Die Zweitgenannte lautet im Schwerpunktssystem $m_1 \cdot v_{1S}^2 + m_2 \cdot v_{2S}^2 = m_1 \cdot u_{1S}^2 + m_2 \cdot u_{2S}^2$ .

Die Massen in diesen beiden Gleichungen sind bekannt. Darüberhinaus enthalten die beiden Gleichungen aber noch vier Geschwindigkeiten, von denen zwei ebenfalls bekannt sind (nämlich $v_{1S}$ und $v_{2S}$). Also bleiben zwei Unbekannte übrig (nämlich $u_{1S}$ und $u_{2S}$).

Zwei Unbekannte in zwei Gleichungen bestimmen wir mit der nachfolgenden Berechnung. Der Übersicht halber führen wir die Abkürzungen $c$ und $d$ ein:

Impulserhaltung $\Rightarrow$ $m_1 \cdot v_{1S} + m_2 \cdot v_{2S} = m_1 \cdot u_{1S} + m_2 \cdot u_{2S} =: c$ (Glg. 1)

1 P Energieerhaltung $\Rightarrow$ $m_1 \cdot v_{1S}^2 + m_2 \cdot v_{2S}^2 = m_1 \cdot u_{1S}^2 + m_2 \cdot u_{2S}^2 =: d$ (Glg. 2)

Im Schwerpunktssystem ist $c = 0$, also folgt aus Glg. 1

2 P $m_1 \cdot u_{1S} + m_2 \cdot u_{2S} = 0 \Rightarrow u_{1S} = -\frac{m_2}{m_1} \cdot u_{2S}$ . (Glg. 3)

Setzt man diese Beziehung in Glg. 2 ein, so erhält man

$$d = m_1 \cdot u_{1S}^2 + m_2 \cdot u_{2S}^2 = m_1 \cdot \frac{m_2^2}{m_1^2} \cdot u_{2S}^2 + m_2 \cdot u_{2S}^2 = \left( \frac{m_2^2}{m_1} + m_2 \right) \cdot u_{2S}^2 \Rightarrow u_{2S} = \pm \sqrt{\frac{d}{\frac{m_2^2}{m_1} + m_2}} = \pm 12\frac{m}{s} .$$

2 P

Da das negative Vorzeichen $u_{2S} = v_{2S} = -12\frac{m}{s}$ ergäbe, also ein ungestörtes aneinander Vorbeilaufen der Kugeln, bleibt die physikalisch sinnvolle Lösung, die tatsächlich den Stoß beschreibt, die andere mit dem positiven Vorzeichen: $u_{2S} = +12\frac{m}{s}$ (für Kugel Nr. 2) .

1 P Einsetzen dieses Wertes in Glg. 3 liefert: $u_{1S} = -\frac{m_2}{m_1} \cdot u_{2S} = -3\frac{m}{s}$ (für Kugel Nr. 1) .

Schritt 3 → Zu guter Letzt bleibt noch das Zurückrechnen der Geschwindigkeiten aus dem Schwerpunktssystem in das Laborsystem, was durch simple Addition der Schwerpunktsgeschwindigkeit geschieht: $u_2 = u_{2S} + v_S = +12\frac{m}{s} + 7\frac{m}{s} = +19\frac{m}{s}$

$$u_1 = u_{1S} + v_S = -3\frac{m}{s} + 7\frac{m}{s} = +4\frac{m}{s}$$

2 P

Mit diesen Geschwindigkeiten bewegen sich die Kugeln im Laborsystem nach dem Stoß.

## Aufgabe 1.17 Rotationsenergie und Präzession

| | Zeit | | Punkte |
|---|---|---|---|
| (a.) | 8 Min. | | 5 P |
| (b.) | 4 Min. | | 2 P |
| (c.) | 6 Min. | | 5 P |

Schnell drehende Scheiben wurden im Automobilbereich als Energiespeicher diskutiert. Die Idee dabei war, dass beim Bremsen die Energie in einer rotierenden Scheibe gespeichert werde und zum anschließenden Beschleunigen wieder zur Verfügung stehe.

(a.) Betrachten wir für unser Beispiel eine massive Stahlscheibe mit 1 Meter Durchmesser und einer Dicke von 20 Zentimetern. Wie schnell muss eine solche Scheibe rotieren, um die Energie eines 30 Tonnen schweren Busses aufzunehmen, der aus einer Fahrt von $90\,{}^{km}\!/_{h}$ zum Stand abgebremst wird? (Hinweis: Die Dichte des Stahls beträgt $\rho = 7.6 \frac{g}{cm^3}$.)

(b.) In Anbetracht des Ergebnisses von Aufgabenteil (a.) fragt man sich, ob die Scheibe überdimensioniert ist. Berechnen Sie daher zum Vergleich die Rotationsfrequenz die benötigt wird, um die Energie einer Talfahrt aufzunehmen, bei der 1000 Höhenmeter überwunden werden.

(c.) Die in den Aufgabenteilen (a.) und (b.) gezeigten Berechnungen erscheinen realisierbar. Dass rotierende Scheiben dennoch nicht als Energiespeicher in Fahrzeugen eingesetzt werden, hat seinen Grund in der Präzessionsbewegung. Berechnen Sie hierzu das Drehmoment, das auf die Lager der Scheibe wirkt, wenn sie die in Aufgabenteil (b.) beschriebene Rotation vollführt und der Bus dann in eine Kurve fährt, bei der er binnen 5 Sekunden eine Drehung um 90° vollzieht (siehe hierzu Bild 1-10).

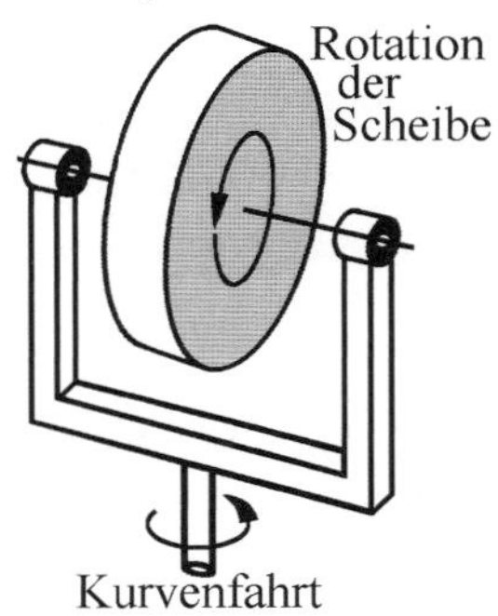


**Bild 1-10**
Darstellung der Drehbewegungen eines Kreisels in einem Bus, der eine Kurve fährt.

## Lösung zu 1.17

Lösungsstrategie:

Hier betrachten wir die Energieerhaltung. Bei (a.) wird die kinetische Energie des Busses in Rotationsenergie der Scheibe umgewandelt, bei (b.) wird potentielle Energie umgewandelt.

Zu Aufgabenteil (c.): Das Drehmoment, welches zu einer Präzessionsbewegung führt, findet man in Formelsammlungen.

Lösungsweg, explizit:

1 P (a.) Die kinetische Energie des Busses ist $W_{kin} = \frac{m}{2}v^2 = \frac{1}{2} \cdot 30 \cdot 10^3 kg \cdot \left(\frac{90}{3.6}\frac{m}{s}\right)^2 = 9.375 \cdot 10^6 Joule$.

1 P Die Rotationsenergie der Scheibe muss denselben Betrag haben: $W_{rot} = \frac{1}{2}J\omega^2 = W_{kin}$.

Um nach der Kreisfrequenz $\omega$ auflösen zu können, müssen wir das Trägheitsmoment $J$ bestimmen. Für eine massive Scheibe (bei Rotation um die Symmetrieachse) ist $J = \frac{1}{2}mr^2$,

wo $m$ = Masse der Scheibe und $r$ = Radius der Scheibe.

Damit ist $J = \frac{1}{2}mr^2 = \frac{1}{2}\rho \cdot V \cdot r^2 = \frac{1}{2}\rho \cdot \left(\pi r^2 \cdot d\right) \cdot r^2$, wo $\rho = 7600\frac{kg}{m^3}$ = Dichte des Stahls

1 P und $d = 0.20m$ = Dicke der Scheibe.

Damit lösen wir nun nach $\omega$ auf:

1 P $$\frac{1}{2}J\omega^2 = W_{kin} \Rightarrow \omega^2 = \frac{2W_{kin}}{J} = \frac{2W_{kin}}{\frac{1}{2}\rho \cdot \left(\pi r^2 \cdot d\right) \cdot r^2} = \frac{4W_{kin}}{\rho\pi d \cdot r^4} \Rightarrow \omega = \sqrt{\frac{4W_{kin}}{\rho\pi d \cdot r^4}}.$$

Setzen wir Werte ein, so erhalten wir für die gefragte Drehfrequenz der Scheibe:

1 P $$f = \frac{\omega}{2\pi} = \sqrt{\frac{W_{kin}}{\rho \cdot \pi^3 \cdot d \cdot r^4}} = \sqrt{\frac{9.375 \cdot 10^6 J}{7600\frac{kg}{m^3} \cdot \pi^3 \cdot 0.20m \cdot (0.5m)^4}} = 56.4 Hz.$$

(b.) Hier ist $f = \frac{\omega}{2\pi} = \sqrt{\frac{W_{pot}}{\rho \cdot \pi^3 \cdot d \cdot r^4}} = \sqrt{\frac{m \cdot g \cdot h}{\rho \cdot \pi^3 \cdot d \cdot r^4}} = \sqrt{\frac{30 \cdot 10^3 kg \cdot 9.81\frac{m}{s^2} \cdot 1000m}{7600\frac{kg}{m^3} \cdot \pi^3 \cdot 0.20m \cdot (0.5m)^4}} = 316.1 Hz$.

2 P Dies ist die Drehfrequenz der Scheibe nach einer extremen Talfahrt. Das sind knapp 19000 Umdrehungen pro Minute. Sogar das klingt eigentlich technisch beherrschbar.

(c.) Hat der Kreisel den Drehimpuls $\vec{L}$ und ist die Winkelgeschwindigkeit des Busses $\vec{\omega}_P$, so

1 P ergibt sich das von den Lagern aufzunehmende Drehmoment mit $\vec{M} = \vec{L} \times \vec{\omega}_P$.

Dabei ist $\vec{L} = J \cdot \vec{\omega}$, also wird $\vec{M} = (J \cdot \vec{\omega}) \times \vec{\omega}_P = \frac{1}{2}\rho \cdot \pi r^4 \cdot d \cdot (\vec{\omega} \times \vec{\omega}_P)$.

2 P

Da $\vec{\omega}$ senkrecht auf $\vec{\omega}_P$ steht, können wir die Beträge einsetzen:

1 P $$|\vec{M}| = \underbrace{\frac{1}{2} \cdot 7600\frac{kg}{m^3} \cdot \pi \cdot (0.5m)^4 \cdot 0.2m}_{\text{weil, } J=\frac{1}{2}\rho\pi r^4 d} \cdot \left( \underbrace{2\pi \cdot 316.1Hz}_{\omega \text{ nach } (b.)} \cdot \underbrace{\frac{2\pi}{4 \cdot 5\,\text{sec.}}}_{\omega_P = \frac{2\pi}{T}} \right) \overset{TR}{\approx} 93110 Nm.$$

Dies ist ein Drehmoment, das sogar einem Bus von 30 Tonnen derart ernsthafte Schwierigkeiten bei der Fahrt bereitet, dass man einen solchen Energiespeicher nicht einsetzen kann.

## Aufgabe 1.18 Hooke'sches Gesetz, Federn als Energiespeicher

9 Min. Punkte 6 P

In vielen Kugelschreibern gibt es Schraubenfedern, die durch Betätigen eines Druckknopfes zusammengedrückt werden können, sodass an der Kuli-Spitze eine schreibende Miene erscheint. Die Kraft der Schraubenfedern folgt in guter Näherung dem Hooke'schen Gesetz.

Betrachten wir einen Kuli bei dem zu Beginn des Knopfdrückens eine Kraft von $F_1 = 300\,N$ erforderlich sei, der Federweg $\Delta s = 1\,cm$ betrage, und am Ende dieses Federweges eine Kraft von $F_2 = 500\,N$ anliege.
Frage: Wie viel Energie wird benötigt, um diesen Kuli zum Schreiben zu öffnen?

## Lösung zu 1.18

Lösungsstrategie:

2 Schritte zur Lösung:

(i.) Bestimmung der Hooke'schen Federkonstanten.

(ii.) Aus Kraft und Weg berechnet man die in der Feder gespeicherte Energie, und zwar als Integral über Kraft mal Weg.

Lösungsweg, explizit:

(i.) Nach dem Hooke'schen Gesetz ist die Federkraft $F = -D \cdot s$. Da wir uns bei der vorliegenden Aufgabe aber nur für Beträge interessieren, können wir das Minuszeichen weglassen: $F = D \cdot s$ , wo $D =$ Federkonstante und $s =$ Federweg.
Im Sinne einer Geradengleichung ist $D$ die Steigung, die man normalerweise berechnet als

$$D = \frac{\Delta F}{\Delta s} = \frac{500\,N - 300\,N}{0.01\,m} = 2 \cdot 10^4 \frac{N}{m}.$$ 1 P

(ii.) Die Energie erhält man durch Integration der Kraft über den Weg:

$$E = \int_{\Delta s} F(s) \cdot ds = \int_{s_1}^{s_2} D s\, ds = \left[\frac{1}{2} D s^2\right]_{s_1}^{s_2} = \frac{1}{2} D\left(s_2^2 - s_1^2\right) = \frac{1}{2} D\left(s_2^2 - s_1^2\right).$$ 2 P

Um Werte einsetzen zu können, müssen wir wissen, welche Federpositionen $s_1$ und $s_2$ zu den in der Aufgabenstellung gegebenen Kräften $F_1$ und $F_2$ gehören, denn die Feder ist bei $F_1$ bereits vorgespannt:

$$F_1 = D \cdot s_1 \Rightarrow s_1 = \frac{F_1}{D} = \frac{300\,N}{2 \cdot 10^4 \frac{N}{m}} = 0.015\,m \quad \text{und} \quad F_2 = D \cdot s_2 \Rightarrow s_2 = \frac{F_2}{D} = \frac{500\,N}{2 \cdot 10^4 \frac{N}{m}} = 0.025\,m.$$ 1+1P

Kontrolle: Die Differenz $s_2 - s_1$ ist tatsächlich 1 cm. Wir können nun einsetzen und erhalten

$$E = \frac{1}{2} D\left(s_2^2 - s_1^2\right) = \frac{1}{2} \cdot 2 \cdot 10^4 \frac{N}{m} \cdot \left((0.025\,m)^2 - (0.015\,m)^2\right) = 4\,Joule.$$ 1 P

Dies ist die zum Öffnen des Kulis benötigte mechanische Energie.

## Aufgabe 1.19 Mechanische Leistung

8 Min. Punkte 5 P

Ein Auto mit einer Masse von $m = 1000\,kg$ fährt mit konstanter Beschleunigung auf einer ansteigenden Straße an und habe nach 15 Sekunden eine Geschwindigkeit von $90\,{}^{km}\!/\!_h$ erreicht. Die Steigung der Straße beträgt 10%.
Berechnen Sie die maximale Leistung bei diesem Beschleunigungsvorgang. Die Rotationsenergie der Räder darf dabei ebenso vernachlässigt werden wie die Reibung.

## Lösung zu 1.19

Lösungsstrategie:
Da die Leistung $P$ von der Geschwindigkeit $v$ abhängt, basiert die Lösung auf dem Zusammenhang zwischen diesen beiden Größen. Dies ist die Beziehung $P = F \cdot v$. Darin ist $F$ die zu überwindende Kraft, die sich einerseits aus der Beschleunigung und andererseits aus der Hubarbeit ergibt: $F = m \cdot a + m \cdot g \cdot \sin(\varphi)$, wo $\varphi$ der Steigungswinkel der Fahrbahn ist (siehe Bild 1-11). 2 P

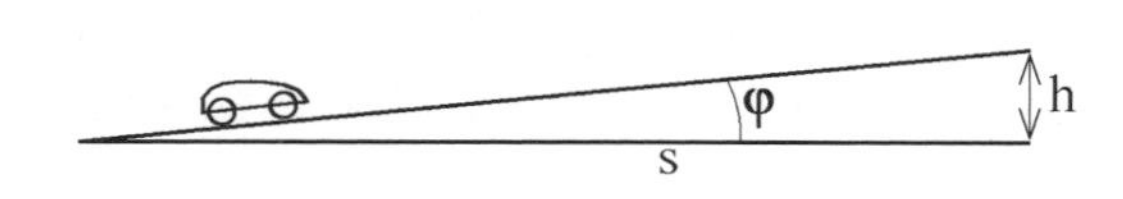


**Bild 1-11**
Die Steigung einer Fahrbahn wird verstanden als Tangens des Steigungswinkels. In unserem Beispiel ist $\tan(\varphi) = \frac{h}{s} = 10\% = 0.10$ und somit $\varphi = \arctan(0.10) \overset{TR}{\approx} 5.71°$

Lösungsweg, explizit:
1 P Nach diesen Erklärungen ist klar, dass $P = F \cdot v = (m \cdot a + m \cdot g \cdot \sin(\varphi)) \cdot v$ ist.

Mit einer maximalen Geschwindigkeit von $v_{max} = 90\frac{km}{h} = 25\frac{m}{s}$ und der Beschleunigung

1 P $a = \frac{\Delta v}{\Delta t} = \frac{25\frac{m}{s}}{15\,s} = \frac{5}{3}\frac{m}{s^2}$ ergibt sich für die maximale Leistung

$$P_{max} = (m \cdot a + m \cdot g \cdot \sin(\varphi)) \cdot v_{max}$$

1 P
$$= \left(1000\,kg \cdot \frac{5}{3}\frac{m}{s^2} + 1000\,kg \cdot 9.80665\frac{m}{s^2} \cdot \sin(\arctan(0.1))\right) \cdot 25\frac{m}{s} \overset{TR}{\approx} 66.07\,kW\,.$$

## Aufgabe 1.20 Leistung und Luftreibung

6 Min. Punkte 4 P

Die zum Autofahren benötigte Motorleistung $P$ bei schneller Fahrt (d.h. bei turbulenter Strömung der Luft) wächst mit der dritten Potenz der Geschwindigkeit $v$.
Zahlenbeispiel: Ein PKW benötige eine Leistung von 30 PS, um mit einer Geschwindigkeit von $110\,{}^{km}\!/\!_h$ zu fahren. Welche Leistung benötigt dieser PKW, um eine Geschwindigkeit von $160\,{}^{km}\!/\!_h$ zu erreichen?

## Lösung zu 1.20

Lösungsstrategie:

Die in der Aufgabenstellung gegebene Proportionalitätsbeziehung $P \propto v^3$ kann benutzt werden zum Aufstellen einer Verhältnisgleichung (wie dies häufig der Fall ist, wenn man nur Proportionalitäten kennt), die im vorliegenden Beispiel ausreicht, denn es ist nur nach dem Verhältnis zwischen Leistungen und Geschwindigkeiten gefragt. 1 P

Lösungsweg, explizit:

Der Weg zur expliziten Angabe dieser Verhältnisgleichung lautet

$$P \propto v^3 \;\Rightarrow\; \frac{P}{v^3} = const. \;\Rightarrow\; \frac{P_1}{v_1^3} = \frac{P_2}{v_2^3} \;\Rightarrow\; P_1 = \left(\frac{v_1}{v_2}\right)^3 \cdot P_2 .$$ 2 P

Setzt man die Werte ein, so erhält man $P_1 = \left(\frac{v_1}{v_2}\right)^3 \cdot P_2 = \left(\frac{160\frac{km}{h}}{110\frac{km}{h}}\right)^3 \cdot 30\,PS \overset{TR}{\approx} 92\,PS$ . 1 P

Daraus mag man die Unwirtschaftlichkeit schnellen Fahrens erkennen.

## Aufgabe 1.21 Rollreibung

| 14 Min. | | Punkte 9 P |
|---|---|---|

Wie lange braucht eine Kugel zum Herabrollen auf einer $s = 1m$ langen schiefen Ebene mit einem Steigungswinkel von $\varphi = 30°$ ? Die Bewegung beginne aus dem Stillstand (siehe Bild 1-12).

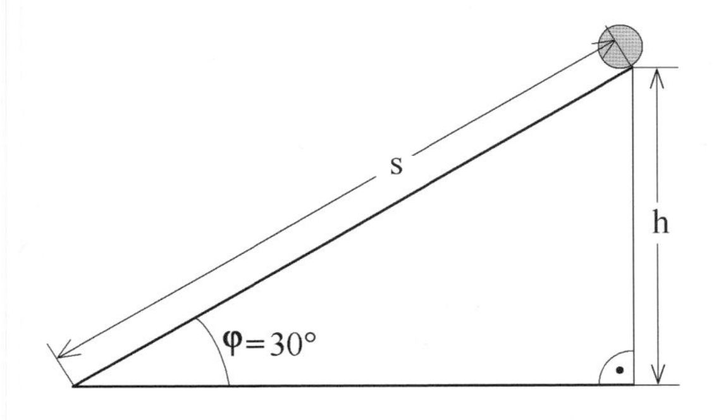


**Bild 1-12**
Darstellung einer schiefen Ebene mit einer Kugel am höchsten Punkt vor dem Beginn des Herabrollens.

## ▾ Lösung zu 1.21

Lösungsstrategie:

Schritt 1: Bei der Bewegung wird potentielle Energie in kinetische Energie und Rotationsenergie umgesetzt. Die beiden letztgenannten Energieformen tragen der Translation und der Rotation der Kugel Rechnung. Beide ergeben sich aus den Abmessungen der Kugel.

Schritt 2: Wir berechnen zunächst die maximale Geschwindigkeit der Kugel am Ende des Vorganges. Da es sich um eine gleichförmig beschleunigte Bewegung handelt, ist die mittlere Geschwindigkeit genau die Hälfte der maximalen Geschwindigkeit. Sie kann besonders bequem zur Bestimmung der gefragten Dauer des Rollens benutzt werden. 1 P

Anmerkung: Wer den Satz „Die Durchschnittsgeschwindigkeit ist die Hälfte der Maxmialgeschwindigkeit" nicht glauben mag, kann ihn durch Integration der Beschleunigung über die Zeit nachprüfen.

Lösungsweg, explizit:

1 P Die potentielle Energie lautet $W_{pot} = \underbrace{m}_{\text{Masse}} \cdot \underbrace{g}_{\text{Erdebeschleunigung}} \cdot \underbrace{h}_{\text{Höhe}}$.

Die Rotationsenergie und kinetische Energie fassen wir wie folgt zusammen

3 P
$$W_{Rot} = \tfrac{1}{2} \underbrace{J}_{\text{Trägheitsmoment}} \cdot \underbrace{\omega^2}_{\text{Winkelgeschwindigk.}} + \tfrac{1}{2} m v^2 = \tfrac{1}{2} \cdot \underbrace{\left(\tfrac{2}{5} m r^2\right)}_{\text{Trägheitsmoment einer Vollkugel}} \cdot \omega^2 + \underbrace{\tfrac{1}{2} m \omega^2 r^2}_{\text{weil } v=\omega\cdot r} = \left(\tfrac{2}{10} + \tfrac{1}{2}\right) m \omega^2 r^2 = \tfrac{7}{10} m \omega^2 r^2 .$$

Gleichsetzen der Energiebeträge führt zur maximalen Geschwindigkeit $v_{\max}$ und liefert

1 P
$$W_{Rot} = \tfrac{7}{10} m \omega^2 r^2 = W_{pot} = m \cdot g \cdot h \quad \Rightarrow \quad v_{\max}^2 = \omega^2 r^2 = \tfrac{10}{7} \cdot g \cdot h .$$

für das Quadrat der maximalen Geschwindigkeit. Die mittlere Geschwindigkeit ist die Hälfte der maximalen Geschwindigkeit und lautet somit $\bar{v} = \frac{1}{2} \cdot \sqrt{v_{\max}^2} = \frac{1}{2} \cdot \sqrt{\frac{10}{7} \cdot g \cdot h} = \sqrt{\frac{5}{14} \cdot g \cdot h}$. 1 P

### Stolperfalle

Die Bewegungsenergie der Kugeln besteht aus Translation und Rotation. Beide müssen berücksichtigt werden.

Die für das Herabrollen benötigte Zeit ist dann $t = \frac{s}{\bar{v}}$, wobei wir die zurückzulegende Strecke $s$ noch berechnen müssen. Hierzu betrachte man nochmals Bild 1-12. Dort sieht man, dass die Länge der schiefen Ebene $s$ mit ihrer Höhe $h$ über die Beziehung $h = s \cdot \sin(\varphi)$ zusammenhängt. Damit ergibt sich für die in der Aufgabestellung gefragte Rolldauer

2 P
$$t = \frac{s}{\bar{v}} = \underbrace{s \cdot \sqrt{\frac{14}{5 \cdot g \cdot h}} = s \cdot \sqrt{\frac{14}{5 \cdot g \cdot s \cdot \sin(30^\circ)}}}_{\text{weil } \sin(30^\circ) = 0.5 = 1/2} = \sqrt{\frac{28 s}{5 g}} = \sqrt{\frac{28 \cdot 1m}{5 \cdot 9.80665 \frac{m}{s^2}}} \overset{TR}{\approx} 0.756 \text{ sec.}$$

## Aufgabe 1.22 Haft- und Gleitreibung

| | | | |
|---|---|---|---|
| (a.) 12 Min. | | Punkte | (a.) 8 P |
| (b.) 12 Min. | | | (b.) 8 P |

Eine Methode zur Bestimmung der Haft- und Gleitreibungskoeffizienten ist der Gleitversuch auf der schiefen Ebene. Hierbei wird ein Probekörper auf eine schiefe Ebene gelegt (siehe Bild1-13), deren Neigungswinkel $\varphi$ variiert werden kann.

(a.) Wir beginnen den Versuch mit einem kleinen Winkel $\varphi$, bei dem der Prüfkörper nicht rutscht und vergrößern nun langsam $\varphi$ immer weiter. Derjenige Winkel, bei dem der Prüfkörper gerade eben noch nicht rutscht, erlaubt die Bestimmung des Haftreibungskoeffizienten der untersuchten Gleitpaarung. Berechnen Sie diesen für ein Beispiel von $\varphi = 37°$ .

(b.) Sobald der Prüfkörper gerade eben zu gleiten beginnt (wir wollen dies ebenfalls bei einem Winkel von $\varphi = 37°$ betrachten), lässt sich der Gleitreibungskoeffizient bestimmen, und zwar, indem man die Zeitdauer misst, die der Körper zum Durchlaufen einer definierten Strecke benötigt. Berechnen Sie diesen für eine Strecke $s = 1.5m$ und eine Zeitdauer von $t = 1.0\,\text{sec}$.

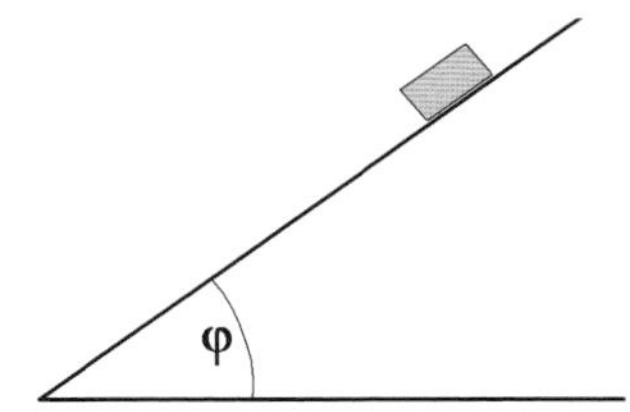


**Bild 1-13**
Veranschaulichung einer schiefen Ebene zur Bestimmung der Haft- und Gleit-Reibungskoeffizienten.

## Lösung zu 1.22

Lösungsstrategie:

(a.) Die Kraft, die das Rutschen verursacht ist die Schwerkraft. Wir zerlegen ihren Vektor in zwei Komponenten: Der Anteil, der senkrecht zur Oberfläche wirkt, sorgt für das Andrücken des Prüfkörpers; der Anteil, der parallel zur Oberfläche wirkt, sorgt für sein Verschieben. Damit kennen wir alle Kräfte, die man braucht zur Bestimmung des Haftreibungskoeffizienten. 2 P

(b.) Die Bewegung ist gleichförmig beschleunigt. Da wir die Laufzeit und die zurückgelegte Strecke kennen, können wir die zugehörige Beschleunigung berechnen. Diese hat ihre Ursache in der Schwerkraft abzüglich der Gleitreibungskraft. 1 P

Lösungsweg, explizit:

Zur Vektorzerlegung der Schwerkraft betrachte man Bild 1-14.

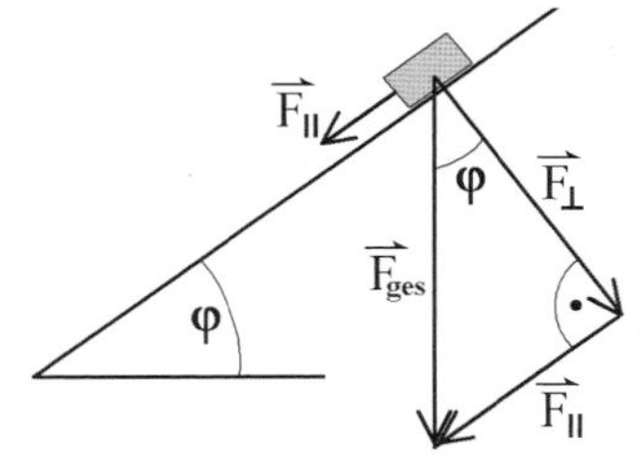


**Bild 1-14**
Darstellung der Zerlegung der Schwerkraft $\vec{F}_{ges}$ in zwei Komponenten, von denen eine parallel ( $\vec{F}_{\|}$ ) und die andere senkrecht ( $\vec{F}_{\perp}$ ) zur Auflagefläche der schiefen Ebene steht.

2 P

Aufgrund der elementaren Definition der Winkelfunktionen findet man im Kräftedreieck die Beziehungen der Beträge der Kräfte $\sin(\varphi) = \frac{F_{\parallel}}{F_{ges}} \Rightarrow F_{\parallel} = F_{ges} \cdot \sin(\varphi)$ (1 P)

sowie $\cos(\varphi) = \frac{F_{\perp}}{F_{ges}} \Rightarrow F_{\perp} = F_{ges} \cdot \cos(\varphi)$. (1 P)

Nach der Definition des Haftreibungskoeffizienten $\mu_H$ gilt bei maximaler Kraft $F_{\parallel\max}$ entsprechend einem maximalen Winkel $\varphi$ (des gerade eben noch nicht Rutschens):

$$F_{\parallel\max} = \mu_H \cdot F_{\perp} \Rightarrow \mu_H = \frac{F_{\parallel\max}}{F_{\perp}} = \frac{m \cdot g \cdot \sin(\varphi)}{m \cdot g \cdot \cos(\varphi)} = \tan(\varphi).$$

2 P Setzt man $\varphi = 37°$ ein, so ergibt sich $\mu_H = \tan(37°) \overset{TR}{\approx} 0.75$.

(b.) Die zur Beschleunigung $a$ gehörende Kraft $F_{beschl.}$ ist dem Betrage nach

$$m \cdot a = F_{beschl.} = F_{\parallel} - F_{Gleitreibung} = m \cdot g \cdot \sin(\varphi) - \mu_G \cdot m \cdot g \cdot \cos(\varphi)$$

2 P $\Rightarrow a = g \cdot (\sin(\varphi) - \mu_G \cdot \cos(\varphi))$.

Die in der Zeit $t$ aufgrund dieser Beschleunigung zurückgelegte Strecke $s$ ist folglich

2 P $$s = \tfrac{1}{2} a t^2 = \tfrac{1}{2} g \cdot (\sin(\varphi) - \mu_G \cdot \cos(\varphi)) \cdot t^2 \Rightarrow \sin(\varphi) - \mu_G \cdot \cos(\varphi) = \frac{2s}{g t^2}$$

2 P $$\Rightarrow \mu_G \cdot \cos(\varphi) = \sin(\varphi) - \frac{2s}{g t^2} \Rightarrow \mu_G = \frac{\sin(\varphi)}{\cos(\varphi)} - \frac{2s}{g t^2 \cdot \cos(\varphi)} = \mu_H - \frac{2s}{g t^2 \cdot \cos(\varphi)}.$$

Hier ergibt das Einsetzen der Werte den gesuchten Haftreibungskoeffizienten:

1 P $$\mu_G = \mu_H - \frac{2s}{g t^2 \cdot \cos(\varphi)} \overset{TR}{\approx} 0.75 - \frac{2 \cdot 1.5m}{9.80665 \frac{m}{s^2} \cdot (1\sec)^2 \cdot \cos(37°)} \overset{TR}{\approx} 0.38.$$

## Aufgabe 1.23 Rollreibung

 11 Min. 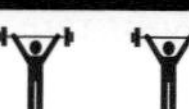 Punkte 7 P

Wie weit rollen Stahlkugeln mit einer Anfangsgeschwindigkeit von $v = 10 \,{}^{cm}\!/_{sec.}$ auf einer horizontalen Fläche bei einer Rollreibungszahl von $\mu_R = 0.002$?

## Lösung zu 1.23

Lösungsstrategie:

Hier basiert die Lösung auf der Energieerhaltung. Die Reibung verzehrt die Bewegungsenergie der Kugeln. (1 P)

**Stolperfalle**

Die Bewegungsenergie der Kugeln besteht aus Translation und Rotation. Beide müssen berücksichtigt werden – dies hat Ähnlichkeit mit Aufgabe 10.21.

Lösungsweg, explizit:

Ist die Kraft, mit der die Kugel auf die Oberfläche drückt $F_{\perp} = m \cdot g$, so ist die Rollreibungskraft $F_R = \mu_R \cdot F_{\perp} = \mu_R \cdot m \cdot g$, worin $m =$ Kugelmasse und $g =$ Erdbeschleunigung. 1 P

Die durch die Reibung verzehrte Energie (= Kraft mal Weg) ist $E = F_R \cdot s = \mu_R \cdot m \cdot g \cdot s$. 1 P

(Da die Kraft während des gesamten Weges konstant ist, braucht die Integration $E = \int F\, ds$ nicht explizit hingeschrieben werden.)

Die beim Start der Rollbewegung in der Kugel enthaltene Energie berechnen wir als Summe aus der kinetischen- und der Rotationsenergie (ähnlich wie bei Aufgabe 10.21):

$$E = \tfrac{1}{2} m v^2 + \tfrac{1}{2} J \omega^2 = \tfrac{1}{2} m v^2 + \tfrac{1}{2}\left(\tfrac{2}{5} m r^2\right)\omega^2 = \tfrac{1}{2} m v^2 + \tfrac{1}{5} m \underbrace{r^2 \omega^2}_{= v^2} = \left(\tfrac{1}{2} + \tfrac{1}{5}\right) m v^2 = \tfrac{7}{10} m v^2 ,$$

denn für Vollkugeln ist das Trägheitsmoment $J = \frac{2}{5} m r^2$. Außerdem ist die Winkelgeschwindigkeit $\omega = v \cdot r$. 3 P

Wegen der Energieerhaltung können wir also gleichsetzen:

$$\mu_R \cdot m \cdot g \cdot s = E = \tfrac{7}{10} m v^2 \quad \Rightarrow \quad s = \frac{7\; v^2}{10 g \cdot \mu_R} = \frac{7\left(0.1 \frac{m}{s}\right)^2}{10 \cdot 9.80665 \frac{m}{s^2} \cdot 0.002} \overset{TR}{\approx} 0.357\, m .$$

1 P

Die Kugeln legen also eine Strecke von etwa 35.7 Zentimetern zurück.

## Aufgabe 1.24 Fallbewegung mit Luftwiderstand

| 8 Min. | 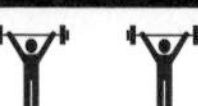 | Punkte 5 P |
|---|---|---|

Pflanzenpollen müssen in der Luft langsam fallen, auf diese Weise werden Beschädigungen (wie etwa beim Abstürzen schwerer Gegenstände) vermieden. Schätzen wir die maximale Fallgeschwindigkeit von Pflanzenpollen ab, und zwar unter folgenden Beispiel-Annahmen:

- kugelige Form der Pollen mit einem Durchmesser von einem Zehntel Millimeter
- Dichte des Materials $\rho = 0.5 \frac{g}{cm^3}$ (Pollen schwimmen auf Wasser)
- Viskosität der Luft $\eta = 1.7 \cdot 10^{-5} \frac{N \cdot s}{m^2}$
- Die Strömung der Luft um die Kugeln sei laminar (langsame Bewegung).

## ▾ Lösung zu 1.24

Lösungsstrategie:

Aufgrund des laminaren Charakters der Strömung (niedrige Relativgeschwindigkeit) folgt die Widerstandskraft dem Gesetz von Stokes. Im stationären Fall (also beim Einstellen einer konstanten Fallgeschwindigkeit) hält diese Widerstandskraft der Schwerkraft die Waage. 1 P

Lösungsweg, explizit:

1 P Widerstandskraft nach Stokes: $F = 6\pi\eta r v$, wo $r$ = Kugelradius und $v$ = Geschwindigkeit

1 P Schwerkraft: $F = m \cdot g = \rho \cdot V \cdot g = \rho \cdot \frac{4}{3}\pi r^3 \cdot g$

1 P Stationärer Fall: $6\pi\eta r v = F = \rho \cdot \frac{4}{3}\pi r^3 \cdot g \Rightarrow v = \frac{\rho \cdot \frac{4}{3}\pi r^3 \cdot g}{6\pi\eta r} = \frac{2\rho r^2 g}{9\eta}$

1 P Werte eingesetzt: $v = \frac{2 \cdot 500 \frac{kg}{m^3} \cdot \left(0.5 \cdot 10^{-4} m\right)^2 \cdot 9.80665 \frac{m}{s^2}}{9 \cdot 1.7 \cdot 10^{-5} \frac{N \cdot s}{m^2}} \overset{TR}{\approx} 0.1602 \frac{kg \cdot m^2 \cdot m \cdot m^2}{m^3 \cdot N \cdot s \cdot s^2} = 0.1602 \frac{m}{s}$

Je kleiner der Kugeldurchmesser, desto niedriger die Fallgeschwindigkeit.

## Aufgabe 1.25 Zentralkräfte in vektorieller Betrachtung

Manche Automobilhersteller haben Teststrecken mit Steilkurven, die dem Zweck dienen, dass Fahrzeuge ohne Querkräfte um die Kurve gefahren werden können (vgl. Bild 1.15).

Nehmen wir das Bsp. eines Autos, das mit einer Geschwindigkeit $v = 120 \frac{km}{h}$ querkräftefrei um eine Steilkurve mit einem Kurvenradius $r = 100\,m$ gefahren werden soll. Welchen Winkel $\varphi$ muss der Fahrer durch geeignete Wahl der Fahrposition dann einstellen? (Geübte Testfahrer haben die nötige Fahrposition so gut im Blick, dass sie ohne zu lenken durch die Kurve kommen und ein Beifahrer mit geschlossenen Augen noch nicht einmal eine Kurve spürt.)

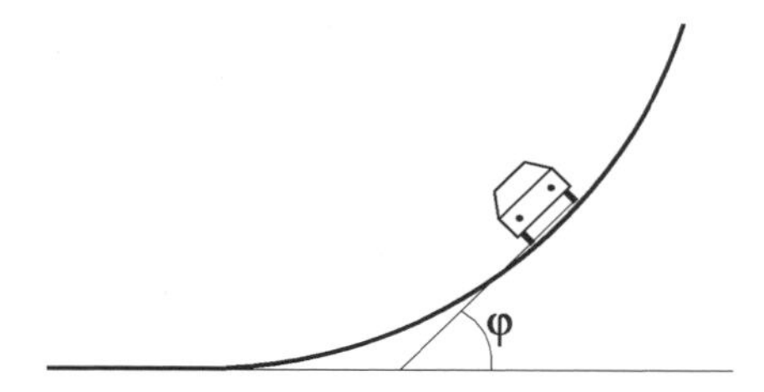


**Bild 1-15**
Auto in Schräglage in einer Steilkurve im Testgelände. Die Neigung der Fahrbahn gegenüber der Horizontalen kann vom Testfahrer derart gewählt werden, dass die Insassen keine Querkräfte wahrnehmen.

## Lösung zu 1.25

Lösungsstrategie:

Zwei Kräfte wirken, die Zentrifugalkraft und die Schwerkraft. Das Entscheidende ist, dass deren Vektorsumme genau senkrecht auf der Fahrbahnoberfläche steht, denn dann spürt man keine Querkräfte. Wer nach dieser Erklärung noch nicht den Rechenweg selbst weiß, betrachte Bild 1-16.

1 P

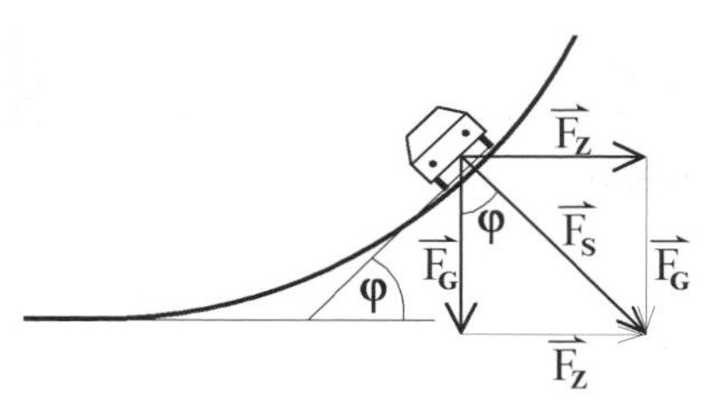


**Bild 1-16**
Auto in Schräglage in einer Steilkurve im Testgelände. Die Zentrifugalkraft $\vec{F}_Z$ und die Gravitationskraft $\vec{F}_G$ addieren sich zur Summenkraft $\vec{F}_S$. Die letztgenannte muss senkrecht auf der Fahrbahnoberfläche stehen, damit beim Fahren keine Querkräfte spürbar werden.

Lösungsweg, explizit: 3 P

Nach der Definition des Tangens sieht man in dem durch $\vec{F}_Z$, $\vec{F}_G$ und $\vec{F}_S$ gebildeten rechtwinkeligen Dreieck: $\tan(\varphi) = \frac{\text{Gegenkathete}}{\text{Ankathete}} = \frac{\left|\vec{F}_Z\right|}{\left|\vec{F}_G\right|}$ $(*)$ . 1 P

Wie üblich lautet die Zentrifugalkraft $\left|\vec{F}_Z\right| = \frac{m \cdot v^2}{r}$ und die Schwerkraft $\left|\vec{F}_G\right| = m \cdot g$ , wo $m$ die Masse des Fahrzeuges ist und $g$ die Erdbeschleunigung. Einsetzen beider Kräfte in $(*)$ liefert 1 P

$$\tan(\varphi) = \frac{\left|\vec{F}_Z\right|}{\left|\vec{F}_G\right|} = \frac{\frac{m \cdot v^2}{r}}{m \cdot g} = \frac{v^2}{r \cdot g} \quad \Rightarrow \quad \varphi = \arctan\left(\frac{v^2}{r \cdot g}\right) = \arctan\left(\frac{\left(120\frac{km}{h} \cdot \frac{1}{3.6}\frac{m \cdot h}{s \cdot km}\right)^2}{100m \cdot 9.80665\frac{m}{s^2}}\right) \overset{TR}{\approx} 48.57° .$$ 2 P

Wie man sieht, muss um so weiter außen gefahren werden, je höher die Geschwindigkeit ist.

## Aufg.1.26 Drehmoment, Schwerpkt. eines ausgedehnten Körpers

25 bis 30 Min. Punkte 20 P

Ein Stahllineal (Gesamtmasse $m = 10kg$ , Länge $l = 1.00m$ ) werde auf einer Schneide aufgelegt, wie in Bild 1-17 in der Seitenansicht skizziert. In Position „1" liegt das Lineal mittig auf, sodass es aufgrund des Gleichgewichts waagerecht liegen bleibt. In Position „2" wird es als Waage benutzt, indem man an das rechte Ende eine Masse $m_X$ anhängt und das Lineal dann genau derart außermittig auflegt, dass es wieder waagerecht liegen bleibt.
Aufgabe: Entwickeln Sie nun einen Ausdruck für den Abstand $x$ als Funktion der angehängten Masse $m_X$ , sodass man aufgrund dieses Ausdrucks eine Wägeskala an das Lineal zeichnen könnte, d.h. $x$ für beliebige $m_X$ markieren könnte.
Geben Sie auch exemplarisch $x$ – Werte an für $m_X = 1kg, 2kg, 5kg, 10kg$ .

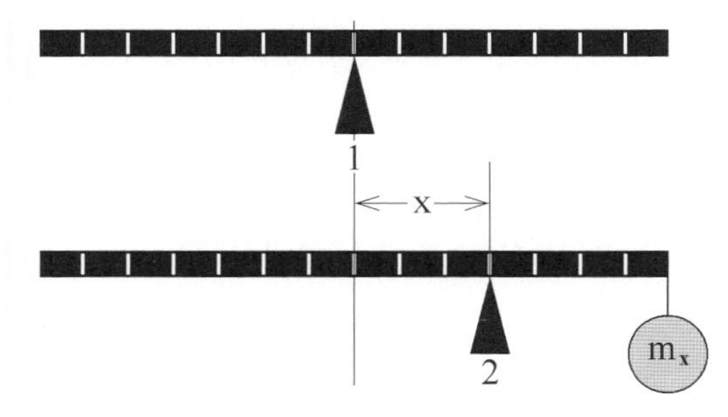


**Bild 1-17**
Veranschaulichung eines Lineals zur Benutzung als Wägebalken.
In Position „1" bleibt das Lineal auf der Schneide liegen, da es mittig ausbalanciert ist.
In Position „2" balanciert das außermittig aufliegende Lineal die Masse $m_x$ aus.

## Lösung zu 1.26

Lösungsstrategie:

Zu berechnen ist natürlich ein Gleichgewicht der Drehmomente. Ein Stück des „bloßen" Lineals liefert links des Auflagers ein Drehmoment, der Rest des Lineals plus die angehängte Masse $M$ liefern rechts des Auflagers das ausgleichende Drehmoment.

Nun ist das Lineal ein homogener Stab, sodass der Radius, über den die Kraft zum Drehmoment wirkt, kontinuierlich variiert. Man könnte also einen Ansatz überlegen, bei dem über den Abstand zum Auflager zu integrieren wäre. Aber dies ist unnötig mühsam. Viel einfacher ist ein Ansatz über die Schwerpunkte der einzelnen Lineal-Anteile. Das links des Auflagers liegende Stück erzeugt ein Drehmoment entsprechend seines Massenanteils und des Abstandes seines Schwerpunktes zum Auflager. Gleiches gilt in analoger Weise für den rechts des Auflagers liegenden Rest des Lineals, wobei auf der rechten Seite zwei Drehmomente wirken, nämlich der Anteil des Lineals und der Anteil, der von der Masse $m_x$ herrührt. 2 P

Lösungsweg, explizit:

Wir bestimmen also die beiden sich gegenseitig kompensierenden Drehmomente in der Position „2" wie nachfolgend ausgeführt.

- Für den links des Auflagers liegenden Anteil des Lineals:

2 P Seine Masse ist $m_L = \frac{\frac{l}{2}+x}{l} \cdot m = \frac{l+2x}{2l} \cdot m \quad \Rightarrow \quad$ Schwerkraft $F_L = m_L \cdot g = \frac{l+2x}{2l} \cdot m \cdot g$ .

1 P Der Abstand seines Schwerpunktes zum Auflager ist $d_L = \frac{\frac{l}{2}+x}{2} = \frac{l+2x}{4}$ .

1 P Das von ihm erzeugte Drehmoment ist folglich $M_L = d_L \cdot F_L = \frac{l+2x}{4} \cdot \frac{l+2x}{2l} \cdot m \cdot g$ .

- Für den rechts des Auflagers liegenden Anteil des Lineals:

2 P Seine Masse ist $m_R = \frac{\frac{l}{2}-x}{l} \cdot m = \frac{l-2x}{2l} \cdot m \quad \Rightarrow \quad$ Schwerkraft $F_R = m_L \cdot g = \frac{l-2x}{2l} \cdot m \cdot g$ .

1 P Der Abstand seines Schwerpunktes zum Auflager ist $d_R = \frac{\frac{l}{2}-x}{2} = \frac{l-2x}{4}$ .

1 P Das von ihm erzeugte Drehmoment ist folglich $M_R = d_R \cdot F_R = \frac{l-2x}{4} \cdot \frac{l-2x}{2l} \cdot m \cdot g$ .

- Hinzu kommt auf der rechten Seite noch das Drehmoment aufgrund der angehängten Masse

1 P $M_{extra} = \left(\frac{l}{2}-x\right) \cdot m_X \cdot g$ .

- Um die Gleichgewichtsbedingung zu erhalten, werden alle drei Drehmomente seitenrichtig

2 P aufsummiert: $M_L = M_R + M_{extra} \Rightarrow \frac{l+2x}{4} \cdot \frac{l+2x}{2l} \cdot m \cdot g = \frac{l-2x}{4} \cdot \frac{l-2x}{2l} \cdot m \cdot g + \left(\frac{l}{2}-x\right) \cdot m_X \cdot g$ .

Nun müssen wir die (um die Erdbeschleunigung gekürzte) Gleichung nach $x$ auflösen:

$$\frac{l+2x}{4} \cdot \frac{l+2x}{2l} \cdot m = \frac{l-2x}{4} \cdot \frac{l-2x}{2l} \cdot m + \left(\frac{l}{2}-x\right) \cdot m_X$$

$$\Rightarrow \quad (l+2x)^2 \cdot \frac{m}{8l} - (l-2x)^2 \cdot \frac{m}{8l} = \left(\frac{l}{2} - x\right) \cdot m_X \quad \Rightarrow \quad \left[(l+2x)^2 - (l-2x)^2\right] \cdot \frac{m}{8l} = \left(\frac{l}{2} - x\right) \cdot m_X$$

$$\Rightarrow \quad \left[\left(l^2 + 4lx + 4x^2\right) - \left(l^2 - 4lx + 4x^2\right)\right] \cdot \frac{m}{8l} = \left(\frac{l}{2} - x\right) \cdot m_X \quad \Rightarrow \quad [8lx] \cdot \frac{m}{8l} = \left(\frac{l}{2} - x\right) \cdot m_X$$

$$\Rightarrow \quad m \cdot x = \left(\frac{l}{2} - x\right) \cdot m_X \quad \Rightarrow \quad m \cdot x = \frac{l}{2} \cdot m_X - x \cdot m_X \quad \Rightarrow \quad (m + m_x) \cdot x = \frac{l}{2} \cdot m_X \quad \Rightarrow \quad x = \frac{l \cdot m_X}{2 \cdot (m + m_x)}.$$

5 P

Die Angabe der exemplarischen $x$ – Werte geschieht nun durch Einsetzen in diese Gleichung:

für $m_X = 1kg \quad \Rightarrow \quad x = \frac{l \cdot m_X}{2 \cdot (m + m_x)} = \frac{1.0m \cdot 1kg}{2 \cdot (10kg + 1kg)} = \frac{1}{22} m = 4.\overline{54} cm$ ½ P

für $m_X = 2kg \quad \Rightarrow \quad x = \frac{l \cdot m_X}{2 \cdot (m + m_x)} = \frac{1.0m \cdot 2kg}{2 \cdot (10kg + 2kg)} = \frac{2}{24} m = 8.\overline{3} cm$ ½ P

für $m_X = 5kg \quad \Rightarrow \quad x = \frac{l \cdot m_X}{2 \cdot (m + m_x)} = \frac{1.0m \cdot 5kg}{2 \cdot (10kg + 5kg)} = \frac{5}{30} m = 16.\overline{6} cm$ ½ P

für $m_X = 10kg \quad \Rightarrow \quad x = \frac{l \cdot m_X}{2 \cdot (m + m_x)} = \frac{1.0m \cdot 10kg}{2 \cdot (10kg + 10kg)} = \frac{10}{40} m = 25 cm$ ½ P

Die absolute Messgenauigkeit, die davon abhängt, um wie viele Zentimeter pro angehängtem Kilogramm verschoben werden muss, wird natürlich um so geringer, je größer die angehängte Masse wird.

## Aufgabe 1.27 Corioliskraft

| 18 bis 20 Min. | | Punkte 14 P |
|---|---|---|

Von der Spitze eines $h = 100m$ hohen Turmes, der auf dem Äquator steht, falle ein Stein auf den Erdboden. Aufgrund der Erdrotation trifft der Stein nicht an der Stelle auf, die durch ein Lot an einem Faden markiert wird, welcher an der Position befestigt ist, an der der Stein seinen Fall beginnt. Zu Erläuterung der Situation betrachte man Bild 1-18.

(a.) In welcher Richtung weicht der Landepunkt des Steines von der Stelle ab, auf die das Lot zeigt? (Geben Sie die Antwort mit Begründung.)

(b.) Wie weit trifft der Stein neben der Stelle auf, die das Lot zeigt?

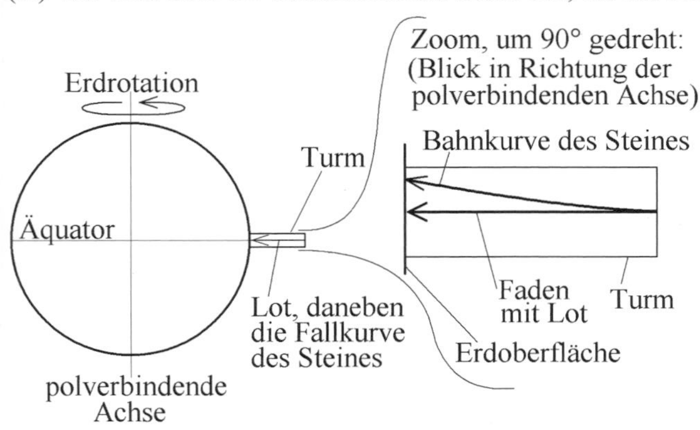


**Bild 1-18**
Der linke Teil des Bildes stellt die Situation eines Turmes mit Lot und fallendem Stein dar.
Der rechte Teil des Bildes dient der Unterscheidung zwischen dem Verlauf des Fadens mit Lot und der Bahnkurve des Steines. Zwecks Veranschaulichung ist die Krümmung der Bahnkurve des Steines stark überzeichnet.

## ▾ Lösung zu 1.27

Lösungsstrategie:

(a.) Hier gilt die Drehimpulserhaltung der Rotationsbewegung um die Rotationsachse der Erde. Wegen des veränderten Abstandes des Steines zur Rotationsachse beim Herabfallen ändert sich auch die Winkelgeschwindigkeit seiner Rotation um die Erdachse.

(b.) Die entscheidende Kraft ist die Corioliskraft. Während des Falls wirkt auf den Stein eine Coriolisbeschleunigung, die sich im Verlauf des Fallens ständig ändert. Benötigt wird also eine Formel, die die Coriolisbeschleunigung als Funktion der Zeit angibt. Integriert man dann diese Beschleunigung zweimal über die Zeit, so erhält man die gesuchte Strecke.

Lösungsweg, explizit:

(a.) Der Stein landet in östlicher Richtung neben dem Punkt, den das Lot markiert. Dies wird mit der Drehimpulserhaltung begründet. Betrachtet man den Stein als Massepunkt, der sich aufgrund der Erdrotation um die Erdachse dreht, so lautet dessen Drehimpuls dem Betrage nach $L = m \cdot r^2 \cdot \omega$, wo $m =$ Masse des Steines, $r =$ Radius der Rotationsbewegung und $\omega =$ Winkelgeschwindigkeit der Rotation ist. Durch das Herabfallen des Steines wird $r$ verringert. Da der Drehimpuls $L$ aber erhalten bleibt, muss sich $\omega$ vergrößern, und zwar in der Weise, dass das Produkt $r^2 \cdot \omega$ konstant bleibt. Eine Vergrößerung der Winkelgeschwindigkeit hat also zur Folge, dass der Stein gegenüber der Erdrotation vorauseilt. Weil sich die Erde nach Osten dreht, trifft der Stein somit in östlicher Richtung neben dem Lot auf den Erdboden. Wer sich das Schlagwort „Ostabweichung“ merkt, kann den Zusammenhang nicht mehr vergessen.

1 P

1 P

1 P

**Stolperfalle**

Von Studierenden wird überraschend häufig eine umgekehrte und falsche Vorstellung entwickelt, die in ihren Grundlagen der geistigen Vorstellung der Antike nahe kommt. Danach müsste der Stein nach Westen fallen, also im freien Fall der Rotationsbewegung nacheilen. Das Bild geht darauf zurück, dass der Stein vom Turm bei seiner Rotationsbewegung angeschoben werden müsste. Beim Loslassen des Steines würde dann diese anschiebende Kraft wegfallen, woraufhin die Rotationsbewegung des Steines ihre Geschwindigkeit nicht halten könnte und daher abgebremst würde.

Der grundsätzliche Fehler bei dieser Vorstellung ist die irrtümliche Annahme einer in Wirklichkeit nicht vorhandenen Reibung, die den Stein bei seiner Rotationsbewegung um die Erdachse bremsen würde. Man vermeide solch eine Fantasie nicht vorhandener Kräfte.

(b.) Die Formel für die Coriolisbeschleunigung lautet $\vec{a}_c = 2 \cdot \vec{v} \times \vec{\omega}$, wobei $\vec{v} =$ Geschwindigkeit des Steines und $\vec{\omega} =$ Winkelgeschwindigkeit der Rotationsbewegung ist. Da in unserem Beispiel $\vec{v}$ senkrecht auf $\vec{\omega}$ steht, können wir die Beträge einsetzen. Wegen $v = g \cdot t$ (im freien Fall) schreiben wir dann $a_c = 2 \cdot v \cdot \omega = 2 \cdot g \cdot t \cdot \omega \quad (*1)$ mit $g =$ Erdbeschleunigung.

2 P

Zweimalige Integration über die Zeit $t$ liefert nun die Formel für die Strecke der Ostabweichung (wobei $t$ von 0 bis zur Falldauer $t_F$ läuft):

$$\Rightarrow \quad v = \int a(t)\,dt = \int 2 \cdot g \cdot t \cdot \omega\,dt = g t^2 \omega$$

Die Festlegung des Startzeitpunktes bei $t = 0$ lässt die Integrationskonstante verschwinden. 2 P

$$\Rightarrow \quad s = \int_0^{t_F} v(t)\,dt = \int_0^{t_F} g t^2 \omega\,dt = \left[\tfrac{1}{3} g t^3 \omega\right]_0^{t_F} = \tfrac{1}{3} g t_F^3 \omega \qquad (*2)$$

2 P

Damit ist die eigentliche Berechnung fertig. Zum Einsetzen der Zahlenwerte müssen wir allerdings noch die Falldauer $t_F$ und die Winkelgeschwindigkeit $\omega$ der Erde bestimmen:

$$\omega = \frac{1\text{ Umlauf}}{1\text{ Tag}} = \frac{2\pi\ rad}{86164\text{ sec}} \overset{TR}{\approx} 7.292 \cdot 10^{-5}\,Hz$$

(Das „Radiant“ ist keine physikalische Einheit.) 1 P

Anmerkung: Als Tag wird ein Sternentag eingesetzt. (Siehe Kapitel 11.0.) Dieser beschreibt die Dauer der Erdrotation relativ zum Sternenhimmel und nicht relativ zur Sonne. Man tut dies, weil der Sonnentag außer der Rotation der Erde um die eigene Achse auch noch die Rotation der Erde um die Sonne berücksichtigt, die hier nicht in die Berechnungen eingehen soll.

Die Falldauer berechnen wir aus dem freien Fall des Steines: $h = \frac{1}{2} g t_F^2 \quad \Rightarrow \quad t_F = \sqrt{\frac{2h}{g}}$ 2 P

Setzen wir $\omega$ und $t_F$ in die Formel $(*2)$ ein, so erhalten wir

$$s = \tfrac{1}{3} g t_F^3 \omega = \tfrac{1}{3} g \sqrt{\frac{8h^3}{g^3}} \cdot \omega = \tfrac{1}{3} \cdot 9.81 \frac{m}{\sec^2} \cdot \sqrt{\frac{8 \cdot (100\,m)^3}{\left(9.81 \frac{m}{\sec^2}\right)^3}} \cdot \frac{2\pi}{86164} \sec^{-1} \overset{TR}{\approx} 0.022 \frac{m}{\sec^2} \cdot \sqrt{\frac{m^3 \cdot \sec^6}{m^3}} \cdot \frac{1}{\sec}.$$

2 P

Die Ostabweichung beträgt also im vorliegenden Beispiel ca. 2.2 Zentimeter.

**Stolperfalle**

Diese Lösung muss wirklich zuerst mit Formelsymbolen gelöst werden. Es dürfen keine Zwischenergebnisse berechnet werden. Wer z.B. zur Zwischenberechnung der Coriolisbeschleunigung in $(*1)$ Werte (mit Zeit $t = t_F$) einsetzt, verliert den Rechenweg, weil die Abhängigkeit von der Zeit verloren geht, die man später auf dem Weg nach $(*2)$ beim Integrieren noch explizit braucht.

Diese Aufgabe ist ein Beispiel dafür, den Rat ernst zu nehmen, Zahlenwerte nicht früher einzusetzen als unbedingt nötig.

## Aufgabe 1.28 Gravitation, Schwerelosigkeit

| 10 Min. | | Punkte 7 P |
|---|---|---|

In welcher Entfernung vom Erdmittelpunkt wird zwischen Erde und Mond ein relativ zur Erde ruhendes Raumschiff schwerelos? (Dort heben sich die Anziehungskräfte durch Erde und Mond genau auf.)

Hinweise: Erdradius $R_E = 6371\,km$

Abstand Erdmittelpunkt – Mondmittelpunkt $s \overset{TR}{\approx} 60.3$ Erdradien (ungefähr gemittelt)

Masse des Mondes $m_M \overset{TR}{\approx} \frac{1}{81.3} \cdot m_E$, wo $m_E$ = Erdmasse

## ▾ Lösung zu 1.28

Lösungsstrategie:

Der Hinweis auf die Lösung steht bereits in der Aufgabenstellung: Man berechne die Anziehungskräfte durch die Erde und durch den Mond und setze die beiden gleich.

Lösungsweg, explizit:

Wir verwenden Newton's klassische Gravitationsformel mit $d_E$ als Abstand des Raumschiffes zur Erde und $d_M$ als Abstand des Raumschiffes zum Mond:

1 P $F_{Erde} = \gamma \cdot \frac{m_R \cdot m_E}{d_E^2}$ und $F_{Mond} = \gamma \cdot \frac{m_R \cdot m_M}{d_M^2}$ worin $\gamma$ = Newtons Gravitationskonstante und $m_R$ = Masse des Raumschiffes

Dort wo diese beiden Kräfte dem Betrage nach gleich sind, herrscht Schwerelosigkeit:

2 P $$\gamma \cdot \frac{m_R \cdot m_E}{d_E^2} = \gamma \cdot \frac{m_R \cdot m_M}{d_M^2} \Rightarrow \frac{d_M^2}{d_E^2} = \frac{m_M}{m_E} = \frac{1}{81.3} \Rightarrow \frac{d_M}{d_E} = \frac{1}{\sqrt{81.3}} \Rightarrow d_E = \sqrt{81.3} \cdot d_M . \qquad (*1)$$

Diese Gleichung enthält zwei Unbekannte, also brauchen wir eine zweite Gleichung. Sie folgt direkt aus den Hinweisen in der Aufgabenstellung und lautet: $d_M + d_E = 60.3 \cdot R_E$ . $(*2)$

1 P Die Lösung finden wir durch Einsetzen von $(*1)$ in $(*2)$: $d_M + \sqrt{81.3} \cdot d_M = 60.3 \cdot R_E$

$$\Rightarrow \left(1+\sqrt{81.3}\right) \cdot d_M = 60.3 \cdot R_E \Rightarrow d_M = \frac{60.3}{1+\sqrt{81.3}} R_E$$

$$\Rightarrow d_E = 60.3 R_E - d_M = 60.3 R_E - \frac{60.3}{1+\sqrt{81.3}} R_E = \left(60.3 - \frac{60.3}{1+\sqrt{81.3}}\right) \cdot R_E$$

$$\Rightarrow d_E = 60.3 \cdot \left(1 - \frac{1}{1+\sqrt{81.3}}\right) \cdot R_E \overset{TR}{\approx} 54.28 \cdot R_E \overset{TR}{\approx} 345800 km .$$

3 P In diesem Abstand vom Erdmittelpunkt heben sie die Anziehungskräfte von Erde und Mond genau auf – vorausgesetzt, man befindet sich auf der direkten Verbindungslinie zwischen Erde und Mond.

## Aufgabe 1.29 Satellitenbahn

 8 Min.  Punkte 5 P

Wie hoch über der Erdoberfläche am Äquator kreist ein geostationärer Satellit?

Hinweise: Zahlenwerte zum Einsetzen finden Sie in Kapitel 11.0.

## ▾ Lösung zu 1.29

Lösungsstrategie:

Die Gravitationskraft verursacht die Zentripetalkraft der Kreisbewegung. Setzt man beide gleich, so kann man den Radius der Rotationsbewegung des Satelliten um den Erdmittelpunkt berechnen. Abziehen des Erddurchmessers führt zur Flughöhe.

Lösungsweg, explizit:

Es gilt: Zentripetalkraft $F_Z = m_S \cdot \omega^2 \cdot r$ und Gravitationskraft $F_G = \gamma \cdot \frac{m_E \cdot m_S}{r^2}$ (nach Newton). 1 P

Darin sind $m_S$ = Satellitenmasse, $m_E$ = Erdmasse und $r$ = Rotationsradius des Satelliten

und $\omega = \frac{2\pi}{T}$ = Kreisfrequenz der Erdrotation bzw. der Rotation des Satelliten.

Im Kräftegleichgewicht ist $m_S \cdot \omega^2 \cdot r = F_Z = F_G = \gamma \cdot \frac{m_E \cdot m_S}{r^2} \Rightarrow r^3 = \gamma \cdot \frac{m_E}{\omega^2} = \gamma \cdot m_E \left(\frac{T}{2\pi}\right)^2$ 2 P

$$\Rightarrow r = \sqrt[3]{\gamma \cdot m_E \cdot \frac{T^2}{4\pi^2}} \overset{TR}{\approx} \sqrt[3]{6.6742 \cdot 10^{-11} \frac{N \cdot m^2}{kg^2} \cdot 5.9736 \cdot 10^{24} kg \cdot \frac{(86164 s)^2}{4\pi^2}}$$

$$\overset{TR}{\approx} 4.21735 \cdot 10^7 \cdot \sqrt[3]{\frac{kg \cdot m \cdot m^2}{s^2 \cdot kg^2} \cdot kg \cdot s^2} \Rightarrow r \overset{TR}{\approx} 42167 km .$$

Um die Höhe über dem Erdboden zu erhalten, muss vom Rotationsradius des Satelliten der Erdradius subtrahiert werden. Die Flughöhe ist also $h = r - R = 42167 km - 6371 km = 35796 km$ . 2 P

## Aufgabe 1.30 Erdrotation und Raketenstart

| | Zeit | Schwierigkeit | Punkte | |
|---|---|---|---|---|
| | (a.) 3 Min.<br>(b.) 8 Min. | | Punkte | (a.) 2 P<br>(b.) 5 P |
| | (c.) 5 Min. | | | (c.) 3 P |

Ein Geschoss ohne eigenen Antrieb mit der Masse $m_G = 5 kg$ soll in die Weiten des Universums geschossen werden. Man kann den Abschuss vom Äquator aus vornehmen oder von einem der Pole (Nordpol oder Südpol). Die erstgenannte Vorgehensweise ist energetisch günstiger.

(a.) Erklären Sie den Grund für die Energieersparnis.

(b.) Um wie viel Prozent erhöht sich die benötigte Startenergie, wenn man statt vom Äquator vom Pol aus startet?

(c.) Bei Raketen mit eigenem Antrieb ist der Energieunterschied in Abhängigkeit vom Startort größer als bei einem Geschoss ohne eigenen Antrieb – warum?

Hinweis: Betrachten Sie die Erde näherungsweise als Kugel und infolgedessen die Erdbeschleunigung an allen Orten auf der Erdoberfläche als identisch.

## ▾ Lösung zu 1.30

Lösungsstrategie:

Beim Start am Pol muss die beim Abschuss vorhandene kinetische Energie die potentielle Energie zum Flug ins Unendliche aufbringen.

Beim Start am Äquator kommt uns die Rotation der Erde zu Hilfe, die der abzuschießenden Masse (sie rotiert um die Erdachse) bereits einen gewissen Betrag an kinetischer Energie verleiht, der dann nicht über die Abschussvorrichtung aufgebracht werden muss.

Lösungsweg, explizit:

(a.) Die benötigte potentielle Energie betrachten wir nach der in der Aufgabenstellung vorgegebenen Näherung der Erde als Kugel als unabhängig vom Startort. Beim Start am Äquator vollführt das Geschoss aber bereits vor dem Start eine Rotation um die Erdachse. Die darin enthaltene kinetische Energie fehlt dem Geschoss im Falle eines Starts am Pol. Die beim Start am Äquator eingesparte Energie ist genau der Betrag dieser Rotationsenergie. 2 P

(b.) Will man quantitativ die Energieersparnis berechnen, so setzt man die potentielle Energie mit der Rotationsenergie am Äquator in Relation.

Da das Gravitationspotential konservativ ist, berechnet sich die potentielle Energie als Energiedifferenz zwischen dem Startort und dem Unendlichen: $W_{pot} = \gamma \cdot m_E \cdot m_G \cdot \left( \frac{1}{r_E} - \frac{1}{r_\infty} \right)$ (*1) 1 P

mit Gravitationskonstante $\gamma$, Erdmasse $m_E$ und Erdradius $r_E$ wie bekannt, sowie $r_\infty = \infty$.

1 P Die Rotationsenergie ist $W_{rot} = \frac{1}{2} \cdot m_G \cdot \omega^2 \cdot r_E^2 = \frac{1}{2} \cdot m_G \cdot \left( \frac{2\pi}{T} \right)^2 \cdot r_E^2$ (*2)

mit $\omega = \frac{2\pi}{T}$ = Kreisfrequenz der Erdrotation, wo $T$ = Sternentag.

Wir setzen für beide Energieformen die Werte ein und erhalten

1 P $(*1) \Rightarrow W_{pot} = 6.6742 \cdot 10^{-11} \frac{N \cdot m^2}{kg^2} \cdot 5.9736 \cdot 10^{24} kg \cdot 5\,kg \cdot \left( \frac{1}{6.371 \cdot 10^6\,m} - \frac{1}{\infty} \right) \stackrel{TR}{\approx} 3.1289 \cdot 10^8\,Joule$

1 P $(*2) \Rightarrow W_{rot} = \frac{1}{2} \cdot 5\,kg \cdot \frac{4\pi^2}{(86164\,s)^2} \cdot \left(6.371 \cdot 10^6\,m\right)^2 \stackrel{TR}{\approx} 5.3959 \cdot 10^5\,Joule$.

Damit ist das Verhältnis $\frac{W_{rot}}{W_{pot}} \stackrel{TR}{\approx} \frac{5.3959 \cdot 10^5\,Joule}{3.1289 \cdot 10^8\,Joule} \stackrel{TR}{\approx} 1.72‰$. 1 P

(c.) Eine Energieersparnis von 1.72‰ für ein einfaches Geschoss rechtfertigt nicht die Reise zum Äquator. Bei Weltraumraketen mit eigenem Antrieb ist das anders. Der Grund liegt darin, dass nach dem Loslösen von der Erde Treibstoff ausgestoßen werden muss, um nach Newton's Axiom „actio = reactio" einen Schub erzeugen zu können. Dafür wird eine ganze Menge Materie benötigt. Diese Materie muss als Treibstoff von der Erdoberfläche abgehoben werden und geht von Anfang an beim Betrieb der Rakete verloren. Man muss der Rakete auch Treibstoff mitgeben, um den noch in ihr vorhandenen Treibstoff gegen die Erdanziehung zu beschleunigen und das unter Beachtung von „actio = reactio". Am Äquator profitiert also eine relativ große Startmasse von der Rotationsenergie um die Erdachse. Entsprechend groß ist die Energieersparnis beim Start am Äquator. 3 P

## Aufgabe 1.31 Actio = Reactio (3. Newton'sches Axiom)

| 8 min | | Punkte 6 P |
|---|---|---|

Als Wissenschaftler des dritten Jahrtausends fliegen Sie mit Ihrer Rakete (Masse $m = 2000\,kg$) durch die Weiten des Weltalls. Zur Kurskorrektur, die als Beschleunigung in irgend eine Richtung verstanden wird, stoßen Sie Materie mit einer Geschwindigkeit von $v_M = 10000\frac{m}{s}$ aus Ihrem Triebwerk aus.

(a.) Wie groß ist die Beschleunigung Ihrer Rakete, wenn das Triebwerk 1 kg Materie pro Sekunde ausstößt?

(b.) Welche Geschwindigkeitsänderung können Sie erzielen, wenn Sie Ihr Triebwerk auf diese Weise 10 Sekunden lang angeschaltet lassen?

Hinweis: Vernachlässigen Sie die Abnahme der Masse der Rakete durch den Verlust von Materie.

## Lösung zu 1.31

Lösungsstrategie:

Die Lösung lässt sich elementar auf Newton's Mechanik zurückführen: Wegen „actio = reactio" ist die Kraft auf die emittierte Materie genauso groß wie die Kraft auf die Rakete. Und Kraft ist Impulsänderung pro Zeit ebenso wie Masse mal Beschleunigung. 1 P

Lösungsweg, explizit:

(a.) Die Kraft berechnen wir als $F = \dot{p} = \frac{m \cdot v_M}{t} = \frac{1kg}{1s} \cdot 10000\frac{m}{s} = 10^4 N$. 2 P

Ihre Wirkung auf die Rakete äußert sich in der Beschleunigung $a = \frac{F}{m} = \frac{10^4 N}{2000\,kg} = 5\frac{m}{s^2}$. 1 P

(b.) Binnen 10 Sekunden führt dieser Beschleunigung zu einer Änderung der Geschwindigkeit von $\Delta v = a \cdot \Delta t = 5\frac{m}{s^2} \cdot 10s = 50\frac{m}{s}$. 2 P

## Aufgabe 1.32 Potentielle Energie im Gravitationsfeld

| 13 Min. | | Punkte 10 P |
|---|---|---|

Überprüfen Sie die Qualität einer Näherung:

Will man Hubarbeit im Schwerefeld der Erde exakt berechnen, so muss man eigentlich auf das zentralsymmetrische Gravitationsfeld zurückgreifen, welches sich aus dem Newton'schen Gravitationsgesetz ergibt. Als Näherung wird aber an der Erdoberfläche oftmals mit einer Hubarbeit von $W_{Hub} = m_K \cdot g \cdot \Delta h$ gearbeitet, wo $m_K$ die zu hebende Masse, $g$ die Erdbeschleunigung und $\Delta h$ die Hubhöhe ist.

(a.) Finden Sie einen analytischen Ausdruck, der die relative (prozentuale) Ungenauigkeit der Näherung angibt. Hier sollen noch keine konkreten Zahlenwerte eingesetzt werden.

(b.) Setzen Sie nun konkrete Werte ein und bestimmen Sie die prozentuale Ungenauigkeit der Näherung bei einem Ausgangspunkt des Hebens auf Meereshöhe

- für $\Delta h = 30\,m$ (wie es beim Benutzen eines Lifts passieren kann) und
- für $\Delta h = 12\,km$ (wie es beim Starten eines Flugzeuges passieren kann).

## Lösung zu 1.32

Lösungsstrategie:
Die relative (prozentuale) Ungenauigkeit bestimmt man als $U = \frac{\left| Wert_{exakt} - Wert_{Näherung} \right|}{\left| Wert_{exakt} \right|}$.

Durch geeignete Termumformungen führt diese Relation auf einen recht einfachen Ausdruck.

Lösungsweg, explizit:

(a.)

1 P ▪ Die exakten Werte folgen aus dem Gravitationspotential, welches wiederum aus Newton's Gravitationsformel folgt. Sie lauten $W_{Pot} = \gamma \cdot m_K \cdot m_E \cdot \left( \frac{1}{r_E} - \frac{1}{r_E + \Delta h} \right)$,

mit $\gamma =$ Gravitationskonstante, $m_K$, $m_E =$ Masse des Körpers bzw. der Erde, $r_E =$ Erdradius.

1 P ▪ Die Näherungswerte kennen wir aus der Aufgabenstellung: $W_{Hub} = m_K \cdot g \cdot \Delta h$.

▪ Die Ungenauigkeit lautet damit $U = \frac{W_{Pot} - W_{Hub}}{W_{Pot}} = \frac{\gamma \cdot m_K \cdot m_E \cdot \left( \frac{1}{r_E} - \frac{1}{r_E + \Delta h} \right) - m_K \cdot g \cdot \Delta h}{\gamma \cdot m_K \cdot m_E \cdot \left( \frac{1}{r_E} - \frac{1}{r_E + \Delta h} \right)}$. $(*1)$

Nun lässt sich die Erdbeschleunigung unter Kenntnis der Erdmasse aus Newton's Gravitationsgesetz berechnen, und zwar aus der Kraft auf einen Körper an der Erdoberfläche.

1 P Diese ist $F = m_K \cdot g = \gamma \cdot \frac{m_E \cdot m_K}{r_E^2}$. Lösen wir nach der Erdbeschleunigung $g$ auf, so erhalten wir $g = \gamma \cdot \frac{m_E}{r_E^2}$. $(*2)$

2 P ! Mit $(*2)$ wir die relative Ungenauigkeit $(*1)$ zu

$$U = \left| \frac{\gamma \cdot m_K \cdot m_E \cdot \left( \frac{1}{r_E} - \frac{1}{r_E + \Delta h} \right) - m_K \cdot \gamma \cdot \frac{m_E}{r_E^2} \cdot \Delta h}{\gamma \cdot m_K \cdot m_E \cdot \left( \frac{1}{r_E} - \frac{1}{r_E + \Delta h} \right)} \right| = \underbrace{\left| 1 - \frac{\frac{\Delta h}{r_E^2}}{\frac{1}{r_E} - \frac{1}{r_E + \Delta h}} \right| = \left| 1 - \frac{\frac{\Delta h}{r_E^2}}{\frac{r_E + \Delta h - r_E}{r_E \cdot (r_E + \Delta h)}} \right|}_{\text{simples Zusammenfassen des Bruches im Nenner}}$$

4 P $$= \left| 1 - \frac{\Delta h \cdot r_E \cdot (r_E + \Delta h)}{r_E^2 \cdot \Delta h} \right| = \left| 1 - \frac{r_E + \Delta h}{r_E} \right| = \left| 1 - 1 - \frac{\Delta h}{r_E} \right| = \frac{\Delta h}{r_E}.$$

Dies ist der gesuchte analytische Ausdruck.

(b.) Für die beiden in der Aufgabenstellung genannten Zahlenwerte erhalten wir dann

$$\Delta h = 30\,m \;\Rightarrow\; U = \frac{\Delta h}{r_E} = \frac{30\,m}{6371000\,m} = 4.7\,ppm \quad \text{(ppm = parts per million) und}$$ ½ P

$$\Delta h = 12\,km \;\Rightarrow\; U = \frac{\Delta h}{r_E} = \frac{12\,km}{6371\,km} \overset{TR}{\approx} 1.9‰ .$$ ½ P

## Aufgabe 1.33 Trägheitstensor und Hauptträgheitsachsen

| Zeit | | Schwierigkeit | Punkte | |
|---|---|---|---|---|
| vorab | 2 Min. | Die Lösbarkeit setzt das Vorhandensein einer guten Integraltabelle voraus. | vorab | 1 P |
| (a.) | 2 Min. | | (a.) | 2 P |
| (b.) | 45 Min. | | (b.) | 29 P |
| (c.) | 40 Min. | | (c.) | 24 P |
| (d.) | 10 Min. | | (d.) | 5 P |
| (e.) | 15 Min. | | (e.) | 10 P |

Wir betrachten eine massive zylindrische Scheibe aus homogenem Material der Dichte $\rho = 2\frac{g}{cm^3}$ und der Abmessungen nach Bild 1-19.

(a.) Um welche Achsen kann die Scheibe sogenannte „freie Rotationen" vollführen, bei denen die Achsen kräftefrei raumfest bleiben?

(b.) Berechnen Sie die Massenträgheitsmomente bei Rotation um die in Aufgabenteil (a.) bestimmten Achsen.

(c.) Geben Sie den Trägheitstensor $\underline{J}$ als Tensor zweiter Stufe an.

(d.) Berechnen Sie den Drehimpuls $\vec{L}$, der sich bei einer Rotation mit der Winkelgeschwindigkeit $\vec{\omega} = (1;2;3)\,Hz$ ergibt.

Hinweis: Die Rotationsachse um $\vec{\omega}$ sei fest eingespannt, um ein Trudeln zu verhindern.

(e.) Wie groß ist das Trägheitsmoment bezüglich der durch $\vec{a} = (1;2;3)$ definierten Rotationsachse?

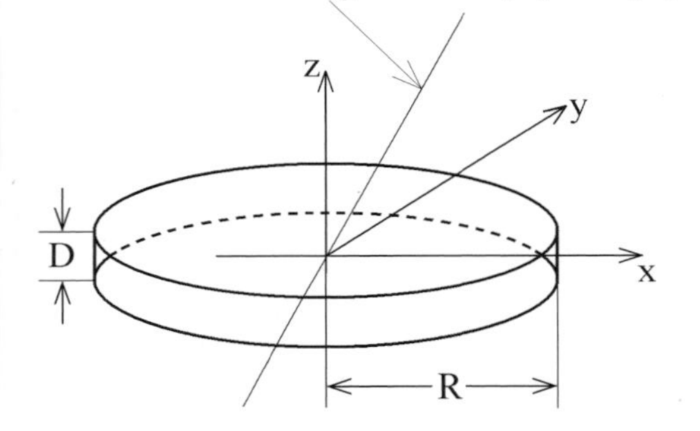


**Bild 1-19**
Geometrische Anordnung der zu betrachtenden Scheibe. Dabei seien vorgegeben:

Scheibendicke $D = 2\,cm$

Scheibenradius $R = 5\,cm$

## ▾ Lösung zu 1.33

Lösungsstrategie:

(a.) Freie Rotationen können um die Hauptträgheitsachsen stattfinden.

(b.) und (c.) Ein Tensor zweiter Stufe ist eine Matrix. Deren einzelne Elemente muss man als Integrale berechnen. Die Ausdrücke dafür findet man in Formelsammlungen.

(d.) Kennt man die Matrix $\underline{J}$ aus den Aufgabenteilen (b.) und (c.), so kann man in $\vec{L} = \underline{J} \cdot \vec{\omega}$ einsetzen. Dabei müssen $\vec{L}$ und $\vec{\omega}$ nicht parallel zueinander sein.

(e.) Das zu $\vec{a}$ gehörende Trägheitsmoment berechnet man dann unter Kenntnis der Richtungswinkel bzw. der Richtungscosinusse aus den Matrixelementen von $\underline{J}$. Zur Veranschaulichung sei angemerkt, dass $\vec{a}$ diejenige Achse angibt, um die in Aufgabenteil (d.) die Rotation mit $\vec{\omega}$ stattfindet.

Lösungsweg, explizit:

Bevor wir mit dem eigentlichen Lösen der einzelnen Aufgabenteile beginnen, wollen wir vorab die Masse der Scheibe berechnen, weil wir diese später einige Male zum Einsetzen der Werte benutzen können. Diese ist

1 P

$$m = \rho \cdot V = \rho \cdot \pi R^2 \cdot D = 2000 \frac{kg}{m^3} \cdot \pi \cdot (0.05m)^2 \cdot (0.02m) = \frac{\pi}{10} kg .$$

Nach dieser Vorarbeit wenden wir uns der eigentlichen Aufgabe zu:

(a.) Die Hauptträgheitsachsen kann man theoretisch als Extrema aller Trägheitsmomente finden. Einfacher findet man sie aber aufgrund vorhandener Symmetrien als die Senkrechten zu den Symmetrieebenen. An der Zahl sind es drei Stück.

Eine Symmetrieebene ist die xz-Ebene, die anderen beiden kann man aufgrund der hohen Rotationssymmetrie senkrecht zur xz-Ebene stellen, also z.B. die xy-Ebene und die yz-Ebene. Die drei Hauptträgheitsachsen sind dann die x-Achse, die y-Achse und die z-Achse. (Im Übrigen lässt sich das Koordinatensystem immer geeignet ausrichten, sodass die Koordinatenachsen mit den Hauptträgheitsachsen zusammenfallen.)

2 P

(b.) Wir berechnen also die Trägheitsmomente bei Rotation um die drei in Bild 1-19 gezeichneten Koordinatenachsen. Die nötigen Integrale findet man in Formelsammlungen. Sie werden zumeist mit einer Integration über die Masse angegeben.

**Arbeitshinweis**

Wie integriert man über eine Masse?

Aus der Mathematik kennen wir Integrale über Raumrichtungen. Also schreibt man infinitesimale Massenelemente als deren Dichte, multipliziert mit deren Volumenelementen:

$$dm = \rho \cdot dV .$$

Die Integration über eine Masse drückt also nichts weiter als ein ganz normales Volumenintegral aus.

▪ Das Trägheitsmoment bei Rotation um die z-Achse sei $J_z$. Laut Formelsammlung ist

$$J_z = \int_{(V)} r_z^2 dm \qquad \text{, wo } r_z = \text{Abstand von der } z\text{-Achse}$$

$$= \iiint_{(V)} \left(x^2+y^2\right)\cdot\rho\cdot dV = \int_0^{2\pi}\int_0^{R}\int_{-D/2}^{+D/2} r_z^2\cdot\rho\cdot r_z\cdot dz\cdot dr_z\cdot d\varphi \,.$$ 2 P

Wegen der Zylindersymmetrie ist das Integral am leichtesten in Zylinderkoordinaten zu lösen, bei deren üblichem Gebrauch das Volumenelement $dV = r_z\cdot dz\cdot dr\cdot d\varphi$ ist, mit $r_z = x^2+y^2$. (Achtung: Man unterscheide klar „$r$" von „$R$".)

Das Auflösen des Integrals beruht auf elementaren mathematischen Umformungen:

$$J_z = \int_0^{2\pi}\int_0^{R}\int_{-D/2}^{+D/2} r_z^3\cdot\rho\cdot dz\cdot dr_z\cdot d\varphi = \int_0^{2\pi}\int_0^{R} r_z^3\cdot\rho\cdot\underbrace{\left[z\right]_{-D/2}^{+D/2}}_{=D}\cdot dr_z\cdot d\varphi = \int_0^{2\pi}\left[\tfrac{1}{4}r_z^4\cdot\rho\cdot D\right]_0^R\cdot d\varphi = \int_0^{2\pi}\tfrac{1}{4}R^4\cdot\rho\cdot D\cdot d\varphi$$

$$= \left[\tfrac{1}{4}R^4\cdot\rho\cdot D\cdot\varphi\right]_0^{2\pi} = 2\pi\cdot\left[\tfrac{1}{4}R^4\cdot\rho\cdot D\right] = \underbrace{\tfrac{\pi}{2}R^4\cdot\rho\cdot D = \tfrac{1}{2}m\cdot R^2}_{\text{weil } V=\pi R^2\cdot D \text{ und } m=\rho\cdot V} \,.$$ 5 P

▪ Für $J_y$ (bei Rotation um die y-Achse) wird die praktische Berechnung des Integrals in kartesischen Koordinaten einfacher als in Zylinderkoordinaten. Lediglich die Formulierung der Integrationsgrenzen ist ein bisschen mühsamer, denn sie erfordert das Einsetzen der Kreisgleichung für den Scheibenrand in kartesischen Koordinaten:

$$J_y = \int_{(V)} r_y^2 dm \qquad \text{, wo } r_y = \text{Abstand von der y-Achse}$$

$$= \iiint_{(V)} \left(x^2+z^2\right)\cdot\rho\cdot dV = \int_{-R}^{+R}\int_{-\sqrt{R^2-x^2}}^{+\sqrt{R^2-x^2}}\int_{-D/2}^{+D/2}\left(x^2+z^2\right)\cdot\rho\cdot dz\cdot dy\cdot dx$$

$$= \int_{-R}^{+R}\int_{-\sqrt{R^2-x^2}}^{+\sqrt{R^2-x^2}} \rho\cdot\left[x^2z+\tfrac{1}{3}z^3\right]_{-D/2}^{+D/2} dy\cdot dx = \int_{-R}^{+R}\int_{-\sqrt{R^2-x^2}}^{+\sqrt{R^2-x^2}} \rho\cdot\left[x^2\cdot\frac{D}{2}+\frac{1}{3}\cdot\left(\frac{D}{2}\right)^3 - x^2\cdot\frac{-D}{2}-\frac{1}{3}\cdot\left(\frac{-D}{2}\right)^3\right]dy\cdot dx$$

$$= \int_{-R}^{+R}\int_{-\sqrt{R^2-x^2}}^{+\sqrt{R^2-x^2}} \rho\cdot\left(x^2\cdot D+\frac{D^3}{12}\right)dy\cdot dx = \int_{-R}^{+R}\rho\cdot\left[\left(x^2\cdot D+\frac{D^3}{12}\right)\cdot y\right]_{-\sqrt{R^2-x^2}}^{+\sqrt{R^2-x^2}}\cdot dx$$

$$= \int_{-R}^{+R}\rho\cdot\left(\left(x^2\cdot D+\frac{D^3}{12}\right)\cdot 2\sqrt{R^2-x^2}\right)\cdot dx =: (*1) \,.$$ (Die Abkürzung $(*1)$ wird hier zugewiesen.) 9 P

Nach Formelsammlung (Bronstein) ist $\int\sqrt{a^2-x^2}\,dx = \frac{x}{2}\cdot\sqrt{a^2-x^2}+\frac{a^2}{2}\cdot\arcsin\left(\frac{x}{a}\right)$

und außerdem $\int x^2\cdot\sqrt{a^2-x^2}\,dx = \frac{-x}{4}\cdot\sqrt{\left(a^2-x^2\right)^3}+\frac{a^2}{8}\cdot\left(x\cdot\sqrt{a^2-x^2}+a^2\cdot\arcsin\left(\frac{x}{a}\right)\right)$.

Zieht man die Konstanten vor die Integrale und identifiziert $a$ mit $R$, so erhält man

$$(*1) = 2\rho\frac{D^3}{12}\cdot\int_{-R}^{+R}\left(\sqrt{R^2-x^2}\right)\cdot dx + 2\rho D\cdot\int_{-R}^{+R}\left(x^2\cdot\sqrt{R^2-x^2}\right)\cdot dx$$

$$= \frac{\rho\cdot D^3}{6}\cdot\left[\frac{x}{2}\cdot\sqrt{R^2-x^2}+\frac{R^2}{2}\cdot\arcsin\left(\frac{x}{a}\right)\right]_{-R}^{+R}$$

$$+2\rho D\cdot\left[\frac{-x}{4}\cdot\sqrt{\left(R^2-x^2\right)^3}+\frac{R^2}{8}\cdot\left(x\cdot\sqrt{R^2-x^2}+R^2\cdot\arcsin\left(\frac{x}{R}\right)\right)\right]_{-R}^{+R}$$

$$= \frac{\pi}{12}\rho D^3R^2+\frac{\pi}{4}\rho DR^4 = \underbrace{\frac{m\cdot D^2}{12}+\frac{m\cdot R^2}{4}}_{\text{weil } V=\pi R^2\cdot D \text{ und } m=\rho\cdot V} = J_y\,.$$

Das Einsetzen der Integrationsgrenzen ist einfach und wird nicht weiter vertieft.

8 P

**Stolperfalle**

Man betrachte das Ansetzen der Integrationsgrenzen nach den Regeln der Mathematik. Integriert wird von innen nach außen. Die Integration über $dz$ ist von den anderen Integrationen unabhängig. Die Integration über $dy$ hingegen ist von der Integration über $dx$ abhängig, weil der Kreisbogen in der xy-Ebene die Integrationsgrenze in dieser Ebene bildet.

▪ Die Integration zu $J_x$ (bei Rotation um die x-Achse) könnte man aus Symmetriegründen sehr ähnlich ansetzen wie die Integration zu $J_y$. Tatsächlich aber geht die Symmetrie so weit, dass man sich die Berechnung überhaupt sparen kann. Aus Symmetriegründen muss nämlich $J_x = J_y$ sein, da ja die beiden in der xy-Ebene liegenden Hauptträgheitsachsen beliebig um die z-Achse verdreht werden können. $\Rightarrow\ J_x = J_y = \frac{m\cdot D^2}{12}+\frac{m\cdot R^2}{4} = \frac{1}{4}m\cdot\left(R^2+\frac{1}{3}D^2\right)$

2 P

▪ Zur numerischen Bestimmung der Trägheitsmomente $J_x$, $J_y$ und $J_z$ wollen wir schließlich noch die vorgegebenen Werte einsetzen.

$$\Rightarrow\ J_x = J_y = \frac{1}{4}\cdot\frac{\pi}{10}kg\cdot\left((0.05m)^2+\frac{1}{3}(0.02m)^2\right) = \frac{\pi}{120}kg\cdot\left(3\cdot(0.05m)^2+(0.02m)^2\right)m^2$$

$$= \frac{\pi\cdot 0.0079}{120}kg\cdot m^2 \overset{TR}{\approx} 2.068\cdot 10^{-4}\,kg\cdot m^2$$

3 P und $J_z = \frac{1}{2}m\cdot R^2 = \frac{1}{2}\cdot\frac{\pi}{10}kg\cdot(0.05m)^2 \overset{TR}{\approx} 3.927\cdot 10^{-4}\,kg\cdot m^2$

(c.) Nach Formelsammlung ist der Trägheitstensor die $3\times 3-$Matrix $\underline{J} = \begin{pmatrix} +J_{xx} & -J_{xy} & -J_{xz} \\ -J_{yx} & +J_{yy} & -J_{yz} \\ -J_{zx} & -J_{zy} & +J_{zz} \end{pmatrix}$.

Die Elemente auf der Hauptdiagonalen sind die Hauptträgheitsachsen, die wir bereits in Aufgabenteil (b.) berechnet haben, nämlich zu

$$J_{xx}=J_x=\frac{1}{4}m\cdot\left(R^2+\frac{1}{3}D^2\right),\qquad J_{yy}=J_y=\frac{1}{4}m\cdot\left(R^2+\frac{1}{3}D^2\right)\quad\text{und}\quad J_{zz}=J_z=\frac{1}{2}m\cdot R^2\,.$$

2 P

Alle anderen Matrixelemente müssen wir jetzt explizit durch Integration berechnen. Da ihre Angabe in den Formelsammlungen meistens in kartesischen Koordinaten gehalten ist, wollen wir in diesen arbeiten. Die Integration selbst ist dann handhabbar; die komplizierten Integrationsgrenzen können wir aus Aufgabenteil (b.) übernehmen.

$$J_{xy}=\int_{(V)}x\cdot y\,dm=\int_{-R}^{+R}\int_{-\sqrt{R^2-x^2}}^{+\sqrt{R^2-x^2}}\int_{-D/2}^{+D/2}x\cdot y\cdot\underbrace{\rho\cdot dz\cdot dy\cdot dx}_{\text{weil }dm=\delta\cdot dV}=\int_{-R}^{+R}\int_{-\sqrt{R^2-x^2}}^{+\sqrt{R^2-x^2}}\left[\rho\cdot x\cdot y\cdot z\right]_{-D/2}^{+D/2}\cdot dy\cdot dx$$

$$=\int_{-R}^{+R}\int_{-\sqrt{R^2-x^2}}^{+\sqrt{R^2-x^2}}\rho\cdot x\cdot y\cdot D\cdot dy\cdot dx=\int_{-R}^{+R}\left[\rho\cdot x\cdot\frac{1}{2}y^2\cdot D\right]_{-\sqrt{R^2-x^2}}^{+\sqrt{R^2-x^2}}\cdot dx$$

$$=\int_{-R}^{+R}\left[\rho\cdot x\cdot\left(R^2-x^2\right)\cdot D\right]\cdot dx=\int_{-R}^{+R}\left[\rho\cdot x\cdot R^2\cdot D-\rho\cdot x^3\cdot D\right]\cdot dx=\left[\rho\cdot\frac{1}{2}x^2\cdot R^2\cdot D-\rho\cdot\frac{1}{4}x^4\cdot D\right]_{-R}^{+R}$$

$$=\left[\rho\cdot\frac{1}{2}\cdot R^4\cdot D-\rho\cdot\frac{1}{4}R^4\cdot D\right]-\left[\rho\cdot\frac{1}{2}\cdot R^4\cdot D-\rho\cdot\frac{1}{4}R^4\cdot D\right]=0$$

8 P

Prinzipiell ist $J_{yx}=\int_{(V)}y\cdot x\,dm=J_{xy}$ . $\Rightarrow$ $J_{yx}=0$ für die Scheibe unseres Beispiels.

1 P

In ähnlicher Weise lässt sich auch berechnen

$$J_{xz}=\int_{(V)}x\cdot z\,dm=\int_{-R}^{+R}\int_{-\sqrt{R^2-x^2}}^{+\sqrt{R^2-x^2}}\int_{-D/2}^{+D/2}x\cdot z\cdot\underbrace{\rho\cdot dz\cdot dy\cdot dx}_{\text{weil }dm=\delta\cdot dV}=\int_{-R}^{+R}\int_{-\sqrt{R^2-x^2}}^{+\sqrt{R^2-x^2}}\left[\rho\cdot x\cdot\frac{1}{2}z^2\right]_{-D/2}^{+D/2}\cdot dy\cdot dx$$

$$=\int_{-R}^{+R}\int_{-\sqrt{R^2-x^2}}^{+\sqrt{R^2-x^2}}\rho\cdot x\cdot\left(\frac{1}{2}\left(\frac{D}{2}\right)^2-\frac{1}{2}\left(\frac{-D}{2}\right)^2\right)\cdot dy\cdot dx=\int_{-R}^{+R}0\cdot dy\cdot dx=0\qquad\Rightarrow\quad J_{zx}=J_{xz}=0\,.$$

6 P

Ebenso berechnen wir

$$J_{yz}=\int_{(V)}y\cdot z\,dm=\int_{-R}^{+R}\int_{-\sqrt{R^2-x^2}}^{+\sqrt{R^2-x^2}}\int_{-D/2}^{+D/2}y\cdot z\cdot\underbrace{\rho\cdot dz\cdot dy\cdot dx}_{\text{weil }dm=\delta\cdot dV}=\int_{-R}^{+R}\int_{-\sqrt{R^2-x^2}}^{+\sqrt{R^2-x^2}}\left[\rho\cdot y\cdot\frac{1}{2}z^2\right]_{-D/2}^{+D/2}\cdot dy\cdot dx$$

$$=\int_{-R}^{+R}\int_{-\sqrt{R^2-x^2}}^{+\sqrt{R^2-x^2}}\rho\cdot y\cdot\left(\frac{1}{2}\left(\frac{D}{2}\right)^2-\frac{1}{2}\left(\frac{-D}{2}\right)^2\right)\cdot dy\cdot dx=\int_{-R}^{+R}0\cdot dy\cdot dx=0\qquad\Rightarrow\quad J_{zx}=J_{xz}=0\,.$$

6 P

Als Ergebnis des Aufgabenteils (c.) fassen wir die Matrix $\underline{J}$ zusammen:

1 P

$$\underline{J} = \begin{pmatrix} \frac{1}{4}m \cdot \left(R^2 + \frac{1}{3}D^2\right) & 0 & 0 \\ 0 & \frac{1}{4}m \cdot \left(R^2 + \frac{1}{3}D^2\right) & 0 \\ 0 & 0 & \frac{1}{2}m \cdot R^2 \end{pmatrix} .$$

Die vielen Null-Einträge in der Matrix haben letztlich ihren Grund in der hohen Symmetrie des rotierenden Körpers.

(d.) Nach den Regeln der Matrixmultiplikation gilt für den Drehimpuls bei Rotation um eine beliebig wählbare Achse $\vec{\omega}$:

$$\vec{L} = \underline{J} \cdot \vec{\omega} = \begin{pmatrix} \frac{1}{4}m \cdot \left(R^2 + \frac{1}{3}D^2\right) & 0 & 0 \\ 0 & \frac{1}{4}m \cdot \left(R^2 + \frac{1}{3}D^2\right) & 0 \\ 0 & 0 & \frac{1}{2}m \cdot R^2 \end{pmatrix} \cdot \begin{pmatrix} 1\,Hz \\ 2\,Hz \\ 3\,Hz \end{pmatrix} = \begin{pmatrix} \frac{1}{4}m \cdot \left(R^2 + \frac{1}{3}D^2\right) \cdot 1\,Hz \\ \frac{1}{4}m \cdot \left(R^2 + \frac{1}{3}D^2\right) \cdot 2\,Hz \\ \frac{1}{2}m \cdot R^2 \cdot 3\,Hz \end{pmatrix} .$$

Setzen wir Werte ein, so erhalten wir

5 P

$$\vec{L} = \begin{pmatrix} \frac{1}{4} \cdot \frac{\pi}{10} kg \cdot \left((0.05\,m)^2 + \frac{1}{3}(0.02\,m)^2\right) \cdot 1\,Hz \\ \frac{1}{4} \cdot \frac{\pi}{10} kg \cdot \left((0.05\,m)^2 + \frac{1}{3}(0.02\,m)^2\right) \cdot 2\,Hz \\ \frac{1}{2} \cdot \frac{\pi}{10} kg \cdot (0.05\,m)^2 \cdot 3\,Hz \end{pmatrix} \overset{TR}{\approx} \begin{pmatrix} 2.068 \cdot 10^{-4} \\ 4.136 \cdot 10^{-4} \\ 11.781 \cdot 10^{-4} \end{pmatrix} \frac{kg \cdot m^2}{\text{sec.}} .$$

(e.) Die durch $\vec{a} = (1;2;3)$ vorgegebene Achse sei unter den Richtungswinkeln $\alpha, \beta, \gamma$ gegenüber den Koordinatenachsen $x, y, z$ geneigt. Die Bestimmung dieser Richtungswinkel ist eine Aufgabe der Geometrie. Die Cosinusse dieser Winkel (sog. Richtungscosinusse) bilden die Koordinaten des Einheitsvektors in Richtung von $\vec{a}$. Wir berechnen also:

4 P

$$\vec{e}_a = \frac{\vec{a}}{|\vec{a}|} = \frac{\begin{pmatrix} 1 \\ 2 \\ 3 \end{pmatrix}}{\sqrt{1^2+2^2+3^2}} = \begin{pmatrix} 1/\sqrt{14} \\ 2/\sqrt{14} \\ 3/\sqrt{14} \end{pmatrix} = \begin{pmatrix} \cos(\alpha) \\ \cos(\beta) \\ \cos(\gamma) \end{pmatrix} \Rightarrow \begin{aligned} \alpha &= \arccos\left(1/\sqrt{14}\right) \overset{TR}{\approx} 74.5^\circ \\ \beta &= \arccos\left(2/\sqrt{14}\right) \overset{TR}{\approx} 57.7^\circ \\ \gamma &= \arccos\left(3/\sqrt{14}\right) \overset{TR}{\approx} 36.7^\circ \end{aligned} .$$

Das Trägheitsmoment bzgl. der Rotation um eine beliebige Achse lautet dann gemäß Formelsammlung:

$$J_{\vec{a}} = -J_x \cdot \cos^2(\alpha) + J_y \cdot \cos^2(\beta) + J_z \cdot \cos^2(\gamma) - 2J_{xy} \cdot \cos(\alpha) \cdot \cos(\beta)$$
$$- 2J_{yz} \cdot \cos(\beta) \cdot \cos(\gamma) - 2J_{xz} \cdot \cos(\alpha) \cdot \cos(\gamma) .$$ 2 P

Einsetzen von $\underline{J}$ nach Aufgabenteil (d.) liefert wegen $J_{xy} = 0$; $J_{yz} = 0$; $J_{xz} = 0$ und aufgrund der Zahlenwerte von Aufgabenteil (b.):

$$J_{\vec{a}} = -J_x \cdot \left(1/\sqrt{14}\right)^2 + J_y \cdot \left(2/\sqrt{14}\right)^2 + J_z \cdot \left(3/\sqrt{14}\right)^2 = -J_x \cdot \frac{1}{14} + J_y \cdot \frac{2}{14} + J_z \cdot \frac{3}{14}$$

$$\overset{TR}{\approx} -2.068 \cdot 10^{-4}\, kg \cdot m^2 \cdot \frac{1}{14} + 2.068 \cdot 10^{-4}\, kg \cdot m^2 \cdot \frac{2}{14} + 3.927 \cdot 10^{-4}\, kg \cdot m^2 \cdot \frac{3}{14}$$

$$\overset{TR}{\approx} 9.892 \cdot 10^{-5}\, kg \cdot m^2 .$$ 4 P

Dies ist das Massenträgheitsmoment bei der Rotation um eine Achse in Richtung von $\vec{a}$. Dass wegen auftretender Querkräfte ein raumfestes Einspannen der Achse nötig ist, ist klar.

## Aufgabe 1.34 Hydrostatischer Druck

| | | | | |
|---|---|---|---|---|
| (Zeit) | (a.) 1½ Min. | (Schwierigkeit) | Punkte | (a.) 1 P |
| | (b.) 1½ Min. | | | (b.) 1 P |

Hydrostatischer Druck: Wie groß ist der Wasserdruck, den ein Taucher empfindet,
(a.) wenn er im Schwimmbad drei Meter tief taucht?
(b.) wenn er im Meer 40 Meter tief taucht?

## Lösung zu 1.34

Lösungsstrategie:

Der hydrostatische Druck ist unabhängig von der Form der unter Druck stehenden Oberflächen und wird alleine bestimmt von der Höhe der den Druck erzeugenden Flüssigkeitssäule (und natürlich von der Dichte der Flüssigkeit).

Lösungsweg, explizit:

Der hydrostatische Druck, der unter der Last einer Flüssigkeitssäule der Höhe $h$ wahrgenommen wird, ist $p(h) = \rho \cdot g \cdot h$ (mit $\rho =$ Dichte der Flüssigkeit und $g =$ Erdbeschleunigung).

In unserem Bsp. ist die Flüssigkeit Wasser ( $\rho = 1000 \frac{kg}{m^3}$ ) und somit ergibt sich:

(a.) $p_a(h) = 1000 \frac{kg}{m^3} \cdot 9.80665 \frac{m}{s^2} \cdot 3m = 29420 \frac{kg \cdot \frac{m}{s^2}}{m^2} = 29420 \frac{N}{m^2} = 29420\, Pa$ 1 P

(b.) $p_a(h) = 1000 \frac{kg}{m^3} \cdot 9.80665 \frac{m}{s^2} \cdot 40\, m = 392266 \frac{kg \cdot \frac{m}{s^2}}{m^2} = 392266 \frac{N}{m^2} = 392266\, Pa$ 1 P

Diese Wasserdrücke werden natürlich zusätzlich zu dem auf der Wasseroberfläche lastenden atmosphärischen Luftdruck wahrgenommen.

## ▾ Lösung zu 1.37

Lösungsstrategie:

Zwei Massenanteile $m_{Au}$ und $m_{Ag}$ (oder ebenso gut zwei Volumenanteile $V_{Au}$ und $V_{Ag}$) müssen bestimmt werden. Dazu stellen wir zwei Gleichungen mit zwei Unbekannten auf, die sich als Gleichungssystem lösen lassen. Eine der beiden Gleichungen ergibt sich aus der Kenntnis der Massen, die andere aus der Kenntnis der Volumina. Über die erstgenannte Gleichung gelangen dann die Dichten ins Gleichungssystem.

Lösungsweg, explizit:

1 P Aus der Kenntnis der Massen folgt: $m_{ges} = m_{Ag} + m_{Au} = \rho_{Ag} \cdot V_{Ag} + \rho_{Au} \cdot V_{Au}$. (Glg. 1)

1 P Aus der Kenntnis der Volumina folgt: $V_{ges} = V_{Ag} + V_{Au}$. (Glg. 2)

Nach den beiden Unbekannten $V_{Ag}$ und $V_{Au}$ lösen wir auf, z.B. indem wir aus Glg. 2 $V_{Au} = V_{ges} - V_{Ag}$ in Glg.1 einsetzen $\Rightarrow$ $m_{ges} = \rho_{Ag} \cdot V_{Ag} + \rho_{Au} \cdot \left(V_{ges} - V_{Ag}\right)$ und nach $V_{Ag}$ umstellen: $m_{ges} = \rho_{Ag} \cdot V_{Ag} + \rho_{Au} \cdot \left(V_{ges} - V_{Ag}\right) = \rho_{Ag} \cdot V_{Ag} + \rho_{Au} \cdot V_{ges} - \rho_{Au} \cdot V_{Ag}$

3 P
$$\Rightarrow \quad m_{ges} - \rho_{Au} \cdot V_{ges} = \rho_{Ag} \cdot V_{Ag} - \rho_{Au} \cdot V_{Ag} = \left(\rho_{Ag} - \rho_{Au}\right) \cdot V_{Ag} \quad \Rightarrow \quad V_{Ag} = \frac{m_{ges} - \rho_{Au} \cdot V_{ges}}{\rho_{Ag} - \rho_{Au}}.$$

Werte einsetzen liefert das Volumen und das Gewicht des Silbers:

$$V_{Ag} = \frac{1000\,g - 19.32\,\frac{g}{cm^3} \cdot 80\,cm^3}{10.491\,\frac{g}{cm^3} - 19.32\,\frac{g}{cm^3}} \overset{TR}{\approx} 61.796\,cm^3 \Rightarrow m_{Ag} = V_{Ag} \cdot \rho_{Ag} \overset{TR}{\approx} 61.796\,cm^3 \cdot 10.491\,\frac{g}{cm^3} \overset{TR}{\approx} 648.3\,g.$$

2 P Der Rest des Gewichts ist dann Gold: $m_{Au} = m_{ges} - m_{Ag} \overset{TR}{\approx} 1000\,g - 648.3\,g = 351.7\,g$.

Die Legierung besteht also zu 35.17 Gewichtsprozent aus Gold und 64.83 Gewichtsprozent aus Silber.

## Aufgabe 1.38 Eintauchtiefe eines Eisbergs

| 9 Min. | | Punkte 6 P |
|---|---|---|

Welcher Volumenanteil eines Eisberges ragt aus dem Wasser?
Die Dichte des Eises und des Wassers hängt vom Salzgehalt und von der Temperatur ab. Arbeiten wir willkürlich mit den Dichten $\rho_E = 0.917\,\frac{g}{cm^3}$ (Eis) und $\rho_W = 1.020\,\frac{g}{cm^3}$ (Wasser).

## ▾ Lösung zu 1.38

Lösungsstrategie:

Da Eisberge frei schwimmen, muss die Schwerkraft der Auftriebskraft im Wasser genau die Waage halten. Wir berechnen beide und setzen sie einander gleich. Dabei folgt die Schwerkraft dem Volumen des Eisberges, die Auftriebskraft dem Volumen des verdrängten Wassers.

Lösungsweg, explizit:

Die Situation des im Wasser schwimmenden Eisberges ist in Bild 1-20 veranschaulicht.

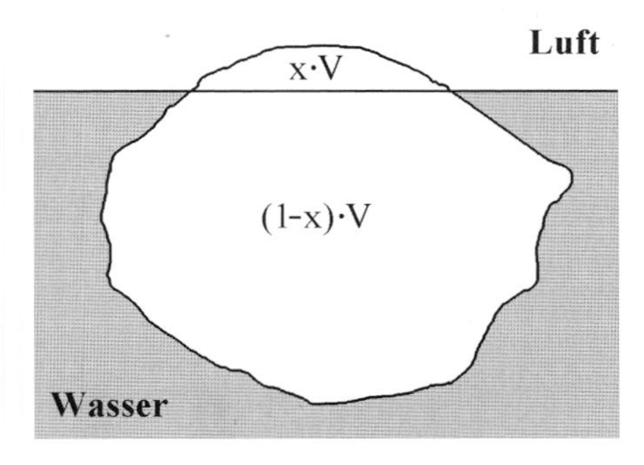


**Bild 1-20**
Von einem Eisberg des Volumens $V$ ragt der Anteil $x$ und somit das Volumen $x \cdot V$ aus dem Wasser. Der Rest des Volumens, also $V - x \cdot V = (1-x) \cdot V$ befindet sich unter der Wasseroberfläche.

Für die Schwerkraft verantwortlich ist die Masse des Eises, die sich aus seinem Volumen und seiner Dichte ergibt, also gilt $F_{schwer} = m_{Eis} \cdot g = \rho_E \cdot V \cdot g$ . 1 P

Für die Auftriebskraft hingegen ist die Masse des verdrängten Wassers verantwortlich, die sich aus dessen Volumen und Dichte ergibt (Auftriebskräfte in Luft vernachlässigen wir an dieser Stelle), also gilt $F_{Auftrieb} = m_{Wasser} \cdot g = \rho_W \cdot (1-x) \cdot V \cdot g$ . 2 P

Da sich diese beiden Kräfte die Waage halten müssen, setzen wir die Ausdrücke einander gleich und lösen dann nach $x$ auf:

$$\rho_E \cdot V \cdot g = F_{schwer} = F_{Auftrieb} = \rho_W \cdot (1-x) \cdot V \cdot g \Rightarrow (1-x) = \frac{\rho_E}{\rho_W} \Rightarrow x = 1 - \frac{\rho_E}{\rho_W} .$$ 2 P

Für die Beispielswerte unserer Aufgabe ist $x = 1 - \frac{\rho_E}{\rho_W} = 1 - \frac{0.917 \frac{g}{cm^3}}{1.020 \frac{g}{cm^3}} \stackrel{TR}{\approx} 0.1001 \approx 10\%$ . 1 P

Die Eisberge unseres willkürlich gewählten Zahlenbeispiels ragen etwa mit 10 % ihres Volumens aus dem Wasser, 90 % des Eises befindet sich unter Wasser.

## Aufgabe 1.39 Verdrängung von Wasser beim Eintauchen

| 8 Min | | Punkte 5 P |
|---|---|---|

Ein Boot schwimmt auf einem See. Darin sitzt ein Mensch, der Steine mit sich führt. Diese wirft er aus dem Boot hinaus (siehe Bild 1-21). Was passiert dadurch mit dem Wasserspiegel des Sees – bleibt er gleich, sinkt er oder steigt er?

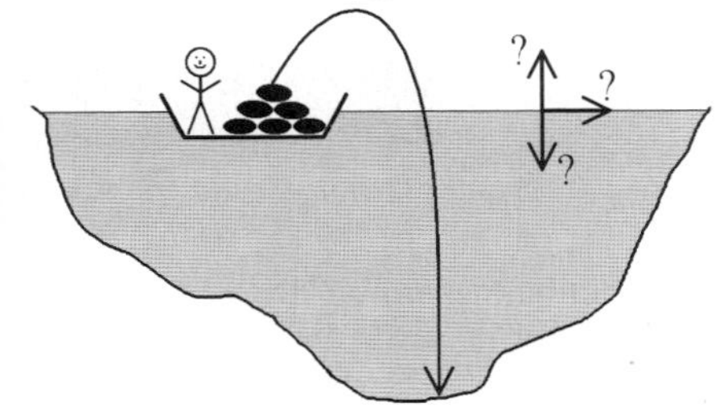


**Bild 1-21**
Jemand wirft Steine aus einem Boot in einen See. Frage: Wird dadurch der Wasserspiegel des Sees verändert oder nicht – und falls ja in welcher Weise?

## ▾ Lösung zu 1.39

Lösungsstrategie:

Man überlege, wie viel Wasser die Steine verdrängen – und zwar einerseits, wenn sie im Boot liegen und andererseits, wenn sie auf dem Seegrund liegen.

Lösungsweg, explizit:

Der Wasserspiegel des Sees wird durch das Hinauswerfen der Steine tatsächlich verändert (wenngleich auch aufgrund der Größenverhältnisse bei den meisten Seen nur recht geringfügig). Zum Verständnis unterscheiden wir die beiden Situationen:

(i.) Steine im Boot → Jetzt verdrängt jeder Stein eine Wassermenge entsprechend seiner Masse. Nehmen wir z.B. einem Stein vom Volumen $V = 1 Liter$, der aufgrund seiner Dichte eine Masse $m = 3kg$ habe. Da er schwimmt, verdrängt er 3 Liter Wasser.

2 P

(ii.) Steine hinausgeworfen → Die Steine sinken auf den Seegrund, denn ihre Dichte ist höher als die Dichte des Wassers. Ohne Boot können die Steine nicht schwimmen. Deshalb wird jetzt nur noch eine Wassermenge entsprechend des Steinvolumens (und nicht mehr entsprechend der Masse) verdrängt. Unser Beispiel-Stein vom Volumen $V = 1\,Liter$ verdrängt also nur 1 Liter Wasser. Die anderen beiden Liter Wasser sind aus dem See entnommen, denn sie werden nicht mehr verdrängt. Der Seespiegel sinkt also im Vergleich zum Zustand (i.).

Anmerkung: Durch das Hineinwerfen der Steine wird dem See das Volumen $\Delta V = \frac{m_{Stein}}{\rho_{Wasser}} - V_{Stein} = \frac{m_{Stein}}{\rho_{Wasser}} - \frac{m_{Stein}}{\rho_{Stein}}$ entzogen. Umgerechnet auf die oftmals großen Wasseroberflächen bei vielen Seen gibt das keinen sehr großen Höhenverlust im Bezug auf den Wasserspiegel.

3 P

Nebenbemerkung: Die zur Veranschaulichung der Erklärung beispielhaft gewählte Dichte der Steine von $3\frac{kg}{ltr.}$ ist willkürlich angenommen. Klar ist aber immer, dass Steine eine größere Dichte haben als das Wasser, und deshalb verdrängen sie in (i.) auch immer mehr als einen Liter Wasser. Damit ist die Logik der Argumentation vom genauen Wert der Dichte der Steine unabhängig.

## Aufgabe 1.40 Dichteänderung beim Auftauen von Eis

| 5 Min. | | Punkte 3 P |
|---|---|---|

In einem zylindrischen Trinkglas mit einer Durchmesser von 7 cm und einer Höhe von 12 cm befinden sich 230 Gramm Mineralwasser (Dichte $\rho_M = 1.020\frac{g}{cm^3}$) und dazu 70 Gramm Eiswürfel (Dichte $\rho_E = 0.917\frac{g}{cm^3}$). Das Glas sei randvoll eingeschenkt, d.h. der Wasserspiegel stehe am oberen Rand, die Eiswürfel schwimmen und ragen deshalb über den Rand hinaus. (Diese Zahlenwerte sind willkürlich angenommen.)
Wie viel muss man während des Auftauens der Eiswürfel heruntertrinken, damit das Wasser nicht überläuft? Geben Sie Ihre Antwort mit Begründung.

## Lösung zu 1.40

Lösungsstrategie:

Die Frage ist eine Fangfrage. Denken Sie scharf nach, bevor Sie anfangen, nach einem Rechenweg zu suchen. (Vergleichen Sie mit den Aufgaben 1.38 und 1.39.)

Lösungsweg, explizit:

Man muss gar nichts heruntertrinken, denn das Gesamtvolumen verändert sich beim Auftauen des Eises nicht.

Begründung: Die Eiswürfel berühren den Boden nicht, sie schwimmen oben auf, was bei den beschriebenen Mengenverhältnissen sofort einsichtig ist. Deshalb verdrängen Sie ein Wasservolumen nach ihrem Gewicht mal der Dichte des flüssigen Wassers. Beim Auftauen ändert sich ihr Gewicht nicht, denn die Zahl ihrer Moleküle bleibt unverändert. Also verdrängen die aufgetauten Eiswürfel ebenso ein Wasservolumen nach ihrem Gewicht mal der Dichte des flüssigen Wassers – solches ist ja aus ihnen durch das Auftauen geworden.

Durch das Auftauen wird die Dichte des Eises größer und das Volumen kleiner, aber ihre Masse bleibt gleich, und da sie schwimmen, bleibt auch das Volumen des verdrängten Wassers gleich. 3 P

## Aufgabe 1.41 Wärmedehnung und Kompression

 7 Min.  Punkte 4 P

Ein geschlossenes Ölfass mit starren Wänden wird komplett aufgefüllt und dann verschlossen. Wir lassen es nun in der Sonne stehen, wodurch es sich erwärmt. Berechnen Sie den Druck, dem die Wände standhalten müssen.

Als Werte seien gegeben: Anfangstemperatur $T_1 = 20°C$ ; Endtemperatur $T_2 = 50°C$

Wärmedehnkoeffizient des Öls: $\gamma = 9.5 \cdot 10^{-4} K^{-1}$ (für irgendeine Sorte Öl).

Kompressionsmodul des Öls: $\kappa = 5 \cdot 10^{-5} bar^{-1}$ (für irgendeine Sorte Öl).

## Lösung zu 1.41

Lösungsstrategie:

Rein gedanklich lässt sich der Vorgang in zwei Schritte zerlegen:

(i.) Aufgrund der Erwärmung möchte sich das Volumen $V$ des Öls um $\Delta V$ ausdehnen. In diesem Zusammenhang spielt der Wärmedehnkoeffizient eine Rolle.

(ii.) An dieser Expansion hindert das Behältnis das Öl, indem es das Öl wieder auf sein Anfangsvolumen zurückkomprimiert. Dabei spielt der Kompressionsmodul eine Rolle. 2 P

Lösungsweg, explizit:

½ P Zu (i.): Die Volumenzunahme unter Temperaturerhöhung ist $\Delta V = V \cdot \gamma \cdot \Delta T$.

½ P Zu (ii.): Die Volumenabnahme aufgrund der Kompression ist $\Delta V = V \cdot \kappa \cdot \Delta p$.

Da sich beide Vorgänge die Waage halten, setzen wir gleich und erhalten den Druck mit

1 P $$V \cdot \gamma \cdot \Delta T = \Delta V = V \cdot \kappa \cdot \Delta p \quad \Rightarrow \quad \Delta p = \frac{\gamma}{\kappa} \cdot \Delta T = \frac{9.5 \cdot 10^{-4} K^{-1}}{5 \cdot 10^{-5} bar^{-1}} \cdot (50-20) K = 570\, bar .$$

Anmerkung: Aus diesem Grund hat der Tank im Auto einen Überlauf zum Druckausgleich.

## Aufgabe 1.42 Oberflächenspannung eines Wassertropfens

| 15 Min. | | Punkte 10 P |
|---|---|---|

Auf eine wasserabweisende (z.B. fettige) Oberfläche tropft Wasser und bleibt dort in Form von Tröpfchen liegen. Berechnen Sie die typische Größe solcher Wassertröpfchen.

Hinweis: Hier ist die Oberflächenspannung und die Schwerkraft zu berücksichtigen.

Näherung: Betrachten Sie die Tröpfchen als Kugeln.

Die sog. Oberflächenspannung beträgt für Wasser $\sigma = 0.073 \frac{N}{m}$.

Zusatzfrage: Um wie viel liegt der Druck im Inneren eines solchen Tropfens über dem Luftdruck der Umgebung?

## Lösung zu 1.42

Lösungsstrategie:

▪ Die Schwerkraft versucht, alle Wassermoleküle auf die tiefstmögliche Position zu bringen. Wäre die Schwerkraft alleine, so würde sich das Wasser zu einer dünnen Schicht homogener Dicke verteilen.

▪ Die Anziehungskräfte zwischen den Wassermolekülen alleine, die auch für das Entstehen einer Oberflächenspannung verantwortlich sind, sind bestrebt, eine einzige große Kugel zu bilden, die dann wie ein Ball auf der Oberfläche läge.

2 P ▪ Die Realität stellt sich als Kompromiss zwischen beiden Kräften ein, wobei sich statt einem Tropfen viele kleine bilden. Die Lage dieses Kompromisses findet man am einfachsten, indem man zu beiden Kräften die zugehörigen Energien hinschreibt und dann die Energiesumme minimiert (→ Extremwertaufgabe).

Lösungsweg, explizit:

1 P ▪ Die der Schwerkraft entsprechende Energie ist die potentielle Energie, die wir für jeden Wassertropfen aus der Lage seines Schwerpunktes bestimmen. Seien $m$ die Masse eines Tropfens, $g$ die Erdbeschleunigung und $h$ die Höhe des Schwerpunktes eines Tropfens über der wasserabweisenden Unterlage und $V$ das Volumen des Tropfens, sowie $\rho$ die Dichte des Wassers. Der Nullpunkt der Hubarbeit $W_{pot}$ liegt direkt an der Unterlage, somit erhalten wir

$W_{pot} = m \cdot g \cdot h = \rho \cdot V \cdot g \cdot r = \rho \cdot \frac{4}{3}\pi r^3 \cdot g \cdot r = \frac{4}{3}\pi \cdot \rho \cdot g \cdot r^4$ . $(*1)$

$m = \rho \cdot V \uparrow$ $\uparrow h = r$ Schwerpunktshöhe = Tropfenradius (bei kugeliger Tropfenform) 1 P

▪ Die Anziehungskräfte der Wassermoleküle finden sich in der Oberflächenenergie wieder, zu der man in Formelsammlungen die Angabe $\sigma = \frac{\Delta W}{\Delta A}$ $(*2)$ findet. Dabei ist $\Delta W$ die Arbeit zur Vergrößerung der Flüssigkeitsoberfläche um die Fläche $\Delta A$. Betrachten wir den Wassertropfen als entstanden durch Anlagern von Molekülen an einen Tropfen der Oberfläche Null, so folgt aus $(*2)$ die Energie $W_{Obfl} = \sigma \cdot A = \sigma \cdot 4\pi r^2$ $(*3)$ 2 P

▪ Zu minimieren ist die Energiesumme aus $(*1)$ und $(*3)$. Da die beiden Energiewerte einander entgegenstehen, addieren wir sie mit entgegengesetztem Vorzeichen:

$W_{ges} = W_{pot} - W_{Obfl} = \frac{4}{3}\pi \cdot \rho \cdot g \cdot r^4 - \sigma \cdot 4\pi r^2$ .

Im Sinne einer Extremwertaufgabe erfolgt jetzt das Nullsetzen der Ableitung:

$$\frac{d}{dr} W_{ges} = 0 \quad \Rightarrow \quad \frac{4}{3}\pi \cdot \rho \cdot g \cdot 4r^3 - \sigma \cdot 4\pi \cdot 2r = 0$$

$$\Rightarrow \quad \frac{16}{3}\pi \cdot \rho \cdot g \cdot r^3 = 8\pi\sigma \cdot r \quad \Rightarrow \quad r^2 = \frac{8\pi\sigma}{\frac{16}{3}\pi \cdot \rho \cdot g} = \frac{3\sigma}{2 \cdot \rho \cdot g} .$$

2 P

Einsetzen der Zahlenwerte liefert

$$r = \sqrt{\frac{3\sigma}{2 \cdot \rho \cdot g}} = \sqrt{\frac{3 \cdot 0.073 \frac{N}{m}}{2 \cdot 10^3 \frac{kg}{m^3} \cdot 9.80665 \frac{m}{s^2}}} \overset{TR}{\approx} 0.00334 \cdot \sqrt{\frac{\frac{kg \cdot m}{m s^2}}{\frac{kg}{m^3} \cdot \frac{m}{s^2}}} = 0.00334\sqrt{m^2} = 3.34\,mm .$$

1 P

Konsistenzüberprüfung: Das ist eine durchaus realistische Tröpfchengröße.

Antwort zur Zusatzfrage: Auf den Umgebungsdruck addiert sich im Tropfeninneren noch der Binnendruck. Dieser wird berechnet als $p_{binnen} = \frac{2\sigma}{r} = \frac{2 \cdot 0.073 \frac{N}{m}}{3.34 \cdot 10^{-3}\,m} = 43.7\,Pa$ . 1 P

## Aufgabe 1.43 Kapillarkräfte

| 8 Min. | Schwierigkeit: 2 | Punkte 5 P |
|---|---|---|

Für das Hochziehen des Saftes in die Äste und Blätter bei Bäumen ist die sog. Kapillarwirkung verantwortlich, derzufolge Flüssigkeiten in dünnen Kapillaren auch gegen die Schwerkraft aufsteigen.

Frage: Wie dünn müssen die Fasern eines 10 Meter hohen Baumes sein, damit der Saft noch bis in die Spitze hochsteigen kann? Geben Sie den maximal möglichen Durchmesser der Fasern an unter der Annahme eines kreisförmigen Querschnittes.

Als Oberflächenspannung des Baumsaftes setzen wir willkürlich zu Übungszwecken den Wert für Wasser ein, nämlich $\sigma = 0.073 \frac{N}{m}$ .

## Lösung zu 1.43

Lösungsstrategie:

Verantwortlich für das Hochsteigen benetzender Flüssigkeiten in Kapillaren ist der Binnendruck. Nach unten gezogen wird die Flüssigkeit von der Schwerkraft, der zu ihr gehörende Druck ist der hydrostatische Druck. Die maximale Steighöhe wird erreicht, wenn sich beide Drücke die Waage halten, weil dann der Binnendruck die Flüssigkeit nicht mehr gegen den hydrostatischen Druck weiter hochziehen kann. 1 P

Lösungsweg, explizit:

Der Binnendruck lautet $p = \frac{2\sigma}{r}$

Der hydrostatische Druck lautet $p = \rho \cdot g \cdot h$

$$\Rightarrow \frac{2\sigma}{r} = \rho \cdot g \cdot h \Rightarrow r = \frac{2\sigma}{\rho \cdot g \cdot h}.$$ 2 P

Einsetzen der Werte liefert der Faserradius:

$$r = \frac{2\sigma}{\rho \cdot g \cdot h} = \frac{2 \cdot 0.073 \frac{N}{m}}{10^3 \frac{kg}{m^3} \cdot 9.81 \frac{m}{s^2} \cdot 10m} \overset{TR}{\approx} 1.488 \cdot 10^{-6} \frac{\frac{kg \cdot m}{m \cdot s^2}}{\frac{kg}{m^3} \cdot \frac{m}{s^2} \cdot m} = 1.488 \mu m.$$ 2 P

Das Doppelte davon ist der gefragte Durchmesser.

Sind die Fasern dünner, so kann der Saft noch höher aufsteigen. Auf dünnen Hohlräumen basiert auch das Funktionsprinzip sehr saugfähiger Küchentücher.

## Aufgabe 1.44 Hydraulische Hebebühne

| | | Punkte | |
|---|---|---|---|
| (a.) 3 Min. | | | (a.) 2 P |
| (b.) 4 Min. | | | (b.) 2 P |

Betrachten wir in Bild 1-22 eine typische hydraulische Hebebühne, wie sie in Werkstätten verwendet wird, um Autos hochzuheben.

Nehmen wir an, ein Auto mit einem Gewicht von 2 Tonnen soll hochgehoben werden. Die zur Verfügung stehende Pumpe (links unten im Bild) erzeugt einen kleinen Druck von $p_1 = 300 mbar$, mit dem sie eine Hydraulikflüssigkeit in das Rohr mit der Querschnittsfläche $A_1 = 2 cm^2$ hineinpumpt.

(a.) Wie groß muss die Querschnittsfläche $A_2$ sein, damit der Druck ausreicht, um das Auto hochzuheben?

(b.) Welches Flüssigkeitsvolumen muss die Pumpe fördern, um das Auto einen Meter hoch zu heben? Welchen Volumenstrom muss sie erzeugen, um dieses Anheben in einem Zeitraum von 10 Sekunden zu bewerkstelligen (Angabe in Litern pro Minute)?

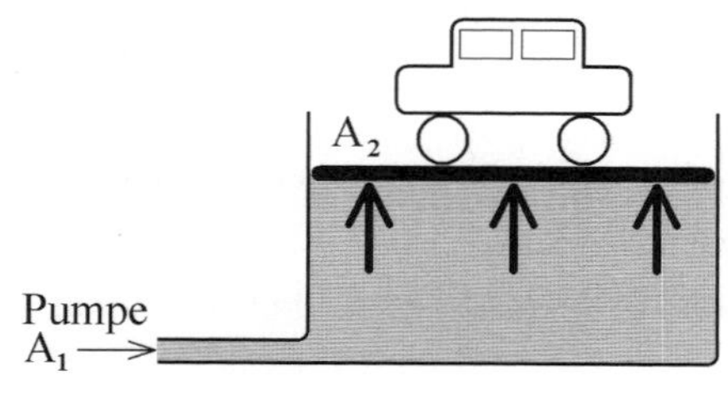


**Bild 1-22**
Veranschaulichung der Hydraulik einer Autohebeanlage.

## ▾ Lösung zu 1.44

Lösungsstrategie:

(a.) Im Inneren von Flüssigkeiten ist der Druck an allen Stellen gleich, völlig unabhängig von der Form des Gefäßes. Der Druck an der Pumpe ist also identisch mit dem Druck direkt unter dem Auto. Allerdings ist Druck $p = \frac{F}{A} = \frac{\text{Kraft}}{\text{Fläche}}$,
womit sich die gewünschten Kräfteverhältnisse konstruieren lassen.

(b.) Das zu pumpende Volumen ergibt sich aus der Hubhöhe und der Querschnittsfläche $A_2$.

Lösungsweg, explizit:

Nach der Erklärung der Lösungsstrategie sieht man sofort den Rechenweg:

$$p_1 = p_2 = \frac{F_2}{A_2} = \frac{m_{Auto} \cdot g}{A_2}$$ 1 P

$$\Rightarrow \quad A_2 = \frac{m_{Auto} \cdot g}{p_1} = \frac{2000\,kg \cdot 9.81\frac{m}{s^2}}{300 \cdot 10^{-3}\,bar} = 65400\frac{kg \cdot \frac{m}{s^2}}{10^5\,Pa} = 0.654\frac{N}{\frac{N}{m^2}} = 0.654\,m^2 .$$ 1 P

Konsistenzprüfung: Wir haben eine Querschnittsfläche von über einem halben Quadratmeter berechnet. In Anbetracht der Abmessungen realer Hebebühnen wirkt die Berechnung realistisch.

(b.) Zur Bestimmung des Volumens wird nur simple Geometrie benötigt. Es setzt sich zusammen aus Querschnittsfläche mal Höhe: $V = A \cdot h = 0.654\,m^2 \cdot 1\,m = 0.654\,m^3$ 1 P

Der Volumenstrom ist definiert als pro Zeit fließendes Volumen:

$$\dot{V} = \frac{\Delta V}{\Delta t} = \frac{0.654\,m^3}{10\,\text{sec}} = 0.0654\frac{m^3}{\text{sec.}} = 0.0654\frac{1000\,Liter}{\frac{1}{60}\,Minute} = 3924\frac{Liter}{Minute} .$$ 1 P

## Aufgabe 1.45 Laminare Strömung, Gesetz von Hagen-Poiseuille

| | Zeit | Schwierigkeit | | Punkte |
|---|---|---|---|---|
| ⏲ | allg. 20 Min. | 2 von 3 | Punkte | allg. 12 P |
| | (a.) 6 Min. | | | (a.) 3 P |
| | (b.) 4 Min. | | | (b.) 2 P |
| | (c.) 6 Min. | | | (c.) 4 P |

Wir betrachten eine Regenwassertonne wie in Bild 1-23 zu sehen. Am Boden (rechts unten) befinde sich ein Rohrstutzen mit einer Länge $l = 10\,cm$ und einem Durchmesser $2R = 0.5\,cm$.

(a.) Die Tonne sei bis zur Höhe $h_0$ mit Wasser gefüllt. Wie lange dauert es nun, eine Gießkanne mit einem Fassungsvermögen von 20 Litern zu füllen?

(b.) Wie lange dauert es, die Tonne beginnend vom Füllstand $h_0$ halb zu entleeren?

(c.) Wenn nur noch die letzten 100 Liter in der Tonne enthalten sind – wie lange dauert es dann, eine Gießkanne mit einem Fassungsvermögen von 20 Litern zu füllen?

Hinweise: Die Viskosität von Wasser beträgt $\eta = 1.2 \cdot 10^{-3} \frac{N \cdot s}{m^2}$ (dies ist bei ca. $13°C$ der Fall).

Die Strömung des Wassers durch das Ausflussrohr sei als laminar zu betrachten.

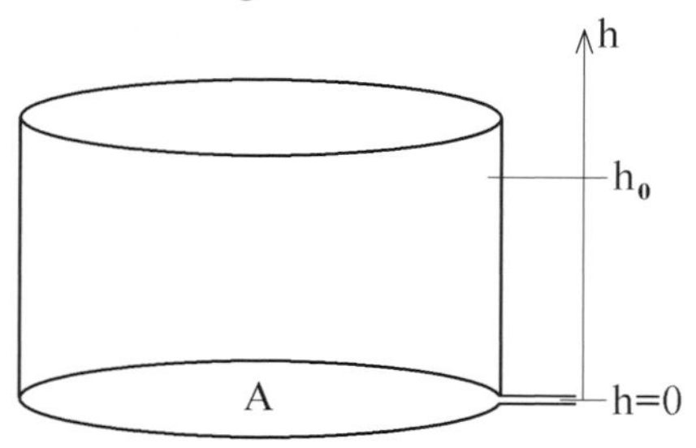


**Bild 1-23**
Regenwassertonne mit zylindrischer Form und Grundfläche $A = 1m^2$. Die Tonne hat eine Höhe $h_0 = 60 cm$ und fasst damit ein Wasservolumen $V_{max} = 600 \, Liter$. Der Parameter $h$ drückt den Füllstand der Tonne aus.

## Lösung zu 1.45

Lösungsstrategie:

Für laminare Strömung von Flüssigkeiten durch Rohre gilt das Gesetz von Hagen-Poiseuille. Darin taucht der Druck auf, mit dem die Flüssigkeit in das Rohr gedrückt wird. Dieser Druck ändert sich aber mit dem Füllstand $h$, sodass die Fließgeschwindigkeit, die als Volumenstrom angegeben wird, sich während des Auslaufens fortwährend kontinuierlich ändert. Der Volumenstrom ist also vom vorhandenen Restvolumen abhängig. Dies ist ein typischer Fall, wie er zu einer Differentialgleichung führt. 3 P !

Lösungsweg, explizit:

Bevor wir uns den einzelnen Aufgabenteilen (a, b, c) zuwenden, wollen wir den in der Lösungsstrategie in Aussicht gestellten Weg durchrechnen:

Nach dem Gesetz von Hagen-Poiseuille beträgt der Volumenstrom durch das Rohr $\dot{V} = \frac{\pi \cdot \Delta p}{8 \eta l} \cdot R^4 \quad (*1)$, wobei $\Delta p$ die Druckdifferenz zwischen Ein- und Ausgang des Rohres ist.

Da in unserem Beispiel der hydrostatische Druck des Regenwassers diese Druckdifferenz ausbildet, ist $\Delta p = \rho \cdot g \cdot h$. Setzen wir dies in $(*1)$ ein, so erhalten wir die besagte Differentialgleichung: 2 P

$$\left. \begin{array}{l} \dot{V} = \frac{\pi \cdot \rho \cdot g \cdot h}{8 \eta l} \cdot R^4 \\ V = A \cdot h \Rightarrow \dot{V} = A \cdot \dot{h} \end{array} \right\} \Rightarrow A \cdot \dot{h} = \dot{V} = \frac{\pi \cdot \rho \cdot g \cdot h}{8 \eta l} \cdot R^4 \Rightarrow \dot{h} = \frac{\pi \cdot \rho \cdot g \cdot R^4}{8 \eta l \cdot A} \cdot h .$$

3 P

Mit der Abkürzung $C = \frac{\pi \cdot \rho \cdot g \cdot R^4}{8 \eta l \cdot A}$ schreiben wir die Differentialgleichung kurz als $\dot{h} - C \cdot h = 0$. Deren Lösung ist allgemein bekannt, sodass wir auf ein detailliertes Vorführen des mathematischen Lösungsverfahrens verzichten können: $h(t) = h_0 \cdot e^{-C \cdot t}$. $(*3)$ 2 P

Ist der Füllstand als Funktion der Zeit solchermaßen bekannt, so können wir $C$ ausrechnen gemäß $C=\frac{\pi\cdot\rho\cdot g\cdot R^4}{8\eta l\cdot A}=\frac{\pi\cdot 1000\frac{kg}{m^3}\cdot 9.81\frac{m}{s^2}\cdot(0.0025m)^4}{8\cdot 1.2\cdot 10^{-3}\frac{N\cdot s}{m^2}\cdot 0.1m\cdot 1m^2}\overset{TR}{\approx}0.001254\frac{\frac{kg}{m^3}\cdot\frac{m}{s^2}\cdot m^4}{\frac{N\cdot s}{m^2}\cdot m\cdot m^2}=0.001254\frac{1}{s}$

und $(*3)$ als allgemein gefasstes Ergebnis der Aufgabe betrachten. Die einzelnen Aufgabenteile (a, b, c) lassen sich damit bequem durch Einsetzen der Werte lösen: 2 P

(a.) Nach Dreisatz gilt: 600 Liter Wasser entsprechen 60 cm Füllhöhe.

20 Liter entnehmen ⇒ 580 Liter Wasser entsprechen 58 cm Füllhöhe.

Gesucht ist derjenige Zeitpunkt, zu dem $h(t)=0.58m$ ist, wobei von $h_0=60cm$ (bei $t=0$) ausgegangen wird. Dazu lösen wir $(*3)$ nach $t$ auf und erhalten:

$$h(t)=h_0\cdot e^{-C\cdot t}\quad\Rightarrow\quad\ln(h)=\ln(h_0)-C\cdot t\quad\Rightarrow\quad C\cdot t=\ln(h_0)-\ln(h)=\ln\left(\frac{h_0}{h}\right)\quad\Rightarrow\quad t=\frac{1}{C}\cdot\ln\left(\frac{h_0}{h}\right).$$ 2 P

Einsetzen der Werte liefert die gesuchte Zeit: $t=\frac{1}{C}\cdot\ln\left(\frac{h_0}{h}\right)=\frac{1}{0.001254}\text{sec.}\cdot\ln\left(\frac{60cm}{58cm}\right)\overset{TR}{\approx}27\,\text{sec.}$ 1 P

Das Auslaufrohr ist nicht sonderlich dick, daher muss das Wasser einige Zeit laufen.

(b.) Die Rechnung verläuft in analoger Weise wie bei Aufgabenteil (a.) mit dem einzigen Unterschied, dass die End-Füllhöhe bei 30 Zentimetern liegt: $h(t)=0.30m$.

Die Rechnung und die Auflösung übernehmen wir von Aufgabenteil (b.) und erhalten

$t=\frac{1}{C}\cdot\ln\left(\frac{h_0}{h}\right)=\frac{1}{0.001254}\text{sec.}\cdot\ln\left(\frac{60cm}{30cm}\right)\overset{TR}{\approx}552.7\,\text{sec.}$ Das sind etwas mehr als 9 Minuten. 2 P

(c.) Zwar könnte man den bisher gezeigten Lösungsweg mit $h_0=10cm$ (entsprechend einem Füllvolumen von 100 Litern) nachvollziehen. Wesentlich bequemer ist es aber, die Zeitdifferenz zwischen $h(t)=10cm$ und $h(t)=8cm$ zu berechnen, denn dann können wir gleich nochmals den bisherigen Rechenweg unverändert übernehmen. Dies geschieht wie folgt:

Zu $h(t)=10cm$ gehört $t_{10}=\frac{1}{C}\cdot\ln\left(\frac{h_0}{h}\right)=\frac{1}{0.001254}\text{sec.}\cdot\ln\left(\frac{60cm}{10cm}\right)\overset{TR}{\approx}1428.8\,\text{sec.}$

Zu $h(t)=8cm$ gehört $t_8=\frac{1}{C}\cdot\ln\left(\frac{h_0}{h}\right)=\frac{1}{0.001254}\text{sec.}\cdot\ln\left(\frac{60cm}{8cm}\right)\overset{TR}{\approx}1606.7\,\text{sec.}$

Die Zeitdifferenz beträgt $t_8-t_{10}\overset{TR}{\approx}1606.7\,\text{sec.}-1428.8\,\text{sec.}=177.9\,\text{sec.}$ 4 P

Konsistenzprüfung: Auch das klingt plausibel, denn je weniger Wasser im Fass ist, desto langsamer füllen sich die Gießkannen (im Vergleich zu Aufgabenteil (a.)). Das liegt einfach daran, dass der hydrostatische Druck bei niedrigem Füllstand des Fasses klein wird.

## Aufgabe 1.46 Newton'sche Reibung

12 Min. Punkte 7 P

Daunenfedern fallen langsamer als Bleikugeln. Der Grund liegt im Luftwiderstand. Berechnen Sie für beide die Geschwindigkeit kurz vor der Landung, wenn man sie zuvor aus großer Höhe hat fallen lassen.

Als Vorgaben verwenden wir: Allgemein → Dichte von Luft $\rho_{Luft} = 1.293 \frac{kg}{m^3}$

Für eine Daunenfeder:

Masse $m = 0.1\, Gramm$

Querschnittsfläche $A = 2cm \cdot 3cm$ (quadratisch)

Luftwiderstandsbeiwert $c_w = 1.5$

Für eine Bleikugel:

Dichte $\rho_{Blei} = 11.34 \frac{g}{cm^3}$

Durchmesser $d = 2mm$

Wir wollen in beiden Fällen von turbulenter Strömung ausgehen.

## Lösung zu 1.46

Lösungsstrategie:

Die Charakterisierung der Strömung als turbulent weist auf den Reibungsmechanismus der Newton-Reibung hin, der für schnelle Bewegungen eines Körpers durch ein Fluid gilt. Die Bewegung ist als schnell einzustufen, sobald sich im strömenden Fluid Wirbel bilden, daher wurde der Hinweis auf Turbulenzen gegeben.

Der stationäre Fall der Endgeschwindigkeit stellt sich ein, wenn die Gravitationskraft vollständig durch die Reibungskraft aufgehoben wird und auf diese Weise eine weitere Zunahme der Fallbeschleunigung vermieden wird. 1 P

Lösungsweg, explizit:

Die Reibungskraft bei der Newton-Reibung folgt dem Gesetz $F = \frac{1}{2} c_W \rho A v^2$, wo $\rho$ die Dichte des Fluids ist, $A$ die Querschnittsfläche des bewegten Körpers und $v$ die Geschwindigkeit der Bewegung. 1 P

Für die Daunenfeder setzen wir ein:

$$F_{Daune} = \frac{1}{2} c_W \rho A v^2 = m_{Daune} \cdot g \;\Rightarrow\; v = \sqrt{\frac{2 \cdot m \cdot g}{c_W\, \rho\, A}} = \sqrt{\frac{2 \cdot 10^{-4} kg \cdot 9.81 \frac{m}{s^2}}{1.5 \cdot 1.293 \frac{kg}{m^3} \cdot 6 \cdot 10^{-4} m^2}} = \sqrt{1.686 \frac{\frac{m}{s^2}}{\frac{1}{m}}} \overset{TR}{\approx} 1.2985 \frac{m}{s}.$$

2 P

Für die Bleikugel setzen wir ein:

$$F = \frac{1}{2} c_W\, \rho_{Luft}\, A v^2 = m \cdot g \;\Rightarrow\; v = \sqrt{\frac{2 \cdot m \cdot g}{c_W\, \rho_{Luft}\, A}} = \sqrt{\frac{2 \cdot \rho_{Blei} \cdot V \cdot g}{c_W\, \rho_{Luft}\, A}} = \sqrt{\frac{2 \cdot \rho_{Blei} \cdot \frac{4}{3}\pi \left(\frac{d}{2}\right)^3 \cdot g}{c_W\, \rho_{Luft}\, \pi \cdot \left(\frac{d}{2}\right)^2}}$$

$$= \sqrt{\frac{\rho_{Blei} \cdot \frac{4}{3} \cdot d \cdot g}{c_W \, \rho_{Luft}}} = \sqrt{\frac{11.34 \cdot 10^3 \frac{kg}{m^3} \cdot \frac{4}{3}\left(2 \cdot 10^{-3} m\right) \cdot 9.81 \frac{m}{s^2}}{1 \cdot 1.293 \frac{kg}{m^3}}} \stackrel{TR}{\approx} 15.2 \sqrt{\frac{\frac{kg}{m^3} \cdot m \cdot \frac{m}{s^2}}{\frac{kg}{m^3}}} = 15.2 \frac{m}{s} .$$

3 P

Dabei wurde beachtet, dass eine runde Kugel einen Luftwiderstandsbeiwert $c_W = 1$ hat.

## Aufgabe 1.47 Luftwiderstandsbeiwert, Newton-Reibung

 7 Min. 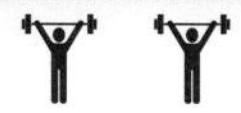 Punkte 5 P

Schätzen Sie den Luftwiderstandsbeiwert Ihres Autos (auch $c_W$ – Wert genannt) ab. Wir führen das an folgendem Zahlenbeispiel durch:

Motorleistung $P = 80\,kW$, Höchstgeschwindigkeit $v = 200 \frac{km}{h}$,

Breite $b = 1.8\,m$, Höhe $h = 1.4\,m$, allgemeine Angabe zur Dichte der Luft $\rho = 1.293 \frac{kg}{m^3}$.

Näherung: Gehen Sie davon aus, dass bei Höchstgeschwindigkeit der Luftwiderstand gegenüber allen anderen Fahrwiderständen derart dominiert, dass er die einzige zu berücksichtigende Reibungsquelle darstellt. Diese Näherung ist übrigens gar nicht schlecht.

## ▾ Lösung zu 1.47

Lösungsstrategie:

Es ist allgemein bekannt, dass die Luftströmung bei hoher Fahrgeschwindigkeit am Auto Wirbel bildet. Wir haben also einen Fall turbulenter Strömung. Die zugehörige Formel findet man unter dem Begriff „Newton-Reibung".

Lösungsweg, explizit:

Für turbulente Strömung ist die Reibungskraft nach Newton $F = \frac{1}{2} c_W \, \rho A v^2$, 1 P

worin $A$ die Querschnittsfläche des bewegten Körpers und $v$ dessen Geschwindigkeit ist. Da praktisch die gesamte Motorleistung $P$ zur Überwindung des Luftwiderstandes benötigt wird, können wir die Reibungskraft mit der vom Motor übertragenen Kraft aufgrund der Motorleistung gleichsetzen: $P = F \cdot v \;\Rightarrow\; F = \frac{P}{v}$. 1 P

Damit ergibt sich der gefragte Luftwiderstandsbeiwert $c_W$:

$$\frac{P}{v} = F = \frac{1}{2} c_W \, \rho A v^2 \;\Rightarrow\; c_W = \frac{2 \cdot P}{\rho A v^3} = \frac{2 \cdot 80 \cdot 10^3 W}{1.293 \frac{kg}{m^3} \cdot (1.8 \cdot 1.4) m^2 \cdot \left(\frac{200}{3.6} \frac{m}{s}\right)^3} \stackrel{TR}{\approx} 0.286 \frac{kg \cdot \frac{m^2}{s^3}}{\frac{kg}{m^3} \cdot m^2 \cdot \frac{m^3}{s^3}} = 0.286 .$$

3 P

## Aufgabe 1.48 Zugversuch, Spannungs-Dehnungs-Diagramm

| | | Punkte | |
|---|---|---|---|
| (a.) 1½ Min. | | | (a.) 1 P |
| (b.) 3 Min. | | | (b.) 2 P |
| (c.) 4 Min. | | | (c.) 3 P |
| (d.) 4 Min. | | | (d.) 4 P |
| (e.) 3 Min. | | | (e.) 2 P |
| (f.) 4 Min. | | | (f.) 2 P |

Die Punkte- und Zeitangaben der einzelnen Aufgabenteile beinhalten die graphische Darstellung.

Gegeben sei ein Spannungs-Dehnungs-Diagramm entsprechend Bild 1-24.

(a.) Bestimmen Sie die Zugfestigkeit des untersuchten Materials.

(b.) Bestimmen Sie die Bruchdehnung des Materials.

(c.) Bestimmen Sie den Elastizitätsmodul des Materials.

(d.) In welchen Grenzen liegt der Schubmodul des Materials?

(e.) Berechnen Sie den Kompressionsmodul für eine Poisson-Zahl $\mu = 0.3$.

(f.) Wenn das Material zunächst um $\frac{\Delta l}{l} = 2\%$ gedehnt und danach wieder losgelassen wird – wie groß ist dann der Anteil der plastischen Verformung und wie groß ist der Anteil der elastischen Verformung?

Zeichnen Sie Ihre Ergebnisse in die Graphik von Bild 1-24 ein.

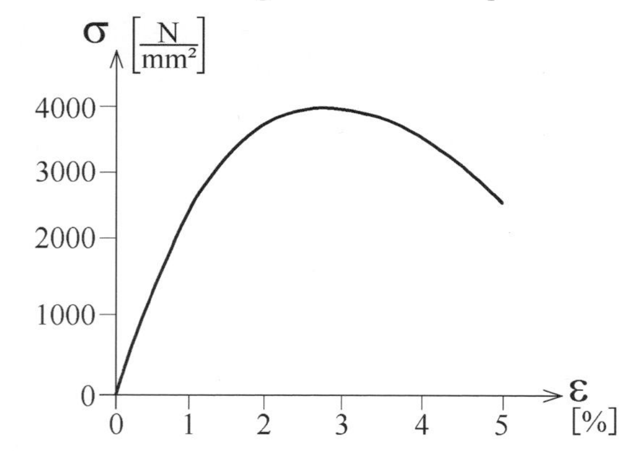


**Bild 1-24**
Spannungs-Dehnungs-Diagramm ($\sigma - \varepsilon -$ Diagramm) als Messkurve aus einem Zugversuch an einem gedachten (nicht notwendigerweise existenten) Werkstoff.

## ▾ Lösung zu 1.48

Lösungsstrategie:

(a., c., d., e.) fragt gelernte Begriffe ab.

(b. und f.) erfordern das Verständnis reversibler und irreversibler Verformungen. Finden beide statt, so kann man durch Wegnehmen der verformenden Kräfte den reversiblen (elastischen) Anteil der Verformung wieder verschwinden lassen, so dass der plastische Anteil übrig bleibt.

Lösungsweg, explizit:

Zum besseren Verständnis ist in Bild 1-25 das Auslesen der einzelnen Größen aus dem Spannungs-Dehnungs-Diagramm illustriert.

(a.) Die Zugfestigkeit ist definiert als Höchstkraft in Bezug auf den Anfangsquerschnitt. Da die Materialspannung $\sigma$ immer im Bezug auf den Anfangsquerschnitt ermittelt wird, ist sie ganz einfach abzulesen als Maximum in der Spannungs-Dehnung-Kurve: $\sigma_{\max} = 4000 \frac{N}{mm^2}$ 1 P

(b.) Die Bruchdehnung ist die bleibende Längenänderung nach dem Bruch der Probe. Die gesamte Längenänderung $\varepsilon_{\max}$ setzt sich aus einem bleibenden (plastischen) und einem nichtbleibenden (elastischen) Anteil zusammen. Letzterer muss zur Bestimmung der Bruchdehnung eliminiert werden, was man durch Parallelverschieben des elastischen Anteils (markiert mit „p") erreicht. Dadurch ergibt sich ein Wert der Bruchdehnung von $A = 4.3\%$. 2 P

(c.) Der Elastizitätsmodul beschreibt das Verhalten im vollständig elastischen (reversiblen) Verformungsbereich, der für ganz kleine Verformungen mit Sicherheit nicht verlassen wird. Zu betrachten ist also die Anfangssteigung der $\sigma-\varepsilon-$Kurve, als die der Elastizitätsmodul definiert ist. 1 P

Um diese Anfangssteigung leichter (und genauer) ablesen zu können, wurde in der Musterlösung das Steigdreieck linear verlängert (was die Steigung nicht verändert). Die zugehörigen Intervalle $\Delta\sigma = 4000 \frac{N}{mm^2}$ und $\Delta\varepsilon = 1.2\%$ sieht man ebenfalls in Bild 1-25. Damit folgt

$$E = \frac{\Delta\sigma}{\Delta\varepsilon} = \frac{4000 \frac{N}{mm^2}}{0.012} \overset{TR}{\approx} 333333 \frac{N}{mm^2}.$$ 2 P

(d.) Der Schubmodul $G$ hängt mit dem Elastizitätsmodul zusammen über die Beziehung $G = \frac{E}{2 \cdot (1+\mu)}$, wo $\mu$ die Poisson-Zahl ist, die begrenzt ist durch das Intervall $\mu \in \left[0; \frac{1}{2}\right]$.

Damit gilt $0 \le \mu \le \frac{1}{2} \Rightarrow 1 \le 1+\mu \le \frac{3}{2} \Rightarrow 2 \le 2 \cdot (1+\mu) \le 3$. 2 P

Aus diesem Intervall ergibt sich für den Schubmodul $G$ das Intervall

$$\frac{E}{3} \le G \le \frac{E}{2} \Rightarrow 111111 \frac{N}{mm^2} \le G \le 166667 \frac{N}{mm^2}.$$ 1 P

Speziell für $\mu = 0.3$ wäre dann $G \overset{TR}{\approx} \frac{333333 \frac{N}{mm^2}}{2 \cdot (1+0.3)} = 128205 \frac{N}{mm^2}$. 1 P

(e.) Der Zusammenhang zwischen Kompressionsmodul $K$ und Elastizitätsmodul lautet $K = \frac{E}{3 \cdot (1-2\mu)}$, woraus sich für $\mu = 0.3$ ergibt: $K \overset{TR}{\approx} \frac{333333 \frac{N}{mm^2}}{3 \cdot (1-2 \cdot 0.3)} \overset{TR}{\approx} 277777 \frac{N}{mm^2}$. 2 P

(f.) Die Lösung wird graphisch konstruiert, indem man ähnlich wie bei Aufgabenteil (b.) den plastischen Anteil der Verformung durch Parallelverschiebung von der gesamten Verformung abzieht. In unserem Beispiel ergibt sich bei einer Gesamtdehnung von 2% ein elastischer Anteil von 0.9%, d.h. dass sich ein Gegenstand aus diesem Material beim Dehnen um 2% um 1.1% seiner Länge bleibend (plastisch) verformt. 2 P

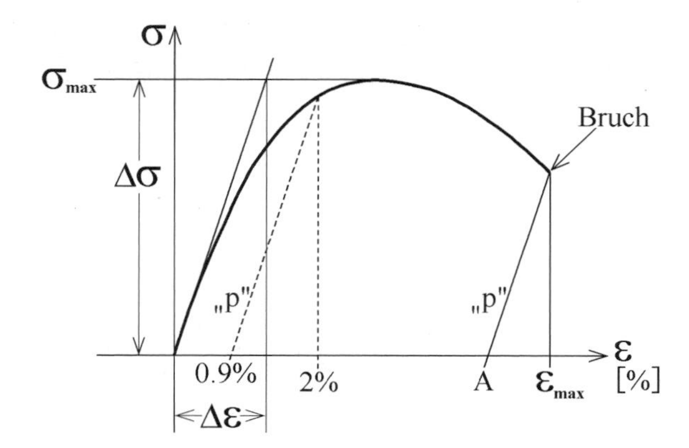


**Bild 1-25**
Spannungs-Dehnungs-Diagramm mit Veranschaulichung des Auslesens der Ergebnisse der einzelnen Aufgabenteile.
(a.) Zugfestigkeit $\sigma_{\max}$
(b.) Bruchdehnung „p" und $A$
(c.) Elastizitätsmodul $\Delta\sigma, \Delta\varepsilon \Rightarrow E$
(d.,e.) siehe Text
(f.) gestrichelte Linien: 0.9% elastische Dehnung plus 1.1% plastische Dehnung ergeben zusammen 2% Dehnung.

## Aufgabe 1.49 Tragbalken unter Last

| 20 Min. | | Punkte 12 P |
|---|---|---|

Ein massiver Stab sei entsprechend Bild 1-26 einseitig an seinem linken Ende in eine Wand fest eingespannt. An seinem rechten Ende hänge ein Eimer Wasser mit einer Masse von $m = 10\,kg$ .

(i.) Wie weit biegt sich der Tragbalken am rechten Ende nach unten?

(ii.) Wie groß sind die dabei auftretenden Materialspannungen?

Führen Sie die Berechnungen aus für massive Balken der Länge $l = 1.00\,m$ bei

(a.) kreisförmigem Querschnitt mit einem Durchmesser von $2r = 1.8\,cm$

(b.) quadratischem Querschnitt mit einer Breite und Höhe von $h = b = 1.6\,cm$ .

Das Material sei ein Stahl mit einem Elastizitätsmodul $E = 206000 \frac{N}{mm^2}$ .

Wir setzen voraus, dass die Verformungen vollständig elastisch (und ohne plastischen Anteil) seien und vernachlässigen außerdem Schubspannungen (entsprechend der Bernoulli'sche Hypothese).

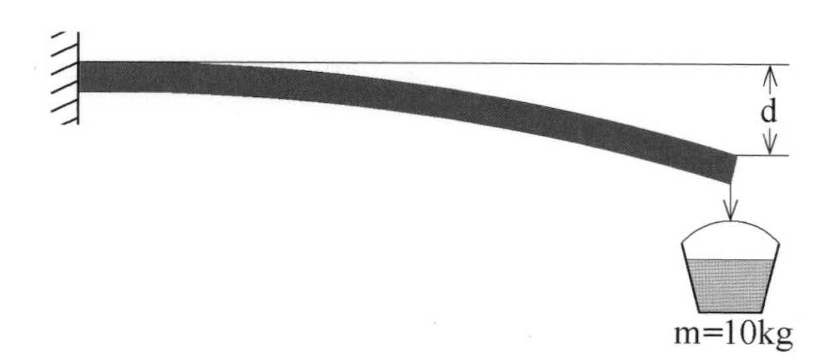


**Bild 1-26**
Darstellung eines an einem Ende einseitig eingespannten Biegebalkens, der an seinem nicht eingespannten Ende punktuell mit einer Kraft beaufschlagt wird.

## Lösung zu 1.49

Lösungsstrategie:

Die nötigen Formeln findet man in Tabellenwerken. Man muss sie „nur noch" korrekt heraussuchen und anwenden.

**Stolperfalle**

Da in technischen Tabellenwerken die Zahl der beschriebenen Belastungsarten und Balkenquerschnitte mitunter sehr groß ist, muss man aufpassen, um Verwechslungen zu vermeiden, und zwar sowohl im Bezug auf die Geometrie des Balkenquerschnittes als auch in der Art der Aufbringung der wirkenden Kräfte bzw. Lasten.

Lösungsweg, explizit:

Wir sammeln zuerst die nötigen Formeln.

(i.) Der Biegeweg bei einseitig punktueller Belastung ist $d = \frac{F \cdot l^3}{3 \cdot E \cdot I_y}$

mit $F =$ Kraft, $l =$ Balkenlänge, $E =$ Elastizitätsmodul und $I_y =$ Flächenmoment zweiten Grades im Bezug auf eine Flächenebene in Richtung der Biegung . 1 P

(ii.) Maximum der Materialspannung bei einseitig punktueller Belastung: $\sigma_{\max} = \frac{M}{W} = \frac{F \cdot l \cdot z_0}{I_y}$

mit $M = F \cdot l =$ Biegemoment und $W = \frac{I_y}{z_0}$ =Widerstandsmoment, wo $z_0$ der maximale Randabstand zur neutralen Faser in Richtung der Biegung ist. 1 P

Für die in der Aufgabenstellung gegebenen Balken lauten die Biegemomente:

(a.) für einen kreisförmigen Querschnitt → $I_y = \frac{\pi}{4} r^4$ ($r =$ Kreisradius des Querschnitts)

(b.) für einen quadratischen Querschnitt → $I_y = \frac{1}{12} b h^3$ ($b =$ Breite, $h =$ Höhe des Querschn.) 1 P

Zum Einsetzen der Werte kombinieren wir nun diese Formeln in der benötigten Art und Weise. Dabei bedenken wir, dass dabei die für die Biegung verantwortliche Kraft $F = m \cdot g = 10\,kg \cdot 9.80665 \frac{m}{s^2} = 98.0665\,N$ ist. 1 P

(a,i.) Der Biegeweg des Balkens mit kreisförmigen Querschnitt ergibt sich zu

$$d = \frac{F \cdot l^3}{3 \cdot E \cdot \frac{\pi}{4} \cdot r^4} = \frac{98.0665\,N \cdot (1.00\,m)^3}{3 \cdot 2.06 \cdot 10^{11} \frac{N}{m^2} \cdot \frac{\pi}{4} \cdot \left(9 \cdot 10^{-3}\,m\right)^4} \stackrel{TR}{\approx} 0.0308\,m = 3.08\,cm\ .$$ 2 P

(a,ii.) Da die neutrale Faser genau in der Symmetrieachse des Stabes verläuft, ist $z_0 = r$. Somit ergibt sich für die zugehörige Materialspannung ein Maximum von

2 P $$\sigma_{\max} = \frac{F \cdot l \cdot z_0}{I_y} = \frac{F \cdot l \cdot r}{\frac{\pi}{4} r^4} = \frac{4 \cdot F \cdot l}{\pi \cdot r^3} = \frac{4 \cdot 98.0665 N \cdot 1.00 m}{\pi \cdot \left(9 \cdot 10^{-3} m\right)^3} \overset{TR}{\approx} 1.713 \cdot 10^8 \frac{N}{m^2} = 171.3 \frac{N}{mm^2}.$$

(b,i.) Der Biegeweg des Balkens mit quadratischem Querschnitt ergibt sich zu

2 P $$d = \frac{F \cdot l^3}{3 \cdot E \cdot \frac{1}{12} b h^3} = \frac{4 \cdot m \cdot g \cdot l^3}{E \cdot b h^3} = \frac{4 \cdot 98.0665 N \cdot (1.00 m)^3}{2.06 \cdot 10^{11} \frac{N}{m^2} \cdot \left(1.6 \cdot 10^{-2} m\right) \cdot \left(1.6 \cdot 10^{-2} m\right)^3} \overset{TR}{\approx} 0.0291 m = 2.91 cm.$$

(b,ii.) Da die neutrale Faser auch hier genau in der Symmetrieachse des Stabes verläuft, ist $z_0 = \frac{h}{2}$. Somit ergibt sich für die zugehörige Materialspannung ein Maximum von

2 P $$\sigma_{\max} = \frac{F \cdot l \cdot z_0}{I_y} = \frac{F \cdot l \cdot \frac{h}{2}}{\frac{1}{12} b h^3} = \frac{6 \cdot m \cdot g \cdot l}{\mathrm{b} \cdot h^2} = \frac{6 \cdot 98.0665 N \cdot 1.00 m}{1.6 \cdot 10^{-2} m \cdot \left(1.6 \cdot 10^{-2} m\right)^2} \overset{TR}{\approx} 143.7 \cdot 10^6 \frac{N}{m^2} = 143.7 \frac{N}{mm^2}.$$

# 2 Schwingungen, Wellen, Akustik

## Aufgabe 2.1 Schwingungen, einführendes Beispiel

| | | | | |
|---|---|---|---|---|
| | (a.) 6 Min.<br>(b.) 3 Min. | | Punkte | (a.) 4 P<br>(b.) 2 P |
| | (c.) 2 Min. | | | (c.) 2 P |

Ein Feder-Masse-Pendel der Masse $m = 0.5\,kg$ führe eine ungedämpfte harmonische Schwingung aus mit einem Weg-Zeit-Verhalten entsprechend $y(t) = A \cdot \sin(\omega_0 t + \varphi_0)$,
worin $A = 25\,cm$ (Amplitude), $\omega_0 = 4\pi\,Hz$ (Kreisfrequenz), und $\varphi_0 = \frac{\pi}{5}$ (Nullphasenwinkel).

Berechnen Sie:
(a.) Die Auslenkung, die Geschwindigkeit, die Beschleunigung zum Zeitpunkt $t{=}1.325\,\text{sec}$.
(b.) Die maximal erreichbaren Werte für die Beschleunigung und die Geschwindigkeit.
(c.) Die Energie des Pendels.

## Lösung zu 2.1

Lösungsstrategie:

Bei Aufgabenteil (a.) müssen die gegebenen Werte in das Weg-Zeit-Gesetz bzw. in dessen Ableitungen eingesetzt werden. Die Maxima der Ableitungen sind dann gleichzeitig die Lösungen für Aufgabenteil (b.), wobei das Maximum der Geschwindigkeit gleichzeitig einen direkten Weg zur Gesamtenergie der Schwingung für Aufgabenteil (c.) offenbart, denn im Maximum der Geschwindigkeit ist alle Energie in kinetischer Energie gespeichert.

Lösungsweg, explizit:

(a.) Die Auslenkung ist

$$y(t{=}1.325\,\text{sec}) = A \cdot \sin(\omega_0 t + \varphi_0) = 25\,cm \cdot \sin\left(4\pi\,Hz \cdot 1.325\,\text{sec} + \tfrac{\pi}{5}\right) = 25\,cm \cdot \sin(5.5 \cdot \pi) \overset{TR}{\approx} -25\,cm\,.$$ 1 P

**Stolperfalle**

Argumente von Winkelfunktionen sind immer in Radianten angegeben, sofern nicht explizit ein Grad-Symbol (°) geschrieben steht. Man achte darauf, einen Taschenrechner immer in den richtigen Winkelmodus einzustellen, bevor man Winkelfunktionen berechnet.

Die Ableitung des Weg-Zeit-Gesetzes nach der Zeit lautet $\dot{y}(t) = A \cdot \omega_0 \cdot \cos(\omega_0 t + \varphi_0)$. Für den Wert der Geschwindigkeit bei $t{=}1.325\,\text{sec}$ ergibt sich somit:

$$\dot{y}(t{=}1.325\,\text{sec}) = A \cdot \omega_0 \cdot \cos(\omega_0 t + \varphi_0) = 25\,cm \cdot 4\pi\,\text{Hz} \cdot \cos\left(4\pi\,Hz \cdot 1.325\,\text{sec} + \tfrac{\pi}{5}\right) = 100\pi\,\frac{\text{cm}}{\text{sec}} \cdot \cos(5.5 \cdot \pi) = 0\,.$$ 1½ P

Die zweite Ableitung des Weg-Zeit-Gesetzes nach der Zeit lautet $\ddot{y}(t) = -A \cdot \omega_0^2 \cdot \sin(\omega_0 t + \varphi_0)$.
Für den Wert der Beschleunigung bei $t=1.325\,\text{sec}$ ergibt sich somit:

1½ P

$$\ddot{y}(t = 1.325\,\text{sec}) = -A \cdot \omega_0^2 \cdot \sin(\omega_0 t + \varphi_0) = -25\,cm \cdot (4\pi\,\text{Hz})^2 \cdot \sin\left(4\pi\,Hz \cdot 1.325\,\text{sec} + \tfrac{\pi}{5}\right)$$
$$= -400\pi^2 \frac{\text{cm}}{\text{sec}^2} \cdot \sin(5.5 \cdot \pi) \overset{TR}{\approx} +39.5 \frac{m}{s^2}.$$

(b.) Die Maxima der Geschwindigkeit und der Beschleunigung finden wir als Maxima der ersten und der zweiten Ableitung $\dot{y}$ und $\ddot{y}$. Dies sind die Stellen, an denen die Winkelfunktionen ihre Extremwerte annehmen (also 1 bzw. -1, wobei das Vorzeichen des Maximums immer positiv ist).

1 P $\dot{y}_{\text{max}}(t = 1.325\,\text{sec}) = A \cdot \omega_0 \cdot 1 = 25\,cm \cdot 4\pi\,\text{Hz} = 100\pi \frac{\text{cm}}{\text{sec}} \overset{TR}{\approx} 3.14 \frac{\text{m}}{\text{sec}}$ (maximale Geschwindigkeit)

1 P $\ddot{y}_{\text{max}}(t = 1.325\,\text{sec}) = \left|-A \cdot \omega_0^2 \cdot 1\right| = 25\,cm \cdot (4\pi\,\text{Hz})^2 \cdot = 400\pi^2 \frac{\text{cm}}{\text{sec}} \overset{TR}{\approx} 39.5 \frac{m}{s^2}$ (max. Beschleunigung)

(c.) Die Gesamtenergie des Pendels setzt sich zusammen als Summe aus kinetischer Energie und potentieller Energie. Betrachten wir genau denjenigen Moment, in dem die potentielle Energie Null ist, so steckt alle Energie in kinetischer Energie. Dies ist im Prinzip der Augenblick, in dem das Pendel seine maximale Geschwindigkeit annimmt. Wir setzen also die Amplitude der Geschwindigkeit ein. Sie ist eines der Ergebnisse von Aufgabenteil (b.), nämlich $\dot{y}_{\text{max}}$. Daraus erhalten wir die Gesamtenergie:

2 P $W_{\text{ges.}} = W_{\text{kin,max}} = \frac{1}{2} m \cdot \dot{y}_{\text{max}}^2 = \frac{1}{2} \cdot 0.5\,kg \cdot \left(\pi \frac{\text{m}}{\text{sec}}\right)^2 = \frac{\pi^2}{4} \frac{\text{kg} \cdot \text{m}^2}{\text{sec}^2} \overset{TR}{\approx} 2.467\,\text{Joule}.$

---

In verschiedenen Physikprüfungen wird mitunter das Verständnis harmonischer Schwingungen dadurch überprüft, dass deren Eigenfrequenz berechnet werden soll. Dabei wird das schwingende System von Prüfung zu Prüfung variiert. Das Grundprinzip des Lösungsweges ist aber immer dasselbe. Für verschiedene harmonische Schwingungen ist es in den nachfolgenden Aufgaben vorgeführt.

Dieses Grundprinzip, das als Lösungsstrategie der nachfolgenden Aufgaben verstanden werden kann, ist folgendes: Eine Kraft ist zu einer Auslenkung proportional. Gleichzeitig ist die Kraft aber nach Definition auch proportional zur zweiten Ableitung der Auslenkung. Daraus ergibt sich eine Differentialgleichung, deren Lösung z.B. in der Form $y(t) = A \cdot \sin(\omega_0 t + \varphi_0)$ angegeben werden kann. Setzt man die Lösung in die Differentialgleichung ein, so erhält man durch Koeffizientenvergleich die Eigenfrequenz $\omega_0$ der harmonischen Schwingung.

In den nachfolgenden Aufgaben wird dieses Prinzip für verschiedene physikalische Vorgänge vorgeführt, die allesamt harmonische Schwingungen ergeben. Mit etwas Fleiß kann man sich die Rechengänge auswendig merken und bei Bedarf wiedererkennen bzw. reproduzieren, denn sie stellen so etwas wie eine Standardsituation in mancherlei Prüfungen dar.

## Aufgabe 2.2 Feder-Masse-Pendel, harmonische Schwingung

| 10 Min. | | Punkte 7 P |
|---|---|---|

In Bild 2-1 ist ein Federpendel dargestellt, welches man in x-Richtung auslenke und dann loslasse, sodass es schwingt. Die Reibung sei zu vernachlässigen.

(a.) Zeigen Sie, dass die Schwingungen, die es vollführt, harmonisch sind.

(b.) Bestimmen Sie die Eigenfrequenz der harmonischen Schwingung. Als gegebene Größen betrachten Sie $D$ und $m$, die in Bild 2-1 erklärt sind.

Die horizontale Anordnung des schwingenden Systems dient lediglich dem Zweck, den Einfluss der Schwerkraft auszuschalten. Auf diesen wird in der nachfolgenden Aufgabe 2.3 eingegangen. Durch welche technische Maßnahme man die reibungsfreie horizontale Bewegung gewährleistet, spielt hier keine Rolle.

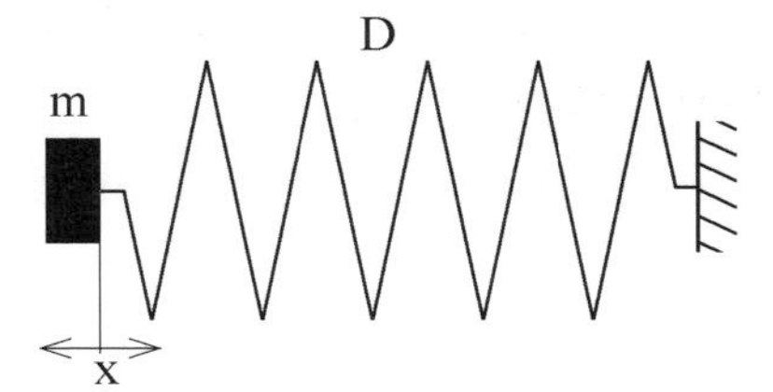


**Bild 2-1**
Federpendel.
An einer Feder die dem Hooke'schen Gesetz gehorcht, und die eine Federkonstante $D$ hat, hänge eine Masse $m$, die einmalig ausgelenkt und dann losgelassen werde. Da wir die Reibung vernachlässigen entsteht eine harmonische Schwingung.
Die Auslenkung der Masse aus der Ruhelage sei als $x$ bezeichnet.

## Lösung zu 2.2

Lösungsstrategie:

(a.) Eine harmonische Schwingung ist durch ein lineares Kraftgesetz gekennzeichnet, das heißt die Auslenkung $x(t)$ ist proportional zu ihrer zweiten Ableitung nach der Zeit $\ddot{x}(t)$.

Wird dies nachgewiesen, so gilt die Harmonizität der Schwingung als bewiesen. Die dafür aufzustellende Schwingungs-Differentialgleichung erhält man aus dem Kräftegleichgewicht zwischen Trägheitskraft und Federkraft. 1 P

Die in Aufgabenteil (b.) gefragten Größen bekommt man durch Einsetzen der Lösung der Differentialgleichung in ebendiese Differentialgleichung und durch Koeffizientenvergleich.

Lösungsweg, explizit:

- Die zur Auslenkung proportionale Kraft ist nach dem Hooke'schen Gesetz $F = -D \cdot x$. 1 P
- Die Massenträgheit ist für den Zusammenhang der Kraft mit der zweiten Ableitung der Auslenkung verantwortlich, und zwar nach Newton: $F = m \cdot a = m \cdot \ddot{x}$ (Trägheitskraft) 1 P
- Das Kräftegleichgewicht führt zu der Differentialgleichung: $F = -D \cdot x = m \cdot \ddot{x}$. Üblicherweise isoliert man die höchste Ableitung und schreibt alle $x$ enthaltenden Terme auf dieselbe Seite des Gleichheitszeichens: $m \cdot \ddot{x} = -D \cdot x \;\Rightarrow\; \ddot{x} + \frac{D}{m} \cdot x = 0 \qquad (*1)$ 1 P

▪ Dies ist die typische Differentialgleichung einer harmonischen Schwingung, bei der die Auslenkung zu ihrer zweiten Ableitung proportional ist. Die Lösung kann z.B. formuliert werden als $x(t) = A \cdot \sin(\omega_0 t + \varphi_0)$. Die zweite Ableitung nach der Zeit lautet dann

1 P $\ddot{x}(t) = -\omega_0^2 \cdot A \cdot \sin(\omega_0 t + \varphi_0) = -\omega_0^2 \cdot x(t)$.

Setzt man die Lösung und ihre zweite Ableitung in die Differentialgleichung ein, so erhält man

1 P $\ddot{x}(t) + \omega_0^2 \cdot x(t) = 0$. $(*2)$

1 P ▪ Koeffizientenvergleich von $(*1)$ mit $(*2)$ liefert $\omega_0^2 = \frac{D}{m} \Rightarrow \omega_0 = \sqrt{\frac{D}{m}}$.

Dieser Ausdruck für die Eigenfrequenz enthält nur noch die in der Aufgabenstellung als gegeben bezeichneten Größen, also können wir die Eigenfrequenz der harmonischen Schwingung als berechnet betrachten.

## Aufgabe 2.3 Feder-Masse-Pendel mit Gravitation

| | | | | |
|---|---|---|---|---|
| ⏲ | (a.) 4 Min.<br>(b.) 1 Min. | 🏋🏋 | Punkte | (a.) 3 P<br>(b.) 1 P |
| ⏲ | (c.) 11 Min. | 🏋🏋 | Punkte | (c.) 6 P |

Bild 2-2 zeigt ein Feder-Masse-Pendel mit Einfluss der Schwerkraft.

(a.) Schreiben Sie die Gleichung für das Kräftegleichgewicht unter Einbeziehung der Schwerkraft auf.

(b.) Erklären Sie anschaulich, was die Schwerkraft am schwingenden System bewirkt.

(c.) Die Kräftegleichung aus Aufgabenteil (a.) lösen Sie bitte als inhomogene Differentialgleichung, wobei die Lösung die anschauliche Erklärung aus Aufgabenteil (b.) quantitativ untermauert. Diese Lösung geben Sie bitte explizit an.

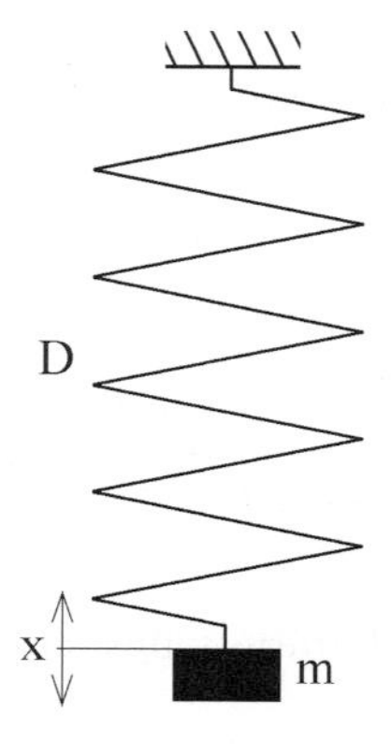


**Bild 2-2**
Federpendel.
Das schwingende System unterscheidet sich von demjenigen in Bild 2-1 nur in einem einzigen Punkt: Es hängt nicht horizontal sondern vertikal und ist deshalb nicht frei von Gravitation.

## ▾ Lösung zu 2.3

Lösungsstrategie:

(a.) In die Kräftegleichung aus Aufgabe 2.2 muss die Schwerkraft als dritte Kraft eingeführt werden.

(b.) Eine anschauliche Erklärung ist gefragt.

(c.) Die allgemeine Lösung der homogenen Differentialgleichung ohne Schwerkraft ist aus Aufgabe 2.2 bekannt. Um die allgemeine Lösung der inhomogenen Differentialgleichung zu erhalten, muss zur allgemeinen Lösung der homogenen Differentialgleichung eine partikuläre Lösung der inhomogenen Differentialgleichung addiert werden.

Lösungsweg, explizit:

(a.) Die Schwerkraft ist $F_S = m \cdot g$ .

Das Kräftegleichgewicht ohne Schwerkraft wird aus Aufgabe 2.2 übernommen, nämlich:
„Trägheitskraft plus Federkraft heben sich zu Null auf“: $m \cdot \ddot{x} + D \cdot x = 0$ . 1 P

Nun ist die Summe der beiden Kräfte der Schwerkraft gleichzusetzen: $m \cdot \ddot{x} + D \cdot x = F_S = m \cdot g$ .

Die zu lösende Differentialgleichung schreiben wir damit als $\ddot{x} + \frac{D}{m} \cdot x = g$ . 2 P !

Diese inhomogene Differentialgleichung wird in Aufgabenteil (c.) zu lösen sein.

(b.) Die Schwerkraft ist eine konstante Kraft. Sie ist weder von der Zeit $t$ noch von der Auslenkung $x$ abhängig. Deshalb taucht sie in den Ableitungen der Auslenkung ( $\dot{x}, \ddot{x}, \ldots$ ) nicht auf. Sie verschiebt lediglich den Ort der Ruhelageposition um einen konstanten Weg $x_0$ . Dies wird in Aufgabenteil (c.) mathematisch nachgewiesen, wobei sich auch der Wert für $x_0$ ergibt. 1 P

(c.)

▪ Die allgemeine Lösung der homogenen Differentialgleichung kennen wir aus Aufgabe 2.2:
$x_{\text{allg,hom}}(t) = A \cdot \sin(\omega_0 t + \varphi_0)$ . 1 P

▪ Zur allgemeinen Lösung der inhomogenen Differentialgleichung fehlt uns noch ein Summand, nämlich eine spezielle Lösung der inhomogenen Differentialgleichung. Einen Ansatz hierfür entnehmen wir einer mathematischen Formelsammlung:

Ist die Störfunktion ein Polynom n-ten Grades $P_n(t)$, so ist der Ansatz für die Partikulärlösung ebenfalls ein Polynom n-ten Grades $Q_n(t)$ . 1 P

Unsere Konstante $P_n(t) = g$ ist ein Polynom nullten Grades, also ist der Ansatz für die Partikulärlösung ebenfalls eine Konstante (ein Polynom nullten Grades): $x_{\text{part,inhom}}(t) = Q_n(t) =: K$ . 1 P

Aus diesem Ansatz bestimmen wir die Lösung (also den Wert der Konstanten $K$ ) durch Ableiten $\ddot{x}_{\text{part,inhom}}(t) = 0$ und anschließendes Einsetzen in die Differentialgleichung
$\ddot{x}_{\text{part,inhom}} + \frac{D}{m} \cdot x_{\text{part,inhom}} = g \;\Rightarrow\; 0 + \frac{D}{m} \cdot K = g \;\Rightarrow\; K = \frac{m \cdot g}{D}$ . 1 P

▪ Die allgemeine Lösung der inhomogenen Differentialgleichung ist somit die Summe

1 P $x_{\text{allg,inhom}}(t) = x_{\text{allg,hom}}(t) + x_{\text{part,inhom}}(t) = A \cdot \sin(\omega_0 t + \varphi_0) + K = A \cdot \sin(\omega_0 t + \varphi_0) + \frac{m \cdot g}{D}$ .

Jetzt sieht man, dass die Gravitation offensichtlich nur die Ruhelageposition verschiebt (und

1 P damit das Schwingungsgeschehen parallel verschiebt), und zwar um die Strecke $x_0 = \frac{m \cdot g}{D}$ .

**Allgemeiner Arbeitshinweis**

Prinzipiell führen bei allen harmonischen Schwingungen konstante (d.h. weder von der Zeit noch von der Auslenkung abhängige) additive Kräfte lediglich zu einer Verschiebung der Ruhelageposition. Aus diesem Grunde werden sie beim Aufstellen der Differentialgleichung oftmals weggelassen.

## Aufgabe 2.4 Fadenpendel, harmonische Schwingung

| 16 min | | Punkte 13 P |
|---|---|---|

Bestimmen Sie die Eigenfrequenz der harmonischen Schwingung des Fadenpendels in der Näherung für kleine Winkel $\varphi$ entsprechend Bild 2-3. Die gegebenen Größen seien $l$ nach Bild 2-3 und die Erdbeschleunigung $g$ .

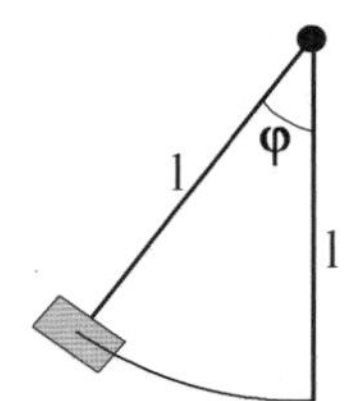


**Bild 2-3**
Fadenpendel.
An einem Faden der Länge $l$ hängt ein Gewicht. Dieses werde einmalig ausgelenkt und dann losgelassen. Die Reibung vernachlässigen wir. Eine harmonische Schwingung entsteht für kleine Auslenkungen, d.h. für kleine Winkel $\varphi$. Diese Näherung soll vorausgesetzt werden; welche Bedeutung sie hat, sehen wir im Verlauf der Lösung.

## Lösung zu 2.4

Lösungsstrategie: Das Kräftegleichgewicht zum Aufstellen der Differentialgleichung besteht hier aus der Schwerkraft und der Trägheitskraft, wobei wir die Pendelbewegung als Rotationsbewegung um den Aufhängungspunkt betrachten. Die dabei entstehende Differentialgleichung in $\varphi$ enthält allerdings den Sinus dieses Winkels, was ihre Lösbarkeit erschwert. Um wieder den gewohnten Lösungsweg beschreiten zu können, arbeitet man mit der Näherung $\sin(\varphi) \approx \varphi$, die für kleine Winkel $\varphi$ brauchbar wird. Und nur in dieser Näherung ist die Schwingung harmonisch.

Lösungsweg, explizit:

▪ Für die auslenkende Kraft ist die Schwerkraft verantwortlich. Diese können wir entsprechend Bild 2-4 in zwei Komponenten zerlegen, eine davon in Fadenrichtung, die andere in Bewegungsrichtung. Die Komponente in Fadenrichtung macht sich nicht bemerkbar, da der Faden nicht gedehnt werden kann. Die Komponente in Bewegungsrichtung ist

$F = m \cdot g \cdot \sin(\varphi)$. (Anmerkung: Die auslenkende Kraft ist hier von der Auslenkung abhängig, auch wenn sie in der Schwerkraft ihre Ursache hat.)

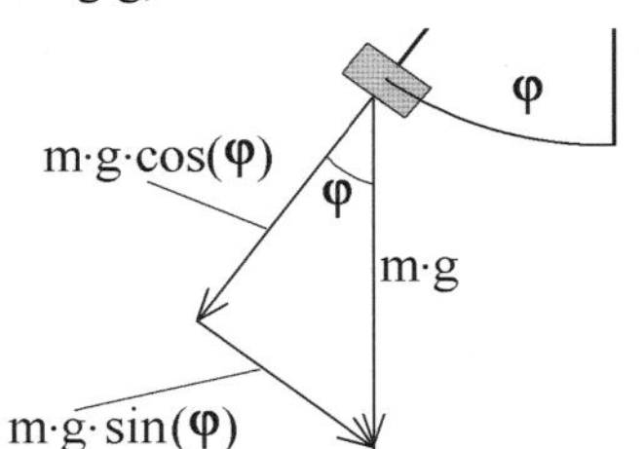


**Bild 2-4**
Fadenpendel.
Gezeigt wird die Komponentenzerlegung der Schwerkraft und der sich daraus ergebende Kraftanteil in der Richtung, in der sich das Gewicht des Pendels bewegt. 2½ P

▪ Die Trägheitskraft verstehen wir am einfachsten, wenn wir die Pendelbewegung als Rotation um den Aufhängepunkt betrachten, also um den Punkt, an dem der Faden an seinem oberen Ende befestigt ist. Das Drehmoment bei einer solchen Rotationsbewegung ist $M = J \cdot \ddot{\varphi} = m \cdot l^2 \cdot \ddot{\varphi}$, wobei $J = m \cdot l^2$ das Massenträgheitsmoment der Rotation ist, das hier sehr einfach anzugeben ist, da ein Massepunkt der Masse $m$ mit einem Radius $l$ rotiert. 2½ P

Wegen $M = l \cdot F$ ist nunmehr $F = \frac{M}{l} = \frac{m \cdot l^2 \cdot \ddot{\varphi}}{l} = m \cdot l \cdot \ddot{\varphi}$. 1 P

▪ Damit sind die beiden einander entgegenstehenden Kräfte für das Kräftegleichgewicht klar:
$F = m \cdot g \cdot \sin(\varphi) = -m \cdot l \cdot \ddot{\varphi} \quad \Rightarrow \quad l \cdot \ddot{\varphi} + g \cdot \sin(\varphi) = 0$. (*1) 1 P

Dies ist aber nicht die Differentialgleichung einer harmonischen Schwingung, denn es ist nicht der Auslenkungswinkel $\varphi$ proportional zu seiner zweiten Ableitung. (Die Lösung wäre komplizierter als die der harmonischen Schwingung.) An dieser Stelle kommt die in der Aufgabenstellung vorgegebene Näherung der kleinen Winkel $\varphi$ ins Spiel. Die Taylorreihe des Sinus lautet nämlich $\sin(\varphi) = \varphi - \frac{\varphi^3}{3!} + \frac{\varphi^5}{5!} - \frac{\varphi^7}{7!} + \frac{\varphi^9}{9!} \pm \ldots$ . 2 P

Bricht man sie nach dem ersten Summanden ab, so erhält man $\sin(\varphi) \approx \varphi$. Bekanntlich ist diese Näherung um so besser, je kleiner der Winkel $\varphi$ ist. Damit schreiben wir die Differentialgleichung (*1) in Näherung für kleine Winkel $\varphi$ als $m \cdot g \cdot \varphi \approx -m \cdot l \cdot \ddot{\varphi}$. Jetzt hat man wieder die Differentialgleichung einer harmonischen Schwingung und kann mühelos nach der höchsten Ableitung von $\varphi$ isolieren: $m \cdot g \cdot \varphi \approx -m \cdot l \cdot \ddot{\varphi} \quad \Rightarrow \quad \ddot{\varphi} + \frac{g}{l} \cdot \varphi \approx 0$. 2 P

▪ Die bekannte Lösung der Schwingungsdifferentialgleichung formuliert man jetzt z.B. als $\varphi(t) = A \cdot \sin(\omega_0 t + \alpha_0)$. Die Bezeichnung $\alpha_0$ für den Nullphasenwinkel dient lediglich der Vermeidung von Verwechslungen, da das Formelsymbol $\varphi$ bereits für die Auslenkung verbraucht ist.
Das zweimalige Ableiten und Einsetzen von $\varphi$ und $\ddot{\varphi}$ in die Differentialgleichung geschieht wie üblich: $\ddot{\varphi}(t) + \omega_0^2 \cdot \varphi(t) = 0$. 1 P

▪ Der ebenfalls übliche Koeffizientenvergleich liefert $\omega_0^2 = \frac{g}{l} \quad \Rightarrow \quad \omega_0 = \sqrt{\frac{g}{l}}$ als Eigenfrequenz der harmonischen Schwingung. 1 P

## Aufgabe 2.5 Harmonische Flüssigkeitsschwingung im U-Rohr

| 14 Min. | | Punkte 9 P |
|---|---|---|

In einem U-Rohr nach Bild 2-5 befinde sich eine Flüssigkeit, die man durch einmaliges Auslenken und anschließendes Loslassen in harmonische Schwingung versetzen kann, vorausgesetzt wir vernachlässigen wieder die Reibung. Zu bestimmen ist wieder deren Eigenfrequenz. Die als gegeben zu betrachtenden Größen seien $l$ nach Bild 2-5 und die Erdbeschleunigung $g$. Die Auslenkung der Flüssigkeitssäule aus der Ruhelageposition heiße $h$.

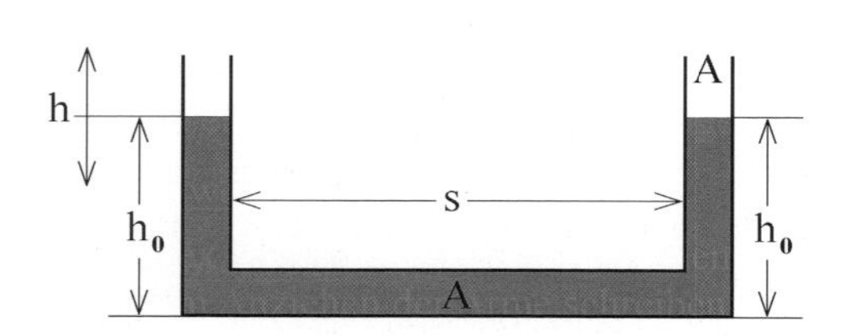


**Bild 2-5**
Flüssigkeitsschwingung in einem U-Rohr. Der Einfachheit halber sei das U-Rohr eckig geformt, wie links in der Skizze zu sehen. Die Größe $l$ ist die Länge der Flüssigkeitssäule, also gilt $l = 2 \cdot h_0 + s$. Die Querschnittsfläche des Rohres ist überall $A$.

## Lösung zu 2.5

Lösungsstrategie: Das Kräftegleichgewicht zur Aufstellung der Differentialgleichung der harmonischen Schwingung basiert hier auf dem hydrostatischen Druck der Flüssigkeitssäule. Die damit verbundene Kraft steht der Trägheitskraft gegenüber.

Lösungsweg, explizit:

▪ Die Trägheitskraft findet man wie gewohnt aus Masse mal Beschleunigung, wobei sich die Masse der Flüssigkeitssäule aus ihrer Dichte und ihrem Volumen ergibt:

2 P $F = m \cdot \ddot{h} = \rho \cdot V \cdot \ddot{h} = \rho \cdot A \cdot (h_0 + s + h_0) \cdot \ddot{h}$.

▪ Die treibende Rückstellkraft kann man aus dem hydrostatischen Druck der Flüssigkeit folgern gemäß $p = \rho \cdot g \cdot \Delta h$, wo $\Delta h$ die Höhendifferenz zwischen dem Pegelstand auf der linken und auf der rechten Seite ist. Es ist also $\Delta h = 2 \cdot h$. Der hydrostatische Druck ist somit

2 P $p = \rho \cdot g \cdot 2h$ und die sich daraus ergebende Kraft wird $F = p \cdot A = \rho \cdot g \cdot 2h \cdot A$.

▪ Das Kräftegleichgewicht formuliert sich nun in der gewohnten Weise als

1 P $\rho \cdot A \cdot (h_0 + s + h_0) \cdot \ddot{h} + \rho \cdot g \cdot 2h \cdot A = 0$.

Mit $l$ als Länge der Flüssigkeitssäule, also $l = 2h_0 + s$, schreiben wir kurz

1 P $\rho \cdot A \cdot l \cdot \ddot{h} + \rho \cdot g \cdot 2h \cdot A = 0 \quad \Rightarrow \quad \ddot{h} + \frac{2 \cdot g}{l} \cdot h = 0$.

Dies ist wieder die Differentialgleichung einer harmonischen Schwingung, also ist die Harmonizität der Schwingung hiermit nachgewiesen.

▪ Die typische Lösung der Schwingungsdifferentialgleichung und das Einsetzen kennen wir

3 P bereits: $h(t) = A \cdot \sin(\omega_0 t + \alpha_0) \quad \Rightarrow \quad \ddot{h}(t) + \omega_0^2 \cdot h(t) = 0$, sodass der Koeffizientenvergleich

1 P die Eigenfrequenz der harmonischen Schwingung erkennen lässt: $\omega_0^2 = \frac{2g}{l} \quad \Rightarrow \quad \omega_0 = \sqrt{\frac{2g}{l}}$.

# Aufgabe 2.6 Torsionspendel, harmonische Schwingung

| 10 Min. | | Punkte 7 P |
|---|---|---|

Zu einem Torsionspendel entsprechend Bild 2-6 bestimmen Sie bitte die Eigenfrequenz der harmonischen Schwingung unter Kenntnis des Trägheitsmoments $J$ des Rotationskörpers und der Federkonstanten $C$.

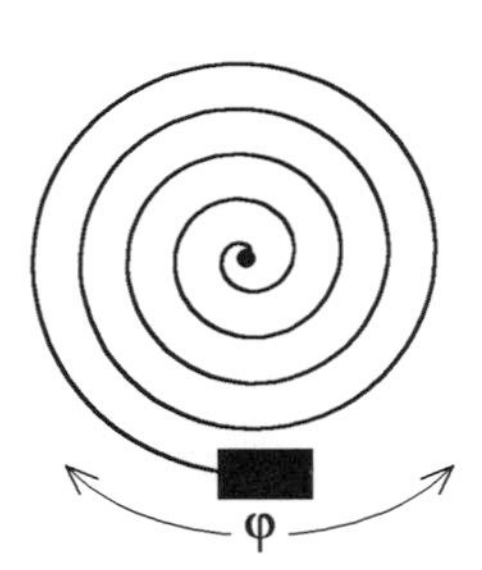


**Bild 2-6** Torsionspendel, auch Drehpendel genannt.
Der schwingende Körper kann hängend an einem Draht montiert sein (siehe Aufgabe 2.15) oder wie hier im Bild an einer Feder wie in einer Armbanduhr.
Für die Auslenkung der Feder gilt ein dem Hooke'schen Gesetz ähnliches Verhalten, welches hier aber auf ein Drehmoment $M$ bezogen ist. Üblicherweise formuliert man es als $M = -C \cdot \varphi$ und betrachtet $C$ als Federkonstante, sowie $\varphi$ als den Winkel der Auslenkung.
Der Rotationskörper laufe bei seiner Schwingung auf einer Kreisbahn im Abstand $r$ um einen Mittelpunkt um, sodass sich sein Massenträgheitsmoment zu $J = m \cdot r^2$ ergibt.

# Lösung zu 2.6

Lösungsstrategie: Die Theorie des Torsionspendels ähnelt sehr der Theorie des linearen Feder-Masse-Pendels von Aufgabe 2.2. Der Rechenweg wird übernommen, wobei lediglich die Translationsbewegungen in Rotationsbewegungen übertragen werden müssen.

Lösungsweg, explizit:

Wegen der weitreichenden Ähnlichkeit mit dem Lösungsweg aus Aufgabe 2.2 sei hier wenig Kommentar angegeben.

- Das zur Auslenkung proportionale Drehmoment steht bei Bild 2-6 mit $M = -C \cdot \varphi$. 1 P
- Die Massenträgheit wird hier wieder auf ein Drehmoment bezogen und lautet daher $M = J \cdot \ddot{\varphi}$. 1 P
- Das Gleichgewicht, welches zur Differentialgleichung der harmonischen Schwingung führt, stellt man jetzt zwischen den Drehmomenten auf: $M = J \cdot \ddot{\varphi} = -C \cdot \varphi \quad \Rightarrow \quad \ddot{\varphi} + \frac{C}{J} \cdot \varphi = 0$ 2 P
- Die typische Lösung der Differentialgleichung lautet $\varphi(t) = \hat{\varphi} \cdot \sin(\omega_0 t + \alpha_0)$ mit $\hat{\varphi}$ als Amplitude und $\alpha_0$ als Nullphasenwinkel. 1 P

Ihre zweite Ableitung $\ddot{\varphi}(t) = -\omega_0^2 \cdot \hat{\varphi} \cdot \sin(\omega_0 t + \alpha_0) = -\omega_0^2 \cdot \varphi(t)$ führt wie gewohnt zu $\ddot{\varphi}(t) + \omega_0^2 \cdot \varphi(t) = 0$ und ergibt durch Koeffizientenvergleich die Eigenfrequenz 1 P

$\omega_0^2 = \frac{C}{J} \quad \Rightarrow \quad \omega_0 = \sqrt{\frac{C}{J}}$. 1 P

## Aufgabe 2.7 Elektrischer Schwingkreis (harmonisch)

10 Min. Punkte 7 P

Auch für einen elektrischen Schwingkreis (siehe Bild 2-7) lässt sich nachweisen, dass die Schwingung eine harmonische ist. Dies tun Sie bitte und geben dabei auch die Eigenfrequenz der harmonischen Schwingung an, wobei die Kenntnis der Induktivität $L$ der Spule und der Kapazität $C$ des Kondensators vorausgesetzt werden darf.

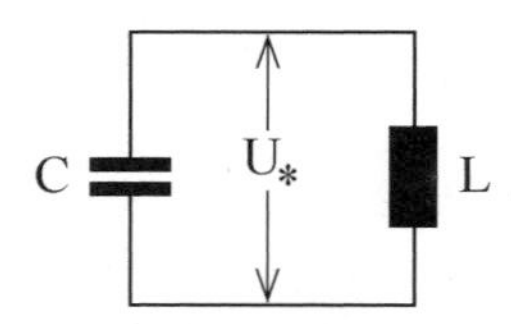


**Bild 2-7**
Schaltung eines elektrischen Schwingkreises.
Was hier schwingt, ist nicht eine Masse, sondern eine elektrische Ladung.

Dass hier das Gleichgewicht nicht zwischen einer auslenkenden Kraft und einer Trägheitskraft nach Newton zu suchen ist, liegt auf der Hand.

## Lösung zu 2.7

Lösungsstrategie: Das Schwingende sind Ladungen. Ihre Bewegung entspricht einem Strom durch die Spule. Ihre potentielle Energie entspricht einem Aufladen des Kondensators.

Lösungsweg, explizit:

▪ Nach Kirchhoff's Maschenregel erkennt man, dass die Spannung über dem Kondensator mit der Spannung über der Spule identisch sein muss. Beide sind $U_*$:

1 P $U_C = U_L \Rightarrow U_C - U_L = 0\,.$ $(*1)$

▪ Die Spannung über dem Kondensator ergibt sich direkt aus der Definition der Kapazität:

$$C := \frac{Q}{U_C} \Leftrightarrow U_C = \frac{Q}{C} \Leftrightarrow Q = C \cdot U_C\,. \qquad (*2a)$$

1 P Ableiten der Ladung nach der Zeit liefert $I = \frac{d}{dt}Q = C \cdot \dot{U}_C\,.$ $(*2b)$

1 P ▪ Die Spannung über der Spule folgt aus dem Induktionsgesetz $U_L = -L \cdot \dot{I}\,.$ $(*3)$

▪ Zum Aufstellen der Differentialgleichung gibt es zwei alternative Wege, die nachfolgend zum Vergleich beide dargestellt sind, weil jeder der beiden Lösungswege seine Liebhaber hat.

(i.) Man kann $(*2a)$ und $(*3)$ in $(*1)$ einsetzen. Das führt zu $\frac{Q}{C} + L \cdot \dot{I} = 0$. Bedenkt man, dass $I = \dot{Q}$ und somit $\dot{I} = \ddot{Q}$ ist, so sieht man $\frac{Q}{C} + L \cdot \ddot{Q} = 0$. Dies ist die Differentialgleichung einer

2 P harmonischen Schwingung. Dass die schwingende Größe hier die elektrische Ladung ist, ist offensichtlich.

(ii.) Man kann auch $(*1)$ und $(*3)$ nach der Zeit ableiten und gemeinsam mit $(*2b)$ zusammenführen. Dies führt zu folgendem Weg:

s.o. $$\frac{d}{dt}(*1) \Rightarrow \dot{U}_C - \dot{U}_L = 0 \Rightarrow \underbrace{\frac{I}{C}}_{\text{nach } (*2b)} + \underbrace{L \cdot \ddot{I}}_{\text{nach } (*3)} = 0 \Rightarrow \ddot{I} + \frac{1}{L \cdot C} \cdot I = 0\,.$$

Auch dies ist die Differentialgleichung einer harmonischen Schwingung, allerdings ist sie nicht mit elektrischen Ladungen sondern mit Strömen formuliert. Das ist kein Problem, da sie sich aus der Differentialgleichung von (i.) durch simples Ableiten nach der Zeit ergibt.

▪ Der Rest des Lösungsweges sei anhand der Differentialgleichung nach (i.) vorgeführt. Die typische Lösung gibt (wie üblich) die Ladung als Funktion der Zeit an:
$Q(t) = \hat{Q} \cdot \sin(\omega_0 t + \varphi_0)$ mit $\hat{Q}$ als Amplitude und $\varphi_0$ als Nullphasenwinkel.

Die zweite Ableitung lautet $\ddot{Q}(t) = -\omega_0^2 \cdot \hat{Q} \cdot \sin(\omega_0 t + \alpha_0)$ .

Wie gewohnt ist $\ddot{Q}(t) + \omega_0^2 \cdot Q(t) = 0$ , sodass der Koeffizientenvergleich zur Eigenfrequenz 1 P

führt: $\omega_0^2 = \frac{1}{LC} \Rightarrow \omega_0 = \sqrt{\frac{1}{LC}}$ . 1 P

## Aufgabe 2.8 Harmonisch schwingender Schwimmkörper

|  13 Min. | 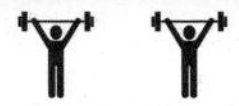 | Punkte 8 P |
|---|---|---|

Ein Reagenzglas (Abmessungen siehe Bild 2-8), welches außer Luft ein paar Steine enthält, schwimme aufrecht in Wasser. Wird das Glas ein wenig in das Wasser hineingedrückt und danach losgelassen, so führt es Schwingungen aus.

(a.) Zeigen Sie, dass die Schwingungen, die das Glas ausführt, harmonisch sind. Dabei soll die Reibung vernachlässigt werden.

(b.) Berechnen Sie die Kreis-Eigenfrequenz der harmonischen Schwingung und deren Schwingungsdauer.

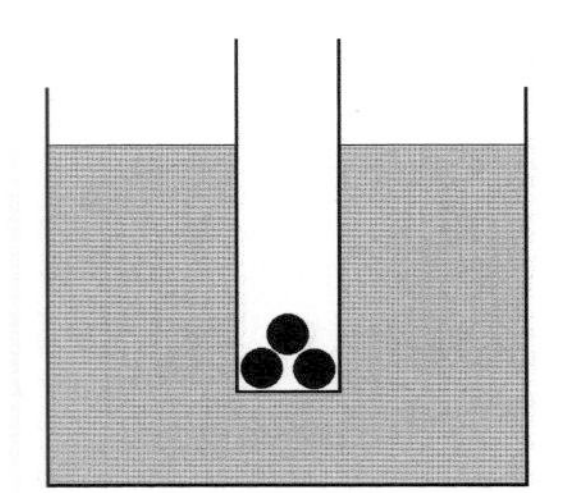

**Bild 2-8**
Ein zylindrisches Reagenzglas mit Luft und Steinen kann in Wasser schwingen.

Für das Beispiel unserer Aufgabe sei gegeben:
$d = 1.2\,cm$ der Durchmesser des zylindrischen Glases
$\rho = 1 \frac{g}{cm^3}$ die Dichte des Wassers
$m = 30\ Gramm$ die Masse des Reagenzglases mit den Steinen

## ▾ Lösung zu 2.8

Lösungsstrategie:

Die Schwingungsdifferentialgleichung ergibt sich aus dem Kräftegleichgewicht zwischen Trägheitskraft und Auftriebskraft. Sie ist wieder die Differentialgleichung einer harmonischen Schwingung.

Lösungsweg, explizit:

(a.) Ist $h_0$ die Eintauchtiefe in der Ruhelageposition gemessen ab Wasseroberfläche (siehe Bild 2-9), so ergibt sich die Kraft auf das Reagenzglas als Differenz aus der Schwerkraft und der Auftriebskraft die vom verdrängten Wasser hervorgerufen wird.

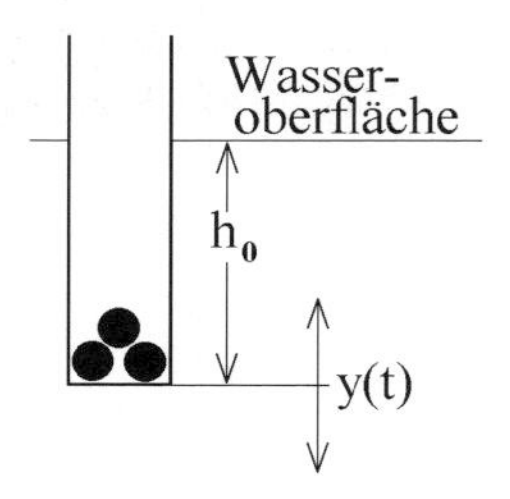


**Bild 2-9**
Darstellung der Eintauchtiefe und der Auslenkung des Reagenzglases

Die Gravitation führt zu der Kraft $F_G = m \cdot g$ (mit $g$ = Erdbeschleunigung).

Die Auftriebskraft ergibt sich aus der Menge des verdrängten Wassers:

1 P $$F_A = \underbrace{\underbrace{\pi \cdot \tfrac{d^2}{4} \cdot \left(h_0 - y(t)\right)}_{\text{Volumen}} \cdot \underbrace{\rho}_{\text{Dichte}}}_{\text{Masse}} \cdot g \,.$$

Die Ruhelageposition $y(t) = 0$ liegt bei $F_A = F_G \;\Rightarrow\; m \cdot g = \pi \cdot \frac{d^2}{4} \cdot h_0 \cdot \rho \cdot g \;\Rightarrow\; h_0 = \frac{4\,m}{\pi \cdot d^2 \cdot \rho}$.

Außer der Festlegung der Ruhelageposition hat die von der Auslenkung unabhängige (konstante) Schwerkraft keine Bedeutung. Man erinnere sich dazu an Aufgabe 2.3. Die Rückstellkraft der Schwingung wird alleine durch die Auslenkung aus der Ruhelageposition verursacht und ist daher von der Lokalisierung der Ruhelageposition unabhängig. Sie lautet demnach:

2 P $F_R = \pi \cdot \frac{d^2}{4} \cdot \left(-y(t)\right) \cdot \rho \cdot g$, mit $y(t)$ als Auslenkung aus der Ruhelageposition.

Um die Schwingungsdifferentialgleichung aufzustellen, setzt man sie mit der Trägheitskraft $F_T = m \cdot \ddot{y}$ gleich: $F_R = F_T$. Einsetzen der Rückstellkraft führt zu:

$$\Rightarrow \;\pi \cdot \frac{d^2}{4} \cdot (-y) \cdot \rho \cdot g = m \cdot \ddot{y} \;\Rightarrow\; \ddot{y} + \frac{\pi \cdot d^2}{4} \cdot \frac{\rho \cdot g}{m} \cdot y = 0 \,. \qquad (*1)$$

2 P Hiermit ist die Proportionalität zwischen $y(t)$ und $\ddot{y}(t)$ nachgewiesen, d.h. die Schwingung ist harmonisch.

(b.) Die Lösung der Schwingungsdifferentialgleichung kennt man als $y(t) = A \cdot \sin\left(\omega_0 t + \varphi_0\right)$.

1 P Sie führt durch zweimaliges Ableiten zu der Formulierung $\ddot{y}(t) + \omega_0^2 \cdot y(t) = 0$. $\qquad (*2)$

1 P Durch Vergleich von $(*2)$ mit $(*1)$ sieht man $\omega_0^2 = \frac{\pi \cdot d^2}{4} \cdot \frac{\rho \cdot g}{m} \;\Rightarrow\; \omega_0 = \frac{d}{2} \cdot \sqrt{\frac{\pi \rho g}{m}}$.

Dies ist die gesuchte Kreis-Eigenfrequenz, die man auch numerisch angeben kann gemäß

1 P $$\omega_0 = \frac{d}{2} \cdot \sqrt{\frac{\pi \rho g}{m}} = \frac{1.2\,cm}{2} \cdot \sqrt{\frac{\pi \cdot 1 \frac{Gramm}{cm^3} \cdot 9.81 \frac{m}{s^2}}{30\,Gramm}} = \frac{1.2\,cm}{2} \cdot \sqrt{\frac{\pi \cdot 1 \frac{Gramm}{cm^3} \cdot 981 \frac{cm}{s^2}}{30\,Gramm}} \overset{TR}{\approx} 6.08\,Hz \,.$$

Man beachte die Verarbeitung der Einheiten. Es ist $9.81 \frac{m}{s^2} = 981 \frac{cm}{s^2}$. Da sich die Einheiten „Gramm“ und „Zentimeter“ dann vollständig gegeneinander wegkürzen, wird auf eine Umformung in „Kilogramm“ und „Meter“ verzichtet. Damit dies gelingt, musste lediglich die Erdbeschleunigung umgeformt werden.

Die gefragte Schwingungsdauer ist dann $T = \frac{2 \cdot \pi}{\omega_0} \overset{TR}{\approx} \frac{2 \cdot \pi}{6.08\,Hz} \overset{TR}{\approx} 1.03\,\text{sec}$.

## Aufgabe 2.9: Harmonische Gasschwingung

| | | | |
|---|---|---|---|
| (a.) 20 Min. | | Punkte | (a.) 16 P |
| (b.) 8 Min. | | | (b.) 6 P |

In einem geschlossenen Gefäß befinde sich ein Gas (welches hier als ideales Gas zu behandeln sei), auf dem eine Kugel auf und ab schwingen kann. Wir setzen voraus, dass die Anordnung dicht sei und kein Gas entweichen kann. Gezeigt wird der Aufbau in Bild 2-10.

(a.) Zeigen Sie, dass die Schwingungen, die die Kugel ausführt, harmonisch sind. Dabei sei die Reibung zu vernachlässigen und die Vorgänge im Gas seien adiabatisch. (Letzteres bedeutet, dass das Gas beim Schwingen keine Wärmeenergie mit der Umgebung austauscht.)

(b.) Berechnen Sie die Kreis-Eigenfrequenz der Schwingung und die Schwingungsdauer für das numerische Zahlenbeispiel aus Bild 2-10.

Hinweis: Arbeiten Sie mit der Näherung $A \cdot x \ll V_0$, worin $A = \pi \cdot d^2$ die Querschnittsfläche des Flaschenhalses ist und $x$ die Auslenkung der Kugel aus der Ruhelageposition. Dies bedeutet, dass das von der Kugel aufgrund der Schwingung überstrichene Volumen sehr viel kleiner ist als das gesamte Gasvolumen. Mit anderen Worten: Die Schwingung verändert das Gasvolumen nur geringfügig.

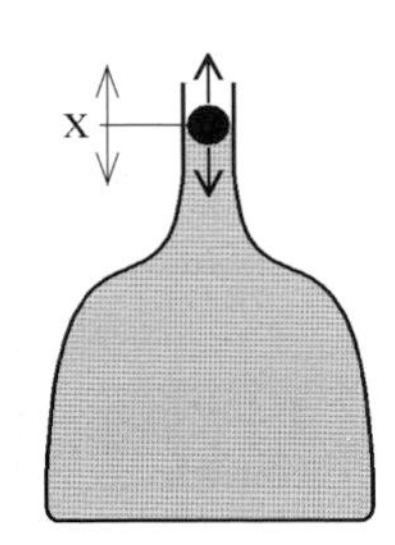


**Bild 2-10**
Eine Kugel schwingt auf einem sich periodisch ausdehnenden und komprimierenden Gas.
Für das Beispiel unserer Aufgabe sei
$d = 1.2\,cm$ der Radius der Kugel und des Flaschenhalses,
$m = 100$ Gramm die Masse der Kugel,
$p_0 = 101325\,Pa$ der Gasdruck im Ruhezustand,
$V_0 = 25\,Liter$ das Gasvolumen im Ruhezustand,
$\chi = 1.4$ der Adiabatenexponent des Gases in der Flasche.

## ▾ Lösung zu 2.9

Lösungsstrategie:

Das für eine harmonische Schwingung nötige lineare Kraftgesetz ergibt sich mit Hilfe der adiabatischen Kompression des idealen Gases. Diese führt zu einem schwingenden Gasdruck, der eine Kraft auf die Kugel erzeugt, welcher wie gewohnt der Trägheitskraft gegenübersteht. Die sich daraus ergebende Schwingungs-Differentialgleichung beschreibt allerdings keine harmonische Schwingung, sondern muss erst durch eine geeignete lineare Näherung dorthin gebracht werden (ähnlich wie bei Aufgabe 2.4). Diese Näherung lautet gemäß Aufgabenstellung $A \cdot x \ll V_0$. Man führt sie ein durch eine nach dem linearen Glied abgebrochene Taylorreihe. Das Verfahren ist dem Prinzip nach auch schon von Aufgabe 2.4 her bekannt.

**Arbeitshinweis**

Die Eigenfrequenz der Schwingung ist so hoch, dass man die Adiabasie der Kompressionen und Expansionen des Gases normalerweise auch dann voraussetzen kann, wenn sie nicht ausdrücklich in der Aufgabenstellung erwähnt ist. Dies ist besonders bei Anwendungen der Akustik ohne eingehende Erläuterung üblich.

Lösungsweg, explizit:

(a.) Die Schwingungs-Differentialgleichung stellen wir wie üblich aus einem Kräftegleichgewicht auf, wobei hier die sich kompensierenden Kräfte einerseits die Druckkraft des Gases $F_D$ und andererseits die Trägheitskraft der schwingenden Kugel $F_T$ sind:

2 P
$$F_D = F_T \quad \Rightarrow \quad \underbrace{p(x) \cdot A}_{F_D} = \underbrace{m \cdot \ddot{x}}_{F_T} . \qquad (*1)$$

Dabei darf nicht übersehen werden, dass sich der Druck als Funktion der Auslenkung ändert, da das Gas beim Bewegen der Kugel (adiabatisch) komprimiert wird bzw. expandiert.

**Arbeitshinweis**

Konstante Kräfte, die weder von der Zeit noch von der Auslenkung abhängen, ignorieren wir an dieser Stelle. Wie bei Aufgabe 2.3 tritt auch hier die Schwerkraft auf. Dazu kann möglicherweise noch eine Differenz der Gasdrücke zwischen dem Innenraum der Flasche und der Umgebung bei ruhender Kugel kommen. Solche konstanten Kräfte bewirken nur eine Einstellung der Ruhelageposition und ändern nicht die Eigenfrequenz der harmonischen Schwingung. In der Schwingungs-Differentialgleichung tauchen sie wie ein konstantes Störglied auf, welches die Bestimmung der Ruhelageposition erlaubt.

In Aufgabe 2.3 wurde ein solcher Fall bereits geübt, weshalb wir uns jetzt darauf berufen können, den Lösungsweg durch solche Kräfte nicht unnütz zu verkomplizieren. Im Prüfungsfall können Kandidaten diese Erklärung geben, um dem Eindruck vorzubeugen, sie hätten Kräfte in der Kräftegleichung versehentlich vergessen.

2 P Den Druck als Funktion der Auslenkung $p(x)$ müssen wir nun explizit angeben, um die Differentialgleichung lösen zu können. Dabei müssen wir auf adiabatische Druckänderungen zurückgreifen. Für diese gilt $p \cdot V^{\kappa} = C = const.$, wo $\kappa =$ Adiabatenexponent. Das Produkt $p \cdot V^{\kappa}$ hat also in der Ruhelageposition denselben Wert wie in jeder ausgelenkten Position:

$$\Rightarrow \quad p(x) \cdot (V(x))^{\kappa} = p_0 \cdot V_0^{\kappa} \quad \Rightarrow \quad p(x) = p_0 \cdot \left( \frac{V_0}{V(x)} \right)^{\kappa} = p_0 \cdot \left( \frac{V_0}{V_0 + A \cdot x} \right)^{\kappa} . \qquad (*2)$$

3 P Schließlich war $V(x) = V_0 + A \cdot x$ eingesetzt worden, denn das Volumen bei ausgelenkter Kugel $V(x)$ ergibt sich als Volumen im Ruhezustand $V_0$ plus der durch die Auslenkung bedingten Volumenänderung $A \cdot x$.

**Arbeitshinweis**

Bei einer harmonischen Schwingung müsste $p(x) \propto x$ sein, damit $(*1)$ die Differentialgleichung eben einer harmonischen Schwingung ist. Dies ist hier nicht der Fall. Verlangt der Prüfer trotzdem den Nachweis der Harmonizität (wie das auch in der Aufgabenstellung geschah), so muss mit einer linearen Näherung gearbeitet werden, in der Art wie wir das beim Fadenpendel in Aufgabe 2.3 bereits kennengelernt hatten.

Eine derartige Linearisierung beruht normalerweise auf einer nach dem linearen Glied abgebrochenen Reihe und setzt eine entsprechende Näherung voraus. Diese suchen wir in der Aufgabenstellung und finden $A \cdot x \ll V_0$.

Zur Vorbereitung auf die Näherung $A \cdot x \ll V_0$ formen wir nun $(*2)$ um:

$$p(x) = p_0 \cdot \left( \frac{V_0}{V_0 + A \cdot x} \right)^{\kappa} = p_0 \cdot \left( \frac{V_0 + A \cdot x}{V_0} \right)^{-\kappa} = p_0 \cdot \left( 1 + \frac{Ax}{V_0} \right)^{-\kappa} \quad (*3), \quad \text{wobei } \frac{Ax}{V_0} \ll 1 \text{ ist,}$$ 2 P

denn in dieser Schreibweise findet man in mathematischen Formelsammlungen einen Ausdruck für eine Taylorreihe, der sich leicht linearisieren lässt:

$$(1 \pm \alpha)^{-m} = 1 \mp m \cdot \alpha + \frac{m \cdot (m+1)}{2!} \alpha^2 \mp \frac{m \cdot (m+1) \cdot (m+2)}{3!} \alpha^3 + \ldots + (\pm 1)^n \cdot \frac{m \cdot (m+1) \cdot (m+2) \cdot (m+n-1)}{n!} \alpha^n .$$

Sie konvergiert für $|\alpha| < 1$, und zwar am besten für $\alpha \ll 1$. Mit $\alpha = \frac{Ax}{V_0}$ brechen wir nach dem linearen Summanden ab und erhalten $(1+\alpha)^{-m} \approx 1 - m \cdot \alpha$.

Identifizieren wir $m$ mit $\kappa$, so erhalten wir nach $(*3)$

$$\left( 1 + \frac{Ax}{V_0} \right)^{-\kappa} \approx 1 - \kappa \cdot \frac{Ax}{V_0} \quad \Rightarrow \quad p(x) \approx p_0 \cdot \left( 1 - \kappa \cdot \frac{Ax}{V_0} \right).$$ 3 P

Damit haben wird endlich einen in der Auslenkung linearen Ausdruck für den Druck gefunden. Diesen setzen wir nun in $(*1)$ ein:

$$(*1): \; p(x) \cdot A = m \cdot \ddot{x} \quad \Rightarrow \quad p_0 \cdot \left( 1 - \kappa \cdot \frac{Ax}{V_0} \right) \cdot A = m \cdot \ddot{x} \quad \Rightarrow \quad m \cdot \ddot{x} + \kappa \cdot p_0 \cdot \frac{A^2 x}{V_0} - p_0 \cdot A = 0$$

$$\Rightarrow \quad \ddot{x} + \frac{\kappa \cdot p_0 \cdot A^2}{m \cdot V_0} \cdot x = \frac{p_0 \cdot A}{m} .$$ 3 P

Der Ausdruck $\frac{p_0 \cdot A}{m}$ auf der rechten Seite ist abermals eine Konstante, die die Lage des Nullpunktes beeinflusst, nicht aber die Harmonizität der Schwingung. Mit den bereits oben ausgeführten Argumenten lassen wir auch ihn entfallen und erhalten die Differentialgleichung einer harmonischen Schwingung: $\ddot{x} + \frac{\kappa \cdot p_0 \cdot A^2}{m \cdot V_0} \cdot x = 0$. 1 P

(b.) Die Berechnung der Eigenfrequenz folgt nun ohne Komplikationen dem üblichen Schema. Wie immer bei harmonischen Schwingungen ist die Lösung der Differentialgleichung

$$x(t) = \hat{x} \cdot \sin(\omega_0 t + \varphi_0) \quad \Rightarrow \quad \ddot{x}(t) = -\omega_0^2 \cdot \hat{x} \cdot \sin(\omega_0 t + \varphi_0) = -\omega_0^2 \cdot x(t)$$ 2 P

und wir erkennen durch Koeffizientenvergleich die Kreis-Eigenfrequenz $\omega_0 = \sqrt{\frac{\kappa \cdot p_0 \cdot A^2}{m \cdot V_0}}$. 1 P

Wir setzen die Werte aus Bild 2-10 ein und erhalten

$$\omega_0 = \sqrt{\frac{\kappa \cdot p_0 \cdot A^2}{m \cdot V_0}} = \sqrt{\frac{\kappa \cdot p_0 \cdot (\pi \cdot d^2)^2}{m \cdot V_0}}$$

$$= \sqrt{\frac{1.4 \cdot 101325 \frac{N}{m^2} \cdot (\pi \cdot 0.012^2 m^2)^2}{100 \cdot 10^{-3} kg \cdot 25 \cdot 10^{-3} m^3}} \overset{TR}{\approx} 3.4077 \sqrt{\frac{\frac{N}{m^2} \cdot (m^2)^2}{kg \cdot m^3}} = 3.4077 \sqrt{\frac{kg \cdot \frac{m}{s^2} \cdot \frac{1}{m^2} \cdot m^4}{kg \cdot m^3}} = 3.4077\, Hz$$ 2 P

$$\Rightarrow \quad T = \frac{2\pi}{\omega_0} \overset{TR}{\approx} 1.8438\,\text{sec.}$$

1 P

für die Kreis-Eigenfrequenz und für die Schwingungsdauer der harmonischen Schwingung der Kugel auf der Gassäule. Da in der Akustik die schwingenden Massen aus Gassäulen oder mit Gas gefüllten Volumenelementen bestehen, die wesentlich geringere Masse haben als unsere Kugel, sind die Frequenzen dort wesentlich höher als in unserem Beispiel. Darin liegt der tiefere Grund, warum man in der Akustik die Adiabasie der Schwingungsvorgänge im Gas als selbstverständlich betrachtet.

## Aufgabe 2.10 Gedämpfte Schwingung

| | | Punkte | |
|---|---|---|---|
| (a.) 6 Min. | | (a.) 5 P | |
| (b.):(i)15, (ii)10, (iii)20 Min. | | (i.)13P (ii.)8P (iii.) 15 P | |

Die Aufgabe erfordert keine besondere physikalische Intuition. Die Schwierigkeit liegt vielmehr im relativ hohen mathematischen Aufwand und in der Notwendigkeit, trotz der reichlichen mathematischen Arbeiten den Überblick nicht zu verlieren. Im Übrigen wird ein Prüfer bei einer echten Klausur oder Prüfung aus Zeitgründen vermutlich nur einen der drei Fälle (i., ii. oder iii.) als Aufgabe stellen.

Zu den Standardsituationen in Prüfungen gehört auch die gedämpfte Schwingung. Diese könnten wir im Prinzip an jeder der vorangehend demonstrierten harmonischen Schwingungen üben, indem wir Dämpfung einführen. In mechanischen Beispielen entspricht dies meistens der Berücksichtigung von Reibung. Besonders anschaulich wird die Dämpfung beim elektrischen Schwingkreis, weil sie dort einfach als Ohm'scher Widerstand eingeführt werden kann. Aus Platzgründen wollen wir uns auf dieses eine Beispiel der gedämpften Schwingung beschränken und die Schaltung aus Bild 2-7 in Aufgabe 2.7 um einen Ohm'schen Widerstand erweitern. Dadurch gelangen wir zu Bild 2-11.

(a.) Stellen Sie nun die Differentialgleichung der gedämpften Schwingung auf.

(b.) Bestimmen Sie die Lösung dieser Differentialgleichung für die folgenden drei voneinander verschiedenen Vorgaben:

(i.) $L = 1mH$, $C = 10\mu F$ und $R = 5\Omega$

(ii.) $L = 1mH$, $C = 10\mu F$ und $R = 20\Omega$

(iii.) $L = 1mH$, $C = 10\mu F$ und $R = 100\Omega$

In allen drei Fällen seien die Anfangsbedingungen $Q(t=0) = 0.2C$, $\dot{Q}(t=0) = 0$ vorauszusetzen, d.h. bei $t = 0$ ist der Kondensator maximal geladen, aber es fließt kein Strom.

Lösungsansätze für Lösungsfunktionen der Differentialgleichung in den drei unterschiedlichen Fällen findet man in mathematischen Tabellenwerken. Wer kein solches zur Hand hat, mag den entsprechenden Auszug aus einem solchen Tabellenwerk als alleinigen Inhalt der nachfolgenden Lösungsstrategie betrachten.

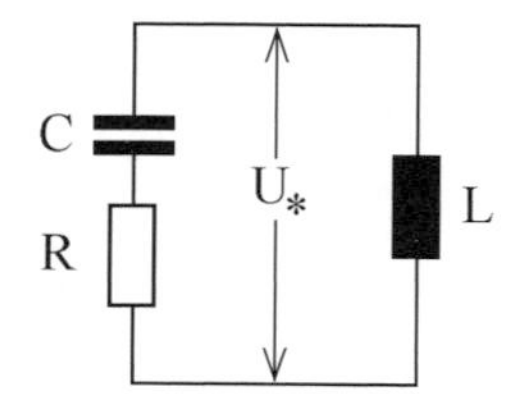


**Bild 2-11**
Schaltung eines elektrischen Schwingkreises mit Dämpfung

## ▾ Lösung zu 2.10

Lösungsstrategie:

Allen, die ein mathematisches Tabellenwerk zur Verfügung haben, wird empfohlen die Lösungsansätze für die Differentialgleichung dort nachzuschauen, denn die nachfolgend formulierten Ansätze sind in ihrer Sprechweise eng an die Bedürfnisse der vorliegenden Aufgabe angepasst. Da im Ernstfall einer Prüfung oftmals ein Abstraktionsschritt zur Anpassung der Bezeichnungen nötig ist, kann es sinnvoll sein, diesen erst zu üben, bevor man dann das Ergebnis mit der nachfolgenden Tabelle und der Musterlösung vergleicht.

Lösungen der linearen Differentialgleichung 2. Ordnung mit konstanten Koeffizienten:

Die Differentialgleichung lautet: $y'' + a \cdot y' + b \cdot y = 0$

In Abhängigkeit von den Koeffizienten $a$ und $b$ nehmen die Lösungen folgende Gestalt an:

- falls $\left(\frac{a}{2}\right)^2 - b > 0$, ist $y(t) = e^{-\frac{a}{2}\cdot t} \cdot \left(C_1 \cdot e^{w\cdot t} + C_2 \cdot e^{-w\cdot t}\right)$, worin $w = \sqrt{\left(\frac{a}{2}\right)^2 - b}$

  Die beiden Integrationsparameter sind $C_1$ und $C_2$.

- falls $\left(\frac{a}{2}\right)^2 - b = 0$, ist $y(t) = \left(C_1 + C_2 \cdot t\right) \cdot e^{-\omega_0 \cdot t}$, worin $\omega_0 = \lambda = \frac{a}{2}$

  Die beiden Integrationsparameter sind $C_1$ und $C_2$.

- falls $\left(\frac{a}{2}\right)^2 - b < 0$, ist $y(t) = A_0 \cdot e^{-\frac{a}{2}\cdot t} \cdot \sin(\omega_d t + \varphi)$, worin $\omega_d = \sqrt{b - \left(\frac{a}{2}\right)^2}$

  Die beiden Integrationsparameter sind $A_0$ und $\varphi$.

Anmerkung: Was im Tabellenwerk $y(t)$ heißt, wird für unsere Lösung die Ladung $Q(t)$ sein. Beim Lösen der Differentialgleichung setzt man lediglich $a$ und ggf. $b$ in diese Lösungsansätze ein.

Lösungsweg, explizit:

(a.) Das Aufstellen der Differentialgleichung unterscheidet sich von dem Rechengang in Aufgabe 2.7 dadurch, dass mit dem Ohm'schen Widerstand ein Schaltelement mehr berücksichtigt werden muss. Die in Bild 2-11 mit $U_*$ bezeichnete Spannung lässt sich einerseits als $U_* = U_C + U_R$ ausdrücken, andererseits ist sie $U_* = U_L$. Daraus folgt $U_L = U_R + U_C$.

Darin kennen wir aus Aufgabe 2.7 bereits: $U_L = -L \cdot \ddot{Q}$ und $U_C = \frac{Q}{C}$

Neu hinzu kommt jetzt: $U_R = R \cdot I = R \cdot \dot{Q}$ 2 P

Mit diesen drei Größen liefert die Beziehung der Spannungen die Differentialgleichung

$$U_L = U_R + U_C \quad \Rightarrow \quad -L \cdot \ddot{Q} = R \cdot \dot{Q} + \frac{Q}{C} \quad \Rightarrow \quad \ddot{Q} = -\frac{R}{L} \cdot \dot{Q} - \frac{1}{LC} \cdot Q .$$ 2 P

Zur Anpassung an die in der Lösungsstrategie gezeigte Formulierung der Differentialgleichung stellen wir um und schreiben: $\ddot{Q} + \underbrace{\frac{R}{L}}_{=a} \cdot \dot{Q} + \underbrace{\frac{1}{LC}}_{=b} \cdot Q = 0 \qquad (*1)$

1 P

Dies ist die in Aufgabenteil (a.) gesuchte Differentialgleichung der gedämpften Schwingung.

**Arbeitshinweis / Stolperfalle**

Beim Aufstellen der Differentialgleichung sind die einzelnen Spannungen mit geeigneten Vorzeichen einzusetzen, damit die mathematischen Lösungen Sinn machen. Bei falschen Vorzeichen würde bereits schon die Fallunterscheidung $\left(\frac{a}{2}\right)^2 - b \overset{>}{\underset{<}{=}} 0$ nicht funktionieren. Der Rest des Lösungsschemas würde natürlich auch nicht passen.

Nun aber die entscheidende Frage: Wie stellt man die Korrektheit der Vorzeichen sicher?

Die Antwort ist die: Man stellt die Differentialgleichung mit den Vorzeichen auf so gut man dies eben überblickt und beginnt dann mit dem Erarbeiten der Lösung. Ergeben sich dabei Probleme der Art, dass man nicht das gewohnte (bekannte) Lösungsmuster wiederfindet, so prüft man anhand der Schwierigkeiten, welche Vorzeichen falsch sein müssen. Nachdem man diese Information hat, ist die Suche der Vorzeichenfehler beim Aufstellen der Differentialgleichung wesentlich einfacher und übersichtlicher. Die Vorgehensweise ist pragmatisch aber effektiv.

(b.) Zum Lösen der Differentialgleichung setzen wir nun nacheinander die drei unterschiedlichen Vorgaben der Aufgabenstellung ein. Dabei führt jede der Vorgaben zu einem eigenen Rechenweg, denn die Lösungsfunktionen unterscheiden sich von Fall zu Fall sehr deutlich.

(b, i.) Aus den Vorgaben $L = 1mH$, $C = 10\mu F$ und $R = 5\Omega$ berechnen wir $a$ und $b$ in $(*1)$ und prüfen, welcher der drei Fälle aus der Lösungstabelle zu bearbeiten ist:

1+1 P $a = \frac{R}{L} = \frac{5\,\Omega}{10^{-3}H} = 5000 \frac{V/A}{V \cdot s/A} = 5000\,s^{-1}$ und $b = \frac{1}{LC} = \frac{1}{10^{-3}H \cdot 10^{-5}F} = 10^8 \frac{1}{V \cdot s/A \cdot C/V} = 10^8 s^{-2}$.

Damit ist $\left(\frac{a}{2}\right)^2 - b = \left(2500\,s^{-1}\right)^2 - 10^8 s^{-2} = -9.375 \cdot 10^7 s^{-2} < 0$.

Es liegt also der in der Lösungstabelle letztgenannte Fall vor, nämlich

1 P $Q(t) = A_0 \cdot e^{-\frac{a}{2} \cdot t} \cdot \sin(\omega_d t + \varphi)$. $\qquad (*2)$

Die Größe $\omega_d$ folgt aus den Angaben der Lösungstabelle mit

1 P $\omega_d = \sqrt{b - \left(\frac{a}{2}\right)^2} = \sqrt{9.375 \cdot 10^7 s^{-2}} \overset{TR}{\approx} 9682.5\,Hz$.

Anschauung: Der Fall $\left(\frac{a}{2}\right)^2 - b < 0$ ist der sog. Schwingfall. Es bildet sich also eine zeitlich abklingende Schwingung aus. Das erkennt man auch anschaulich an der Lösungsfunktion.

Der Sinus lässt die Schwingung erkennen, deren Amplitude zeitlich mit einer Exponentialfunktion abnimmt. Die Schwingungsfrequenz ist $\omega_d$.

Zu bestimmen sind noch die beiden Integrationsparameter $A_0$ und $\varphi$. Dazu stehen uns die Randbedingungen zur Verfügung. Diese setzen wir in $(*2)$ ein:

Die erste Anfangsbedingung: $Q(t=0) = A_0 \cdot e^{-\frac{a}{2}\cdot 0} \cdot \sin(\omega_d \cdot 0 + \varphi) = A_0 \cdot \sin(\varphi) = 0.2C$. (Glg. 1) 1 P

Für die zweite Randbedingung benötigen wir die Ableitung von $Q(t)$, die wir mit Produktregel und Kettenregel bilden: $\dot{Q}(t) = A_0 \cdot \left(-\frac{a}{2}\right) \cdot e^{-\frac{a}{2}\cdot t} \cdot \sin(\omega_d t + \varphi) + A_0 \cdot e^{-\frac{a}{2}\cdot t} \cdot \omega_d \cdot \cos(\omega_d t + \varphi)$.

2 P

Einsetzen der Randbedingung in diese Ableitung liefert:

$\Rightarrow \quad \dot{Q}(t=0) = A_0 \cdot \left(-\frac{a}{2}\right) \cdot \sin(\varphi) + A_0 \cdot \omega_d \cdot \cos(\varphi) = 0$. (Glg. 2) 1 P

Glg.1 und Glg.2 bilden gemeinsam ein Gleichungssystem aus zwei Gleichungen mit zwei Unbekannten. Das Auflösen ist relativ unkompliziert, weil man aus Glg. 2 alleine $\varphi$ bestimmen kann:

$$A_0 \cdot \left(-\frac{a}{2}\right) \cdot \sin(\varphi) + A_0 \cdot \omega_d \cdot \cos(\varphi) = 0 \quad \Rightarrow \quad A_0 \cdot \left(-\frac{a}{2}\right) \cdot \sin(\varphi) = -A_0 \cdot \omega_d \cdot \cos(\varphi)$$

$$\Rightarrow \quad \frac{\sin(\varphi)}{\cos(\varphi)} = \frac{-\omega_d}{-\frac{a}{2}} \quad \Rightarrow \quad \tan(\varphi) = \frac{2 \cdot \omega_d}{a} \overset{TR}{\approx} \frac{2 \cdot 9682.5\,Hz}{5000\,Hz} \quad \Rightarrow \quad \varphi \overset{TR}{\approx} \arctan(3.873) \overset{TR}{\approx} 75.52^\circ .$$ 3 P

Den so gefundenen Winkel $\varphi$ setzen wir in Glg. 1 ein und erhalten

$$A_0 \cdot \sin(\varphi) = 0.2C \quad \Rightarrow \quad A_0 = \frac{0.2C}{\sin(\arctan(3.873))} \overset{TR}{\approx} 0.20656C .$$ 1 P

**Stolperfalle**

An dieser Stelle sieht man, dass man ein Ergebnis erhalten hat und möchte eine Plausibilitätskontrolle vornehmen. Dabei wundere man sich nicht über folgende Frage: Wenn der Kondensator im maximal geladenen Anfangszustand eine Ladung von 0.2 Coulomb trägt – wie kann es dann sein, dass $A_0$ größer ist als dieser Wert?

Die Antwort ist die: $A_0$ ist nur ein Parameter und trägt die Einheit Coulomb. Aber $A_0$ ist kein Wert für die Ladung, der jemals real erreicht werden könnte. Malt man die gedämpfte Schwingung nach $(*2)$ als Kurve explizit hin (die Leser sollten die Kurvenform aus der Vorlesung kennen), so findet sich $A_0$ als Extrapolation der Einhüllenden zur Ordinate wieder – aber eben nur als Extrapolation, nicht als wirklich vorhandene Ladung.

Nun sind alle Parameter bestimmt, sodass sich die gesuchte Lösung der gedämpften Schwingung explizit angeben lässt. Es handelt sich um eine Schwingung mit zeitlich abklingender Amplitude:

$$(*2) \quad \Rightarrow \quad Q(t) = A_0 \cdot e^{-\frac{a}{2}\cdot t} \cdot \sin(\omega_d t + \varphi) = \underbrace{0.20656C \cdot e^{-2500 s^{-1} \cdot t}}_{\text{zeitlich abklingende Amplitude}} \cdot \underbrace{\sin\left(9682.5 s^{-1} \cdot t + 75.52^\circ\right)}_{\text{Schwingung}} .$$ 1 P

Anschauung: Im Übrigen hat $\omega_d$ eine reale Bedeutung. Es ist die Frequenz der gedämpften Schwingung, und diese ist kleiner als die Eigenfrequenz der harmonischen Schwingung.

(b, ii.) Bei diesem Aufgabenteil lauten die Vorgaben $L = 1mH$, $C = 10\mu F$ und $R = 20\Omega$.

Damit werden $a$ und $b$ in $(*1)$ zu

1+1 P $$a = \frac{R}{L} = \frac{20\,\Omega}{10^{-3}H} = 20000 \frac{V/A}{V\cdot s/A} = 20000 s^{-1} \text{ und } b = \frac{1}{LC} = \frac{1}{10^{-3}H\cdot 10^{-5}F} = 10^8 \frac{1}{V\cdot s/A \cdot C/V} = 10^8 s^{-2}.$$

Aus $\left(\frac{a}{2}\right)^2 - b = \left(10000 s^{-1}\right)^2 - 10^8 s^{-2} = 0$ entnehmen wir, dass es sich um den zweiten der drei

1 P Fälle in der Lösungstabelle handelt mit dem Lösungsansatz $Q(t) = \left(C_1 + C_2 \cdot t\right)\cdot e^{-\omega_0\cdot t}$. $(*3)$

Diese Funktion beschreibt keine Schwingung. Das sieht man auch schon anschaulich, denn sie enthält weder einen Sinus noch einen Cosinus. Der Fall ist als (nicht periodischer, kurz aperiodischer) Grenzfall bekannt, als Grenze zwischen Schwingfall und Kriechfall.

Zum expliziten Aufsuchen der Funktion berechnen wir $\omega_0 = \frac{a}{2} = 10^4\,Hz$.

Die beiden Integrationsparameter $C_1$ und $C_2$ bestimmen wir wie üblich durch Einsetzen der Anfangsbedingungen:

1 P Deren erste lautet $Q(t=0) = 0.2C \Rightarrow Q(t=0) = \left(C_1 + C_2\cdot 0\right)\cdot e^{-\omega_0\cdot 0} = C_1 = 0.2C$.

Zum Auswerten der zweiten Anfangsbedingung benötigen wir die Ableitung der Lösung nach der Zeit, wozu die Produktregel und die Kettenregel anzuwenden ist:

1½ P $$Q(t) = \left(C_1 + C_2\cdot t\right)\cdot e^{-\omega_0\cdot t} \quad\Rightarrow\quad \dot{Q}(t) = C_2\cdot e^{-\omega_0\cdot t} + \left(C_1 + C_2\cdot t\right)\cdot\left(-\omega_0\right)\cdot e^{-\omega_0\cdot t}.$$

Dahinein setzen wir die zweite Anfangsbedingung ein, nämlich $\dot{Q}(t=0) = 0$:

1½ P $$\dot{Q}(t=0) = C_2\cdot e^0 + \left(C_1 + C_2\cdot 0\right)\cdot\left(-\omega_0\right)\cdot e^0 = C_2 - \omega_0\cdot C_1 = 0 \Rightarrow C_2 = \omega_0\cdot C_1 = 10^4 Hz\cdot 0.2C = 2000A.$$

Auch hier lohnt es im Normalfall nicht, den Parametern all zu viel anschauliche Bedeutung beimessen zu wollen. Nichtsdestotrotz geben wir die gesuchte Lösung der Differentialgleichung auch für diesen Fall explizit an:

1 P $$(*3) \Rightarrow Q(t) = \left(C_1 + C_2\cdot t\right)\cdot e^{-\omega_0\cdot t} = \left(0.2C + 2000A\cdot t\right)\cdot e^{-10000Hz\cdot t}.$$

Anmerkung: Der Grenzfall hat eine echte Nullstelle, d.h. die Auslenkung (hier die Ladung) erreicht in einer endlichen Zeit die Abszisse.

(b, iii.) Die Vorgaben für den letzten der drei Fälle lauten $L = 1mH$, $C = 10\mu F$ und $R = 100\Omega$.

Damit werden $a$ und $b$ in $(*1)$ zu

$a=\frac{R}{L}=\frac{100\,\Omega}{10^{-3}H}=10^{5}\frac{V/A}{V\cdot s/A}=10^{5}s^{-1}$ und $b=\frac{1}{LC}=\frac{1}{10^{-3}H\cdot 10^{-5}F}=10^{8}\frac{1}{V\cdot s/A\cdot C/V}=10^{8}s^{-2}$ . 1+1 P

Aus $\left(\frac{a}{2}\right)^{2}-b=\left(5\cdot 10^{4}s^{-1}\right)^{2}-10^{8}s^{-2}=2.4\cdot 10^{9}s^{-2}>0$ schließen wir auf den erstgenannten der drei Fälle in der Lösungstabelle mit dem Ansatz $Q(t)=e^{-\frac{a}{2}\cdot t}\cdot\left(C_{1}\cdot e^{w\cdot t}+C_{2}\cdot e^{-w\cdot t}\right)$. (*4) 1 P

Das $w$ berechnen wir nach Lösungstabelle gemäß $w=\sqrt{\left(\frac{a}{2}\right)^{2}-b}=\sqrt{2.4\cdot 10^{9}s^{-2}}\overset{TR}{\approx}48989.8\,Hz$ . 1 P

Es folgt die Bestimmung der beiden Integrationsparameter $C_1$ und $C_2$ aus den Anfangsbedingungen.

Aus $Q(t=0)=0.2C$ folgt mit $(*4)$: $Q(t=0)=e^{-\frac{a}{2}\cdot 0}\cdot\left(C_{1}\cdot e^{w\cdot 0}+C_{2}\cdot e^{-w\cdot 0}\right)=C_{1}+C_{2}=0.2C$ .

(Glg. 3) 2 P

Zur Vorbereitung auf die zweite Anfangsbedingung leiten wir $(*4)$ nach der Zeit ab:

$$(*4)\;\Rightarrow\;\dot{Q}(t)=-\frac{a}{2}\cdot e^{-\frac{a}{2}\cdot t}\cdot\left(C_{1}\cdot e^{w\cdot t}+C_{2}\cdot e^{-w\cdot t}\right)+e^{-\frac{a}{2}\cdot t}\cdot\left(C_{1}\cdot w\cdot e^{w\cdot t}-C_{2}\cdot w\cdot e^{-w\cdot t}\right).$$ 1 P

Mit Hilfe von $\dot{Q}(t=0)=0$ folgt daraus

$$\dot{Q}(t)=-\frac{a}{2}\cdot e^{-\frac{a}{2}\cdot 0}\cdot\left(C_{1}\cdot e^{w\cdot 0}+C_{2}\cdot e^{-w\cdot 0}\right)+e^{-\frac{a}{2}\cdot 0}\cdot\left(C_{1}\cdot w\cdot e^{w\cdot 0}-C_{2}\cdot w\cdot e^{-w\cdot 0}\right)$$
$$=-\frac{a}{2}\cdot\left(C_{1}+C_{2}\right)+\left(C_{1}\cdot w-C_{2}\cdot w\right)=\left(w-\frac{a}{2}\right)\cdot C_{1}-\left(w+\frac{a}{2}\right)\cdot C_{2}=0\,.$$ (Glg.4) 2 P

Mit Glg. 3 und Glg. 4 haben wir wieder ein Gleichungssystem mit zwei Unbekannten, das wir lösen können:

$$\text{Glg. 4}\;\Rightarrow\;\left(w-\frac{a}{2}\right)\cdot C_{1}=\left(w+\frac{a}{2}\right)\cdot C_{2}\;\Rightarrow\;C_{1}=\frac{w+\frac{a}{2}}{w-\frac{a}{2}}\cdot C_{2}=\frac{2w+a}{2w-a}\cdot C_{2}\,.$$ 1 P

Dieses $C_1$ setzen wir in Glg. 3 ein:

$$\Rightarrow\;C_{1}+C_{2}=0.2C\;\Rightarrow\;\frac{2w+a}{2w-a}\cdot C_{2}+C_{2}=0.2C\;\Rightarrow\;\frac{2w+a}{2w-a}\cdot C_{2}+\frac{2w-a}{2w-a}C_{2}=0.2C$$
$$\Rightarrow\;\frac{(2w+a)+(2w-a)}{2w-a}C_{2}=\frac{4w}{2w-a}\cdot C_{2}=0.2C\;\Rightarrow\;C_{2}=\frac{2w-a}{4w}\cdot 0.2C\,.$$ 3 P

Werte einsetzen liefert: $C_{2}=\frac{2w-a}{4w}\cdot 0.2C\overset{TR}{\approx}\frac{2\cdot 48989.8\,Hz-10^{5}\,Hz}{4\cdot 48989.8\,Hz}\cdot 0.2C\overset{TR}{\approx}-2.062\cdot 10^{-3}C$. 1 P

Damit folgt aus Glg. 3: $C_{1}=0.2C-C_{2}=2.002062\cdot 10^{-3}C$

Die gesuchte Lösung der Differentialgleichung können wir nun explizit angeben:

$$(*4)\;\Rightarrow\;Q(t)\overset{TR}{\approx}e^{-50000\,Hz\cdot t}\cdot\left(2.002062\cdot 10^{-3}C\cdot e^{48989.8\,Hz\cdot t}-2.062\cdot 10^{-3}C\cdot e^{-48989.8\,Hz\cdot t}\right).$$ 1 P

Die Lösung nähert sich asymptotisch der Abszisse und heißt daher „Kriechfall“.

## Aufgabe 2.11 Schwingung mit Dämpfung und Anregung

| | | | | |
|---|---|---|---|---|
| (a.) 5 Min. (b.) 5 Min. | | Punkte | (a.) 3 P (b.) 3 P |
| (c.) 3 Min. (d.) 3 Min. | | Punkte | (c.) 2 P (d.) 2 P |

Vorwissen dieser Aufgabe sind Kenntnisse über angeregte Schwingungen, die man z.B. in Vorlesungen erwerben kann. Die Differentialgleichung der Schwingung mit Dämpfung und Anregung erhält man, indem man die Differentialgleichung der gedämpften Schwingung um einen Anregungsterm ergänzt. Dies ist eine oszillierende Funktion (z.B. Sinus oder Cosinus), die aber von der Auslenkung unabhängig ist und daher die Differentialgleichung inhomogen werden lässt. Die Lösung dieser Differentialgleichung findet man in Formelsammlungen.

Für das Beispiel des Feder-Masse-Pendels lautet die Differentialgleichung z.B.

$$\underbrace{\ddot{x}}_{\substack{\text{siehe}\\\text{Aufg.2.2}}} + \underbrace{\frac{\beta}{m}\dot{x}}_{\text{Dämpfung}} + \underbrace{\frac{D}{m}\cdot x}_{\substack{\text{siehe}\\\text{Aufg.2.2}}} = \underbrace{\frac{F_0}{m}\cdot\sin(\omega_E\cdot t)}_{\text{Anregung}}$$

, mit $\omega_E$ = Erregerfrequenz, $\beta$ = Dämpfungskonstante sowie $F_0$ = Amplitude der anregenden Kraft.

Deren Lösung ist $y(t) = A\cdot\sin(\omega_E\cdot t-\alpha)$ für die Auslenkung, worin

$$A = \frac{F_0}{m}\cdot\left[\left(\omega_0^2-\omega_E^2\right)^2+\left(2\cdot\delta\cdot\omega_E\right)^2\right]^{-\frac{1}{2}} = \text{Amplitude}, \quad \text{sowie} \quad \tan(\alpha) = -\frac{2\delta\,\omega_E}{\omega_0^2-\omega_E^2},$$

mit $\alpha$ = Phasenverschiebung zwischen anregender und angeregter Schwingung sowie $\delta = \frac{\beta}{2m}$ Abklingkonstante. Die hier nicht erklärten Bezeichnungen entnehme man Aufgabe 2.2.

Fragen:

(a.) Für welche Frequenz erreicht die Amplitude ihr Maximum? Sie heißt Resonanzfrequenz.

(b.) Wie groß ist die maximale Amplitude, also bei Anregung mit Resonanzfrequenz?

(c.) Wie groß ist die Amplitude bei Anregung mit der Frequenz $\omega_0$?

(d.) Beweisen Sie, dass die Resonanzamplitude größer ist als die Amplitude bei Anregung mit der Frequenz $\omega_0$.

## ▾ Lösung zu 2.11

Lösungsstrategie:

(a.) Die erste Idee ist, die Maximalwertaufgabe als $\frac{dA}{d\omega}=0$ zu formulieren. Dadurch wird aber der Rechenaufwand unnötig groß. Einfacher ist es, nicht das Maximum der Amplitude zu suchen, sondern das Minimum des Resonanznenners, das ist das Minimum des Nenners der Amplitude, die in der Aufgabenstellung gegeben wurde. Logischerweise liegen beide Extrema bei derselben Frequenz. Diese trägt den Namen „Resonanzfrequenz“. 1 P (b.) Man setzt die Resonanzfrequenz in den in der Aufgabenstellung gegebenen Ausdruck für die Amplitude ein.

(c., d.) Zu vergleichen sind die Amplituden bei Anregung mit der Resonanzfrequenz und mit der Eigenfrequenz der harmonischen Schwingung.

Lösungsweg, explizit:

(a.) Da im Resonanznenner eine Wurzel steht, die ebenfalls nicht bei der Suche der Frequenz des Extremums benötigt wird, leiten wir nur den Radikanden der Wurzel im Nenner ab. Dieser Radikand lautet $N(\omega_E)=\left(\omega_0^2-\omega_E^2\right)^2+(2\cdot\delta\cdot\omega_E)^2$. Dessen Minimum liegt bei $\frac{dN}{d\omega}=0$

$$\Rightarrow \quad \frac{d}{d\omega}\left[\left(\omega_0^2-\omega_E^2\right)^2+(2\cdot\delta\cdot\omega_E)^2\right]=2\cdot\left(\omega_0^2-\omega_E^2\right)\cdot(-2\omega_E)+2\cdot(2\cdot\delta\cdot\omega_E)\cdot 2\cdot\delta=0 . \qquad 1\text{ P}$$

Wir wollen auflösen nach der gesuchten Frequenz $\omega_E$ :

$$\Rightarrow \quad 8\cdot\delta^2\cdot\omega_E=4\omega_E\cdot\left(\omega_0^2-\omega_E^2\right) \Rightarrow \omega_0^2-\omega_E^2=2\cdot\delta^2 \Rightarrow \omega_E^2=\omega_0^2-2\cdot\delta^2 \Rightarrow \omega_E=\sqrt{\omega_0^2-2\cdot\delta^2} . \qquad 1\text{ P}$$

Für diese Anregungsfrequenz wird der Resonanznenner minimal und damit die Amplitude maximal. Sie trägt auch den Namen Resonanzfrequenz $\omega_R=\sqrt{\omega_0^2-2\cdot\delta^2}$ .

(b.) Wir setzen die Resonanzfrequenz in den Ausdruck für die Amplitude ein und erhalten

$$A(\omega_E=\omega_R)=\frac{F_0}{m}\cdot\left[\left(\omega_0^2-\omega_E^2\right)^2+(2\cdot\delta\cdot\omega_E)^2\right]^{-\frac{1}{2}}\Bigg|_{\omega_E=\omega_R}$$

$$=\frac{F_0}{m}\cdot\left[\left(\omega_0^2-\left(\omega_0^2-2\cdot\delta^2\right)\right)^2+\left(2\cdot\delta\cdot\sqrt{\omega_0^2-2\cdot\delta^2}\right)^2\right]^{-\frac{1}{2}}=\frac{F_0}{m}\cdot\left[4\cdot\delta^4+4\cdot\delta^2\cdot\left(\omega_0^2-2\cdot\delta^2\right)\right]^{-\frac{1}{2}}$$

$$=\frac{F_0}{m}\cdot\left[4\cdot\delta^4+4\cdot\delta^2\omega_0^2-8\cdot\delta^4\right]^{-\frac{1}{2}}=\frac{F_0}{m}\cdot\left[4\delta^2\omega_0^2-4\delta^4\right]^{-\frac{1}{2}}=\frac{F_0/m}{\sqrt{4\delta^2\omega_0^2-4\delta^4}}=\frac{F_0}{2\delta\cdot m\cdot\sqrt{\omega_0^2-\delta^2}} . \qquad 3\text{ P}$$

Dies ist die Amplitude bei Resonanzfrequenz, und somit die maximal erreichbare Amplitude.

(c.) Setzt man die Eigenfrequenz der harmonischen Schwingung $\omega_0$ in den Ausdruck für die Amplitude ein, so erhält man die Amplitude bei Anregung mit der Frequenz $\omega_0$ :

$$A(\omega_E=\omega_0)=\frac{F_0}{m}\cdot\left[\left(\omega_0^2-\omega_E^2\right)^2+(2\cdot\delta\cdot\omega_E)^2\right]^{-\frac{1}{2}}\Bigg|_{\omega_E=\omega_0}$$

$$=\frac{F_0}{m}\cdot\left[\underbrace{\left(\omega_0^2-\omega_0^2\right)^2}_{=0}+(2\cdot\delta\cdot\omega_0)^2\right]^{-\frac{1}{2}}=\frac{F_0}{m}\cdot\left[(2\cdot\delta\cdot\omega_0)^2\right]^{-\frac{1}{2}}=\frac{F_0}{m}\cdot(2\cdot\delta\cdot\omega_0)^{-1}=\frac{F_0}{2\delta\cdot m\cdot\omega_0} . \qquad 2\text{ P}$$

(d.) Dazu müssen wir $A(\omega_R) = \dfrac{F_0}{2\delta \cdot m \cdot \sqrt{\omega_0^2 - \delta^2}}$ und $A(\omega_0) = \dfrac{F_0}{2\delta \cdot m \cdot \omega_0}$ vergleichen.

Deren Quotient ist $\dfrac{A(\omega_R)}{A(\omega_0)} = \dfrac{\dfrac{F_0}{2\delta \cdot m \cdot \sqrt{\omega_0^2 - \delta^2}}}{\dfrac{F_0}{2\delta \cdot m \cdot \omega_0}} = \underbrace{\dfrac{\omega_0}{\sqrt{\omega_0^2 - \delta^2}} > 1}_{\text{weil } \sqrt{\omega_0^2-\delta^2} < \sqrt{\omega_0^2}} \Rightarrow A(\omega_R) > A(\omega_0)$. q.e.d.

2 P

## Aufgabe 2.12 Angeregte Schwingung in der Nähe der Resonanz

| | | | |
|---|---|---|---|
| (a.) 4 Min. | | Punkte | (a.) 2 P |
| (b.) 2 Min. | | | (b.) 1 P |

Mit etwas Geschick und Sorgfalt lassen sich mechanische Uhren mit bewegten Teilen derart aufhängen, dass sie anfangen, von außen als Ganzes erkennbar zu schwingen. Hängt man z.B. eine mechanische Armbanduhr mit einem Bindfaden geeigneter Länge auf, so stellt sich nach einiger Zeit die Schwingung eines von innen angeregten Fadenpendels ein. Die Kunst liegt in der sehr exakten Wahl der Fadenlänge. Nur wenn man der Resonanz des Fadenpendels wirklich sehr nahe ist, kann man die Schwingung tatsächlich erkennen.

(a.) Wir betrachten zunächst die harmonische Schwingung ohne Reibung und ohne Anregung: Für eine Uhr mit einer bauartbedingten periodischen Anregungsfrequenz von $f = 1\,Hz$ berechne man die Fadenlänge, die zur Einstellung der Eigenkreisfrequenz $\omega_0 = 2\pi f$ nötig ist.

(b.) In der Realität tritt Reibung auf sowie Anregung aus dem Inneren der Uhr. Will man dies berücksichtigen, so muss man die Fadenlänge gegenüber dem in Aufgabenteil (a.) berechneten Wert verändern. In welcher Weise hat diese Veränderung stattzufinden, wenn man die Resonanzfrequenz der Schwingung mit Anregung und Reibung erreichen will?

Anmerkung: Die Energie für die Schwingung wird dem Uhrwerk entnommen. Stellt man die Fadenlänge nicht ganz genau auf die Resonanzfrequenz ein, sondern geringfügig daneben (was sich in der Praxis gar nicht vermeiden lässt), so kann dies zu einem deutlichen Vor- oder Nachgehen der Uhr führen (bis zu einigen Minuten pro Stunde).

## ▾ Lösung zu 2.12

Lösungsstrategie:

(a.) Die Lösung basiert auf der bekannten Eigenfrequenz der harmonischen Schwingung eines Fadenpendels (vgl. Aufgabe 2.4).

(b.) Hier ist nach dem Unterschied zwischen der Eigenfrequenz der harmonischen Schwingung und der Resonanzfrequenz gefragt.

Lösungsweg, explizit:

(a.) Die Eigenfrequenz der harmonischen Schwingung eines Fadenpendels lautet $\omega_0 = \sqrt{\frac{g}{l}}$, wo $g$ die Erdbeschleunigung ist und $l$ die Fadenlänge. Letztere wird von der Aufhängung des Fadens bis zum Schwerpunkt der Uhr gerechnet. Somit ist die Fadenlänge für unser Beispiel:

$$\omega_0 = \sqrt{\frac{g}{l}} \quad \Rightarrow \quad l = \frac{g}{\omega_0^2} = \frac{g}{(2\pi \cdot f)^2} = \frac{9.80665 \frac{m}{s^2}}{4\pi^2 \cdot (1Hz)^2} \overset{TR}{\approx} 0.2484\,m = 24.84\,cm\,.$$

2 P

(b.) Beschreibt man mit der Abklingkonstanten $\delta$ die Reibung, so lautet die Resonanzfrequenz der erzwungenen Schwingung $\omega_R = \sqrt{\omega_0^2 - 2\delta^2}$. Diese ist naturgemäß immer kleiner als $\omega_0$, also $\omega_R < \omega_0$. Daraus folgt für die Fadenlänge zur Resonanzfrequenz $l_R = \frac{g}{\omega_R^2} > l = \frac{g}{\omega_0^2}$. Die Veränderung der Fadenlänge ist also eine Verlängerung, die um so stärker ausfällt, je größer die Reibung ist. (Allerdings verringert die Reibung die Amplitude und erschwert so die Wahrnehmung der Schwingung überhaupt.)

1 P

## Aufgabe 2.13 Addition zweier gleichfrequenter Schwingungen

 20 Min. Punkte 14 P

Zwei Schwingungen $y_1(t) = 5cm \cdot \cos(30Hz \cdot t + 20°)$ und $y_2(t) = 8cm \cdot \cos(30Hz \cdot t + 70°)$ sollen phasenrichtig überlagert werden. Verwenden Sie dazu die komplexzahlige Schreibweise indem sie die Schwingungen als komplexe Zeiger behandeln, deren Addition sie graphisch als Zeigerdiagramm in der Gauß'schen Zahlenebene darstellen.

## ▾ Lösung zu 2.13

Lösungsstrategie:

Jede einzelne Schwingung wird verstanden als Realteil eines komplexen Zeigers. Zur Addition behandelt man aber die Zeiger vollständig in den komplexen Zahlen, denn dann sind die Phasenlagen automatisch berücksichtigt.

Lösungsweg, explizit:

Wir schreiben also mit $i = \sqrt{-1}$ als komplexer Einheit auf der Basis der Euler-Formel:

$$y_1(t) = 5cm \cdot \cos(30Hz \cdot t + 20°) = \mathrm{Re}\left(5cm \cdot e^{i\cdot(30Hz\cdot t + 20°)}\right) = \mathrm{Re}\left(5cm \cdot e^{i\cdot 30Hz\cdot t} \cdot e^{+i\cdot 20°}\right) \quad \text{und}$$

1 P

$$y_2(t) = 8cm \cdot \cos(30Hz \cdot t + 70°) = \mathrm{Re}\left(8cm \cdot e^{i\cdot(30Hz\cdot t + 70°)}\right) = \mathrm{Re}\left(8cm \cdot e^{i\cdot 30Hz\cdot t} \cdot e^{+i\cdot 70°}\right).$$

1 P

Die Überlagerung der Schwingungen geschieht anhand einer Addition der komplexen Zahlen. Der Realteil der Summe beschreibt dann die Summenschwingung. Wir vollziehen diese Addition, wobei der zeitabhängige Anteil ausgeklammert werden sollte:

$$y_1(t) + y_2(t) = \mathrm{Re}\left(5cm \cdot e^{i\cdot 30Hz\cdot t} \cdot e^{+i\cdot 20°} + 8cm \cdot e^{i\cdot 30Hz\cdot t} \cdot e^{+i\cdot 70°}\right) = \mathrm{Re}\,\underbrace{\left(5cm \cdot e^{+i\cdot 20°} + 8cm \cdot e^{+i\cdot 70°}\right)}_{\text{Amplitude mit Phaseninformation}} \cdot e^{i\cdot 30Hz\cdot t}\,.$$

2 P

Zu addieren ist jetzt nur noch der als „Amplitude mit Phaseninformation" bezeichnete Teil. Die Addition setzt das Erscheinen der komplexen Zahlen in der arithmetischen Darstellungsform voraus, wohin wir mit Hilfe der Euler-Formel gelangen:

$$\left.\begin{array}{l} 5cm\cdot e^{+i\cdot 20^\circ} = 5cm\cdot\left(\cos(20^\circ)+i\cdot\sin(20^\circ)\right) \\ 8cm\cdot e^{+i\cdot 70^\circ} = 8cm\cdot\left(\cos(70^\circ)+i\cdot\sin(70^\circ)\right)\end{array}\right| +$$

$$\sum = 5cm\cdot\cos(20^\circ)+5cm\cdot i\cdot\sin(20^\circ)+8cm\cdot\cos(70^\circ)+8cm\cdot i\cdot\sin(70^\circ)$$

3 P

$$= \underbrace{5cm\cdot\cos(20^\circ)+8cm\cdot\cos(70^\circ)}_{\overset{TR}{\approx}\,7.4346cm} + i\cdot\underbrace{\left(5cm\cdot\sin(20^\circ)+8cm\cdot\sin(70^\circ)\right)}_{\overset{TR}{\approx}\,9.2276cm} \overset{TR}{\approx} \underbrace{7.4346cm+i\cdot 9.2276cm}_{\substack{=:S \\ \text{(Bezeichung neu gewählt)}}}.$$

Um das Ergebnis interpretieren zu können, müssen wir es wieder zurück in die Exponentialdarstellung bringen, d.h. wir müssen den Betrag und die Phase der mit $S$ abgekürzten komplexen Zahl, die die Amplitude mit Phaseninformation wiedergibt, bestimmen:

1 P Betrag → $|S| = \sqrt{(\mathrm{Re}(S))^2+(\mathrm{Im}(S))^2} = \sqrt{(7.4346cm)^2+(9.2276cm)^2} \overset{TR}{\approx} 11.8950cm$

1 P Phase → $\varphi = \arg\left(\frac{\mathrm{Im}(S)}{\mathrm{Re}(S)}\right) \overset{TR}{\approx} \arg\left(\frac{9.2276cm}{7.4346cm}\right) \Rightarrow \varphi = \arctan\left(\frac{9.2276}{7.4346}\right) \overset{TR}{\approx} 51.1419^\circ$.

Folglich ist $y_1(t)+y_2(t) \overset{TR}{\approx} 11.8950cm\cdot e^{i\cdot 51.1419^\circ}\cdot e^{i\cdot 30Hz\cdot t}$.

Der Realteil der Summe ist dann zu interpretieren als Summenschwingung, die die Überlagerung der beiden Einzelschwingungen wiedergibt:

1 P

$$\mathrm{Re}\left(y_1(t)+y_2(t)\right) \overset{TR}{\approx} \underbrace{11.8950cm}_{\text{Amplitude}}\cdot\cos\left(30Hz\cdot t+\underbrace{51.1419^\circ}_{\text{Phase}}\right).$$

Die weiterhin gefragte graphische Darstellung der Überlagerung als Zeigerdiagramm in der Gauß'schen Zahlenebene zeigt Bild 2-12.

**Arbeitshinweis**

Im Übrigen eignet sich die Graphik gut zur Kontrolle der numerischen Berechnung im Sinne einer Konsistenzüberprüfung.

4 P

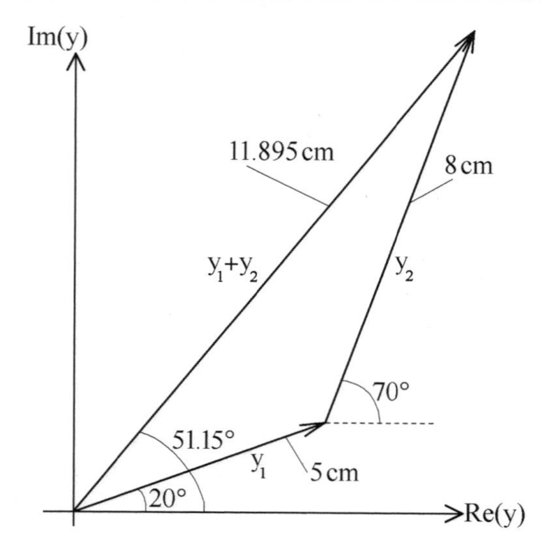


**Bild 2-12:** Überlagerung zweier Schwingungen, dargestellt als Zeiger in der Gauß'schen Zahlenebene. Der Zeitpunkt der Darstellung ist bei $t = 0$ gewählt.

## Aufgabe 2.14 Schwingung, Veränderung der Frequenz

| 15 Min. | | Punkte 9 P |
|---|---|---|

Ein Torsionspendel (siehe Bild 2-13) schwinge harmonisch (ungedämpft) mit einer Periodendauer $T_{erste} = 2\,sec$. Nun wird der Schwungscheibe eine zweite zusätzliche Schwungscheibe hinzugefügt mit einem Trägheitsmoment $J_2 = 4\,kg \cdot m^2$. Das neue System hat jetzt eine Eigenfrequenz der harmonischen Schwingung entsprechend einer Periodendauer von $T_{beide} = 3\,sec$. Berechnen Sie das Trägheitsmoment des ursprünglichen Pendels ohne die zweite Schwungscheibe.

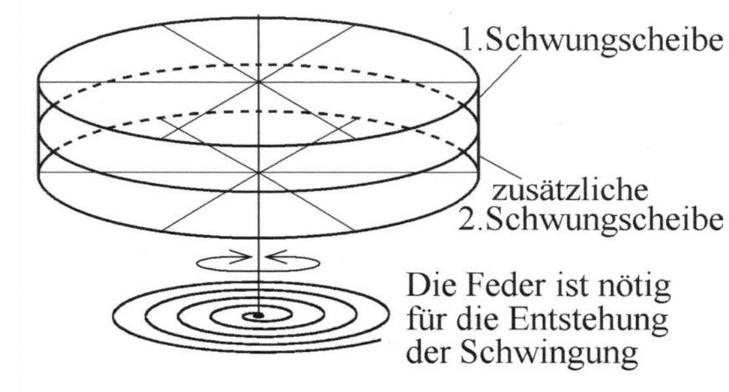


**Bild 2-13**
Torsionspendel aus einer bzw. aus zwei Schwungscheiben.

## Lösung zu 2.14

Lösungsstrategie:

Die zweite Schwungscheibe verändert die Eigenfrequenz der harmonischen Schwingung, da sich die schwingende Masse verändert, die Federkonstante aber bleibt. Zum Lösen der Aufgabe genügt eine Verhältnisgleichung der Eigenfrequenzen mit einer und mit zwei Schwungscheiben.

Lösungsweg, explizit:

Wenn $\omega$ die Eigenfrequenz der harmonischen Schwingung und $c$ die Federkonstante der Rotationsschwingung ist, so kennt man (aus Aufgabe 2.6) die Beziehung $\omega = \sqrt{\frac{c}{J}}$. Da sie für alle Torsionspendel gültig ist, können wir sie auf die Anordnung mit einer Schwungscheibe ebenso anwenden wie auf die Anordnung mit zwei Schwungscheiben.

Es gilt $\omega_1 = \sqrt{\frac{c}{J_1}}$ und ebenso auch $\omega_{1+2} = \sqrt{\frac{c}{J_{1+2}}}$. 1 P

(Index „1" beschreibt nur die Schwungscheibe Nr. 1. Index „1+2" beschreibt das Vorhandensein der Schwungscheiben Nr. 1 und 2 gleichzeitig.)

Da sich durch das Hinzufügen der zweiten Schwungscheibe die Federkonstante nicht verändert, verknüpfen wir die beiden Frequenzbeziehungen über die Federkonstanten miteinander:

2 P
$$\left.\begin{aligned} \omega_1 &= \sqrt{\frac{c}{J_1}} \quad \Leftrightarrow \quad c = \omega_1^2 \cdot J_1 \\ \omega_{1+2} &= \sqrt{\frac{c}{J_{1+2}}} \quad \Leftrightarrow \quad c = \omega_{1+2}^2 \cdot J_{1+2} \end{aligned}\right\} \Rightarrow \quad \omega_1^2 \cdot J_1 = \omega_{1+2}^2 \cdot J_{1+2} \quad \Rightarrow \quad J_1 = J_{1+2} \cdot \frac{\omega_{1+2}^2}{\omega_1^2} \quad (*)$$

Ordnet man die Indizes korrekt zu, so erhält man

1 P $\omega_1 = \frac{2\pi}{T_{erste}}$ und $\omega_{1+2} = \frac{2\pi}{T_{beide}}$, sowie $J_{1+2} = J_1 + J_2$ .

1 P Damit führt die Gleichung $(*)$ zu dem Ausdruck $J_1 = (J_1 + J_2) \cdot \frac{\left(\frac{2\pi}{T_{beide}}\right)^2}{\left(\frac{2\pi}{T_{erste}}\right)^2} = (J_1 + J_2) \cdot \frac{T_{erste}^2}{T_{beide}^2}$.

Wir lösen diese Gleichung nach $J_1$ auf und erhalten

$$J_1 = (J_1 + J_2) \cdot \frac{T_{erste}^2}{T_{beide}^2} = J_1 \cdot \frac{T_{erste}^2}{T_{beide}^2} + J_2 \cdot \frac{T_{erste}^2}{T_{beide}^2} \quad \Rightarrow \quad J_1 \cdot \left(1 - \frac{T_{erste}^2}{T_{beide}^2}\right) = J_2 \cdot \frac{T_{erste}^2}{T_{beide}^2}$$

3 P
$$\Rightarrow \quad J_1 = J_2 \cdot \frac{T_{erste}^2}{T_{beide}^2} \cdot \left(1 - \frac{T_{erste}^2}{T_{beide}^2}\right)^{-1} = J_2 \cdot \frac{T_{erste}^2}{T_{beide}^2} \cdot \left(\frac{T_{beide}^2 - T_{erste}^2}{T_{beide}^2}\right)^{-1} = J_2 \cdot \frac{T_{erste}^2}{T_{beide}^2 - T_{erste}^2} .$$

Setzen wir Werte ein, so erhalten wir

1 P
$$J_1 = 4kg \cdot m^2 \cdot \frac{(2\,\text{sec.})^2}{(3\,\text{sec.})^2 - (2\,\text{sec.})^2} = 4kg \cdot m^2 \cdot \frac{4}{9-4} = \frac{16}{5} kg \cdot m^2 = 3.2\ kg \cdot m^2 .$$

für das gesuchte Trägheitsmoment der ersten Scheibe.

## Aufgabe 2.15 Schubmodul bei der Torsionsschwingung

| 13 min | Schwierigkeit: 2 | Punkte 9 P |
|---|---|---|

Eine Möglichkeit zur messtechnischen Bestimmung des Schubmoduls ist die Anregung einer Torsionsschwingung entsprechend Bild 2-14. Berechnen Sie bitte den Schubmodul $G$ des dort beschriebenen Drahtes. Vernachlässigen Sie dabei die Reibung.

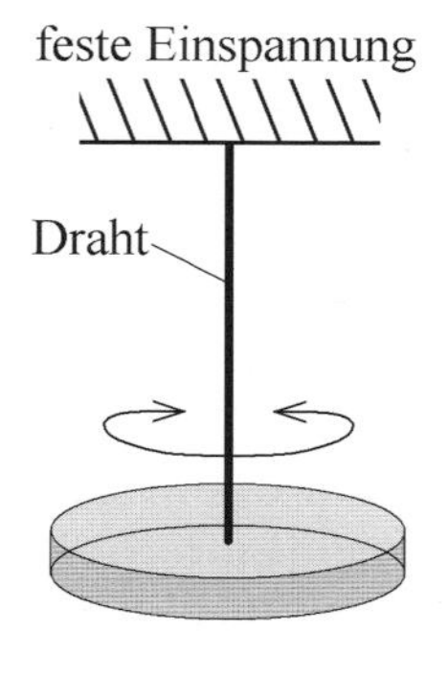


**Bild 2-14**
Messtechnischer Aufbau zur Bestimmung des Schubmoduls:
Ein Draht der Länge $l = 1.00\,m$ und des Durchmessers $2R = 0.6\,mm$ wird am oberen Ende fest eingespannt, am unteren Ende jedoch an einer massiven Drehscheibe mit der Masse $m = 200\,g$ und einem Durchmesser von $2r = 8\,cm$ befestigt.
Nun versetzt man die Drehscheibe durch einmalige Auslenkung und anschließendes Loslassen in Rotation und misst die Dauer zehn voller Schwingungsperioden mit $10\,T = 40\,\text{sec}$.
Aus diesen Vorgaben lässt sich der Schubmodul $G$ des Materials bestimmen, aus dem der Draht gefertigt ist.

## Lösung zu 2.15

Lösungsstrategie:

Die Lösung basiert auf zwei Aspekten, nämlich
(i.) auf einer Aussage der Elastizitätslehre zum Drehmoment des Drahtes und
(ii.) auf der Betrachtung der harmonischen Torsionsschwingung.

Lösungsweg, explizit:

(i.) Das Drehmoment des Drahtes bei Verdrillung um den Winkel $\varphi$ (zwischen oberem und unterem Ende) ist nach Formelsammlung $M = G \cdot \frac{\pi \cdot R^4}{2 \cdot l} \cdot \varphi$. $\quad (*1)$ 1 P

(ii.) Die Torsionsschwingung versteht man aus einem Gleichgewicht der Drehmomente. Aus der Massenträgheit resultiert das Drehmoment $M = J \cdot \ddot{\varphi}$, wo $J$ = Trägheitsmoment der Drehscheibe. Dieses Drehmoment hebt sich mit demjenigen nach $(*1)$ auf, die beiden addieren sich also zu Null:

$$G \cdot \frac{\pi \cdot R^4}{2 \cdot l} \cdot \varphi + J \cdot \ddot{\varphi} = 0 \quad \Rightarrow \quad \ddot{\varphi} = -G \cdot \frac{\pi \cdot R^4}{2 \cdot l \cdot J} \cdot \varphi . \qquad (*2)$$ 3 P

Diese Differentialgleichung der harmonischen Schwingung ist bekannt, ebenso die Lösung:

$$\varphi = \hat{\varphi} \cdot \cos(\omega t + \alpha) \quad \Rightarrow \quad \ddot{\varphi} = -\omega^2 \varphi . \qquad (*3)$$

Darin ist $\hat{\varphi}$ = Amplitude und $\alpha$ = Nullphasenwinkel. 1 P

Der übliche Weg zur Bestimmung der Eigenfrequenz der harmonischen Schwingung ist das Gleichsetzen der Koeffizienten in $(*2)$ und $(*3)$: $\omega^2 = G \cdot \frac{\pi \cdot R^4}{2 \cdot l \cdot J}$ 1 P

Wegen $\omega = \frac{2\pi}{T}$ folgt daraus $\left(\frac{2\pi}{T}\right)^2 = G \cdot \frac{\pi \cdot R^4}{2 \cdot l \cdot J} \Rightarrow G = \left(\frac{2\pi}{T}\right)^2 \cdot \frac{2 \cdot l \cdot J}{\pi \cdot R^4} = \frac{8\pi \cdot l \cdot J}{T^2 \cdot R^4}$. 1 P

Um die Werte der Aufgabenstellung einsetzen zu können, müssen wir noch das Trägheitsmoment der Drehscheibe berechnen. Für massive Zylinder ist dies nach Formelsammlung:

$$J = \frac{1}{2} m r^2 \quad \Rightarrow \quad \text{Schubmodul } G = \frac{8\pi \cdot l \cdot J}{T^2 \cdot R^4} = \frac{8\pi \cdot l \cdot \frac{1}{2} m r^2}{T^2 \cdot R^4} = \frac{4\pi \cdot l \cdot m \cdot r^2}{T^2 \cdot R^4} .$$ 1 P

Damit erhalten wir nun den gesuchten Schubmodul. Bei der Rechnung muss man aufpassen, dass man nicht Kleinbuchstaben und Großbuchstaben verwechselt:

$$G = \frac{4\pi \cdot l \cdot m \cdot r^2}{T^2 \cdot R^4} = \frac{4\pi \cdot 1.00\,m \cdot 0.2\,kg \cdot (0.04\,m)^2}{(4s)^2 \cdot \left(0.3 \cdot 10^{-3} m\right)^4} \overset{TR}{\approx} 3.1028 \cdot 10^{10} \frac{kg \cdot m^3}{s^2 \cdot m^4} = 3.1028 \cdot 10^{10} \frac{N}{m^2} = 31028 \frac{N}{mm^2} .$$ 1 P

## Aufgabe 2.16 Pendel zur Messung der Erdbeschleunigung

| 11 min | | Punkte 7 P |
|---|---|---|

Eine Pendeluhr wird so eingestellt, dass sie am Meeresstrand exakt läuft. Wir tragen die Uhr nun auf den benachbarten 4000 Meter hohen Berg.
(a.) Geht die Uhr dort oben vor oder nach? Geben Sie Ihre Antwort mit Begründung.
(b.) Um wie viele Sekunden pro Tag weicht die Uhr auf dem Berg von der exakten Zeit ab?
Hinweis: Benötigte Naturgrößen entnehmen Sie bitte Kapitel 11.0.
Näherung: Vernachlässigen Sie Effekte der allgemeinen Relativitätstheorie.

## ▾ Lösung zu 2.16

Lösungsstrategie:

Die Zeitanzeige einer Pendeluhr wird bestimmt durch die Eigenfrequenz des Fadenpendels. Die Zeitmessung basiert auf einer Zählung der Schwingungsperioden des Pendels. Bei dieser Periodendauer spielt die Erdbeschleunigung eine Rolle, die sich mit der Entfernung vom Erdmittelpunkt nach Newton's Gravitationsformel ändert.

Lösungsweg, explizit:

(a.) Die Uhr geht auf dem Berg nach, d.h. sie läuft dort langsamer als auf Meereshöhe.

Begründung: Die Eigenkreisfrequenz des Fadenpendels ist $\omega_0 = \sqrt{\frac{g}{l}}$. Da die Erdbeschleunigung mit zunehmendem Abstand vom Erdmittelpunkt kleiner wird, sinkt auch die Eigenfrequenz, wenn man die Uhr auf den Berg trägt. 1 P

(b.) Zur quantitativen Berechnung müssen wir die Erdbeschleunigung auf Meereshöhe und auf dem Berg quantitativ kennen. Die Unterscheidung führen wir anhand Newton's Gravitationsformel aus. Ein Körper der Masse $m_K$ wird von der Erde (Masse $m_E$) auf der Erdoberfläche mit der Kraft $F = \gamma \frac{m_E \cdot m_K}{r^2}$ angezogen, wo $\gamma$ die Gravitationskonstante ist und $r$ der Abstand zum Erdmittelpunkt. Durch Vergleich mit der linearen Näherung $F = m_K \cdot g$ erhalten wir $g = \gamma \frac{m_E}{r^2}$. 2 P

Somit ist auf Meereshöhe $g_M = \gamma \frac{m_E}{r_M^2}$, hingegen auf dem Berg $g_B = \gamma \frac{m_E}{r_B^2}$, wobei der Index „M" für die Meereshöhe und der Index „B" für den Berg steht.
Damit setzen wir die Eigenkreisfrequenzen des Fadenpendels in Relation:

$$\frac{\omega_B}{\omega_M} = \frac{\sqrt{\frac{g_B}{l}}}{\sqrt{\frac{g_M}{l}}} = \sqrt{\frac{g_B}{g_M}} = \sqrt{\frac{\gamma \frac{m_E}{r_B^2}}{\gamma \frac{m_E}{r_M^2}}} = \sqrt{\frac{r_M^2}{r_B^2}} = \frac{r_M}{r_B} = \frac{6371\,km}{(6371+4)\,km} \overset{TR}{\approx} 0.99937255 \,.$$ 3 P

Wie wir sehen, ist die Eigenkreisfrequenz erwartungsgemäß auf dem Berg niedriger als auf Meereshöhe.

Wie viele Sekunden pro Tag geht nun die für Meereshöhe eingestellt Uhr auf dem Berg nach? Dazu multiplizieren wir die Dauer eines Tages $T$ mit $1-\frac{\omega_B}{\omega_M}$, um die Abweichung von der richtigen Zeit zu bekommen und erhalten:

$$\left(1-\frac{\omega_B}{\omega_M}\right)\cdot T = \left(1-\frac{6371\,km}{(6371+4)\,km}\right)\cdot(24\cdot 3600\,\text{sec.}) = \left(\frac{6375\,km}{6375\,km}-\frac{6371\,km}{6375\,km}\right)\cdot(24\cdot 3600\,\text{sec.})$$

$$= \frac{4\,km}{6375\,km}\cdot 86400\,\text{sec.} \overset{TR}{\approx} 54.2\,\text{sec.}$$ 1 P

Das ergibt fast eine ganze Minute pro Tag – eine Abweichung die man heutzutage durchaus bemerken wird.

## Aufg.2.17 Schwingungen mit unterschiedlichen Frequenzanteilen

| 6 Min. | | Punkte 5 P |
|---|---|---|

Thema: Überlagerung von Schwingungen

(a.) Worum handelt es sich bei Schwebungen?

Erklären Sie außerdem auch den Unterschied zwischen reinen und unreinen Schwebungen.

(b.) Amplitudenmodulierte Rundfunksignale (wie sie z.B. bei Mittel- und Langwellenübertragung) benutzt werden, bestehen ebenfalls aus einer Überlagerung von Schwingungen. Wodurch unterscheiden sie sich von Schwebungen?

## Lösung zu 2.17

Lösung:

(a.) Schwebungen sind Überlagerung zweier Schwingungen, d.h. das Fourierspektrum einer Schwebung enthält genau zwei Linien. Dabei sind die Frequenzen der beiden einzelnen Schwingungen sehr nahe beieinander. (Siehe Bild 2-15.) 1 P

Bei der reinen Schwebung sind die Amplituden $A$ der beiden beteiligten Komponenten gleich groß, bei der unreinen Schwebung hingegen sind diese beiden Komponenten unterschiedlich groß. 1 P

(b.) Amplitudenmodulierte Rundfunksignale hingegen enthalten drei Komponenten, von denen die Trägerfrequenz eine größere Amplitude hat als die beiden seitlichen Komponenten.

Bild 2-15 zeigt die Fourierspektren der Schwebung und des amplitudenmodulierten Rundfunksignals. 1 P

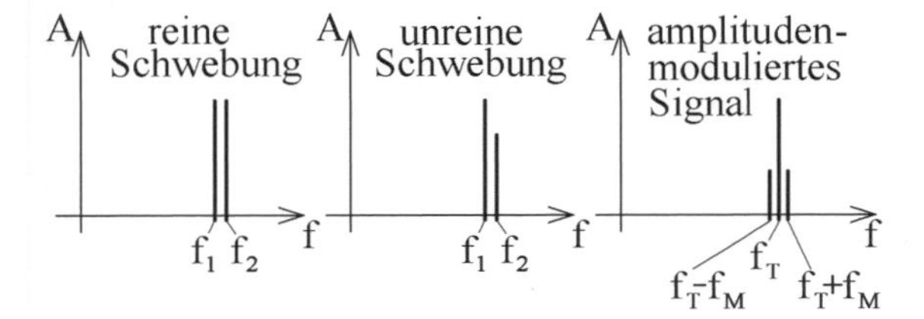


**Bild 2-15**
Fourierspektren von Schwebungen mit den beiden Frequenzen $f_1$ und $f_2$.
Zum Vergleich wird das Spektrum eines amplitudenmodulierten Rundfunksignals gezeigt, bei dem $f_T$ die Trägerfrequenz und $f_M$ die Modulationsfrequenz ist. 2 P

## Aufgabe 2.18 Schwebung

| | | |
|---|---|---|
| (a.) 7 Min. | Punkte | (a.) 4 P |
| (b.) 2 Min. | | (b.) 2 P |

Vor Konzerten stimmen Musiker ihre Instrumente aufeinander ab. Zu diesem Zweck spielen sie gleichzeitig dieselbe Note und hören das Lauter- und Leiser-werden des dabei entstehenden Klanges. Die Variation der Lautstärke beruht auf Schwebungen.

Betrachten wir nun zwei aufeinander abzustimmende Instrumente, also die Schwebung zwischen zwei Tönen:

(a.) Nehmen wir an, der Abstand zweier Momente maximaler Lautstärke sei 2 Sekunden. Wie groß ist dann die Differenz der Frequenzen der beiden gespielten Töne?

(b.) In welcher Weise muss sich das Lauter- und Leiser-werden verändern, wenn sich die Frequenzen der beiden Instrumente einander annähern?

## Lösung zu 2.18

Lösungsstrategie:

Grundlage ist die Berechnung der sog. Schwebungsfrequenz der Amplitudenveränderung.

Lösungsweg, explizit:

(a.) Für die Schwebungsfrequenz ist es unerheblich, ob die Schwebung rein oder unrein ist. Betrachten wir also der Einfachheit halber exemplarisch die reine Schwebung.

Werden die beiden Schwingungen $y_1 = A \cdot \cos(\omega_1 t)$ und $y_2 = A \cdot \cos(\omega_2 t)$ mit gleichen Amplituden $A$ überlagert, so ist die Summenschwingung (laut Formelsammlung)

$y_{1+2} = 2A \cdot \cos(\omega_S t) \cdot \sin(\omega_m t)$. Darin ist $\omega_S = \frac{\omega_1 - \omega_2}{2}$ die Schwebungskreisfrequenz und

1 P $\omega_m = \frac{\omega_1 + \omega_2}{2}$ die Mittenkreisfrequenz.

Die Schwebungsdauer $T_S$ als der Abstand zweier aufeinander folgender Lautstärkemaxima ist dabei bestimmt durch die Zeitspanne, in der der $\cos(\omega_S t)$ vom Minimum ($=-1$) zum Maximum ($=+1$) wechselt (oder ebenso gut umgekehrt vom Maximum zum Minimum). Dies ist eine halbe Periodendauer des $\cos(\omega_S t)$.

1 P Damit ist $T_S = \underbrace{\frac{1}{2} \cdot \frac{2\pi}{\omega_S}}_{(*)} = \frac{1}{2} \cdot \frac{2\pi}{\frac{\omega_1 - \omega_2}{2}} = \frac{1}{2} \cdot \frac{4\pi}{\omega_1 - \omega_2} = \frac{2\pi}{\omega_1 - \omega_2}$.

1 P Wegen $\omega = 2\pi f$ ist dann $T_S = \frac{2\pi}{\omega_1 - \omega_2} = \frac{1}{f_1 - f_2}$.

Beträgt nach Aufgabenstellung die Schwebungsdauer 2 Sekunden, so berechnen wir für die Differenz der Frequenzen der beiden Einzelschwingungen:

1 P $T_S = \frac{1}{f_1 - f_2} \Rightarrow f_1 - f_2 = \frac{1}{T_S} = \frac{1}{2\,\text{sec.}} = 0.5\,Hz$.

**Stolperfalle**

Ein häufig beobachteter Fehler ist die Verwechslung der Schwebungsdauer mit der vollen Periodendauer des $\cos(\omega_S t)$, der die Einhüllende der Schwebung beschreibt. Diese Verwechslung führt dazu, dass die Differenzfrequenz um einen Faktor 2 zu klein, bzw. die Schwebungsdauer um einen Faktor 2 zu groß angegeben wird. Dieser Fehler äußert sich darin, dass an der Stelle (*) der Faktor $\frac{1}{2}$ vergessen wird.

(b.) Je genauer die Instrumente aufeinander abgestimmt sind, umso kleiner wird die Differenz der Frequenzen und damit auch $\omega_S = \frac{\omega_1 - \omega_2}{2}$ und umso größer wird $T_S = \frac{1}{f_1 - f_2}$. Der zeitliche Abstand zwischen aufeinander folgenden Lautstärkemaxima wird mit besserer Abstimmung immer größer, bis man schließlich keine Schwebung mehr wahrnimmt. 2 P

## Aufgabe 2.19 Lissajous-Figuren

| | | | |
|---|---|---|---|
| vorab<br>(a.) 5 Min.<br>(b., c.) je 2 Min.<br>(d., e.) je 3 Min.<br>(f.) 4 Min. | Mit Plotter | Ohne Plotter | Punkte vorab 3 P<br>(a.) 1 P<br>(b., c.) 2 P<br>(d., e.) 3 P<br>(f.) 4 P |

Betrachten Sie ein Pendel, welches sowohl in x-Richtung als auch in y-Richtung ausgelenkt werden kann, in beide Richtungen aber mit unterschiedlichen Frequenzen schwingen kann. Zur anschaulichen Vorstellung eines solchen Pendels diene Bild 2-16. Die Schwingungsfrequenz in x-Richtung folgt der Fadenlänge $s_1$, die Schwingungsfrequenz in y-Richtung hingegen der Fadenlänge $s_2$.

Zeichnen Sie die Lissajous-Figuren, wie sie entstehen, wenn

(a.) $s_1 = s_2$ ist und die Schwingungen in x- und y-Richtung phasengleich laufen.

(b.) $s_1 = s_2$ ist und die Schwingung in y-Richtung gegenüber der Schwingung in x-Richtung um $\frac{\pi}{4}$ vorauseilt.

(c.) $s_1 = s_2$ ist und die Schwingungen in x- und y- Richtung um $\frac{\pi}{2}$ gegeneinander phasenverschoben sind.

(d.) $s_1 = \frac{1}{4} \cdot s_2$ ist und die Schwingung in x-Richtung gegenüber der Schwingung in y-Richtung um eine Phasenverschiebung von $\frac{\pi}{2}$ vorauseilt.

(e.) $s_1 = \frac{1}{4} \cdot s_2$ ist und die Schwingung in x-Richtung gegenüber der Schwingung in y-Richtung um eine Phasenverschiebung von $\frac{\pi}{4}$ nacheilt.

(f.) $s_1 = \frac{4}{9} \cdot s_2$ ist und die Schwingung in y-Richtung gegenüber der Schwingung in x-Richtung um eine Phasenverschiebung von $\frac{\pi}{2}$ vorauseilt.

Für Ihre Lissajous-Figuren setzen Sie gleiche Amplituden in x- und in y-Richtung voraus.

Richtung. Läuft also der Schreibstift auf dem Papier in y-Richtung von einer Seite zur anderen, so muss er in dieser Zeit in x-Richtung bereits hin- und zurückgelaufen sein.

Anhand der Phasenlagen lokalisiert man die Maxima der Auslenkung:

Eilt die Schwingung in x-Richtung um $\frac{\pi}{2}$ voraus, so stellen wir $x(t) = A \cdot \cos\left(2\omega t + \frac{\pi}{2}\right)$ dar, aber $y(t) = A \cdot \cos(\omega t)$. Dadurch ergibt sich das Bild zu Aufgabenteil (d.). 3 P

Für $\varphi = -\frac{\pi}{4} = -45°$ hingegen erhalten wir mit $x(t) = A \cdot \cos\left(2\omega t - \frac{\pi}{4}\right)$ und $y(t) = A \cdot \cos(\omega t)$ den Plot zu Teil (e.). 3 P

(f.) Ein Längenverhältnis von $\frac{s_2}{s_1} = \frac{9}{4}$ führt zu einem Frequenzverhältnis $\frac{f_1}{f_2} = \sqrt{\frac{9}{4}} = \frac{3}{2}$.

Die Frequenzen $f_1 : f_2$ stehen also zueinander im Verhältnis 3:2. Vollführt die Schwingung in x-Richtung zwei Perioden, so vollführt sie in y-Richtung bereits drei Perioden. Dargestellt in Plot (f.) ist $x(t) = A \cdot \cos\left(3\omega t + \frac{\pi}{2}\right)$ und $y(t) = A \cdot \cos(2\omega t)$.

Anmerkung zur Kontrolle der Lösungen: In welcher Weise sich Plot (f.) verändert, wenn man die Phasenverschiebung nicht bei $x(t)$ sondern bei $y(t)$ einträgt, mag man am nachfolgenden zweiten Teil von Bild 2-17 erkennen, in dem $x(t) = A \cdot \cos(3\omega t)$ und $y(t) = A \cdot \cos\left(2\omega t - \frac{\pi}{2}\right)$ als Alternativlösung zu Aufgabenteil (f.) dargestellt ist. 4 P

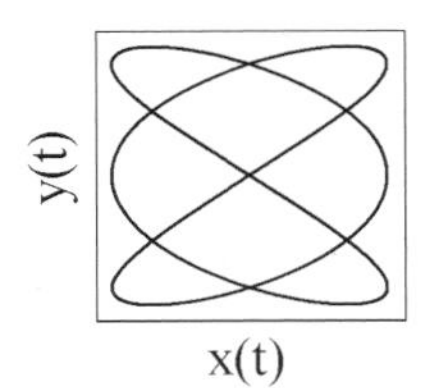


**Bild 2-17 b**
Darstellung einer Lissajous-Figur als Alternativlösung zu Aufgabenteil (f.).

## Aufgabe 2.20 Eindimensionale Welle, Wellenfunktion

|  | (a.) 2 Min.<br>(b.) 3 Min. |  | Punkte | (a.) 1 P<br>(b.) 2 P |
|---|---|---|---|---|

1P

Betrachten wir eine eindimensionale Welle mit der Wellenfunktion

$$s(x,t) = 3\,cm \cdot \cos\left(4\,Hz \cdot t - 12\,cm^{-1} \cdot x + 30°\right)$$

(a.) Wie groß ist die Auslenkung am Ort $x = 5\,cm$ zur Zeit $t = 5\,\text{sec.}$?

(b.) Wie groß ist die Ausbreitungsgeschwindigkeit dieser Welle?

## ▾ Lösung zu 2.20

Lösungsstrategie:

(a.) Man braucht nur die gegebenen Werte einsetzen.

(b.) Die Ausbreitungsgeschwindigkeit ergibt sich aus der Wellenzahl und der Kreisfrequenz.

Lösungsweg, explizit:

(a.) Einsetzen der Werte liefert:

$$s(x=5cm, t=5s) = 3cm \cdot \cos\left(4s^{-1} \cdot 5s - 12cm^{-1} \cdot 5cm + 30° \cdot \frac{\pi}{180°}\right) \overset{TR}{\approx} = -0.6151cm$$ 1 P

**Stolperfalle**

Ohne besondere Angabe ist das Argument von Winkelfunktionen **immer** in Radianten zu verstehen. (Moderner Ausdruck: Default value für das Argument ist Radiant.) Man könnte z.B. angeben $\sin(0.5rad)$, aber das Weglassen der Kennzeichnung bedeutet dasselbe: $\sin(0.5rad) = \sin(0.5)$

Im Übrigen gilt: Wenn man das „rad" einfach weglassen kann, dann wird es im Sinne der physikalischen Einheiten wie eine „1" verstanden, d.h. „rad" ist keine Einheit.

Eine mögliche besondere Angabe am Argument ist das Grad-Zeichen „ ° ". Man versteht es wie eine Abkürzung, und zwar mit der Definition $° := \frac{\pi\ rad}{180} = \frac{\pi}{180}$. Setzt man diese Definition ein, so sind z.B. $30° := \frac{30 \cdot \pi\ rad}{180} = \frac{30 \cdot \pi}{180}$, wobei man auch die Brüche mit „ ° " erweitern könnte, um dann $30° := \frac{30° \cdot \pi\ rad}{180°} = \frac{30° \cdot \pi}{180°} = \frac{\pi}{6}$ zu schreiben. Beim letzten Bruch ist schließlich das „ ° " wieder herausgekürzt.

Im Lösungsweg der Aufgabe sind im Argument des Cosinus einige Summanden ohne Gradsymbol geschrieben, also in Radianten zu verstehen. Diejenigen Summanden mit Gradsymbol hingegen sind vor dem Bilden der Summe in Radianten umzurechnen, damit lauter gleichartige Größen summiert werden.

**Warum macht man so viele Worte um so ein winziges Gradsymbol?**
**Weil Studierende es unverhältnismäßig oft verschlampen. Das passiert alleine schon beim Einstellen des Taschenrechners,** wo man meist zwischen „RAD", „GRAD" und „DEG" wählen kann. Dabei steht „RAD" für Radianten und „DEG" für das Gradsymbol. Das „GRAD" hingegen, das den Vollkreis in 400 gleiche Teile einteilt, wird selten verwendet.

(b.) Die allgemeine Form der Wellenfunktion ist $s(x,t) = \hat{S} \cdot \cos(\omega \cdot t - k \cdot x + \varphi_0)$

Wir erkennen in $s(x,t) = 3cm \cdot \cos\left(4Hz \cdot t - 12cm^{-1} \cdot x + 30°\right)$ die Werte:

Kreisfrequenz $\omega = 4s^{-1}$ und Wellenzahl $k = 12cm^{-1}$. 1 P

Die Ausbreitungsgeschwindigkeit dieser Welle ist somit $c = \frac{\omega}{k} = \frac{4s^{-1}}{12cm^{-1}} = \frac{1}{3}\frac{cm}{s}$. 1 P

Der Nullphasenwinkel $\varphi_0$ hat keinen Einfluss auf die Ausbreitungsgeschwindigkeit.

## Aufgabe 2.21 Longitudinalwellen und Transversalwellen

| | | |
|---|---|---|
| 3 Min. | | Punkte 2 P |

Es gibt Longitudinalwellen und Transversalwellen. Nur eine der beiden Arten kann polarisiert werden. Welche der Beiden ist dies. Begründen Sie ihre Antwort.

## Lösung zu 2.21

Lösungsweg, explizit:

Nur Transversalwellen können polarisiert werden, Longitudinalwellen nicht.

Begründung:

Bei Transversalwellen steht die Ausbreitungsrichtung senkrecht zur Schwingungsrichtung der einzelnen Oszillatoren. Ein Polarisator kann also die Ebene der Schwingungsrichtung filtern. Ebendies bedeutet Polarisation. 1 P

Bei Longitudinalwellen liegt die Ausbreitungsrichtung genau in Schwingungsrichtung der einzelnen Oszillatoren. Würde man hier die Schwingung unterbinden, so wäre dadurch auch die Ausbreitung unterbunden. 1 P

## Aufgabe 2.22 Polarisation elektromagnetischer Wellen

| | | | |
|---|---|---|---|
| (0°, 90°) je 1 Min.<br>(45°) 4 Min. | | Punkte | (0°, 90°) je 1 P<br>(45°) 2 P |

Eine linear polarisierte elektromagnetische Welle laufe durch einen Polarisationsfilter.

Frage: Um welchen Faktor werden Feldstärke und Intensität geschwächt, wenn die Polarisationsebene der Welle zur Durchlassrichtung des Filters im Winkel von 0° / 45° / 90° steht?

## Lösung zu 2.22

Lösungsstrategie:

Man kann die Feldstärke des elektrischen Feldes der in den Filter einlaufenden Welle in zwei Komponenten zerlegen, von denen eine den Filter ungehindert passiert und die andere vollständig absorbiert wird. Übrigens ist die Intensität proportional zum Quadrat der Feldstärke.

Lösungsweg, explizit:

(a.) Winkel von 45°:

Zur Demonstration betrachte man Bild 2-18, bei dem der Winkel zwischen den Polarisationsebenen des Filters und der Welle 45° beträgt. $\vec{E}$ wird in die beiden Komponenten $\vec{E}_{\perp}$ und $\vec{E}_{\|}$ zerlegt. Die Komponente $\vec{E}_{\perp}$ wird im Filter absorbiert, die Komponente $\vec{E}_{\|}$ geht hindurch. 1 P

Nach Pythagoras ist klar, dass $\left|\vec{E}\right|^2 = \vec{E}_{\parallel}^2 + \vec{E}_{\perp}^2$ sein muss. Da weiterhin dem Betrage nach $E_{\parallel} = E_{\perp}$ ist, ergibt sich $\left|\vec{E}\right|^2 = 2 \cdot E_{\parallel}^2 \Rightarrow E_{\parallel} = \sqrt{\frac{1}{2}} \cdot \left|\vec{E}\right|$. Damit ist die Abschwächung der Feldstärke beantwortet: Sie wird um den Faktor $\sqrt{\frac{1}{2}}$ gemindert. 1 P

Hinweis zur Notation: Das Weglassen von Vektorpfeilen bedeutet eine Betragsbildung.

Bekanntlich ist die Intensität proportional zum Quadrat der Feldstärke. Die Intensität wird bei dieser Konstellation also halbiert.

(b.) Winkel von 0°:

Für diesen Winkel steht $\vec{E}$ parallel zur Durchlassebene des Filters, sodass die gesamte Feldstärke ungehindert passieren kann. Sowohl Feldstärke als auch Intensität bleiben erhalten. 1 P

(c.) Winkel von 90°:

Dabei steht $\vec{E}$ senkrecht zur Durchlassebene des Filters, sodass die Komponente $E_{\parallel} = 0$ ist. Damit ist $\vec{E} = \vec{E}_{\perp}$. Die Welle wird also vollständig absorbiert. Hinter dem Filter sind Feldstärke und Intensität Null. 1 P

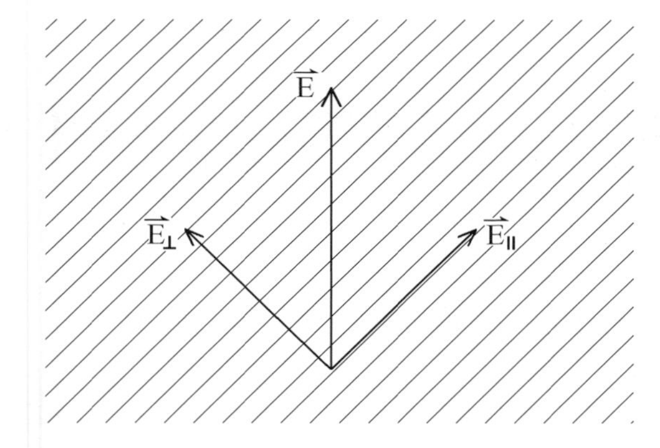


**Bild 2-18**
Komponentenzerlegung einer linear polarisierten Welle beim Einfall auf einen Polarisationsfilter.
Die dünnen Linien zeigen die Polarisationsebene des Filters. Der Vektor der elektrischen Feldstärke $\vec{E}$ wird zerlegt in eine Komponente parallel zu dieser Polarisationsebene $\vec{E}_{\parallel}$ und eine Komponente $\vec{E}_{\perp}$ senkrecht zu ihr.

## Aufgabe 2.23 Ausbreitungsgeschwindigkeit einer Welle

| 5 Min. | Schwierigkeit: 2 | Punkte 3 P |
|---|---|---|

Zwei Kinder spannen ein Gummiseil zwischen zwei Fenstern im Abstand von 100 Metern auf, damit sie sich durch Zupfen am Seil gegenseitig Nachrichten übermitteln können. Das Seil wiegt 200 Gramm und werde mit einer Kraft von 50 N gespannt.

Wie schnell laufen die durch das Zupfen erzeugten Transversalwellen über das Seil?

Durch welche Maßnahme könnten die Kinder Ausbreitungsgeschwindigkeit der Wellen bequem erhöhen?

## Lösung zu 2.23

Lösungsstrategie:

Die Ausbreitungsgeschwindigkeit von Wellen in Medien hängt von den Rückstellkräften der oszillierenden Volumenelemente und deren Massen ab. Zusammenhänge findet man in Formelsammlungen.

Lösungsweg, explizit:

Die Ausbreitungsgeschwindigkeit von Transversalwellen auf einem Seil ist lt. Formelsammlung $c=\sqrt{\frac{\sigma}{\rho}}$ mit $\sigma=\frac{F}{A}=$ Materialspannung ( $F=$ Zugkraft, $A=$ Querschnittsfläche) — 1 P

und $\rho=\frac{m}{V}=$ Dichte des Mediums ( $m=$ Masse, $V=$ Volumen, $l=$ Länge). — 1 P

Wir formen derart, dass nur die in der Aufgabenstellung gegebenen Größen auftauchen:

$$c=\sqrt{\frac{\sigma}{\rho}}=\sqrt{\frac{F/A}{m/V}}=\sqrt{\frac{F/A}{m/A\cdot l}}=\sqrt{\frac{F\cdot l}{m}}=\sqrt{\frac{50N\cdot 100m}{0.200kg}}\overset{TR}{\approx}158\cdot\sqrt{\frac{kg\cdot\frac{m}{s^2}\cdot m}{kg}}=158\frac{m}{s}\overset{TR}{\approx}569\frac{km}{h}.$$ — 1 P

Dies ist die Ausbreitungsgeschwindigkeit der Wellen auf dem Seil. Besonders bequem steigern ließe sich diese Geschwindigkeit, indem man das Seil straffer spannt.

## Aufgabe 2.24 Stehende Wellen

| | | | Punkte | |
|---|---|---|---|---|
| (Uhr) | (a.) 9 Min. | | | (a.) 5 P |
| | (b.) 3 Min. | | | (b.) 2 P |
| | (c.) 7 Min. | | | (c.) 4 P |

(a.) Berechnen Sie die Grundfrequenz einer Gitarrensaite. Als numerisches Bsp. sei gegeben: Saitenlänge $l=80cm$ ; Spannkraft $F=300N$ ; Masse der Saite $m=7\,Gramm$

Weitere Fragen:

(b.) Wenn der Gitarrist sein Instrument stimmt, verändert er die Frequenz der Töne. Was wird er typischerweise tun, um den unter (a.) berechneten Ton auf 120 Hz zu verschieben? Die Antwort geben Sie bitte nicht nur qualitativ, sondern auch quantitativ an.

(c.) Geben Sie außerdem an, mit welchen Frequenzen die Obertöne in (a.) (erster, zweiter und dritter Oberton) schwingen und in welchen Abständen die Schwingungsknoten liegen.

## Lösung zu 2.24

Lösungsstrategie:

(a. und c.) Man erinnere sich an Aufgabe 2.23, nehme aber noch die Stehwellenbedingung der ersten Grundfrequenz (bzw. der Obertöne) hinzu, um die Wellenlänge zu bestimmen.

(b.) Üblicherweise wird beim Stimmen einer Gitarre die Spannkraft der Saite verändert.

Lösungsweg, explizit:

(a.) Wir berechnen zuerst die Grundschwingung.

1. Schritt → Aus Aufgabe 2.23 wissen wir $c=\sqrt{\frac{F\cdot l}{m}}$. $(*1)$ 2 P

2. Schritt → Die Stehwellenbedingung setzt die Kenntnis der Reflexion der Wellen an den Saitenenden voraus. Wegen der festen Einspannung der Saite haben wir an beiden Enden sog. „Reflexionen am festen Ende" (und nicht am losen Ende), sodass sich eine Stehwelle gemäß Bild 2-19 ausbildet. Es entsteht ein Schwingungsbauch in der Mitte und an jedem Ende ein Knoten, sodass die Saitenlänge $l$ der halben Wellenlänge gleich ist: $l=\frac{\lambda}{2}$. $(*2)$ 1 P

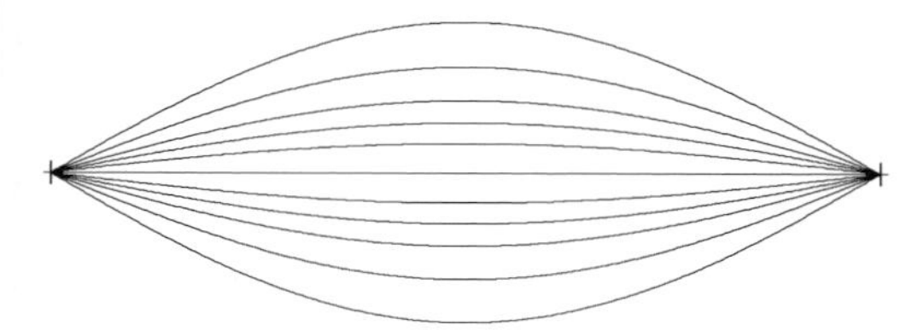

**Bild 2-19**
Stehwelle im Grundmodus bei beiderseitiger Reflexion am festen Ende. Dargestellt sind verschiedene Momentaufnahmen zu verschiedenen Zeitpunkten, die aus Platzgründen alle in ein Diagramm gemalt wurden.

3. Schritt → Zur Berechnung der Frequenz $f$ brauchen wir noch $c=\lambda\cdot f$. $(*3)$

4. Schritt → Wir setzen nun die drei Gleichungen $(*1),(*2)$ und $(*3)$ ineinander ein:

$$(*3)\quad\Rightarrow\quad f=\frac{c}{\lambda}=\underbrace{\sqrt{\frac{F\cdot l}{m\cdot\lambda^2}}}_{\text{nach }(*1)}=\underbrace{\sqrt{\frac{F\cdot l}{m\cdot(2\cdot l)^2}}}_{\text{nach }(*2)}=\sqrt{\frac{F}{4ml}}\,. \qquad (*4)$$ 1 P

Mit den Werten der Aufgabenstellung erhalten wir die Grundfrequenz unserer Gitarrensaite:

$$f=\sqrt{\frac{F}{4ml}}=\sqrt{\frac{300\,N}{4\cdot 7\cdot 10^{-3}kg\cdot 0.80\,m}}\overset{TR}{\approx}115.7\sqrt{\frac{kg\cdot\frac{m}{s^2}}{kg\cdot m}}=115.7\,Hz\;.$$ 1 P

(b.) Beim Stimmen des Instruments wird üblicherweise die Saitenspannung justiert. Will man die Frequenz erhöhen, so muss man die Spannkraft erhöhen, wie sich unschwer in $(*4)$ erkennen lässt. Wir lösen $(*4)$ nach der Zugkraft $F$ auf und setzen $f=120\,Hz$ ein:

$$(*4):\; f=\sqrt{\frac{F}{4ml}}\quad\Rightarrow\quad f^2\cdot 4ml=F\quad\Rightarrow\quad F=\left(120\,s^{-1}\right)^2\cdot 4\cdot 7\cdot 10^{-3}kg\cdot 0.80\,m=322.56\,N\,.$$ 2 P

Der Gitarrist wird also die Saite ein wenig stärker spannen, sodass sich die Spannkraft auf 322.56 N erhöht. Zu diesem Zweck hat die Gitarre Stellschrauben.

(c.) Bei zwei festen Enden (des schwingenden Mediums) liegen die Oberfrequenzen bei natürlichzahligen Vielfachen der Grundfrequenz:

$f_n=n\cdot 115.7\,Hz$ : Grundfrequenz = erste Harmonische → $n=1 \Rightarrow f=115.7\,Hz$
Erste Oberfrequenz = zweite Harmonische → $n=2 \Rightarrow f=231.4\,Hz$
Zweite Oberfrequenz = dritte Harmonische → $n=3 \Rightarrow f=347.1\,Hz$
Dritte Oberfrequenz = vierte Harmonische → $n=4 \Rightarrow f=462.8\,Hz$ 2 P

Dazu passend sind die Abstände der Knoten jeweils um den Faktor $n$ reduziert. Die Zustände sind in Bild 2-20 illustriert.

Anmerkung zur Sprechweise: $n$ zählt die Harmonischen, $(n-1)$ die Oberfrequenzen.

Die Abstände der Schwingungsknoten berechnen wir damit wie folgt: Nach Bild 2-20 wird $(*2)$ erweitert zu $\frac{\lambda}{2}=\frac{l}{n}$.

$\Rightarrow$ Grundschwingung → $n=1$ $\Rightarrow$ Knotenabstand $=\frac{\lambda}{2}=l=80\,cm$

1. Oberschwingung → $n=2$ $\Rightarrow$ Knotenabstand $=\frac{\lambda}{2}=\frac{l}{2}=40\,cm$

2. Oberschwingung → $n=3$ $\Rightarrow$ Knotenabstand $=\frac{\lambda}{2}=\frac{l}{3}\overset{TR}{\approx}26.7\,cm$

2 P 3. Oberschwingung → $n=4$ $\Rightarrow$ Knotenabstand $=\frac{\lambda}{2}=\frac{l}{4}=20\,cm$

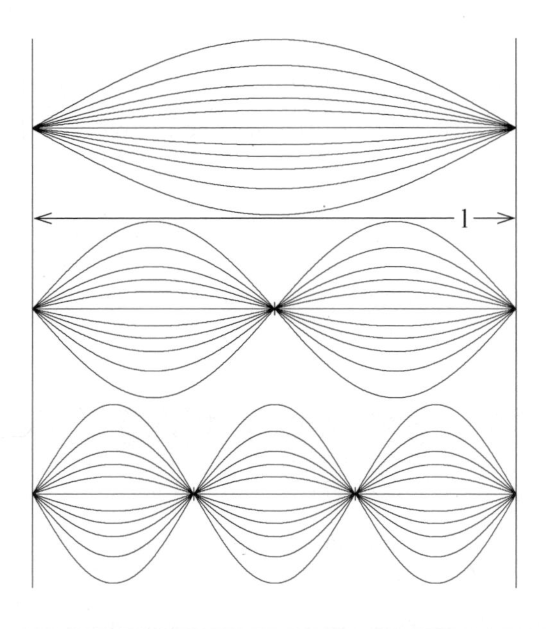


**Bild 2-20**
Darstellung der Grundschwingung und der ersten und der zweiten Oberwellen.

## Aufgabe 2.25 Schallgeschwindigkeit in Flüssigkeiten

| | 5 Min. | | Punkte 3 P |
|---|---|---|---|

Eine Möglichkeit zur Bestimmung des Kompressionsmoduls von Flüssigkeiten verläuft über die Messung der Ausbreitungsgeschwindigkeit von Schallwellen in ebendiesen Flüssigkeiten. Die Schallgeschwindigkeit in Wasser beträgt $c_{SW}=1440\frac{m}{s}$ (für Longitudinalwellen in Süßwasser). Berechnen Sie dessen Kompressionsmodul.

## Lösung zu 2.25

Lösungsstrategie:

Die Grundlage ist im Prinzip dieselbe wie bei Aufgabe 2.23, nur das Medium ist ein anderes. Die erhöhte Dimensionalität ändert nichts am Prinzip der Berechnung der Ausbreitungsgeschwindigkeit.

Lösungsweg, explizit:

Die Ausbreitungsgeschwindigkeit von Longitudinalwellen in Flüssigkeiten ist laut Formelsammlung $c=\sqrt{\frac{K}{\rho}}$, wo $K$ der Kompressionsmodul und $\rho = 1\frac{kg}{Liter}$ die Dichte ist. 1 P

$$\Rightarrow \quad c^2=\frac{K}{\rho} \quad \Rightarrow \quad K=c^2\cdot\rho=\left(1440\frac{m}{s}\right)^2\cdot 1000\frac{kg}{m^3}=2.07\cdot 10^9\frac{m^2\cdot kg}{s^2\cdot m^3}=2.07\cdot 10^9\frac{N}{m^2}$$ 2 P

Die Werte können je nach Temperatur und Druck des Wassers spürbar variieren.

## Aufgabe 2.26 Intensität elektromagnetischer Wellen

(a., b., c.) je 2 Min. Punkte (a.) je 1 P

Ein Handy sendet elektromagnetische Wellen aus. Nehmen wir an, die Sendeleistung betrage 1 Watt. Wie groß ist die Intensität dann im Abstand von

(a.) 5 Zentimetern (b.) 1 Meter (c.) 2 Kilometern ?

Setzen Sie bei Ihren Berechnungen eine räumlich isotrope Abstrahlcharakteristik voraus.

## Lösung zu 2.26

Lösungsstrategie:

Die Intensität $I$ ist definiert als Leistung pro Fläche. Die Leistung $P$ ist in der Aufgabenstellung gegeben, die Fläche $A$ berechnen wir als Oberfläche einer Kugel mit Abstand zum Sender als Radius. Letzteres ist sinnvoll wegen der Isotropie der Abstrahlcharakteristik.

Lösungsweg, explizit:

Mit der Kugeloberfläche $A=4\pi R^2$ wird die Intensität zu $I=\frac{P}{A}=\frac{P}{4\pi R^2}$.

In diese Formel setzen wir die Werte der einzelnen Aufgabenteile ein:

(a.) $I=\frac{P}{4\pi R^2}=\frac{1\,Watt}{4\pi\cdot(0.05m)^2}\overset{TR}{\approx}31.8\frac{W}{m^2}$ (wenn man das Handy an den Kopf hält) 1 P

1 P (b.) $I=\frac{P}{4\pi R^2}=\frac{1\,Watt}{4\pi\cdot(1m)^2}\overset{TR}{\approx}0.0796\frac{W}{m^2}$ (beim Benutzen einer Freisprecheinrichtung)

1 P (c.) $I=\frac{P}{4\pi R^2}=\frac{1\,Watt}{4\pi\cdot(2000m)^2}\overset{TR}{\approx}1.99\cdot10^{-8}\frac{W}{m^2}$ (das sieht z.B. eine Handy-Empfangsstation).

Man mag den Vorteil einer Freisprecheinrichtung im Bezug auf Strahlenbelastung erkennen.

## Aufgabe 2.27 Intensitätspegel von Schall

| | | | |
|---|---|---|---|
| (a.) 4 Min. | | Punkte | (a.) 3 P |
| (b.) 3 Min. | | | (b.) 2 P |
| (c.) 6 Min. | | | (c.) 4 P |

Sie hören ein Motorrad (das Schallwellen erzeugt) mit einem Intensitätspegel von $L_M=80\,dB$.

(a.) Welchen Intensitätspegel hören Sie, wenn Sie Ihre Entfernung verdoppeln?

(b.) Welchen Intensitätspegel nehmen Sie wahr, wenn Sie zwei gleiche Motorräder gleichzeitig hören?

(c.) Welchen Intensitätspegel hören Sie, wenn Sie ein solches Motorrad zusammen mit einem Lastwagen von $L_L=90\,dB$ wahrnehmen? (Beide in der Entfernung bei Aufgabenteil (a.))

## Lösung zu 2.27

Lösungsstrategie:

Da der Intensitätspegel als logarithmisches Maß definiert ist, die Leistungen und Intensitäten sich aber linear superponieren, müssen wir aus den Pegeln immer zuerst die Intensitäten berechnen, diese addieren und anschließend wieder in Pegel umrechnen.

Lösungsweg, explizit:

Die Pegel-Definition ist bekannt als $L_I=10\cdot\lg\left(\frac{I}{I_0}\right)$ mit $I_0=10^{-12}\frac{W}{m^2}$.

In Sinne einer Umkehrfunktion lässt sich dies nach der Intensität auflösen: $I=I_0\cdot10^{\left(\frac{L_I}{10}\right)}$

Die beiden Formeln genügen zur Beantwortung der Fragen in dieser Aufgabe:

(a.) Sei $I_M$ die Intensität des Schalls des Motorrades.

Da die Intensität quadratisch mit der Entfernung abnimmt, wird bei Verdopplung der Entfernung die Intensität auf ein Viertel reduziert: $I=\frac{1}{4}I_M$. Für den Pegel folgt daraus [1 P]

$$L_I=10\cdot\lg\left(\frac{\frac{1}{4}I_M}{I_0}\right)=10\cdot\left[\lg\left(\frac{I_M}{I_0}\right)-\lg(4)\right]=L_M\underbrace{-10\cdot\lg(4)}_{=-6\,dB}=80\,dB-6\,dB=74\,dB$$ [2 P]

für die Intensität eines Motorrades in doppelter Entfernung.

(b.) Die Intensität zweier Motorräder ist doppelt so groß wie die Intensität eines Motorrades:

$$I = 2I_M \Rightarrow \quad L_I = 10 \cdot \lg\left(\frac{2 \cdot I_M}{I_0}\right) = 10 \cdot \left[\lg\left(\frac{I_M}{I_0}\right) + \lg(2)\right] = L_M + \underbrace{10 \cdot \lg(2)}_{=+3dB} = 80dB + 3dB = 83dB$$ 2 P

für die Intensität zweier Motorräder in einfacher Entfernung.

(c.) Hier müssen zwei Intensitäten explizit addiert werden:

Die vom Motorrad emittierte Intensität beträgt $I_M = I_0 \cdot 10^{\left(\frac{L_M}{10}\right)} = 10^{-12}\frac{W}{m^2} \cdot 10^{\left(\frac{80}{10}\right)} = 10^{-4}\frac{W}{m^2}$. 1 P

Die vom Lastwagen emittierte Intensität beträgt $I_L = I_0 \cdot 10^{\left(\frac{L_L}{10}\right)} = 10^{-12}\frac{W}{m^2} \cdot 10^{\left(\frac{90}{10}\right)} = 10^{-3}\frac{W}{m^2}$. 1 P

Die Summe aus beiden Intensitäten ist dann $I = I_M + I_L = 10^{-4}\frac{W}{m^2} + 10^{-3}\frac{W}{m^2} = 1.1 \cdot 10^{-3}\frac{W}{m^2}$. 1 P

Der zugehörige Intensitätspegel wird $L_I = 10 \cdot \lg\left(\frac{I}{I_0}\right) = 10 \cdot \lg\left(\frac{1.1 \cdot 10^{-3}\frac{W}{m^2}}{10^{-12}\frac{W}{m^2}}\right) = 90.4dB$. 1 P

Eine Schallquelle von $80dB$ fällt neben einer Schallquelle von $90dB$ nicht sehr auf.

## Aufgabe 2.28 Interferenz am Doppelspalt

| | | | |
|---|---|---|---|
| | 8 Min. inkl. Skizze | | Punkte 5 P |

Sie leuchten mit einem Laser auf einen Doppelspalt und beobachten das Interferenzmuster, welches sich auf einem Schirm ausbildet (siehe Bild 2-21).

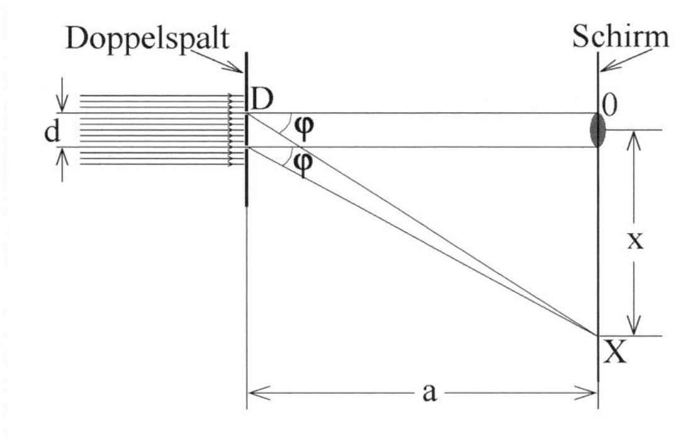


**Bild 2-21**
Prinzipskizze zur Beugung am Doppelspalt. Der Abstand der beiden Einzelspalten sei $d$, der Abstand vom Doppelspalt zum Schirm sei $a$. Berechnet werden soll die Lage der Beugungsmaxima, wie sie durch den Winkel $\varphi$ oder durch den Abstand $x$ beschrieben werden kann. Dabei sind die beiden mit $\varphi$ gekennzeichneten Winkel in so guter Näherung gleich, dass auf eine Unterscheidung bei der Namensgebung verzichtet wurde.

In Geradeausrichtung erkennen Sie das Maximum „nullter" Ordnung, dazu auf beiden Seiten die Beugungsmaxima in den Abständen $x$. Berechnen Sie die Wellenlänge des gebeugten Lichtes.

Als Vorgaben für eine numerische Berechnung dienen die Werte

$d = 10\,\mu m$ (Abstand der beiden Öffnungen des Doppelspaltes zueinander)
$a = 500\,mm$ (Abstand vom Doppelspalt zum Schirm)
$x = 31.64\,mm$ (Abstand von Beugungsmaximum erster Ordnung zum Geradeausstrahl).

## ▾ Lösung zu 2.28

Lösungsstrategie:

Der Gangunterschied der beiden Wellenvektoren, die zum Punkt „x“ auf dem Bildschirm führen, sei mit $g$ bezeichnet. Ist er ein ganzzahliges Vielfaches der Wellenlänge, so tritt konstruktive Interferenz auf, die zu einem Beugungsmaximum führt. Die Berechnung der Lage dieser Maxima ist eine Aufgabe der Geometrie.

Lösungsweg, explizit:

Betrachtet man die Umgebung des Punktes „D“ aus Bild 2-21 mit starker Vergrößerung, so sieht man den Ausschnitt in Bild 2-22. Aufgrund der Gleichheit der beiden Winkel $\varphi$ in guter Näherung erkennt man den Gangunterschied $g$ der beiden Wellen aus der elementaren

1 P Definition des Sinus als $\sin(\varphi)=\frac{g}{d} \Rightarrow g=d\cdot\sin(\varphi)$.

Interferenzmaxima werden immer genau dann erreicht, wenn $g$ ein ganzzahliges Vielfaches der Lichtwellenlänge $\lambda$ ist, also $g=n\cdot\lambda$. Daraus ergibt sich die Interferenzbedingung für die Maxima $n\cdot\lambda=g=d\cdot\sin(\varphi) \Rightarrow \sin(\varphi)=\frac{n\cdot\lambda}{d}$ $(*)$.

1 P Darin heißt $n\in\mathbb{N}$ die Ordnung des Maximums.

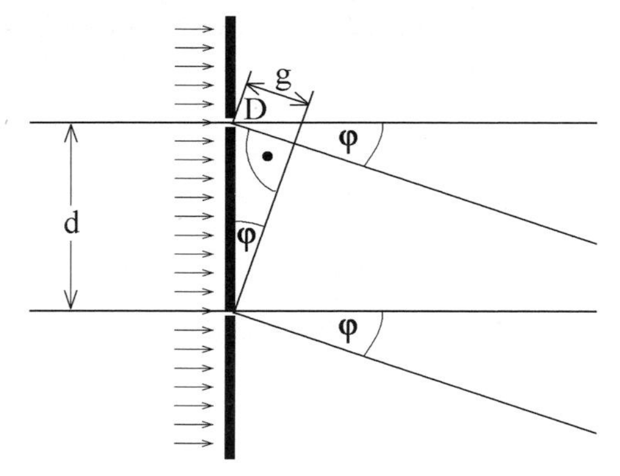


**Bild 2-22**
Vergrößerter Ausschnitt aus Bild 2-21. Es wird die Umgebung des Doppelspaltes gezeigt. Das mit diesem Bild neu eingeführte Symbol $g$ bezeichnet den Gangunterschied der beiden Wellen, die zum Punkt „x“ laufen.

Im großen Dreieck „X0D“ des Bildes 2-21 erkennt man den Zusammenhang

1 P $\tan(\varphi)=\frac{x}{a}$ $(**)$.

Wendet man nun wie üblich die Näherung $\sin(\varphi)\approx\tan(\varphi)$ für kleine $\varphi$ an, so liefern die

1 P beiden Gleichungen $(*)$ und $(**)$ den Ausdruck $\frac{n\cdot\lambda}{d}=\sin(\varphi)\approx\tan(\varphi)=\frac{x}{a} \Rightarrow \lambda\approx\frac{x\cdot d}{a\cdot n}$.

(Da wir Maxima sehr niedriger (nullter und erster) Ordnung betrachten, ist die Näherung kleiner Winkel $\varphi$ akzeptabel.)

Für die numerischen Werte unseres Beispiels ergibt sich dann wegen $n=1$ das Ergebnis

1 P $\lambda\approx\frac{x\cdot d}{a\cdot n}=\frac{31.64\,mm\cdot 10\,\mu m}{500\,mm\cdot 1}\overset{TR}{\approx}0.6328\,\mu m=632.8\,nm$ für die gesuchte Wellenlänge.

## Aufgabe 2.29 Doppler-Effekt, bewegte Quelle

| 9 Min. | | Punkte 7 P |
|---|---|---|

Die Geschwindigkeit vorbeifahrender Fahrzeuge kann mit Hilfe des Doppler-Effektes abgeschätzt werden, und zwar wie folgt:

Nehmen wir an, Sie hören das Fahrgeräusch eines Fahrzeugs mit einer Frequenz von $1000\,Hz$, solange es sich Ihnen nähert. Wenn es aber an Ihnen vorbeifährt und sich dann wieder von Ihnen entfernt, hören Sie eine Frequenz von nur 800 Hz. Wie schnell war das Fahrzeug? (Geben Sie das Ergebnis bitte in Kilometern pro Stunde an.) Naturgrößen entnehmen Sie bitte Kapitel 11.0.

## Lösung zu 2.29

Lösungsstrategie:

Wir haben hier einen Fall für den Doppler-Effekt mit ruhendem Beobachter und bewegter Quelle. Der Beobachter am Straßenrand nimmt dabei während der Phase der Annäherung des Fahrzeuges eine höhere Frequenz wahr als der Fahrer. Während der Phase des Entfernens nimmt der ruhende Beobachter hingegen eine erniedrigte Frequenz wahr. Setzt man die beiden Frequenzverschiebungen in Relation, so kann man die Geschwindigkeit des Fahrzeuges berechnen.

Lösungsweg, explizit:

Die Frequenz, die der Fahrer des Fahrzeugs hört, sei $f_Q$ (Frequenz der Quelle). Das Fahrzeug bewege sich mit der Geschwindigkeit $v$; die Schallgeschwindigkeit betrage $c$.

Bei Annäherung des Fahrzeuges hört der ruhende Beobachter die Frequenz $f_{E1} = f_Q \cdot \frac{1}{1-\frac{v}{c}}$, 1 P

während des Entfernens des Fahrzeuges hingegen hört er die Frequenz $f_{E2} = f_Q \cdot \frac{1}{1+\frac{v}{c}}$. 1 P

Das Frequenzverhältnis lautet somit $\frac{f_{E1}}{f_{E2}} = \frac{f_Q \cdot \frac{1}{1-\frac{v}{c}}}{f_Q \cdot \frac{1}{1+\frac{v}{c}}} = \frac{1+\frac{v}{c}}{1-\frac{v}{c}} = \frac{c+v}{c-v}$ und ist offensichtlich vom Absolutwert der Frequenz $f_Q$ unabhängig. 1 P

Da die Geschwindigkeit $v$ gefragt ist, lösen wir den Ausdruck nach ihr auf:

## ▾ Lösung zu 2.31

Lösungsstrategie:

Zur Suche in Lehrbüchern schaue man nach unter „Mach'scher Kegel" oder unter „Überschallknall".

Lösungsweg, explizit:

1 P Das Ergebnis steht praktisch fertig in Formelsammlungen in der Form $\sin(\alpha)=\frac{c}{v}$ (mit $v>c$).

Man braucht nur noch den Winkel einsetzen: $v=\frac{c}{\sin(\alpha)}=\frac{343\frac{m}{s}}{\sin(40°)}\stackrel{TR}{\approx}533.6\frac{m}{s}\stackrel{TR}{\approx}1921\frac{km}{h}$.

1 P Dies ist die Geschwindigkeit des Flugzeuges. Sie ist größer als die Schallgeschwindigkeit.

## Aufgabe 2.32 Schallpegel, Schalldruck, Schallschnelle

| | | | | | |
|---|---|---|---|---|---|
| ⏲ | Intensitätspegel | 14 Min. | 🏋 🏋 | Punkte Intens.-Pegel | 9 P |
| | Druckpegel | 5 Min. | | Druckpegel | 3½ P |
| | Schnellepegel | 5 Min. | | Schnellepegel | 3½ P |

Beim Open-Air Konzert werde ein Lautsprecher mit räumlich isotroper Abstrahlcharakteristik von einer elektrischen Leistung von $p=4000\,Watt$ gespeist. Der Wirkungsgrad bei der Umwandlung elektrischer Leistung in akustische Leistung betrage $3\%$. Wir gehen davon aus, dass die Wiese den auf sie einfallenden Schall vollständig absorbiert.

Welche Schall-Intensitätspegel sind zu hören in Abständen
(a.) von 10 Metern (b.) 100 Metern (c.) 2000 Metern ?
Wie groß sind in diesen Entfernungen jeweils Schalldruck und Schallschnelle?

## ▾ Lösung zu 2.32

Lösungsstrategie:

Der Hinweis auf das Open-Air Konzert und auf den ideal absorbierenden Untergrund dient der Festlegung von Freifeldbedingungen, d.h. es werden keine Wellen reflektiert.

Wir berechnen zuerst die Intensität und daraus die Intensitätspegel.

Die Umrechnung in Schalldruck und Schallschnelle gelingt am einfachsten anhand der Pegelskalen, da diese nämlich so definiert sind, dass Intensität, Schnelle und Druck identische Zahlenwerte für die Pegel (in dB) liefern.

Lösungsweg, explizit:

Die Intensitäten berechnen wir nach der Formel $I=\frac{P}{A}=\frac{\text{Leistung}}{\text{Fläche}}$, wobei aufgrund der Kugelcharakteristik des Lautsprechers die Fläche als Kugeloberfläche $A=4\pi r^2$ einzusetzen ist.

Für die einzelnen Aufgabenteile erhalten wir daraus die Zahlenwerte der Intensitäten:

(a.) $I_a = \frac{P}{A} = \frac{P}{4\pi r^2} = \frac{4000W \cdot 3\%}{4\pi(10m)^2} = \frac{120W}{4\pi \cdot 100m^2} \stackrel{TR}{\approx} 9.549 \cdot 10^{-2} \frac{W}{m^2}$ 1½ P

(b.) $I_b = \frac{P}{A} = \frac{P}{4\pi r^2} = \frac{4000W \cdot 3\%}{4\pi(100m)^2} = \frac{120W}{4\pi \cdot 10000m^2} \stackrel{TR}{\approx} 9.549 \cdot 10^{-4} \frac{W}{m^2}$ 1½ P

(c.) $I_c = \frac{P}{A} = \frac{P}{4\pi r^2} = \frac{4000W \cdot 3\%}{4\pi(2000m)^2} = \frac{120W}{4\pi \cdot 4 \cdot 10^6 m^2} \stackrel{TR}{\approx} 2.387 \cdot 10^{-6} \frac{W}{m^2}$ 1½ P

Die zugehörigen Intensitätspegel berechnet man nach der Pegeldefinition $L_I = 10 \cdot \log\left(\frac{I}{I_0}\right)$, wobei die Bezugsintensität die Hörschwelle des Menschen wiedergibt: $I_0 = 10^{-12} \frac{W}{m^2}$. Damit erhalten wir für die Intensitätspegel die Werte

(a.) $L_{I,a} = 10 \cdot \log\left(\frac{I_a}{I_0}\right) = 10 \cdot \log\left(\frac{9.549 \cdot 10^{-2} \frac{W}{m^2}}{10^{-12} \frac{W}{m^2}}\right) = 10 \cdot \log\left(9.549 \cdot 10^{+10}\right) \stackrel{TR}{\approx} 109.8dB \approx 110dB$ 1½ P

(b.) $L_{I,b} = 10 \cdot \log\left(\frac{I_b}{I_0}\right) = 10 \cdot \log\left(\frac{9.549 \cdot 10^{-4} \frac{W}{m^2}}{10^{-12} \frac{W}{m^2}}\right) = 10 \cdot \log\left(9.549 \cdot 10^{+8}\right) \stackrel{TR}{\approx} 89.8dB \approx 90dB$ 1½ P

(c.). $L_{I,c} = 10 \cdot \log\left(\frac{I_c}{I_0}\right) = 10 \cdot \log\left(\frac{2.387 \cdot 10^{-6} \frac{W}{m^2}}{10^{-12} \frac{W}{m^2}}\right) = 10 \cdot \log\left(2.387 \cdot 10^{+6}\right) \stackrel{TR}{\approx} 63.8dB \approx 64dB$. 1½ P

Anmerkung: Vom Gesetzgeber wird ab 85 dB die Bereitstellung persönlicher Schallschutzeinrichtungen für jeden Arbeitnehmer am Arbeitsplatz vorgeschrieben. Ab 90 dB sind Arbeitnehmer gesetzlich verpflichtet, diese Schallschutzeinrichtungen so lange zu benutzen, wie sie sich im Schallfeld aufhalten. Je nach Art der Tätigkeit können am Arbeitsplatz noch niedrigere Lärmschutzgrenzen gelten. Alle diejenigen, die in ein Konzert oder in eine Disco gehen, sollten dies bedenken, um Schädigungen am Gehör zu vermeiden.

Die linearen Werte für Schalldruck und Schallschnelle bestimmen wir über den Weg der Gleichheit der Pegelskalen. Diese sind derartig definiert, dass die Zahlenwerte des Druckpegels $L_P$, des Schnellepegels $L_v$ und des Intensitätspegels $L_I$ identisch sind: $L_I = L_P = L_v$.

Da von sämtlichen gefragten Größen die Pegel (= logarithmische Maße) bekannt sind, benötigen wir nun die Rückrechnung auf die lineare Angabe der gesuchten Größen. Im Prinzip entspricht dies der Umkehrfunktion der obengenannten Pegeldefinition; da allerdings sowohl der Wechseldruck als auch die Wechselschnelle quadratisch proportional zur Intensität sind, lauten hierfür die Pegeldefinitionen und ihre Umkehrungen:

Für den Druckpegel: $L_P = 10 \cdot \log\left(\frac{P^2}{P_0^2}\right) = 20 \cdot \log\left(\frac{P}{P_0}\right) \Leftrightarrow P = P_0 \cdot 10^{\frac{L_P}{20}}$ mit $P_0 = 2 \cdot 10^{-5} Pa$ ½ P

Für den Schnellepegel: $L_v = 10 \cdot \log\left(\frac{v^2}{v_0^2}\right) = 20 \cdot \log\left(\frac{v}{v_0}\right) \Leftrightarrow v = v_0 \cdot 10^{\frac{L_v}{20}}$ mit $v_0 = 5 \cdot 10^{-8} \frac{m}{s}$. ½ P

Die Referenzgrößen $P_0$ und $v_0$ entsprechen wieder der menschlichen Hörschwelle.

Für die drei Aufgabenteile (a, b, c) setzen wir die Werte ein und erhalten die Wechseldrücke:

1 P $P_a = P_0 \cdot 10^{\frac{L_{P,a}}{20}} = 2 \cdot 10^{-5} Pa \cdot 10^{\frac{109.8}{20}} = 6.18 Pa$ ,

1 P $P_b = P_0 \cdot 10^{\frac{L_{P,b}}{20}} = 2 \cdot 10^{-5} Pa \cdot 10^{\frac{89.8}{20}} = 0.618 Pa$ ,

1 P $P_c = P_0 \cdot 10^{\frac{L_{P,c}}{20}} = 2 \cdot 10^{-5} Pa \cdot 10^{\frac{63.8}{20}} = 0.031 Pa$

und die Wechselschnellepegel:

1 P $v_a = v_0 \cdot 10^{\frac{L_{v,a}}{20}} = 5 \cdot 10^{-8} \frac{m}{s} \cdot 10^{\frac{109.8}{20}} \overset{TR}{\approx} 0.01545 \frac{m}{s} = 15.45 \frac{mm}{\sec}$ ,

1 P $v_b = v_0 \cdot 10^{\frac{L_{v,b}}{20}} = 5 \cdot 10^{-8} \frac{m}{s} \cdot 10^{\frac{89.8}{20}} \overset{TR}{\approx} 0.001545 \frac{m}{s} = 1.545 \frac{mm}{\sec}$ ,

1 P $v_c = v_0 \cdot 10^{\frac{L_{v,c}}{20}} = 5 \cdot 10^{-8} \frac{m}{s} \cdot 10^{\frac{63.8}{20}} \overset{TR}{\approx} 7.744 \cdot 10^{-5} \frac{m}{s} = 77.44 \frac{\mu m}{\sec}$ .

## Aufgabe 2.33 Schallpegelrechnung, Faustregeln

 (a. bis d.) je 1 Min.
(e., f.) je 2 Min.

Punkte (a...d.) je 1 P
(e., f.) je 1½ P

Voraussetzung: Eine Maschine emittiere Schall, den Sie in einer Entfernung von $x$ Metern mit einem Intensitätspegel von $L_{I,x}$ wahrnehmen, den Sie als gegeben betrachten.

Berechnen Sie daraus die Intensitätspegel
(a.) zweier gleicher Maschinen in der Entfernung von $x$ Metern.
(b.) vier gleicher Maschinen in der Entfernung von $x$ Metern.
(c.) fünf gleicher Maschinen in der Entfernung von $x$ Metern.
(d.) zehn gleicher Maschinen in der Entfernung von $x$ Metern.
(e.) einer solchen Maschine in der Entfernung von $2 \cdot x$ Metern.
(f.) acht solcher Maschinen in der Entfernung von $10 \cdot x$ Metern.

Hinweis: Für diese Aufgabe sei vorausgesetzt, dass alle Überlagerungen von Schall frei von Interferenzen passieren.

## Lösung zu 2.33

Lösungsstrategie:

Eine Verdopplung der Intensität entspricht einer Erhöhung des Intensitätspegels um 3 dB. Eine Verzehnfachung der Intensität erhöht den Intensitätspegels um 10 dB. Nachweisen lässt sich dies direkt anhand der Pegeldefinition, und zwar wie folgt:

▪ Wenn $I$ die einfache Intensität ist, dann ist $2 \cdot I$ die doppelte Intensität. Nach der Definition des Pegels $L_I = 10 \cdot \log\left(\frac{I}{I_0}\right)$ und den Rechenregeln für Logarithmen lässt sich der zur Intensität $2 \cdot I$ gehörende Pegel auf $L_I$ zurückführen:

$$L_{2 \cdot I} = 10 \cdot \log\left(\frac{2 \cdot I}{I_0}\right) = \underbrace{10 \cdot \log(2)}_{\overset{TR}{\approx} 3.0103} + \underbrace{10 \cdot \log\left(\frac{I}{I_0}\right)}_{L_I} \overset{TR}{\approx} L_I + 3dB \,.$$

▪ In analoger Weise ergibt sich für die zehnfache Intensität $10 \cdot I$ der Pegel

$$L_{10 \cdot I} = 10 \cdot \log\left(\frac{10 \cdot I}{I_0}\right) = \underbrace{10 \cdot \log(10)}_{=10} + \underbrace{10 \cdot \log\left(\frac{I}{I_0}\right)}_{L_I} = L_I + 10dB \,.$$

▪ Abermals in analoger Weise lässt sich nachrechnen, dass eine Absenkung der Intensität zu einer entsprechenden Reduzierung des Pegels führt, und zwar

- Halbierung der Intensität $\Rightarrow$ Pegel um 3 dB abgesenkt.
- Ein Zehntel der Intensität $\Rightarrow$ Pegel um 10 dB abgesenkt.

Mit diesem Wissen lassen sich alle Aufgabenteile recht mühelos lösen, indem man diese einfachen Rechenregeln ggf. mehrmals hintereinander anwendet.

Lösungsweg, explizit:

(a.) Zwei gleiche Maschinen in der Entfernung von $x$ Metern erzeugen die Intensität $2 \cdot I$, also ist der Pegel um 3 dB erhöht $\Rightarrow$ $L_{2 \cdot I,x} \overset{TR}{\approx} L_{I,x} + 3dB$ . 1 P

(b.) Vier gleiche Maschinen in der Entfernung von $x$ Metern erzeugen zweimal eine Verdopplung des Intensitätspegels ($4 \cdot I = 2 \cdot 2 \cdot I$), also wird der Pegel zweimal um 3 dB erhöht. Damit ist $\Rightarrow$ $L_{4 \cdot I,x} \overset{TR}{\approx} L_{I,x} + 3dB + 3dB = L_{I,x} + 6dB$ . 1 P

Der Einfachheit halber rechnen wir nun zuerst Aufgabenteil (d.) und danach (c.).

(d.) Der Pegel zehn gleicher Maschinen ist laut Lösungsstrategie: $L_{10 \cdot I,x} = L_{I,x} + 10dB$ . 1 P

(c.) Fünf gleiche Maschinen verstehen wir als die Hälfte zehn gleicher Maschinen, nämlich $5 \cdot I = \frac{1}{2} \cdot 10 \cdot I$ $\Rightarrow$ $L_{5 \cdot I,x} \overset{TR}{\approx} L_{I,x} + 10dB - 3dB = L_{I,x} + 7dB$ . D.h.: Pegelzunahme um 7 dB 1 P

(e.) Zur Vergrößerung der Entfernung bedenkt man, dass die Intensität mit dem Quadrat des Abstandes $r$ abnimmt, also $I \propto \frac{1}{r^2}$ . Eine Verdopplung der Entfernung entspricht also einer Viertelung der Intensität: $L_{I,2 \cdot x} \overset{TR}{\approx} L_{I,x} - 2 \cdot 3dB = L_{I,x} - 6dB$ . 1½ P

(f.) Acht solche Maschinen entsprechen dreimal einer Verdopplung ($8 = 2 \cdot 2 \cdot 2$) und eine Verzehnfachung der Entfernung entspricht zusätzlich einer Division der Intensität durch $10^2 = 100$ . Somit ergibt sich $L_{8 \cdot I,10 \cdot x} \overset{TR}{\approx} L_{I,x} + 3 \cdot 3dB - 2 \cdot 10dB = L_{I,x} - 11dB$ . 1½ P

## Aufgabe 2.34 Schallpegelrechnung, explizite Rechenwege

(a,b.) je 7 Min. Punkte (a,b.) je 4 P
(c.) 2 Min. (c.) 2 P

Welcher Intensitätspegel ergibt sich bei der interferenzfreien Überlagerung von Schall zweier Schallquellen mit den Intensitätspegeln

(a.) $L_1 = 55\,dB$ und $L_2 = 57\,dB$ ? (b.) $L_1 = 55\,dB$ und $L_2 = 70\,dB$ ?

(c.) $L_1 = 0\,dB$ und $L_2 = 0\,dB$ ?

## Lösung zu 2.34

Lösungsstrategie:

Einfache Regeln zum Kopfrechnen wie bei Aufgabe 2.33 kann man hier nicht anwenden, da die Voraussetzungen numerisch dafür ungeeignet sind.

Bekanntlich lassen sich Intensitätspegel nicht linear addieren, nur Intensitäten erlauben eine solche Addition. Deshalb muss man hier (als Schritt 1) die Pegel auf Intensitäten zurückrechnen, diese addieren (als Schritt 2) und das Ergebnis dann wieder in Pegel zurückrechnen (als Schritt 3).

Für das Hin- und Her-rechnen (Schritte 1 und 3) eignet sich die Pegeldefinition und ihre Umkehrfunktion: $L_I = 10 \cdot \log\left(\frac{I}{I_0}\right) \Leftrightarrow I = I_0 \cdot 10^{\frac{L_I}{10}}$.

Lösungsweg, explizit:

(a.)

1 P Schritt 1 → $L_1 = 55\,dB \Rightarrow I_1 = I_0 \cdot 10^{\frac{L_I}{10}} = 10^{-12}\frac{W}{m^2} \cdot 10^{\frac{55}{10}} \overset{TR}{\approx} 3.1623 \cdot 10^{-7}\frac{W}{m^2}$

1 P $L_2 = 57\,dB \Rightarrow I_2 = I_0 \cdot 10^{\frac{L_I}{10}} = 10^{-12}\frac{W}{m^2} \cdot 10^{\frac{57}{10}} \overset{TR}{\approx} 5.0119 \cdot 10^{-7}\frac{W}{m^2}$

Schritt 2 → Die Summe der Intensitäten ist

1 P $I_1 + I_2 \overset{TR}{\approx} 3.1623 \cdot 10^{-7}\frac{W}{m^2} + 5.0119 \cdot 10^{-7}\frac{W}{m^2} = 8.1742 \cdot 10^{-7}\frac{W}{m^2}$.

Schritt 3 → Der Pegel der Summe ist dann

1 P $$L_{1+2} = 10 \cdot \log\left(\frac{I_1 + I_2}{I_0}\right) = 10 \cdot \log\left(\frac{8.1742 \cdot 10^{-7}\frac{W}{m^2}}{10^{-12}\frac{W}{m^2}}\right) = 10 \cdot \log\left(8.1742 \cdot 10^{5}\right) \overset{TR}{\approx} 59.1\,dB.$$

(b.) Die Berechnung zu Aufgabenteil (b.) verläuft völlig analog zu (a.).

1 P Schritt 1 → $L_1 = 55\,dB \Rightarrow I_1 = I_0 \cdot 10^{\frac{L_I}{10}} = 10^{-12}\frac{W}{m^2} \cdot 10^{\frac{55}{10}} \overset{TR}{\approx} 3.1623 \cdot 10^{-7}\frac{W}{m^2}$

1 P $L_2 = 70\,dB \Rightarrow I_2 = I_0 \cdot 10^{\frac{L_I}{10}} = 10^{-12}\frac{W}{m^2} \cdot 10^{\frac{70}{10}} = 1 \cdot 10^{-5}\frac{W}{m^2}$

Schritt 2 → Die Summe der Intensitäten ist

$$I_1 + I_2 \overset{TR}{\approx} 3.1623 \cdot 10^{-7} \frac{W}{m^2} + 1 \cdot 10^{-5} \frac{W}{m^2} = 103.1623 \cdot 10^{-7} \frac{W}{m^2} .$$ 1 P

Schritt 3 → Der Pegel der Summe ist dann

$$L_{1+2} = 10 \cdot \log\left(\frac{I_1 + I_2}{I_0}\right) = 10 \cdot \log\left(\frac{103.1623 \cdot 10^{-7} \frac{W}{m^2}}{10^{-12} \frac{W}{m^2}}\right) = 10 \cdot \log\left(1.031623 \cdot 10^7\right) \overset{TR}{\approx} 70.1 dB .$$ 1 P

Anmerkung: Wie man erkennt, wird die Addition zweier Pegel, die nicht einigermaßen dicht beieinander liegen, immer sehr dicht in der Nähe des größeren der beiden Pegel liegen. In unserem Bsp. bedeutet das: Überlagert man einem Pegel von 70 dB einen deutlich kleineren Pegel von 55 dB, so ist die Summe kaum merklich vom größeren Pegel (70 dB) verschieden.

(c.)

**Stolperfalle**

Die Pegel-Addition „0 dB plus 0 dB“ führt in der Summe **nicht** zu 0 dB.

Begründung: Die Angabe eines Pegels ist logarithmisch. Die zugehörige lineare Größe ist nicht Null, sondern sie hat den Wert einer Bezugsgröße. Im Falle des Schallintensitätspegels sind das $10^{-12} \frac{W}{m^2}$. Addiert man „0 dB“, so addiert man in Wirklichkeit (also in der Addition der linearen Größen) die Bezugsgröße, aber eben nicht Null.

Schritt 1 → $L_1 = 0 dB \quad \Rightarrow \quad I_1 = I_0 \cdot 10^{\frac{L_I}{10}} = 10^{-12} \frac{W}{m^2} \cdot 10^{\frac{0}{10}} = 1 \cdot 10^{-12} \frac{W}{m^2}$ und $I_2 = I_1$ ½ P

Schritt 2 → Die Summe der Intensitäten ist dann

$$I_1 + I_2 = 10^{-12} \frac{W}{m^2} + 10^{-12} \frac{W}{m^2} = 2 \cdot 10^{-12} \frac{W}{m^2} .$$ ½ P

Schritt 3 → Pegel $L_{1+2} = 10 \cdot \log\left(\frac{2 \cdot 10^{-12} \frac{W}{m^2}}{10^{-12} \frac{W}{m^2}}\right) = 10 \cdot \log(2) \overset{TR}{\approx} 3 dB$ für den Summenpegel. 1 P

## Aufgabe 2.35 Rauschsignale (weißes und rosa Rauschen)

| | | | | |
|---|---|---|---|---|
| (a…c.) je 2 Min. | | Punkte | (a…c.) | je 1 P |
| (d,e.) je 3 Min. | | | (d,e.) | je 2 P |
| (f.) 4 Min. | | | (f.) | 3 P |

Betrachten wir einen Signalgenerator, der wahlweise ideales weißes Rauschen oder ideales rosa Rauschen erzeugen kann. Nehmen wir weiterhin an, er sei so eingestellt, dass er im Terzband mit der Mittenfrequenz 100 Hz (Nenndurchlassbereich von 90 Hz bis 112 Hz) einen Intensitätspegel von $L_I = 50 dB$ erzeuge (und zwar bei weißem Rauschen ebenso wie bei rosa Rauschen).

Wie groß sind dann die Intensitätspegel in den nachfolgend genannten Frequenzbändern?

(a.) Im Frequenzband $900\,Hz$ bis $1120\,Hz$ bei weißem Rauschen.
(b.) Im Frequenzband $900\,Hz$ bis $922\,Hz$ bei weißem Rauschen.
(c.) Im Frequenzband $180\,Hz$ bis $224\,Hz$ bei rosa Rauschen.
(d.) Im Frequenzband $390\,Hz$ bis $412\,Hz$ bei rosa Rauschen.
(e.) Im Frequenzband $395\,Hz$ bis $406\,Hz$ bei rosa Rauschen.
(f.) Im Frequenzband $480\,Hz$ bis $524\,Hz$ bei weißem Rauschen.

## Lösung zu 2.35

Lösungsstrategie:

Weißes Rauschen und rosa Rauschen sind spezielle Rauschsignale für Messzwecke.

- Weißes Rauschen zeigt konstante Intensitätspegel bei Messung mit Filtern konstanter **absoluter** Bandbreite.
- Rosa Rauschen zeigt konstante Intensitätspegel bei Messung mit Filtern konstanter **relativer** Bandbreite.

Dabei drückt der Begriff „konstante absolute Bandbreite“ eine konstante Differenz zwischen der Bandobergrenze und der Banduntergrenze aus. Eine „konstante relative Bandbreite“ bezeichnet einen konstanten Faktor zwischen der Bandobergrenze und der Banduntergrenze.

Zur Veranschaulichung betrachte man die Prinzipskizzen von Bild 2-24.

Die Pegelrechnungen erfolgen dann wieder nach den dafür üblichen Regeln (vgl. Aufgaben 2.33 und 2.34).

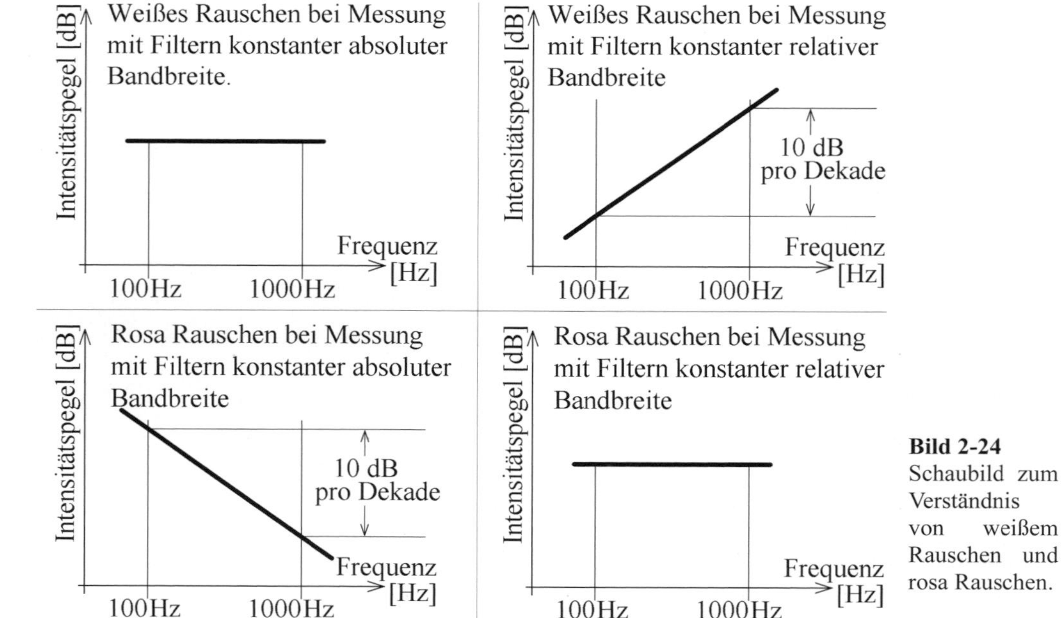


**Bild 2-24** Schaubild zum Verständnis von weißem Rauschen und rosa Rauschen.

Lösungsweg, explizit:

(a.) Der Filter hat die gleiche relative Bandbreite wie der in den Voraussetzungen beschriebene. Bei weißem Rauschen liegt somit eine Pegelzunahme von 10 dB pro Dekade vor. Da die Frequenz genau um eine Dekade erhöht ist, liegt also der gefragte Pegel bei $L_a = 60\,dB$. 1 P

(b.) Hier liegt die gleiche absolute Bandbreite vor wie bei dem in den Voraussetzungen beschriebenen Filter. In diesem Fall hat weißes Rauschen konstante Pegel unabhängig von der Mittenfrequenz. Die Antwort bei diesem Aufgabenteil lautet also $L_b = 50\,dB$. 1 P

(c.) Jetzt handelt es sich um rosa Rauschen, und ein Filter mit gleicher relativer Bandbreite wie in den Voraussetzungen; der Quotient aus den Frequenzen der Bandobergrenze und der Banduntergrenze ist der gleiche wie in den Voraussetzungen. Da hierfür konstante Pegel gelten, ist $L_c = 50\,dB$. 1 P

(d.) Hier wird betrachtet: Rosa Rauschen, Filter konstanter absoluter Bandbreite.
Eine Frequenz-Vervierfachung (gerechnet wird in Bezug auf die Bandmitten bei 100 Hz bzw. bei 400 Hz) entspricht zwei Oktaven. Auch entspricht einer Pegelabsenkung um 10 dB pro Dekade eine Absenkung von 3 dB pro Oktave, somit also 6 dB für 2 Oktaven. Der gefragte Pegel lautet also $L_d = 50\,dB - 6\,dB = 44\,dB$. 2 P

(e.) Dies ist eine Erweiterung von Aufgabenteil (d.), wobei jetzt noch eine Halbierung der Frequenzbandbreite hinzukommt. Dies entspricht einer Halbierung der Intensität, also einer Absenkung des Pegels um weitere 3 dB: $L_e = 41\,dB$ 2 P

(f.) Die Mittenfrequenz hat sich gegenüber den Voraussetzungen verfünffacht, aber die Frequenzbandbreite nur verdoppelt. Wir betrachten also zunächst eine Frequenzveränderung bei weißem Rauschen und Filtern konstanter absoluter Bandbreite. Hierbei bleibt der Pegel unverändert. Wenn man demgegenüber nun die Bandbreite des Filters verdoppelt, verdoppelt sich auch die Intensität, sodass der Pegel um 3 dB zunimmt. $\Rightarrow \quad L_f = 53\,dB$ 3 P

**Stolperfalle**

Warum liegt die Mitte zwischen $90\,Hz$ und $112\,Hz$ bei $100\,Hz$ und nicht bei $101\,Hz$?

Dies geht auf die Filtersystematik zurück. Da diese nicht einer arithmetischen Folge sondern einer geometrischen Folge entspricht (die Filter haben konstante relative Bandbreite und nicht konstante absolute Bandbreite), sind auch die Mittenfrequenzen die geometrischen Mittelwerte der Bandgrenzfrequenzen und nicht deren arithmetische Mittelwerte. Das geometrische Mittel aus $90\,Hz$ und $112\,Hz$ ist $\sqrt{90\,Hz \cdot 112\,Hz} \overset{TR}{\approx} 100\,Hz$, mit Rundung auf natürliche Zahlen. (Man vergleiche dazu auch die nachfolgende Aufgabe 2.36.)

In analoger Weise sind auch die anderen Mittenfrequenzen zu verstehen.

## Aufgabe 2.36 Filtersystematik von Fourieranalysatoren

| 12 Min. | | Punkte 8 P |
|---|---|---|

Bestimmen Sie die Lage der Frequenzen der bei Fourieranalysatoren üblichen Terzfilter, indem Sie die Mittenfrequenzen sowie die obere und die untere Bandgrenze der jeweiligen Terzbänder berechnen. Es genügt die Angabe einiger weniger Bänder und dazu die Erklärung der Systematik des Aufbaus.

## ▾ Lösung zu 2.36

Lösungsstrategie:

Die Frequenzverhältnisse werden als Faktoren zwischen verschiedenen Frequenzen berechnet, wobei ein absoluter Wert zur Verankerung bei $1000\,Hz$ festgelegt ist. Deshalb legen wir unsere Berechnung (Ergebnisse in Tabelle 2.1) symmetrisch um diese Frequenz an.

Lösungsweg, explizit:

1 P Die Mittenfrequenzen werden angegeben als $f_n = 1000\,Hz \cdot 10^{n/10}$ (mit $n \in \mathbb{Z}$), wobei $n$ die Terzbänder durchnummeriert.

Die Unter- und Ober-grenzen können auf die Nomenklatur der Musiker zurückgeführt werden, nach der die (große) Terz aus zwei Tönen im Frequenzverhältnis von vier Halbtonschritten besteht. Dies entspricht einem Faktor $\left(\sqrt[12]{2}\right)^4$. In der Sprache der Techniker und Naturwis-

1 P senschaftler könnte man alternativ auch mit dem Faktor $10^{0.1}$ arbeiten. Da die Werte laut Norm aber auf ein bis zwei (selten drei) signifikante Stellen gerundet werden, führen beide Sichtweisen zu denselben Zahlen.

Der Faktor $\left(\sqrt[12]{2}\right)^4 \overset{TR}{\approx} 10^{0.1}$ beschreibt das Verhältnis zwischen der Obergrenze und der Untergrenze. Dessen Wurzel ist also das Verhältnis zwischen den Grenzen und der Mittenfrequenz.

Damit gilt: Obergrenze $f_o = f_n \cdot \sqrt{10^{0.1}}$

1 P Untergrenze $f_u = f_n \big/ \sqrt{10^{0.1}}$ .

Setzt man Werte für $n$ ein, so erhält man die in Tabelle 2.1 dargestellten Terzbänder. Dort findet man die Rechenwerte ohne Klammern und die gerundeten Werte laut DIN-Norm in Klammern. Im Prüfungsfall kann man natürlich nur die Rechenwerte selbst bestimmen.

**Tabelle 2.1** Mittenfrequenzen sowie Bandgrenzen von Terzbändern nach der üblichen Aufteilung. Die Werte ohne Klammern wurden nach den obigen Formeln gerechnet. In Klammern sind die gerundeten Werte laut Norm angegeben.

| $n$ | Untergrenze $f_u$ | | Mittenfrequenz $f_n$ | | Obergrenze $f_o$ | |
|---|---|---|---|---|---|---|
| usw. | usw. | | usw. | | usw. | |
| -3 | 446.7 | (450) | 501.2 | (500) | 562.3 | (560) |
| -2 | 562.3 | (560) | 631.0 | (630) | 707.9 | (710) |
| -1 | 707.9 | (710) | 794.3 | (800) | 891.3 | (900) |
| 0 | 891.3 | (900) | 1000 | (1000) | 1122.0 | (1120) |
| +1 | 1122.0 | (1120) | 1258.9 | (1250) | 1412.5 | (1400) |
| +2 | 1412.5 | (1400) | 1584.9 | (1600) | 1778.3 | (1800) |
| +3 | 1778.3 | (1800) | 1995.3 | (2000) | 2238.7 | (2240) |
| usw. | usw. | | usw. | | usw. | |

5 P

## Aufgabe 2.37 Tonfrequenzen der Musik

18 Min. Punkte 12 P

Geben Sie die Frequenzen der C-Dur Tonleiter für die eingestrichene Oktave an (das ist diejenige Oktave, in die der Kammerton „A" fällt), und zwar

(a.) in physikalischer Stimmung und (b.) in harmonisch-temperierter Stimmung

## Lösung zu 2.37

Lösungsstrategie:

Die grundlegenden Formeln kennt man aus Vorlesungen oder aus Lehrbüchern. Zur Umrechnung zwischen der technisch-physikalischen Stimmung und der musikalisch-harmonischen bedenke man die Lage des Kammertons „A" bei einer Frequenz von $440\,Hz$.

Lösungsweg, explizit:

- Das eingestrichene „C" hat in physikalischer Stimmung die Frequenz $f_C = 2^8\,Hz = 256\,Hz$. 1 P

- Alle Halbtonschritte unterscheiden sich untereinander um den Faktor $\sqrt[12]{2}$, und zwar in der physikalischen Tonleiter genauso wie in der musikalischen. 1 P

- Die Töne der harmonisch-temperierten Stimmung (der Musik) liegen um einen Frequenzfaktor $\frac{2093}{2048}$ über den Tönen der physikalischen Stimmung. Wie kommt man auf so einen Faktor, der sich nur selten in Lehrbüchern findet? Man legt ihn nach dem Kammerton „A" fest, der sich in der physikalischen Tonleiter bei $430.54\,Hz$ findet (siehe Tabelle 2.2), in der musikalischen Tonleiter aber bei $440.00\,Hz$. Der Quotient dieser beiden Frequenzen ist der Faktor zwischen beiden Tonleitern: $\frac{440.00\,Hz}{430.54\,Hz} \overset{TR}{\approx} 1.0219724 \overset{TR}{\approx} \frac{2093}{2048}$ 3 P

Ob man das Frequenzverhältnis als Dezimalbruch auch als Bruch mit Bruchstrich formuliert, ist egal. Hier ist nur deswegen die letztere Variante gewählt, weil sich dabei der Nenner als $2^{11}$ formulieren lässt, der mit der Angabe $f_C = 2^8\,Hz = 256\,Hz$ bequem zu verrechnen ist.

Nach diesen drei Regeln entsteht die Aufzählung der Tabelle 2.2. Die Töne der C-Dur Tonleiter sind mit dem Symbol $(*)$ markiert. Eine Dur-Tonleiter besteht aus folgenden Halbtonschritten (= HT): Grundton + 2 HT + 2 HT + 1 HT + 2 HT + 2 HT + 2 HT + 1 HT = 1 Oktave
Eine gesamte Oktave besteht aus 12 Halbtonschritten (Frequenzverhältnis = Faktor 2). 1 P

**Tabelle 2.2** Frequenzen der Töne einer Tonleiter. Hochstriche an den Tönen der musikalischen Notation stehen für die Zugehörigkeit der Noten zur eingestrichenen bzw. zweigestrichenen Oktave.

| Ton | Faktor | physikalische Stimmung | harmonisch-temperierte Stimmung |
|---|---|---|---|
| C ' (*) | $f_{C'} = f_{C'} \cdot \left(\sqrt[12]{2}\right)^0$ | 256.00 | 261.623 |
| Cis ' | $f_{Cis'} = f_{C'} \cdot \left(\sqrt[12]{2}\right)^1$ | 271.22 | 277.18 |
| D ' (*) | $f_{D'} = f_{C'} \cdot \left(\sqrt[12]{2}\right)^2$ | 287.35 | 293.66 |
| Dis ' | $f_{Dis'} = f_{C'} \cdot \left(\sqrt[12]{2}\right)^3$ | 304.44 | 311.13 |
| E ' (*) | $f_{E'} = f_{C'} \cdot \left(\sqrt[12]{2}\right)^4$ | 322.54 | 329.63 |
| F ' (*) | $f_{F'} = f_{C'} \cdot \left(\sqrt[12]{2}\right)^5$ | 341.72 | 349.23 |
| Fis ' | $f_{Fis'} = f_{C'} \cdot \left(\sqrt[12]{2}\right)^6$ | 362.04 | 369.99 |
| G ' (*) | $f_{G'} = f_{C'} \cdot \left(\sqrt[12]{2}\right)^7$ | 383.57 | 391.99 |
| Gis ' | $f_{Gis'} = f_{C'} \cdot \left(\sqrt[12]{2}\right)^8$ | 406.37 | 415.30 |
| A ' (*) | $f_{A'} = f_{C'} \cdot \left(\sqrt[12]{2}\right)^9$ | 430.54 | 440.00 |
| B ' | $f_{B'} = f_{C'} \cdot \left(\sqrt[12]{2}\right)^{10}$ | 456.14 | 466.16 |
| H ' (*) | $f_{H'} = f_{C'} \cdot \left(\sqrt[12]{2}\right)^{11}$ | 483.26 | 493.88 |
| C " (*) | $f_{C''} = f_{C'} \cdot \left(\sqrt[12]{2}\right)^{12}$ | 512.00 | 523.25 |

je Zeile ½ P = 6 P

## Aufgabe 2.38 Temperaturabhängigkeit der Schallgeschwindigkeit

8 Min. Punkte 6 P

Ein Flötenspieler kommt im Winter mit einem kalten Instrument zum Konzert (Temperatur $T = 0\,°C$ ). Normalerweise ist sein Instrument aber für Zimmertemperatur $T = 22\,°C$ gestimmt.

(a.) Spielt seine Melodie nun zu niedrig oder zu hoch?

(b.) Um wie viel weichen seine Frequenzen von den Sollwerten bei Zimmertemperatur ab? Bestimmen Sie den Frequenzfaktor und geben Sie auch an, mit welcher Frequenz das zu kalte Instrument den Kammerton spielt.

(c.) Warum ist bei einer Geige die Temperaturabhängigkeit der Frequenzen nicht wie bei einer Flöte vorhanden?

## ▾ Lösung zu 2.38

Lösungsstrategie:

Aufgabenteil (c.) gibt die Begründung (→ Strategie) vor, nach der die Aufgabenteile (a.) und (b.) zu lösen sind. Deshalb sei die Lösung von (c.) hier vorgezogen:

(c.) Der Einfluss der temperaturbedingten Veränderung der Länge des Instruments auf die Frequenzen ist praktisch nicht bemerkbar. Da bei einer Geige die Saiten als Bestandteile des Instruments die Schwingungen verursachen, sind hier die Frequenzen nahezu temperaturunabhängig. Schließlich ändert sich weder die Länge des Instruments noch die Spannkraft der Saiten in merklichem Ausmaß bei einer Variation der Temperatur. 1½ P

Anders verhalten sich die Frequenzen bei Blasinstrumenten wie z.B. bei Flöten, denn dort sind schwingende Luftsäulen verantwortlich für die Entstehung der Töne und deren Frequenzen. In Luft ist Schallgeschwindigkeit sehr stark von der Lufttemperatur abhängig. Aus diesem Grund muss die Temperatur von Blasinstrumenten vor dem Konzert immer an die Zimmertemperatur angepasst werden. 1½ P

Lösungsweg, explizit, für (a. und b.):

Für die Schallgeschwindigkeit $c$ in Gasen findet man in Formelsammlungen den Ausdruck

$c = \sqrt{\frac{\kappa \cdot R \cdot T}{m_m}}$ mit $\kappa$ = Isentropenexponent, $R$ = allgemeine Gaskonstante, $T$ = Temperatur und $m_m$ = Molmasse des Gases.

Der für unsere Lösung entscheidende Kern der Aussage ist die Proportionalität $c \propto \sqrt{T}$, die angibt, in welcher Weise die Schallgeschwindigkeit von der Temperatur des Gases abhängt. 1 P

▪ Nicht merklich von der Temperatur abhängig (also praktisch konstant) ist die Länge der schwingenden Luftsäule und somit die Wellenlänge $\lambda$. Wegen $c = \lambda \cdot f$ muss dann $c \propto f$ sein. Mit sinkender Temperatur sinkt also die Schallgeschwindigkeit und mit ihr die Frequenz der Töne. Die Melodien klingen beim kalten Instrument also zu niedrig. 1 P

▪ Um wie viel klingen die Melodien zu niedrig?

Dazu bestimmen wir die Relation der Frequenzen und zwar im Sinne einer Verhältnisgleichung: $\frac{f_{0°C}}{f_{22°C}} = \frac{c_{0°C}}{c_{22°C}} = \frac{c_{273K}}{c_{295K}} = \frac{\sqrt{273K}}{\sqrt{295K}} \overset{TR}{\approx} 0.962$. (Frequenzfaktor) 1 P

Zum Vergleich: Ein Halbton niedriger wäre ein Faktor $\left(\sqrt[12]{2}\right)^{-1} \overset{TR}{\approx} 0.944$. Die Absenkung der Frequenzen macht also nicht ganz einen Halbtonschritt aus. Der Kammerton „A“, der $f_A = 440\,Hz$ haben sollte, erklingt beim $0°C$ kalten Instrument mit $440\,Hz \cdot 0.962 \overset{TR}{\approx} 423.3\,Hz$.

## Aufgabe 2.39 Raumakustik, Hallradius, offene Fensterfläche

| 5 Min. | | Punkte 3 P |
|---|---|---|

Ein Raum mit einer inneren Oberfläche von $S = 100\,m^2$ habe bei geschlossenen Fenstern und Türen einen Hallradius $r_H = 90\,cm$. Nun öffnen wir alle Fenster und Türen, die zusammen eine Fläche von $S_F = 9\,m^2$ freigeben. Auf welchen Wert verändert sich nun der Hallradius?

Hinweis: Die Fenster und Türen seien aus ideal schallhartem Material hergestellt, d.h. ihre Reflexionskoeffizienten für Schall seien im geschlossenen Zustand 100%.

## Lösung zu 2.39

Lösungsstrategie:

Mit Hilfe einer Abschätzungsformel berechnen wir zuerst die sog. offene Fensterfläche des Raumes bei geschlossenen Fenstern und Türen, auf die wir dann $S_F$ addieren. Daraus lässt sich ein neuer Hallradius berechnen, der eine Kenngröße des Raumes bei geöffneten Fenstern und Türen ist.

1 P Die Abschätzungsformel lautet $r_H \approx \sqrt{\frac{\tilde{\alpha} \cdot S}{16\pi}}$, worin $\tilde{\alpha} \cdot S$ die offene Fensterfläche ist.

Lösungsweg, explizit:

Wollen wir die offene Fensterfläche bei geschlossenen Fenstern und Türen ausrechnen, so lösen wir die Abschätzungsformel nach dieser Größe auf:

1 P $r_H \approx \sqrt{\frac{\tilde{\alpha} \cdot S}{16\pi}} \Rightarrow \tilde{\alpha} \cdot S \approx r_H^2 \cdot 16\pi = (0.9m)^2 \cdot 16\pi \overset{TR}{\approx} 40.7\,m^2$ bei geschlossenen Fenstern und Türen.

Bei geöffneten Fenstern und Türen haben wir dann eine offene Fensterfläche von $\tilde{\alpha} \cdot S + S_F$.

Damit berechnen wir den neuen Hallradius $r_H \approx \sqrt{\frac{\tilde{\alpha} \cdot S + S_F}{16\pi}} = \sqrt{\frac{40.7\,m^2 + 9m^2}{16\pi}} \overset{TR}{\approx} 99.4\,cm$.

1 P Der Hallradius nimmt erwartungsgemäß durch das Öffnen der Fenster und Türen etwas zu, denn das Echo der Wände wird weniger.

## Aufgabe 2.40 Raumakustik, Sabine'sche Nachhallformel

| 5 Min. | | Punkte 3 P |
|---|---|---|

Betrachten wir nochmals den in Aufgabe 2.39 beschriebenen Raum. Nehmen wir an, er habe ein Volumen von $V = 120m^3$. Berechnen Sie die Nachhallzeiten für den Raum.

(a.) bei geöffneten Fenstern und Türen und (b.) bei geschlossen Fenstern und Türen.

## Lösung zu 2.40

Lösungsstrategie:

Hierzu verwenden wir die Sabine'sche Nachhallformel, wobei die Absorption der Luft vernachlässigt werden darf, da hinsichtlich der zu betrachtenden Frequenzen keine Angabe in der Aufgabenstellung gegeben ist.

Die Sabine'sche Nachhallformel lautet $\frac{T_N}{\text{sec.}} \approx \frac{0.163 \cdot V \cdot m^{-3}}{\tilde{\alpha} \cdot S \cdot m^{-2} + \left(0.46 \cdot \alpha_L \cdot m^{-2}\right) \cdot V \cdot m^{-3}}$

1 P mit $T_N$ = Nachhallzeit, $\tilde{\alpha} \cdot S$ = offene Fensterfläche und $\alpha_L$ = Schalldämpfung der Luft.

Anmerkung: Die Einheiten sind aus allen Größen herausdividiert, sodass die Formel in der hier gebrauchten Schreibweise mit reinen Zahlenwerten (ohne Einheiten) arbeitet. Das ändert nichts daran, dass alle Größen mit ihren richtigen Einheiten einzusetzen sind (denn sonst würde ja bei der Division etwas fehlen).

Lösungsweg, explizit:

Die Vernachlässigung der Schalldämpfung durch die Luft verkürzt die Sabine'sche Nachhallformel auf die Form $\frac{T_N}{\text{sec.}} \approx \frac{0.163 \cdot V \cdot m^{-3}}{\tilde{\alpha} \cdot S \cdot m^{-2}}$.

Einsetzen der Werte liefert für die beiden Aufgabenteile:

(a.) $\frac{T_N}{\text{sec.}} \approx \frac{0.163 \cdot V \cdot m^{-3}}{\tilde{\alpha} \cdot S \cdot m^{-2}} = \frac{0.163 \cdot 120 m^3 \cdot m^{-3}}{40.7 m^2 \cdot m^{-2}} = 0.48 \Rightarrow T_N \approx 0.48 \text{sec.}$ 1 P

Diese Nachhallzeit ergibt sich bei geschlossenen Fenstern und Türen.

(b.) $\frac{T_N}{\text{sec.}} \approx \frac{0.163 \cdot V \cdot m^{-3}}{\tilde{\alpha} \cdot S \cdot m^{-2}} = \frac{0.163 \cdot 120 m^3 \cdot m^{-3}}{49.7 m^2 \cdot m^{-2}} = 0.48 \Rightarrow T_N \approx 0.39 \text{sec.}$ 1 P

Diese Nachhallzeit ergibt sich bei geöffneten Fenstern und Türen.

Dass der Nachhall bei geöffneten Fenstern und Türen schneller abklingt, entspricht der alltäglichen Erfahrung.

## Aufgabe 2.41 Raumakustik, Direktschall und Diffusschall

| | | Punkte | |
|---|---|---|---|
| (a.) 4 Min. | | | (a.) 3 P |
| (b.) 2 Min. | | | (b.) 1 P |

Sie hören in einem geschlossenen Raum jemanden sprechen, der um das Doppelte des Hallradius von Ihnen entfernt ist.

(a.) Von welchem Schall nehmen Sie einen höheren Intensitätspegel wahr – vom Direktschall oder vom Diffusschall? Um wie viel unterscheiden sich die beiden Pegel? Um welchen Faktor unterscheiden sich die Intensitäten?

(b.) Warum können Sie trotzdem (auch bei geschlossenen Augen) den Sprecher anhand des Schalleindruckes orten?

## Lösung zu 2.41

Lösungsstrategie:

Frage (a.) lässt sich leicht aus der Definition des Hallradius beantworten.
Zu (b.) betrachten wir den sog. Haas-Effekt, auch bekannt als Gesetz der ersten Wellenfront.

Lösungsweg, explizit:

(a.) Der Hallradius ist definiert als derjenige Abstand zwischen Quelle und Empfänger, bei dem der Direktschall die gleiche Intensität hat wie der Diffusschall. (Die Definition macht natürlich nur in Räumen Sinn. Der Hallradius ist eine Kenngröße des Raumes.) 1 P

Da der Diffusschall überall im Raum die gleiche Intensität hat, beim Direktschall die Intensität aber mit $I \propto \frac{1}{r^2}$ abklingt (mit $r =$ Abstand), ist in unserem Bsp. $I_{direkt} = \frac{1}{4} \cdot I_{diffus}$. Für die 1 P Pegel bedeutet dies $L_{I,direkt} = L_{I,diffus} - 6\,dB$, denn eine zweimalige Halbierung der Intensität entspricht einer zweimaligen Subtraktion von 3 dB beim Pegel. 1 P

(b.) Obwohl, wie man aus Aufgabenteil (a.) sieht, der Diffusschall den Direktschall deutlich überwiegt, kann man die Position eines Sprechers trotzdem mühelos orten. Der Grund liegt im sog. Gesetz der ersten Wellenfront, auch unter dem Namen Haas-Effekt bekannt. Danach wird die für das Richtungshören entscheidende Information aus der allerersten an den Ohren ankommenden Wellenfront bestimmt; alle anderen Wellen(fronten) spielen für diesen Zweck keine entscheidende Rolle mehr. Und die erste Wellenfront gehört (logischerweise) zum Direktschall, da der Diffusschall durch den Umweg über reflektierende Hindernisse einen längeren Weg zurückzulegen hat. 1 P

## Aufgabe 2.42 Kundt'sches Rohr, eindimensionale Modalanalyse

8 Min. Punkte 5 P

Eindimensionale Modalanalyse (*) :

In einem Kundt'schen Rohr entsprechend Bild 2-25 bilden sich stehende Wellen aus, wenn man die im Rohr enthaltene Luft mit geeigneten Frequenzen anregt.

Geben Sie an, für welche Frequenzen man stehende Wellen bekommen kann und geben Sie die zugehörigen Schwingungsmoden an, die man z.B. durch die Zahl der Schwingungsbäuche (oder auch durch die Zahl der Schwingungsknoten) charakterisieren kann.

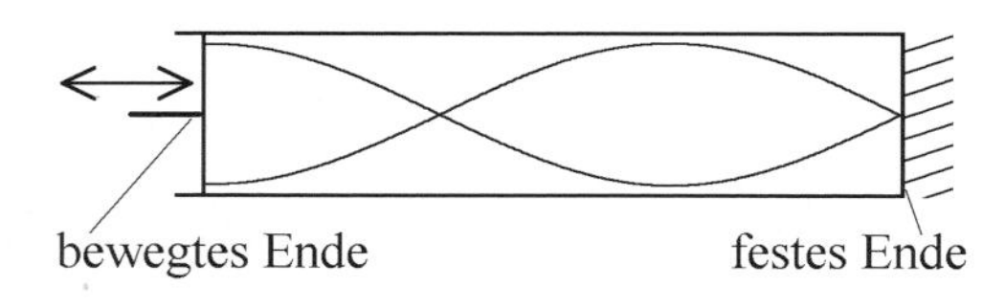


**Bild 2-25**
Prinzipskizze eines Kundt'schen Rohres. Auf der linken Seite werde eine Schallwelle angeregt, auf der rechten Seite reflektiert. Die Linien im Inneren des Rohres symbolisieren Amplituden (je größer die Amplitude, desto weiter die Auslenkung der Linie von der Rohrmitte).

Für unsere Aufgabe sei gegeben $r = 1.00\,m$ = Rohrlänge und

$c = 343\,\frac{m}{s}$ = Schallgeschwindigkeit in Luft.

(*) Anmerkung: Eine Modalanalyse dient der Untersuchung von Schwingungszuständen.

## Lösung zu 2.42

Lösungsstrategie:

Die Bedingung für das Auftreten stehender Wellen ist das Vorliegen eines Schwingungsknotens am festen (reflektierenden) Ende und die Entstehung eines Schwingungsbauches am losen (angeregten) Ende der Luftsäule. Die Zahl der Schwingungsknoten bzw. Bäuche ist eine beliebige natürliche Zahl $n \in \mathbb{N}$. (Im Bild 2-25 ist das Beispiel $n = 2$ skizziert.) 1 P

Lösungsweg, explizit:

Die Stehwellenbedingung lautet als Formel: $\left(n - \frac{1}{2}\right) \cdot \frac{\lambda_n}{2} = r$, worin $\lambda_n$ die Wellenlänge der $n$-ten Schwingungsmode ist. Um diese Formel zu erhalten, muss man sich lediglich überle- 1 P gen, dass die niedrigste Schwingungsmode eine viertel Wellenlänge enthält und alle höheren Moden sich dadurch unterscheiden, dass man ganzzahlige Vielfache der halben Wellenlänge addiert. Auflösen der Stehwellenbedingung nach $\lambda_n$ liefert

$$\left(\tfrac{n}{2}-\tfrac{1}{4}\right)\cdot\lambda_n = r \;\Rightarrow\; \left(\tfrac{2n-1}{4}\right)\cdot\lambda_n = r \;\Rightarrow\; \lambda_n = \tfrac{4\cdot r}{2n-1}\,. \qquad 1\,P$$

Die zugehörigen Frequenzen sind dann $f_n = \dfrac{c}{\lambda_n} = \dfrac{c\cdot(2n-1)}{4\cdot r}$. 1 P

Für die Werte der Aufgabenstellung erhalten wir somit $f_n = \dfrac{343\frac{m}{s}\cdot(2n-1)}{4\cdot 1m} = 85.75\,Hz\cdot(2n-1)$.

Dieser Ausdruck, der die Nummerierung der Moden $n$ enthält, beantwortet die Fragestellung der Aufgabe. Für die Moden mit den niedrigsten Nummern ergeben sich exemplarisch die Frequenzen: $f_1 = 85.75\,Hz$, $f_2 = 257.25\,Hz$, $f_3 = 428.75\,Hz$, $f_4 = 600.25\,Hz$, $f_5 = 771.75\,Hz$, etc... 1 P

Anmerkung: In unserem Beispiel ist es egal, ob wir die resonanten Moden durch Zählen der Bäuche oder durch Zählen der Knoten nummerieren, denn beide Zahlen sind gleich. Das liegt daran, dass ein Ende bewegt ist und das andere fest ist.

## Aufgabe 2.43 Dreidimensionale Modalanalyse

| | | |
|---|---|---|
| (a.) 13 Min. | | Punkte (a.) 10 P |
| (b.) 4 Min. | | (b.) 2 P |

Ein reflexionsarmer Raum ist im (genäherten) Idealfall ein Raum, dessen Wände den auf sie einfallenden Schall ideal absorbieren. Dies gelingt aber nur für Frequenzen oberhalb einer sog. Grenzfrequenz. Unterhalb dieser Grenzfrequenz reflektieren die Wände.

Betrachten wir nun einen reflexionsarmen Raum mit einer Grenzfrequenz von $110\,Hz$, einer Länge von 5.00 Metern, einer Breite von 7.50 Metern und einer Höhe von 4.30 Metern.

(a.) Welche Schwingungsmoden können auftreten? Deren Nummerierung führen Sie bitte anhand der Zahl der Schwingungsbäuche entlang jeder Raumrichtung durch.

(b.) Bei welchen Frequenzen sollten sich diese resonanten Moden messtechnisch nachweisen lassen?

Die Ergebnisse formulieren Sie bitte in einer Tabelle, die alle Werte zu den Ergebnissen aus beiden Aufgabenteilen übersichtlich angibt.

## Lösung zu 2.43

Lösungsstrategie:

Die Aufgabe ist eine dreidimensionale Erweiterung von Aufgabe 2.42 und sollte in der Reihenfolge des Übens von den Lesern nach dieser gelöst werden. Die Berechnung der resonanten Moden ist hier dem Prinzip nach dieselbe wie dort. Zwei Unterschiede gibt es jedoch:

- Die Dimensionalität, führt dazu, dass die Zählung der Moden jetzt in drei Raumrichtungen stattzufinden hat und deshalb drei Nummerierungen benötigt. Nennen wir sie $i,j,k \in \mathbb{N}$.

▪ Da die Wände immer Reflexionen am festen Ende verursachen, also im resonanten Zustand an beiden gegenüberliegenden Wänden Knoten liegen, ist die Zahl der Knoten immer um eins größer als die Zahl der Bäuche, und die Formel für die Stehwellenbedingung unterscheidet sich um eine halbe Wellenlänge von der Stehwellenbedingung aus Aufgabe 2.42.

1 P Im Übrigen tauchen in den Lösungen nur Frequenzen unterhalb $110\,Hz$ auf, da ab dieser Frequenz die Wände den Schall nicht mehr reflektieren.

Lösungsweg, explizit:

Da die dreidimensionale Modalanalyse in jeder einzelnen Raumrichtung eine eindimensionale Modalanalyse enthält, führen wir 3 Teilanalysen nebeneinander durch:

▪ Die x-Richtung orientieren wir an der Länge des Raumes, also $x = 5.00\,m$

1 P Stehende Wellen treten auf für $i \cdot \frac{\lambda_i}{2} = x \;\Rightarrow\; \lambda_i = \frac{2 \cdot x}{i} \;\Rightarrow\; f_i = \frac{c}{\lambda_i} = \frac{c \cdot i}{2 \cdot x}$

1 P Am Bsp. unserer Aufgabe sind dies $f_i = \frac{343\,\frac{m}{s} \cdot i}{2 \cdot 5.00\,m}$,

1 P also $34.30\,Hz$ (für $i = 1$), $68.60\,Hz$ (für $i = 2$), $102.90\,Hz$ (für $i = 3$) .

▪ Die y-Richtung orientieren wir an der Breite des Raumes, also $y = 7.50\,m$

1 P Stehende Wellen treten auf für $j \cdot \frac{\lambda_j}{2} = y \;\Rightarrow\; \lambda_j = \frac{2 \cdot y}{j} \;\Rightarrow\; f_j = \frac{c}{\lambda_j} = \frac{c \cdot j}{2 \cdot y}$

1 P Am Bsp. unserer Aufgabe sind dies $f_j = \frac{343\,\frac{m}{s} \cdot j}{2 \cdot 7.50\,m}$,

1 P also $22.87\,Hz$ (für $j = 1$), $45.73\,Hz$ (für $j = 2$), $68.60\,Hz$ (für $j = 3$), $91.47\,Hz$ (für $j = 4$) .

▪ Die z-Richtung orientieren wir an der Höhe des Raumes, also $z = 4.30\,m$

Stehende Wellen treten auf für $k \cdot \frac{\lambda_k}{2} = z \;\Rightarrow\; \lambda_k = \frac{2 \cdot z}{k} \;\Rightarrow\; f_k = \frac{c}{\lambda_k} = \frac{c \cdot k}{2 \cdot z}$

1 P

Wie man sieht, sind in allen Raumrichtungen immer ganzzahlige Vielfache der halben Wellenlänge in den Raum eingepasst.

1 P Am Bsp. unserer Aufgabe sind dies $f_k = \frac{343\,\frac{m}{s} \cdot k}{2 \cdot 4.30\,m}$,

1 P also $39.88\,Hz$ (für $k = 1$), $79.77\,Hz$ (für $k = 2$) .

Man beachte, dass Frequenzen oberhalb von $110\,Hz$ nicht auftreten, was seinen Grund in der Grenzfrequenz des Raumes hat.

(b.) Die in der Aufgabenstellung gefragte Tabelle 2.3 gibt eine Übersicht über die $i, j, k$ .

**Tabelle 2.3** Übersicht über resonante Schwingungsmoden und Frequenzen in einem reflexionsarmen Raum. Die Einträge der Tabelle sind nach aufsteigenden Frequenzen geordnet.

2 P

| resonante Mode ($i, j, k$) | (0,1,0) | (1,0,0) | (0,0,1) | (0,2,0) | (2,3,0) | (0,0,2) | (0,4,0) | (3,0,0) |
|---|---|---|---|---|---|---|---|---|
| zugehörige Frequenz [Hz] | 22.87 | 34.30 | 39.88 | 45.73 | 68.60 | 79.77 | 91.47 | 102.90 |

Anmerkung: Nur falls Schwingungsmoden in mehreren Raumrichtungen gleichzeitig resonant sind, unterscheiden sich mehrere der Indizes gleichzeitig (also beim Anregen derselben Mode) von Null. Bei einer Anregung mit einer Frequenz von $68.6\,Hz$ tritt solch ein Fall auf.

## Aufgabe 2.44 Schneiden- und Hiebtöne (bei Kühlventilatoren)

| 11 min | | Punkte 7 P |
|---|---|---|

Schneidentöne entstehen durch eine Relativbewegung zwischen Luft und einer Schneide, wie dies z.B. auch bei Lüftern und Kühlventilatoren der Fall ist. Die Schallintensität wächst mit der 7. Potenz (!) der Relativgeschwindigkeit, also $I \propto v^7$.

Nehmen wir an, die Lüftung eines Computers soll durch einen baulichen Eingriff leiser gemacht werden, und zwar indem man den Durchmesser des (kreisrunden) Lüfterventilators verdoppelt. Geben Sie eine genäherte (grobe) Abschätzung an, um wie viel dB der Intensitätspegel dadurch sinkt.

Um die Funktionalität beizubehalten soll dabei der Volumenstrom der transportierten Luft konstant gehalten werden, sodass die Rotorblätter des großen Ventilators entsprechend langsamer laufen als die des kleinen Ventilators.

## Lösung zu 2.44

Lösungsstrategie:

Gegeben ist: $I \propto v^7$ Gefragt ist: $L_{I,klein} - L_{I,groß}$, zu berechnen aus $\frac{I_{klein}}{I_{groß}}$

(Index „groß“ für den großen Ventilator, Index „klein“ für den kleinen Ventilator)

Gearbeitet werden muss also mit Verhältnisgleichungen.

Um den Rechenaufwand zu begrenzen, führen wir die in der Aufgabenstellung angesprochene Näherung wie folgt aus: Aus der Pegelrechnung wissen wir, dass sich bei der Addition von Intensitätspegeln solche Summanden mit niedrigen Pegeln kaum bemerkbar machen. Aus diesem Grunde beschränken wir unsere Überlegung auf die am schnellsten bewegten Anteile. Das sind die äußersten Spitzen der Rotorblätter. Bedenkt man, wie stark die Intensität mit sinkender Geschwindigkeit abnimmt, so wird dies sicher eine gute Näherung sein.

Lösungsweg, explizit:

Mit den Indizes „k“ wie kleiner Rotor und „g“ wie großer Rotor wollen wir nun die Verhältnisgleichung aufstellen, die uns erkennen lässt, was bei einer Verdopplung des Rotordurchmessers mit den Schallintensitäten und deren Pegeln passiert:

- Verdopplung des Rotordurchmessers $r$ bedeutet: $\frac{r_g}{r_k} = 2$. ½ P
- Die Querschnittsflächen der Rotoren $A = \pi \cdot r^2 \propto r^2$ vervierfachen sich dadurch: $\frac{A_g}{A_k} = 4$. ½ P
- Der Volumenstrom der Luft $\frac{dV}{dt}$ wird berechnet als Querschnittsfläche mal Strömungsge-

1 P schwindigkeit gemäß $\frac{dV}{dt} = \frac{d(A \cdot s)}{dt} = A \cdot \frac{ds}{dt} = A \cdot v$, wo $v$ die Strömungsgeschwindigkeit ist.

Da $\left.\frac{dV}{dt}\right|_{groß} = \left.\frac{dV}{dt}\right|_{klein}$ gefordert ist, gilt $A_g \cdot v_g = A_k \cdot v_k$.

1 P Wegen des bekannten Verhältnisses zwischen $A_g$ und $A_k$ folgt daraus $\frac{v_k}{v_g} = \frac{A_g}{A_k} = 4$ $(*1)$ als Verhältnis der Luftstromgeschwindigkeiten.

▪ Nehmen wir an, dass der Zusammenhang zwischen der Luftstromgeschwindigkeit und der Geschwindigkeit der Rotorblätter, die diesen Luftstrom erzeugen, für verschiedene Geschwindigkeiten derselbe sei, so gilt das Verhältnis $\frac{v_{g,Luftstrom}}{v_{k,Luftstrom}} = \frac{v_{g,Rotorblätter}}{v_{k,Rotorblätter}}$.

1 P Damit dürfen in der Gleichung $(*1)$ $v_k$ und $v_g$ wahlweise als die Geschwindigkeiten der Luftströme oder als die Geschwindigkeiten der Rotorblätter interpretieren.

▪ Nun kommt die in der Lösungsstrategie eingeführte Näherung zum Tragen, die Geschwindigkeiten auf die Spitzen der Rotorblätter zu beziehen. Wir interpretieren also in $(*1)$ $v_k$ und

1 P $v_g$ als die Geschwindigkeiten der Spitzen der Rotorblätter.

▪ Nach der in der Aufgabenstellung gegebenen Proportionalität $I \propto v^7$ berechnen wir mit Hilfe von $(*1)$ das Verhältnis der Intensitäten:

$$I \propto v^7 \quad \Rightarrow \quad \frac{I}{v^7} = const. \quad \Rightarrow \quad \frac{I_g}{v_g^7} = \frac{I_k}{v_k^7} \quad \Rightarrow \quad \frac{I_k}{I_g} = \frac{v_k^7}{v_g^7} \underbrace{= 4^7}_{nach\,(*1)} = 16384 \,. \qquad (*2)$$

1 P Um diesen Faktor sinkt die Schallintensität (in Näherung), wenn man den kleinen Ventilator durch den großen ersetzt.

▪ Wendet man darauf die Definition des Intensitätspegels $L_I = 10 \cdot \log\left(\frac{I}{I_0}\right)$ an, so wird durch das Logarithmieren aus der faktoriellen Verhältnisgleichung eine Differenzgleichung:

$$L_{I,k} - L_{I,g} = 10 \cdot \log\left(\frac{I_k}{I_0}\right) - 10 \cdot \log\left(\frac{I_g}{I_0}\right) = 10 \cdot \log\left(\frac{I_k}{I_g}\right) \underbrace{= 10 \cdot \log\left(4^7\right) \overset{TR}{\approx} 42\,dB}_{\text{durch Einsetzen von (*2)}} .$$

1 P Der große Ventilator ist also um (genähert) ca. 42 dB leiser als der kleine Ventilator. Man sollte diesen Aspekt beim Kauf eines Computers nicht gänzlich außer Acht lassen.

## Aufgabe 2.45 Akustische Interferenzen

| | | | |
|---|---|---|---|
| (a.) 10 Min. | | Punkte | (a.) 11 P |
| (b.) 3 Min. | | | (b.) 2 P |

Bei einem Open-Air-Konzert gibt es unter anderem auch Bässe. Betrachten wir einen Bass mit einer Frequenz $f = 68\,Hz$, der über zwei Lautsprecher abgestrahlt werde, von denen einer links und der andere rechts neben der Bühne steht. Die Schallgeschwindigkeit sei $c = 340\,\frac{m}{s}$.

(a.) Nun mögen manche Leute die Bässe gerne, andere wollen sie lieber vermeiden. Wer sollte sich wohin stellen, damit er seinem Geschmack entsprechend die Musik optimal genießen kann? Zeichnen Sie die Kurven, die alle Orte der Interferenzmaxima miteinander verbinden und die Kurven, die alle Orte der Interferenzminima verbinden in Bild 2-26 ein und benennen Sie die Kurvenform.

Hinweis: Erarbeiten Sie Ihre Empfehlung aufgrund der Interferenzen zwischen den von den beiden Lautsprechern abgestrahlten Wellen. Gesucht ist eine Beschreibung all derjenigen Orte für Interferenzminima und für Interferenzmaxima. Aus Platzgründen im Diagramm genügt das Einzeichnen der nullten und der ersten Ordnung. Im Übrigen sind höhere Ordnungen ohnehin weitaus weniger stark ausgeprägt als die niedrigsten und sind daher zur Beeinflussung des Höreindrucks kaum nutzbar.

Näherung: Betrachten Sie den Boden als ideal absorbierend, sodass er keinen Einfluss auf die Entstehung der Interferenzen nimmt.

(b.) Warum treten in geschlossenen Räumen solche Interferenzmaxima und Minima nicht auf, sondern nur im Freien (Open-Air)?

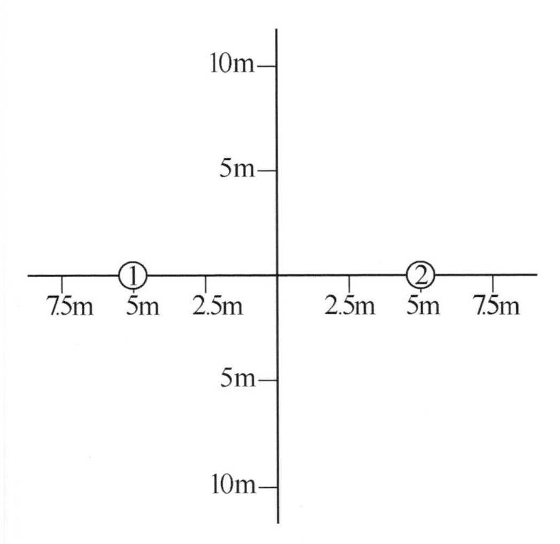


**Bild 2-26**
Aufstellung zweier Lautsprecher, die phasengleich einen Ton der Frequenz $f = 42.5\,Hz$ abstrahlen.
In das Diagramm sollen die Kurven der Interferenzminima und der Interferenzmaxima eingezeichnet werden. Hauptmaximum sowie Maxima und Minima erster Ordnung genügen.

## ▾ Lösung zu 2.45

Lösungsstrategie:

Das Hauptaugenmerk dieser Aufgabe liegt auf der Graphik, sprich auf der Konstruktion der Kurven, welche die Orte der Interferenzmaxima und der Minima zusammenfassen. Wer diese speziellen Kurven aus der Mathematik kennt, braucht nur recht wenige Punkte zur Fertigstellung der gefragten Konstruktion.
Im Übrigen sind Basslautsprecher für ihre räumlich isotrope Abstrahlcharakteristik bekannt, die ihren Grund in der großen Wellenlänge des abgestrahlten Schalls hat. 1 P
Eine winzige Vorüberlegung in Formeln dient der Bestimmung der Wellenlänge.

Lösungsweg, explizit:

(a.) Für eine Untersuchung der Interferenzen ist die Kenntnis der Wellenlänge nötig:

1 P $$\lambda = \frac{c}{f} = \frac{340\frac{m}{s}}{68\,Hz} = 5\,m$$

Interferenzmaxima liegen bei Gangunterschieden $g = n \cdot \lambda$ mit $n \in \mathbb{N}$.

1 P Interferenzminima liegen bei Gangunterschieden $g = \left(n - \frac{1}{2}\right) \cdot \lambda$ mit $n \in \mathbb{N}$.

Der Gangunterschied der beiden Wellen ist die Differenz der Abstände zu den beiden Lautsprechern. Kurven, deren Abstandsdifferenz zu zwei Punkten konstant ist, sind Hyperbeln.

1 P Die empfohlenen Orte liegen also auf Hyperbeln, die in Bild 2-27 eingezeichnet sind.

(b.) In geschlossenen Räumen sind Interferenzen nicht so einfach zu beobachten wie unter Freifeld-Bedingungen, denn Wände reflektieren den auf sie eintreffenden Schall recht gut. Zur Überlagerungen im Rauminneren kommt also eine Vielzahl verschiedener Einzelwellen aus allen möglichen Richtungen. Logischerweise wird dadurch eine Beobachtung der Interferenzen (in der hier gezeigten) Reinform unmöglich.

2 P

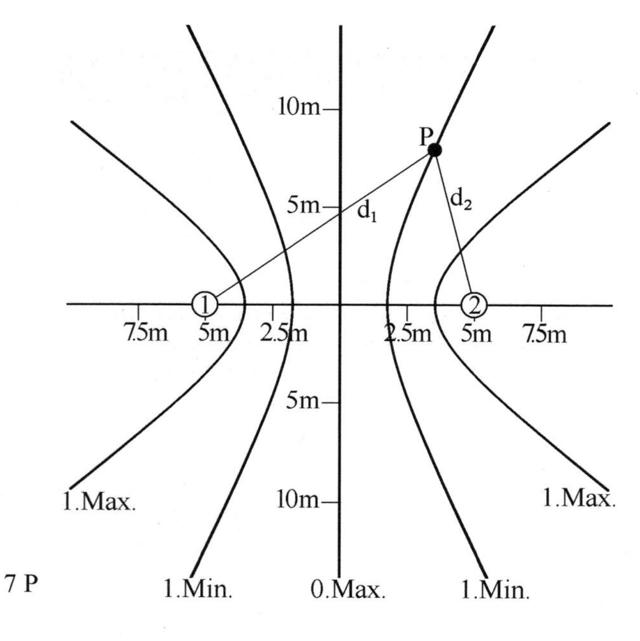


**Bild 2-27**
Hier wurde Bild 2-26 um die Kurven der Interferenzminima und der Interferenzmaxima ergänzt.
Das Hauptmaximum hat gleiche Gangunterschiede zu beiden Lautsprechern und beschreibt daher eine Gerade, nämlich die Mittelsenkrechte zwischen den beiden Lautsprechern. Sie liegt auf der Ordinate.
Die Maxima und Minima erster Ordnung liegen wie im Text erklärt auf Hyperbeln, die hier berechnet und eingezeichnet wurden. Zum Verständnis wurde exemplarisch ein Punkt auf der Hyperbel des Minimums erster Ordnung ausgewählt und mit „P" bezeichnet. Seine Abstände zu den beiden Lautsprechern sind $d_1$ und $d_2$. Deren Differenz erfüllt die Bedingung für die Interferenzminima erster Ordnung: $d_1 - d_2 = \frac{\lambda}{2} = 5\,m$.

7 P

# 3 Elektrizität und Magnetismus

## Aufgabe 3.1 Coulombfeld einer geladenen Kugel

| | | | | |
|---|---|---|---|---|
| | (a.) 2 Min.<br>(b.) 2 Min. | | Punkte | (a.) 1½ P<br>(b.) 1½ P |
| | (c.) 3 Min.<br>(d.) 2 Min. | | Punkte | (c.) 2 P<br>(d.) 1 P |

Eine Kugel mit einem Radius von $R = 10\,cm$ werde mit einer elektrischen Ladung von $Q = 10^{-9}\,C$ aufgeladen.

(a.) Wie groß ist die elektrische Feldstärke direkt in der Nähe der Kugeloberfläche?

(b.) Wie groß ist die elektrische Feldstärke im Abstand von $40\,cm$ zur Kugeloberfläche?

(c.) Zeichnen Sie den Verlauf der elektrischen Feldstärke als Funktion des Abstandes $d$ vom Kugelmittelpunkt für den Außenraum der Kugel bis zu einem Abstand von $d = 50\,cm$.

(d.) Geben Sie außerdem die Flächenladungsdichte auf der Kugeloberfläche an.

## Lösung zu 3.1

Lösungsstrategie:

Da das elektrostatische Feld einer geladenen Kugel in deren Außenraum mit dem Feld einer Punktladung identisch ist, genügt zur Lösung der Aufgabe das Coulomb-Gesetz. Wir ziehen also die Ladung gedacht im Kugelmittelpunkt zusammen und berechnen dann das Feld für Abstände im Bereich $d = 10$ bis $50\,cm$ relativ zum Kugelmittelpunkt.

Aufgrund der Kugelsymmetrie der Fragestellung rechnen wir der Einfachheit halber in Kugelkoordinaten. Dann genügt nämlich eine Berechnung des Betrages der elektrischen Feldstärke, weil die Richtung der Feldstärke-Vektoren vereinbarungsgemäß immer genau von der positiven Ladung weg (bzw. auf eine negative Ladung hin) zeigt. ½ P

Wer den Gebrauch der Kugelkoordinaten nachlesen möchte, betrachte z.B. Kapitel 11.10.

Lösungsweg, explizit:

Nach dem Coulomb-Gesetz ist der Betrag der elektrischen Feldstärke $E = \frac{1}{4\pi\varepsilon_0} \cdot \frac{Q}{r^2}$, worin $r$ der Abstand vom Kugelmittelpunkt ist und $\varepsilon_0$ in Kapitel 11.0 steht. Setzen wir die Werte der Aufgabenteile (a.) und (b.) ein, so erhalten wir ½ P

(a.) $E = \frac{1}{4\pi\varepsilon_0} \cdot \frac{Q}{r^2} = \frac{1}{4\pi \cdot 8.854 \cdot 10^{-12} \frac{A \cdot s}{V \cdot m}} \cdot \frac{10^{-9}\,C}{(0.1\,m)^2} \overset{TR}{\approx} 898.77 \frac{V \cdot m \cdot C}{A \cdot s \cdot m^2} = 898.77 \frac{V}{m}$ 1 P

(b.) $E = \frac{1}{4\pi\varepsilon_0} \cdot \frac{Q}{r^2} = \frac{1}{4\pi \cdot 8.854 \cdot 10^{-12} \frac{A \cdot s}{V \cdot m}} \cdot \frac{10^{-9}\,C}{(0.5\,m)^2} \overset{TR}{\approx} 35.95 \frac{V \cdot m \cdot C}{A \cdot s \cdot m^2} = 35.95 \frac{V}{m}$. 1 P

(c.) Die gefragte Kurve sieht man in Bild 3-1.

2 P

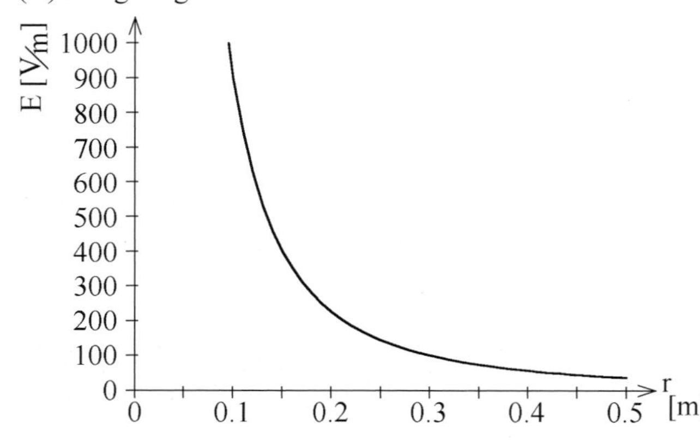


**Bild 3-1**
Verlauf des Betrages der elektrischen Feldstärke als Funktion des Abstandes $r$ vom Kugelmittelpunkt im Außenraum einer Kugel mit einem Radius von $R = 10\,cm$ und einer elektrischen Ladung von $Q = 10^{-9}\,C$.

(d.) Die Flächenladungsdichte auf der Kugeloberfläche erhält man, indem man die Gesamtladung durch die gesamte Oberfläche der Kugel dividiert, denn die Ladungen sammelt sich immer nur auf der Oberfläche und verteilt sich daher gleichmäßig auf der gesamten Kugel:

1 P Flächenladungsdichte $\sigma = \frac{Q}{4\pi R^2} = \frac{10^{-9}C}{4\pi \cdot (0.1m)^2} \overset{TR}{\approx} 7.96 \cdot 10^{-9} \frac{C}{m^2}$.

## Aufgabe 3.2 Geladene Teilchen im elektrischen Feld der Erde

| 5 Min. | | Punkte 3 P |
|---|---|---|

Nikolai Tesla hat die Erde als eine mit etwa $Q = 7 \cdot 10^5 C$ geladene Kugel bezeichnet. Dabei handelt es sich um eine Abschätzung der Größenordnung. Betrachten wir ein einzelnes Elektron an der Oberfläche der Erde: Vergleichen Sie die Gravitationskraft, mit der die Erde das Elektron anzieht mit der Coulombkraft, mit der die Erde das Elektron abstößt.

Hinweis: Konstanten und Naturgrößen findet man in Kapitel 11.0.

## Lösung zu 3.2

Lösungsstrategie:

Zu verwenden sind das Coulomb-Gesetz und Newton's Gravitationsgesetz.

Lösungsweg, explizit:

Die Gravitationskraft ist

1½ P $F_G = \gamma \cdot \frac{m_{Erde} \cdot m_{Elektron}}{R^2} = 6.674 \cdot 10^{-11} \frac{N \cdot m^2}{kg^2} \cdot \frac{5.9736 \cdot 10^{24} kg \cdot 9.11 \cdot 10^{-31} kg}{\left(6371 \cdot 10^3 m\right)^2} \overset{TR}{\approx} 8.94765 \cdot 10^{-30} N$.

Die Coulombkraft ist

$$F_{El} = \frac{1}{4\pi\varepsilon_0} \cdot \frac{Q_{Erde} \cdot Q_{Elektron}}{R^2} = \frac{1}{4\pi \cdot 8.854 \cdot 10^{-12} \frac{A \cdot s}{V \cdot m}} \cdot \frac{7 \cdot 10^5 C \cdot 1.602 \cdot 10^{-19} C}{\left(6371 \cdot 10^3 m\right)^2} \overset{TR}{\approx} 2.483 \cdot 10^{-17} \frac{V \cdot m}{A \cdot s} \cdot \frac{C^2}{m^2}$$

$$= 2.483 \cdot 10^{-17} \frac{J}{C} \cdot \frac{C}{m} = 2.483 \cdot 10^{-17} N. \qquad 1\tfrac{1}{2}\,P$$

Würde das Elektron als einzelnes geladenes Teilchen den Feldern der Erde gegenüberstehen, so würde es sich von diesem Planeten entfernen. Da aber die meisten Elektronen der Erde an Materie gebunden sind (normalerweise an Atomkerne, mit denen sie sich elektrisch neutralisieren), passiert dies nicht.

## Aufgabe 3.3 Elektrisches Feld der Erde (als Kugelkondensator)

6 Min. Punkte 4 P

(a.) In Aufgabe 3.2 wurde die Ladung der Erdkugel abgeschätzt. Überprüfen Sie den Sinngehalt dieser Abschätzung, indem Sie selbst eine Abschätzung durchführen.
Hinweise: Erdradius $R = 6371\,km$, mittlere elektr. Feldstärke an der Erdoberfläche $E = 150 \frac{V}{m}$.

(b.) Rechnen Sie außerdem noch aus, wie groß die elektrische Spannung zwischen der Erdoberfläche und dem unendlichen Weltall ist.

## Lösung zu 3.3

Lösungsstrategie:

(a.) Aufgrund der Kugelform der Erde ist deren Feld mit dem Coulombfeld einer Punktladung gleichzusetzen. Daraus kann man leicht berechnen, wie groß diese Punktladung ist.

(b.) Hier berechnet man die Differenz des Potentials zwischen zwei Punkten im Coulombfeld, von denen einer im Unendlichen liegt.

Lösungsweg, explizit:

(a.) Das Coulombfeld einer Punktladung ist dem Betrage nach $E = \frac{Q}{4\pi\varepsilon_0 \cdot r^2}$. Wir lösen nach $Q$ auf und setzen ein: $Q = E \cdot 4\pi\varepsilon_0 \cdot r^2 = 150 \frac{V}{m} \cdot 4\pi \cdot 8.854 \cdot 10^{-12} \frac{As}{Vm} \cdot \left(6371 \cdot 10^3 m\right)^2 \overset{TR}{\approx} 677431 C$. 2 P

Das bestätigt die grobe Abschätzung von Nikolai Tesla ganz treffend. Auch die hier angegebene Feldstärke beruht nur auf einer ungefähren Abschätzung.

(b.) Das Coulomb-Potential einer Punktladung lautet $V(r) = \frac{Q}{4\pi\varepsilon_0 \cdot r}$.
Gefragt ist die Differenz

$$U = V(R) - V(\infty) = \frac{Q}{4\pi\varepsilon_0 \cdot R} - \underbrace{\frac{Q}{4\pi\varepsilon_0 \cdot \infty}}_{\to 0} = \frac{677431 C}{4\pi \cdot 8.854 \cdot 10^{-12} \frac{As}{Vm} \cdot 6371 \cdot 10^3 m} \overset{TR}{\approx} 956 MV.$$

2 P

Bei den Dimensionen der Erde und des Weltraums ist fast ein Gigavolt offenbar möglich.

## Aufgabe 3.4 Millikan-Versuch

| | | | | |
|---|---|---|---|---|
| | (a.) 4 Min.<br>(b.) 6 Min. | | Punkte | (a.) 3 P<br>(b.) 4 P |
| | (c.) 2 Min.<br>(d.) 3 Min. | | Punkte | (c.) 1 P<br>(d.) 2 P |

Ein Wassertröpfchen (näherungsweise kugelige Form mit Durchmesser $0.2mm$) werde soweit elektrisch aufgeladen, wie die Durchschlagsfeldstärke der umgebenden Luft es erlaubt. (Setzen Sie diese Durchschlagsfeldstärke hier mit $\left|\vec{E}_{\max}\right| = 30\frac{kV}{cm}$ an.)

(a.) Wie viel Ladung kann der Wassertropfen maximal aufnehmen?
Wie vielen Elementarladungen entspricht das?

(b.) Wie groß muss ein von außen angelegtes elektrisches Feld sein, um diesen Tropfen gegen die Schwerkraft in der Schwebe zu halten?

(c.) Wie beurteilen Sie die Möglichkeit, mit dieser Anordnung die Elementarladung zu bestimmen?

(d.) Wie groß ist die Kapazität des Wassertropfens als Kugelkondensator?

## Lösung zu 3.4

Lösungsstrategie:

Wir erinnern uns daran, dass sich elektrische Ladungen immer auf der Oberfläche sammeln, dass das Innere des Tropfens also keine Ladungen trägt. Außerdem tritt wegen der kugeligen Form der Oberfläche kein Spitzenladungseffekt auf.

(a.) Damit stellt sich der Wassertropfen als Kugelkondensator dar. Die elektrische Feldstärke an dessen Oberfläche ist durch die Durchschlagsfeldstärke der Luft begrenzt.

(b.) Die Kraft, die das elektrische Feld auf diesen Wassertropfen ausübt, muss mit der Gravitationskraft gleichgesetzt werden. (Hinweis: Betrachten Sie den Aufbau an einem Ort auf der Erdoberfläche.)

(c.) Hier ist an einen Vergleich mit dem Millikan-Versuch gedacht.

(d.) Die Formel für die Kapazität eines Kugelkondensators findet man in Formelsammlungen.

Lösungsweg, explizit:

(a.) Die elektrische Feldstärke im Außenraum der Kugel ist dieselbe, wie sie von einer in der Kugelmitte positionierten Punktladung erzeugt werden würde und lautet somit dem Betrage

1 P nach $\left|\vec{E}_{\max}\right| = \frac{Q}{4\pi\varepsilon_0 \cdot r^2}$, worin $Q =$ elektrische Ladung und $r^2 =$ Abstand von der Kugelmitte.

Auflösen nach $Q$ und Einsetzen der Werte liefert

$$Q = \left|\vec{E}_{\max}\right| \cdot 4\pi\varepsilon_0 \cdot r^2 = 30\frac{kV}{cm} \cdot 4\pi \cdot 8.854 \cdot 10^{-12}\frac{As}{Vm} \cdot (0.1mm)^2 = 30 \cdot \frac{1000V}{0.01m} \cdot 4\pi \cdot 8.854 \cdot 10^{-12}\frac{As}{Vm} \cdot \left(10^{-4}m\right)^2$$

1 P
$$= 30 \cdot \frac{1000V}{0.01m} \cdot 4\pi \cdot 8.854 \cdot 10^{-12}\frac{As}{Vm} \cdot \left(10^{-4}m\right)^2 \overset{TR}{\approx} 3.338 \cdot 10^{-12}\,C.$$

Diese Ladung kann der Wassertropfen maximal aufnehmen. Wird sie durch Elektronen übertragen, so entspricht sie $\frac{3.338 \cdot 10^{-12}\,C}{1.602 \cdot 10^{-19}\,C} \stackrel{TR}{\approx} 2.08 \cdot 10^{7}$ dieser Teilchen mit Elementarladung. 1 P

(b.) Gleichsetzen der elektrischen Kraft im externen Feld $\vec{E}_{ext}$ mit der Gravitationskraft ($m$ = Masse und $g$ = Erdbeschleunigung, sowie $\rho$ und $V$ als Dichte und Volumen des Wassertropfens) und Auflösen nach $\vec{E}_{ext}$ liefert:

$$\left.\begin{aligned} \left|\vec{F}_{elek}\right| &= \vec{E}_{ext} \cdot Q = \vec{E}_{ext} \cdot \left|\vec{E}_{\max}\right| \cdot 4\pi\varepsilon_0 \cdot r^2 \\ \left|\vec{F}_{grav}\right| &= m \cdot g = \rho \cdot V \cdot g = \rho \cdot \tfrac{4}{3}\pi r^3 \cdot g \end{aligned}\right\} \Rightarrow \vec{E}_{ext} \cdot \left|\vec{E}_{\max}\right| \cdot 4\pi\varepsilon_0 \cdot r^2 = \rho \cdot \tfrac{4}{3}\pi r^3 \cdot g$$

$$\Rightarrow \vec{E}_{ext} = \frac{\rho \cdot \frac{4}{3}\pi r^3 \cdot g}{\left|\vec{E}_{\max}\right| \cdot 4\pi\varepsilon_0 \cdot r^2} .$$ 2 P

Werte einsetzen liefert $\Rightarrow \vec{E}_{ext} = \frac{\rho \cdot \frac{4}{3}\pi r^3 \cdot g}{\left|\vec{E}_{\max}\right| \cdot 4\pi\varepsilon_0 \cdot r^2} = \frac{\rho \cdot \frac{1}{3} r \cdot g}{\left|\vec{E}_{\max}\right| \cdot \varepsilon_0}$

$$\stackrel{TR}{\approx} \frac{1000\frac{kg}{m^3} \cdot \frac{1}{3} \cdot \left(10^{-4}m\right) \cdot 9.81\frac{m}{s^2}}{\frac{30 \cdot 10^3 V}{10^{-2} m} \cdot 8.854 \cdot 10^{-12}\frac{As}{Vm}} \stackrel{TR}{\approx} \underbrace{12311\frac{kg \cdot m}{s^2 \cdot A \cdot s} = 12311\frac{J}{m \cdot C}}_{\text{Zum Umformen der Einheiten: } 1\,Joule = 1\frac{kg \cdot m^2}{s^2} \Rightarrow 1\frac{kg \cdot m}{s^2} = 1\frac{J}{m} \text{ und } 1\,Coulomb = 1\,A \cdot s} = \underbrace{12311\frac{V}{m}}_{\text{und: } 1\frac{J}{C} = 1\,Volt} .$$ 2 P

Dies ist die gesuchte elektrische Feldstärke.

(c.) Die beschriebene Anordnung entspricht dem Millikan-Versuch bis auf einen Unterschied: Beim Millikan-Versuch werden winzige Tröpfchen möglichst schwach aufgeladen, um einzelne Elementarladungen messbar zu machen. In unserem Aufbau hingegen werden die Tropfen möglichst stark aufgeladen. Dadurch ist (anders als bei Millikan) die Zahl der Ladungen viel zu groß, um einzelne Elementarladungen nachweisen zu können. 1 P

(d.) Die Kapazität eines Kugelkondensators vom Radius $r$ lautet $C = 4\pi\varepsilon_0 \cdot r$. Das führt zu

$C = 4\pi\varepsilon_0 \cdot r = 4\pi \cdot 8.854 \cdot 10^{-12}\frac{As}{Vm} \cdot 10^{-4} m \stackrel{TR}{\approx} 1.113 \cdot 10^{-14}\frac{C}{V} = 0.01113\,pF$ für den Wassertropfen. 2 P

## Aufgabe 3.5 Elektrisches Feld eines geladenen Drahtes

| | | | |
|---|---|---|---|
| 30 bis 35 Min. |  | Punkte 23 P |

Bestimmen Sie das elektrostatische Feld, welches von einem geraden Draht der Länge $l = 1.2\,m$, der die Ladung $Q = 0.4\,C$ trägt, im Punkt $P_0 = (x_0, y_0, z_0) = (1m, 1m, 1m)$ hervorgerufen wird. Die Lage des Drahtes entlang der x-Achse entnehmen Sie bitte Bild 3-2.

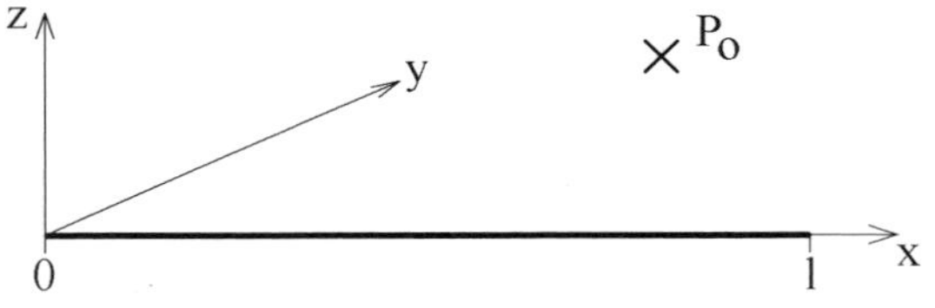


**Bild 3-2**
Geladener gerader Draht. Ein kartesisches Koordinatensystem, in dem ein elektrostatisches Feld berechnet werden soll, ist mit seiner x-Achse an dem Draht ausgerichtet.

## Lösung zu 3.5

Lösungsstrategie:

Zu jedem einzelnen infinitesimal kleinen Element als Bestandteil des gesamten geladenen Leiters kann die im Punkt $P_0$ erzeugte elektrische Feldstärke nach dem Coulomb'schen Gesetz berechnet werden. Integriert man diese Elemente über den gesamten felderzeugenden Körper, so erhält man das gesamte elektrische Feld. Im Prinzip lässt sich diese Vorgehensweise für jeden beliebig geformten geladenen Körper anwenden, sofern man handwerklich (mathematisch) in der Lage ist, die dabei entstehenden Integrale zu lösen.

Lösungsweg, explizit:

In unserem Fall ist das Integral „besonders einfach", weil unser geladener Körper sich nur in eine einzige Dimension erstreckt.

Das infinitesimale Feld eines infinitesimal kleinen Stücks des Drahtes $dx$ ist

2 P $d\vec{E} = \frac{1}{4\pi\varepsilon_0} \cdot \frac{\frac{Q}{l} \cdot dx}{r^2} \cdot \vec{e}_r$, wobei die infinitesimale Ladung dieses Stückes $dQ = \frac{Q}{l} \cdot dx$ beträgt,

weil $\frac{dx}{l}$ der Anteil des infinitesimalen Elements an der Länge des gesamten Drahtes ist und damit $\frac{Q \cdot dx}{l}$ der Anteil an der Gesamtladung. Außerdem ist der Abstand des infinitesimalen Leiterabschnittes zum Punkt $P_0$ nach Pythagoras $r = \sqrt{(x-x_0)^2 + y_0^2 + z_0^2}$. Der Vektorcharakter der elektrischen Feldstärke kommt durch Verwendung des Einheitsvektors $\vec{e}_r$ in $r$ – Richtung zum Ausdruck, der die Richtung vom infinitesimalen Element zum Punkt $P_0$

1 P angibt. Oft sieht man die Schreibweise $\vec{e}_r = \frac{\vec{r}}{|\vec{r}|}$.

**Stolperfalle**

Das Coulomb-Gesetz gibt eigentlich die Kraft zwischen zwei Ladungen an. Dafür genügt die Verwendung des Betrages: $F = \frac{1}{4\pi\varepsilon_0} \cdot \frac{Q_1 \cdot Q_2}{r^2}$.

Will man hingegen die Feldstärke einer der beiden Ladungen angeben, so schreibt man unter Berufung auf $E_1 = \frac{F}{Q_2}$ die Feldstärke der Ladung $Q_1$ als $E_1 = \frac{1}{4\pi\varepsilon_0} \cdot \frac{Q_1}{r^2}$. Damit hat man wieder nur den Betrag der Feldstärke erhalten. In Wirklichkeit ist die Feldstärke aber eine vektorielle Größe. Um vollständig zu arbeiten, muss man also die Richtung des Vektors in die Gleichung mit aufnehmen: $\vec{E}_1 = \frac{1}{4\pi\varepsilon_0} \cdot \frac{Q_1}{r^2} \cdot \vec{e}_r = \frac{1}{4\pi\varepsilon_0} \cdot \frac{Q_1}{r^2} \cdot \frac{\vec{r}}{|\vec{r}|} = \frac{Q_1}{4\pi\varepsilon_0} \cdot \frac{\vec{r}}{|\vec{r}|^3}$, wobei $\vec{e}_r$ vom Ort

1 P der Ladung $Q_1$ zum Ort der Ladung $Q_2$ zeigt. Die Coulomb-Kraft ist dann $\vec{F} = \vec{E}_1 \cdot Q_2$.

Durch Integration der Feldstärkevektoren über aller infinitesimalen felderzeugenden Elemente erhalten wir das vom gesamten Körper erzeugte Feld:

$$\vec{E}_{ges} = \int_0^l d\vec{E} = \int_0^l \left( \frac{1}{4\pi\varepsilon_0} \cdot \frac{Q}{l} \cdot dx \cdot \frac{\vec{r}}{|\vec{r}|^3} \right)$$ 4 P

$$= \int_0^l \frac{1}{4\pi\varepsilon_0} \cdot \frac{Q}{l} \cdot \frac{\left( (x-x_0) \,;\, y_0 \,;\, z_0 \right)}{\left[ (x-x_0)^2 + y_0^2 + z_0^2 \right]^{3/2}} \cdot dx$$ Dies ist ein vektorwertiges Integral. 2 P

$$= \frac{1}{4\pi\varepsilon_0} \cdot \frac{Q}{l} \cdot \int_0^l \frac{\left( (x-x_0) \,;\, y_0 \,;\, z_0 \right)}{\left[ (x-x_0)^2 + y_0^2 + z_0^2 \right]^{3/2}} dx \,.$$

Das vektorwertige Integral läßt sich komponentenweise mit Hilfe einer Integraltabelle lösen. 2 P

In solchen Tabellen findet man u.a. folgende Stammfunktionen:

$$\int \frac{(x-x_0)}{\left[ (x-x_0)^2 + y_0^2 + z_0^2 \right]^{3/2}} dx = -\left[ (x-x_0)^2 + y_0^2 + z_0^2 \right]^{-\frac{1}{2}}$$ 1 P

und
$$\int \frac{y_0}{\left[ (x-x_0)^2 + y_0^2 + z_0^2 \right]^{3/2}} dx = \frac{(x-x_0) \cdot y_0}{y_0^2 + z_0^2} \cdot \left[ (x-x_0)^2 + y_0^2 + z_0^2 \right]^{-\frac{1}{2}}$$ 1 P

sowie
$$\int \frac{z_0}{\left[ (x-x_0)^2 + y_0^2 + z_0^2 \right]^{3/2}} dx = \frac{(x-x_0) \cdot z_0}{y_0^2 + z_0^2} \cdot \left[ (x-x_0)^2 + y_0^2 + z_0^2 \right]^{-\frac{1}{2}} .$$ 1 P

In diese müssen wir nun die Integrationsgrenzen sowie $x_0$, $y_0$ und $z_0$ einsetzen, wobei die Gefahr von Flüchtigkeitsfehlern beim mathematischen Auflösen sehr groß ist. Da aber nur Integrationsgrenzen und physikalische Größen einzusetzen sind, ist der Weg konzeptionell unkompliziert. Das Auflösen dieser Integrale liefert folgendes Ergebnis:

$$\int_0^l \frac{(x-x_0)}{\left[ (x-x_0)^2 + y_0^2 + z_0^2 \right]^{3/2}} dx = -\left[ (x-x_0)^2 + y_0^2 + z_0^2 \right]^{-\frac{1}{2}} \Bigg|_0^l = \ldots \overset{TR}{\approx} -0.1227898 \frac{1}{m} \,,$$ 2 P

$$\int_0^l \frac{y_0}{\left[ (x-x_0)^2 + y_0^2 + z_0^2 \right]^{3/2}} dx = \frac{(x-x_0) \cdot y_0}{y_0^2 + z_0^2} \cdot \left[ (x-x_0)^2 + y_0^2 + z_0^2 \right]^{-\frac{1}{2}} \Bigg|_0^l = \ldots \overset{TR}{\approx} +0.3586891 \frac{1}{m} \,,$$ 2 P

$$\int_0^l \frac{z_0}{\left[ (x-x_0)^2 + y_0^2 + z_0^2 \right]^{3/2}} dx = \frac{(x-x_0) \cdot z_0}{y_0^2 + z_0^2} \cdot \left[ (x-x_0)^2 + y_0^2 + z_0^2 \right]^{-\frac{1}{2}} \Bigg|_0^l = \ldots \overset{TR}{\approx} +0.3586891 \frac{1}{m} \,.$$ 2 P

Fassen wir die drei kartesischen Komponenten wieder zu einem Vektor zusammen, den wir jetzt der Übersicht halber in Spaltenschreibweise notieren wollen, so erhalten wir das gesuchte Ergebnis des gesamten elektrostatischen Feldes:

2 P

$$\vec{E}_{ges} = \frac{1}{4\pi\varepsilon_0} \cdot \frac{Q}{l} \cdot \begin{pmatrix} -0.1227898\frac{1}{m} \\ +0.3586891\frac{1}{m} \\ +0.3586891\frac{1}{m} \end{pmatrix} = \frac{1}{4\pi \cdot 8.8542 \cdot 10^{-12} \frac{A \cdot s}{V \cdot m}} \cdot \frac{0.4C}{1.2m} \cdot \begin{pmatrix} -0.1227898\frac{1}{m} \\ +0.3586891\frac{1}{m} \\ +0.3586891\frac{1}{m} \end{pmatrix} \stackrel{TR}{\approx} \begin{pmatrix} -3.67860 \cdot 10^{8} \frac{V}{m} \\ +1.07458 \cdot 10^{9} \frac{V}{m} \\ +1.07458 \cdot 10^{9} \frac{V}{m} \end{pmatrix}.$$

## Aufgabe 3.6 Elektrisches Feld zweier Punktladungen

| | | Punkte | |
|---|---|---|---|
| (a.) 7 Min. | | | (a.) 5 P |
| (b.) 4 Min. | | | (b.) 3 P |
| (c.) 12 Min. | | | (c.) 9 P |

Zwei elektrische Punktladungen $Q_1$ und $Q_2$ seien entsprechend Bild 3-3 im Raum angeordnet.

(a.) Finden Sie einen mathematischen Ausdruck, der das elektrische Feld für jeden beliebigen Punkt $(x; y; z)$ im Raum angibt.

Hinweis: Gefragt ist nicht der Betrag des elektrischen Feldes, sondern das Vektorfeld.

(b.) Finden Sie einen mathematischen Ausdruck, der das Potential zu dem elektrischen Feld für jeden beliebigen Punkt $(x; y; z)$ im Raum angibt.

Hinweis: Die Ergebnisse der Aufgabenteile (a.) und (b.) können längliche mathematische Ausdrücke sein, auf deren algebraische Vereinfachung verzichtet werden darf.

(c.) Betrachten wir ein numerisches Beispiel: $x_1 = -1cm$, $x_2 = +1cm$, $Q_1 = 0.5C$, $Q_2 = 0.2C$.

Wie viel Arbeit ist zu verrichten, wenn ein Elektron vom Punkt $P_A = (0; 0; 0)$ zum Punkt $P_B = (1cm; 2cm; 3cm)$ bewegt wird?

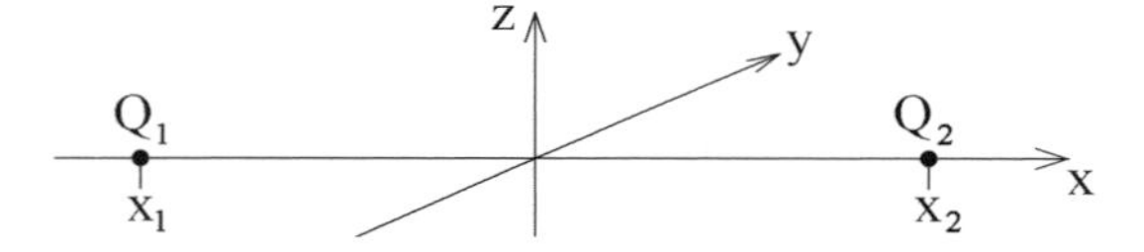


**Bild 3-3**
Räumliche Anordnung zweier elektrischer Ladungen $Q_1$ und $Q_2$ auf der x-Achse.

## Lösung zu 3.6

### Stolperfalle

Man vergesse nicht, dass das elektrische Feld ein Vektorfeld ist und berechne die Feldstärke vektoriell. Eine simple Angabe in Kugelkoordinaten wie bei einer Punktladung reicht hier nicht, da das Problem nicht kugelsymmetrisch ist. Wir arbeiten mit kartesischen Koordinaten.

Lösungsstrategie:

(a.) Das elektrische Feld jeder einzelnen Punktladung kann mit Hilfe des Coulomb-Gesetzes berechnet werden. Die Felder mehrerer Punktladungen dürfen ungestört superponiert werden.

(b.) In analoger Weise dürfen auch die zentralsymmetrischen Potentiale der Punktladungen addiert werden. Da das Potential im Gegensatz zum elektrischen Feld eine skalare Größe ist, ist hier die Addition wesentlich einfacher als bei Aufgabenteil (a.).

(c.) Da das Potential konservativ ist, ist der Zusammenhang zur verrichteten Arbeit wegunabhängig. Das macht die Berechnung handlich und auf Aufgabenteil (b.) rückführbar.

Lösungsweg, explizit:

(a.) Die elektrischen Felder der einzelnen Punktladungen lauten:

Für die Ladung Nr.1: $$\vec{E}_1 = \underbrace{\frac{1}{4\pi\varepsilon_0} \cdot \frac{Q_1}{(x-x_1)^2+y^2+z^2}}_{\substack{\text{Dies ist der Betrag der Feldstärke.}\\ \text{Der Nenner unter } Q_1 \text{ ist das Quad-}\\ \text{rat des Abstands zur Punktladung.}}} \cdot \underbrace{\frac{\begin{pmatrix} x-x_1 \\ y \\ z \end{pmatrix}}{\sqrt{(x-x_1)^2+y^2+z^2}}}_{\substack{\text{Einheitsvektor in Feldrichtung}\\ \text{Das ist der Vektor geteilt durch}\\ \text{seinen Betrag.}}},$$ 1½ P

oder kurz: $$\vec{E}_1 = \frac{1}{4\pi\varepsilon_0} \cdot \frac{Q_1}{\left[(x-x_1)^2+y^2+z^2\right]^{\frac{3}{2}}} \cdot \begin{pmatrix} x-x_1 \\ y \\ z \end{pmatrix}.$$ 1 P

Und für die Ladung Nr. 2 in analoger Weise: $$\vec{E}_2 = \frac{1}{4\pi\varepsilon_0} \cdot \frac{Q_2}{\left[(x-x_2)^2+y^2+z^2\right]^{\frac{3}{2}}} \cdot \begin{pmatrix} x-x_2 \\ y \\ z \end{pmatrix}.$$ 1½ P

Die ungestörte Superposition entspricht einer simplen vektoriellen Addition der Feldstärken:

$$\vec{E}_{ges} = \frac{1}{4\pi\varepsilon_0} \cdot \frac{Q_1}{\left[(x-x_1)^2+y^2+z^2\right]^{\frac{3}{2}}} \cdot \begin{pmatrix} x-x_1 \\ y \\ z \end{pmatrix} + \frac{1}{4\pi\varepsilon_0} \cdot \frac{Q_2}{\left[(x-x_2)^2+y^2+z^2\right]^{\frac{3}{2}}} \cdot \begin{pmatrix} x-x_2 \\ y \\ z \end{pmatrix}.$$ 1 P

Ein Vereinfachen dieses Ausdrucks ist mühsam und auch nicht gefordert. Deshalb verzichten wir darauf.

**Arbeitshinweis**

Die eigentliche Schwierigkeit der Aufgabe liegt in der Konsequenz des logischen Denkens, sprich bei der wiederholten Anwendung des Coulomb-Gesetzes.

(b.) Das Coulomb-Potential einer Punktladung $Q$ ist in Kugelkoordinaten $V(r) = \frac{1}{4\pi\varepsilon_0} \cdot \frac{Q}{r}$, 1 P

wobei $r$ der Abstand vom Punkt $P = (x\,;y\,;z)$ zum Ort der Ladung ist. Beziehen wir dies auf die beiden in der Aufgabenstellung gegebenen Ladungen, so erhalten wir die Summe in kartesischen Koordinaten:

$$V_{ges}\begin{pmatrix} x \\ y \\ z \end{pmatrix} = V_1\begin{pmatrix} x \\ y \\ z \end{pmatrix} + V_2\begin{pmatrix} x \\ y \\ z \end{pmatrix} = \frac{1}{4\pi\varepsilon_0} \cdot \frac{Q_1}{\sqrt{(x-x_1)^2+y^2+z^2}} + \frac{1}{4\pi\varepsilon_0} \cdot \frac{Q_2}{\sqrt{(x-x_2)^2+y^2+z^2}}.$$ 2 P

Auch hier wollen wir wieder auf nicht gefragte mathematische Vereinfachungen verzichten.

(c.) Der Zusammenhang zwischen dem konservativen Potential und der Arbeit ist $\frac{W}{q_e} = V(P_B) - V(P_A)$, denn das Potential hat einen Hintergrund als Arbeit pro im Feld befindlicher Ladung. Da in unserem Beispiel die im Feld befindliche Ladung ein Elektron ist, ist $q_e = -1.602 \cdot 10^{-19} C$. Wir setzen also ein und berechnen zuerst das Potential in beiden Punkten:

$$V_{ges}(P_A) = \frac{1}{4\pi\varepsilon_0} \cdot \frac{0.5C}{\sqrt{(0+0.01m)^2 + 0^2 + 0^2}} + \frac{1}{4\pi\varepsilon_0} \cdot \frac{0.2C}{\sqrt{(0-0.01m)^2 + 0^2 + 0^2}}$$

3 P $$= \frac{1}{4\pi\varepsilon_0} \cdot \frac{0.5C}{0.01m} + \frac{1}{4\pi\varepsilon_0} \cdot \frac{0.2C}{0.01m} = \frac{1}{4\pi \cdot 8.8542 \cdot 10^{-12} \frac{As}{Vm}} \cdot \frac{0.7C}{0.01m} \overset{TR}{\approx} 6.29142 \cdot 10^{11} V$$

$$V_{ges}(P_B)$$
$$= \frac{1}{4\pi\varepsilon_0} \cdot \frac{0.5C}{\sqrt{(0.01m+0.01m)^2 + (0.02m)^2 + (0.03m)^2}} + \frac{1}{4\pi\varepsilon_0} \cdot \frac{0.2C}{\sqrt{(0.01m-0.01m)^2 + (0.02m)^2 + (0.03m)^2}}$$

3 P $$= \frac{1}{4\pi\varepsilon_0} \cdot \frac{0.5C}{\sqrt{0.0017m^2}} + \frac{1}{4\pi\varepsilon_0} \cdot \frac{0.2C}{\sqrt{0.0013m^2}} = \frac{1}{4\pi\varepsilon_0} \cdot \underbrace{\left( \frac{0.5C}{\sqrt{0.0017m^2}} + \frac{0.2C}{\sqrt{0.0013m^2}} \right)}_{\overset{TR}{\approx} 17.67378321 \frac{C}{m}}$$

1 P $$\overset{TR}{\approx} \frac{17.67378321 \frac{C}{m}}{4\pi \cdot 8.8542 \cdot 10^{-12} \frac{As}{Vm}} \overset{TR}{\approx} 1.588438 \cdot 10^{11} V .$$

Um schließlich die Arbeit zu erhalten, multiplizieren wir die Potentialdifferenz (= Spannung) mit der im Feld bewegten Ladung:

2 P $$W = q_e \cdot \left( V_{ges}(P_B) - V_{ges}(P_A) \right) \overset{TR}{\approx} -1.602 \cdot 10^{-19} C \cdot \left( 1.588438 \cdot 10^{11} V - 6.29142 \cdot 10^{11} V \right) \overset{TR}{\approx} 7.5342 \cdot 10^{-8} J .$$

Das positive Vorzeichen des Ergebnisses drückt aus, dass bei der untersuchten Bewegung Arbeit frei wird, denn die gespeicherte potentielle Energie ist im Anfangspunkt größer als im Endpunkt der Bewegung. Begründung: Im Zielpunkt „B" ist die Energie höher als im Startpunkt „A".

## Aufgabe 3.7 Elektrisches Feld eines speziellen Kondensators

| 17 Min. | | Punkte 12 P |
|---|---|---|

In einem Kugelkondensator aus zwei leitfähigen konzentrischen Kugelschalen (Aufbau siehe Bild 3-4) befinde sich eine Punktladung $q = -10^{-5} C$, die vom Punkt $P_1 = (1cm; 2cm; 3cm)$ zum Punkt $P_2 = (5cm; 4cm; 3cm)$ bewegt werde. Berechnen Sie bitte die dafür nötige Arbeit.

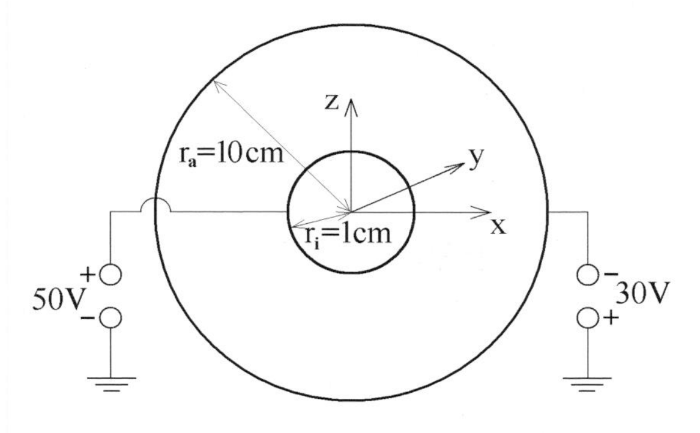


**Bild 3-4**
Kugelkondensator aus zwei konzentrischen Kugelschalen. Gezeigt wird ein Schnitt durch die xz-Ebene, der außer der Geometrie der Anordnung auch die Abmessungen und die angelegten Spannungen erkennen lässt.

## Lösung zu 3.7

Lösungsstrategie:

Die Hürde liegt in der Beschreibung des Feldes der Kondensatoranordnung. Wegen der vorhandenen Symmetrie gelingt dies am einfachsten unter Verwendung von Kugelkoordinaten.

Schließlich erhält man ein konservatives Potential, in welchem die Berechnung der Arbeit dann keine große Mühe mehr bereitet.

Achtung: Die Äquipotentialflächen sind Kugeln, ebenso wie bei einer Punktladung, aber die Absolutwerte des Potentials sind hier laut Aufgabenstellung über eine Spannung zwischen zwei gegebenen Äquipotentialflächen festgelegt. Aus der Kenntnis des Potentials an diesen zwei Punkten kann man berechnen, welche Punktladung im Zentrum dasselbe Feld im Innenraum des Kondensators erzeugen würde, wie die in Bild 3-4 beschriebene Anordnung. Ersetzt man die gezeichnete Anordnung durch diese Punktladung, so ist das Coulomb-Gesetz verwendbar.

Lösungsweg, explizit:

▪ Geladene Kugeln sind für ihr kugelsymmetrisches Zentralpotential bekannt. Wir ersetzen also die geladenen Kugeln durch eine Punktladung $Q$ im Zentrum der Kugelanordnung. Der erste Arbeitsschritt ist nun: Man berechne $Q$. 1 P

▪ Im Innenraum einer geladenen Kugel ist das elektrostatische Feld Null. Die äußere Kugel erzeugt also kein Feld, sondern sie definiert lediglich eine Äquipotentialfläche im Feld der inneren Kugel. Den Wert des Potentials dieser Äquipotentialfläche kennen wir zunächst noch nicht, also bezeichnen wir ihn jetzt nur mit $X$ : $V(r_a) = \frac{Q}{4\pi\varepsilon_0 \cdot r_a} = X$ (Coulomb-Potential) 2 P

▪ Das Potential der inneren Kugel liegt gegenüber dem Potential der äußeren Kugel um $+80V$ verschoben, also ist $V(r_i) = \frac{Q}{4\pi\varepsilon_0 \cdot r_i} = X + 80V$ (ebenfalls Coulomb-Potential) 1 P

### Stolperfalle

Das Einzeichnen des Erdpotentials in Bild 3-4 ist absolut belanglos, denn die ins Feld eingebrachte Ladung $q$ sieht nirgends das Erdpotential. Entscheidend ist einzig und allein die Potentialdifferenz zwischen den beiden Platten. Im Übrigen genügt es für uns, das Potential nur im Zwischenraum zwischen den beiden Kugelschalen anzugeben.

▪ Was wir kennen, ist die Differenz der beiden Potentiale (dies ist die Spannung zwischen den Kugelkondensatorplatten). Also fügen wir $V(r_a)$ und $V(r_i)$ zusammen und berechnen diese Differenz:

1 P $$V(r_i)-V(r_a)=\frac{Q}{4\pi\varepsilon_0\cdot r_i}-\frac{Q}{4\pi\varepsilon_0\cdot r_a}=(X+80V)-X=80V \quad\Rightarrow\quad \frac{Q}{4\pi\varepsilon_0}\cdot\left(\frac{1}{r_i}-\frac{1}{r_a}\right)=80V$$

$$\Rightarrow\quad \frac{Q}{4\pi\varepsilon_0}\cdot\left(\frac{r_a-r_i}{r_i\cdot r_a}\right)=80V \quad\Rightarrow\quad Q=4\pi\varepsilon_0\cdot\frac{r_i\cdot r_a}{r_a-r_i}\cdot 80V=4\pi\cdot 8.8542\cdot 10^{-12}\frac{As}{Vm}\cdot\frac{0.01m\cdot 0.10m}{0.10m-0.01m}\cdot 80V$$

2 P $$\Rightarrow\quad Q\overset{TR}{\approx}+9.89\cdot 10^{-11}A\cdot s=+9.89\cdot 10^{-11}C\ .$$

Das Coulomb-Potential solch einer Punktladung ist einfach anzugeben: $V_{ges}(r)=\frac{Q}{4\pi\varepsilon_0\cdot r}$.

Durch unseren Ansatz mit den zwei Äquipotentialflächen haben wir erreicht, dass $V_{ges}$ das Potential im Innenraum zwischen den beiden Kugelschalen angibt.

▪ Da dieses Potential konservativ und kugelsymmetrisch ist, müssen wir nur die Abstände der beiden Punkte $P_1$ und $P_2$ zum Zentrum ausrechnen, um daraus die Potentialdifferenz zwischen diesen beiden Punkten zu bestimmen:

1 P $$P_1=(1cm\,;2cm\,;3cm)\quad\Rightarrow\quad r_1=\sqrt{(0.01m)^2+(0.02m)^2+(0.03m)^2}=\sqrt{0.0014}\ m\ ,$$

1 P $$P_2=(5cm\,;4cm\,;3cm)\quad\Rightarrow\quad r_2=\sqrt{(0.05m)^2+(0.04m)^2+(0.03m)^2}=\sqrt{0.0050}\ m\ .$$

Die gesuchte Potentialdifferenz ist also

1 P $$U=V_{ges}(r_2)-V_{ges}(r_1)=\frac{Q}{4\pi\varepsilon_0\cdot r_2}-\frac{Q}{4\pi\varepsilon_0\cdot r_1}=\frac{Q}{4\pi\varepsilon_0}\cdot\left(\frac{1}{r_2}-\frac{1}{r_1}\right).$$

Damit berechnet man die in der Aufgabenstellung gefragte Arbeit $W$ als

$$W=U\cdot q=\frac{Q\cdot q}{4\pi\varepsilon_0}\cdot\left(\frac{1}{r_2}-\frac{1}{r_1}\right)=\frac{9.89\cdot 10^{-11}C\cdot\left(-10^{-5}C\right)}{4\pi\cdot 8.8542\cdot 10^{-12}\frac{As}{Vm}}\cdot\left(\frac{1}{\sqrt{0.0014}\,m}-\frac{1}{\sqrt{0.0050}\,m}\right)$$

2 P $$\overset{TR}{\approx}-1.11855\cdot 10^{-4}\frac{C}{V}=-1.11855\cdot 10^{-4}J\ .$$

Plausibilitätskontrolle: Das negative Vorzeichen des Ergebnisses drückt aus, dass bei der Bewegung nicht Arbeit frei wird, sondern welche verrichtet werden muß. Das entspricht unserem Verständnis, denn die innere Kugel ist gegenüber der äußeren positiv geladen, und wir bewegen eine negative Ladung von innen nach außen, also von der positiven Kugel weg und zur negativen hin.

Die Begründung, warum das negative Vorzeichen der Energie hier ausdrückt, dass Arbeit verrichtet werden muss (und nicht umgekehrt frei wird), ist die: Der in der Subtraktion erstgenannte Zustand bei $P_2$ ist energetisch niedriger als der Zustand bei $P_1$.

## Aufgabe 3.8 Coulombkräfte zwischen mehreren Ladungen

| 21 Min. | | Punkte 13 P |
|---|---|---|

In jedem der vier Eckpunkte eines Quadrates befinde sich eine punktförmige Ladung $q = 2 \cdot 10^{-9} C$. Um zu verhindern, dass diese Ladungen sich aufgrund der abstoßenden Coulombkraft voneinander entfernen, wird in die Mitte des Quadrates eine negative Ladung $q_m$ positioniert, die die vier Ladungen der Eckpunkte anzieht.

Frage: Wie groß muss die Ladung $q_m$ sein, damit sich die anziehenden und die abstoßenden Kräfte genau derart die Waage halten, dass alle Ladungen kräftefrei an ihren Orten bleiben?

## Lösung zu 3.8

Lösungsstrategie:

Um uns die Vorgaben klar zu machen, veranschaulichen wir die Anordnung in Bild 3-5.

Die Aufgabe besteht nun darin, die Summe aller abstoßenden Kräfte zwischen den Ladungen $q_1 ... q_4$ zu berechnen. Dann muss die Ladung $q_m$ genau derart eingestellt werden, dass ihre anziehende Kraft die Kräftesumme der abstoßenden Kräfte exakt kompensiert.

Erster Hinweis: Die Kantenlänge des Quadrats können Sie mit $d$ bezeichnen. Allerdings werden wir sehen, dass die Lösung von dieser Größe nicht abhängt.

Zweiter Hinweis: Aus Symmetriegründen genügt es, die Kraft auf eine beliebige der Ladungen in den Eckpunkten zu berechnen. Für alle anderen Eckpunkt-Ladungen wäre der Rechengang derselbe. 2 P

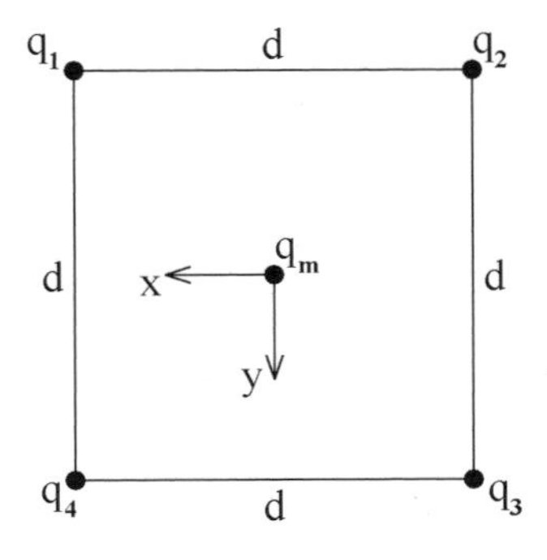


**Bild 3-5**
Veranschaulichung der Anordnung zur Aufgabenstellung 3.8. Vier Ladungen befinden sich an den Eckpunkten eines Quadrates, eine zusätzliche Ladung wird in den Mittelpunkt eingebracht.
Zur Übersicht ist ein xy-Koordinatensystem angedeutet, welches derart im Raum orientiert wurde, dass die Berechnungen möglichst bequem werden. 1 P

Lösungsweg, explizit:

Wir wählen willkürlich die Eckpunkt-Ladung Nr. 2 aus und berechnen die auf sie wirkenden Kräfte nach dem Coulomb-Gesetz. Für jede andere Eckpunkt-Ladung wäre der Lösungsweg identisch. Im übrigen ist klar, dass wir die Einzelkräfte vektoriell addieren müssen. Allerdings genügt eine zweidimensionale Betrachtung, da die Anordnung in z-Richtung keine Ausdehnung hat.

2 P

$$\vec{F}_{2,ges} = \vec{F}_{2,3} + \vec{F}_{2,1} + \vec{F}_{2,4} = \underbrace{\frac{q_2^2}{4\pi\varepsilon_0 \cdot d^2} \cdot \begin{pmatrix} 0 \\ 1 \end{pmatrix}}_{\vec{F}_{2,3}} + \underbrace{\frac{q_2^2}{4\pi\varepsilon_0 \cdot d^2} \cdot \begin{pmatrix} 1 \\ 0 \end{pmatrix}}_{\vec{F}_{2,1}} + \underbrace{\frac{q_2^2}{4\pi\varepsilon_0 \cdot 2d^2} \cdot \begin{pmatrix} \sqrt{1/2} \\ \sqrt{1/2} \end{pmatrix}}_{\vec{F}_{2,4}} \qquad (*1)$$

Kommentare:

Jeder der Summanden enthält ein Produkt aus dem Betrag der Kraft und einem Einheitsvektor, welcher die Richtung der Kraft angibt.

$\vec{F}_{2,3}$: Zum Betrag → Der Abstand der Ladungen ist $d$.
Zur Richtung → Diese Kraft zeigt in y-Richtung.

$\vec{F}_{2,1}$: Zum Betrag → Der Abstand der Ladungen ist $d$.
Zur Richtung → Diese Kraft zeigt in x-Richtung.

$\vec{F}_{2,4}$: Zum Betrag → Der Abstand der Ladungen ist nach Pythagoras $\sqrt{2} \cdot d$.
Zur Richtung → Diese Kraft zeigt in Richtung der Winkelhalbierenden, steht also im Winkel von 45° zur x-Achse und ebenso im Winkel von 45° zur y-Achse.

Führen wir in $(*1)$ die Vektoraddition aus, so erhalten wir

1½ P

$$\vec{F}_{2,ges} = \frac{q_2^2}{4\pi\varepsilon_0 \cdot d^2} \cdot \left[ \begin{pmatrix} 0 \\ 1 \end{pmatrix} + \begin{pmatrix} 1 \\ 0 \end{pmatrix} + \frac{1}{2} \cdot \begin{pmatrix} \sqrt{1/2} \\ \sqrt{1/2} \end{pmatrix} \right] = \frac{q_2^2}{4\pi\varepsilon_0 \cdot d^2} \cdot \begin{pmatrix} 1+\sqrt{1/8} \\ 1+\sqrt{1/8} \end{pmatrix}.$$

Wie man sieht, zeigt die Kraft in Richtung der Winkelhalbierenden. Dies war aus Symmetriegründen gar nicht anders zu erwarten. In die dazu antiparallele Richtung zeigt auch die Kraft $\vec{F}_{2,m}$, wobei $q_m$ das umgekehrte Vorzeichen wie $q_2$ hat, wegen des abstoßenden Charakters

½ P

der Kraft: $\vec{F}_{2,m} = \dfrac{q_2 \cdot q_m}{4\pi\varepsilon_0 \cdot \left(\sqrt{1/2} \cdot d\right)^2} \cdot \begin{pmatrix} \sqrt{1/2} \\ \sqrt{1/2} \end{pmatrix}$, mit $q_m < 0$.

Da sich die anziehenden und die abstoßenden Kräfte die Waage halten müssen, muss gelten:

$$\vec{F}_{2,ges} = -\vec{F}_{2,m} \Rightarrow \frac{q_2^2}{4\pi\varepsilon_0 \cdot d^2} \cdot \begin{pmatrix} 1+\sqrt{1/8} \\ 1+\sqrt{1/8} \end{pmatrix} = \underbrace{\frac{-q_2 \cdot q_m}{4\pi\varepsilon_0 \cdot \left(\sqrt{1/2} \cdot d\right)^2} \cdot \begin{pmatrix} \sqrt{1/2} \\ \sqrt{1/2} \end{pmatrix}}_{\text{Weil der Abstand von } q_2 \text{ zu } q_m \text{ nach Pythagoras } \sqrt{1/2}\cdot d \text{ ist.}} \Rightarrow q_2 \cdot \begin{pmatrix} 1+\sqrt{1/8} \\ 1+\sqrt{1/8} \end{pmatrix} = -2q_m \cdot \begin{pmatrix} \sqrt{1/2} \\ \sqrt{1/2} \end{pmatrix}. \qquad (*2)$$

2 P

Da die beiden Vektoren dieser Gleichung antiparallel zueinander stehen, können wir einen reellwertigen Faktor zwischen $q_2$ und $q_m$ ausrechnen. Es gilt nämlich

$$\underbrace{\begin{pmatrix} 1+\sqrt{1/8} \\ 1+\sqrt{1/8} \end{pmatrix}}_{\text{hat den Betrag } \sqrt{2}\cdot\left(1+\sqrt{1/8}\right)} = \underbrace{\begin{pmatrix} \sqrt{1/2} \\ \sqrt{1/2} \end{pmatrix}}_{\text{hat den Betrag } \sqrt{2}\cdot\left(\sqrt{1/2}\right)=1} \cdot \left(\sqrt{2} \cdot \left(1+\sqrt{1/8}\right)\right)$$ und somit ist nach $(*2)$:

$$q_2 \cdot \begin{pmatrix} 1+\sqrt{1/8} \\ 1+\sqrt{1/8} \end{pmatrix} = q_2 \cdot \begin{pmatrix} \sqrt{1/2} \\ \sqrt{1/2} \end{pmatrix} \cdot \left(\sqrt{2} \cdot \left(1+\sqrt{1/8}\right)\right) = -2q_m \cdot \begin{pmatrix} \sqrt{1/2} \\ \sqrt{1/2} \end{pmatrix} \quad \Rightarrow \quad q_2 \cdot \left(\sqrt{2} \cdot \left(1+\sqrt{1/8}\right)\right) = -2q_m \, .$$

Den Vektor kann man entfallen lassen, er ist auf beiden Seiten des Gleicheitszeichens identisch.

$\Rightarrow q_m = -q_2 \cdot \underbrace{\frac{1}{2} \cdot \left(\sqrt{2} \cdot \left(1+\sqrt{1/8}\right)\right)}_{\overset{TR}{\approx} 0.9571} \overset{TR}{\approx} -1.914 \cdot 10^{-9} C$, weil nach Aufgabenstellung $q_2 = 2 \cdot 10^{-9} C$ war. 3 P

Anmerkung: Wären die beiden Vektoren auf beiden Seiten des Gleichheitszeichens von $(*2)$ nicht parallel oder antiparallel, so hätte die Aufgabe keine Lösung, denn die Kräfte aller Ladungen könnten sich nicht gegenseitig kompensieren. 1 P

## Aufgabe 3.9 Elektrisches Feld im Plattenkondensator

|  | (a.) 5 Min.<br>(b.) 5 Min. |  | Punkte | (a.) 3 P<br>(b.) 3 P |
|---|---|---|---|---|

Ein Plattenkondensator, bestehend aus zwei Platten der Fläche $A = 50 cm^2$ mit Plattenabstand $d = 2 mm$ werde mit einer elektrischen Spannung $U = 400 V$ aufgeladen.

(a.) Wie groß ist die in dem Kondensator gespeicherte Energie?

(b.) Wie groß ist die anziehende Kraft zwischen den Kondensatorplatten?

## ▾ Lösung zu 3.9

Lösungsstrategie:

(a.) Die Energie in einem Kondensator ist bekannt: $W = \frac{1}{2} C U^2$. Es genügt das Einsetzen der Werte, wenn man die Kapazität des Plattenkondensators ausrechnen kann.

(b.) Am einfachsten ist die Berechnung der Kraft, wenn man in der Vorstellung die Ladungen auf den Platten vom Abstand Null bis zum tatsächlichen Plattenabstand trennt.

Lösungsweg, explizit:

(a.) Weil die Kapazität von Plattenkondensatoren $C = \frac{\varepsilon_0 \cdot A}{d}$ ist, gilt für unser Beispiel 1 P

$$W = \frac{1}{2} \cdot C U^2 = \frac{1}{2} \cdot \frac{\varepsilon_0 \cdot A}{d} \cdot U^2 = \frac{1}{2} \cdot \frac{8.854 \cdot 10^{-12} \frac{A \cdot s}{V \cdot m} \cdot 50 \cdot 10^{-4} m^2}{2 \cdot 10^{-3} m} \cdot (400 V)^2$$

$$\overset{TR}{\approx} 1.77 \cdot 10^{-6} \frac{A \cdot s}{V} \cdot V^2 = 1.77 \cdot 10^{-6} C \cdot V = 1.77 \cdot 10^{-6} J \, .$$ 2 P

(b.) Bekanntlich ist Arbeit definiert als Kraft mal Weg. Somit lässt sich umformen:

$$W = F \cdot d \quad \Rightarrow \quad F = \frac{W}{d} = \underbrace{\frac{\frac{1}{2} C U^2}{d}}_{\text{wegen } W = \frac{1}{2} C U^2} = \frac{1}{2} \cdot \underbrace{\frac{\varepsilon_0 \cdot A}{d} \cdot \frac{U^2}{d}}_{\text{wegen } C = \frac{\varepsilon_0 \cdot A}{d}} = \underbrace{\frac{\varepsilon_0 \cdot A \cdot U^2}{2 \cdot d^2}}_{(*)} \, .$$ 2 P

Setzen wir Werte in $(*)$ ein, so können wir ohne Rundungsfehler die Vorgaben der Aufgabenstellung übernehmen. Sind wir bereit, Rundungsfehler zu akzeptieren, so genügt ein Einset-

1 P zen gemäß: $F = \frac{W}{d} \stackrel{TR}{\approx} \frac{1.77 \cdot 10^{-6} J}{2 \cdot 10^{-3} m} = 8.85 \cdot 10^{-4} N$. Diese Kraft übt jede Platte auf die andere aus.

## Aufgabe 3.10 Elektrometer als statisches Ladungsmessgerät

| | | Punkte | |
|---|---|---|---|
| (a.) 15 Min. | | | (a.) 9 P |
| (b.) 1 Min. | | | (b.) 1 P |
| (c.) 3 Min. | | | (c.) 2 P |

Ein Elektrometer als Ladungsmessgerät (Darstellung und Abmessungen siehe Bild 3-6) zeige einen Winkel von $\varphi = 30°$.

(a.) Mit wie viel Ladung sind die beiden Kugeln aufgeladen?

(b.) Wie viele Elektronen trägt dabei jede der beiden Kugeln?

(c.) Welche Spannung (gegenüber der Umgebung) ist für die Aufladung nötig?

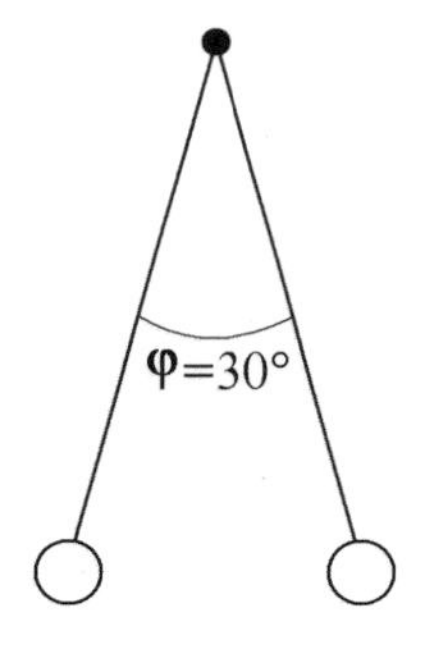


**Bild 3-6**
Elektrometer aus zwei leitend miteinander verbundenen Kugeln an dünnen Fäden. Die Fäden seien derart dünn, dass sich die Ladung praktisch vollständig auf den Oberflächen der beiden Kugeln befindet (Näherung). Der Durchmesser jeder der beiden Kugeln betrage $2r = 3cm$. Ihre Masse sei $m = 2\,Gramm$ je Kugel. Die Länge der Fäden sei $l = 70\,cm$.

## Lösung zu 3.10

Lösungsstrategie:

(a.) Schritt 1 → Die repulsive Kraft ist die Coulombkraft.
Schritt 2 → Die attraktive Kraft ist die Schwerkraft der Erde. Wäre sie die einzig wirkende, würden die Kugeln bis zur gegenseitigen Berührung senkrecht herunterhängen.
Schritt 3 → Beide Kräfte müssen einander die Waage halten.

(b.) Man dividiert die Ladung pro Kugel durch die Elementarladung.

(c.) Hier ist der Bezug zur Kapazität der Kugeln als Kondensatoren herzustellen.

Lösungsweg, explizit:

(a.) Schritt 1 → Nach Definition des Sinus ist im Dreieck $ABC$ des Bildes 3-7:

1½ P $\sin\left(\frac{\varphi}{2}\right) = \frac{d/2}{l} \quad \Rightarrow \quad d = 2l \cdot \sin\left(\frac{\varphi}{2}\right)$.

Über diesen Abstand wirkt die Coulombkraft $F_C = \frac{1}{4\pi\varepsilon_0} \cdot \frac{Q^2}{d^2} = \frac{1}{4\pi\varepsilon_0} \cdot \frac{Q^2}{\left(2l \cdot \sin\left(\frac{\varphi}{2}\right)\right)^2}$. 1½ P

Die Ausdehnung der Kugeln wurde hierbei in Näherung vernachlässigt.

Schritt 2 → Die Schwerkraft der Erde zieht jede der beiden Kugeln mit einer Kraft $F_G = m \cdot g$ an. Eine Vektorzerlegung dieser Kraft in einen Anteil $F_f$ in Fadenrichtung und einen Anteil $F_a$ in Bewegungsrichtung der Kugeln liefert nach der Definition des Tangens:

$$\tan\left(\frac{\varphi}{2}\right) = \frac{F_a}{F_g} \quad \Rightarrow \quad F_a = F_g \cdot \tan\left(\frac{\varphi}{2}\right) = m \cdot g \cdot \tan\left(\frac{\varphi}{2}\right).$$ 1½ P

Die für unsere Lösung benötigte Kraft ist $F_a$ in Bewegungsrichtung der Kugeln.

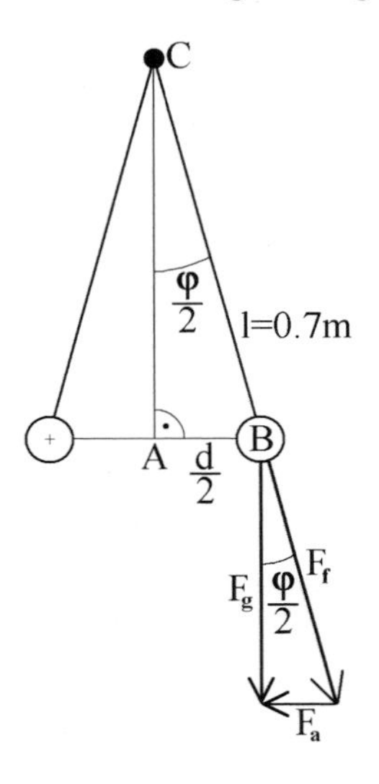


**Bild 3-7**
Geometrische Konstruktion zum Elektrometer aus Bild 3-6. Die Darstellung soll die Verständlichkeit der Rechenschritte 1 und 2 unterstützen. 1½ P

Schritt 3 → Das Gleichsetzen der beiden Kräfte aus den Schritten 1 und 2 liefert

$$F_C = F_a \quad \Rightarrow \quad \frac{1}{4\pi\varepsilon_0} \cdot \frac{Q^2}{\left(2l \cdot \sin\left(\frac{\varphi}{2}\right)\right)^2} = m \cdot g \cdot \tan\left(\frac{\varphi}{2}\right) \quad \Rightarrow \quad Q^2 = 4\pi\varepsilon_0 \cdot \left(2l \cdot \sin\left(\frac{\varphi}{2}\right)\right)^2 \cdot m \cdot g \cdot \tan\left(\frac{\varphi}{2}\right)$$

$$\Rightarrow \quad Q^2 = 16\pi\varepsilon_0 \cdot l^2 \cdot m \cdot g \cdot \sin^2\left(\frac{\varphi}{2}\right) \cdot \tan\left(\frac{\varphi}{2}\right).$$ 2 P

Mit den Werten der Aufgabenstellung erhalten wir

$$Q^2 = 16\pi \cdot 8.8542 \cdot 10^{-12} \frac{As}{Vm} \cdot (0.7m)^2 \cdot 2 \cdot 10^{-3} kg \cdot 9.80665 \frac{m}{s^2} \cdot \sin^2(15°) \tan(15°)$$

$$\overset{TR}{\approx} 7.67733 \cdot 10^{-14} \frac{C}{\frac{J}{C} \cdot m} \cdot m^2 \cdot kg \cdot \frac{m}{s^2} = 7.67733 \cdot 10^{-14} C^2 \quad \Rightarrow \quad Q = \sqrt{Q^2} \overset{TR}{\approx} 2.7708 \cdot 10^{-7} C.$$ 2 P

(b.) Die Division durch die Elementarladung ist ein simpler Rechenschritt:

1 P $N = \frac{Q}{e} = \frac{2.7708 \cdot 10^{-7} C}{1.602 \cdot 10^{-19} C} \overset{TR}{\approx} 1.7294 \cdot 10^{+12}$ Elementarladungen .

(c.) Die Kapazität eines Kugelkondensators ist $C = 4\pi\varepsilon_0 \cdot r$ .

1 P Nach der Definition der Kapazität ist $C = \frac{Q}{U} \quad \Rightarrow \quad \frac{Q}{U} = C = 4\pi\varepsilon_0 \cdot r \quad \Rightarrow \quad U = \frac{Q}{4\pi\varepsilon_0 \cdot r}$ .

Mit $Q$ als Ergebnis von Aufgabenteil (a.) und $r$ nach Bild 3-6 erhalten wir

1 P
$$U = \frac{Q}{4\pi\varepsilon_0 \cdot r} = \frac{2.7708 \cdot 10^{-7} C}{4\pi \cdot 8.8542 \cdot 10^{-12} \frac{As}{Vm} \cdot 1.5 \cdot 10^{-2} m} \overset{TR}{\approx} 166 kV .$$

Wir diskutieren nicht die Möglichkeit, dass die Kugeln spontan Ladung an die Luft abgeben.

## Aufgabe 3.11 Energie und Energiedichte des elektrischen Feldes

15 bis 20 Min. Punkte 12 P

Eine Kugel mit einem Radius $R = 10\,cm$ werde mit einer elektrischen Ladung von $Q = 10^{-9}\,C$ aufgeladen und erfüllt dadurch den sie umgebenden Raum mit einem elektrostatischen Feld. Berechnen Sie die Gesamtenergie, die dieses Feld im Außenraum der Kugel enthält.

## ▾ Lösung zu 3.11

Lösungsstrategie:

Die Energiedichte des elektrischen Feldes folgt aus der Kenntnis der Feldstärke. Diese Energiedichte muss über den gesamten in der Aufgabenstellung bezeichneten Raum integriert werden. Da das Problem kugelsymmetrisch ist, ist das Lösen des Volumenintegrals am bequemsten in Kugelkoordinaten handhabbar.

Lösungsweg, explizit:

1 P Die Energiedichte des elektrischen Feldes ist $u = \frac{1}{2}\varepsilon_0 \cdot E^2$ (Symbole siehe Aufgabe 3.1)

Die Feldstärke, über die integriert werden muss, kennen wir aus Aufgabe 3.1:

$$E(r) = \frac{1}{4\pi\varepsilon_0} \cdot \frac{Q}{r^2}$$

Dabei wurde der Betrag der Feldstärke angegeben, der von den Winkeln $\vartheta$ und $\varphi$ in Polarkoordinaten unabhängig ist.

Darin ist $r$ der Abstand vom Kugelmittelpunkt. Mit dem Großbuchstaben $R$ werden wir den Kugelradius bezeichnen.

Somit ist die Energiedichte gegeben durch $u = \frac{1}{2}\varepsilon_0 \cdot E^2 = \frac{1}{2}\varepsilon_0 \cdot \left(\frac{1}{4\pi\varepsilon_0} \cdot \frac{Q}{r^2}\right)^2 = \frac{1}{32\pi^2\varepsilon_0} \cdot \frac{Q^2}{r^4}$. 2 P

Die Angabe liegt bereits in Kugelkoordinaten vor. Das Volumenintegral stellen wir ebenfalls in Kugelkoordinaten auf, wobei wir über den gesamten Außenraum der Kugel zu integrieren haben. Wir erhalten ein konvergentes uneigentliches Integral:

$$\text{Energie } E = \iiint_{\text{außen}} u\,dV = \int_0^{2\pi}\int_0^{\pi}\int_R^{\infty} \frac{1}{32\pi^2\varepsilon_0} \cdot \frac{Q^2}{r^4} \cdot \underbrace{r^2 \cdot \sin(\vartheta)\,dr\,d\vartheta\,d\varphi}_{\text{Volumenelement in Kugelkoordinaten}} \qquad 3\text{ P}$$

$$= \frac{Q^2}{32\pi^2\varepsilon_0} \cdot \int_0^{2\pi}\int_0^{\pi}\int_R^{\infty} \frac{1}{r^2} \cdot \sin(\vartheta)\,dr\,d\vartheta\,d\varphi = \frac{Q^2}{32\pi^2\varepsilon_0} \cdot \int_0^{2\pi}\int_0^{\pi} \left[\frac{-1}{r}\right]_R^{\infty} \cdot \sin(\vartheta)\,d\vartheta\,d\varphi \qquad 1½\text{ P}$$

$$= \frac{Q^2}{32\pi^2\varepsilon_0} \cdot \int_0^{2\pi}\int_0^{\pi} \frac{1}{R} \cdot \sin(\vartheta)\,d\vartheta\,d\varphi = \frac{Q^2}{32\pi^2\varepsilon_0} \cdot \frac{1}{R} \cdot \int_0^{2\pi} \underbrace{\left[-\cos(\vartheta)\right]_0^{\pi}}_{=-(-1)+1} d\varphi \qquad 1½\text{ P}$$

$$= \frac{Q^2}{32\pi^2\varepsilon_0} \cdot \frac{1}{R} \cdot \int_0^{2\pi} 2\,d\varphi = \frac{Q^2}{32\pi^2\varepsilon_0} \cdot \frac{1}{R} \cdot [2\varphi]_0^{2\pi} = \frac{Q^2}{32\pi^2\varepsilon_0} \cdot \frac{1}{R} \cdot 4\pi = \frac{Q^2}{8\pi\varepsilon_0 R} \qquad 2\text{ P}$$

Setzen wir die in der Aufgabenstellung gegebenen Werte ein, so erhalten wir

$$E = \frac{Q^2}{8\pi\varepsilon_0 R} = \frac{\left(10^{-9}C\right)^2}{8\pi \cdot 8.854 \cdot 10^{-12}\,\frac{A\cdot s}{V\cdot m} \cdot 0.1m} \overset{TR}{\approx} 4.494 \cdot 10^{-8}\,\frac{C^2 \cdot V \cdot m}{A \cdot s \cdot m} = 4.494 \cdot 10^{-8}\,C \cdot V = 4.494 \cdot 10^{-8}\,J\,. \qquad 1\text{ P}$$

Dies ist der gefragte Energiebetrag im Außenraum der Kugel.

# Aufgabe 3.12 Elektronenstrahl im elektrischen Feld

| 9 Min | (2 Schwierigkeitssymbole) | Punkte 7 P |
|---|---|---|

Es gibt Oszillographen, bei denen ein Elektronenstrahl vom elektrostatischen Feld eines Plattenkondensators ausgelenkt wird. Betrachten wir einen solchen Elektronenstrahl gemäß Bild 3-8, der in x-Richtung in den Plattenkondensator einlaufe. Die Elektronen werden in der Elektronenquelle aus dem Stillstand mit einer Spannung von $U_0 = 1000V$ beschleunigt. Die Länge der Kondensatorplatten in x-Richtung sei $s = 5cm$.

Wenn nun die elektrische Spannung zwischen den beiden Platten $U_P = 50V$ beträgt und der Plattenabstand $d = 2cm$ ist – um welches Stück $\Delta y$ bewegen sich dann die Elektronen auf ihrem Weg durch den Kondensator in negativer y-Richtung?

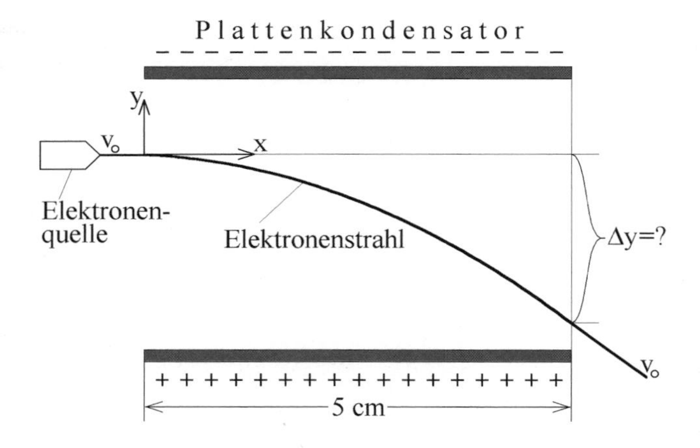


**Bild 3-8**
Prinzipskizze eines Elektronenstrahls in einem Plattenkondensator.

## ▾ Lösung zu 3.12

Lösungsstrategie:

1. Schritt: Berechnen der Flugdauer jedes einzelnen Elektrons durch den Kondensator.
2. Schritt: Berechnen der Kraft, die das Elektron zwischen den Kondensatorplatten erfährt.
3. Schritt: Die Auslenkung in y-Richtung folgt einer gleichförmig beschleunigten Bewegung.

Näherung: Dass der Elektronenstrahl aufgrund seiner gekrümmten Bahnkurve eine Strecke von mehr als $5cm$ im Inneren des Kondensators zurücklegt, vernachlässigen wir.

Lösungsweg, explizit:

1. Schritt → Berechnung der Flugdauer $t_0$ in x-Richtung:

Wir kennen die Flugstrecke. Wenn wir dazu noch die Fluggeschwindigkeit wissen, sind wir fast am Ziel des ersten Schrittes. Die Fluggeschwindigkeit folgt aus der Energieerhaltung, weil die von der Beschleunigungsspannung in der Elektronenquelle verliehene elektrische Energie in kinetische Energie umgesetzt wird:

2 P $$W_{kin} = W_{elektr.} \Rightarrow \frac{m}{2} v_0^2 = U_0 \cdot q \Rightarrow v_0 = \sqrt{\frac{2 \cdot U_0 \cdot q}{m}},$$ mit $q = 1.6 \cdot 10^{-19} C$ = Ladung des Elektrons und $m = 9.1 \cdot 10^{-31} kg$ = Elektronenmasse

Darin ist $v_0$ Fluggeschwindigkeit. Die Flugdauer ergibt sich daraus wie folgt:

1 P $$v_0 = \frac{s}{t_0} \Rightarrow t_0 = \frac{s}{v_0} = \frac{s \cdot \sqrt{m}}{\sqrt{2 \cdot U_0 \cdot q}} = \text{Flugdauer jedes Elektrons im Kondensator.}$$

2. Schritt → Die elektrische Feldstärke zwischen den parallelen Platten eines Plattenkondensators ist dem Betrage nach $E = \frac{U_P}{d}$. (mit $U_P$ = Spannung zwischen den Platten)

1 P Die Kraft, die daraus auf die Elektronen resultiert, lautet: $F = E \cdot q = \frac{U_P \cdot q}{d}$.

3. Schritt → Die gleichförmige Beschleunigung, die die Elektronen im Kondensator in x-Richtung erfahren, ist also $a = \frac{F}{m} = \frac{U_P \cdot q}{d \cdot m}$. 1 P

Wirkt diese konstante Beschleunigung über die Zeit $t_0$, so erhält man eine Strecke

$$\Delta y = \frac{1}{2} a \cdot t_0^2 = \frac{1}{2} \cdot \frac{U_P \cdot q}{d \cdot m} \cdot \left( \frac{s \cdot \sqrt{m}}{\sqrt{2 \cdot U_0 \cdot q}} \right)^2 = \frac{U_P \cdot q \cdot s^2 \cdot m}{2 \cdot d \cdot m \cdot 2 \cdot U_0 \cdot q} = \frac{U_P \cdot s^2}{4d \cdot U_0} = \frac{50V \cdot (5cm)^2}{4 \cdot 2cm \cdot 1000V} \stackrel{TR}{\approx} 0.156\,cm\,.$$ 2 P

Der Elektronenstrahl wird also in seinem Lauf durch den Plattenkondensator um etwas mehr als anderthalb Millimeter ausgelenkt.

## Aufgabe 3.13 Elektrisches Dipolmoment

| | | | Punkte | |
|---|---|---|---|---|
| (Uhr) | (a.) 2 Min. | | | (a.) 1 P |
| | (b.) 3 Min. | (2 Gewichtheber) | | (b.) 2 P |
| | (c.) 5 Min. | | | (c.) 3 P |

Wir betrachten ein dipolares Molekül, dessen Ladungsschwerpunkte im Abstand $l = 0.7\,\text{Å}$ zueinander stehen und jeweils eine einfache Elementarladung von $Q = 1.602 \cdot 10^{-19} C$ tragen.

(a.) Berechnen Sie das elektrische Dipolmoment dieses Moleküls.

(b.) Welches Drehmoment erfährt dieses Molekül in einem elektrischen Feld von $E = 800 \frac{V}{mm}$, zu dem es in einem Winkel von $70°$ steht (siehe Bild 3-9).

(c.) Wie viel Energie wird frei, wenn sich dieses Molekül vollständig nach dem angelegten Feld ausrichten kann?

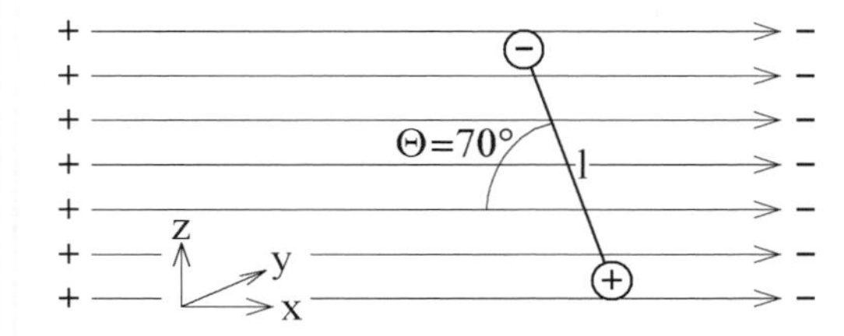


**Bild 3-9**
Dipolmolekül in einem elektrischen Feld.

Ein Koordinatensystem zur Orientierung für die Berechnungen ist in kleiner Darstellung notiert.

## Lösung zu 3.13

Lösungsstrategie:

(a. und b.) Hierfür findet man in den meisten Formelsammlungen die nötigen Ausdrücke.

(c.) Das Drehmoment ist über den Winkel $\Theta$ zu integrieren.

Lösungsweg, explizit:

(a.) Das Dipolmoment ist der Vektor (mit $\vec{e}_l$ als Einheitsvektor in Richtung der Verbindungslinie der Ladungen) $\vec{p} = \vec{l} \cdot Q = 0.7 \cdot 10^{-10} m \cdot 1.602 \cdot 10^{-19} C \cdot \vec{e}_l \stackrel{TR}{\approx} 1.1214 \cdot 10^{-29} C \cdot m \cdot \vec{e}_l$. 1 P

(b.) Das Drehmoment ist das Kreuzprodukt $\vec{M} = \vec{p} \times \vec{E}$

$$\Rightarrow \quad \left|\vec{M}\right| = \left|\vec{p}\right| \cdot \left|\vec{E}\right| \cdot \sin(\Theta) = 1.1214 \cdot 10^{-29} C \cdot m \cdot 800 \frac{V}{10^{-3} m} \cdot \sin(70°) \overset{TR}{\approx} 6.9427 \cdot 10^{-24} V \cdot C$$

2 P
$$= 6.9427 \cdot 10^{-24} Nm \;.$$

(c.) Zur Energieberechnung integrieren wir das Drehmoment von $\Theta = 70°$ bis $\Theta = 0°$ :

$$W = \int_{70°}^{0°} \left|\vec{p}\right| \cdot \left|\vec{E}\right| \cdot \sin(\Theta) d\Theta = \left|\vec{p}\right| \cdot \left|\vec{E}\right| \cdot \left[-\cos(\Theta)\right]_{70°}^{0°} \overset{TR}{\approx} 1.1214 \cdot 10^{-29} C \cdot m \cdot 800 \frac{V}{10^{-3} m} \left(-\cos(0°) + \cos(70°)\right)$$

3 P
$$\overset{TR}{\approx} -5.903 \cdot 10^{-24} C \cdot V = -5.903 \cdot 10^{-24} Joule \;.$$

Der Zustand bei $\Theta = 0°$ enthält weniger Energie als der Zustand bei $\Theta = 70°$ , deshalb ist das Vorzeichen negativ. Bei der Drehung von $\Theta = 70°$ nach $\Theta = 0°$ wird folglich Energie frei.

**Anmerkung – weitere Beispiele**

Weitere Aufgaben zu Dipolen sind in Kapitel 6 aufgeführt, und zwar in Aufgabe 6.24 als allgemeine Erklärung und in Aufgabe 6.25 als Rechenbeispiel.

## Aufgabe 3.14 Potential und Gradient

| | | Punkte | |
|---|---|---|---|
| (a.) 2 Min. | | | (a.) 1 P |
| (b.) 3 Min. | | | (b.) 2 P |
| (c.) 2 Min. | | | (c.) 2 P |

Gegeben seien nachfolgend drei Potentiale, deren Gradienten Sie bitte berechnen.

(a.) $V(x;y;z) = xyz + x^2 \cdot e^y$ (b.) $V(r;\vartheta;\varphi) = \frac{1}{r} \cdot e^{-r} \cdot \sin^2(\vartheta)$ (c.) $V(r;\varphi;z) = \frac{\sin(\varphi)}{r} \cdot e^{-z}$

Anmerkung zu den Koordinatenangaben: $x, y, z$ gehören zu kartesischen Koordinaten; $r, \varphi, z$ zu Zylinderkoordinaten; $r, \vartheta, \varphi$ zu Kugelkoordinaten.

**Allgemeine Anmerkung zur Schreibweise:**

Vektoren können in Spaltenschreibweise angegeben werden, was mathematisch vorteilhaft ist, denn diese Schreibweise eignet sich zur Verarbeitung der Vektoren nach den Regeln der Matrixmultiplikation.

Vektoren können aber auch in Zeilenschreibweise angegeben werden, was platzsparend auf dem Papier ist. Von dieser Variante wird im vorliegenden Buch solange Gebrauch gemacht, wie es mathematisch nicht allzu sehr stört.

## Lösung zu 3.14

Lösungsstrategie:

Potentiale $(V)$ sind Skalarfelder. Der Gradient dient dazu, Höhenangaben und Steigungen in diesen Feldern berechenbar zu machen. Er kann elementar nach Formeln aus einer Formelsammlung berechnet werden.

**Arbeitshinweis**

Die Berechnung des Gradienten ist je nach Koordinatendarstellung des Potentials in geeigneter Weise vorzunehmen. Die Formeln sind nachfolgend angegeben. Man beachte die speziellen Faktoren, die in nichtkartesischen Koordinatensystemen zu den partiellen Ableitungen hinzukommen.

In kartesischen Koordinaten ist $grad\,V = \vec{\nabla} V = \left( \frac{\partial V}{\partial x}; \frac{\partial V}{\partial y}; \frac{\partial V}{\partial z} \right)$.

In Kugelkoordinaten ist $grad\,V = \left( \frac{\partial V}{\partial r}; \frac{1}{r} \cdot \frac{\partial V}{\partial \vartheta}; \frac{1}{r \cdot \sin(\vartheta)} \cdot \frac{\partial V}{\partial \varphi} \right)$.

In Zylinderkoordinaten ist $grad\,V = \left( \frac{\partial V}{\partial r}; \frac{1}{r} \cdot \frac{\partial V}{\partial \varphi}; \frac{\partial V}{\partial z} \right)$.

Arbeitshinweis: Natürlich könnte man auch jede der nichtkartesischen Darstellungen in kartesische Koordinaten umwandeln und dann den Gradienten bilden, aber das wäre uneffektiv.

Lösungsweg, explizit:

In die vorstehend genannten Formeln setzen wir nun unsere Potentiale ein.

(a.) In kartesischen Koordinaten ist

$V(x;y;z) = xyz + x^2 \cdot e^y \quad \Rightarrow \quad grad\,V = \left( yz + 2x \cdot e^y \,;\, xz + x^2 \cdot e^y \,;\, xy \right)$. 1 P

(b.) In Kugelkoordinaten ist

$V(r;\vartheta;\varphi) = \frac{1}{r} \cdot e^{-r} \cdot \sin^2(\vartheta) \quad \Rightarrow \quad grad\,V = \left( \left(1 + \frac{1}{r}\right) \cdot \frac{-e^{-r} \cdot \sin^2(\vartheta)}{r};\; \frac{2 \cdot e^{-r} \cdot \sin(\vartheta) \cdot \cos(\vartheta)}{r^2};\; 0 \right)$. 2 P

(c.) In Zylinderkoordinaten ist

$V(r;\varphi;z) = \frac{\sin(\varphi)}{r} \cdot e^{-z} \quad \Rightarrow \quad grad\,V = \left( \frac{-\sin(\varphi) \cdot e^{-z}}{r^2};\; \frac{\cos(\varphi) \cdot e^{-z}}{r^2};\; \frac{-\sin(\varphi) \cdot e^{-z}}{r} \right)$. 2 P

## Aufgabe 3.15 Vektorfeld, Rotation, Divergenz

|  | (a.) 5 Min.<br>(b.) 7 Min.<br>(c.) 7 Min. | | Punkte | (a.) 3 P<br>(b.) 6 P<br>(c.) 6 P |
|---|---|---|---|---|

Gegeben seien nachfolgend drei Vektorfelder, deren Rotationen und Divergenzen Sie bitte berechnen.

(a.) $\vec{E}(x;y;z) = \left( 3xyz \,;\, e^x \cdot \sin(y) \,;\, \frac{z^2}{x} \right)$ (b.) $\vec{E}(r;\vartheta;\varphi) = \left( \frac{\sin(\vartheta)}{r};\; \cos(\varphi);\; r^2 \cdot \sin(\varphi) \right)$

(c.) $\vec{E}(r;\varphi;z) = \left( r^2 \cdot \sin(\varphi) \,;\, r^2 \cdot \cos(\varphi) \,;\, z \right)$

Anmerkung zu den Koordinatenangaben: $x, y, z$ gehören zu kartesischen Koordinaten; $r, \varphi, z$ gehören zu Zylinderkoordinaten; $r, \vartheta, \varphi$ gehören zu Kugelkoordinaten.

## Lösung zu 3.15

Die Formeln für Rotationen und Divergenzen findet man in Formelsammlungen.

**Arbeitshinweis**

Aus Gründen der Arbeitseffektivität ist es ratsam, bei nichtkartesischen Koordinatenangaben die geeigneten nichtkartesischen Berechnungen zu verwenden, da eine Umwandlung in kartesische Koordinaten mühsam und uneffektiv wäre. Die Formeln sind nachfolgend abgedruckt.

- In kartesischen Koordinaten ist $div\,\vec{E} = \vec{\nabla}\cdot\vec{E} = \frac{\partial\vec{E}}{\partial x} + \frac{\partial\vec{E}}{\partial y} + \frac{\partial\vec{E}}{\partial z}$

und $$rot\,\vec{E} = \vec{\nabla}\times\vec{E} = \left( \frac{\partial\vec{E}_z}{\partial y} - \frac{\partial\vec{E}_y}{\partial z} \; ; \; \frac{\partial\vec{E}_x}{\partial z} - \frac{\partial\vec{E}_z}{\partial x} \; ; \; \frac{\partial\vec{E}_y}{\partial x} - \frac{\partial\vec{E}_x}{\partial y} \right).$$

- In Kugelkoordinaten ist $$div\,\vec{E} = \frac{1}{r^2}\frac{\partial\left(r^2\cdot\vec{E}_r\right)}{\partial r} + \frac{1}{r\cdot\sin(\vartheta)}\cdot\frac{\partial\left(\sin(\vartheta)\cdot\vec{E}_\vartheta\right)}{\partial\vartheta} + \frac{1}{r\cdot\sin(\vartheta)}\cdot\frac{\partial\vec{E}_\varphi}{\partial\varphi}$$

und

$$rot\,\vec{E} = \left( \frac{1}{r\cdot\sin(\vartheta)}\cdot\left(\frac{\partial\left(\sin(\vartheta)\cdot\vec{E}_\varphi\right)}{\partial\vartheta}\cdot\frac{\partial\vec{E}_\vartheta}{\partial\varphi}\right) \; ; \; \frac{1}{r\cdot\sin(\vartheta)}\cdot\frac{\partial\vec{E}_r}{\partial\varphi} - \frac{1}{r}\cdot\frac{\partial\left(r\cdot\vec{E}_\varphi\right)}{\partial r} \; ; \; \frac{1}{r}\cdot\frac{\partial\left(r\cdot\vec{E}_\vartheta\right)}{\partial r} - \frac{1}{r}\cdot\frac{\partial\vec{E}_r}{\partial\vartheta} \right).$$

- In Zylinderkoordinaten ist $div\,\vec{E} = \frac{1}{r}\cdot\frac{\partial\left(r\cdot\vec{E}_r\right)}{\partial r} + \frac{1}{r}\cdot\frac{\partial\vec{E}_\varphi}{\partial\varphi} + \frac{\partial\vec{E}_z}{\partial z}$

und $$rot\,\vec{E} = \left( \frac{1}{r}\cdot\frac{\partial\vec{E}_z}{\partial\varphi} - \frac{\partial\vec{E}_\varphi}{\partial z} \; ; \; \frac{\partial\vec{E}_r}{\partial z} - \frac{\partial\vec{E}_z}{\partial r} \; ; \; \frac{1}{r}\cdot\frac{\partial\left(r\cdot\vec{E}_\varphi\right)}{\partial r} - \frac{1}{r}\cdot\frac{\partial\vec{E}_r}{\partial\varphi} \right).$$

Lösungsweg, explizit:

In die vorstehend genannten Formeln setzen wir nun unsere Felder ein.

(a.) In kartesischen Koordinaten mit $\vec{E}(x;y;z) = \left(3xyz \; ; \; e^x\cdot\sin(y) \; ; \; \frac{z^2}{x}\right)$ ist

1 P $$div\,\vec{E} = \vec{\nabla}\cdot\vec{E} = \frac{\partial\vec{E}}{\partial x} + \frac{\partial\vec{E}}{\partial y} + \frac{\partial\vec{E}}{\partial z} = 3yz + e^x\cdot\cos(y) + \frac{2\cdot z}{x},$$

2 P $$rot\,\vec{E} = \vec{\nabla}\times\vec{E} = \left(0 \; ; \; 3xy + \frac{z^2}{x^2} \; ; \; e^x\cdot\sin(y) - 3xy\right).$$

(b.) In Kugelkoordinaten mit $\vec{E}(r;\vartheta;\varphi) = \left(\frac{\sin(\vartheta)}{r}; \; \cos(\varphi); \; r^2\cdot\sin(\varphi)\right)$ ist

3 P $$div\,\vec{E} = \frac{\sin(\vartheta)}{r^2} + \frac{\cos(\vartheta)\cdot\cos(\varphi)}{r\cdot\sin(\vartheta)} + \frac{r^2\cdot\cos(\varphi)}{r\cdot\sin(\vartheta)} = \frac{\sin(\vartheta)}{r^2} + \frac{\cos(\varphi)}{r\cdot\tan(\vartheta)} + \frac{r\cdot\cos(\varphi)}{\sin(\vartheta)},$$

3 P $$rot\,\vec{E} = \left(\frac{-r\cdot\cos(\vartheta)\cdot\sin^2(\varphi)}{\sin(\vartheta)} \; ; \; -3\cdot\sin(\varphi) \; ; \; \frac{\cos(\varphi)}{r} - \frac{\cos(\vartheta)}{r^2}\right).$$

(c.) In Zylinderkoordinaten mit $\vec{E}(r;\varphi;z)=\left(r^2\cdot\sin(\varphi)\,;\; r^2\cdot\cos(\varphi)\,;\; z\right)$ ist

$$div\,\vec{E}=3r\cdot\sin(\varphi)+\tfrac{1}{r}\cdot\left(-r^2\cdot\sin(\varphi)\right)+1=3r\cdot\sin(\varphi)-r\cdot\sin(\varphi)+1=2r\cdot\sin(\varphi)+1\,,$$ 3 P

$$rot\,\vec{E}=\left(0\;;\;0\;;\;\frac{3r^2\cdot\cos(\varphi)}{r}-\frac{1}{r}\cdot r^2\cdot\cos(\varphi)\right)=\left(0\;;\;0\;;\;2\cdot r\cdot\cos(\varphi)\right).$$ 3 P

## Aufgabe 3.16 Vektorfeld, skalares Potential, Linienintegral

| | Zeit | | Punkte |
|---|---|---|---|
| | (a.) 6 Min. | | (a.) 4 P |
| | (b.) 5 Min. | | (b.) 3 P |
| | (c.) 4 Min. | | (c.) 2 P |
| | (d.) 16 Min. | | (d.) 13 P |

Gegeben seien zwei Vektorfelder (i.) $\vec{E}_1=\left(6x\cdot e^z\;;\;2z\;;\;3x^2\cdot e^z+2y\right)$
und (ii.) $\vec{E}_2=(3z\;;\;3x+y\;;\;3x)$

(a.) Eines der beiden ist ein konservatives Feld, das andere nicht. Prüfen Sie welches was ist.
(b.) Ein skalares Potential lässt sich nur zu dem konservativen Feld bestimmen. Tun Sie dies.
(c.) Bestimmen Sie bitte die Spannung zwischen den beiden Punkten $\vec{s}_1=(1;2;3)$ und $\vec{s}_2=(4;5;6)$ in dem konservativen Feld.
(d.) Jemand bewege sich im nichtkonservativen der beiden Felder auf dem kürzesten direkten Weg von $\vec{s}_1=(1;2;3)$ nach $\vec{s}_2=(4;5;6)$. Bestimmen sie bitte das zugehörige Linienintegral.

(Anschaulich entspricht dieses Linienintegral einer Arbeit im Feld im Bezug auf eine Vermittlungsgröße.)

Zusatzfragen: Interpretieren Sie bei (c.) das Vorzeichen der Spannung und bei (d.) das Vorzeichen der Energie. Bei welchen Bewegungen ist Energie aufzuwenden und bei welchen Bewegungen wird Energie frei?

## Lösung zu 3.16

Lösungsstrategie:

(a.) Konservative Felder sind frei von Rotation, nichtkonservative Felder zeigen Rotation.
(b.) Das skalare Potential findet man durch wegunabhängige Integration.
(c.) Spannung ist definiert als Differenz der Potentiale zwischen zwei Punkten.
(d.) Hier ist eine wegabhängige Integration auszuführen. Den kürzesten direkten Weg parametrisiert man als Gerade.

Lösungsweg, explizit:

(a.) Wir berechnen die Rotation der beiden Vektorfelder:

$$\text{(i)}\; rot\,\vec{E}_1=\left(\frac{\partial\vec{E}_z}{\partial y}-\frac{\partial\vec{E}_y}{\partial z}\;;\;\frac{\partial\vec{E}_x}{\partial z}-\frac{\partial\vec{E}_z}{\partial x}\;;\;\frac{\partial\vec{E}_y}{\partial x}-\frac{\partial\vec{E}_x}{\partial y}\right)=\left(2-2\;;\;6x\cdot e^z-6x\cdot e^z\;;\;0-0\right)=\vec{0}$$ 2 P

$$\text{(ii.)}\; rot\,\vec{E}_2=\left(\frac{\partial\vec{E}_z}{\partial y}-\frac{\partial\vec{E}_y}{\partial z}\;;\;\frac{\partial\vec{E}_x}{\partial z}-\frac{\partial\vec{E}_z}{\partial x}\;;\;\frac{\partial\vec{E}_y}{\partial x}-\frac{\partial\vec{E}_x}{\partial y}\right)=(0-0\;;\;3-3\;;\;3-0)=(0\;;\;0\;;\;3)\neq\vec{0}$$ 2 P

Also ist das Feld $\vec{E}_1$ konservativ, aber das Feld $\vec{E}_2$ nicht.

(b.) Zu integrieren ist $\vec{E}_1$. Die wegunabhängige Integration vollführt man für jede der drei Komponenten des Feldes einzeln und kommt so zu einem einheitlichen Potential, indem man die Integrationskonstanten aufeinander abstimmt.

$$\left.\begin{aligned} V &= \int \vec{E}_{1,x}\,dx = \int \left(6x\cdot e^z\right)dx = 3x^2\cdot e^z + \phi(y\,;z) + c \\ V &= \int \vec{E}_{1,y}\,dy = \int (2z)\,dy = 2yz + \psi(x\,;z) + c \\ V &= \int \vec{E}_{1,z}\,dz = \int \left(3x^2\cdot e^z + 2y\right)dz = 3x^2\cdot e^z + 2yz + \theta(x\,;y) + c \end{aligned}\right\} \Rightarrow \quad V = 3x^2\cdot e^z + 2yz + c \qquad (*1)$$

3 P

Dabei spielen $\phi(y\,;z)$, $\psi(x\,;z)$ und $\theta(x\,;y)$ die Rollen von Integrationskonstanten, die in der jeweils integrierten Richtung konstant sind, in allen anderen Richtungen aber dem Zusammenfassen der verschiedenen Ausdrücke des Potentials $V$ dienen. Damit $V$ in allen drei Integrationsrichtungen zum selben Ergebnis führt, müssen also $\phi(y\,;z) = 2yz$, $\psi(x\,;z) = 3x^2\cdot e^z$ und $\theta(x\,;y) = 0$ sein. Dies ist in $(*1)$ berücksichtigt.

**Hinweis zur Selbstkontrolle:**

Wie erwähnt, müssen die Integrationskonstanten in der jeweils integrierten Richtung konstant sein, d.h. sie dürfen die jeweilige Integrationsvariable nicht enthalten. Wäre in $\phi$ ein $x$ enthalten, oder in $\psi$ ein $y$, oder in $\theta$ ein $z$, so wäre etwas falsch. Wäre dies der nämlich Fall, dann ließen sich die drei Teile der Stammfunktion nicht zu einer Stammfunktion als Potential zusammenfassen.

(c.) Die gefragte Spannung ist dann

$$U_{21} = V(\vec{s}_2) - V(\vec{s}_1) = V(4\,;5\,;6) - V(1\,;2\,;3) = \underbrace{\left(3\cdot 4^2\cdot e^6 + 2\cdot 5\cdot 6\right)}_{48\cdot e^6+60} - \underbrace{\left(3\cdot 1^2\cdot e^3 + 2\cdot 2\cdot 3\right)}_{3\cdot e^3+12} \overset{TR}{\approx} 19352.3\,.$$

2 P Das Vorzeichen ergibt sich aus der Richtung der Bewegung: Ähnlich wie beim eindimensionalen Integral wird die obere Integrationsgrenze (mit positivem Vorzeichen) durch den Zielpunkt festgelegt, aber die untere Integrationsgrenze (mit negativem Vorzeichen) durch den Startpunkt. In dieser Integrationsreihenfolge haben die Vorzeichen folgende Konsequenzen:

- positives Vorzeichen → Im Zielpunkt ist das Potential höher als im Startpunkt. Bewegt man darin eine positive Ladung, dann muss Energie aufgewandt werden.

- negatives Vorzeichen → Im Zielpunkt ist das Potential niedriger als im Startpunkt. Bewegt man darin eine positive Ladung, dann wird bei der Bewegung Energie frei.

Die erstgenannte der beiden Möglichkeiten trifft hier offensichtlich auf unser Beispiel zu.

**Allgemeiner Hinweis zur Interpretation des Vorzeichens der Energie:**

Man beachte in diesem Zusammenhang auch die Vorzeichen der Energieberechnungen in den Aufgaben 3.6, 3.7 und 3.13. Zur korrekten Interpretation der Vorzeichen gilt:

Ist der Startpunkt energetisch niedriger als der Zielpunkt, so muss für eine Bewegung Energie aufgewandt werden. Ist der Startpunkt hingegen energetisch höher, so wird Energie frei.

Anmerkung: Die Integrationskonstante $c$ aus $(*1)$ wurde weggelassen, weil sie bei der Differenzbildung ohnehin entfällt. Der Hintergrund ist folgender: Das Potential ist ein unbestimmtes Integral, bei der Berechnung der Spannung werden Integrationsgrenzen eingesetzt, sodass die Spannung den konkreten Wert eines bestimmten Integrals angibt.

(d.) Die auszuführende wegabhängige Integration ist das Linienintegral.

Die kürzeste Verbindung zweier Punkte im Raum, als derjenige Weg über den integriert werden soll, ist eine Gerade. Zur Vorbereitung der Linienintegration parametrisieren wir eine Gerade von $\vec{s}_1=(1;2;3)$ nach $\vec{s}_2=(4;5;6)$. Die Parametrisierung ist frei wählbar. Eine Möglichkeit wäre z.B. $\vec{s}(t)=(1+t\ ;\ 2+t\ ;\ 3+t)$, wobei der Startpunkt der Linie über die integriert werden soll $\vec{s}_1=\vec{s}(t=0)=(1;2;3)$ und der Endpunkt $\vec{s}_2=\vec{s}(t=3)=(4;5;6)$ heißt. Man beachte dabei die Werte der freien Variablen $t$ der Parametrisierung. 3 P

Damit können wir das Linienintegral nun formulieren und auflösen:

$$\Delta W=\int_{s_1}^{s_2}\vec{E}_2\cdot d\vec{s}=\underbrace{\int_{s_1}^{s_2}\vec{E}_2\cdot\frac{d\vec{s}}{dt}\cdot dt}_{\text{Dies ist der übliche Zugriff auf die Parametrisierung.}}=\underbrace{\int_{s_1}^{s_2}\left(\vec{E}_2\cdot\frac{d}{dt}\begin{pmatrix}1+t\\2+t\\3+t\end{pmatrix}\right)\cdot dt}_{\text{Hier wurde s(t) eingesetzt.}}=\underbrace{\int_{s_1}^{s_2}\left(\begin{pmatrix}3z\\3x+y\\3x\end{pmatrix}\cdot\begin{pmatrix}2\\3\\4\end{pmatrix}\right)\cdot dt}_{\text{Beim ersten Faktor wurde }\vec{E}_2\text{ eingesetzt. Beim zweiten Faktor wurde die Ableitung nach der Zeit ausgeführt.}}\ .$$

3 P

Für den nächsten Umformungsschritt bedenkt man, dass $\vec{s}(t)=\begin{pmatrix}x(t)\\y(t)\\z(t)\end{pmatrix}=\begin{pmatrix}1+t\\2+t\\3+t\end{pmatrix}$ ist, daher kann

$x(t)=1+t$, $y(t)=2+t$ und $z(t)=3+t$ zugeordnet werden. Damit ersetzen wir die Komponenten $x,y,z$ von $\vec{s}(t)$ und erhalten 2 P

$$\Delta W=\int_{s_1}^{s_2}\left(\begin{pmatrix}3z\\3x+y\\3x\end{pmatrix}\cdot\begin{pmatrix}2\\3\\4\end{pmatrix}\right)\cdot dt=\int_{t_1}^{t_2}\left(\begin{pmatrix}3\cdot(3+t)\\3\cdot(1+t)+(2+t)\\3\cdot(1+t)\end{pmatrix}\cdot\begin{pmatrix}2\\3\\4\end{pmatrix}\right)\cdot dt\ .$$

3 P

Nun ist die Parametrisierung fertig eingeführt. Führt man das Skalarprodukt unter dem Integral aus, so lässt sich das Integral auf ein simples eindimensionales Integral entlang der Linie zurückführen und bequem lösen:

$$\Delta W=\int_{t_1}^{t_2}\left(2\cdot3\cdot(3+t)+3\cdot\left(3\cdot(1+t)+(2+t)\right)+4\cdot\left(3\cdot(1+t)\right)\right)\cdot dt=\int_0^3(30t+45)\cdot dt=\left[15t^2+45t\right]_0^3$$

$$=\left[15\cdot3^2+45\cdot3\right]-\left[15\cdot0^2+45\cdot0\right]=270\ .$$

2 P

Entsprechend dem positiven Vorzeichen liegt auch hier im Zielpunkt der energetisch höhere Zustand der Bewegung. Für die Bewegung einer positiven Ladung muss also Energie aufgewandt werden.

## Aufgabe 3.17 Elektrischer Fluss

| 8 Min. | | Punkte 5 P |
|---|---|---|

Aus einer kugeligen Fläche (Radius $r = 12cm$) wird ein elektrischer Fluss $\phi = 250V \cdot m$ emittiert.

(a.) Wie viel Ladung muss sich dann im Inneren der Kugel befinden?

(b.) Wenn die Kugeloberfläche leitend ist und sich die Ladung homogen auf ihr verteilt – wie groß ist dann die Feldstärke direkt neben der Kugeloberfläche?

## Lösung zu 3.17

Lösungsstrategie:

Dies ist ein Beispiel zum Satz von Gauß-Ostrogradski.
Teil (b.) kann alternativ auch mit dem Coulomb-Gesetz kontrolliert werden.

Lösungsweg, explizit:

Der Satz von Gauß-Ostrogradski lautet $\phi = \oiint_A \vec{E}\, d\vec{A} = \frac{Q}{\varepsilon_0}$,

worin $\vec{E}$ = elektrische Feldstärke, $\varepsilon_0 = 8.8542 \cdot 10^{-12} \frac{As}{Vm}$,

$A$ = geschlossene Fläche (mit dem Vektorpfeil als lokale Flächennormale) und
$Q$ = im Inneren der Fläche eingeschlossene Ladung.

Auch wenn die Formel mathematisch kompliziert aussieht, so brauchen wir doch nur nach der Ladung auflösen: $\phi = \frac{Q}{\varepsilon_0} \Rightarrow Q = \phi \cdot \varepsilon_0 = 250 V \cdot m \cdot 8.8542 \cdot 10^{-12} \frac{As}{Vm} \stackrel{TR}{\approx} 2.2136 \cdot 10^{-9} C$

2½ P

Für Aufgabenteil (a.) ist es egal, an welchen Orten im Inneren der Kugel sich die Ladung befindet.

**Stolperfalle**

Wird für Aufgabenteil (a.) die Information über die kugelige Form der Oberfläche benötigt?

Entscheidend ist nur, dass die Fläche $A$ in sich geschlossen ist. Diese Bedingung ist bei einer kugeligen Form zweifelsohne erfüllt.

(b.) Wenn die Ladung homogen auf der Kugeloberfläche verteilt ist, wird ein zentralsymmetrisches Feld erzeugt, dessen Feldlinien alle genau senkrecht aus der Kugeloberfläche austreten und überall die gleiche Feldstärke erzeugen. Dadurch wird das Oberflächenintegral $\phi = \oiint_A \vec{E}\, d\vec{A}$ besonders einfach:

2½ P

$$\phi = \oiint_A \vec{E}\, d\vec{A} = |\vec{E}| \cdot |\vec{A}| = E \cdot 4\pi r^2 \Rightarrow E = \frac{\phi}{4\pi r^2} = \frac{250V \cdot m}{4\pi (0.12m)^2} \stackrel{TR}{\approx} 1381.55 \frac{V}{m}.$$

Anmerkung: Es existiert ein alternativer Lösungsweg, bei dem man mit dem Coulomb-Gesetz arbeitet. Das geht so:

$$E = \frac{Q}{4\pi\varepsilon_0 r^2} = \frac{2.2136 \cdot 10^{-9} C}{4\pi \cdot 8.8542 \cdot 10^{-12} \frac{As}{Vm} \cdot (0.12m)^2} \overset{TR}{\approx} 1381.6 \frac{V}{m} .$$

s.o.

Beide Lösungswege sind einander äußerst ähnlich. In beiden Fällen wird nur der Betrag der Feldstärke bestimmt. Seine Richtung ist ohnehin klar, da das Feld als zentralsymmetrisch charakterisiert wurde.

## Aufgabe 3.18 Zahlenbeispiel zu Rotation und Divergenz

| | Zeit | | Punkte | |
|---|---|---|---|---|
| | (a.) 15 Min. | | | (a.) 12 P |
| | (b.) 6 Min. | | | (b.) 4 P |
| | (c.) 7 Min. | | | (c.) 5 P |
| | (d.) 1 Min. | | | (d.) 1 P |

Ein Stück Draht mit Länge $L$ und Durchmesser $2R$ trage die elektrische Ladung $Q$ (siehe Bild 3-10).

(a.) Welches elektrische Feld $\vec{E}$ erzeugt dieser Draht im Raum? Berechnen Sie außer dem elektrischen Feld auch noch seine Divergenz.

(b.) Geben Sie auch das elektrische Potential an, welches dieser Draht erzeugt.

Arbeitshinweis: Behandeln Sie wegen des Skineffekts den Draht wie einen Hohlzylinder und vernachlässigen Sie die Einflüsse der beiden Zylinderdeckel, also der Enden des Drahtes.

Näherung: Streufelder von den Enden des endlich langen Drahtes werden ignoriert.

(c.) Konkretes Zahlenbeispiel: Wir betrachten einen Draht mit einer Länge von 10 Metern und einem Durchmesser von 3 Millimetern und legen eine Spannung von 80 Volt gegenüber Umgebungspotential (= Erdpotential) an.
Wie viel Ladung sammelt sich auf diesem Draht relativ zur Erde?
Wie viele Elektronen befördert die Spannungsquelle von der Erde in den Draht?

(d.) Geben Sie auch die Kapazität des in Aufgabenteil (c.) beschriebenen Drahtes als zylindrischen Kondensator gegenüber Erde (als Ersatz für eine zweite Kondensatorplatte) an.

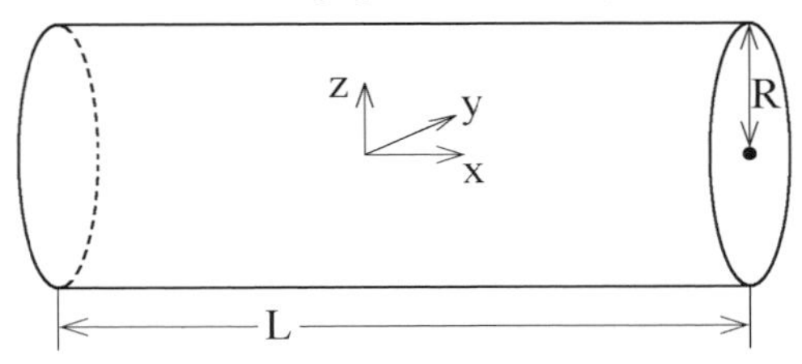


**Bild 3-10**
Ein langer Draht werde für die Zwecke dieser Aufgabe wie ein Hohlzylinder behandelt mit Länge $L$ und Radius $R$ .

## Lösung zu 3.18

Lösungsstrategie:

Am bequemsten führt der Weg über den elektrischen Fluss zur Lösung. Dabei hilft uns auch der Satz von Gauß-Ostrogradski, über den wir schließlich zum Betrag der Feldstärke gelangen. Die Richtung des Feldstärkevektors ergibt sich dann aus einer logischen Überlegung.

Lösungsweg, explizit:

(a.) Der elektrische Fluss durch die Fläche $A$ ist definiert als das Oberflächenintegral $\phi = \iint\limits_{(A)} \vec{E} \cdot d\vec{A}$.

Wir benötigen die Information, wie viel elektrischer Fluss aus der Zylinderoberfläche herauskommt. Da die Feldstärke auf der leitenden Zylinderoberfläche überall gleich und konstant ist, und außerdem die Fläche $A$ dem Betrag nach einfach zu berechnen ist, kann das Oberflä-

3 P chenintegral hier durch ein einfaches Produkt ersetzt werden: $\phi = E \cdot A$. $(*1)$

(Dabei ist das Weglassen des Vektorpfeils als Betragsbildung zu verstehen, z.B. $E = |\vec{E}|$.)

Des Weiteren wissen wir nach dem Satz von Gauß-Ostrogradski, dass der Fluss, der aus einer

1 P geschlossenen Oberfläche herauskommt, $\phi = \frac{Q}{\varepsilon_0}$ ist. $(*2)$

1 P Gleichsetzen von $(*1)$ und $(*2)$ führt zu $E \cdot A = \phi = \frac{Q}{\varepsilon_0} \Rightarrow E = \frac{Q}{\varepsilon_0 \cdot A}$.

1 P Für die Zylinderoberfläche $A = 2\pi r \cdot L$ folgt $E = \frac{Q}{\varepsilon_0 \cdot 2\pi r \cdot L}$. $(*3)$

Dies ist der Betrag der gefragten Feldstärke. Ihre Richtung zeigt aus Symmetriegründen immer radial von der Seele des Drahtes weg, sodass man in Zylinderkoordinaten einen Ein-

2 P heitsvektor in Radialrichtung anbringen muss: $\vec{E} = \frac{Q}{\varepsilon_0 \cdot 2\pi r \cdot L} \cdot \vec{e}_r$ $(*4)$

Die Divergenz des elektrischen Feldes könnte man formal wie in Aufgabe 3.15 in Zylinderkoordinaten ausrechnen. Weniger mathematische Arbeit hat man jetzt aber mit Hilfe der sog. Flussregel, die aus der Poisson-Gleichung folgt. Diese lautet

3 P $\Delta U = \vec{\nabla} \cdot \vec{E} = \frac{\rho}{\varepsilon_0}$, worin $\Delta = \vec{\nabla}^2$ = Laplace-Operator und $\rho = \frac{Q}{V}$ = Ladungsdichte ist.

1 P Mit den Abmessungen des Zylinders ergibt sich $div \vec{E} = \vec{\nabla} \cdot \vec{E} = \frac{\rho}{\varepsilon_0} = \frac{Q}{V \cdot \varepsilon_0} = \frac{Q}{\pi r^2 \cdot L \cdot \varepsilon_0}$.

(b.) Rein formal könnte man das Potential durch eine wegunabhängige Integration suchen. Betrachtet man aber die mathematisch einfache Gestalt der Ausdrücke $(*3)$ und $(*4)$, so wird man den Betrag der Feldstärke nach $r$ integrieren und weiß außerdem, dass die Äquipotentialflächen immer senkrecht auf den Feldlinien stehen, also konzentrische Kreiszylinder um die Seele des Drahtes bilden. Für die Beträge gilt also

4 P $U(r) = \int E\,dr = \int \frac{Q}{\varepsilon_0 \cdot 2\pi r \cdot L} dr = \frac{Q}{\varepsilon_0 \cdot 2\pi \cdot L} \cdot \ln\left(\frac{r}{"m"}\right) + U_0$, $(*5)$

wobei die Längeneinheit im Argument des Logarithmus entfällt, da die Integration von $\frac{1}{r}$ über $dr$ einheitenlos wird. Dies ist angedeutet durch die Division durch die Einheit "$m$" wie Meter. Damit ist Aufgabenteil (b.) gelöst. Die Integrationskonstante $U_0$ wird zur Festlegung des Potentialnullpunktes benutzt.

(c.) Dazu muss $(*5)$, als Ergebnis von Aufgabenteil (b.), nach $Q$ aufgelöst werden:

$$(*5) \quad \Rightarrow \quad \left(U(r)-U_0\right)=\frac{Q}{\varepsilon_0 \cdot 2\pi \cdot L}\cdot \ln\left(\tfrac{r}{"m"}\right)$$

$$\Rightarrow \quad Q=\left(U(r)-U_0\right)\cdot\frac{\varepsilon_0 \cdot 2\pi \cdot L}{\ln\left(\tfrac{r}{"m"}\right)}=80V\cdot\frac{8.854\cdot 10^{-12}\frac{As}{Vm}\cdot 2\pi\cdot 10m}{\ln\left(1.5\cdot 10^{-3}\right)}\overset{TR}{\approx} 6.8445\cdot 10^{-9}C\,. \qquad 3\,P$$

Anmerkung zum Einsetzen der Spannung: $U_0$ dient der Festlegung des Potentialnullpunktes. Wir wollen $U_0$ nicht berechnen, aber wir kennen die Potentialdifferenz gegenüber Erde mit $U(r)-U_0=80V$.

Mit $Q$ wurde die Ladung gegenüber Erde berechnet. Die Zahl der Elektronen, die die Spannungsquelle aus der Erde in den Draht befördert, ist also $n=\frac{Q}{e}=\frac{6.8445\cdot 10^{-9}C}{1.602\cdot 10^{-19}C}\overset{TR}{\approx} 4.27\cdot 10^{10}$. 2 P

(d.) Die Kapazität gegenüber Erde wird nach Definition der Kapazität bestimmt:

$$C=\frac{Q}{U}=\frac{6.8445\cdot 10^{-9}C}{80V}\overset{TR}{\approx} 8.556\cdot 10^{-11}F=85.56\,pF\,. \qquad 1\,P$$

## Aufgabe 3.19 Kondensator mit Dielektrikum

15 Min. | Punkte 12 P

Ein Plattenkondensator mit den Abmessungen aus Bild 3-11 tauche in eine nichtleitende Flüssigkeit mit einer Dielektrizitätskonstanten $\varepsilon_r$ ein. Zwischen den Kondensatorplatten lege man eine Spannung $U$ an, wodurch die Flüssigkeit bis zur Höhe $x$ in den Kondensator hineingezogen wird. Bestimmen Sie die Höhe $x$ als Funktion der angelegten Spannung $U$.

Als gegebene Größen behandeln Sie: $\varepsilon_r$, $U$, $H$, $b$, $t$, $d$ und die Dichte der Flüssigkeit $\rho$.

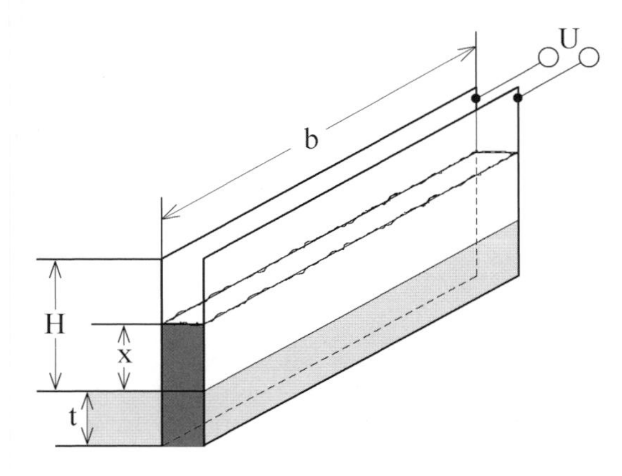


**Bild 3-11**
Veranschaulichung der Situation eines Plattenkondensators, der in eine Flüssigkeit eintaucht.
Abmessungen:
$t$ = Eintauchtiefe ohne Spannung $U$
$x$ = Höhenanstieg der Flüssigkeit mit Spannung
$(H+t)\cdot b$ = Querschnittsfläche der Platten
$d$ = Plattenabstand der Kondensatorplatten zueinander (nicht eingezeichnet)

## Lösung zu 3.19

Lösungsstrategie:

Am effektivsten gelingt die Lösungsfindung aus einer Minimierung der Gesamtenergie. Diese setzt sich zusammen aus
- der potentiellen Energie der Flüssigkeitssäule (Hubarbeit) und
- der elektrischen Energie des Kondensators.

2 P Letztere hängt von der Höhe der Flüssigkeitssäule ab, da der mit Flüssigkeit gefüllte Teil des Plattenkondensators eine andere Kapazität hat, als der nicht mit Flüssigkeit gefüllte Teil.

Lösungsweg, explizit:

- Die potentielle Energie der Flüssigkeitssäule finden wir als gespeicherte Hubarbeit wie gewohnt als Integral über Kraft mal Weg. Die Integration ist wirklich nötig, da die Flüssigkeitssäule kontinuierlich in Inneren des Kondensators steht.

2 P $W_{pot} = \int_0^x F_{Schwerkraft} \cdot dh = \int_0^x m \cdot g \cdot dh$, wo $h = Höhe$ und $m =$ Masse der Flüssigkeitssäule
sowie $g =$ Erdbeschleunigung

Selbstverständlich ist die Abhängigkeit der Masse $m$ von $x$ bei der Integration zu berücksichtigen: $m = \rho \cdot V = \rho \cdot h \cdot b \cdot d$

1 P Das Integral lautet somit $W_{pot} = \int_0^x \rho \cdot h \cdot b \cdot d \cdot g \cdot dh = \left[ \rho \cdot \frac{1}{2} h^2 \cdot b \cdot d \cdot g \right]_0^x = \rho \cdot \frac{1}{2} x^2 \cdot b \cdot d \cdot g$.

**Stolperfallen**

(1.) Bevor man ein Integral ausführt, müssen sämtliche Abhängigkeiten der einzelnen Größen vom Integrationsparameter explizit ausgeschrieben werden, da man nur so sicherstellen kann, dass die Stammfunktion korrekt gefunden wird. Würde man z.B. $m$ nicht durch $h$ ausdrücken, dann ginge bei der Integration der entsprechende Zusammenhang mit $h$ verloren.

(2.) Der Integrationsparameter $h$ drückt die kontinuierlich von Null bis $x$ ansteigende Höhe der Flüssigkeitssäule aus. Wir unterscheiden diesen Integrationsparameter $h$ klar von Integrationsgrenze $x$, um Verwechslungen vorzubeugen.

½ P - Die elektrische Energie jedes Kondensators lautet $W_{elektr} = \frac{1}{2} C U^2$.

Die darin enthaltene Kapazität beträgt für Plattenkondensatoren

½ P $C = \frac{\varepsilon_0 \cdot \varepsilon_r \cdot A}{d}$ mit $A =$ Querschnittsfläche und $d =$ Plattenabstand.

In unserem Beispiel setzen wir diese Kapazität zusammen aus den beiden Anteilen mit und

1 P ohne Flüssigkeit $C = \underbrace{\varepsilon_0 \cdot \varepsilon_r \cdot \frac{b \cdot (x+t)}{d}}_{\text{mit Flüssigkeit}} + \underbrace{\varepsilon_0 \cdot \frac{b \cdot (H-x)}{d}}_{\text{ohne Flüssigkeit}}$

und erhalten als Energie

$$W_{elektr} = \frac{1}{2}\left( \varepsilon_0 \cdot \varepsilon_r \cdot \frac{b \cdot (x+t)}{d} + \varepsilon_0 \cdot \frac{b \cdot (H-x)}{d} \right) U^2 = \frac{\varepsilon_0 \cdot b}{2 \cdot d} \cdot U^2 \cdot \left( \varepsilon_r \cdot (x+t) + (H-x) \right)$$

$$= \frac{\varepsilon_0 \cdot b}{2 \cdot d} \cdot U^2 \cdot \left( \varepsilon_r \cdot x + \varepsilon_r \cdot t + H - x \right) = \frac{\varepsilon_0 \cdot b}{2 \cdot d} \cdot U^2 \cdot \left( (\varepsilon_r - 1) \cdot x + \varepsilon_r \cdot t + H \right) .$$

Das Zusammenfassen der $x$ – haltigen Größen dient der Vorbereitung auf die Extremwertaufgabe, bei der nach $x$ abzuleiten sein wird. 2 P

- Damit können wir jetzt die Extremwertaufgabe der Minimierung der Gesamtenergie lösen:

$$\frac{d}{dx} W_{ges} = 0 \quad \Rightarrow \quad \frac{d}{dx}\left( W_{pot} - W_{elektr} \right) = 0 .$$

Zum Vorzeichen der Energien: Beim Ansteigen der Flüssigkeit nimmt die mechanische Energie zu (positives Vorzeichen), die elektrische hingegen ab (negatives Vorzeichen), also müssen die beiden in die Summation mit unterschiedlichen Vorzeichen eingehen.

$$\Rightarrow \frac{d}{dx}\left( \rho \cdot \frac{1}{2} x^2 \cdot b \cdot d \cdot g - \frac{\varepsilon_0 \cdot b}{2 \cdot d} \cdot U^2 \cdot \left( (\varepsilon_r - 1) \cdot x + \varepsilon_r \cdot t + H \right) \right) = 0$$

$$\Rightarrow \rho \cdot x \cdot b \cdot d \cdot g - \frac{\varepsilon_0 \cdot b}{2 \cdot d} \cdot U^2 \cdot (\varepsilon_r - 1) = 0 \quad \Rightarrow \quad x = \frac{\varepsilon_0 \cdot b \cdot U^2 \cdot (\varepsilon_r - 1)}{2 \cdot d \cdot \rho \cdot b \cdot d \cdot g} = \frac{\varepsilon_0 \cdot U^2 \cdot (\varepsilon_r - 1)}{2 \cdot \rho \cdot d^2 \cdot g}$$

3 P

Aus rein mathematischen Gründen müsste man eigentlich noch die zweite Ableitung der Gesamtenergie prüfen, um zu untersuchen, ob der gefundene Punkt auch wirklich ein Minimum darstellt. Aus Gründen der physikalischen Anschauung erübrigt sich dies.

## Aufgabe 3.20 Driftgeschwindigkeit von Elektronen im Draht

 10 min 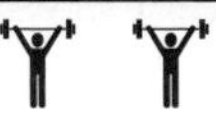 Punkte 8 P

In einem metallischen Draht mit einer Querschnittsfläche $A = 1mm^2$ fließe ein Strom von $I = 2A$. Nehmen wir an, der Draht enthalte $10^{20}$ frei bewegliche Elektronen pro $mm^3$. Mit welcher mittleren Geschwindigkeit driften dann die einzelnen Elektronen?

## Lösung zu 3.20

Lösungsstrategie:

Eine Ladung gegebener Dichte läuft durch eine gegebene Querschnittsfläche. Gefragt ist, welche Zeit diese Ladung braucht, um eine bestimmte Strecke zurückzulegen. Ladung pro Zeit ist Strom. Und die zurückgelegte Strecke pro Zeit ist die gesuchte Geschwindigkeit. Umgerechnet werden muss also zwischen den verschiedenen geometrischen Dimensionen.

Lösungsweg, explizit:

Betrachten wir einen einzelnen Kubikmillimeter des Drahtes.

1. Schritt → Jeder einzelne Kubikmillimeter des Drahtes enthält eine Ladung von $10^{20}$ frei beweglichen Elektronen, also $Q = 10^{20} \cdot 1.6 \cdot 10^{-19} C = 16C$ frei bewegliche Ladung. 1 P

2. Schritt → Bei einem Strom von $I = 2A$ benötigt diese Ladung die Zeit $t = \frac{Q}{I} = \frac{16C}{2A} = 8\sec$.

1 P um den betrachteten Kubikmillimeter des Drahtes zu passieren.

3. Schritt → Da sich die betrachtete Ladung in $t = 8\sec$ um $s = 1mm$ fortbewegt, liegt ihre

1 P mittlere Driftgeschwindigkeit bei $v = \frac{s}{t} = \frac{1mm}{8\sec} = 1.25 \cdot 10^{-4} \frac{m}{s} = 125 \frac{\mu m}{\sec}$.

## Aufgabe 3.21 Ladekurve eines Kondensators

| | | Punkte |
|---|---|---|
| (a.) 12 Min. | | (a.) 8 P |
| (b.) 4 Min. | | (b.) 3 P |
| (c.) 1 Min. | | (c.) 1 P |
| (d.) 7 Min. | | (d.) 5 P |

Ein klassisches Beispiel, das alle Studierenden technischer und naturwissenschaftlicher Fachrichtungen beherrschen sollten, ist das Auf- und das Entladen eines Kondensators über einen Widerstand entsprechend Bild 3-12.

Nehmen wir an, der Kondensator werde vorab bei geöffnetem Schalter $S_2$ und geschlossenem Schalter $S_1$ auf die Spannung $U_0$ aufgeladen. Danach werde $S_1$ geöffnet. Nun folgt das Schließen von $S_2$, welches auch den Startzeitpunkt $t = 0$ festlegt. Der Kondensator entlädt sich jetzt über den Widerstand $R$.

Beispiel-Zahlenwerte: $R = 10k\Omega$, $C = 1\mu F$, $U_0 = 12V$

(a.) Geben Sie die Spannung $U_C$ über dem Kondensator als Funktion der Zeit $t$ an. Geben Sie Ihr Ergebnis als mathematische Funktion an und stellen Sie es als Graph dar.

(b.) Zu welchem Zeitpunkt erreicht die Spannung den Wert $U_C(t) = 5V$ ?

(c.) Zeichnen Sie in die Schaltung Messgeräte ein, um den Strom bei Laden des Kondensators und die Spannung $U_C$ über dem Kondensator messen zu können. Erläutern Sie auch entstehende Messungenauigkeiten.

(d.) Wie viel Energie hat der Kondensator in den ersten 10 Millisekunden des Entladevorganges abgegeben und welche elektrische Leistung wurde dabei im Mittel verrichtet?

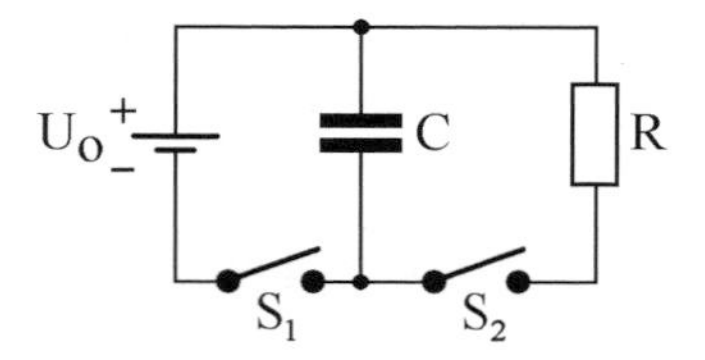


**Bild 3-12**
Schaltkreis zum Auf- und Entladen eines Kondensators.

$S_1, S_2$ = Schalter $C$ = Kondensator

$R$ = Widerstand $U_0$ = Spannungsquelle

## Lösung zu 3.21

**Arbeitshinweis**

Hier ist ein klassischer Lösungsweg gefragt, den alle diejenigen auswendig lernen sollten, für die dieser Stoff prüfungsrelevant ist.

Lösungsstrategie:

Schritt 1: Aus elementaren Überlegungen der Elektrizitätslehre (Ohm'sches Gesetz und Definition der Kapazität) berechnet man die Spannung über den einzelnen Schaltelementen.

Schritt 2: Mit Kirchhoff's Maschenregel verbindet man diese Spannungen zu einer Gleichung, die allerdings eine Differentialgleichung ist.

Schritt 3: Lösen der Differentialgleichung mit der Methode der Variablentrennung.

Schritt 4: In die Lösung aus Schritt 3 kann man die Vorgaben der Aufgabenstellung einsetzen.

Zum Anschließen der Messgeräte: Hochohmige Voltmeter schaltet man parallel, niederohmige Amperemeter hingegen in Reihe. Ungenauigkeiten entstehen dadurch, dass sich die beiden Messgeräte gegenseitig beeinflussen.

Lösungsweg, explizit:

(a.) Nach Definition der Kapazität gilt über dem Kondensator $C = \frac{Q}{U_C} \Rightarrow U_C = \frac{Q}{C}$.

Ableiten nach der Zeit liefert $\frac{dU}{dt} = \frac{d}{dt}\left(\frac{Q}{C}\right) = \frac{I}{C}$, weil der Strom $I = \dot{Q}$ ist. $(*1)$ 1 P

Die Anwendung der Kirchhoff'schen Maschenregel in der rechten Masche zeigt uns $U_C + U_R = 0 \Rightarrow U_C = -U_R$ (wo $U_R =$ Spannung über „R"). Aus diesem Grunde genügt uns ab sofort die Benutzung einer gemeinsamen Bezeichnung $U = U_C = -U_R$. 1 P

Mit Hilfe des Ohm'schen Gesetzes für $U_R$ folgt aus $(*1)$: $\frac{dU}{dt} = \frac{I}{C} = \frac{U_R/R}{C} = \frac{-\frac{U}{R}}{C} = \frac{-U}{R \cdot C}$. ½ P

Dies ist eine Differentialgleichung, die wir mit der Methode der Variablentrennung lösen:

$$\frac{dU}{dt} = \frac{-U}{R \cdot C} \Rightarrow \frac{dU}{U} = \frac{-dt}{R \cdot C} \Rightarrow \int \frac{dU}{U} = \int \frac{-dt}{R \cdot C} \Rightarrow \ln(U) = \frac{-t}{R \cdot C} + c_1 \Rightarrow U(t) = e^{\frac{-t}{R \cdot C} + c_1} = U_0 \cdot e^{\frac{-t}{R \cdot C}}$$ 2 P

Anmerkung: Die Integrationskonstante $c_1$ wurde in der Form $U_0 = e^{c_1}$ umbenannt. Dadurch ist die in Aufgabenteil (a.) gefragte mathematische Funktion entstanden.

Die graphische Darstellung des Ergebnisses sieht man in Bild 3-13. Oftmals fasst man dabei $R \cdot C$ zu einer sog. Zeitkonstanten zusammen: $\tau = R \cdot C = 10^4 \Omega \cdot 10^{-6} F = 10^{-2} \frac{V}{A} \cdot \frac{C}{V} = 10^{-2}$ sec.

Tut man dies, so schreibt man für die Spannung über dem Kondensator $U(t) = U_0 \cdot e^{\frac{-t}{\tau}}$. ½ P

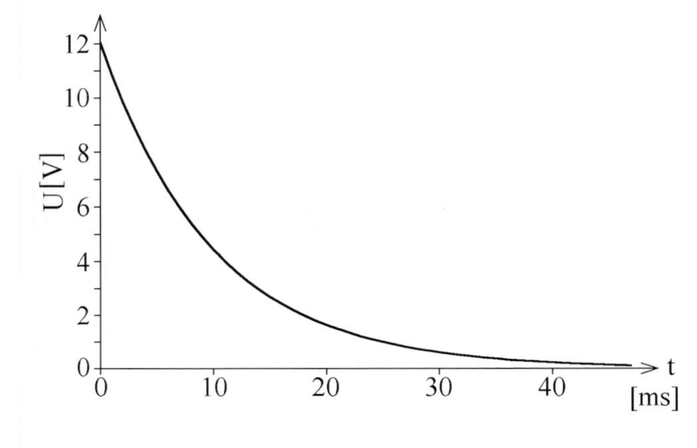


**Bild 3-13**
Entladekurve eines Kondensators im Schaltkreis von Bild 3-12. Die der Graphik zugrunde liegenden Werte sind $R = 10 k\Omega$, $C = 1 \mu F$, sowie $U_0 = 12 V$.

3 P

(b.) Den Zeitpunkt, zu dem eine bestimmte Spannung erreicht ist, findet man durch Auflösen des $U(t)$ nach $t$:

2 P $$U(t)=U_0 \cdot e^{\frac{-t}{R\cdot C}} \Rightarrow \frac{U(t)}{U_0}=e^{\frac{-t}{R\cdot C}} \Rightarrow \frac{-t}{R\cdot C}=\ln\left(\frac{U(t)}{U_0}\right) \Rightarrow t=R\cdot C\cdot\ln\left(\frac{U_0}{U(t)}\right).$$

Speziell für $U(t)=5V$ erhalten wir

1 P $$t=R\cdot C\cdot\ln\left(\frac{U_0}{U(t)}\right)=100\Omega\cdot 10^{-6}F\cdot\ln\left(\frac{12V}{5V}\right)=10^{-2}\,\text{sec.}\cdot\ln(2.4)\overset{TR}{\approx}8.755\,ms\ (\textit{Millisekunden}).$$

(c.) Die Schaltung mit den gefragten Messgeräten zeigt Bild 3-14. Amperemeter werden mit dem Verbraucher, durch den der Strom gemessen werden soll, in Reihe geschaltet. Voltmeter werden mit dem Verbraucher, über dem die Spannung gemessen werden soll, parallel geschaltet. Für unsere Musterlösung setzen wir ideale Messgeräte voraus, also Voltmeter mit unendlichem Innenwiderstand und Amperemeter mit Innenwiderstand Null, da sonst ein kleiner Strom durch das Voltmeter $U_C$ den Strom durch das Amperemeter $I_C$ beeinflussen würde.

1 P

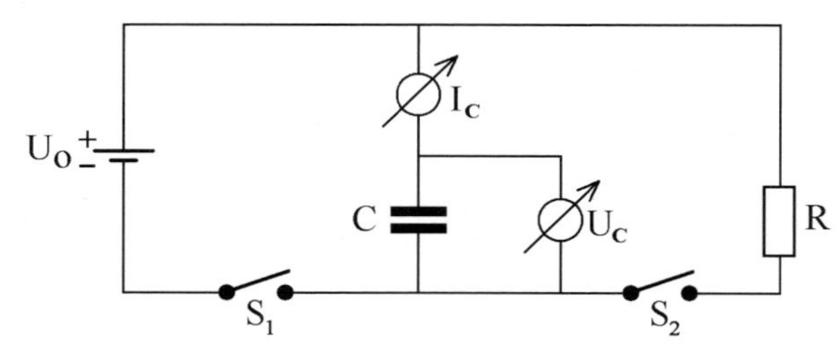


**Bild 3-14**
Der Schaltkreis zum Auf- und Entladen eines Kondensators wurde um zwei Messgeräte erweitert.

$U_C$ = Voltmeter

$I_C$ = Amperemeter

Erläuterung der Messungenauigkeiten:

So wie die Schaltung in Bild 3-14 gezeigt ist, gibt das Voltmeter die tatsächliche Spannung über dem Kondensator an, aber das Amperemeter zeigt den Strom durch Kondensator und durch das Voltmeter. Umgekehrt könnte man auch das Amperemeter direkt an den Kondensator anschließen, um den tatsächlichen Strom im Kondensator zu messen. Dann aber würde das Voltmeter ungenau anzeigen, nämlich die Spannung über dem Kondensator und dem Amperemeter.

(d.) Wir wollen die im Kondensator gespeicherte Energie bei $t=0$ und bei $t=10m\text{sec.}$ berechnen.

1 P ▪ Bei $t=0$ ist $U(t=0)=U_0 \Rightarrow$ Energie $W(t=0)=\frac{1}{2}CU_0^2$.

▪ Bei $t=10m\text{sec.}$ beträgt

2 P $$U(t)=U_0\cdot e^{\frac{-t}{R\cdot C}}=U_0\cdot e^{\frac{-10^{-2}s}{10^4\Omega\cdot 10^{-6}F}}=U_0\cdot e^{-1} \Rightarrow W(t=10m\text{sec})=\frac{1}{2}CU^2=\frac{1}{2}CU_0^2\cdot e^{-2}.$$

▪ Die vom Kondensator in dieser Zeitspanne abgegebene Energie ist damit

$$\Delta W=W(t=0)-W(t=10m\text{sec})=\frac{1}{2}CU_0^2-\frac{1}{2}CU_0^2\cdot e^{-2}=\frac{1}{2}CU_0^2\cdot\left(1-e^{-2}\right)$$

1 P $$=\frac{1}{2}\cdot 10^{-6}F\cdot(12V)^2\cdot\left(1-e^{-2}\right)\overset{TR}{\approx}6.22559\cdot 10^{-5}J.$$

▪ Die dabei im Mittel verrichtete elektrische Leistung ist

$$P = \frac{\Delta W}{\Delta t} \stackrel{TR}{\approx} \frac{6.22559 \cdot 10^{-5} J}{10^{-4} \sec.} = 0.622559\,Watt\ .$$ 1 P

Bedenkt man, wie klein solch ein Kondensator heutzutage gebaut werden kann, dann ist die Leistung schon recht ordentlich.

## Aufgabe 3.22 Messbereiche bei Strom- und Spannungsmessung

| | | | |
|---|---|---|---|
| (a.) 5 Min. | 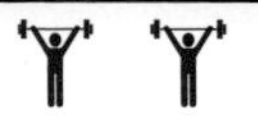 | Punkte | (a.) 4 P |
| (b.) 8 Min. | | | (b.) 6 P |

Ein Messgerät mit einem Innenwiderstand von $50\Omega$ und einem Vollausschlag bei einem Strom von $4mA$ soll sowohl für Strommessungen als auch für Spannungsmessungen benutzbar gemacht werden.

(a.) Wie groß muss ein in Reihe geschalteter Vorwiderstand gewählt werden, damit man Vollausschlag bei einer Spannung von $1V$ erhält. Rechnen Sie außerdem auch den Vorwiderstand zu einem Vollausschlag bei einer Spannung von $5V$ aus.

(b.) Wie groß muss ein Parallelwiderstand sein, wenn Sie einen Strom von $50mA$ bei Vollausschlag messen wollen? Führen Sie die analoge Berechnung auch für einen Vollausschlag bei $200mA$ durch.

## ▾ Lösung zu 3.22

Lösungsstrategie:

Wenn Sie die Schaltungen skizzieren (siehe Bild 3-15), dann verstehen Sie den Lösungsweg am leichtesten.

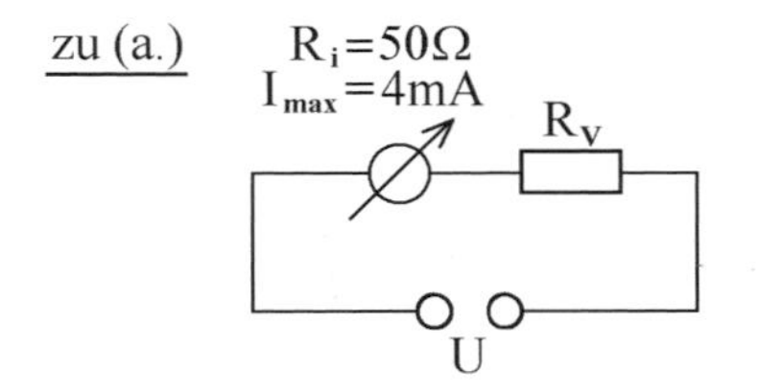


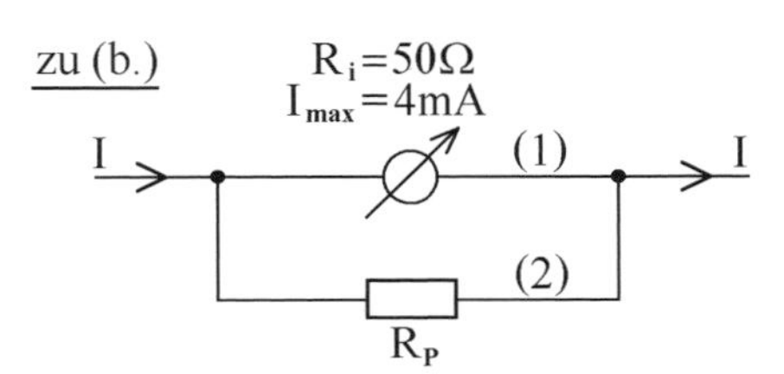


**Bild 3-15**
Schaltungen zur Erweiterung der Messbereiche bei der Strom- bzw. Spannungsmessung.
Bei (a.) ist ein Vorschaltwiderstand $R_V$ anzubringen.
Bei (b.) ist ein Parallelwiderstand $R_P$ anzubringen.
Die Nummern (1) und (2) wird man im Lösungsweg als Indizes zur Unterscheidung der Ströme und der Spannungen wiederfinden.

1 P

1 P

Lösungsweg, explizit:

(a.) In das Ohm'sche Gesetz ist als Widerstand eine Hintereinander-Schaltung von $R_i$ und $R_V$ einzusetzen: $U = \left(R_i + R_V\right) \cdot I$

1½ P Wir lösen auf nach $R_V$ : $\frac{U}{I} = R_i + R_V \Rightarrow R_V = \frac{U}{I} - R_i$ und setzen die Werte der Aufgabenstellung ein: ▪ Für $I_{max} = 4mA$ und $U_{max} = 1V \Rightarrow R_V = \frac{1V}{4mA} - 50\Omega = 200\Omega$ .

1½ P ▪ Für $I_{max} = 4mA$ und $U_{max} = 5V \Rightarrow R_V = \frac{5V}{4mA} - 50\Omega = 1200\Omega$ .

(b.) Hier brauchen wir zwei Gleichungen:

Die erste Gleichung folgt aus der Knotenregel an jedem der beiden Knoten. Dort teilt sich der Gesamtstrom in die zwei Teilströme, für die gilt: $I = I_1 + I_2 \quad (*1)$

Die zweite Gleichung folgt aus der Maschenregel, nach der $U_1 = U_2$ ist und sich somit einsetzen lässt: $U_1 = U_2 \Rightarrow I_1 \cdot R_i = I_2 \cdot R_P \Rightarrow I_2 = I_1 \cdot \frac{R_i}{R_P} \quad (*2)$ 2 P

Einsetzen von $(*2)$ in $(*1)$ liefert $I = I_1 + I_2 = I_1 + I_1 \cdot \frac{R_i}{R_P} = I_1 \cdot \left(1 + \frac{R_i}{R_P}\right)$.

Bei gegebenen Werten für $I$, $I_1$, $R_i$ und $R_P$ lösen wir auf nach $R_P$ :

2 P $$I = I_1 \cdot \left(1 + \frac{R_i}{R_P}\right) \Rightarrow \frac{I}{I_1} = 1 + \frac{R_i}{R_P} \Rightarrow \frac{I}{I_1} - 1 = \frac{R_i}{R_P} \Rightarrow \frac{R_i}{R_P} = \frac{I - I_1}{I_1} \Rightarrow R_P = \frac{I_1 \cdot R_i}{I - I_1}$$

Die in der Aufgabenstellung gegebenen Zahlen führen uns zu den Ergebnissen:

▪ Für $I = 50mA \Rightarrow R_P = \frac{4mA \cdot 50\Omega}{50mA - 4mA} \overset{TR}{\approx} 4.348\Omega$ .

1 P ▪ Für $I = 200mA \Rightarrow R_P = \frac{4mA \cdot 50\Omega}{200mA - 4mA} \overset{TR}{\approx} 1.02\Omega$ .

## Aufgabe 3.23 Reale Spannungsquelle mit Innenwiderstand

| | | | |
|---|---|---|---|
| (a.) 6 Min. | | Punkte | (a.) 4 P |
| (b.) 6 Min. | | | (b.) 4 P |

Eine reale Spannungsquelle mit Leerlaufspannung $U_0$ und Innenwiderstand $R_i$ (die Sie bitte beide als gegebene Größen betrachten) werde mit einem Lastwiderstand $R_L$ belastet (siehe Bild 3-16).

(a.) Geben Sie die im Lastwiderstand verbrauchte Leistung $P$ als Funktion von $R_L$ an.

(b.) Wie groß muss $R_L$ sein, damit die in ihm verbrauchte Leistung maximal wird – und wie groß wird die dabei in $R_L$ verbrauchte Leistung?

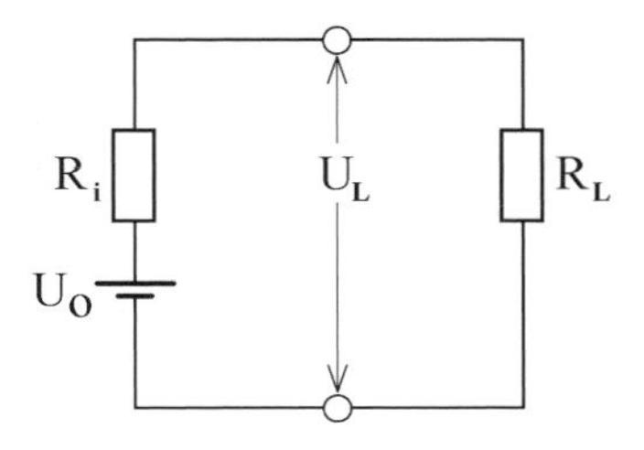


**Bild 3-16**
Reale Spannungsquelle mit Leerlaufspannung $U_0$ und Innenwiderstand $R_i$. Die Spannung, die über dem Lastwiderstand abfällt, ist mit $U_L$ gekennzeichnet.

## Lösung zu 3.23

Lösungsstrategie:

(a.) Für den gesuchten funktionellen Zusammenhang können $U_0, R_i$ und $R_L$ als gegeben angesehen werden, denn $U_0$ und $R_i$ sind als Bestandteile der Quelle konstant und $R_L$ ist ausdrücklich als der freie Parameter der Funktion zugelassen. Alle anderen Größen müssen aus der Funktion, die die Leistung ausdrückt, eliminiert werden – nur dann taugt die Funktion zur weiteren Verwendung in Aufgabenteil (b.), der sich als Extremwertaufgabe darstellt.

Lösungsweg, explizit:

(a.) Die Leistung, die der Lastwiderstand aufnimmt ist $P = U_L \cdot I$, wobei der Strom durch die Spannungsquelle und durch alle Widerstände gleich ist. Da über dem Lastwiderstand die Spannung $U_L = R_L \cdot I$ abfällt, ergibt sich $P = U_L \cdot I = R_L \cdot I^2 \quad (*1)$. 1 P

Was nun eliminiert werden muss, ist der Strom $I$. Ihn drücken wir aus durch $U_0, R_i$ und $R_L$ und zwar nach folgender Überlegung:

Nach Kirchhoff's Maschenregel, muss für die Spannungen über der einzigen vorhandenen Masche gelten: $U_L = U_0 - U_i \Rightarrow I \cdot R_L = U_L = U_0 - I \cdot R_i \Rightarrow I \cdot (R_L + R_i) = U_0 \Rightarrow I = \frac{U_0}{R_L + R_i}$. 2 P

Dieses $I$ setzen wir nun in $(*1)$ ein und erhalten den gesuchten funktionellen Zusammenhang: $P = R_L \cdot \left( \frac{U_0}{R_L + R_i} \right)^2$. $\quad (*2)$ 1 P

(b.) Das Extremum der Leistung suchen wir durch Nullsetzen der Ableitung von $(*2)$, wobei wir zum Ableiten die Quotientenregel verwenden müssen:

$$\frac{dP}{dR_L} = 0 \Rightarrow \frac{d}{dR_L}\left( U_0^2 \cdot \frac{R_L}{(R_L + R_i)^2} \right) = 0 \Rightarrow U_0^2 \cdot \frac{(R_L + R_i)^2 \cdot 1 - R_L \cdot 2 \cdot (R_L + R_i)}{(R_L + R_i)^4} = 0 ,$$

kürzen durch $(R_L + R_i) \Rightarrow U_0^2 \cdot \frac{(R_L + R_i) - 2 \cdot R_L}{(R_L + R_i)^3} = 0 \Rightarrow U_0^2 \cdot \frac{R_i - R_L}{(R_L + R_i)^3} = 0 \Rightarrow R_L = R_i$. 3 P

Offensichtlich wird die entnommene Leistung für $R_L = R_i$ maximal. Wird der Lastwiderstand kleiner, dann führt ein Absinken der Spannung $U_L$ zu einer Abnahme der Leistung. Wird hingegen der Lastwiderstand größer, dann sinkt der Strom und mit ihm die Leistung.

Um auszurechnen, wie viel Leistung bei $R_L = R_i$ dem $R_L$ zur Verfügung steht, setzt man

1 P $R_L = R_i$ in $(*2)$ ein und erhält die Leistung: $P = R_i \cdot \left( \frac{U_0}{R_i + R_i} \right)^2 = R_i \cdot \frac{U_0^2}{4R_i^2} = \frac{U_0^2}{4R_i}$.

## Aufgabe 3.24 Widerstandnetzwerk

15 bis 17 Min. | Punkte 10 P

Bild 3-17 zeigt ein Widerstandsnetzwerk. Berechnen Sie den sog. Ersatzwiderstand (oder auch Gesamtwiderstand), der durch $R_?$ gekennzeichnet ist. Rechnen Sie auch exemplarisch $R_?$ für den Fall aus, dass alle Einzelwiderstände $R_1 = R_2 = ... = R_9 = 100\,\Omega$ betragen.

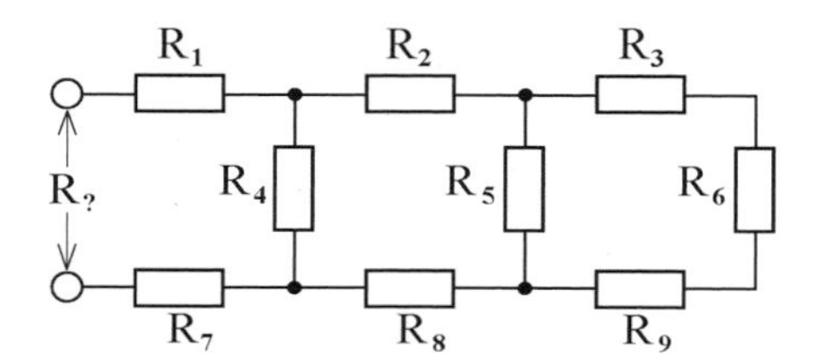


**Bild 3-17**
Widerstandsnetzwerk aus 9 Widerständen, deren Ersatzwiderstand $R_?$ berechnet werden soll.

## Lösung zu 3.24

Lösungsstrategie:

Sinnvollerweise vollzieht man die Zusammenfassung in kleinen Schritten, wobei jeder einzelne Schritt solche Widerstände zusammenfasst, die elementare Parallel- oder Hintereinanderschaltungen bilden. Die einzelnen Zusammenfassungsschritte werden in Bild 3-18 sukzessive mit ihren jeweils zugehörigen Ersatzwiderstandswerten dargestellt.

Lösungsweg, explizit:

(a.) Die Widerstände $R_3, R_6, R_9$ sind hintereinander geschaltet, deren Zusammenfassung

½ P ergibt sich also zu $R_{369} = R_3 + R_6 + R_9$. Das führt zu Bild 3-18a.

½ P (b.) $R_5$ und $R_{369}$ sind parallel geschaltet. Zusammen ergeben sie $R_{3569} = \frac{R_{369} \cdot R_5}{R_{369} + R_5}$.

½ P (c.) Die Hintereinanderschaltung von $R_2$, $R_{3569}$, $R_8$ ergibt zusammen $R_{235689} = R_2 + R_{3569} + R_8$.

½ P (d.) Es folgt eine Parallelschaltung aus $R_4$ und $R_{235689}$: $R_{2345689} = \frac{R_4 \cdot R_{235689}}{R_4 + R_{235689}}$.

(e.) Der letzte Schritt ist wieder eine Hintereinanderschaltung, jetzt von $R_1$, $R_7$ und $R_{2345689}$ : $R_? = R_{123456789} = R_1 + R_7 + R_{2345689}$ . Das Ergebnis ist in Bild 3-18 (e.) zusammengefasst. ½ P

Das Zahlenbeispiel führt zu folgendem Ergebnis:

(a.) $R_{369} = 100\,\Omega + 100\,\Omega + 100\,\Omega = 300\,\Omega$ (b.) $R_{3569} = \dfrac{100\,\Omega \cdot 300\,\Omega}{100\,\Omega + 300\,\Omega} = 75\,\Omega$ ½+½ P

(c.) $R_{235689} = 100\,\Omega + 75\,\Omega + 100\,\Omega = 275\,\Omega$ (d.) $R_{2345689} = \dfrac{100\,\Omega \cdot 275\,\Omega}{100\,\Omega + 275\,\Omega} = \dfrac{220}{3}\,\Omega$ ½+½ P

(e.) $R_? = R_{123456789} = 100\,\Omega + 100\,\Omega + \dfrac{220}{3}\,\Omega = \dfrac{820}{3}\,\Omega \overset{TR}{\approx} 273.33\,\Omega$ für den Gesamtwiderstand ½ P

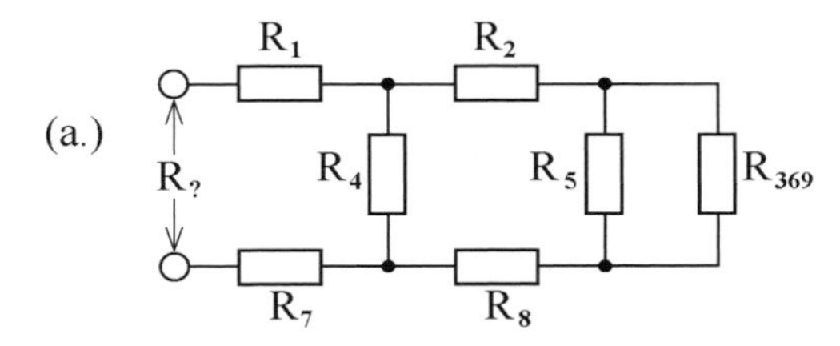

1 P

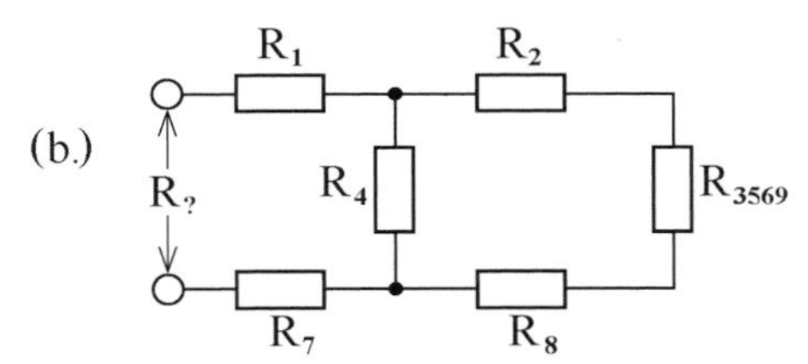

1 P

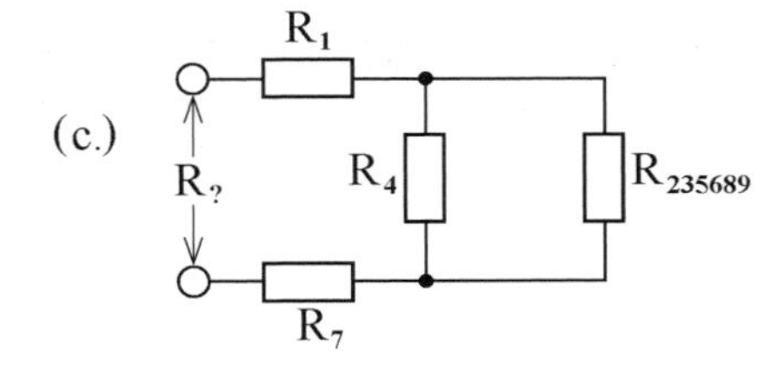

1 P

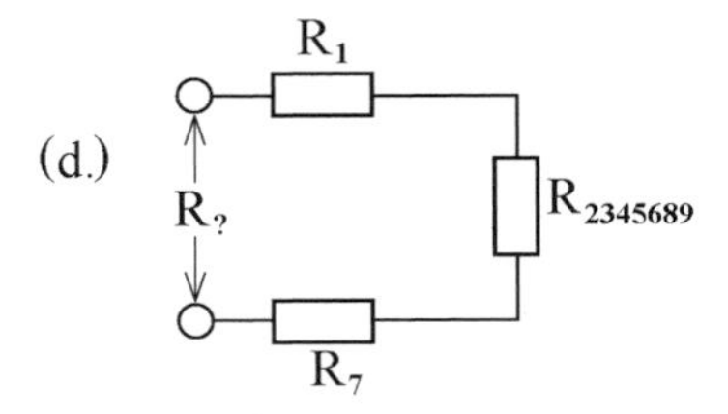

1 P

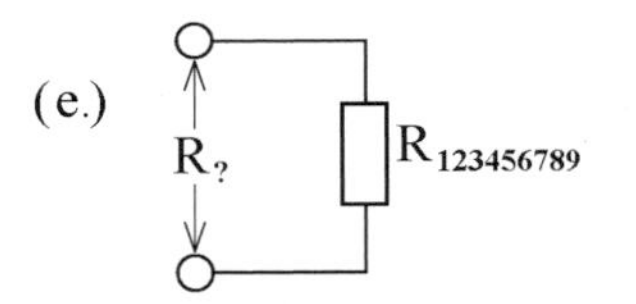

1 P

**Bild 3-18**
Schrittweise Vereinfachung des Schaltbildes aus Bild 3-17.

Die einzelnen Schritte sind im Text kommentiert. Sie bestehen aus sukzessivem Zusammenfassen übersichtlicher parallel bzw. hintereinandergeschalteter Anteile. 1 P

## Aufgabe 3.25 Netzwerk aus Kondensatoren

| 15 Min. | | Punkte 9 P | plus 5 × 1P für Ersatzschaltbilder |
|---|---|---|---|

Bild 3-19 zeigt ein Netzwerk aus Kondensatoren. Berechnen Sie die sog. Ersatzkapazität (auch Gesamtkapazität), die durch $C_?$ gekennzeichnet ist. Rechnen Sie auch exemplarisch $C_?$ aus, für den Fall, dass alle Einzelkapazitäten $C_1 = C_2 = ... = C_9 = 100\,nF$ betragen.

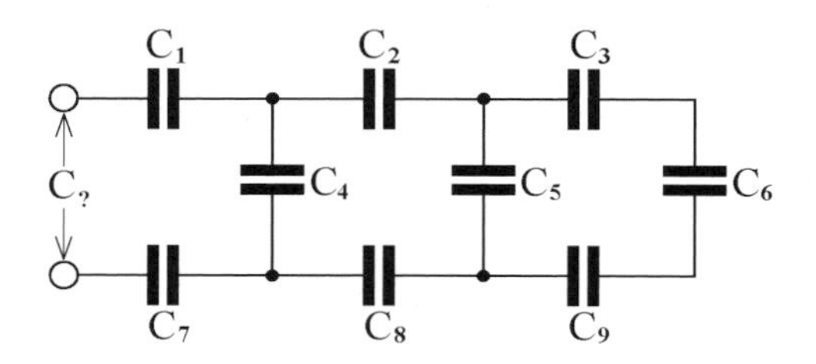


**Bild 3-19**
Kapazitätsnetzwerk aus 9 Kondensatoren, deren Ersatzkapazität berechnet werden soll.

## Lösung zu 3.25

Lösungsstrategie:

Die Vorgehensweise über das Zusammenfassen einzelner Kapazitäten entspricht im Prinzip der Vorgehensweise für Widerstände, die in Aufgabe 3.24 geübt wurde. Die Ersatzschaltbilder können also in weitgehender Analogie zu Bild 3-18 konstruiert werden und sind deshalb nicht extra als eigenes Bild dargestellt. Der Unterschied zwischen Widerständen und Kondensatoren liegt in der Addition der Einzelwerte bei Parallel- und Hintereinanderschaltungen: Zwei hintereinander geschaltete Widerstände werden linear addiert, zwei hintereinander geschaltete Kondensatoren reziprok. Zwei parallel geschaltete Widerstände werden reziprok addiert, zwei hintereinander geschaltete Kondensatoren linear.

Lösungsweg, explizit:

Die nachfolgenden Einzelschritte der Zusammenfassung (a bis e) wurden in Analogie zu den entsprechenden Schritten (a bis e) in Bild 3-18 entwickelt. Man denke sich nur die dortigen Widerstände durch Kondensatoren ersetzt.

(a.) Die Hintereinanderschaltung der drei Kapazitäten $C_3, C_6, C_9$ lässt sich zusammenfassen

1 P zu $\frac{1}{C_{369}} = \frac{1}{C_3} + \frac{1}{C_6} + \frac{1}{C_9} = \frac{C_6 C_9 + C_3 C_9 + C_3 C_6}{C_3 \cdot C_6 \cdot C_9} \quad \Rightarrow \quad C_{369} = \frac{C_3 \cdot C_6 \cdot C_9}{C_6 C_9 + C_3 C_9 + C_3 C_6}$.

Dieses Ergebnis entspricht in Analogie dem Bild 3-18, Teil (a.).

½ P (b.) $C_5$ und $C_{369}$ sind parallel geschaltet, ergeben also zusammen $C_{3569} = C_5 + C_{369}$ .

(c.) Es folgt wieder eine Hintereinanderschaltung, und zwar diesmal von $C_2, C_{3569}$ und $C_8$:

1 P $\frac{1}{C_{235689}} = \frac{1}{C_2} + \frac{1}{C_{3569}} + \frac{1}{C_8} \quad \Rightarrow \quad C_{235689} = \frac{C_2 \cdot C_{3569} \cdot C_8}{C_{3569} \cdot C_8 + C_2 \cdot C_8 + C_2 \cdot C_{3569}}$.

½ P (d.) Dann wird wieder parallel geschaltet, nämlich $C_4$ und $C_{235689}$ zu $C_{2345689} = C_4 + C_{235689}$ .

(e.) Die letzten drei Kapazitäten, die noch übrig geblieben sind, werden hintereinander geschaltet:

$$\frac{1}{C_{123456789}} = \frac{1}{C_1} + \frac{1}{C_{2345689}} + \frac{1}{C_7} \quad \Rightarrow \quad C_? = C_{123456789} = \frac{C_1 \cdot C_{2345689} \cdot C_7}{C_{2345689} \cdot C_7 + C_1 \cdot C_7 + C_1 \cdot C_{2345689}}. \qquad 1\text{ P}$$

Auch hier entspricht das Ergebnis wieder in Analogie dem Bild 3-18(e.).

Das Einsetzen der numerischen Werte sieht wie folgt aus:

(a.) Zuerst: $C_{369} = \frac{100nF \cdot 100nF \cdot 100nF}{(100nF)^2 + (100nF)^2 + (100nF)^2} = \frac{100}{3} nF$ 1 P

(b.) Danach: $C_{3569} = C_5 + C_{369} = 100nF + \frac{100}{3} nF = \frac{400}{3} nF$ ½ P

(c.) $C_{235689} = \frac{100nF \cdot \frac{400}{3} nF \cdot 100nF}{\frac{400}{3} nF \cdot 100nF + 100nF \cdot 100nF + 100nF \cdot \frac{400}{3} nF} = \frac{1}{2.75 \cdot 10^7} F = \frac{3600}{99} nF$ 1 P

(d.) $C_{2345689} = 100nF + \frac{3600}{99} nF = \frac{9900 + 3600}{99} nF = \frac{13500}{99} nF$ ½ P

(e.) $C_? = \frac{100nF \cdot \frac{13500}{99} nF \cdot 100nF}{\frac{13500}{99} nF \cdot 100nF + 100nF \cdot 100nF + 100nF \cdot \frac{13500}{99} nF} = \frac{\frac{135}{99} \cdot 10^6 (nF)^3}{2 \cdot \frac{135}{99} \cdot 10^4 (nF)^2 + 10^4 (nF)^2}$

$= \frac{\frac{135}{99} \cdot 10^6 (nF)^3}{\frac{2 \cdot 135 + 99}{99} \cdot 10^4 (nF)^2} = \frac{\frac{135}{99} \cdot 10^6}{\frac{369}{99} \cdot 10^4} nF = \frac{135}{369} \cdot 10^2 nF = 36.\overline{58536} nF$ als Gesamtkapazität 2 P

**Arbeitshinweis**

Wer die Bruchrechnung als mühsam empfindet (besonders beim Umgang mit „krummen Brüchen", die zu periodischen Nachkommazahlen führen) und lieber mit Dezimalzahlen und Nachkommaanteil arbeiten möchte, erinnere sich an die Vorteile bei der Benutzung der Bruchrechnung: Durch sie werden in unserem Beispiel Rundungsfehler gänzlich vermieden. Auf diese Weise macht man das Berechnen von Zwischenergebnissen beim numerischen Arbeiten in kleinen Schritten unschädlich.

Zum Vergleich wurde in unserem Beispiel das Endergebnis zu guter Letzt auch noch als periodische Nachkommazahl angegeben – aber eben ohne Rundungsungenauigkeit!

## Aufgabe 3.26 Wechselstrom-Impedanznetzwerk

| 20 Min. | | Punkte 14 P |
|---|---|---|

Bild 3-20 zeigt ein Widerstandsnetzwerk aus komplexen Wechselstromwiderständen. Berechnen Sie den sog. Ersatzwiderstand (= Gesamtwiderstand), der durch $z_?$ gekennzeichnet ist. Finden Sie zuerst einen geschlossenen analytischen Ausdruck für $z_?$.

Setzen Sie anschließend auch die nachfolgend gegebenen exemplarischen Zahlenvorgaben ein: $R_2 = 100k\Omega$ ; $L = 20H$ ; $C_2 = 5nF$ ; $R_1 = 20k\Omega$ ; $C_1 = 10nF$ ; $\omega = 2\pi \cdot 1kHz$

Dabei ist $\omega$ die Kreisfrequenz des Wechselstroms. Das Ergebnis drücken Sie bitte wie üblich in Betrag und Phase einer komplexen Zahl aus.

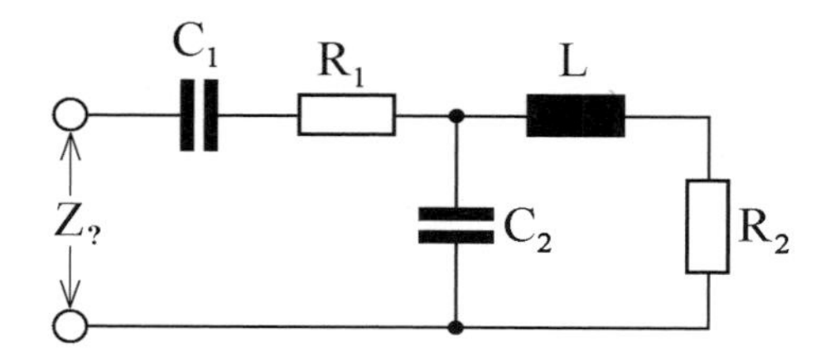


**Bild 3-20**
Widerstandsnetzwerk aus 5 komplexen Wechselstromwiderständen, deren Ersatzwiderstand berechnet werden soll.

## ▾ Lösung zu 3.26

Lösungsstrategie:

Die Vorgehensweise zur Lösung ist dieselbe wie bei den Aufgaben 3.24 und 3.25. Was jetzt hinzukommt, ist die Anforderung, mit Wechselstromwiderständen zu arbeiten und dabei deren Phasenverhalten zu berücksichtigen. Dies geschieht sinnvollerweise durch Verwendung komplexer Impedanzen. Bekanntlich ist die Impedanz eines Ohm'schen Widerstandes $z_R = R$, die Impedanz einer Spule $z_R = i\omega L$ und die Impedanz eines Kondensators $z_C = \frac{1}{i\omega C}$.

Lösungsweg, explizit:

Die einzelnen Zusammenfassungsschritte zeigt Bild 3-21. Die Berechnungen dazu werden nachfolgend durchgeführt.

(a.) Zusammenfassen von $L$ und $R_2$ zu $z_1$ durch Hintereinanderschaltung:

½ P $\quad z_1 = R_2 + i\omega L \,. \quad (*1)$ Das Ergebnis zeigte Bild 3-21, Teil (a.).

(b.) Zusammenfassen von $C_2$ und $z_1$ zu $z_2$ durch Parallelschaltung:

1 P $$\frac{1}{z_2} = \frac{1}{z_1} + \frac{1}{\frac{1}{i\omega C_2}} \Rightarrow \frac{1}{z_2} = \frac{1}{z_1} + i\omega C_2 = \frac{1 + i\omega C_2 \cdot z_1}{z_1} \Rightarrow z_2 = \frac{z_1}{1 + i\omega C_2 \cdot z_1}.$$

(c.) Zusammenfassen von $C_1$, $R_1$ und $z_2$ zu $z_3 = z_?$ durch Hintereinanderschaltung:

1½ P $$z_3 = \frac{1}{i\omega C_1} + R_1 + \frac{z_1}{1 + i\omega C_2 \cdot z_1} = \underbrace{\frac{1}{i\omega C_1} + R_1 + \frac{R_2 + i\omega L}{1 + i\omega C_2 \cdot (R_2 + i\omega L)}}_{\text{Zu guter Letzt wird noch } z_1 \text{ nach } (*1) \text{ eingesetzt, um das Ergebnis vollständig durch gegebene Größen auszudrücken.}} = z_?.$$

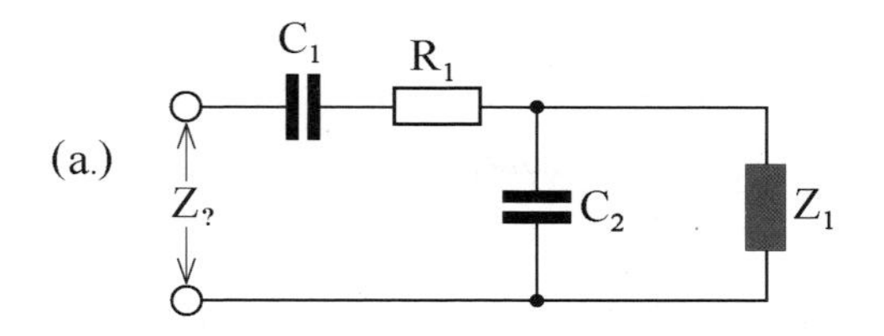

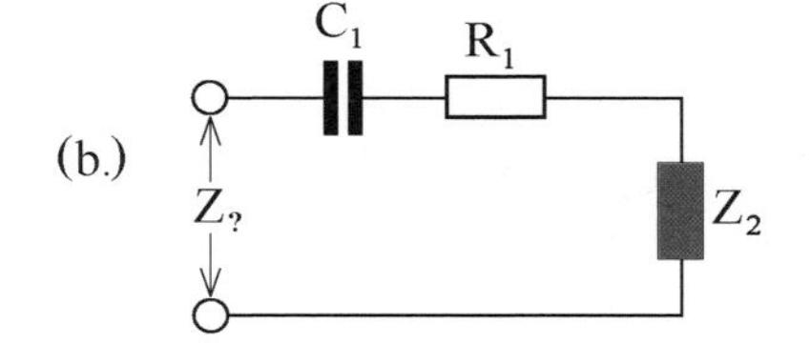

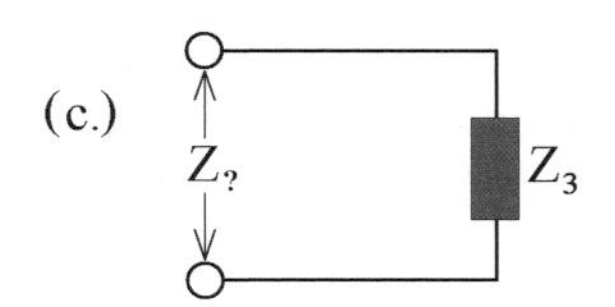


1 P

**Bild 3-21**
Schrittweise Vereinfachung des Schaltbildes aus Bild 3-20.
Die einzelnen Schritte sind im Text kommentiert. Sie bestehen aus sukzessivem Zusammenfassen übersichtlicher parallel bzw. hintereinandergeschalteter Anteile.

Einsetzen der in der Aufgabenstellung gegebenen Werte dient der Bearbeitung des numerischen Beispiels:

$$z_? = \frac{1}{i\omega C_1} + R_1 + \frac{R_2 + i\omega L}{1 + i\omega C_2 \cdot (R_2 + i\omega L)}$$

$$= \underbrace{\frac{1}{i \cdot \left(2\pi \cdot 10^3\, Hz\right) \cdot 10^{-8} F}}_{\overset{TR}{\approx} -i \cdot 15915.5 \frac{V}{A}} + \underbrace{R_1}_{=2 \cdot 10^4\,\Omega} + \underbrace{\frac{\overbrace{100k\Omega + i \cdot \left(2\pi \cdot 10^3\, Hz\right) \cdot 20H}^{\overset{TR}{\approx} \left(100 \cdot 10^3 + i \cdot 125.66 \cdot 10^3\right)\Omega}}{1 + \underbrace{i \cdot \left(2\pi \cdot 10^3\, Hz\right) \cdot 5 \cdot 10^{-9} F}_{\overset{TR}{\approx} i \cdot 3.1416 \cdot 10^{-5} \frac{1}{\Omega}} \cdot \underbrace{\left(100k\Omega + i \cdot \left(2\pi \cdot 10^3\, Hz\right) \cdot 20H\right)}_{\overset{TR}{\approx} \left(100 \cdot 10^3 + i \cdot 125.66 \cdot 10^3\right)\Omega}}}_{\text{Bruch} \overset{TR}{\approx} \frac{\left(100 \cdot 10^3 + i \cdot 125.66 \cdot 10^3\right)\Omega}{1 + i \cdot 3.1416 \cdot 10^{-5} \frac{1}{\Omega} \cdot \left(100 \cdot 10^3 + i \cdot 125.66 \cdot 10^3\right)\Omega} \overset{TR}{\approx} \left(27804.1 + i \cdot 3838.45\right)\Omega}$$

$$\overset{TR}{\approx} -i \cdot 15915.5\,\Omega + 20000\,\Omega + \left(27804.1 + i \cdot 3838.45\right)\Omega \overset{TR}{\approx} \left(47801.4 - i \cdot 12077.1\right)\Omega = z_? \,.$$ 6 P

Real- und Imaginärteil der komplexwertigen Gesamtimpedanz sind damit angegeben. Normalerweise drückt man aber Impedanzen in Betrag und Phase aus und erhält dabei:

Betrag $|z_?| = \sqrt{\mathrm{Re}^2(z_?) + \mathrm{Im}^2(z_?)} = \sqrt{47801.4^2 + 12077.1^2}\,\Omega = 49306.1\Omega$ 1 P

Phase $\varphi = \arg\left(\frac{\mathrm{Im}(z_?)}{\mathrm{Re}(z_?)}\right) = \arctan\left(\frac{-12077.1}{47801.4}\right) \overset{TR}{\approx} -14.18°$ 1 P

In unserem Fall liegt die komplexe Zahl im vierten Quadranten der Gauß'schen Zahlenebene, sodass die Argumentfunktion zur Berechnung der Phase dem Arcus-Tangens gleichkommt. Folglich wird die Phase mit $-14.18°$ angegeben.

**Stolperfalle**

Man beachte, dass $\arg(x) = \arctan(x) + n \cdot \pi$ ist,

$$\text{mit } n = \begin{cases} 0 & \text{für komplexe Zahlen im 1. und im 4. Quadranten der Gauß'schen Zahlenebene} \\ +1 & \text{für komplexe Zahlen im 2. Quadranten der Gauß'schen Zahlenebene} \\ -1 & \text{für komplexe Zahlen im 3. Quadranten der Gauß'schen Zahlenebene} \end{cases}$$

Dadurch unterscheidet sich die Argument-Funktion von der Arcus-Tangens-Funktion.

## Aufg. 3.27 Elektrischer Schwingkreis, harmonische Schwingung

| Zeit | Schwierigkeit | Punkte |
|---|---|---|
| (a.) 2 Min.<br>(b.) 4 Min. | | (a.) 1 P<br>(b.) 2 P |
| (c.) 4 Min.<br>(d.) 1 Min. | | (c.) 2 P<br>(d.) 1 P |

Betrachten wir einen elektrischen Schwingkreis nach Bild 3-22. Vor Beginn der Schwingung sei der Schalter „S1" geschlossen, sodass der Kondensator mit einer Spannung von $U_0 = 12V$ aufgeladen werde. Gleichzeitig sei „S2" geöffnet, damit die Spule ohne Strom und Spannung bleibt.

Zum Zeitpunkt $t = 0$ werden gleichzeitig „S1" geöffnet und „S2" geschlossen, sodass in Spule und Kondensator eine harmonische Schwingung entsteht. Ohm'sche Widerstände seien zu vernachlässigen.

(a.) Geben Sie die Eigenfrequenz der harmonischen Schwingung an.
(b.) Welche Energie enthält die harmonische Schwingung?
(c.) Wie groß ist der maximale Strom der durch die Spule fließen kann?
(d.) Wie groß ist die Menge der Ladung, die da schwingt?

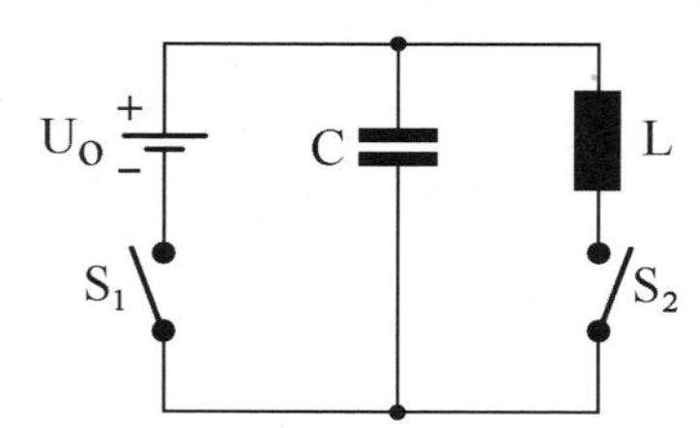


**Bild 3-22**
Schaltung zum Anregen einer harmonischen Schwingung in einem elektrischen Schwingkreis.
Numerische Vorgaben für ein Rechenbeispiel:
$U_0 = 12V$, $C = 1\mu F$, $L = 10mH$

## ▾ Lösung zu 3.27

Lösungsstrategie:

Zu harmonischen Schwingungen im elektrischen Schwingkreis betrachte man Aufgabe 2.7.

Lösungsweg, explizit:

(a.) Die Eigenfrequenz der harmonischen Schwingung ist

1 P $$\omega_0 = \sqrt{\frac{1}{LC}} = \sqrt{\frac{1}{10^{-2}H \cdot 10^{-6}F}} = 10^4\,Hz\,.$$

(b.) Die im elektrischen Feld eines Kondensators gespeicherte Energie ist $W = \frac{1}{2}\frac{Q^2}{C}$.

Mit $C = \frac{Q}{U} \Rightarrow Q = C \cdot U$ kann die Energie berechnet werden zu $W = \frac{1}{2}\frac{(C \cdot U)^2}{C} = \frac{1}{2}CU^2$. 1 P

In genau denjenigen Momenten, in denen die gesamte Energie im Kondensator steckt, ist die Spannung über dem Kondensator $U_0$ und der Strom durch die Spule Null. Zu diesen Zeitpunkten berechnen wir die Energie der gesamten Schwingung als Energie des Kondensators:

$$W_{ges} = \frac{1}{2}CU_0^2 = \frac{1}{2} \cdot 10^{-6}F \cdot (12V)^2 = 7.2 \cdot 10^{-5}F \cdot V^2 = 7.2 \cdot 10^{-5}\frac{C}{V} \cdot V \cdot \frac{J}{C} = 7.2 \cdot 10^{-5}J .$$ 1 P

(c.) Warten wir nach den Zeitpunkten der Betrachtung in Aufgabenteil (b.) genau eine viertel Schwingungsperiode, so hat sich die gesamte Energie vom Kondensator in die Spule verlagert. Dann ist $W_{ges} = \frac{1}{2}LI^2$. Dies sind diejenigen Momente in denen der Strom durch die Spule maximal ist. Wir lösen also nach diesem maximalen Strom auf:

$$W_{ges} = \frac{1}{2}LI^2 \Rightarrow I = \sqrt{\frac{2 \cdot W_{ges}}{L}} = \sqrt{\frac{2 \cdot 7.2 \cdot 10^{-5}J}{10^{-2}H}} = 0.12 \cdot \sqrt{\frac{J}{\frac{V \cdot s}{A}}} = 0.12 \cdot \sqrt{\frac{J}{\frac{J \cdot s}{C \cdot A}}} = 0.12 \cdot \sqrt{\frac{1}{\frac{1}{A^2}}} = 0.12A .$$ 2 P

(d.) Aus Aufgabenteil (b.) wissen wir, dass $C = \frac{Q}{U} \Rightarrow Q = C \cdot U = 10^{-6}F \cdot 12V = 1.2 \cdot 10^{-5}C$ ist. 1 P

Soviel Ladung wird bei der Schwingung bewegt.

## Aufgabe 3.28 Resonanz im elektrischen Schwingkreis

| | | | | |
|---|---|---|---|---|
| (a.) 15…17 Min. | | Punkte | (a.) 13 P |
| (b.) 5 Min. | | | (b.) 3 P |

Betrachten wir eine erzwungene elektrische Schwingung nach Bild 3-23. Zum Zeitpunkt $t = 0$ werde der Schalter „S" geschlossen, sodass die Wechselspannung $U_\sim$ den bedämpften Schwingkreis permanent anregen kann.

(a.) Welche Spannungs-Amplitude kann maximal über dem Schwingkreis angeregt werden?

(b.) Wie groß ist der maximal mögliche Strom in der Masche?

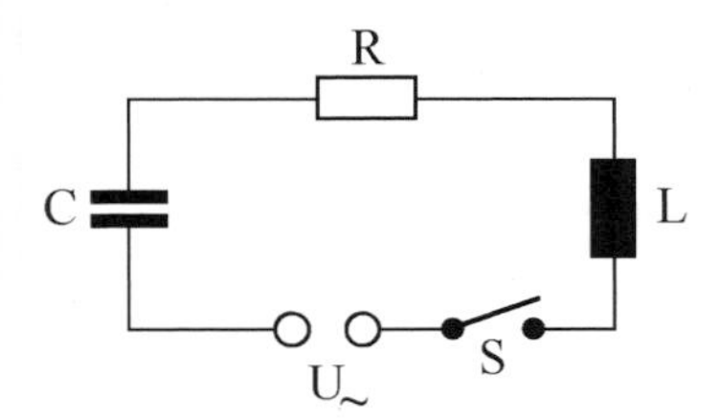


**Bild 3-23**
Erzwungene Schwingung in einem elektrischen Schwingkreis.
Numerische Vorgaben für ein Rechenbeispiel:
$U_\sim = U_0 \cdot \cos(\omega_E \cdot t) = 12V \cdot \cos(\omega_E \cdot t)$, sowie
$C = 1\mu F$ , $L = 10mH$ , $R = 70\Omega$

## ▾ Lösung zu 3.28

Lösungsstrategie:

Der Begriff „erzwungene Schwingung" drückt aus, dass sowohl Anregung als auch Dämpfung vorhanden ist. Eine Frequenz für die Anregung ist in der Aufgabenstellung nicht gegeben. Das bedeutet, dass die Frequenzen, mit denen angeregt wird, zu bestimmen sind.

(a.) Die maximal mögliche Spannung liegt natürlich im Resonanzfall vor. Also arbeiten wir in folgenden Schritten:

Schritt 1 → Berechnung der Resonanzfrequenz. Dazu wird übrigens die Abklingkonstante benötigt, die die Dämpfung beschreibt.

Schritt 2 → Berechnung der Schwingungsamplitude bei Resonanzfrequenz. Diese ist der Maximalwert der schwingenden Größe. Bei der mechanischen Schwingung ist das eine Auslenkung (Einheit: Meter), bei der elektrischen Schwingung eine Ladung (Einheit: Coulomb).

Die Berechnung der Spannungsamplitude aus der Kenntnis der Ladungsamplitude geht dann auf die Kenntnis der aufzuladenden Kapazität zurück.

(b.) Schritt 3 → Berechnung der Energie der Schwingung.

Schritt 4 → Welchen maximalen Strom erzeugt diese Energie in der Spule?

**Arbeitshinweis**

Die meisten Studierenden kennen aus Vorlesungen mechanische Schwingungen ziemlich gut. Im Prinzip kann man die elektrischen Schwingungen in analoger Weise behandeln. Deshalb wird hier die Kenntnis der mechanischen angeregten Schwingung vorausgesetzt, um in Analogie dazu die Formeln der elektrischen Schwingungen zu entwickeln.

Der ein oder andere Fachmann mag vielleicht anstelle einer Analogieübertragung eine Behandlung des Problems direkt im elektrischen Bild bevorzugen. Da aber die Analogieübertragung einen besseren Lernerfolg erwarten lässt und außerdem im Prüfungsfall die höhere Arbeitseffektivität verspricht (sie ist sicherer und schneller), bevorzugen wir hier diesen Weg.

Lösungsweg, explizit:

Um die Analogieübertragung zu ermöglichen, schreiben wir für beide Fälle die Schwingungsdifferentialgleichungen hin. Zu deren Aufstellen erinnere man sich an die Aufgaben 2.7, 2.10 und 2.11.

| im mechanischen Fall | | im elektrischen Fall |
|---|---|---|
| $m \cdot \ddot{y} + \beta \cdot \dot{y} + D \cdot y = F_0 \cdot \cos(\omega_E \cdot t)$ | $\leftrightarrow$ | $L \cdot \ddot{Q} + R \cdot \dot{Q} + \frac{1}{C} \cdot Q = U_0 \cdot \cos(\omega_E \cdot t)$ |
| mit $y$ = Auslenkung des Schwingers | $\leftrightarrow$ | mit $Q$ = schwingende Ladung |
| $m$ = Masse des Schwingers | $\leftrightarrow$ | $L$ = Induktivität der Spule |
| $\beta$ = Reibungskonstante | $\leftrightarrow$ | $R$ = Ohm'scher Widerstand |
| $D$ = Hooke'sche Federkonstante | $\leftrightarrow$ | $\frac{1}{C}$ mit $C$ = Kapazität des Kondensators |
| $F_0$ = Amplitude der anregenden Kraft | $\leftrightarrow$ | $U_0$ = Amplitude der anregenden Spannung |
| $\omega_E$ = Anregungsfrequenz | $\leftrightarrow$ | $\omega_E$ = Anregungsfrequenz |
| $t$ = Zeit | $\leftrightarrow$ | $t$ = Zeit |

4 P

Basierend auf dieser Analogie führen wir nun die gefragten Berechnungen durch:

Schritt 1 → Berechnung der Resonanzfrequenz:
Diese lautet für die gedämpfte Schwingung $\omega_R = \sqrt{\omega_0^2 - 2\delta^2}$ . Dazu brauchen wir die Eigenfrequenz der harmonischen Schwingung $\omega_0$ sowie die Abklingkonstante $\delta$ . Für den mechanischen Fall findet man sie in Formelsammlungen, worauf die linke Spalte der nachfolgenden Analogie-Aufstellung basiert. Überträgt man dann alle Einflussgrößen einzeln in den elektrischen Fall, so entsteht die rechte Spalte der nachfolgenden Analogie-Aufstellung.

| im mechanischen Fall | | im elektrischen Fall | |
|---|---|---|---|
| $\omega_0 = \sqrt{\frac{D}{m}}$ | $\leftrightarrow$ | $\omega_0 = \sqrt{\frac{1}{LC}}$ | |
| $\delta = \frac{\beta}{2m}$ | $\leftrightarrow$ | $\delta = \frac{R}{2L}$ | |
| $\omega_R = \sqrt{\frac{D}{m} - 2 \cdot \left(\frac{\beta}{2m}\right)^2}$ | $\leftrightarrow$ | $\omega_R = \sqrt{\frac{1}{LC} - 2 \cdot \left(\frac{R}{2L}\right)^2}$ | 2 P |

Werte einsetzen liefert die Eigenfrequenz der harmonischen Schwingung $\omega_0$ und die Resonanzfrequenz $\omega_R$ :

$$\omega_0 = \sqrt{\frac{1}{LC}} = \sqrt{\frac{1}{10\,mH \cdot 1\,\mu F}} = \sqrt{\frac{1}{10^{-2}\frac{Vs}{A} \cdot 10^{-6}\frac{C}{V}}} = 10^4 \cdot \sqrt{\frac{1}{\frac{s^2}{C} \cdot C}} = 10^4\,Hz$$

$$\omega_R = \sqrt{\frac{1}{10\,mH \cdot 1\,\mu F} - 2 \cdot \left(\frac{70\,\Omega}{2 \cdot 10\,mH}\right)^2} = \sqrt{\underbrace{\frac{1}{10^{-2}\frac{Vs}{A} \cdot 10^{-6}\frac{C}{V}}}_{\text{Einheiten: } \frac{1}{\frac{s}{A} \cdot C} = \frac{1}{s^2}} - 2 \cdot \underbrace{\left(\frac{70\frac{V}{A}}{2 \cdot 10^{-2}\frac{Vs}{A}}\right)^2}_{\text{Einheiten: } \left(\frac{1}{s}\right)^2}} \overset{TR}{\approx} 8689.1\,Hz \qquad \text{2 P}$$

Schritt 2 → Berechnung der Schwingungsamplitude bei Resonanzfrequenz. Dafür findet man in Formelsammlungen den Ausdruck für mechanische Schwingungen, den wir auch wieder Größe für Größe auf den elektrischen Fall übertragen:

| im mechanischen Fall | | im elektrischen Fall | |
|---|---|---|---|
| $A = \frac{F_0}{m} \cdot \frac{1}{\sqrt{\left(\omega_0^2 - \omega_R^2\right)^2 + \left(2 \cdot \delta \cdot \omega_R\right)^2}}$ | $\leftrightarrow$ | $A = \frac{U_0}{L} \cdot \frac{1}{\sqrt{\left(\omega_0^2 - \omega_R^2\right)^2 + \left(2 \cdot \delta \cdot \omega_R\right)^2}}$ | 1 P |
| zu verstehen als maximale Auslenkung | | zu verstehen als maximale Ladung | |

Das Einsetzen der Werte $\omega_0 = 10000\,Hz$ und $\delta = \frac{R}{2L}$ liefert die Amplitude im Resonanzfall:

$$A = \frac{U_0}{L} \cdot \frac{1}{\sqrt{\left(\omega_0^2 - \omega_R^2\right)^2 + \left(2 \cdot \delta \cdot \omega_R\right)^2}}$$

$$= \frac{12V}{10\,mH} \cdot \frac{1}{\sqrt{\left((10000\,Hz)^2 - (8689.1\,Hz)^2\right)^2 + \left(2 \cdot \frac{70\Omega}{2 \cdot 10\,mH} \cdot 8689.1\,Hz\right)^2}}$$

$$= \frac{12V}{10^{-2}\frac{V\,s}{A}} \cdot \frac{1}{\sqrt{\left((10000\,Hz)^2 - (8689.1\,Hz)^2\right)^2 + \left(2 \cdot \frac{70\frac{V}{A}}{2 \cdot 10^{-2}\frac{V\,s}{A}} \cdot 8689.1\,Hz\right)^2}}$$

3 P

$$\overset{TR}{\approx} \frac{12\,A}{10^{-2}s} \cdot \frac{1}{\sqrt{\left(24499541\,s^{-2}\right)^2 + \left(60823700\,s^{-2}\right)^2} \cdot s^{-2}} \overset{TR}{\approx} \frac{12}{10^{-2}} \cdot \frac{1}{65572479} A \cdot s \overset{TR}{\approx} 1.83 \cdot 10^{-5} C\,.$$

Dies ist die Ladungsamplitude, also die Menge der Ladung, mit der der Kondensator maximal aufgeladen werden kann. Nach $C = \frac{Q}{U}$ folgt damit die maximale Kondensatorspannung zu $U = \frac{Q}{C} \overset{TR}{\approx} \frac{1.83 \cdot 10^{-5} C}{10^{-6} F} = 18.3V$ .

Berechnet wurde diese Spannung über die Ladungsamplitude bzw. die Spannungsamplitude des Kondensators. Erreichen wird der Kondensator diese Spannung in genau dem Moment, in dem er maximal geladen ist. Gerade genau in diesem Augenblick fließt kein Strom. Deshalb fällt weder über dem Widerstand noch über der Spule Spannung ab. Der berechnete Wert gibt also tatsächlich die Spannung über dem gesamten Schwingkreis an.

1 P

(b.) Die Amplitude des Stroms findet man dann wie folgt:

Schritt 3 → Die Energie der Schwingung berechnet man in Analogie zu Aufgabe 3.27 in demjenigen Augenblick, in dem alle Energie im Kondensator steckt gemäß

1 P

$$W_{ges} = \frac{1}{2} C U_{max}^2 \overset{TR}{\approx} \frac{1}{2} \cdot 10^{-6} F \cdot (18.3V)^2 \overset{TR}{\approx} 1.67445 \cdot 10^{-4} \frac{C}{V} \cdot V^2 = 1.67445 \cdot 10^{-4} J$$

Wird im Schwingkreis die Energie vom Kondensator in die Spule umgeladen, so ist der maximale Spulenstrom aufgrund der Energieerhaltung:

$$W_{ges} = \frac{1}{2} L I_{max}^2 \quad \Rightarrow \quad I_{max} = \sqrt{\frac{2 \cdot W_{ges}}{L}} = \sqrt{\frac{2 \cdot 1.67445 \cdot 10^{-4} J}{10^{-2} H}} \overset{TR}{\approx} 0.183 \sqrt{\frac{J}{\frac{V \cdot s}{A}}}$$

2 P

$$= 0.183 \sqrt{\frac{J}{\frac{\frac{J}{C} \cdot s^2}{C}}} = 0.183 \sqrt{\frac{C^2}{s^2}} = 0.183\,A \quad = \text{Stromamplitude}\,.$$

Damit ist die Aufgabe in allen Teilen gelöst.

Anmerkung zur Kontrolle: Im manchen Formelsammlungen findet man die Spannungsamplitude mit $U_{max} = \frac{U_0 \cdot \omega_0^2}{\sqrt{\left(\omega_0^2 - \omega_R^2\right)^2 + \left(2 \cdot \delta \cdot \omega_R\right)^2}}$. Den Resonanznenner haben wir bereits berechnet, sodass rasch folgt: $U_{max} \overset{TR}{\approx} U_0 \cdot 1.52503 \overset{TR}{\approx} 18.3V$. Dies bestätigt unseren obigen Rechenweg.

Wer ohne Analogie-Übertragung direkt in diese Formel einsetzt, hat natürlich auch Recht.

## Aufg. 3.29 Scheinwiderstand, Wirkwiderstand, Blindwiderstand

Betrachten Sie nochmals die Schaltung von Aufgabe 3.26 und Bild 3-20, die zu Bild 3-24 um eine Wechselspannungsquelle $U_{\sim} = U_0 \cdot \cos(\omega \cdot t)$ und zwei Messgeräte erweitert wurde. Den komplexen Wechselstromwiderstand des Netzwerkes kennen Sie bereits aus Aufgabe 3.26.

Als numerische Vorgaben für ein Rechenbeispiel seien gegeben: $U_0 = 12V$ und $\omega = 2\pi \cdot 1kHz$.

(a.) Geben Sie den Scheinwiderstand, den Wirkwiderstand und den Blindwiderstand des Netzwerkes an.

(b.) Wie groß ist die Phasenverschiebung zwischen dem Strom $I$ am Amperemeter und der Spannung $U$ am Voltmeter.

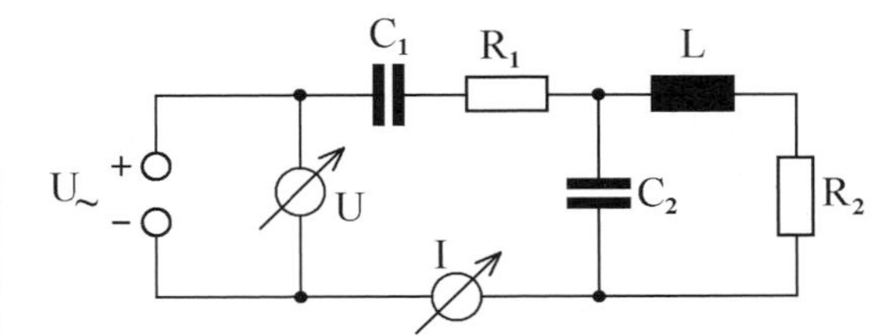


**Bild 3-24**
Widerstandsnetzwerk, welches an eine Wechselspannungsquelle angeschlossen und um zwei Messgeräte erweitert wurde.

## ▾ Lösung zu 3.29

Lösungsstrategie:

Es geht hier hauptsächlich um ein Abfragen gelernter Begriffe.

Lösungsweg, explizit:

(a.) Der Scheinwiderstand ist der tatsächlich berechnete komplexwertige Widerstand. Wir kennen ihn aus Aufgabe 3.26: $z_{Schein} \overset{TR}{\approx} (47801.4 - i \cdot 12077.1)\Omega$.

Sein Realteil heißt Wirkwiderstand und beträgt hier $z_{Wirk} \overset{TR}{\approx} 47801.4\Omega$.

Sein Imaginärteil ist der Blindwiderstand von hier $z_{Blind} \overset{TR}{\approx} -12077.1\Omega$. 1 P

(b.) Zur Berechnung der Phasenverschiebung müssen wir den komplexen Widerstand in der Exponentialdarstellung betrachten, deren Betrag und Phase in Aufgabe 3.26 berechnet wurden: Betrag $|z_?| = 49306.1\Omega$, Phase $\varphi \overset{TR}{\approx} -14.18°$

Rein formal schreibt sich die Exponentialdarstellung also wie folgt:

$$z_? \overset{TR}{\approx} 49306.1\Omega \cdot e^{-i \cdot 14.18°} \overset{TR}{\approx} 49306.1\Omega \cdot e^{-i \cdot 0.2474877} .$$

Ein Phasenwinkel von $\varphi \overset{TR}{\approx} -14.18°$ bedeutet, dass der Strom gegenüber der Spannung um 14.18° vorauseilt.

1 P

**Stolperfalle**

Man muss aufpassen, dass man das Nacheilen und das Voreilen von Strom und Spannung relativ zueinander anhand der Phase richtig interpretiert. Negative Phasenwinkel bedeuten, dass der Strom gegenüber der Spannung vorauseilt. Positive Phasenwinkel hingegen drücken aus, dass der Strom gegenüber der Spannung nacheilt.

Merkregel: $U = z \cdot I \Rightarrow$ In dem Augenblick, in dem der Strom gerade in Richtung der Realteil-Achse zeigt, zeigt die Spannung in die vom Phasenwinkels $\varphi$ vorgegebene Richtung.

## Aufgabe 3.30 Stromdichte in Hochspannungsleitungen

|  6 Min. |  | Punkte 4 P |
|---|---|---|

Zum Sinn von Hochspannungsleitungen: Nehmen wir an, die elektrische Leistung von $P_{eff} = 1GW$ soll transportiert werden. Berechnen Sie die dafür notwendigen Querschnittsflächen der Leiter, (a.) falls dies bei einer Spannung von $U_{eff} = 220V$ geschehen soll.
(b.) falls dies bei einer Spannung von $U_{eff} = 380kV$ geschehen soll.

Hinweis: Als zulässige Stromdichte setzen Sie bitte einen Wert $j = 1\frac{A}{mm^2}$ ein, obwohl in der Realität die Stromdichte mit zunehmendem Strom geringer ist als bei kleinen Strömen.

(c.) Zum Wechseln der Spannung verwendet man einen Transformator. Wie muss das Windungsverhältnis zwischen Primärspule und Sekundärspule sein?

## ▾ Lösung zu 3.30

Lösungsstrategie:

(a. & b.) 1. Schritt → Aus Leistung und Spannung folgt der Strom.
2. Schritt → Mit Hilfe der Stromdichte folgt die benötigte Querschnittsfläche.

(c.) Bei der Transformatorgleichung ist das Verhältnis der Spannungen entscheidend.

Lösungsweg, explizit:

Es gilt: $P = U \cdot I \Rightarrow I = \frac{P}{U}$
und $j = \frac{I}{A} \Rightarrow A = \frac{I}{j}$
$\Rightarrow A = \frac{P}{U \cdot j}$ . 1 P

Wir setzen die Werte der beiden Aufgabenteile ein:

(a.) $A = \frac{P}{U \cdot j} = \frac{10^9 W}{220V \cdot 1 \frac{A}{mm^2}} = 4.\overline{54} \cdot 10^6 \, mm^2 = 4.\overline{54} \, m^2$ 1 P

(b.) $A = \frac{P}{U \cdot j} = \frac{10^9 W}{380 \cdot 10^3 V \cdot 1 \frac{A}{mm^2}} \overset{TR}{\approx} 2632 \, mm^2 = 0.002632 \, m^2$ 1 P

Die Einsparung an Leitermaterial bei Verwendung von Hochspannung ist offensichtlich.

(c.) Die Transformatorgleichung lautet $\frac{U_1}{n_1} = \frac{U_2}{n_2} \Rightarrow \frac{n_2}{n_1} = \frac{U_2}{U_1} = \frac{380kV}{220V} \overset{TR}{\approx} 1727.\overline{27}$ . Die Primärspule muss also $1727.\overline{27}$ mal so viele Windungen haben wie die Sekundärspule.

Anmerkung: Ein gängiges Argument zum elektrischen Energietransport unter Hochspannung vergleicht Transportverluste bei unterschiedlichen Spannungen aber gleichem Leiterquerschnitt. Auch dieser Ansatz untermauert den Sinn von Hochspannungsleitungen. 1 P

## Aufgabe 3.31 RC-Phasenschieber

| | Zeit | | Punkte |
|---|---|---|---|
| (a.) | 8 Min. | | 7 P |
| (b.) | 8 Min. | | 5 P |
| (c.) | 3 Min. | | 3 P |

In Bild 3-25 sehen Sie einen sogenannten RC-Phasenschieber, der mit Wechselspannung konstanter Frequenz und Amplitude $U_{in} = U_0 \cdot e^{i\omega t}$ gespeist wird. (Darin ist $i = \sqrt{-1}$ die komplexe Einheit.)

(a.) Berechnen Sie den Betrag der Ausgangsspannung $U_{out}$ im unbelasteten Zustand der Schaltung.

(b.) Berechnen Sie die Phasenlage der Ausgangsspannung (= Phasenverschiebung gegenüber der Eingangsspannung) als Funktion des variablen Widerstandes $R_V$ im unbelasteten Zustand der Schaltung.

Als Zahlbeispiel seien gegeben $R = 1k\Omega$ , $R_V = 10\Omega$ , $C = 100\mu F$ , $U_{in} = 5V$ und als Kreisfrequenz des Wechselstroms $\omega = 2\pi \cdot 5kHz$ .

(c.) Erklären Sie mit Begründung, in welcher Weise sich Betrag und Phase von $U_{out}$ ändern, wenn man das Potentiometer $R_V$ von Null bis Unendlich verstellt.

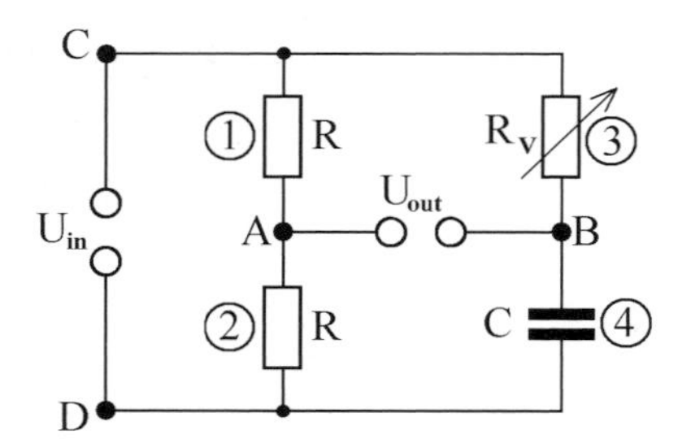


**Bild 3-25**
Schaltbild eines RC-Phasenschiebers.
Die eingekreisten Nummern 1,2,3,4 dienen lediglich der späteren Verwendung in der Musterlösung, ebenso die Knotenpunkte „A", „B", „C" und „D".

## Lösung zu 3.31

Lösungsstrategie:

Wenn Phasenlagen für Ströme oder Spannungen berechnet werden sollen, arbeitet man am effektivsten mit komplexzahligen Darstellungen und benutzt Zeigerdiagramme. Dass diese Vorgehensweise hier angeraten wird, können Sie bereits in der Aufgabenstellung erkennen, in der die Eingangsspannung $U_{in}$ in komplexer Schreibweise gegeben ist.

Tipp: Die hier in das Zeigerdiagramm einzutragenden Größen sind Spannungen. Man beginne mit der Spannung $U_{in}$ in Richtung der Realachse der Gauß'schen Zahlenebene. Dann trage man alle anderen Spannungen passend dazu ein. Dadurch entsteht ein geometrisches Gebilde aus Zeigern. Die Berechnung der Phase als Winkel und der Spannungen als Beträge (=Länge von Zeigern) ist dann eine Aufgabe der Geometrie.

Lösungsweg, explizit:

1 P (a.) Nach Kirchhoff's Maschenregel gilt $U_1 + U_2 = U_3 + U_4 = U_{CD} = U_{in}$. $(*1)$

(Indizes siehe Bild 3-25)

Wegen $I_3 = I_4$ (Knotenregel, unbelastete Schaltung) und den Impedanzen $z_3 = R_V$ sowie $z_4 = \frac{1}{i\omega C}$ ist $U_3 = z_3 \cdot I_3 = R_V \cdot I_3$ und $U_4 = z_4 \cdot I_4 = \frac{1}{i\omega C} \cdot I_4 = -i \cdot \frac{I_4}{\omega C}$. Wie die Leser sich im komplexen Zeigerdiagramm selbst veranschaulichen können, stehen $U_3$ und $U_4$ senkrecht aufeinander $(*2)$.

1 P

Bild 3-26 gibt die Verhältnisse von $(*1)$ und $(*2)$ im Zeigerdiagramm wieder, und zwar zu dem Zeitpunkt, zu dem die Spannung $U_{CD} = U_{in}$ nach $(*1)$ in Richtung der Realachse zeigt. Die Phasenlagen aller anderen Spannungen werden dann relativ zu $U_{in}$ betrachtet. Aufgrund $(*1)$ sind Anfang und Ende der Summe $U_3 + U_4 = U_{CD}$ ebenso wie $U_1 + U_2 = U_{CD}$ an Anfang und Ende von $U_{in}$ gekoppelt.

1 P

Die Mitte zwischen $U_1$ und $U_2$ ist der Punkt „A"; der Berührpunkt zwischen $U_3$ und $U_4$ liegt in „B". Also ist $U_{out} = U_{AB}$.

1 P Variabel aufgrund des Potentiometers ist $U_3$, sodass man damit die Länge des zugehörigen Zeigers frei einstellen kann – nicht aber seine Richtung, die steht wegen $(*2)$ immer senk-

recht auf $U_4$. Aus diesem Grunde ist das Dreieck „CDB" ein rechtwinkeliges, sodass „B" auf einem Thales-Kreis um „A" liegt. $U_{out}$ bildet dann den Radius des Thales-Kreises, ebenso wie $U_1$ und $U_2$. Damit ist dem Betrage nach $|U_{out}| = |U_1| = |U_2| = \left|\frac{1}{2}U_{in}\right|$. Dies ist die Antwort auf Aufgabenteil (a.). Im Zahlenbeispiel wäre $U_{out} = \frac{1}{2} \cdot 5V = 2.5V$.

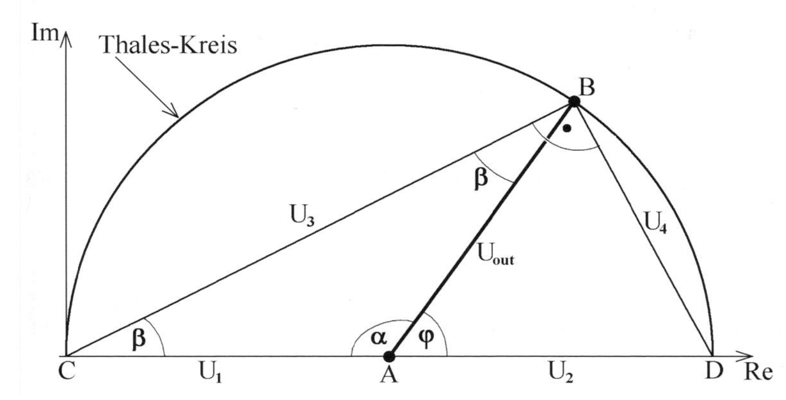


**Bild 3-26**
Phasenlagen der Spannungen beim RC-Phasenschieber, veranschaulicht im Zeigerdiagramm in der Gauß'schen Zahlenebene.
Das Bild ist eine allgemeine Konstruktion und nicht maßstäblich zu den numerischen Vorgaben des Zahlenbeispiels.

3 P

(b.) Die Berechnung der Phasenlage von $U_{out}$ (relativ zu $U_{in}$) ist eine geometrische Aufgabe, bei der der Winkel $\varphi$ in Bild 3-26 berechnet werden soll. Man kann ihn z.B. im rechtwinkeligen Dreieck „CDB" bestimmen, indem man dort die Definition des Tangens auf den Winkel $\beta$ anwendet: $\tan(\beta) = \frac{|U_4|}{|U_3|}$. $(*3)$

2 P

Da die Schaltung laut Vorgabe der Aufgabenstellung unbelastet sein soll, fließt im Knoten „B" kein Strom nach $U_{out}$, sodass $I_3 = I_4$ ist. Damit wird $(*3)$ zu

$$\tan(\beta) = \frac{|U_4|}{|U_3|} = \frac{|z_4 \cdot I_4|}{|z_3 \cdot I_3|} = \frac{|z_4|}{|z_3|} = \frac{\omega \cdot C}{R_V} \quad \Rightarrow \quad \beta = \arctan\left(\frac{\omega \cdot C}{R_V}\right).$$

1 P

Über einfache Winkelverhältnisse rechnen wir aus $\beta$ den Winkel $\varphi$ aus:

$$\left.\begin{array}{ll} \text{Im Dreieck CAB} & \Rightarrow \alpha + 2\beta = 180^\circ \\ \text{Im Punkt A} & \Rightarrow \alpha + \varphi = 180^\circ \end{array}\right\} \quad \Rightarrow \quad \varphi = 2\beta = 2 \cdot \arctan\left(\frac{\omega \cdot C}{R_V}\right). \qquad (*4)$$

1 P

Für das Zahlenbeispiel aus der Aufgabenstellung ergibt sich dann die Phasenlage

$$\varphi = 2 \cdot \arctan\left(\frac{\omega \cdot C}{R_V}\right) = 2 \cdot \arctan\left(\frac{2\pi \cdot 5000\,Hz \cdot 10^{-4}\,F}{10\Omega}\right) \overset{TR}{\approx} 34.88^\circ.$$

1 P

Wohin diese Phasenlage zeigt, versteht man anschaulich, wenn man in Bild 3-26 einen Winkel von $\varphi \overset{TR}{\approx} 34.88^\circ$ einzeichnet: $U_{out}$ ist um etwa $34.88^\circ$ in mathematisch positivem Drehsinn gegenüber $U_{in}$ (und entsprechend gegenüber der Realachse) phasengedreht.

(c.) Beim Verstellen des Potentiometers $R_V$ ändert sich der Betrag von $U_{out}$ nicht, wie wir aus Aufgabenteil (a.) wissen. Durch das Drehen am Potentiometer verschieben wir nur die Phase, wie man in $(*4)$ erkennt, wobei beliebige Werte zwischen $0°$ und $180°$ möglich sind. 1 P

Für $R_V \to 0\,\Omega$ geht nach $(*4)$ die Phase $\varphi \to 180°$.

1 P Für $R_V \to \infty\,\Omega$ geht nach $(*4)$ die Phase $\varphi \to 0°$.

Plausibilitätskontrolle: Diese Winkel kontrollieren wir in Bild 3-26:
Geht $R_V \to 0\,\Omega$, so geht $|U_3| \to 0$ und somit $\varphi \to 180°$. Das passt.

1 P Geht $R_V \to \infty\,\Omega$, so geht $|U_3| \to |U_{in}| = |U_1 + U_2|$ und somit $\varphi \to 0°$. Das passt ebenfalls.

Da man mit der Einstellung des Potentiometers nicht den Betrag der Ausgangsspannung verändert, seine Phase aber in einem weiten Bereich verstellen kann, trägt die Schaltung den Namen „Phasenschieber“.

## Aufgabe 3.32 Temperaturabhängigkeit des elektr. Widerstandes

|  8 Min. |  | Punkte 5 P |
|---|---|---|

Warum brennen Glühbirnen am häufigsten beim Einschalten durch, aber nur recht selten während des laufenden Betriebes? Vergleichen Sie zu diesem Zweck die Leistungsaufnahme einer 100 Watt Glühbirne beim Einschalten und während des laufenden Betriebes.

Hinweise:
Was in einer klassischen konventionellen Glühbirne leuchtet, ist meistens eine Wolfram-Wendel. Deren Betriebstemperatur kann bis zu $1700\,°C$ betragen. (Andere Werte sind je nach Lampe möglich.) Der spezifische Widerstand des Wolframs bei $20\,°C$ beträgt $\rho_0 = 5.6 \cdot 10^{8}\,\Omega \cdot m$. Der Temperaturkoeffizient des spezifischen Widerstandes von Wolfram liegt bei $\alpha = 4.5 \cdot 10^{-3} K^{-1}$. Die Lampe werde mit einer Spannung $U = 230\,V$ betrieben.

## Lösung zu 3.32

Lösungsstrategie:

Zum Vergleich der Leistungsaufnahme bei zwei verschiedenen Temperaturen muss der Widerstand der Glühwendel bei diesen Temperaturen verglichen werden. Daraus ergibt sich dann bei bekannter Betriebsspannung die aufgenommene elektrische Leistung. Diese variiert als Funktion der Temperatur derart deutlich, dass die Ausfälle beim Einschalten erklärt sind.

Lösungsweg, explizit:

Die Temperaturabhängigkeit des spezifischen elektrischen Widerstandes folgt dem Gesetz

$$\rho(T) = \rho_0 \cdot (1 + \alpha \cdot \Delta T) .$$

Darin ist $\rho_0$ der spezifische Widerstand bei einer willkürlich wählbaren Referenztemperatur. Nutzbar wird diese Gleichung, sofern man den Wert des Widerstandes bei dieser Referenztemperatur kennt. Da wir die Glühbirne bei Zimmertemperatur einschalten, ist unsere Referenztemperatur $T_0 = 20°C$. $\Delta T$ ist die Temperaturdifferenz, um die der Leiter gegenüber Zimmertemperatur erwärmt wird, sodass $T = T_0 + \Delta T$ ist.

Wir setzen die Werte der Aufgabenstellung ein: 2 P

$$\frac{\rho(T)}{\rho_0} = (1+\alpha \cdot \Delta T) = \left( 1 + 4.5 \cdot 10^{-3} K^{-1} \cdot \underbrace{(1680K)}_{\hat{=}1700°C-20°C} \right) = 8.56 = \frac{\rho(1700\,°C)}{\rho(20\,°C)}$$

Man beachte: Da die Geometrie der Glühwendel beim Erhitzen erhalten bleibt, wird nicht nur der spezifische Widerstand sondern auch der Ohm'sche Widerstand um einen Faktor 8.56 (!) größer.

Die Leistungsaufnahme unter einer Betriebsspannung $U = 230V$ ist: $\left. \begin{array}{l} P = U \cdot I \\ U = R \cdot I \end{array} \right\} \Rightarrow P = U \cdot \frac{U}{R}$. 1 P

Bei $T = 20°C$ sind dies $P_{20} = \frac{U^2}{R_{20}}$. Bei $T = 1700°C$ sind dies $P_{1700} = \frac{U^2}{R_{1700}}$. ½+½ P

Die beiden Leistungen stehen damit im Verhältnis $\frac{P_{20}}{P_{1700}} = \frac{\frac{U^2}{R_{20}}}{\frac{U^2}{R_{1700}}} = \frac{R_{1700}}{R_{20}} = 8.56$.

Unsere $100\,Watt$ Glühbirne nimmt die Leistung von $100\,Watt$ natürlich während des laufenden Betriebes auf, also $P_{1700} = 100\,Watt$. Beim Einschalten nimmt sie $P_{20} = 8.56 \cdot P_{1700} = 856\,Watt$ auf. 1 P

Sieht man diese Zahlen, so versteht man unschwer den häufigen Zeitpunkt des Ablebens der Glühwendeln. Dass eine Glühwendel das Einschalten trotz Aufnahme einer derartig hohen Leistung überhaupt überleben kann, liegt an der Kürze des Vorganges. Die hohe Leistungsaufnahme führt zu sehr raschem Erhitzen; entsprechend schnell steigt der Widerstand der Wendel und entsprechend schnell sinkt die Leistungsaufnahme auf den gewünschten Sollwert ab. Wenn sich allerdings die große Leistung beim Einschalten nicht schnell genug über die gesamte Wendel verteilt, dann brennt diese durch.

## Aufgabe 3.33 Energiespeicherung in Batterie

| | Zeit | | Punkte | |
|---|---|---|---|---|
| | (a.) 1½ Min. | | | (a.) 1 P |
| | (b.) 1½ Min. | | | (b.) 1 P |
| | (c.) 4 Min. | | Punkte | (c.) 3 P |
| | (d.) 12 Min. | | | (d.) 9 P |

In einem Auto sei eine Batterie (Spannung 12 V, Kapazität entsprechend 63 Ah) montiert.

(a.) Wie viel Ladung $Q$ wird in dieser Batterie im vollen Ladezustand getrennt aufbewahrt?

(b.) Die Information, welcher Strom über welchen Zeitraum zur Verfügung gestellt werden kann, wird mitunter im Volksmund (und von Batterieherstellern) als Kapazität bezeichnet.

Tatsächlich kann man daraus eine Kapazität $C$ im eigentlichen Sinne des Wortes berechnen, die man in der Einheit Farad angibt. Diese Umrechnung führen Sie bitte durch.

(c.) An die Batterie werde ein Autoscheinwerfer mit einer Leistungsaufnahme von 60 Watt angeschlossen. Wie groß ist der fließende Strom? Wie groß ist der Ohm'sche Widerstand des Scheinwerfers? Wie lange können zwei solche Scheinwerfer brennen, bis eine zuvor volle Batterie völlig entladen ist?

(d.) Sie bekommen die Aufgabe, ein $3.0\,m$ langes Kabel zum Anschließen des Scheinwerfers aus Aufgabenteil (c.) zu dimensionieren, und zwar derart, dass der Scheinwerfer wenigstens 99 % der von der Batterie zur Verfügung gestellten Spannung bekommt. Welche Querschnittsfläche muss das Kabel mindestens haben? (Geben Sie das Ergebnis bitte in $mm^2$ an.)

Hinweis: Die spezifische Leitfähigkeit des Kabelmaterials Kupfer beträgt $\sigma = 5.72 \cdot 10^5 \frac{\Omega^{-1}}{cm}$.

## ▾ Lösung zu 3.33

Lösungsstrategie:

(a., b.) Diese beiden Aufgabenteile dienen hauptsächlich dazu, begriffliche Verwirrungen im Volksmund klarzustellen. Was auf Batterien oftmals unter dem Begriff „Kapazität“ aufgedruckt ist, ist in Wirklichkeit eine Ladung. Die Berechnung der Kapazität funktioniert dann aufgrund der bekannten Batteriespannung.

(c.) Die Berechnung einer Leistung unter Zuhilfenahme des Ohm'schen Gesetzes geht auf elementare Grundformeln zurück, die ineinander einzusetzen sind.

(d.) 1. Schritt → Berechnung des zulässigen Drahtwiderstandes aus einer Spannungsteilerschaltung, bei der der Draht und die Lampe in Reihe geschaltet sind.

2. Schritt → Bei bekanntem Widerstand werden die Abmessungen des Drahtes anhand der Kenntnis des spezifischen Widerstandes dimensioniert.

Lösungsweg, explizit:

(a.) Nach Definition des Stroms ist $I = \frac{Q}{t}$, wobei in der Zeit $t$ die Ladung $Q$ fließt.

1 P $\Rightarrow \quad Q = I \cdot t = 63\,A \cdot 1\,Stunde = 63\,A \cdot 3600\,s = 226800\,C$ Soviel Ladung wird getrennt aufbewahrt.

(b.) Die Größe $Q = 63\,Ah$, die eigentlich eine Ladung angibt (siehe Aufgabenteil (a.)), kann man bei bekannter Spannung in eine Kapazität umrechnen: $C = \frac{Q}{U} = \frac{63\,A \cdot 3600\,s}{12\,V} = 18900\,F$

1 P

Die einzige Quelle einer möglichen Verwirrung kommt von der Bezeichnungsweise vieler Hersteller, die die Angabe der Ladung als Kapazität bezeichnen.

(c.) Der für den Autoscheinwerfer benötigte Strom ergibt sich aus seiner Leistung wie folgt:

1 P $P = U \cdot I \quad \Rightarrow \quad I = \frac{P}{U} = \frac{60\,W}{12\,V} = 5\,A$

Der Ohm'sche Widerstand dieser Lampe errechnet sich dann so:

1 P $$\left.\begin{matrix} P = U \cdot I \\ U = R \cdot I \end{matrix}\right\} \Rightarrow \quad P = R \cdot I \cdot I \quad \Rightarrow \quad R = \frac{P}{I^2} = \frac{60\,W}{(5\,A)^2} = 2.4\,\Omega$$

Die Brenndauer zweier Scheinwerfer bis zur Entleerung der Batterie berechnen wir so:

Wenn ein Scheinwerfer $I = 5A$ benötigt, so brauchen zwei Scheinwerfer $I = 10A$. Zum Durchfließen einer Ladung von $Q = 63Ah$ wird die Zeit $t = \frac{Q}{I} = \frac{63Ah}{10A} = 6.3$ Stunden benötigt. 1 P

(d.) Zu untersuchen ist eine Spannungsteilerschaltung aus zwei Ohm'schen Widerständen, nämlich dem Widerstand des Drahtes und dem Widerstand der Lampe (siehe Bild 3-27). Daraus ergeben sich die Spannungen über dem Draht $U_D$ und über der Lampe $U_L$ zu

$$U_D = \frac{R_D}{R_D + R_L} \cdot U_0 \quad \text{bzw.} \quad U_L = \frac{R_L}{R_D + R_L} \cdot U_0 .$$ 1 P

Aus der Vorgabe $U_D \leq 1\% \cdot U_0$ folgt

$$U_D = \frac{R_D}{R_D + R_L} \cdot U_0 \leq \frac{U_0}{100} \Rightarrow \frac{R_D}{R_D + R_L} \leq \frac{1}{100} \Rightarrow R_D \leq \frac{R_D}{100} + \frac{R_L}{100} \Rightarrow R_D \cdot \left(1 - \frac{1}{100}\right) \leq \frac{R_L}{100}$$

$$\Rightarrow \frac{99}{100} R_D \leq \frac{R_L}{100} \Rightarrow R_D \leq \frac{1}{99} \cdot R_L = \frac{1}{99} \cdot 2.4\Omega = \frac{24}{990}\Omega = 24.\overline{24} \cdot 10^{-3}\,\Omega .$$ 3 P

Nachdem wir die obere Begrenzung des Drahtwiderstandes wissen, können wir seine mindestens benötigte Querschnittsfläche dimensionieren. Dazu gehen wir von der Definition des spezifischen Widerstandes $\rho$ aus: $\rho = R \cdot \frac{A}{l}$, worin $A =$ Querschnittsfläche und $l =$ Länge des Drahtes ist.

$$\Rightarrow \quad A = \frac{\rho \cdot l}{R} .$$ 1 P

Nun ist die Leitfähigkeit der Kehrwert des Widerstandes, was auch auf die spezifischen Größen übertragen wird: $\sigma = \frac{1}{\rho} \quad \Rightarrow \quad A = \frac{\rho \cdot l}{R} = \frac{l}{\sigma \cdot R}$.

Werte eingesetzt $\Rightarrow A \geq \dfrac{3m}{5.72 \cdot 10^5 \frac{\Omega^{-1}}{10^{-2}m} \cdot \frac{24}{990}\,\Omega} \overset{TR}{\approx} 2.163 \cdot 10^{-6} m^2 = 2.163 \cdot mm^2$. 2 P

Da der Wert für den Widerstand $R = R_D$ als Maximalwert angegeben ist (siehe Rechenzeichen „$\leq$" bei $R_D$), wird der Wert für die Querschnittsfläche zu einem Minimalwert („$\geq$" bei $A$). Der Draht muss also eine Querschnittsfläche von mindestens $2.163 \cdot mm^2$ bekommen.

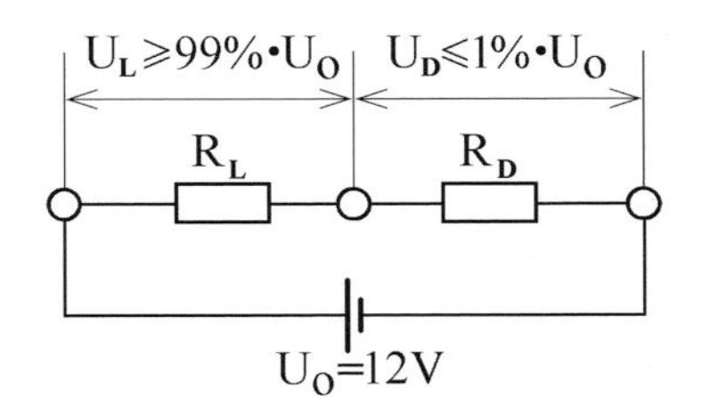


**Bild 3-27**
Spannungsteilerschaltung zum Verständnis des Aufteilens der Spannungen zwischen Draht und Lampe.
Die Bezeichnungen der Widerstände sind:
$R_D$ = Widerstand des Drahtes
$R_L$ = Widerstand der Lampe

2 P

## Aufgabe 3.34 Lorentz-Kraft: Elektronenstrahl im Magnetfeld

| | | Punkte | |
|---|---|---|---|
| (a.) 3 Min. | | | (a.) 2 P |
| (b.) 6 Min. | | | (b.) 4 P |

Betrachten wir Elektronen, die als Elektronenstrahl in ein Magnetfeld hineinfliegen entsprechend Bild 3-28. Dadurch werden die Elektronen in dem mit Magnetfeld erfüllten Raum auf eine Kreisbahn gelenkt.

Begründen Sie, warum die Bahn eine Kreisbahn sein muss.

(a.) Welche Orientierung hat der Kreis? Vollführen die Elektronen eine Rechtskurve oder eine Linkskurve?

(b.) Berechnen Sie den Bahnradius des Kreises.
Zahlenwerte: Beschleunigungsspannung der Elektronenquelle $U = 1000V$

Magnetfeld $H = 500\frac{A}{m}$ (dem Betrage nach)

Hinweis: Die Elektronenstrahlröhre sei evakuiert.

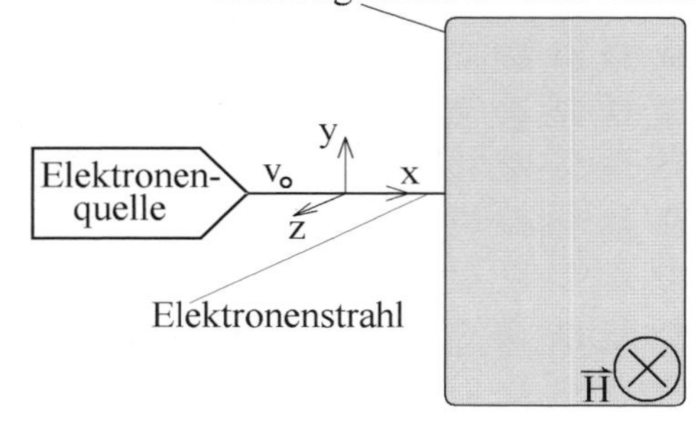


**Bild 3-28**
Prinzipskizze eines Elektronenstrahls, mit dem Elektronen in ein Magnetfeld eingeschossen werden.
Die Elektronen bewegen sich beim Einfliegen in das Magnetfeld in positiver x-Richtung.
Das Magnetfeld $\vec{H}$ zeigt in die negative z-Richtung, also in die Papierebene hinein.

## ▾ Lösung zu 3.34

Lösungsstrategie:

Da sich die Elektronen immer genau senkrecht zum Magnetfeld bewegen (nämlich in der Papierebene), steht die Lorentz-Kraft immer genau senkrecht zur Flugrichtung der Elektronen. Die Ausrichtung der Kraft senkrecht zur Flugrichtung bedeutet, dass die Kraft eine Zentripetalkraft ist, es entsteht also eine Kreisbahn. Dies ist die geforderte Begründung für die Kreisform der Elektronen-Flugbahn.

(a.) Aus der Richtung der Lorentz-Kraft bestimmt man die Orientierung der Kreisbahn.

**Stolperfalle**

Man vergesse dabei nicht, dass die Elektronen negativ geladen sind. Die Lorentz-Kraft besteht nicht nur aus einem Kreuzprodukt, sondern sie enthält auch noch die Ladung des im Magnetfeld bewegten Körpers – und diese Ladung geht mit ihrem Vorzeichen ein.

(b.) Aus dem Betrag der Lorentz-Kraft bestimmt man den Radius des Bahnkreises, wobei dieser Betrag mit der Zentripetalkraft gleichzusetzen ist.

Lösungsweg, explizit:

(a.) Die Lorentz-Kraft ist $\vec{F} = q \cdot \left(\vec{v} \times \vec{B}\right)$ mit $q$ = bewegte Ladung (hier Ladung des Elektrons),

$\vec{v}$ = Geschwindigkeit der Bewegung,

$\vec{B} = \mu_0 \cdot \vec{H}$ = magnetische Induktion.

Aus dem Kreuzprodukt folgern wir die Richtungen der Vektoren: Im Moment des Einlaufens der Elektronen in das Magnetfeld zeigt $\vec{v}$ in die positive x-Richtung und $\vec{B}$ in die negative z-Richtung. Daher zeigt deren Kreuzprodukt in die positive y-Richtung. Da die Orientierung der Lorentz-Kraft $\vec{F}$ sich genau durch das negative Vorzeichen der Elektronenladung von der Orientierung des Kreuzproduktes unterscheidet, zeigt $\vec{F}$ in die negative y-Richtung. Die Kreisbahn beginnt also nach unten, so wie in Bild 3-29 gezeigt. Mit dem Herumdrehen des Geschwindigkeitsvektors dreht sich auch die Lorentz-Kraft mit, sodass die Kreisbahn tatsächlich dem in Bild 3-29 skizzierten Verlauf folgen muss. Die Elektronen vollführen also eine Rechtskurve.

2 P

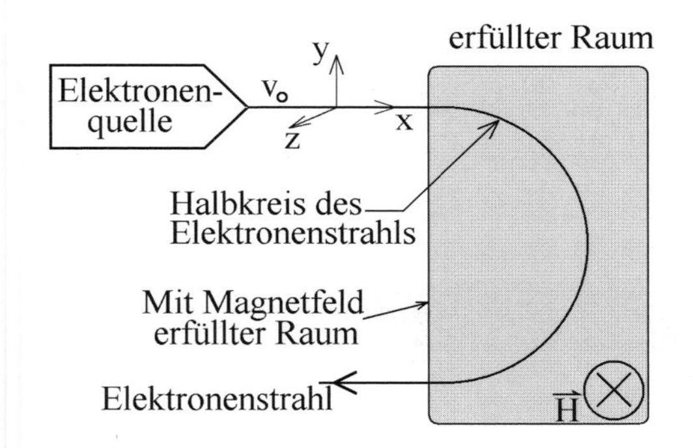


**Bild 3-29**
Zusätzlich zu Bild 3-28 ist der Halbkreis eingezeichnet, den der Elektronenstrahl im Magnetfeld durchläuft.

(b.) Da in unserem Beispiel in dem Kreuzprodukt der Lorentz-Kraft alle Vektoren immer senkrecht aufeinander stehen, können wir für die Beträge schreiben:

$$\vec{F}_{Lorentz} = \vec{F}_{Zentripetal} \quad \Rightarrow \quad q \cdot v \cdot B = \frac{m \cdot v^2}{r} \quad \Rightarrow \quad r = \frac{m \cdot v^2}{q \cdot v \cdot B} = \frac{m \cdot v}{q \cdot B} . \qquad (*)$$

1 P

Um die Werte aus der Aufgabenstellung einsetzen zu können, rechnen wir noch um:

- Aus der kinetischen Energie der Elektronen finden wir deren Geschwindigkeit wie folgt:

$$U \cdot q = \frac{1}{2} m v^2 \quad \Rightarrow \quad v = \sqrt{\frac{2\,U\,q}{m}}$$

Zugrunde liegt die Umwandlung der elektrischen Energie in kinetische.

1 P

- Da sich die Elektronen im Vakuum bewegen, ist die magnetische Induktion proportional zum Magnetfeld: $\vec{B} = \mu_0 \cdot \vec{H}$ und ebenso deren Beträge $B = \mu_0 \cdot H$ .

- Für den Bahnradius nach $(*)$ erhalten wir also $r = \dfrac{m \cdot v}{q \cdot B} = \dfrac{\sqrt{2\,U\,q\,m}}{q \cdot \mu_0 \cdot H}$ .

1 P

Für das Beispiel unserer Aufgabe ergibt sich

$$r=\frac{\sqrt{2\cdot 1000V\cdot 1.6\cdot 10^{-19}C\cdot 9.11\cdot 10^{-31}kg}}{1.6\cdot 10^{-19}C\cdot 4\pi\cdot 10^{-7}\frac{V\cdot s}{A\cdot m}\cdot 500\frac{A}{m}}\overset{TR}{\approx}0.1697\cdot\frac{\sqrt{C\cdot V\cdot kg}\cdot m^2}{C\cdot V\cdot s}=0.1697\cdot\frac{\sqrt{J\cdot kg}\cdot m^2}{J\cdot s}$$

1 P

$$=0.1696\cdot\frac{\sqrt{kg\cdot\frac{m^2}{s^2}\cdot kg}\cdot m^2}{kg\cdot\frac{m^2}{s^2}\cdot s}=0.1697\cdot\frac{m^3/s}{m^2/s}=16.97\,cm\,.$$

Der Radius der Elektronenbahn beträgt also knapp 17 Zentimeter.

## Aufgabe 3.35 Magnetischer Fluss

| | | Punkte |
|---|---|---|
| 6 bis 7 Min | | 4 P |

Eine bekannte Gefahr für elektrische Geräte, die Spulen enthalten, sind Spannungsschläge beim plötzlichen Ausschalten, so wie es etwa beim Herausziehen des Steckers mit laufendem Gerät passieren kann. Betrachten wir eine Spule, die im Normalbetrieb mit Wechselspannung ($U_{eff}=230V,\; f=50Hz$) arbeitet. Nun ziehe jemand den Gerätestecker aus der Steckdose, wodurch plötzlich binnen $\Delta t=\frac{1}{10}m\sec.$ die Versorgung zusammenbricht und damit der magnetische Fluss auf Null sinkt. Welche Überspannung kann dadurch maximal (im unglücklichsten Fall) in der Spule induziert werden?

## Lösung zu 3.35

Lösungsstrategie:

Der Lösungsweg führt über eine Verhältnisgleichung, bei der der Normalbetrieb mit dem Verhalten beim Zusammenbruch verglichen wird. Man arbeitet also in zwei Schritten.

Schritt 1 → Magnetischen Fluss im Normalbetrieb bestimmen. Seine zeitliche Änderung entspricht der normalen Betriebsspannung.

Schritt 2 → Maximale Flussänderung pro Zeit beim Zusammenbruch der Versorgung bestimmen. Ihre zeitliche Änderung entspricht der „crash"-Spannung.

Lösungsweg, explizit:

Schritt 1 → Ist der magnetische Fluss im Normalbetrieb $\Phi(t)=\Phi_0\cdot\cos(\omega t)$, so ist die induzierte Spannung $U_{normal}(t)=-\dot{\Phi}_{normal}(t)=\Phi_0\cdot\omega\cdot\sin(\omega t)$. Die Spannung $U_{normal}(t)$ lässt sich auch schreiben als $U_{normal}(t)=\hat{U}_{normal}\cdot\sin(\omega t)$ mit der Amplitude $\hat{U}_{normal}=\Phi_0\cdot\omega$ (*1)

2 P bzw. $\hat{U}_{normal}=\sqrt{2}\cdot U_{eff}=\sqrt{2}\cdot 230V\overset{TR}{\approx}325V$ .

Schritt 2 → Maximale Überspannung tritt auf, wenn der Versorgungszusammenbruch genau in dem Moment passiert, in dem der Fluss sein Maximum erreicht hat, nämlich $\dot{\Phi}_{normal,MAX}=\Phi_0$. Sinkt dann der gesamte Fluss binnen $\Delta t$ auf Null, so ist $\dot{\Phi}_{crash}=\frac{\Phi_0}{\Delta t}$. (*2)

Fasst man die beiden Schritte zusammen, so erhält man die Verhältnisgleichung:

$$\underbrace{\dot{\Phi}_{crash} = \frac{\Phi_0}{\Delta t}}_{\text{nach } (*2)} \underbrace{= \frac{\hat{U}_{normal}}{\omega \cdot \Delta t}}_{\text{nach } (*1)} .$$

Zahlenwerte eingesetzt: $U_{crash} = -\dot{\Phi}_{crash} = \frac{-\hat{U}_{normal}}{\omega \cdot \Delta t} \overset{TR}{\approx} \frac{-325V}{50\,Hz \cdot 2\pi \cdot 10^{-4}\,\text{sec.}} \overset{TR}{\approx} -10.35\,kV$. 2 P

Ob die Spannung beim Zusammenbruch der Spulenversorgung wirklich diesen Maximalwert erreicht, hängt von dem Zufall ab, ob der Zusammenbruch genau im Moment des maximalen Flusses passiert oder nicht. Tritt der Zusammenbruch beim Nulldurchgang des Flusses auf, so bemerkt man keine Spannung $U_{crash}$. Im ungünstigsten Falle allerdings müsste die Spule eine Spannung von etwas über zehn Kilovolt aushalten, wenn die Versorgung der Spule wirklich so schnell zusammenbrechen sollte.

## Aufgabe 3.36 Induktion einer Wechselspannung

| | | | |
|---|---|---|---|
| (a.) 4 Min. | | Punkte | (a.) 3 P |
| (b.) 3 Min. | | | (b.) 2 P |

Eine Leiterschleife wie in Bild 3-30 skizziert, befinde sich in einem homogenen Magnetfeld, welches in z-Richtung zeige. Die Leiterschleife rotiere dort um die x-Achse.

(a.) Berechnen Sie den magnetischen Fluss durch die Leiterschleife zum Zeitpunkt $t = 0$.

(b.) Berechnen Sie die induzierte Wechselspannung als Funktion der Zeit. Geben Sie auch die Amplitude dieser Wechselspannung an.

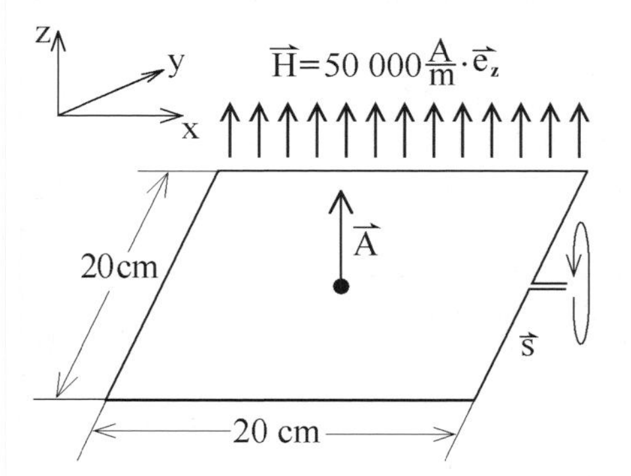


**Bild 3-30**
Aufbau einer rechteckigen Leiterschleife der Fläche $A = 20\,cm \cdot 20\,cm$. Die Flächennormale zeige zum Zeitpunkt $t = 0$ in positive z-Richtung.
Die Leiterschleife befinde sich in einem homogenen Magnetfeld der Feldstärke $\vec{H} = H_0 \cdot \vec{e}_z$, welches ebenfalls in z-Richtung weist. Es sei $H_0 = 50000 \frac{A}{m}$.
Die Leiterschleife rotiere um die x-Achse mit konstanter Winkelgeschwindigkeit entsprechend einer Frequenz von $f = 50\,Hz$.

## Lösung zu 3.36

Lösungsstrategie:

Die Formeln für den magnetischen Fluss und für die induzierte Spannung findet man in Formelsammlungen. Eingesetzt werden muss die laut Aufgabenstellung beschriebene Bewegung.

Lösungsweg, explizit:

(a.) Der magnetische Fluss ist definiert als das Flächenintegral $\Phi = \int_{(A)} \vec{B} \cdot d\vec{A}$.

Aufgrund der Einfachheit der Fläche „A" in unserem Beispiel ist der Integrand als Skalarprodukt zu berechnen gemäß $\Phi = \int_{(A)} \vec{B} \cdot d\vec{A} = |\vec{B}| \cdot |\vec{A}| \cdot \cos(\varphi)$, wobei $\varphi$ der Winkel zwischen

1 P der Flächennormalen in Richtung $\vec{A}$ und der Richtung des Magnetfeldes $\vec{H}$ ist.

Um die Phasenlage korrekt zu berücksichtigen, beachten wir, dass die Flächennormale bei $t = 0$ in z-Richtung zeigt und schreiben $\varphi = \omega t$. Damit ist der magnetische Fluss

½ P $\Phi = B \cdot A \cdot \cos(\omega t)$. (Das Weglassen der Vektorpfeile symbolisiert die Betragsbildung.)

Werte eingesetzt: $\Phi = B \cdot A \cdot \cos(\omega t) = \mu_0 \cdot H \cdot A \cdot \cos(\omega t) = 4\pi \cdot 10^{-7} \frac{Vs}{Am} \cdot 50000 \frac{A}{m} \cdot (0.2m)^2 \cdot \cos(2\pi f \cdot t)$

1½ P $\Rightarrow \quad \Phi \overset{TR}{\approx} 2.5133 \cdot 10^{-3} Vs \cdot \cos(\pi \cdot 100Hz \cdot t)$.

1 P (b.) Die induzierte Spannung ist $U_{ind} = -\frac{d}{dt}\Phi = -B \cdot A \cdot (-\sin(\omega t) \cdot \omega) = B \cdot A \cdot \omega \cdot \sin(\omega t)$.

Zahlenwerte eingesetzt: $U_{ind} = 4\pi \cdot 10^{-7} \frac{Vs}{Am} \cdot 50000 \frac{A}{m} \cdot (0.2m)^2 \cdot \pi \cdot 100Hz \cdot \sin(\pi \cdot 100Hz \cdot t)$

$$\Rightarrow \quad U_{ind} = \underbrace{0.78957V}_{\text{Spannungsamplitude } U_0} \cdot \sin(\pi \cdot 100Hz \cdot t).$$

1 P

$U_{ind}$ ist die gefragte Wechselspannung als Funktion der Zeit, $U_0$ deren Amplitude.

## Aufgabe 3.37 Magnetfeld einer zylindrischen Spule

| | | | |
|---|---|---|---|
| (a.) 3 Min. | | Punkte | (a.) 2 P |
| (b.) 7 Min. | | | (b.) 4 P |

(a.) Eine zylinderförmige Spule (Zylinderlänge $l = 10cm$, Windungsquerschnitt $A = 40cm^2$, Windungszahl $n = 1000$) werde von einem Gleichstrom ($I = 2A$) durchflossen, welcher ein Magnetfeld aufbaut.

Frage: Wie viel Energie enthält dieses Magnetfeld?

(b.) Die Spule aus Ausgabenteil (a.) werde nun mit Wechselspannung aus der Steckdose betrieben ($U_{eff} = 230V$, Frequenz 50 Hz). Geben Sie den Wechselstrom $I = I(t)$ als Funktion der Zeit an, der dann durch diese Spule fließt. Geben Sie auch dessen Effektivwert an.

## Lösung zu 3.37

Lösungsstrategie:

(a.) Aus den Geometriedaten der Spule kann man die Induktivität der Spule berechnen und mit deren Hilfe wiederum ihre Energie.

(b.) Für sinusförmige Spannungen wird aus dem Effektivwert der tatsächliche zeitabhängige Wert bestimmt. Dieser erlaubt ein Einsetzen in die physikalischen Gesetze der Induktion. Daraus ergibt sich ein Strom, zu dem zuletzt der Effektivwert bestimmt werden kann.

Lösungsweg, explizit:

(a.) Betrieb der Spule mit Gleichstrom:

$$\left.\begin{array}{ll}\text{Induktivität} & L = \mu_0 \cdot A \cdot \frac{n^2}{l} \\ \text{Energie} & W = \frac{1}{2} L \cdot I^2\end{array}\right\} \Rightarrow W = \frac{1}{2}\mu_0 \cdot A \cdot \frac{n^2}{l} \cdot I^2 = \frac{1}{2} \cdot 4\pi \cdot 10^{-7} \frac{Vs}{Am} \cdot 40 \cdot 10^{-4} m^2 \cdot \frac{1000^2}{0.10m} \cdot (2A)^2 \overset{TR}{\approx} 0.1005 \frac{\frac{J}{C} s}{A} \cdot A^2 = 100.5\, milli\, J$$

2 P

(b.) Betrieb der Spule mit Wechselspannung:

Aus dem Effektivwert der Wechselspannung folgt deren Amplitude $U_0 = \sqrt{2} \cdot U_{eff} \overset{TR}{\approx} 325V$.

Damit ist $U_{ind} = U_0 \cdot \cos(\omega t) \overset{TR}{\approx} 325V \cdot \cos(2\pi \cdot 100\,Hz \cdot t)$. 1 P

Aus der Induktionsspannung folgt der Strom: $U_{ind}(t) = -L \cdot \frac{dI}{dt} \Rightarrow I(t) = -\frac{1}{L} \int U_{ind}\, dt$.

Integrieren liefert: $I(t) = \frac{-1}{L} \cdot \int U_{ind}\, dt = \frac{-l}{\mu_0 \cdot A \cdot n^2} \cdot \int U_0 \cdot \cos(\omega t)\, dt = \frac{-l}{\mu_0 \cdot A \cdot n^2} \cdot U_0 \cdot \frac{1}{\omega} \cdot \sin(\omega t)$. 1½ P

Werte eingesetzt:

$$I(t) = \frac{-l}{\mu_0 \cdot A \cdot n^2} \cdot \frac{U_0}{\omega} \cdot \sin(\omega t) \overset{TR}{\approx} \frac{-0.10m}{4\pi \cdot 10^{-7} \frac{Vs}{Am} \cdot 40 \cdot 10^{-4} m^2 \cdot 1000^2} \cdot \frac{325V}{2\pi \cdot 50Hz} \cdot \sin(2\pi \cdot 50Hz \cdot t)$$

$$\overset{TR}{\approx} -20.58A \cdot \sin(100\pi\, Hz \cdot t).$$

1½ P

Der Effektivwert dieses Wechselstroms ist dann $I_{eff} = \frac{|I(t)|}{\sqrt{2}} \overset{TR}{\approx} \frac{20.58A}{\sqrt{2}} \overset{TR}{\approx} 14.55A$.

## Aufgabe 3.38 Kraft zwischen stromdurchflossenen Leitern

| gesamt 6 Min. | | Punkte | (a.) 1 P<br>(b.) 3 P |
|---|---|---|---|

Zwei parallele stromdurchflossene (lange) Leiter (Strom $I = 3A$) stehen im Abstand von $r = 20cm$ zueinander.

(a.) Wie groß ist das Magnetfeld, das jeder der Leiter am Ort des anderen hervorruft?

(b.) Wie groß ist die Kraft, die jeder der Leiter pro Meter Länge auf den jeweils anderen Leiter pro Meter Länge ausübt?

Näherung: Betrachten Sie nicht die Enden des Leiterstückes. Behandeln Sie den Leiter wie ein Stück aus einem unendlich langen geraden Leiter.

## ▾ Lösung zu 3.38

Lösungsstrategie:

(a.) Den Leiter näherungsweise als kurzes Stück aus einem unendlichen Leiter zu betrachten, erspart uns die Benutzung des Gesetzes von Biot-Savart. (Dieses Gesetz wird später in Aufgabe 3.42 demonstriert.)

(b.) Die Kraft ist als Lorentz-Kraft auszurechnen.

Lösungsweg, explizit:

(a.) Die Berechnung des Magnetfeldes $H$ geschieht nach Formelsammlungen zu

1 P $H = \frac{I}{2\pi r} = \frac{3A}{2\pi \cdot 0.2m} \overset{TR}{\approx} 2.387 \frac{A}{m}$. Dies ist der Betrag des Magnetfeldes. Seine Richtung wird durch konzentrische Kreise um den Draht beschrieben (vgl. dazu Aufgabe 3.40).

(b.) Die Kraft einer bewegten Ladung im Magnetfeld ist die Lorentz-Kraft. Für sie gibt es zweierlei Formulierungen. Eine davon wurde in Aufgabe 3.34 verwendet, die andere hier:

1 P $\vec{F} = I \cdot \vec{l} \times \vec{B}$, wo $|\vec{l}|$ = Leiterlänge und $\vec{B} = \mu_0 \cdot \vec{H}$ = magnetische Induktion.

Wir setzen Werte ein:

$$\underbrace{\vec{F} = \mu_0 \cdot I \cdot \vec{l} \times \vec{H} \quad \Rightarrow \quad |\vec{F}| = \mu_0 \cdot I \cdot l \cdot \frac{I}{2\pi r}}_{\text{Die Beträge folgen, weil } \vec{l} \perp \vec{H} \text{ steht.}} = \mu_0 \cdot \frac{I^2 \cdot l}{2\pi r} = 4\pi \cdot 10^{-7} \frac{Vs}{Am} \cdot \frac{(3A)^2 \cdot 1m}{2\pi \cdot 0.2m} = 9 \cdot 10^{-6} \frac{Vs\,A^2}{A \cdot m}$$

2 P
$$\Rightarrow \quad |\vec{F}| = 9 \cdot 10^{-6} \frac{\frac{J}{C} \cdot s\,A}{m} = 9 \cdot 10^{-6} \frac{N \cdot m}{m} = 9 \cdot 10^{-6} N\,.$$

## Aufgabe 3.39 Magnetfeld einer Leiterschleife

 12…15 min   Punkte 9 P

Vollziehen wir zu Übungszwecken ein Rechenbeispiel an einem Wasserstoffatom in klassischer Sichtweise. Ein Elektron umkreist den Atomkern, welcher als Proton eine Elementarladung trägt. Wie groß ist das magnetische Feld, welches dieser Kern aufgrund der Bewegung des Elektrons am Ort der Kreisbahn des Elektrons hervorruft?

Im klassischen Ansatz darf der Bahnradius des Elektrons nach dem Bohr'schen Atommodell mit der niedrigsten Bahn bei $r = 5.3 \cdot 10^{-11} m$ angenommen werden. Die Ladung des Kerns (also des Protons) ist $q = +1.602 \cdot 10^{-19} C$ (bis auf ein Vorzeichen wie die Ladung des Elektrons).

Hinweis: Die Umlaufdauer des Elektrons bestimmen Sie aus der Bedingung, dass die Zentrifugalkraft der Kreisbahn der Coulombkraft die Waage halten muss. (Die Elektronenmasse beträgt ca. $m = 9.11 \cdot 10^{-31} kg$ .)

## ▾ Lösung zu 3.39

Lösungsstrategie:

Nach der Relativität von Bewegungen ist das Kreisen des Elektrons um den Kern gleichwertig mit einem Kreisen des Kerns um das Elektron – zumindest aus der Sicht des Elektrons. Deshalb können wir das Magnetfeld einer Leiterschleife berechnen, in welcher der Umlauf des Protons um das Elektron einen Ringstrom verursacht. 1½ P

Im Übrigen wollen wir folgende Kenntnis voraussetzen:

Das magnetische Feld einer Leiterschleife im Abstand $r$ vom Zentrum der Leiterschleife (siehe Bild 3-31) ist gegeben durch $H = \frac{I \cdot r^2}{2 \cdot \left(a^2 + r^2\right)^{3/2}}$. $(*1)$ 1½ P

Das ließe sich mit dem Gesetz von Biot-Savart herleiten, allerdings ist der Rechenweg für den Prüfungsfall zu aufwändig. Überdies findet er sich in vielen Lehrbüchern der Physik. Deshalb wird hier auf eine Darstellung der Herleitung von $(*1)$ verzichtet.

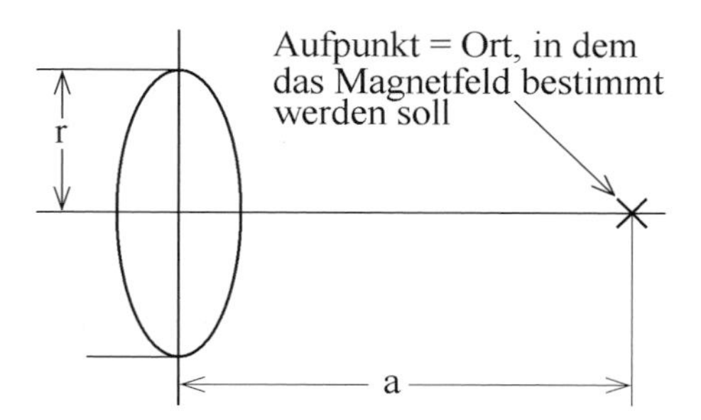


**Bild 3-31**
Skizze zum Verständnis der geometrischen Anordnung einer Leiterschleife, deren Magnetfeld in $(*1)$ angegeben wurde.

Lösungsweg, explizit:

Weil Elektronenbahn und Proton auf einer Ebene sind, ist für unseren Fall $a = 0$,

$$\Rightarrow \quad H = \frac{I \cdot r^2}{2 \cdot \left(r^2 + 0\right)^{3/2}} = \frac{I}{2 \cdot r}. \qquad (*2)$$ 1 P

Es muss also nur der Strom $I$ aus den Daten des Umlaufs des Protons relativ zum Elektron berechnet werden. Dies sind dieselben Umlaufdaten, die auch den Umlauf des Elektrons um das Proton beschreiben.

Dazu setzen wir die Zentrifugalkraft mit der Coulombkraft gleich und lösen dann nach der Winkelgeschwindigkeit $\omega$ auf:

$$\frac{m \cdot v^2}{r} = \frac{q^2}{4\pi\varepsilon_0 \cdot r^2} \quad \Rightarrow \quad \omega^2 = \frac{v^2}{r^2} = \frac{q^2}{4\pi\varepsilon_0 \cdot m \cdot r^3} = \frac{\left(1.602 \cdot 10^{-19} C\right)^2}{4\pi \cdot 8.854 \cdot 10^{-12} \frac{As}{Vm} \cdot 9.11 \cdot 10^{-31} kg \cdot \left(5.3 \cdot 10^{-11} m\right)^3}$$

$$\Rightarrow \quad \omega^2 \overset{TR}{\approx} 1.70116 \cdot 10^{33} \frac{C^2 \cdot V\, m}{A s \cdot kg \cdot m^3} = 1.70116 \cdot 10^{33} \frac{C^2 \cdot \frac{J}{C}}{C \cdot kg \cdot m^2} = 1.70116 \cdot 10^{33} \frac{kg \cdot \frac{m^2}{s^2}}{kg \cdot m^2} = 1.70116 \cdot 10^{33} \frac{1}{s^2}$$

$$\Rightarrow \quad \omega = 4.1245 \cdot 10^{16} \frac{1}{s} \quad \Rightarrow \quad \text{Umlaufdauer} \quad T = \frac{2\pi}{\omega} \overset{TR}{\approx} 1.5234 \cdot 10^{-16}\,\text{sec}.$$

3½ P Während dieser Zeit fließt genau eine Elementarladung durch eine Kreisbahn, also ist $I = \frac{q}{T}$.

Damit haben wir alle Größen, um aus $(*2)$ die Stärke des Magnetfeldes zu berechnen:

1½ P
$$H = \frac{I}{2 \cdot r} = \frac{q}{2 \cdot r \cdot T} = \frac{1.602 \cdot 10^{-19} C}{2 \cdot 5.3 \cdot 10^{-11} m \cdot 1.5234 \cdot 10^{-16}\,\text{sec.}} \overset{TR}{\approx} 9.922 \cdot 10^{6} \frac{A}{m}.$$

Dies ist eine klassische Abschätzung der magnetischen Feldstärke, die der Kern des Wasserstoffatoms auf der niedrigsten (Grundzustands-) Bahn des Elektrons aufgrund der Bewegung des Elektrons um den Kern hervorruft. Es ist in gleicher Weise die Feldstärke, die das Elektron am Ort des Kerns erzeugt.

## Aufgabe 3.40 Magnetfeldlinien verschiedener Leiteranordnungen

| | | | |
|---|---|---|---|
| (a.) 1 Min. | | Punkte | (a.) 1 P |
| (b., c., d.) je 2 Min. | | | (b., c., d.) je 2 P |

Skizzieren Sie die Feldlinien der Magnetfelder der in Bild 3-32 angegebenen felderzeugenden Elemente. Vergessen Sie nicht die Richtung der Feldstärkevektoren, die in den Lösungsbildern durch Pfeile an den Feldlinien angedeutet werden sollen.

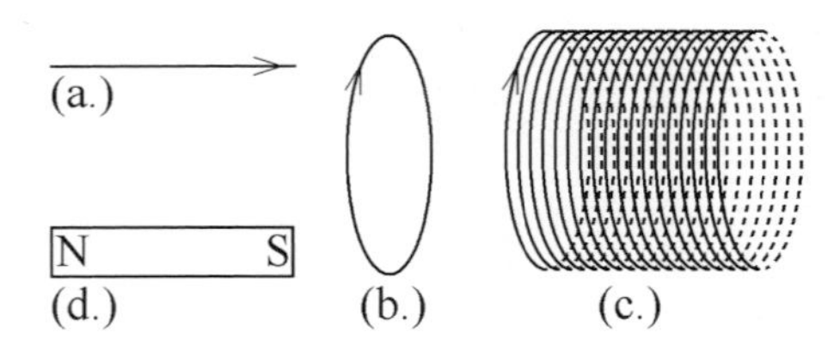


**Bild 3-32**
Verschiedene Anordnungen zur Erzeugung magnetischer Felder. Die technische Stromflussrichtung ist soweit möglich durch dünne Pfeile gekennzeichnet.
(a.) stromdurchflossener gerader Leiter
(b.) stromdurchflossene kreisförmige Leiterschleife
(c.) stromdurchflossene zylindrische Spule
(d.) Stabmagnet (Dauermagnet)

## ▾ Lösung zu 3.40

Lösungsstrategie:

Die Lösung verläuft im Wesentlichen graphisch. Man sieht sie in den Bildern 3-33 bis 3-36. Gezeigt werden jeweils Schnitte der dreidimensionalen Struktur durch die Papierebene, mit Ausnahme von Bild 3-33, für das eine Darstellung in projektiver Geometrie gewählt wurde.

(a.) Die Feldlinien folgen konzentrischen Kreisen um den Leiter. Die Richtung der Feldlinien findet man mit der „rechten Hand Regel", wobei der Daumen in Richtung der technischen Stromflussrichtung zeigt und die anderen Finger in Richtung der Feldlinien.

(b.) Die Richtung der Feldlinien (kleine Pfeile) kann man z.B. ergründen, indem man an dem mit „ * " gekennzeichneten Punkt des Leiters die „rechte Hand Regel" anwendet. Ebensogut lässt sich die „rechte Hand Regel" natürlich auch auf jeden anderen Punkt des Leiters in analoger Weise anwenden.

(c.) Wollte man die Feldlinien der Spule elementar konstruieren, so müsste man die Feldlinien aller einzelnen Leiterschleifen aufzeichnen und die zugehörigen Feldstärken aufsummieren. Für kleine Abstände zur Spule kann man daher Schwankungen bedingt durch die individuellen Feldstärken jedes einzelnen Drahtes wahrnehmen (bei entsprechend hoher räumlicher Auflösung), die sich für größere Abstände zur Spule zu „glatten" Feldlinien ausgleichen.

(d.) Der Verlauf der Feldlinien hat beim Stabmagneten große Ähnlichkeiten mit dem Feldlinienverlauf der Spule. Die Richtung der Feldlinien verläuft beim Stabmagneten immer von Norden nach Süden.

Aber warum verlaufen die Feldlinien im Stabmagneten so ähnlich wie in einer zylindrischen Spule? Um dies zu verstehen, stelle man sich einen Elektromagneten vor, dessen Kern aus hartmagnetischem Material besteht. Schickt man einen Gleichstrom durch die Spule, so magnetisiert man den Kern auf – und zwar genau in der Richtung, in der die Spule ihre Feldlinien erzeugt. Nach dem Abschalten des Spulenstroms bleibt das Feld des Dauermagneten erhalten. Diese Sichtweise entspricht einer Speicherung des Feldes der Spule.

Lösungsweg, explizit:

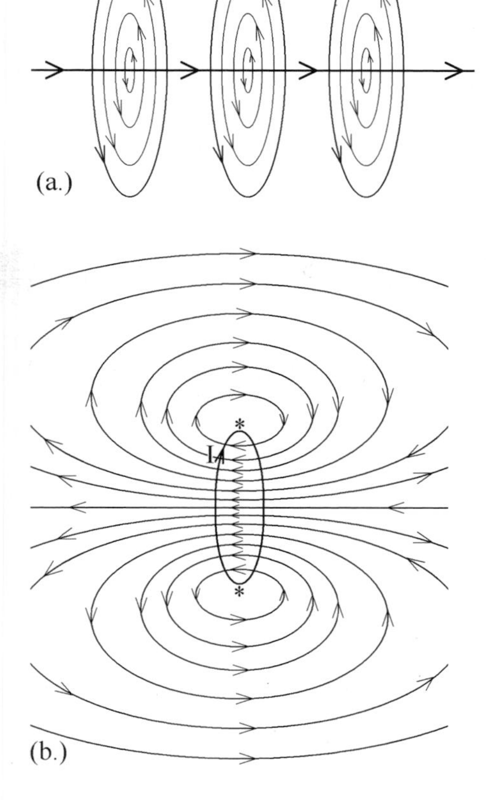


**Bild 3-33**
(a.) Stromdurchflossener gerader Leiter mit magnetischen Feldlinien.
Die Feldlinien sind konzentrische Kreise um den Leiter. Sie laufen (siehe Pfeile) hinter der Papierebene nach oben und vor der Papierebene wieder nach unten. 1 P

**Bild 3-34**
(b.) Stromdurchflossene kreisförmige Leiterschleife mit magnetischen Feldlinien.
Die Leiterschleife soll in projektiver Art dargestellt sein (d.h. als Projektion ihrer dreidimensionalen Form), wobei der Strom durch den kreisförmigen Leiterring vor der Papierebene nach oben fließt und hinter der Papierebene wieder nach unten. 2 P
Am oberen Punkt „ * " fließt der Strom also senkrecht in die Papierebene hinein, am unteren Punkt „ * " aus ihr senkrecht heraus.

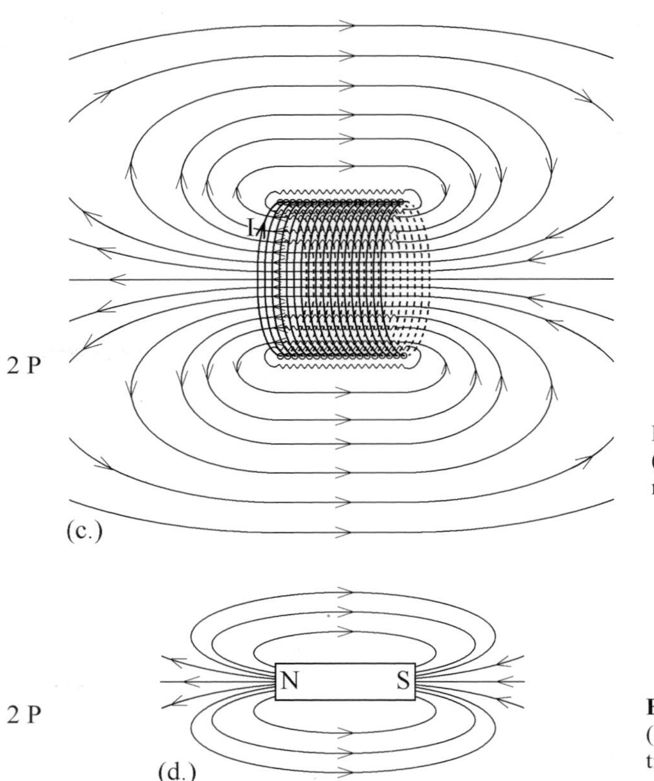


2 P

**Bild 3-35**
(c.) Stromdurchflossene zylindrische Spule mit magnetischen Feldlinien.

N S
(d.)

2 P

**Bild 3-36**
(d.) Stabmagnet (Dauermagnet) mit magnetischen Feldlinien.

## Aufgabe 3.41 Magnetisches Dipolmoment einer Spule

| | | Punkte | |
|---|---|---|---|
| (a.) 2 Min. | | | (a.) 1 P |
| (b.) 8 Min. | | | (b.) 5 P |

(a.) Berechnen Sie das magnetische Dipolmoment einer kurzen zylindrischen Spule mit $n = 1000$ Windungen und einem Durchmesser von $d = 2cm$, durch die ein Strom $I = 250\,mA$ fließt.

(b.) Welches Drehmoment erfährt diese Spule in einem Magnetfeld $H = 8000\frac{A}{m}$, dessen Feldlinien wie in Bild 3-37 skizziert verlaufen?

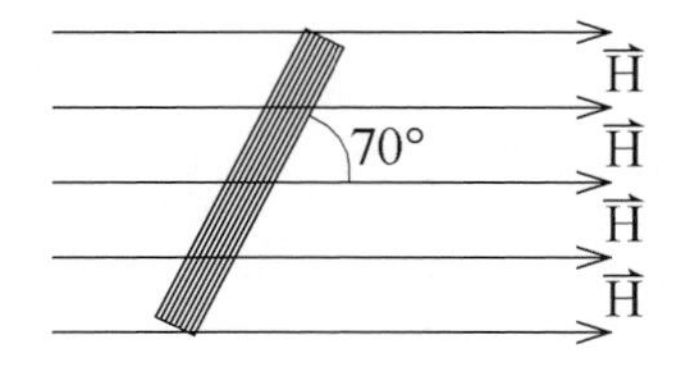


**Bild 3-37**
Spule in einem homogenen Magnetfeld. Die Querschnittsfläche schneidet die Feldlinien in einem Winkel von 70°.
Die Richtung des Stroms sei von links oben betrachtet in mathematisch positivem Drehsinn, d.h. aus der Blickrichtung des Lesers betrachtet läuft der Strom (in technischer Stromrichtung) vor der Papierebene nach unten und hinter ihr wieder hoch.

# Lösung zu 3.41

Lösungsstrategie:

(a.) Einsetzen in die Definition des magnetischen Dipolmoments.
(b.) Am einfachsten berechnet man den Betrag und bestimmt die Richtung des Vektors mit Hilfe der „rechten-Hand-Regel".

Lösungsweg, explizit:

(a.) Das magnetische Dipolmoment einer Leiterschleife ist definiert als $\vec{m} = I \cdot \vec{A}$, worin $|\vec{A}|$ der Flächeninhalt der Leiterschleife ist. Die Richtung des Vektors $\vec{A}$ gibt die Richtung der Flächennormalen an. In unserem Beispiel liegen $n = 1000$ solcher Leiterschleifen parallel vor, also ist das gesamte magnetische Moment dem Betrage nach

$|\vec{m}| = n \cdot I \cdot |\vec{A}| = 1000 \cdot 0.25\,A \cdot \pi \cdot \left(10^{-2} m\right)^2 \overset{TR}{\approx} 78.5398 \cdot 10^{-3} A \cdot m^2$. 1 P

(b.) Zum Magnetfeld $\vec{H}$ ist die magnetische Induktion $\vec{B} = \mu_0 \cdot \vec{H}$. Für deren Beträge gilt

$\vec{B} = \mu_0 \cdot \vec{H} = 4\pi \cdot 10^{-7} \frac{V \cdot s}{A \cdot m} \cdot 8000 \frac{A}{m} \overset{TR}{\approx} 10.053\, milli\,Tesla$. 1 P

Damit ergibt sich das gefragte Drehmoment dem Betrage nach zu

$|\vec{M}| = |\vec{m} \times \vec{B}| = 78.5398 \cdot 10^{-3} A \cdot m^2 \cdot 10.053 \cdot 10^{-3} T \cdot \sin(20°) \overset{TR}{\approx} 270.0454 \cdot 10^{-6} A \cdot m^2 \cdot \frac{V \cdot s}{m^2}$

$= 270.0454 \cdot 10^{-6} A \cdot \frac{J}{C} \cdot s = 270.0454 \cdot 10^{-6} A \cdot \frac{J}{C} \cdot s = 270.0454 \cdot 10^{-6} N \cdot m$. 2 P

Anmerkung zu $\sin(20°)$: Wenn die Querschnittsfläche der Spule im Winkel von 70° zu den Feldlinien steht, dann schließt die Flächennormale mit den Feldlinien einen Winkel von 20° ein. Daher ist der Betrag des Kreuzprodukts $|\vec{m} \times \vec{B}| = |\vec{m}| \cdot |\vec{B}| \cdot \sin(20°)$.

Die Richtung des Drehmoments findet man unter Berücksichtigung der Stromflussrichtung: Der Legende von Bild 3-37 folgend, wenden wir die „rechte-Hand-Regel" zur Bestimmung der Orientierung der Flächennormalen an, wobei die Finger der technischen Stromrichtung folgen und der Daumen der Flächennormalen, die infolgedessen nach rechts unten zeigt. Mit ihr folgt auch das magnetische Dipolmoment derselben Richtung. Damit ergibt sich folgende Richtung und Orientierung des Drehmoments: 1 P

Richtung: $\vec{m}$ und $\vec{B}$ stehen beide in der Papierebene, folglich steht $\vec{M}$ senkrecht dazu.

Orientierung: Wegen des Rechtssystems des Kreuzprodukts verläuft $\vec{M}$ aus der Papierebene heraus (und nicht in sie hinein). Dabei wird $\vec{m}$ auf $\vec{B}$ respektive $\vec{A}$ auf $\vec{H}$ gedreht und der Drehsinn einer Rechtsschraube verfolgt. Die Situation ist zur Veranschaulichung in Bild 3-38 dargestellt.

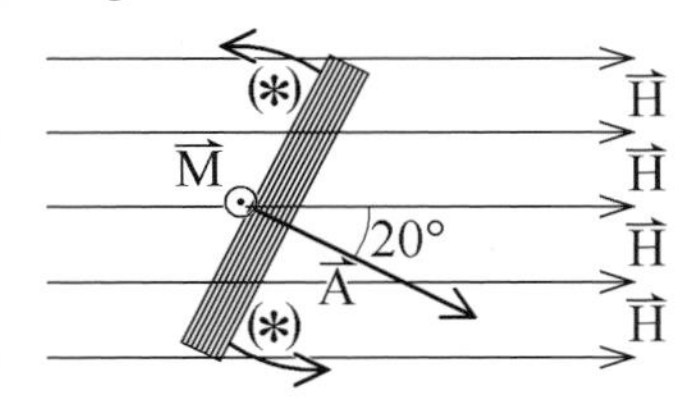


**Bild 3-38**
Veranschaulichung des Vektorprodukts bei der Bestimmung des Drehmoments. Der Kreis mit dem Punkt in der Mitte symbolisiert einen Pfeil von der Spitze aus betrachtet. Dies ist ein Vektor, der aus der Papierebene herauszeigt. Die Spule dreht sich also in der mit (∗) markierten Art und Weise. 1 P

## Aufgabe 3.42 Biot-Savart: Magnetfeld eines geraden Leiters

(a.) 20 Min. (b.) 2 Min. (c.) 1 Min. — Punkte (a.) 15 P (b.) 2 P (c.) 1 P

Ein gerades Stück eines Leiters werde von einem Strom $I = 2A$ durchflossen. Dieser Leiter verlaufe wie in Bild 3-39 gezeichnet entlang der y-Achse, beginnend bei $y_A = -0.2m$, endend bei $y_E = +0.2m$. Dieser stromdurchflossene Leiter erzeuge ein Magnetfeld.

(a.) Berechnen Sie mit Hilfe des Gesetzes von Biot-Savart das Magnetfeld für $y = 0$ und variable (beliebige) Werte von $x$ (also entlang der x-Achse) und zwar vektoriell.

(b.) Berechnen Sie den Wert des Magnetfelds an der Stelle $x = 10cm$ (mit $y = 0$ und $z = 0$).

(c.) Vergleichen Sie Ihr Ergebnis zu Kontrollzwecken mit dem Magnetfeld, das ein entlang der y-Achse laufender unendlich langer Leiter mit dem Strom $I = 2A$ am Ort $x = 10cm$, $y = 0$, $z = 0$ erzeugt.

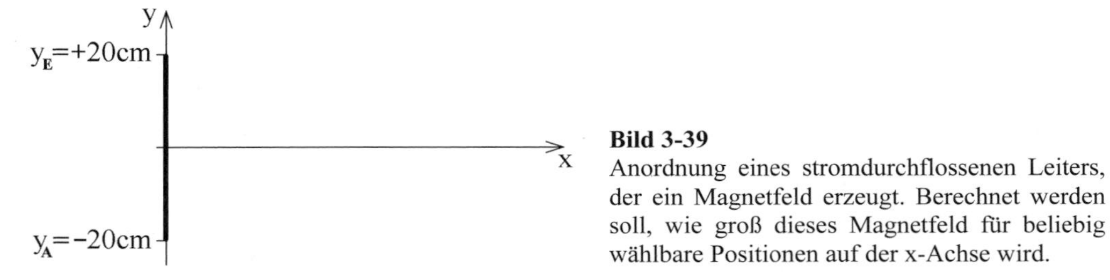


**Bild 3-39**
Anordnung eines stromdurchflossenen Leiters, der ein Magnetfeld erzeugt. Berechnet werden soll, wie groß dieses Magnetfeld für beliebig wählbare Positionen auf der x-Achse wird.

## Lösung zu 3.42

Lösungsstrategie:

Das Gesetz von Biot-Savart enthält ein vektorwertiges Integral. Dieses Integral muss man aufstellen. Seine Lösung geschieht dann komponentenweise.

Tipp: Im Integranden taucht die Bahnkurve auf, durch die die Ladung fließt. Dies ist der Weg der Leiterschleife. Diese muss geeignet parametrisiert werden, was in unserem Beispiel besonders einfach ist, weil die Bahnkurve eindimensional (in y-Richtung) verläuft.

Lösungsweg, explizit:

Da das Gesetz von Biot-Savart Studierenden immer wieder konzeptionelle Schwierigkeiten bereitet, wird der Umgang damit hier noch einmal kurz erläutert. Betrachte Sie Bild 3-40.

Vorgabe ist ein Leiter (oder eine Leiterschleife), der auf einer beliebigen Bahnkurve durch den Raum verläuft. Durch diesen Leiter fließen Ladungsträger, sodass man deren Bewegung durch den Raum im Laufe der Zeit als Bahnkurve $\vec{s}(t)$ bezeichnen kann. Deren zeitliche Ableitung $\vec{v}(t)$ führt letztlich zum Strom $I$ durch den Leiter.

Ergebnis der Anwendung des Gesetzes von Biot-Savart ist die Berechnung des von diesem stromdurchflossenen Leiter (bzw. von der bewegten Ladung) am Ort $\vec{r}$ erzeugten Magnetfeldes $\vec{H}(\vec{r})$ oder der zugehörigen magnetischen Induktion $\vec{B}(\vec{r})$.

Der Rechenweg nach Biot-Savart ist das Lösen eines vektorwertigen Integrals, also eines Integrals, dessen Integrand ein Vektor ist. In der praktischen Durchführung integriert man hierzu komponentenweise, also jede Vektorkomponente des Integranden einzeln.

Und so sieht das Integral aus: $\vec{B} = \frac{\mu_0}{4\pi} \int\limits_{\substack{Leiter-\\schleife}} \frac{I \cdot d\vec{s} \times (\vec{s} - \vec{r})}{|\vec{s} - \vec{r}|^3}$. $\quad (*)$

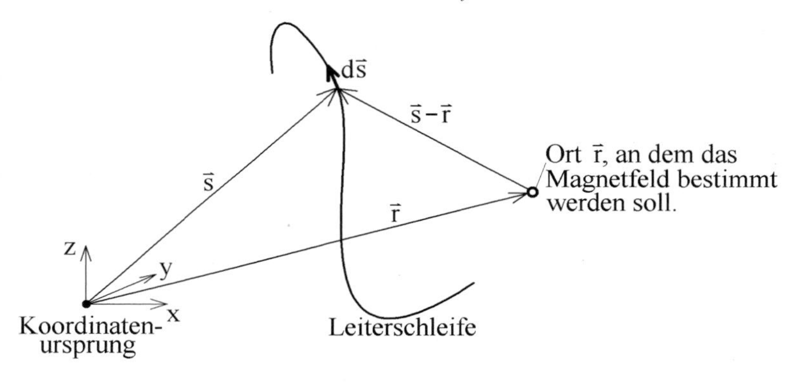


**Bild 3-40**
Schaubild zum Verständnis des Gesetzes von Biot-Savart und zum Umgang mit ihm.

(a.) Wir wollen dieses Integral jetzt für die Vorgaben unserer Aufgabenstellung berechnen:

Da über die Leiterschleife integriert werden muss, ist es normalerweise üblich, ihre Bahnkurve $\vec{s}(t)$ zu parametrisieren. Dies ist hier besonders simpel, da die Leiterschleife nur entlang der y-Achse verläuft. Wir können also um der Vereinfachung willen $y$ direkt als Parametrisierung verwenden und erhalten so

$$\vec{s} = \begin{pmatrix} 0 \\ y \\ 0 \end{pmatrix}, \text{ dazu } d\vec{s} = \begin{pmatrix} 0 \\ dy \\ 0 \end{pmatrix} \quad \text{Außerdem liegt } \vec{r} \text{ auf der x-Achse: } \vec{r} = \begin{pmatrix} x \\ 0 \\ 0 \end{pmatrix} \quad \Rightarrow \quad (\vec{s} - \vec{r}) = \begin{pmatrix} -x \\ y \\ 0 \end{pmatrix}. \qquad 4\text{ P}$$

Das Kreuzprodukt im Zähler des Integranden ergibt sich somit zu

$$d\vec{s} \times (\vec{s} - \vec{r}) = \begin{pmatrix} 0 \\ dy \\ 0 \end{pmatrix} \times \begin{pmatrix} -x \\ y \\ 0 \end{pmatrix} = \begin{pmatrix} 0 \\ 0 \\ +x \cdot dy \end{pmatrix}. \qquad 1\text{ P}$$

Der Nenner des Integranden wird dann zu $|\vec{s} - \vec{r}|^3 = \left(x^2 + y^2\right)^{3/2}$. 1 P

Damit können wir das vektorwertige Integral nach $(*)$ wie folgt aussschreiben:

$$\vec{B} = \frac{\mu_0}{4\pi} \cdot \int\limits_{\substack{Leiter-\\schleife}} \frac{I \cdot d\vec{s} \times (\vec{s} - \vec{r})}{|\vec{s} - \vec{r}|^3} = \frac{\mu_0}{4\pi} \cdot \int\limits_{\substack{Leiter-\\schleife}} \left( \frac{I}{\left(x^2 + y^2\right)^{3/2}} \begin{pmatrix} 0 \\ 0 \\ x \cdot dy \end{pmatrix} \right). \qquad 3\text{ P}$$

Ganz offensichtlich sind in unserem Beispiel die x- und die y-Koordinate des Magnetfeldes Null, d.h. $B_x = 0$ und $B_y = 0$, nur $B_z \neq 0$. Uns genügt also die Berechnung der z-Komponente:

½ P

$$B_z = \underbrace{\frac{\mu_0}{4\pi} \cdot \int_{y_A}^{y_E} \frac{I \cdot x}{\left(x^2+y^2\right)^{3/2}} dy = \frac{\mu_0}{4\pi} \cdot I \cdot \left[ \frac{y}{x} \cdot \left(x^2+y^2\right)^{-1/2} \right]_{y_A}^{y_E}}_{\text{Zum Integrieren greife man auf geeignete Integraltabellen zurück.}} = \frac{\mu_0}{4\pi} \cdot I \cdot \left[ \frac{y_E}{x} \cdot \left(x^2+y_E^2\right)^{-1/2} - \frac{y_A}{x} \cdot \left(x^2+y_A^2\right)^{-1/2} \right]$$

3 P

Setzen wir nun $I$, $y_A$ und $y_E$ gemäß Vorgaben der Aufgabenstellung ein, so erhalten wir

$$B_z = \frac{\mu_0}{4\pi} \cdot 2A \cdot \left[ \frac{+0.2m}{x} \cdot \left(x^2 + 0.04m^2\right)^{-1/2} - \frac{-0.2m}{x} \cdot \left(x^2 + 0.04m^2\right)^{-1/2} \right] = \frac{\mu_0}{4\pi} \cdot 2A \cdot \left[ \frac{0.4m}{x \cdot \sqrt{x^2 + 0.04m^2}} \right].$$

2 P

Bis hier wurde die magnetische Induktion $\vec{B}$ berechnet. Das Magnetfeld $\vec{H}$ ergibt sich durch simple Division durch $\mu_0$. Wir schreiben $\vec{H}$ nun als Vektor mit allen drei Komponenten:

$$\vec{H} = \left( 0;0; \frac{0.4m \cdot 2A}{4\pi \cdot x \cdot \sqrt{x^2 + 0.04m^2}} \right).$$ (Darstellung aus Platzgründen in Zeilenschreibweise)

½ P

(b.) Um den Wert des Magnetfeldes an einer konkreten Stelle berechnen zu können, müssen nur die Koordinaten dieser Stelle eingesetzt werden: $x = 10cm$ ; $y = 0$ ; $z = 0$ :

An dieser Stelle ist $\vec{H} = \left( 0;0; \frac{0.4m \cdot 2A}{4\pi \cdot 0.1m \cdot \sqrt{0.01m^2 + 0.04m^2}} \right) \stackrel{TR}{\approx} \left( 0;0; \frac{0.4m \cdot 2A}{0.281m^2} \right) \stackrel{TR}{\approx} \left( 0;0;2.847 \frac{A}{m} \right)$.

2 P

(c.) Zur Berechnung des Magnetfeldes eines unendlich langen geraden Leiters gibt es eine einfache Formel $\left|\vec{H}\right| = \frac{I}{2\pi r}$, worin $r$ der Abstand des Messpunktes vom Leiter ist. Man braucht nur die gegebenen Werte einsetzen: $\left|\vec{H}\right| = \frac{2A}{2\pi \cdot 0.1m} \stackrel{TR}{\approx} 3.183 \frac{A}{m}$

1 P

Plausibilitätskontrolle: Dass die Feldstärke bei Aufgabenteil (c.) dem Betrage nach ein wenig größer ist, als der Wert aus Aufgabenteil (b.) ist plausibel, denn die Abschnitte für $y > 20cm$ und für $y < -20cm$ erzeugen bei (c.) auch noch etwas Feld.

Dass die Feldstärke am Ort der x-Achse in Richtung der z-Achse zeigt (also senkrecht zur xy-Ebene steht), sieht man bei (c.), wenn man sich an Aufgabe 3.40 und Bild 3-33 erinnert.

## Aufgabe 3.43 Homogene Magnetfelder, Helmholtz-Spulen

(a., b.) je 8 Min. Punkte (a., b.) je 5 P für die präzise Berechnung

Zur Erzeugung homogener Magnetfelder verwendet man typischerweise die beiden Spulenanordnungen nach Bild 3-41. Bestimmen Sie das im Inneren des durch den jeweiligen Spulenkörper umschlossenen Volumens erzeugte Magnetfeld. In beiden Beispielen sei $r = 10\,cm$ .Die Spulen werden von einem Strom $I = 0.8\,A$ durchflossen.

Hinweis: Das Magnetfeld einer Leiterschleife wurde in Aufgabe 3.39 bereits verwendet. Für die in Bild 3-31 gezeigte geometrische Anordnung lautet der Betrag der Feldstärke für Orte entlang der x-Achse $H = \frac{I \cdot r^2}{2 \cdot \left(a^2 + r^2\right)^{3/2}}$. $(*1)$

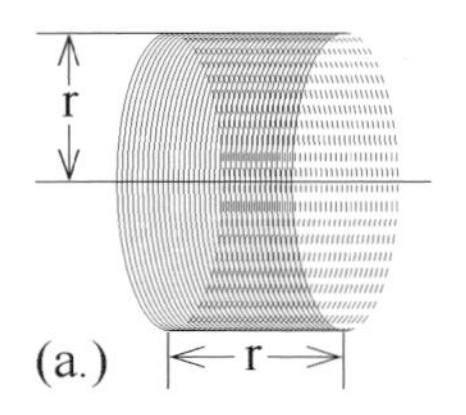


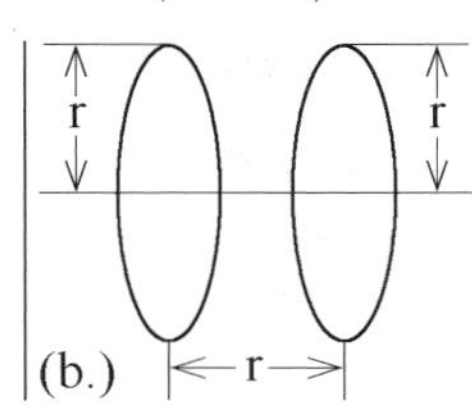


**Bild 3-41**
Spulenanordnungen zur Erzeugung homogener Magnetfelder.
(a.) Die zylindrische Spule bestehe aus $n = 5000$ Windungen.
(b.) Jede der Einzelspulen des Spulenpaares bestehe aus $n = 2500$ Windungen.

## ▾ Lösung zu 3.43

Lösungsstrategie:

Beide Anordnungen werden eingesetzt, um näherungsweise homogene Magnetfelder zu erzeugen, wobei die Zylinderspule in Bild 3-41(a.) in ihrem Inneren eine bessere Homogenität erzielt als die Helmholtz-Anordnung nach Bild 3-41(b.).
(a.) Berechnung nach Formelsammlung.
(b.) Berechnung nach $(*1)$ mit zwei Leiterschleifen.

Lösungsweg, explizit:

(a.) Das Magnetfeld einer Kreiszylinderspule findet man in Formelsammlungen. Zwei Varianten aus Formelsammlungen sollen hier verglichen werden:

- Eine einfache Angabe lautet $H = \frac{n \cdot I}{2 \cdot \sqrt{r^2 + l^2}}$ für die näherungsweise homogene Feldstärke

im Inneren einer Kreiszylinderspule der Länge $l$ und des Radius $r$ ($n$ und $I$ siehe oben).

- Eine detailliertere Angabe lautet $H = \frac{n \cdot I}{2 \cdot l} \cdot \left[ \frac{x + l}{\sqrt{r^2 + (x + l)^2}} - \frac{x}{\sqrt{r^2 + x^2}} \right]$, wobei die Spulenach- 2 P

se entlang der x-Achse ausgerichtet ist und $x$ den Ort auf der x-Achse angibt, an dem das Feld bestimmt werden soll.

▪ Dass die beiden Angaben in der von uns getroffenen Näherung der im Spuleninneren homogenen Feldstärke zum selben Ergebnis führen, zeigt die folgende Kontrollrechnung:

Der Punkt bei $x=0$ liegt in der Spulenmitte. Wir berechnen die detaillierte Angabe ebendort:

2 P
$$H=\frac{n\cdot I}{2\cdot l}\cdot\left[\frac{0+l}{\sqrt{r^2+(0+l)^2}}-\frac{0}{\sqrt{r^2+0^2}}\right]=\frac{n\cdot I}{2\cdot l}\cdot\left[\frac{l}{\sqrt{r^2+l^2}}\right]=\frac{n\cdot I}{2\cdot\sqrt{r^2+l^2}}.$$

Die Übereinstimmung für unseren Anwendungsfall ist offensichtlich.

▪ Im Sinne unserer Aufgabenstellung ist $l=r$. Wir vereinfachen damit den Ausdruck für die Feldstärke noch etwas: $H=\frac{n\cdot I}{2\cdot\sqrt{r^2+l^2}}=\frac{n\cdot I}{2\cdot\sqrt{r^2+r^2}}=\frac{n\cdot I}{2\cdot\sqrt{2r^2}}=\frac{n\cdot I}{\sqrt{8}\cdot r}$.

1 P

**Stolperfalle**

Verwechseln Sie nicht die Aufgabenstellung mit der Berechnung der Feldstärke $H=\frac{n\cdot I}{l}$ einer langgestreckten Kreiszylinderspule, für die $l\gg r$ gilt. Dies ist hier sicher nicht der Fall, denn gemäß Aufgabenstellung gilt $l=r$. Würde man hier die Näherung der langgestreckten Spule verwenden, so ginge im Nenner der Feldstärke ein Faktor $\sqrt{8}$ verloren.

Das Einsetzen der numerischen Vorgaben liefert: $H=\frac{n\cdot I}{\sqrt{8}\cdot r}=\frac{5000\cdot 0.8A}{\sqrt{8}\cdot 0.1m}\overset{TR}{\approx}14142\frac{A}{m}$.

(b.) Da das Feld im Innenraum dieser Anordnung als homogen zu betrachten ist, genügt die Bestimmung der Feldstärke an einem beliebigen Ort in ihrem Bereich. Am einfachsten wird der Rechenweg, wenn wir den Koordinatenursprung genau in der Mitte zwischen beiden Einzelspulen fixieren und das Feld ebendort berechnen (siehe Bild 3-42). Dann sind lediglich die Feldstärken der beiden Einzelspulen im Abstand $a=\frac{r}{2}$ vom Spulenmittelpunkt zu addieren. Im Übrigen gilt der Ausdruck $(*1)$ für jede einzelne Windung, sodass das Magnetfeld noch mit der Zahl der Windungen multipliziert werden muss:

$$H=\underbrace{\frac{n\cdot I\cdot r^2}{2\cdot\left(\left(\frac{r}{2}\right)^2+r^2\right)^{3/2}}}_{\text{für die linke Spule}}+\underbrace{\frac{n\cdot I\cdot r^2}{2\cdot\left(\left(-\frac{r}{2}\right)^2+r^2\right)^{3/2}}}_{\text{für die rechte Spule}}=\frac{n\cdot I\cdot r^2}{\left(\left(\frac{r}{2}\right)^2+r^2\right)^{3/2}}=\frac{n\cdot I\cdot r^2}{\left(\frac{5}{4}r^2\right)^{3/2}}=\frac{n\cdot I\cdot r^2}{\left(\frac{5}{4}\right)^{3/2}\cdot r^3}=\frac{n\cdot I}{\left(\frac{5}{4}\right)^{3/2}\cdot r}$$

4 P
$$\Rightarrow\quad H=\frac{2500\cdot 0.8A}{\left(\frac{5}{4}\right)^{3/2}\cdot 0.1m}\overset{TR}{\approx}14311\frac{A}{m}.$$

Zur Beachtung: Die Zahl der Windungen $n$ wird in (b.) anders eingesetzt als in (a.).

Wie man sieht, erzeugen beide Anordnungen bei gleichem Drahtverbrauch und gleichem Betriebsstrom fast die gleiche Feldstärke. (Der Faktor $2\cdot\left(\frac{5}{4}\right)^{3/2}=\sqrt{7.8125}$ im Nenner der Helmholtz-Anordnung unterscheidet sich vom Faktor $\sqrt{8}$ im Nenner der Kreiszylinderspule um weniger als 1.2 %). Trotzdem hat jede Anordnung ihren spezifischen Vorteil: Der Innenraum der Helmholtz-Anordnung ist besser zugänglich, aber die Homogenität der Feldstärke ist exakter bei der Kreiszylinderspule.

1 P

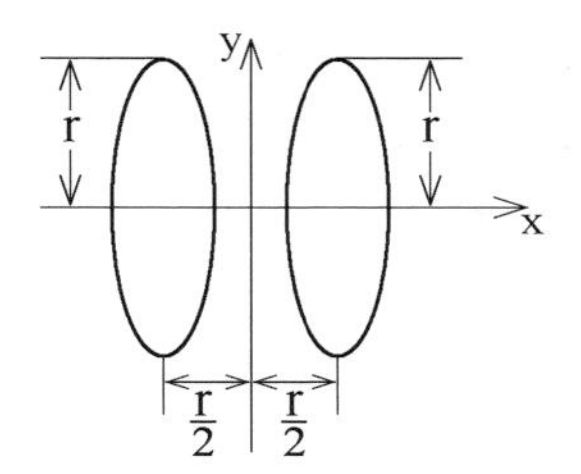


**Bild 3-42**
In dieser Konfiguration lässt sich die Berechnung der Feldstärke eines Helmholtz-Spulenpaares am bequemsten auf die Feldstärke einer Leiterschleife nach $(*1)$ zurückführen.

Vergleichen wir mit Bild 3-31, so ist $a=\frac{r}{2}$ für die linke Spule und $a=-\frac{r}{2}$ für die rechte Spule.

## Aufgabe 3.44 Induktivität einer Spule

| | | Punkte | |
|---|---|---|---|
| (a.) 4 Min. | | | (a.) 3 P |
| (b.) 1 Min. | | | (b.) 1 P |
| (c.) 7 Min. | | | (c.) 5 P |

Betrachten Sie nochmals die Kreiszylinderspule aus Aufgabe 3.43 (Bild 3-41a.). Die dort genannten numerischen Vorgaben übernehmen Sie auch für Aufgabe 3.44.

(a.) Berechnen Sie die Induktivität dieser Spule.

(b.) Wie viel Energie ist im Magnetfeld dieser Spule gespeichert, wenn sie von einem Gleichstrom $I=0.8\,A$ durchflossen wird?

(c.) Welcher Anteil dieser Energie (von Aufgabenteil b.) ist im Magnetfeld des Spuleninnenraums gespeichert, welcher Anteil hingegen im Magnetfeld des Spulenaußenraums?

## Lösung zu 3.44

Lösungsstrategie:

(a.,b.) Die Induktivität kann man einer Formelsammlung entnehmen, ebenso die Energie.

(c.) Die Energie im Spuleninnenraum berechnet man aus der Energiedichte ebendort und dem umschlossenenen Zylindervolumen, denn das Feld ist dort in guter Näherung homogen.

Die Energie im Außenraum ist dann die Differenz zwischen der Gesamtenergie und der Energie im Innenraum der Spule. (Das Feld im Außenraum ist inhomogen, sodass eine Berechnung mittels Volumenintegration außerordentlich mühsam wäre.)

Lösungsweg, explizit:

(a.) Die Induktivität einer Kreiszylinderspule findet man in Formelsammlungen mit

$$L=\mu_0\cdot n^2\cdot\left(\sqrt{l^2+R^2}-R\right)\cdot\frac{A}{l^2}\ ,$$ 1 P

worin $n=$ Windungszahl, $l=$ Spulenlänge, $A=$ Querschnittsfläche, $R=$ Radius der Spule ist.

Wir setzen ein und erhalten wegen $l=R=r$ und wegen $A=\pi r^2$ die Aussage:

$$L=4\pi\cdot10^{-7}\frac{V\cdot s}{A\cdot m}\cdot5000^2\cdot\left(\sqrt{(0.10m)^2+(0.10m)^2}-0.10m\right)\cdot\frac{\pi\cdot(10cm)^2}{(10cm)^2}$$

$$=4\pi^2\cdot10^{-7}\frac{V\cdot s}{A\cdot m}\cdot5000^2\cdot\underbrace{\left(\sqrt{0.02}-0.10\right)}_{\overset{TR}{\approx}\,0.041421356}m\overset{TR}{\approx}4.088\,\frac{V\cdot s}{A}=4.088\ Henry.$$ 2 P

(b.) Die in der Spule gespeicherte Energie ist

1 P $$W = \frac{1}{2} L \cdot I^2 = \frac{1}{2} \cdot 4.088\, H \cdot (0.8\, A)^2 \overset{TR}{\approx} 1.3082 \frac{V \cdot s}{A} \cdot A^2 = 1.3082\, Joule .$$

(c.) Die Energiedichte des Magnetfeldes im Innenraum ist $u = \frac{1}{2} \mu_0 \cdot H^2$. Dies kann so einfach eingesetzt werden, weil dort ein (in guter Näherung) homogenes Magnetfeld $H$ herrscht.

2 P Selbiges kennen wir aus Aufgabe 3.43: $H = \frac{n \cdot I}{\sqrt{8} \cdot l} = \frac{5000 \cdot 0.8\, A}{\sqrt{8} \cdot 0.1 m} \overset{TR}{\approx} 14142 \frac{A}{m}$.

Aufgrund der Homogenität des Feldes erhält man die Gesamtenergie im Innenraum durch einfache Multiplikation der Energiedichte mit dem Volumen (des Innenraums):

$$W_{innen} = u \cdot V = u \cdot \pi r^2 \cdot r = \frac{1}{2} \mu_0 \cdot H^2 \cdot \pi r^3 = \frac{1}{2} \cdot 4\pi \cdot 10^{-7} \frac{V \cdot s}{A \cdot m} \cdot \left( 14142 \frac{A}{m} \right)^2 \cdot \pi \cdot (0.1 m)^3$$

2 P $$\overset{TR}{\approx} 0.39478 \frac{V \cdot s}{A \cdot m} \cdot \frac{A^2}{m^2} \cdot m^3 = 0.39478\, V \cdot s \cdot A = 0.3948\, Joule .$$

Der Rest der Energie muss dann im Außenraum enthalten sein. Dies sind

1 P $$W_{aussen} = W - W_{innen} \overset{TR}{\approx} 1.3082\, J - 0.3948\, J = 0.9134\, J .$$

Wie man sieht, steckt im Außenraum mehr Energie als im Innenraum.

## Aufgabe 3.45 Hall-Effekt

| 3 Min. | (2 Hanteln) | Punkte 3 P |
|---|---|---|

Eine Hall-Sonde nach Bild 3-43 befinde sich in einem Magnetfeld $\vec{B}$. Erklären Sie die Funktionsweise dieser Messsonde. Greifen Sie dabei auf die Lorentz-Kraft zurück. Überlegen Sie außerdem die Polarität der erzeugten Hall-Spannung.

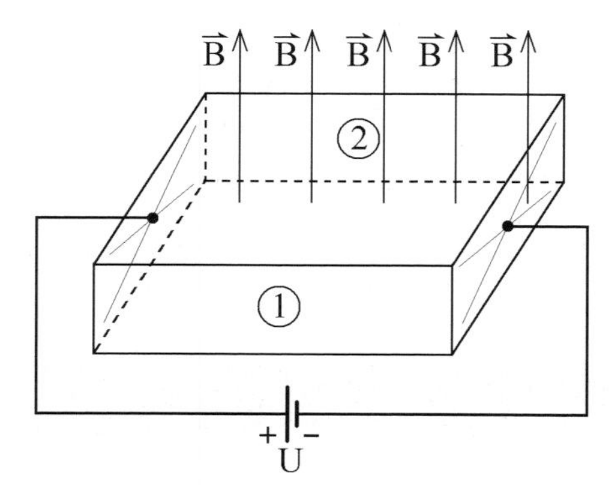


**Bild 3-43**
Die Hall-Sonde wird an der linken und rechten Seite an eine Spannung $U$ angeschlossen, deren konventionelle (= technische) Polarität eingezeichnet ist. Das zu messende Magnetfeld läuft von unten nach oben durch die Sonde. Die Hall-Spannung wird zwischen den Kontakten „1“ und „2“ abgegriffen.

## ▾ Lösung zu 3.45

Lösungsweg, explizit:

Die Versorgungsspannung $U$ mit Angabe der technischen Polarität von „+“ und „–“ bringt Elektronen von „–“nach „+“ zum Fließen, also von rechts nach links. Auf diese sich mit der Geschwindigkeit $\vec{v}$ bewegenden Elektronen übt das zu messende Magnetfeld eine Lorentz-Kraft $\vec{F} = q \cdot \left(\vec{v} \times \vec{B}\right)$ aus, welche zur Veranschaulichung in Bild 3-44 skizziert ist. Das Kreuzprodukt $\left(\vec{v} \times \vec{B}\right)$ zeigt nach hinten (in die Papierebene hinein). Da die Ladung $q$ der Elektronen negativ ist, zeigt die Lorentz-Kraft nach vorne (aus der Papierebene heraus), sodass die Zahl der Elektronen am Kontakt „2“ verringert, aber am Kontakt „1“ erhöht wird. Folglich trägt „1“ negative Polarität der Hall-Spannung und „2“ positive.

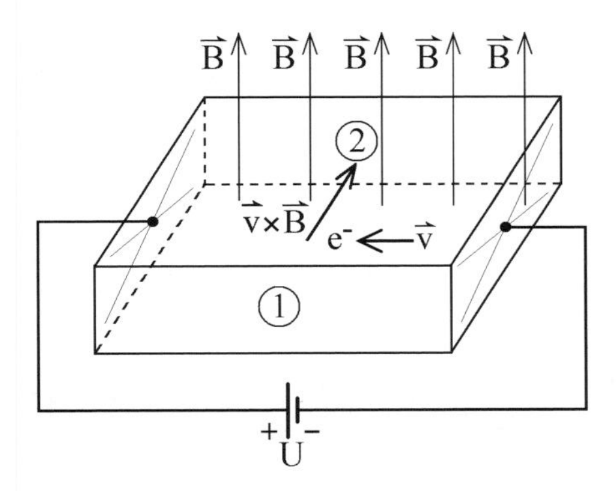


**Bild 3-44**
Skizze zur Konstruktion des Kreuzproduktes der Lorentz-Kraft. Zeigt $\vec{v}$ nach links und $\vec{B}$ nach oben, so zeigt das Vektorprodukt $\left(\vec{v} \times \vec{B}\right)$ nach hinten.

3 P

## Aufgabe 3.46 Poynting-Vektor elektromagnetischer Wellen

| 10 Min. | | Punkte 7 P |
|---|---|---|

Wie groß sind die Amplituden der Feldstärke des elektrischen Feldes und des magnetischen Feldes von natürlichem Sonnenlicht, wenn es auf die Erde trifft?

Hinweis: Seine Intensität liegt bei ca. $S = 1376 \frac{W}{m^2}$. (Zahlenwerte werden gelegentlich etwas abweichend angegeben.)

Hinweis: Behandeln Sie das Sonnenlicht wie eine homogene elektromagnetische Welle.

## ▾ Lösung zu 3.46

Lösungsstrategie:

In Lehrbüchern findet man Hinweise unter dem Stichwort Poynting-Vektor.

Lösungsweg, explizit:

Die Energiedichte einer elektromagnetischen Welle kann angegeben werden als

$$w=\tfrac{1}{2}\varepsilon_0\cdot E^2+\tfrac{1}{2}\mu_0 H^2=\underbrace{\varepsilon_0\cdot E^2}_{(*1)}=\underbrace{\mu_0 H^2}_{(*2)},$$

worin $S$ = Intensität,
$E$ = Amplitude der elektrischen Feldstärke und
$B$ = Amplitude der magnetischen Feldstärke ist.

Wir benutzen die Gleichheit von $(*1)$ mit $(*2)$, um $E$ und $H$ durcheinander ausdrücken zu können:

2 P

$$\varepsilon_0\cdot E^2=\mu_0 H^2 \quad\Rightarrow\quad \begin{cases} E=\sqrt{\dfrac{\mu_0}{\varepsilon_0}}\cdot H & (*3) \\ H=\sqrt{\dfrac{\varepsilon_0}{\mu_0}}\cdot E\,. & (*4) \end{cases}$$

Der Poynting-Vektor ist $\vec{S}=\vec{E}\times\vec{H}$. Da beim Licht die elektrische Feldstärke immer senkrecht auf der magnetischen Feldstärke steht, ist $|\vec{S}|=|\vec{E}|\cdot|\vec{H}|$. Dieser Betrag gibt die Intensität der Welle (als Leistung pro Fläche) wieder. Diese lässt sich mit $(*3)$ und $(*4)$ umformen zu

2 P

$$S=E\cdot H=\begin{cases} \sqrt{\dfrac{\mu_0}{\varepsilon_0}}\cdot H\cdot H & \text{nach } (*3) \;\Rightarrow\; H^2=S\cdot\sqrt{\dfrac{\varepsilon_0}{\mu_0}} \;\Rightarrow\; H=\sqrt{S\cdot\sqrt{\dfrac{\varepsilon_0}{\mu_0}}} \\ E\cdot\sqrt{\dfrac{\varepsilon_0}{\mu_0}}\cdot E & \text{nach } (*4) \;\Rightarrow\; E^2=S\cdot\sqrt{\dfrac{\mu_0}{\varepsilon_0}} \;\Rightarrow\; E=\sqrt{S\cdot\sqrt{\dfrac{\mu_0}{\varepsilon_0}}}\,. \end{cases}$$

Das Einsetzen der Werte liefert:

$$H=\sqrt{S\cdot\sqrt{\frac{\varepsilon_0}{\mu_0}}}=\sqrt{1376\frac{W}{m^2}\cdot\sqrt{\frac{8.8542\cdot10^{-12}\,\frac{A\cdot s}{V\cdot m}}{4\pi\cdot10^{-7}\,\frac{V\cdot s}{A\cdot m}}}}\overset{TR}{\approx}1.911\sqrt{\frac{W}{m^2}\cdot\frac{A}{V}}=1.911\sqrt{\frac{J}{s\cdot m^2}\cdot\frac{A\cdot C}{J}}$$

1½ P

$$=1.911\sqrt{\frac{A^2}{m^2}}=1.911\frac{A}{m} \qquad \text{und}$$

$$E=\sqrt{S\cdot\sqrt{\frac{\mu_0}{\varepsilon_0}}}=\sqrt{1376\frac{W}{m^2}\cdot\sqrt{\frac{4\pi\cdot10^{-7}\,\frac{V\cdot s}{A\cdot m}}{8.8542\cdot10^{-12}\,\frac{A\cdot s}{V\cdot m}}}}\overset{TR}{\approx}719.987\sqrt{\frac{W}{m^2}\cdot\frac{V}{A}}=719.987\sqrt{\frac{J}{s\cdot m^2}\cdot\frac{J}{A\cdot C}}$$

1½ P

$$=719.987\sqrt{\frac{J}{m^2}\cdot\frac{J}{C^2}}=719.987\frac{V}{m}\,.$$

Anmerkung zur Behandlung des Sonnenlichts als eine homogene elektromagnetische Welle: Der Hintergrund dieser Sichtweise liegt in der Tatsache begündet, dass sich bei mehreren Wellen die Feldstärken linear und ungestört superponieren.

# 4 Gase und Wärmelehre

## Aufgabe 4.1 Umrechnen zwischen Temperaturskalen

| | |
|---|---|
| je 1 Min. pro Feld → gibt insgesamt 6 Min. | Punkte: je ½ P pro Feld → gibt insgesamt 3 P. |

Komplettieren Sie Tabelle 4.1 zur Umrechnung zwischen verschiedenen Temperaturskalen. Die Vorgaben sind zeilenweise zu verstehen, d.h. in der ersten Zeile $20°C$, in der zweiten Zeile $20°F$ und in der dritten Zeile $20\,K$.

**Tabelle 4.1** Vorgabe zur zeilenweisen Umrechnung zwischen verschiedenen Temperaturskalen

| | $°C$ | $°F$ | $K$ |
|---|---|---|---|
| $°C$ | 20 | | |
| $°F$ | | 20 | |
| $K$ | | | 20 |

## Lösung zu 4.1

Lösungsstrategie:

Zur Umrechnung findet man in Formelsammlungen Faustformeln.

Lösungsweg, explizit:

Wenn $[T]=K$, $[\vartheta]=°F$ und $[\theta]=°C$, sowie $T_N = 273.15\,K =$ Normtemperatur, dann arbeitet man üblicherweise mit den Ausdrücken:

- $\theta = \underbrace{\left(\frac{T-T_N}{K}\right)°C}_{\text{Input: } T \text{ in K}}$ und $T = \underbrace{T_N + \left(\frac{\theta}{°C}\right)K}_{\text{Input: } \theta \text{ in Celsius}}$ zur Umrechnung zwischen Celsius und Kelvin.
- $\vartheta = \underbrace{\left(32 + \frac{9}{5}\cdot\frac{\theta}{°C}\right)°F}_{\text{Input: } \theta \text{ in Celsius}}$ und $\theta = \underbrace{\left(\frac{5}{9}\cdot\frac{\vartheta}{°F} - \frac{160}{9}\right)°C}_{\text{Input: } \vartheta \text{ in Fahrenheit}}$ zwischen Celsius und Fahrenheit.

Dabei wird immer die rechte Seite als Input und die linke Seite als Output verstanden. Die Ergebnisse stehen in Tabelle 4.2.

**Tabelle 4.2** Ergebnisse der Umrechnung zwischen verschiedenen Temperaturskalen. Die Gleichheit besteht zeilenweise, aber nicht spaltenweise.

| | $°C$ | $°F$ | $K$ |
|---|---|---|---|
| $°C$ | 20 | 68 | 293.15 |
| $°F$ | − 6.6667 | 20 | 266.483 |
| $K$ | − 253.15 | − 423.67 | 20 |

6×½ P

## Aufgabe 4.2 Spezifische Wärmekapazität

5 Min. Punkte 3 P

Für einen Energiespeicher, der Wärme speichern soll, stehe wahlweise das gleiche Volumen Wasser oder Glycerin zur Verfügung. Die Flüssigkeiten sollen im Behälter nur unter Atmosphärendruck stehen. Ein Sieden ist zu vermeiden. Umgebungstemperatur ist $20\,°C$.

(a.) Mit welcher der beiden Flüssigkeiten kann man mehr Energie speichern?

(b.) Warum verwendet man für Wärmespeicher (z.B. in Öfen) gerne Feststoffe (z.B. Steine oder Keramiken)?

Hinweis: Die Dichten sind: $\rho_{\text{Glycerin}} = 1.26\frac{kg}{dm^3}$ und $\rho_{\text{Wasser}} = 1.00\frac{kg}{dm^3}$

Spezifische Wärmekapazitäten: $c_{\text{Glycerin}} = 2.4\cdot 10^3\frac{J}{kg\cdot K}$ und $c_{\text{Wasser}} = 4.18\cdot 10^3\frac{J}{kg\cdot K}$

Die Siedepunkte liegen bei: $T_{\text{max,Glycerin}} = 290\,°C$ und $T_{\text{max,Wasser}} = 100\,°C$

## Lösung zu 4.2

Lösungsstrategie:

Gesucht ist diejenige Substanz mit der größeren Energiedichte, dies ist die Wärmemenge, die pro Volumen aufgenommen werden kann. Diese berechnen wir zum Vergleich für beide Substanzen, und zwar für das Erwärmen von Umgebungstemperatur bis Siedetemperatur.

Lösungsweg, explizit:

(a.) Zur Definition der Wärmekapazität bezieht man sich auf die Gleichung $\Delta Q = m\cdot c\cdot\Delta T$. Darin ist $\Delta Q$ die aufgenommene Wärmemenge. Das Volumen $m = \rho\cdot V$ wird eingesetzt:

1 P $$\Delta Q = \rho\cdot V\cdot c\cdot\Delta T \;\Rightarrow\; \text{Energiedichte} = \frac{\Delta Q}{V} = \rho\cdot c\cdot\Delta T\,.$$

Setzen wir eine Umgebungs- und Anfangstemperatur von $20\,°C$ voraus, so gilt

1 P $$\frac{\Delta Q_{\text{Glycerin}}}{V} = \rho\cdot c\cdot\Delta T = 1260\frac{kg}{m^3}\cdot 2.4\cdot 10^3\frac{J}{kg\cdot K}\cdot(290\,°C - 20\,°C) = 1260\frac{kg}{m^3}\cdot 2.4\cdot 10^3\frac{J}{kg\cdot K}\cdot 270\,K = 8.1648\cdot 10^8\frac{J}{m^3}\,.$$

1 P $$\frac{\Delta Q_{\text{Wasser}}}{V} = \rho\cdot c\cdot\Delta T = 1000\frac{kg}{m^3}\cdot 4.18\cdot 10^3\frac{J}{kg\cdot K}\cdot(100\,°C - 20\,°C) = 1000\frac{kg}{m^3}\cdot 4.2\cdot 10^3\frac{J}{kg\cdot K}\cdot 80\,K = 3.344\cdot 10^8\frac{J}{m^3}\,.$$

**Arbeitshinweis**

Temperaturdifferenzen können immer in °C und in Kelvin gleichberechtigt berechnet werden. Man kann sich also die Mühe der Umrechnung der Temperatureinheiten sparen. Wir veranschaulichen das am Beispiel des Glycerins: $\Delta T = \begin{cases} (290\,°C - 20\,°C) = 270\,K \\ ((290+273)K - (20+273)K) = 270\,K \end{cases}$

Es führen immer beide Rechenwege zum selben Ergebnis. Das gilt aber nur für Temperaturdifferenzen, nicht für Absolutwerte.

Obwohl die Wärmekapazität des Wassers größer ist als die des Glycerins, hat letzteres die höhere Energiedichte, denn es kann auf wesentlich höhere Temperaturen erhitzt werden. In diesem Sinne ist die Frage (a.) nach „mehr speicherbarer Energie" als Frage nach der Energiedichte zu verstehen.

(b.) Feststoffe (wie Steine oder Keramiken) können problemlos auf sehr hohe Temperaturen erwärmt werden und bieten daher eine besonders hohe Energiedichte.

## Aufgabe 4.3 Mischungskalorimetrie

| 10 Min. | | Punkte 8 P |
|---|---|---|

Beim Abschrecken von Stahl in Öl wird Wärme aus dem Stahl an das Öl übertragen. Es seien die Temperaturen, Massen und Wärmekapazitäten gegeben mit

$T_{\text{Stahl}} = 800°C$ und $T_{\text{Öl}} = 20°C$

$m_{\text{Stahl}} = 100\,kg$ und $m_{\text{Öl}} = 2000\,kg$

$c_{\text{Stahl}} = 0.478 \cdot 10^3 \frac{J}{kg \cdot K}$ und $c_{\text{Öl}} = 1.97 \cdot 10^3 \frac{J}{kg \cdot K}$ .

Berechnen Sie die gemeinsame Temperatur des Stahls und des Öls nach dem Wärmeaustausch. Näherung: Eine Wärmeabgabe an die Umgebung vernachlässigen Sie bitte.

## Lösung zu 4.3

Lösungsstrategie:

Aufgrund der Energieerhaltung ist die vom Stahl abgegebene Wärmemenge identisch mit der vom Öl aufgenommenen. Beide ergeben sich durch die Temperaturänderung der jeweiligen Substanz von ihrer Ausgangstemperatur auf die gemeinsame Endtemperatur $T_G$ .

Lösungsweg, explizit:

Der Stahl gibt die Wärmemenge ab: $\Delta Q = m_{\text{Stahl}} \cdot c_{\text{Stahl}} \cdot \Delta T_{\text{Stahl}} = m_{\text{Stahl}} \cdot c_{\text{Stahl}} \cdot \left(T_{\text{Stahl}} - T_G\right)$ 1 P

Das Öl nimmt die Wärmemenge auf: $\Delta Q = m_{\text{Öl}} \cdot c_{\text{Öl}} \cdot \Delta T_{\text{Öl}} = m_{\text{Öl}} \cdot c_{\text{Öl}} \cdot \left(T_G - T_{\text{Öl}}\right)$ 1 P

Setzen wir die beiden Ausdrücke in $\Delta Q$ gleich und lösen nach $T_G$ auf, so erhalten wir:

$$m_{\text{Stahl}} \cdot c_{\text{Stahl}} \cdot \left(T_{\text{Stahl}} - T_G\right) = m_{\text{Öl}} \cdot c_{\text{Öl}} \cdot \left(T_G - T_{\text{Öl}}\right)$$

$$\Rightarrow \quad m_{\text{Stahl}} \cdot c_{\text{Stahl}} \cdot T_{\text{Stahl}} - m_{\text{Stahl}} \cdot c_{\text{Stahl}} \cdot T_G = m_{\text{Öl}} \cdot c_{\text{Öl}} \cdot T_G - m_{\text{Öl}} \cdot c_{\text{Öl}} \cdot T_{\text{Öl}}$$

$$\Rightarrow \quad -m_{\text{Öl}} \cdot c_{\text{Öl}} \cdot T_G - m_{\text{Stahl}} \cdot c_{\text{Stahl}} \cdot T_G = -m_{\text{Öl}} \cdot c_{\text{Öl}} \cdot T_{\text{Öl}} - m_{\text{Stahl}} \cdot c_{\text{Stahl}} \cdot T_{\text{Stahl}}$$

$$\Rightarrow \quad T_G \cdot \left(-m_{\text{Öl}} \cdot c_{\text{Öl}} - m_{\text{Stahl}} \cdot c_{\text{Stahl}}\right) = -m_{\text{Öl}} \cdot c_{\text{Öl}} \cdot T_{\text{Öl}} - m_{\text{Stahl}} \cdot c_{\text{Stahl}} \cdot T_{\text{Stahl}}$$

$$\Rightarrow \quad T_G = \frac{-m_{\text{Öl}} \cdot c_{\text{Öl}} \cdot T_{\text{Öl}} - m_{\text{Stahl}} \cdot c_{\text{Stahl}} \cdot T_{\text{Stahl}}}{-m_{\text{Öl}} \cdot c_{\text{Öl}} - m_{\text{Stahl}} \cdot c_{\text{Stahl}}} = \frac{m_{\text{Öl}} \cdot c_{\text{Öl}} \cdot T_{\text{Öl}} + m_{\text{Stahl}} \cdot c_{\text{Stahl}} \cdot T_{\text{Stahl}}}{m_{\text{Öl}} \cdot c_{\text{Öl}} + m_{\text{Stahl}} \cdot c_{\text{Stahl}}} .$$ 4 P

Das Einsetzen der Werte aus der Aufgabenstellung liefert

$$T_G = \frac{m_{\text{Öl}} \cdot c_{\text{Öl}} \cdot T_{\text{Öl}} + m_{\text{Stahl}} \cdot c_{\text{Stahl}} \cdot T_{\text{Stahl}}}{m_{\text{Öl}} \cdot c_{\text{Öl}} + m_{\text{Stahl}} \cdot c_{\text{Stahl}}}$$

2 P
$$= \frac{2000kg \cdot 1.97 \cdot 10^3 \frac{J}{kg \cdot K} \cdot (273+20)K + 100kg \cdot 0.478 \cdot 10^3 \frac{J}{kg \cdot K} \cdot (273+800)K}{2000kg \cdot 1.97 \cdot 10^3 \frac{J}{kg \cdot K} + 100kg \cdot 0.478 \cdot 10^3 \frac{J}{kg \cdot K}} \overset{TR}{\approx} 302K \triangleq 29°C .$$

Man kann sich leicht vorstellen, wie groß in der industriellen Serienfertigung die Ölbäder sein müssen, um beim Dauereinsatz nicht allzu warm zu werden.

## Aufgabe 4.4 Latente Wärme bei Phasenübergängen

| | | | |
|---|---|---|---|
| (a.) 8 Min. | | Punkte | (a.) 5 P |
| (b.) 3 Min. | | | (b.) 2 P |

(a.) Sie haben einen Liter Trinkwasser in der Sonne stehen lassen, nun hat es eine Temperatur von $+40°C$. Wie viel Eis von $-10°C$ müssen Sie hinzugeben, damit das Wasser-Eis-Gemisch eine Temperatur von $+5°C$ annimmt?

(b.) Schließlich trinken Sie das gesamte Wasser mitsamt den geschmolzenen Eiswürfeln von $+5°C$ und legen sich in die Sonne. Dabei schwitzen Sie, wodurch die gesamte Wassermenge wieder verdunstet. Wie viel Energie führt Ihr Körper dabei dem Wasser zu?

Hinweis: Spezifische Wärmekapazität des Wassers $c = 4186.8 \frac{J}{kg \cdot K}$,

Spezifische Schmelzwärme des Wassers $c_S = 334 \cdot 10^3 \frac{J}{kg}$,

Spezifische Verdampfungswärme des Wassers $c_V = 2257 \cdot 10^3 \frac{J}{kg}$.

Näherung: Vernachlässigen Sie einen Wärmeaustausch mit der Umgebung.

## Lösung zu 4.4

Lösungsstrategie:

Aufgenommene und abgegebene Wärmemengen sind einander gleich zu setzen, wobei allerdings die für die Phasenübergänge benötigten Energiebeträge (sog. latente Wärme) mitberücksichtigt werden müssen.

Lösungsweg, explizit:

(a.) Sei $T_W = +40°C$ und $T_E = -10°C$, sowie $T_G = +5°C$ und $m_W = 1kg$ = Masse des Wassers.

1 P Dann gibt das Wasser beim Abkühlen die Energie $W = m_W \cdot c \cdot (T_W - T_G)$ ab.

Das Eis nimmt beim Erwärmen und Schmelzen die Energie

1 P $W = m_E \cdot c \cdot (T_G - T_E) + m_E \cdot c_S = m_E \cdot (c \cdot (T_G - T_E) + c_S)$ auf, worin $m_E$ = Masse des Eises ist.

Da der Wärmeaustausch mit der Umgebung vernachlässigt wird, setzen wir die Energiebeträge gleich und lösen nach der gesuchten Masse des Eises auf:

1½ P
$$m_W \cdot c \cdot (T_W - T_G) = W = m_E \cdot (c \cdot (T_G - T_E) + c_S) \Rightarrow m_E = m_W \cdot \frac{c \cdot (T_W - T_G)}{c \cdot (T_G - T_E) + c_S} .$$

Werte einsetzen: $m_E = 1kg \cdot \frac{4186.8\frac{J}{kg\cdot K}\cdot(+40-5)K}{4186.8\frac{J}{kg\cdot K}\cdot(+5+10)K + 334\cdot 10^3\frac{J}{kg}} = 1kg \cdot \frac{146538\frac{J}{kg}}{396802\frac{J}{kg}} \stackrel{TR}{\approx} 0.3693kg$ . 1½ P

Dies ist die Masse des zum Kühlen notwendigen Eises.

**Arbeitshinweis**

Temperaturdifferenzen aus Celsius-Angaben können bequem durch einfache Subtraktion berechnet werden. Die Einheit des Ergebnisses ist trotzdem das Kelvin.

Bsp.: $40°C - 5°C = (40+273)K - (5+273)K = 40K - 5K$ . Die $273K$ heben sich weg.

(b.) Jedes einzelne Wassermolekül muss, um verdampfen zu können, die Energie aufnehmen, die einer Temperatur von $100°C$ entspricht und außerdem noch die Energie, die der Verdampfungswärme entspricht. (Das heißt nicht, dass sich die gesamte Substanz gleichzeitig bis $100°C$ erhitzen muss.) Die dem Wasser zuzuführende Energie ist also

$$W = m_G \cdot c \cdot (100°C - T_G) + m_G \cdot c_V = m_G \cdot (c \cdot (100°C - T_G) + c_V) \quad \text{mit } m_G = m_W + m_E$$

$$= \left(1 + \frac{146538}{396802}\right)kg \cdot \underbrace{\left(4186.8\frac{J}{kg\cdot K}\cdot(100-5)K + 2257\cdot 10^3\frac{J}{kg}\right)}_{2654.746\cdot 10^3\frac{J}{kg}} \stackrel{TR}{\approx} 3635137\,Joule \,. \quad 2\text{ P}$$

Man wundere sich nicht, dass die Verdunstung wesentlich mehr Energie benötigt als das Erwärmen bis $100°C$ .

## Aufgabe 4.5 Energieeinheiten Kalorie und Joule

| Zeit | Schwierigkeit | Punkte |
|---|---|---|
| 2 Min. | | 1 P |

Auf Lebensmittelverpackungen wird noch heute manchmal eine Energieeinheit benutzt, die eigentlich nur noch historische Bedeutung hat, die Kalorie. Sie war definiert als die benötigte Wärmemenge zum Erwärmen eines Gramms Wasser von $14.5°C$ auf $15.5°C$ .

Bestimmen Sie den Umrechnungsfaktor zwischen der Kalorie und dem heute üblichen Joule. Hinweis: Die spezifische Wärmekapazität des Wassers beträgt $c = 4186.8\frac{J}{kg\cdot K}$ .

## ▾ Lösung zu 4.5

Lösungsstrategie:

Die in der Definition der Kalorie beschriebene Wärmemenge lässt sich elementar berechnen.

Lösungsweg, explizit:

Zur Bestimmung des Umrechnungsfaktors kann man direkt auf die Definition der spezifischen Wärmekapazität zurückgreifen: $c = \frac{1}{m}\cdot\frac{dQ}{dT}$ mit $m$ = zu erwärmende Masse, $Q$ = Wärmemenge und $T$ = Temperatur. Für die in der Aufgabenstellung bezeichnete Wärmemenge, die als eine Kalorie definiert ist, ergibt sich demnach (in linearer Näherung):

1 P $$c = \frac{1}{m} \cdot \frac{dQ}{dT} \quad \Rightarrow \quad dQ = m \cdot c \cdot dT = 10^{-3} kg \cdot 4186.8 \frac{J}{kg \cdot K} \cdot 1K = 4.1868\,Joule = 1\,Kalorie\,.$$

## Aufgabe 4.6 Gesetz von Gay-Lussac

| 7 min | | Punkte 5 P |
|---|---|---|

Autoreifen ändern ihren Innendruck, wenn sich die Temperatur ändert.

Zahlenbeispiel: Sie pumpen ihre Reifen bei $0°C$ auf 3.5 atü auf und fahren dann auf die Autobahn. Durch Reibung erwärmt sich der Reifen auf $40°C$. Welcher Druck herrscht dann im Inneren? (Geben Sie das Ergebnis bitte wieder in atü an.)

Näherungen:
- Behandeln Sie die Luft als ideales Gas.
- Vernachlässigen Sie die Wärmedehnung der Reifen.

## Lösung zu 4.6

Lösungsstrategie:

Aus der Zustandsgleichung idealer Gase extrahiert man eine Verhältnisgleichung für das Verhältnis zwischen Druck und Temperatur.

Lösungsweg, explizit:

Die Zustandsgleichung idealer Gase lautet $p \cdot V = N \cdot R \cdot T$ mit $p$ = Druck, $V$ = Volumen, $N$ = Stoffmenge, $R = 8.314 \frac{J}{mol \cdot K}$ = allgemeine Gaskonstante, $T$ = Temperatur.

Für eine gegebene Stoffmenge (das Gas ist im Reifen eingeschlossen) folgt daraus:

2 P $$p \propto T \quad \Rightarrow \quad \frac{p}{T} = const. \quad \Rightarrow \quad \frac{p_{kalt}}{T_{kalt}} = \frac{p_{warm}}{T_{warm}} \quad \Rightarrow \quad p_{warm} = p_{kalt} \cdot \frac{T_{warm}}{T_{kalt}}\,.$$

Wir setzen Werte ein und gehen dabei vom sogenannten atmosphärischen Normaldruck aus:

1 P Für den Druck: $p_{kalt} = 3.5\,atü = 4.5\,atm = 4.5\,atm \cdot 101325 \frac{Pa}{atm} \overset{TR}{\approx} 455963\,Pa\,.$

1 P Für die Temperatur: $T_{kalt} = (273+0)K = 273K$ und $T_{warm} = (273+40)K = 313K\,.$

Damit erhalten wir:

1 P $$p_{warm} = p_{kalt} \cdot \frac{T_{warm}}{T_{kalt}} \overset{TR}{\approx} 455963\,Pa \cdot \frac{313K}{273K} \overset{TR}{\approx} 522770\,Pa = \frac{522770\,Pa}{101325 \frac{Pa}{atm}} \overset{TR}{\approx} 5.2\,atm \mathrel{\hat{=}} 4.2\,atü\,.$$

**Stolperfalle**

Achten Sie auf die Verwendung von SI-Einheiten!
Dies sollte man sich (außer in einigen Spezialfällen der theoretischen Physik) ganz allgemein angewöhnen, aber bei Temperaturen und bei Drücken wird es in Prüfungen besonders häufig übersehen.

- „atü" bedeutet „Atmosphären Überdruck". Gemeint ist der Druck über dem Umgebungsdruck eines Atmosphären-Normaldrucks. Der Atmosphären-Normaldruck beträgt 101325 Pa.
- „atm" steht für „Atmosphären Druck". Hier wird der Umgebungsdruck mitgerechnet, also ist $X\ atü = (X+1)\ atm$.
- Die Umrechnung zwischen „Kelvin" und „Grad Celsius" kennen wir aus Aufgabe 4.1. Sie geschieht über die Addition bzw. Subtraktion einer Normtemperatur. Dabei kann man 5 signifikante Stellen verwenden ($T_N = 273.15K$), aber den meisten Prüfern genügt es, wenn sich Studierende die ersten drei signifikanten Stellen (auswendig) merken.

**Mnemotechnischer Hinweis (= Merkhilfe)**

Die Aufgabe trägt in der Überschrift den Namen „Gay-Lussac", obwohl dieses Gesetz im Lösungsweg niemals unter diesem Namen explizit auftaucht. Das hat folgenden Grund: Das Gesetz von Gay-Lussac ist in der Zustandsgleichung idealer Gase enthalten, ebenso wie die Gesetze von Boyle-Mariotte und von Charles. Deshalb lohnt es nicht, diese drei letztgenannten Gesetze mit den Namen ihrer Entdecker einzeln zu lernen. Es genügt die Zustandsgleichung idealer Gase $p \cdot V = N \cdot R \cdot T$. Sie enthält die Informationen aller drei einzelnen Gesetze.

## Aufgabe 4.7 Gesetz von Gay-Lussac

| 8 Min. | | Punkte 5 P |
|---|---|---|

Luft von Atmosphärendruck (101325 Pa) werde in einem dichtschließenden Gefrierschrank von Zimmertemperatur ($+20°C$) auf $-25°C$ abgekühlt.

(a.) Wie groß ist die Differenz zwischen Innendruck und Außendruck?

(b.) Die Tür des Gefrierschrankes sei 1.00 Meter hoch und 0.50 Meter breit. Mit welcher Kraft wird die Tür dann an den Gefrierschrank angedrückt, wenn sie wirklich dicht schließt?

## Lösung zu 4.7

Lösungsstrategie:

(a.) Die Druck-Temperatur-Verhältnisse lassen sich mit Hilfe der Zustandsgleichung idealer Gase berechnen. (Im Prinzip genügt die Anwendung des Gesetzes von Gay-Lussac, aber dieses ist inhaltlich in der Zustandsgleichung idealer Gase enthalten.)

(b.) Kraft ist Druck mal Fläche, wobei der hier entscheidende Druck sich als Druckdifferenz zwischen außen und innen ergibt.

Lösungsweg, explizit:

(a.) Aus der Zustandsgleichung idealer Gase folgern wir für konstante Stoffmenge und konstantes Volumen

2 P $$p\cdot V=N\cdot R\cdot T \;\Rightarrow\; \frac{p_1}{T_1}=\frac{N\cdot R}{V}=\frac{p_2}{T_2} \;\Rightarrow\; p_2=p_1\cdot\frac{T_2}{T_1}=101325\,Pa\cdot\frac{(273-25)\,K}{(273+20)\,K}\overset{TR}{\approx}85763\,Pa\,.$$

Dies wäre der Druck in Inneren des Gefrierschrankes, falls die Tür tatsächlich gasdicht schließen würde.

(b.) Die beim Öffnen der Tür zu überwindende Druckdifferenz ist $\Delta p=p_1-p_2$.

1 P Damit ist die gefragte Kraft $F=\Delta p\cdot A=(101325-85763)\frac{N}{m^2}\cdot\frac{1}{2}m^2=7781\,N$.

Der Gefrierschrank wäre mit bloßer Hand nicht zu öffnen. Die Kraft reicht, um einen Kleinwagen (von knapp 800 kg) hochzuheben.

## Aufgabe 4.8 Temperaturabhängigkeit der Dichte eines Gases

| 11 Min. | | Punkte 7 P |
|---|---|---|

Ein kugelförmiger Heißluftballon habe mit Korb, Ausrüstung und Passagieren eine Masse von $m=500\,kg$. Nehmen wir an, die Umgebungstemperatur betrage $20\,°C$, die Temperatur der heißen Luft im Balloninneren hingegen $50\,°C$. Welchen Durchmesser muss die Kugel des Ballons haben, damit der vom heißen Gas herrührende Auftrieb genau zum Fliegen in gleichbleibender Höhe ausreicht?

Hinweis: Führen Sie die Betrachtung für einen Flug dicht über dem Erdboden in Meereshöhe durch. Außerdem hat die Dichte der Luft bei $T=0\,°C$ den Wert $\rho_{0°C}=1.293\frac{kg}{m^3}$.

## Lösung zu 4.8

Lösungsstrategie:

Wir müssen die Dichte der Luft bei den beiden unterschiedlichen in der Aufgabenstellung gegebenen Temperaturen berechnen. Aus der Dichtedifferenz bestimmen wir dann das zugehörige Ballonvolumen und den Durchmesser der Kugel.

Lösungsweg, explizit:

Aus der Zustandsgleichung eines idealen Gases kann man unter anderem folgern, dass die Dichte $\rho$ eines (idealen) Gases umgekehrt proportional zu seiner Temperatur $T$ ist, bzw. dass $\rho\cdot T=const.$ ist.

1½ P $$p\cdot V=N\cdot R\cdot T \;\Rightarrow\; p\cdot\frac{m}{\rho}=N\cdot R\cdot T \;\Rightarrow\; \rho\cdot T=\frac{p\cdot m}{N\cdot R}=const. \;\Rightarrow\; \rho\propto\frac{1}{T}\,,$$

wo $p=$ Druck, $m=$ Masse, $R=$ allgemeine Gaskonstante und $N=$ Stoffmenge konstant sind.

Die Dichte der Luft bei $T = 0°C$ ist $\rho_{0°C} = 1.293 \frac{kg}{m^3}$. Daraus berechnen wir den konstanten Wert des Produktes $\rho \cdot T$ für Luft: $\rho_{0°C} \cdot T_{0°C} = 1.293 \frac{kg}{m^3} \cdot 273K = 352.989 \frac{kg \cdot K}{m^3}$. 1 P

Über Verhältnisgleichungen bestimmen wir nun die Dichte der Luft bei anderen Temperaturen:

$$\rho_{0°C} \cdot T_{0°C} = \rho_{20°C} \cdot T_{20°C} \quad \Rightarrow \quad \rho_{20°C} = \frac{\rho_{0°C} \cdot T_{0°C}}{T_{20°C}} = \frac{352.989 \frac{kg \cdot K}{m^3}}{293K} \overset{TR}{\approx} 1.2047 \frac{kg}{m^3} \quad \text{und}$$ 1½ P

$$\rho_{0°C} \cdot T_{0°C} = \rho_{50°C} \cdot T_{50°C} \quad \Rightarrow \quad \rho_{50°C} = \frac{\rho_{0°C} \cdot T_{0°C}}{T_{50°C}} = \frac{352.989 \frac{kg \cdot K}{m^3}}{323K} \overset{TR}{\approx} 1.0928 \frac{kg}{m^3}.$$ 1½ P

Aus der Differenz der Dichten ergibt sich direkt der Auftrieb pro Luftvolumen:

$$\rho_{20°C} - \rho_{50°C} \overset{TR}{\approx} 1.2047 \frac{kg}{m^3} - 1.0928 \frac{kg}{m^3} = 0.1119 \frac{kg}{m^3}.$$ ½ P

Anschaulich bedeutet dies, dass jeder Kubikmeter heißer Luft denjenigen Auftrieb bringt, der eine Masse von 111.9 Gramm in der Schwebe hält.

Das benötigte Volumen heißer Luft ergibt sich somit zu $V = \frac{m}{\rho_{20°C} - \rho_{50°C}} = \frac{500kg}{0.1119 \frac{kg}{m^3}} \overset{TR}{\approx} 4468m^3$. ½ P

Will man dieses Volumen in einer Kugel anordnen, so berechnen wir Ihren Radius wie folgt:

$$V = \frac{4}{3}\pi r^3 \quad \Rightarrow \quad r = \sqrt[3]{\frac{3V}{4\pi}} \overset{TR}{\approx} \sqrt[3]{\frac{3 \cdot 4468m^3}{4\pi}} \overset{TR}{\approx} 10.2m.$$ ½ P

Benötigt wird also eine Kugel mit einem Durchmesser von 20.4 Metern.

Anmerkung zur Notation:
Die Indizes, die Angaben in °C enthalten, sind nur als Namen zu verstehen (wie man eben bei Indizes typischerweise beliebige Namen vergeben kann, die nur den Zweck haben, anschaulich zu sein). Man sollte dies nicht mit dem Gebrauch physikalischer Einheiten verwechseln. Als Einheiten wäre vom Gebrauch der °C abzuraten, da diese nicht dem SI-Einheitensystem genügen. Sind Temperaturen in den Formeln eingesetzt, so wird immer die SI-Einheit Kelvin verwendet.

## Aufgabe 4.9 Teilchendichte im Vakuum

| 8 Min. | | Punkte 5 P |
|---|---|---|

Wie viel Volumen hat jedes einzelne Teilchen eines idealen Gases zur Verfügung

(a.) unter sog. Normalbedingungen (Druck $p = 101325 Pa$, Temperatur $T = 0°C$)?

(b.) bei einem technischen Vakuum von $p = 10^{-5} Pa$?

(c.) bei einem extremen Vakuum von $p = 10^{-15} Pa$ (z.B. im Weltraum)?

## ▾ Lösung zu 4.9

Lösungsstrategie:

Wir benutzen die Zustandsgleichung idealer Gase und extrahieren daraus eine Verhältnisgleichung zur Bestimmung des Verhältnisses zwischen Druck und Volumen. Als Referenz für die Verhältnisgleichung dient das bekannte Molvolumen idealer Gase.

Lösungsweg, explizit:

Die Zustandsgleichung des idealen Gases lautet $p \cdot V = N \cdot R \cdot T$ . $(*)$

Bei konstanter Gasmenge $N$ und Temperatur $T$ folgt daraus für den Zusammenhang zwischen Druck und Volumen $p \cdot V = const.$ — 1 P

(a.) Unter Normalbedingungen erfüllt ein Mol eines idealen Gases, bestehend aus $N_A = 6.022 \cdot 10^{23}$ Teilchen, ein Volumen von $V = 22.4\,\text{Liter} = 22.4 \cdot 10^{-3} m^3$. Somit steht jedem einzelnen Teilchen ein Volumen von $V_0 = \frac{22.4 \cdot 10^{-3} m^3}{6.022 \cdot 10^{23}\, Teilchen} \overset{TR}{\approx} 3.72 \cdot 10^{-26} m^3$ zur Verfügung. — 1 P

(Das „Teilchen" ist keine Einheit und kann daher einfach weggelassen werden.)

(b.) Wollen wir nun auf andere Drücke umrechnen, so folgern wir aus $(*)$ die Verhältnisgleichung $p_0 \cdot V_0 = p_1 \cdot V_1 \;\Rightarrow\; V_1 = \frac{p_0 \cdot V_0}{p_1} = \frac{101325\, Pa \cdot 3.72 \cdot 10^{-26} \frac{m^3}{Teilchen}}{10^{-5}\, Pa} \overset{TR}{\approx} 3.77 \cdot 10^{-16} \frac{m^3}{Teilchen}$. — 1½ P

Soviel Platz hat jedes Teilchen bei einem Druck von $p = 10^{-5} Pa$ (und $T = 0°C$ ).

(c.) Für das extreme Vakuum von Aufgabenteil (c.) ergibt sich in analoger Weise

$$p_0 \cdot V_0 = p_1 \cdot V_1 \;\Rightarrow\; V_1 = \frac{p_0 \cdot V_0}{p_1} = \frac{101325\, Pa \cdot 3.27 \cdot 10^{-26} \frac{m^3}{Teilchen}}{10^{-15}\, Pa} \overset{TR}{\approx} 3.77 \cdot 10^{-6} m^3 \quad (\text{bei } T = 0°C).$$

1½ P

Hier hat jedes einzelne Teilchen $3.77\, cm^3$ zur Verfügung. Anschaulich ließe sich dieses Volumen in einem Würfel von etwas mehr als anderthalb Zentimetern Kantenlänge unterbringen.

## Aufg. 4.10 Zustandsdiagramm von Wasser, Gibbs-Phasenregel

| | Zeit | | Punkte | |
|---|---|---|---|---|
| Uhr | vorab 3 Min.<br>(a.) 3 Min. | Hantel Hantel | Punkte | vorab 2 P<br>(a.) 2 P |
| Uhr | (b.) 3 Min.<br>(c.) 4 Min. | Hantel Hantel | Punkte | (b.) 2 P<br>(c.) 3 P |

Bild 4-1 zeigt das Zustandsdiagramm von Wasser.

(a.) Erklären Sie, was beim kritischen Punkt passiert und was beim Tripelpunkt passiert.

Erklären Sie weiterhin mit Hilfe der Gibbs'schen Phasenregel,

(b.) warum Tee im Tibet (auf hohen Bergen) bei ca. 70°C bis 80°C aufgebrüht wird, ohne dass je eine Temperaturmessung stattfindet, sondern das Wasser dabei sprudelnd kocht.

(c.) warum Fische im Winter im See nicht festfrieren, weil das Wasser an der Oberfläche mit einer dicken Eisschicht zufriert und darunter immer flüssig bleibt.

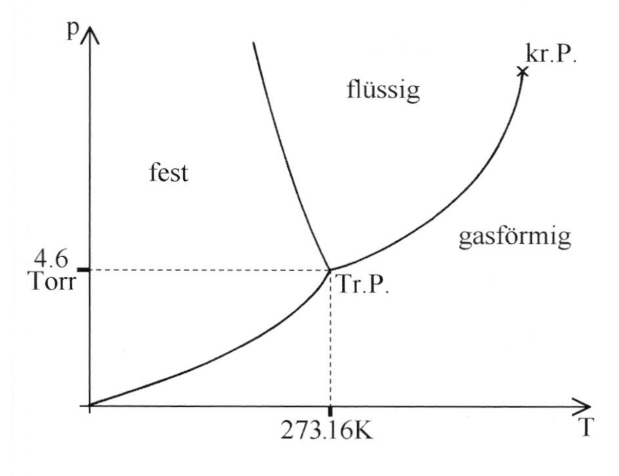


**Bild 4-1**
Zustandsdiagramm von Wasser. Aufgetragen ist der Druck $p$ gegen die Temperatur $T$.

Die Abkürzungen bedeuten:
„kr.P." = kritischer Punkt
„Tr.P." = Tripelpunkt

## ▾ Lösung zu 4.10

Lösungsstrategie:

(a.) Der kritische Punkt wird nicht anhand der Gibbs'schen Phasenregel erklärt, der Tripelpunkt schon.

(b.) Hier genügt eine direkte Anwendung der Gibbs'schen Phasenregel.

(c.) Zur Gibbs'schen Phasenregel kommt noch die Dichteanomalie des Wassers hinzu.

Lösungsweg, explizit:

Die Gibbs'sche Phasenregel lautet $P+F=K+Z$, $\quad(*1)$

wo $P=$ Zahl der Phasen, $F=$ Zahl der Freiheitsgrade,
$K=$ Zahl der chemischen Komponenten, $Z=$ Zahl der aufgetragenen Zustandsgrößen.

In unserem Fall liegt nur eine chemische Komponente vor, nämlich Wasser $\Rightarrow\; K=1$.

Im pT-Diagramm sind zwei Zustandsgrößen aufgetragen, nämlich $p$ und $T \;\Rightarrow\; Z=2$. 2 P

Die Summanden $P$ und $F$ führen wir in den einzelnen Aufgabenteilen ein:

(a.) Beim Tripelpunkt koexistieren drei Aggregatzustände, somit drei Phasen $\Rightarrow\; P=3$.

Nach $(*1)$ ist dann die Zahl der Freiheitsgrade $F=K+Z-P=1+2-3=0$. Dass kein Freiheitsgrad vorliegt, bedeutet, dass Druck und Temperatur fixiert sind. Der Tripelpunkt ist ein eindeutig festgelegter Punkt. (Er wird zur Definition der SI-Einheit der Temperatur benutzt.) 1 P ½ P

Beim kritischen Punkt sind Temperatur und Druck derart hoch, dass die Unterscheidbarkeit zwischen Gasphase und flüssiger Phase endet. Damit endet auch die Dampfdruckkurve. (Man betrachte in diesem Zusammenhang auch die Aufgabe 4.28.) ½ P

(b.) Wir berechnen die Zahl der Freiheitsgrade entlang der Dampfdruckkurve (die vom Tripelpunkt zum kritischen Punkt verläuft) nach der Gibbs'schen Phasenregel. Da dort zwei

Aggregatzustände koexistieren, ist $P=2 \Rightarrow F=K+Z-P=1+2-2=1$. Ein Parameter ist variabel, entweder Druck oder Temperatur, der andere muss folgen. Kocht man Teewasser bei niedrigem Druck (z.B. im Hochgebirge des Tibet), so liegt die Temperatur der Dampfdruckkurve niedriger als auf Meereshöhe, nämlich je nach Höhe bei ca. $70°C$ bis $80°C$. Dadurch fängt das Wasser bereits bei solchen Temperaturen an, sprudelnd zu sieden.

1 P

1 P

(c.) Für das Einfrieren des Wassers ist die Schmelzkurve aussagekräftig. Wieder existieren zwei Phasen gleichzeitig, diesmal die flüssige und die feste, aber wieder ist die Zahl der Freiheitsgrade „eins", und zwar wegen $P=2 \Rightarrow F=K+Z-P=1+2-2=1$. Die Temperatur des Eises kann dem Wetter folgend variieren. Der Druck folgt nach der Schmelzkurve automatisch. Er möchte bei sinkender Temperatur deutlich ansteigen, wie man in Bild 4-1 sieht. Nun kommt die Dichteanomalie des Wassers ins Spiel: Wasser hat seine maximale Dichte bei $+4°C$. Ein weiteres Abkühlen verringert die Dichte und erhöht somit das benötigte Volumen. Da das flüssige Wasser unter der geschlossenen Eisdecke aber keine Möglichkeit zur Vergrößerung des Volumens hat, bleibt es beim Maximum seiner Dichte und nimmt die zugehörige Temperatur an, also $+4°C$. Daher bleibt es unter dem festen drückenden Eisdeckel der Oberfläche flüssig.

1 P

2 P

## Aufgabe 4.11 Maxwell-Verteilung

| | | | Punkte | |
|---|---|---|---|---|
| | (a.) 9 Min. | | | (a.) 7 P |
| | (b.) 22 Min. | | | (b.) 19 P |

Aufgabenteil (b.) kann man nur mit einer geeigneten Formelsammlung bearbeiten.

Die Geschwindigkeit der Moleküle eines Gases folgt der Maxwell-Verteilung.

(a.) Berechnen Sie die Mittelwerte der kinetischen Energie und die Wurzel aus dem Mittelwert der Geschwindigkeitsquadrate für Stickstoffmoleküle bei Temperaturen $T$ von 300 K und 900 K.

(b.) Bestimmen Sie die mittlere freie Weglänge dieser Moleküle (bei beiden Temperaturen) unter Normaldruck ( $p=101325\,Pa$ ) sowie deren mittlere Stoßhäufigkeit als durchschnittliche Anzahl der Stöße pro Zeiteinheit $\Delta t$.

Hinweise: Bei Aufgabenteil (a.) genügt die Näherung des idealen Gases, nicht aber bei (b.). Das Kovolumen des Stickstoffes als reales Gas beträgt $\frac{b}{N}=38.59\cdot 10^{-6}\,\frac{m^3}{mol}$.

## Lösung zu 4.11

Lösungsstrategie:

(a.) Der Mittelwert der kinetischen Energie berechnet sich nach der Formel $\overline{W_{kin}}=\frac{3}{2}kT$, denn wir betrachten hier nur die Translationsbewegung (mit drei Freiheitsgraden). Darin ist $k=1.38\cdot 10^{-23}\,\frac{J}{K}$ die Boltzmann-Konstante und $T$ die Temperatur.

Die mittleren Geschwindigkeitsquadrate $\overline{v^2}$ folgen direkt aus der kinetischen Energie $\overline{W_{kin}}=\frac{1}{2}m\overline{v^2}$, wo $m$ die Masse der Moleküle ist.

1 P

(b.) Die mittlere Stoßhäufigkeit und die mittlere freie Weglänge sind für Prüfungssituationen zu mühsam herzuleiten, zumal man auch auf die reale Ausdehnung der Teilchen zurückgreifen muss, die aus dem Rahmen der Näherung des idealen Gases fällt. Diesen Aufgabenteil kann nur lösen, wer entsprechende Ausdrücke in einer Formelsammlung zur Verfügung hat:

Die mittlere Stoßhäufigkeit pro Sekunde ( $\Delta t = 1\,\mathrm{sec.}$ ) ist $\frac{Z}{\Delta t} = \sqrt{2}\cdot\pi\cdot d^2\cdot\frac{N}{V}\cdot\bar{v}$. (*1)

Die mittlere freie Weglänge ist $\bar{l} = \frac{\bar{v}\cdot\Delta t}{Z} = \frac{1}{\sqrt{2}\cdot\pi\cdot d^2\cdot\frac{N}{V}}$. (*2) 1 P

Darin ist $Z$ die mittlere Anzahl der Stöße während des Zeitraums $\Delta t$, $d$ der mittlere Moleküldurchmesser, $\bar{v}$ die mittlere Teilchengeschwindigkeit und $N$ die Zahl der Moleküle pro Volumen $V$.

Lösungsweg, explizit:

(a.) In die obengenannten Formeln müssen wir nun die Werte einsetzen. Die Masse der Stickstoffmoleküle entnimmt man aus einem Periodensystem. Dort findet man: Stickstoffmoleküle haben eine mittlere Masse von $m = 28.02u$ mit der Atommasseneinheit $u = 1.66\cdot 10^{-27}kg$, also $m = 4.65\cdot 10^{-26}kg$. (Hinweis: Naturgrößen findet man in Kapitel 11.0.)

Als mittlere kinetische Energie berechnen wir nun:

bei einer Temperatur von 300K: $\overline{W_{kin,300K}} = \frac{3}{2}\cdot 1.38\cdot 10^{-23}\frac{J}{K}\cdot 300K = 6.21\cdot 10^{-21}J$ und 1 P

bei einer Temperatur von 900K: $\overline{W_{kin,900K}} = \frac{3}{2}\cdot 1.38\cdot 10^{-23}\frac{J}{K}\cdot 900K = 18.63\cdot 10^{-21}J$ . 1 P

Die Wurzel der mittleren Geschwindigkeitsquadrate ergibt sich dann aus

$\overline{W_{kin}} = \frac{1}{2}m\overline{v^2} \Rightarrow \overline{v^2} = \frac{2\cdot\overline{W_{kin}}}{m} \Rightarrow \sqrt{\overline{v^2}} = \sqrt{\frac{2\cdot\overline{W_{kin}}}{m}}$ und lautet somit 1 P

$$\sqrt{\overline{v^2_{300K}}} = \sqrt{\frac{2\cdot\overline{W_{kin,300K}}}{m}} = \sqrt{\frac{2\cdot 6.21\cdot 10^{-21}J}{46.9\cdot 10^{-27}kg}} \overset{TR}{\approx} 514.6\frac{m}{s} \overset{TR}{\approx} 1853\frac{km}{h},$$ 1 P

$$\sqrt{\overline{v^2_{900K}}} = \sqrt{\frac{2\cdot\overline{W_{kin,900K}}}{m}} = \sqrt{\frac{2\cdot 18.63\cdot 10^{-21}J}{46.9\cdot 10^{-27}kg}} \overset{TR}{\approx} 891.3\frac{m}{s} \overset{TR}{\approx} 3209\frac{km}{h}.$$ 1 P

In Relation zu unseren alltäglichen Vorstellungen sind das ziemlich hohe Geschwindigkeiten.

(b.) Die Formeln sind in (*1) und (*2) genannt. Zum Einsetzen müssen wir deren Input-Werte bestimmen.

**Stolperfalle**

Verwechseln Sie nicht das Mittel der Geschwindigkeitsquadrate mit dem Quadrat der mittleren Geschwindigkeit. Den Unterschied wird man im weiteren Verlauf der Aufgabe sehen.

▪ Die mittlere Geschwindigkeit $\bar{v}$ ist nicht die Wurzel aus dem mittleren Geschwindigkeitsquadrat $\sqrt{\overline{v^2}} \neq \bar{v}$. Für die Geschwindigkeitsverteilung nach Maxwell lehrt uns die mathematische Statistik speziell den Zusammenhang (siehe Formelsammlungen):

3 P
$$\bar{v} = \sqrt{\frac{8}{3\pi}} \cdot \sqrt{\overline{v^2}} \quad \Rightarrow \quad \begin{cases} \overline{v_{300K}} = \sqrt{\frac{8}{3\pi}} \cdot \sqrt{\overline{v_{300K}^2}} \overset{TR}{\approx} 474.1 \frac{m}{s} \\ \overline{v_{900K}} = \sqrt{\frac{8}{3\pi}} \cdot \sqrt{\overline{v_{900K}^2}} \overset{TR}{\approx} 821.2 \frac{m}{s}. \end{cases}$$

▪ Die Zahl der Moleküle pro Volumen ist aus dem Molvolumen der Gase bestimmbar. Hierbei akzeptieren wir noch die Näherung des idealen Gases $(*3)$ und gehen von dessen Zustandsgleichung aus. Diese lautet bekanntlich $p \cdot V = n \cdot R \cdot T$. Zum Arbeiten mit den Ausdrücken $(*1)$ und $(*2)$ benötigen wir $\frac{n}{V} = \frac{p}{RT}$. Man beachte, dass $n$ die Stoffmenge (umgangssprachlich die Zahl der Mole), aber $N$ die Zahl der Moleküle ist. Dafür ist $N = n \cdot N_A$, wobei wir $N_A$ als Avogadro-Konstante kennen. Außerdem ist $V$ das Volumen.

1 P

Laut Aufgabenstellung findet ein Druckausgleich statt, da $p = 101325\,Pa$ konstant gehalten wird. Damit gilt

1 P
$$\left.\frac{n}{V}\right|_{300K} = \frac{101325 \frac{N}{m^2}}{8.314 \frac{N \cdot m}{mol \cdot K} \cdot 300\,K} \overset{TR}{\approx} 40.62425 \frac{mol}{m^3}$$

1½ P
$$\Rightarrow \left.\frac{N}{V}\right|_{300K} \overset{TR}{\approx} N_A \cdot 40.62425 \frac{mol}{m^3} \overset{TR}{\approx} 6.022 \cdot 10^{23} \frac{Teilchen}{mol} \cdot 40.62425 \frac{mol}{m^3} \overset{TR}{\approx} 2.4464 \cdot 10^{25} \frac{Teilchen}{m^3}$$

und entsprechend bei der höheren Temperatur von 900 Kelvin:

1 P
$$\left.\frac{n}{V}\right|_{900K} = \frac{101325 \frac{N}{m^2}}{8.314 \frac{N \cdot m}{mol \cdot K} \cdot 900\,K} \overset{TR}{\approx} 13.54142 \frac{mol}{m^3}$$

1½ P
$$\Rightarrow \left.\frac{N}{V}\right|_{300K} \overset{TR}{\approx} N_A \cdot 13.54142 \frac{mol}{m^3} \overset{TR}{\approx} 6.022 \cdot 10^{23} \frac{Teilchen}{mol} \cdot 13.54142 \frac{mol}{m^3} \overset{TR}{\approx} 8.15464 \cdot 10^{24} \frac{Teilchen}{m^3}.$$

▪ Den mittleren Moleküldurchmesser bekommen wir aus dem Kovolumen des realen Gases, welches für den zu untersuchenden Stickstoff mit $\frac{b}{N} = 38.59 \cdot 10^{-6} \frac{m^3}{mol}$ in der Aufgabenstellung gegeben ist. Ein Mol, also $N_A$ Teilchen, benötigt ein Eigenvolumen von $38.59 \cdot 10^{-6} m^3$. Das

1 P
macht $V_K = \frac{38.59 \cdot 10^{-6} m^3}{6.022 \cdot 10^{23} Teilchen} \overset{TR}{\approx} 6.40817 \cdot 10^{-29} m^3$ pro Teilchen. $(*4)$

Betrachten wir die Teilchen näherungsweise als kugelförmig, so erhalten wir den Teilchenradius wie folgt:

1 P
$$V_K = \frac{4}{3}\pi r^3 \quad \Rightarrow \quad \text{Teilchenradius } r = \sqrt[3]{\frac{3 \cdot V_K}{4\pi}} = \sqrt[3]{\frac{3 \cdot 6.40817 \cdot 10^{-29} m^3}{4\pi}} \overset{TR}{\approx} 2.48246 \cdot 10^{-10} m.$$

Der Teilchendurchmesser ist das Doppelte des Radius, nämlich $d \overset{TR}{\approx} 4.9649 \cdot 10^{-10} m$.

Anmerkung: Zur Bestimmung des mittleren Moleküldurchmessers genügt die Näherung des idealen Gases nicht, denn bei dieser Näherung wird der Moleküldurchmesser an sich vernachlässigt.

▪ Damit haben wir alles gesammelt, was wir zum Einsetzen in $(*1)$ und $(*2)$ als Input brauchen. Also rechnen wir nun die in der Aufgabenstellung gefragten Größen aus, und zwar (i.) für eine Temperatur von 300 K und (ii.) für eine Temperatur von 900 K:

(i.) Wir beginnen mit der Berechnung für die Temperatur von 300 Kelvin:

$$\frac{Z}{\Delta t} = \sqrt{2} \cdot \pi \cdot d^2 \cdot \frac{N}{V} \cdot \bar{v} = \sqrt{2} \cdot \pi \cdot \left(4.9649 \cdot 10^{-10} m\right)^2 \cdot 2.4464 \cdot 10^{25} \frac{1}{m^3} \cdot 474.1 \frac{m}{s} \overset{TR}{\approx} 1.27 \cdot 10^{10} \frac{Stöße}{sec.}$$ 2 P

$$\bar{l} = \frac{\bar{v} \cdot \Delta t}{Z} = \frac{1}{\sqrt{2} \cdot \pi \cdot d^2 \cdot \frac{N}{V}} = \frac{1}{\sqrt{2} \cdot \pi \cdot \left(4.9649 \cdot 10^{-10} m\right)^2 \cdot 2.4464 \cdot 10^{25} \frac{1}{m^3}} \overset{TR}{\approx} 3.73 \cdot 10^{-8} m .$$ 2 P

(ii.) Schließlich rechnen wir noch für die Temperatur von 900 Kelvin:

$$\frac{Z}{\Delta t} = \sqrt{2} \cdot \pi \cdot d^2 \cdot \frac{N}{V} \cdot \bar{v} = \sqrt{2} \cdot \pi \cdot \left(4.9649 \cdot 10^{-10} m\right)^2 \cdot 8.15464 \cdot 10^{24} \frac{1}{m^3} \cdot 821.2 \frac{m}{s} \overset{TR}{\approx} 7.334 \cdot 10^{9} \frac{Stöße}{sec.}$$ 2 P

$$\bar{l} = \frac{\bar{v} \cdot \Delta t}{Z} = \frac{1}{\sqrt{2} \cdot \pi \cdot d^2 \cdot \frac{N}{V}} = \frac{1}{\sqrt{2} \cdot \pi \cdot \left(4.9649 \cdot 10^{-10} m\right)^2 \cdot 8.15464 \cdot 10^{24} \frac{1}{m^3}} \overset{TR}{\approx} 1.12 \cdot 10^{-7} m .$$ 2 P

**Arbeitshinweis**

Studierende mögen sich fragen, warum bei $(*3)$ die Näherung des idealen Gases akzeptiert wurde, bei $(*4)$ hingegen nicht. Die Antwort lässt sich nachvollziehen:

Der Kehrwert von $(*3)$ ist das durchschnittliche Volumen, welches einem Teilchen im Raum zur Verfügung steht. Das sind einige $10^{-26} m^3$. Dem steht ein Kovolumen von einigen $10^{-29} m^3$ gegenüber, was im Vergleich vernachlässigbar klein ist. Also wird das Eigenvolumen der Teilchen (dies ist das Kovolumen) in diesem Zusammenhang ignoriert. Das führt zur Näherung des idealen Gases.

Umgekehrt ist bei $(*4)$ klar: Wenn wir das Kovolumen berechnen wollen, dann können wir es nicht vernachlässigen. Die Näherung des idealen Gases vernachlässigt das Kovolumen und muss infolgedessen für $(*4)$ unbrauchbar sein.

## Aufg. 4.12 Maxwell-Geschwindigkeitsverteilung (mikroskopisch)

 insgesamt 15 bis 17 Min.  Punkte insgesamt 11 P

Wir führen eine Betrachtung der Maxwell-Geschwindigkeitsverteilung von einatomigen Gasmolekülen auf der Basis der statistischen Mechanik durch.
Aus dem zu analysierenden Ensemble sei an einer Stichprobe von 12 Molekülen die Geschwindigkeit ermittelt. Dabei habe man folgende Werte erzielt:

$490\frac{m}{s}$, $495\frac{m}{s}$, $500\frac{m}{s}$, $505\frac{m}{s}$, $510\frac{m}{s}$, $512\frac{m}{s}$, $518\frac{m}{s}$, $520\frac{m}{s}$, $522\frac{m}{s}$, $525\frac{m}{s}$, $530\frac{m}{s}$, $560\frac{m}{s}$

Berechnen Sie im Sinne der Statistik der Maxwell-Verteilung
(a.) die wahrscheinlichste Geschwindigkeit $v_W$.
(b.) die mittlere Geschwindigkeit $\overline{v}$.
(c.) das mittlere Geschwindigkeitsquadrat und seine Wurzel $\overline{v^2}$ und $v_M = \sqrt{\overline{v^2}}$.
(d.) Geben Sie außerdem die bestmögliche Abschätzung der Verteilungsfunktion des Ensembles explizit als Formel an.

## ▾ Lösung zu 4.12

Lösungsstrategie:

Die drei Geschwindigkeiten $v_W$, $\overline{v}$ und $v_M$ sind durch feste Beziehungen miteinander verknüpft, die sich mathematisch aus der Maxwell-Verteilungsfunktion herleiten lassen. Die Beziehungen lauten $\overline{v} = \frac{2}{\sqrt{\pi}} \cdot v_W$ und $v_M = \sqrt{\frac{3}{2}} \cdot v_W$. Sobald man eine der Geschwindigkeiten kennt, kennt man alle drei.

**Stolperfalle**

Dass man nur eine der drei Geschwindigkeiten statistisch aus dem Ensemble bestimmt und die anderen beiden daraus ausrechnet, ist arbeitseffektiv – aber darf man das überhaupt tun?
Ja, das muss man sogar tun, denn sonst würden die Werte aufgrund der statistischen Schwankungen der Stichprobe nicht zusammenpassen.
Aber welchen der drei Werte muss man aus dem Ensemble bestimmen? Immerhin hängt das Ergebnis davon ab.
Nicht die Bequemlichkeit des Rechenweges entscheidet, sondern der mathematische Hintergrund: Die Maxwell-Verteilung ist hergeleitet für die kinetische Energie der Teilchen, und diese ist proportional zu $v^2$. Also ist die Zufallsvariable das $v^2$. Zu ihr gehört das $\overline{v^2}$ als entscheidende Größe in der Verteilungsfunktion. Nur über diese Zufallsvariable wird der Einstieg korrekt. Die Größen $v_W$ und $\overline{v}$ tauchen in der Verteilungsfunktion gar nicht auf.

2 P

Lösungsweg, explizit:

Aus Gründen der Systematik beginnen wir also mit der Bestimmung des $\overline{v^2}$. Das ist Aufgabenteil (c.).

(c.) $\overline{v^2}$ ist der Mittelwert der Geschwindigkeitsquadrate:

$$\overline{v^2} = \frac{1}{n} \cdot \sum_{i=1}^{n} v_i^2 = \frac{1}{12} \cdot \left[ \begin{matrix} (490)^2 + (495)^2 + (500)^2 + (505)^2 + (510)^2 + (512)^2 + (518)^2 \\ + (520)^2 + (522)^2 + (525)^2 + (530)^2 + (560)^2 \end{matrix} \right] \frac{m^2}{s^2}$$

$$= \frac{3193727}{12} \frac{m^2}{s^2} \overset{TR}{\approx} 266144 \frac{m^2}{s^2} \qquad \text{und dazu ihre Wurzel: } v_M = \sqrt{\overline{v^2}} \overset{TR}{\approx} 515.89 \frac{m}{s} .$$ 2 P

Durch einfaches Einsetzen in die in der Lösungsstrategie genannten Umrechnungsfaktoren wir nun die Ergebnisse der Aufgabenteile (a.) und (b.):

(a.) $v_M = \sqrt{\tfrac{3}{2}} \cdot v_W \Rightarrow v_W = \sqrt{\tfrac{2}{3}} \cdot v_M = \sqrt{\tfrac{2}{3}} \cdot \sqrt{\overline{v^2}} = \sqrt{\tfrac{2}{3}} \cdot \sqrt{\frac{3193727}{12}} \overset{TR}{\approx} 421.22 \frac{m}{s}$ als wahrscheinlichste Geschwindigkeit. 1 P

(b.) $\overline{v} = \frac{2}{\sqrt{\pi}} \cdot v_W = \frac{2}{\sqrt{\pi}} \cdot \sqrt{\tfrac{2}{3}} \cdot \sqrt{\frac{3193727}{12}} \overset{TR}{\approx} 475.30 \frac{m}{s}$ als mittlere Geschwindigkeit. 1 P

Selbstkontrolle: Für die Maxwellverteilung muss prinzipiell gelten $v_W < \overline{v} < v_M$. Wir überprüfen dies und finden $421.22 \frac{m}{s} < 475.30 \frac{m}{s} < 515.89 \frac{m}{s}$. Passt.

(d.) Den allgemeinen Ausdruck der Verteilungsfunktion findet man in Formelsammlungen

$$\text{mit} \quad f(v) = \sqrt{\frac{2}{\pi}} \cdot \left( \frac{m}{kT} \right)^{3/2} \cdot v^2 \cdot e^{-\frac{mv^2}{2kT}}, \qquad (*1)$$

denn im Rahmen der statistischen Thermodynamik wird die mittlere kinetische Energie der einzelnen einatomigen Moleküle (mit $f = 3$ Freiheitsgraden der Translation) angegeben gemäß $\frac{1}{2} m \overline{v^2} = \frac{3}{2} kT$, folgt $\overline{v^2} = \frac{3kT}{m} \Rightarrow \frac{m}{kT} = \frac{3}{\overline{v^2}}$.

Damit schreibt sich $(*1)$ als $f(v) = \sqrt{\frac{2}{\pi}} \cdot \left( \frac{m}{kT} \right)^{3/2} \cdot v^2 \cdot e^{-\frac{mv^2}{2kT}} = \sqrt{\frac{2}{\pi}} \cdot \left( \frac{3}{\overline{v^2}} \right)^{3/2} \cdot v^2 \cdot e^{-\frac{3 \cdot v^2}{2 \cdot \overline{v^2}}}$. 2 P

Hierbei wird das eingangs in der Stolperfalle erwähnte quadratische Auftauchen der Geschwindigkeiten offensichtlich. Zur expliziten Angabe der Verteilungsfunktion setzen wir $\overline{v^2}$ noch ein und erhalten die Lösung von Aufgabenteil (d.):

$$f(v) = \sqrt{\frac{2}{\pi}} \cdot \left( \frac{3}{266144 \frac{m^2}{s^2}} \right)^{3/2} \cdot v^2 \cdot e^{-\frac{3 \cdot v^2}{2 \cdot 266144 \frac{m^2}{s^2}}}$$

, was man auf Wunsch durchaus einem Plotter zuführen kann (siehe Bild 4-2).

3 P

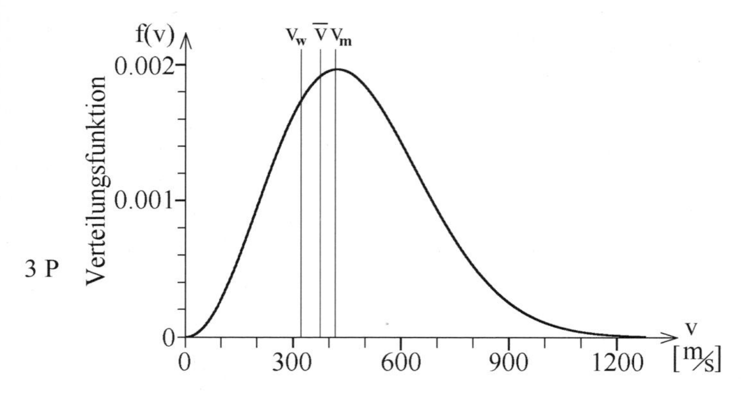


**Bild 4-2**
Verteilungsfunktion der Maxwell-Geschwindigkeitsverteilung eines Gases, ermittelt im Bild der statistischen Thermodynamik. Eingezeichnet sind die drei charakteristischen Geschwindigkeiten unseres Beispielensembles:
$v_W$ = wahrscheinlichste Geschw.
$\bar{v}$ = mittlere Geschwindigkeit
$v_M$ = Wurzel des mittleren Geschwindigkeitsquadrats

## Aufgabe 4.13 Barometrische Höhenformel

9 Min. Punkte 7 P

Mitunter benutzen Bergsteiger Höhenmesser, die auf einer Luftdruckmessung basieren. Ihre Funktionsweise beruht auf der barometrischen Höhenformel.

Nehmen wir an, auf Meereshöhe herrschen (z. T. witterungsbedingt) folgende Verhältnisse:

Luftdruck $p = 101325\,Pa$; Dichte der Luft $\rho_0 = 1.293\frac{kg}{m^3}$; Erdbeschleunigung $g = 9.81\frac{m}{s^2}$.

(a.) Welchen Luftdruck hat dann ein Bergsteiger in einer Höhe von $h = 2000$ Metern?

(b.) Wenn Sie von Ihrem Höhenmesser eine Meßgenauigkeit von $\Delta h = 10\,m$ fordern – welche Meßgenauigkeit des Luftdruckes $\Delta p$ muss er dann erreichen?

Hinweis: Vernachlässigen Sie den (z. T. witterungsbedingten) Einfluss der Temperatur.

## Lösung zu 4.13

Lösungsstrategie:

(a.) Hier genügt simples Einsetzen in die barometrische Höhenformel.

(b.) Dafür muss die barometrische Höhenformel nach $p(h)$ aufgelöst werden und dann $\Delta h$ als Funktion von $\Delta p$ bestimmt werden (z.B. mit Hilfe der Gauß'schen Fehlerfortpflanzung).

Lösungsweg, explizit:

(a.) Die barometrische Höhenformel lautet $p(h) = p_0 \cdot e^{-\frac{\rho_0}{p_0}\cdot g\cdot h}$. (*1)

1 P Das Einsetzen der Werte liefert $p(h) = 101325\,Pa \cdot e^{-\left(\frac{1.293\,kg}{101325\,Pa\cdot m^3}\cdot 9.81\frac{m}{s^2}\cdot 2000\,m\right)} \overset{TR}{\approx} 78883\,Pa$.

Diesen Luftdruck spürt unser Bergsteiger in einer Höhe von 2000 Metern.

(b.) Das Umformen der barometrischen Höhenformel nach $h(p)$ verläuft wie folgt:

$$(*1) \quad \Rightarrow \quad \frac{p(h)}{p_0} = e^{-\frac{\rho_0}{p_0} \cdot g \cdot h} \quad \Rightarrow \quad \ln\left(\frac{p(h)}{p_0}\right) = -\frac{\rho_0}{p_0} \cdot g \cdot h \quad \Rightarrow \quad h(p) = \frac{-p_0}{g \cdot \rho_0} \cdot \ln\left(\frac{p}{p_0}\right).$$ 1 P

Im Prinzip könnte man nun die Höhe gegenüber 2000 Metern um 10 Meter variieren und die sich daraus ergebenden Druckverhältnisse mit dem Druck aus Aufgabenteil (a.) vergleichen. Der für Techniker und Naturwissenschaftler üblichere Weg sollte wohl eher eine Benutzung der Gauß'schen Fehlerfortpflanzung sein, die wir mit einer einzigen Einflussgröße anwenden.

Sie lautet in dieser Form $\Delta h = \sqrt{\left(\frac{\partial h}{\partial p} \cdot \Delta p\right)^2}$ . $(*2)$

Die dafür benötigte partielle Ableitung bilden wir unter Beachtung der Kettenregel:

$$\frac{\partial h}{\partial p} = \frac{-p_0}{g \cdot \rho_0} \cdot \left(\frac{-p_0}{p}\right) \cdot \frac{1}{p_0} = \frac{-p_0}{p \cdot g \cdot \rho_0}$$ 1 P

Setzen wir diese in $(*2)$ ein, so erhalten wir $\Delta h = \sqrt{\left(\frac{\partial h}{\partial p} \cdot \Delta p\right)^2} = \left|\frac{\partial h}{\partial p} \cdot \Delta p\right| = \frac{p_0 \cdot \Delta p}{p \cdot g \cdot \rho_0}$. 2 P

Da nach $\Delta p$ gefragt ist, lösen wir entsprechend auf und erhalten

$$\Delta p = \frac{\Delta h \cdot p \cdot g \cdot \rho_0}{p_0} = \frac{10\,m \cdot 78883\,Pa \cdot 9.81\,\frac{m}{s^2} \cdot 1.293\,\frac{kg}{m^3}}{101325\,Pa} \overset{TR}{\approx} 98.7\,kg \cdot \frac{m}{s^2 \cdot m^2} = 98.7\,Pa\,.$$ 1 P

Streng genommen müsste man auch die Abnahme des Luftdrucks in Bergeshöhe gegenüber dem Druck auf Meeresniveau berücksichtigen. Da die sich daraus ergebende Verbesserung der Genauigkeit aber in keinem sonderlich günstigen Verhältnis zum Rechenaufwand steht, haben wir darauf verzichtet.

Damit für verschiedene Höhen eine Meßgenauigkeit von etwa 10 Höhenmetern erreicht werden kann, muss das Manometer im Höhenmesser also eine relative Messgenauigkeit von $\frac{\Delta p}{p} < 1‰$ aufweisen. 1 P

## Aufgabe 4.14 Aufsteigen eines Helium-Ballons

| | | | Punkte | |
|---|---|---|---|---|
| | (a.) 10 Min. | | | (a.) 8 P |
| | (b.) 6 Min. | | | (b.) 4 P |
| | (c.) 12 Min. | | | (c.) 8 P |

Beim Gewinnspiel „Welcher Ballon fliegt am weitesten?“ werden kleine Spielzeugballons (Durchmesser maximal 30 cm) mit Helium gefüllt und steigen auf. Nehmen wir an, die Gummihülle wiege $m_G = 1.5$ Gramm . Die Form des Ballons sei eine Kugel.

(a.) Auf welchen kleinsten Durchmesser muss man den Ballon aufblasen, damit er überhaupt aufsteigen kann? Näherung: Vernachlässigen Sie die Tatsache, dass aufgrund der Gummihülle der Druck im Balloninneren größer ist als außen.

(b.) Auf welche Weise bringt man den Ballon dazu, möglichst hoch aufzusteigen, damit er möglichst weit fliegen kann – mit möglichst viel Gas oder mit möglichst wenig Gas? Begründen Sie Ihre Antwort.

(c.) Betrachten wir einen Ballon, der auf Meereshöhe gestartet wird. Nehmen wir an, er steige so hoch, bis er schließlich platzt. Bei welcher Flughöhe passiert das?

Näherung: Mit steigender Höhe verändert sich die Temperatur der Atmosphäre gegenüber dem Wert am Erdboden. Diese Tatsache wollen wir vernachlässigen.

Hinweis: Die Dichten der beteiligten Gase sind $\rho_{He} = 4.00 \frac{g}{mol}$ und $\rho_{Luft} = 28.96 \frac{g}{mol}$.

Außerdem können folgende Werte verwendet werden: Erdbeschleunigung $g = 9.81 \frac{m}{s^2}$;

Luftdruck am Erdboden: $p_0 = 101325\,Pa$ ; Dichte der Luft ebendort: $\rho_0 = 1.293 \frac{kg}{m^3}$.

## ▾ Lösung zu 4.14

Lösungsstrategie:

(a.) Die Bedingung für das Aufsteigen ist, dass die Masse der verdrängten Luft größer sein muss als die Masse des mit Helium gefüllten Ballons.

(b.) Hier ist eine logische Erklärung gefragt.

(c.) Das Verhältnis zwischen Druck und Volumen folgt aus der Zustandsgleichung idealer Gase, wobei Druckänderungen der barometrischen Höhenformel zu entnehmen sind.

Lösungsweg, explizit:

1 P (a.) Die Masse des mit Helium gefüllten Ballons ist $m_B = \rho_{He} \cdot V + m_G = \rho_{He} \cdot \frac{4}{3}\pi r^3 + m_G$

(wobei $V$ = Ballonvolumen und $r$ = Ballonradius ist).

½ P Die Masse der verdrängten Luft hingegen ist $m_L = \rho_{Luft} \cdot V = \rho_{Luft} \cdot \frac{4}{3}\pi r^3$.

Die Grenzbedingung (als Grenze zwischen „Aufsteigen" und „Sinken") ist die Gleichheit der

1 P beiden Massen: $m_B = m_L \Rightarrow \rho_{He} \cdot \frac{4}{3}\pi r^3 + m_G = \rho_{Luft} \cdot \frac{4}{3}\pi r^3 \qquad (*1)$

Um den zugehörigen Ballonradius zu finden, müssen wir die Gleichung nach $r$ auflösen:

2 P $(*1) \Rightarrow \rho_{Luft} \cdot \frac{4}{3}\pi r^3 - \rho_{He} \cdot \frac{4}{3}\pi r^3 = m_G \Rightarrow \left(\rho_{Luft} - \rho_{He}\right) \cdot \frac{4}{3}\pi r^3 = m_G \Rightarrow r^3 = \frac{3 \cdot m_G}{4\pi \cdot \left(\rho_{Luft} - \rho_{He}\right)}$

Um Werte einsetzen zu können, müssen wir die Dichten der Gase in SI-Einheiten umrechnen. 1 Mol (idealen) Gases erfüllt ein Volumen von 22.4 Litern. Somit ergibt sich

1 P $\rho_{He} = 4.00 \frac{g}{mol} = 4.00 \frac{10^{-3}\,kg}{22.4 \cdot \text{Liter}} = 4.00 \frac{10^{-3}\,kg}{22.4 \cdot 10^{-3}\,m^3} \overset{TR}{\approx} 0.179 \frac{kg}{m^3}$ und

1 P $\rho_{Luft} = 28.96 \frac{g}{mol} = 28.96 \frac{10^{-3}\,kg}{22.4 \cdot \text{Liter}} = 28.96 \frac{10^{-3}\,kg}{22.4 \cdot 10^{-3}\,m^3} \overset{TR}{\approx} 1.293 \frac{kg}{m^3}$.

1½ P Daraus folgt dann $r_{\text{Grenz}} = \sqrt[3]{\frac{3 \cdot m_G}{4\pi \cdot \left(\rho_{Luft} - \rho_{He}\right)}} = \sqrt[3]{\frac{3 \cdot 1.5 \cdot 10^{-3}\,kg}{4\pi \cdot \left(1.293 \frac{kg}{m^3} - 0.179 \frac{kg}{m^3}\right)}} \overset{TR}{\approx} 0.0685\,m \overset{TR}{\approx} 6.85\,cm$.

Ist der Ballonradius größer als dieser Grenzwert $r_{\text{Grenz}} \overset{TR}{\approx} 6.85\,cm$, so steigt er auf.

(b.) Zur Frage nach der maximalen Steighöhe: Steigt der Ballon auf, so dehnt er sich aus. Aus diesem Grunde nimmt beim Aufsteigen nicht nur die Dichte der umgebenden Luft ab, sondern auch die Dichte des Heliums im Ballon. Aufgrund der Annahme nahezu gleicher Drücke im Balloninneren und im Außenraum ist die Stoffmenge im Inneren immer gleich groß, wie die Menge des verdrängten Gases außen. Wäre dieses Argument das einzig entscheidende, so bliebe der Auftrieb unabhängig von der Flughöhe immer konstant. Der Ballon kann dann aufsteigen, solange er nicht platzt.

Gefragt war nach dem Verhalten eines Ballons mit viel Gasfüllung beim Start und nach dem Verhalten eines Ballons mit wenig Gasfüllung beim Start. Diese beiden Zustände betrachten wir nun im Vergleich:

- Ist der Ballon beim Start sehr stark gefüllt, so wird er nach kurzem Aufstieg weit genug gedehnt sein, um zu platzen. Er fliegt deshalb nicht sehr weit.

- Ist der Ballon beim Start hingegen nur schwach gefüllt (entsprechend Aufgabenteil (a.)), so kann er eine erstaunlich große Flughöhe erreichen, bis er schließlich platzt. Diese Höhe wird in Aufgabenteil (c.) zu berechnen sein. Dass dadurch die Flugdauer und ebenso die Flugstrecke groß werden, liegt auf der Hand. Man sollte also möglichst wenig Gas einfüllen, um eine maximale Flugstrecke zu erzielen. Optimal wäre ein Ballondurchmesser, der nur minimal oberhalb von $2 \cdot r_{\text{Grenz}} \overset{TR}{\approx} 13.7\,cm$ liegt. (Der Wert kann ja nach Gummihülle von Ballon zu Ballon variieren.) 4 P

Anmerkung: Forschungsballons für extreme Höhenflüge werden mit erstaunlich wenig Helium gestartet. Außerdem wird mitunter ein Entweichen überschüssigen Gases in großer Flughöhe erlaubt, um ein Platzen zu vermeiden.

(c.) Aus der Zustandsgleichung idealer Gase $p \cdot V = N \cdot R \cdot T$ folgern wir aufgrund der Vernachlässigung eines Temperatureinflusses: $p \cdot V = const. \;\Rightarrow\; p_1 \cdot V_1 = p_2 \cdot V_2$ . $(*1)$ 1 P

Dabei stehe der Index „1“ für den Zustand am Erdboden, der Index „2“ für den Zustand in der Flughöhe, in der der Ballon platzt.

Die barometrische Höhenformel lautet $p(h) = p_1 \cdot e^{-\frac{\rho_1}{p_1} \cdot g \cdot h}$ , $(*2)$ 1 P

wobei wir $\rho_1$ und $p_1$ mit den Werten am Erdboden identifizieren.

Setzen wir $(*2)$ in $(*1)$ ein, so erhalten wir

$$(*1) \;\Rightarrow\; \frac{p_1}{p_2} = \frac{V_2}{V_1} \;\Rightarrow\; \frac{p(h_1)}{p(h_2)} = \frac{V_2}{V_1} \;\Rightarrow\; \frac{p_1 \cdot e^{-\frac{\rho_1}{p_1} \cdot g \cdot h_1}}{p_1 \cdot e^{-\frac{\rho_1}{p_1} \cdot g \cdot h_2}} = \frac{V_2}{V_1} \;\Rightarrow\; e^{-\frac{\rho_1}{p_1} \cdot g \cdot (h_1 - h_2)} = \frac{V_2}{V_1} .$$ 2 P

Unter Kenntnis des Ballonvolumens als Kugelvolumen $V = \frac{4}{3}\pi r^3$ erhalten wir daraus

$$\Rightarrow\; e^{-\frac{\rho_1}{p_1} \cdot g \cdot (h_1 - h_2)} = \frac{V_2}{V_1} = \frac{\frac{4}{3}\pi r_2^3}{\frac{4}{3}\pi r_1^3} = \left(\frac{r_2}{r_1}\right)^3 \qquad (*3)$$ 1 P

Da wir den Ballon auf Meereshöhe, also bei $h_1 = 0m$ starten, können wir wie folgt logarith-

2 P mieren: $(*3) \Rightarrow e^{-\frac{\rho_1}{p_1} \cdot g \cdot (h_1 - h_2)} = e^{\frac{\rho_1}{p_1} \cdot g \cdot h_2} = \left(\frac{r_2}{r_1}\right)^3 \Rightarrow \frac{\rho_1}{p_1} \cdot g \cdot h_2 = 3 \cdot \ln\left(\frac{r_2}{r_1}\right)$ $(*4)$

Gefragt ist die Höhe $h_2$, also lösen wir nach ihr auf und setzen Werte ein:

1 P $(*4) \Rightarrow h_2 = 3 \cdot \frac{p_1}{\rho_1 \cdot g} \cdot \ln\left(\frac{r_2}{r_1}\right) = 3 \cdot \frac{101325\,Pa}{1.293\frac{kg}{m^3} \cdot 9.81\frac{m}{s^2}} \cdot \ln\left(\frac{15\,cm}{6.85\,cm}\right) \overset{TR}{\approx} 18783 \frac{kg \cdot \frac{m}{s^2}}{\frac{kg}{m^3} \cdot 9.81\frac{m}{s^2}} = 18783\,m$

Eine Flughöhe von fast 19 Kilometern – das klingt durchaus realistisch, obwohl sich in solchen Flughöhen die Vernachlässigung der Temperaturschwankung als recht grobe Näherung offenbart.

## Aufgabe 4.15 Gleichverteilungssatz, thermodyn. Freiheitsgrade

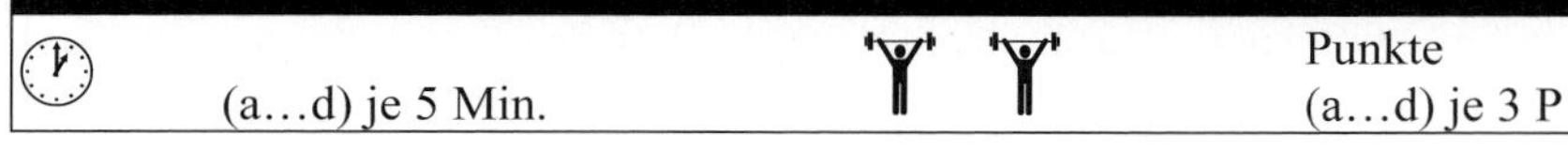

| (a...d) je 5 Min. | | Punkte (a...d) je 3 P |
|---|---|---|

Geben Sie die sich aus dem Gleichverteilungssatz (auch als Äquipartitionstheorem bekannt) ergebende molare Wärmekapazität folgender Stoffe an. (Speziell für Festkörper wird auch die Regel von Dulong-Petit zitiert.) Geben Sie auch die spezifischen Wärmekapazitäten an.

(a.) Heliumgas (b.) Sauerstoffgas (c.) Kohlendioxidgas (d.) Kupfer (fest)

Hinweis: Die relativen Atommassen $A_r$ in „$u$ = atomic mass units" betragen für

• He: $A_{r,He} = 4.0u$ • O: $A_{r,O} = 16.0u$ • C: $A_{r,C} = 12.0u$ • Cu: $A_{r,Cu} = 63.6u$.

## Lösung zu 4.15

Lösungsstrategie:

Der Gleichverteilungssatz gibt die Energie einzelner Moleküle an und besagt, dass jeder Freiheitsgrad der Bewegung die gleiche Portion an Energie aufnimmt, unabhängig von der Art der Bewegung. Da die molare Wärmekapazität sich auf eine wohlbestimmte Anzahl von Molekülen bezieht, ist sie proportional zur Energie pro Molekül, sodass die molare Wärmekapazität proportional zur Zahl der Freiheitsgrade $f$ ist. Den Proportionalitätsfaktor kennt

man: $c_{mol} = N_A \cdot \frac{f}{2} \cdot k$, $(*1)$

wo $N_A = 6.022 \cdot 10^{23} \frac{Teilchen}{Mol}$ = Avogadro-Konstante, $k = 1.38 \cdot 10^{-23} \frac{J}{K}$ = Boltzmann-Konstante.

Die spezifische Wärmekapazität ergibt sich aus der molaren durch die Division: $c = \frac{c_{mol}}{A_R}$.

Bis hier ist alles bequem in Formelsammlungen zu finden. Der Knackpunkt bei dieser Aufgabe jedoch ist das Erkennen der Zahl der thermodynamischen Freiheitsgrade, die in $(*1)$ als „$f$" eingetragen ist.

**Stolperfalle**

Es gibt in der Wärmelehre zweierlei Dinge, die beide gleichermaßen als „Freiheitsgrade", manchmal sogar als „thermodynamische Freiheitsgrade" bezeichnet werden, obwohl sie völlig unterschiedliche Inhalte beschreiben und in Wirklichkeit gar nichts miteinander zu tun haben. Man nennt so etwas ein Homonym. Studierende sollten sich nicht von dieser Wortgleichheit verwirren lassen.

- Der eine Begriff der Freiheitsgrade bezeichnet die Zahl der mikroskopischen Bewegungsmöglichkeiten von Molekülen. Er wird für die vorliegende Aufgabe benötigt.
- Der andere Begriff der Freiheitsgrade bezeichnet die Zahl der variablen Parameter in Phasendiagrammen. Er ist makroskopisch und wird für die Gibbs'sche Phasenregel benötigt.

Lösungsweg, explizit:

(a.) Heliumgas besteht aus einatomigen kugelsymmetrischen Molekülen. Deren Bewegung kann in allen drei Raumrichtungen der Translation angeregt werden, aber eine Rotation kann wegen der Kugelsymmetrie nicht angeregt werden. Die Zahl der Freiheitsgrade der Bewegung ist folglich $f=3$.

Nach $(*1)$ folgt $c_{mol} = N_A \cdot \frac{f}{2} \cdot k = 6.022 \cdot 10^{23} \frac{Teilchen}{Mol} \cdot \frac{3}{2} \cdot 1.38 \cdot 10^{-23} \frac{J}{K} = 12.466 \frac{J}{mol \cdot K}$

$\Rightarrow$ Spezifische Wärmekapazität: $c = \frac{c_{mol}}{A_R} = \frac{12.466 \frac{J}{mol \cdot K}}{4.0 \frac{g}{mol}} \overset{TR}{\approx} 3.117 \frac{J}{10^{-3} kg \cdot K} = 3117 \frac{J}{kg \cdot K}$ für He. 3 P

(b.) Sauerstoffgas besteht aus zweiatomigen Molekülen, was eine Zylindersymmetrie zur Folge hat. Angeregt werden kann deren Bewegung daher als Translation in drei Raumrichtungen und zusätzlich als Rotation um zwei Raumachsen (nicht um die Symmetrieachse). Die Zahl der Freiheitsgrade der Bewegung ist also $f=3+2=5$.

Nach $(*1)$ folgt $c_{mol} = N_A \cdot \frac{f}{2} \cdot k = 6.022 \cdot 10^{23} \frac{Teilchen}{Mol} \cdot \frac{5}{2} \cdot 1.38 \cdot 10^{-23} \frac{J}{K} = 20.776 \frac{J}{mol \cdot K}$

$\Rightarrow$ Spezifische Wärmekapazität: $c = \frac{c_{mol}}{A_R} = \frac{20.776 \frac{J}{mol \cdot K}}{2 \cdot 16.0 \frac{g}{mol}} \overset{TR}{\approx} 0.649 \frac{J}{10^{-3} kg \cdot K} = 649 \frac{J}{kg \cdot K}$ für $O_2$. 3 P

Dabei wurde beachtet, dass das zweiatomige Molekül die Masse zweier Atome trägt.

(c.) Kohlendioxidgas hat als dreiatomiges Molekül keine Rotationssymmetrie, die ein Anregen von Bewegungen vereiteln würde. Angeregt werden können also drei Freiheitsgrade der Translation plus drei Freiheitsgrade der Rotation, d.h. es ist $f=3+3=6$.

Nach $(*1)$ folgt $c_{mol} = N_A \cdot \frac{f}{2} \cdot k = 6.022 \cdot 10^{23} \frac{Teilchen}{Mol} \cdot \frac{6}{2} \cdot 1.38 \cdot 10^{-23} \frac{J}{K} = 24.931 \frac{J}{mol \cdot K}$

$\Rightarrow$ Spez. Wärmekapazität: $c = \frac{c_{mol}}{A_R} = \frac{24.931 \frac{J}{mol \cdot K}}{(12.0 + 2 \cdot 16.0) \frac{g}{mol}} \overset{TR}{\approx} 0.567 \frac{J}{10^{-3} kg \cdot K} = 567 \frac{J}{kg \cdot K}$ für $CO_2$. 3 P

Als Molekülmasse wurde die Summe aus den Massen eines Kohlenstoffatoms und zweier Sauerstoffatome eingesetzt.

(d.) Im Kupfer sind die Moleküle fest eingebunden, sodass keine Rotationen oder Translationen angeregt werden können. Durch das feste Einbinden können aber Schwingungen angeregt werden, und zwar in drei Raumrichtungen. Da jede dieser drei Schwingungen sowohl kinetische als auch potentielle Energie enthält, zählt jede dieser Schwingungsrichtungen für zwei Freiheitsgrade im Zusammenhang mit dem Äquipartitionstheorem der Molekülenergien. Also ist $f = 2 \cdot 3 = 6$.

Nach (*1) folgt $c_{mol} = N_A \cdot \frac{f}{2} \cdot k = 6.022 \cdot 10^{23} \frac{Teilchen}{Mol} \cdot \frac{6}{2} \cdot 1.38 \cdot 10^{-23} \frac{J}{K} = 24.931 \frac{J}{mol \cdot K}$

3 P $\Rightarrow$ Spez. Wärmekapazität: $c = \frac{c_{mol}}{A_R} = \frac{24.931 \frac{J}{mol \cdot K}}{63.6 \frac{g}{mol}} \overset{TR}{\approx} 0.392 \frac{J}{10^{-3} kg \cdot K} = 392 \frac{J}{kg \cdot K}$ für Cu .

**Arbeitshinweis**

Streng genommen müsste man bei dieser Überlegung zur Berechnung molarer Wärmekapazitäten fragen, ob die jeweiligen Freiheitsgrade eingefroren oder aufgetaut sind. Darauf wird aber in den meisten Prüfungen nicht eingegangen – und in diesen Fällen ist die hier vorgestellte Lösung ausreichend. Das Einfrieren bzw. Auftauen der Freiheitsgrade hängt übrigens von der Temperatur ab.

## Aufgabe 4.16 Adiabatische Kompression eines idealen Gases

| (a.) je 5 Min.<br>(b.) je 6 Min.<br>(c.) je 15 Min. | (a.) 2 Hanteln | (b.) 2½ Hanteln | Punkte<br>(i,ii,iii.) je 17 P |
|---|---|---|---|

Im Prüfungsernstfall wären die Überlegungen aus Zeitgründen vermutlich nur für eines der drei Gase auszuführen. Der Wert der Aufgabe und die Bearbeitungszeit variieren je nach zur Verfügung gestellter Formelsammlung. Bei den Zeit- und Punkteangaben wurden die allgemeinen Vorüberlegungen zu jedem Aufgabenteil mitaddiert.

In einem thermisch isolierten Zylinder mit einem Kolben (siehe Bild 4-3) werde ein Gas komprimiert, ohne dass ein Wärmeaustausch mit der Umgebung stattfindet.
Die Werte für ein Übungsbeispiel seien:
Anfangsvolumen $V_A = 2\,Liter$, Endvolumen $V_E = 1\,Liter$, Anfangsdruck $p_A = 50000\,Pa$.

Als Gase betrachten wir: (i.) Helium, (ii.) Sauerstoff und (iii.) Kohlendioxid.

(a.) Berechnen Sie den Enddruck $p_E$ nach der Kompression für diese drei Gase.

(b.) Berechnen Sie auch die mit der Kompression verbundene Temperaturänderung der Gase. Gehen Sie davon aus, dass vor Beginn der Kompression die Temperatur $T_A = 20°C$ herrschte.

Welche Temperatur herrscht dann am Ende des Kompressionsvorganges? Gehen Sie dabei auch davon aus, dass Kolben und Zylinder dem Gas keine Wärme entziehen.

(c.) Geben Sie schließlich auch noch die verrichtete mechanische Arbeit beim Bewegen des Kolbens an – natürlich wieder für alle drei Gase.

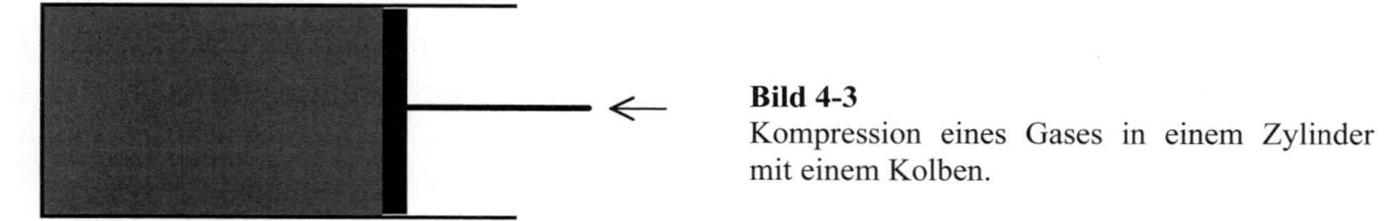

**Bild 4-3**
Kompression eines Gases in einem Zylinder mit einem Kolben.

## Lösung zu 4.16

Lösungsstrategie:

(a. und b.) Eine Zustandsänderung ohne Wärmeaustausch mit der Umgebung ist eine adiabatische. Adiabatenkoeffizienten (manchmal auch Isentropenexponenten genannt) bestimmt man aus der Zahl der thermodynamischen Freiheitsgrade, mit der wir uns bereits in Aufgabe 4.15 befasst haben. (Nur wer Aufgabe 4.15 verstanden hat, sollte zu Aufgabe 4.16 voranschreiten.)

(c.) Zur Energieberechnung muss das $\int p\,dV$ über die Adiabaten gelöst werden.

Lösungsweg, explizit:

Die Adiabatenkoeffizienten idealer Gase sind $\kappa = 1+\frac{2}{f}$, wobei $f$ = Zahl der thermodynamischen Freiheitsgrade ist (vgl. Aufgabe 3.15).

(a.) Für den Zusammenhang zwischen Druck $p$ und Volumen $V$ gilt bei adiabatischen Zustandsänderungen (mit Index „A" für Anfangszustand und Index „E" für Endzustand):

$$p\cdot V^{\kappa} = const. \quad\Rightarrow\quad p_A \cdot V_A^{\kappa} = p_E \cdot V_E^{\kappa} \quad\Rightarrow\quad p_E = \frac{V_A^{\kappa}}{V_E^{\kappa}}\cdot p_A = \left(\frac{V_A}{V_E}\right)^{\kappa}\cdot p_A\,.$$

2 P
2 Min.

Dies wenden wir nun auf die drei zu untersuchenden Gase an:

(a,i.) Helium → einatomiges Gas → $f=3 \;\Rightarrow\; \kappa = 1+\frac{2}{f} = 1+\frac{2}{3} = \frac{5}{3}$

$$\Rightarrow\quad p_E = \left(\frac{V_A}{V_E}\right)^{\kappa}\cdot p_A = \left(\frac{2\,Liter}{1\,Liter}\right)^{\frac{5}{3}}\cdot 50000\,Pa \overset{TR}{\approx} 158740\,Pa\,.$$

2 P
3 Min.

(a,ii.) Sauerstoff → zweiatomiges Gas → $f=5 \;\Rightarrow\; \kappa = 1+\frac{2}{f} = 1+\frac{2}{5} = \frac{7}{5}$

$$\Rightarrow\quad p_E = \left(\frac{V_A}{V_E}\right)^{\kappa}\cdot p_A = \left(\frac{2\,Liter}{1\,Liter}\right)^{\frac{7}{5}}\cdot 50000\,Pa \overset{TR}{\approx} 131951\,Pa\,.$$

2 P
3 Min.

(a,iii.) Kohlendioxid → dreiatomiges Gas → $f=6 \;\Rightarrow\; \kappa = 1+\frac{2}{f} = 1+\frac{2}{6} = \frac{8}{6} = \frac{4}{3}$

$$\Rightarrow\quad p_E = \left(\frac{V_A}{V_E}\right)^{\kappa}\cdot p_A = \left(\frac{2\,Liter}{1\,Liter}\right)^{\frac{4}{3}}\cdot 50000\,Pa \overset{TR}{\approx} 125992\,Pa\,.$$

2 P
3 Min.

(b.) Für die Temperaturänderung bei adiabatischen Zustandsänderungen gilt $T\cdot V^{\kappa-1} = const.$

$$\Rightarrow\quad T_A\cdot V_A^{\kappa-1} = T_E\cdot V_E^{\kappa-1} \quad\Rightarrow\quad T_E = \frac{V_A^{\kappa-1}}{V_E^{\kappa-1}}\cdot T_A = \left(\frac{V_A}{V_E}\right)^{\kappa-1}\cdot T_A\,.$$

2 P
3 Min.

Mit der Anfangstemperatur $T_A = 20°C = 293K$ erhalten wir für die drei zu untersuchenden Gase die folgenden Temperaturen $T_E$ für den Zustand am Ende des Kompressionsvorganges:

2 P
3 Min. (b,i.) Helium → $\kappa = \frac{5}{3} \Rightarrow T_E = \left(\frac{V_A}{V_E}\right)^{\kappa-1} \cdot T_A = \left(\frac{2\,Liter}{1\,Liter}\right)^{\frac{2}{3}} \cdot 293K \overset{TR}{\approx} 465K$.

2 P
3 Min. (b,ii.) Sauerstoff → $\kappa = \frac{7}{5} \Rightarrow T_E = \left(\frac{V_A}{V_E}\right)^{\kappa-1} \cdot T_A = \left(\frac{2\,Liter}{1\,Liter}\right)^{\frac{2}{5}} \cdot 293K \overset{TR}{\approx} 387K$.

2 P
3 Min. (b,iii.) Kohlendioxid → $\kappa = \frac{4}{3} \Rightarrow T_E = \left(\frac{V_A}{V_E}\right)^{\kappa-1} \cdot T_A = \left(\frac{2\,Liter}{1\,Liter}\right)^{\frac{1}{3}} \cdot 293K \overset{TR}{\approx} 369K$.

(c.) Bei der Energieerhaltung $\underbrace{\Delta Q}_{\text{Wärmemenge}} = \underbrace{\Delta U}_{\text{innere Energie}} + \underbrace{\Delta W}_{\text{mechan. Arbeit}}$ ist aufgrund der Adiabasie des Vorganges $\Delta Q = 0$, denn es wird keine Wärmeenergie mit der Umgebung ausgetauscht. Somit ist $\Delta W = -\Delta U$. Die verrichtete mechanische Arbeit ist also dem Betrage nach der Änderung der inneren Energie gleich. Da wir keine Information über den mechanischen Anteil des Systems haben, gehen wir den Rechenweg über die innere Energie.

Aus Aufgabenteil (a.) wissen wir bereits: $p \cdot V^{\kappa} = K = const. \Rightarrow p = K \cdot V^{-\kappa}$.

Mit diesem Ausdruck integrieren wir wie üblich die innere Energie gemäß

$$|\Delta W| = |\Delta U| = \int_{V_A}^{V_E} p\,dV = \int_{V_A}^{V_E} K \cdot V^{-\kappa}\,dV = \left[K \cdot \frac{1}{1-\kappa} \cdot V^{1-\kappa}\right]_{V_A}^{V_E} = \frac{K}{1-\kappa} \cdot \left(V_E^{1-\kappa} - V_A^{1-\kappa}\right)$$

$$= \frac{K}{1-\kappa} \cdot \left(\left(\frac{V_E}{V_A}\right)^{1-\kappa} - 1\right) \cdot V_A^{1-\kappa} = \frac{K}{1-\kappa} \cdot \left(\left(\frac{V_E}{V_A}\right)^{1-\kappa} - 1\right) \cdot \frac{V_A}{V_A^{\kappa}} = \frac{K}{1-\kappa} \cdot \left(\left(\frac{V_E}{V_A}\right)^{1-\kappa} - 1\right) \cdot \frac{V_A}{K/p_A}$$

6 P
10 Min.

$$= \frac{V_A \cdot p_A}{1-\kappa} \cdot \left(\left(\frac{V_E}{V_A}\right)^{1-\kappa} - 1\right).$$

Diese Formel findet man auch in einigen Formelsammlungen. Der Wert dieser Aufgabe (in Arbeitszeit und in Punkten) hängt daher sehr von der Beschaffenheit der zur Verfügung stehenden Formelsammlung ab.

Natürlich können wir jetzt Werte einsetzen. Die Betragsstriche haben nur den Sinn, Gedanken über die Vorzeichen einzusparen. Das ist erlaubt, denn die Vorzeichen der Energie besagen lediglich, ob diese entnommen oder zugeführt wird. Und dass die mechanische Energie zugeführt wird, wissen wir ohnehin.

(c,i.) Helium: $\kappa = \frac{5}{3} \Rightarrow |\Delta W| = \left| \frac{2 \cdot 10^{-3} m^3 \cdot 5 \cdot 10^4 Pa}{1 - \frac{5}{3}} \cdot \left( \left( \frac{10^{-3} m^3}{2 \cdot 10^{-3} m^3} \right)^{1-\frac{5}{3}} - 1 \right) \right|$

$= \left| \frac{2 \cdot 10^{-3} m^3 \cdot 5 \cdot 10^4 \frac{N}{m^2}}{-\frac{2}{3}} \cdot \left( \left( \frac{1}{2} \right)^{-\frac{2}{3}} - 1 \right) \right| = |-88.11 N \cdot m| = 88.11 Joule$ .

3 P
5 Min.

(c,ii.) Sauerstoff: $\kappa = \frac{7}{5} \Rightarrow |\Delta W| = \left| \frac{2 \cdot 10^{-3} m^3 \cdot 5 \cdot 10^4 Pa}{1 - \frac{7}{5}} \cdot \left( \left( \frac{10^{-3} m^3}{2 \cdot 10^{-3} m^3} \right)^{1-\frac{7}{5}} - 1 \right) \right|$

$= \left| \frac{2 \cdot 10^{-3} m^3 \cdot 5 \cdot 10^4 \frac{N}{m^2}}{-\frac{2}{5}} \cdot \left( \left( \frac{1}{2} \right)^{-\frac{2}{5}} - 1 \right) \right| = |-79.88 N \cdot m| = 79.88 Joule$ .

3 P
5 Min.

(c,iii.) Kohlendioxid: $\kappa = \frac{4}{3} \Rightarrow |\Delta W| = \left| \frac{2 \cdot 10^{-3} m^3 \cdot 5 \cdot 10^4 Pa}{1 - \frac{4}{3}} \cdot \left( \left( \frac{10^{-3} m^3}{2 \cdot 10^{-3} m^3} \right)^{1-\frac{4}{3}} - 1 \right) \right|$

$= \left| \frac{2 \cdot 10^{-3} m^3 \cdot 5 \cdot 10^4 \frac{N}{m^2}}{-\frac{1}{3}} \cdot \left( \left( \frac{1}{2} \right)^{-\frac{1}{3}} - 1 \right) \right| = |-77.98 N \cdot m| = 77.98 Joule$ .

3 P
5 Min.

## Aufgabe 4.17 Isobare Zustandsänderung eines idealen Gases

20 Min.  Punkte 15 P

In einem Gefäß mit beweglichem Deckel entsprechend Bild 4-4 befinde sich Luft. Um welche Strecke $\Delta s$ hebt sich der Deckel und um welche Temperaturdifferenz $\Delta T$ erwärmt sich die Luft beim Erhitzen des Gases?

Als Zahlenwerte für die Berechnung seien vorgegeben:

- Temperatur vor dem Erhitzen $= 20°C$
- Druck vor dem Erhitzen $p = 101325 Pa$
- Masse des Deckels $m_D = 10 kg$ (als Kolben mit Gewichten)
- Zugeführte Wärmemenge beim Erhitzen $1 kW \cdot 1$ *Minute* (Diese Energieangabe sei bereits mit der Wärmemenge verrechnet, die die Gefäßwände und der Deckel dem Gas entziehen.)

Das von Luft erfüllte Volumen sei vor dem Erhitzen ein Würfel von $1m \times 1m \times 1m$ .

Hinweis: Die Wärmekapazität der Luft bei konstantem Volumen beträgt $c_V = 715 \frac{J}{kg \cdot K}$ .

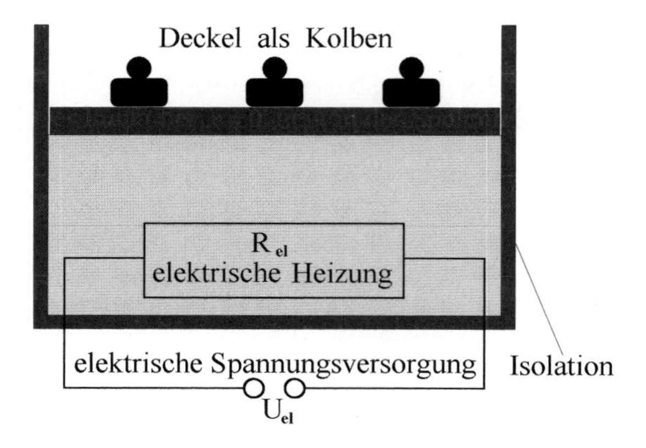


**Bild 4-4**
Veranschaulichung eines mit Luft gefüllten Gefäßes, in welches mittels einer elektrischen Heizung Wärmeenergie zugeführt werden kann. Der Rand des Gefäßes und der Deckel sind thermisch isoliert, sodass durch das Gefäß selbst keine Wärmeenergie entweichen kann.
Der bewegliche Deckel konstanter Masse sorgt als Kolben für einen konstanten Druck im Inneren des Gefäßes.

## ▾ Lösung zu 4.17

Lösungsstrategie:

Die auf elektrischem Wege zugeführte Energie verteilt sich in die Erwärmung (Temperaturänderung) des Gases, in Volumenarbeit (Expansion des Gases) und in Hubarbeit zum Anheben des Deckels. Aus Gründen der Energieerhaltung müssen wir diese drei Energieformen einzeln berechnen und dann deren vorzeichenrichtige Summe mit der zugeführten Heizenergie gleichsetzen. Im Verlaufe des Lösungsweges wird man erkennen, dass sich dabei noch Detailfragen ergeben, die man mit Hilfe der allgemeinen Zustandsgleichung für ideale Gase lösen kann. — 2 P

Lösungsweg, explizit:

▪ Sei $\Delta s$ die Strecke, um die der Deckel während des Vorgangs angehoben werde, dann ist die verrichtete Hubarbeit (mit $g =$ Erdbeschleunigung) dem Betrage nach

½ P $$W_{Hub} = m_D \cdot g \cdot \Delta s \;. \qquad (*1)$$

▪ Die entsprechende Volumenarbeit aufgrund der Expansion des Gases (mit $A =$ Fläche des Deckels) ist dann

½ P $$W_{Vol} = \int_{\Delta s} F\,ds = \int_{\Delta s} p \cdot A\,ds = p \cdot A \cdot \Delta s = p \cdot \Delta V \;. \qquad (*2)$$

▪ Die in der Temperaturänderung $\Delta T$ enthaltene Wärmemenge lautet

1 P $$W_{Temp} = m_L \cdot c_V \cdot \Delta T \text{ , mit } m_L = \text{Masse der Luft.} \qquad (*3)$$

**Stolperfalle**

Die in der Formel für die Temperaturänderung anzusetzende Wärmekapazität ist $c_V$ (=Wärmekapazität bei konstantem Volumen) und nicht $c_P$ (=Wärmekapazität bei konstantem Druck). Dies sollte man nicht verwechseln, auch wenn sich beim betrachteten Vorgang das Volumen ändert. Würde man $c_P$ verwenden, so enthielte die zugehörige Wärmemenge die kinetische Energie der Moleküle und zusätzlich auch die Volumenarbeit zur Expansion des Gases. Da wir aber diese beiden Energieformen getrennt betrachten wollen, drücken wir nach $(*3)$ die kinetische Energie der Moleküle aus und nach $(*2)$ die Volumenarbeit gesondert.

Aufgrund der Energieerhaltung wird die von der elektrischen Heizung zugeführte Energie $W_{Heiz}$ in die drei Energieterme von $(*1)$, $(*2)$, $(*3)$ umgewandelt, wobei die Summation der Energieformen unter Berücksichtigung der Vorzeichen vorzunehmen ist:

$$W_{Heiz} = W_{Temp} - W_{Vol} - W_{Hub} \qquad (*4)$$

**Arbeitshinweis**

Begründung der Vorzeichen: Energie, die zur Temperaturänderung führt, trägt positives Vorzeichen. Zugeführte Energie, die von der Temperaturänderung abgezogen wird (wie Volumenarbeit und Hubarbeit), trägt negatives Vorzeichen.

Setzen wir nun $(*1)$, $(*2)$, $(*3)$ in $(*4)$ ein, so erhalten wir

$$W_{Heiz} = m_L \cdot c_V \cdot \Delta T - m_D \cdot g \cdot \Delta s - p \cdot \Delta V \ . \qquad (*5)$$

Dies ist eine Gleichung, die zwei Unbekannte enthält, nämlich $\Delta T$ und $\Delta V$. Um diese beiden Unbekannten bestimmen zu können, benötigen wir noch eine zweite Gleichung, die wir aus der Zustandsgleichung idealer Gase gewinnen. Sie lautet $p \cdot V = N \cdot R \cdot T$, worin $N$ die Stoffmenge und $R$ die allgemeine Gaskonstante beschreibt. Wir formen um: 1 P

$$p \cdot V = N \cdot R \cdot T \quad \Rightarrow \quad \frac{V}{T} = \frac{N \cdot R}{p} \, .$$

1 P

Da diese Gleichung für den Zustand „1“ (vor dem Zuführen der Heizwärme) natürlich ebenso gilt wie für den Zustand „2“ (nach dem Zuführen der Heizwärme), schreiben wir

$$\frac{V_1}{T_1} = \frac{N \cdot R}{p_1} \quad \text{und ebenso} \quad \frac{V_2}{T_2} = \frac{N \cdot R}{p_2} \, .$$

Da sich der Druck nicht ändert, also $p_1 = p_2$ ist, gilt

$$\frac{V_1}{T_1} = \frac{N \cdot R}{p_1} = \frac{N \cdot R}{p_2} = \frac{V_2}{T_2} \quad \Rightarrow \quad V_1 \cdot T_2 = V_2 \cdot T_1 \, . \qquad (*6)$$

1 P

Aus diesem Zusammenhang heraus gelangen wir zu der gesuchten zweiten Gleichung, indem wir die Abmessungen des Luftvolumens und die Temperaturänderung einsetzen:

Sei $A =$ Deckelfläche und $h =$ Höhe des Luftvolumens im Zustand „1“, dann ist

$$V_1 = A \cdot h \qquad T_1 = 293K$$

$$V_2 = A \cdot (h + \Delta s) \qquad T_2 = T_1 + \Delta T \, .$$

Mit diesen vier Beziehungen formen wir $(*6)$ um in

$$V_1 \cdot T_2 = V_2 \cdot T_1 \quad \Rightarrow \quad V_1 \cdot (T_1 + \Delta T) = A \cdot (h + \Delta s) \cdot T_1 \quad \Rightarrow \quad V_1 \cdot T_1 + V_1 \Delta T = A \cdot h \cdot T_1 + \underbrace{A \cdot \Delta s}_{=\Delta V} \cdot T_1$$

$$\Rightarrow \quad V_1 \cdot \Delta T = \Delta V \cdot T_1 \quad \Rightarrow \quad \Delta T = \Delta V \cdot \frac{T_1}{V_1} \, . \qquad (*7)$$

2 P

Endlich haben wir die beiden Gleichungen $(*5)$ und $(*7)$, die gemeinsam ein Gleichungssystem aus zwei Gleichungen mit zwei Unbekannten ($\Delta T$ und $\Delta V$) bilden. Dieses können wir nun mathematisch auflösen, z.B. indem wir $\Delta T$ in $(*5)$ ersetzen und mit Hilfe von $(*7)$ durch $\Delta V$ ausdrücken:

$$W_{Heiz} = m_L \cdot c_V \cdot \Delta T - m_D \cdot g \cdot \Delta s - p \cdot \Delta V = m_L \cdot c_V \cdot \Delta V \cdot \frac{T_1}{V_1} - m_D \cdot g \cdot \Delta s - p \cdot \Delta V$$

$$= m_L \cdot c_V \cdot A \cdot \Delta s \cdot \frac{T_1}{V_1} - m_D \cdot g \cdot \Delta s - p \cdot A \cdot \Delta s \quad (\text{wegen } \Delta V = A \cdot \Delta s)$$

$$= \left( m_L \cdot c_V \cdot A \cdot \frac{T_1}{V_1} - m_D \cdot g - p \cdot A \right) \Delta s$$

3 P $\Rightarrow \quad \Delta s = \dfrac{W_{Heiz}}{m_L \cdot c_V \cdot A \cdot \frac{T_1}{V_1} - m_D \cdot g - p \cdot A}$.

Darin ist die Luftmasse in der Aufgabenstellung über deren Volumen gegeben: $m_L = 1.293 \frac{kg}{m^3} \cdot 1 m^3 = 1.293 kg$.

Da wir bereits nach der gefragten Anhebung des Deckels aufgelöst haben, können wir nun die in der Aufgabenstellung gegebenen Werte einsetzen:

$$\Delta s = \frac{1000\,Watt \cdot 60\,sec.}{1.293\,kg \cdot 715 \frac{J}{kg \cdot K} \cdot 1 m^2 \cdot \frac{293 K}{1 m^3} - 10 kg \cdot 9.81 \frac{m}{s^2} - 101325 \frac{N}{m^2} \cdot 1 m^2}$$

2 P $$= \frac{60000\,Joule}{270877 \frac{J}{m} - 98.1 N - 101325 N} = \frac{60000\,Joule}{169454 N} = 0.354 m \overset{TR}{\approx} 35.4\,cm\,.$$

Um diese 35.4 Zentimeter hebt sich der Deckel. Setzen wir diesen Wert in $(*7)$ ein, so erhalten wir auch noch die gefragte Temperaturänderung:

1 P $$\Delta T = \Delta V \cdot \frac{T_1}{V_1} = A \cdot \Delta s \cdot \frac{T_1}{V_1} = 1 m^2 \cdot 0.354\,m \cdot \frac{293 K}{1\,m^3} \overset{TR}{\approx} 103.7 K$$

Die Temperatur nach dem Erwärmen liegt also bei 123.7°C.

## Aufgabe 4.18 Isotherme Expansion eines idealen Gases

| | Zeit | | Punkte |
|---|---|---|---|
| | (a.) 6 Min.<br>(b.) 1 Min. | | Punkte (a.) 5 P<br>(b.) 1 P |
| | (c.) 2 Min.<br>(d.) 6 Min. | | Punkte (c.) 1 P<br>(d.) 5 P |

Ein Taucher in einem See gibt Luftblasen ab, die zur Wasseroberfläche aufsteigen. Die Temperatur des Seewassers und der Luftblasen bleibe konstant auf $10°C$. Das in der Blase enthaltene Gas betrachten Sie näherungsweise als ideales Gas.

(a.) Wie tief schwimmt der Taucher, wenn die Luftblasen während des Aufstiegs an die Wasseroberfläche ihr Volumen verdreifachen?

(Hinweis: Der Luftdruck an der Wasseroberfläche sei mit $p_{Luft} = 101325\,Pa$ gegeben.)

(b.) Wie groß ist die Änderung der inneren Energie der Luft in der Blase beim Aufstieg?

(c.) Welche Gasmenge enthält eine Luftblase, deren Volumen zu Beginn des Aufstieges $1 cm^3$ betrug? (Angabe bitte in Mol.)

(d.) Welche Wärmemenge tauscht die Blase, deren Stoffmenge in Aufgabenteil (c.) berechnet wurde, bei ihrem Aufstieg mit dem Wasser des Sees aus? Wird diese Wärme von der Blase aufgenommen oder von ihr abgegeben?

## Lösung zu 4.18

Lösungsstrategie:

Zu Beginn des Aufstiegs lastet auf der Blase der Luftdruck und zusätzlich der Wasserdruck, am Ende des Aufstiegs nur noch der Luftdruck. Also handelt es sich bei dem Vorgang um eine Expansion. Da die Temperatur konstant ist, geschieht die Expansion isotherm. 1 P

(a.) Die Druck-Volumen-Verhältnisse folgen der Zustandsgleichung idealer Gase.

(b.) Denken Sie an die Definition des Begriffes „innere Energie".

(c.) Setzen Sie in die Zustandsgleichung idealer Gase ein.

(d.) Der Austausch von Wärmeenergie geht auf die Expansion der Gasblasen zurück. Dass die damit verbundene Volumenarbeit nicht zu einer Temperaturänderung führt, liegt am Seewasser.

Lösungsweg, explizit:

(a.) Seien $p_1$ und $V_1$ Druck und Volumen im Moment des Austretens der Blase beim Taucher, sowie $p_2$ und $V_2$ Druck und Volumen, wenn die Blase die Wasseroberfläche erreicht.

Aus der Zustandsgleichung idealer Gase setzen wir an $p_1 \cdot V_1 = N \cdot R \cdot T = p_2 \cdot V_2$ und formen um

$\Rightarrow \frac{p_1}{p_2} = \frac{V_2}{V_1} = 3$. (mit dem Volumenfaktor 3 laut Aufgabenstellung) 1 P

Aus den Druckverhältnissen berechnen wir nun die Wassertiefe:

$$\left.\begin{array}{l} p_1 = p_{\text{Luft}} + p_{\text{Wasser}} \\ p_2 = p_{\text{Luft}} \end{array}\right\} \Rightarrow \frac{p_{\text{Luft}} + p_{\text{Wasser}}}{p_{\text{Luft}}} = 3 \Rightarrow p_{\text{Luft}} + p_{\text{Wasser}} = 3 \cdot p_{\text{Luft}}$$

$$\Rightarrow p_{\text{Wasser}} = 2 \cdot p_{\text{Luft}} = 2 \cdot 101325\,Pa\,.$$ 2 P

Wegen $p_{\text{Wasser}} = \rho \cdot g \cdot h$ als Schweredruck des Wassers folgt

$$\Rightarrow h = \frac{p_{\text{Wasser}}}{\rho \cdot g} = \frac{2 \cdot p_{\text{Luft}}}{\rho \cdot g} = \frac{2 \cdot 101325 \frac{N}{m^2}}{10^3 \frac{kg}{m^3} \cdot 9.81 \frac{m}{s^2}} = 20.66\,m\,.$$ So tief schwimmt der Taucher. 1 P

(b.) Bei isothermen Zustandsänderungen ist die innere Energie konstant, sie ändert sich also überhaupt nicht. Damit ist Aufgabenteil (b.) beantwortet. In Formeln könnte man schreiben:

Änderung der inneren Energie $\Delta U = m \cdot c \cdot \Delta T = 0$, wegen $\Delta T = 0$. 1 P

(c.) Zur Bestimmung der Stoffmenge lösen wir die Zustandsgleichung des idealen Gases nach ebendieser Größe auf und erhalten

$$p \cdot V = N \cdot R \cdot T \Rightarrow N = \frac{p \cdot V}{R \cdot T} = \frac{3 \cdot 101325 \frac{N}{m^2} \cdot 10^{-6}\,m^3}{8.314 \frac{J}{mol \cdot K} \cdot 283.15\,K} = 1.29 \cdot 10^{-4}\,mol\,.$$ 1 P

(d.) Bei isothermen Zustandsänderungen ist zwar die innere Energie konstant (d.h. $\Delta U = 0$), aber es wird Wärmeenergie in mechanische Arbeit umgesetzt (d.h. $\Delta Q = \Delta W$). Wir berechnen also die mechanische Arbeit bei der Expansion des Gases (siehe Bild 4-5) und greifen dabei wie so oft auf die Zustandsgleichung idealer Gase zurück: 1 P

$$\Delta W = \int_{V_1}^{V_2} p\,dV = \int_{V_1}^{V_2} \frac{N \cdot R \cdot T}{V} dV = N \cdot R \cdot T \cdot \left[\ln(V)\right]_{V_1}^{V_2} = N \cdot R \cdot T \cdot \left[\ln(V_2) - \ln(V_1)\right] = N \cdot R \cdot T \cdot \ln\left(\frac{V_2}{V_1}\right).$$

3 P

Setzen wir die Werte ein, so erhalten wir

$$\Delta W = 1.29 \cdot 10^{-4} mol \cdot 8.314 \frac{J}{mol \cdot K} \cdot 283.15K \cdot \ln\left(\frac{3\,cm^3}{1\,cm^3}\right) = 0.334\,Joule\,.$$

1 P

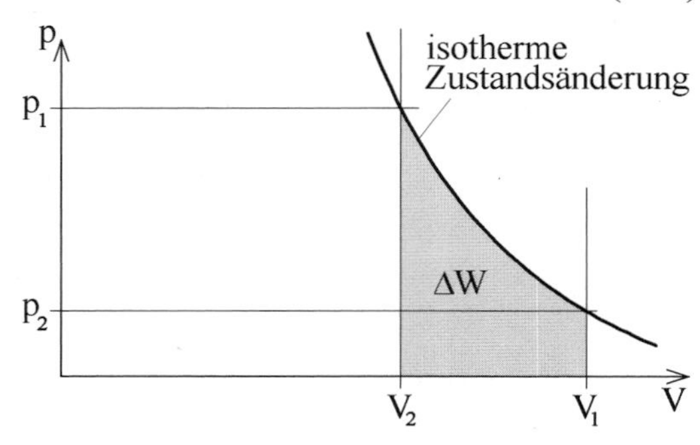


**Bild 4-5**
Veranschaulichung der Berechnung mechanischer Arbeit bei der Expansion eines Gases. Die Darstellung ist nicht maßstäblich an die numerischen Vorgaben des Rechenbeispiels unserer Aufgabe angepasst.

Bei der isothermen Expansion eines Gases muss mechanische Arbeit aufgewendet werden. Diese wird der Wärmeenergie $\Delta Q$ zugeführt. Beim Aufsteigen der Blase wird also dem Seewasser die Energie von $0.334\,Joule$ entnommen.

## Aufgabe 4.19 Adiabatische Kompression eines idealen Gases

| | | Punkte |
|---|---|---|
| (a.) 3 Min. | | (a.) 2 P |
| (b.) 3 Min. | | (b.) 3 P |
| (c.) 10 Min. | | (c.) 7 P |
| (d.) 4 Min. | | (d.) 3 P |
| (e.) 3 Min. | | (e.) 2 P |

Betrachten wir eine Fahrradluftpumpe mit einem Maximalvolumen von $V_1 = 250\,cm^3$.
Zu Beginn unserer Betrachtung werde Luft angesaugt bei einer Temperatur von $T_1 = 20°C$ und einem Druck von $p_1 = 101325\,Pa$. Anschließend werde die Luft im Pumpenzylinder komprimiert. Sobald der Druck einen Wert von $p_2 = 405000\,Pa$ erreicht, öffne das Ventil des Fahrradreifens, sodass die Luft aus der Pumpe ausströmt.
Hinweise: Der Adiabatenexponent der Luft beträgt $\kappa = 1.40$.
Gemittelt über ihre verschiedenen Bestandteile beträgt die Molmasse der Luft $28.969 \frac{Gramm}{Mol}$.

(a.) Welches Volumen $V_2$ hat die eingeschlossene Luft in dem Moment, in dem das Ventil öffnet? Bei der Berechnung soll vorausgesetzt werden, dass die Pumpe derart schnell bewegt wurde, dass ein Wärmeaustausch des Gases mit der Umgebung vernachlässigt werden kann.
(b.) Wie heiß wird das Gas in der Pumpe? Berechnen Sie die Temperatur $T_2$ in dem Moment, in dem das Ventil öffnet unter der idealisierenden Annahme, dass das Material der Pumpe keine Wärmeenergie mit dem Gas austauscht.
(c.) Wie viel Arbeit müssen Sie beim Pumpen verrichten? Berechnen Sie die Arbeit, die das Gas bei der Kompression vom Maximalvolumen bis zu seinem Volumen im Moment des Ventilöffnens aufnimmt.

(d.) Wie viel Luft pumpen Sie in den Fahrradreifen? Berechnen Sie die Masse des Gases, das pro Pumpstoß in den Fahrradreifen hinein geblasen wird. Dabei soll vorausgesetzt werden, dass sich die Pumpe vollständig entleert.

(e.) Wo verbleibt die von außen zugeführte mechanische Energie?

## ▾ Lösung zu 4.19

Lösungsstrategie:

Da der zu betrachtende Vorgang als adiabatische Kompression gekennzeichnet wurde, tauscht das Gas keine Wärmeenergie mit seiner Umgebung aus. Die Wärmemenge $Q$ ist also konstant, sodass ihre Änderung verschwindet $\Delta Q = 0$. Folglich wird mechanische Arbeit $\Delta W$ vollständig in innere Energie $\Delta U$ umgesetzt bzw. dieser entnommen, d.h. $\Delta U = -\Delta W$. $(*1)$

Des weiteren gilt für adiabatische Prozesse die Beziehung $p \cdot V^{\kappa} = const.$ $(*2)$

Davon ausgehend können wir die einzelnen Aufgabenteile wie folgt lösen.

Lösungsweg, explizit:

(a.) Aus $(*2)$ können wir für die beiden Zustände $(p_1; V_1)$ und $(p_2; V_2)$ folgern:

$$p_1 \cdot V_1^{\kappa} = p_2 \cdot V_2^{\kappa} \quad \Rightarrow \quad V_2 = \left(\frac{p_1}{p_2}\right)^{\frac{1}{\kappa}} \cdot V_1$$ 1 P

Einsetzen von Werten liefert $V_2 = \left(\frac{101325\,Pa}{405000\,Pa}\right)^{\frac{1}{1.4}} \cdot 250\,cm^3 = 92.924\,cm^3$. 1 P

Auf dieses Volumen wurden die anfangs $250\,cm^3$ Luft beim Öffnen des Ventils komprimiert.

(b.) Da die mechanische Arbeit $\Delta W$, die aufgrund des Bewegens des Pumpenkolbens zugeführt wird, vollständig in innere Energie $\Delta U$ umgesetzt werden muss, muss sich auch die Temperatur des Gases ändern. Diese Temperaturzunahme lässt sich leicht mit der Zustandsgleichung idealer Gase ausrechnen: $p \cdot V = N \cdot R \cdot T$ (mit konstanter Stoffmenge $N$.) 1 P

$$\Rightarrow \quad \frac{p_1 \cdot V_1}{T_1} = N \cdot R = \frac{p_2 \cdot V_2}{T_2} \quad \Rightarrow \quad T_2 = \frac{p_2 \cdot V_2}{p_1 \cdot V_1} \cdot T_1$$ 1 P

Einsetzen von Werten liefert $T_2 = \frac{405000\,Pa \cdot 92.924\,cm^3}{101325\,Pa \cdot 250\,cm^3} \cdot 293.15\,K = 435.5\,K$. 1 P

Auf der Celsius-Skala entspricht dies einer Temperatur von $162.4\,°C$.

(c.) Die aufzubringende mechanische Arbeit erhält man wie so oft durch Integration im pV-Diagramm. Die Kurve, über die integriert werden muss, ist hier allerdings eine Adiabate. Man betrachte dazu Bild 4-6. Das Integral lautet $\Delta U = -\Delta W = -\int p\,dV$. $(*3)$ 1 P

Um überhaupt integrieren zu können, müssen wir den Druck $p$ als Funktion des Volumens $V$ im Sinne eines funktionalen Zusammenhangs kennen. Die Funktion $p(V)$ finden wir (wie zu erwarten war) aus der Adiabasie des Vorganges:

- Die Adiabate lässt sich beschreiben durch $p \cdot V^{\kappa} = const.$ 1 P

▪ Zur Festlegung der Konstanten genügt die Kenntnis eines Punktes der Adiabaten $p_1 \cdot V_1^{\kappa}$. Hier steht uns der Ausgangspunkt (Index „1“) vor Beginn der Kompression zur Verfügung.

2 P Damit ist $p \cdot V^{\kappa} = p_1 \cdot V_1^{\kappa} \quad \Rightarrow \quad p(V) = \frac{p_1 \cdot V_1^{\kappa}}{V^{\kappa}} = p_1 \cdot V_1^{\kappa} \cdot V^{-\kappa}$ .

Dies ist die zu integrierende Funktion. Setzen wir sie in das Integral aus $(*3)$ ein, so erhalten wir

$$\Delta W = \int_{V_1}^{V_2} p(V)\,dV = \int_{V_1}^{V_2} p_1 \cdot V_1^{\kappa} \cdot V^{-\kappa}\,dV = p_1 \cdot V_1^{\kappa} \cdot \left[\frac{1}{1-\kappa} \cdot V^{1-\kappa}\right]_{V_1}^{V_2} = \frac{p_1 \cdot V_1^{\kappa}}{1-\kappa} \cdot \left(V_2^{1-\kappa} - V_1^{1-\kappa}\right)$$

2 P
$$= \frac{p_1}{1-\kappa} \cdot \left(V_1^{\kappa} \cdot V_2^{1-\kappa} - V_1\right). \qquad (*4)$$

**Arbeitsempfehlung:**

Erhält man wie hier nach einer längeren Rechnung mit Umwegen eine Formel, so ist eine Plausibilitätsprüfung anhand der Einheiten empfehlenswert. Hier sieht man diese wie folgt:

Der Adiabatenkoeffizient $\kappa$ ist dimensionslos, sodass der Bruch vor der Klammer die Einheit des Druckes $p$ trägt. In der Klammer steht die Dimension eines Volumens, denn das Produkt $V_1^{\kappa} \cdot V_2^{1-\kappa}$ enthält die Dimension von $V^{\kappa+1-\kappa} = V^1$ . Damit hat der gesamte Ausdruck die Einheit von Druck mal Volumen, also Joule. Das war zu erwarten.

Setzen wir in $(*4)$ Werte ein, so bekommen wir quantitativ die gefragte Energie:

1 P
$$\Delta W = \frac{101325\,Pa}{1-1.4} \cdot \left(\left(250 \cdot 10^{-6}\right)^{1.4} \cdot \left(92.924 \cdot 10^{-6}\right)^{-0.4} - \left(250 \cdot 10^{-6}\right)\right) m^3 = -30.757\,Joule\,.$$

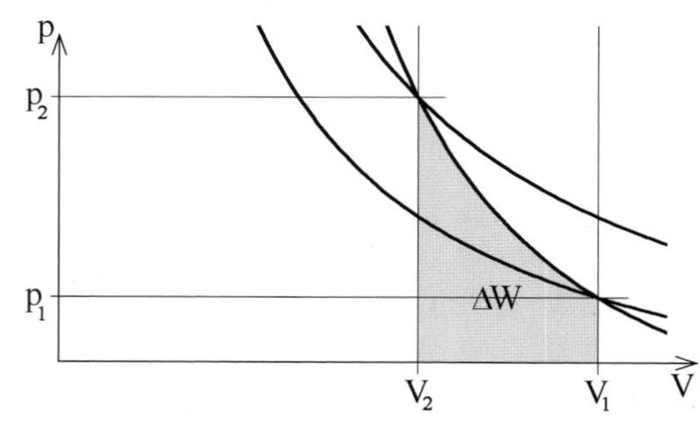


**Bild 4-6**
Zur Berechnung der aufzuwendenden mechanischen Energie muss über eine Adiabate integriert werden. Die gesuchte Energie wird durch die grau unterlegte Fläche markiert, deren obere Begrenzung die Adiabate ist. Zum Vergleich sind noch die beiden Isothermen durch die beiden Arbeitspunkte „1“ und „2“ eingezeichnet.

(d.) Wir gehen davon aus, dass das gesamte in der Pumpe befindliche Gas in den Fahrradschlauch befördert wird. Wie groß diese Stoffmenge ist, können wir z.B. bei $(p_1;V_1;T_1)$ oder bei $(p_2;V_2;T_2)$ bestimmen.

2 P

$$p_1 \cdot V_1 = N \cdot R \cdot T_1 \quad \Rightarrow \quad N = \frac{p_1 \cdot V_1}{R \cdot T_1} = \frac{405000\,Pa \cdot 92.924 \cdot 10^{-6}\,m^3}{8.314 \frac{J}{mol \cdot K} \cdot 435.5\,K} \overset{TR}{\approx} 1.0394 \cdot 10^{-2}\,mol$$

$$p_2 \cdot V_2 = N \cdot R \cdot T_2 \quad \Rightarrow \quad N = \frac{p_2 \cdot V_2}{R \cdot T_2} = \frac{101325\,Pa \cdot 250 \cdot 10^{-6}\,m^3}{8.314 \frac{J}{mol \cdot K} \cdot 293.15\,K} \overset{TR}{\approx} 1.0393 \cdot 10^{-2}\,mol$$

Zur Kontrolle wurden beide Möglichkeiten in die Formel eingesetzt und liefern bis auf numerische Rundungsfehler des Taschenrechners dasselbe Ergebnis.

Da in der Aufgabenstellung die Molmasse der Luft gegeben ist, ist der Rechenweg von der Stoffmenge zur Masse nur ein kleiner Schritt:

Masse $m = 1.0394 \cdot 10^{-2} mol \cdot 28.969 \frac{Gramm}{mol} = 301.1\ Milligramm$. 1 P

Soviel Luft befördert die beschriebene Pumpe mit jedem Pumpenstoß in den Reifen.

(e.) Der Verbleib der durch das Bewegen des Kolbens zugeführten mechanischen Energie ist wegen der Adiabasie des Vorganges in der inneren Energie des Gases – und zwar einerseits in einer Erhöhung der Temperatur und andererseits in einer Kompression, also in einer Veränderung des Druckes und des Volumens. Da der Reifen nicht perfekt isoliert, würde dann die Luft in seinem Inneren im Laufe der Zeit die Umgebungstemperatur annehmen.

In der Realität ist der Vorgang natürlich nicht perfekt adiabatisch, sodass man eine Erwärmung der Pumpe fühlen kann, besonders wenn man mehrmals hintereinander fortgesetzt pumpt. 2 P

## Aufgabe 4.20 Thermodynamischer Kreisprozess

| | | Punkte | |
|---|---|---|---|
| (a.) 10 Min. | | | (a.) 7 P |
| (b.) 13…15 Min. | | | (b.) 10 P |
| (c.) 5 Min. | | | (c.) 3 P |

Betrachten Sie den in Bild 4-7 dargestellten thermodynamischen Kreisprozess.

Gegeben seien folgende Daten: Druck im Punkt 1: $p_1 = 101325\,Pa$

Volumen im Punkt 1: $V_1 = 5 \cdot V_2$

Temperatur im Punkt 1: $T_1 = 500\,K$

Das Gas sei 2 Mol zweiatomiges Gas.

(a.) Berechnen Sie die Drücke, Temperaturen und Volumina in allen markanten Punkten (die mit den fortlaufenden Nummern von 1…4 gekennzeichnet sind).

(b.) Prüfen Sie die Energiebilanz. Wie groß sind die ausgetauschten Wärmemengen beim Durchlaufen des Kreisprozesses von Punkt zu Punkt $Q_{1\to2}$, $Q_{2\to3}$, $Q_{3\to4}$, $Q_{4\to1}$?

(c.) Wie groß ist die freiwerdende mechanische Energie pro Zyklus und mit welchem thermodynamischen Wirkungsgrad arbeitet die Maschine?

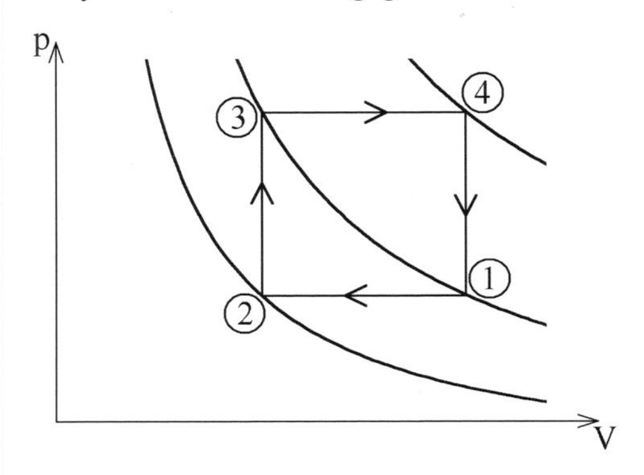


**Bild 4-7**
pV-Diagramm zur Darstellung eines thermodynamischen Kreisprozesses.
Die mit Pfeilen markierten Linien beschreiben den Kreisprozess, die gekrümmten Linien stellen Isothermen dar.
Die mit Ziffern „1“ bis „4“ gekennzeichneten Punkte sind markante Punkte im Verlauf des Kreisprozesses.
Zur besseren Übersicht wurde auf eine Maßstäblichkeit der Darstellung verzichtet.

## Lösung zu 4.20

Lösungsstrategie:

(a.) Über die Kenntnis der Linien konstanter Drücke, Temperaturen und Volumina können diese Werte an allen markanten Punkten ausgerechnet werden. Der Übersichtlichkeit halber werden wir diese in einer Tabelle darstellen.

(b.) Mit den Ergebnissen von Aufgabenteil (a.) kann man die ausgetauschten Wärmemengen unter Verwendung der Wärmekapazitäten des Gases bei konstantem Druck bzw. bei konstantem Volumen berechnen.

Führen Sie gezielt auch die Kontrolle der Ergebnisse durch: Die pro Zyklus abgegebene mechanische Energie muss der aufgenommenen Wärmeenergie entsprechen.

(c.) Der Wirkungsgrad ergibt sich aus dem Verhältnis der abgeführten mechanischen Energie zur zugeführten Wärmemenge.

Lösungsweg, explizit:

(a.)

**Punkt 1 →** $p_1$ und $T_1$ sind gegeben. $V_1$ berechnen wir mit Hilfe der Zustandsgleichung

1½ P idealer Gase $p_1 \cdot V_1 = N \cdot R \cdot T_1 \quad \Rightarrow \quad V_1 = \frac{N \cdot R \cdot T_1}{p_1} = \frac{2\,mol \cdot 8.314 \frac{J}{mol \cdot K} \cdot 500\,K}{101325 \frac{N}{m^2}} \overset{TR}{\approx} 0.08205\,m^3$.

½ P **Punkt 3 →** Er liegt auf einer Isothermen mit Punkt 1 $\Rightarrow \quad T_3 = T_1 = 500\,K$.

½ P Er liegt auf einer Isochoren mit $V_2$ (gleiches Volumen) $\Rightarrow \quad V_3 = V_2 = \frac{1}{5} V_1 = 0.01641\,m^3$.

Den Druck in Punkt 3 berechnen wir über die Zustandsgleichung idealer Gase:

1½ P $$\left.\begin{array}{l} p_3 \cdot V_3 = N \cdot R \cdot T_3 \\ p_1 \cdot V_1 = N \cdot R \cdot T_1 \end{array}\right\} \underset{\text{wegen } T_1 = T_3}{\Rightarrow} \quad p_1 \cdot V_1 = p_3 \cdot V_3 \quad \Rightarrow \quad p_3 = p_1 \cdot \frac{V_1}{V_2} \underbrace{= 101325\,Pa \cdot 5}_{\text{lt. Aufgabenstellung}} = 506625\,Pa.$$

**Punkt 2 und Punkt 4 →** Die Drücke und Volumina ergeben sich aufgrund der Isochoren bzw. Isobaren zu den Punkten 1 und 3 in trivialer Weise und werden deshalb ohne Vorführung in die Tabelle der Ergebnisse des Aufgabenteils (a.) eingetragen.

Die Temperaturen bei den Punkten 2 und 4 berechnen wir wieder mit Hilfe der Zustandsgleichung idealer Gase, denn die Stoffmenge ist uns bekannt:

1½ P $$p_2 \cdot V_2 = N \cdot R \cdot T_2 \quad \Rightarrow \quad T_2 = \frac{p_2 \cdot V_2}{N \cdot R} = \frac{101325 \frac{N}{m^2} \cdot 0.01641\,m^3}{2\,mol \cdot 8.314 \frac{J}{mol \cdot K}} \overset{TR}{\approx} 100\,K$$

1½ P $$p_4 \cdot V_4 = N \cdot R \cdot T_4 \quad \Rightarrow \quad T_4 = \frac{p_4 \cdot V_4}{N \cdot R} = \frac{p_3 \cdot V_1}{N \cdot R} = \frac{506625 \frac{N}{m^2} \cdot 0.08205\,m^3}{2\,mol \cdot 8.314 \frac{J}{mol \cdot K}} \overset{TR}{\approx} 2500\,K.$$

Die Darstellung des Ergebnisses von Aufgabenteil (a.) sieht man in Tabelle 4.3.

**Tabelle 4.3** Übersicht über die Druck-, Temperatur- und Volumenverhältnisse als Ergebnis aus Aufgabenteil (a.)

| | Volumen $V$ | Druck $p$ | Temperatur $T$ |
|---|---|---|---|
| Punkt 1 | $0.08205\ m^3$ | $101325\ Pa$ | $500\ K$ |
| Punkt 2 | $0.01641\ m^3$ | $101325\ Pa$ | $100\ K$ |
| Punkt 3 | $0.01641\ m^3$ | $506625\ Pa$ | $500\ K$ |
| Punkt 4 | $0.08205\ m^3$ | $506625\ Pa$ | $2500\ K$ |

s.o.

(b.) Es handelt sich um ein zweiatomiges Gas, d.h. die Moleküle bestehen aus je zwei Atomen, haben also 5 thermodynamische Freiheitsgrade (3 der Translation und 2 der Rotation). Folglich werden die molaren Wärmekapazitäten angegeben gemäß

$c_{V,mol} = \frac{f}{2} \cdot R = \frac{5}{2} R$ für die molare Wärmekapazität bei konstantem Volumen und

$c_{p,mol} = \left(\frac{f}{2} + 1\right) R = \frac{7}{2} R$ für die molare Wärmekapazität bei konstantem Druck. 1 P

Damit berechnen wir die ausgetauschten Wärmemengen wie folgt:

$$Q_{1\to 2} = -N \cdot c_{p,mol} \cdot \Delta T = -N \cdot \left(\frac{f}{2} + 1\right) R \cdot \Delta T = 2\,mol \cdot \frac{7}{2} \cdot 8.314 \frac{J}{mol \cdot K} \cdot \overbrace{(100\,K - 500\,K)}^{T_2 - T_1} \stackrel{TR}{\approx} -23279\,J\ ,$$

wobei wegen des konstanten Drucks mit $c_{p,mol}$ gearbeitet wurde. 1½ P

$$Q_{2\to 3} = -N \cdot c_{V,mol} \cdot \Delta T = -N \cdot \frac{f}{2} \cdot R \cdot \Delta T = 2\,mol \cdot \frac{5}{2} \cdot 8.314 \frac{J}{mol \cdot K} \cdot \overbrace{(500\,K - 100\,K)}^{T_3 - T_2} \stackrel{TR}{\approx} +16628\,J\ ,$$

wobei wegen des konstanten Drucks mit $c_{V,mol}$ gearbeitet wurde. 1½ P

$$Q_{3\to 4} = -N \cdot c_{p,mol} \cdot \Delta T = -N \cdot \left(\frac{f}{2} + 1\right) R \cdot \Delta T = 2\,mol \cdot \frac{7}{2} \cdot 8.314 \frac{J}{mol \cdot K} \cdot \overbrace{(2500\,K - 500\,K)}^{T_4 - T_3} \stackrel{TR}{\approx} +116396\,J\ ,$$

wobei wegen des konstanten Drucks mit $c_{p,mol}$ gearbeitet wurde. 1½ P

$$Q_{4\to 1} = -N \cdot c_{V,mol} \cdot \Delta T = -N \cdot \frac{f}{2} \cdot R \cdot \Delta T = 2\,mol \cdot \frac{5}{2} \cdot 8.314 \frac{J}{mol \cdot K} \cdot \overbrace{(500\,K - 2500\,K)}^{T_1 - T_4} \stackrel{TR}{\approx} -83140\,J\ ,$$

wobei wegen des konstanten Drucks mit $c_{V,mol}$ gearbeitet wurde. 1½ P

**Stolperfalle**

Man beachte die Vorzeichen der ausgetauschten Wärmemengen.
Negative Vorzeichen lassen das Abgeben von Wärmeenergie erkennen, wie dies beim Übergang $Q_{1\to 2}$ und beim Übergang $Q_{4\to 1}$ der Fall ist. Im Gegensatz dazu wird Wärmeenergie aufgenommen, wenn die zugeführte Wärmeenergie positives Vorzeichen trägt. Letzteres ist bei den Übergängen $Q_{2\to 3}$ und $Q_{3\to 4}$ der Fall.

Die Kontrolle der Ergebnisse:

- Die pro Zyklus aufgenommenen Wärmeenergie ist

$$\Delta Q = Q_{1\to 2} + Q_{2\to 3} + Q_{3\to 4} + Q_{4\to 1} \stackrel{TR}{\approx} -23279\,J + 16628\,J + 116396\,J - 83140\,J = 26605\,Joule\ .$$ 1 P

▪ Die abgegebene mechanische Energie ist die Fläche $\oint p\,dV$ im Inneren des Kreisprozesses, also die beim einmaligen Durchlaufen des Zyklus umfahrene Fläche. Aufgrund der rechteckigen Gestalt der Fläche genügt hier eine einfache Rechtecksberechnung:

$$|\Delta W| = |\Delta p \cdot \Delta V| = (506625\,Pa - 101325\,Pa)\cdot\left(0.08205\,m^3 - 0.01641\,m^3\right) \overset{TR}{\approx} 26604\,Joule$$

2 P ▪ Für die mechanische Energie $\Delta W$ wurde nur der Betrag ermittelt, da ohnehin klar ist, dass sie beim linkslaufenden Kreisprozess entnommen wird. Sie ist also negativ: $\Delta W \overset{TR}{\approx} -26604\,J$ .

Dass die Wärmeenergie $\Delta Q$ positiv ist, ergab die detaillierte Rechnung. Sie wird also zugeführt. Damit ist die Selbstkontrolle der Ergebnisse erfolgreich durchgeführt, denn $\Delta W + \Delta Q$ ergänzen sich bis auf Rundungsungenauigkeiten des Taschenrechners zu Null.

(c.) Wirkungsgrade versteht man als das Verhältnis zwischen Nutzen und Aufwand. Der Nutzen ist hier die abgeführte mechanische Arbeit; der Aufwand ist die benötigte Wärmemenge. Den thermodynamischen Wirkungsgrad $\eta$ bestimmt man also, indem man die abgeführte mechanische Arbeit zu der zugeführten Wärmemenge (dem Betrage nach) in Relation setzt.

$$\eta = \frac{\text{abgeführte mechanische Arbeit}}{\text{zugeführte thermodynamische Energie}}$$

$$= \frac{|Q_{1\to2} + Q_{2\to3} + Q_{3\to4} + Q_{4\to1}|}{|Q_{2\to3} + Q_{3\to4}|} = \frac{|-23279\,J + 16628\,J + 116396\,J - 83140\,J|}{|+16628\,J + 116396\,J|} = \frac{26605}{133024} \overset{TR}{\approx} 20\%$$

3 P

Der gefragte thermodynamische Wirkungsgrad liegt also bei 20%.

**Arbeitshinweis**

Zur Bestimmung der mechanischen Arbeit benötigen wir die Umrundung des gesamten Zyklus, denn bei jeder einzelnen seiner Linien kann dem Gas mechanische Arbeit zu- oder abgeführt werden. Wir verwenden das Ergebnis aus Aufgabenteil (b.).

Zur Bestimmung der zugeführten Wärmeenergie benötigen wir nur diejenigen Linien des Zyklus, auf denen die zugeführte Wärmeenergie positiv ist, denn dies sind diejenigen Linien, bei denen in einer Maschine tatsächlich geheizt werden muss. Die Linien mit negativer Wärmeenergie drücken nur aus, wie viel Wärme über einen Kühler abgeführt werden muss.

## Aufgabe 4.21 Carnot-Wirkungsgrad

Eine Wärmekraftmaschine soll einen Wirkungsgrad von wenigstens 50 % haben. Die Abwärme geht mit einer Temperatur von $100\,°C$ ab. Wie hoch muss die Arbeitstemperatur der Maschine mindestens sein?

## Lösung zu 4.21

Lösungsstrategie:

Den bestmöglichen thermodynamischen Wirkungsgrad $\eta$ liefert der Carnot'sche Kreisprozess mit $\eta = \frac{T_1 - T_2}{T_1}$, wo $T_1$ die höhere Temperatur ist und $T_2$ die niedrigere.

Lösungsweg, explizit:

In unserem Beispiel ist $T_2 = 100\,°C$ und $T_1$ gefragt. Da der Carnot'sche Kreisprozess den bestmöglichen Wirkungsgrad hat, ergibt sich für ihn die niedrigst mögliche Arbeitstemperatur. Jeder andere thermodynamische Wirkungsgrad würde zu einer höheren Arbeitstemperatur führen.
Die Berechnung geschieht, indem wir den Wirkungsgrad nach $T_1$ auflösen:

$$\eta = \frac{T_1 - T_2}{T_1} = 1 - \frac{T_2}{T_1} \Rightarrow \frac{T_2}{T_1} = 1 - \eta \Rightarrow T_1 = \frac{T_2}{1-\eta} = \frac{(100+273)K}{1-0.5} = 746\,K = 473\,°C\,.$$ 2 P

Dies wäre dann die im reibungsfreien Idealfall mindestens benötigte Arbeitstemperatur.

## Aufgabe 4.22 Carnot-Wirkungsgrad

| 3 Min. | | Punkte 2 P |
|---|---|---|

Zum Zwecke der Energiegewinnung wurde diskutiert, Eisberge mit Schiffen in wärmere Meersströmungen zu ziehen, um dort mit der sich ergebenden Temperaturdifferenz geeignet konstruierte Wärmekraftmaschinen zu betreiben.
Schätzen Sie den maximal möglichen Wirkungsgrad solcher Wärmekraftmaschinen ab unter der Annahme, die Eistemperatur betrage $T_E = -30\,°C$ und die Wassertemperatur betrage $T_W = +15\,°C$.

## Lösung zu 4.22

Lösungsstrategie: Vergleichen Sie die Lösungsstrategie zu Aufgabe 4.21.

Lösungsweg, explizit:

Werte einsetzen: $$\eta = \frac{T_1 - T_2}{T_1} = \frac{(15+273)K - (-30+273)K}{(15+273)K} \overset{TR}{\approx} 0.15625 = 15.625\,\%\,.$$ 2 P

Einen besseren Wirkungsgrad kann unter diesen Bedingungen prinzipiell keine Wärmekraftmaschine erzielen, egal welcher Bauart.

**Stolperfalle**

Dass man Temperaturen im SI-Einheitensystem in Kelvin einsetzt und nicht in Celsius, ist allgemein bekannt. Und doch wird diese Notwendigkeit gerade beim Berechnen von Wirkungsgraden von Studierenden besonders häufig übersehen.

## Aufgabe 4.23 Wärmepumpe

| 9 Min. | | Punkte 6 P |
|---|---|---|

In einem Heizkraftwerk werde durch Verbrennen von Kohle oder Gas Wärme und daraus Strom erzeugt. Mit dieser elektrischen Energie betreibe ein Haushalt eine Wärmepumpe.
Wie groß ist der gesamte Wirkungsgrad der Kombination beider Prozesse?
Zusatzfrage: Warum ist der Umweg über Wärmekraftmaschine und Wärmepumpe energetisch günstiger als das Heizen mit direkter Verbrennung der fossilen Energieträger im Haushalt?

Rechnen Sie dazu folgendes Zahlenbeispiel durch:

(a.) Dampftemperaturen im Heizkraftwerk: $700°C$ bei der Zuleitung in der Wärmekraftmaschine und $100°C$ bei der Ableitung aus der Wärmekraftmaschine.

(b.) Betriebstemperaturen der Wärmepumpe: $0°C$ als Außentemperatur und $T_2 = 50°C$ als Temperatur, auf die das Warmwasser im Haushalt gebracht werden soll.

Näherungen: Gehen Sie von verlustfreien Maschinen mit idealen (maximal möglichen) thermodynamischen Wirkungsgraden aus. Energieverluste bei der Umwandlung zwischen elektrischer und mechanischer Energie und beim Energietransport vernachlässigen Sie bitte auch.

## ▾ Lösung zu 4.23

Lösungsstrategie:

Der Wirkungsgrad wird als das Verhältnis zwischen Nutzen und Aufwand verstanden. Für die ideale Wärmekraftmaschine nimmt er den Carnot-Wirkungsgrad an, nämlich $\eta_{WKM} = \frac{T_1 - T_2}{T_1}$.

Für die ideale Wärmepumpe ist der Wirkungsgrad dessen Kehrwert, also $\eta_{WP} = \frac{T_1}{T_1 - T_2}$. In beiden Fällen ist $T_1 > T_2$.

Lösungsweg, explizit:

2 P (a.) Im Wärmekraftwerk ist $\eta_{WKM} = \frac{T_1 - T_2}{T_1} = \frac{(700+273)K - (100+273)K}{(700+273)K} = \frac{600}{973} \overset{TR}{\approx} 61.665\%$.

(b.) Bei der Wärmepumpe liegen die Temperaturverhältnisse völlig anders, daher auch der

2 P Wirkungsgrad: $\eta_{WKM} = \frac{T_1}{T_1 - T_2} = \frac{(50+273)K}{(50+273)K - (0+273)K} = \frac{323}{50} = 646\%$.

Im ersten Teil des Prozesses werden $61.665\,\%$ der Wärmeenergie in elektrische Energie umgewandelt, der Rest geht verloren. Aber diese 61.66 % werden beim zweiten Teil des Prozesses mit einem Wirkungsgrad von $646\,\%$ in Wärmeenergie umgesetzt. Der Gesamtwirkungsgrad ist also das Produkt aus beiden Einzelwirkungsgraden:

1 P $\eta_{Ges} = \eta_{WKM} \cdot \eta_{WP} \overset{TR}{\approx} 0.61665 \cdot 6.46 \overset{TR}{\approx} 3.98 = 398\%$.

Zur Zusatzfrage: Das Heizen beim direkten Verfeuern der Energieträger hat (im Idealfall) einen Wirkungsgrad von 100 %. Dass der Wirkungsgrad durch unseren Umweg wesentlich besser wird, hat seinen Grund in den unterschiedlichen Temperaturen, denn beim Verheizen der Energieträger wird eine völlig andere Temperatur erzeugt als beim Endverbraucher benötigt wird. 1 P

## Aufgabe 4.24 Dritter Hauptsatz der Thermodynamik

| | | Punkte |
|---|---|---|
| 5 Min. | | 3 P |

Welche Bedingung müsste erfüllt sein, damit eine Carnot-Maschine einen Wirkungsgrad von 100 % erreichen könnte? Wäre es theoretisch denkbar, so etwas zu erreichen?

## Lösung zu 4.24

Lösungsstrategie:

Formal muss man eine Größe finden, um im Limes den Wirkungsgrad $\eta \to 1$ gehen zu lassen.

Lösungsweg, explizit:

Der Wirkungsgrad beim Carnot-Prozess mit $\eta = \frac{T_1 - T_2}{T_1} = 1 - \frac{T_2}{T_1}$ geht gegen 1, wenn $T_1 \to \infty$ oder wenn $T_2 \to 0$ geht.

Dass unendliche Temperaturen nicht zum Einsatz kommen können, ist alleine schon wegen der Haltbarkeit des Materials offensichtlich.

Aber kann $T_2 = 0$ werden? Dazu müsste man das kältere Temperatur-Reservoir (den Kühler) zum absoluten Temperaturnullpunkt abkühlen. Dem steht der dritte Hauptsatz der Thermodynamik entgegen, der eben genau dies für unmöglich erklärt. Also ist es nicht einmal theoretisch denkbar, eine Wärmekraftmaschine mit einem Wirkungsgrad von 100% bauen zu können. 3 P

## Aufgabe 4.25 Thermodynamischer Kreisprozess des Ottomotors

| | | Punkte | |
|---|---|---|---|
| (a.) 8 Min. | | | (a.) 6 P |
| (b.) 6 Min. | | | (b.) 5 P |
| (c.) 10 Min. | | Punkte | (c.) 8 P |
| (d.) 4 Min. | | | (d.) 3 P |

Der thermodynamische Kreisprozess des Ottomotors verläuft in folgenden vier Schritten:

$1 \to 2$: Ausgehend von einem Zustand 1 folgt eine adiabatische Kompression.

$2 \to 3$: Es folgt eine isochore Drucksteigerung.

$3 \to 4$: Danach kommt eine adiabatische Expansion.

$4 \to 1$: Zum Ausgangspunkt zurück führt eine isochore Druckabsenkung.

(a.) Skizzieren Sie den thermodynamischen Kreisprozess des Ottomotors in pV-Diagramm. (Die Skizze muss nicht maßstäblich sein.) Beschreiben Sie auch die Vorgänge, die bei jeder einzelnen dieser Zustandsänderungen ablaufen.

(b.) Berechnen Sie den thermodynamischen Wirkungsgrad des idealen (reibungsfreien) Ottomotors. Drücken Sie dazu den Wirkungsgrad als Funktion der Temperaturen $T_1 \ldots T_4$ aus.

(c.) Rechnen Sie das Ergebnis von Aufgabenteil (b.) derart um, dass sich der Wirkungsgrad als Funktion der Volumina $V_1 \ldots V_4$ ausdrücken lässt.

(d.) Zahlenbeispiel: Welcher Wirkungsgrad ergibt sich, wenn der Ottomotor eine Verdichtung von 1:9 (als Volumenverhältnis) hat? (Hinweis: Das Gas besteht überwiegend aus dem Stickstoff der Luft und hat in etwa einen Adiabatenexponenten von $\kappa = 1.4$.)

## ▾ Lösung zu 4.25

Lösungsstrategie:

(a.) Dabei sind exakt die in der Aufgabenstellung beschriebenen Zustandsänderungen nachzuvollziehen.

(b.) Aufwand ist die (vermittels chemischer Reaktion) zugeführte Energie.
Nutzen ist die mechanische Energie, die man als Differenz zwischen der zugeführten Energie und der abgeführten Wärmeenergie berechnen kann.

Lösungsweg, explizit:

(a.) Das gefragte Diagramm sieht man in Bild 4-8.

2 P

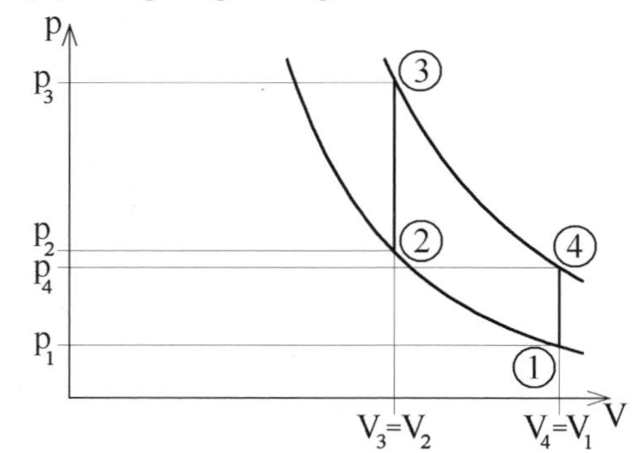


**Bild 4-8**
Darstellung des thermodynamischen Kreisprozesses des Ottomotors.
Die Erläuterung der Punkte und der Linien erfolgt im Text.

Folgende Vorgänge laufen dabei ab:

- Von Punkt 1 nach Punkt 2 wird das Gas (Treibstoff-Luft-Gemisch) durch eine Kolbenbewegung verdichtet. Da der Prozess sehr schnell verläuft, wird mit der Umgebung keine Wärmeenergie ausgetauscht. Der Prozess ist also adiabatisch. 1 P
- In Punkt 2 löst ein Zündfunke das schlagartige Verbrennen des Gases (als Explosion) aus. Damit erhöht sich der Druck sofort auf den in Punkt 3 skizzierten Wert $p_3$. Die dafür nötige Energie entstammt der exothermen chemischen Reaktion der Verbrennung. 1 P
- Das Gas unter sehr hohem Druck schiebt nun den Kolben von Punkt 3 zu Punkt 4. Dabei expandiert das Gas und liefert mechanische Energie ab, die als Nutzen der Maschine verstanden wird. 1 P

▪ In Punkt 4 wird ein Ventil geöffnet, durch welches das verbrannte Gas aus dem Zylinder ausströmt. Dadurch wird der Kreisprozess wieder in den Zustand des Punktes 1 gebracht. 1 P

(b.) Unter dem Wirkungsgrad versteht man üblicherweise das Verhältnis zwischen der als Nutzen entnommenen Energie und der insgesamt zugeführten Energie. Da die Nutzenergie hier die mechanische ist, schreiben wir den Wirkungsgrad wie folgt:

$$\eta = \frac{W_{\text{mechanisch}}}{W_{\text{zugeführt}}} = \frac{Q_{\text{zu(geführt)}} - Q_{\text{ab(geführt)}}}{Q_{\text{zu(geführt)}}}. \quad (*1) \qquad \text{(mit Bezug auf jeden einzelnen Zyklus)}$$

Da bei den adiabatischen Prozessen jeweils $\Delta Q = 0$ ist, genügt die Betrachtung der beiden isochoren Zustandsänderungen, also $2 \rightarrow 3$ und $4 \rightarrow 1$. 1 P

- Bei der isochoren Zustandsänderung $2 \rightarrow 3$ führt die chemische Reaktion der Explosion den Energiebetrag $Q_{zu}$ zu. Darin ist $Q_{zu} = m \cdot c_V \cdot \Delta T = m \cdot c_V \cdot (T_3 - T_2)$. 1 P
- Bei der isochoren Zustandsänderung $4 \rightarrow 1$ lässt das Auslassventil Energie entweichen, nämlich $Q_{ab}$. Darin ist $Q_{ab} = -m \cdot c_V \cdot \Delta T = m \cdot c_V \cdot (T_4 - T_1)$. 1 P

Der üblichen Vorzeichenkonvention folgend erhalten zugeführte Energien positives und abgeführte Energien negatives Vorzeichen.

Setzen wir die Werte der zu- und abgeführten Energien in die Formel $(*1)$ des Wirkungsgrades ein, so erhalten wir für den idealen Ottomotor

$$\eta = \frac{Q_{zu} - Q_{ab}}{Q_{zu}} = \frac{m \cdot c_V \cdot (T_3 - T_2) - m \cdot c_V \cdot (T_4 - T_1)}{m \cdot c_V \cdot (T_3 - T_2)} = \frac{T_3 - T_2 - T_4 + T_1}{T_3 - T_2}. \quad (*2)$$ 2 P

(c.) Für die gefragte Umrechung benutzen wir bisher noch nicht verwendete Informationen, die sich aus den Adiabaten gewinnen lassen:

Für adiabatische Zustandsänderungen gilt $T \cdot V^{\kappa-1} = const.$ Bezogen auf die beiden Adiabaten $1 \rightarrow 2$ und $3 \rightarrow 4$ in unserem Otto-Kreisprozess bedeutet dies:

Für $3 \rightarrow 4$ gilt: $T_3 \cdot V_3^{\kappa-1} = T_4 \cdot V_4^{\kappa-1} \Rightarrow \frac{T_3}{T_4} = \frac{V_4^{\kappa-1}}{V_3^{\kappa-1}} = \left(\frac{V_1}{V_2}\right)^{\kappa-1}$, weil $V_4 = V_1$ und $V_3 = V_2$ ist.

Für $1 \rightarrow 2$ gilt: $T_1 \cdot V_1^{\kappa-1} = T_2 \cdot V_2^{\kappa-1} \Rightarrow \frac{T_2}{T_1} = \frac{V_1^{\kappa-1}}{V_2^{\kappa-1}} = \left(\frac{V_1}{V_2}\right)^{\kappa-1}$. 3 P

Zusammenfassen der beiden Temperaturverhältnisse liefert: $\frac{T_3}{T_4} = \left(\frac{V_1}{V_2}\right)^{\kappa-1} = \frac{T_2}{T_1} \quad (*3)$ 1 P

Damit lässt sich der aus Temperaturen bestehende Quotient in $(*2)$ in Volumina umrechnen:

$$\eta = \frac{T_3 - T_2 - T_4 + T_1}{T_3 - T_2} = \frac{T_3 - T_2}{T_3 - T_2} - \frac{T_4 - T_1}{T_3 - T_2} = 1 - \underbrace{\frac{T_4 - T_1}{T_3 - \frac{T_1 \cdot T_3}{T_4}}}_{\substack{\text{Hier wurde} \\ T_2 \text{ nach } (*3) \\ \text{ersetzt.}}} = 1 - \underbrace{\frac{T_4 - T_1}{T_3 - T_3 \cdot \frac{T_1}{T_4}} \cdot \frac{T_4}{T_4}}_{\substack{\text{Zur Vermeidung von} \\ \text{Doppelbrüchen wird} \\ \text{mit } T_4 \text{ erweitert.}}} = 1 - \frac{(T_4 - T_1) \cdot T_4}{T_3 \cdot (T_4 - T_1)} = 1 - \frac{T_4}{T_3}.$$ 3 P

Das Verhältnis $\frac{T_4}{T_3}$ haben wir in $(*3)$ durch Volumina ausgedrückt und setzen es nun ein:

1 P $\eta = 1 - \frac{T_4}{T_3} = 1 - \left(\frac{V_2}{V_1}\right)^{\kappa - 1}$

Damit ist der Wirkungsgrad als Funktion der Volumina ausgedrückt.

(d.) In manchen Lehrbüchern wird unter der Verdichtung ein Volumenverhältnis verstanden, in anderen Lehrbüchern hingegen ein Druckverhältnis. Gemäß Aufgabenstellung bezieht sich unsere Angabe der Verdichtung auf ein Volumenverhältnis. Danach bedeutet eine Verdichtung von 1:9, dass $\frac{V_2}{V_1} = \frac{1}{9}$ ist. Damit berechnen wir den Wirkungsgrad wie folgt:

3 P $\frac{V_2}{V_1} = \frac{1}{9} \Rightarrow \left(\frac{V_2}{V_1}\right)^{\kappa - 1} = \left(\frac{1}{9}\right)^{1.4-1} \overset{TR}{\approx} 0.415 \Rightarrow \eta = 1 - \left(\frac{V_2}{V_1}\right)^{\kappa - 1} \overset{TR}{\approx} 1 - 0.415 = 0.585 = 58.5\%$.

Dass dieser ideale Wirkungsgrad eines verlustfreien Otto-Prozesses in der Realität nicht erreicht wird, ist klar.

## Aufgabe 4.26 Entropie und Mischungskalorimetrie

| | | Punkte | |
|---|---|---|---|
| (a.) 8 Min. | | | (a.) 6 P |
| (b.) 9 Min. | | | (b.) 7 P |

Jemand mischt Kaffee (200 Milliliter bei 90 °C) mit Milch (50 Milliliter bei 20 °C).

(a.) Welche Temperatur stellt sich am Ende des Mischens ein? Vernachlässigen Sie dabei die Wärmeaufnahme des wärmeisolierenden Styroporbechers (aus dem Kaffeeautomaten).

(b.) Um wie viel ist die Entropie des Gemisches größer als die Entropie der beiden einzelnen Substanzen vor dem Mischen?

Hinweis: Behandeln Sie beide Flüssigkeiten (Kaffee und Milch) physikalisch im Sinne unserer Aufgabe näherungsweise wie Wasser, also mit dessen Dichte und mit dessen spezifischer Wärmekapazität von $c_W = 4.1868 \frac{J}{g \cdot K}$.

## Lösung zu 4.26

Lösungsstrategie:

(a.) Die Temperatur des Gemisches ist im Sinne der Mischungskalorimetrie auszurechnen. Die vom Kaffee abgegebene Wärmemenge wird von der Milch aufgenommen.

(b.) Hierfür wird das Ergebnis von Aufgabenteil (a.) benötigt. Beim Abkühlen des Kaffees sinkt dessen Entropie. Beim Erwärmen der Milch hingegen steigt deren Entropie. Ist der zweite Hauptsatz der Thermodynamik wahr, so muss die Gesamtbilanz einem Anstieg der Entropie (in Summe über beide Einzelentropien) entsprechen (oder zumindest keiner Abnahme).

Lösungsweg, explizit:

(a.) Zur Mischungskalorimetrie erinnern wir uns an Aufgabe 4.3 und schreiben mit der Zuordnung der Indizes „K" für Kaffee, „M" für Milch „G" für Gemisch, „W" für Wasser, die vom Kaffee abgegebene Wärmemenge auf:

$\Delta Q = m_{\text{K}} \cdot c_{\text{W}} \cdot \Delta T_{\text{K}} = m_{\text{K}} \cdot c_{\text{W}} \cdot (T_{\text{K}} - T_{\text{G}})$ (Darin ist $m$ = Masse und $T$ = Temperatur.) 1 P

und ebenso die von der Milch aufgenommene Wärmemenge:

$\Delta Q = m_{\text{M}} \cdot c_{\text{W}} \cdot \Delta T_{\text{M}} = m_{\text{M}} \cdot c_{\text{W}} \cdot (T_{\text{G}} - T_{\text{M}})$. 1 P

Man beachte, dass anders als bei Aufgabe 4.3 für alle hier beteiligten Substanzen die Wärmekapazität des Wassers eingesetzt werden kann ( $c_M = c_W = c_K$ ).

Setzen wir die beiden Ausdrücke in $\Delta Q$ gleich und lösen nach $T_{\text{G}}$ auf, so erhalten wir

$$m_{\text{K}} \cdot c_{\text{W}} \cdot (T_{\text{K}} - T_{\text{G}}) = m_{\text{M}} \cdot c_{\text{W}} \cdot (T_{\text{G}} - T_{\text{M}})$$

$$\Rightarrow \quad m_{\text{K}} \cdot T_{\text{K}} - m_{\text{K}} \cdot T_{\text{G}} = m_{\text{M}} \cdot T_{\text{G}} - m_{\text{M}} \cdot T_{\text{M}}$$

$$\Rightarrow \quad -m_{\text{M}} \cdot T_{\text{G}} - m_{\text{K}} \cdot T_{\text{G}} = -m_{\text{M}} \cdot T_{\text{M}} - m_{\text{K}} \cdot T_{\text{K}}$$

$$\Rightarrow \quad T_{\text{G}} \cdot (-m_{\text{M}} - m_{\text{K}}) = -m_{\text{M}} \cdot T_{\text{M}} - m_{\text{K}} \cdot T_{\text{K}}$$

$$\Rightarrow \quad T_{\text{G}} = \frac{-m_{\text{M}} \cdot T_{\text{M}} - m_{\text{K}} \cdot T_{\text{K}}}{-m_{\text{M}} - m_{\text{K}}} = \frac{m_{\text{M}} \cdot T_{\text{M}} + m_{\text{K}} \cdot T_{\text{K}}}{m_{\text{M}} + m_{\text{K}}}$$ 1 P

$$= \frac{50g \cdot (273+20)K + 200g \cdot (273+90)K}{50g + 200g} \stackrel{TR}{\approx} 349K \mathrel{\hat{=}} 76°C$$ als Temperatur des Gemisches.

(b.) Die Formel für die Veränderung der Entropie bei Temperaturänderung geht auf Boltzmann zurück. Man findet sie in Formelsammlungen gemäß $\Delta S = m \cdot \int_{T_1}^{T_2} \frac{c}{T} \cdot dT$, wo $T_1$ die Anfangstemperatur (bzgl. der Temperaturänderung) und $T_2$ die Endtemperatur ist. 1 P

Da in unserem Fall die Wärmekapazität von der Temperatur unabhängig ist ( $c = c_W$ ), lässt sich das Integral elementar lösen:

$$\Delta S = m \cdot \int_{T_1}^{T_2} \frac{c}{T} \cdot dT = m \cdot c \cdot \int_{T_1}^{T_2} \frac{1}{T} \cdot dT = m \cdot c \cdot \left[\ln(T)\right]_{T_1}^{T_2} = m \cdot c \cdot \left(\ln(T_2) - \ln(T_1)\right) = m \cdot c \cdot \ln\left(\frac{T_2}{T_1}\right).$$ 2 P

Damit bestimmen wir für jede der beiden Substanzen deren Entropieänderung separat:

- für den Kaffee: $\Delta S_K = m_K \cdot c \cdot \ln\left(\frac{T_2}{T_1}\right) = 200g \cdot 4.1868 \frac{J}{g \cdot K} \cdot \ln\left(\frac{(273+76)K}{(273+90)K}\right) \stackrel{TR}{\approx} -32.934 \frac{J}{K}$, 1½ P

- für die Milch: $\Delta S_M = m_M \cdot c \cdot \ln\left(\frac{T_2}{T_1}\right) = 50g \cdot 4.1868 \frac{J}{g \cdot K} \cdot \ln\left(\frac{(273+76)K}{(273+20)K}\right) \stackrel{TR}{\approx} 36.613 \frac{J}{K}$. 1½ P

Folglich lautet die Gesamtbilanz der Entropie

$\Delta S_{ges} = \Delta S_K + \Delta S_M \stackrel{TR}{\approx} -32.934 \frac{J}{K} + 36.613 \frac{J}{K} = +3.679 \frac{J}{K}$, 1 P

die wie erwartet eine Zunahme der Entropie aufzeigt. Wie in der Lösungsstrategie angedeutet, wird dem Kaffee zwar aufgrund seiner Abkühlung Entropie entzogen, die der Milch zugefügte Entropie ist aber größer als die dem Kaffee entnommene.

## Aufgabe 4.27 Entropie beim Vermischen zweier Gase

| | | | |
|---|---|---|---|
| (a.) 3 Min. | | Punkte | (a.) 2 P |
| (b.) 20 Min. | | | (b.) 16 P |

Jemand mischt im Labor ein der Luft ähnliches Gas, indem er 200 Milliliter Sauerstoff und 800 Milliliter Stickstoff entsprechend Bild 4-9 zusammenbringt.

(a.) Mischen sich die Gase durch bloßes Verbinden der Flaschen miteinander wie in Zustand „II" von Bild 4-9 oder müsste man das Mischen der Gase durch eine technische Maßnahme (wie Umrühren im Volumeninneren) realisieren?

(b.) Berechnen Sie die Veränderung der Entropie, die aufgrund des Mischens der Gase stattfindet. Führen Sie dabei Ihre Berechnung auf der Basis der mikroskopischen Betrachtungsweise der statistischen Thermodynamik durch und vergleichen Sie Ihr Ergebnis mit der makroskopischen Betrachtungsweise der klassischen Thermodynamik.

Hinweise: Alle Vorgänge finden hinsichtlich Druck und Temperatur unter thermodynamischen Normalbedingungen statt. Die Gase behandeln Sie bitte als ideale Gase.

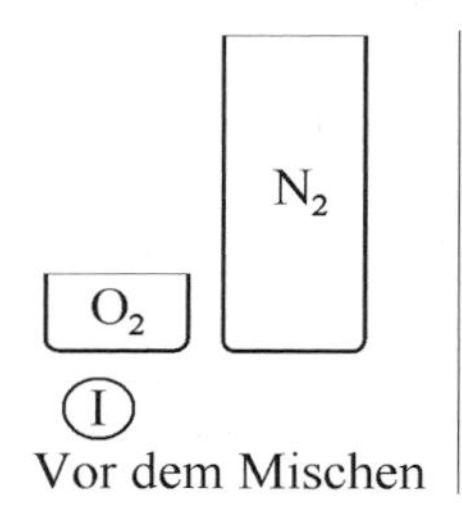


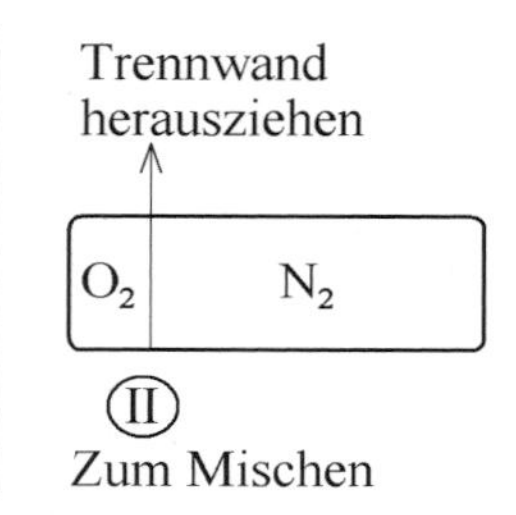


**Bild 4-9**
Zusammenbringen zweier Gase aus zwei Zylindern unter Beibehaltung von Druck und Temperatur.
Vor dem Mischen sind die beiden Flaschen mit Deckeln abgeschlossen. Zum Mischen werden die beiden Flaschen zusammengebracht und die Deckel herausgezogen.

## Lösung zu 4.27

Lösungsstrategie:

(a.) Hier ist eine logische Erklärung gefragt.

(b.) Die mikroskopische Sichtweise bezieht sich auf Wahrscheinlichkeiten der Realisierung von Zuständen der Verteilung der einzelnen Moleküle. Man benötigt also die Aufenthaltswahrscheinlichkeiten aller Teilchen (deren Anzahl thermodynamisch berechnet werden kann) in den einzelnen Bestandteilen des Volumens. Die klassische Sichtweise mit ihren Formeln führt zum selben Ergebnis wie die mikroskopische Betrachtung. Letztere geht auf die Betrachtungsweise Boltzmanns zurück, die in Aufgabe 4.26 bereits angesprochen wurde.

Lösungsweg, explizit:

(a.) Das Mischen der Gase passiert ohne weiteres Nachhelfen. Es genügt bereits, im Zustand „II" (in Bild 4-9) die Trennwand zwischen beiden Bestandteilen des gemeinsamen Gesamtvolumens herauszuziehen. Sobald dies geschehen ist, diffundieren beide Gase in das gesamte Volumen und erfüllen dieses jeweils homogen mit ihren Partialdrücken. Die Begründung kann man darin sehen, dass ein Stickstoffmolekül, welches sich im rechten Teil des Gesamtgefäßes befindet, aber eine Geschwindigkeit nach links hat, durch nichts daran gehindert wird, bis zum äußerst linken Rand des Gefäßes zu fliegen. Die gleiche Überlegung gilt in analoger Weise auch für die Sauerstoffmoleküle. 2 P

Im Übrigen werden wir in Aufgabenteil (b.) sehen, dass die Entropie aufgrund der Diffusion zunimmt, was ja gerade für von selbst stattfindende Vorgänge charakteristisch ist.

(b.) In der mikroskopischen Betrachtungsweise wird die Zunahme der Entropie verstanden aus der Zunahme der Realisierungswahrscheinlichkeiten vom Anfangs- zum Endzustand, und zwar gemäß

$$\Delta S = k \cdot \ln\left(\frac{W_2}{W_1}\right), \text{ worin } k = 1.38 \cdot 10^{-23} \tfrac{J}{K} \text{ und } W_1 = \text{Wahrscheinlichkeit des Anfangszustandes} \quad (*1)$$

$$W_2 = \text{Wahrscheinlichkeit des Endzustandes}$$ 1 P

Die genannten Wahrscheinlichkeiten berechnen wir als Aufenthaltswahrscheinlichkeiten der jeweiligen Gasmoleküle in den zugehörigen Volumina. Die Anzahl der Gasmoleküle bestimmen wir näherungsweise durch Betrachtung der Gase als ideale Gase, von denen ein Volumen von $V_{mol} = 22.4\,Liter$ genau $N_A = 6.022 \cdot 10^{23}$ Teilchen enthält. 1 P

Diese Überlegung führen wir für jedes der beiden Gase einzeln durch, wobei der Anfangszustand vor dem Herausziehen der Trennwand vorliegt, der Endzustand hingegen der Zustand nach dem Hineindiffundieren der Moleküle in das gemeinsame Gesamtgefäß ist.

- Beginnen wir mit dem Sauerstoff. Die Zahl seiner Teilchen ist

$$N = \frac{0.2\,Liter}{22.4\,Liter} \cdot N_A = \frac{6.022 \cdot 10^{23}}{112} \overset{TR}{\approx} 5.3768 \cdot 10^{21}.$$ 1 P

Im Anfangszustand befinden sich alle Teilchen im linken Fünftel des gemeinsamen Gefäßes. Die Wahrscheinlichkeit, dass dies nach dem Herausziehen der Trennwand so bleibt, ist also $W_1 = \left(\frac{1}{5}\right)^N$. In Endzustand hingegen befinden sich alle Teilchen irgendwo im gemeinsamen Volumen. Dies tun sie mit Sicherheit (sofern kein Leck da ist), also ist $W_2 = 1$. Damit berechnen wir die Zunahme der Entropie nach $(*1)$ als 1 P

$$\Delta S_{Sauerstoff} = k \cdot \ln\left(\frac{1}{\left(\frac{1}{5}\right)^N}\right) = k \cdot \ln\left(5^N\right) = k \cdot N \cdot \ln(5) \overset{TR}{\approx} 1.38 \cdot 10^{-23} \tfrac{J}{K} \cdot 5.3768 \cdot 10^{21} \cdot \ln(5) \overset{TR}{\approx} 0.11942 \tfrac{J}{K}. \quad (*2a)$$ 2 P

- Eine analoge Vorgehensweise für den Stickstoff führt zu einer Teilchenanzahl

$N = \frac{0.8\,Liter}{22.4\,Liter} \cdot N_A = \frac{6.022 \cdot 10^{23}}{28} \overset{TR}{\approx} 2.1507 \cdot 10^{22}$ der Stickstoffmoleküle. Aufgrund der Volumenverhältnisse 4:5 ist dann $W_1 = \left(\frac{4}{5}\right)^N$ ; an $W_2 = 1$ ändert sich nichts. Damit ergibt sich 1 P 1 P

$$\Delta S_{Stickstoff} = k \cdot \ln\left(\frac{1}{\left(\frac{4}{5}\right)^N}\right) = k \cdot \ln\left(\left(\frac{5}{4}\right)^N\right) = k \cdot N \cdot \ln\left(\frac{5}{4}\right) \overset{TR}{\approx} 1.38 \cdot 10^{-23} \tfrac{J}{K} \cdot 2.1507 \cdot 10^{22} \cdot \ln\left(\frac{5}{4}\right) \overset{TR}{\approx} 0.06623 \tfrac{J}{K} \quad (*2b)$$ 2 P

für die Entropiezunahme des Stickstoffes.

Konsistenz-Check: Dass die Zunahme der Entropie beim Stickstoff so wesentlich geringer ausfällt als beim Sauerstoff, wundert uns nicht, denn der Stickstoff erfüllte ja bereits vor dem Herausziehen der Trennwand den größten Teil des gesamten Volumens, wohingegen der Sauerstoff von einem relativ kleinen Anteil des Gesamtvolumens ausgehend merklich expandierte.

Ergebnis: Die gesamte Zunahme der Entropie bei dem diffusionsbedingten Mischen der beiden Gase ist dann $\Delta S_{ges} = \Delta S_{Sauerstoff} + \Delta S_{Stickstoff} \overset{TR}{\approx} 0.11942 \frac{J}{K} + 0.06623 \frac{J}{K} \overset{TR}{\approx} 0.18565 \frac{J}{K}$. 1 P

Vergleich mit der makroskopischen Betrachtungsweise der klassischen Thermodynamik:

2 P In dieser Disziplin kennt man die Formel $\Delta S = k \cdot N \cdot \left( \ln\left(\frac{V}{V_0}\right) + \frac{f}{2} \cdot \ln\left(\frac{T}{T_0}\right) \right)$, die im Prinzip als eine Erweiterung der Entropiezunahme-Formel nach Boltzmann aus Aufgaben 4.26 (b.) zu verstehen ist. Darin ist $k$ die Boltzmann-Konstante, sowie $\frac{V}{V_0}$ die Volumenzunahme bei der Expansion und $\frac{T}{T_0}$ eine eventuelle Temperaturveränderung, sowie $f$ die Zahl der thermodynamischen Freiheitsgrade der Bewegung der einzelnen Teilchen. Da in unserem Beispiel die Temperatur konstant bleibt, ist

$$T = T_0 \quad \Rightarrow \quad \ln\left(\frac{T}{T_0}\right) = 0 \quad \Rightarrow \quad \Delta S = k \cdot N \cdot \ln\left(\frac{V}{V_0}\right).$$ 1 P

Erinnert man sich an die Rückführung der Wahrscheinlichkeiten auf die Volumenverhältnisse bei der mikroskopischen Betrachtungsweise, so erkennt man in der letztgenannten Formel die Beziehung $(*1)$ bzw. deren Einsetzen in $(*2a)$ und $(*2b)$ wieder. Weil also die Formeln der klassischen Sichtweise mit den Formeln der mikroskopischen Sichtweise völlig identisch sind, ist offensichtlich, dass die makroskopische Sichtweise zum selben Ergebnis führen muss, wie die mikroskopische. Deshalb verzichten wir darauf, die Berechnungen $(*2a)$ und $(*2b)$ erneut hinzuschreiben. 2 P

## Aufgabe 4.28 Zustandsgleichung realer Gase (van der Waals)

| Insgesamt ca. 60 bis 70 Min. | Punkte |
|---|---|
| Die Aufgabe ist nicht teilbar. | Gesamt: 38 P |

Die Zustandsgleichung realer Gase nach van der Waals lautet $\left(p + \frac{a}{V^2}\right) \cdot (V - b) = N \cdot R \cdot T$, worin $b$ das sog. Kovolumen ist und $\frac{a}{V^2}$ der Binnendruck (Symbole $p, V, N, R, T$ wie üblich). Zeichnet man die Isothermen realer Gase im pV-Diagramm, so findet man die Existenz eines sog. kritischen Punktes.

(a.) Leiten Sie aufgrund dieser Zustandsgleichung her, wie man aus den Konstanten „a“ und „b“ die Werte des Druckes, des Molvolumens und der Temperatur für den kritischen Punkt bestimmen kann.

Arbeitshinweis: Berechnen Sie hierzu die Lage des Sattelpunktes der Isothermen realer Gase im pV-Diagramm.

(b.) Leiten Sie in umgekehrter Berechnungsrichtung zu Aufgabenteil (a.) die Berechnung der Konstanten „a“ und „b“ aus der Kenntnis des Druckes, des Molvolumens und der Temperatur im kritischen Punkt her.

(c.) Vervollständigen Sie mit den aus den Aufgabenteilen (a.) und (b.) gewonnenen Formeln die nachstehend abgedruckte Tabelle 4.4.

(d.) Erklären Sie auch den Begriff der Inversionstemperatur und berechnen Sie diese für die in Tabelle 4.4 aufgelisteten Gase.

**Tabelle 4.4** Werte für Kovolumen und Binnendruck sowie Drücke und Temperaturen einiger realer Gase zur Umrechnung nach van der Waals. In der Tabelle bezeichnet $N$ die Stoffmenge, angegeben in der Einheit Mol.

| Gas | $\frac{a}{N^2}$ | $\frac{b}{N}$ | $P_{\text{krit}}$ | $T_{\text{krit}}$ | $\frac{V_{\text{krit}}}{\text{N}}$ |
|---|---|---|---|---|---|
| Helium | $3.504 \cdot 10^{-3} \frac{Nm^4}{mol^2}$ | $24.02 \cdot 10^{-6} \frac{m^3}{mol}$ | | | |
| Wasserstoff | $24.87 \cdot 10^{-3} \frac{Nm^4}{mol^2}$ | $26.62 \cdot 10^{-6} \frac{m^3}{mol}$ | | | |
| Stickstoff | $136.7 \cdot 10^{-3} \frac{Nm^4}{mol^2}$ | $38.59 \cdot 10^{-6} \frac{m^3}{mol}$ | | | |
| Sauerstoff | | | $5.0 \cdot 10^6\, Pa$ | $154.77\, K$ | |
| Kohlendioxid | | | $7.3 \cdot 10^6\, Pa$ | $304.15\, K$ | |
| Wasser (Dampf) . | | | $21.8 \cdot 10^6\, Pa$ | $647.3\, K$ | |

## ▾ Lösung zu 4.28

### Stolperfalle

Für viele physikalische Größen kennen und benutzen die meisten Studierenden die Bezeichnungen. Bei der Größe mit dem Namen „Stoffmenge“ jedoch, hört man Studierende oft „Molzahl“ sagen. Dabei handelt es sich um eine unnötige sprachliche Hilflosigkeit. Korrekterweise bezeichnet man die beschriebene Größe als „Stoffmenge“, ihre Einheit ist das Mol. (Meine Körpergröße bezeichne ich auch nicht als „Meterzahl“.)

Lösungsstrategie:

Zeichnet man im pV-Diagramm das Feld der Isothermen, so findet man einerseits solche, die im mathematischen Sinne streng monoton fallend verlaufen, andererseits aber auch solche, die Maxima und Minima aufweisen. Die Grenze zwischen diesen beiden Scharen von Isothermen bildet eine ganz spezielle Isotherme, die einen Sattelpunkt aufweist. Dieser Sattelpunkt ist gleichzeitig als kritischer Punkt bekannt. Man betrachte hierzu Bild 4-10. Den kritischen Punkt kennen wir übrigens bereits aus Aufgabe 4.10 und Bild 4.1 (Zustandsdiagramm). 1 P

Das Lösen der Aufgabeteile (a.) und (b.) beruht dann auf dem Aufsuchen des Sattelpunktes. Dazu geht man in der bei Kurvendiskussionen üblichen Art und Weise vor: Sattelpunkte sind Wendepunkte mit waagerechter Tangente. Zu suchen ist also derjenige charakteristische Kurvenpunkt, bei dem sowohl die erste als auch die zweite Ableitung zu Null wird. Die zu diskutierende Kurve ist die Zustandsgleichung realer Gase nach van der Waals. Aus der Kurvendiskussion erhält man drei Gleichungen (die Funktion und deren beide Ableitungen) mit drei Unbekannten, die sich nach den gesuchten Größen auflösen lassen. 1 P

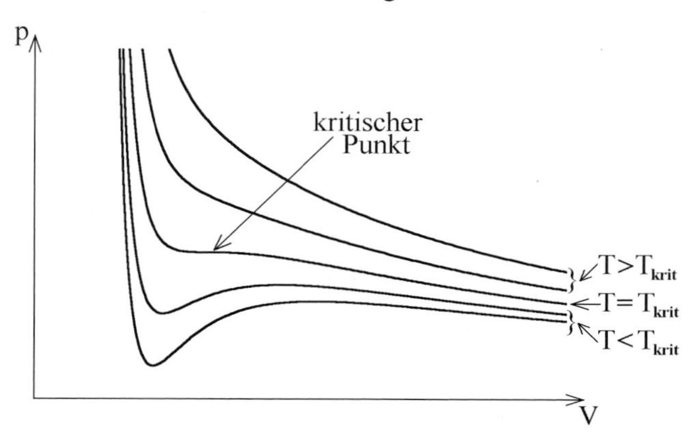


**Bild 4-10**
Schematische Darstellung des pV-Diagramms eines realen Gases. Bei Kurven mit $T < T_{\text{krit}}$ ist ein Übergang zwischen der flüssigen und der gasförmigen Phase möglich (wo die Monotonie der Kurve fehlt, erfolgt Kondensation). Für Temperaturen $T \geq T_{\text{krit}}$ hingegen ist eine Unterscheidung zwischen flüssiger und gasförmiger Phase nicht mehr möglich, hier sind die Kurven monoton (im mathematischen Sinne).

Lösungsweg, explizit:

Die Kurvenschar der Isothermen wird durch die in der Aufgabenstellung genannte Zustandsgleichung realer Gase nach van der Waals beschrieben. Da wir zur Suche des Sattelpunktes die explizite Angabe der Funktion $p = p(V)$ benötigen, lösen wir diese Zustandsgleichung nach dorthin auf:

$$\left(p+\frac{a}{V^2}\right)\cdot(V-b)=N\cdot R\cdot T \quad\Rightarrow\quad p\cdot V+\frac{a}{V}-p\cdot b-\frac{a\cdot b}{V^2}=N\cdot R\cdot T$$

$$\Rightarrow\; p\cdot(V-b)=\frac{a\cdot b}{V^2}-\frac{a}{V}+N\cdot R\cdot T=\frac{a\cdot b-a\cdot V}{V^2}+N\cdot R\cdot T$$

4 P
$$\Rightarrow\; p=\frac{a\cdot b-a\cdot V}{V^2\cdot(V-b)}+\frac{N\cdot R\cdot T}{(V-b)}=\frac{a\cdot(b-V)}{V^2\cdot(V-b)}+\frac{N\cdot R\cdot T}{(V-b)}=\frac{N\cdot R\cdot T}{V-b}-\frac{a}{V^2}=N\cdot R\cdot T\cdot(V-b)^{-1}-a\cdot V^{-2}. \quad (*1)$$

Diese Funktion $p(V)$ leiten wir zweimal nach $V$ ab und setzen jeweils die Ableitungen Null:

1½ P
$$\frac{\partial p}{\partial V}=-N\cdot R\cdot T\cdot(V-b)^{-2}+2a\cdot V^{-3}=0 \quad\Rightarrow\quad \frac{2a}{V^3}=\frac{N\cdot R\cdot T}{(V-b)^2} \qquad (*2)$$

1½ P
$$\frac{\partial^2 p}{\partial V^2}=+2\cdot N\cdot R\cdot T\cdot(V-b)^{-3}-6a\cdot V^{-4}=0 \quad\Rightarrow\quad \frac{6a}{V^4}=\frac{2\cdot N\cdot R\cdot T}{(V-b)^3} \qquad (*3)$$

Die drei Gleichungen $(*1)$, $(*2)$ und $(*3)$ bilden zusammen ein Gleichungssystem aus drei Gleichungen mit drei Unbekannten. Als solches lässt es sich lösen. Dabei ist allerdings die Blickrichtung für Aufgabenteil (a.) die umgekehrte wie für Aufgabenteil (b.):

- Bei Aufgabenteil (a.) sind die drei Unbekannten $p$, $V$ und $T$, zu deren Bestimmung $a$ und $b$ als bekannt eingesetzt werden dürfen, ebenso wie die Stoffmenge $N$. 1 P
- Bei Aufgabenteil (b.) sind $\frac{a}{N^2}$ und $\frac{b}{N}$ als Unbekannte zu bestimmen, wobei $p$, $V$ und $T$, als bekannt einzusetzen sind. 1 P

**Anmerkung**

Die Stoffmenge $N$ spielt in dem Gleichungssystem in gewisser Weise eine Sonderrolle, denn im Prinzip kann sie in beiden Berechnungsrichtungen als gegeben betrachtet werden. Dies hat seinen tieferen Grund darin, dass die Größen, die man zur Beschreibung des Verhaltens eines Gases benutzt, wohl nicht von der betrachteten Stoffmenge abhängen dürfen. Im Prinzip könnte man also alle Gleichungen mit dem Bezug auf die Stoffmenge $N = 1mol$ auflösen. Aufgrund der vorhandenen Gleichungen ist es aber am einfachsten, wenn man die einzelnen zu bestimmenden Größen auf die Stoffmenge $N$ bezieht, und zwar in der Form $a/N^2$, $b/N$ und $V_{krit}/N$. In dieser Form passen die Bezüge auch zu Tabelle 4.4.

Deshalb wäre es sinnlos, an irgendeiner Stelle nach der Stoffmenge $N$ auflösen zu wollen.

Die Ausführung der Auflösung des Gleichungssystems sieht damit wie folgt aus:

Bei Aufgabenteil (a.):

- Wir lösen $(*2)$ und $(*3)$ jeweils nach $a$ auf und setzen gleich:

$$\frac{V^3}{2}\cdot\frac{NRT}{(V-b)^2} = a = \frac{V^4}{6}\cdot\frac{2NRT}{(V-b)^3} \Rightarrow V = \frac{6\cdot(V-b)}{2\cdot 2} = \frac{3}{2}V - \frac{3}{2}b \Rightarrow -\frac{1}{2}V = -\frac{3}{2}b \Rightarrow V_{krit} = 3b, \quad (*4)$$ 2 P

- Das Einsetzen von $V_{krit}$ in $(*2)$ erlaubt eine Bestimmung der Temperatur:

$$\frac{2a}{(3b)^3} = \frac{N\cdot R\cdot T}{(3b-b)^2} \Rightarrow T = \frac{2a}{(3b)^3}\cdot\frac{(2b)^2}{N\cdot R} = \frac{8\cdot a\cdot b^2}{27\cdot N\cdot R\cdot b^3} \Rightarrow T_{krit} = \frac{8\cdot a}{27\cdot N\cdot R\cdot b}. \quad (*5)$$ 2 P

- Das Einsetzen von $V_{krit}$ und $T_{krit}$ in $(*1)$ führt schließlich zum Druck:

$$p = \frac{N\cdot R}{V-b}\cdot T - \frac{a}{V^2} = \frac{N\cdot R}{(3b-b)}\cdot\frac{8\cdot a}{27NRb} - \frac{a}{(3b)^2} = \frac{NR\cdot 4\cdot a}{27NR\cdot b^2} - \frac{a}{9b^2} = \left(\frac{4}{27}-\frac{1}{9}\right)\frac{a}{b^2} = \frac{1}{27}\frac{a}{b^2} = p_{krit}. \quad (*6)$$ 2 P

Um nun die Bezüge zu den in Tabelle 4.4. gegebenen Ausdrücken $a/N^2$, $b/N$, $V_{krit}/N$ herzustellen, können wir noch einsetzen:

$$\frac{V_{krit}}{N} = 3\cdot\frac{b}{N} \quad \text{sowie} \quad T_{krit} = \frac{8\cdot a}{27\cdot N\cdot R\cdot b} = \frac{8}{27R}\cdot\frac{a/N^2}{b/N} \quad \text{und außerdem} \quad p_{krit} = \frac{1}{27}\cdot\frac{a/N^2}{(b/N)^2}.$$ 3 P

Bei Aufgabenteil (b.):

Wie bei Aufgabenteil (a.) könnte man auch bei (b.) wieder in $(*1)$, $(*2)$ und $(*3)$ einsetzen, jetzt aber nach $a/_{N^2}$ und $b/_N$ auflösen. Bequemer wird der Rechenweg jedoch, wenn man direkt auf die bereits umgeformten Gleichungen $(*4)$, $(*5)$ und $(*6)$ zurückgreift:

- Löst man $(*5)$ und $(*6)$ nach $a$ auf und setzt dann gleich, so erhält man:

2 P
$$\frac{27}{8} \cdot N \cdot R \cdot b \cdot T_{krit} = a = 27 b^2 \cdot p_{krit} \quad \Rightarrow \quad \frac{b}{N} = \frac{\frac{1}{8} R \cdot T_{krit}}{p_{krit}} = \frac{R \cdot T_{krit}}{8 \cdot p_{krit}} .$$

- Setzt man dieses $b/_N$ in $(*6)$ ein, so erhält man:

$$(*6) \quad \Rightarrow \quad \frac{1}{27} \frac{a}{b^2} = p_{krit} \quad \Rightarrow \quad a = 27 b^2 \cdot p_{krit} \quad \Rightarrow \quad \frac{a}{N^2} = 27 \left(\frac{b}{N}\right)^2 \cdot p_{krit} = 27 \left(\frac{R \cdot T_{krit}}{8 \cdot p_{krit}}\right)^2 \cdot p_{krit}$$

3 P
$$\Rightarrow \quad \frac{a}{N^2} = \frac{27 \cdot R^2 \cdot T_{krit}^2}{64 \cdot p_{krit}} .$$

Damit lässt sich nun, wie in Aufgabenteil (c.) gewünscht, die Tabelle 4.4. komplettieren, wobei wegen $(*4)$ $\frac{V_{krit}}{N} = \frac{3b}{N}$ verwendet werden darf. Das Ergebnis, nämlich die Vervollständigung von Tabelle 4.4. zeigt Tabelle 4.5.:

**Tabelle 4.5** Werte für Kovolumen und Binnendruck sowie kritische Drücke und kritische Temperaturen einiger realer Gase nach van der Waals.

½ P je Feld = 9P

| Gas | $\frac{a}{N^2}$ | $\frac{b}{N}$ | $P_{krit}$ | $T_{krit}$ | $\frac{V_{krit}}{N}$ |
|---|---|---|---|---|---|
| Helium | $3.504 \cdot 10^{-3} \frac{Nm^4}{mol^2}$ | $24.02 \cdot 10^{-6} \frac{m^3}{mol}$ | $2.25 \cdot 10^5\, Pa$ | $5.199 K$ | $7.2 \cdot 10^{-5} \frac{m^3}{mol}$ |
| Wasserstoff | $24.87 \cdot 10^{-3} \frac{Nm^4}{mol^2}$ | $26.62 \cdot 10^{-6} \frac{m^3}{mol}$ | $1.3 \cdot 10^6\, Pa$ | $33.29 K$ | $7.99 \cdot 10^{-5} \frac{m^3}{mol}$ |
| Stickstoff | $136.7 \cdot 10^{-3} \frac{Nm^4}{mol^2}$ | $38.59 \cdot 10^{-6} \frac{m^3}{mol}$ | $3.4 \cdot 10^6\, Pa$ | $126.2 K$ | $11.6 \cdot 10^{-5} \frac{m^3}{mol}$ |
| Sauerstoff | $139.7 \cdot 10^{-3} \frac{Nm^4}{mol^2}$ | $32.17 \cdot 10^{-6} \frac{m^3}{mol}$ | $5.0 \cdot 10^6\, Pa$ | $154.77 K$ | $9.65 \cdot 10^{-5} \frac{m^3}{mol}$ |
| Kohlendioxid | $369.5 \cdot 10^{-3} \frac{Nm^4}{mol^2}$ | $43.30 \cdot 10^{-6} \frac{m^3}{mol}$ | $7.3 \cdot 10^6\, Pa$ | $304.15 K$ | $12.99 \cdot 10^{-5} \frac{m^3}{mol}$ |
| Wasser (Dampf) | $560.5 \cdot 10^{-3} \frac{Nm^4}{mol^2}$ | $30.86 \cdot 10^{-6} \frac{m^3}{mol}$ | $21.8 \cdot 10^6\, Pa$ | $647.3 K$ | $9.26 \cdot 10^{-5} \frac{m^3}{mol}$ |

(d.) Erklärung der Inversionstemperatur:

Ideale Gase kühlen bei Expansion ab. Reale Gase können das auch tun, aber nur, wenn deren Temperatur unterhalb der Inversionstemperatur liegt. Befindet sich ein reales Gas hingegen bei einer Temperatur oberhalb der Inversionstemperatur, so erwärmt es sich bei Expansion. 1 P

In Formelsammlungen findet man die Tatsache, dass die Inversionstemperatur in einer direkten Beziehung zur kritischen Temperatur steht, in der Aussage $T_{inv} = \frac{27}{4} \cdot T_{krit}$. Wir setzen dies für die in Tabelle 4.4 und Tabelle 4.5 genannten Gase ein und erhalten Tabelle 4.6.

**Tabelle 4.6** Werte der Inversionstemperatur für einige realer Gase nach van der Waals.

| Gas | Helium | Wasserstoff | Stickstoff | Sauerstoff | Kohlendioxid | Wasser (Dampf) |
|---|---|---|---|---|---|---|
| Inversionstemperatur | $35.09\,K$ | $224.7\,K$ | $852.1\,K$ | $1045\,K$ | $2053\,K$ | $4369\,K$ |

½ P je Feld = 3P

## Aufgabe 4.29 Wärmedehnung (bei Festkörpern)

10 Min. Punkte 7 P

Man kennt das sog. „Arbeiten des Materials“ in Bauwerken. Dieser Begriff beschreibt eine temperaturbedingte Längenänderung. Um zu vermeiden, dass dadurch große Kräfte entstehen, baut man in größere Gebäude sog. Dehnungsfugen ein.

(a.) Berechnen Sie für einen Stahlträger, der im Winter (bei der Temperatur $T_W = -10°C$ ) eine Länge von 40 Metern hat, die Trägerlänge im Sommer (bei der Temperatur $T_S = +30°C$ ). Um wie viele Zentimeter streckt sich der Träger durch die Erwärmung?

(b.) Nehmen wir an, dieser Stahlträger habe eine Querschnittsfläche von $100\,cm^2$ . Er sei im Winter bei $-10°C$ kräftefrei eingebaut worden. Wie groß wäre dann die Kraft, die er im Falle eines starren Einbaus (ohne Dehnungsfuge) im Sommer bei $+30°C$ ausüben würde?

Hinweise: Der lineare Längenausdehnungskoeffizient von Stahl beträgt $\gamma = 1.17 \cdot 10^{-5} K^{-1}$ .
Der Elastizitätsmodel von Stahl beträgt $E = 210000 \frac{N}{mm^2}$ .

## Lösung zu 4.29

Lösungsstrategie:

(a.) Für die Längenausdehnung gibt es eine Formel, in die man direkt einsetzen kann.

(b.) Zur Berechnung der Kraft müsste man den gedehnten Balken mit Kraft auf seine ursprüngliche Länge zusammendrücken. Die dafür notwendige Kraft ist die gesuchte.

Lösungsweg, explizit:

1 P (a.) Die Formel für die Längenänderung lautet $l(T)=l_0\cdot(1+\gamma\cdot\Delta T)$, worin $\Delta T$ die Temperaturdifferenz ist und $l_0$ die ursprüngliche Bezugslänge. Wir setzen $\Delta T = 40K$ ein und erhalten

1 P $l(T_S)=40m\cdot\left(1+1.17\cdot10^{-5}K^{-1}\cdot40K\right)=40.01872m$

Der Stahlträger streckt sich also aufgrund der Erwärmung um 1.872 cm.

(b.) Aus dem Zugversuch kennt man den Zusammenhang

$$\sigma=\varepsilon\cdot E \quad \text{mit } \sigma=\frac{F}{A}=\frac{\text{Kraft}}{\text{Querschnittsläche}}=\text{Zugspannung}$$

$$\text{und } \varepsilon=\frac{\Delta l}{l_0}=\frac{\text{Längenänderung}}{\text{Anfangslänge}}=\text{relative Längenänderung}.$$

Wir setzen diese Beziehungen ineinander ein und lösen nach der gefragten Kraft auf:

2 P $$F=A\cdot\sigma=A\cdot\varepsilon\cdot E=A\cdot\frac{\Delta l}{l_0}\cdot E. \qquad (*1)$$

Aus der Längenänderungsformel von Aufgabenteil (a.) kann die relative Längenänderung $\varepsilon$

1½ P bestimmt werden: $l(T)=l_0+l_0\cdot\gamma\cdot\Delta T \;\Rightarrow\; \Delta l=l(T)-l_0=l_0\cdot\gamma\cdot\Delta T \;\Rightarrow\; \frac{\Delta l}{l_0}=\gamma\cdot\Delta T=\varepsilon$

Setzen wir diese in $(*1)$ ein, so erhalten wir das Ergebnis:

1½ P $$F=A\cdot\gamma\cdot\Delta T\cdot E=100\cdot10^{-4}m^2\cdot1.17\cdot10^{-5}K^{-1}\cdot40K\cdot210000\frac{N}{10^{-6}m^2}=982800\,\text{Newton}.$$

Diese Kraft würde ausreichen, um ein Gewicht von etwas über 100 Tonnen gegen die Erdanziehung hochzuheben.

## Aufgabe 4.30 Presssitz aufgrund Wärmedehnung

| | | | | |
|---|---|---|---|---|
| (Uhr) | (a.) 3 Min. | (Schwierigkeit: 2) | Punkte | (a.) 2 P |
| | (b.) 8 Min. | | | (b.) 5 P |

In manchen Anwendungsfällen werden Räder aus Stahl auf Stahlachsen mit einem sog. Presssitz montiert (siehe Bild 4-11). Dabei wird ein Rad mit einem Loch, dessen Durchmesser kleiner ist als der Außendurchmesser der Achse (mit beiden Durchmessern bei Umgebungstemperatur) erwärmt und dann im heißen Zustand (also mit hinreichend vergrößertem Loch) über die Achse gesteckt. Nach anschließendem Abkühlen hält das Rad auf der Achse.

(a.) Auf welche Temperatur muss das Rad erhitzt werden, damit es über die Achse geschoben werden kann, d.h. damit der Durchmesser des Loches dafür ausreicht?

(b.) Welche Dichte nimmt das Rad im heißen Zustand an?

Wie groß ist die Volumenzunahme des Rades beim Erhitzen?

Vorgaben: Achsaußendurchmesser $d=50mm$, Bohrungsdurchmesser im Rad $s=49.75mm$,
Dicke des kalten Rades $l=10cm$, Radaußendurchmesser $a=50cm$,

Linearer Längenausdehnungskoeffizient von Stahl $\gamma = 1.17 \cdot 10^{-5} K^{-1}$,

Dichte des kalten Stahls $\rho = 7.87 \frac{g}{cm^3}$.

Alle Größenangaben gelten für den nicht erwärmten Zustand.

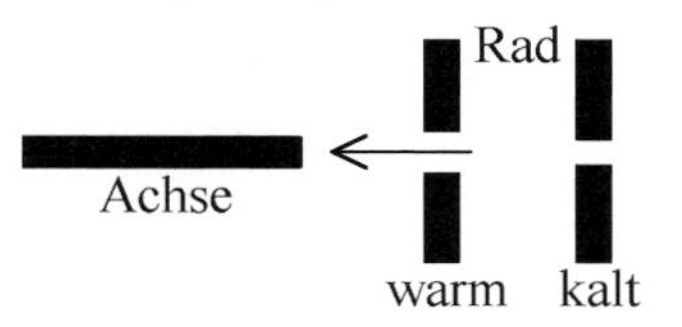


**Bild 4-11**
Entstehung eines Presssitzes, bei dem ein Rad in heißem Zustand über eine Achse geschoben wird. Lässt man es dort abkühlen, so schrumpft es und sitzt fest.

## ▾ Lösung zu 4.30

Lösungsstrategie:

Man beachte, dass sich mit dem Ausdehnen des Rades auch das Loch ausdehnt. Die Vorstellung ist nicht die, dass sich das Material in das Loch hineindehnt, sondern vielmehr dehnen sich die Gegenstände beim Erwärmen gleichmäßig in alle Richtungen aus – und damit auch das Loch. Die mikroskopische Vorstellung ist am anschaulichsten: Beim Erhöhen der Temperatur vergrößern sich die Abstände zwischen den Atomen.

Lösungsweg, explizit:

(a.) Da die Zunahme des Durchmessers eine einzige Dimension betrifft, handelt es sich um eine lineare Wärmedehnung, d.h. es gilt $d_{warm}(T) = d_{kalt} \cdot (1 + \gamma \cdot \Delta T) \Rightarrow \Delta d = d \cdot \gamma \cdot \Delta T$. 1 P

Werte einsetzen $\Rightarrow \quad \Delta T = \frac{\Delta d}{d \cdot \gamma} = \frac{0.25\,mm}{50\,mm \cdot 1.17 \cdot 10^{-5} K^{-1}} \stackrel{TR}{\approx} 427K$. 1 P

Das Loch im Rad muss sich um $\Delta d = 0.25\,mm$ dehnen, damit es gerade eben über die Achse passt. Dazu muss es um $427K$ gegenüber der Achse erwärmt werden, wenn wir davon ausgehen, dass vor dem Beginn der Montage beide Bauteile die gleiche Temperatur hatten.

(b.) Die Volumenzunahme des Rades hingegen geschieht in drei Raumrichtungen, weswegen nicht die lineare sondern die dreidimensionale Wärmedehnung berechnet werden muss:

$$V_{warm}(T) = V_{kalt} \cdot (1 + \gamma \cdot \Delta T)^3 \stackrel{TR}{\approx} V_{kalt} \cdot \left(1 + 1.17 \cdot 10^{-5} K^{-1} \cdot 427K\right)^3 \stackrel{TR}{\approx} V_{kalt} \cdot 1.015 .$$ 1 P

**Arbeitshinweis**

Manche Lehrbücher und manche Vorlesungen arbeiten wegen $\gamma \cdot \Delta T \ll 1$ mit der guten Näherung $(1 + \gamma \cdot \Delta T)^3 = 1 + 3 \cdot \gamma \cdot \Delta T \underbrace{+ 3 \cdot (\gamma \cdot \Delta T)^2 + (\gamma \cdot \Delta T)^3}_{\text{vernachlässigbar klein}} \approx 1 + 3 \cdot \gamma \cdot \Delta T$. Diese Berechnung wäre dann $V_{warm}(T) = V_{kalt} \cdot (1 + 3 \cdot \gamma \cdot \Delta T) \stackrel{TR}{\approx} V_{kalt} \cdot \left(1 + 3 \cdot 1.17 \cdot 10^{-5} K^{-1} \cdot 427K\right) \stackrel{TR}{\approx} V_{kalt} \cdot 1.015$. Ein Unterschied der beiden Ergebnisse ist innerhalb unserer Rechengenauigkeit nicht feststellbar.

Damit beantworten wir die Fragen der Aufgabenstellung:

1 P Radvolumen kalt $V_{kalt} = \left( \pi\left(\frac{a}{2}\right)^2 - \pi\left(\frac{s}{2}\right)^2 \right) \cdot l = \pi \cdot \left( \left(\frac{0.5m}{2}\right)^2 - \left(\frac{0.04975m}{2}\right)^2 \right) m^2 \cdot 0.1m \overset{TR}{\approx} 0.01944m^3$

$\Delta V = V_{warm} - V_{kalt} = V_{kalt} \cdot 0.015 \overset{TR}{\approx} 0.01944m^3 \cdot 0.015 \overset{TR}{\approx} 0.0002916m^3 = 0.2916\,Liter$ .

1 P Das kalte Rad hat ein Volumen von ca. $19.44\,Litern$ . Beim Erwärmen nimmt sein Volumen um ca. $0.2916\,Liter$ zu.

Da die Dichte $\rho = \frac{m}{V} \propto \frac{1}{V}$ ist, nimmt sie beim Erwärmen entsprechend $\rho_{warm} = \frac{\rho_{kalt}}{(1+\gamma \cdot \Delta T)^3}$

2 P ab, also ist $\rho_{warm} = \frac{7.87\frac{g}{cm^3}}{1.015} \overset{TR}{\approx} 7.75\frac{g}{cm^3}$ .

## Aufgabe 4.31 Wärmeleitung

| 5 Min. | | Punkte 3 P |
|---|---|---|

Welche Heizleistung ist für den Ersatz der Wärmeleitungsverluste bei einer $30cm$ dicken Hauswand mit der Fläche $30m^2$ und einer Wärmeleitfähigkeit von $\lambda = 0.40\frac{W}{m \cdot K}$ erforderlich, wenn die Außentemperatur $-20°C$ beträgt und die Innentemperatur $+20°C$ ?

Näherung: Betrachten Sie den Wärmeübergang zwischen der Wand und der Luft als ideal leitend.

## ▾ Lösung zu 4.31

Lösungsstrategie:

In Formelsammlungen finden sich Ausdrücke, in die man direkt einsetzen kann.

Lösungsweg, explizit:

1 P Die Formel für die Wärmeleitung lautet $\dot{Q} = \frac{\lambda \cdot A}{\Delta x} \cdot \Delta T$ als Angabe der fließenden Leistung.

Darin ist $\lambda$ = Wärmeleitfähigkeit, $A$ = Querschnittsfläche und $\Delta x$ = Länge des Wärmeleiters sowie $\Delta T$ = Temperaturdifferenz. Wir setzen die Werte ein und erhalten

2 P $\dot{Q} = \frac{\lambda \cdot A}{\Delta x} \cdot \Delta T = \frac{0.40\frac{W}{m \cdot K} \cdot 30m^2}{0.30m} \cdot 40K = 1600\,Watt$ .

Dass die abgeleitete Wärme durch Heizleistung ersetzt werden muss, wenn man die Temperaturdifferenz halten will, ist klar.

# Aufgabe 4.32 Wärmetransport mit Konvektion

| 16 Min. | | Punkte 12 P |
|---|---|---|

In einem Kühler (siehe Bild 4-12) werde ein zu kühlendes Medium mit einer Leistung von $\dot{Q} = 4kW$ gekühlt. Dabei wird das Kühlmedium von 15° C auf 21° C erwärmt ($\Delta T = 6K$). Die Drücke seien alle mit 101325 Pa anzusetzen, d.h. Druckgradienten zum Entstehen der Strömungen werden vernachlässigt. Als Medien betrachten wir zweiatomige Gase. Wärmeübergänge (z.B. an Grenzflächen) betrachten Sie wieder als ideal.

Frage: Berechnen Sie, welcher Kühlmittelstrom $\dot{V}$ des Kühlmediums nötig ist, um die genannte Leistung abzuführen.

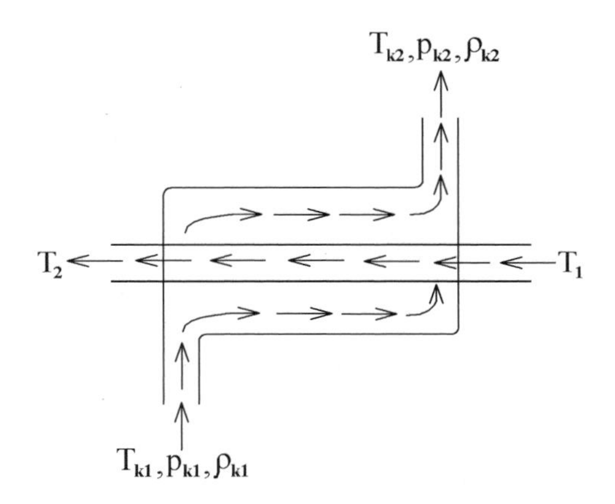


**Bild 4-12**
Darstellung eines Kühlers, in dem ein zu kühlendes Medium von einer Temperatur $T_1$ auf eine niedrigere Temperatur $T_2$ abgekühlt wird. Dabei wird die diesem Medium zu entziehende Wärme an ein Kühlmedium übertragen, welches dadurch von der Temperatur $T_{k1}$ auf die Temperatur $T_{k2}$ erwärmt wird.

Zum Gebrauch der Indizes:
Zu kühlendes Medium → Ziffer als Index
Kühlmedium → Buchstabe „K“ und Ziffer als Index

# Lösung zu 4.32

Lösungsstrategie:

Die Ableitung der Wärmeenergie $Q$ nach der Zeit ergibt die übertragene Leistung $\dot{Q}$. Diese muss für den Kühlmittelstrom genauso groß sein wie für das zu kühlende Medium. Da zur Aufnahme einer Wärmeenergie $Q$ ein Gasvolumen $V$ nötig ist, wird eine gegebene Leistung $\dot{Q}$ von einem zu bestimmenden Volumenstrom $\dot{V}$ abgeführt. 1 P

**Arbeitshinweis**

Im Verlauf der Berechnungen ergibt sich die Notwendigkeit, die Wärmekapazität der Gase zu kennen. Diese steht in verschlüsselter Form in der Aufgabenstellung, nämlich in der Anmerkung, dass es sich bei den Medien um zweiatomige Gase handelt. Wärmekapazitäten auf solche Art und Weise anzugeben, ist in typischen Prüfungsaufgaben nichts Ungewöhnliches. Man sollte sich daher den Trick merken. 1 P

Lösungsweg, explizit:

Die bei einer Temperaturänderung $\Delta T$ von einem Gas aufgenommene Wärmemenge bei konstantem Druck ist $Q = m \cdot c_P \cdot \Delta T$.

1 P Ableitung nach der Zeit ergibt die zugehörige Leistung $\dot{Q} = \frac{d}{dt}(m \cdot c_P \cdot \Delta T) = c_P \cdot \Delta T \cdot \frac{dm}{dt}$, wobei die einzige von der Zeit abhängige Größe die Masse ist. Da sich die Masse als Produkt aus Dichte $\rho$ und Volumen $V$ ausdrücken lässt, lautet die Ableitung gemäß Produktregel

1 P $\dot{Q} = c_P \cdot \Delta T \cdot \frac{d}{dt}(\rho \cdot V) = c_P \cdot \Delta T \cdot \dot{\rho} \cdot V + c_P \cdot \Delta T \cdot \dot{V} \cdot \rho$.

Da wir laut Vorgabe der Aufgabenstellung Druckgradienten und somit Dichteänderungen vernachlässigen wollen, ist $\dot{\rho} = 0$ und somit $\dot{Q} = c_P \cdot \Delta T \cdot \dot{V} \cdot \rho$. Dabei interpretieren wir das sich pro Zeit bewegende Volumen $\dot{V}$ als Kühlmittelstrom. Da dieser zu berechnen ist, lösen wir nach ihm auf:

1 P $$\dot{Q} = c_P \cdot \Delta T \cdot \dot{V} \cdot \rho \quad \Rightarrow \quad \dot{V} = \frac{\dot{Q}}{c_P \cdot \Delta T \cdot \rho}. \qquad (*1)$$

Im Prinzip könnte man jetzt Zahlen einsetzen, wenn man $c_P$ und $\rho$ kennen würde. Tatsächlich entnimmt man diese Kenntnis der Information über die zweiatomige Gestalt der Gasmoleküle. Solche Moleküle haben $f = 5$ thermodynamische Freiheitsgrade, weshalb die molare Wärmekapazität bei konstantem Druck bekannt ist als

2 P $c_{P,mol} = \left(\frac{f}{2}+1\right) \cdot R = \left(\frac{5}{2}+1\right) \cdot R = \frac{7}{2} R$, worin $R$ die allgemeine Gaskonstante ist.

Die Umrechnung der molaren Wärmekapazität in die spezifische $c_P$ liefert

1 P $c_P = c_{P,mol} \cdot \frac{N}{m} = \frac{7}{2} R \cdot \frac{N}{m}$, mit $N$ = Stoffmenge und $m$ = Masse.

1 P Setzen wir dies in $(*1)$ ein, so folgt wegen $\rho = \frac{m}{V}$: $\dot{V} = \dfrac{\dot{Q}}{\frac{7}{2} R \cdot \frac{N}{m} \cdot \Delta T \cdot \frac{m}{V}} = \dfrac{\dot{Q} \cdot V}{\frac{7}{2} R \cdot N \cdot \Delta T}$

2 P Wegen $p \cdot V = N \cdot R \cdot T$ ersetzen wir $V = \frac{N \cdot R \cdot T}{p}$ und erhalten : $\dot{V} = \dfrac{\dot{Q} \cdot \frac{N \cdot R \cdot T}{p}}{\frac{7}{2} R \cdot N \cdot \Delta T} = \dfrac{2 \cdot \dot{Q} \cdot T}{7 \cdot \Delta T \cdot p}$.

Endlich haben wir die Gleichung in einer Form, zu der alle Werte aus der Aufgabenstellung bekannt sind. Wir setzen also ein:

1 P $$\dot{V} = \frac{2 \cdot \dot{Q} \cdot T}{7 \cdot \Delta T \cdot p} = \frac{2 \cdot 4000\,Watt \cdot (273+21)K}{7 \cdot 6K \cdot 101325\,Pa} \overset{TR}{\approx} 0.5527 \frac{\frac{N \cdot m}{sec.}}{\frac{N}{m^2}} = 0.5527 \frac{m^3}{sec.}.$$

Soviel Kühlmittelstrom braucht man, um die geforderte Wärmeleistung abtransportieren zu können.

Anmerkung: Immer wieder taucht die Frage auf, ob für $T$ der Wert $15°C$ oder $21°C$ einzusetzen ist. Die Antwort lautet: Man setzt diejenige Kühlmitteltemperatur ein, die der Temperatur des zu kühlenden Objektes am nächsten kommt. Dies ist die höhere der beiden Kühlmitteltemperaturen, denn das kühlende Medium erwärmt das Kühlmedium.

## Aufgabe 4.33 Wärmestrahlung (Gleichgewicht)

| 10 Min. | | Punkte 8 P |
|---|---|---|

Die Erde wird von der Strahlung der Sonne gewärmt. Jemand hat behauptet, die Sonnenstrahlung reiche nicht aus, um die Temperatur der Erde aufrechtzuerhalten. Prüfen Sie durch eine grobe Abschätzung nach, ob Ihnen diese Behauptung realistisch erscheint oder nicht.

Vorgaben und Näherungen für diese Abschätzung:

- $I = 1.376 \frac{kW}{m^2}$ für die Intensität der Sonnenstrahlung am Ort der Erde.
- Behandeln Sie die Erde näherungsweise wie eine Kugel mit homogener Temperatur. Vernachlässigen Sie regionale Temperaturunterschiede und Witterungseinflüsse.

## Lösung zu 4.33

Lösungsstrategie:

Da in der Aufgabenstellung keine Temperatur gegeben ist, die man in eine Rechnung einsetzen könnte, ist es am sinnvollsten auszurechnen, welche Temperatur sich auf der Erdoberfläche alleine aufgrund des Strahlungsfeldes der Sonne einstellen würde. Diese Temperatur kann man dann mit der tatsächlichen Temperatur der Erdoberfläche vergleichen. 1 P

- Die aus dem Strahlungsfeld der Sonne absorbierte Strahlung berechnet man nach der Größe des von der Erde hervorgerufenen Schattens. Die absorbierende Fläche entspricht also der Fläche einer senkrecht ins Sonnenlicht gestellten Scheibe. 1 P
- Die von der Erde emittierte Strahlung wird von der gesamten Kugeloberfläche in gleicher Weise emittiert, da wir eine homogene Temperaturverteilung annehmen sollen. 1 P

Lösungsweg, explizit:

- Absorbierte Strahlungsleistung $\phi_A = I \cdot \alpha \cdot \pi R^2$ (mit $\pi R^2$ = Querschnittsfläche des Schattens), worin $\alpha$ = Absorptionskoeffizient der Erdoberfläche und $R$ = Erdradius ist. 1 P
- Emittierte Strahlungsleistung $\phi_A = \sigma \cdot \varepsilon \cdot 4\pi R^2 \cdot T^4$ (mit $4\pi R^2$ = Oberfläche der Erdkugel), worin $\sigma = 5.67 \cdot 10^{-8} \frac{W}{m^2 \cdot K^4}$ = Stefan-Boltzmann-Konstante und $\varepsilon$ = Emissionskoeffizient ist. 1 P
- Wäre nur alleine die Sonnenstrahlung für die Aufrechterhaltung der Temperatur der Erde verantwortlich, so müssten sich beide Strahlungsleistungen genau gegenseitig kompensieren.

$$\Rightarrow \quad \phi_A = I \cdot \alpha \cdot \pi R^2 = \phi_A = \sigma \cdot \varepsilon \cdot 4\pi R^2 \cdot T^4 \quad \Rightarrow \quad T^4 = \frac{I \cdot \alpha \cdot \pi R^2}{\sigma \cdot \varepsilon \cdot 4\pi R^2} = \frac{I}{4\sigma} \quad \Rightarrow \quad T = \sqrt[4]{\frac{I}{4\sigma}}$$ 1 P

Beim Kürzen wurde angenommen, dass der Absorptionskoeffizient $\alpha$ und der Emissionskoeffizient $\varepsilon$ gleich sind, was sinnvoll ist, da es sich in beiden Fällen um dieselbe Oberfläche handelt.

1 P Wir setzen Werte ein und erhalten $T=\sqrt[4]{\frac{I}{4\sigma}}=\sqrt[4]{\frac{1376\frac{W}{m^2}}{4\cdot 5.67\cdot 10^{-8}\frac{W}{m^2\cdot K^4}}}\overset{TR}{\approx}279.08K\approx 5.93°C$.

Wir müssen uns im Klaren sein, dass es sich hier nur um eine äußerst grobe Abschätzung handelt. Nichtsdestotrotz ist die Erde im Mittel nicht so kalt. Andersherum formuliert: Wäre alleine die Sonnenstrahlung für das Erwärmen der Erde verantwortlich, dann wäre die Erde kälter als sie tatsächlich ist. Die Behauptung der Aufgabenstellung, die noch eine weitere Energiequelle in der Erde voraussetzt, klingt also realistisch. Der Hintergrund ist der: Der flüssige heiße Erdkern gibt natürlich Wärme nach außen ab. 1 P

## Aufgabe 4.34 Stefan-Boltzmann-Gesetz

| | | Punkte | |
|---|---|---|---|
| (a.) 5 Min. | | | (a.) 3 P |
| (b.) 4 Min. | | | (b.) 3 P |

Eine graue Metallkugel (mit einem Emissionskoeffizienten von $\varepsilon=0.3$ und einem Durchmesser von $2r=5cm$) soll gegenüber einer Umgebungstemperatur von $T_u=0°C$ auf einer Körpertemperatur von $T_k=400°C$ gehalten werden.

(a.) Mit welcher Heizleistung muss man sie heizen, damit die Temperatur von $400°C$ gehalten wird? Hinweis: Dabei ist es egal, auf welchem Wege die Leistung aufgenommen wird.

(b.) Auf welche Temperatur würde sich die Kugel erwärmen, wenn man die Heizleistung verdoppeln würde?

## Lösung zu 4.34

Lösungsstrategie:

Hier liefert das Stefan-Boltzmann-Gesetz die passende Formel. Dabei ist die aufgenommene Energie mit der abgegebenen Strahlungsleistung gleichzusetzen.

Lösungsweg, explizit:

(a.) Das Stefan-Boltzmann-Gesetz findet man in den meisten Formelsammlungen in der kompakten Schreibweise $\Delta\phi=\phi_a-\phi_e=\varepsilon\cdot\sigma\cdot A\cdot\left(T_u^4-T_k^4\right)$

1 P mit $\phi_a$ = absorbierte Strahlungsleistung und $\phi_e$ = emittierte Strahlungsleistung

sowie $\sigma=5.67\cdot 10^{-8}\frac{Watt}{m^2\cdot K^4}$ als Stefan-Boltzmann-Konstante

worin $A$ = Oberfläche des Körpers ist.

Das Vorzeichen von $\Delta\phi$ drückt aus, ob der Körper Energie aufnimmt oder welche abgibt.

Da laut Aufgabenstellung der Weg, über den die Heizleistung zugeführt wird, keine Rolle spielt, teilen wir dieses Stefan-Boltzmann-Gesetz in den Anteil für die emittierte Strahlung und den Anteil für die absorbierte Strahlung auf, wobei nur der Anteil der emittierten Strahlung für unsere Aufgabe eine Rolle spielt. Dieser muss durch die zugeführte Heizleistung kompensiert werden.

Emittierte Strahlungsleistung → $\phi_e = \varepsilon \cdot \sigma \cdot A \cdot T_k^4$

Absorbierte Strahlungsleistung → $\phi_a = \varepsilon \cdot \sigma \cdot A \cdot T_u^4$ 1 P

Wir berechnen also:

$$\phi_e = \varepsilon \cdot \sigma \cdot A \cdot T_k^4 = 0.3 \cdot 5.67 \cdot 10^{-8} \frac{Watt}{m^2 \cdot K^4} \cdot \underbrace{4\pi \cdot \left(2.5 \cdot 10^{-2} m\right)^2}_{\text{Kugeloberfläche } A} \cdot \left(400K + 273K\right)^4 \overset{TR}{\approx} 27.4\,Watt\,.$$ 1 P

(b.) Zum Verdoppeln der Heizleistung könnte man $\phi_e = 54.8\,Watt$ in das Stefan-Boltzmann-Gesetz einsetzen und nach $T_k$ auflösen. Bessere Arbeitseffektivität (weil weniger Rechenaufwand) erhält man, wenn man aus der Stefan-Boltzmann-Gleichung die Proportionalität $\phi_e \propto T_k^4$ extrahiert und eine Verhältnisgleichung aufstellt:

$$\frac{\phi_e}{T_k^4} = const. \;\Rightarrow\; \frac{\phi_{Aufg.(a.)}}{T_{Aufg.(a.)}^4} = \frac{\phi_{Aufg.(b.)}}{T_{Aufg.(b.)}^4} \;\Rightarrow\; T_{Aufg.(b.)}^4 = \underbrace{\frac{\phi_{Aufg.(b.)}}{\phi_{Aufg.(a.)}}}_{=2} T_{Aufg.(a.)}^4 \;\Rightarrow\; T_{Aufg.(b.)} = \sqrt[4]{2} \cdot T_{Aufg.(a.)}\,.$$ 2 P

Man kann sofort Werte einsetzen und erhält $T_{Aufg.(b.)} = \sqrt[4]{2} \cdot 673K \overset{TR}{\approx} 800K$ .

Dies entspricht einer Temperatur von 527 °C. 1 P

## Aufg. 4.35 Stefan-Boltzmann-, Wien'sches Verschiebungsgesetz

| | | | |
|---|---|---|---|
| (a.) 12 Min.<br>(a.) 3 Min. | | Punkte | (a.) 8 P<br>(b.) 3 P |

Ein Beispiel für Wissenschaftler und Ingenieure des dritten Jahrtausends:

Ein Raumschiff fliege bei einer Umgebungstemperatur von $T_a = 4K$ (außen). Auf seine schwarze Außenhaut (Absorptionsgrad $\alpha = 0.95$ ) treffe die Sonnenstrahlung mit einer Intensität von $\phi_S = 1390 \frac{W}{m^2}$. Seine Innenseite (Emissionsgrad $\varepsilon = 0.10$, Temperatur $T_i = 295K$ mit Klimaanlage) ist nicht der Bestrahlung durch die Sonne ausgesetzt.

Der Einfachheit halber nehmen Sie an, dass genau ein Viertel der Oberfläche des Bleches von der Sonne bestrahlt werde, die anderen drei Viertel nicht. Dieses Flächenverhältnis der Sonnenseite zur Schattenseite entspricht dem einer Kugel.

(a.) Berechnen Sie die Temperatur des Bleches $T_B$. Gehen Sie dabei aufgrund der guten Wärmeleitfähigkeit des Metalls von einer homogenen Temperaturverteilung im Blech aus.

(b.) Bei welcher Wellenlänge liegt das Intensitätsmaximum der vom Blech emittierten elektromagnetischen Strahlung?

## ▾ Lösung zu 4.35

Lösungsstrategie:

(a.) Die Lösung beruht auf einer Strahlungsbilanz. Sobald sich ein Gleichgewichtszustand eingestellt hat, muss die Summe der vom Blech absorbierten Strahlungsleistungen (und somit auch Intensitäten) mit der Summe der vom Blech emittierten Strahlungsleistungen (und auch Intensitäten) gleich sein. 1 P

(b.) Eine genaue Berechnung könnte aus dem sog. Planck'schen Strahlungsgesetz erfolgen, welches die spektrale Energiedichte der emittierten Strahlung als Funktion der Wellenlänge angibt. Da aber nach dem Maximum der Energiedichte gefragt ist, müsste selbiges nach Einsetzen der Werte iterativ ermittelt werden. Der Rechenaufwand wäre in der Prüfung zu hoch. 1 P

Eine bequem zu handhabende Formel liefert das Wien'sche Verschiebungsgesetz. Es gibt das Maximum der Strahlungsdichte an.

Lösungsweg, explizit:

(a.) Zur Aufstellung der Strahlungsbilanzen greifen wir auf das Stefan-Boltzmann-Gesetz zurück und erhalten folgenden Ausdruck für die Strahlungsintensitäten $\phi$ :

$$\underbrace{\alpha \cdot \tfrac{1}{4}\phi_S + \phi_{a,i} + \phi_{a,a}}_{\text{Die Summe aller absorbierten Intensitäten bezieht sich auf die Sonnenstrahlung und auf die Temperatur der Umgebung}} = \underbrace{\phi_{e,i} + \phi_{e,a}}_{\text{Die Summe aller emittierten Intensitäten bezieht sich nur auf die Wechselwirkung mit der Umgebung.}} ,$$

1 P

worin der erste Index am $\phi$ zwischen $a$ = absorbiert und $e$ = emittiert unterscheidet, sowie der zweite Index zwischen $i$ = innen und $a$ = außen.

Außerdem ist $\alpha \cdot \phi_S$ der Anteil der Sonnenstrahlung, der absorbiert wird (Intensität). Der Faktor $\frac{1}{4}$ bei $\alpha \cdot \frac{1}{4}\phi_S$ rührt von der Tatsache her, dass nur die Hälfte der Blechoberfläche von der Sonnenstrahlung beschienen wird. Man könnte natürlich auch über die entsprechenden Flächen rechnen, aber der einfache Faktor $\frac{1}{4}$ erspart uns diese Mühe.

**Arbeitshinweis und Stolperfalle**

Die eigentliche Kunst liegt nun darin, die richtigen Größen und Werte an den richtigen Stellen einzusetzen. Allen, die die Aufgabe zu Übungszwecken lösen wollen, wird empfohlen, sich in Ruhe zu konzentrieren und Buchstabe für Buchstabe genau zu überlegen, welche Größe erscheinen muss. In der Musterlösung ist dies in der nachfolgenden Formel (∗) geschehen. Unterstützt wird diese Lösung von einer sich anschließenden Erläuterung, in der begründet wird, warum die getätigten Einsetzungen in der gezeigten Form vorgenommen werden müssen.

Wir setzen das Stefan-Boltzmann-Gesetz ein und erhalten die Strahlungsbilanz:

$$\underbrace{\alpha \cdot \tfrac{1}{4}\phi_S}_{\text{von der Sonne}} + \underbrace{\sigma \cdot \varepsilon \cdot T_i^4}_{\text{von innen aufgenommen}} + \underbrace{\sigma \cdot \alpha \cdot T_a^4}_{\text{von außen aufgenommen}} = \underbrace{\sigma \cdot \varepsilon \cdot T_B^4}_{\text{nach innen abgegeben}} + \underbrace{\sigma \cdot \alpha \cdot T_B^4}_{\text{nach außen abgegeben}} . \qquad (*)$$

3 P

Erläuterung: Das Stefan-Boltzmann-Gesetz bezieht sich auf Strahlungsleistungen $P$ in der Form $P = \sigma \cdot \alpha \cdot A \cdot T_U^4$ für absorbierte Strahlung aus der Umgebungstemperatur $T_U$ bzw. $P = \sigma \cdot \varepsilon \cdot A \cdot T_K^4$ für emittierte Strahlung aus der Körpertemperatur $T_K$. Darin sind $\sigma$ = Boltzmann-Konstante, $\alpha$ = Absorptionskoeffizient und $\varepsilon$ = Emissionskoeffizient.

Kürzt man die Strahlungsleistung durch die Oberfläche $A$ (vgl. oben den Faktor $\frac{1}{4}$) des absorbierenden bzw. emittierenden Körpers, so erhält man die in Formel $(*)$ eingesetzten Intensitäten. Die Umgebungstemperaturen „innen“ und „außen“ werden mit $T_i$ bzw. $T_a$ eingesetzt. Sie sind für die Absorption entscheidend. Für die Emission hingegen ist die Körpertemperatur des Bleches $T_B$ entscheidend.

Des weiteren beachte man, dass der Absorptionsgrad einer Oberfläche mit dem Emissionsgrad derselben Oberfläche identisch ist. Deshalb kann, wie in der Aufgabenstellung geschehen (und in der Lösung ebenfalls), $\alpha$ als Bezeichnung sowohl für den Absorptionsgrad außen als auch für den Emissionsgrad außen benutzt werden. In gleicher Weise ist mit $\varepsilon$ der Absorptions- und der Emissionsgrad innen angegeben.

Gesucht ist die Temperatur des Bleches, also lösen wir die Formel $(*)$ nach dorthin auf:

$$(*) \Rightarrow \quad T_B^4 \cdot (\sigma \cdot \varepsilon + \sigma \cdot \alpha) = \alpha \cdot \tfrac{1}{4}\phi_S + \sigma \cdot \varepsilon \cdot T_i^4 + \sigma \cdot \alpha \cdot T_a^4 \quad \Rightarrow \quad T_B = \sqrt[4]{\frac{\alpha \cdot \frac{1}{4}\phi_S + \sigma \cdot \varepsilon \cdot T_i^4 + \sigma \cdot \alpha \cdot T_a^4}{\sigma \cdot \varepsilon + \sigma \cdot \alpha}} \,. \qquad 1½ \text{ P}$$

Setzen wir Werte ein, so erhalten wir:

$$T_B = \sqrt[4]{\frac{0.95 \cdot \frac{1}{4} \cdot 1390 \frac{W}{m^2} + 5.67 \cdot 10^{-8} \frac{W}{m^2 \cdot K^4} \cdot 0.1 \cdot (295K)^4 + 5.67 \cdot 10^{-8} \frac{W}{m^2 \cdot K^4} \cdot 0.95 \cdot (4K)^4}{5.67 \cdot 10^{-8} \frac{W}{m^2 \cdot K^4} \cdot 0.1 + 5.67 \cdot 10^{-8} \frac{W}{m^2 \cdot K^4} \cdot 0.95}} = 281.35K \,. \qquad 1½ \text{ P}$$

Dies entspricht einer Temperatur von $(281.35 - 273.15)°C = 8.2\,°C$.

(b.) Das Wien’sche Verschiebungsgesetz liefert die Wellenlänge, bei der die emittierte Strahlungsintensität maximal wird:

$$\lambda_{\max} = \frac{c \cdot h}{2.82 \cdot k \cdot T} = \frac{2.998 \cdot 10^8 \frac{m}{s} \cdot 6.626 \cdot 10^{-34} Js}{2.82 \cdot 1.38 \cdot 10^{-23} \frac{J}{K} \cdot 329.7K} = 18.134 \mu m \,, \qquad 2 \text{ P}$$

worin $c$ = Vakuumlichtgeschwindigkeit, $h$ = Planck’sches Wirkungsquantum und $k$ = Boltzmann-Konstante. Die Werte dieser Konstanten sind bereits eingesetzt.

## Aufgabe 4.36 Vakuummantelgefäß (Dewar)

| 6 Min. | | Punkte 4 P |
|---|---|---|

Zur Herstellung guter Thermoskannen greift man auf das sog. Vakuummantelgefäß zurück (nach seinem Erfinder auch „Dewar“ genannt). Erklären Sie die Wirkungsweise derartiger Thermoskannen.

## Lösung zu 4.36

Lösungsweg:

Drei Mechanismen des Wärmetransports sind bekannt:

- Die Konvektion, bei der ein Medium transportiert wird und die in ihm enthaltene Wärme mit sich führt.
- Die Wärmeleitung, bei der Wärme in Form von Schwingungen (Gitterschwingungen und ggf. bewegten Elektronen) durch Materie läuft.
- Die Wärmestrahlung, bei der jeder Körper, der nicht am absoluten Temperaturnullpunkt ist (Null Kelvin), elektromagnetische Wellen aussendet. Sie funktioniert auch ohne Materie. 2 P

Je mehr Wärmetransportmechanismen man unterbinden kann, um so besser funktioniert die thermische Isolation. Da die beiden erstgenannten Wärmetransportmechanismen an das Vorhandensein von Materie gebunden sind, entfernt man die Materie. Man erzeugt also ein Vakuum um den zu isolierenden Körper herum. Infolgedessen bleibt nur der dritte Mechanismus übrig, die Wärmestrahlung, die sich prinzipiell nicht unterbinden lässt. Ein Minimum an Wärmetransport bekommt man also im Vakuum. Davon macht das Vakuummantelgefäß Gebrauch. 2 P

## Aufgabe 4.37 Photometrische Größen bei Wärmestrahlung

| | | | |
|---|---|---|---|
| (a.) 3 Min.<br>(b.) 3 Min. | | Punkte | (a.) 2 P<br>(b.) 2 P |
| (c.) 1 Min.<br>(d.) 2 Min. | | Punkte | (c.) 1 P<br>(d.) 1 P |
| (e.) 2 Min.<br>(f.) 2 Min.<br>(g.) 4 Min. | | Punkte | (e.) 1 P<br>(f.) 2 P<br>(g.) 3 P |

Die Temperatur der Sonnenoberfläche beträgt ca. 5900 Kelvin. (Der Wert kann sich von Lehrbuch zu Lehrbuch ein wenig unterscheiden.) Wir betrachten die Sonne als eine Kugel mit einem mittleren Radius von ca. $R_S = 6.96 \cdot 10^5\, km$. Der mittlere Abstand von der Erde zur Sonne liegt bei ca. $R_{ES} = 150 \cdot 10^6\, km$. Den Emissionsgrad der Sonnenoberfläche setzen wir der Einfachheit halber als $\varepsilon = 1$, ebenso den Absorptionsgrad der Erdoberfläche als $\alpha = 1$.

Berechnen Sie folgende Größen:

(a.) die gesamte Strahlungsleistung $\phi_S$ der Sonne

(b.) den Masseverlust der Sonne pro Sekunde unter Benutzung der Einstein'schen Äquivalenz von Masse und Energie

(c.) die Strahlungsstärke der Sonne

(d.) den Raumwinkel $\Omega$, der durch den Sonnenmittelpunkt und den beleuchteten Teil der Erdoberfläche definiert wird
(Hinweis: Erdradius nach Kapitel 11.0 verwenden)

(e.) die von der Erde empfangene Strahlungsleistung $\phi_E$

(f.) die Bestrahlungsstärke der Erde bei senkrechtem Einfall des Sonnenlichtes

(g.) Wie viel Masse müsste man nach Einsteins Äquivalenz pro Tag in Energie umwandeln, um die Temperatur der Erde aufrecht zu erhalten, wenn die Sonne verlöschen würde? Geben Sie die entsprechende Energie auch in Joule und in Kilowattstunden an.

## Lösung zu 4.37

Lösungsstrategie:

Die meisten der gefragten Größen sind direkt aus den entsprechenden Definitionen zu berechnen, die z.B. aus Formelsammlungen entnommen werden können. Die Aufgabe fragt im Wesentlichen solche Definitionen ab. Darüber hinaus soll sie ein Gefühl vermitteln, mit wie viel Energie uns die Sonne fortwährend versorgt.

Lösungsweg, explizit:

(a.) $\phi_S = \sigma \cdot \varepsilon \cdot A \cdot T_S^4 = 5.67 \cdot 10^{-8} \frac{W}{m^2 \cdot K^4} \cdot 4\pi \cdot \left(6.96 \cdot 10^8 m\right)^2 \cdot (5900K)^4 \overset{TR}{\approx} 4.18 \cdot 10^{26}\, Watt$ 2 P

(b.) Die übertragene Energie in jeder Sekunde ist $P = \phi_S \cdot t$ (mit $t = 1\text{sec.}$), also gilt

$$E = mc^2 \quad \Rightarrow \quad m = \frac{E}{c^2} = \frac{\phi_S \cdot t}{c^2} \overset{TR}{\approx} \frac{4.18 \cdot 10^{26} W \cdot 1\text{sec}}{\left(2.998 \cdot 10^8 \frac{m}{s}\right)^2} \overset{TR}{\approx} 4.65 \cdot 10^9 kg\,.$$ 2 P

Soviel Materie wandelt die Sonne jede Sekunde in Energie um.

(c.) $I = \frac{d\phi}{d\Omega} = \frac{4.18 \cdot 10^{26} W}{4\pi \text{ sterad}} \overset{TR}{\approx} 3.328 \cdot 10^{25} \frac{W}{sr}$ 1 P

(d.) $\Omega = \frac{A}{R_{ES}^2} = \frac{\pi \cdot R_E^2}{R_{ES}^2} = \pi \cdot \left(\frac{6371 km}{150 \cdot 10^6 km}\right)^2 \overset{TR}{\approx} 56.674 \cdot 10^{-10} \text{ sterad}$ 1 P

Begründung: Die von der Sonne bestrahlte Oberfläche der Erde füllt relativ zur Sonne denselben Raumwinkel aus wie eine Scheibe (mit dem Durchmesser des Erddurchmessers), deren Oberfläche genau senkrecht zu den einfallenden Sonnenstrahlen ausgerichtet ist. Man erkennt dies als Querschnittsfläche des Schattens.

(e.) $\phi_E = \phi_S \cdot \frac{\Omega}{4\pi} \overset{TR}{\approx} 4.18 \cdot 10^{26}\, Watt \cdot \frac{56.674 \cdot 10^{-10} sr}{4\pi\, sr} \overset{TR}{\approx} 1.886 \cdot 10^{17}\, Watt$ 1 P

Mit dieser Wärmeleistung wird unsere Erde permanent von der Sonne versorgt.

(f.) Die Bestrahlungsstärke ist definiert als die Leistung pro einfallende Fläche, also

$$\frac{\phi}{A} = \frac{\phi_{\text{Erde}}}{\pi \cdot R_E^2} \overset{TR}{\approx} \frac{1.886 \cdot 10^{17}\,Watt}{\pi \cdot (6371\,km)^2} \overset{TR}{\approx} 1479\,\frac{W}{m^2}.$$

2 P (Der in der Literatur angegebene Wert wird als Mittelwert zumeist ein wenig niedriger genannt – siehe Kap 11.0.)

Die berechnete Bestrahlungsstärke gilt natürlich nur für denjenigen Anteil der Erdoberfläche, der genau senkrecht zur Sonnenstrahlung steht. Will man aber z.B. Solarzellen aufstellen, so könnte man diese natürlich entsprechend ausrichten.

1 P (g.) Die gefragte Energie beträgt $E = \phi_E \cdot t \overset{TR}{\approx} 1.886 \cdot 10^{17}\,W \cdot 24 \cdot 3600\,\text{sec.} \overset{TR}{\approx} 1.6295 \cdot 10^{22}\,Joule$.

1 P In Kilowattstunden wären das $E \overset{TR}{\approx} 1.6295 \cdot 10^{22}\,W \cdot s = 1.6295 \cdot 10^{22}\,\frac{kW}{1000} \cdot \frac{Std.}{3600} \overset{TR}{\approx} 4.5264 \cdot 10^{15}\,kWh$.

Dies entspricht nach Einsteins Masse-Energie-Äquivalenz einer Masse von

1 P
$$E = mc^2 \quad \Rightarrow \quad m = \frac{E}{c^2} = \frac{\phi_E \cdot t}{c^2} \overset{TR}{\approx} \frac{1.886 \cdot 10^{17}\,W \cdot 24 \cdot 3600\,\text{sec.}}{\left(2.998 \cdot 10^8\,\frac{m}{s}\right)^2} \overset{TR}{\approx} \frac{1.6295 \cdot 10^{22}\,Joule}{\left(2.998 \cdot 10^8\,\frac{m}{s}\right)^2} \overset{TR}{\approx} 181298\,kg.$$

Daraus mag man anschaulich ermessen, mit welch gewaltiger Leistung uns die Sonne versorgt.

# 5 Optik

## Aufgabe 5.1 Grenzwinkel der Totalreflexion

| | | |
|---|---|---|
| 3 Min. | | Punkte 2 P |

Berechnen Sie den Grenzwinkel der Totalreflexion beim Übergang von Wasser nach Luft. Die Brechindizes lauten $n_{Luft} \approx 1$ für Luft und $n_{Wasser} \approx 1.33$ für Wasser.

## Lösung zu 5.1

Lösungsstrategie:

Die Grenze zwischen Brechung und Reflexion findet man beim Übergang vom optisch dichteren Medium in das optisch dünnere bei dem Winkel $\beta$, zu dem der Strahl nach der Brechung unter $\alpha = 90°$ an der Grenzfläche der Medien entlang läuft. Man betrachte Bild 5-1.

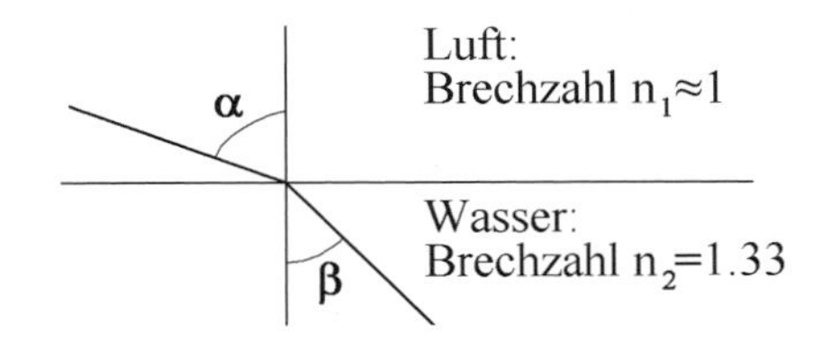


**Bild 5-1**
Strahlengang bei der Brechung von Licht am Übergang von Wasser nach Luft.
Der Grenzwinkel der Totalreflexion ergibt sich als derjenige Winkel $\beta$, den das Brechungsgesetz zu $\alpha = 90°$ liefert.

Lösungsweg, explizit:

Das Brechungsgesetz nach Snellius lautet $\frac{n_1}{n_2} = \frac{\sin(\beta)}{\sin(\alpha)}$. 1 P

Da der Grenzwinkel der Totalreflexion zu $\alpha = 90° \Rightarrow \sin(\alpha) = 1$ bestimmt wird, ist

$\frac{n_1}{n_2} = \sin(\beta) \Rightarrow \beta = \arcsin\left(\frac{n_1}{n_2}\right) = \arcsin\left(\frac{1}{1.33}\right) \overset{TR}{\approx} 48.75°$ der gefragte Grenzwinkel. 1 P

## Aufgabe 5.2 Lichtbrechung, Gesetz von Snellius

| | | |
|---|---|---|
|  5 Min. | | Punkte 3 P |

Beim Übergang von Luft in ein Glas wird das Licht, wie in Bild 5-2 gezeigt, gebrochen. Geben Sie die Lichtgeschwindigkeit im Glas an.

Hinweis: Setzen Sie die Lichtgeschwindigkeit in Luft in guter Näherung mit der Lichtgeschwindigkeit in Vakuum gleich.

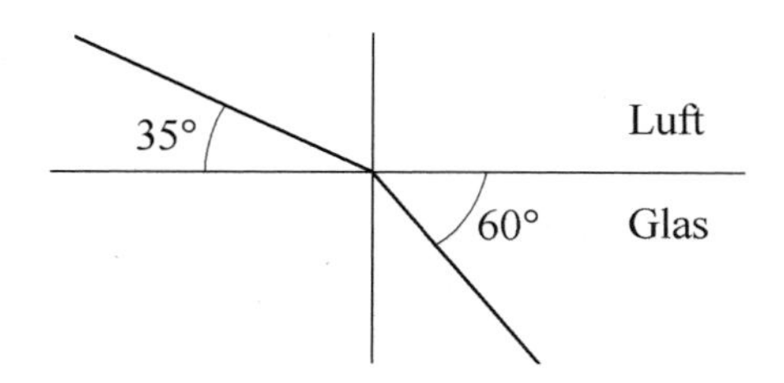


**Bild 5-2**
Strahlengang bei der Brechung von Licht am Übergang von Luft in ein Glas.

## ▾ Lösung zu 5.2

Lösungsstrategie:

Das Brechungsgesetz von Snellius verknüpft den Einfallswinkel des Lichts mit dem Winkel, unter dem das Licht die Grenzfläche ins Innere des Glases verlässt. In diesem Gesetz tauchen die Brechzahlen der Medien auf, die wiederum direkt mit der Lichtgeschwindigkeit in ebendiesen Medien verbunden sind.

Lösungsweg, explizit:

▪ Der erste Teil des Lösungsweges ist das Brechungsgesetz von Snellius.

**Stolperfalle**
Um die Aufmerksamkeit der Prüfungskandidaten zu testen, müssen die in Bild 5-2 eingezeichneten Winkel an das Gesetz von Snellius angepasst werden, so wie in Bild 5.3 geschehen. Im Brechungsgesetz tauchen die Winkel zwischen den Lichtstrahlen und der Senkrechten auf der Oberfläche auf.

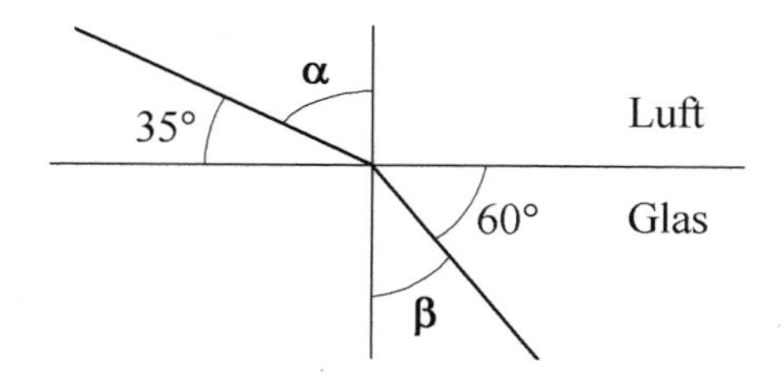


**Bild 5-3**
Strahlengang bei der Brechung von Licht am Übergang von Luft in ein Glas.

Das Brechungsgesetz von Snellius lautet: $\frac{\sin(\alpha)}{\sin(\beta)} = \frac{n_{Glas}}{n_{Luft}}$ (mit $n$ = Brechungsindex)

½ P Das Auflösen des Gesetzes von Snellius liefert die Brechzahl des Glases: $n_{Glas} = \frac{\sin(\alpha)}{\sin(\beta)} \cdot n_{Luft}$

▪ Der zweite Teil des Lösungsweges bezieht sich auf den Zusammenhang zwischen dem Brechungsindex und der Lichtgeschwindigkeit $c$. Der Brechungsindex eines Mediums wur-

½ P de eingeführt über die Definition $n := \frac{c_{Vakuum}}{c_{Medium}}$.

▪ Nun brauchen nur noch die genannten Formeln kombiniert werden:

$$\left.\begin{array}{l} c_{Glas} = \dfrac{c_{Vakuum}}{n_{Glas}} \\ n_{Glas} = \dfrac{\sin(\alpha)}{\sin(\beta)} \cdot n_{Luft} \end{array}\right\} \Rightarrow c_{Glas} = \underbrace{\frac{c_{Vakuum}}{\dfrac{\sin(\alpha)}{\sin(\beta)} \cdot n_{Luft}}}_{\text{Näherung: } n_{Luft} \approx n_{Vakuum} = 1} \approx c_{Vakuum} \cdot \frac{\sin(\beta)}{\sin(\alpha)}$$ 1 P

Werte einsetzen: $c_{Glas} = c_{Vakuum} \cdot \dfrac{\sin(90° - 60°)}{\sin(90° - 35°)} \overset{TR}{\approx} 2.998 \cdot 10^8 \dfrac{m}{s} \cdot 0.6103873 \overset{TR}{\approx} 1.83 \cdot 10^8 \dfrac{m}{s}$ 1 P

Dies ist die gesuchte Lichtgeschwindigkeit in einem Glas, wie es z.B. für Brillen verwendet werden kann.

## Aufgabe 5.3 Lichtbrechung, Brechungsindex

| 25…30 Min. | | Punkte 20 P |
|---|---|---|

Anglerlatein: Ein Angler steht an einem See und sieht einen scheinbar zwei Meter langen Fisch. Die Situation ist in Bild 5-4 dargestellt. Wie groß ist der Fisch wirklich?

Hinweis: Der Brechungsindex des Wassers ist ca. $n = \frac{4}{3}$ und der der Luft ist ca. 1.

Näherung / Konstruktionshilfe: Da nur recht wenige Strahlen zur Konstruktion gegeben sind (nämlich zwei Stück), sollen die Schwimmtiefe des realen Fisches und des virtuell wahrgenommenen Fisches als identisch angenommen werden. (Wir verzichten also auf die Konstruktion von Strahlengängen, bei denen sich die Strahlen im Bildpunkt schneiden müssen, so wie wir das bei der Konstruktion von Strahlengängen an Linsen kennen.)

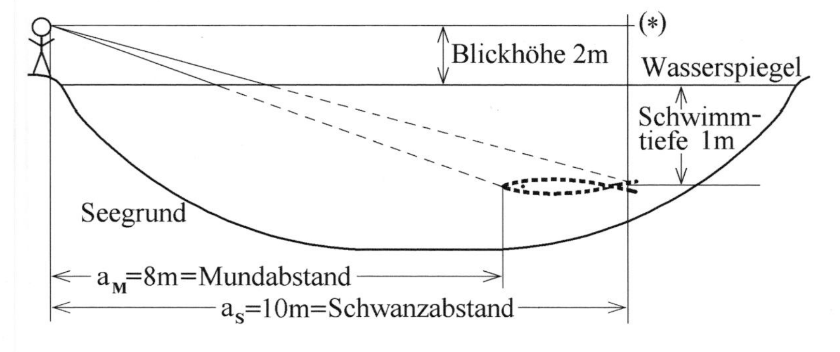


**Bild 5-4**
Fisch im Wasser, wie er subjektiv vom Angler gesehen wird. In Wirklichkeit findet Lichtbrechung statt, sodass der Fisch an anderer Position schwimmt und eine andere Länge hat.

## Lösung zu 5.3

Lösungsstrategie:

Hier müssen die Strahlengänge aufgrund der Lichtbrechung konstruiert werden. Dazu gehört eine analytisch-geometrische Berechung der Mundposition und der Schwanzposition des

Fisches. Was der Angler sieht, sind virtuelle Strahlengänge, also gedachte Verlängerungen der tatsächlichen Strahlen. In Bild 5.4. sind die tatsächlichen Strahlen durchgezogen gezeichnet, die virtuellen Strahlen gestrichelt.

Lösungsweg, explizit:

Die geometrischen Zusammenhänge sind in Bild 5-5 ersichtlich gemacht, damit man die nachfolgenden Formeln leichter verstehen kann:

▪ Bekannt sind die Winkel $\alpha_S$ und $\alpha_M$, unter denen das Licht nach außen von der Wasseroberfläche zum Betrachter kommt. Im großen Dreieck zwischen Betrachter, imaginärer Fischposition und dem Ort $(*)$ findet man die Beziehungen

1½ P $$\tan(\alpha_S) = \frac{b+t}{10m} \quad\Rightarrow\quad \alpha_S = \arctan\left(\frac{3m}{10m}\right) \overset{TR}{\approx} 16.699° \quad\Rightarrow\quad \varphi_S = 90° - \alpha_S \overset{TR}{\approx} 73.301° \qquad \text{und}$$

1½ P $$\tan(\alpha_M) = \frac{b+t}{8m} \quad\Rightarrow\quad \alpha_M = \arctan\left(\frac{3m}{8m}\right) \overset{TR}{\approx} 20.556° \quad\Rightarrow\quad \varphi_M = 90° - \alpha_M \overset{TR}{\approx} 82.291°\,.$$

Man lasse sich nicht dadurch verwirren, dass die Winkel $\alpha_S$ und $\alpha_M$ auch außerhalb des genannten Dreiecks mit Hilfe der Strahlensätze nochmals konstruiert wurden.

Die Bestimmung der Winkel $\varphi$ aus den Winkeln $\alpha$ ist offensichtlich und braucht nicht weiter erläutert werden.

▪ Nun kommt das Brechungsgesetz von Snellius zur Anwendung. Nach diesem gilt für den Lichtstrahl zum Mund des Fisches:

2 P $$\frac{\sin(\varphi_M)}{\sin(\beta_M)} = \frac{n_{Wasser}}{n_{Luft}} = \frac{4}{3} \quad\Rightarrow\quad \sin(\beta_M) = \frac{3}{4}\cdot\sin(\varphi_M) \quad\Rightarrow\quad \beta_M = \arcsin\left(\frac{3}{4}\cdot\sin(\varphi_M)\right) \overset{TR}{\approx} 48.0066°$$

Der Lichtstrahl zum Schwanz des Fisches läuft völlig analog, sodass übernommen wird:

2 P $$\frac{\sin(\varphi_S)}{\sin(\beta_S)} = \frac{n_{Wasser}}{n_{Luft}} \quad\Rightarrow\quad \ldots\ \textit{siehe oben}\ \ldots \quad\Rightarrow\quad \beta_S = \arcsin\left(\frac{3}{4}\cdot\sin(\varphi_S)\right) \overset{TR}{\approx} 45.9201°$$

● Unter Kenntnis dieser Winkel lassen sich die Strecken $l_M$ und $l_S$ sowie $s_M$ und $s_S$ ausrechnen, deren Summen schließlich zu den Strecken $x_M$ und $x_S$ führen, welche die tatsächlichen Positionen des Mundes und des Schwanzes des Fischs angeben. Dies geschieht so:

3 P $$\left.\begin{array}{l} \tan(\alpha_M) = \dfrac{b}{s_M} \quad\Rightarrow\quad s_M = \dfrac{b}{\tan(\alpha_M)} \\ \tan(\beta_M) = \dfrac{l_M}{t} \quad\Rightarrow\quad l_M = t\cdot\tan(\beta_M) \end{array}\right\} \quad\Rightarrow\quad x_M = s_M + l_M = \frac{b}{\tan(\alpha_M)} + t\cdot\tan(\beta_M)$$
$$= \frac{2m}{3/8} + 1m\cdot\tan(48.0066°) \overset{TR}{\approx} 6.4442m \quad \text{(Mund)}$$

3 P $$\left.\begin{array}{l} \tan(\alpha_S) = \dfrac{b}{s_S} \quad\Rightarrow\quad s_S = \dfrac{b}{\tan(\alpha_S)} \\ \tan(\beta_S) = \dfrac{l_S}{t} \quad\Rightarrow\quad l_S = t\cdot\tan(\beta_S) \end{array}\right\} \quad\Rightarrow\quad x_S = s_S + l_S = \frac{b}{\tan(\alpha_S)} + t\cdot\tan(\beta_S)$$
$$= \frac{2m}{3/10} + 1m\cdot\tan(45.9201°) \overset{TR}{\approx} 7.6993m \quad \text{(Schwanz)}$$

Die Differenz der beiden tatsächlichen Abstände ergibt die tatsächliche Größe des Fisches:

$$x_S - x_M \overset{TR}{\approx} 7.6993\,m - 6.4442\,m \overset{TR}{\approx} 1.255\,m$$ 1 P

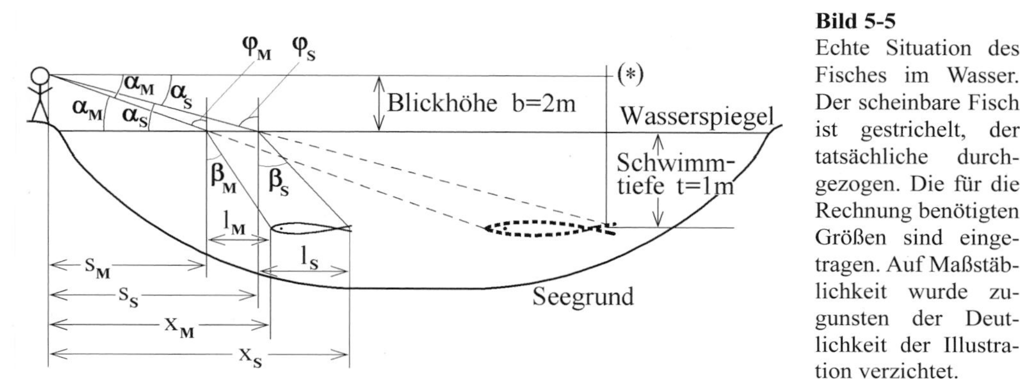


**Bild 5-5**
Echte Situation des Fisches im Wasser. Der scheinbare Fisch ist gestrichelt, der tatsächliche durchgezogen. Die für die Rechnung benötigten Größen sind eingetragen. Auf Maßstäblichkeit wurde zugunsten der Deutlichkeit der Illustration verzichtet. 6 P

## Aufgabe 5.4 Strahlengänge an Sammellinsen

| | | |
|---|---|---|
| Bild 5-6: 4 Min. | Punkte | Bild 5-6: 3 P |
| Bild 5-7: 4 Min. | | Bild 5-7: 3 P |
| Bild 5-8: 4 Min. | | Bild 5-8: 3 P |

In den Bildern 5-6, 5-7 und 5-8 sehen Sie drei Skizzen, von denen jede einen Gegenstand zeigt und dazu eine dünne Sammellinse, deren beide Brennpunkte beiderseits der Hauptebene durch Kreuze auf der optischen Achse markiert sind.

(a.) Konstruieren Sie in jeder dieser Skizzen den jeweiligen Gegenstand. Führen Sie hierzu die Konstruktionen der Strahlengänge durch, wie man sie typischerweise zu diesem Zweck anhand einiger charakteristischer Strahlen anfertigt.

(b.) Beschreiben Sie die konstruierten Bilder jeweils anhand folgender Kriterien:
- Handelt es sich um eine vergrößerte oder um eine verkleinerte Abbildung?
- Steht das Bild aufrecht oder auf dem Kopf?
- Sind die Bilder virtuell oder reell?

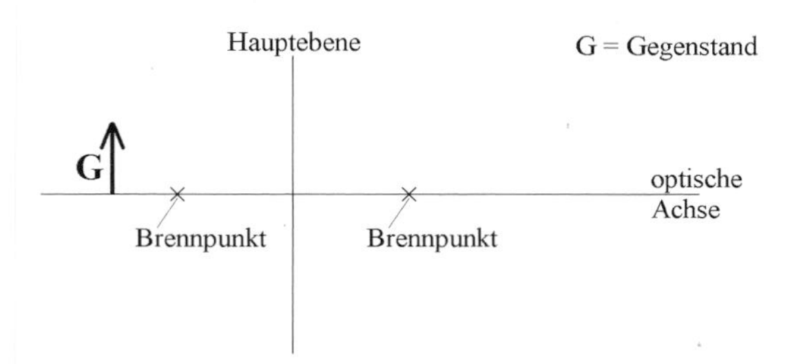


**Bild 5-6**
Konstruktionsvorgaben zur Konstruktion des Strahlengangs an einer dünnen Sammellinse, wobei der Gegenstand außerhalb der Brennweite steht.

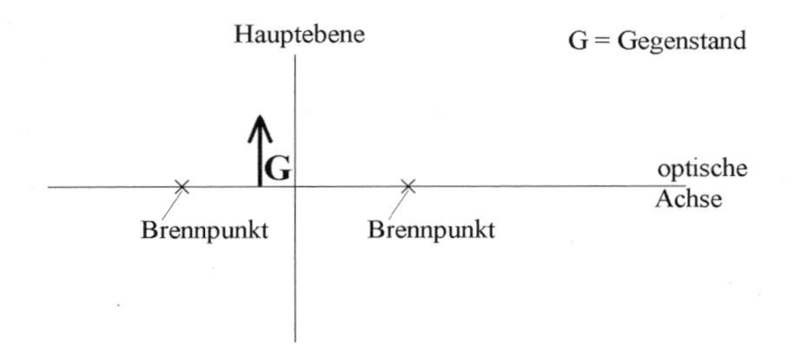


**Bild 5-7**
Konstruktionsvorgaben zur Konstruktion des Strahlengangs an einer dünnen Sammellinse, wobei der Gegenstand innerhalb der Brennweite steht.

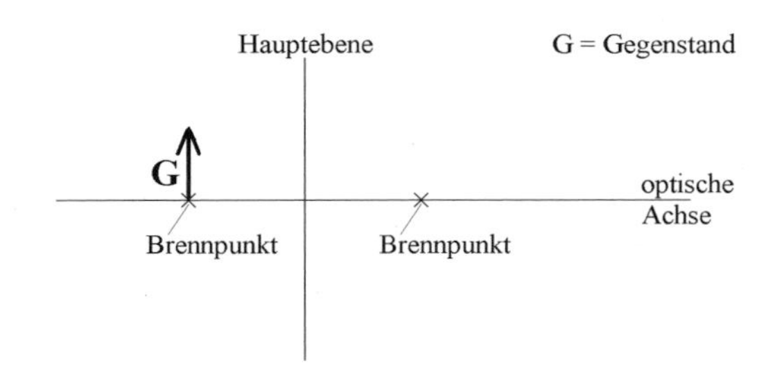


**Bild 5-8**
Konstruktionsvorgaben zur Konstruktion des Strahlengangs an einer dünnen Sammellinse, wobei der Gegenstand genau im Brennpunkt steht.

## Lösung zu 5.4

Lösungsstrategie:

(a.) Zur Konstruktion der Strahlengänge zeichnet man typischerweise drei Strahlen, nämlich den Parallelstrahl, den Mittelpunktsstrahl und den Brennpunktsstrahl, ausgehend von einem Punkt auf dem Gegenstand. Der Punkt, in dem sich diese drei Strahlen schneiden, ist der Bildpunkt, der zu dem Startpunkt der drei Strahlen auf dem Gegenstand gehört. Dies lässt sich bei Bedarf auch für mehrere Gegenstandspunkte und deren Bildpunkte wiederholen.

(b.) Die Fragen zu diesem Aufgabenteil kann man leicht durch Betrachtung der Bilder in den Konstruktionen der Strahlengänge beantworten.

Lösungsweg, explizit:

(a.) Die Strahlengänge sieht man in den nachfolgenden Bildern 5-9, 5-10 und 5-11.

2 P

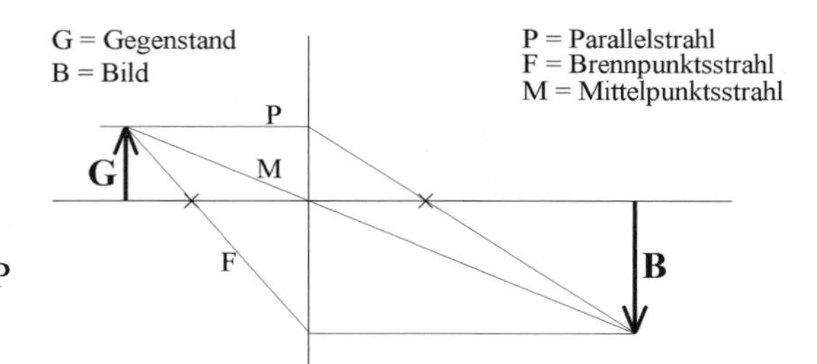


**Bild 5-9**
Konstruktion des Strahlengangs an einer dünnen Sammellinse anhand typischer Strahlen, wobei der Gegenstand außerhalb der Brennweite steht.

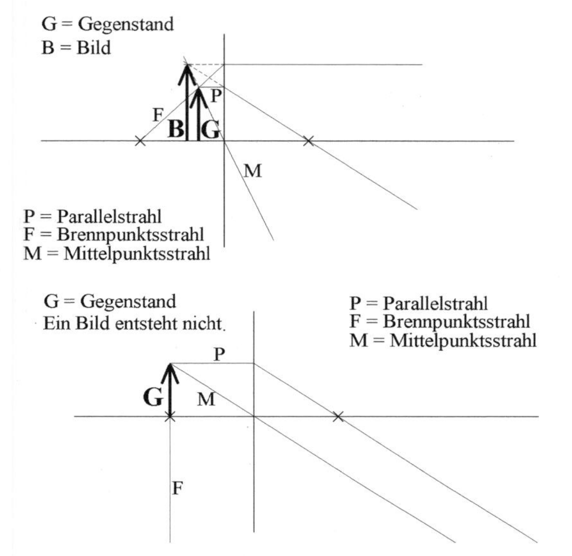


**Bild 5-10**
Konstruktion des Strahlengangs an einer dünnen Sammellinse anhand typischer Strahlen, wobei der Gegenstand innerhalb der Brennweite steht. 2 P

**Bild 5-11**
Konstruktion des Strahlengangs an einer dünnen Sammellinse anhand typischer Strahlen, wobei der Gegenstand genau im Brennpunkt steht. 2 P

(b.)
Die Konstruktion in Bild 5-9 ergibt ein reelles Bild, das auf dem Kopf steht. Aufgrund der Nähe des Gegenstandes zum Brennpunkt (er steht innerhalb der doppelten Brennweite) ist das Bild gegenüber dem Gegenstand vergrößert. 1 P

Die Konstruktion in Bild 5-10 ergibt ein virtuelles Bild, denn nicht die gebrochenen Strahlen schneiden sich, sondern nur deren gedachte (virtuelle) Verlängerungen auf der Gegenstandsseite der Linse. Die virtuellen Verlängerungen sind gestrichelt. Das Bild steht aufrecht und ist vergrößert. In dieser Benutzungsart bezeichnet man eine Sammellinse als Lupe. 1 P

Die Konstruktion in Bild 5-11 ergibt gar kein Bild. Der Gegenstand steht genau im Brennpunkt, sodass sich der Parallelstrahl und der Mittelpunktsstrahl erst im Unendlichen schneiden würden. Der Brennpunktsstrahl hingegen erreicht die Linse nicht. 1 P

## Aufgabe 5.5 Strahlengänge an Streulinsen

| | | |
|---|---|---|
| Bild 5-12: 4 Min. | | Punkte Bild 5-12: 3 P |
| Bild 5-13: 4 Min | | Bild 5-13: 3 P |

In den Bildern 5-12 und 5-13 sehen Sie zwei Skizzen, von denen jede einen Gegenstand zeigt und dazu eine dünne Streulinse, deren Brennpunkte beiderseits der Hauptebene durch Kreuze auf der optischen Achse markiert sind.

(a.) Konstruieren Sie in jeder dieser beiden Skizzen den jeweiligen Gegenstand. Führen Sie hierzu die Konstruktionen der Strahlengänge durch, wie man sie typischerweise anhand charakteristischer Strahlen zu diesem Zweck anfertigt.

(b.) Beschreiben Sie die konstruierten Bilder jeweils anhand folgender Kriterien:
- Handelt es sich um eine vergrößerte oder um eine verkleinerte Abbildung?
- Steht das Bild aufrecht oder auf dem Kopf?
- Sind die Bilder virtuell oder reell?

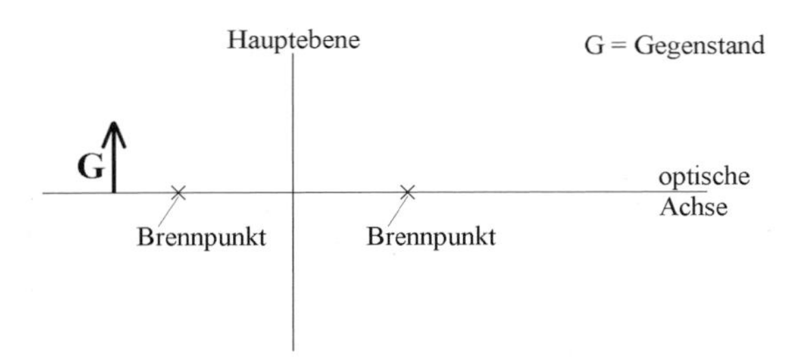


**Bild 5-12**
Konstruktionsvorgaben zur Konstruktion des Strahlengangs an einer dünnen Streulinse, wobei der Gegenstand außerhalb der Brennweite steht.

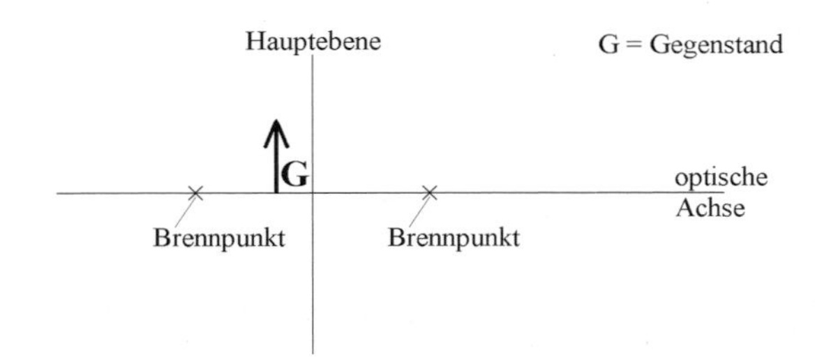


**Bild 5-13**
Konstruktionsvorgaben zur Konstruktion des Strahlengangs an einer dünnen Streulinse, wobei der Gegenstand innerhalb der Brennweite steht.

## Lösung zu 5.5

Lösungsstrategie:

(a.) Zur Konstruktion der Strahlengänge zeichnet man typischerweise drei Strahlen, nämlich den Parallelstrahl, den Mittelpunktsstrahl und den Brennpunktsstrahl. Dies geschieht in prinzipieller Analogie zu Aufgabe 5.4, jedoch erzeugen Streulinsen keine reellen Bilder sondern virtuelle. Für die Konstruktion der Strahlengänge bedeutet dies, dass sich nicht die Strahlen schneiden, sondern immer nur deren gedachte Verlängerungen hinter der Linse.

(b.) Die Fragen zu diesem Aufgabenteil kann man leicht durch Betrachtung der Bilder in den Konstruktionen der Strahlengänge beantworten.

Lösungsweg, explizit:

(a.) Die Strahlengänge sieht man in den nachfolgenden Bildern 5-14 und 5-15. Gedachte Verlängerungen und Konstruktionshilfen sind auf beiden Seiten der Linsen nur gestrichelt gezeichnet, was man allerdings nur erkennen kann, wenn sie nicht zufällig mit tatsächlichen Strahlen zusammenfallen.

2 P

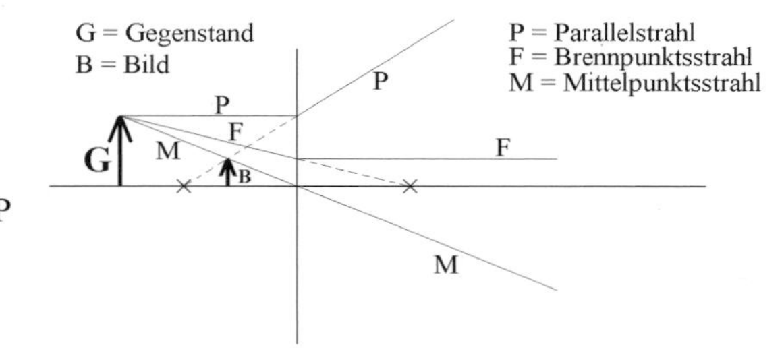


**Bild 5-14**
Konstruktion des Strahlengangs an einer dünnen Streulinse anhand typischer Strahlen, wobei der Gegenstand außerhalb der Brennweite steht.

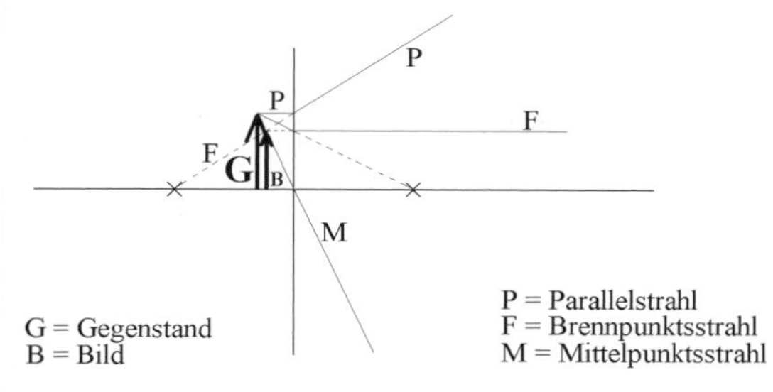


**Bild 5-15**
Konstruktion des Strahlengangs an einer dünnen Streulinse anhand typischer Strahlen, wobei der Gegenstand innerhalb der Brennweite steht. 2 P

(b.) Bei Streulinsen sind die Bilder prinzipiell immer virtuell. (Will man die Bilder sichtbar machen, z.B. auf einem Schirm oder auf der Netzhaut des Auges, so muss man sie mit einer zusätzlichen Sammellinse abbilden, deren Brennweite dem Betrage nach kleiner ist als der Betrag der Brennweite der Streulinse.)
Wie man in den Bildkonstruktionen sieht, stehen in beiden Fällen die Bilder aufrecht und sind verkleinert. 1+1 P

## Aufgabe 5.6 Strahlengang am Konvexspiegel

8 Min. Punkte 6 P

In Bild 5-16 sehen Sie die Skizze eines konvexen sphärischen Spiegels und eines Gegenstandes, dessen Bild konstruiert werden soll.
(a.) Konstruieren Sie mit Hilfe des Strahlengangs das Bild des Gegenstandes in der für derartige Konstruktionen üblichen Art und Weise anhand einiger charakteristischer Strahlen.
(b.) Beschreiben Sie die konstruierten Bilder jeweils anhand folgender Kriterien:
- Handelt es sich bei dem Bild um eine vergrößerte oder um eine verkleinerte Abbildung?
- Steht das Bild aufrecht oder auf dem Kopf?
- Ist das Bild virtuell oder reell?

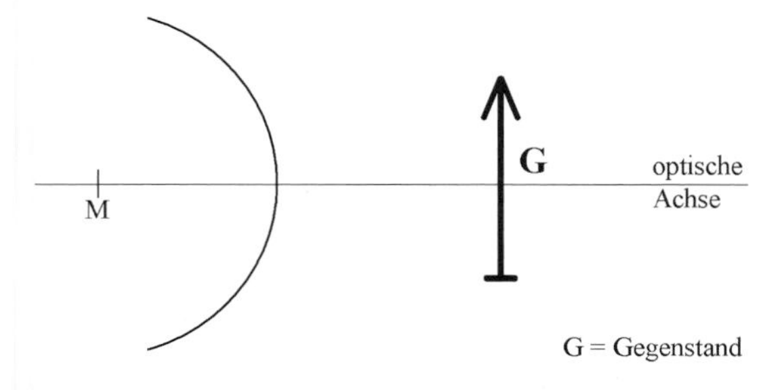


**Bild 5-16**
Konstruktionsvorgaben zur Konstruktion des Strahlengangs an einem konvexen sphärischen Spiegel.
Der geometrische Mittelpunkt der reflektierenden Kugeloberfläche ist mit einem „M“ gekennzeichnet.

## Lösung zu 5.6

Lösungsstrategie:
Bei sphärischen Spiegeln (egal ob konvex oder konkav) ist die Brennweite die Hälfte des Krümmungsradius der Kugeloberfläche. Im Übrigen geschieht die Konstruktion des Bildes wieder anhand der drei charakteristischen Strahlen: Parallelstrahl, Scheitelpunktsstrahl, Brennpunktsstrahl. 1 P

Lösungsweg, explizit:

(a.) Die gefragte Konstruktion sieht man in Bild 5-17.

- Der Parallelstrahl wird nach der Reflexion zum Strahl aus dem Brennpunkt.
- Der Brennpunktsstrahl wird nach der Reflexion zum Parallelstrahl.
- Der Scheitelpunktsstrahl wird reflektiert gemäß „Einfallswinkel = Ausfallswinkel".

**Stolperfalle**

Prinzipiell kann der Gegenstand ein ausgedehntes Objekt sein. Will man dessen Bild konstruieren, so wählt man eine Anzahl markanter Punkte aus und konstruiert zu jedem dieser Punkte die Abbildungsverhältnisse.

Dass in den Bildern 5-6 bis 5-15 immer der Gegenstand so besonders einfach vorgegeben war, dass jeweils nur ein einziger markanter Punkt für die Bildkonstruktion nötig war, ist eine nicht unübliche Vereinfachung für Prüfungszwecke. Der Hintergrund ist die Idee: Wer einen markanten Punkt abbilden kann, ist auch in der Lage beliebig viele weitere markante Punkte in gleicher Weise zu konstruieren. Überraschenderweise ergeben sich aber häufig Schwierigkeiten, wenn in Prüfungen dann doch mehrere Punkte abgebildet werden sollen. Um auf diesen Prüfungsfall vorbereitet zu sein, wurde in Bild 5-16 ein Gegenstand gewählt, dessen Fuß und Kopf beide nicht auf der optischen Achse liegen. Hier ist also eine Konstruktion zweier markanter Punkte unumgänglich. Im Übrigen sieht man in Bild 5-17, dass unser Gegenstand nicht ganz symmetrisch zur optischen Achse positioniert ist.

Da das Bild virtuell ist, sind die tatsächlichen Strahlen als durchgezogene Linien gezeichnet und deren gedachte Verlängerungen (die zum Erkennen des virtuellen Bildes führen) gestrichelt.

Der Übersichtlichkeit halber wurden von den nach erfolgter Reflexion divergenten Strahlen nur sehr kurze Stücke gezeichnet.

4 P

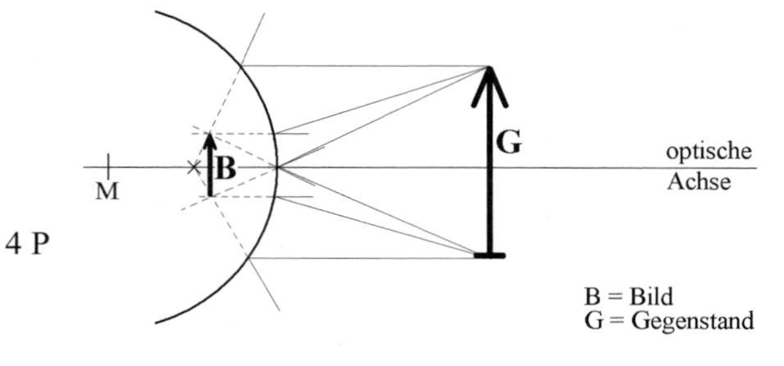


**Bild 5-17**
Konstruktion des Strahlengangs an einem konvexen sphärischen Spiegel.
Der geometrische Mittelpunkt der reflektierenden Kugeloberfläche ist mit einem „M" gekennzeichnet, der Brennpunkt mit einem „F" (wie Fokus).
Der Scheitelpunkt (ohne Markierung) ist derjenige Punkt, an dem die Spiegeloberfläche die optische Achse schneidet.

(b.) Wie man sieht, ist das Bild virtuell, verkleinert und steht aufrecht.

Dass es sich um ein virtuelles Bild handelt, erkennt man daran, dass sich die Strahlen nach der Reflexion nicht schneiden, sondern nur deren gedachte Verlängerungen. Charakteristisch für ein reelles Bild wäre die Möglichkeit, selbiges durch Anbringen eines Schirmes sichtbar zu machen. Da dies bei einem nach der Reflexion divergenten Strahlenbündel nicht möglich ist, kann es sich nicht um ein reelles Bild handeln.

1 P

# Aufgabe 5.7 Strahlengang am Konkavspiegel

| | | Punkte |
|---|---|---|
| 8 Min. | | 6 P |

In Bild 5-18 sehen Sie die Skizze eines konkaven sphärischen Spiegels und eines Gegenstandes, dessen Bild konstruiert werden soll.

(a.) Konstruieren Sie mit Hilfe des Strahlengangs das Bild des Gegenstandes in der für derartige Konstruktionen üblichen Art und Weise anhand einiger charakteristischer Strahlen.

(b.) Beschreiben Sie die konstruierten Bilder jeweils anhand folgender Kriterien:
- Handelt es sich bei dem Bild um eine vergrößerte oder um eine verkleinerte Abbildung?
- Steht das Bild aufrecht oder auf dem Kopf?
- Ist das Bild virtuell oder reell?

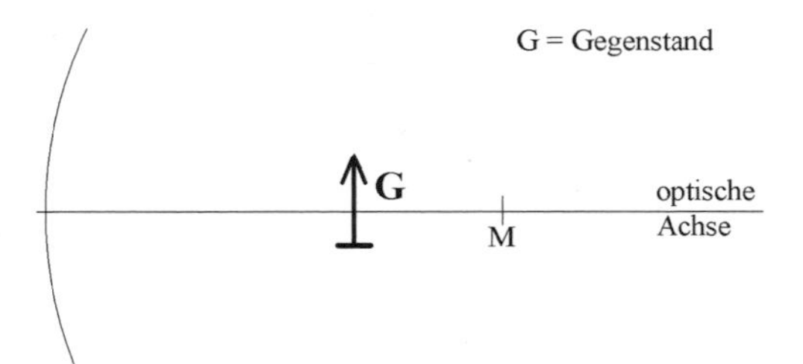


**Bild 5-18**
Konstruktionsvorgaben zur Konstruktion des Strahlengangs an einem konkaven sphärischen Spiegel.
Der geometrische Mittelpunkt der reflektierenden Kugeloberfläche ist mit einem „M" gekennzeichnet.

# Lösung zu 5.7

Lösungsstrategie:

Vgl. Aufgabe 5.6. Man bedenke dabei: Konvexe Spiegel erzeugen immer virtuelle Bilder. Konkave Spiegel können auch reelle Bilder erzeugen. Die Brennweite ist wieder der halbe Kugelradius. 1 P

Lösungsweg, explizit:

(a.) Die gefragte Konstruktion sieht man in Bild 5-19.
- Der Parallelstrahl wird nach der Reflexion zum Strahl aus dem Brennpunkt.
- Der Brennpunktsstrahl wird nach der Reflexion zum Parallelstrahl.
- Der Scheitelpunktsstrahl wird reflektiert gemäß „Einfallswinkel = Ausfallswinkel".

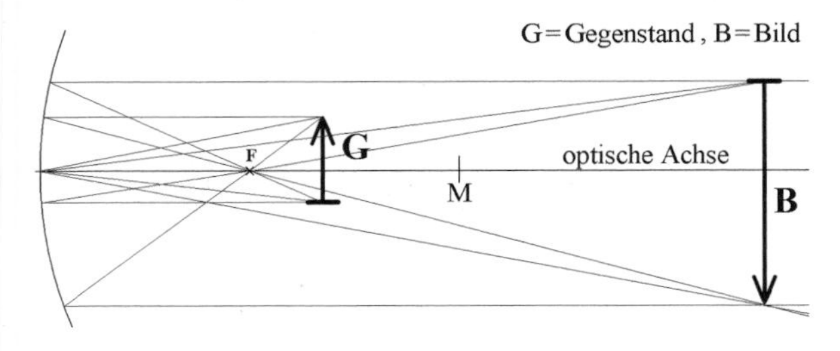


**Bild 5-19**
Konstruktion des Strahlengangs an einem konvexen sphärischen Spiegel.
Der geometrische Mittelpunkt der reflektierenden Kugeloberfläche ist mit einem „M" gekennzeichnet, der Brennpunkt mit einem „F" (wie Fokus).
Der Scheitelpunkt (ohne Markierung) ist der Punkt, an dem die Spiegeloberfläche die optische Achse schneidet. 4 P

(b.) Ganz offensichtlich ist das Bild vergrößert und steht auf dem Kopf.

1 P Dass es sich um ein reelles Bild handelt, erkennt man daran, dass sich die Strahlen nach der Reflexion reell schneiden, sodass das Bild auf einem Schirm sichtbar gemacht werden könnte. Da man bei der Konstruktion der Abbildung keine virtuellen Verlängerungen von Strahlen benötigt, sind keine gestrichelten Linien gezeichnet.

## Aufgabe 5.8 Abbildungsgleichung sphärischer Spiegel

| | | Punkte | |
|---|---|---|---|
| (a.) 2 Min. | | | (a.) 1 P |
| (b.) 2 Min. | | | (b.) 2 P |

Bei einem konkaven sphärischen Vergrößerungsspiegel (vgl. Bilder 5-18 und 5-19) werde ein Gegenstand, der $g = 5cm$ vor dem Spiegel steht, auf einem Schirm im Abstand von $b = 40cm$ scharf abgebildet.

(a.) Berechnen Sie die Vergrößerung.

(b.) Berechnen Sie die Brennweite und den Krümmungsradius des Spiegels.

## Lösung zu 5.8

Lösungsstrategie:

Die entsprechenden Abbildungsgleichungen findet man in Formelsammlungen. Wer mag, kann eine Konstruktion der Strahlengänge zur Selbstkontrolle anfertigen.

Lösungsweg, explizit:

1 P (a.) Gegenstands- und Bildweite $g$ und $b$ stehen im selben Verhältnis wie Gegenstands- und Bildgröße $G$ und $B$, d.h. der Vergrößerungsmaßstab ist, $m = \frac{B}{G} = \frac{b}{g} = \frac{40cm}{5cm} = 8$.

1 P (b.) Die Brennweite genügt der Bedingung $\frac{1}{f} = \frac{1}{g} + \frac{1}{b}$, also ist $\frac{1}{f} = \frac{1}{0.05m} + \frac{1}{0.40m} = 22.5\frac{1}{m}$.

½ P Kehrwertbildung liefert die Brennweite $f = \frac{1}{22.5}m = 0.0\bar{4}m = 4.\bar{4}cm$.

½ P Der Krümmungsradius ist das Doppelte der Brennweite: $R = 2 \cdot f = \frac{2}{22.5}m = 0.0\bar{8}m = 8.\bar{8}cm$.

## Aufgabe 5.9 Brechkraft und Vergrößerung von Linsen

| | | Punkte | |
|---|---|---|---|
| (a.) 2 Min. | | | (a.) 1 P |
| (b.) 2 Min. | | | (b.) 2 P |

Eine sphärische dünne Linse (vgl. Aufgaben 5.4 und 5.5) bilde einen $g = 1m$ entfernten Gegenstand auf der anderen Seite im Abstand von $b = 40cm$ scharf ab.

(a.) Berechnen Sie die Vergrößerung.

(b.) Berechnen Sie Brennweite (Einheit: Meter) und Brechkraft (Einheit: Dioptrie) der Linse.

## ▾ Lösung zu 5.9

Lösungsstrategie:

Wie in Aufgabe 5.8: Abbildungsgleichungen laut Formelsammlungen. Selbstkontrolle durch Konstruktion der Strahlengänge möglich. Im übrigen sehen die mathematischen Ausdrücke der Abbildungsgleichungen für Linsen genauso aus wie für Spiegel.

Lösungsweg, explizit:

(a.) Gegenstands- und Bildweite $g$ und $b$ stehen im selben Verhältnis wie Gegenstands- und Bildgröße $G$ und $B$, d.h. der Vergrößerungsmaßstab ist, $m = \frac{B}{G} = \frac{b}{g} = \frac{40\,cm}{100\,cm} = 0.4$. 1 P

Das Abbild ist also verkleinert.

(b.) Die Brennweite genügt der Bedingung $\frac{1}{f} = \frac{1}{g} + \frac{1}{b}$, also ist $\frac{1}{f} = \frac{1}{1.00\,m} + \frac{1}{0.40\,m} = 3.5\frac{1}{m}$. 1 P

Die Brechkraft ist der Kehrwert der Brennweite $D = \frac{1}{f} = 3.5\,dpt$. ½ P

Entsprechend ist die Brennweite $f = \frac{1}{3.5}m \overset{TR}{\approx} 0.2857\,m$. ½ P

## Aufgabe 5.10 Kombination zweier Linsen

| | | | | |
|---|---|---|---|---|
| ⏱ | (a.) 13 Min.<br>(b.) 8 Min. | 🏋 🏋 | Punkte | (a.) 8 P<br>(b.) 5 P |

Eine Sammellinse $L$ soll einen Gegenstand auf einem Schirm $S$ abbilden, aber ihre Brechkraft reicht nicht für eine scharfe Abbildung aus. Aufgrund der Brechkraft würde der Gegenstand auf einem Schirm $S'$ scharf abgebildet werden, der sich von der Linse weiter weg befindet als $S$. Um dennoch ein scharfes Abbild des Gegenstandes auf dem Schirm $S$ zu bekommen, schaltet man eine Zusatzlinse $Z$ vor, die ebenfalls eine Sammellinse ist. Die Situation ist zusammen mit den geometrischen Vorgaben in Bild 5-20 veranschaulicht.

(a.) Berechnen Sie, welche Brennweite die Zusatzlinse $Z$ haben muss, damit auf dem Schirm $S$ ein scharfes Bild entsteht.

(b.) Um ohne Zusatzlinse eine scharfes Bild auf dem Schirm $S$ zu erzeugen, könnte man auch bei gleichbleibender Bildweite (Abstand $\overline{LS} = 20\,cm$) die Gegenstandsweite (Abstand $\overline{GL}$ ohne Zusatzlinse) ändern. Auf welche Gegenstandsweite müsste man den Gegenstand positionieren, damit $L$ ein scharfes Bild auf $S$ erzeugt?

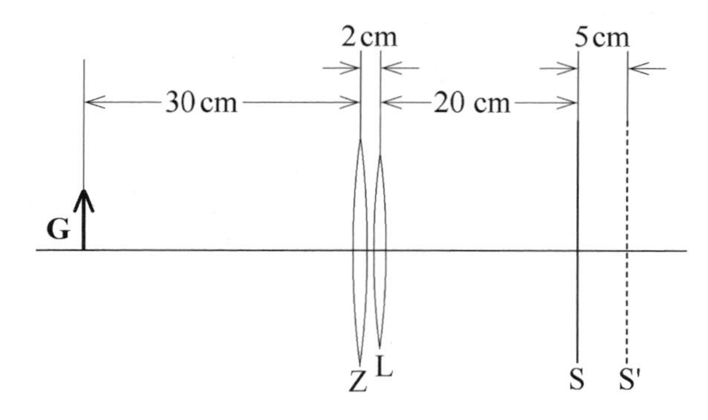


**Bild 5-20**
Linsenkombination, die einen Gegenstand auf einem Schirm scharf abbilden soll.

Die eingezeichneten geometrischen Abmessungen dienen als Vorgabe für quantitative Beispielrechnungen.

## Lösung zu 5.10

Lösungsstrategie:

(a.) Schritt 1 → Berechnung der Brennweite der Linse $L$

Schritt 2 → Berechnung der gemeinsamen Brennweite der Linsenkombination

Schritt 3 → Berechnung der Brennweite der Zusatzlinse aus der Kombination der Linsen

(b.) Bildweite und Brennweite in die Abbildungsgleichung einsetzen.

Lösungsweg, explizit:

½ P Die sog. Abbildungsgleichung lautet $\frac{1}{f}=\frac{1}{g}+\frac{1}{b} \Rightarrow f=\frac{g \cdot b}{g+b}$. mit $f=$ Brennweite, $g=$ Gegenstandsweite, $b=$ Bildweite

1 P Schritt 1 → Für die Linse $L$ führt sie zu $f_L=\frac{g_L \cdot b_L}{g_L+b_L}$. $(*1)$ mit $g_L=\overline{GL}$ und $b_L=\overline{LS'}$

1 P Schritt 2 → Für die Linsenkombination führt sie zu $f_K=\frac{g_K \cdot b_K}{g_K+b_K}$. $(*2)$ mit $g_K=\overline{GZ}$ und $b_K=\overline{LS}$

1 P Schritt 3 → Die Kombination zweier Linsen zu einem System ist $\frac{1}{f_K}=\frac{1}{f_Z}+\frac{1}{f_L}-\frac{d}{f_Z \cdot f_L}$, $(*3)$

wobei $d$ der Abstand der beiden Einzellinsen zueinander ist.

Was noch fehlt, ist die Auflösung nach $f_Z$:

$$(*3) \Rightarrow \frac{1}{f_K}-\frac{1}{f_L}=\frac{1}{f_Z}-\frac{d}{f_Z \cdot f_L}=\frac{f_L-d}{f_Z \cdot f_L} \Rightarrow \frac{f_L-f_K}{f_K \cdot f_L}=\frac{f_L-d}{f_Z \cdot f_L} \Rightarrow \frac{f_L-f_K}{f_K \cdot f_L} \cdot \frac{f_L \cdot f_Z}{f_L-d}=1$$

2 P

$$\Rightarrow \frac{f_L-f_K}{f_K} \cdot \frac{1}{f_L-d}=\frac{1}{f_Z} \Rightarrow f_Z=\frac{f_K}{f_L-f_K} \cdot \frac{f_L-d}{1}=\frac{f_K \cdot (f_L-d)}{f_L-f_K}.$$

Nun könnte man $(*1)$ und $(*2)$ in den Ausdruck für $f_Z$ einsetzen, aber wir wollen dies aus Gründen der Übersichtlichkeit erst bei der numerischen Berechnung tun:

$$(*1) \;\Rightarrow\; f_L = \frac{g_L \cdot b_L}{g_L + b_L} = \frac{32\,cm \cdot 25\,cm}{32\,cm + 25\,cm} = \frac{800}{57}\,cm \quad \text{und} \quad (*2) \;\Rightarrow\; f_K = \frac{28\,cm \cdot 20\,cm}{28\,cm + 20\,cm} = 12\,cm\,.$$ 1½ P

Einsetzen der beiden Werte in $f_Z$ liefert

$$f_Z = \frac{f_K \cdot (f_L - d)}{f_L - f_K} = \frac{12\,cm \cdot \left(\frac{800}{57}\,cm - 2\,cm\right)}{\frac{800}{57}\,cm - 12\,cm} = \frac{2058}{29}\,cm \overset{TR}{\approx} 70.97\,cm$$ als Brennweite der Zusatzlinse. 1 P

**Stolperfalle**

Bei der Linsenkombination achte man darauf, dass die Gegenstandsweite zur Hauptebene der gegenstandsnäheren der beiden Linsen gemessen wird und die Bildweite zur Hauptebene der bildseitigen Linse.

(b.) Wir verwenden wieder die Abbildungsgleichung $\frac{1}{f_N} = \frac{1}{g_N} + \frac{1}{b_N}$. Der Index $N$ steht für die „neue" Situation von Aufgabenteil (b.), die anders ist als in Aufgabenteil (a.).

**Stolperfalle**

Man verwechsle nicht die unterschiedlichen Größen mit den unterschiedlichen Indizes „N" und „L". Das klare Unterscheiden der verschiedenen (aber verwandten) Größen erfordert bei manchen Aufgaben eine gewisse Konzentration, so auch hier. Um die Situation zu sortieren, betrachten Sie bitte die nachfolgende kurze Übersicht.

Die verschiedenen Größen mit ihren Indizes haben folgende Bedeutung:

- Die Brennweiten → $f_N = f_L = \frac{g_L \cdot b_L}{g_L + b_L}\,. \quad (*4)$ 1 P

  Sie sind beide gleich, da die Linse unverändert bleibt.
- Die Bildweiten → $b_L = 25\,cm$ (scharfes Bild bei $S'$) aber $b_N = 20\,cm$ (scharfes Bild bei $S$).
- Die Gegenstandsweiten → $g_L = 30\,cm$ (Aufgabenteil a.) aber $g_N = ?$ (gesuchte Größe). 1 P

Wir setzen die Brennweiten in die Abbildungsgleichungen ein und lösen auf nach $g_N$:

$$\underbrace{\frac{1}{g_N} + \frac{1}{b_N} = \frac{1}{f_N}}_{\text{Abbildungsgleichung}} \underbrace{= \frac{g_L + b_L}{g_L \cdot b_L}}_{\text{nach }(*4)} \;\Rightarrow\; \frac{1}{g_N} = \frac{g_L + b_L}{g_L \cdot b_L} - \frac{1}{b_N} \;\Rightarrow\; g_N = \left(\frac{g_L + b_L}{g_L \cdot b_L} - \frac{1}{b_N}\right)^{-1}.$$ 1½ P

Mit Werten folgt $g_N = \left(\frac{g_L + b_L}{g_L \cdot b_L} - \frac{1}{b_N}\right)^{-1} = \left(\frac{0.30\,m + 0.25\,m}{0.30\,m \cdot 0.25\,m} - \frac{1}{0.20\,m}\right)^{-1} \overset{TR}{\approx} 0.42857\,m = 42.857\,cm\,.$ 1½ P

Vergrößert man also ein wenig die Entfernung zwischen Linse und Gegenstand, so kann man auf dem Schirm in der Position $S$ auch ohne Zusatzlinse ein scharfes Bild erzeugen.

Anmerkung: Nach dem Prinzip von Aufgabenteil (a.) korrigiert der Augenarzt falsche Brennweiten der Augenlinse durch Vorschalten einer zusätzlichen Linse in Form einer Brille oder Kontaktlinse. Fehlsichtige Menschen ohne Sehhilfe sind auf die Methode nach Aufgabenteil (b.) angewiesen, bei der die freie Wahl der Gegenstandsweite verlorengeht. Die Augenmuskulatur adaptiert die Brennweite $f_L$, aber sie schafft es nur in einem begrenzten Bereich. Stimmt dieser Bereich nicht mit den Erfordernissen der Bildweite $b_N$ überein, so ist eine Sehhilfe unumgänglich. Im Übrigen leistet eine Sehhilfe mehr als nur die Anpassung der Brennweiten. So korrigiert sie unter anderem z.B. auch Abbildungsfehler der Augenlinse.

## Aufgabe 5.11 Linsenmachergleichung

| 13 Min. | | Punkte 10 P |
|---|---|---|

Jemand will eine sphärische Linse aus einem Glas mit einer Brechzahl $n = 1.4$ schleifen, die symmetrisch zur optischen Achse sein soll. Die Brechkraft soll 2 Dioptrien betragen. Der Durchmesser der Linse (Größe $a$ in Bild 5-21) soll $a = 5cm$ sein.

- Welche Krümmungsradien müssen die Oberflächen auf beiderseits bekommen.
- Wie dick wird dadurch die Linse an Ihrer dicksten Stelle (in der Mitte)?

## Lösung zu 5.11

Lösungsstrategie:

Den Zusammenhang zwischen den Krümmungsradien und der Brennweite (bzw. Brechkraft) findet man in Formelsammlungen als sog. Linsenmachergleichung. Von dieser gibt es zwei Varianten: Eine einfache Variante berücksichtigt nur die Krümmungsradien der beiden Oberflächen und die Brechzahl des Glases. Die zweite und genauere Variante berücksichtigt zusätzlich die Materialstärke in der Linsenmitte (also die dickste Stelle der Linse). Da in unserer Aufgabenstellung die zur Benutzung der genaueren Variante der Linsenmachergleichung benötigten Vorgaben vorhanden sind, wird die Anwendung dieser Variante auch erwartet.

1 P

Im Übrigen ist die Berechnung eine rein geometrische Aufgabe, die aus Symmetriegründen sinnvollerweise in zwei (nicht in drei) Dimensionen ausgeführt wird. Erst das Einsetzen der geometrischen Betrachtung in die Linsenmachergleichung führt zu dem gesuchten Ergebnis.

Lösungsweg, explizit:

½ P

- Die Linsenmachergleichung lautet $D = (n-1)\cdot\left(\frac{1}{r_1}+\frac{1}{r_2}\right)+\frac{(n-1)^2}{n}\cdot\frac{d}{r_1\cdot r_2}$ in der genaueren

Version, worin $r_1$ und $r_2$ die Krümmungsradien der beiden Seiten (Oberflächen) sind, mit positivem Vorzeichen bei konvexer Krümmung und negativem Vorzeichen bei konkaver Krümmung (jeweils bei Betrachtung von der Linsenmitte aus). Bei der einfacheren Version würde der zweite Summand, der die Dicke der Linse $d$ enthält, fehlen.

Da laut Aufgabenstellung $r_1 = r_2$ sein soll, lassen wir die Indizes weg und schreiben der Einfachheit halber $r = r_1 = r_2$ und somit die Linsenmachergleichung als

$$D = (n-1)\cdot\left(\frac{1}{r}+\frac{1}{r}\right)+\frac{(n-1)^2}{n}\cdot\frac{d}{r\cdot r} = (n-1)\cdot\frac{2}{r}+\frac{(n-1)^2}{n}\cdot\frac{d}{r^2}. \qquad (*0)$$

½ P

▪ Zur Bestimmung der Linsendicke $d$ in $(*0)$ betrachte man Bild 5-21 und die sich daran anschließende geometrische Berechnung.

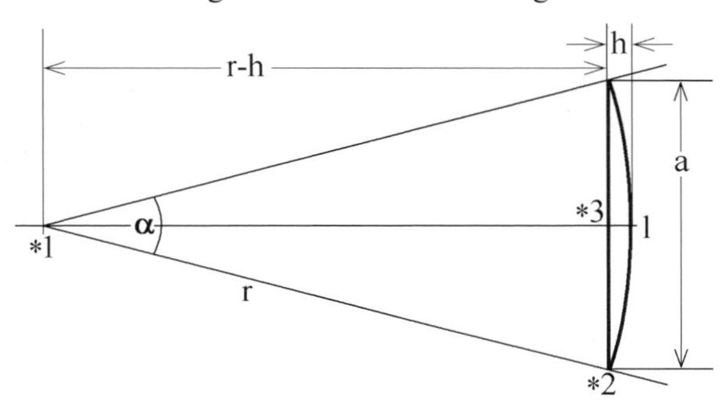


**Bild 5-21**
Skizziert ist ein Kreissegment (=Kreisabschnitt) wie es die Hälfte einer symmetrischen sphärischen Linse mit dem Krümmungsradius $r$ darstellt. Die Dicke der Linse $d$ ist $d = 2\cdot h$. Die gesamte Linse entsteht, wenn man das Kreissegment um die optische Achse rotieren lässt. Auf Maßstäblichkeit wurde zugunsten der bequemeren Lesbarkeit der Skizze verzichtet.

2 P

Zur Berechnung der Höhe $h$ des Kreisabschnittes führen wir eine Überlegung in dem Dreieck mit den Eckpunkten $(*1)$, $(*2)$ und $(*3)$ durch. Nach Pythagoras gilt dort

$$(r-h)^2+\left(\frac{a}{2}\right)^2 = r^2 \quad\Rightarrow\quad r-h=\sqrt{r^2-\left(\frac{a}{2}\right)^2} \quad\Rightarrow\quad h = r-\sqrt{r^2-\left(\frac{a}{2}\right)^2}.$$

Die Dicke der Linse ist dann $d = 2\cdot h = 2\cdot r - 2\cdot\sqrt{r^2-\left(\frac{a}{2}\right)^2}$. $\qquad (*4)$

2 P

▪ Mit $(*0)$ und $(*4)$ haben wir zwei Gleichungen mit zwei Unbekannten $d$ und $r$. Zum Auflösen setzen wir $d$ nach $(*4)$ in die Gleichung $(*0)$ ein und erhalten

$$D = (n-1)\cdot\frac{2}{r}+\frac{(n-1)^2}{n}\cdot\frac{2\cdot r-2\cdot\sqrt{r^2-\left(\frac{a}{2}\right)^2}}{r^2} = (n-1)\cdot\frac{2}{r}+\frac{(n-1)^2}{n}\cdot\left(\frac{2}{r}-\frac{2}{r^2}\cdot\sqrt{r^2-\left(\frac{a}{2}\right)^2}\right)$$

$$= (n-1)\cdot\frac{2}{r}+\frac{(n-1)^2}{n}\cdot\left(\frac{2}{r}-\frac{2}{r}\cdot\sqrt{1-\left(\frac{a}{2\cdot r}\right)^2}\right) = (n-1)\cdot\frac{2}{r}+\frac{(n-1)^2}{n}\cdot\frac{2}{r}\left(1-\sqrt{1-\left(\frac{a}{2\cdot r}\right)^2}\right).$$

2½ P

Da der Ausdruck extrem mühsam nach $r$ aufzulösen ist, bestimmen wir den gesuchten Krümmungsradius numerisch iterativ und erhalten für $r \overset{TR}{\approx} 0.400\,m$ eine Brechkraft von $D \overset{TR}{\approx} 2.001\,dptr$.

½ P

Die außerdem gefragte Dicke der Linse an der dicksten Stelle ergibt sich indem man $r$ und $a$ in $(*4)$ einsetzt:

$$d = 2\cdot r-2\cdot\sqrt{r^2-\left(\frac{a}{2}\right)^2} \overset{TR}{\approx} 2\cdot 0.400\,m-2\cdot\sqrt{(0.400\,m)^2-\left(\frac{0.05\,m}{2}\right)^2} \overset{TR}{\approx} 0.001564\,m = 1.564\,mm.$$

1 P

## Aufgabe 5.12 Astronomisches Fernrohr

| 3 Min. | | Punkte 2 P |
|---|---|---|

Sie sollen ein astronomisches Fernrohr mit einer Winkelvergrößerung $v = \frac{\theta'}{\theta} = 8$ konstruieren. Das Okular habe eine Brennweite von $f_{ok} = 10\,cm$. Mit welcher Brennweite $f_{ob}$ müssen Sie das Objektiv wählen? Wie lang muss das Rohr werden, das die beiden Linsen festhält?

## Lösung zu 5.12

Lösungsstrategie:
Die Winkelvergrößerung astronomischer Fernrohre findet man in Formelsammlungen.

Lösungsweg, explizit:
Die Gleichung dafür lautet $v = \frac{\theta'}{\theta} = \frac{f_{ob}}{f_{ok}}$.

$\Rightarrow \quad f_{ob} = f_{ok} \cdot v = 0.1\,m \cdot 8 = 80\,cm$ als Brennweite des Objektivs.

Da die beiden Linsen an den beiden Enden des Rohres fixiert werden, ist die Rohrlänge $L$ die Summe aus den beiden Brennweiten: $L = f_{ob} + f_{ok} = 80\,cm + 10\,cm = 90\,cm$. 2 P

## Aufgabe 5.13 Dispersion, Prisma

| (a.) 2 Min. (b.) 17 Min. | | Punkte | (a.) 2 P (b.) 13 P |
|---|---|---|---|

Aus einem Glas mit einer (angenommenen) Dispersionskurve wie in Bild 5-22 werde ein Prisma gefertigt und zur Spektroskopie benutzt wie in Bild 5-23 zu sehen. Ein polychromatischer Lichtstrahl mit dem Wellenlängenbereich von $400nm$ bis $800nm$ soll „in seine Farben zerlegt" werden.

(a.) Welcher Strahl wird stärker gebrochen – derjenige zu $\lambda = 400\,nm$ oder der zu $\lambda = 800\,nm$?

(b.) Berechnen Sie die Winkel $\alpha_1$ und $\alpha_2$ unter denen die beiden Strahlen Nr. 1 und Nr. 2 das Prisma verlassen.

Hinweis: Das umgebende Medium sei Luft, deren Brechzahl Sie in guter Näherung mit $n = 1$ ansetzen können.

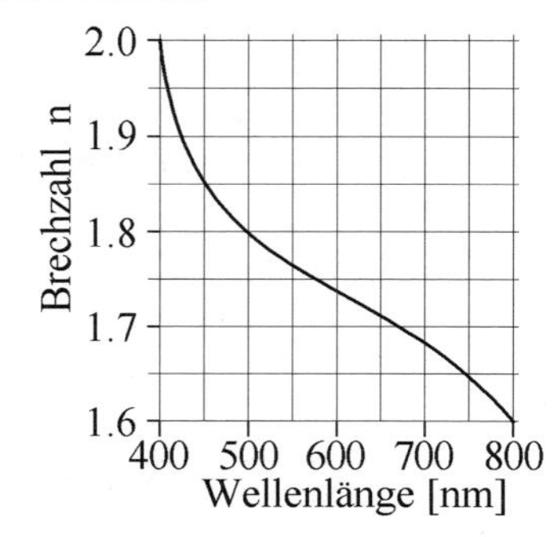


**Bild 5-22**
(Gedachte) Dispersionskurve eines Glases, aus dem ein Prisma gefertigt sei.

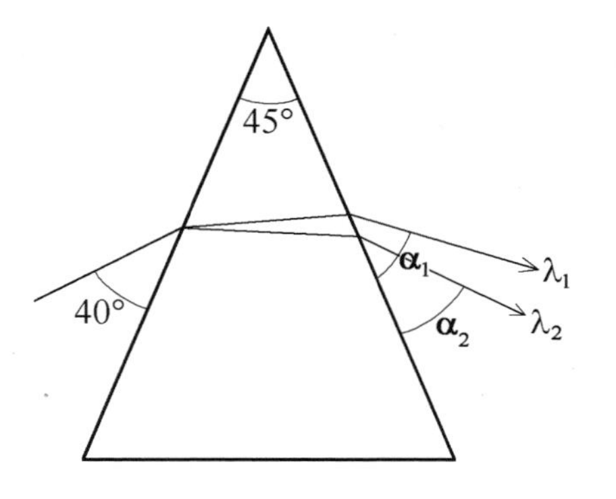


**Bild 5-23**
Prisma mit Strahlengang zur Spektralanalyse aufgrund dispersiver Brechung.
Der Glaskörper sei symmetrisch zur Mittelsenkrechten.
Durch die Brechung können die Wellenlängen $\lambda_1$ und $\lambda_2$ anhand der Strahlengänge unterschieden werden.

## ▾ Lösung zu 5.13

Lösungsstrategie:

Teil (a.) ist eine qualitative Überlegung und dient lediglich der Zuordnung der Indizes zu den einzelnen Strahlen und Wellenlängen.

Teil (b.) ist eine quantitative Berechnung, die auf dem Brechungsgesetz von Snellius und ansonsten reiner Anwendung der Geometrie basiert.

Lösungsweg, explizit:

(a.) Stärker gebrochen wird der Strahl mit der größeren Brechzahl. Diese gehört zu $\lambda = 400\,nm$ . Dort ist $n = 2.0$ . In Übereinstimmung mit Bild 5-23 wäre dies der Strahl mit dem Index Nr. 2. Also vergeben wir die Bezeichnungen $\lambda_2 = 400\,nm$ und $n_2 = 2.0$ . Dazu passend wären dann $\lambda_1 = 800\,nm$ die Wellenlänge und $n_1 = 1.6$ die Brechzahl des schwächer gebrochenen Strahls mit dem Index Nr. 1. 2 P

**Eselsbrücke**

Von Studierenden oft zitiert wird eine Merkregel, derzufolge die Reihenfolge der Lichtfarben beim Prisma genau umgekehrt aussieht wie beim optischen Gitter. Diese Eselsbrücke funktioniert sofern beim Prisma normale Dispersion vorliegt bei der die Brechzahl mit zunehmender Wellenlänge sinkt.

(b.) Zur Übersicht über die geometrischen Überlegungen betrachte man Bild 5-24, in dem der Strahlengang zu einer (beliebigen) Wellenlänge detailliert dargestellt ist. Darauf basiert die nachfolgende Berechnung:

▪ Wir beginnen mit dem Brechungsgesetz nach Snellius, angewandt in Punkt (A):

$$\frac{\sin(\delta)}{\sin(\gamma)} = n \quad \Rightarrow \quad \sin(\gamma) = \frac{\sin(\delta)}{n} \quad \Rightarrow \quad \gamma = \arcsin\left(\frac{1}{n} \cdot \sin(\delta)\right)$$ 1 P

(Man erinnere sich an die Näherung $n_{Luft} = 1$ für das umgebende Medium.)

▪ Kennt man $\gamma$, so lässt sich im Dreieck $ABC$ der Winkel $\beta$ konstruieren. Da sich die Winkel in diesem Dreieck (wie in jedem Dreieck) zu 180° ergänzen, gilt

1 P $(90°-\gamma)+45°+\beta=180° \Rightarrow \beta=180°-(90°-\gamma)-45°=90°+\gamma-45° \Rightarrow \beta=\gamma+45°$.

1 P Damit ist auch der Winkel $90°-\beta=90°-(\gamma+45°)=45°-\gamma$ in Punkt (B) einsichtig.

▪ Mit diesem Winkel wenden wir in Punkt (B) nochmals das Brechungsgesetz nach Snellius an und erhalten

1 P $$\frac{\sin(90°-\alpha)}{\sin(90°-\beta)}=n \Rightarrow \sin(90°-\alpha)=n\cdot\sin(90°-\beta) \Rightarrow 90°-\alpha=\arcsin(n\cdot\sin(90°-\beta)).$$

$$\Rightarrow \alpha=90°-\arcsin(n\cdot\sin(90°-\beta))$$
$$=90°-\arcsin(n\cdot\sin(45°-\gamma))$$
1 P $$=90°-\arcsin\left(n\cdot\sin\left(45°-\arcsin\left(\tfrac{1}{n}\cdot\sin(\delta)\right)\right)\right)$$

Hier wurden systematisch die Winkel von $\beta$ über $\gamma$ bis $\delta$ zurückverfolgt, durch sukzessives Einsetzen der Zwischenergebnisse.

▪ Haben wir solchermaßen die gefragte Berechnung ausgeführt, so können wir zweimal die Zahlen einsetzen, einmal für $n_1=1.6$ $(\Rightarrow\alpha_1)$ und einmal für $n_2=2.0$ $(\Rightarrow\alpha_2)$. Nach Vorgabe

2 P der Aufgabenstellung ist $\delta=90°-40°=50°$: $n_1=1.6 \Rightarrow \alpha_1=63.15°$ und

2 P $n_2=2.0 \Rightarrow \alpha_2=40.12°$.

Selbstkontrolle: Beruhigenderweise ist tatsächlich $\alpha_2$ kleiner als $\alpha_1$.

4 P

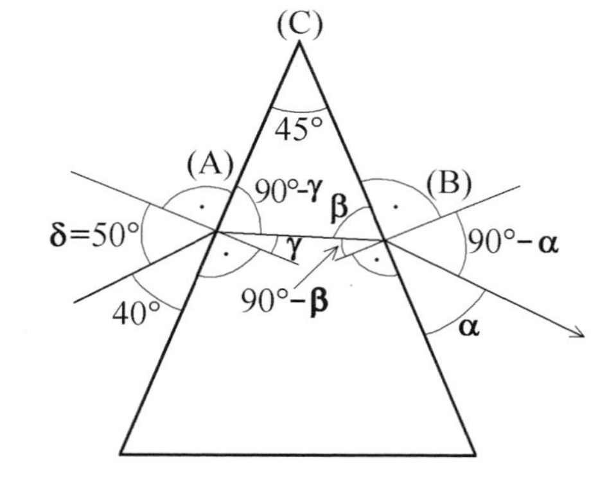


**Bild 5-24**
Prisma mit Strahlengang zur Spektralanalyse aufgrund dispersiver Brechung.
Ein Strahlengang wurde mit allen entscheidenden Winkeln eingezeichnet, die man benötigt, um aus dem Winkel $\delta$, der den Einfall charakterisiert, den Winkel $\alpha$ zur Charakterisierung des Ausfalls berechnen zu können.

## Aufgabe 5.14 Foto: Objektivbrennweite, Tiefenschärfe

| | | Punkte | |
|---|---|---|---|
| (a.) 2 Min. | | | (a.) 1 P |
| (b.) 4 Min. | | | (b.) 3 P |
| (c.) 6 Min. | | | (c.) 4 P |

Ein Fotoapparat habe eine Objektivbrennweite von $f=50\,mm$. Scharf gestellt werden können bei diesem Gerät Objekte im Abstandsbereich von Unendlich bis 40 cm.
(a.) Wie wird technisch der Übergang von Fern- auf Naheinstellung bewirkt?
(b.) Wie weit muss die Linse bei der kürzesten Naheinstellung vom Film entfernt sein?

(c.) Wie ändert sich der Tiefenschärfebereich beim Übergang von Fern- auf Naheinstellung?

Untermauern Sie Ihre Erklärung zu Aufgabenteil (c.) durch die Konstruktion von Strahlengängen bei der Abbildung zweier unterschiedlich weit entfernter Gegenstände im Nahbereich.

## ▾ Lösung zu 5.14

Lösungsstrategie:

Im Prinzip liegt der Aufgabe die Abbildungsgleichung einer Linse zugrunde.

Lösungsweg, explizit:

(a.) Der Abbildungsbedingung für die Entstehung eines scharfen Bildes folgend, passt man die Gegenstandsweite an die Bildweite an indem die Entfernung zwischen Linse und Film variiert wird. 1 P

(b.) Es gilt $\frac{1}{f}=\frac{1}{g}+\frac{1}{b}$ mit $f=$ Brennweite, $g=$ Gegenstandsweite und $b=$ Bildweite.

▪ Für die Ferneinstellung ist $g=\infty \;\Rightarrow\; \frac{1}{f}=\frac{1}{\infty}+\frac{1}{b} \;\Rightarrow\; f=b$. Der Abstand zwischen der Hauptebene des Objektivs und dem Film ist also gleich der Objektivbrennweite von $50\,mm$. 1 P

▪ Für die Naheinstellung ist $g=0.4\,m$. Aus der Abbildungsgleichung folgt somit

$$\frac{1}{f}=\frac{1}{g}+\frac{1}{b} \;\Rightarrow\; \frac{1}{b}=\frac{1}{f}-\frac{1}{g}=\frac{g-f}{f\cdot g} \;\Rightarrow\; b=\frac{f\cdot g}{g-f}=\frac{0.05\,m\cdot 0.4\,m}{0.4\,m-0.05\,m}\overset{TR}{\approx} 0.05714\,m=57.14\,mm\,.$$ 2 P

Der Abstand zwischen der Objektivhauptebene und dem Film ist also etwa $57.14\,mm$.

(c.) Je kürzer der scharf gestellte Abstand ist, desto geringer wird der Tiefenschärfebereich. Bei großen Abständen zweier unterschiedlich weit entfernter Berge unterscheiden sich die einfallenden Lichtstrahlen hinsichtlich der Abweichung von der Parallelität unwesentlich. Bei kleinem Abstand hingegen unterscheiden sich die Lichtwege zu unterschiedlichen Gegenstandsabständen spürbar, was zu unscharfer Abbildung führt, wie in Bild 5-25 erkenntlich ist. Dort wird der Gegenstand „G1" im Bild „B1" scharf abgebildet, weil die Objektivposition darauf eingestellt wurde. Ein etwas näher an der Linse befindlicher Gegenstand „G2" hingegen wird unscharf abgebildet, so wie die Spitze von „G2" in den gesamten Bereich „B2" Licht entsendet, was man daran erkennt, dass der Mittelpunktsstrahls mit dem Parallelstrahl auf der Filmebene nicht in einem Punkt zusammentrifft. 2 P

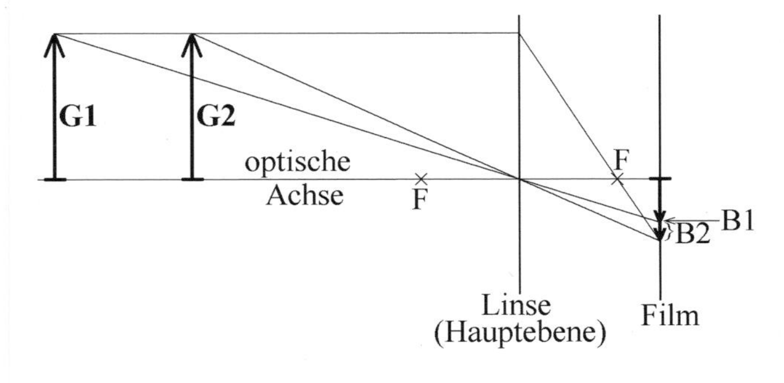


**Bild 5-25**
Scharfes und unscharfes Bild zweier unterschiedlich weit entfernter Gegenstände beim Abbilden durch eine Sammellinse.
Es sind: F die Brennpunkte, G1 und G2 zwei unterschiedlich weit entfernte Gegenstände sowie B1 und B2 deren Bilder. 2 P

## Aufgabe 5.15 Polarisation von Licht, Brewster-Winkel

| 9 bis 10 Min. | | Punkte 6 P |
|---|---|---|

Sie wollen etwas fotografieren, das sich hinter einer Fensterscheibe befindet, aber spiegelnde Lichtreflexe von der Außenseite der Scheibe stören Sie dabei. Zur Verbesserung der Situation schrauben Sie einen Polarisationsfilter auf Ihr Objektiv. Nun müssen Sie zwei Dinge optimieren, nämlich Ihren Standort und die Orientierung des Polarisationsfilters. Nach welchen Kriterien geschieht dies? Unter welchem Winkel $\alpha$ (siehe Bild 5-26) können Sie am besten durch die Scheibe hindurchschauen? Hinweis: Der Brechungsindex des Glases sei $n = 1.5$.

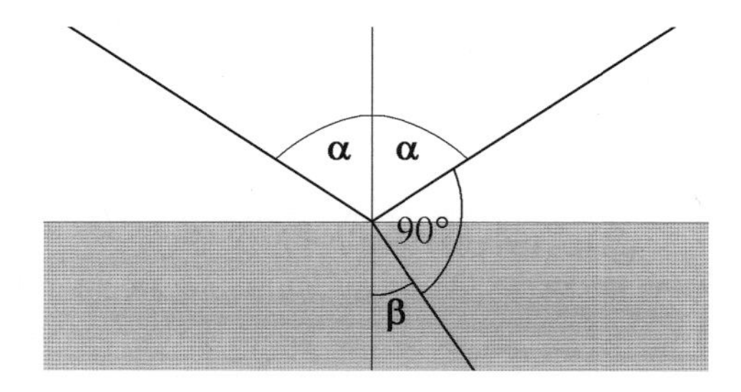


**Bild 5-26**
Reflexion einfallenden Lichts auf einer ebenen Glasscheibe.
Die Luft ist weiß gezeichnet, die Glasscheibe grau.

## Lösung zu 5.15

Lösungsstrategie:

Wir gehen von einer ebenen Glasscheibe aus und setzen infolgedessen voraus, dass der Einfallswinkel des Lichts dem Ausfallswinkel gleich ist. Wer jetzt noch einen Tipp braucht, mag unter dem Stichwort „Brewster-Winkel" in einem Lehrbuch nachschauen.

Lösungsweg, explizit:

Die Polarisation spielt deshalb die entscheidende Rolle, weil aus zweierlei Quellen Licht zu Ihrem Objektiv gelangt, nämlich zum einen das von außen am Glas reflektierte Licht und zum anderen das Licht vom Objekt hinter der Scheibe. Das Ziel ist eine Minimierung des störenden von außen reflektierten Lichts. Dazu wählen Sie Ihren Standort so, dass der Polarisationsgrad des von außen reflektierten Lichts möglichst groß wird und stellen Ihren Polarisationsfilter so ein, dass das von der Scheibe reflektierte polarisierte Licht nicht durch den Polarisationsfilter des Fotoapparates kann. (1 P) (1 P)

Die Wahl des Standortes basiert auf dem Brewster'schen Gesetz. Wird das Licht unter dem sog. Brewster-Winkel an der Scheibe reflektiert, so ist sein Polarisationsgrad maximal. Nach dem Brewster'schen Gesetz ist $\alpha$ der Brewster-Winkel genau dann, wenn die Strahlen unter den Winkeln $\alpha$ und $\beta$ genau senkrecht aufeinander stehen. (1 P) Mit dieser Bedingung erlaubt das Brechungsgesetz von Snellius eine Bestimmung des Winkels $\alpha$ und zwar nach folgender Überlegung (wobei der Brechungsindex der Luft zu 1 eingesetzt wird, vgl. Bild 5-26):

$$\left.\begin{aligned}\frac{\sin(\alpha)}{\sin(\beta)}=n\\ \alpha+\beta=90°\end{aligned}\right\} \Rightarrow \frac{\sin(\alpha)}{\sin(90°-\alpha)}=n \Rightarrow \frac{\sin(\alpha)}{\cos(\alpha)}=n \Rightarrow \tan(\alpha)=n \Rightarrow \alpha=\arctan(n)$$ 1½ P

Wert eingesetzt $\Rightarrow \alpha=\arctan(n)\overset{TR}{\approx}56.3°$ . ½ P

Unter diesem Winkel sollten Sie auf die Scheibe schauen. Die Einstellung des Polarisationsfilters kann man theoretisch erklären: Das reflektierte Licht ist linear polarisiert mit seiner Polarisationsebene senkrecht zur Papierebene. Aber in der Realität dreht der Fotograph den Polarisationsfilter unter optischer Kontrolle in die optimale Stellung. 1 P

## Aufgabe 5.16 Polarisation: Filter und Analysator

| 9 Min. | | Punkte 7 P |
|---|---|---|

Wir betrachten einen Aufbau aus drei linearen Polarisationsfiltern (siehe Bild 5-27), und dazu eine nicht polarisierte Lichtwelle, die diese drei Filter nacheinander passiert. Von links falle diese Lichtwelle mit einer Intensität von $I=1.4\,\frac{kW}{m^2}$ ein. Berechnen Sie bitte die Intensität der Lichtwelle, die den Aufbau auf der rechten Seite verlässt.

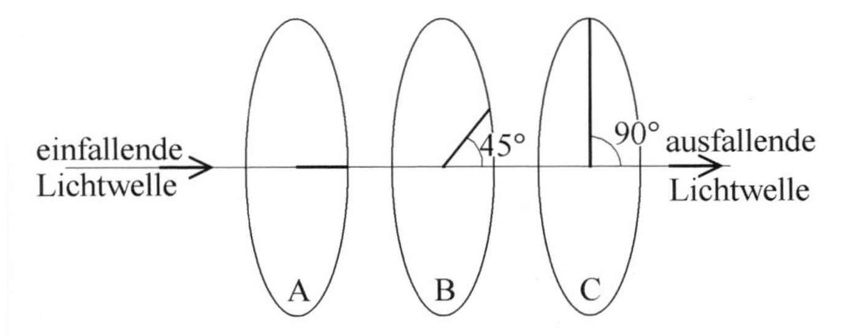


**Bild 5-27**
Darstellung eines Aufbaus aus drei Polarisationsfiltern, deren Polarisationsebenen bei Filter A senkrecht aus der Papierebene herausschaut, bei Filter B um 45° zur Papierebene steht und bei Filter C in der Papierebene liegt.

## Lösung zu 5.16

Lösungsstrategie:

Die Wirkung des Polarisationsfilters auf die elektrische Feldstärke ist bekannt. Diese müssen wir mehrfach hintereinander betrachten.

Darüberhinaus weiß man, dass die Intensität der Lichtwellen proportional zu dem über die Periode gemittelten Quadrat der elektrischen Feldstärke ist.

### Stolperfalle

Man lasse sich nicht dadurch verwirren, dass die Polarisationsebenen des ersten und des letzten Polarisationsfilters in der Kette senkrecht zueinander stehen. Jeden einzelnen Polarisationsfilter verlässt das Licht mit der durch ihn bestimmten Polarisationsebene. Hinter den drei Polarisationsfiltern ist die Intensität **nicht** Null (wie es der Fall wäre, wenn Filter „B“ fehlen würde.)

Lösungsweg, explizit:

Filter „A“ wirkt als Polarisator und lässt nur die in seiner Polarisationsebene liegende Komponente der elektrischen Feldstärke passieren. Das auf ihn einfallende Licht enthält elektrische Feldstärken in allen beliebigen Polarisationsebenen, aber passieren können nur die Projektionen aller dieser Feldstärken auf die Polarisationsebene des Filters. Da Projektionen durch einen Cosinus beschrieben werden ( $E_{\parallel} = \left|\vec{E}\right| \cdot \cos(\varphi)$ ) und wir den Mittelwert über alle diese Projektionen benötigen, berechnen wir den Integralmittelwert über alle diese Projektionen. Für die Feldstärke wäre dieser Mittelwert das als Betragsmittelwert bekannte Integral

1 P

$$\overline{E}_{nach} = \frac{1}{2\pi} \cdot \int_{-\pi}^{\pi} E_{\parallel} d\varphi = \frac{1}{2\pi} \cdot \int_{-\pi}^{\pi} \left|\vec{E}\right| \cdot \cos(\varphi) d\varphi \ .$$

Da die Intensität proportional zum Quadrat der Feldstärke ist, benötigen wir dafür den quadratischen Integralmittelwert

2 P

$$I_{nachA} = \frac{1}{2\pi} \cdot \int_{-\pi}^{+\pi} \cos^2(\varphi) d\varphi \cdot I_{vorA} = \frac{1}{2} I_{vorA} \ . \qquad (*1)$$

Gegenüber der Ebene der elektrischen Feldstärke der nach Filter „A“ polarisierten Welle ist die Polarisationsebene von Filter „B“ wieder um 45° verdreht, weshalb gilt:

1 P

$$I_{nachB} = I_{vorB} \cdot \cos^2(45°) = \frac{1}{2} I_{vorB} = \frac{1}{2} I_{nachA} \ . \qquad (*2)$$

In analoger Weise wird die Welle beim Passieren des Filters „C“ nochmals abgeschwächt, wobei erneut gilt:

1 P

$$I_{nachC} = I_{vorC} \cdot \cos^2(45°) = \frac{1}{2} \cdot I_{vorC} = \frac{1}{2} I_{nachB} \ . \qquad (*3)$$

Anmerkung: Wer das Malus’sche Gesetz kennt, wird diese Zusammenhänge ohne Mühe einsehen. Dieses Gesetz lautet $I_{nach} = \cos^2(\varphi) \cdot I_{vor}$, wobei $\varphi$ der Winkel zwischen den Polarisationsebenen des einfallenden Lichtes und des Filters ist. Und es ist $I_{nach} = \cos^2(45°) = \frac{1}{2}$.

Im Übrigen unterscheidet sich die Situation von $(*1)$ prinzipiell von den Situationen bei $(*2)$ und $(*3)$, denn bei $(*1)$ ist das einfallende Licht unpolarisiert und wir müssen tatsächlich den dort beschriebenen Integralmittelwert berechnen. Beim Einfall in $(*2)$ und $(*3)$ ist das Licht bereits polarisiert, sodass das Malus’sche Gesetz ohne Integralmittelwert anzuwenden ist. Zufälligerweise führen nun beide Fragestellungen zum selben Effekt der Halbierung der Intensität, was daran liegt, dass die Filter um genau 45° gegeneinander verdreht sind.

Fasst man nun die drei Gleichungen $(*1)$, $(*2)$ und $(*3)$ zusammen, so sieht man, wie stark die Intensität des Lichtes beim Durchgang durch alle drei Filter abgeschwächt wird:

1 P $I_{nachC} = \frac{1}{2} I_{nachB} = \frac{1}{4} I_{nachA} = \frac{1}{8} I_{vorA}$ .

Bei einer Intensität des einfallenden Lichtes von $I_{input} = 1.4 \frac{kW}{m^2}$ führt dies zu einer Intensität

1 P des ausfallenden Lichtes zu $I_{output} = \frac{1}{8} \cdot 1.4 \frac{kW}{m^2} = 175 \frac{W}{m^2}$ .

## Aufgabe 5.17 Photoeffekt

| 9 Min. | | Punkte 7 P |
|---|---|---|

Eine Metallplatte werde mit sichtbarem Licht im Wellenlängenbereich $\lambda \in [400\,nm \ldots 800\,nm]$ bestrahlt, sodass aufgrund des Photoeffekts Elektronen aus der Metallplatte emittiert werden. Nehmen wir an, die Austrittsarbeit der Elektronen betrage $W_A = 0.7\,eV$.

Berechnen Sie bitte, in welchem Intervall Energie (Angabe bitte in $eV$) und Impuls (Angabe bitte in $kg \cdot \frac{m}{s}$) der von der Platte emittierten Elektronen liegen.

Naturkonstanten finden Sie in Kapitel 11.0.

## Lösung zu 5.17

Lösungsstrategie:

Man rechnet die Energie eines Photons aus und zieht davon die Austrittsarbeit ab. Was übrig bleibt, ist die Energie eines emittierten Elektrons.

**Stolperfalle**

Worauf man allerdings achten muss: Auf die Einheiten.
Die Wellenlänge des Lichtes ist in SI-Einheiten gegeben, die Austrittsarbeit hingegen in Elektronvolt ($eV$). Die Umrechnung basiert auf der Gleichheit $1eV = 1.602 \cdot 10^{-19} J$. (*)

Lösungsweg, explizit:

Die Energie jedes einzelnen Photons beträgt $W_\gamma = h \cdot \nu = h \cdot \frac{c}{\lambda}$, ½ P

wo $h$ = Planck'sches Wirkungsquantum, $c$ = Vakuumlichtgeschwindigkeit, $\lambda$ = Wellenlänge des Lichts und $\nu$ = Frequenz des Lichts.

Diese Energie wird bei der Absorption des Photons auf ein Elektron übertragen. Damit überwindet das Elektron die Austrittsarbeit und verlässt mit der übrig bleibenden Energie die Metallplatte: $W_{el} = W_\gamma - W_A = h \cdot \frac{c}{\lambda} - W_A$. ½ P

Um beim Einsetzen der Werte in SI-Einheiten rechnen zu können (in denen auch der Impuls angegeben werden soll), rechnen wir die Austrittsarbeit in Joule um:

$W_A = 0.7\,eV = 0.7\,eV \cdot 1.602 \cdot 10^{-19} \frac{J}{eV} = 1.1214 \cdot 10^{-19} J$. ½ P

Für den in der Aufgabenstellung genannten Wellenlängenbereich ergeben sich daraus für die Elektronen folgende Energie-Werte:

- Bei $\lambda = 400\,nm$ ist $W_{\text{el,max}} = 6.626 \cdot 10^{-34} \cdot \frac{2.998 \cdot 10^8 \frac{m}{s}}{400 \cdot 10^{-9}\,m} - 1.1214 \cdot 10^{-19} J = 3.84 \cdot 10^{-19} J$. 1 P

1 P ▪ Bei $\lambda = 800nm$ ist $W_{\text{el,min}} = 6.626 \cdot 10^{-34} \cdot \frac{2.998 \cdot 10^8 \frac{m}{s}}{800 \cdot 10^{-9}\, m} - 1.1214 \cdot 10^{-19} J = 1.36 \cdot 10^{-19} J$ .

Da die Angabe des Energieintervalls in $eV$ gefragt ist, rechnen wir gemäß $(*)$ um:

1 P
$$\left.\begin{array}{l} W_{\text{el,max}} \overset{TR}{\approx} 3.84 \cdot 10^{-19} J \cdot \frac{1eV}{1.602 \cdot 10^{-19} J} \overset{TR}{\approx} 2.397\, eV \\ W_{\text{el,min}} = 1.36 \cdot 10^{-19} J \cdot \frac{1eV}{1.602 \cdot 10^{-19} J} \overset{TR}{\approx} 0.849\, eV \end{array}\right\} \Rightarrow W_{\text{el}} \in [0.849 eV ... 2.397 eV] \, .$$

Die Berechnung der Impulse geschieht direkt aus den Energiewerten der Elektronen:

2 P
$$W_{kin} = \frac{p^2}{2m} \Rightarrow p = \sqrt{2m \cdot W_{kin}} \Rightarrow \begin{cases} p_{\max} \overset{TR}{\approx} \sqrt{2 \cdot 9.1 \cdot 10^{-31} kg \cdot 3.84 \cdot 10^{-19} J} \overset{TR}{\approx} 8.36 \cdot 10^{-25} kg \cdot \frac{m}{s} \\ p_{\min} \overset{TR}{\approx} \sqrt{2 \cdot 9.1 \cdot 10^{-31} kg \cdot 1.36 \cdot 10^{-19} J} \overset{TR}{\approx} 4.98 \cdot 10^{-25} kg \cdot \frac{m}{s} \, . \end{cases}$$

½ P Das gefragte Impulsintervall lautet also $p \in \left[ 8.36 \cdot 10^{-25} kg \cdot \frac{m}{s} ... 8.36 \cdot 10^{-25} kg \cdot \frac{m}{s} \right]$ .

## Aufgabe 5.18 Teilchen-Welle-Dualismus

| | | Punkte | |
|---|---|---|---|
| Photon | 5 Min. | Photon | 3 P |
| Elektron | 4 Min. | Elektron | 3 P |
| Proton | 7 Min. | Proton | 5 P |

Vervollständigen Sie bitte die nachfolgend abgedruckte Tabelle 5.1 aufgrund des Teilchen-Welle-Dualismus. Auf eine relativistische Berechnung der Geschwindigkeiten ruhemassebehafteter Teilchen darf an dieser Stelle verzichtet werden. Füllen Sie die Tabelle zeilenweise aus, nicht spaltenweise. Energiewerte geben Sie bitte sowohl in Joule als auch in Elektronvolt an.

**Tabelle 5.1** Tabelle zur exemplarischen Berechnung von Wellenlänge, Energie und Impuls verschiedener Objekte im Teilchen-Welle-Dualismus.

| | Wellenlänge $\lambda$ | Energie $W_{kin}$ | Impuls $p$ | Geschwindigkeit $v$ |
|---|---|---|---|---|
| Elektron | $4 \cdot 10^{-11} m$ | | | |
| Photon | | $3 eV$ | | |
| Proton | | | | $2 \cdot 10^6 \frac{m}{s}$ |

Hinweis: Angabe zweier Ruhemassen - des Elektrons $m_e = 9.1 \cdot 10^{-31} kg$

- des Protons $m_p = 938.4\, MeV$

# ▾ Lösung zu 5.18

Lösungsstrategie:

Der Kernpunkt der Aufgabe liegt in der Umrechnung zwischen dem Impuls im Teilchenbild und der Wellenlänge im Wellenbild. Dafür verwendet man die Beziehung von deBroglie: $p=\frac{h}{\lambda}=\hbar\cdot k$, wo $p$ = Impuls, $\lambda$ = Wellenlänge und $k$ = Wellenzahl.

Hinweis zur Umrechnung der Masseeinheiten in Energieeinheiten:

$$\text{Energie } 1J \;\hat{=}\; \text{Masse } m=\frac{1J}{\left(2.998\cdot 10^{8}\frac{m}{s}\right)^{2}} \overset{TR}{\approx} 1.1126\cdot 10^{-17}\,kg$$

Die Grundlage ist Einstein's Masse-Energie-Äquivalenz $E=mc^2$. Die Angabe einer Masse in Energieeinheiten ist übrigens nicht unüblich.

Lösungsweg, explizit:

Damit berechnen wir für die einzelnen Teilchen unseres Beispiels:

▪ Für das Elektron

Den Impuls $p=\hbar k=\hbar\cdot\frac{2\pi}{\lambda}=\frac{h}{\lambda}=\frac{6.626\cdot 10^{-34}Js}{4\cdot 10^{-11}m}=1.6565\cdot 10^{-23}kg\frac{m}{s}$. 1 P

Die Geschwindigkeit $v=\frac{p}{m}=\frac{1.6565\cdot 10^{-23}kg\frac{m}{s}}{9.1\cdot 10^{-31}kg}=1.82\cdot 10^{7}\frac{m}{s}$. 1 P

Die kinetische Energie $W_{kin}=\frac{p^2}{2m}=\frac{\left(1.6565\cdot 10^{-23}kg\frac{m}{s}\right)^2}{2\cdot 9.1\cdot 10^{-31}kg}\overset{TR}{\approx}1.51\cdot 10^{-16}J\overset{TR}{\approx}941eV$. 1 P

▪ Für das Photon

Die Wellenlänge, aus $W=h\cdot\nu=h\cdot\frac{c}{\lambda} \;\Rightarrow\; \lambda=\frac{h\cdot c}{W}=\frac{6.626\cdot 10^{-34}Js\cdot 2.998\cdot 10^{8}\frac{m}{s}}{3eV\cdot 1.602\cdot 10^{-19}\frac{J}{eV}}=4.13\cdot 10^{-7}m$. 1 P

Den Impuls $p=\hbar k=\hbar\cdot\frac{2\pi}{\lambda}=\frac{h}{\lambda}=\frac{6.626\cdot 10^{-34}Js}{4.13\cdot 10^{-7}m}=kg\frac{m}{s}\overset{TR}{\approx}1.603\cdot 10^{-27}kg\cdot\frac{m}{s}$. 1 P

Die Geschwindigkeit wird beim Photon nicht ausgerechnet. Sie beträgt Lichtgeschwindigkeit. 1 P

▪ Für das Proton

Da die Masse des Protons in Megaelektronvolt gegeben ist, müssen wir diese vorab in die Einheit Kilogramm umrechnen.

Die Umrechnung der Energie lautet $m_p=938.4\,MeV=938.4\cdot 10^{6}eV\cdot 1.602\cdot 10^{-19}\frac{J}{eV}$. 1 P

Die weitere Umrechnung mit der Masse-Energie-Äquivalenz lautet

$E=mc^2 \;\Rightarrow\; m=\frac{E}{c^2}=\frac{938.4\cdot 10^{6}\cdot 1.602\cdot 10^{-19}J}{\left(2.998\cdot 10^{8}\frac{m}{s}\right)^2}=1.6726\cdot 10^{-27}kg$. 1 P

Damit können wir nun die einzelnen Größen der Tabelle ausrechnen:

1 P Den Impuls $p = m \cdot v = 1.6726 \cdot 10^{-27} kg \cdot 2 \cdot 10^{6} \frac{m}{s} \stackrel{TR}{\approx} 3.345 \cdot 10^{-21} kg \frac{m}{s}$.

1 P Die Energie $E = \frac{1}{2} m v^2 = \frac{1}{2} \cdot 1.6726 \cdot 10^{-27} kg \cdot \left(2 \cdot 10^{6} \frac{m}{s}\right)^2 \stackrel{TR}{\approx} 3.345 \cdot 10^{-15} J$.

1 P Die Wellenlänge $p = \hbar k = \frac{h}{\lambda} \Rightarrow \lambda = \frac{h}{p} = \frac{h}{m \cdot v} = \frac{6.626 \cdot 10^{-34} Js}{1.6726 \cdot 10^{-27} kg \cdot 2 \cdot 10^{6} \frac{m}{s}} \stackrel{TR}{\approx} 1.98 \cdot 10^{-13} m$.

Zur besseren Übersicht tragen wir die Ergebnisse noch in Tabelle 5.1 ein und erhalten so Tabelle 5.2.

**Tabelle 5.2** Ergebnisse der exemplarischen Berechnung von Wellenlänge, Energie und Impuls verschiedener Objekte im Teilchen-Welle-Dualismus.

s.o.

| | Wellenlänge $\lambda$ | Energie $W_{kin}$ | Impuls $p$ | Geschwindigkeit $v$ |
|---|---|---|---|---|
| Elektron | $4 \cdot 10^{-11} m$ | $1.51 \cdot 10^{-16} J$ bzw. $941 eV$ | $1.6565 \cdot 10^{-23} kg \frac{m}{s}$ | $1.82 \cdot 10^{7} \frac{m}{s}$ |
| Photon | $4.13 \cdot 10^{-7} m$ | $3 eV$ bzw. $4.8 \cdot 10^{-19} J$ | $1.603 \cdot 10^{-27} kg \cdot \frac{m}{s}$ | Lichtgeschwindigkeit |
| Proton | $1.98 \cdot 10^{-13} m$ | $3.345 \cdot 10^{-15} J$ bzw. $20.88 keV$ | $3.345 \cdot 10^{-21} kg \frac{m}{s}$ | $2 \cdot 10^{6} \frac{m}{s}$ |

## Aufgabe 5.19 Lichtdruck, Impuls von Photonen

8 Min. Punkte 5 P

Lichtmühlen (siehe Bild 5-28) sind z.B. Glaskugeln mit einem Flügelrad, welches sich derhen kann, sobald es mit Licht beschienen wird. Ist die Glaskugel mit Luft befüllt, so drehen sich die Schaufeln von der schwarzen Seite weg, zur verspiegelten Seite hin. Ist die Kugel hingegen evakuiert, so dreht sich das Schaufelrad andersherum. Erklären Sie den Grund.

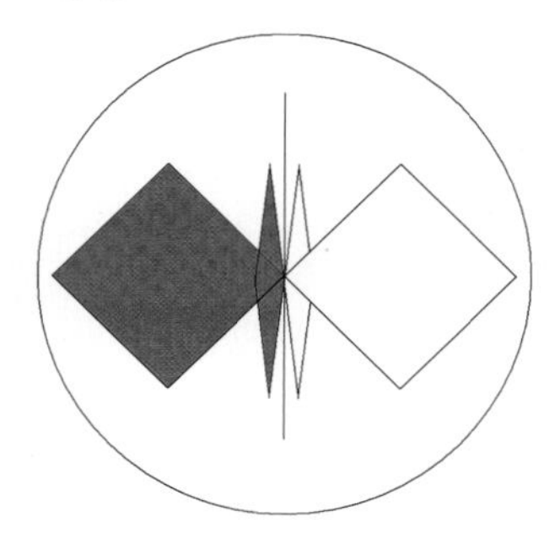

**Bild 5-28**
Schematische Darstellung einer Lichtmühle mit einem Schaufelrad, bestehend aus vier Schaufeln.
Die Schaufeln sind auf einer Seite schwarz eingefärbt, auf der anderen Seite reflektieren sie spiegelnd.
In unserem Bild sieht man von zwei Schaufeln deren schwarze Seite (linke Bildhälfte – dort steht eine Schaufel fast exakt in der Papierebene, die andere fast exakt senkrecht dazu) und von zwei Schaufeln die spiegelnde Seite (in der rechten Bildhälfte).

## ▾ Lösung zu 5.19

Lösungsstrategie:

Zugrunde liegt die Impulserhaltung, wobei die Impulse der Photonen ebenso zu berücksichtigen sind wie die Impulse der Gasteilchen – letztere natürlich nur, sofern solche vorhanden sind, d.h. sofern die Kugel nicht evakuiert ist. 1 P

Lösungsweg, explizit:

Ist die Kugel evakuiert, so braucht man nur die Impulse der Photonen betrachten. Von den schwarzen Flächen werden diese Teilchen absorbiert und geben so ihren vollen Impuls an die schwarze Fläche ab. Von verspiegelten Flächen hingegen werden sie reflektiert, deshalb geben Sie dort sogar das Doppelte ihres vollen Impulses ab. Dadurch erhält jede verspiegelte Fläche mehr Photonendruck als jede schwarze. Das Rad dreht sich also von der verspiegelten Fläche weg und zur schwarzen hin. 1 P 1 P

Enthält die Kugel Gas (z.B. Luft), so treffen die Gasteilchen auf die Oberflächen des Flügelrades und werden von dort reflektiert. Da die schwarzen Flächen aufgrund der Bestrahlung mit Licht wärmer sind als die reflektierenden, werden die Gasteilchen an den schwarzen Flächen stärker reflektiert als an den verspiegelten. Der übertragene Impuls ist also auf den schwarzen Flächen größer als auf den verspiegelten. Infolgedessen dreht sich das Rad von der schwarzen Fläche weg und zur verspiegelten hin. Die Impulse der Photonen sind vernachlässigbar klein gegenüber den von den Gasteilchen übertragenen Impulsen. 1 P 1 P

## Aufgabe 5.20 Beugung, Huygens'sche Elementarwellen

| 10 Min. | | Punkte 8 P |
|---|---|---|

Betrachten wir die Wellennatur des Lichts. Eine ebene Wellenfront treffe auf eine Kante (siehe Bild 5-29). Zeichnen Sie Huygens'sche Elementarwellen und konstruieren Sie darauf basierend, in welcher Weise das Licht weiterläuft.

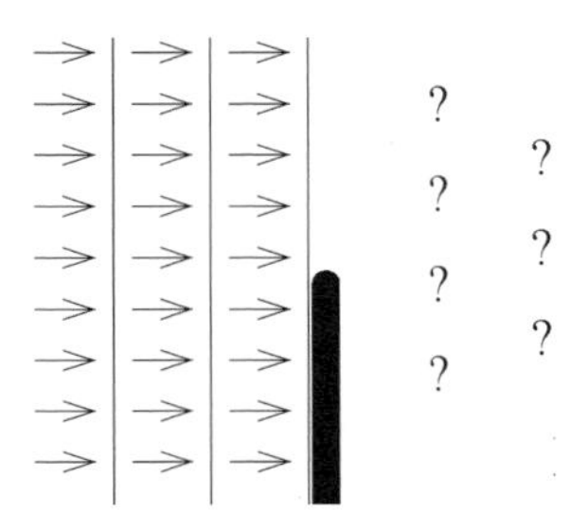


**Bild 5-29**
Ebene Wellenfront, die von links auf ein einseitiges Hindernis trifft. Die Fragezeichen sollen andeuten, dass der weitere Verlauf der Wellenfronten und deren Einhüllender konstruiert werden sollen.

## Lösung zu 5.20

Lösungsstrategie:

Das Prinzip von Huygens lautet: Jeder Punkt einer Wellenfront sendet zur gleichen Zeit Elementarwellen aus, deren Einhüllende die neue Wellenfront zu einem späteren Zeitpunkt ergibt.

1 P

Anmerkung: Jede der Elementarwellen läuft mit der ihr vom Medium ermöglichten Geschwindigkeit. In unserem Beispiel ist die Ausbreitungsgeschwindigkeit der Wellen überall gleich.

1 P

Lösungsweg, explizit:

Damit wurde aus der Vorgabe von Bild 5-29 das Bild 5-30 konstruiert. Die fortlaufende Zeit wurde durch die Ziffern „1, 2, 3, …, 6“ an den Wellenfronten markiert, die äquidistante Zeitabstände markieren sollen. Wellenvektoren wurden nur zum Zeitpunkt „6“ eingetragen.

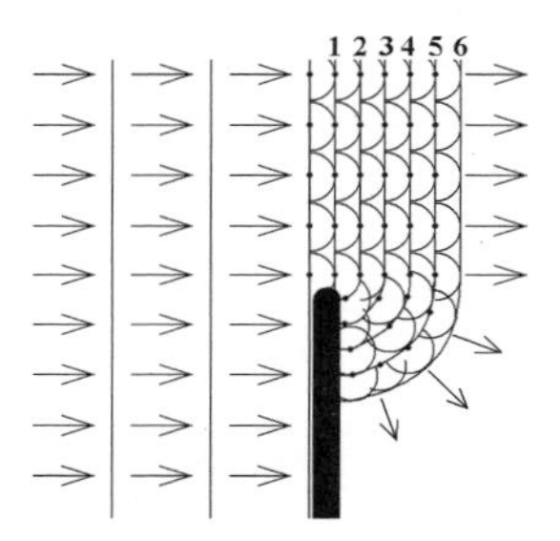


**Bild 5-30**
Konstruktion der Beugung einer ebenen Welle an einem einseitigen Hindernis mit Hilfe Huygens'scher Elementarwellen.
Man erkennt das Eindringen in den geometrischen Schattenraum – was eben mit dem Begriff Beugung bezeichnet wird.

Zur Punktegabe: 1 Punkt für jede Einhüllende mit den zugehörigen Elementarwellen.

$6\times1$ P

**Hinweis**

Zur Beugung am Doppelspalt gibt es in Kapitel 2 die Aufgabe 2.28. Eine weitere Aufgabe zur Interferenz ist Aufgabe 2.45. Auch in Kapitel 5 folgen noch weitere Aufgaben zu Beugung und Interferenz.

## Aufgabe 5.21 Beugung und Interferenz am Einfachspalt

| | | | Punkte | |
|---|---|---|---|---|
| | (a.) | 3 Min. | (a.) | 2 P |
| | (b., mit Plotter) | 4+5 Min. | (b.,Plotter) | 3+3 P |
| | (b., von Hand) | 19+4 Min. | (b.,Hand) | 15+3 P |

Die Punkte und die Minuten bei (b.) sind unterteilt in Berechnung plus Anfertigung von Bild 5-32.

Manche optischen Geräte enthalten eine Blende zur Verbesserung oder Steuerung der Abbildungseigenschaften. So beeinflusst z.B. im Fotoapparat eine Blende die Tiefenschärfe.

(a.) Welcher physikalische Grund setzt der Verkleinerung der Blendenöffnung eine natürliche Grenze? Was würde passieren, wenn man diesen Grund ignoriert und den Durchmesser der Blendenöffnung z.B. im Mikrometer- oder Sub-Mikrometerbereich einstellen würde?

(b.) Zeichnen Sie die Intensitätsverteilung, die auf einem Schirm hinter einer Spaltblende entsteht, als Funktion des Ortes auf dem Schirm.

Vorgaben: kohärenter Lichtstrahl mit einer Wellenlänge $\lambda = 500nm$, Spaltbreite der Blende $b = 2.8\mu m$, Abstand der Blende zum Schirm $s = 10cm$. Verwenden Sie die Abszisse für den Abstand vom Geradeausstrahl mit quantitativer Beschriftung. Die Ordinate soll die Intensität des Lichts auf dem Schirm angeben und wird nicht quantitativ beschriftet.

Wer einen Plotter zur Verfügung hat, mag Aufgabenteil (b.) durch einen exakten mathematisch berechenbaren Funktionsverlauf lösen. Aber auch wer keinen Plotter einsetzen kann, kann sich die Lage der Maxima und Minima überlegen und dazwischen die Kurve in der bekannten Form von Hand zeichnen.

## ▾ Lösung zu 5.21

Lösungsstrategie:

(a.) Erklärungsaufgabe

(b.) Die typischen Gedankengänge für Beugung und Interferenz am Einzelspalt kennt man aus Vorlesungen und Lehrbüchern. Studierende sollten diese Gedankengänge auswendig lernen und danach selbstständig reproduzieren, bevor sie die nachfolgende Musterlösung zur Selbstkontrolle betrachten.

Lösungsweg, explizit:

(a.) Schließt man Blenden zu weit, so kann Beugung und Interferenz auftreten. Das hat zur Folge, dass neben dem „Geradeausstrahl" der Strahlenoptik auch noch in anderen Richtungen Licht hinter der Blende zu sehen ist. Dadurch können z.B. Bilder unscharf werden. 1 P

Die Frage ist nun: Wie klein darf eine Blendenöffnung werden, damit keine Interferenzen auftreten? Die Antwort gibt eine Faustregel: Erreicht die beugende Struktur in etwa die Größenordnung der Wellenlänge, so beginnt das Auftreten von Interferenz. Sichtbares Licht hat Wellenlängen im Bereich von $400nm$ bis $800nm = 0.4\mu m$ bis $0.8\mu m$. Damit ist klar, dass im Sub-Mikrometerbereich eben genau dies passiert. Aber die Faustregel gibt keine scharfe Grenze. Wenn die Blendenöffnung im Bereich einzelner weniger Mikrometer liegt, beobachtet man ebenfalls Beugung – wie in Aufgabenteil (b.) demonstriert. 1 P

Zu Aufgabenteil (b.) finden sich nachfolgend zwei Lösungen, eine mit Plotter und eine zur Erklärung der Entstehung einer Handskizze ohne Plotter.

(b., mit Plotter)

Für die Intensitätsverteilung bei der Beugung am Einzelspalt (wie die Blende einer ist) findet man in Formelsammlungen den Ausdruck $I(\varphi) \propto b^2 \cdot \frac{\sin^2\left(\frac{\pi \cdot b}{\lambda} \cdot \sin(\varphi)\right)}{\left(\frac{\pi \cdot b}{\lambda} \cdot \sin(\varphi)\right)^2}$, dessen Symbole in 1 P

Bild 5-31 erläutert werden.

Zur Umrechnung des Winkels $\varphi$ in den Ort $x$ genügt die Definition des Tangens: $\tan(\varphi) = \frac{x}{s} \Rightarrow \varphi = \arctan\left(\frac{x}{s}\right)$. Einsetzen in die Intensitätsformel liefert

2 P $I(\varphi) \propto b^2 \cdot \frac{\sin^2\left(\frac{\pi \cdot b}{\lambda} \cdot \sin\left(\arctan\left(\frac{x}{s}\right)\right)\right)}{\left(\frac{\pi \cdot b}{\lambda} \cdot \sin\left(\arctan\left(\frac{x}{s}\right)\right)\right)^2}$. (∗1) Die Funktion ist graphisch dargestellt in Bild 5-32.

(b., ohne Plotter, Lösung durch Handskizze)

½ P ▪ Dass der Geradeausstrahl als Maximum nullter Ordnung die weitaus höchste Intensität zeigt, ist bekannt.

▪ Das erste Minimum kommt zustande, wenn jede Welle, durch die linke Hälfte des Spaltes (Wellen Nummern 1 bis 6 in Bild 5-31) in der rechten Hälfte (Wellen 7 bis 12) eine „Partner-Welle" findet, mit der sie destruktiv interferiert. Hier löschen sich die Wellen 1 und 7 gegenseitig aus, ebenso 2 und 8 usw., bis sich schließlich auch 6 und 12 auslöschen. Für den Gangunterschied zwischen den Wellen ergibt dies eine halbe Wellenlänge auf die halbe Spaltbreite, also eine volle Wellenlänge auf die gesamte Spaltbreite. Im gestrichelten Dreieck

2 P von Bild 5-31 berechnet man den Gangunterschied $g$ als $\sin(\varphi) = \frac{g}{b} \Rightarrow g = b \cdot \sin(\varphi)$.

½ P Der Winkel $\varphi$ zum ersten Minimum ist also $g = \lambda = b \cdot \sin(\varphi) \Rightarrow \varphi = \arcsin\left(\frac{\lambda}{b}\right)$.

▪ Für alle weiteren Minima ist der Gangunterschied ein Vielfaches der Wellenlänge, also ist $b \cdot \sin(\varphi) = m \cdot \lambda$ (mit $m \in \mathbb{N}$), denn dabei findet jede Welle eine destruktive Interferenz-Partnerin auf dem $\frac{1}{m}$-fachen der Spaltbreite. (Der Spalt wird dann eingeteilt in $m$ Stück sich destruktiv auslöschende Anteile.) Die Argumentation ist einsichtig, aber es genügt auch die

1½ P Merkregel: Alle Minima der Interferenz liegen äquidistant hinsichtlich $\sin(\varphi)$.

▪ Die Lage aller Minima ergibt sich also aus $b \cdot \sin(\varphi) = m \cdot \lambda \Rightarrow \varphi = \arcsin\left(m \cdot \frac{\lambda}{b}\right)$, mit $m \in \mathbb{N}$.

1½ P Da in der Aufgabenstellung nicht der Winkel sondern der Ort auf dem Schirm gefragt ist, müssen wir umrechnen. Nach der Definition des Tangens im großen Dreieck zum Schirm gilt $\tan(\varphi) = \frac{x}{s} \Rightarrow x = s \cdot \tan(\varphi)$.

1 P - Ohne Näherung kann man genau angeben: $x = s \cdot \tan(\varphi) = s \cdot \tan\left(\arcsin\left(m \cdot \frac{\lambda}{b}\right)\right)$.

1 P - Für kleine Ablenkwinkel $\varphi$ gilt unter der Näherung $\sin(\varphi) \approx \tan(\varphi) \Rightarrow x \approx s \cdot m \cdot \frac{\lambda}{b}$.

Beide Angaben beschreiben die Lage der Minima. Die Maxima liegen mittig zwischen den Minima, und zwar immer genau für diejenigen Winkel $\varphi$, für die der Gangunterschied eines $\frac{1}{m}$-Anteils aller Wellen genau eine halbe Wellenlänge annimmt, denn dann ist die Zahl der sich nicht weginterferierenden Wellen maximal.

Wir setzen Werte in die Bedingung der Minima ein und erhalten:

Für $m=1 \Rightarrow \quad x_1 = s \cdot \tan\left(\arcsin\left(m \cdot \frac{\lambda}{b}\right)\right) = 0.1m \cdot \tan\left(\arcsin\left(1 \cdot \frac{500 \cdot 10^{-9} m}{2.8 \cdot 10^{-6} m}\right)\right) \overset{TR}{\approx} 0.0181m = 1.81cm$.

und in Näherung für kleine Winkel $\quad x_1 = 0.1m \cdot 1 \cdot \frac{500 \cdot 10^{-9} m}{2.8 \cdot 10^{-6} m} \overset{TR}{\approx} 0.0179m = 1.79cm$. 2 P

Für höhere Ordnungen ergibt sich (in der ungenäherten Formel) mit $m$ als Index am $x$ :

$x_2 \overset{TR}{\approx} 0.0382m, \quad x_3 \overset{TR}{\approx} 0.0634m, \quad x_4 \overset{TR}{\approx} 0.1021m, \quad x_5 \overset{TR}{\approx} 0.1983m$. 2 P

Je größer der Winkel $\varphi$ wird, umso größer wird der Fehler der Näherung $\sin(\varphi) \approx \tan(\varphi)$. Deshalb haben wir bei den Minima höherer Ordnungen auf einen Vergleich mit der Näherungsrechnung verzichtet.

Nach Kenntnis dieser Lage der Minima und der mittig dazwischen liegenden Maxima lässt sich Bild 5-32 gut als Handskizze anfertigen. Was dabei allerdings nur „nach Gefühl" abgeschätzt werden kann, ist die Höhe der Maxima. Beachten sollte man dabei, dass diese für zunehmende Ordnung $m$ immer niedriger und breiter werden. Um die Handskizze zu ermöglichen, wurde in der Aufgabenstellung auf eine Skalierung der Intensitätsachse verzichtet.

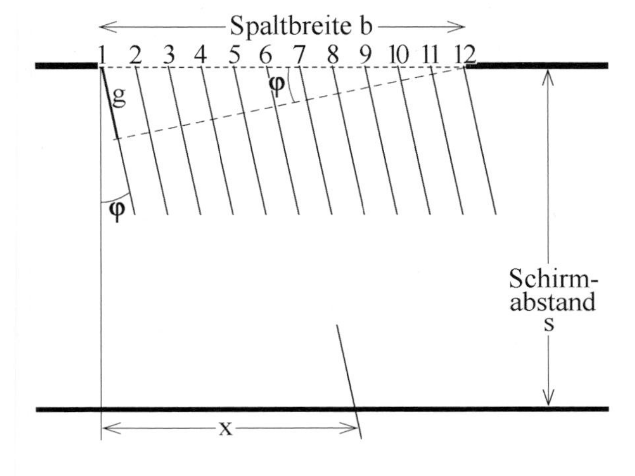


**Bild 5-31**
Darstellung zur Beugung am Einfachspalt. Darin ist $\varphi$ der Ablenkungswinkel gegenüber dem Geradeausstrahl, $x$ der sich daraus ergebende Ort der Ablenkung auf dem Schirm, $b$ die Spaltbreite und $s$ der Abstand vom Spalt zum Schirm. 3 P

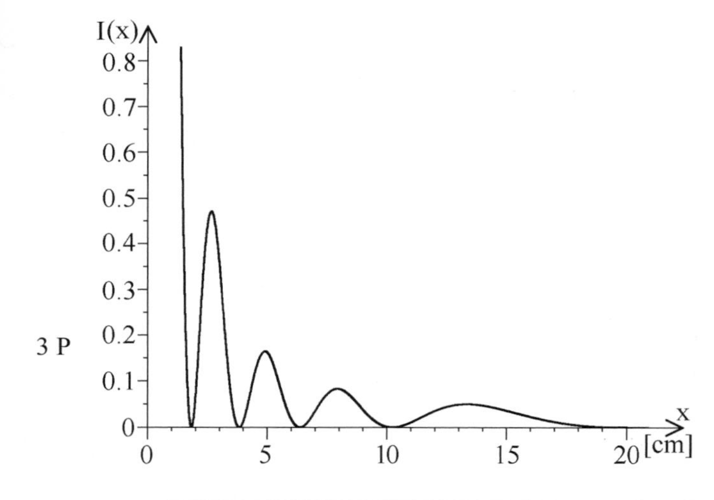


3 P

**Bild 5-32**
Lichtintensität bei der Beugung am Einfachspalt.
Die Intensität des Geradeausstrahls überragt die Skala der Ordinate bei Weitem. Außer dem Geradeausstrahl erkennt man vier Nebenmaxima.

Das Beugungsmuster ist symmetrisch zur Ordinate im Sinne einer mathematisch geraden Funktion.

Die Intensitätsskala ist in relativen Einheiten gehalten, die für unsere Aufgabe ohne Aussagekraft bleiben.

## Aufgabe 5.22 Beugung und Interferenz am Gitter

| | | Punkte | |
|---|---|---|---|
| (a.) 3 Min. | | | (a.) 2 P |
| (b.) 10 Min. | | | (b.) 7 P |

Hier ist Lösen von Aufgabe 5.21 Voraussetzung. Deren Ergebnisse werden benutzt.

In Messgeräten zur Bestimmung der Lichtwellenlänge (sogenannten Spektrometern) verwendet man zuweilen optische Gitter.

(a.) Warum wird das optische Gitter gegenüber dem Einfachspalt bevorzugt, obwohl der Einfachspalt auch eine Bestimmung der Wellenlänge erlauben würde?

(b.) Wenn wir in Bild 5-31 den Einfachspalt durch ein optisches Gitter mit $N = 1000$ Spalten auf der Breite des Lichtstrahls ersetzen – wie weit neben dem 1. Nebenmaximum liegen dann die ersten Nullstellen der Intensität?

## Lösung zu 5.22

Lösungsstrategie:

(a.) Erklärungsaufgabe

(b.) Auch hier soll man eine Lösung aus einem Lehrbuch oder aus einer Vorlesung eigenständig reproduzieren, bevor man die Musterlösung betrachtet. Für Prüfer ist es manchmal beeindruckend, wie oft es Studierenden misslingt, vorgegebene Erläuterungen sinngerecht zu wiederholen. Dafür ist Üben wirklich nötig.

Lösungsweg, explizit:

(a.) Das Auflösungsvermögen (und damit auch die Messgenauigkeit) des Gitters ist wesentlich höher als das Auflösungsvermögen des Einfachspaltes. Das liegt daran, dass die Maxima bei Verwendung eines Gitters deutlich schmäler sind, weil sehr dicht neben ihnen die Intensität bereits Nullstellen hat. Infolgedessen ist die Lokalisationsgenauigkeit der Maxima beim

Gitter wesentlich besser als beim Einfachspalt. Zur Veranschaulichung dieser Aussage betrachte man Bild 5.33. 2 P

(b.) Zwischen zwei Maxima liegen $(N-1)$ Nullstellen der Intensität und zwar äquidistant im Bezug auf den Gangunterschied. Ist $D$ also der Abstand zweier Maxima zueinander, so ist die Intensität bereits im Abstand $\frac{D}{999}$ vom Maximum auf Null abgesunken. 1 P

Die Lage der ersten Maxima liest man aus der Graphik von Bild 5-32 in etwa ab für die
0.te Ordnung → bei $x=0$
1.te Ordnung → bei ca. $x \approx 0.026\,m$
2.te Ordnung → bei ca. $x \approx 0.049\,m$. s.u.

Anmerkung:

Wer Aufgabe 5.21 ohne Plotter gelöst hat, muss jetzt die örtliche Lage der Maxima numerisch berechnen. Bei diesen ist der Gangunterschied zwischen den beiden äußersten Wellen um $\frac{\lambda}{2}$ gegenüber dem Gangunterschied für Minima verschoben. Wir erinnern uns an die Lage der Minima in Aufgabe 5.21 bei $x_{Min} = s \cdot \tan\left(\arcsin\left(m \cdot \frac{\lambda}{b}\right)\right)$ und verändern diese Gleichung um die Verschiebung des Gangunterschiedes einer halben Wellenlänge. Dadurch entsteht die Gleichung zur Angabe der Orte der Maxima: $x_{Max} = s \cdot \tan\left(\arcsin\left(\left(m+\frac{1}{2}\right) \cdot \frac{\lambda}{b}\right)\right)$ 1½ P

Mit den numerischen Vorgaben, die auch zu Bild 5-32 geführt haben, ergibt sich dann:
0.te Ordnung → bei $x=0$ ½ P
1.te Ordnung → bei ca. $x_{Max} = 0.1m \cdot \tan\left(\arcsin\left(\frac{3}{2} \cdot \frac{500 \cdot 10^{-9}\,m}{2.8 \cdot 10^{-6}\,m}\right)\right) \overset{TR}{\approx} 0.0278\,m$ 1 P
2.te Ordnung → bei ca. $x_{Max} = 0.1m \cdot \tan\left(\arcsin\left(\frac{5}{2} \cdot \frac{500 \cdot 10^{-9}\,m}{2.8 \cdot 10^{-6}\,m}\right)\right) \overset{TR}{\approx} 0.0499\,m$. 1 P

Die Werte der exakten numerischen Berechnung sollten genauer als die aus einem Plot grafisch ausgelesenen Werte sein. In beiden Fällen lässt sich ein mittlerer Abstand zwischen 0., 1. und 2. Maximum von ca. $2.5\,cm$ angeben, mit dem wir weiterarbeiten können:

Der Abstand des ersten Maximums zur nächstliegenden Nullstelle der Intensität ist dann beim Gitter mit $N=1000$ Spalten: $\frac{D}{999} \approx \frac{0.025\,m}{999} \approx 25\,\mu m$. So schmal sind die Maxima. 1 P

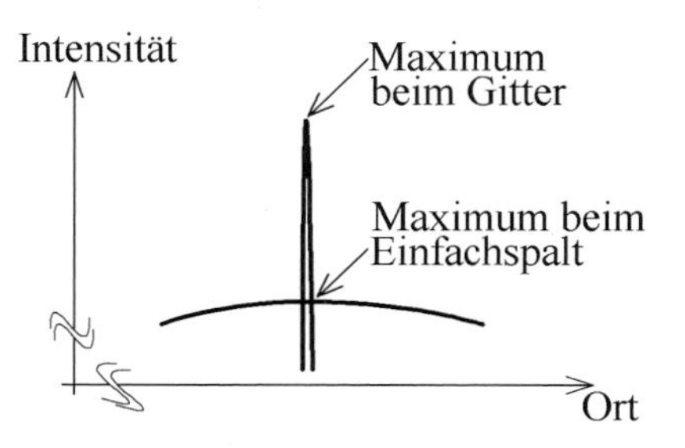


**Bild 5-33**
Vergleich eines Intensitätsmaximums am Gitter und am Einfachspalt mit Zoom auf die Maxima.
Es ist offensichtlich, dass das Maximum bei Verwendung des Gitters wesentlich schärfer lokalisiert werden kann als das Maximum bei Verwendung des Einfachspaltes, denn Intensität ändert sich deutlicher in Abhängigkeit vom Ort. 1 P

## Aufgabe 5.23 Kohärentes Licht

| 5 Min. | | Punkte 3 P |
|---|---|---|

Was versteht man unter kohärenten Wellen?

Wodurch unterscheidet sich kohärentes Licht von „normalem" Tageslicht, wie es von der Sonne kommt?

Was ist die Kohärenzlänge und welche Bedeutung hat sie im Zusammenhang mit Interferenzexperimenten von Licht?

## Lösung zu 5.23

Lösungsstrategie:

Erklärungsaufgabe: Erst selbst aufschreiben, danach mit der Musterlösung vergleichen!

Lösungsweg, explizit:

- Kohärente Wellen haben eine zeitlich konstante Phasenbeziehung. Das setzt natürlich Frequenzgleichheit voraus, sodass sich die Wellen räumlich nur durch einen Gangunterschied unterscheiden. (Eine zeitlich konstante Amplitude wird häufig nicht explizit gefordert, ist aber für viele Anwendungen nötig und wird mitunter implizit vorausgesetzt.) 1 P
- Im Unterschied dazu besteht normales Tageslicht aus vielen Wellenzügen mit unterschiedlichen Frequenzen, was natürlich eine feste Phasenbeziehung a priori vereitelt. 1 P
- Die Kohärenzlänge gibt den maximalen Gangunterschied an, bei dem zwei Wellenzüge noch interferieren können. Ein Wellenzug der Länge $L$ benötigt die Dauer $\Delta t = \frac{L}{c}$ zum passieren eines Ortes. In dieser Zeitspanne kann ein zweiter, zum ersten Wellenzug kohärenter Wellenzug gleicher Frequenz, dort Interferenz erzeugen. Bei größerem zeitlichen oder räumlichen Abstand sehen sich die Wellenzüge gegenseitig nicht und es findet keine Interferenz statt. 1 P

## Aufgabe 5.24 Mehrstrahlinterferenz an dünnen Schichten

| 9 Min. | | Punkte 5 P |
|---|---|---|

Bei genauer Betrachtung erkennt man, dass beschichtete Brillengläser manchmal farbig schillern. Bild 5-34 zeigt einen stark vergrößerten kleinen Ausschnitt aus einem solchen Brillenglas, bei dem die Lichtreflexe in grüner Farbe ($\lambda = 530 nm$) auftreten. Wie dick ist die Beschichtung?

Gehen Sie bei Ihren Überlegungen von senkrechtem Ein- und Ausfall des Lichtes aus.

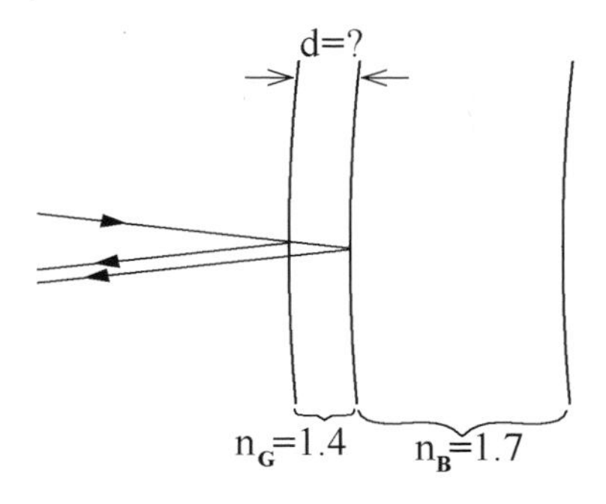


**Bild 5-34**
Vergrößerter Ausschnitt aus einem Brillenglas. Das Glas selbst habe einen Brechungsindex von $n_G = 1.7$, die Beschichtung habe einen Brechungsindex von $n_B = 1.4$.

## Lösung zu 5.24

Lösungsstrategie:

Die einfallende Lichtwelle wird teils an der der Luft zugewandten Seite der Beschichtung reflektiert, teils aber auch an der dem Glas zugewandten Seite. Dadurch ergibt sich ein Gangunterschied zwischen beiden Anteilen des reflektierten Lichts, welcher zur Entstehung von Interferenzen führt. Diese sind Subjekt der vorliegenden Aufgabe. 1 P

Lösungsweg, explizit:

Der Gangunterschied zwischen den beiden reflektierten Anteilen ist das Doppelte der gefragten Schichtdicke. Reflektiert wird das Licht im Falle konstruktiver Interferenz, also für Gangunterschiede $g = 2 \cdot d = m \cdot \lambda$ (mit $\lambda$ als Lichtwellenlänge und $m \in \mathbb{N}$). Bei destruktiver Interferenz hingegen sieht man keine Lichtreflexe. 1 P

Das Auflösen nach der Schichtdicke ist einfach: $d = \frac{1}{2} m \cdot \lambda$. ½ P

Zum Einsetzen der Werte darf man nicht vergessen, dass die Wellenlänge sich mit der Brechzahl ändert. Im Inneren der Beschichtung ist $\lambda_{innen} = \frac{\lambda_{außen}}{n_B}$. Also ergibt sich für die Schichtdicke: ½ P

$$d = \frac{1}{2} m \cdot \lambda = \frac{1}{2} m \cdot \frac{530\,nm}{n_B} = \frac{1}{2} m \cdot \frac{530\,nm}{1.4} \overset{TR}{\approx} m \cdot 189\,nm .$$ 1 P

Man verwechsle nicht $m \in \mathbb{N}$ als Ordnung der Interferenz mit $nm$ als Einheit Nanometer.

Anmerkung: Eigentlich ist $m$ nicht bekannt, aber üblicherweise werden Beschichtungen sehr dünn gewählt, sodass $m = 1$ zu erwarten wäre und damit eine Schichtdicke von $189\,nm$.

Näherung: Bei mehrfacher Reflexion verlieren die Lichtwellen so viel an Intensität, dass es genügt, die einmalige Reflexion im Inneren der Beschichtung zu berücksichtigen.

**Stolperfalle**

Bei der Reflexion der Lichtwellen an den Oberflächen haben wir uns keine Gedanken über auftretende Phasensprünge gemacht. Tatsächlich treten solche Phasensprünge immer dann auf, wenn das Licht vom optisch dünneren Medium her kommend am optisch dichteren Medium reflektiert wird.

In unserem Beispiel passiert dies genau zweimal, nämlich wie nachfolgend beschrieben.

- Das Licht kommt aus der Luft (Brechungsindex nahe 1) und wird an der Beschichtung ( $n_B = 1.4$ ) reflektiert. Der Phasensprung ist $\lambda/2$.
- Die zweite Reflexion findet aus der Beschichtung kommend ( $n_B = 1.4$ ) am Übergang zum Glas ( $n_G = 1.7$ ) statt. Also tritt wieder ein Phasensprung von $\lambda/2$ auf.

In unserem Beispiel heben sich die beiden Phasensprünge gegenseitig auf, sodass sie nicht weiter beachtet werden brauchen. So etwas kann aber nicht bei allen Interferenzen nach Reflexionen an dünnen Schichten vorausgesetzt werden. 1 P

Beim Schillern von Seifenblasen z.B. ist das Seifenwasser auf beiden Seiten von der optisch dünneren Luft umgeben. Deshalb tritt dort bei der Reflexion an der vorderen Grenzfläche ein Phasensprung auf, bei der Reflexion an der hinteren Grenzfläche hingegen nicht. Man erinnere sich im Prüfungsfall daran, um (je nach Aufgabenstellung) nötigenfalls Phasensprünge nicht zu übersehen.

## Aufgabe 5.25 Photometrische Größen

| | | | Punkte | |
|---|---|---|---|---|
| (a.) 3 Min. | | | | (a.) 2 P |
| (b.) 2 Min. | (c.) 2 Min. | | (b.) 1 P | (c.) 1 P |

Photometrie: Mitunter wird in Prüfungen die Kenntnis sogenannter photometrischer Größen abgefragt, die man üblicherweise auch in Formelsammlungen findet. Wir üben dies an einem sehr kurzen Beispiel, denn es setzt nur auswendig gelerntes Wissen voraus:
Der Lichtstrom einer Glühbirne sei vom Hersteller mit $\Phi_V = 1000\,lm$ (Einheit $lm$ = Lumen) angegeben. Berechnen Sie dazu unter der Voraussetzung räumlich isotroper Abstrahlung die folgenden Größen:
(a.) die Lichtstärke,
(b.) die Beleuchtungsstärke $E_V$ in der Entfernung von $d = 2m$,
(c.) die Leuchtdichte $B_V$, durch eine Fläche von $A = 0.5m^2$.

## Lösung zu 5.25

Lösungsstrategie:

Das Abfragen der einzelnen Größen basiert zumeist auf der Verwendung einer geeigneten Formelsammlung, in der die Definitionen der abgefragten Größen zu finden sind.

Lösungsweg, explizit:

(a.) Die Lichtstärke ist $I_V = \frac{d\Phi_V}{d\Omega}$, worin $\Omega$ der Raumwinkel ist. Wegen der räumlich isotropen Abstrahlcharakteristik wird eine Vollkugel homogen ausgeleuchtet, d.h. $\Omega = 4\pi sr$.

2 P $\Rightarrow \quad I_V = \frac{\Phi_V}{\Omega} = \frac{1000\,lm}{4\pi\,sr} \overset{TR}{\approx} 79.6\,cd$ für die Lichtstärke. (Einheit $cd$ = Candela)

1 P (b.) Die Beleuchtungsstärke ist $E_V = \frac{\Phi_V}{4\pi \cdot d^2} = \frac{1000\,lm}{4\pi \cdot (2m)^2} \overset{TR}{\approx} 19.9 \frac{lm}{m^2} = 19.9\,lx$. (Einheit $lx$ = Lux)

1 P (c.) Die Leuchtdichte ist $B_V = \frac{I_V}{A} = \frac{79.6\,cd}{0.5m^2} \overset{TR}{\approx} 159.2 \frac{cd}{m^2}$.

# 6 Festkörperphysik

## Aufgabe 6.1 Röntgenbeugung, Bestimmung der Gitterabstände

8 bis 9 Min. | Punkte 6 P

Die Messung von Atomabständen in Festkörpern kann anhand von Beugungsexperimenten mit Röntgenstrahlen oder mit Elektronen (im Elektronenmikroskop) geschehen. Wir wollen dies hier anhand eines auf eine Dimension reduzierten Beispiels betrachten.

Betrachten wir einen Einkristall mit kubisch primitiver Struktur, von dem ein Schnitt in Bild 6-1 zu sehen ist. Die Wellenlänge der interferent reflektierten Wellen (egal ob elektromagnetische Wellen oder Elektronenwellen im Wellenbild) sei $\lambda = 5 \cdot 10^{-11} m$, der Glanzwinkel $\vartheta$, unter dem das Licht zum Interferenzmaximum erster Ordnung gebracht werde, sei $\vartheta = 4.2°$. Berechnen Sie aus diesen Angaben die Gitterkonstante $d$ des Kristalls.

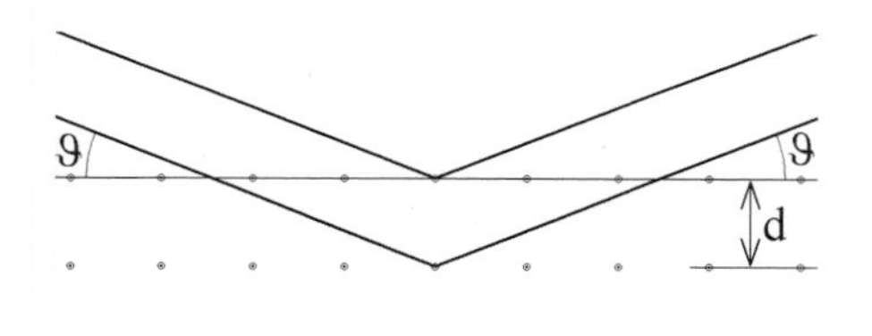


**Bild 6-1**
Beugung einer Welle an der Oberfläche eines Einkristalls. Im Experiment wird der Glanzwinkel $\vartheta$ variiert. Dabei wird gemessen, unter welchen Winkeln Interferenzmaxima bzw. Minima auftreten.

## Lösung zu 6.1

Lösungsstrategie:

Unser Beispiel beruht auf Zweistrahlinterferenz, die mancher Leser aus dem Experiment der Lichtbeugung am Doppelspalt kennen mag. In analoger Weise ist auch hier die Berechnung durchzuführen. Dabei sind die Formeln hier bei gegebener Wellenlänge aufzulösen nach dem Abstand der Zentren der beiden Huygens'schen Elementarwellen. 1 P

Lösungsweg, explizit:

Der Gangunterschied $g$ der beiden Huygens'schen Elementarwellen ist in Bild 6-2 illustriert.

Wie man dort in den eingezeichneten rechwinkeligen Dreiecken durch Anwendung der Definition der Winkelfunktion Sinus sieht, gilt für diese Konstruktion $\sin(\vartheta) = \frac{g/2}{d}$. ½ P

Durch Auflösen nach $g$ erhält man $\sin(\vartheta) = \frac{g/2}{d} \Rightarrow d \cdot \sin(\vartheta) = \frac{g}{2} \Rightarrow g = 2d \cdot \sin(\vartheta)$. ½ P

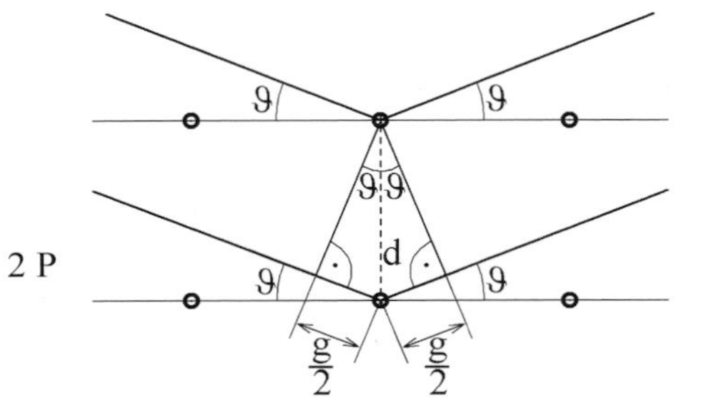


2 P

**Bild 6-2**
Vergrößerter Ausschnitt aus Bild 6-1 mit zusätzlichen Eintragungen zur Berechnung des Gangunterschiedes der beiden Huygens'schen Elementarwellen.
Der volle Gangunterschied zwischen den beiden Elementarwellen ist bezeichnet mit dem Symbol $g$ .

Der Gangunterschied $g$ der beiden Huygens'schen Elementarwellen muss für die Interferenzmaxima ein Vielfaches der Wellenlänge betragen: $g = n \cdot \lambda$ . Damit ist die Interferenzbedingung gefunden: $2d \cdot \sin(\vartheta) = g = n \cdot \lambda \;\Rightarrow\; d = \dfrac{n \cdot \lambda}{2 \cdot \sin(\vartheta)}$ . 1 P

Wenn laut Aufgabenstellung die Werte für das Interferenzmaximum erster Ordnung gegeben sind, dann bedeutet dies $n = 1$ . Damit erhalten wir für die Gitterkonstante den Wert

1 P
$$d = \frac{n \cdot \lambda}{2 \cdot \sin(\vartheta)} = \frac{1 \cdot 5 \cdot 10^{-11} m}{2 \cdot \sin(4.2°)} \overset{TR}{\approx} 3.41 \cdot 10^{-10} m = 3.41 \text{Å} \; .$$

## Aufgabe 6.2 Miller'sche Indizes

In Bild 6-3 finden Sie Dreibeine, die jeweils von den drei Kristallachsen realer dreidimensionaler Kristalle aufgespannt werden. Die Skalierung der Achsen ist in Einheiten der Gitterparameter vorgenommen. Beschreiben Sie bitte die Orientierung (= Lage) der in jedes dieser Systeme eingezeichneten grau unterlegten Ebenen anhand von Miller'schen Indizes:

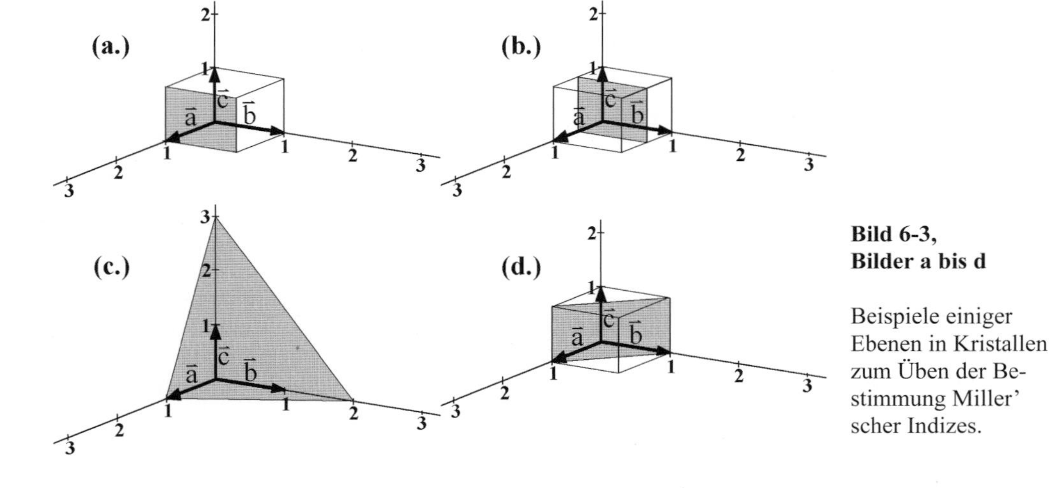


**Bild 6-3, Bilder a bis d**

Beispiele einiger Ebenen in Kristallen zum Üben der Bestimmung Miller' scher Indizes.

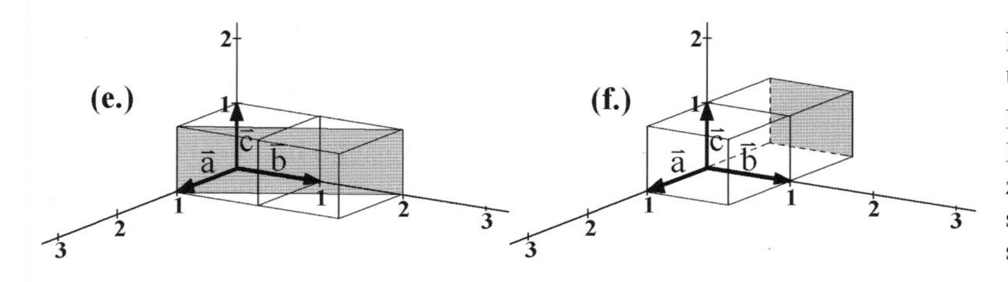


**Bild 6-3, Fortsetzung, Bilder e und f**

Beispiele einiger Ebenen in Kristallen zum Üben der Bestimmung Miller'scher Indizes.

## ▾ Lösung zu 6.2

Lösungsstrategie:

Nachfolgend sei kurz die Vorgehensweise zur Bestimmung Miller'scher Indizes rekapituliert:

Schritt 1 → Man bestimme die Schnittpunkte der zu charakterisierenden Ebene mit den Kristallachsen in Einheiten der Gitterparameter.

Schritt 2 → Man bilde die Kehrwerte dieser drei Schnittpunkts-Angaben. Dadurch entstehen Brüche.

Schritt 3 → Man multipliziere alle diese Brüche mit dem kleinsten gemeinsamen Vielfachen (= k.g.V.) der Nenner.

Sonderregel: Wird eine oder mehrere der Kristallachsen nicht von der Ebene geschnitten, so sieht man den Schnittpunkt im Unendlichen. Der zugehörige Miller'sche Index wird zu Null (als Symbol für „$\frac{1}{\infty}$") gesetzt. Bei der Bestimmung des k.g.V. der Nenner werden solche „Brüche" ignoriert.

Lösungsweg, explizit:

Wenden wir diese Erklärung an, so erhalten wir folgende Lösungen:

(a.) Die Schnittpunkte in $\vec{a},\vec{b},\vec{c}$ -Richtung liegen bei $(1;\infty;\infty)$.

Die zugehörigen Kehrwerte lauten $\left(\frac{1}{1};"\frac{1}{\infty}";"\frac{1}{\infty}"\right) \Rightarrow$ k.g.V. $=1$.

Multiplikation mit dem k.g.V. liefert die Miller'schen Indizes $(1\ 0\ 0)$. 2 P

(b.) Die Schnittpunkte in $\vec{a},\vec{b},\vec{c}$ -Richtung liegen bei $\left(\frac{1}{2};\infty;\infty\right)$.

Die zugehörigen Kehrwerte lauten $\left(2;"\frac{1}{\infty}";"\frac{1}{\infty}"\right) \Rightarrow$ k.g.V. $=1$.

Multiplikation mit dem k.g.V. liefert die Miller'schen Indizes $(2\ 0\ 0)$. 2 P

(c.) Die Schnittpunkte in $\vec{a},\vec{b},\vec{c}$ -Richtung liegen bei $(1;2;3)$.

Die zugehörigen Kehrwerte lauten $\left(\frac{1}{1};\frac{1}{2};\frac{1}{3}\right) \Rightarrow$ k.g.V. $=6$.

Multiplikation mit dem k.g.V. liefert die Miller'schen Indizes $(6\ 3\ 2)$. 2 P

(d.) Die Schnittpunkte in $\vec{a},\vec{b},\vec{c}$ -Richtung liegen bei $(1;1;\infty)$.

Die zugehörigen Kehrwerte lauten $\left(1;1;"\frac{1}{\infty}"\right) \Rightarrow$ k.g.V. $=1$.

Multiplikation mit dem k.g.V. liefert die Miller'schen Indizes $(1\ 1\ 0)$. 2 P (e.) Die Schnittpunkte in $\vec{a},\vec{b},\vec{c}$ -Richtung liegen bei $(1;2;\infty)$.

Die zugehörigen Kehrwerte lauten $\left(\frac{1}{1};\frac{1}{2};"\frac{1}{\infty}"\right) \Rightarrow$ k.g.V. = 2.

2 P Multiplikation mit dem k.g.V. liefert die Miller'schen Indizes $(2\;1\;0)$.

(f.) Die Schnittpunkte in $\vec{a},\vec{b},\vec{c}$ -Richtung liegen bei $(-1;\infty;\infty)$.

Die zugehörigen Kehrwerte lauten $\left(\frac{1}{-1};"\frac{1}{\infty}";"\frac{1}{\infty}"\right) \Rightarrow$ k.g.V. = 1.

2 P Multiplikation mit dem k.g.V. liefert die Miller'schen Indizes $(\bar{1}\;0\;0)$.

Anmerkung zu (f.): Man vergesse nicht, dass negative Vorzeichen nicht vor, sondern über die Miller'schen Indizes geschrieben werden.

## Aufgabe 6.3 Reziprokes Gitter

| | (a.) 15 Min. | | Punkte | (a.) 10 P |
|---|---|---|---|---|
| | (b.) 1 Min. | | | (b.) 1 P |

Der Nenner der reziproken Gittervektoren wurde nur einmal bei $\vec{A}$ mit Punkten und Zeit bewertet.

Seien $\vec{a}=(1.2Å;0;0)$, $\vec{b}=(0;2.0Å;0)$ und $\vec{c}=(0;0;1.8Å)$ die fundamentalen (primitiven) Translationsvektoren eines Kristallgitters.

(a.) Berechnen Sie die zugehörigen primitiven Vektoren des reziproken Gitters.

(b.) Wie lautet die Menge aller möglichen Vektoren des reziproken Gitters?

## Lösung zu 6.3

Lösungsstrategie:

Die Formel zur Bestimmung der primitiven Vektoren des reziproken Gitters findet man in Formelsammlungen. Die Linearkombination dieser drei Vektoren gibt die Menge aller reziproker Gittervektoren.

Lösungsweg, explizit:

(a.) Bezeichnen wir die reziproken Gittervektoren mit $\vec{A}, \vec{B}, \vec{C}$, so gilt

$$\vec{A} = 2\pi\cdot\frac{\vec{b}\times\vec{c}}{\vec{a}\cdot(\vec{b}\times\vec{c})} = 2\pi\cdot\frac{\begin{pmatrix}0\\2.0Å\\0\end{pmatrix}\times\begin{pmatrix}0\\0\\1.8Å\end{pmatrix}}{\begin{pmatrix}1.2Å\\0\\0\end{pmatrix}\cdot\left(\begin{pmatrix}0\\2.0Å\\0\end{pmatrix}\times\begin{pmatrix}0\\0\\1.8Å\end{pmatrix}\right)} = 2\pi\cdot\frac{\begin{pmatrix}2.0Å\cdot1.8Å-0\\-0+0\\0-0\end{pmatrix}}{\begin{pmatrix}1.2Å\\0\\0\end{pmatrix}\cdot\begin{pmatrix}2.0Å\cdot1.8Å-0\\0\\0\end{pmatrix}} = 2\pi\cdot\frac{\begin{pmatrix}3.6Å^2\\0\\0\end{pmatrix}}{4.32Å^3}$$

6 P

$$\Rightarrow\quad \vec{A} = 2\pi\cdot\begin{pmatrix}\frac{5}{6}Å^{-1}\\0\\0\end{pmatrix} = \frac{5\pi}{3}\cdot\begin{pmatrix}1\\0\\0\end{pmatrix}Å^{-1}$$

$$\vec{B} = 2\pi \cdot \frac{\vec{c} \times \vec{a}}{\vec{a} \cdot (\vec{b} \times \vec{c})} = 2\pi \cdot \frac{\begin{pmatrix} 0 \\ 0 \\ 1.8\text{Å} \end{pmatrix} \times \begin{pmatrix} 1.2\text{Å} \\ 0 \\ 0 \end{pmatrix}}{\begin{pmatrix} 1.2\text{Å} \\ 0 \\ 0 \end{pmatrix} \cdot \left( \begin{pmatrix} 0 \\ 2.0\text{Å} \\ 0 \end{pmatrix} \times \begin{pmatrix} 0 \\ 0 \\ 1.8\text{Å} \end{pmatrix} \right)} = 2\pi \cdot \frac{\begin{pmatrix} 0 \\ \text{-}0 + 1.8\text{Å} \cdot 1.2\text{Å} \\ 0\text{-}0 \end{pmatrix}}{\begin{pmatrix} 1.2\text{Å} \\ 0 \\ 0 \end{pmatrix} \cdot \begin{pmatrix} 2.0\text{Å} \cdot 1.8\text{Å} \text{ - } 0 \\ 0 \\ 0 \end{pmatrix}} = 2\pi \cdot \frac{\begin{pmatrix} 0 \\ 2.16\text{Å}^2 \\ 0 \end{pmatrix}}{4.32\text{Å}^3}$$

$$\Rightarrow \quad \vec{B} = 2\pi \cdot \begin{pmatrix} 0 \\ \frac{1}{2}\text{Å}^{-1} \\ 0 \end{pmatrix} = \pi \cdot \begin{pmatrix} 0 \\ 1 \\ 0 \end{pmatrix} \text{Å}^{-1}$$

2 P

$$\vec{C} = 2\pi \cdot \frac{\vec{a} \times \vec{b}}{\vec{a} \cdot (\vec{b} \times \vec{c})} = 2\pi \cdot \frac{\begin{pmatrix} 1.2\text{Å} \\ 0 \\ 0 \end{pmatrix} \times \begin{pmatrix} 0 \\ 2.0\text{Å} \\ 0 \end{pmatrix}}{\begin{pmatrix} 1.2\text{Å} \\ 0 \\ 0 \end{pmatrix} \cdot \left( \begin{pmatrix} 0 \\ 2.0\text{Å} \\ 0 \end{pmatrix} \times \begin{pmatrix} 0 \\ 0 \\ 1.8\text{Å} \end{pmatrix} \right)} = 2\pi \cdot \frac{\begin{pmatrix} 0\text{-}0 \\ 0 - 0 \\ 1.2\text{Å} \cdot 2.0\text{Å} \text{ - } 0 \end{pmatrix}}{\begin{pmatrix} 1.2\text{Å} \\ 0 \\ 0 \end{pmatrix} \cdot \begin{pmatrix} 2.0\text{Å} \cdot 1.8\text{Å} \text{ - } 0 \\ 0 \\ 0 \end{pmatrix}} = 2\pi \cdot \frac{\begin{pmatrix} 0 \\ 0 \\ 2.40\text{Å}^2 \end{pmatrix}}{4.32\text{Å}^3}$$

$$\Rightarrow \quad \vec{C} = 2\pi \cdot \begin{pmatrix} 0 \\ 0 \\ \frac{5}{9}\text{Å}^{-1} \end{pmatrix} = \frac{10\pi}{9} \cdot \begin{pmatrix} 0 \\ 0 \\ 1 \end{pmatrix} \text{Å}^{-1} .$$

2 P

Damit sind die primitiven reziproken Gittervektoren bestimmt.

(b.) Die Menge aller möglichen reziproken Gittervektoren $\vec{G}$ ist daher die Menge, die die folgenden Linearkombinationen enthält: $\left\{ \vec{G} \mid \vec{G} = h \cdot \vec{A} + k \cdot \vec{B} + l \cdot \vec{C} \text{ mit } h,k,l \in \mathbb{Z} \right\}$. 1 P

In Bild 6-4 sehen Sie die Gitterpunkte eines gedachten zweidimensionalen Kristalls. Konstruieren Sie bitte grafisch die Wigner-Seitz-Zelle dieses Kristallgitters.

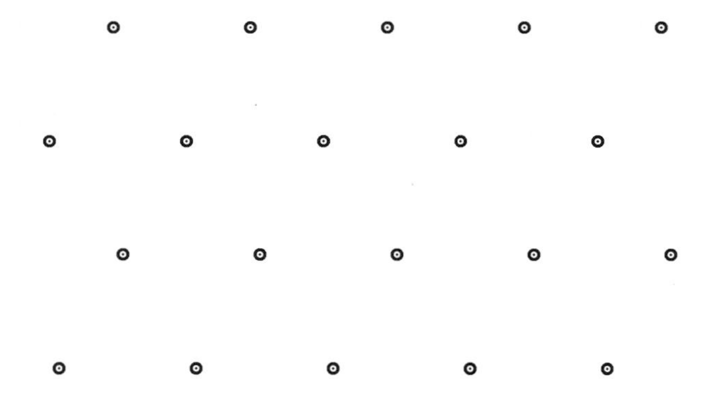

**Bild 6-4**
Gedachte zweidimensionale Kristallgitterstruktur, in die zu Übungszwecken eine Wigner-Seitz-Zelle eingezeichnet werden soll.

## Lösung zu 6.4

Lösungsstrategie:

Der Arbeitsweg ist folgender:

Schritt 1→ Man zeichne die Verbindungslinien von einem ausgewählten Gitterpunkt zu allen benachbarten Gitterpunkten.

Schritt 2 → Man konstruiere die Mittelsenkrechten aller dieser Verbindungslinien.

Ergebnis: Diese Mittelsenkrechten umranden die Wigner-Seitz-Zelle.

Anmerkung: Eine Unterscheidung zwischen benachbarten Gitterpunkten (zu denen man Verbindungslinien zeichnet) und weiter entfernten Gitterpunkten (zu denen man keine Verbindungslinien zeichnet) ist unnötig und auch unkritisch. Begründung: Die Mittelsenkrechten auf Verbindungslinien weiter entfernter Gitterpunkte liegen außerhalb der Wigner-Seitz-Zelle und beeinflussen daher nicht deren Konstruktion. Wählt man also versehentlich (oder sicherheitshalber) ein paar mehr „benachbarte" Gitterpunkte für die Konstruktion aus, so läuft man nicht Gefahr, einen Fehler zu machen. In Bild 6-5 ist dies anhand zweier weiter entfernter Gitterpunkte und deren Mittelsenkrechten demonstriert.

Lösungsweg, explizit:

In Bild 6-5 ist die soeben beschriebene Konstruktion durchgeführt.

3 P

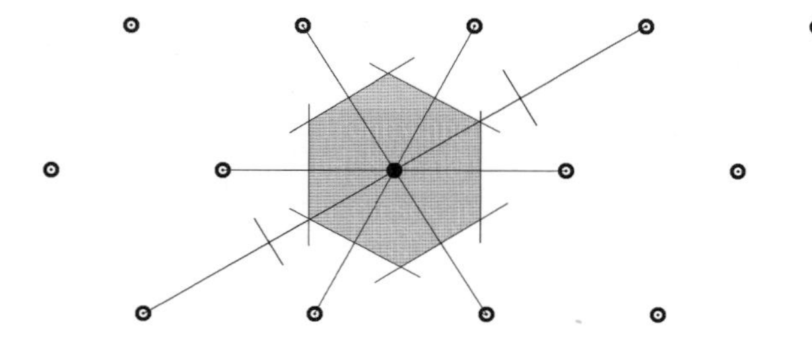

**Bild 6-5**
Gedachte zweidimensionale Kristallgitterstruktur, in die eine Wigner-Seitz-Zelle eingezeichnet ist, und zwar diejenige, die zu dem mit schwarzer Farbe markierten Gitterpunkt gehört.
Die Verbindungslinien sind dick gezeichnet, die Wigner-Seitz-Zelle ist grau unterlegt.

# Aufgabe 6.5 Brillouin-Zone

8 Min. Punkte 5 P

Betrachten wir ein in zwei Dimensionen gedachtes reziprokes Kristallgitter mit den primitiven Gittervektoren $\vec{A}=\begin{pmatrix}1.5\\0.3\end{pmatrix}\text{Å}^{-1}$ und $\vec{B}=\begin{pmatrix}0\\2.0\end{pmatrix}\text{Å}^{-1}$ im reziproken Gitter eines kartesischen Systems (sog. Fourier-Raum).

Zeichnen Sie dieses reziproke Kristallgitter auf und konstruieren Sie die erste Brillouin-Zone.

# Lösung zu 6.5

Lösungsstrategie:

Die Lösung erfolgt aufgrund einer geometrischen Konstruktion, die in Bild 6-6 zu sehen ist. Die Brillouin-Zone wird im reziproken Gitter in der gleichen Art und Weise konstruiert wie die Wigner-Seitz-Zelle im Kristallgitter selbst.

Lösungsweg, explizit:

In Bild 6-6 ist die soeben beschriebene Konstruktion durchgeführt.

Kennt man die primitiven Vektoren des reziproken Gitters $\vec{A}$ und $\vec{B}$, so erhält man alle anderen reziproken Gittervektoren als $\vec{G}=h\cdot\vec{A}+k\cdot\vec{B}$ mit $h,k\in\mathbb{Z}$. Die Formulierung ist auf zwei Dimensionen reduziert. Sie liegt der Konstruktion von Bild 6-6 zugrunde.

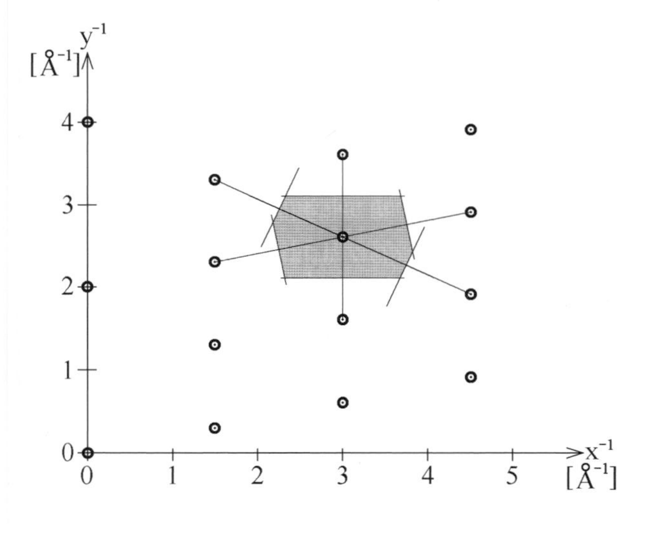


3 P

**Bild 6-6**
Konstruktion einer Brillouin-Zone im reziproken Kristallgitter nach den Vorgaben der Ausgabenstellung.

## Aufgabe 6.6 Gitterfehler, einige Beispiele

| (a bis h.) je 1 Min. | | Punkte<br>(a bis h.) je 1 P |
|---|---|---|

Bild 6-7 zeigt einige Beispiele für Gitterfehler, deren Namen Sie bitte angeben. Begründen Sie auch jeden der von Ihnen zugeordneten Namen mit einer kurzen Erläuterung.

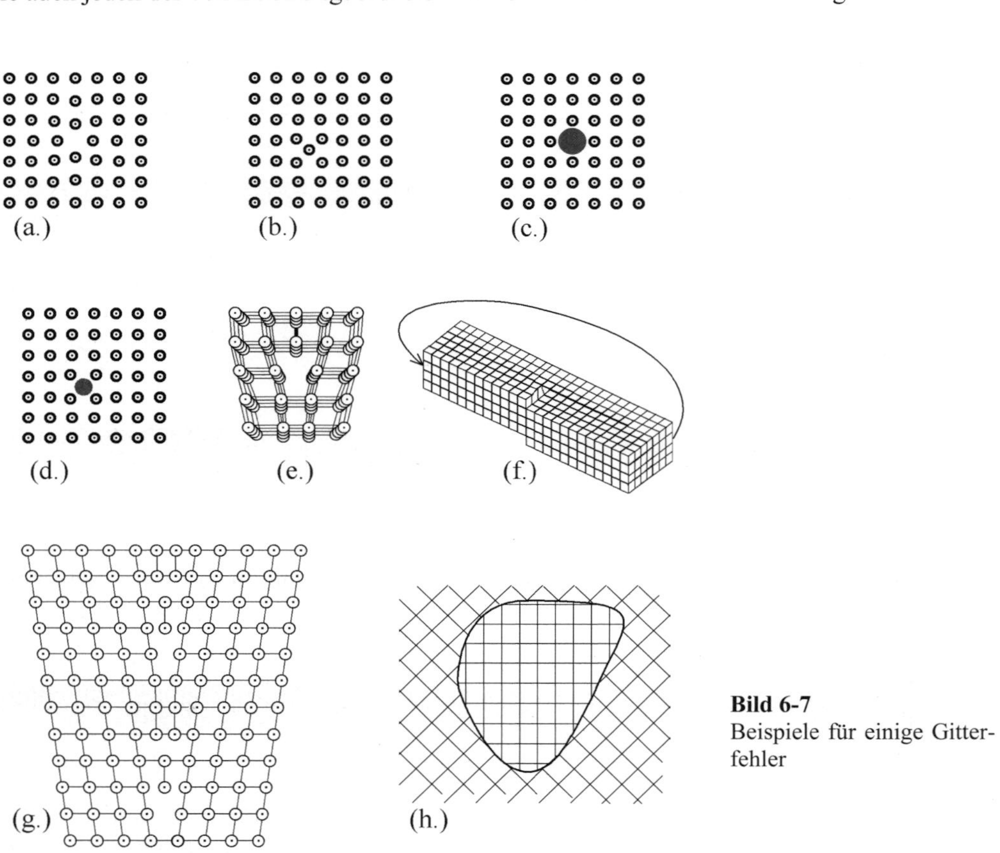


**Bild 6-7**
Beispiele für einige Gitterfehler

## Lösung zu 6.6

Lösungsstrategie:

Die Aufgabe fragt reinen Lernstoff in Form einiger Fachbegriffe ab.

Lösungsweg, explizit:

Bei (a.) bis (d.) handelt es sich um singuläre Fehlstellen.

(a.) Leerstelle: Ein Atom fehlt, sein Platz ist leer. Die nächsten Nachbaratome sind ein wenig in Richtung auf den leeren Platz hin verschoben. 1 P

(b.) Zwischengitteratom: Ein zusätzliches Atom ist zwischen die regulären Wirtsgitteratome eingeschoben und drückt die Nachbarn ein wenig nach außen. 1 P

(c.) Substitutionsatom: Ein Atom des Wirtsgitters ist substituiert durch ein anderes Atom. 1 P

(d.) Einlagerungsatom: Es unterscheidet sich vom Zwischengitteratom dadurch, dass es anderes chemisches Element ist, als die Wirtsgitteratome. 1 P

Bei (e.) bis (h.) handelt es sich um kollektive Fehlordnungsphänomene.

(e.) Stufenversetzung: Im oberen Teil des Kristalls ist eine zusätzliche Gitterebene eingeschoben. 1 P

(f.) Schraubenversetzung: Umläuft man den Kristall am Rand des Bildes, so kann man aufsteigen wie beim Gewindegang einer Schraube. 1 P

(g.) Kleinwinkelkorngrenze: Es liegen zwei Kristallite (Kurzbezeichnung „Korn“) vor, die um einen kleinen Winkel gegeneinander verkippt sind. Die Korngrenze verläuft senkrecht in der Mitte des Bildes. 1 P

(h.) Großwinkelkorngrenze: Hier sind die Winkel zwischen den Kristallachsen benachbarter Kristallite groß. 1 P

## Aufgabe 6.7 Frank-Read-Quelle

| 8 Min. | Schwierigkeit: 2 | Punkte 5 P |
|---|---|---|

Erklären Sie die Funktionsweise einer Frank-Read-Quelle zur Entstehung von Versetzungslinien.

## Lösung zu 6.7

Lösungsstrategie:

Am einfachsten funktioniert die Erklärung, indem man eine Versetzungslinie zwischen zwei Fehlstellen zeichnet, und deren Bewegung im Laufe der Zeit darstellt für den Fall, dass auf den Festkörper eine äußere Kraft einwirkt. Dies ist exemplarisch dargestellt in Bild 6-8, wo man erkennt, wie das Verschieben einer Versetzungslinie als Quelle einer weiteren zusätzlichen neuen Versetzungslinie wirkt. Bitte versuchen Sie die Skizze zuerst selbst anzufertigen und schauen Sie erst danach die Lösung an. 1 P

Lösungsweg, explizit:

Wir beginnen mit dem Zustand zum Zeitpunkt „1“. Zwei mit Kreuzen markierte permanente Fehlstellen sind durch eine Versetzungslinie verbunden. Wirkt eine mechanische Kraft ein, so verbiegt sich die Versetzungslinie und durchläuft der Reihe nach die Zustände von „2“ bis „7“ und erreicht schließlich den Zustand „8“. Der Zustand „8“ entspricht dem Zustand „1“ bis auf die Tatsache, dass eine große Versetzungslinie hinzugekommen ist. Diese ist diejenige

Versetzungslinie, die durch die Frank-Read-Quelle geschaffen wurde. Im Übrigen steht der Zustand „8“ als Eingangszustand für ein erneutes Wirken des Frank-Read-Mechanismus zur Verfügung. Auf diese Weise ist die Frank-Read-Quelle in der Lage, fortgesetzt immer weiter Versetzungslinien zu erzeugen, solange die mechanische Kraft einwirkt.

2 P

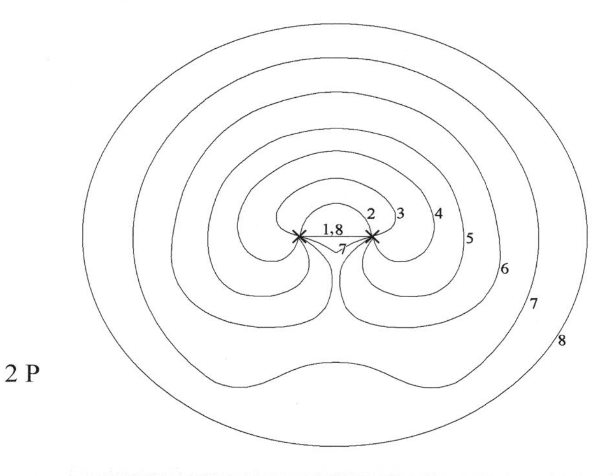


2 P

**Bild 6-8**
Schaubild zur Entstehung von Versetzungslinien durch den Mechanismus einer Frank-Read-Quelle.

Die aufsteigenden Nummern beschreiben das Fortlaufen der Zeit.

## Aufgabe 6.8 Zugversuch, Spannungs-Dehnungs-Diagramm

20 Min. Punkte 14 P

Erklären Sie den Ablauf des Zugversuches, mit dem sogenannte Spannungs-Dehnungs-Diagramme aufgenommen werden. Zeichnen Sie dabei auch exemplarisch mindestens ein mögliches Spannungs-Dehnungs-Diagramm. Erläutern Sie mit dessen Hilfe die Begriffe: Dehnung, Materialspannung (Zugspannung), Elastizitätsmodul, Streckgrenze, Zugfestigkeit, Bruchdehnung, Zerreißspannung und die Dehngrenzen.

Zusatzfrage: Gehen Sie auch die Besonderheit der sog. „oberen Streckgrenze“ bei niedrig legierten Stählen ein.

## Lösung zu 6.8

Lösungsstrategie:

Ablauf: Der Zugversuch ist wie folgt definiert: Man spannt eine Probe mit genau bestimmter Probengeometrie zwischen Spannbacken in eine Zugmaschine ein, die die Probe in die Länge zieht und dabei die Dehnung und die Zugkraft misst. Gezogen wird solange, bis die Probe zerreißt. Trägt man die Zugkraft bezogen auf die Anfangsquerschnittsfläche gegen die relative Dehnung auf, so erhält man das sog. Spannungs-Dehnungs-Diagramm. Dieses ist das Kernstück der Ergebnisse eines Zugversuches.

2 P

Lösungsweg, explizit:

Zwei mögliche Beispiele für Spannungs-Dehnungs-Diagramme sieht man in Bild 6-9.

▪ Auf der Abszisse ist Dehnung $\varepsilon := \frac{\Delta l}{l}$ aufgetragen, die als relative Längenänderung definiert ist. Dabei ist $l$ die Ausgangslänge und $\Delta l$ die Längenzunahme beim Ziehen. Die Dehnung drückt aus, um wie viel Prozent die Länge einer Probe zugenommen hat. 1 P

▪ Auf der Ordinate ist die Materialspannung $\sigma := \frac{F}{A}$ aufgetragen, die als Quotient aus der Zugkraft $F$ und der Anfangsquerschnittsfläche $A$ der Zugprobe definiert ist. Beim Zugversuch heißt die Materialspannung auch Zugspannung. 1 P

▪ Im elastischen Bereich ist die Zugspannung proportional zur Dehnung. Der Proportionalitätsfaktor heißt Elastizitätsmodul $E$, also gilt $\sigma = \varepsilon \cdot E \quad \Leftrightarrow \quad E = \frac{\sigma}{\varepsilon}$. Im elastischen Bereich sind Verformungen reversibel. Er endet mit der Streckgrenze $R_{ES}$. 2 P

▪ Das Maximum der möglichen Materialspannung definiert die Zugfestigkeit $R_m$. 1 P

▪ Ab $R_m$ beginnt die Probe, sich deutlich einzuschnüren (Verringerung des Querschnittes), bis sie schließlich beim Erreichen der Bruchdehnung $\varepsilon_B$ und der Zerreißspannung $R_R$ zerreißt. Man beachte, dass die Bruchdehnung nur den plastischen Anteil der Verformung berücksichtigt, der elastische Anteil ist „herausgerechnet". Das geschieht in der Weise, dass vom Punkt des Zerreißens mit der Steigung der elastischen Verformung zur Abszisse zurückgerechnet wird. 2 P

▪ Prozent-Dehngrenzen (wie z.B. die $R_{P0,2}$) geben an, wie groß der Anteil des Materialfließens an der Dehnung ist. Wird in unserem Bsp. die Dehngrenze $R_{P0,2}$ erreicht, so ist eine plastische Dehnung von 0.2 % eingetreten. 1 P

▪ Der Punkt $R_{EH}$ im Fall (b.) tritt bei manchen (niedrig legierten) Stählen auf und heißt obere Streckgrenze. Sie markiert einen Punkt, ab dem eine drastische Änderung der Gitterkonfiguration einsetzt, die zu einer massiven Abnahme der Materialfestigkeit führt. 1 P

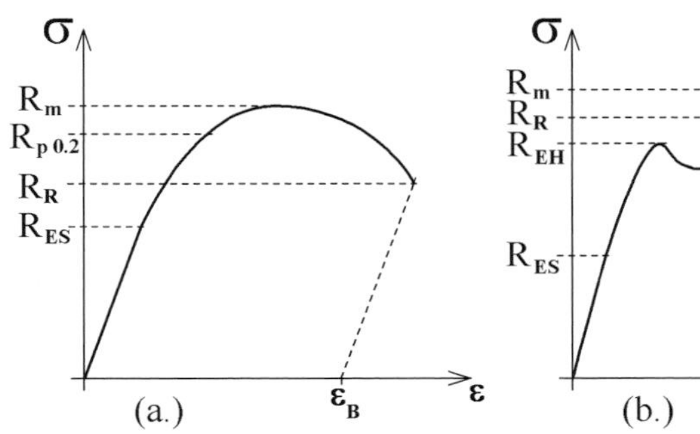


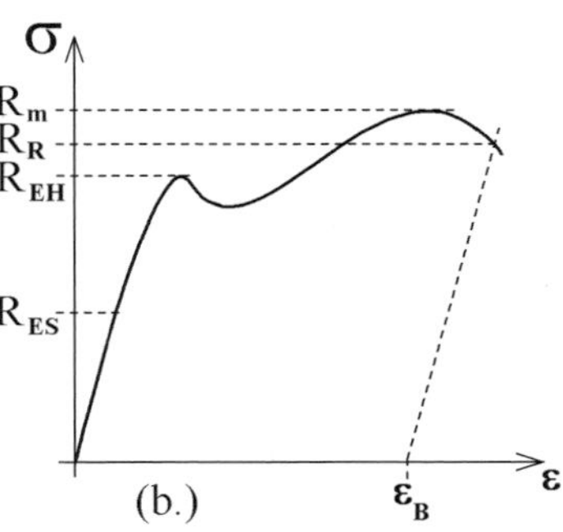


**Bild 6-9**
Zwei mögliche Spannungs-Dehnungs-Diagramme.
Der Verlauf der Spannungs-Dehnungs-Kurve hängt vom untersuchten Stoff ab und kann Kurven wie z.B. in (a.) oder (b.) zeigen. 3 P

## Aufgabe 6.9 Bindungsmechanismus: Ionenbindung

15 Min. Punkte 9 P

Erklären Sie den Bindungsmechanismus der Ionenbindung: Warum halten die Ionen relativ zueinander einen genau bestimmbaren Abstand ein? Gehen Sie in diesem Zusammenhang auch auf die Bedeutung der Madelung-Konstante und auf die Bedeutung des Born'schen Exponenten ein.

## Lösung zu 6.9

Lösungsstrategie:

1 P Erklärungsaufgabe. Zugrunde liegt die Überlagerung einer anziehenden und einer abstoßenden Kraft. Der stabile Zustand stellt sich beim Kräftegleichgewicht ein.

Lösungsweg, explizit:

▪ Die attraktive (= anziehende) Kraft ist die Coulombkraft zwischen dem Anion und dem Kation, denn diese beiden sind unterschiedlich geladen. Das zugehörige Coulombpotential

1 P zwischen zwei Ionen ist $V_{zwei\_Ionen} = \frac{q_1 \cdot q_2}{4\pi\varepsilon_0 \cdot r}$.

1 P Da es aber in einem Ionenkristall nicht zwei sondern sehr viele Ionen gibt, die je nach Ladung einander anziehen oder abstoßen, und zwar mit unterschiedlichen Abständen $r$, je nach deren Position im Kristallgitter, muss über alle einzelnen Potentiale zwischen allen Ionen summiert werden. Da diese Summation aller Wechselwirkungspotentiale über die Vielzahl der vorhandenen Gitterionen mit unterschiedlichen Abständen als Summe über alle Gitterionen konvergiert, genügt es, den Grenzwert dieser Summation als Zahl zu berechnen, den man dann als Faktor vor das Coulomb-Potential zweier Ionen schreibt. Der Faktor trägt den Namen Madelung-Konstante und wird z.B. mit dem Symbol $\alpha$ eingeführt:

1 P $V_{attraktiv} = \alpha \cdot V_{zwei\_Ionen} = \alpha \cdot \frac{q_1 \cdot q_2}{4\pi\varepsilon_0 \cdot r}$. Er hängt von der Struktur des Kristallgitters ab. $V_{attraktiv}$ verstehen wir als das Potential, welches den anziehenden Kräften zugrunde liegt.

1 P ▪ Die repulsive (= abstoßende) Kraft wird erst dann deutlich spürbar wenn die Ionen einander sehr nahe kommen. Die in den Atomhüllen beider Ionen vorhandenen Elektronen sind negativ geladen und stoßen einander ab. Die Bestimmung des Potentials geht auf eine mikroskopische Sichtweise und quantenmechanische Überlegungen zurück (auf der Basis der Überlappung der Wellenfunktionen der beteiligten Elektronen). Das zugehörige Potential ergibt sich zu $V_{repulsiv} = \frac{C}{r^n}$, wo $C$ eine Konstante ist und $n$ der sog. Born'sche Exponent. Je größer

1 P er ist, umso drastischer steigt die abstoßende Kraft für kurze Abstände an. (Beispiel: Für $Na^+Cl^-$ ist $n = 9.35$ !)

▪ Da natürlich beide Kräfte gleichzeitig wirken, müssen zur Bestimmung der Bindungsenergie beide Potentiale summiert werden. Dies ist in Bild 6-10 veranschaulicht. Der Gleichgewichtszustand findet sich wie immer im Potentialminimum ein, dessen Ionenabstand mit $r_0$ bezeichnet ist.

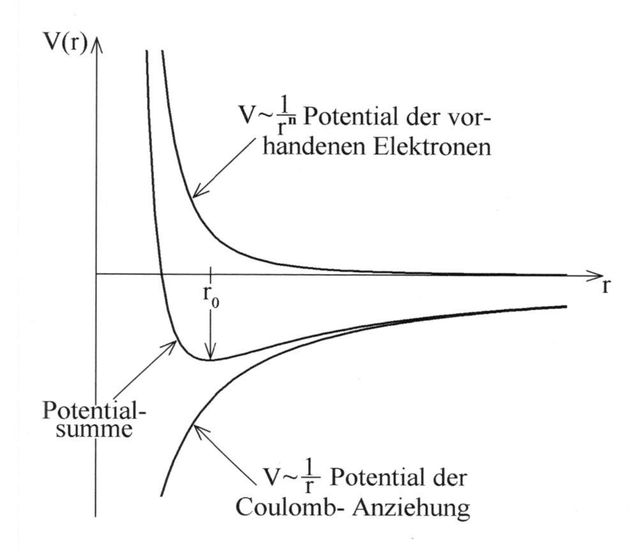


**Bild 6-10**
Elektrische Potentiale, die bei der Ionenbindung die entscheidende Rolle spielen. 3 P
Aufgetragen ist das Potential $V$ als Funktion des Ionenabstands $r$, wobei anziehendes Potential negatives Vorzeichen trägt, abstoßendes Potential hingegen positives Vorzeichen.
Der Gleichgewichtszustand stellt sich bei einem Ionenabstand $r = r_0$ ein, bei dem das Potential sein Minimum erreicht.

## Aufgabe 6.10 Bindungsmechanismus: Metallische Bindung

| 10 Min. | | Punkte 6 P |
|---|---|---|

Erklären Sie den Bindungsmechanismus der metallischen Bindung.

## Lösung zu 6.10

Lösungsstrategie:

Erklärungsaufgabe. Denken Sie daran: Bei allen Atom-Bindungsmechanismen ist die Energie im gebundenen Zustand niedriger als die Energie der freien Atome.

Lösungsweg, explizit:

Auch hier muss wieder die Energie der im Festkörper gebundenen Atome niedriger liegen als die Energie der einzelnen freien Atome. 1 P

Beim Metall können sich einige Elektronen frei durch das Gitter bewegen, sodass das Gitter selbst aus positiv geladenen Ionen besteht, die von einem negativ geladenen „Elektronengas" vermittels Coulomb-Wechselwirkung zusammengehalten werden. 1 P

Und so versteht man die Energieminimierung:

Die Aufenthaltswahrscheinlichkeitsdichte der bei den positiv geladenen Ionenrümpfen zurückbleibenden Elektronen hat ihr Maximum etwas näher am Kern als bei freien Atomen, denn die abstoßende Wirkung der „weggelaufenen“ Elektronen fehlt dort. Dies verringert die potentielle Energie der bei ihren Kernen verbleibenden Elektronen im Feld der Kerne. Dieser Energieverringerung wirkt eine kleine Erhöhung der kinetischen Energie der zurückbleibenden Elektronen entgegen, die allerdings nicht ausreicht, um den Gewinn der potentiellen Energie zu kompensieren. Den Grund für diese Erhöhung der kinetischen Energie kann man in quantenphysikalischer Sprechweise auf Heisenberg's Unschärferelation zurückführen, denn bei verringertem Raum erhöht sich die Impulsunschärfe und damit auch der Impuls der Elektronen. Aber auch im Bohr'schen Atommodell wird die Erhöhung der kinetischen Energie aufgrund des Gleichgewichts zwischen Zentrifugalkraft und Anziehungskraft erklärbar.

1 P

1 P

Zu guter Letzt muss noch die Energie der nicht bei ihren Kernen verbleibenden Elektronen diskutiert werden, die oben in ihrer Gesamtheit als „Elektronengas“ bezeichnet wurden. Da sich diese Elektronen frei umherbewegen können, werden sie von mehreren Gitteratomen gleichzeitig benutzt und bewirken so einen anziehenden Beitrag zum Potential ähnlich dem der kovalenten Bindung. Die Verringerung der Energie liegt in beiden Fällen daran, dass sich mehrere Atome jeweils ein oder mehrere Elektronen teilen. Die nicht bei ihren Kernen zurückbleibenden Elektronen liefern also ebenfalls einen Beitrag zur Minimierung der Energie.

1 P

1 P

## Aufgabe 6.11 Drude-Modell, Driftgeschwindigkeit der Elektronen

| | | |
|---|---|---|
| 15 Min. | | Punkte 8 P |

Klassisches Bild der Leitfähigkeit (Drude-Modell):

Zwei Geschwindigkeiten kennen wir zur Beschreibung der Bewegung der Elektronen im Metall, nämlich einerseits die Driftgeschwindigkeit der Elektronen im Falle einer von außen angelegten Spannung (vgl. Aufgabe 3.20) und zum anderen die (ungeordnete) thermodynamische Geschwindigkeit der Elektronen als Teilchen des Elektronengases. Letztere wird im klassischen Bild im Sinne einer Maxwell-Boltzmann-Verteilungsfunktion berechnet, wobei die Teilchenmasse die Masse der Elektronen ist (vgl. Aufgaben 4.11 und 4.12).

Bestimmen Sie die mittlere Geschwindigkeit und das mittlere Geschwindigkeitsquadrat der Elektronen des freien Elektronengases für Zimmertemperatur (300 Kelvin).
Zusatzfrage: Vergleichen Sie diese statistische Geschwindigkeit mit der Driftgeschwindigkeit der Elektronen, die im Falle eines Stromflusses aufgrund eines von außen angelegten elektrischen Feldes zustande kommt. (Dabei dürfen Sie auf Aufgabe 3.20 zurückgreifen.)

## ▾ Lösung zu 6.11

Lösungsweg, explizit:

Aus der Maxwell-Verteilung wissen wir:

Die mittlere Geschwindigkeit berechnet sich aus der Energie der einzelnen Teilchen. Offensichtlich können beim punktförmigen Elektron keine Freiheitsgrade der Rotation angeregt werden. Es hat daher drei thermodynamische Freiheitsgrade, nämlich diejenigen der Translation. 1 P

$\Rightarrow \; \frac{1}{2} m \overline{v^2} = \frac{3}{2} kT \;\; \Rightarrow \;\; \overline{v^2} = \frac{3kT}{m}$ = mittleres Geschwindigkeitsquadrat und 1 P

$\bar{v} = \sqrt{\frac{8}{3\pi}} \cdot \sqrt{\overline{v^2}} = \sqrt{\frac{8}{3\pi}} \cdot \sqrt{\frac{3kT}{m}} = \sqrt{\frac{8kT}{\pi \cdot m}}$ = mittlere Geschwindigkeit gemäß Maxwell-Verteilung. 1 P

Werte einsetzen:

$$\overline{v^2} = \frac{3kT}{m} = \frac{3 \cdot 1.381 \cdot 10^{-23} \frac{J}{K} \cdot 300K}{9.1 \cdot 10^{-31} kg} \overset{TR}{\approx} 1.36 \cdot 10^{10} \frac{m^2}{s^2} \;\; \Rightarrow \;\; \sqrt{\overline{v^2}} \overset{TR}{\approx} 1.17 \cdot 10^5 \frac{m}{s}$$ 1 P

$$\bar{v} = \sqrt{\frac{8kT}{\pi m}} = \sqrt{\frac{8 \cdot 1.381 \cdot 10^{-23} \frac{J}{K} \cdot 300K}{\pi \cdot 9.1 \cdot 10^{-31} kg}} \overset{TR}{\approx} 1.08 \cdot 10^5 \frac{m}{s}.$$ 1 P

Zur Zusatzfrage: Wie man sieht, ähnelt die Bewegung der Elektronen des Elektronengases sehr der Bewegung von Gasteilchen.

- Eine schnelle statistische Bewegung folgt den Regeln der Thermodynamik. Deren Geschwindigkeit haben wir jetzt in Aufgabe 6.11 angegeben. 1 P

- Ein extern messbarer Gleichstrom entspricht einem Wind, ein Wechselstrom entspricht einem akustischen Signal im Gas. Ein Beispiel für die dabei entstehende Driftgeschwindigkeit der Elektronen haben wir in Aufgabe 3.20 ausgerechnet. Das dortige Ergebnis sei zum Vergleich hier zitiert mit $v = 125 \frac{\mu m}{s} = 1.25 \cdot 10^2 \cdot 10^{-6} \frac{m}{s} = 1.25 \cdot 10^{-4} \frac{m}{s}$, das natürlich mit der Stromstärke und mit der für die Leitfähigkeit zur Verfügung stehenden Elektronen variiert. Nichtsdestotrotz sieht man in unserem Beispiel-Vergleich neun Zehnerpotenzen zwischen den beiden Geschwindigkeiten. Offensichtlich ist die Driftgeschwindigkeit normalerweise um viele Zehnerpotenzen kleiner als die Geschwindigkeit der statistischen Bewegung der freien Elektronen im Elektronengas. 1 P 1 P

## Aufgabe 6.12 Fermi-Niveau, Fermi-Energie, Fermi-Temperatur

 15 Min.  Punkte 12 P

Im quantenmechanischen Bild der Leitfähigkeit muss die klassische Maxwell'sche Geschwindigkeitsverteilung (des Drude-Modells) durch die Fermi-Energieverteilung des Elektronengases ersetzt werden. Betrachten Sie z.B. das Aluminium mit einer Fermi-Temperatur von $T_F = 136 \cdot 10^3 K$.

(a.) Bestimmen Sie die zugehörige Fermi-Energie und die Fermi-Geschwindigkeit.

(b.) Erläutern Sie deren anschauliche Bedeutung. Skizzieren Sie qualitativ die Fermi-Verteilung.

(c.) Wie macht sich ein von außen angelegtes elektrisches Feld in der Geschwindigkeitsverteilung der Elektronen bemerkbar?

## ▾ Lösung zu 6.12

Lösungsstrategie:

Die Fermi-Energieverteilung setzt nicht „freie Elektronen" voraus, sondern „fast freie Elektronen". Mit diesem häufig gebrauchten Ausdruck bezeichnet man Elektronen im periodischen Potential der positiven Gitterionen. 1 P

Lösungsweg, explizit:

(a.) Die Formeln für die Umrechnung zwischen Fermi-Energie $E_F$, Fermi-Temperatur $T_F$ und Fermi-Geschwindigkeit $v_F$ findet man in Formelsammlungen. Sie entsprechen im Wesentlichen den Vorstellungen der Thermodynamik:

- 1 P $E_F = k \cdot T_F = 1.381 \cdot 10^{-23} \frac{J}{K} \cdot 136 \cdot 10^3 K \overset{TR}{\approx} 1.8782 \cdot 10^{-18} J \overset{TR}{\approx} 11.72 eV$

- 2 P $E_F = \frac{1}{2} m \cdot v_F^2 \quad \Rightarrow \quad v_F = \sqrt{\frac{2 \cdot E_F}{m}} = \sqrt{\frac{2 \cdot k \cdot T_F}{m}} = \sqrt{\frac{2 \cdot 1.381 \cdot 10^{-23} \frac{J}{K} \cdot 136 \cdot 10^3 K}{9.1 \cdot 10^{-31} kg}} \overset{TR}{\approx} 2.03 \cdot 10^6 \frac{m}{s}$

(b.) In Formelsammlungen findet man die Fermi-Energieverteilung $n(E) = \frac{3}{2} N \cdot \sqrt{\frac{E}{E_F^3}}$, wo $n(E)$ die Anzahl der Elektronen mit der Energie $E$ ist und $N$ die Anzahl der in einem gegebenen Volumen enthaltenen Elektronen. Was man normalerweise auswendig im Kopf haben sollte, ist die Form der Kurve, die in Bild 6-11 skizziert ist mit der Proportionalität $n \propto \sqrt{E}$. 1 P

Anschauliche Bedeutung: Die Kurve zeigt, wie viele Elektronen mit wie viel Energie im metallischen Festköper vorliegen.

- Ohne thermische Anregung (bei $T = 0K$) läge die Wurzelfunktion vor, die bei $E = E_F$ abrupt auf Null abbricht. 1 P

- Mit thermischer Anregung (bei $T > 0K$) nehmen die Elektronen in der Nähe der Fermikante zusätzlich thermische Energie auf, was $n(E)$ um die Fermikante herum ein bisschen rundlich werden lässt, so wie in Bild 6-11 skizziert. Da thermische Anregung aber nur Energien im Bereich $k \cdot T$ zuführen kann (wobei die Zimmertemperatur wesentlich kleiner ist als die Fermitemperatur), ist das „Aufweichen" der Fermikante auf eine Breite von $k \cdot T$ beschränkt. 2 P

(c.) Ein von außen angelegtes elektrisches Feld verändert nicht die Geschwindigkeitsverteilung der Elektronen, denn die von einem solchen Feld verursachten Driftgeschwindigkeiten sind derartig vernachlässigbar klein gegenüber der Fermi-Geschwindigkeit, dass man sie nicht nur im Maßstab der hier gezeichneten Verteilungskurve überhaupt nicht wahrnehmen kann. 1 P

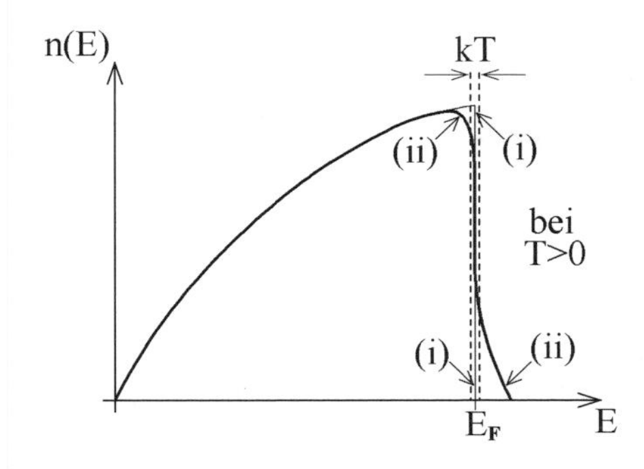


**Bild 6-11**
Fermi-Energieverteilung der Elektronen des Elektronengases im Leiter.
$n(E)$ ist die Zahl der Elektronen bei der Energie $E$.
Kurve (i): Energetisch niedrigst möglicher Zustand (bei 0 K)→ scharf abgeschnittene Wurzelfunktion.
Kurve (ii): Zustand bei endlicher Temperatur, bei der einige Elektronen aufgrund thermischer Anregung ein wenig in ihrer Energie angehoben sind.

3 P

## Aufgabe 6.13 Bändermodell – Grundlagen der Entstehung

| 10 Min. | | Punkte 7 P |
|---|---|---|

Betrachten wir die Energie der Elektronen des Elektronengases in Festkörpern: Erklären Sie das Zustandekommen der Energiebänder als Bereiche erlaubter Energiezustände mit dazwischenliegenden Zonen verbotener Energiebereiche.

## ▾ Lösung zu 6.13

Lösungsstrategie:

Hier wird die Begründung für die „fast freie Elektronen" in Aufgabe 6.12 ausgeführt.

Lösungsweg, explizit:

Das Elektronengas in Festkörpern unterscheidet sich von einem völlig freien (hypothetischen) Elektronengas dadurch, dass Gitterionen vorhanden sind. Im Wellenbild werden die Elektronenwellen an diesen Gitterionen gebeugt. Für diejenigen Elektronenwellen, deren Wellenlänge zu konstruktiver Interferenz und damit zum Ausbilden von Stehwellen führt (siehe Bragg'sche Reflexionsbedingung), ist keine Bewegung möglich. Stehwellen bewegen sich eben gerade nicht. Damit sind dies aber keine frei beweglichen Teilchen mehr – solche Zustände gehören nicht zum Elektronengas, welches aus frei beweglichen Elektronen besteht. Mit anderen Worten: Diese Zustände beschreiben Zonen, die für frei bewegliche Elektronen verboten sind. All die anderen Energiewerte, die nicht zum Ausbilden von Stehwellen führen, ergeben dann die erlaubten Bänder des Bändermodells. 1 P 1 P 1 P 1 P

Da ein Festkörper aus sehr vielen Atomen (bzw. Gitterionen) besteht, ist die Zahl der Wellenlängen, die nach Bragg-Bedingung zu Stehwellen führt, sehr groß. Dies führt dazu, dass die Anzahl der verbotenen Energiezustände sehr groß ist. Da für ein Elektron an einem gegebenen Ort aber die meisten der Atome in großer (sogar makroskopischer) Entfernung stehen, sind deren Abstände im für die Beugung entscheidenden reziproken Gitter fast gleich. Daher liegen die vielen verbotenen Energiezustände so besonders dicht beieinander, dass sie sich weitgehend überlappen und gemeinsam einen verbotenen Bereich mit endlicher Breite bilden, nämlich eine Energielücke zwischen den Bändern. 1 P 1 P

Auch die Zahl der Energieniveaus in den erlaubten Bändern ist sehr groß. Jedes Atom trägt mit jedem seiner Energieniveaus zu diesen Bändern bei. Aber auch die Zahl der im Festkörper vorhandenen Elektronen ist proportional zur Zahl der beteiligten Atome. Dadurch bestehen auch die Bänder aus sehr vielen sich überlappenden Energieniveaus. 1 P

Nebenbei bemerkt lässt sich der Gedankengang durch eine quantenmechanische Berechnung beweisen und quantifizieren, bei der in die Schrödinger-Gleichung ein periodisches Potential einzusetzen ist.

## Aufgabe 6.14 Leitfähigkeit im Bändermodell

| 15 bis 17 Min. | | Punkte 13 P |
|---|---|---|

Erklären Sie qualitativ das Leitfähigkeitsverhalten von Metallen, Isolatoren und Halbleitern sowie Halbmetallen anhand des Bändermodells.

## Lösung zu 6.14

Lösungsstrategie:

Wichtig ist eine Skizze, aus der man erkennt, welche Bänder wie viele Elektronen beherbergen. Auf dieser Basis lässt sich das Leitfähigkeitsverhalten gut erklären.

Lösungsweg, explizit:

Diese Skizze sieht man in Bild 6-12. Man beachte dazu die nachfolgenden Erläuterungen.

Leitfähigkeit kommt immer dann zustande, wenn in einem Band sowohl Elektronen vorhanden sind als auch freie Plätze, auf die die Elektronen springen können. Wird nämlich ein elektrisches Feld angelegt (z.B. aufgrund einer elektrischen Spannung), so folgen die Elektronen dem Feld und bewegen sich auf die freien Plätze, was einen Ladungstransport bedeutet. 1 P

▪ Beim Isolator ist das Valenzband vollständig gefüllt. Dort sind zwar Elektronen vorhanden, aber keine freien Plätze, auf die sie springen können. Folglich kommt im Valenzband kein Ladungstransport zustande. Im Leitungsband liegen keine Elektronen vor, also kann dort ebenfalls kein Ladungstransport stattfinden. 1½ P

▪ Beim Metall hingegen ist das Leitungsband im Idealfall genau halb gefüllt. Deshalb liegen dort viele Elektronen vor und genauso viele freie Plätze, auf die sie wandern können. Die Folge ist ein guter Ladungstransport (im Falle einer angelegten elektrischen Spannung), also gute Leitfähigkeit. (Das Valenzband ist vollständig gefüllt und trägt daher nicht zur Leitfähigkeit bei.) 1½ P

▪ Beim Halbleiter ist das Valenzband fast voll, aber nicht ganz. Das liegt daran, dass aufgrund thermischer Anregung einige Elektronen vom Valenzband ins Leitungsband hochgehoben sind. Entsprechend gibt es im Leitungsband einige wenige Elektronen. Bedingung dafür ist natürlich, dass die Lücke zwischen den Energiebändern (also das sog. Energie-Gap) nicht allzu groß ist. Beim Isolator ist das Gap derart groß, dass die Energie aufgrund der thermischen Anregung nicht ausreicht, um Elektronen vom Valenzband ins Leitungsband anzuhe- 2 P ben. Beim Halbleiter jedoch ist das Gap für eine solche Anhebung der Elektronen klein genug. Oftmals wird als Faustregel angegeben: Ist die Energielücke $\Delta E < 2.5eV$, so genügt die thermische Anregung zum Anheben von Elektronen ins Leitungsband, und dann handelt es sich um einen Halbleiter. Ist das Gap hingegen größer (also $\Delta E > 2.5eV$), so handelt es sich um einen Isolator. 1 P

Folge dieser Besetzung beim Halbleiter ist eine geringe Leitfähigkeit. Im Leitungsband sind einige wenige Elektronen vorhanden, die zum Ladungstransport zur Verfügung stehen. Des weiteren sind im Valenzband einige wenige Löcher vorhanden, auf die Elektronen springen können. Auch dies liefert einen Beitrag zum Ladungstransport. Da die Zahl der für den Ladungstransport zur Verfügung stehenden Ladungsträger aber wesentlich kleiner ist als bei Leiter, spricht man nicht von einem Leiter, sondern von einem Halbleiter. 1 P

Anmerkung: Da für die Leitfähigkeit des Halbleiters thermische Anregung verantwortlich ist, liegt auf der Hand, dass bei Annäherung an den absoluten Temperaturnullpunkt Halbleiter zu Isolatoren werden.

- Beim Halbmetall überlappen Valenzband und Leitungsband, d.h. die Unterkante des Leitungsbandes liegt energetisch ein wenig niedriger als die Oberkante des Valenzbandes. Dadurch gelangen auch ohne thermische Anregung einige Elektronen ins Leitungsband und hinterlassen Löcher im Valenzband. Ähnlich wie beim Halbleiter ist auch bei Halbmetallen eine gewisse Ladungsträgerkonzentration vorhanden, die in begrenztem Maße einen Ladungstransport ermöglicht. Allerdings ist beim Halbmetall keine thermische Anregung dafür notwendig, sodass die Leitfähigkeit auch bei sehr tiefen Temperaturen nicht verloren geht. 2 P

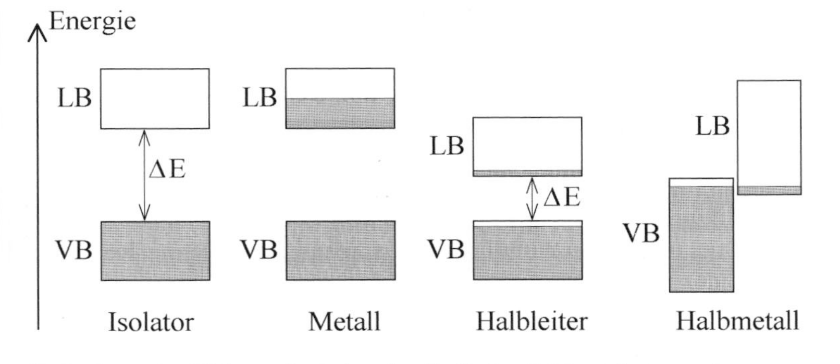


(In horizontaler Richtung ist keine physikalische Größe aufgetragen.)
Die Abkürzungen bedeuten: VB = Valenzband
LB = Leitungsband
$\Delta E$ = Energie-Gap
Besetzte Bänder oder Bandanteile sind in grau gezeichnet, unbesetzte in weiß.

**Bild 6-12** Schematische Darstellung der Energiebänder und deren Besetzung mit Elektronen. Die Darstellungsform ist eindimensional, d.h. in vertikaler Richtung ist die Energie aufgetragen. 3 P

## Aufgabe 6.15 Temperaturabhängigkeit des elektr. Widerstandes

Warum steigt der elektrische Widerstand eines Metalls mit zunehmender Temperatur?

## Lösung zu 6.15

Lösungsweg, explizit:

Die Einflüsse der Temperatur auf die Fermi-Geschwindigkeitsverteilung der Elektronen spielt hier ebenso wenig eine entscheidende Rolle wie die Einflüsse eines angelegten elektrischen Feldes auf die Fermi-Geschwindigkeitsverteilung der Elektronen. Die Verteilung der Elektronen in den einzelnen Bändern ist beim Metall in sehr guter Näherung temperaturunabhängig, denn die Fermi-Temperatur liegt um Größenordnungen höher als alle für ein Material erreichbaren Temperaturen. 1½ P

Entscheidend aber sind die Schwingungen der Gitterionen, die sehr direkt mit der Temperatur zusammenhängen, sodass sich die Zahl der Stöße, die ein Elektron im Laufe seiner Bewegung erfährt, mit steigender Temperatur vergrößert. Dadurch können die Elektronen dem angelegten elektrischen Feld um so schlechter folgen, je wärmer das Metall wird, was den Ohm'schen Widerstand mit steigender Temperatur erhöht. 1½ P

## Aufgabe 6.16 Dotierung von Halbleitern

| | | |
|---|---|---|
| 12 bis 14 Min. | | Punkte 10 P |

Bringt man geeignete Fremdatome (sog. Dotierung) in ein ansonsten hochreines Kristallgitter eines Halbleiters ein, so kann man zwischen dem Valenzband und dem Leitungsband einzelne Energieniveaus erzeugen, die unter den Namen Akzeptorniveau bzw. Donatorniveau bekannt sind. Diese steuern gezielt die Besetzung der Bänder mit Elektronen und somit das Leitfähigkeitsverhalten des Halbleiters.

Zeichnen Sie im Bändermodell die Lage eines Donator- bzw. eines Akzeptorniveaus ein und erklären Sie deren Wirkmechanismen. Behandeln Sie dabei die beiden folgenden Aspekte:

In welcher Weise beeinflussen diese zusätzlich eingebrachten Energieniveaus das Leitfähigkeitsverhalten?

Warum tun sie das?

Erklären Sie in diesem Zusammenhang auch die Begriffe Majoritätsladungsträger und Minoritätsladungsträger. Unterstützen Sie Ihre Ausführungen durch eine Skizze.

## Lösung zu 6.16

Lösungsstrategie:

Zentraler Punkt der Antwort ist eine Skizze der Bänder und der zusätzlich eingebrachten Energieniveaus, deren Auswirkung auf das Leitverhalten sich erläutern lässt.

Lösungsweg, explizit:

Das Einzeichnen eines Donator- bzw. eines Akzeptorniveaus sieht man in Bild 6-13. Beim p-dotierten Halbleiter ist ein Akzeptorniveau eingezeichnet, beim n-dotierten hingegen ein Donatorniveau.

Das Akzeptorniveau liegt so dicht über der Oberkante des Valenzbandes, dass Elektronen sehr leicht vom Valenzband dorthin gelangen können. Dadurch werden im Valenzband zusätzliche Löcher erzeugt, die ebenfalls dem Ladungstransport zur Verfügung stehen. Es erhöht sich also die Leitfähigkeit, und zwar speziell im Bezug auf die gegenüber ihrer Umgebung positiven Löcher im Valenzband. Aus diesem Grunde heißt der mit Akzeptorniveaus dotierte Halbleiter p-dotierter Halbleiter. 2 P

Das Donatorniveau liegt dicht unter der Unterkante des Leitungsbandes, sodass Elektronen leicht vom Donatorniveau ins Leitungsband gehoben werden können. Dadurch werden ins Leitungsband zusätzliche Elektronen eingebracht, die wieder zum Ladungstransport zur Verfügung stehen. Folglich erhöht sich in diesem Falle die Zahl der negativ geladenen Elektronen im Leitungsband. Deshalb spricht man hier von einem n-dotierten Halbleiter. 2 P

Sowohl beim Donatorniveau als auch beim Akzeptorniveau ist für das Hochheben der Elektronen wieder die thermische Anregung verantwortlich. 1 P

Da beim p-dotierten Halbleiter die Zahl der zum Ladungstransport beitragenden p-Ladungsträger (das sind die positiven Löcher) größer ist als die Zahl der n-Ladungsträger (das sind die negativen Elektronen), heißen hier die p-Ladungsträger Majoritätsladungsträger und die n-Ladungsträger Minoritätsladungsträger. 2 P

Beim n-dotierten Halbleiter ist es umgekehrt. Dort sind die n-Ladungsträger (die Elektronen) die Majoritätsladungsträger und die p-Ladungsträger die Minoritätsladungsträger (also die Löcher). 1 P

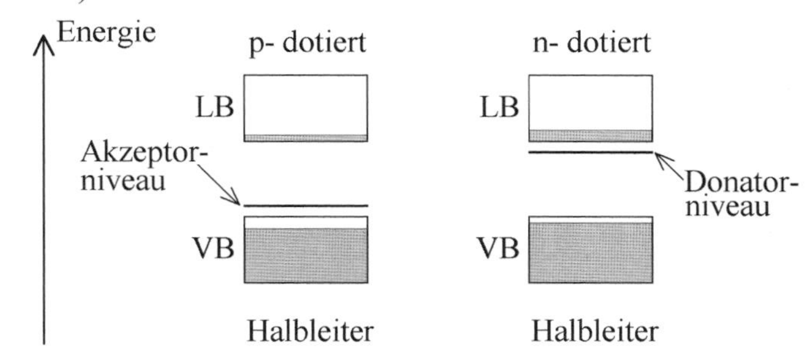


**Bild 6-13**
Schematische Darstellung der Energiebänder und Energieniveaus eines p-dotierten und eines n-dotierten Halbleiters. 2 P

## Aufgabe 6.17 pn-Übergang (Diode)

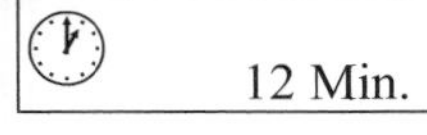 12 Min.  Punkte 8 P

Betrachten wir ein p-dotiertes Stück und ein n-dotiertes Stück eines Halbleitermaterials, die miteinander in Kontakt stehen, wie dies in Bild 6-14 zu sehen ist. Zeichnen Sie den prinzipiellen Verlauf der Ladungsträgerkonzentration in solch einem pn-Übergang als Funktion des Ortes im Übergang auf und begründen Sie anhand einer theoretischen Erläuterung den Verlauf der von Ihnen gezeichneten Kurve sowie das Entstehen einer Raumladungszone.

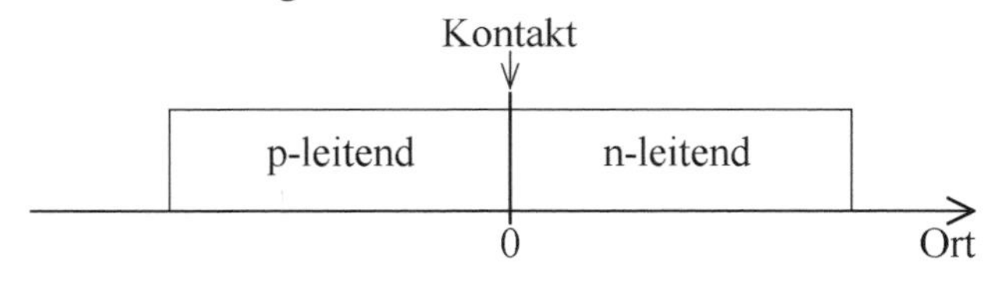


**Bild 6-14**
Veranschaulichung eines pn-Überganges.

## ▾ Lösung zu 6.17

Lösungsstrategie:

Die Lösung kann man sich nicht selbst ausdenken. Vielmehr ist der Stoff einer Vorlesung oder eines Lehrbuches zu reproduzieren. Merke: Erst selbst reproduzieren, dann nachlesen.

Lösungsweg, explizit:

Die gefragte Ladungsträgerkonzentration sieht man in Bild 6-15. Der Grund für das Zustandekommen des Kurvenverlaufs ist folgender:

Auf der p-leitenden Seite befindet sich eine gewisse Anzahl frei beweglicher Löcher (und die gleiche Anzahl negativ geladener Akzeptorionen), entsprechend gibt es auf der n-leitenden Seite frei bewegliche Elektronen und positiv geladene Donatorionen. Sowohl die freien Elektronen als auch die freien Löcher beginnen, von ihrem Gebiet aus, in den gesamten Kristall zu diffundieren, zunächst in dem Bestreben, ihn gleichmäßig auszufüllen. Wie man im mittleren Teil des Bildes 6-15 sieht, diffundieren also einige Löcher in das n-Gebiet und einige Elektronen in das p-Gebiet. Überall dort, wo die Löcher das p-Gebiet verlassen, bleibt die negative Raumladung der Akzeptorionen zurück. Das Wandern der Löcher lädt also den Rand des p-Gebietes negativ auf und den Rand des n-Gebietes positiv. Diese Raumladung wird durch das Wandern der Elektronen aus dem n-Gebiet heraus noch verstärkt, die durch das Verlassen des n-Gebietes dort positive Raumladung hinterlassen (Donatorionen) und durch ihr Eindringen in den Rand des p-Gebietes dieses negativ aufladen. Die Folge ist ein elektrostatisches Feld, welches der Diffusion entgegenwirkt und diese schließlich stoppt. Ein Fließgleichgewicht stellt sich dann ein, wobei der Diffusionsstrom dem Betrage nach gleich groß ist wie der Feldstrom (letzterer führt aufgrund des elektrischen Feldes zum Zurückfließen der Ladungsträger). Dadurch bildet sich eine sog. Raumladungszone aus (siehe unterer Teil in Bild 6-15). Der zugehörige Verlauf der Ladungsträgerkonzentration ist im oberen Teil von Bild 6-15 skizziert.

1 P 1 P 1 P 1 P 1 P

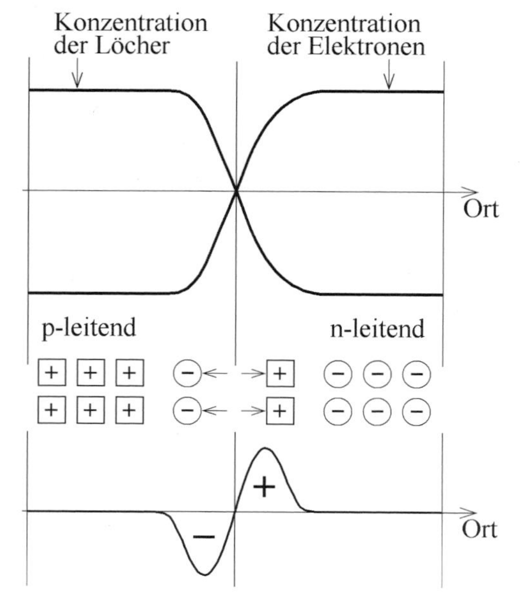


3 P

**Bild 6-15**

Oberer Teil des Bildes: Prinzipieller Verlauf der Ladungsträgerkonzentration in einem pn-Überganges.

Unterer Teil des Bildes: Raumladung als Funktion des Ortes aufgrund der sich ausbildenden Raumladungszone.

## Aufgabe 6.18 Diamagnetismus

12 Min. Punkte 8 P

Erklären Sie das Zustandekommen des Diamagnetismus auf mikroskopischer Ebene.

Zusatzfrage: Klassifizieren Sie, welche Stoffe diamagnetisches Verhalten zeigen können.

## Lösung zu 6.18

Lösungsstrategie:

Auch hier ist die Reproduktion von Vorlesungsstoff gefragt.

Lösungsweg, explizit:

Bei Elektronenpaaren mit antiparalleler Stellung der Spins kompensieren die beiden Elektronen ihre durch die Spins bedingten magnetischen Momente gegenseitig. Dies ist bei abgeschlossenen Schalen der Fall, und zwar bei reinen chemischen Elementen ebenso wie in chemischen Verbindungen, bei denen die Elektronen der Bindungspartner gemeinsam eine abgeschlossene Schale auffüllen. Magnetische Momente und Magnetisierungen können bei derartigen Elektronenpaaren nur durch die Bahnkurven der Elektronen hervorgerufen werden, nicht durch die Spins. Solche Stoffe, bei denen sämtliche Elektronen in der beschriebenen Form sich zu Paaren mit antiparalleler Stellung der Spins zusammenfinden, heißen Diamagnetika, denn sie zeigen außer der durch die Bahnkurve bedingten Magnetisierung keine weitere Magnetisierung. 1 P 2 P

Der Diamagnetismus kommt also durch die Reaktionen der Bahnkurven gepaarter Elektronen auf von außen angelegte Magnetfelder zustande. Die mit diesen Bahnkurven verbundenen Kreisströme und die wiederum damit verbundenen magnetischen Momente sind ohne äußeres Magnetfeld regellos im Raum verteilt, weshalb sich in diesem Fall deren magnetische Momente gegenseitig zu Null addieren. Legt man hingegen von außen ein Magnetfeld an, so richten sich die Bahnkurven aus, wodurch eine nach außen hin messbare Magnetisierung entsteht, denn nun addieren sich die Momente nicht mehr (als Vektoren) zu Null. Diese Magnetisierung stellt sich aufgrund der Lenz'schen Regel in einer dem äußeren Magnetfeld entgegengesetzten Orientierung ein. 1 P 1 P

Antwort auf die Zusatzfrage:

Im Prinzip zeigen alle Stoffe einen diamagnetischen Anteil in ihrem magnetischen Verhalten, sobald sie Elektronen haben, die ihre Spins antiparallel zueinander einstellen (was so gut wie immer der Fall ist), denn alle Elektronen befinden sich auf irgendwelchen Bahnkurven. Aber bei all denjenigen Stoffen, die außer dem Diamagnetismus zusätzlich noch andere Formen des Magnetismus (wie z.B. Paramagnetismus oder Ferromagnetismus) aufweisen, sind diese zusätzlichen Magnetisierungen wesentlich stärker als die diamagnetische. Aus diesem Grunde werden nur solche Stoffe dem Namen nach als Diamagnetika bezeichnet, die außer dem diamagnetischen Beitrag zum Magnetismus keine anderen Beiträge zum Magnetismus aufweisen. 1 P 2 P

## Aufgabe 6.19 Paramagnetismus

15 Min. Punkte 12 P

Erklären Sie das Zustandekommen des Paramagnetismus auf mikroskopischer Ebene.
Zusatzfrage: Klassifizieren Sie, welche Stoffe paramagnetisches Verhalten zeigen können.

## Lösung zu 6.19

Lösungsstrategie:

Hier ist die Reproduktion von Vorlesungsstoff gefragt.

Lösungsweg, explizit:

Betrachten wir vorab einzelne freie Atome (und ebenso Moleküle). Bei solchen, deren Elektronen in einer nicht abgeschlossenen Schale vorliegen, können einige der Spins ohne antiparallelen Kompensationspartner auftreten (anders als beim Diamagnetismus). Jetzt gewinnt die Hund'sche Regel an Bedeutung, die unter anderem eine Maximierung des Gesamtspins der ungepaarten Elektronen fordert. Bei freien Atomen führt dies zur einzig beobachteten Form des Paramagnetismus. 2 P

Nun erweitern wir unsere Überlegung auf Atome, die in Festkörpern eingebunden sind. Hier spielen für die einzelnen Elektronen, speziell für deren Energie, außer dem „eigenen" Atomkern auch die Atomkerne benachbarter (und vieler weiterer) Atome eine Rolle. Man beschreibt diese Tatsache durch ein sogenanntes Kristallfeld, welches dazu führt, dass die magnetischen Momente der Bahndrehimpulse ständig ihre Richtung ändern und so ein vom Bahndrehimpuls induziertes magnetisches Moment in Bezug auf eine feststehende (durch ein äußeres Magnetfeld definierte) Richtung verschwindet. Was da verschwindet, ist als Diamagnetismus bekannt. Man merkt daher dort den Spin-Magnetismus besonders deutlich, da er nicht durch den Diamagnetismus der vielen gepaarten Elektronen überlagert wird. Dies ist z.B. bei den Elementen der Eisengruppe bestimmend für das magnetische Verhalten. 1 P 1 P 1 P

Bei metallischen Leitern ist ein in etwa halb gefülltes Leitungsband zu betrachten mit einer Vielzahl (fast) freibeweglicher Elektronen. Die Gesamtheit dieser Leitungselektronen wird zuweilen auch als Elektronengas bezeichnet. Da im Leitungsband die energetischen Zustände sehr dicht beieinander liegen, können die Elektronen ihre Energie geringfügig ändern und dadurch ihre Spins umklappen. Dadurch können sich ihre Spins paarweise gegeneinander stellen und die zugehörigen magnetischen Momente genau kompensieren. Die Zahl der Elektronen, die dies tun, verstehen wir wie folgt: 3 P

Ein von außen angelegtes Magnetfeld wird mit den Leitungselektronen derart wechselwirken, dass Elektronen mit einer zum Feld antiparallelen Spinrichtung in der Energie angehoben werden, Elektronen mit einer zum Feld parallelen Spinrichtung hingegen in der Energie abgesenkt werden. Das funktioniert solange, wie die Zunahme der Energie der freien Elektronen im Feld der Atomkerne geringer ist als die Abnahme der Energie aufgrund der Spin-Umorientierung im äußeren magnetischen Feld. Dadurch wird die Zahl der Elektronen mit Spinrichtung parallel zum äußeren Feld erhöht, was eben Paramagnetismus bedeutet. Die 1 P 1 P

Suszeptibilität ergibt sich dann aus der Anzahl derjenigen Elektronen, die ihre Spinorientierung aufgrund der Wechselwirkung mit dem äußeren Magnetfeld umklappen. Da diese Anzahl von der Lage des Ferminiveaus abhängig ist, zeigt die Suszeptibilität dieselbe Abhängigkeit. 1 P

Paramagnetika können übrigens auch ferromagnetisches Verhalten annehmen. Das tun sie aber nur unterhalb der Curie-Temperatur. Dazu folgen weitere Details in Aufgabe 6.20. 1 P

## Aufgabe 6.20 Ferromagnetismus, Curie-Temperatur

| 20 Min. | | Punkte 13 P |
|---|---|---|

Erklären Sie das Zustandekommen des Ferromagnetismus auf mikroskopischer Ebene.

Zusatzfrage: Klassifizieren Sie, welche Stoffe ferromagnetisches Verhalten zeigen können.

Weisen Sie in diesem Zusammenhang auch auf die Bedeutung der Curie-Temperatur hin.

## Lösung zu 6.20

Lösungsstrategie:

Hier ist die Reproduktion von Vorlesungsstoff gefragt.

Lösungsweg, explizit:

Prinzipiell ist es denkbar, dass sich die durch die Spins bedingten magnetischen Momente verschiedener Elektronen nicht nur an einem äußeren Feld sondern auch gegenseitig aneinander ausrichten. Passiert dies, so ist der Stoff ein Ferromagnetikum; passiert es nicht, so ist der Stoff ein Paramagnetikum. 1 P

Findet die Wechselwirkung des gegenseitigen Ausrichtens zwischen den dafür zur Verfügung stehenden Elektronen (in einem Festkörper) statt, so führt dies zu einer spontanen Magnetisierung. Der Begriff beruht darauf, dass die Ausrichtung der Spins von selbst geschehen kann. 1 P Nach der Initiierung der gemeinsamen Orientierung der Spins durch ein von außen angelegtes Magnetfeld bleibt die Ausrichtung auch nach Abschalten des Magnetfeldes erhalten. Eben darin liegt die entscheidende Eigenart der ferromagnetischen Spinordnung. 1 P

Unter welchen Umständen die Spins eine ferromagnetische Ausrichtung einnehmen können, verstehen wir aus einer energetischen Überlegung. Die folgenden beiden Energieterme sind zu addieren, wobei deren Summe wie gewohnt ein Minimum anstrebt. Der erste der beiden Summanden beschreibt die Energie der Elektronen im Feld der Atomkerne und dazu noch die kinetische Energie der Elektronen. Dies ist der Term, der bekanntlich durch das Bändermodell erfasst ist. Der andere, zweite Summand beschreibt die Wechselwirkungsenergie der Spins bzw. der mit ihnen verbundenen magnetischen Momente untereinander. 3 P

Der zweite Energieterm nimmt ab, sobald sich die Spins parallel zueinander einstellen. Er hängt von den magnetischen Momenten der Elektronen ab und ist als Wechselwirkungsenergie direkt verständlich. 1 P

Der erste Energieterm nimmt zu, wenn sich die Spins parallel zueinander einstellen, denn bei gleichem Spin müssen die Elektronen wegen des Pauli-Prinzips unterschiedliche Energieniveaus einnehmen, was dazu führt, dass einige Elektronen auf energetisch höhere Zustände angehoben werden müssen. Ist nun diese Anhebung der Energie kleiner als die Absenkung aus dem zweiten Energiesummanden, so ist der Festkörper ein Ferromagnetikum. Dies ist logischerweise der Fall, wenn die Zustandsdichte der Energieniveaus direkt oberhalb der Fermikante sehr dicht ist, weil dann die Elektronen nur sehr wenig angehoben werden müssen, um eine parallele Stellung der Spins zu ermöglichen. Atome mit geringer Zustandsdichte der Energieniveaus oberhalb der Fermikante hingegen erfordern zur Parallelstellung der Spins eine größere Anhebung der Elektronenenergie. Sobald diese Energiezunahme größer ist als der Energiegewinn aus dem zweiten Summanden, sind die Festkörper nicht mehr ferromagnetisch.

1 P

1 P

1 P

Die Bedeutung der Curie-Temperatur:
Die spontane Ausrichtung der Spins aneinander kann nur stattfinden, solange nicht thermische Schwingungen dies stören. Die Grenze wird bestimmt durch die Curie-Temperatur $T_C$. Ist ein Festkörper wärmer als $T_C$, so ist die spontane Spinausrichtung unmöglich. Ist er hingegen kälter als $T_C$, so kann der Körper ein Ferromagnetikum sein, wobei die Sättigungsmagnetisierung mit abnehmender Temperatur zunimmt, mit Annäherung an den Curiepunkt $T_C$ aber gegen Null geht. Der Grund liegt darin: Je niedriger die Temperatur ist, umso weniger stört sie die Ausrichtung der Spins umso mehr ist eine parallele Orientierung der Spins im Sinne des Ferromagnetismus möglich.

1 P

1 P

1 P

## Aufgabe 6.21 Weiß'sche Bezirke

| 12 Min. | | Punkte 8 P |
|---|---|---|

Warum gibt es Gegenstände aus Eisen, die man auch unterhalb der Curie-Temperatur nicht als Permanentmagnete wahrnimmt?

Erklären Sie in diesem Zusammenhang auch den Grund für die Entstehung Weiß'scher Bezirke in ferromagnetischen Materialien.

Auf welche Weise kann man Eisen-Gegenstände zu Permanentmagneten machen?

## Lösung zu 6.21

Lösungsstrategie:

Gefragt ist ausdrücklich nicht nach der thermisch bedingten statistischen Unordnung der Spins, wie sie oberhalb der Curie-Temperatur auftritt. (Damit zu antworten wäre eine Verfehlung des Themas.) Wirklich gefragt sind Domänenwände und Weiß'sche Bezirke, die auch in der Aufgabenstellung explizit angesprochen sind.

Lösungsweg, explizit:

Jedes magnetische Feld enthält Feldenergie – so auch das Feld eines Permanentmagneten. Auch diese Energieform ist wie gewohnt Anteil einer Energieminimierung. Bei ferromagnetischen Stoffen, wie z.B. Eisen, Kobalt, Nickel, verursacht diese Energieminimierung die Entstehung der Weiß'schen Bezirke. Dies sind Bereiche, innerhalb derer eine ideale Ausrichtung der zur Verfügung stehenden Spins untereinander vorliegt, d.h. jeder einzelne Weiß'sche Bezirk ist in sich bis zu Sättigung magnetisiert. Innerhalb des gesamten Festkörpers gibt es, sofern dieser nach außen hin kein Permanentmagnet ist, viele Weiß'schen Bezirke mit unterschiedlichen Magnetisierungsrichtungen, deren Magnetisierungen sich über die Summe aller Bezirke des Festkörpers vektoriell zu Null addieren. Bei dieser Feldstärke ist die gespeicherte Feldenergie minimal, allerdings liegt in den Wänden zwischen den einzelnen Domänen eine Wechselwirkungsenergie vor, die in der Summation als positiver Summand auftritt und somit der Energieminimierung entgegensteht. Ist ein Körper kein Permanentmagnet, so dominiert die Feldenergie offensichtlich gegenüber der Energie der Domänenwände. 1 P 1 P 1 P

Soll ein Körper jedoch ein Permanentmagnet werden, so kann man durch Anlegen eines hinreichend starken Magnetfeldes eine Ausrichtung der Weiß'schen Bezirke erreichen, und zwar in der Form, dass die magnetischen Momente in Feldrichtung gegenüber den Momenten in anderen Richtungen dominieren. Zwei Mechanismen liegen typischerweise zu Grunde: Erstens das Verschieben der Domänenwände zwischen den Weiß'schen Bezirken (sog. Bloch-Wände oder Néel-Wände) und zweitens das Umklappen der Momente innerhalb einzelner Bezirke. Die Wirkung dieser Mechanismen verstehen wir wie folgt: 1 P 1 P
Da das Wandern der Wände Energie benötigt (z.B. beim Hängenbleiben der Wände an Fehlstellen oder Inhomogenitäten im Kristall), passiert erst bei hinreichend großer Feldstärke des angelegten Feldes ein Weiterspringen der Wände. Aus diesem Grunde geschieht das Aufmagnetisieren eines Permanentmagneten nicht kontinuierlich sondern sprunghaft. Diese Tatsache ist bekannt als Barkhausen-Effekt. Sie ist aber entscheidend für die Entstehung eines Permanentmagneten, denn nach dem Abschalten des angelegten äußeren Feldes bleiben die Wände auch wieder an Fehlstellen hängen und können nicht einfach in Positionen zurückwandern, die die Vektorsumme aller Magnetisierungen zu Null werden ließe. Dies führt dazu, dass ein solchermaßen aufmagnetisierter Permanentmagnet nicht einfach wieder in die Situation minimaler Feldenergie zurückkehren kann, was nur ginge, wenn er die Energie des erzeugten nach außen hin wahrnehmbaren Feldes wieder herabsetzen könnte. 1½ P 1½ P

## Aufgabe 6.22 Ferromagnetische Hystereseschleife

| | | Punkte |
|---|---|---|
| 13 Min. | | 9 P |

Zeichnen Sie exemplarisch die Magnetisierungskurve eines ferromagnetischen Materials in Form einer Hystereseschleife. Tragen Sie die Neukurve ein. Markieren Sie auch folgende Größen: Die Sättigungsmagnetisierung, die remanente Magnetisierung und die Koerzitivfeldstärke. Erläutern Sie auch kurz das Zustandekommen dieser Kurve.

## ▾ Lösung zu 6.22

Lösungsstrategie:

Hystereseschleifen können (je nach Material) sehr unterschiedlich aussehen. Man lasse sich nicht dadurch verunsichern. Das selbst gezeichnete Bild muss nicht mit der Musterlösung identisch übereinstimmen. Ein gemeinsames Charakteristikum aller Hystereseschleifen ist die Punktsymmetrie um den Koordinatenursprung (von der die Neukurve ausgenommen ist).

Lösungsweg, explizit:

Die gefragte Zeichnung sieht man in Bild 6-16. Die Namen der Symbole sind in der Bildlegende genannt.

Erläuterung zum Zustandekommen dieser Kurve:

Wir beginnen im unmagnetisierten Neuzustand, der im Koordinatenursprung liegt. Dort folgt die Spinausrichtung zunächst noch einem statistisch regellosen Durcheinander. Legt man nun von außen ein magnetisches Feld an, so richten sich die Spins danach aus, ähnlich wie in Aufgabe 6.21 ausgeführt. Die Ausrichtung der Spins lässt sich durch Erhöhen der Feldstärke des angelegten Magnetfeldes solange steigern, bis schließlich alle zur Ausrichtung zur Verfügung stehenden Spins parallel orientiert sind. Dieser Zustand entspricht der Sättigungsmagnetisierung. Den weiteren Verlauf der Hystereseschleife erhält man, wenn man das von außen angelegte Feld wieder verringert. Dann kann die Magnetisierung auch etwas abnehmen, und zwar um so mehr, je weiter man die Feldstärke reduziert und je höher die Temperatur ist, denn temperaturbedingte Schwingungen im Kristallgitter erleichtern das Wandern und Springen von Domänenwänden (siehe Barkhausen-Effekt, Aufgabe 6.21). Auch die Anzahl der Fehlstellen (und die Zusammensetzung einer Legierung) beeinflusst das Wandern der Domänenwände und damit auch die Form der Hystereseschleife. Die Magnetisierung, die nach einem vollständigen Abschalten des von außen angelegten Magnetfeldes noch übrig bleibt, wird als remanente Magnetisierung bezeichnet. Sie kann im Allgemeinen von Null verschieden sein. Will man die Magnetisierung verschwinden lassen, so muss man das äußere Feld in Gegenrichtung polen (negatives Vorzeichen der Feldstärke $H$ in Bild 6-16). Dadurch lassen sich die Domänenwände soweit verschieben, bis die Summe der Magnetisierungen aller Domänen sich zu Null ergänzt. Mit noch größerer Feldstärke in Gegenrichtung lässt sich dann schließlich Sättigung in der Gegenrichtung erzielen. Aber an dieser Stelle ist die Erklärung komplett, denn dieser Zustand entspricht einem bereits oben erläuterten Zustand.

1 P 1 P 1 P 1 P 1 P

4 P

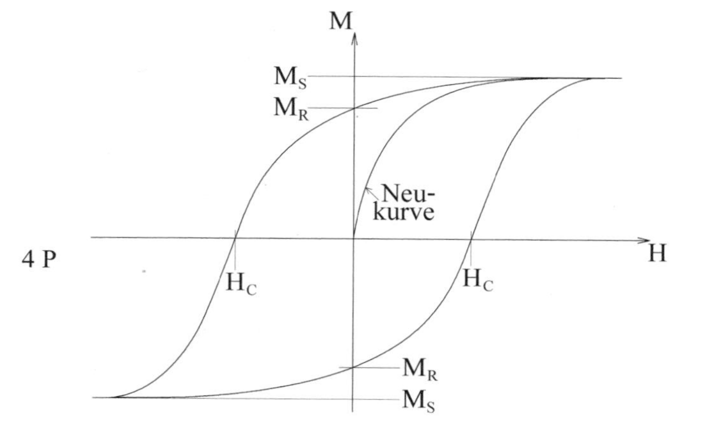


**Bild 6-16**
Typisches Beispiel für eine magnetische Hystereseschleife, wie sie sich als Magnetisierungskurve eines ferromagnetischen Festkörpers ergibt. Eingetragen sind folgende Größen:
$M$ = Magnetisierung (Betrag)
$H$ = angelegtes Magnetfeld (Betrag)
$M_S$ = Sättigungsmagnetisierung
$M_R$ = remanente Magnetisierung
$H_C$ = Koerzitivfeldstärke

## Aufgabe 6.23 Ferrimagnetika, Antiferromagnetika

6 bis 7 Min. Punkte 4 P

Worum handelt es sich bei Ferrimagnetika?
Worum handelt es sich bei Antiferromagnetika?
Worum handelt es sich bei schwachen Ferromagnetika?
Begründen Sie Ihre Antworten anhand der Spinordnung der Elektronen.

## Lösung zu 6.23

Lösungsstrategie:

Hier ist die Reproduktion von Vorlesungsstoff gefragt.

Lösungsweg, explizit:

Bei Ferri- und Antiferromagnetika koppeln aufgrund der Kristallgitterstruktur die Spins der zu einer Gitterzelle gehörenden Elektronen teilweise oder ganz antiparallel. Man beschreibt diesen Fall auch anhand zweier Untergitter mit antiparalleler Kopplung der Spins relativ zueinander. 1 P

Sind die magnetischen Momente der beiden Untergitter unterschiedlich groß, so ist die Differenz der magnetischen Momente nach außen hin wahrnehmbar. Derartige Stoffe heißen Ferrimagnetika, zu denen auch die Ferrite zählen. (Anwendung: Ferritkerne in der elektrischen Hochfrequenztechnik.) 1 P

Falls aber die magnetischen Momente der beiden Untergitter genau gleich groß sind, kompensieren sich diese nach außen hin exakt, sodass in Summe kein magnetisches Moment makroskopisch wahrnehmbar ist. Derartige Stoffe heißen Antiferromagnetika. 1 P

Bei den sogenannten schwachen Ferromagnetika stehen die beiden Untergitter mit antiparalleler Spinorientierung in einem kleinen Winkel gegeneinander verkippt. Auch dies hat seinen Grund in der Kristallgitterstruktur. (Einige sind optisch durchsichtig, daher Anwendung als magnetooptische Bauelemente der Informationsübertragung.) 1 P

## Aufgabe 6.24 Dielektrische Polarisationsmechanismen

15 Min. Punkte 12 P

Bei der elektrischen Polarisation eines Dielektrikums kennt man zwei Polarisationsmechanismen: Die Orientierungspolarisation und die Verschiebungspolarisation. Erklären Sie auf mikroskopischem Maßstab die Wirkungsweise dieser beiden Polarisationsmechanismen. Unterstützen Sie Ihre Ausführungen auch grafisch, und zwar durch je ein Bild zu jedem der beiden Polarisationsmechanismen.

## Lösung zu 6.24

Lösungsstrategie:

Hier ist die Reproduktion von Vorlesungsstoff gefragt.

Lösungsweg, explizit:

(a.) Die Orientierungspolarisation → (vgl. auch Bild 6-17)

Manche Moleküle weisen aufgrund ihres Aufbaus ein permanentes Dipolmoment auf und damit verbunden eine elektrische Polarisation. Bei Substanzen aus solchen Molekülen zeigen zunächst ohne ein von außen angelegtes elektrisches Feld alle Polarisationsrichtungen der Moleküle ein statistisch regelloses Durcheinander. Makroskopisch ist dann keine dielektrische Polarisation wahrnehmbar. Dieser Zustand entspricht Teil (a.) in Bild 6-17. 1 P

Legt man von außen ein elektrisches Feld an, so richten sich die Dipole durch Drehung um die eigene Achse nach diesem Feld aus, und zwar um so mehr, je größer die Feldstärke wird. Einen bis zu einem gewissen Grad ausgerichteten Zustand zeigt Teil (b.) in Bild 6-17. Wie man erkennt, zeigen dort die positiven Ladungsschwerpunkte überwiegend nach links und die negativen Ladungsschwerpunkte überwiegend nach rechts. 1 P

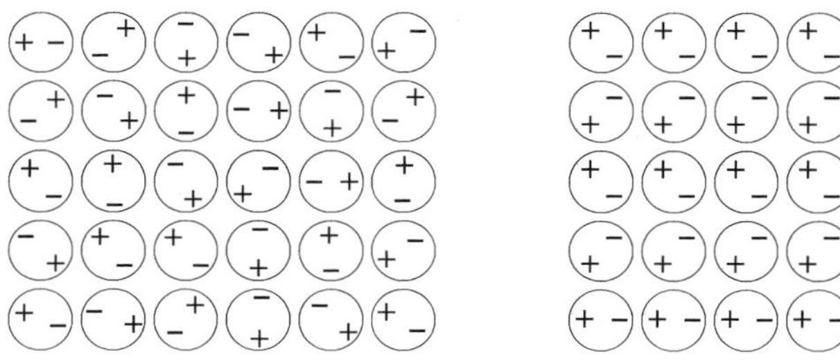

2 P

Teil (a.)
Statistisch regellose
Orientierung der Dipole

Teil (b.)
Teilweise Ausrichtung
der Dipole

**Bild 6-17**
Substanz aus permanenten Dipolen, die sich von einem angelegten elektrischen Feld orientieren lassen.

(b.) Die Verschiebungspolarisation → (vgl. auch Bild 6-18)

Die elektrischen Ladungen der Atome oder Moleküle, aus denen die nach dem Mechanismus der Verschiebungspolarisation polarisierbaren Festkörper aufgebaut sind, sind elastisch gegeneinander verschiebbar. 1 P Da es sich um elektrische Ladungen handelt, wird die Verschiebung durch elektrostatische Felder verursacht. Das funktioniert sowohl bei permanenten Dipolen, bei denen voneinander räumlich getrennte positive und negative Ladungsschwerpunkte vorhanden sind, als auch bei induzierten Dipolen, bei denen das äußere elektrische Feld erst die räumliche Trennung des positiven vom negativen Ladungsschwerpunkt hervorruft. 1 P In beiden Fällen folgen diese Ladungsschwerpunkte dem äußeren Feld und verschieben ihre räumliche Lage ein wenig (bei manchen Substanzen etwas mehr, bei anderen weniger). Aufgrund der Bindung der Atome bzw. Moleküle in Festkörpern belaufen sich diese Verschiebungen natürlich immer nur auf Bruchteile von Atomabständen pro Atom. Aber auch diese Verschiebung der Ladungsschwerpunkte erzeugt eine dielektrische Polarisation. 1 P Teil (a.) von Bild 6-18 zeigt den unverformten Zustand ohne äußeres elektrisches Feld. Man erkennt mit den Bezeichnungen $\delta^-$ und $\delta^+$ einen negativen und einen positiven Ladungsschwerpunkt. Beide wurden jeweils mit einer Ellipse markiert. In der Ellipse zu $\delta^-$ befinden sich mehr negative Ladungen als positive, in der Ellipse zu $\delta^+$ ist es umgekehrt. Legt man nun von außen ein elektrostatisches Feld an, wie in Teil (b.) von Bild 6-18 geschehen, so schiebt die negative Feldelektrode das $\delta^-$ von sich weg, die positive Feldelektrode stößt das $\delta^+$ ab. Das Verschieben der Ladungsschwerpunkte entspricht einer dielektrischen Polarisation, die nach außen hin messbar ist, da alle Ladungsschwerpunkte des Kristalls auf ein angelegtes elektrostatisches Feld mit gleichartigen Verschiebungen reagieren.

1 P

1 P

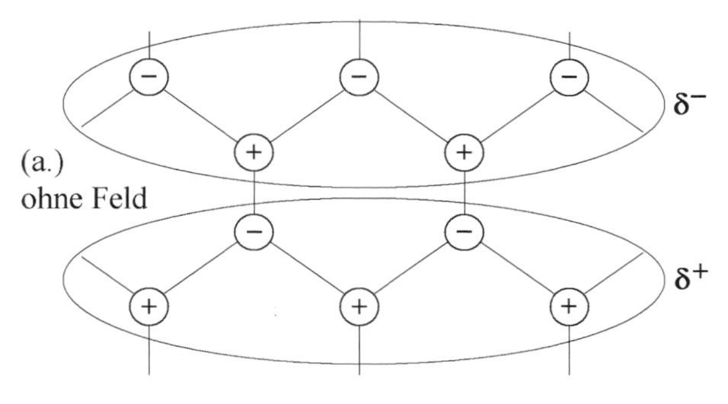

3 P

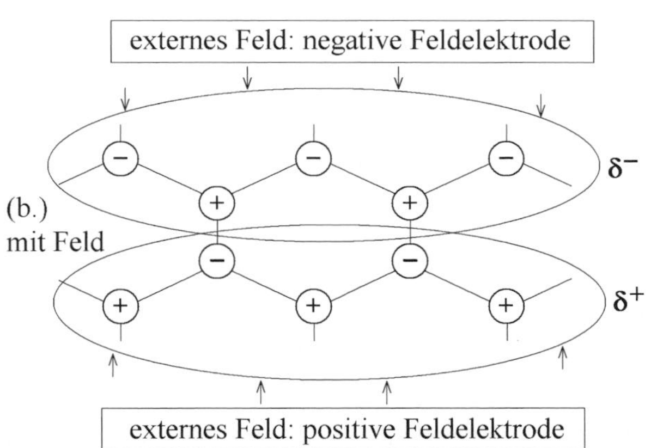


**Bild 6-18**
Festkörper aus polaren Molekülen, deren Ladungsschwerpunkte von einem elektrischen Feld angezogen werden.
Im Fall (a.) liegt kein elektrisches Feld an; im Fall (b.) liegt ein elektrisches Feld an, welches im oberen Teil des Bildes negativ und im unteren Teil positiv gepolt ist.
Die kleinen Pfeile deuten an, in welche Richtungen sich die einzelnen Ladungsschwerpunkte dadurch verschieben.

## Aufgabe 6.25 Dielektrizitätszahl, Elektrolyt

| | | | | |
|---|---|---|---|---|
| (a. ,b. ,c.) | 7 Min. insgesamt | Punkte | (a. ,b. ,c.) | 5 P |
| (d.) | 5 Min. | | (d.) | 4 P |

Betrachten wir den Plattenkondensator aus Bild 6-19.

(a.) Berechnen Sie die Kapazität des Kondensators, wobei sich zwischen den Platten kein Dielektrikum befinde. Verwenden Sie die in Bild 6-19 gegebenen Abmessungen.

▪ Nun schließen wir eine Spannungsquelle an, sodass zwischen den Platten eine Spannung von $U = 400V$ anliegt.

(b.) Berechnen Sie dazu die Ladung auf den Kondensatorplatten und die im Kondensator gespeicherte Energie.

▪ Schließlich füllen wir den Raum zwischen den Kondensatorplatten mit einem Dielektrikum auf, dessen Dielektrizitätskonstante $\varepsilon_r = 4$ ist.

(c.) Berechnen Sie dafür die Kapazität des Kondensators sowie die im Kondensator mit Dielektrikum gespeicherte Energie.

▪ Wir wollen den Elektrolyt mikroskopisch betrachten. Er bestehe aus Molekülen mit einer Gestalt geladener Kugeln mit einem Durchmesser von $2r = 3.1\text{Å}$. Der Füllfaktor dieser Kugeln liege bei $f = 0.6$. Das ist derjenige Raumanteil, der mit Kugeln ausgefüllt ist, im Vergleich zum gesamten zu betrachtenden Raum. Die Ladungsschwerpunkte der Dipole seien einfache Elementarladungen im Abstand von $l = 1.5\text{Å}$ zueinander.

(d.) Berechnen Sie die mittlere Energie pro Molekül, die diese Moleküle aufgrund ihrer Ausrichtung im elektrischen Feld erfahren, beim Anlegen der obengenannten Spannung von $400V$.

Näherung: Eine Wechselwirkung der Moleküle untereinander vernachlässige man.

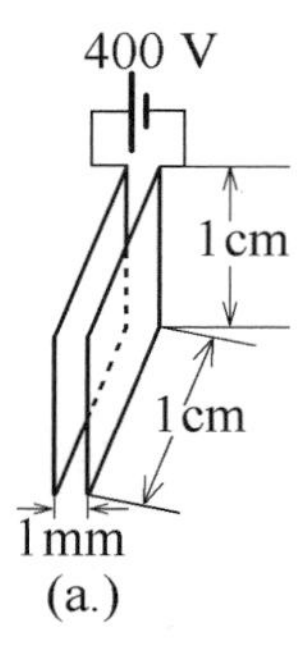


**Bild 6-19**
Plattenkondensator mit Platten der Fläche $1cm \times 1cm$, die im Abstand von $1mm$ zueinander aufgestellt sind. Der Raum zwischen den beiden Platten kann vollständig mit Elektrolytflüssigkeit gefüllt werden. Die Skizze ist nicht maßstäblich.

## ▾ Lösung zu 6.25

Lösungsstrategie:

(a, b, c.) Dies sind Fragen der Elektrizitätslehre und dienen nur der Vorbereitung auf den nachfolgenden Aufgabenteil (d.) zur Festkörperphysik.

(d.) 1. Schritt → Berechnung des Volumens pro Molekül.

2. Schritt → Berechnung der Zahl der Moleküle im Innenraum des Kondensators.

3. Schritt → Die Energie des Dielektrikums verteilt im Mittel sich gleichmäßig auf alle Moleküle.

Lösungsweg, explizit:

(a, b.) Die Kapazität eines Plattenkondensators ist $C = \frac{\varepsilon \cdot A}{d}$. Dabei ist $A$ die Plattenfläche, $d$ der Plattenabstand und $\varepsilon = \begin{cases} \varepsilon_0 & \text{für einen Kondensator ohne Dielektrikum} \\ \varepsilon_0 \cdot \varepsilon_r & \text{für einen Kondensator mit Dielektrikum von } \varepsilon_r . \end{cases}$ 1 P

Die Kapazität des leeren Kondensators (ohne Dielektrikum) ist also

$$C_{ohne} = \frac{\varepsilon_0 \cdot A}{d} = \frac{8.854 \cdot 10^{-12} \frac{A \cdot s}{V \cdot m} \cdot \left(10^{-2} m\right)^2}{10^{-3} m} \overset{TR}{\approx} 8.854 \cdot 10^{-13} \frac{C}{V} = 8.854 \cdot 10^{-13} F .$$ 1 P

Die Ladung auf den Kondensatorplatten berechnen wir durch Einsetzen in die Definition der Kapazität: $C_{ohne} = \frac{Q}{U} \Rightarrow Q = C_{ohne} \cdot U = 8.854 \cdot 10^{-13} F \cdot 400 V \overset{TR}{\approx} 3.5417 \cdot 10^{-10} C$. 1 P

Die im Kondensator gespeicherte Energie wird somit

$$W_{ohne} = \frac{1}{2} C_{ohne} U^2 = \frac{1}{2} \cdot 8.854 \cdot 10^{-13} F \cdot (400 V)^2 \overset{TR}{\approx} 7.083 \cdot 10^{-8} \frac{C}{V} \cdot V^2 = 7.083 \cdot 10^{-8} C \cdot \frac{J}{C} = 7.083 \cdot 10^{-8} J .$$ 1 P

(c.) Das Dielektrikum erhöht die Kapazität um den Faktor $\varepsilon_r$. Daraus folgt

$$C_{mit} = 4 \cdot C_{ohne} = 4 \cdot 8.854 \cdot 10^{-13} F \overset{TR}{\approx} 3.5417 \cdot 10^{-12} F .$$ ½ P

Da die elektrische Spannung zwischen den Kondensatorplatten unverändert bleibt, ist

$$W_{mit} = \frac{1}{2} C_{mit} U^2 = \varepsilon_r \cdot \frac{1}{2} C_{ohne} U^2 = \varepsilon_r \cdot W_{ohne} \overset{TR}{\approx} 4 \cdot 7.083 \cdot 10^{-8} J \overset{TR}{\approx} 2.8333 \cdot 10^{-7} J .$$ ½ P

(d.) Jedes einzelne kugelförmige Molekül hat das Volumen

$$V_1 = \frac{4}{3} \pi r^3 = \frac{4}{3} \pi \cdot \left( \frac{3.1 \cdot 10^{-10} m}{2} \right)^3 \overset{TR}{\approx} 1.559853 \cdot 10^{-29} m^3 .$$ 1 P

Auszufüllen mit einem Füllfaktor von $60\,\%$ ist ein Volumen von $1cm \times 1cm \times 1mm$, also $V_{ges} = 10^{-2} m \cdot 10^{-2} m \cdot 10^{-3} m \cdot 0.6 = 6 \cdot 10^{-8} m^3$. Die dafür benötigte Anzahl von Molekülen ist dann $N = \frac{V_{ges}}{V_1} = \frac{6 \cdot 10^{-8} m^3}{1.559853 \cdot 10^{-29} m^3} \overset{TR}{\approx} 3.846516 \cdot 10^{21} \textit{Moleküle}$. 1 P

Die im Dielektrikum enthaltene Energie ist

$$W_{dielek} = W_{mit} - W_{ohne} = \varepsilon_r \cdot W_{ohne} - W_{ohne} = (\varepsilon_r - 1) \cdot W_{ohne} \overset{TR}{\approx} 3 \cdot 7.083 \cdot 10^{-8} J \overset{TR}{\approx} 2.125 \cdot 10^{-7} J .$$ 1 P

Verteilen wir diese Energie im Mittel gleichmäßig auf alle Moleküle, so erhalten wir als mittlere Energie pro Molekül $\frac{W_{dielek}}{N} \overset{TR}{\approx} \frac{2.125 \cdot 10^{-7} J}{3.846516 \cdot 10^{21} \textit{Moleküle}} \overset{TR}{\approx} 5.5245 \cdot 10^{-29} \frac{J}{\textit{Molekül}}$. 1 P

## Aufgabe 6.26 Piezoeffekt

3 Min. Punkte 2 P

Erklären Sie die Funktionsweise von Piezoelementen bei mikroskopischer Betrachtung.

## Lösung zu 6.26

Lösungsweg, explizit:

Piezoelemente sind (keramische) Dielektrika, die nach dem Mechanismus der Verschiebungspolarisation polarisiert werden (vgl. Aufgabe 6.24). Legt man Spannung an, so wird je nach Polarität jede einzelne Elementarzelle gedehnt oder gestaucht. Da alle Elementarzellen dies in gleicher Weise tun, wird die Verformung makroskopisch erkennbar. Technisch nutzbar ist der Effekt nur dann, wenn die Verformung der Elementarzelle hinreichend groß ist.

1 P

1 P

Anmerkung: Häufig verwendeter Werkstoff für Piezoelemente ist das Bariumtitanat ( $BaTiO_3$ ) mit einer Dielektrizitätszahl $\varepsilon_r \approx 1200$ bei Zimmertemperatur.

## Aufgabe 6.27 Bsp. für praktische Messung der Dielektrizitätszahl

3 Min. Punkte 2 P

Überlegen Sie sich ein einfaches Verfahren, mit dem die Dielektrizitätszahl $\varepsilon_r$ eines Dielektrikums gemessen werden kann.

## Lösung zu 6.27

Lösungsstrategie:

Man erinnere sich an die Auswirkung eines Dielektrikums auf einen Kondensator.

Lösungsweg, explizit:

Dielektrika ändern die Kapazität von Kondensatoren. Darauf basierend könnte man z.B. mit den folgenden Mess- und Auswerte-Schritten vorgehen:

(1.) Man messe die Kapazität $C_{ohne}$ eines mit Luft gefüllten Kondensators (z.B. eines Plattenkondensators). ½ P

(2.) Man bringe das Dielektrikum, dessen $\varepsilon_r$ gemessen werden soll, zwischen die Kondensatorplatten (möglichst ohne Luftspalt) und messe erneut die Kapazität, jetzt $C_{mit}$. ½ P

(3.) Es gilt $\varepsilon_r = \frac{C_{mit}}{C_{ohne}}$. Streng genommen setzen wir eine Näherung voraus, nach der die Dielektrizitätszahl von Luft in etwa der des Vakuums entspricht, d.h. $\varepsilon_{Luft} \approx \varepsilon_{Vakuum} = 1$. 1 P

## Aufgabe 6.28 Seebeck-Effekt, Peltier-Effekt

10 Min. | Punkte 8 P

(a.) Erklären Sie den Seebeck-Effekt, nach dem Thermospannungen entstehen, die man zur Temperaturmessung nutzen kann. Die Erklärung führen Sie auf mikroskopischer Ebene aus, also mit Bezug auf das Bändermodell. Unterstützen Sie Ihre Erklärungen grafisch.

(b.) Worum handelt es sich beim Peltier-Effekt?

## ▾ Lösung zu 6.28

Lösungsstrategie:

Das Thema befasst sich mit dem elektrischen Kontakt zweier unterschiedlicher metallischer Leiter unter Temperatur. Der Knackpunkt ist: Was machen die Ferminiveaus dabei?

Lösungsweg, explizit:

(a.) Die Erklärung führen wir auf das Bändermodell zurück:

Die beiden Leiter haben typischerweise Leitungsbänder, die nicht fast leer oder fast voll sind. Da es sich aber um unterschiedliche Stoffe handelt, liegen die Bandkanten und die Ferminiveaus bei unterschiedlichen Energien (siehe Bild 6-20). 1 P

Sobald ein elektrischer Kontakt zwischen den beiden Metallen hergestellt wird, bewegen sich die Ladungsträger (hier Leitungselektronen) auf die niedrigsten noch freien Energieniveaus. In Bild 6-20 fließen zu diesem Zweck Elektronen vom „Metall 1“ ins „Metall 2“. Solange sich das gesamte Material auf einer homogenen Temperatur befindet, passiert nichts weiter als eine simple Aufladung: Das Metall mit dem niedrigeren Ferminiveau wird negativ aufgeladen, das andere positiv. 1 P ½ P

Nun ist die energetische Lage der Ferminiveaus von der Temperatur abhängig. Und diese Abhängigkeit unterscheidet sich von Metall zu Metall. Erwärmt man also eine Kontaktstelle, so verschieben sich dort die Ferminiveaus um einen unterschiedlichen Energiebetrag, sodass dort die Ladungsdifferenz zwischen beiden Seiten eine andere ist als an der anderen nicht erwärmten Kontaktstelle. Die Folge ist eine Thermospannung zwischen den beiden Kontaktstellen, die als Seebeck-Spannung bekannt ist. 1 P ½ P

(b.) Der Seebeck-Effekt ist umkehrbar. Die Umkehrung heißt Peltier-Effekt. Legt man Spannungen an die Kontaktstellen, so kann man Temperaturunterschiede erzeugen. Je nach Polarität der angelegten Spannungen lassen sich Peltier-Elemente als Heizung oder als Kühler betreiben. Da aber immer ein Stromfluss über Ohm'sche Verluste eine Erwärmung verursacht, sind die Wirkungsgrade von Peltier-Kühlern sehr bescheiden. 1 P 1 P

2 P

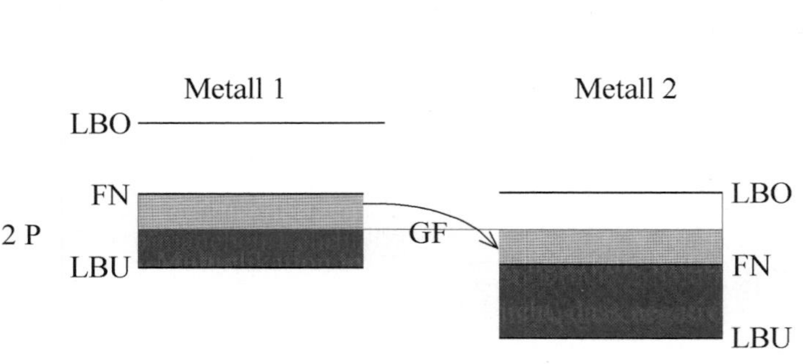


**Bild 6-20**
Leitungsbänder beim Seebeck-Effekt.
LBO = Oberkante Leitungsband
LBU = Unterkante Leitungsband
FN = Ferminiveau jedes Metalls
GF = gemeinsames Ferminiveau
Von Metall 1 fließen Elektronen ins Metall 2. Dunkelgraue Farbe symbolisiert die im eigenen Metall zurückbleibenden Elektronen, hellgraue Farbe die Elektronen, die das Metall wechseln.

## Aufgabe 6.29 Supraleitung

12 bis 15 Min. Punkte 9 P

Erklären Sie das Zustandekommen der Erscheinung der Supraleitung. Beziehen Sie sich dabei auf die sog. BCS-Theorie.

Zusatzfrage: Warum und in welcher Weise verschwindet das Phänomen der Supraleitung, sobald die Temperatur ansteigt?

Weitere Zusatzfrage: Wie viel Energie ist nötig, um ein Cooper-Paar bei einem Supraleiter mit einer kritischen Temperatur $T_C = 1.0\,K$ aufzubrechen?

## Lösung zu 6.29

Lösungsstrategie:

Lernstoff, dessen Reproduktion gefragt ist.

Lösungsweg, explizit:

Bei Temperaturen nahe dem absoluten Nullpunkt wird ein Elektron, welches sich im Ionengitter eines Metalls bewegt, aufgrund der Coulombkraft positive Gitterionen ein ganz klein wenig verschieben. Das Elektron zieht die Ionen geringfügig zu sich an. Da das Elektron sich bewegt, ändern sich solche Ionen-Verschiebungen mit der Zeit, und folgen dem Elektron, sodass eine Gitterschwingung, also ein Phonon, entsteht. Dies kann aber nur bei sehr tiefen Temperaturen beobachtet werden, denn nur da stören thermische Gitterschwingungen dieses Verhalten nicht. 1 P 1 P

Da diese Verschiebung positiver Ionenrümpfe ihrerseits wieder positive Ladungsschwerpunkte erzeugt, wird ein weiteres Elektron angezogen, das dann gemeinsam mit der Gitterschwingung dem erstgenannten Elektron folgt. 1 P

Im Sinne eines plakativen Schlagwortes findet man diese Tatsache oft beschrieben mit den Worten: „Zwei Elektronen werden durch ein Phonon aneinander gekoppelt.“ Dieses Gebilde aus zwei Elektronen mit einem Phonon trägt den Namen Cooper-Paar. 1 P

Nun müssen die beiden an einem Cooper-Paar beteiligten Elektronen einander entgegengesetzte Spins haben, und damit hat das gesamte Cooper-Paar den Spin Null, unterliegt also nicht mehr dem Pauli-Prinzip. Deshalb sammeln sich beliebig viele Cooper-Paare im energetischen Grundzustand und müssen, da sie keine Fermionen sind, gemeinsam agieren. Dies verbietet auch einzelnen Cooper-Paaren, an Gitterionen gestreut zu werden. Streuung der Cooper-Paare ist nur aneinander möglich, wodurch der Gesamtimpuls des gesamten Ensembles aus Cooper-Paaren prinzipiell erhalten bleiben muss. Dadurch ist auch ein einmal vorhandener Strom immer erhalten und konstant. 1 P 1 P

Zu den Zusatzfragen: Elektrischer Widerstand kann nur dann auftreten, wenn die Temperatur des Metalls dazu ausreicht, aufgrund thermisch erzeugter Phononen, Cooper-Paare aufzubrechen. Anschaulich versteht man das wie folgt: Die zu Beginn der Musterantwort erwähnten Ionen-Verschiebungen (die ihrerseits zur Ausbildung positiver Ladungsschwerpunkte führt) bleiben bei höheren Temperaturen nicht erhalten aufgrund thermischer Schwingungen der Ionen. 1 P

Es existiert eine sog. kritische Temperatur $T_C$, bei der die thermische Energie ausreicht, sämtliche Cooper-Paare aufzubrechen. Dort (und oberhalb dieser Temperatur) verschwindet die Fähigkeit der Supraleitung. Bei Temperaturen unterhalb $T_C$ werden mit sinkender Temperatur immer mehr Cooper-Paare gebildet und immer weniger aufgebrochen. 1 P

Die Energie, die benötigt wird, um ein Cooper-Paar aufzubrechen ist $E_C = \frac{7}{2} k \cdot T_c$. Für $T_C = 10K$ sind dies $E_C = \frac{7}{2} k \cdot T_C = \frac{7}{2} \cdot 1.381 \cdot 10^{-23} \frac{J}{K} \cdot 1.0K \overset{TR}{\approx} 4.8335 \cdot 10^{-23} J \overset{TR}{\approx} 3.0 \cdot 10^{-4} eV$. 1 P

## Aufgabe 6.30 Tunneleffekt

| | | | Punkte | |
|---|---|---|---|---|
| (Uhr) | (a.) 6 Min. | (Schwierigkeit: 3) | | (a.) 7 P |
| | (b.) 14 Min. | | | (b.) 10 P |
| Aufgabenteil (b.) setzt eine geeignete Formelsammlung voraus. | | | | |

(a.) Erklären Sie das Zustandekommen des Tunneleffektes. Unterstützen Sie Ihre Erklärung durch eine Skizze der quantenmechanischen Wellenfunktion eines durch einen Potentialwall endlicher Dicke und endlicher Höhe tunnelnden Teilchens.

(b.) Ein Elektron befinde sich in einem Potentialtopf nach Bild 6-21. Berechnen Sie die Dauer, nach der das Elektron die Potentialbarriere mit einer Wahrscheinlichkeit von 50 % durchdrungen hat.

Hinweis: Greifen Sie (im Sinne einer Näherung) auf die Lösung zurück, die sich aus einer stationären Betrachtung mit Hilfe der Schrödinger-Gleichung ergibt. Die danach geltende Durchtrittswahrscheinlichkeit pro Zeitintervall ist die typischerweise in Formelsammlungen angegebene Berechnungsgrundlage. (Hier dürfen Sie eine Formelsammlung benutzen.)

Anmerkung: Über die Energie des Teilchens im Potentialtopf mit endlich ausgedehnten Wänden wollen wir an dieser Stelle nicht nachdenken. Dies wäre für eine Klausur im Grundstudium unangebracht. Die für unser Beispiel einzusetzenden Energiewerte übernehmen Sie einfach aus Bild 6-21.

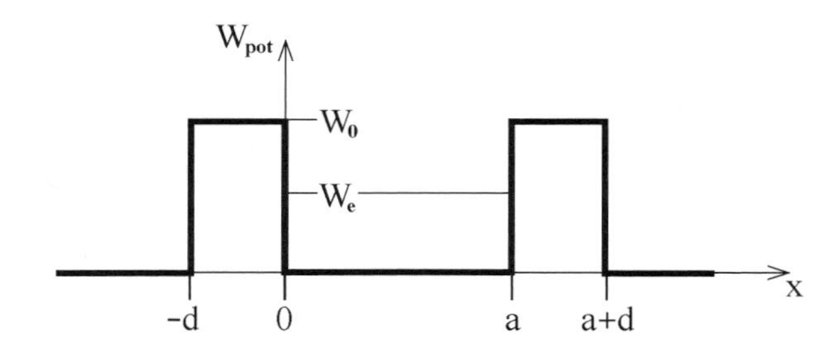


**Bild 6-21**
Eindimensionaler Potentialtopf endlicher Breite mit Wänden endlicher Dicke und Höhe.
Für unser Rechenbeispiel verwenden wir folgende Vorgaben:
$a = 2\text{Å}$, $d = 1\text{Å}$, sowie
$W_e = 9.4eV$ und $W_0 = 20eV$.

## ▾ Lösung zu 6.30

Lösungsstrategie:

(a.) Die theoretische Erklärung basiert auf der Schrödinger-Gleichung.

(b.) In Formelsammlungen findet man zumeist einen Ausdruck für die Tunnelwahrscheinlichkeit pro Zeitintervall. Bei gegebener Tunnelwahrscheinlichkeit ist dieser nach dem Zeitintervall aufzulösen.

Lösungsweg, explizit:

(a.) Im Gegensatz zum klassischen Teilchen kann die quantenmechanische Welle eine Potentialbarriere endlicher Dicke durchdringen, auch wenn ihre Energie niedriger ist als die Höhe der Barriere. (Streng genommen ließe sich eine quantenmechanische Welle nur in einer Potentialbarriere unendlicher Dicke und unendlicher Höhe wirklich einsperren.) 1 P

In Bild 6-22 läuft von links eine Welle mit sinusförmiger Wellenfunktion auf eine Barriere, deren Höhe die Energie der Welle übersteigt. Sie durchdringt teilweise die Barriere, wobei ihre Aufenthaltswahrscheinlichkeit (das Quadrat ihrer Wellenfunktion) ebenso wie die Wellenfunktion exponentiell gedämpft wird. Bei endlicher Barrierendicke (und Höhe) fällt die Exponentialfunktion nicht auf Null ab. 1 P Deshalb zeigt die Wellenfunktion auch am rechten Barrierenende noch einen endlichen Wert, der dort wieder zu einer freien Welle führt, weil dort die Energie der Welle wieder ausreicht, um frei in den Raum laufen zu können. (Im Übrigen wird der Anteil der Welle, der die Barriere nicht durchdringt, an ihr reflektiert.) 1 P

Dies entspricht nach dem Teilchen-Welle-Dualismus dem Tunneln eines Teilchens durch eine Potentialbarriere, deren Höhe größer ist als die Energie des Teilchens. Klassisch wäre ein derartiger Effekt undenkbar, quantenmechanisch ist er verständlich. Dass die Quantenmechanik Recht hat, beweisen funktionierende Anwendungen wie z.B. die Tunneldiode.

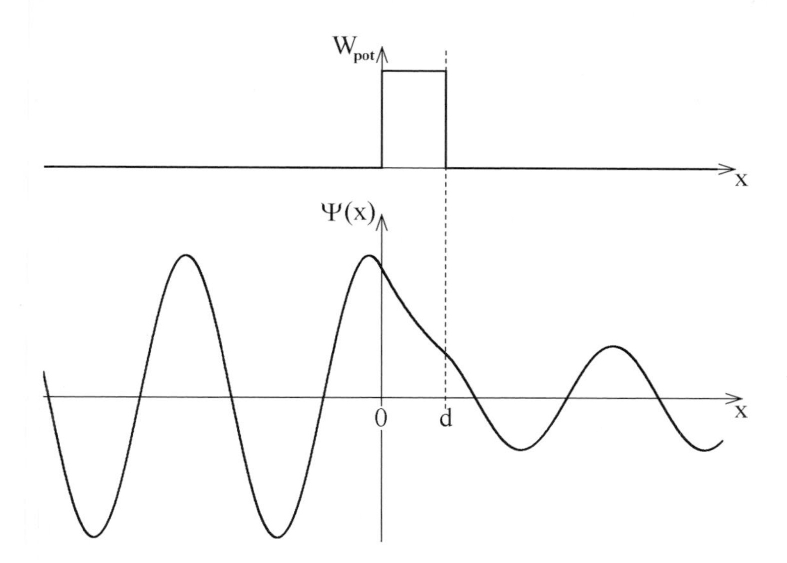


**Bild 6-22**
Eine sinusförmige Welle läuft von links auf eine rechteckige Potentialbarriere, wird zum Teil von dieser reflektiert, dringt aber auch zum Teil in diese ein, obwohl die potentielle Energie des Teilchens niedriger ist als die Höhe der Barriere. Derjenige Teil, der die Barriere durchdringt, führt dazu, dass rechts der Barriere eine freie Welle entsteht.

4 P

(b.) Der typische Ausdruck in Formelsammlungen geht von einer Anzahl $N$ Teilchen im Potentialtopf aus, von denen im Zeitintervall $dt$ die Anzahl $dN$ den Topf vermittels Tunneleffekt verlassen. Die Anzahl der Teilchen, die dem Topf pro Zeitintervall entkommen, ist

$$dN = N \cdot \frac{-h}{2ma^2} \cdot e^{\frac{-2d}{\hbar} \cdot \sqrt{2m \cdot (W_0 - W_e)}} \cdot dt \,. \qquad 1\text{ P}$$

Dies ist eine Differentialgleichung in $N(t)$ und wir suchen die Zeit, nach der $N(t)$ die Hälfte von $N_0$, der Zahl der Teilchen zu einem Zeitpunkt $t = 0$, ist. Das Auflösen der Differentialgleichung ist eine Standardaufgabe der Mathematik. Um Schreibarbeit zu sparen, führen wir die Abkürzung $K := \frac{h}{2ma^2} \cdot e^{\frac{-2d}{\hbar} \cdot \sqrt{2m \cdot (W_0 - W_e)}}$ ein und lösen ohne viel Kommentar nach der Methode der Variablentrennung auf:

$$dN = -N \cdot K \cdot dt \;\Rightarrow\; \frac{1}{N} \cdot dN = -K \cdot dt \;\Rightarrow\; \int \frac{1}{N} \cdot dN = -\int K \cdot dt$$

$$\Rightarrow\; \ln(N) = -K \cdot t + C \qquad \text{(mit } C \text{ als Integrationskonstante)}$$

$$\Rightarrow\; N(t) = N_0 \cdot e^{-K \cdot t} \,. \qquad 3\text{ P}$$

Wie gesagt, suchen wir den Zeitpunkt zu $\frac{N(t)}{N_0} = 50\% = \frac{1}{2}$, also lösen wir nach $t$ auf:

$$N(t) = N_0 \cdot e^{-K \cdot t} \;\Rightarrow\; \frac{N(t)}{N_0} = \frac{1}{2} = e^{-K \cdot t} \;\Rightarrow\; -K \cdot t = \ln\left(\frac{1}{2}\right) \;\Rightarrow\; t = \frac{-\ln\left(\frac{1}{2}\right)}{K} = \frac{\ln(2)}{K} \,. \qquad 2\text{ P}$$

Nun können wir Werte einsetzen:

$$K = \frac{h}{2ma^2} \cdot e^{\frac{-2d}{\hbar} \cdot \sqrt{2m \cdot (W_0 - W_e)}}$$

$$= \frac{6.626 \cdot 10^{-34} J\, s}{2 \cdot 9.1 \cdot 10^{-31} kg \cdot \left(2 \cdot 10^{-10} m\right)^2} \cdot e^{\frac{+2 \cdot 10^{-10} m \cdot 2\pi}{6.626 \cdot 10^{-34} J\, s} \cdot \sqrt{2 \cdot 9.1 \cdot 10^{-31} kg \cdot (20 eV - 9.4 eV) \cdot 1.602 \cdot 10^{-19} \frac{J}{eV}}}$$

3½ P

$$\overset{TR}{\approx} 3.2355 \cdot 10^{14} \frac{kg \cdot \frac{m^2}{s^2} \cdot s}{kg \cdot m^2} \cdot e^{\frac{m}{kg \cdot \frac{m^2}{s^2} \cdot s} \cdot \sqrt{kg \cdot kg \frac{m^2}{s^2}}} = 3.2355 \cdot 10^{14} \sec^{-1}$$

½ P

$$\Rightarrow \quad t = \frac{\ln(2)}{K} \overset{TR}{\approx} 2.1422 \cdot 10^{-15} \sec.$$

Dies ist die Zeitspanne, die ausreicht, um 50 % aller Elektronen aus dem Potentialtopf durch die Barrieren hinaus tunneln zu lassen.

# 7 Spezielle Relativitätstheorie

## Aufgabe 7.1 Strahlungsdruck elektromagnetischer Wellen

| | | | | |
|---|---|---|---|---|
| | (a.) 9 Min. | | Punkte | (a.) 6 P |
| | (b.) 11 Min. | | | (b.) 7 P |

(a.) Die Intensität der Sonnenstrahlung beim Eintreffen auf die Erde beträgt bei senkrechtem Lichteinfall etwa $1.376\frac{kW}{m^2}$. Welche Gesamtkraft übt diese Sonnenstrahlung auf die Erde aus?

Vergleichen Sie diese abstoßende Kraft mit der anziehenden Gravitationskraft, die die Sonne ebenfalls noch auf die Erde ausübt.

Gehen Sie dabei von der vereinfachenden Annahme aus, die Erde würde die Sonnenstrahlung vollständig absorbieren.

(b.) Welchen Durchmesser müsste ein Staubteilchen im Weltraum haben, damit die anziehenden Kräfte der Sonnengravitation den abstoßenden Kräften durch die Strahlung genau die Waage halten? Setzen Sie wieder die vollständige Absorption der Sonnenstrahlung voraus.

Als Dichte des kosmischen Staubes verwenden Sie bitte $\rho = 2\frac{g}{cm^3}$. Betrachten Sie der Einfachheit halber ein kugelförmiges Staubteilchen. Benötigte Naturgrößen finden Sie in Kapitel 11.0, die in der Musterlösung mit den dortigen Formelsymbolen eingesetzt sind: $m_S$, $d_S$, $R_E$, $c$, $\gamma$ und die Solarkonstante mit dem Formelsymbol $I_0 = \phi$.

## ▾ Lösung zu 7.1

Lösungsstrategie:

(a.)Der Strahlendruck der Sonnenstrahlung und damit auch die Kraft, die diese Strahlung ausübt, ergibt sich aus dem von den Photonen übertragenen Impuls pro Zeit.

Die Gravitation berechnen wir mit Hilfe von Newtons Gravitationsformel, da Einsteins Beschreibung der Gravitation nicht Inhalt der speziellen Relativitätstheorie ist, sondern Inhalt der allgemeinen Relativitätstheorie.

(b.) Die Überlegung ist dem Prinzip nach dieselbe wie bei Aufgabenteil (a.), nur dass die anziehende Kraft mit der abstoßenden gleichgesetzt werden muss, um dann nach dem Durchmesser (oder nach dem Radius) des Teilchens aufzulösen.

Lösungsweg, explizit:

(a.) Die Erde absorbiert aus der Sonnenstrahlung denselben Anteil wie eine senkrecht zur Strahlung gestellte Scheibe mit der Fläche $S = 4\pi R_E^2$, was man aus der Vorstellung der Querschnittsfläche des Schattens sofort einsieht. Demzufolge können wir der Einfachheit halber auch die Kraft auf eine solche Scheibe berechnen. Sie ist gleich groß wie die Kraft auf die Erde. 1 P

½ P
- Der Impuls, den jedes einzelne Photon auf diese Scheibe überträgt, ist $p = \frac{E}{c}$, $(*1)$
  wo die Energie des Photons ist.

½ P
- Die von diesem Photon übertragene Kraft lautet $F = \dot{p} = \frac{p}{t}$, $(*2)$
  da die Intensität der Sonnenstrahlung zeitlich konstant ist.

1 P
- Die Intensität der Sonnenstrahlung benutzt man zur Berechnung des insgesamt übertragenen Impulses. Sie lautet $I = \frac{\mathcal{P}}{A} = \frac{\text{Leistung}}{\text{Fläche}} = \frac{E}{A \cdot t} = \frac{\text{Energie}}{\text{Fläche} \cdot \text{Zeit}} \Rightarrow \frac{E}{t} = I \cdot A$ $(*3)$.

  Anmerkung: Um Verwechslungen mit dem Impuls zu vermeiden, wurde die Leistung mit einem $\mathcal{P}$ in Schreibschrift bezeichnet.

½ P
- Setzt man $(*3)$ und $(*1)$ in $(*2)$ ein, so erhält man $F = \frac{p}{t} = \frac{E}{c \cdot t} = \frac{I \cdot A}{c}$.

½ P
- Identifiziert man $A$ mit der Fläche $S$ der absorbierenden Scheibe, so ist $S = 4\pi R_E^2$ einzusetzen und dazu für die Intensität $I$ der Wert $I_0$, also ist $F = \frac{I_0 \cdot 4\pi R_E^2}{c}$.

- Einsetzen der Werte führt zu

1 P
$$F = \frac{I_0 \cdot 4\pi R_E^2}{c} = \frac{1376 \frac{W}{m^2} \cdot 4\pi \cdot \left(6.371 \cdot 10^6 m\right)^2}{2.998 \cdot 10^8 \frac{m}{s}} \overset{TR}{\approx} 2.34 \cdot 10^9 \frac{\frac{N \cdot m}{s \cdot m^2} \cdot m^2}{\frac{m}{s}} = 2.34 \cdot 10^9 N.$$

Zum Vergleich berechnen wir die Gravitationskraft zwischen Erde und Sonne:

1 P
$$F_G = \gamma \cdot \frac{m_S \cdot m_E}{d_S^2} = 6.67 \cdot 10^{-11} \frac{N \cdot m^2}{kg^2} \cdot \frac{1.99 \cdot 10^{30} kg \cdot 5.9736 \cdot 10^{24} kg}{\left(149.6 \cdot 10^9 m\right)^2} \overset{TR}{\approx} 3.54 \cdot 10^{22} N.$$

(b.) Wir beginnen unsere Überlegungen mit einem Staubteilchen, welches den gleichen Abstand zur Sonne haben soll wie die Erde, dieser ist $d_S$. (Eine Verallgemeinerung für beliebige Abstände zur Sonne folgt am Ende der Antwort zu Aufgabenteil (b.).)

Zur Lösungsfindung müssen wir sowohl im Ausdruck für die Gravitationskraft $F_{grav}$ wie auch im Ausdruck für die durch den Strahlendruck bedingte Kraft $F_{str}$ die Abhängigkeiten vom Durchmesser des Staubteilchens explizit sichtbar machen, damit wir später nach dieser Größe auflösen können, und dann die beiden Kräfte gleichsetzen. Die beiden Formeln dafür kennen wir aus Aufgabenteil (a.), wobei wir anstelle der Erdmasse $m_E$ jetzt die Masse des Staubkörnchens $m_K$ einsetzen und statt dem Erdradius $R_E$ den Körnchenradius $R_K$: 1 P

2 P
$$\left.\begin{aligned} F_{grav} &= \gamma \cdot \frac{m_s \cdot m_k}{d_S^2} = \gamma \cdot \frac{m_s \cdot \rho \cdot \frac{4}{3}\pi R_K^3}{d_S^2} \\ F_{str} &= \frac{I_0}{c} \cdot 4\pi R_K^2 \end{aligned}\right\} \overset{F_{grav} = F_{str}}{\Rightarrow} \gamma \cdot \frac{m_s \cdot \rho \cdot \frac{4}{3}\pi R_K^3}{d_S^2} = \frac{I_0}{c} \cdot 4\pi R_K^2, \quad (*4)$$

worin die Körnchenmasse $m_k$ als Produkt aus Dichte und Volumen gemäß $m_k = \rho \cdot \frac{4}{3}\pi R_K^3$ angegeben werden kann.

Wir kürzen $(*4)$ durch $4\pi R_K^2$ und lösen nach $R_K$ auf:

$$\gamma \cdot \frac{m_s \cdot \rho \cdot \frac{1}{3} R_K}{d_S^2} = \frac{I_0}{c} \quad \Rightarrow \quad R_K = \frac{3 \cdot I_0 \cdot d_S^2}{c \cdot m_s \cdot \rho \cdot \gamma} \overset{TR}{\approx} \frac{3 \cdot 1376 \frac{Watt}{m^2} \cdot \left(149.6 \cdot 10^9 m\right)^2}{2.998 \cdot 10^8 \frac{m}{s} \cdot 1.9891 \cdot 10^{30} kg \cdot 2000 \frac{kg}{m^3} \cdot 6.674 \cdot 10^{-11} \frac{m^3}{kg \cdot s^2}}$$

$$\overset{TR}{\approx} 1.16 \cdot 10^{-6} \frac{\frac{W}{m^2} \cdot m^2}{\frac{m}{s} \cdot kg \cdot \frac{kg}{m^3} \cdot \frac{N \cdot m^2}{kg^2}} = 1.16 \cdot 10^{-6} \frac{\frac{N \cdot m}{s}}{\frac{1}{s} \cdot N} = 1.16 \cdot 10^{-6} m = 1.16 \mu m .$$ 2 P

Der Durchmesser ist das Doppelte des Radius, also $\varnothing = 2.32 \mu m$. Nach der Größe sind solche Staubpartikel ziemlich klein, sie haben Durchmesser im Bereich weniger Mikrometer. Alle Staubteilchen die kleiner sind als das hier berechnete, werden von der Sonne nicht angezogen sondern abgestoßen. (Man vergesse nicht, dass der Durchmesser noch von der Dichte des Partikels abhängt.)

Verallgemeinerung: Zu Beginn von Aufgabenteil (b.) hatten wir unsere Überlegungen auf Staubteilchen im Abstand $d_S$ zur Sonne beschränkt. Wollen wir unsere Berechnung nun auf beliebige Abstände ausdehnen, so muss $d_S$ durch ein beliebiges $d$ ersetzt werden und $I_0$ durch ein beliebiges $I$. Nun folgt die Abnahme der Strahlungsintensität mit dem Abstand zur Quelle der Proportionalität $I \propto \frac{1}{d^2} \Rightarrow I \cdot d^2 = const.$ Damit kann eingesetzt werden $I_0 \cdot d_E^2 = I \cdot d^2$ und man könnte das Ergebnis ebenso gut schreiben für beliebige Abstände zur Sonne: 2 P

$$R_K = \frac{3 \cdot I_0 \cdot d_E^2}{c \cdot m_s \cdot \rho \cdot \gamma} = \frac{3 \cdot I \cdot d^2}{c \cdot m_s \cdot \rho \cdot \gamma} .$$

**Arbeitshinweis**

Wir hätten natürlich auch von Anfang an in der verallgemeinerten Form arbeiten können und mit beliebigen Abständen zur Sonne rechnen können. Das sähe elegant aus und ersparte eine nachträgliche Erläuterung. Einen Vorteil brächte es aber nicht, denn die Intensität der Sonnenstrahlung ist als numerischer Wert im Abstand der Erde vorgegeben, und zum Einsetzen der Zahlen müssen wir doch wieder auf diesen Wert zurückgreifen.

Aber einen generellen Hinweis zur Vorgehensweise erkennt man an dieser Stelle: Gedanklich ist es einfacher, zuerst den speziellen Rechenweg für Staubteilchen im Abstand $d_S$ zur Sonne zu entwickeln und sich um eine Verallgemeinerung auf beliebige Abstände noch nicht von Anfang an zu kümmern. Deshalb betrachte man die vorgeführte Herangehensweise als allgemeingültigen Tipp zum Herangehen an Lösungen: **Wer nicht von Anfang an den gesamten Rechenweg in vollem Umfang überblickt, der beginne mit dem Teil, den er lösen kann. Dadurch zerlegen sich Gedankengänge in kleinere Stücke. Hat man erst einmal die greifbaren Teile gelöst, so findet man oft auch Ansätze für den Rest einer Aufgabe.**

## Aufgabe 7.2 Kastenexperiment nach Einstein

4 Min. Punkte 3 P

In einem Gedankenexperiment hat Einstein über einen quaderförmigen Kasten nachgedacht, von dessen einem Rand ein Photon ausgesandt werde, um auf den gegenüberliegenden Rand zu treffen. Die Situation ist in Bild 7-1 veranschaulicht. Sobald das Photon die linke Kastenwand verlässt und nach rechts läuft, bewegt sich der Kasten nach links. Wenn das Photon aber die rechte Wand erreicht und dort wieder absorbiert wird, bleibt (wegen der Impulserhaltung) der Kasten auch wieder stehen, da sowohl der Kasten als auch das Photon während des Fluges den Impuls nicht ändert.

(a.) Wenn der Kasten die Länge $L = 1m$ und die Masse $m = 1kg$ hat und das Photon dem Licht einer Wellenlänge von $\lambda = 400nm$ entspreche – mit welcher Geschwindigkeit bewegt sich der Kasten dann während des Fluges des Photons nach links?

(b.) Wie weit bewegt sich der Kasten dabei insgesamt?

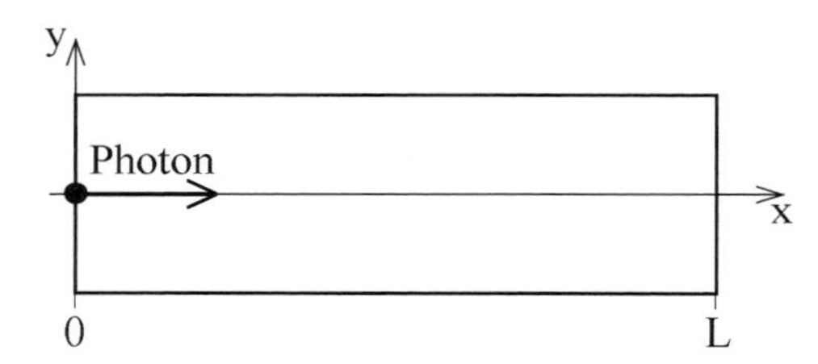


**Bild 7-1**
Skizze eines Kastens, in dessen Innenraum ein Photon von der linken zur rechten Wand fliegt. Der Kasten bewegt sich dadurch ein kleines Stückchen nach links.

## Lösung zu 7.2

Lösungsstrategie:

Hinweise: Ignorieren Sie in sehr guter Näherung den Masseverlust des Kastens durch die Emission des Photons. Betrachten Sie außerdem in sehr guter Näherung die Flugzeit des Photons als $t = \frac{L}{c}$, d.h. die Verkürzung der Flugstrecke des Photons durch die Bewegung des Kastens spielt bei der Flugzeit des Photons eine vernachlässigbare Rolle.

Das Photon überträgt seinen Impuls auf den Kasten, sodass aufgrund der Impulserhaltung die Geschwindigkeit des Kastens zu berechnen ist. Bei bekannter Flugdauer folgt daraus die vom Kasten zurückgelegte Strecke.

Lösungsweg, explizit:

1 P (a.) Der Impuls eines Photons lautet $p = \hbar k = \frac{h}{2\pi} \cdot \frac{2\pi}{\lambda} = \frac{h}{\lambda}$.

Damit wird aufgrund des Impulsübertrags die Geschwindigkeit des Kastens zu

1 P $$v = \frac{p}{m} = \frac{h}{m \cdot \lambda} = \frac{6.626 \cdot 10^{-34} Js}{1kg \cdot 400 \cdot 10^{-9} m} \overset{TR}{\approx} 1.657 \cdot 10^{-27} \frac{kg \cdot \frac{m^2}{s^2} \cdot s}{kg \cdot m} = 1.657 \cdot 10^{-27} \frac{m}{s}.$$

(b.) Die Flugstrecke des Kastens ist dann

$$s = v \cdot t = v \cdot \frac{L}{c} = 1.657 \cdot 10^{-27}\,\frac{m}{s} \cdot \frac{1m}{2.998 \cdot 10^{8}\,\frac{m}{s}} \overset{TR}{\approx} 5.525 \cdot 10^{-36}\,m\,.$$ 1 P

Das ist erwartungsgemäß eine sehr kleine Strecke.

## Aufgabe 7.3 Galilei- und Lorentz-Transformation

| | (a.+b.) 4 Min. (c.+d.) 9 Min. | (a.,b.) | (c.,d.) | Punkte (a.+b.) 2 P ges. (c.+d.) 6 P ges. |
|---|---|---|---|---|

Zu den Grundlagen der Relativitätstheorie gehört auch der Unterschied zwischen der klassischen Galilei-Transformation und der Lorentz-Transformation.

Betrachten wir zwei gegeneinander bewegte Inertialsysteme entsprechend Bild 7-2, deren Koordinatenursprünge zum Zeitpunkt $t = t'$ räumlich zusammenfallen. Wir betrachten einen Punkt, der im System $\Sigma'$ die Koordinaten $(t', x', y', z') = \left(2\,\text{sec.}, 10^{8}\,m, 2 \cdot 10^{8}\,m, 3 \cdot 10^{8}\,m\right)$ trage.

(a.) Berechnen Sie $(t, x, y, z)$ in $\Sigma$ für den Fall $|\vec{v}| = 10^{6}\,\frac{m}{s}$ mittels Galilei-Transformation.

(b.) Berechnen Sie $(t, x, y, z)$ in $\Sigma$ für den Fall $|\vec{v}| = 2.5 \cdot 10^{8}\,\frac{m}{s}$ mittels Galilei-Transformation.

(c.) Berechnen Sie $(t, x, y, z)$ in $\Sigma$ für den Fall $|\vec{v}| = 10^{6}\,\frac{m}{s}$ mittels Lorentz-Transformation.

(d.) Berechnen Sie $(t, x, y, z)$ in $\Sigma$ für den Fall $|\vec{v}| = 2.5 \cdot 10^{8}\,\frac{m}{s}$ mittels Lorentz-Transformation.

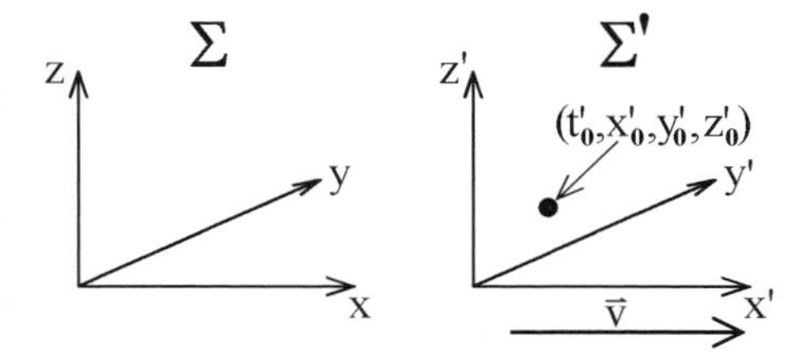


**Bild 7-2**
Zwei Inertialsysteme $\Sigma$ und $\Sigma'$, von denen sich $\Sigma'$ mit der Geschwindigkeit $\vec{v}$ entlang der x-Achse gegenüber $\Sigma$ bewegt.

## Lösung zu 7.3

Lösungsstrategie:

Der Allgemeinfall zweier beliebig gegeneinander bewegter Inertialsysteme würde Bewegungen in alle Koordinatenrichtungen erlauben. Er ist mathematisch aufwändig. Der Spezialfall unseres Beispiels einer gleichförmigen Relativbewegung der Systeme in x-Richtung findet sich auch in Formelsammlungen. Dieser Fall engt speziell die Bewegungsrichtung nicht wirklich ein, denn die Koordinatensysteme lassen sich entsprechend der Relativbewegung ausrichten. In der Sprache der Mathematik könnte man sagen: „Ohne Beschränkung der Allgemeingültigkeit (o.B.d.A.) sei die Richtung der x-Achse an der Bewegungsrichtung ausgerichtet."

Die Galilei-Transformation lautet: $(t, x, y, z) = (t', x' + v \cdot t', y', z')$.

Die Lorentz-Transformation lautet: $(t,x,y,z)=\left(\frac{t'+\frac{v\cdot x'}{c^2}}{\sqrt{1-\frac{v^2}{c^2}}}, \frac{x'+v\cdot t'}{\sqrt{1-\frac{v^2}{c^2}}}, y', z'\right)$.

Lösungsweg, explizit:

Wir setzen die Werte der Aufgabenstellung für die verschiedenen zu betrachtenden Fälle ein:

(a.) Die Galilei-Transformation für $|\vec{v}|=10^6\,\frac{m}{s}$:

1 P $(t,x,y,z)=\left(2\,\text{sec.}, 10^8\,m+10^6\,\frac{m}{s}\cdot 2s, 2\cdot 10^8\,m, 3\cdot 10^8\,m\right)=\left(2\,\text{sec.}, 1.02\cdot 10^8\,m, 2\cdot 10^8\,m, 3\cdot 10^8\,m\right)$.

(b.) Die Galilei-Transformation für $|\vec{v}|=2.5\cdot 10^8\,\frac{m}{s}$:

1 P $(t,x,y,z)=\left(2\,\text{sec.}, 10^8\,m+2.5\cdot 10^8\,\frac{m}{s}\cdot 2s, 2\cdot 10^8\,m, 3\cdot 10^8\,m\right)=\left(2\,\text{sec.}, 6\cdot 10^8\,m, 2\cdot 10^8\,m, 3\cdot 10^8\,m\right)$.

Zur Vorbereitung der Lorentz-Transformation berechnen wir:

1+1 P $\underbrace{\gamma_{(c)}=\sqrt{1-\frac{v^2}{c^2}}=\sqrt{1-\frac{\left(1\cdot 10^6\,\frac{m}{s}\right)^2}{\left(2.998\cdot 10^8\,\frac{m}{s}\right)^2}}\overset{TR}{\approx}\left(1-5.563\cdot 10^{-6}\right)}_{\text{passend zu Aufgabenteil (c.)}}$ und $\underbrace{\gamma_{(d)}=\sqrt{1-\frac{v^2}{c^2}}=\sqrt{1-\frac{\left(2.5\cdot 10^8\,\frac{m}{s}\right)^2}{\left(2.998\cdot 10^8\,\frac{m}{s}\right)^2}}\overset{TR}{\approx}0.55193}_{\textit{passend zu Aufgabenteil (d.)}}$.

(c.) Damit ergibt sich die Lorentz-Transformation für $|\vec{v}|=10^6\,\frac{m}{s}$ zu:

$$(t,x,y,z)=\left(\frac{2\,\text{sec.}+\frac{1\cdot 10^6\frac{m}{s}\cdot 10^8\,m}{\left(2.998\cdot 10^8\frac{m}{s}\right)^2}}{1-5.563\cdot 10^{-6}}, \frac{10^8\,m+1\cdot 10^6\,\frac{m}{s}\cdot 2\,\text{sec.}}{1-5.563\cdot 10^{-6}}, 2\cdot 10^8\,m, 3\cdot 10^8\,m\right)$$

2 P $$=\left(2.0011237\,\text{sec.}, 1.02000567\cdot 10^8 m, 2\cdot 10^8\,m, 3\cdot 10^8\,m\right).$$

(d.) Aber die Lorentz-Transformation für $|\vec{v}|=2.5\cdot 10^8\,\frac{m}{s}$ führt zu:

$$(t,x,y,z)=\left(\frac{2\,\text{sec.}+\frac{2.5\cdot 10^8\frac{m}{s}\cdot 10^8\,m}{\left(2.998\cdot 10^8\frac{m}{s}\right)^2}}{0.55193}, \frac{10^8\,m+2.5\cdot 10^8\,\frac{m}{s}\cdot 2\,\text{sec.}}{0.55193}, 2\cdot 10^8\,m, 3\cdot 10^8\,m\right)$$

2 P $$=\left(4.12759\,\text{sec.}, 1.08709\cdot 10^9 m, 2\cdot 10^8\,m, 3\cdot 10^8\,m\right).$$

**Arbeitshinweis**

Bei Aufgabenteil (c.) wurde $\gamma$ nicht in der Form $0.999994437$ geschrieben, sondern als $1-5.563\cdot 10^{-6}$. Mathematisch spielt der Unterschied keine Rolle, aber die letztgenannte Variante erleichtert die Lesbarkeit für das menschliche Auge. Mitunter ist es empfehlenswert, auch solche Aspekte zu beachten, um die eigene geistige Klarheit zu verbessern.

## Aufgabe 7.4 Energie elektromagnetischer Wellen

7 Min. Punkte 5 P

Die Erde befindet sich im Strahlungsfeld der Sonne und nimmt aus diesem Energie auf. Würde all diese Energie in Materie umgewandelt werden – um wie viel müsste dann die Masse der Erde pro Tag zunehmen?
Hinweis: Erdradius $R = 6371\,km$, Intensität der Sonnenstrahlung am Ort der Erde $I = 1376\frac{W}{m^2}$.
Zusatzfrage: Warum nimmt die Masse der Erde im Laufe der Zeit nicht merklich zu?

## Lösung zu 7.4

Lösungsstrategie:

Aus der Intensität der Sonnenstrahlung berechnen wir die Strahlungsleistung und weiter die aufgenommene Energie pro Tag. Diese wird nach Einstein's Masse-Energie-Äquivalenz in den diskutierten Massenzuwachs umgerechnet.

Lösungsweg, explizit:

Die aus der Sonnenstrahlung absorbierte Querschnittsfläche beträgt $A = \pi \cdot R^2$. Damit ist die absorbierte Leistung $P = I \cdot A = I \cdot \pi \cdot R^2$. Für die absorbierte Energie pro Tag (mit $T$ = Dauer eines Tages) bedeutet dies: 1 P

$$E = P \cdot T = I \cdot \pi \cdot R^2 \cdot T \overset{TR}{\approx} 1376\frac{W}{m^2} \cdot \pi \cdot \left(6371 \cdot 10^3\, m\right)^2 \cdot (24 \cdot 3600\,\text{sec.}) \overset{TR}{\approx} 1.516 \cdot 10^{22}\,Joule$$ 1 P

$$\Rightarrow \quad m = \frac{E}{c^2} \overset{TR}{\approx} \frac{1.516 \cdot 10^{22}\,J}{\left(2.998 \cdot 10^8\,\frac{m}{s}\right)^2} \overset{TR}{\approx} 168668\,kg\,.$$ 1 P

So groß ist das Massenäquivalent der von der Erde pro Tag absorbierten Sonnenstrahlung.
Zur Zusatzfrage: Eine derartige Massenzunahme müsste man im Laufe der Jahre, besonders im Laufe der Jahrmillionen merken. Tatsächlich merkt man davon aber gar nichts. Das liegt daran, dass die Erde auch elektromagnetische Strahlung in Form von Wärme abstrahlt. Aufgabe 4.33 zeigt eine Strahlungsbilanz, die erkennen lässt, dass die Erde in Wirklichkeit sogar mehr Strahlung abgibt als sie aufnimmt. Danach müsste sie eigentlich sogar Masse verlieren. Wie die Bilanz wirklich aussieht, kann man jedoch nicht so einfach abschätzen, da auch ruhemassebehaftete Materie aus dem Weltall auf die Erde trifft. 2 P

## Aufgabe 7.5 Masse-Energie-Äquivalenz

8 Min. Punkte 5 P

Bei der Vereinigung eines Neutrons und eines Protons zu einem Deuteron werde die freiwerdende Energie in Form eines Gamma-Quants abgestrahlt entsprechend der Reaktion $n + p \rightarrow d + \gamma$. Berechnen Sie die Wellenlänge dieses Gammaquants.
Hinweise: $m_p = 1.67262171 \cdot 10^{-27}\,kg$ $\quad m_n = 1.67492728 \cdot 10^{-27}\,kg$ $\quad m_d = 3.34358335 \cdot 10^{-27}\,kg$

## Lösung zu 7.5

Lösungsstrategie:

Zugrunde gelegt wird Einstein's Masse-Energie-Äquivalenz $E = mc^2$. Diese ist auf die Massendifferenz zwischen den ruhemassebehafteten Reaktionsprodukten anzuwenden.

Lösungsweg, explizit:

½ P Die Energie des Gammaquants folgt dann aus der Masse $m_\gamma = m_n + m_p - m_d$.

1 P Die zugehörige Wellenlänge ergibt sich aus $E = h \cdot \nu = \frac{h \cdot c}{\lambda}$, wo $\nu$ = Frequenz des γ-Quants, $\lambda$ = Wellenlänge des γ-Quants

Zusammenfassen dieser beiden Formeln liefert das Ergebnis:

1½ P $$m_\gamma c^2 = E = \frac{h \cdot c}{\lambda} \quad \Rightarrow \quad \lambda = \frac{h \cdot c}{m_\gamma c^2} = \frac{h}{m_\gamma c} = \frac{h}{\left(m_n + m_p - m_d\right) \cdot c}.$$

Setzen wir Werte ein, so erhalten wir

$$\lambda = \frac{h}{\left(m_n + m_p - m_d\right) \cdot c}$$

$$= \frac{6.626 \cdot 10^{-34}\, J\,s}{\left(1.67492728 \cdot 10^{-27}\, kg + 1.67262171 \cdot 10^{-27}\, kg - 3.34358335 \cdot 10^{-27}\, kg\right) \cdot 2.998 \cdot 10^{8}\, \frac{m}{s}}$$

2 P $$= \frac{6.626 \cdot 10^{-34}\, J\,s}{\left(3.96564 \cdot 10^{-30}\, kg\right) \cdot 2.998 \cdot 10^{8}\, \frac{m}{s}} \overset{TR}{\approx} 5.5734 \cdot 10^{-13}\, \frac{kg \cdot m^2}{s^2} \cdot \frac{s}{kg \cdot m} = 5.5734 \cdot 10^{-13}\, m.$$

Dies ist eine typische Wellenlänge im Bereich der Kernphysik und Elementarteilchenphysik.

**Arbeitshinweis**

Warum setzt man hier die Massen der Elementarteilchen mit derart hoher Genauigkeit ein? Wir haben doch sonst oftmals mit viel weniger Genauigkeit gearbeitet. Nach welchen Kriterien unterscheidet man, wie viel Rechengenauigkeit wirklich erforderlich ist?

Die Antwort auf diese Fragen steht im Zusammenhang mit der Fehlerrechnung:

Die erforderliche Rechengenauigkeit sollte groß genug sein, dass das Ergebnis noch einigermaßen signifikant ist. (In diesem Zusammenhang sei auch auf Rundungsfehler verwiesen, siehe Kapitel 0.6.) Speziell bei der Subtraktion annähernd gleichgroßer Größen ist die Differenz sehr klein, sodass sich die vorderen Stellen praktisch gegenseitig wegheben und nur die hinteren Stellen als Differenz übrig bleiben. In so einem Fall sind natürlich die hinteren Stellen sorgsam zu behandeln.

Bezogen auf unser Beispiel bedeutet das: Die Massen $m_n, m_p, m_d$ liegen in der Größenordnung einiger $10^{-27}\, kg$, aber die Differenz $m_n + m_p - m_d$ liegt in der Größenordnung einiger $10^{-30}\, kg$ und ist somit um drei Zehnerpotenzen kleiner als die Einzelmassen. Bei der Subtraktion gehen also die ersten drei signifikanten Stellen der Einzelmassen verloren. Hätte man dabei die Einzelmassen nur mit drei signifikanten Stellen angegeben, so wäre das Ergebnis der Differenz insgesamt verloren gegangen.

## Aufgabe 7.6 Betazerfall des Neutrons

| | | | |
|---|---|---|---|
| (a.) 5 Min. | | Punkte | (a.) 3 P |
| (b.) 3 Min. | | | (b.) 2 P |

Bekanntlich können freie Neutronen spontan zerfallen unter der Elementarteilchen-Reaktion $n \rightarrow p^{+} + e^{-} + \overline{\nu_e}$. Umgekehrt kann der Zerfall eines Protons in ein Neutron und ein Anti-Elektron (= Positron) und ein Neutrino nicht spontan stattfinden.

(a.) Behauptung: Einen Grund können Sie mit Hilfe von Einsteins Masse-Energie-Äquivalenz angeben. Weisen Sie durch eine Rechnung nach, dass diese Behauptung stimmt.

(b.) Wie viel Energie steht dem Proton, dem Elektron und dem Neutrino, die beim spontanen Zerfall eines Neutrons entstanden sind, zur Verfügung? Zu welchen Anteilen wird diese Energie bei der Reaktion in kinetische Energie und in Ruhemasse umgewandelt?

Die Ruhemassen des Elektrons, des Neutrons und des Protons entnehme man Kapitel 11.0.

## Lösung zu 7.6

Lösungsstrategie:

Nach Einsteins Masse-Energie-Äquivalenz muss die Masse des Protons mit der Masse des Neutrons verglichen werden, bzw. die in diesen beiden Teilchen enthaltene Energie.

Lösungsweg, explizit:

(a.) Der Ruhemasse des Protons entspricht die Ruheenergie

$$E_p = m_p \cdot c^2 = 1.67262171 \cdot 10^{-27} kg \cdot \left( 2.998 \cdot 10^8 \frac{m}{s} \right)^2 \overset{TR}{\approx} 1.503277424^{-10} J \,. \qquad 1\,P$$

Der Ruhemasse des Neutrons entspricht die Ruheenergie

$$E_n = m_n \cdot c^2 = 1.67492728 \cdot 10^{-27} kg \cdot \left( 2.998 \cdot 10^8 \frac{m}{s} \right)^2 \overset{TR}{\approx} 1.505349567 \cdot 10^{-10} J \,. \qquad 1\,P$$

Ganz offensichtlich hat das Neutron mehr Ruheenergie als das Proton. Aus diesem Grund ist also ein Zerfall des Neutrons in ein Proton und weitere Teilchen, die von der Energiedifferenz etwas abbekommen, möglich. Umgekehrt kann sich das Proton aus Gründen der Energieerhaltung nicht spontan in ein Neutron umwandeln, weil die dafür nötige Energie fehlt. 1 P

(b.) Die Energiedifferenz $E_n - E_p$ beträgt

$$E_n - E_p \overset{TR}{\approx} 1.505349567 \cdot 10^{-10} J - 1.503277424^{-10} J \overset{TR}{\approx} 2.072143 \cdot 10^{-13} J \overset{TR}{\approx} 1.29333\, MeV \,. \qquad 1\,P$$

Diese Energie steht dem Proton, dem Elektron und dem Antineutrino nach dem Zerfall des Neutrons zur Verfügung. Davon werden $0.511\, MeV$ für die Ruheenergie (sprich Ruhemasse) des Elektrons verbraucht. Die restlichen $0.782\, MeV$ stehen für kinetische Energie der Zerfallprodukte und ggf. für die winzige Ruhemasse des Neutrinos zur Verfügung (falls das Letztgenannte eine Ruhemasse trägt). 1 P

## Aufgabe 7.7 Michelson-Morley-Experiment

| 18 Min. | | Punkte 14 P |
|---|---|---|

Immer wieder zitiert und bei Prüfungen abgefragt wird im Zusammenhang mit der Relativitätstheorie auch das Michelson-Morley-Experiment. Zur Veranschaulichung wird dabei mitunter die Bewegung der Erde durch den hypothetischen Äther (und mit ihr die Bewegung der Messapparatur) ersetzt durch eine Bewegung in einem strömenden Medium, z.B. Wasser. Die Aufgabe kann dann zu Übungszwecken etwa in folgender Art formuliert werden:

Ein Schwimmer (oder ein Boot) schwimmt in fließendem Wasser. Er tut es zweimal, aber auf unterschiedlichen Wegen, nämlich

(i.) zuerst stromaufwärts, danach stromabwärts, und

(ii.) er kreuzt den Strom zweimal (mit einer Bewegung quer zur Strömungsrichtung).

Beide Male legt er dieselbe Strecke $s$ zurück. Die Situation ist veranschaulicht in Bild 7-3.

Die typische Frage lautet dann: Wie lange dauert die Strecke von „A" nach „B" nach „A" und im Vergleich: Wie lange dauert die Strecke von „C" nach „D" nach „C"? Berechnen Sie den Quotienten der beiden Schwimmzeiten $\frac{t_{ABA}}{t_{CDC}}$.

Vorgaben: Relativ zum Wasser schwimmt der Schwimmer mit der Geschwindigkeit $c$.
Die Strömungsgeschwindigkeit des Wassers sei $v$.
Als gegeben betrachten Sie $v$ und $c$. Wer will, kann Werte einsetzen (z.B. $v = 10\frac{m}{s}$ und $c = 20\frac{m}{s}$), aber nicht alle Prüfer verlangen hier explizite Beispielwerte.

Analogie: Die Erde bewegt sich im hypothetischen Äther mit der Geschwindigkeit $v$. Mit dieser Geschwindigkeit strömt der Äther am Experiment vorbei. Das Licht bewegt sich mit der Geschwindigkeit $c$ relativ zum Äther – so schnell schwimmt der Schwimmer relativ zur Strömung.

Zusatzfrage: Erklären Sie auch kurz den Zusammenhang mit dem tatsächlichen Michelson-Morley-Experiment.

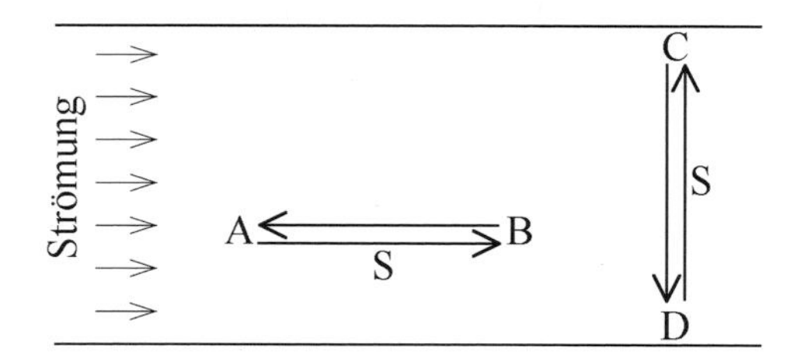


**Bild 7-3**
Analogieübertragung des Michelson-Morley-Experiments auf eine Schwimmbewegung in fließendem Wasser.
Gefordert ist die Gleichheit der Strecken $s = s_{ABA} = s_{CDC}$.

## ▾ Lösung zu 7.7

Lösungsstrategie:

Gefragt sind natürlich die Geschwindigkeiten des Schwimmers über Grund, also relativ zu einem (hypothetisch angenommen) ruhenden Punkt, damit das Analogiebild stimmig bleibt. Um diese zu erhalten, muss die Geschwindigkeit des Schwimmers relativ zum Wasser zur Strömungsgeschwindigkeit addiert werden. Da Geschwindigkeiten Vektoren sind, verläuft diese Addition aber für den Weg „ABA" anders als für den Weg „CDC", sodass sich für die beiden Fälle unterschiedliche Schwimmzeiten ergeben. 1 P

Lösungsweg, explizit:

(i.) Wir berechnen zuerst die Schwimmdauer beim Schwimmen in Strömungsrichtung und gegen Strömungsrichtung. Nach Definition ist Geschwindigkeit Strecke pro Zeit. Somit gilt:

Stromabwärts ist die Zeit $t_{A\to B} = \frac{\frac{1}{2}s}{c+v}$. Stromaufwärts ist die Zeit $t_{B\to A} = \frac{\frac{1}{2}s}{c-v}$. 1+1 P

Die Summe ist $t_{ABA} = t_{A\to B} + t_{B\to A} = \frac{\frac{1}{2}s}{c+v} + \frac{\frac{1}{2}s}{c-v} = \frac{\frac{1}{2}s\cdot(c-v)+\frac{1}{2}s\cdot(c+v)}{(c+v)\cdot(c-v)} = \frac{c\cdot s}{c^2-v^2}$. 1 P

(ii.) Beim diagonalen Überqueren der Strömung muss der Schwimmer vorhalten, d.h. schräg gegen die Strömung anschwimmen entsprechend Bild 7-4, damit er tatsächlich den diagonalen Weg erreicht. Auf dem Weg von „C" nach „D" schwimmt er relativ zum Wasser schräg nach links mit der Geschwindigkeit $c$, die sich zusammensetzt aus der Geschwindigkeit über Grund $v_G$ und der Strömungsgeschwindigkeit $v$. 1 P

Die zur Bestimmung der Schwimmdauer gesuchte Größe $v_G$ findet man nach Pythagoras wie folgt: $c^2 = v_g^2 + v^2 \;\Rightarrow\; v_g = \sqrt{c^2-v^2} \;\Rightarrow\; t_{C\to D} = \frac{\frac{1}{2}s}{v_g} = \frac{\frac{1}{2}s}{\sqrt{c^2-v^2}}$. 2 P

Da die Situation von „C" nach „D" spiegelsymmetrisch ist zu der Situation von „D" nach „C", ist die Gesamtdauer das Doppelte der Dauer für den Hinweg: $t_{CDC} = 2\cdot t_{C\to D} = \frac{s}{\sqrt{c^2-v^2}}$. 1 P

▪ Das gefragte Verhältnis der Schwimmzeiten ist also

$$\frac{t_{ABA}}{t_{CDC}} = \frac{\frac{c\cdot s}{c^2-v^2}}{\frac{s}{\sqrt{c^2-v^2}}} = \frac{c\cdot\sqrt{c^2-v^2}}{c^2-v^2} = \frac{c}{\sqrt{c^2-v^2}} = \frac{1}{\sqrt{1-\frac{v^2}{c^2}}}.$$ 2 P

▪ Wer mag kann Werte einsetzen. Für die Werte der Aufgabenstellung ergibt sich:

$$\frac{t_{ABA}}{t_{CDC}} = \frac{1}{\sqrt{1-\frac{v^2}{c^2}}} = \left(1-\frac{\left(10\frac{m}{s}\right)^2}{\left(20\frac{m}{s}\right)^2}\right)^{-\frac{1}{2}} = \left(\frac{3}{4}\right)^{-\frac{1}{2}} = \sqrt{\frac{4}{3}} \overset{TR}{\approx} 1.1547.$$ 1 P

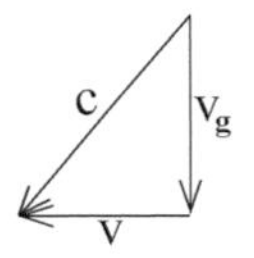


**Bild 7-4**
Vektorielle Zusammensetzung der Geschwindigkeiten beim diagonalen Überqueren des Flusses.
Symbole und Erläuterung → siehe Text.

Zur Zusatzfrage: Der Zusammenhang mit dem tatsächlichen Michelson-Morley-Experiment sieht wie folgt aus:

Die beiden Wissenschaftler bauten ein Interferrometer, das im Labor um 90° gedreht werden konnte. Würde ein Äther existieren, so würde sich die Erde in diesem Äther bewegen. Dann müsste die Laufzeit des Lichts in Bewegungsrichtung der Erde relativ zum Äther, der als absolut ruhendes Medium anzunehmen sei, eine andere sein, als die Laufzeit des Lichts senkrecht zu dieser Laufrichtung der Erde. Das ist aber nicht der Fall. Ein derartiger Unterschied konnte nicht nachgewiesen werden, obwohl die Messapparatur in Anbetracht der Bewegungsgeschwindigkeit der Erde relativ zum Sternenhimmel dazu in der Lage gewesen wäre. 2 P

Dabei repräsentiert die Bewegung der Erde und mit ihr die Bewegung der Messapparatur relativ zum Äther die Strömung des Wassers relativ zum Grund. Die Bewegung des Lichtstrahls in der Messapparatur (durch die der Äther hindurchströmt, falls er denn existiert) entspricht dann der Bewegung des Schwimmers relativ zum Wasser. 1 P

## Aufgabe 7.8 Zeitdilatation und Längenkontraktion

| 8 Min. | | Punkte 5 P |
|---|---|---|

Sie fliegen als Ingenieur des dritten Jahrtausends mit Ihrer Rakete durch die Weiten des Weltalls, und zwar mit einer Geschwindigkeit von $v = 2 \cdot 10^8 \frac{m}{s}$. Nehmen wir an, Sie legen für mich als einen auf der Erde zurückgebliebenen Beobachter die Strecke $s = 1Lj$ (die Einheit „$Lj$“ steht für Lichtjahr) zurück.

(a.) Wie viel Zeit ist für mich als ruhender Beobachter vergangen, bis Sie diese Strecke hinter sich gebracht haben?

(b.) Wie viel Zeit ist für Sie im Inneren der Rakete vergangen, bis Sie diese Strecke hinter sich gebracht haben?

(c.) Nehmen wir an, ich sah Ihre Rakete beim Start mit einer Länge von $l = 10m$. Mit welcher Länge sehe ich Ihre Rakete während des Fluges.

(d.) Nehmen wir an, Sie wogen vor dem Start $m = 75kg$. Mit welcher Masse sehe ich Sie fliegen?

Hinweis: Diese Aufgabe ist eine absolute Standardaufgabe, falls Relativitätstheorie geprüft werden soll. Alle Kandidaten sollten sie unbedingt beherrschen.

## Lösung zu 7.8

Lösungsstrategie:

Bewegen sich zwei Bezugssysteme relativ zueinander, so nehmen Beobachter, die sich in unterschiedlich bewegten Systemen aufhalten, physikalische Grundgrößen wie Zeit, Raum und Masse unterschiedlich wahr. Diese Zusammenhänge gehören zu den Inhalten der Relativitätstheorie.

Lösungsweg, explizit:

In der speziellen Relativitätstheorie berechnet man diese Unterschiede der Wahrnehmung so:

Zeitdilatation: $\Delta t' = \Delta t \cdot \sqrt{1-\frac{v^2}{c^2}}$ .

Längenkontraktion: $\Delta l' = \Delta l \cdot \sqrt{1-\frac{v^2}{c^2}}$ .

Massenzunahme: $m' = \frac{m}{\sqrt{1-\frac{v^2}{c^2}}}$ .

Dabei ist $\Delta t$ = Zeitintervall in meinem System und $\Delta l$ = Längenintervall in meinem System, sowie $\Delta t'$ = Zeitintervall im relativ zu mir bewegten System und $\Delta l'$ = Längenintervall im relativ zu mir bewegten System. Dazu ist außerdem $m'$ = bewegte Masse im relativ zu mir bewegten System und $m$ = dieselbe Masse in meinem System.

Mit Bezug auf die Aufgabenstellung betrachte ich das System des im Weltraum fliegenden Ingenieurs als bewegt und mein System als für mich ruhend. Wir wollen nun Zahlen einsetzen:

Der Effektivität halber berechnen wir die Wurzel in diesen Formeln vorab einmal und setzen sie anschließend in alle Lösungen zu den Aufgabenteilen (a.), (b.) und (c.) ein:

$$k = \sqrt{1-\frac{v^2}{c^2}} \overset{TR}{\approx} \sqrt{1-\frac{\left(2\cdot 10^8 \frac{m}{s}\right)^2}{\left(2.998\cdot 10^8 \frac{m}{s}\right)^2}} \overset{TR}{\approx} 0.745 \,.$$ 1 P

(a.) Geschwindigkeit ist Strecke pro Zeit: $v=\frac{s}{t} \Rightarrow t=\frac{s}{v}$. In meinem Bezugssystem fliegen Sie mit $v = 2\cdot 10^8 \frac{m}{s}$ über eine Strecke von $s = c\cdot 1\,Jahr$. Damit wird Ihre Flugzeit in meinem Bezugssystem $t=\frac{s}{v}=\frac{c\cdot 1\,Jahr}{2\cdot 10^8 \frac{m}{s}}=\frac{2.998\cdot 10^8 \frac{m}{s}\cdot 1\,Jahr}{2\cdot 10^8 \frac{m}{s}}=\frac{2.998}{2}\,Jahre \overset{TR}{\approx} 1.499\,Jahre$. 1 P

(b.) Für Sie vergeht aufgrund der Zeitdilatation während Ihres Fluges aber nur die Zeitspanne $\Delta t' = \Delta t\cdot\sqrt{1-\frac{v^2}{c^2}} = \Delta t\cdot k = 1.499\,\text{Jahre}\cdot 0.745 \overset{TR}{\approx} 1.1168\,\text{Jahre}$ . 1 P

(c.) Die Längenkontraktion führt dazu, dass ich Ihre Rakete mit verringerter Länge wahrnehme, nämlich mit $\Delta l' = \Delta l\cdot\sqrt{1-\frac{v^2}{c^2}} = \Delta l\cdot k \overset{TR}{\approx} 10\,m\cdot 0.745 = 7.45\,m$ . 1 P

(d.) Ihre relativistische Massenzunahme führt zu $m' = \frac{m}{\sqrt{1-\frac{v^2}{c^2}}} = \frac{m}{k} = \frac{75\,kg}{0.745} \overset{TR}{\approx} 100.67\,kg$ . 1 P

Ich nehme Sie also mit erhöhter Masse wahr.

Scherz: Auch wenn Sie mir aufgrund der Längenkontraktion im Raumschiff schlanker erscheinen als hier auf der Erde, so wäre das Fliegen dennoch keine ideale Schlankheitskur, denn Sie würden mir im Raumschiff schwerer erscheinen als hier bei mir. Der Scherz taugt übrigens als Merkregel für die richtige Multiplikation mit $k$ bzw. Division durch $k$ .

## Aufgabe 7.9 Zeitdilatation in Maßstäben des Alltagslebens

(a.,b.,c.) 15 Min. inklusive Numerik  Punkte (a.,b.,c.) je 2 P Numerik 6 P

Ein immer wieder abgefragtes Beispiel ist die Übertragung der relativistischen Zeitdilatation auf Geschwindigkeiten unseres Alltags. Nehmen wir an, Sie fahren mit einem Hochgeschwindigkeitszug mit $v = 180\frac{km}{h}$. Ein zuhause gebliebener Beobachter empfindet Ihre Fahrzeit als genau eine Stunde.

(a.) Wie viel Zeit ist für Sie im Zug vergangen?

(b.) Welche Masse hat jemand, der zuhause 80 kg wiegt, im Zug für den außenstehenden Beobachter?

(c.) Unser Passagier sei zuhause 1.80 Meter lang und liege im Liegewagen in Fahrtrichtung ausgestreckt. Wie lang erscheint er jemandem, der neben dem Zug steht und durch die Fenster bei der Vorbeifahrt hineinschaut? (Die Realisierung der Situation sei hier egal.)

Tipp: Viele Taschenrechner haben hier Schwierigkeiten mit der Numerik. Rechnen Sie trotzdem mit einer Genauigkeit von mindestens vier signifikanten Stellen.

## ▾ Lösung zu 7.9

Lösungsstrategie:

Dieser Aufgabentyp taucht immer wieder auf, weil demonstriert werden soll, dass wir im Alltag von relativistischen Effekten kaum etwas merken können. Die eigentliche Schwierigkeit, die für den Prüfungsfall geübt werden muss, liegt aber im Umgang mit der Numerik. Die Zahlen, die dabei auftreten, sind für viele Taschenrechner zu klein und müssen daher über abgebrochene Taylorreihen durch eine Näherungsrechnung bestimmt werden.

Lösungsweg, explizit:

Wir führen zuerst die eigentlichen physikalischen Inhalte der Antwort vor und demonstrieren den Umgang mit der Numerik im Anschluss daran separat.

Der relativistische Faktor, mit dem alle Teilfragen beantwortet werden, lautet

1 P $$\sqrt{1-\frac{v^2}{c^2}} = \sqrt{1-\frac{\left(50\frac{m}{s}\right)^2}{\left(2.998\cdot 10^8\frac{m}{s}\right)^2}} \overset{TR}{\approx} \left(1-1.391\cdot 10^{-14}\right).$$ (Punktegabe siehe Numerik)

Damit ergeben sich folgende Antworten auf die einzelnen Aufgabenteile:

1 P (a.) Zeitdilatation → $\Delta t_{zuhause} = \frac{\Delta t_{unterwegs}}{\sqrt{1-\frac{v^2}{c^2}}}$

1 P $$\Rightarrow \quad \Delta t_{unterwegs} = \Delta t_{zuhause}\cdot\sqrt{1-\frac{v^2}{c^2}} \overset{TR}{\approx} 3600\,\text{sec}\cdot\left(1-1.391\cdot 10^{-14}\right) \overset{TR}{\approx} (3600-5.0067\cdot 10^{-11})\,\text{sec}.$$

Das sind ca. $0.05\,Nanosekunden$, die für die Menschen im Zug weniger vergangen sind als für die zuhause gebliebenen.

(b.) Massenzunahme → $m_{unterwegs} = \frac{m_{zuhause}}{\sqrt{1-\frac{v^2}{c^2}}}$ 1 P

$$\Rightarrow \quad m_{unterwegs} = \frac{m_{zuhause}}{\sqrt{1-\frac{v^2}{c^2}}} \overset{TR}{\approx} \frac{80\,kg}{1-1.391\cdot 10^{-14}} = \left(80+1.1126\cdot 10^{-12}\right)kg\,.$$ 1 P

Das sind etwa $1.1\,Nanogramm$, die man während der Fahrt schwerer ist als zuhause.

(c.) Längenkontraktion → $\Delta l_{im\,Zug} = \frac{\Delta l_{außen}}{\sqrt{1-\frac{v^2}{c^2}}}$ 1 P

$$\Rightarrow \quad \Delta l_{außen} = \Delta l_{im\,Zug} \cdot \sqrt{1-\frac{v^2}{c^2}} \overset{TR}{\approx} 1.80\,m \cdot \left(1-1.391\cdot 10^{-14}\right) \overset{TR}{\approx} \left(1.80 - 2.503\cdot 10^{-14}\right)m\,.$$ 1 P

Der außenstehende Beobachter sieht den Reisenden unseres Beispiels also um $0.025\,Pikometer$ kürzer als der im Zug Mitreisende ihn sieht.

**Stolperfalle**

Die eigentliche Schwierigkeit der Aufgabe liegt in der begrenzten Rechengenauigkeit vieler Taschenrechner. Um den Blick nicht von der Physik abzulenken, wurde beim obigen Rechenweg nicht darauf eingegangen. Da aber an dieser Stelle die eigentliche Klippe im Prüfungsfall liegt, wollen wir das Problem nicht ignorieren:

Eine zehnstellige Anzeige verliert das gefragte Ergebnis. Neben einer Zeit von $3600\,\text{sec.}$ noch $10^{-11}\,\text{sec.}$ überhaupt wahrnehmen zu wollen, benötigt 15 Stellen Rechengenauigkeit. Das Ergebnis dann auch noch mit einer Genauigkeit von 4 Stellen auszurechnen, erhöht die Anforderung um diese weiteren 4 Stellen auf 19 Stellen Rechengenauigkeit. Das lässt sich in die meisten Taschenrechner nicht einfach eintippen, sondern es erfordert einen eigenen Rechenweg, der nachfolgend dargestellt ist.

Üblicherweise greift man bei derartigen numerischen Problemen auf Taylorreihenentwicklungen zurück.

▪ Speziell für die Wurzel unserer Aufgabe findet man in Formelsammlungen die Reihe:

$$(1\pm x)^{\frac{1}{2}} = 1 \pm \frac{1}{2}x - \frac{1\cdot 1}{2\cdot 4}x^2 \pm \frac{1\cdot 1\cdot 3}{2\cdot 4\cdot 6}x^3 - \frac{1\cdot 1\cdot 3\cdot 5}{2\cdot 4\cdot 6\cdot 8}x^4 \pm \ldots \qquad \text{mit Konvergenzbereich } |x|\le 1$$ 1 P

Da die Konvergenz umso schneller geht, je kleiner $x$ dem Betrage nach ist (optimal für $|x| \ll 1$), liegen gute Bedingungen für rasche Konvergenz vor. Deshalb begnügen wir uns mit nur zwei Summanden und nähern in der ersten Ordnung: $(1\pm x)^{\frac{1}{2}} \approx 1 \pm \frac{1}{2}x \quad (*1)$. ½ P

$$\text{Dann ist } \sqrt{1-\frac{v^2}{c^2}} \approx 1 - \frac{1}{2}\cdot\frac{v^2}{c^2} = 1 - \frac{1}{2}\cdot\frac{\left(50\,\frac{m}{s}\right)^2}{\left(2.998\cdot 10^8\,\frac{m}{s}\right)^2} \overset{TR}{\approx} 1 - 1.391\cdot 10^{-14}\,.$$ 1 P

Eine Abschätzung der Rechengenauigkeit könnte man aus dem nächst höheren Summanden der Reihe gewinnen: $\frac{1\cdot 1}{2\cdot 4}x^2 = \frac{1}{8}\cdot\frac{v^4}{c^4} = \frac{1}{8}\cdot\frac{\left(50\,\frac{m}{s}\right)^4}{\left(2.998\cdot 10^8\,\frac{m}{s}\right)^4} \overset{TR}{\approx} 9.67\cdot 10^{-29}$. Dies wird aber eher bei Mathe-Prüfungen als bei Physik-Prüfungen gefragt. Auf jeden Fall sieht man, dass in unserem Fall die Näherung sehr gut war.

▪ Eine zweite Taylorreihe wird noch benötigt, wenn die Wurzel im Nenner steht. Entweder bilden wir den Kehrwert der berechneten Wurzel oder wir berechnen gleich $(1\pm x)^{-\frac{1}{2}}$. Da in der obigen Musterlösung (willkürlich) die erstgenannte Variante des Kehrwert-Bildens gewählt wurde, sei dieser Weg nachfolgend demonstriert:

1 P Die Reihe lautet $(1\pm x)^{-1} = 1\mp x + x^2 \mp x^3 + x^4 \pm \ldots \quad (*2)$ mit Konvergenzbereich $|x|<1$.

½ P Setzen wir die erste Näherung der obigen Wurzel $(1\pm x)^{\frac{1}{2}} \approx 1\pm\frac{1}{2}x$ in dieReihe ein, so erhalten wir:

1 P

$$\frac{1}{(1-x)^{\frac{1}{2}}} \approx \underbrace{\frac{1}{1-\frac{1}{2}x}}_{\text{nach }(*1)} \approx \underbrace{1+\frac{1}{2}x}_{\text{nach }(*2)} \quad\Rightarrow\quad \frac{1}{\sqrt{1-\frac{v^2}{c^2}}} \approx 1+\frac{1}{2}\cdot\frac{v^2}{c^2} \overset{TR}{\approx} 1-\frac{1}{2}\cdot\frac{\left(50\,\frac{m}{s}\right)^2}{\left(2.998\cdot 10^8\,\frac{m}{s}\right)^2} \overset{TR}{\approx} 1+1.391\cdot 10^{-14}$$

Auch diese Näherung ist wegen $|x|\ll 1$ auch wieder von hoher Qualität.

**Arbeitshinweis**

Der Übersicht halber gibt man die Ergebnisse nicht mit einer evtl. sogar zwanzigstelligen Zahl an, sondern wie in der Musterlösung geschehen mit einer Summe, deren kleinerer Summand einen Zehnerexponenten trägt: Die Angabe $1.80m - 2.503\cdot 10^{-14}m$ ist bequemer lesbar als $1.79999999999997497\,m$.

## Aufgabe 7.10 Lebensdauer relativistisch bewegter Teilchen

Elementarteilchen mit einer mittleren Lebensdauer von $\tau = 10^{-9}$sec. fliegen in einem Teilchenbeschleuniger mit einer Geschwindigkeit von 99.9% der Lichtgeschwindigkeit. Wie weit ist die mittlere Reichweite, die diese Teilchen im Beschleuniger zurücklegen können? Vergleichen Sie das Ergebnis mit der Reichweite, die die Teilchen ohne relativistische Zeitdilatation zurücklegen könnten.

## ▾ Lösung zu 7.10

Lösungsstrategie:

Die Lebensdauer $\tau$ eines Teilchens wird normalerweise in seinem Bezugssystem angegeben. Aufgrund der Zeitdilatation ist die Lebensdauer $\tau'$ im Bezugssystem des Beschleunigers, in dem normalerweise auch der Beobachter ruht, größer als $\tau$. Mit Bezug auf diese relativistisch vergrößerte Lebensdauer müssen wir die Flugweite der Teilchen berechnen.

Anmerkung: Ähnliches kennt man auch von solaren Müonen, die als Zwischenprodukte des $\pi\mu e$-Zerfalls den Erdboden erreichen, was nur aufgrund der relativistisch verlängerten Lebensdauer wegen ihrer hohen Geschwindigkeit (nahe der Lichtgeschwindigkeit) möglich ist. In dieser Formulierung taucht das hier vorgeführte Beispiel auch in Prüfungen auf.

Lösungsweg, explizit:

Im Laborsystem ist die Lebensdauer der Teilchen $\tau' = \frac{\tau}{\sqrt{1-\frac{v^2}{c^2}}}$. 1 P

Ihre Reichweite im Laborsystem ist dann $s = v \cdot \tau'$ vor, also $s = \frac{v \cdot \tau}{\sqrt{1-\frac{v^2}{c^2}}}$. 1 P

Laut Vorgabe der Aufgabenstellung ist $\frac{v}{c} = 0.999$, sodass wir nun Werte einsetzen können:

$$s = \frac{0.999\, c \cdot 10^{-9}\,\text{sec.}}{\sqrt{1-(0.999)^2}} = \frac{0.999 \cdot 2.998 \cdot 10^8 \frac{m}{\text{sec.}} \cdot 10^{-9}\,\text{sec.}}{\sqrt{1-(0.999)^2}} \overset{TR}{\approx} 6.70\,m\,.$$ 1 P

Ohne Beachtung der relativistischen Zeitdilatation würde man eine Reichweite von $s = v \cdot \tau = 0.999 \cdot c \cdot 10^{-9} s \overset{TR}{\approx} 0.30\,m$ berechnen, denn die Zeitdilatation erhöht für die bewegten Teilchen die Lebensdauer und somit die Flugdauer. Die Tatsache, dass man derartig erhöhte Reichweiten tatsächlich experimentell beobachtet hat, wird als einer der Nachweise für die Gültigkeit der Relativitätstheorie verstanden. Im Übrigen können die in der Lösungsstrategie erwähnten, in der Randschicht der Atmosphäre gebildeten Müonen des $\pi\mu e$-Zerfalls den Erdboden nur aufgrund der relativistischen Zeitdilatation erreichen – und tatsächlich sind sie dort nachweisbar. 1 P

## Aufgabe 7.11 Relativistische Massenzunahme, Impuls

| | | | | |
|---|---|---|---|---|
| (a.) 9 Min. | | Punkte | (a.) 7 P |
| (b.) 4 Min. | | | (b.) 3 P |
| (c.) 7 Min. | | | (c.) 6 P |

In modernen Teilchenbeschleunigern bringt man Elementarteilchen auf Geschwindigkeiten sehr nahe der Lichtgeschwindigkeit. Zum Beschleunigen und zum Lenken der Teilchen in Kurven muss man deren Bewegung berechnen, wozu die Kenntnis der Masse nötig ist. Da wir aber die Beschleuniger-Apparaturen im Laborsystem bauen, nehmen wir die Teilchenmasse relativistisch erhöht wahr – und diese Erhöhung muss tatsächlich berücksichtigt werden, andernfalls würden die Teilchenbeschleuniger nicht funktionieren.

Nehmen wir an, ein Elektron (Ruhemasse $m_e = 9.10939 \cdot 10^{-31}\,kg$ ) werde auf eine bewegte Gesamtenergie von $20\,MeV$ gebracht.

(a.) Berechnen Sie die Geschwindigkeit des Teilchens relativ zum Labortisch.

(b.) Berechnen Sie die bewegte Masse des Teilchens im Laborsystem.

(c.) Berechnen Sie den Impuls des bewegten Elektrons im Laborsystem.

## Lösung zu 7.11

Lösungsstrategie:

(a. und b.) Die gesamte Energie des Teilchens ist gegeben. Da die Teilchengeschwindigkeit der Lichtgeschwindigkeit sehr nahe ist, kann man diese in guter Näherung (zwecks Minimierung des Rechenaufwandes) der kinetischen Energie gleichsetzen. Deren relativistischer Ausdruck enthält die Geschwindigkeit, nach der sich auflösen lässt. 1 P

(c.) Die hier verwendete Zusammensetzung der Gesamtenergie aus der kinetischen Energie und der der Ruhemasse entsprechenden Energie wird häufig benutzt.

Lösungsweg, explizit:

(a.) Die Gesamtenergie des Teilchens ist $W_{ges} = m \cdot c^2 = \frac{m_0}{\sqrt{1-\frac{v^2}{c^2}}} \cdot c^2$ mit $m_0$ = Ruhemasse und $m$ = bewegte Masse. 1 P

Das Auflösen nach der Geschwindigkeit liegt auf der Hand:

$$W_{ges} = \frac{m_0}{\sqrt{1-\frac{v^2}{c^2}}} \cdot c^2 \;\Rightarrow\; \frac{m_0 \cdot c^2}{W_{ges}} = \sqrt{1-\frac{v^2}{c^2}} \quad (*1) \;\Rightarrow\; 1-\frac{v^2}{c^2} = \left(\frac{m_0 \cdot c^2}{W_{ges}}\right)^2 \;\Rightarrow\; \frac{v^2}{c^2} = 1-\left(\frac{m_0 \cdot c^2}{W_{ges}}\right)^2$$

$$\Rightarrow\; \frac{v}{c} = \sqrt{1-\left(\frac{m_0 \cdot c^2}{W_{ges}}\right)^2}\,.$$ 2½ P

Darin ist die Energie des ruhenden Teilchens

$$m_0 \cdot c^2 = 9.10939 \cdot 10^{-31}\,kg \cdot \left(2.998 \cdot 10^8 \tfrac{m}{s}\right)^2 \overset{TR}{\approx} 8.1875 \cdot 10^{-14}\,J$$

$$\overset{TR}{\approx} 8.1875 \cdot 10^{-14}\,J \cdot \frac{1}{1.602 \cdot 10^{-19}} \frac{eV}{J} \overset{TR}{\approx} 511081\,eV = 0.511081\,MeV\,.$$ 1½ P

Die Umrechnung der Einheiten „Elektronvolt“ in „Joule“ sollten die Leser an dieser Stelle ohne Anleitung aus eigener Kraft beherrschen.

Damit können wir die Werte der Aufgabenstellung einsetzen:

$$\frac{v}{c}=\sqrt{1-\left(\frac{m_0\cdot c^2}{W_{ges}}\right)^2}=\sqrt{1-\left(\frac{0.511081\,MeV}{20\,MeV}\right)^2}\overset{TR}{\approx}0.99967344\,.$$

1 P

Die Geschwindigkeit der Elektronen ist also 99.967344 % der Vakuumlichtgeschwindigkeit. Die Angabe einer solchen Geschwindigkeit in $\frac{m}{s}$ ist unüblich aber möglich. Sie macht allerdings nur Sinn, wenn man die Vakuumlichtgeschwindigkeit mit hinreichend vielen signifikanten Stellen einsetzt: $v\overset{TR}{\approx}0.99967344\cdot c\overset{TR}{\approx}0.99967344\cdot 2.99792458\cdot 10^8\,\frac{m}{s}\overset{TR}{\approx}299694558\,\frac{m}{s}$

(b.) Die bewegte Masse ist

$$m=\underbrace{\frac{m_0}{\sqrt{1-\frac{v^2}{c^2}}}=\frac{W_{ges}}{c^2}}_{\text{Hier setzt man }(*1)\text{ ein.}}\overset{TR}{\approx}\frac{20\,MeV}{\left(2.998\cdot 10^8\,\frac{m}{s}\right)^2}\overset{TR}{\approx}\frac{20\cdot 10^6\,eV\cdot 1.602\cdot 10^{-19}\,\frac{J}{eV}}{\left(2.998\cdot 10^8\,\frac{m}{s}\right)^2}\overset{TR}{\approx}3.56475\cdot 10^{-29}\,\frac{kg\cdot\frac{m^2}{s^2}}{\left(\frac{m}{s}\right)^2}$$

$$=3.56475\cdot 10^{-29}\,kg\,.$$

3 P

(c.) Zur Verknüpfung zwischen Gesamtenergie $W_{ges}$ und Impuls $p$ findet man in Formelsammlungen den Ausdruck $W_{ges}=\sqrt{W_0^2+(c\cdot p)^2}$, worin $W_0$ die Ruheenergie ist. Dabei setzt sich die Gesamtenergie aus der Energie zur Ruhemasse und der Energie zur Bewegung zusammen.

1 P

Wir lösen nach dem Impuls auf und setzen Werte ein:

$$W_{ges}=\sqrt{W_0^2+(c\cdot p)^2}\quad\Rightarrow\quad W_{ges}^2=W_0^2+(c\cdot p)^2=\left(m_0\cdot c^2\right)^2+(c\cdot p)^2$$

$$\Rightarrow\quad (c\cdot p)^2=W_{ges}^2-\left(m_0\cdot c^2\right)^2\quad\Rightarrow\quad p^2=\frac{W_{ges}^2}{c^2}-\frac{\left(m_0\cdot c^2\right)^2}{c^2}\quad\Rightarrow\quad p=\sqrt{\frac{W_{ges}^2}{c^2}-m_0^2\cdot c^2}$$

3 P

$$\Rightarrow\quad p=\sqrt{\underbrace{\frac{\left(20\cdot 10^6\,eV\cdot 1.602\cdot 10^{-19}\,\frac{J}{eV}\right)^2}{\left(2.998\cdot 10^8\,\frac{m}{s}\right)^2}}_{\text{Einheiten: }\sqrt{\frac{\left(kg\cdot\frac{m^2}{s^2}\right)^2}{\frac{m^2}{s^2}}}=\sqrt{kg^2\cdot\frac{m^2}{s^2}}}-\underbrace{\left(9.10939\cdot 10^{-31}\,kg\right)^2\cdot\left(2.998\cdot 10^8\,\frac{m}{s}\right)^2}_{\text{Einheiten: }\sqrt{kg^2\cdot\frac{m^2}{s^2}}}}\overset{TR}{\approx}1.06836\cdot 10^{-20}\cdot kg\cdot\frac{m}{s}\,.$$

2 P

Würde man dem Teilchen durch weiteres Beschleunigen weitere kinetische Energie zuführen, so würde zwar seine Geschwindigkeit nicht mehr wesentlich größer werden (denn es hat ja bereits fast Lichtgeschwindigkeit), wohl aber sein Impuls und seine bewegte Masse.

## Aufgabe 7.12 Addition von Geschwindigkeiten (relativistisch)

| 5 Min. | | Punkte 4 P |
|---|---|---|

Ein Mensch „A“ sieht eine Rakete mit einem Astronauten „B“ mit der Geschwindigkeit $v_{A/B} = \frac{2}{3}c$ von sich weg fliegen. Der Astronaut „B“ sieht einen Meteoriten „C“ mit einer Geschwindigkeit $v_{B/C} = \frac{3}{4}c$ von sich weg fliegen. (Der erstgenannte Index an der Geschwindigkeit steht für den Beobachter, der zweite Index für den relativ zu ihm bewegten Gegenstand.) Die Situation ist dargestellt in Bild 7-5.

Mit welcher Geschwindigkeit sieht der Mensch „A“ den Meteoriten von sich weg fliegen?

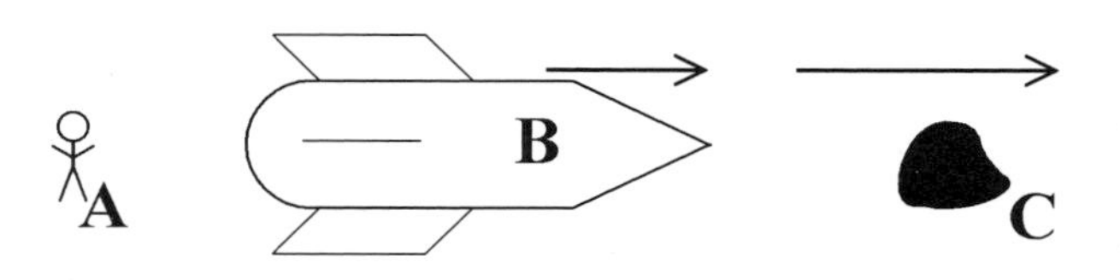


**Bild 7-5**
Darstellung dreier Objekte, die sich voneinander entfernen.

## Lösung zu 7.12

Lösungsstrategie:

Gefragt ist die relativistische Addition von Geschwindigkeiten. Einfach linear addieren darf man die Geschwindigkeiten nicht, denn sonst würde „A“ den Meteoriten „C“ mit mehr als Lichtgeschwindigkeit fliegen sehen. 1 P

Lösungsweg, explizit:

1½ P Die Formel zur relativistischen Addition von Geschwindigkeiten lautet $v_{A/C} = \frac{v_{A/B} + v_{B/C}}{1 + \frac{v_{A/B} \cdot v_{B/C}}{c^2}}$.

Setzen wir die Werte der Aufgabenstellung ein, so erhalten wir

1½ P
$$v_{A/C} = \frac{v_{A/B} + v_{B/C}}{1 + \frac{v_{A/B} \cdot v_{B/C}}{c^2}} = \frac{\frac{2}{3}c + \frac{3}{4}c}{1 + \frac{\frac{2}{3}c \cdot \frac{3}{4}c}{c^2}} = \frac{\frac{2}{3}c + \frac{3}{4}c}{1 + \frac{2}{3} \cdot \frac{3}{4}} = \frac{\frac{8+9}{12}}{\frac{3}{2}} \cdot c = \frac{17 \cdot 2}{12 \cdot 3} \cdot c = \frac{17}{18} \cdot c \,.$$

für die Geschwindigkeit, mit der der Mensch „A“ den Meteoriten „C“ fliegen sieht.

## Aufgabe 7.13 Lichtausbreitung im bewegten Bezugssystem

| | | | |
|---|---|---|---|
| (a.) 2 Min<br>(b.) 10 Min.<br>(c.) 4 Min. | (a.) und (c.) | (b.) | Punkte (a.) 2 P<br>(b.) 7 P<br>(c.) 3 P |

Ein Raumschiff der Eigenlänge $l_0$ bewege sich mit einer konstanten Geschwindigkeit $v$ relativ zu einem Bezugssystem $S$ (siehe Bild 7-6). Im Raumschiff selbst sei ein Bezugssystem $S'$ fixiert. Der Zeitnullpunkt $t = t' = 0$ sei auf denjenigen Moment festgelegt, in dem die Spitze des Raumschiffs ($A'$) den Punkt ($A$) passiert, und in diesem Augenblick werde von der Spitze ($A'$) zum Heck ($B'$) ein Lichtsignal ausgesandt.

(a.) Zu welchem Raumschiffzeitpunkt $t'$ erreicht dieses Signal das Schiffsende $B'$?

(b.) Zu welchem Zeitpunkt $t_1$ im System $S$ erreicht das Signal das Schiffsende $B'$?

(c.) Zu welchem Zeitpunkt $t_2$ im System $S$ erreicht das Schiffsende $B'$ den Punkt $A$?

(d.) Zu welchem Zeitpunkt $t'_2$ im Raumschiffsystem $S'$ erreicht das Schiffsende $B'$ den Punkt $A$?

Hinweis: Betrachten Sie $l_0$ und $v$ als gegeben (ohne Werte einsetzen zu müssen).

**Bild 7-6**
Schilderung der Situation eines Raumschiffes, welches an einem Punkt $A$ vorbeifliegt. Der Sinn des Skizze liegt in der Verdeutlichung der geometrischen Situation der einzelnen Punkte und Bezugssysteme.

## Lösung zu 7.13

Lösungsstrategie:

(a.) Hier bildet die Universalität der Vakuumlichtgeschwindigkeit die Grundlage zur Lösung. Sie besagt, dass die Vakuumlichtgeschwindigkeit in allen Bezugssystemen gleich groß ist, unabhängig von deren Bewegungszustand.

(b.) Da sowohl die Bewegung des Raumschiffes nach rechts vom Zeitpunkt $t_1$ abhängt, wie auch die Bewegung des Lichts nach links, müssen wir zwei Gleichungen, die beide $t_1$ enthalten, ineinander einsetzen.

(c.) Hier bildet die relativistische Längenkontraktion die Grundlage zur Lösung.

(d.) Das Ergebnis kann man mit Hilfe der Zeitdilatation aus Aufgabenteil (c.) ausrechnen, aber es genügt auch eine Betrachtung komplett im System $S'$.

Lösungsweg, explizit:

(a.) Elektromagnetische Wellen (und damit auch Licht) breiten sich in allen Inertialsystemen gleich schnell aus (gemeint ist die Vakuumlichtgeschwindigkeit). Betrachtet man also den Lauf des Lichtsignals vom Raumschiff aus (Bezugssystem $S'$), so ist in diesem System die

2 P Signallaufzeit $t'$ von $A'$ nach $B'$: $c=\frac{l_0}{t'} \Rightarrow t'=\frac{l_0}{c}$.

(b.) Im Bezugssystem $S$ hat sich das Raumschiff bei $t_1$ um die Strecke $s_1=v\cdot t_1$ gegenüber dem Zustand bei $t=0$ nach rechts bewegt. Das Lichtsignal hat also nur die Strecke

1 P $l-s_1=l-v\cdot t_1$ zurückzulegen, bis es den Punkt $B'$ erreicht.

Dabei beachte man, dass die Länge des Raumschiffes $l$ vom System $S$ aus betrachtet, wegen

1 P der Längenkontraktion nur $l=\frac{l_0}{\sqrt{1-\frac{v^2}{c^2}}}$ ist. Setzen wir dies in die Strecke $l-s_1$ ein, so erhalten wir die Länge der Strecke, die das Lichtsignal vom System $S$ aus betrachtet, zurücklegen

1 P muss: $l-s_1=l-v\cdot t_1=\frac{l_0}{\sqrt{1-\frac{v^2}{c^2}}}-v\cdot t_1$.

Da das Licht auch im Bezugssystem $S$ mit der Vakuumlichtgeschwindigkeit $c$ läuft, liegt der

2 P Zeitpunkt $t_1$ bei $t_1=\frac{l-s_1}{c}=\frac{1}{c}\cdot\left(\frac{l_0}{\sqrt{1-\frac{v^2}{c^2}}}-v\cdot t_1\right)$. $(*1)$

Lösen wir den Ausdruck $(*1)$ nach $t_1$ auf, so erhalten wir die gefragte Zeit:

$$(*1) \Rightarrow t_1=\frac{l_0}{c\cdot\sqrt{1-\frac{v^2}{c^2}}}-\frac{v}{c}\cdot t_1 \Rightarrow t_1\cdot\left(1+\frac{v}{c}\right)=\frac{l_0}{c\cdot\sqrt{1-\frac{v^2}{c^2}}}$$

2 P

$$\Rightarrow t_1=\frac{l_0}{c\cdot\left(1+\frac{v}{c}\right)\cdot\sqrt{1-\frac{v^2}{c^2}}}=\frac{l_0}{(c+v)\cdot\sqrt{1-\frac{v^2}{c^2}}}=\frac{l_0\cdot c}{(c+v)\cdot\sqrt{c^2-v^2}}.$$

Da dieser Ausdruck nur von $l_0$ und $v$ abhängt, ist Aufgabenteil (b.) gelöst.

**Stolperfalle**

Die Schwierigkeit bei Aufgabenteil (b.) liegt darin, keinen der relevanten physikalischen Aspekte zu vergessen, als da wären:

- die Längenkontraktion des Raumschiffes im Bezugssystem $S$
- die Gleichzeitigkeit der Bewegungen des Raumschiffs nach rechts und des Lichts nach links

(c.) Im Bezugssystem $S$ ist wieder die relativistische Längenkontraktion des Schiffes zu

1 P berücksichtigen. Man erhält deshalb: $t_2=\frac{l}{v}=\frac{l_0}{v\cdot\sqrt{1-\frac{v^2}{c^2}}}$.

(d.) Im Raumschiffsystem $S'$ erlebt man diese Zeitspanne aufgrund der Zeitdilatation verkürzt, sodass gilt $t'_2 = \underbrace{t_2 \cdot \sqrt{1-\frac{v^2}{c^2}} = \frac{l_0}{v\cdot\sqrt{1-\frac{v^2}{c^2}}} \cdot \sqrt{1-\frac{v^2}{c^2}}}_{\text{Hier wurde das Ergebnis von Aufgabenteil (b.) eingesetzt}} = \frac{l_0}{v}$ .

2 P

Wie wir wissen, verläuft in unterschiedlich bewegten Bezugssystemen die Zeit unterschiedlich schnell. Im Übrigen entspricht das Ergebnis unseren Erwartungen, da im System $S'$ das Raumschiff die Länge $l_0$ hat und der Punkt „A" sich mit der Geschwindigkeit $v$ nach hinten bewegt. Aus Sicht des Raumschiffs ist $t'_2$ die Zeit, die der Punkt „A" braucht, um mit der Geschwindigkeit $v$ die Strecke $l_0$ zu passieren.

## Aufgabe 7.14 Relativistisch bewegte Masse und Impuls

 (a.) 10 Min. (b.) 10 Min.  Punkte (a.) 7 P (b.) 7 P

Einem Teilchen werde durch die Einwirkung eines elektrischen Feldes eine kinetische Energie verliehen, die genau $x$-mal so groß sei wie seine Ruheenergie $m_0 c^2$. Drücken Sie folgende Größen als Funktion von $x$ aus, wobei Sie die Ruhemasse $m_0$ des Teilchens als bekannt voraussetzen dürfen:

(a.) die Geschwindigkeit des Teilchens (b.) den Impuls des Teilchens

## ▾ Lösung zu 7.14

Lösungsstrategie:

(a.) Der Zusammenhang zwischen der Ruhemasse und der bewegten Masse enthält die Wurzel $\sqrt{1-\frac{v^2}{c^2}}$, somit also die Geschwindigkeit $v$, nach der wir auflösen können.

(b.) Zur Berechnung des Impulses benutzen wir den aus Aufgabe 7.11, Teil (c.) bekannten genauen Rechenweg.

Lösungsweg, explizit:

(a.) Nach Aufgabenstellung gilt

$$\left.\begin{array}{l}\text{Ruheenergie } E_0 = m_0 c^2 \\ \text{kinet. Energie } E_v = x \cdot m_0 c^2\end{array}\right\} \Rightarrow \text{Gesamtenergie } E_g = (x+1)\cdot m_0 c^2 . \qquad (*1)$$

2 P

Andererseits ist die Gesamtenergie auch $E_g = \frac{E_0}{\sqrt{1-\frac{v^2}{c^2}}} \underbrace{\Rightarrow}_{\text{nach }(*1)} \frac{E_0}{\sqrt{1-\frac{v^2}{c^2}}} = (x+1)\cdot m_0 c^2$ .

2 P

Kürzen wir $E_0 = m_0 c^2$ heraus, so können wir nach der Geschwindigkeit $v$ auflösen:

$$\frac{1}{\sqrt{1-\frac{v^2}{c^2}}} = (x+1) \;\Rightarrow\; \sqrt{1-\frac{v^2}{c^2}} = \frac{1}{x+1} \;\Rightarrow\; 1-\frac{v^2}{c^2} = \frac{1}{(x+1)^2} \qquad (*2)$$

3 P

$$\Rightarrow\; \frac{v^2}{c^2} = 1-\frac{1}{(x+1)^2} \;\Rightarrow\; v = c\cdot\sqrt{1-\frac{1}{(x+1)^2}} \text{ als Geschwindigkeit.}$$

(b.) Aus Aufgabe 7.11, Teil (c.) kennen wir den Beginn des Rechenweges zur Bestimmung des Impulses (darin stehe $m$ für die bewegte Masse):

3 P

$$\left.\begin{aligned} E_v &= mc^2 - m_0 c^2 \\ E_v &= \frac{p^2}{2m} \end{aligned}\right\} \;\Rightarrow\; \frac{p^2}{2m} = (m-m_0)\cdot c^2 \;\Rightarrow\; p = c\cdot\sqrt{2m\cdot(m-m_0)}. \qquad (*3)$$

Da laut Aufgabenstellung die Ruhemasse $m_0$ als gegeben betrachtet werden soll, nicht aber die bewegte Masse $m$, müssen wir die letztere auf die erstgenannte zurückführen, und zwar als Funktion von $x$. Dazu benutzen wir $(*2)$ aus Aufgabenteil (a.) in der Form

$\frac{1}{\sqrt{1-\frac{v^2}{c^2}}} = (x+1)$ und erhalten aufgrund der relativistischen Massenzunahme $m = \frac{m_0}{\sqrt{1-\frac{v^2}{c^2}}}$ den

2 P Ausdruck $m = m_0\cdot(x+1)$. Setzen wir diesen in $(*3)$ ein, so finden wir den gesuchten Impuls:

$$p = c\cdot\sqrt{2m\cdot(m-m_0)} = c\cdot\sqrt{2m_0\cdot(x+1)\cdot(m_0\cdot(x+1)-m_0)} = c\cdot\sqrt{2m_0\cdot(x+1)\cdot m_0((x+1)-1)}$$

2 P

$$= m_0 c\cdot\sqrt{2\cdot(x+1)\cdot((x+1)-1)} = m_0 c\cdot\sqrt{2x\cdot(x+1)}.$$

Wie gefordert, wird hier nur die Kenntnis des $x$ und der Ruhemasse vorausgesetzt.

**Arbeitshinweis**

Wie in Kapitel 0.6 ausgeführt, sollte man beim Erarbeiten der Lösungswege konkrete Zahlenwerte so spät wie möglich einsetzen. Will der Prüfer sehen, ob die Kandidaten Rechenwege auch allgemein lösen können (d.h. ohne die Kenntnis konkreter Zahlenwerte), so gibt er keine Zahlenwerte vor, sondern teilt nur abstrakt mit, welche Größen als bekannt vorausgesetzt werden dürfen. Der soeben vorgeführte Rechenweg ist ein Beispiel für eine solche Prüfungsstrategie.

## Aufgabe 7.15 Relativistische Geschwindigkeitsberechnung

| | | | |
|---|---|---|---|
| (a.) 5 Min. | | Punkte | (a.) 4 P |
| (b.) 15 Min. | | | (b.) 10 P |

Ein Elektron werde in einer Elektronenquelle mit der Spannung $U$ beschleunigt. Berechnen Sie seine Geschwindigkeit (a.) für $U = 10V$ und (b.) für $U = 100kV$

Hinweis: Führen Sie eine relativistische Berechnung nur durch, wenn sich dies bei der Rechengenauigkeit zumindest im Prozent-Bereich bemerkbar macht.

## ▾ Lösung zu 7.15

Lösungsstrategie:

Zwei Dinge sind zu bedenken:

(i.) Man prüfe vorab, für welche der Beschleunigungsspannungen eine relativistische Berechnung überhaupt sinnvoll und notwendig ist. Dies ist nur der Fall, wenn die Geschwindigkeit sich merklich in der Größenordnung der Vakuumlichtgeschwindigkeit befindet.

(ii.) Anders als bei Aufgabe 7.11 ist hier nicht die Gesamtenergie des Teilchens gegeben, sondern die ihm zugeführte kinetische Energie. Diese lässt sich als Gesamtenergie abzüglich der Ruheenergie verstehen. Der Rechenweg ist also ein anderer als bei Aufgabe 7.11.

Lösungsweg, explizit:

(i.) Die nichtrelativistische Berechnung der Geschwindigkeit wäre

$$W_{elektr} = W_{kin} \quad \Rightarrow \quad e \cdot U = \frac{1}{2} m v^2 \quad \Rightarrow \quad v = \sqrt{\frac{2eU}{m}} \, .$$ 1 P

Durch Vergleich der so zu berechnenden Geschwindigkeit mit der Vakuumlichtgeschwindigkeit können wir die Notwendigkeit einer relativistischen Berechnung überprüfen.

Für (a.): $$v = \sqrt{\frac{2eU}{m}} = \sqrt{\frac{2 \cdot 1.602 \cdot 10^{-19} C \cdot 10V}{9.10939 \cdot 10^{-31} kg}} \stackrel{TR}{\approx} 1.875 \cdot 10^6 \cdot \sqrt{\frac{C \cdot \frac{J}{C}}{kg}} = 1.875 \cdot 10^6 \cdot \sqrt{\frac{kg \cdot \frac{m^2}{s^2}}{kg}} = 1.875 \cdot 10^6 \frac{m}{s} \, .$$ 2 P

Die Geschwindigkeit ist wenig mehr als 6 ‰ der Vakuumlichtgeschwindigkeit, also ist eine relativistische sicherlich nicht lohnend, denn die Wurzel $\sqrt{1-\frac{v^2}{c^2}}$ weicht dann wesentlich weniger als 6‰ von 1 ab. Man erinnere sich in diesem Zusammenhang an die Näherungen der abgebrochenen Taylorreihen in Aufgabe 7.9. Relativistische Korrekturen machen sich dann nicht in dem in der Aufgabenstellung geforderten Prozent-Bereich bemerkbar und werden daher nicht berechnet. 1 P

Für (b.): $$v = \sqrt{\frac{2eU}{m}} = \sqrt{\frac{2 \cdot 1.602 \cdot 10^{-19} C \cdot 10^5 V}{9.10939 \cdot 10^{-31} kg}} \stackrel{??}{\approx} 1.875 \cdot 10^8 \cdot \sqrt{\frac{C \cdot \frac{J}{C}}{kg}} = 1.875 \cdot 10^8 \frac{m}{s} \qquad (*1\,??)$$ 2 P

Der Wert liegt etwas über 60 % der Vakuumlichtgeschwindigkeit. Deshalb ist die nichtrelativistische Berechnung sicherlich ungenau. Daher sind die Gleichheitszeichen mit Fragezeichen versehen, ebenso wie die Nummer der Gleichung. An dieser Stelle ist die genaue relativistische Berechnung erforderlich, die wir nun durchführen wollen, wie in (ii.) der Lösungsstrategie erläutert:

(ii.) Die Gesamtenergie $W_{ges}$ setzt sich zusammen aus der Ruheenergie $W_0$ und der kinetischen Energie $W_{kin}$: $W_{ges} = W_0 + W_{kin}$ 1 P

Also schreiben wir $W_{kin} = W_{ges} - W_0 = m \cdot c^2 - m_0 \cdot c^2$. mit $m_0$ = Ruhemasse und $m$ = bewegte Masse 1 P

Auflösen nach der Geschwindigkeit liefert:

2 P
$$\Rightarrow W_{kin} = \frac{m_0 \cdot c^2}{\sqrt{1-\frac{v^2}{c^2}}} - m_0 \cdot c^2 \Rightarrow W_{kin} + m_0 \cdot c^2 = \frac{m_0 \cdot c^2}{\sqrt{1-\frac{v^2}{c^2}}} \Rightarrow \sqrt{1-\frac{v^2}{c^2}} = \frac{m_0 \cdot c^2}{W_{kin} + m_0 \cdot c^2}$$

2 P
$$\Rightarrow 1-\frac{v^2}{c^2} = \left(\frac{m_0 \cdot c^2}{W_{kin} + m_0 \cdot c^2}\right)^2 \Rightarrow \frac{v^2}{c^2} = 1 - \left(\frac{m_0 \cdot c^2}{W_{kin} + m_0 \cdot c^2}\right)^2 \Rightarrow v = \sqrt{c^2 - \left(\frac{c \cdot m_0 \cdot c^2}{W_{kin} + m_0 \cdot c^2}\right)^2}.$$

Für den Wert $W_{kin} = e \cdot U \approx 1.602 \cdot 10^{-19} C \cdot 10^5 V \overset{TR}{\approx} 1.602 \cdot 10^{-14} J$ ergibt sich:

2 P
$$v = \sqrt{\underbrace{\left(2.998 \cdot 10^8 \tfrac{m}{s}\right)^2}_{\text{Einheiten: } \sqrt{\frac{m^2}{s^2}}} - \underbrace{\left(\frac{9.10939 \cdot 10^{-31} kg \cdot \left(2.998 \cdot 10^8 \tfrac{m}{s}\right)^3}{1.602 \cdot 10^{-14} J + 9.10939 \cdot 10^{-31} kg \cdot \left(2.998 \cdot 10^8 \tfrac{m}{s}\right)^2}\right)^2}_{\text{Einheiten: } \sqrt{\frac{\left(kg \cdot \frac{m^3}{s^3}\right)^2}{\left(kg \cdot \frac{m^2}{s^2}\right)^2}} = \sqrt{\frac{m^2}{s^2}}}} \overset{TR}{\approx} 1.6435 \cdot 10^8 \frac{m}{s}.$$

Vergleicht man den Wert mit dem nichtrelativistisch berechneten von $(*1\,??)$, der um etwa 14 % zu groß war, so sieht man durchaus den Nutzen der relativistischen Berechnung.

## Aufgabe 7.16 Relativistischer Dopplereffekt

| | | | |
|---|---|---|---|
| (a.) 12 Min. | | Punkte | (a.) 8 P |
| (b.) 5 Min. | | | (b.) 3 P |

Natriumdampflampen senden auf der Erde unter anderen zwei charakteristische gelbe Linien mit den Wellenlängen $\lambda_1 = 589.593\,nm$ und $\lambda_2 = 588.996\,nm$ aus.

Nehmen wir an, Sie beobachten diese beiden Linien von einem entfernten Stern, dessen Abstand zur Erde aufgrund der Expansion des Universums kontinuierlich zunimmt. Die eine Linie messen Sie dabei mit $\lambda_1' = 620\,nm$.

(a.) Mit welcher Geschwindigkeit entfernt sich der Stern von unserer Erde?

(b.) Mit welcher Wellenlänge messen Sie die Linie zu $\lambda_2'$?

## Lösung zu 7.16

Lösungsstrategie:

Dass hier der relativistische Dopplereffekt gefragt ist, der auch unter dem Namen „Dopplereffekt im Vakuum“ bekannt ist, liegt auf der Hand. Man beachte, dass die Formel dafür eine andere ist als die Formel für den klassischen Dopplereffekt. Der Grund dafür liegt letztlich in der Tatsache, dass für Licht kein Ausbreitungsmedium existiert, welches eine mit Absolutheit ruhende Position festlegt, wie dies beim klassischen Dopplereffekt der Akustik der Fall ist. Dort wird das Gas, in dem sich der Schall ausbreitet, als ruhendes Medium betrachtet.

Zum Rechenweg:

(a.) Die Formel des Dopplereffekts ist nach der Geschwindigkeit der Bewegung aufzulösen.

(b.) Das Verhältnis der gesendeten und der empfangenen Frequenz ist konstant und unabhängig von der Wellenlänge, da die Relativgeschwindigkeit von Sender und Empfänger eine gegebene Größe ist.

Lösungsweg, explizit:

Die Formel für den relativistischen Dopplereffekt lautet $f_E = f_Q \cdot \sqrt{\frac{c+v}{c-v}}$ $\quad (*1)$ 1 P

mit $f_Q$ = Frequenz im Bezugssystem der Quelle,

$f_E$ = Frequenz im Bezugssystem des Empfängers

und $v$ = Relativgeschwindigkeit zwischen Quelle und Empfänger. Sie ist positiv, wenn sich Quelle und Empfänger aufeinander zubewegen. Vergrößert sich hingegen der Abstand zwischen Quelle und Empfänger, so ist $v$ negativ.

(a.) Wir betrachten in $(*1)$ den Fall der sich voneinander entfernenden Bezugssysteme und lösen auf diesem Hintergrund den Ausdruck nach der Relativgeschwindigkeit $v$ auf:

$$(*1) \Rightarrow f_E = f_Q \cdot \sqrt{\frac{c+v}{c-v}} \Rightarrow f_E^2 = f_Q^2 \cdot \frac{c+v}{c-v} \Rightarrow f_E^2 \cdot (c-v) = f_Q^2 \cdot (c+v)$$

$$\Rightarrow f_E^2 \cdot c - f_E^2 \cdot v = f_Q^2 \cdot c + f_Q^2 \cdot v \Rightarrow \left(f_E^2 - f_Q^2\right) \cdot c = \left(f_E^2 + f_Q^2\right) \cdot v \Rightarrow v = c \cdot \frac{f_E^2 - f_Q^2}{f_E^2 + f_Q^2}. \quad (*2)$$ 3 P

Da in der Aufgabenstellung nicht Frequenzen sondern Wellenlängen gegeben sind, müssen wir entsprechend umrechnen: $c = \lambda \cdot f \Leftrightarrow f = \frac{c}{\lambda}$. $\quad (*3)$ 1 P

Damit wird $(*2)$ zu

$$(*2) \Rightarrow v = c \cdot \frac{\frac{c}{\lambda_E^2} - \frac{c}{\lambda_Q^2}}{\frac{c}{\lambda_E^2} + \frac{c}{\lambda_Q^2}} = c \cdot \frac{\frac{c \cdot \lambda_Q^2 - c \cdot \lambda_E^2}{\lambda_E^2 \cdot \lambda_Q^2}}{\frac{c \cdot \lambda_Q^2 + c \cdot \lambda_E^2}{\lambda_E^2 \cdot \lambda_Q^2}} = c \cdot \frac{c \cdot \lambda_Q^2 - c \cdot \lambda_E^2}{c \cdot \lambda_Q^2 + c \cdot \lambda_E^2} = c \cdot \frac{\lambda_Q^2 - \lambda_E^2}{\lambda_Q^2 + \lambda_E^2}.$$ 2 P

Setzen wir die Werte von $\lambda_1$ ein, so erhalten wir das gefragte Ergebnis:

1 P

$$v = 2.998 \cdot 10^8 \frac{m}{s} \cdot \frac{(589.593\,nm)^2 - (620\,nm)^2}{(589.593\,nm)^2 + (620\,nm)^2} \overset{TR}{\approx} -1.506 \cdot 10^7 \frac{m}{s}.$$

Das negative Vorzeichen entspricht der Tatsache, dass der Abstand zwischen uns und dem Stern durch die Relativbewegung wächst.

(b.) Hier müssen wir unsere Dopplerformel $(*1)$ durch Einsetzen von $(*3)$ in Wellenlängen

2 P umrechnen: $(*1) \Rightarrow f_E = f_Q \cdot \sqrt{\frac{c+v}{c-v}} \Rightarrow \frac{c}{\lambda_E} = \frac{c}{\lambda_Q} \cdot \sqrt{\frac{c+v}{c-v}} \Rightarrow \lambda_E = \lambda_Q \cdot \sqrt{\frac{c-v}{c+v}}$.

In diesen Ausdruck lassen sich nun Werte der zweiten Linie (Index 2) einsetzen:

1 P

$$\lambda_{E,2} = \lambda_{Q,2} \cdot \sqrt{\frac{c-v}{c+v}} = 588.996\,nm \cdot \sqrt{\frac{2.998 \cdot 10^8 \frac{m}{s} - \left(-1.506 \cdot 10^7 \frac{m}{s}\right)}{2.998 \cdot 10^8 \frac{m}{s} + \left(-1.506 \cdot 10^7 \frac{m}{s}\right)}} \overset{TR}{\approx} 619.372\,nm.$$

In der Praxis kontrolliert man anhand des Verhältnisses der beiden Linien zueinander, dass es sich wirklich um die beiden bewussten Natrium-Linien handelt.

# 8 Atomphysik, Kernphysik, Elementarteilchen

## Aufgabe 8.1 Bohr'sches Atommodell

| | | | | |
|---|---|---|---|---|
| (a.) 3 Min. | | Punkte | (a.) 2 P |
| (b.) 30 Min. | | | (b.) 18 P |
| (c.) 4 Min. | | | (c.) 3 P |

Da das Bohr'sche Atommodell strahlungsfrei kreisende Elektronen annimmt (was prinzipiell nicht sein kann), hat es heutzutage nur noch historische Bedeutung, wird aber trotzdem mancherorts in Physik-Lehrveranstaltungen noch behandelt. Für all diejenigen, für die das Bohr'sche Atommodell prüfungsrelevant ist, sei Aufgabe 8.1 gedacht. Sie entspricht einer typischen Vorgehensweise, in der dieses Modell abgefragt werden kann.

(a.) Benennen Sie die beiden Forderungen, aus denen Bohr stabile Elektronenbahnen bestimmt.

(b.) Berechnen Sie aus den in Aufgabenteil (a.) genannten Vorgaben die Bahnradien, die Geschwindigkeiten und die Energiewerte für die stabilen Elektronenbahnen am Beispiel des Wasserstoffatoms. Überlegen Sie dabei zuerst die Formeln zur Berechnung der gefragten Größen. Geben Sie dann auch konkrete Zahlenwerte für die untersten fünf Energieniveaus an.

(c.) Wie viel Energie wird frei, wenn ein Elektron von der Bahn $n=3$ auf die Bahn $n=2$ „herunterfällt" – und welche Wellenlänge hat das dabei emittierte Photon?

## Lösung zu 8.1

Lösungsstrategie:

Das Bohr'sche Atommodell geht von einer klassischen Sichtweise der Atome aus und vergleicht das Atom mit unserem Sonnensystem. In der Mitte befindet sich die Sonne bzw. ein Atomkern. Der Zentralkörper ist für ein kugelsymmetrisches Zentralpotential verantwortlich, in welchem die Planenten bzw. die Elektronen auf Bahnen umlaufen.

Im einfachsten Ansatz sind die Bahnen der Elektronen Kreisbahnen um den Kern, die nach einem vollständig klassischen Formalismus bestimmt werden. Die einzige Ergänzung zu dieser einfachen Sichtweise ist eine Quantelung der Bahndrehimpulse.

Lösungsweg, explizit:

Seien $m = 9.1 \cdot 10^{-31}\,kg$ Masse des Elektrons, $e = -1.602 \cdot 10^{-19}\,C$ Ladung des Elektrons,
$q = +1.602 \cdot 10^{-19}\,C$ Ladung des Wasserstoff-Kerns,
$r =$ Bahnradius des Elektrons und $v =$ Geschwindigkeit des Elektrons.

(a.)

▪ Das erste Bohr'sche Postulat ist eine Quantelung der Bahndrehimpulse der um den Kern umlaufenden Elektronen. Danach können diese Bahndrehimpulse $L = m \cdot v \cdot r$ nur ganzzahlige

Vielfache von $\hbar = \frac{h}{2\pi}$ annehmen, wo $h$ das Planck'sche Wirkungsquantum ist (Wert siehe

1 P Kap. 11.0). Als Formel lautet das Postulat also $L = m \cdot v \cdot r = n \cdot \hbar$. $(*1)$

Darin ist mit $n \in \mathbb{N}$ eine Quantenzahl eingeführt.

▪ Die zweite Forderung für Bohr's Atommodell ist das Kräftegleichgewicht zwischen der Zentrifugalkraft der Kreisbahnen und der Coulombkraft der Elektronen im Potential des Kerns:

1 P $F_{Zentripetal} = m \cdot \frac{v^2}{r} = F_{Coulomb} = \frac{q \cdot e}{4\pi\varepsilon_0 \cdot r^2}$. $(*2)$

(b.) Gemeinsam bilden die beiden Gleichungen $(*1)$ und $(*2)$ ein Gleichungssystem mit zwei Unbekannten, namentlich $v$ und $r$, nach denen wir die Gleichungen auflösen können.

1 P Ein möglicher Weg dafür ist folgender: Man löse $(*1)$ nach $v$ auf und setze in $(*2)$ ein:

1 P $(*1)$: $L = m \cdot v \cdot r = n \cdot \hbar \Rightarrow v = \frac{n \cdot \hbar}{m \cdot r}$ $(*3)$

1 P $(*3)$ in $(*2)$: $m \cdot \frac{v^2}{r} = \frac{q \cdot e}{4\pi\varepsilon_0 \cdot r^2} \Rightarrow \frac{m}{r} \cdot \left(\frac{n \cdot \hbar}{m \cdot r}\right)^2 = \frac{q \cdot e}{4\pi\varepsilon_0 \cdot r^2}$

1 P Auflösen nach $r$: $\frac{m \cdot n^2 \cdot \hbar^2}{m^2 \cdot r^3} = \frac{q \cdot e}{4\pi\varepsilon_0 \cdot r^2} \Rightarrow r = \frac{4\pi\varepsilon_0 \cdot n^2 \cdot \hbar^2}{m \cdot q \cdot e} = \frac{\varepsilon_0 \cdot h^2}{\pi \cdot m \cdot q \cdot e} \cdot n^2$.

Für das Wasserstoffatom ist $q = -e$, sodass die Bahnradien dem Betrage nach lauten:

1 P $r = \frac{\varepsilon_0 \cdot h^2}{\pi \cdot m \cdot q^2} \cdot n^2$, wobei nur Bahnen mit $n \in \mathbb{N}$ möglich sind.

Die so berechneten Bahnradien setzt man in $(*3)$ ein und erhält die Geschwindigkeiten:

1 P $$v = \frac{n \cdot \hbar}{m \cdot \frac{\varepsilon_0 \cdot h^2}{\pi \cdot m \cdot q^2} \cdot n^2} = \frac{n \cdot \hbar \cdot \pi \cdot q^2}{\varepsilon_0 \cdot h^2 \cdot n^2} = \frac{q^2}{2\varepsilon_0 h n}.$$

Die zugehörigen Energiewerte der stabilen Elektronenbahnen berechnet man als Summe aus der kinetischen und der potentiellen Energie der Elektronen.

1 P Die kinetische Energie ist $W_{kin} = \frac{1}{2} m v^2 = \frac{1}{2} m \cdot \left(\frac{q^2}{2\varepsilon_0 h n}\right)^2 = \frac{m q^4}{8\varepsilon_0^2 h^2 n^2}$.

Die potentielle Energie ist bei Festlegung des Potentialnullpunktes im Unendlichen

2 P $$W_{pot} = \int_r^\infty F_{Coulomb}\, dR = \int_r^\infty \frac{q \cdot e}{4\pi\varepsilon_0 R^2} dR = \left[\frac{-q \cdot e}{4\pi\varepsilon_0 \mathrm{r}}\right]_r^\infty = \frac{-qe}{4\pi\varepsilon_0} \cdot \left[\frac{1}{\infty} - \frac{1}{r}\right] = \frac{+q^2}{4\pi\varepsilon_0} \cdot \underbrace{\left[-\frac{\pi \cdot m \cdot q^2}{\varepsilon_0 h^2 n^2}\right]}_{r \text{ eingesetzt}} = -\frac{m \cdot q^4}{4\varepsilon_0^2 h^2 n^2}.$$

**Stolperfalle**

Man beachte die Vorzeichen der Energien:
Die kinetische Energie ist positiv, aber sie wird umso kleiner, je höher die Nummer $n$ der Elektronenbahn ist.
Die potentielle Energie wird durch Integration über die Coulombkraft bestimmt. Da (wie üblich) der Potentialnullpunkt im Unendlichen festgelegt wird, wird diejenige Energie gerechnet, die frei wird, wenn sich das Elektron aus dem Unendlichen dem Kern soweit annähert, bis es schließlich die Bahn Nummer $n$ erreicht. Sie trägt dann ein negatives Vorzeichen und wird damit umso größer, je höher die Nummer $n$ der Elektronenbahn ist.

Die Summe aus beiden Energietermen ist (wie gewohnt) die Gesamtenergie

$$W_{ges} = W_{kin} + W_{pot} = \frac{m\,q^4}{8\varepsilon_0^2 h^2 n^2} - \frac{m \cdot q^4}{4\varepsilon_0^2 h^2 n^2} = \frac{-m\,q^4}{8\varepsilon_0^2 h^2 n^2}.$$ 1½ P

Soweit haben wir nun die allgemeinen Ausdrücke für die Bahnradien, die Geschwindigkeiten und die Energiewerte der stabilen Elektronenbahnen des Wasserstoffatoms nach dem Bohr'schen Atommodell bestimmt. Wir setzen nun konkrete Zahlenwerte ein und erhalten Tabelle 8.1.

**Tabelle 8.1** Einige Größen des Wasserstoffatoms nach dem Bohr'schen Atommodell

| | Quantenzahl → | n = 1 | n = 2 | n = 3 | n = 4 | n = 5 | |
|---|---|---|---|---|---|---|---|
| Bahnradien | $r = \frac{\varepsilon_0 \cdot h^2}{\pi \cdot m \cdot q^2} \cdot n^2$ | $5.292 \cdot 10^{-11} m$ | $2.116 \cdot 10^{-10} m$ | $4.763 \cdot 10^{-10} m$ | $8.467 \cdot 10^{-10} m$ | $1.323 \cdot 10^{-9} m$ | usw. |
| Geschwindigkeiten | $v = \frac{q^2}{2\varepsilon_0 h n}$ | $2.187 \cdot 10^6 \frac{m}{s}$ | $1.094 \cdot 10^6 \frac{m}{s}$ | $7.29 \cdot 10^5 \frac{m}{s}$ | $5.47 \cdot 10^5 \frac{m}{s}$ | $4.37 \cdot 10^5 \frac{m}{s}$ | usw. |
| Gesamtenergie | $W_{ges} = \frac{-m\,q^4}{8\varepsilon_0^2 h^2 n^2}$ | $-13.6 eV$ | $-3.40 eV$ | $-1.51 eV$ | $-0.85 eV$ | $-0.54 eV$ | usw. |
| Anmerkung: Die Energie ist in Einheiten von Elektronvolt angegeben: $1eV = 1.602 \cdot 10^{-19} J$. | | | | | | | |

15×½P

(c.) Beim Übergang zwischen den Bahnen $n_1$ und $n_2$ wird die Energie $\Delta W = W(n_2) - W(n_1)$ frei bzw. aufgewendet. Das Vorzeichen richtet sich danach, ob das Elektron „hochgehoben" wird oder „herunterfällt".

In der Aufgabe gefragt ist $\Delta W(3 \rightarrow 2) = W(3) - W(2) \overset{TR}{\approx} -3.40 eV - (-1.51 eV) = -1.89 eV$. 1 P

Die Werte sind Tabelle 8.1 entnommen.
Die Wellenlänge des dabei emittierten Photons ergibt sich aus

$$\Delta W = h \cdot \nu = h \cdot \frac{c}{\lambda} \quad \Rightarrow \quad \lambda = \frac{h\,c}{\Delta W} = \frac{6.626 \cdot 10^{-34} Js \cdot 2.998 \cdot 10^8 \frac{m}{s}}{1.89 eV \cdot 1.602 \cdot 10^{-19} \frac{J}{eV}} \overset{TR}{\approx} 656.0 \cdot 10^{-9} m.$$ 2 P

Dies ist die Wellenlänge von Licht im sichtbaren Bereich.

Abschlussbemerkung zum Bohr'schen Atommodell: Bis hier motiviert das Modell nur die Einführung der sog. Hauptquantenzahl $n$ mit den zugehörigen Energieniveaus für Hüllenelektronen und den Übergängen, bei denen diese Elektronen zwischen den Niveaus mit unterschiedlichen $n$ wechseln und dabei elektromagnetische Strahlung (Photonen) absorbieren bzw. emittieren. Experimentell nachweisbar ist dies anhand spektroskopischer Untersuchungen. Exemplarisch wurde ein Übergang in Aufgabenteil (c.) berechnet.
Aber Messungen zeigen, dass das tatsächlich beobachtete Spektrum reichhaltiger ist als die Berechnung bis hierhin erkennen lässt. Bis zu gewissen Grenzen existieren Verfeinerungen des Bohr'schen Modells, die ebenfalls der klassischen Physik zuzuordnen sind. Da diese aber in den Vorlesungen üblicherweise nicht diskutiert werden, sind sie auch für das Klausurentraining minder wichtig und werden deshalb hier weggelassen. Vielmehr wenden wir uns mit den nachfolgenden Aufgaben dem heute aktuell gültigen und allgemein akzeptierten Atommodell zu. Das Bohr'sche Atommodell hat die Elektronen als Teilchen behandelt. Das heute übliche quantenmechanische Modell betrachtet die Elektronen als Wellen (→ vgl. Welle-Teilchen-Dualismus).

## Aufgabe 8.2 Stehwellenbedingung für Elektronenwellen

| 5 Min. | Schwierigkeit: 2 | Punkte 4 P |
|---|---|---|

Betrachten wir ein Elektron in der Hülle eines Atoms im Wellenbild.

Ordnen Sie diesem Elektron bei gegebener Geschwindigkeit $v$ und gegebenem Bahnradius $r$ nach deBroglie eine Wellenlänge zu. Geben Sie darauf basierend mit Begründung an, für welche Bahnradien Elektronenbahnen existieren können. Gibt es einen Zusammenhang zwischen den existenzfähigen Elektronenbahnen und dem Bohr'schen Postulat $L = n \cdot \hbar$ ?

## Lösung zu 8.2

Lösungsweg:

1 P Die gefragte deBroglie-Wellenlänge ist $\lambda = \frac{h}{p} = \frac{h}{m \cdot v}$ .

Existenzfähig sind solche Elektronenbahnen, bei denen die Elektronen stehende Wellen sind, denn dann taucht das Problem der strahlungsfrei kreisenden Ladung nicht auf. Als Zusatzargument wird oft noch angeführt, dass für stehende Wellen das Elektron mit sich selbst konstruktiv interferiert, für nicht stehende Wellen hingegen destruktiv. Dies ist der Fall, wenn die
2 P Länge der Umlaufbahn ein natürlichzahliges Vielfaches der Wellenlänge ist:

$$2\pi r = n \cdot \lambda \quad \Rightarrow \quad 2\pi r = n \cdot \frac{h}{m \cdot v} \quad \Rightarrow \quad r = \frac{n \cdot \hbar}{m \cdot v} .$$

1 P Multipliziert man diese Bedingung mit $m \cdot v$ , so erhält man Bohr's Postulat $L = m \cdot v \cdot r = n \cdot \hbar$ .

## Aufgabe 8.3 D'Alembert-Wellengleichung, Schrödingergleichung

| | | | |
|---|---|---|---|
| (a.) 8 Min. | | Punkte | (a.) 5 P |
| (b.) 8 Min. | | | (b.) 6 P |

(a.) Sei $\Psi$ die Wellenfunktion eines Elektrons. Schreiben Sie die d'Alembert'sche Wellengleichung für eine räumlich eindimensionale ebene Welle mit der Wellenfunktion $\Psi(x,t) = A \cdot e^{i(\omega \cdot t - k \cdot x)}$ auf und bestimmen Sie mit Hilfe dieser Wellengleichung die Ausbreitungsgeschwindigkeit der Welle.

(b.) Setzen Sie die eindimensionale ebene Welle in die Schrödingergleichung ein, wobei Sie den Hamiltonoperator $H = \frac{p^2}{2m} + V(x)$ verwenden (mit einem Potential $V(x)$), der der Summe über die kinetische und die potentielle Energie entspricht. Leiten Sie daraus eine partielle Differentialgleichung ab, die für diese eindimensionale Welle das räumliche Verhalten mit dem zeitlichen Verhalten verknüpft.

## Lösung zu 8.3

Lösungsstrategie:

(a.) Hier genügt die klassische Sichtweise einer Welle, wie man sie aus Kapitel 2 kennt. Was über Kapitel 2 hinausgeht, ist die mathematische Beschreibung in den komplexen Zahlen.

(b.) Zu der gefragten Differentialgleichung kommt man, wenn man für den Impuls und für den Hamiltonoperator deren Differentialoperatoren einsetzt und auf die Wellenfunktion wirken lässt.

Lösungsweg, explizit:

(a.) Die d'Alembert'sche Wellengleichung in einer Dimension lautet $\frac{\partial^2}{\partial t^2}\Psi = c^2 \cdot \frac{\partial^2}{\partial x^2}\Psi$. $(*1)$ 1 P

Bezogen auf die Wellenfunktion $\Psi(x,t) = A \cdot e^{i(\omega \cdot t - k \cdot x)}$ ergibt sich

$$\left.\underbrace{\begin{aligned} \frac{\partial^2}{\partial t^2}\Psi &= A \cdot e^{i(\omega \cdot t - k \cdot x)} \cdot (+\omega)^2 = \omega^2 A \cdot e^{i(\omega \cdot t - k \cdot x)} \\ \frac{\partial^2}{\partial x^2}\Psi &= A \cdot e^{i(\omega \cdot t - k \cdot x)} \cdot (-k)^2 = k^2 A \cdot e^{i(\omega \cdot t - k \cdot x)} \end{aligned}}_{\text{partielle Ableitungen gebildet}} \right\} \Rightarrow \underbrace{\omega^2 A \cdot e^{i(\omega \cdot t - k \cdot x)} = c^2 \cdot k^2 A \cdot e^{i(\omega \cdot t - k \cdot x)}}_{\text{in die d'Alembert'sche Wellengleichung eingesetzt}} .$$ 3 P

Da die Gleichung für alle Orte $x$ und für alle Zeiten $t$ gelten muss, können wir durch $A \cdot e^{i(\omega \cdot t - k \cdot x)}$ kürzen und erhalten $\omega^2 = c^2 \cdot k^2 \Rightarrow c = \frac{\omega}{k}$. 1 P

(b.) Die Schrödingergleichung lautet $H\Psi = E\Psi$.

Der Hamiltonoperator $H = \frac{p^2}{2m} + V(x)$ enthält den Impulsoperator $p = -\hbar i \cdot \frac{\partial}{\partial x} \Leftrightarrow \frac{\partial}{\partial x} = \frac{i}{\hbar} p$. 1+1 P

1 P Auch ist $E = +\hbar i \cdot \frac{\partial}{\partial t} \Leftrightarrow \frac{\partial}{\partial t} = \frac{-i}{\hbar} E \Rightarrow \frac{\partial^2}{\partial t^2} = \frac{-E}{\hbar}$ .

2 P Einsetzen in die Schrödingergleichung liefert $\left( \frac{\left( -\hbar i \cdot \frac{\partial}{\partial x} \right)^2}{2m} + V(x) \right) \Psi = \left( +\hbar i \cdot \frac{\partial}{\partial t} \right) \Psi$

1 P oder kurz $\left( \frac{-\hbar^2}{2m} \frac{\partial^2}{\partial x^2} + V(x) \right) \Psi = \left( +\hbar i \cdot \frac{\partial}{\partial t} \right) \Psi$ .

Dies ist die gesuchte Differentialgleichung zur Beschreibung der ebenen Welle.

Anmerkung: Die Lösung dieser Differentialgleichung kennen wir bereits. Sie ist die Wellenfunktion der ebenen Gleichung.

## Aufgabe 8.4 Eindimensionaler Potentialtopf

ca. 45 Min. Punkte (a.) 34 P

Ein häufig abgefragtes Beispiel ist auch das Teilchen im eindimensionalen unendlichen Potentialtopf entsprechend Bild 8-1.

Berechnen Sie mit Hilfe der Schrödingergleichung, welche Energiewerte das Teilchen (als Welle) annehmen kann.

Zahlenbeispiel: Teilchen = Elektron der Masse $m = 9.1 \cdot 10^{-31} kg$ und $L = 10^{-10} m$ .

Zusatzfrage: Geben Sie außerdem die Aufenthaltswahrscheinlichkeit des Elektrons als Funktion des Orts $x$ an und zeichnen Sie diese in den Potentialtopf der Breite von $0$ bis $L$ ein. Skalieren Sie dabei die Abszisse <u>und</u> die Ordinate.

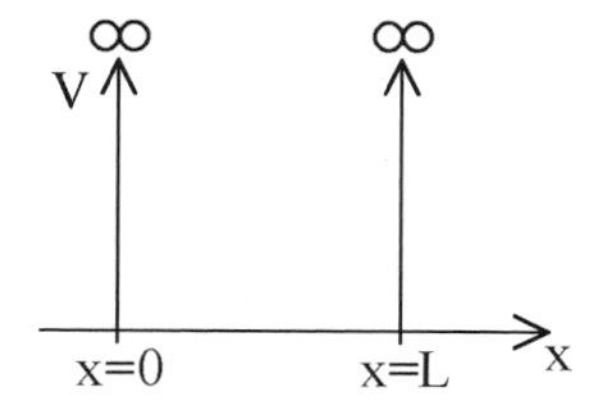


**Bild 8-1**
Eindimensionaler Potentialtopf unendlicher Höhe mit der Breite $L$, auch unter dem Namen „unendlich tiefes Kastenpotential" bekannt.

## Lösung zu 8.4

<u>Lösungsstrategie:</u>

1. Schritt → Überlegen der Wellenfunktion des Teilchens.
2. Schritt → Aufstellen der Schrödingergleichung.
3. Schritt → Lösen der Schrödingergleichung führt zu den gesuchten Energiewerten. (1 P)

Die Randbedingungen ergeben sich aus der Stehwellenbedingung für die Wellen im Kasten.

½ P Im Prinzip führen wir eine eindimensionale Modalanalyse in der Quantenmechanik durch.

Die Aufenthaltswahrscheinlichkeiten ergeben sich aus dem Quadrat der Wellenfunktion, wobei die Skalierung der Ordinate die Berücksichtigung der Normierungsbedingung verlangt. ½ P

Lösungsweg, explizit:

Vorbemerkungen:

▪ Die Schrödingergleichung ist im Allgemeinfall vom Ort und von der Zeit abhängig und erfordert daher auch im Allgemeinfall das Arbeiten mit einer orts- und zeitabhängigen Wellenfunktion.

▪ Im speziellen Problem unserer Aufgabenstellung aber wissen wir, dass sich scharfe, exakt bestimmbare Energiewerte ergeben. Dazu gehören nach Heisenberg's Energie-Zeit-Unschärferelation unbestimmte Orte, was auch später bei der Berechnung der Aufenthaltswahrscheinlichkeiten bestätigt werden wird, aber aufgrund der Ausbildung stehender Wellen bereits jetzt klar ist. In solchen Fällen scharfer Energiewerte genügt das Arbeiten mit der zeit**un**abhängigen Schrödingergleichung, weshalb wir bei unserer Wellenfunktion das Argument „$t$“ entfallen lassen können und uns auf die rein räumliche Abhängigkeit beschränken dürfen. 1 P

▪ Zum Lösen der hier gegebenen Aufgabenstellung hat man im Prinzip zwei Möglichkeiten, die rein ortsabhängige eindimensionale Wellenfunktion anzusetzen:

- als komplexe Wellenfunktion $\psi(x) = A \cdot e^{i \cdot k x}$, wo $A$ eine komplexe Amplitude ist.
- als reelle Wellenfunktion $\psi(x) = A \cdot \sin(k x) + B \cdot \cos(k x)$ mit zwei reellen Amplituden $A, B$. 1 P

Bei der nachfolgenden Bearbeitung des ersten Schrittes gemäß Lösungsstrategie werden wir gleich sehen, dass mit reellem Ansatz die Amplitude $B$ zu Null wird. Ebenso könnte man auch den komplexen Ansatz wählen und sehen, dass der Imaginärteil zu Null wird. Da die beiden Wege als gleichwertig betrachtet werden können, entscheiden wir uns für den mathematisch einfacheren reellen Ansatz.

1. Schritt: Die Wellenfunktion der eindimensionalen Welle ohne Zeitabhängigkeit schreiben wir nach obigen Vorbemerkungen auf als

$\psi(x) = A \cdot \sin(k x) + B \cdot \cos(k x)$ (mit $k =$ Wellenzahl). s.o.

Das immer wiederkehrende Argument für die Existenzfähigkeit eines Teilchens ist die Forderung der konstruktiven Interferenz mit sich selbst. Diese ist in unserem Beispiel gewährleistet, wenn an den Wänden Knoten entstehen, d.h. die Wände reflektieren als feste Enden. Das Teilchen kann die unendlich hohe Wand nicht durchdringen, also muss dort $\psi = 0$ sein. Die Situation ist veranschaulicht in Bild 8-2. 1 P 1 P

▪ Knoten an der linken Wand bedeuten $\psi(x=0)=0$. Dies ist nur möglich für $B \cdot \cos(k x) = 0 \;\Rightarrow\; B = 0$, wie man durch Einsetzen in die Wellenfunktion sieht. 1 P

▪ Knoten an der rechten Wand bedeuten $\psi(x=L)=0$. Dies ist nur möglich für $A \cdot \sin(k x) = 0$. Da wir uns nicht für die triviale Lösung $\psi \equiv 0$ interessieren, ist die Bedingung $A \neq 0 \;\Rightarrow\; \sin(k x) = 0$ an der Stelle $x = L$. Das geht nur für $k \cdot L = n \cdot \pi$, denn der Sinus hat 1 P seine Nullstellen überall dort, wo sein Argument ein Vielfaches von $\pi$ annimmt. Damit ist

2 P die Wellenzahl gefunden: $k=\frac{n\cdot\pi}{L}$, die wir in die Wellenfunktion einsetzen können:

1½ P $\psi(x)=A\cdot\sin\left(\frac{n\cdot\pi}{L}\cdot x\right)=A\cdot\sin(k\cdot x).$ (*1) Ebenso wurde $B=0$ eingesetzt.

Dies ist die gesuchte stationäre Wellenfunktion des Teilchens im Kasten.

2. Schritt → Die Schrödingergleichung ist bekannt: $H\psi=E\psi$ mit $H=$ Hamiltonoperator und

½ P $E=$ Eigenwerte von $H$.

Da das Potential $V(x)$ im Topf Null ist (siehe Bild 8-1), wird der Hamiltonoperator

2 P $H=\frac{p^2}{2m}+V(x)$ einfach: $H=\frac{p^2}{2m}=\frac{-\hbar^2}{2m}\frac{\partial^2}{\partial x^2}$, wobei der Impulsoperator $p=-i\cdot\hbar\cdot\frac{\partial}{\partial x}$ einge-

1 P setzt wurde. Damit lautet die stationäre Schrödingergleichung: $\frac{-\hbar^2}{2m}\frac{\partial^2}{\partial x^2}\psi(x)=E\psi(x).$ (*2)

3. Schritt → Zum Lösen der Schrödingergleichung leiten wir die Wellenfunktion (*1) zweimal nach $x$ ab

1 P $(*1)\ \Rightarrow\ \psi(x)=A\cdot\sin(k\cdot x)\ \Rightarrow\ \frac{\partial^2}{\partial x^2}\psi(x)=-k^2\cdot A\cdot\sin(k\cdot x)=-k^2\cdot\psi(x)$

und setzen die Funktion und ihre zweite Ableitung in die Schrödingergleichung (*2) ein:

1 P $\frac{-\hbar^2}{2m}\cdot\left(-k^2\right)\cdot\psi(x)=E\psi(x)\quad\Rightarrow\quad E=\frac{\hbar^2\cdot k^2}{2m}.$

Das Auflösen nach den Energieeigenwerten ist in dieser Form möglich, denn die Gleichheit muss für alle Orte $x$ und die dortigen Werte der Wellenfunktion gelten.

Um die Werte des Zahlenbeispiels aus der Aufgabenstellung einsetzen zu können, benötigen wir noch die bereits in Schritt 1 gefundene Wellenzahl $k=\frac{n\cdot\pi}{L}$ und erhalten

2 P
$$E_n=\frac{\hbar^2\cdot k^2}{2m}=\underbrace{\frac{\hbar^2}{2m}\cdot\frac{n^2\cdot\pi^2}{L^2}=\frac{h^2\cdot n^2}{8mL^2}}_{\text{weil }\hbar=\frac{h}{2\pi}}.$$

Über die Stehwellenbedingung der existenzfähigen Zustände, die letztlich zu (*1) geführt hatte, fand eine Quantenzahl $n\in\mathbb{N}$ ihren Weg in die Berechnung der Energieeigenwerte. Dadurch wird klar, welche diskreten Energiewerte möglich sind.

Wir setzen Zahlen ein, nämlich laut Aufgabenstellung $m=9.1\cdot10^{-31}kg$ und $L=10^{-10}m$:

1½ P
$$E_n=\frac{h^2\cdot n^2}{8mL^2}=\frac{\left(6.626\cdot10^{-34}Js\right)^2}{8\cdot9.1\cdot10^{-31}kg\cdot\left(10^{-10}m\right)^2}\cdot n^2\overset{TR}{\approx}6.03075\cdot10^{-18}J\cdot n^2\overset{TR}{\approx}37.645eV\cdot n^2.$$

Also: $n=1 \;\Rightarrow\; E \overset{TR}{\approx} 37.645eV$; $n=2 \;\Rightarrow\; E \overset{TR}{\approx} 150.58eV$; $n=3 \;\Rightarrow\; E \overset{TR}{\approx} 338.8eV$; usw. $3\times\frac{1}{2}$P

Dies sind die diskreten Energiewerte, die das Teilchen unseres Beispiels im eindimensionalen Potentialtopf mit unendlich hohen (undurchdringbaren) Wänden annehmen kann. (Anmerkung: Das Durchdringen von Wänden ist Thema in Aufgabe 6.30.) Die Darstellung der Wellenfunktion sieht man in Bild 8.2.

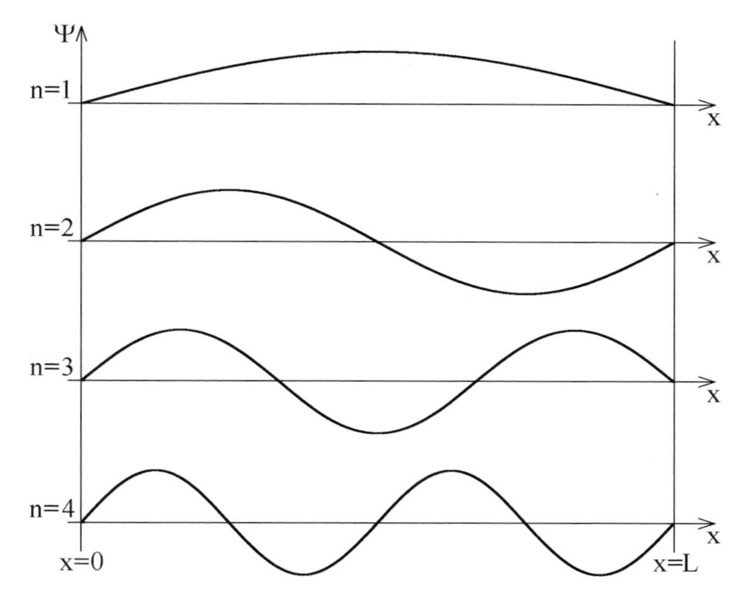


**Bild 8-2**
Stehende Wellen im eindimensionalen Potentialtopf. Die stationäre Darstellung kann als Wiedergabe der Amplituden der zeitlichen Schwingung verstanden werden.

Existenzfähig sind nur resonante Moden, sodass an den Wänden Knoten liegen.

Die Zählung der resonanten Moden über die Zahl der Bäuche ist mit $n$ angezeigt; $n$ ist auch Quantenzahl. 3 P

Zusatzfrage: Die Aufenthaltswahrscheinlichkeit als Funktion des Orts $x$ ist das Quadrat der Wellenfunktion. In unserem Beispiel wäre das aufgrund $(*1)$ : $|\psi(x)|^2 = A^2 \cdot \sin^2\left(\frac{n\cdot\pi}{L}\cdot x\right)$. 1 P

Darin ist noch eine bisher unbestimmte Konstante $A$ enthalten, die wir nun anhand der Normierungsbedingung bestimmen, denn die Wahrscheinlichkeit, das Teilchen überhaupt im Topf zu finden, ist 100 %:

$$\int_{-\infty}^{+\infty} |\psi(x)|^2 dx = 1 \;\Rightarrow\; \int_0^{+L} |\psi(x)|^2 dx = 1 \;\Rightarrow\; \int_0^{+L} A^2 \cdot \sin^2\left(\frac{n\cdot\pi}{L}\cdot x\right) dx = 1$$

$$\Rightarrow\; A^2 \cdot \underbrace{\int_0^{+L} \sin^2\left(\frac{n\cdot\pi}{L}\cdot x\right) dx}_{=\frac{1}{2}L} = 1 \;\Rightarrow\; A^2 \cdot \frac{1}{2} L = 1 \;\Rightarrow\; A^2 = \frac{2}{L} \;\Rightarrow\; A = \sqrt{\frac{2}{L}}.$$

4 P

Damit ist die Aufenthaltswahrscheinlichkeit $|\psi(x)|^2 = A^2 \cdot \sin^2\left(\frac{n\cdot\pi}{L}\cdot x\right) = \frac{2}{L}\cdot \sin^2\left(\frac{n\cdot\pi}{L}\cdot x\right)$. 1 P

Die Integration der Funktion des Sinus-Quadrat wird an dieser Stelle als einfache Anfänger-Übung betrachtet und deshalb nicht extra vorgeführt.

Die grafische Darstellung der Aufenthaltswahrscheinlichkeit sieht man in Bild 8-3. Wie man dort sieht, gibt es auch im Inneren des Potentialtopfes Stellen, in denen das Teilchen in bestimmten Quantenzuständen nicht sein kann.

3 P

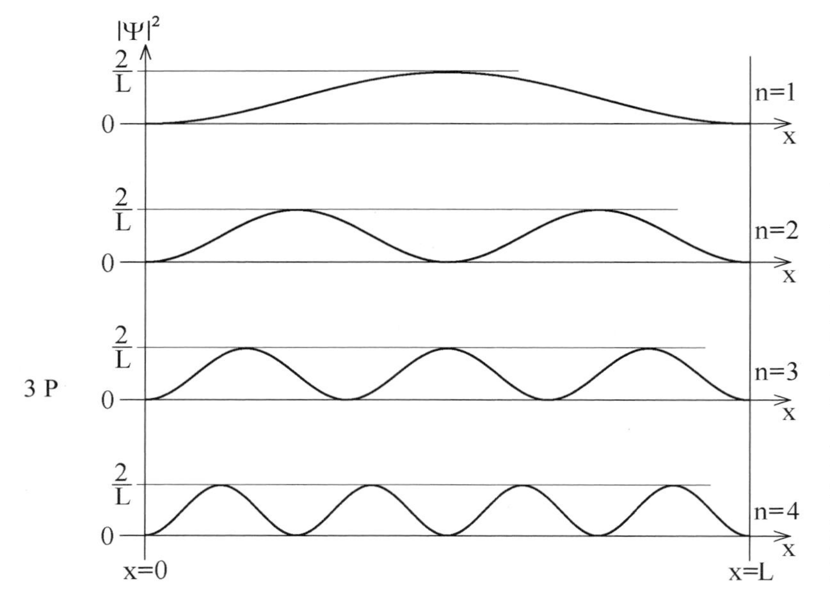


**Bild 8-3**
Aufenthaltswahrscheinlichkeit der stehenden Welle im eindimensionalen Potentialtopf unseres Beispieles.

Wie man sieht, gibt es bei den höheren Schwingungsmoden nicht nur an den Wänden Bereiche mit verschwindender Aufenthaltswahrscheinlichkeit, sondern auch im Inneren des Topfes.

## Aufgabe 8.5 Elektron im Potential eines Atomkerns

| | | | |
|---|---|---|---|
| (a.) 7 Min. | | Punkte | (a.) 5 P |
| (b.) 8 Min. | | | (b.) 6 P |
| (c.) 3 Min. | | | (c.) 2 P |

(a.) Formulieren Sie die Schrödingergleichung für ein Elektron im zentralsymmetrischen Coulomb-Potential eines Wasserstoff-Atomkerns.

(b.) Zum Zwecke des Lösens separiert man die Schrödingergleichung in einen nur von der Kugelkoordinate $r$ abhängigen Radialteil und zwei winkelabhängige ($\vartheta$ und $\varphi$) Anteile. Zur Charakterisierung der Lösungsschar benötigt man Quantenzahlen.

Wie viele Quantenzahlen müssen dafür verwendet werden?

Wie nennt man üblicherweise diese Quantenzahlen?

Welche Werte können diese Quantenzahlen annehmen?

Welche anschaulichen Bedeutungen kann man diesen Quantenzahlen zuerkennen?

(c.) Außer den in Aufgabenteil (b.) behandelten Quantenzahlen hat man noch eine weitere entdeckt.

Wie heißt sie? Welche Ursache hat sie? Welche Werte kann sie annehmen?

## ▾ Lösung zu 8.5

Lösungsstrategie:

(a.) Nachdem wir uns in den Aufgaben 8.3 und 8.4 mit der Schrödingergleichung vertraut gemacht haben, können wir sie auf das Atom anwenden. Die Wellen sind die Elektronenwellen, das Potential ist das Coulombpotential des Kerns. Da dieses Potential zentralsymmetrisch ist, arbeitet man üblicherweise in Kugelkoordinaten.

(b. und c.) Die Lösung ist einer der bekanntesten Vorlesungs- und Lehrinhalte der Quantenmechanik. Von Studierenden wird erwartet, dass sie sich die wichtigsten Aspekte dieser Antworten merken und sie reproduzieren können.

Lösungsweg, explizit:

(a.) Wegen der Kugelsymmetrie des Problems ist das Coulomb-Potential am einfachsten in Kugelkoordinaten anzugeben: $V(r) = \frac{q}{4\pi\varepsilon_0 r}$ (mit $q$ = Ladung des Kerns). 1 P

Der Impulsoperator wird dann dreidimensional geschrieben als $p = -i\hbar \cdot \vec{\nabla}$, sodass der Hamiltonoperator zu $H = \frac{p^2}{2m} + V(x) = \frac{(-i\hbar)^2}{2m} \cdot \vec{\nabla}^2 + V(r) = \frac{-\hbar^2}{2m} \cdot \Delta + \frac{q}{4\pi\varepsilon_0 r}$ wird. 3 P

Die gefragte Schrödingergleichung lautet somit $H\Psi = E\Psi \;\Rightarrow\; \left(\frac{-\hbar^2}{2m} \cdot \Delta + \frac{q}{4\pi\varepsilon_0 r}\right)\Psi = E\Psi$ . 1 P

Anmerkung: Da wir in Kugelkoordinaten arbeiten, muss man natürlich auch den Laplace-Operator und ebenso die Wellenfunktion $\Psi = \Psi(r, \vartheta, \varphi)$ in diesen Koordinaten einsetzen.

Im Übrigen liegen auch beim Wasserstoffatom eine Stehwellenbedingung der Elektronen vor (siehe Aufgabe 8.2) und scharfe Energien, weshalb auch hier von einem stationären (= zeitunabhängigen) Ansatz der Schrödingergleichung ausgegangen werden darf (ähnlich wie in Aufgabe 8.4.).

Auf ein Vorführen des Lösens der Schrödingergleichung sei an dieser Stelle verzichtet, da es mathematisch zu kompliziert ist für eine Prüfungssituation der Physik im Grundstudium. Typischerweise separiert man dazu die Schrödingergleichung in drei Anteile, nämlich einen Radialanteil (der nur von der Kugelkoordinate $r$ abhängt), einen Azimutalanteil (der nur vom Azimutwinkel, d.h. von der Kugelkoordinate $\varphi$ abhängt) und einen Polaranteil (der nur vom Polarwinkel, d.h. von der Kugelkoordinate $\vartheta$ abhängt). Wer mehr darüber wissen will, sei auf weiterführende Bücher der Quantenmechanik verwiesen.

(b.) Zur Beschreibung der Lösungen innerhalb der Lösungsschar benötigt man drei Quantenzahlen. Ihre gebräuchlichen Namen, sowie die Werte die sie annehmen können, lauten:

| | | |
|---|---|---|
| $n$ = Hauptquantenzahl | $n \in \mathbb{N}$, also $n = 1, 2, 3, \ldots$ | 1 P |
| $l$ = Bahndrehimpuls-Quantenzahl | $l \in \mathbb{N}_0$ mit $l < n$, also $l = 0, 1, \ldots, (n-1)$ | 1 P |
| $m$ = Magnetquantenzahl | $m \in \mathbb{Z}$ mit $\lvert m \rvert \le l$, also $m = -l, (-l+1), \ldots, (+l-1), +l$ | 1 P |

Die anschaulichen Bedeutungen dieser Quantenzahlen entsprechen den zugehörigen Anteilen der Wellenfunktion:

$n$ entspringt dem Radialanteil der Schrödingergleichung, ist also von der Entfernung $r$ des Elektrons zum Kern abhängig, und steht daher für die potentielle Energie der Elektronen im Coulombfeld des Kerns. 1 P

$l$ und $m$ tauchen im Polaranteil der Schrödingergleichung auf, sind also vom Polarwinkel $\vartheta$ abhängig. 1 P Anschaulich wird $l$ mit dem Bahndrehimpuls des Elektrons beim Umlauf um den Kern in Verbindung gebracht. Im Bohr'schen Atommodell entspräche dies einer Elliptizität der Bahnen. Die z-Komponente dieses Drehimpulses wird dann mit $m$ verknüpft. Beim Azimutalanteil der Schrödingergleichung (vom Azimutwinkel $\varphi$ abhängig) spielt nochmals die Quantenzahl $m$ eine Rolle. Auf diese Weise stehen die beiden winkelabhängigen Teile der Schrödingergleichung miteinander in Verbindung. 1 P

(c.) Die weitere, vierte Quantenzahl ist die sog. Spinquantenzahl, die ihre Ursache in der Rotation des Elektrons um die eigene Achse hat. 1 P Sie kann zwei Werte annehmen, nämlich $+\frac{1}{2}$ und $-\frac{1}{2}$. (Die z-Komponente des Spins $\vec{s}$ ist $s_z = \pm\frac{1}{2}\hbar$.) Dass die Spinquantenzahl in der Schrödingergleichung für ein Elektron im Feld des Atomkerns nicht auftauchen kann ist klar, denn sie entsteht nicht aufgrund einer Wechselwirkung des Elektrons mit dem Kern. 1 P

## Aufgabe 8.6 Quantenzahlen der Elektronen in der Atomhülle

| insgesamt 17 Min. | Punkte insgesamt: 12 P<br>Davon in der Tabelle: Quantenzahlen 2 P<br>und: $L$ : 2 P; $L_Z$ : 2 P; $s_Z$ : 1 P |
|---|---|

Wir wollen die Energieniveaus der an einen Atomkern gebundenen Elektronen betrachten. Benennen Sie sämtliche Zustände mit der Hauptquantenzahl $n = 3$, indem Sie zu jedem möglichen Zustand dessen vier Quantenzahlen angeben.

Geben Sie auch jeweils (für jeden Zustand) den Bahndrehimpuls und den Spin sowie dessen z-Komponente explizit an.

Kontrollieren Sie schließlich die Zahl der Zustände, die sich nach einer einfachen Regel berechnen lässt.

## Lösung zu 8.6

Lösungsstrategie:

In Aufgabe 8.5 wurden die vier Quantenzahlen und deren Kombinationsmöglichkeiten aufgezählt. Diese sind nun in Aufgabe 8.6 für das Beispiel $n = 3$ explizit anzugeben.

Lösungsweg, explizit:

Um die Darstellung übersichtlich zu gestalten, wurde Tabelle 8.2 erstellt.

Der Betrag des Drehimpulses ist $L = \sqrt{l \cdot (l+1)} \cdot \hbar$, seine z-Komponente ist $L_Z = m \cdot \hbar$. 2 P

Der Betrag des Spins ist immer $|\vec{s}| = \sqrt{\frac{3}{4}} \cdot \hbar$, aber seine z-Komponente ist $s_z = \pm\frac{1}{2}\hbar$. 2 P

Die einfache Regel zur Kontrolle der Zahl der Zustände lautet wie folgt:
Die Zahl der Zustände auf dem Niveau $n$ ist $2n^2$. Für $n = 3$ sind dies $2 \cdot 3^2 = 18$ Zustände. 1 P

Anmerkung zur Schreibweise:

- n, l, m, s stehen für die Quantenzahlen in der Lösungsschar der Schrödingergleichung.
- $L$ und $L_z$ stehen für den Bahndrehimpuls und seine z-Komponente.
- $|\vec{s}|$ und $s_z$ stehen für den Spin und seine z-Komponente.

**Tabelle 8.2** Beispielberechnung aller möglichen Zustände eines Elektrons im Coulomb-Feld des Wasserstoffkerns mit der Hauptquantenzahl $n = 3$ und Angabe der Drehimpulse (Bahndrehimpuls, Spin). Die Zustände sind nicht nach deren Energie, sondern nach deren Quantenzahlen geordnet.

| Quantenzahlen | | | | | Betrag des Drehimpulses | z-Komponente des Drehimpulses | z-Komponente des Spins |
|---|---|---|---|---|---|---|---|
| n | l | m | s | | $\|L\| = \sqrt{l \cdot (l+1)} \cdot \hbar$ | $L_Z = m \cdot \hbar$ | $s_z = s \cdot \hbar$ |
| 3 | 0 | 0 | + ½ | ⇒ | 0 | 0 | $+5.27 \cdot 10^{-35} Js$ |
| 3 | 0 | 0 | − ½ | ⇒ | 0 | 0 | $-5.27 \cdot 10^{-35} Js$ |
| 3 | 1 | +1 | + ½ | ⇒ | $1.49 \cdot 10^{-34} Js$ | $1.05 \cdot 10^{-34} Js$ | $+5.27 \cdot 10^{-35} Js$ |
| 3 | 1 | +1 | − ½ | ⇒ | $1.49 \cdot 10^{-34} Js$ | $1.05 \cdot 10^{-34} Js$ | $-5.27 \cdot 10^{-35} Js$ |
| 3 | 1 | 0 | + ½ | ⇒ | $1.49 \cdot 10^{-34} Js$ | 0 | $+5.27 \cdot 10^{-35} Js$ |
| 3 | 1 | 0 | − ½ | ⇒ | $1.49 \cdot 10^{-34} Js$ | 0 | $-5.27 \cdot 10^{-35} Js$ |
| 3 | 1 | −1 | + ½ | ⇒ | $1.49 \cdot 10^{-34} Js$ | $-1.05 \cdot 10^{-34} Js$ | $+5.27 \cdot 10^{-35} Js$ |
| 3 | 1 | −1 | − ½ | ⇒ | $1.49 \cdot 10^{-34} Js$ | $-1.05 \cdot 10^{-34} Js$ | $-5.27 \cdot 10^{-35} Js$ |
| 3 | 2 | +2 | + ½ | ⇒ | $2.58 \cdot 10^{-34} Js$ | $2.11 \cdot 10^{-34} Js$ | $+5.27 \cdot 10^{-35} Js$ |
| 3 | 2 | +2 | − ½ | ⇒ | $2.58 \cdot 10^{-34} Js$ | $2.11 \cdot 10^{-34} Js$ | $-5.27 \cdot 10^{-35} Js$ |
| 3 | 2 | +1 | + ½ | ⇒ | $2.58 \cdot 10^{-34} Js$ | $1.05 \cdot 10^{-34} Js$ | $+5.27 \cdot 10^{-35} Js$ |
| 3 | 2 | +1 | − ½ | ⇒ | $2.58 \cdot 10^{-34} Js$ | $1.05 \cdot 10^{-34} Js$ | $-5.27 \cdot 10^{-35} Js$ |
| 3 | 2 | 0 | + ½ | ⇒ | $2.58 \cdot 10^{-34} Js$ | 0 | $+5.27 \cdot 10^{-35} Js$ |
| 3 | 2 | 0 | − ½ | ⇒ | $2.58 \cdot 10^{-34} Js$ | 0 | $-5.27 \cdot 10^{-35} Js$ |
| 3 | 2 | −1 | + ½ | ⇒ | $2.58 \cdot 10^{-34} Js$ | $-1.05 \cdot 10^{-34} Js$ | $+5.27 \cdot 10^{-35} Js$ |
| 3 | 2 | −1 | − ½ | ⇒ | $2.58 \cdot 10^{-34} Js$ | $-1.05 \cdot 10^{-34} Js$ | $-5.27 \cdot 10^{-35} Js$ |
| 3 | 2 | −2 | + ½ | ⇒ | $2.58 \cdot 10^{-34} Js$ | $-2.11 \cdot 10^{-34} Js$ | $+5.27 \cdot 10^{-35} Js$ |
| 3 | 2 | −2 | − ½ | ⇒ | $2.58 \cdot 10^{-34} Js$ | $-2.11 \cdot 10^{-34} Js$ | $-5.27 \cdot 10^{-35} Js$ |

7 P

## Aufgabe 8.7 Experimentelle Überprüfung der Quantenzahlen

| | | | |
|---|---|---|---|
| (a.) 3 Min. | | Punkte | (a.) 2 P |
| (b.) 10 Min. | | | (b.) 8 P |
| (c.) 4 Min. | | | (c.) 3 P |

(a.) Wie geht die Hauptquantenzahl $n$ bei der Bestimmung der Energie-Eigenwerte der Elektronen im Coulomb-Feld des Wasserstoffkerns mit der Schrödingergleichung ein?
(b.) Wie weist man experimentell die Existenz der anderen drei Quantenzahlen bei der Bestimmung der Energie-Eigenwerte der Elektronen des Wasserstoffatoms nach?
(c.) Was verbirgt sich hinter dem Begriff der Hyperfeinstrukturaufspaltung?

## Lösung zu 8.7

Lösungsstrategie:
Hier ist die Reproduktion von Vorlesungsstoff gefragt.

Lösungsweg, explizit:

(a.) Die Hauptquantenzahl $n$ taucht nur im Radialanteil der Schrödingergleichung und somit nur im Radialanteil der Wellenfunktion auf. Als Energieeigenwerte ergeben sich die selben Ergebnisse wie das klassische Bohr'sche Atommodell in Aufgabe 8.1 unter $W_{ges} = \frac{-m q^4}{8 \varepsilon_0^2 h^2 n^2}$.

2 P

Man betrachte hierzu Tabelle 8.1. Wie wir uns erinnern, werden dort die Energiewerte aufgrund der Hauptquantenzahl $n$ bestimmt.

(b.) Zum Nachweis der drei weiteren Quantenzahlen:

- Die Bahndrehimpulsquantenzahl $l$ macht sich bemerkbar, wenn man die Wellenlängen der von Atomdampf emittierten Spektrallinien mit entsprechend guter Auflösung vermisst. Die Energie der Elektronen weicht aufgrund der Bahndrehimpulsquantenzahl ein wenig von der Energie nach Aufgabenteil (a.) ab, sodass sich Zustände unterschiedlicher Bahndrehimpulsquantenzahl $l$ bei gleicher Hauptquantenzahl $n$ durch hinreichend gute Auflösung der Messung der emittieren und der absorbierten Wellenlängen unterscheiden lassen. (2 P)

- Da die Magnetquantenzahl $m$ nichts anderes wiedergibt als eine der Komponenten des Bahndrehimpulses, muss man eine Raumrichtung auszeichnen (also markieren), in der diese Komponente gemessen werden soll. Dies geschieht im Experiment durch Anlegen eines Magnetfeldes. (1 P) Führt man Atomdampfspektroskopie in einem (hinreichend starken) Magnetfeld durch, so spalten die durch $n$ und $l$ gekennzeichneten Energieniveaus in $2l+1$ Stück durch $m$ unterschiedene Energieniveaus auf, da es zu jeden $l$ genau $2l+1$ Möglichkeiten der Einstellung des $m$ gibt (vgl. Aufgabe 8.4. Teil (b.)). (2 P) In der Theorie benutzt man zum Markieren einer Raumrichtung häufig die z-Koordinate (die in Magnetfeldrichtung liegt). Dies wurde z.B. auch bei Aufgabe 8.6 und Tabelle 8.2 vorausgesetzt.

- Die Spinquantenzahl $s$ ist verantwortlich für die sog. Feinstrukturaufspaltung, die aufgrund einer Kopplung zwischen dem Spin und der Bahn der Elektronen zustande kommt. (1 P) Die letztgenannte Kopplung bedeutet folgendes: Elektron und Kern sind relativ zueinander bewegt.

Dadurch entsteht am Ort des Elektrons ein Magnetfeld, welches von dem relativ zum Elektron bewegten Kern verursacht wird (vgl. dazu auch Aufgabe 3.39). Damit verknüpft ist ein magnetisches Moment. Aber auch das Elektron hat aufgrund seines Spins ein magnetisches Moment. Beide Momente wechselwirken miteinander, wobei die Energieniveaus der Elektronen um die Wechselwirkungsenergie verschoben werden. Da bei der Feinstrukturaufspaltung die Wechselwirkung zwischen der Bahn und dem Spin des Elektrons berücksichtigt wird, bezeichnet man ihre Entstehung auch als Spin-Bahn-Kopplung. 2 P

(c.) Zur Hyperfeinstrukturaufspaltung:
Auch der Atomkern selbst kann einen Spin aufweisen und ein damit verbundenes magnetisches Moment. Auch dieses Moment kann mit dem magnetischen Moment des Elektronenspins wechselwirken, woraus sich wieder eine Wechselwirkungsenergie ergibt. 1 P Mit entsprechend hochauflösender Spektroskopie lässt auch sie sich an Atomdampf nachweisen. Da bei der Hyperfeinstrukturaufspaltung die Wechselwirkung zwischen dem Spin des Kerns und dem Spin des Elektrons berücksichtigt wird, bezeichnet man ihre Entstehung auch als Spin-Spin-Kopplung. 2 P

## Aufgabe 8.8 Notation der Spektroskopie

| 5 Min. | | Punkte 4 P |
|---|---|---|

Manchmal findet man die Begriffe „Schalen“ und „Unterschalen“.

Welche Energieniveaus für Elektronen in der Atomhüllen werden damit zusammengefasst?

Was ist die $K-$ Schale, was ist die $L-$ Schale und was ist die $M-$ Schale?

Was ist $1s-$ Unterschale, was ist die $2s-$ Unterschale, was ist die $3p-$ Unterschale?

## Lösung zu 8.8

Lösungsstrategie:

Hier ist die Reproduktion von Vorlesungsstoff gefragt.

Lösungsweg, explizit:

„Schalen“ ist ein Sammelbegriff für alle Energieniveaus mit gleicher Hauptquantenzahl $n$, wobei $n = 1,2,3,4,5,6,...$ als $K,L,M,N,O,P,...$ -Schalen bezeichnet werden. 1 P

„Unterschalen“ ist ein Sammelbegriff für alle Energieniveaus mit gleicher Haupt- und gleicher Bahndrehimpulsquantenzahl $n$ und $l$, wobei $n$ einfach nummeriert wird und $l$ durch Buchstaben kodiert ist, nämlich für $l = 0,1,2,3,...$ die Buchstaben $s, p, d, f,...$ in dieser Reihenfolge verwendet werden. 1 P

Also beschreibt $1s$ die Unterschale mit $n = 1, l = 0$,
$2s$ die Unterschale mit $n = 2, l = 0$ und
$3p$ die Unterschale mit $n = 3, l = 1$. 2 P

## Aufg. 8.9 Feinstrukturaufspaltung, Natrium-Doublett (D-Linien)

5 Min. Punkte 3 P

Erklären Sie den Grund für das Entstehen des Natrium Doubletts der beiden sog. D-Linien bei $\lambda_1 = 589.5932\,nm$ und $\lambda_2 = 588.9965\,nm$.

## Lösung zu 8.9

Lösungsstrategie:

Man erinnere sich an die sog. Feinstrukturaufspaltung (siehe Aufgabe 8.7b).

Lösungsweg, explizit:

Die Feinstrukturaufspaltung der Natrium D-Linie hat ihren Grund in der Aufspaltung des 3p-Niveaus (also $n = 3$, $l = 1$). Deren Ursache ist die Spin-Bahn-Kopplung: Im Bezugssystem des Elektrons bewegt sich der Atomkern um das Elektron und erzeugt deshalb ein Magnetfeld am Ort des Elektrons. Außerdem ist mit dem Spin des Elektrons ein magnetisches Moment verbunden. Dieses tritt mit dem erstgenannten Magnetfeld in Wechselwirkung, wobei die mit der Spin-Bahn-Wechselwirkung verbundene potentielle Energie von der Orientierung des Spins abhängt. Diese Orientierung kann zwei mögliche Zustände annehmen, also beschreibt die hier diskutierte Feinstrukturaufspaltung die Aufspaltung des Energieniveaus 3p in zwei „Unterniveaus“.

1 P

2 P

## Aufgabe 8.10 Isotopieaufspaltung von Spektrallinien

insgesamt 8 Min. Punkte insgesamt 5 P

Unterschiedliche Isotope eines chemischem Elements (mit gleicher Kernladungszahl aber unterschiedlicher Kernmasse) haben geringfügig unterschiedliche Lage der Spektrallinien der Atomphysik. Erklären Sie den Grund. Erläutern Sie in diesem Zusammenhang auch die beiden folgend genannten Begriffe. (a.) Isotopen-Effekt (b.) Volumen-Effekt

## Lösung zu 8.10

Lösungsstrategie:

Wie der Name des Effekts schon sagt, spielen hier Unterschiede der Kernmassen eine Rolle. Es geht also um die Wirkung des Kerns auf die Energiewerte der Elektronen.

Lösungsweg, explizit:

(a.) Der Isotopen-Effekt wäre im Bohr'schen Atommodell (und ggf. in der Sommerfeld'schen Erweiterung) am einfachsten zu verstehen. Der Kern und die Elektronen bilden ein gemeinsames Mehrkörpersystem (ähnlich wie die Erde und der Mond), sodass sie als gesamte Einheit um den gemeinsamen Schwerpunkt kreisen. (Man vergleiche dazu auch Aufgabe 1.13.) Dies führt zu einer Mitbewegung des Kerns. Aber die Bahn der Elektronen orientiert sich dann eben nicht am Kernmittelpunkt, sondern eben auch am gemeinsamen Schwerpunkt des Systems. Die Elektronenbahnen sind dann natürlich ein wenig anders als nach dem einfach bisher besprochenen Modell – aber, und das ist der entscheidende Aspekt: Die Lage des gemeinsamen Schwerpunkts unterscheidet sich ein wenig von Isotop zu Isotop, denn die Kernmasse unterscheidet sich von Isotop zu Isotop. Und mit der Lage des Schwerpunkts verändern sich auch die Energieeigenwerte der Elektronen von Isotop zu Isotop. 1 P 2 P

(b.) Volumen-Effekt: Da die Dichte der Kernmaterie konstant ist, haben unterschiedlich Isotope desselben chemischen Elements unterschiedliche Volumina und somit auch eine unterschiedliche räumliche Verteilung der Kernladung. Das führt zu Variationen im Abstand zwischen der Ladung des Kerns und der Ladung der Elektronen und beeinflusst somit das elektrostatische Potential, in welchem sich die Elektronen aufhalten. Auch dies hat natürlich einen Einfluss auf die Energie der Elektronen, die sich von Isotop zu Isotop etwas unterscheidet. 2 P

## Aufgabe 8.11 Wien'sches Verschiebungsgesetz

 5 Min. Punkte 3 P

(a.) Eine Glühbirne, deren Glühwendel im Betrieb auf 2000 Kelvin erhitzt sei, strahlt Licht ab. Bei welcher Wellenlänge liegt das Intensitätsmaximum des emittierten Lichts.

(b.) Wie heiß müsste der Glühwendel sein, damit das Intensitätsmaximum des emittierten Lichts im sichtbaren Bereich, z.B. bei einer Wellenlänge von 600 nm liegen würde?

## ▾ Lösung zu 8.11

Lösungsstrategie:

Die emittierte spektrale Strahlungsdichte wird durch das Planck'sche Strahlungsgesetz angegeben. Die Lage des Maximums der Strahlungsdichte gibt näherungsweise das Wien'sche Verschiebungsgesetz an.

Lösungsweg, explizit:

Dieses lautet $\lambda_{\max}(T) = \frac{2.898 \cdot 10^{-3} K \cdot m}{T} \quad (*1)$. 1 P

(a.) Werte einsetzen $\lambda_{\max}(2000K) = \frac{2.898 \cdot 10^{-3} K \cdot m}{2000K} = 1449\,nm$. 1 P

Das Maximum der emittierten Strahlung liegt also weit im infraroten Bereich.

(b.) Wir lösen $(*1)$ nach $T$ auf und setzen Werte ein:

$(*1) \Rightarrow T = \frac{2.898 \cdot 10^{-3} K \cdot m}{600 \cdot 10^{-9} m} \overset{TR}{\approx} 4830K$ für die Temperatur der Glühwendel. 1 P

Zu kaufen gibt es sogar noch heißere Lampen.

## Aufgabe 8.12 Aufbau des chemischen Periodensystems

| | | | Punkte | |
|---|---|---|---|---|
| | (a.) 10 bis 12 Min. | | | (a.) 11 P |
| | (b.) 3 Min. | | | (b.) 3 P |

(a.) Ergänzen Sie den in Bild 8-4 abgedruckten Anfang des chemischen Periodensystems, indem Sie zu allen chemischen Elementen die vier Quantenzahlen der einzelnen Elektronen angeben.

(b.) Was können Sie über die Quantenzahlen im 1s-Niveau aussagen? Was bedeutet ein 2p-Niveau? Und was ist ein 3d-Niveau? (Gefragt ist, dass Sie die aus diesen Angaben erkenntlichen Quantenzahlen angeben.)

| H | | | | | | | He |
|---|---|---|---|---|---|---|---|
| n= | | | | | | | n= |
| l= | | | | | | | l= |
| m= | | | | | | | m= |
| s= | | | | | | | s= |
| Li | Be | B | C | N | O | F | Ne |
| n= | n= | n= | n= | n= | n= | n= | n= |
| l= | l= | l= | l= | l= | l= | l= | l= |
| m= | m= | m= | m= | m= | m= | m= | m= |
| s= | s= | s= | s= | s= | s= | s= | s= |
| Na | Mg | Al | Si | P | S | Cl | Ar |
| n= | n= | n= | n= | n= | n= | n= | n= |
| l= | l= | l= | l= | l= | l= | l= | l= |
| m= | m= | m= | m= | m= | m= | m= | m= |
| s= | s= | s= | s= | s= | s= | s= | s= |

**Bild 8-4**
Anfang des chemischen Periodensystems, bei dem die Quantenzahlen der in den Atomhüllen befindlichen Elektronen eingetragen werden sollen.
Es genügt, bei jedem Element das zuletzt hinzugekommene Elektron einzutragen, denn alle anderen Elektronen mit niedrigerer Energie haben die identischen Quantenzahlen wie bei den zuvor genannten Elementen.

## Lösung zu 8.12

Lösungsstrategie:

Elektronen sind Fermionen, das sind Teilchen mit halbzahligem Spin. Dies hat unter anderem zur Folge, dass in der Atomhülle jeder durch vier Quantenzahlen eindeutig beschriebene Zustand nur maximal ein einziges Elektron aufnehmen kann. (Die Regel ist als Pauli-Prinzip bekannt.) Welche Kombinationen von Quantenzahlen möglich sind, sehen wir in der Lösung zu Aufgabe 8.4.(b.). 1 P

Die Energieniveaus werden „von unten her besetzt", d.h. jedes gegenüber dem vorangehenden Element neu hinzukommende Elektron wird auf das niedrigste noch freie Energieniveau gebracht.

Man beachte die Hund'sche Regel, nach der bei gleichen Quantenzahlen $n$ und $l$ zunächst die Zustände mit parallelen Spins (also mit gleicher Spinquantenzahl $s$) und unterschiedlichen Magnetquantenzahlen $l$ zu besetzen sind. Sind innerhalb eines durch $n$ und $l$ charakterisierten Zustandes alle Niveaus mit parallelen Spins besetzt, dann kommt das nächste $l$ dran. 1 P

Lösungsweg, explizit:

(a.) Die Lösung zeigt Bild 8-5, in dem die gefragten Quantenzahlen eingetragen sind.

Zu den Regeln für die zulässigen Kombinationen der Quantenzahlen betrachte man die Aufgaben 8.5 und 8.6.

| **H** | | | | | | | **He** |
|---|---|---|---|---|---|---|---|
| n=1 | | | | | | | n=1 |
| l=0 | | | | | | | l=0 |
| m=0 | | | | | | | m=0 |
| s=+½ | | | | | | | s=-½ |
| **Li** | **Be** | **B** | **C** | **N** | **O** | **F** | **Ne** |
| n=2 | n=2 | n=2 | n=2 | n=2 | n=2 | n=2 | n=2 |
| l=0 | l=0 | l=1 | l=1 | l=1 | l=1 | l=1 | l=1 |
| m=0 | m=0 | m=1 | m=0 | m=-1 | m=1 | m=0 | m=-1 |
| s=+½ | s=-½ | s=+½ | s=+½ | s=+½ | s=-½ | s=-½ | s=-½ |
| **Na** | **Mg** | **Al** | **Si** | **P** | **S** | **Cl** | **Ar** |
| n=3 | n=3 | n=3 | n=3 | n=3 | n=3 | n=3 | n=3 |
| l=0 | l=0 | l=1 | l=1 | l=1 | l=1 | l=1 | l=1 |
| m=0 | m=0 | m=1 | m=0 | m=-1 | m=1 | m=0 | m=-1 |
| s=+½ | s=-½ | s=+½ | s=+½ | s=+½ | s=-½ | s=-½ | s=-½ |

**Bild 8-5**
Anfang des chemischen Periodensystems. Eingetragen sind bei jedem Element die vier Quantenzahlen des zuletzt hinzugekommenen Elektrons. Alle anderen Elektronen mit niedrigerer Energie haben die identischen Quantenzahlen wie bei den zuvor genannten Elementen (mit weniger Elektronen).
Angegeben sind immer die Grundzustände.

18×½P

Man beachte, dass im Bereich des hier gezeigten Anfangs des Periodensystems hinsichtlich der Energie der Elektronen immer die Hauptquantenzahl $n$ dominiert. Für Niveaus mit gleichem $n$ entscheidet alleine die Magnetquantenzahl $l$ über die nächst untergeordnete Reihenfolge der Energiezunahme, danach kommt $s$ an die Reihe. Die Magnetquantenzahl $m$ spielt aufgrund der Hund'schen Regel die geringste Rolle.

**Stolperfalle**

Die gezeigte Reihenfolge für die Zunahme der Energie als Funktion der Quantenzahlen gilt aber nur für den bis hier gezeigten Anfangsteil des Periodensystems. Für höhere Elektronenenergie (also für höhere Energieniveaus) ist die Reihenfolge weniger simpel. Um dort die tatsächliche Reihenfolge der Besetzung mit Elektronen zu ermitteln, müssten die Energieeigenwerte zu den verschiedenen Kombinationen der Quantenzahlen explizit ausgerechnet werden, was sich aber ausdrücklich nicht als Aufgabe für eine Physikklausur im Nebenfach eignet. Schließlich handelt es sich um Atome mit mehreren Elektronen, wobei auch die Wechselwirkung zwischen den Elektronen mitberücksichtigt werden muss. Das Problem ist kompliziert und erfordert numerische Lösungsverfahren auf dem Computer. Eine analytische Lösung für dieses Problem ist bis heute nicht gefunden.

(b.) Diese Kurzschreibweise für Elektronenkonfigurationen besteht aus einer Zahl und einem Buchstaben. Die Zahl gibt direkt die Quantenzahl $n$ an. Der Buchstabe steht für die Quantenzahl $l$, und zwar in der Reihenfolge $s, p, d, f, ...$ für $l = 0,1,2,3,...$.

Es steht also: 1s für $n=1, l=0$; 2p für $n=2, l=1$ sowie 3d für $n=3, l=2$. 3×1P

## Aufgabe 8.13 Röntgenstrahlung, Auger-Elektronen

15 Min. Punkte 11 P

Wie entsteht Röntgen-Strahlung?
Wie entstehen Auger-Elektronen?

(a.) Was sind bei der charakteristischen Röntgenstrahlung die Linien $K_\alpha$, $M_\beta$, $L_\gamma$?

(b.) Was sind beim sog. inneren Photoeffekt die Auger-Elektronen (bzw. Koster-Cronig-Elektronen) $KLL$, $KLM$, $KML$?

Erklären Sie auch die Systematik, nach der Sie die Zuordnung vollziehen.

Wodurch unterscheiden sich Auger-Elektronen von Koster-Cronig-Elektronen?
Was bedeutet der Begriff „innerer Photoeffekt"?

## Lösung zu 8.13

Lösungsstrategie:

Die Entstehung der Strahlung sei in der Lösungsstrategie erläutert.

Sowohl Röntgen-Strahlung als auch Auger-Elektronen setzen eine Ionisierung sehr tief liegender Elektronen der Atomhülle voraus. Diese kann man z.B. erreichen, indem man Elektronen mit für atomphysikalische Maßstäbe relativ hoher Energie auf die Atomhülle schießt. Dadurch wird das beschossene Atom ionisiert, und zwar durch Entfernen eines der energetisch niedrigen Elektronen. Auf den solchermaßen frei gewordenen Platz fallen Elektronen aus höheren Energieniveaus nach und geben die dabei freiwerdende Energie ab. Diese Energieabgabe kann auf zwei Arten geschehen: 2 P

1. Durch Emission einer elektromagnetischen Welle. Diese nennt man Röntgenstrahlung. 1 P

2. Durch strahlungslosen Übergang der Energie auf ein weiteres Hüllenelektron, welches dadurch genug Energie bekommt, ebenfalls die Atomhülle zu verlassen. Das wegfliegende Elektron heißt Auger-Elektron oder Koster-Cronig-Elektron. Das zurückbleibende Atom ist dann zunächst zweifach ionisiert. 1 P

Das Abfragen der Notation sei auf den nachfolgenden Lösungsweg verschoben.

Lösungsweg, explizit:

(a.) Die Bezeichnung der Röntgen-Linien muss zwei Informationen enthalten:

1.: Elektron fällt auf das Niveau → Buchstabe $K,L,M,N,O,P,...$ für $n=1,2,3,4,5,6,...$

2.: Die Fallhöhe → Index $\alpha,\beta,\gamma,\delta,...$ für $\Delta n = 1,2,3,4,...$. Das Elektron kommt aus $(n+\Delta n)$. ½ P

Damit verstehen wir die gefragten Linien wie folgt:

½ P $K_\alpha$: Zielniveau $n_{unten}=1$, Startniveau $n_{oben}=n_{unten}+\Delta n = 1+1=2$

½ P $M_\beta$: Zielniveau $n_{unten}=3$, Startniveau $n_{oben}=n_{unten}+\Delta n = 3+2=5$

½ P $L_\gamma$: Zielniveau $n_{unten}=2$, Startniveau $n_{oben}=n_{unten}+\Delta n = 2+3=5$

(b.) Die eindeutige Bezeichnung der Auger-Elektronen bzw. der Koster-Cronig-Elektronen benötigt drei Informationen, die man in der Art „$B \leftarrow A\ C$" wiedergibt, wobei der Pfeil normalerweise weggelassen wird. Dabei bedeutet

$A$ das Startniveau des herabfallenden Elektrons,

$B$ das Zielniveau des herabfallenden Elektrons,

$C$ das Startniveau des wegfliegenden Auger-Elektrons.

In Worten heißt das: Das herabfallende Elektron fällt von $A$ nach $B$. Die dabei freiwerdende Energie führt zur Emission eines Elektrons aus dem Niveau $C$. 1½ P

Die Bezeichnung der Niveaus durch $A, B, C$ erfolgt üblicherweise durch die Buchstaben $K, L, M, N, O, P, ...$ für $n = 1,2,3,4,5,6,...$. Zur Verfeinerung der Notation kann noch ein Index zur Angabe der Quantenzahl $l$ in Form einer römischen Zahl $I, II, III, IV, ...$ angefügt werden.

Die in der Aufgabenstellung gefragten Indizes haben also folgende Bedeutung:

- $KLL$ → Ein Elektron fällt von der $L$-Schale auf die $K$-Schale. Mit der dabei freiwerdenden Energie wird ein Elektron aus $L$ emittiert. ½ P
- $KLM$ → Ein Elektron fällt von der $L$-Schale auf die $K$-Schale. Mit der freiwerdenden Energie wird ein Elektron $M$ emittiert. ½ P
- $KML$ → Ein Elektron fällt von $M$ auf $K$. Emittiert wird ein Elektron aus $L$. ½ P

Die Unterscheidung der Namen „Auger" „Koster-Cronig" hat historische Ursachen: Findet der strahlungslose Übergang des herabfallenden Elektrons zwischen Niveaus mit unterschiedlichen Hauptquantenzahlen $n$ statt, so spricht man von einem Auger-Elektron. Findet dieses Herabfallen hingegen zwischen Niveaus mit gleichem $n$ und unterschiedlicher Bahndrehimpulsquantenzahl $l$ statt, so heißt das emittierte Elektron Koster-Cronig-Elektron. 1 P

Der Begriff „innerer Photoeffekt" dient als Sammelbegriff für Auger-Effekt und Koster-Cronig-Effekt, denn bei beiden Effekten wird ein Elektron emittiert. 1 P

## Aufgabe 8.14 Photoeffekt

 10 Min.  Punkte 6 P

Licht der Wellenlänge $\lambda = 600\,nm$ treffe auf eine Metallplatte und emittiere von dort Elektronen. Deren Austrittsarbeit betrage $W_A = 1.2\,eV$.

(a.) Mit welcher kinetischen Energie und mit welcher Geschwindigkeit verlassen die Elektronen die Platte?

(b.) Mit welcher kinetischen Energie würden die Elektronen die Platte verlassen, wenn die Austrittsarbeit bei $3\,eV$ läge?

## ▾ Lösung zu 8.14

Lösungsstrategie:

Beim Photoeffekt wird das Photon absorbiert und überträgt seine gesamte Energie an ein Elektron. Mit dieser Energie überwindet das Elektron die Austrittsarbeit, der Rest an Energie bleibt dem Elektron als kinetische Energie.

Lösungsweg, explizit:

1½ P (a.) Die Energieerhaltung schreibt sich $W_{Photon} = W_A + W_{kin} \Rightarrow W_{kin} = W_{Photon} - W_A = h \cdot \frac{c}{\lambda} - W_A$.
Dabei ist $h$ das Planck'sche Wirkungsquantum und $W_{Photon} = h \cdot \nu$ die Energie des Photons mit der Frequenz $\nu = \frac{c}{\lambda}$.

1 P Werte einsetzen: $W_{kin} = h \cdot \frac{c}{\lambda} - W_A = 6.626 \cdot 10^{-34} Js \cdot \frac{2.998 \cdot 10^8 \frac{m}{s}}{600 \cdot 10^{-9} m} - 1.2eV$.

Da wir Joule und Elektronvolt voneinander zu subtrahieren haben, müssen wir erst Einheiten umrechnen:

1½ P $$W_{kin} = 6.626 \cdot 10^{-34} Js \cdot \frac{2.998 \cdot 10^8 \frac{m}{s}}{600 \cdot 10^{-9} m} \cdot \frac{1}{1.602 \cdot 10^{-19} \frac{J}{eV}} - 1.2eV \overset{TR}{\approx} \underbrace{2.0667 eV}_{(*1)} - 1.2eV = 0.8667 eV.$$

Dies ist die kinetische Energie der emittierten Photoelektronen. Ihre Geschwindigkeit berechnen wir so:

1 P $$W_{kin} = \frac{1}{2} m v^2 \Rightarrow v = \sqrt{\frac{2 \cdot W_{kin}}{m}} = \sqrt{\frac{2 \cdot 0.8667 eV \cdot 1.602 \cdot 10^{-19} \frac{J}{eV}}{9.1 \cdot 10^{-31} kg}} \overset{TR}{\approx} 552 \cdot 10^3 \frac{m}{s}.$$

(b.) Läge die Austrittsarbeit der Elektronen bei $3eV$, so könnten überhaupt keine Elektronen emittiert werden. Die Energie des Photons wurde in $(*1)$ berechnet mit $\frac{h \cdot c}{\lambda} \overset{TR}{\approx} 2.0667 eV$. Das

1 P ist weniger als $3eV$ und reicht somit nicht aus, um Elektronen loszulösen.

## Aufgabe 8.15 DeBroglie-Wellenlänge

| | | | | |
|---|---|---|---|---|
| ⏱ | (a.) 4 Min.<br>(b.) 5 Min. | | Punkte | (a.) 2 P<br>(b.) 3 P |

Immer wieder taucht in Prüfungen die Berechnung der deBroglie-Wellenlänge auf. Berechnen Sie die folgenden deBroglie-Wellenlängen:

(a.) Für einen Fahrradfahrer mit Ruhemasse $m = 80kg$ und einer Geschwindigkeit $v = 10 \frac{m}{s}$.

Zusatzfrage zu (a.): Welche Bedeutung hat eine derartige Wellenlänge für unseren Alltag?

(b.) Für ein Elektron, nachdem es von einer Spannung $U = 2kV$ beschleunigt wurde. (Bei diesem Aufgabenteil genügt eine nichtrelativistische Berechnung.)

Zusatzfrage zu (b.): Warum entscheidet die deBroglie-Wellenlänge der Elektronen darüber, welche kleinstmöglichen Strukturen bei der Elektronenmikroskopie gerade noch aufgelöst werden können?

## ▾ Lösung zu 8.15

Lösungsstrategie:

Die deBroglie-Wellenlänge wird nach dem Welle-Teilchen-Dualismus bewegten Teilchen mit Ruhemasse als Wellenlänge zugeordnet. Sie ist $\lambda = \frac{h}{p}$ .

Die extrem kleinen Zahlen bei der Wellenlänge makroskopisch bewegter Objekte lassen erahnen, warum der Welle-Teilchen-Dualismus in der klassischen Physik nicht erkannt werden konnte, sondern erst in der mikroskopischen Physik.

Lösungsweg, explizit:

(a.) Für den Fahrradfahrer wäre dann $\lambda = \frac{h}{p} \overset{TR}{\approx} \frac{6.626 \cdot 10^{-34} J\,s}{80kg \cdot 10\frac{m}{s}} = 8.2825 \cdot 10^{-37} m$ . 1 P

Zusatzfrage zu (a.): Derartig kurze Wellenlängen sind mit heutiger Technologie nicht feststellbar, schon gar nicht in unserem Alltag. Aus diesem Grund entzieht sich die Wellennatur der Materie unserer alltäglichen Lebenserfahrung.

Ein Nachweis der Wellennatur könnte z.B. über Beugung (und evtl. sich anschließende Interferenzen) stattfinden, wie dies bei Licht oder Elektronen leicht möglich ist. Ein solcher Nachweis setzt aber voraus, dass die beugende Struktur in etwa von gleicher räumlicher Ausdehnung ist wie die zu beugende Welle (vgl. Aufgabe 5.21). Räumliche Strukturen von einer Ausdehnung im Bereich $10^{-37} m$ sind der Menschheit zumindest heutzutage nicht experimentell zugänglich. Deshalb ist die Beugung eines Fahrradfahrers nicht bemerkbar, schon gar nicht im Alltag. 1 P

(b.) Beim Elektron kann der Impuls über die kinetische Energie ausgerechnet werden, die sich aus der elektrischen Energie des Beschleunigungsvorganges ergibt:

$$W_{kin} = W_{el} \Rightarrow \frac{p^2}{2m} = e \cdot U \Rightarrow p = \sqrt{2meU} \Rightarrow \lambda = \frac{h}{p} = \frac{h}{\sqrt{2meU}} .$$ 1 P

Werte einsetzen: $\lambda = \frac{h}{p} = \frac{h}{\sqrt{2meU}} = \frac{6.626 \cdot 10^{-34} J\,s}{\sqrt{2 \cdot 9.1 \cdot 10^{-31} kg \cdot 1.602 \cdot 10^{-19} C \cdot 2000V}} \overset{TR}{\approx} 2.7439 \cdot 10^{-11} m$ . 1 P

Zur Zusatzfrage zu (b.): Bekanntlich tritt Beugung in etwa dann ein, wenn die Größe der beugenden Struktur in die Größenordnung der Wellenlänge der gebeugten Wellen kommt. Die Wellen sind beim Elektronenmikroskop Elektronenwellen. Und die Auflösung ist wie immer durch die Beugung begrenzt, weil die Beugung ein scharfes Bild verhindert. 1 P

## Aufgabe 8.16 Compton-Effekt

| | | | | | |
|---|---|---|---|---|---|
| (a.) | 2 Min. | | Punkte | (a.) 2 P |
| (b.) | 4…5 Min. | | | (b.) 3 P |
| (c.) | 4…5 Min. | | Punkte | (c.) 3 P |
| (d.) | 8 Min. | | | (d.) 7 P |

Ein Photon der Energie $W_\gamma = 500 keV$ trifft wie in Bild 8-6 skizziert auf ein ruhendes Elektron. Betrachten Sie das Elektron als (näherungsweise) ungebunden.

(a.) Berechnen Sie die Compton-Wellenlänge des Elektrons.

(b.) Welche Wellenlänge hat das Photon vor dem Stoß, und welche Wellenlänge hat es nach einem Stoß, bei dem es um $\varphi = 45°$ aus seiner ursprünglichen Richtung ausgelenkt wurde?

(c.) Wie viel Energie bekommt das Elektron (dem Betrage nach) bei dem Stoß (mit $\varphi = 45°$)?

(d.) Wie sähe der Stoß beim Auftreffen des Elektrons auf ein Proton aus? Beantworten Sie die Fragen (a…c) nochmals, nun aber für ein Proton als Stoßpartner anstelle des Elektrons.

Zusatzfragen zu (d.) Warum übernimmt das Proton so wenig Energie vom Photon? In welcher Weise müsste man das Photon ändern, damit das Proton mehr Energie übernehmen könnte?

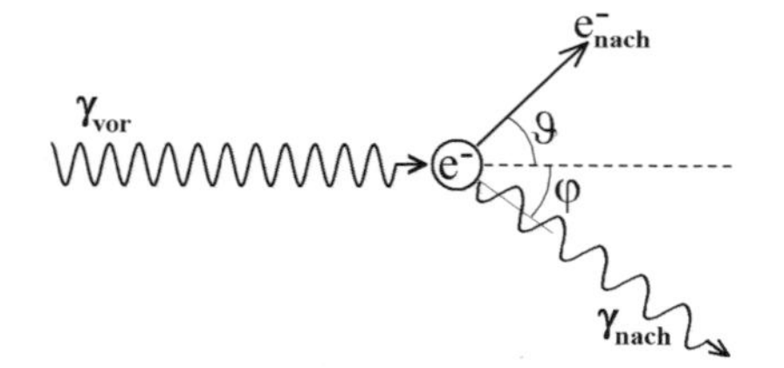


**Bild 8-6**
Compton-Effekt.
Ein Photon trifft auf ein ruhendes Elektron und wird gestreut. Dabei gibt es einen Teil seiner Energie aufgrund der Impuls- und Energieerhaltung an das Elektron ab.

## Lösung zu 8.16

Lösungsstrategie:

Man könnte an dieser Stelle einen elastischen Stoß berechnen, der im Prinzip genauso wie ein klassischer Stoß (vgl. Aufgabe 1.16) auf Energie- und Impulserhaltung zurückgeht. Da man diesen Rechenweg in vielen Lehrbüchern findet, sei er hier nicht noch ein weiteres Mal wiederholt. In Formelsammlungen findet man das Ergebnis dieser Herleitung, welches für unseren Lösungsweg benutzt werden darf.

Lösungsweg, explizit:

(a.) Die Compton-Wellenlänge ist definiert als $\lambda_C = \frac{h \cdot c}{m}$, worin $m$ die Masse des ruhemassebehafteten Teilchens ist. Die Größen $h$ und $c$ findet man in Kapitel 11.0.
Werte einsetzen für das Elektron liefert seine Compton-Wellenlänge:

2 P $$\lambda_C = \frac{h}{m \cdot c} = \frac{6.62607 \cdot 10^{-34} J\,s}{9.1094 \cdot 10^{-31} kg \cdot 2.9979 \cdot 10^{8} \frac{m}{s}} \stackrel{TR}{\approx} 2.42631 \cdot 10^{-12} \frac{kg \frac{m^2}{s^2} \cdot s}{kg \cdot \frac{m}{s}} = 2.42631 \cdot 10^{-12} m\,.$$

(b.) In Formelsammlungen findet man üblicherweise einen Ausdruck für die Wellenlängenverschiebung des Photons beim Stoß in der Form $\Delta\lambda = \lambda_C \cdot (1-\cos(\varphi))$.

Natürlich muss die Wellenlängenverschiebung $\Delta\lambda$ addiert werden, denn beim Stoß gibt das Photon Energie ab und wird dadurch langwelliger. Die Wellenlänge des Photons nach dem Stoß ist also $\lambda_{nach} = \lambda_{vor} + \Delta\lambda = \lambda_{vor} + \lambda_C \cdot (1-\cos(\varphi))$. 1 P

Dazu benötigen wir die Wellenlänge des Photons vor dem Stoß:

$$W_\gamma = h \cdot \nu = h \cdot \frac{c}{\lambda} \quad \Rightarrow \quad \lambda_{vor} = \frac{h \cdot c}{W_{\gamma,vor}} = \frac{6.62607 \cdot 10^{-34} Js \cdot 2.9979 \cdot 10^8 \frac{m}{s}}{500 \cdot 10^3 eV \cdot 1.60218 \cdot 10^{-19} \frac{J}{eV}} \overset{TR}{\approx} 2.4797 \cdot 10^{-12} m .$$ 1 P

Für einen Streuwinkel von $\varphi = 45°$ ergibt sich dann als Wellenlänge des Photons nach dem Stoß:

$$\lambda_{nach} = \lambda_{vor} + \lambda_C \cdot (1-\cos(\varphi)) \overset{TR}{\approx} 2.4797 \cdot 10^{-12} m + 2.42631 \cdot 10^{-12} m \cdot (1-\cos(45°)) \overset{TR}{\approx} 3.19033 \cdot 10^{-12} m .$$ 1 P

(c.) Die vom Photon abgegebene Energie wird auf das Elektron übertragen:

$$\Delta W_{Elektron} = W_{\gamma,vor} - W_{\gamma,nach} = \frac{h \cdot c}{\lambda_{vor}} - \frac{h \cdot c}{\lambda_{nach}} = h \cdot c \cdot \frac{\lambda_{nach} - \lambda_{vor}}{\lambda_{vor} \cdot \lambda_{nach}} = h \cdot c \cdot \frac{\Delta\lambda}{\lambda_{vor} \cdot \lambda_{nach}}$$

$$= \frac{h \cdot c}{\lambda_{vor}} \cdot \frac{\Delta\lambda}{\lambda_{nach}} = W_{\gamma,vor} \cdot \frac{\Delta\lambda}{\lambda_{nach}} .$$ 2 P

Werte einsetzen:

$$\Delta W_{Elektron} = W_{\gamma,vor} \cdot \frac{\Delta\lambda}{\lambda_{nach}} \overset{TR}{\approx} 500 keV \cdot \frac{2.42631 \cdot 10^{-12} m \cdot (1-\cos(45°))}{3.19033 \cdot 10^{-12} m} \overset{TR}{\approx} 111.375 keV .$$ 1 P

(d.) Des Protons Compton-Wellenlänge ist

$$\lambda_C = \frac{h}{m_{\text{Proton}} \cdot c} = \frac{6.626 \cdot 10^{-34} Js}{1.6726 \cdot 10^{-27} kg \cdot 2.998 \cdot 10^8 \frac{m}{s}} \overset{TR}{\approx} 1.32141 \cdot 10^{-15} \frac{kg \frac{m^2}{s^2} \cdot s}{kg \cdot \frac{m}{s}} = 1.32141 \cdot 10^{-15} m .$$ 2 P

Damit ist die Wellenlängenverschiebung beim Stoß unter einem Streuwinkel des Photons von $\varphi = 45°$:

$$\lambda_{nach} = \lambda_{vor} + \lambda_C \cdot (1-\cos(\varphi)) \overset{TR}{\approx} 2.4796838 \cdot 10^{-12} m + \underbrace{1.32141 \cdot 10^{-15} m \cdot (1-\cos(45°))}_{\overset{TR}{\approx} 3.8703 \cdot 10^{-16} m}$$

$$\Rightarrow \quad \lambda_{nach} \overset{TR}{\approx} 2.48007 \cdot 10^{-12} m ,$$ 2 P

Die Energie des Photons konnte im Prinzip aus der Berechnung für das Elektron übernommen werden, allerdings wurde jetzt die Rechengenauigkeit etwas erhöht, da man schon 5 oder 6 signifikante Stellen anschauen muss, um das Ergebnis überhaupt erkennen zu können. Entsprechend gering ist die an das Proton abgegebene Energie:

$$\Delta W_{\text{Proton}} = W_{\gamma,vor} \cdot \frac{\Delta\lambda}{\lambda_{nach}} \overset{TR}{\approx} 500 keV \cdot \frac{1.32141 \cdot 10^{-15} m \cdot (1-\cos(45°))}{2.48007 \cdot 10^{-12} m} \overset{TR}{\approx} 7.8 \cdot 10^{-2} keV = 78 eV ,$$ 2 P

Zur Zusatzfrage:

Anschaulich sind die Verhältnisse klar: Da das Proton wesentlich schwerer als das Elektron ist, prallt das leichte Photon an ihm ab, ohne ihm all zu viel Energie übertragen zu können. Wollte man mehr Energie übertragen, so müsste man zwei vergleichbare Stoßpartner benutzen. Dazu müsste man die Energie des Photons erhöhen, sodass die Wellenlänge des Photons in der Größenordnung der Wellenlänge des Protons liegt. 1 P

Auf die Maßstäbe unserer alltäglichen Anschauung übertragen, könnte man als Beispiel den Stoß einer Erbse an einem ruhenden Fußball betrachten. Der Fußball nimmt nicht merklich Impuls auf und die Erbse wird elastisch reflektiert.

## Aufgabe 8.17 Paarbildung (Teilchen + Antiteilchen)

5 Min. Punkte 4 P

Ein Photon der Wellenlänge $\lambda = 9 \cdot 10^{-13} m$ zerstrahle in der Nähe eines Atomkerns in ein Elektron-Positron-Paar. Wie groß ist die Summe der kinetischen Energien des dabei entstehenden Elektron-Positron-Paares?

Zusatzfragen: Wenn Sie die Impulserhaltung zwischen dem Photon und den Leptonen nachrechnen würden, käme eine Verletzung dieser Impulserhaltung heraus. Was geschieht mit dem Impuls? Warum gilt hier die Energieerhaltung, aber nicht die Impulserhaltung?

## Lösung zu 8.17

Lösungsstrategie:

Das Photon verliert seine Existenz. Seine Energie wird zuerst für die Erzeugung der Ruhemassen der beiden Leptonen benötigt. Was dann noch an Energie übrig bleibt, geht auf die beiden erzeugten Leptonen als kinetische Energie über.

Lösungsweg, explizit:

- Die Energie des Photons beträgt

1 P $$W_\gamma = h \cdot \nu = h \cdot \frac{c}{\lambda} = \frac{6.626 \cdot 10^{-34} Js \cdot 2.998 \cdot 10^8 \frac{m}{s}}{9 \cdot 10^{-13} m} \overset{TR}{\approx} 2.2072 \cdot 10^{-13} J \overset{TR}{\approx} 1.3776\, MeV .$$

- Die Ruhemasse des Elektrons (und ebenso seines Antiteilchens, des Positrons) entspricht bekanntlich nach Einstein's Masse-Energie-Äquivalenz $W_e = m_e \cdot c^2 = 511.0\, keV$ . ½ P

- Von der Energie des Photons werden die beiden Leptonen erzeugt, übrig bleibt die kinetische Energie $\Delta W = W_\gamma - 2 \cdot W_e \overset{TR}{\approx} 1.3776\, MeV - 2 \cdot 0.5110\, MeV \overset{TR}{\approx} 0.3556\, MeV$ für die beiden Leptonen. 1 P

Zu den Zusatzfragen:

Der Prozess entspricht einem inelastischen Stoß, denn es wird Energie in Ruhemasse umgewandelt. Deshalb können die Impulse der bewegten Teilchen nicht erhalten sein. Der in der

Aufgabenstellung erwähnte Atomkern dient dem Impulsausgleich. Deshalb benötigt die Paarbildung solche Kerne, damit sie überhaupt stattfinden kann. Der Kern selbst wird normalerweise in einem Festkörper eingebunden sein und verteilt dadurch den aus der Paarbildung übernommenen Impuls auf den gesamten Festkörper. Er ändert aber nicht seinen energetischen Zustand. Deshalb ist die Energieerhaltung zwischen dem Photon und den Leptonen gewährleistet, wenn man die Ruhe-Energie der Leptonen berücksichtigt. 1½ P

Abschirmung von Röntgen- und Gamma- Strahlung durch Blei:
In Bild 8-7 sind die Streuwirkungsquerschnitte von Photonen als Funktion der Energie der Röntgen- und Gamma- Strahlung aufgetragen. Ordnen Sie den vier Kurven jeweils den richtigen Namen des verantwortlichen Effekts aus der Liste in der Bildlegende zu. Begründen Sie auch die von Ihnen gewählte Zuordnung.

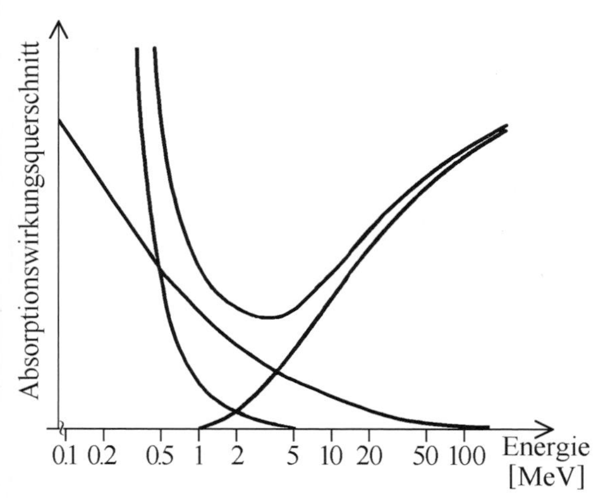


**Bild 8-7**
Streuwirkungsquerschnitte von Photonen an Blei in Abhängigkeit von der Energie der Photonen.
Die Liste der zuzuordnenden Namen lautet in alphabetischer Reihenfolge:

(a.) Compton-Effekt

(b.) Gesamter Wirkungsquerschnitt

(c.) Paarbildung

(d.) Photoeffekt

## Lösung zu 8.18

Lösungsstrategie:

Die grafische Lösung sieht man in Bild 8-8. Die Erläuterungen folgen im Lösungsweg.

Lösungsweg, explizit:

Gefragt ist nicht die Konstruktion der gezeichneten Kurven (das wäre für eine Nebenfachklausur zu schwierig), sondern lediglich die Zuordnung der richtigen Namen zur jeweiligen Kurve. Diese kann man sich aufgrund einfacher logischer Argumente plausibel machen:

- Die Paarbildung kann erst bei Photonenenergien oberhalb $1.02\ MeV$ einsetzen, denn dies ist die Ruhemasse des Elektron-Positron-Paares.

- Photoeffekt und Compton-Effekt können zwar beide bei beliebig kleiner Photonenenergie einsetzen, allerdings dominiert bei ganz kleiner Energie der Photoeffekt (siehe Aufgabe 8.14), denn dabei steht der benötigten Photonenenergie lediglich die Austrittsarbeit der Photoelektronen aus dem Material gegenüber. Bei etwas größeren Energien hingegen wird der Compton-Effekt dann deutlicher spürbar und kann schließlich sogar gegenüber dem Photoeffekt dominieren, was man als plausibel empfindet, wenn man die Compton-Wellenlängen der streuenden Elektronen aus Aufgabe 8.16 in Erinnerung hat. Für Photonenenergien in der Größenordnung der Compton-Wellenlänge der streuenden Elektronen wird dieser Effekt deutlich spürbar sein. Werden die Photonenenergien zu groß, sodass deren Wellenlängen nicht mehr zur Compton-Wellenlänge der streuenden Elektronen passt, so nimmt der Wirkungsquerschnitt des Compton-Effekts wieder ab.

- Dass die am weitesten oben verlaufende Kurve die Summe aller anderen Kurven sein muss, liegt auf der Hand.

4×1P

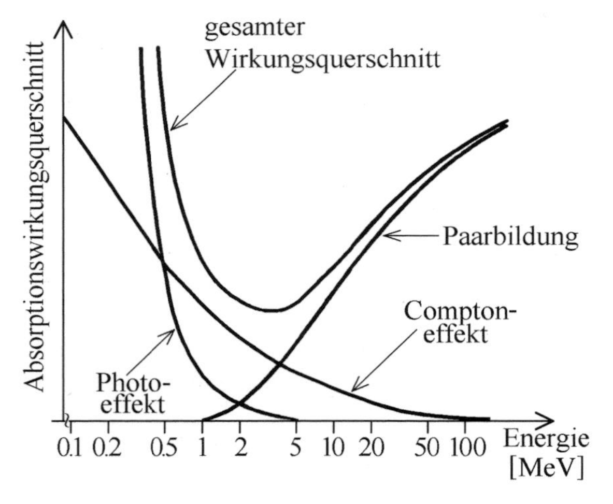


**Bild 8-8**
Streuwirkungsquerschnitte von Photonen an Blei in Abhängigkeit von der Energie der Photonen.
Die Liste der zuzuordnenden Namen lautet in alphabetischer Reihenfolge:
(a.) Compton-Effekt
(b.) Gesamter Wirkungsquerschnitt
(c.) Paarbildung
(d.) Photoeffekt

## Aufgabe 8.19 Heisenberg'sche Unschärferelation

| 12 Min. | | Punkte 10 P |
|---|---|---|

Photonen der Energie $E = 2.5eV$ treffen auf einen Spalt der Breite $b = 0.4\mu m$. Begründen Sie das Auftreten der Beugung im Teilchenbild und geben Sie auch die Größenordnung der Impulsunschärfe in Spaltrichtung (also quer zur Einflugrichtung der Photonen) an.

Warum erwartet man an einem Spalt der Breite $b = 4cm$ kaum Beugung?

## Lösung zu 8.19

Lösungsstrategie:

Die Intensitätsberechnung bei der Beugung führt man im Wellenbild durch. Aber die prinzipielle Existenz von Beugung und Interferenz muss auch im Teilchenbild möglich sein. Dies war einer der Anlässe für die Entstehung der Heisenberg'schen Unschärferelation.

Lösungsweg, explizit:

Zugrunde liegt die Heisenberg'sche Unschärferelation. Speziell die hier entscheidende Orts-Impuls-Unschärfe lautet $\Delta x \cdot \Delta p_x \gtrsim \frac{\hbar}{2}$ und $\Delta y \cdot \Delta p_y \gtrsim \frac{\hbar}{2}$ und $\Delta z \cdot \Delta p_z \gtrsim \frac{\hbar}{2}$ , (*1)

wo $\Delta x, \Delta y, \Delta z$ die Ortsunschärfe (in 3 Koordinaten) und $\Delta p_x, \Delta p_y, \Delta p_z$ die Impulsunschärfe (in 3 Koordinaten) ist. 1 P

Die Erläuterungen beginnen wir mit Bild 8-9. Dort wird ein Teilchenstrahl gezeigt (das können z.B. Photonen sein), der in y-Richtung auf einen Spalt der Breite $b$ fliegt. In x-Richtung erfahren diese Teilchen bevor sie den Spalt erreichen keinerlei Ortsbegrenzung, d.h. sie können eine beliebige uns unbekannte x-Ortskoordinate haben und damit in x-Richtung einen beliebig scharf bestimmbaren Impuls. In der Sprechweise der Heisenberg'schen Unschärferelation bedeutet dies $p_x = 0$ zusammen mit den Grenzwerten $\Delta x \to \infty$ und $\Delta p_x \to 0$. Vor dem Erreichen des Spaltes haben die Teilchen keine Bewegungskomponente in x-Richtung. 2 P

Sobald die Teilchen den Spalt passieren wird ihr Ort in x-Richtung festgelegt mit der Unschärfe der Spaltbreite, also $\Delta x = b$. Wegen der x-Komponente von (*1) wird dann $\Delta p_x \gtrsim \frac{\hbar}{2 \cdot \Delta x}$, d.h. die Teilchen erhalten ein Impuls in x-Richtung. Dies ist die Richtung, in der der Spalt zur Beugung führt. Mit diesem Impuls können sie aus ihrer ursprünglichen Richtung herauslaufen. Wie viele Teilchen wie weit herauslaufen, ist eine Frage der Statistik und wird im statistischen Mittel anhand der typischen Interferenz-Konstruktion im Wellenbild berechnet. 1 P 1 P

Im Zahlenbeispiel ist $\Delta p_x \gtrsim \frac{6.626 \cdot 10^{-34} J\,s}{2\pi \cdot 2 \cdot 0.4\,\mu m} \overset{TR}{\approx} 1.3 \cdot 10^{-28} kg \cdot \frac{m}{s}$. 1 P

Zum Vergleich: Der Impuls in y-Richtung ist für die einlaufenden Teilchen

$$p_y = \frac{E}{c} = \frac{2.5\,eV \cdot 1.602 \cdot 10^{-19} \frac{J}{eV}}{2.998 \cdot 10^8 \frac{m}{s}} \overset{TR}{\approx} 1.336 \cdot 10^{-27} kg \cdot \frac{m}{s}.$$ 1 P

Offensichtlich ist der durch den Spalt hinzukommende Impuls in x-Richtung groß genug, um das Auftreten von Beugung und von Interferenzmustern zu ermöglichen.

Zur Erinnerung nochmals: $\Delta p_x$ gibt nur eine Unschärfe des Impulses in x-Richtung an. Das heißt nicht, dass jedes Teilchen diesen Wert annimmt. Um die Beugungsfigur quantitativ zu berechnen, betrachte man z.B. Aufgabe 5.21. 1 P

In der Aufgabenstellung gefragt war noch der Vergleich mit einem Spalt der Breite $b = 4cm$.

Dafür ist $\Delta p_x \gtrsim \frac{6.626 \cdot 10^{-34} J\, s}{2\pi \cdot 2 \cdot 4cm} \overset{TR}{\approx} 1.3 \cdot 10^{-33} kg \cdot \frac{m}{s}$.

1 P Dieser Querimpuls ist derart klein im Vergleich zum Impuls in y-Richtung, dass man kaum erwarten kann, viel von der Beugung wahrzunehmen. Auch das entspricht unserer Erfahrung.

1 P

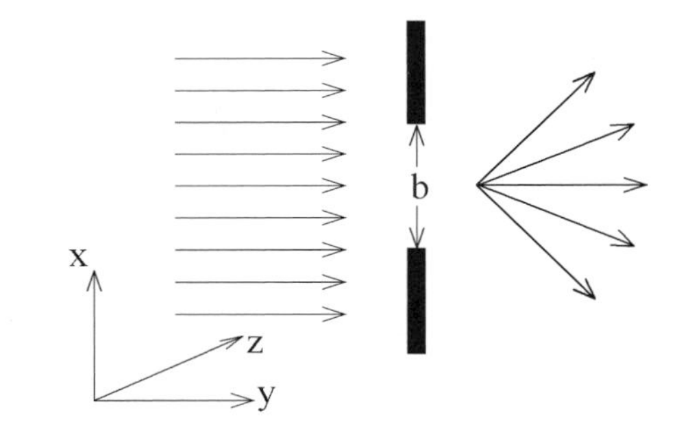


**Bild 8-9**
Veranschaulichung zu Heisenberg's Unschärferelation.

## Aufgabe 8.20 Kernradius und Ladungsdichte (Abschätzung)

| | | | | |
|---|---|---|---|---|
| | (a.) 1 Min.<br>(b.) 3 Min. | | Punkte | (a.) 1 P<br>(b.) 2 P |
| | (c., d.) je 4…5 Min.<br>(e.) 3 Min. | | Punkte | (c., d.) je 3 P<br>(e.) 2 P |

(a.) In welcher typischen Größenordnung liegen typische Atomradien als Radien der Elektronenhüllen? (Angabe der Zehnerpotenz genügt.)

(b.) Geben Sie Abschätzungen der Kernradien eines Atomkerns der Ordnungszahl 10 und eines Atomkerns der Ordnungszahl 80.

(c.) Wie groß ist die spezifische Dichte der Atomkerne aus Aufgabenteil (b.)?

(d.) Wie groß ist die elektrische Ladungsdichte der Atomkerne aus Aufgabenteil (b.)?

(e.) Die spezifische Dichte im Bezug auf die Masse ist für beide Kerne fast gleich, die Ladungsdichte mitnichten. Begründen Sie, wodurch dieses unterschiedliche Verhalten zustande kommt.

## ▾ Lösung zu 8.20

Lösungsstrategie:

Im Atomkern ist die Materie dicht gepackt. Für den Platzbedarf der Atome ist die Elektronenhülle verantwortlich, für die Masse fast vollständig der Kern.

Lösungsweg, explizit:

(a.) Aus der Elektronen-Dichteverteilung in der Atomhülle kennt man typische Atomradien

1 P im Bereich einiger Å (Angström, $1\text{Å} = 10^{-10} m$).

(b.) Für den Radius von Atomkernen findet man den aus Rutherford-Streuexperimenten gewonnen Ausdruck $R = r_0 \cdot A^{1/3}$, wo $r_0 = (1.3 \pm 0.1) \cdot 10^{-15} m$ und $A$ die Zahl der Nukleonen ist. 1 P

Für die in der Aufgabenstellung gegebenen Kerne ergeben sich somit:

Ordnungszahl $Z = 10$ $\Rightarrow$ Neon (lt. Periodensystem) $\Rightarrow$ $A = 20$ $\Rightarrow$ $R \approx 3.53 \cdot 10^{-15} m$. ½ P

Ordnungszahl $Z = 80$ $\Rightarrow$ Quecksilber (lt. P.system) $\Rightarrow$ $A = 200$ $\Rightarrow$ $R \approx 7.60 \cdot 10^{-15} m$. ½ P

(Anmerkung: Unterschiede für $A$ sind je nach Isotop möglich.)

(c.) Die Masse eines Nukleons liegt in etwa bei $m_n = 1.67 \cdot 10^{-27} kg$. Zur Abschätzung der Dichte genügt diese grobe Angabe, die den Unterschied zwischen Protonenmasse und Neutronenmasse übersieht. Die Dichte berechnen wir dann als $\rho = \frac{\text{Masse}}{\text{Volumen}} = \frac{m}{V} = \frac{A \cdot m_n}{\frac{4}{3}\pi R^3}$. 1 P

Die beiden Kerne aus der Aufgabenstellung liefern dann:

Ordnungszahl $Z = 10$, $A = 20 \Rightarrow R \approx 3.53 \cdot 10^{-15} m \Rightarrow \rho = \frac{20 \cdot 1.67 \cdot 10^{-27} kg}{\frac{4}{3}\pi \cdot \left(3.53 \cdot 10^{-15} m\right)^3} \overset{TR}{\approx} 1.81 \cdot 10^{17} \frac{kg}{m^3}$. 1 P

Ordnungszahl $Z = 80$, $A = 200 \Rightarrow R \approx 7.60 \cdot 10^{-15} m \Rightarrow \rho = \frac{200 \cdot 1.67 \cdot 10^{-27} kg}{\frac{4}{3}\pi \cdot \left(7.6 \cdot 10^{-15} m\right)^3} \overset{TR}{\approx} 1.82 \cdot 10^{17} \frac{kg}{m^3}$. 1 P

(d.) Die Ladungsdichte berechnen wir als Ladung pro Volumen, also
$\rho_Q = \frac{\text{Ladung}}{\text{Volumen}} = \frac{Q}{V} = \frac{Z \cdot e}{\frac{4}{3}\pi R^3}$, wo $Q$ = Ladung des Kerns und $e$ = Elementarladung ist. 1 P

Setzen wir die Werte der Aufgabenstellung ein, so erhalten wir

Ordnungszahl $Z = 10$, $A = 20 \Rightarrow R \approx 3.53 \cdot 10^{-15} m \Rightarrow \rho = \frac{10 \cdot 1.602 \cdot 10^{-19} C}{\frac{4}{3}\pi \cdot \left(3.53 \cdot 10^{-15} m\right)^3} \overset{TR}{\approx} 8.7 \cdot 10^{24} \frac{C}{m^3}$. 1 P

Ordnungszahl $Z = 80$, $A = 200 \Rightarrow R \approx 7.60 \cdot 10^{-15} m \Rightarrow \rho = \frac{80 \cdot 1.602 \cdot 10^{-19} C}{\frac{4}{3}\pi \cdot \left(7.60 \cdot 10^{-15} m\right)^3} \overset{TR}{\approx} 7.0 \cdot 10^{24} \frac{C}{m^3}$. 1 P

(e.) Im Kern liegen die Nukleonen im Wesentlichen dicht gepackt, was dazu führt, dass die spezifische Dichte für alle Kerne in etwa gleich groß ist, unabhängig von der Zahl der Nukleonen. Das Volumen ist also proportional zur Masse. 1 P

Die Ladungsdichte hingegen bezieht sich nur auf die Zahl der Protonen, die Zahl der Neutronen bleibt dabei unberücksichtigt. Für große Kerne besteht ein Neutronenüberschuss (es liegen mehr Neutronen als Protonen vor), der um so größer wird, je größer die Kerne sind. Für große Kerne wird also das Volumen etwas mehr mit elektrisch neutralen Teilchen gefüllt als mit elektrisch geladenen, weshalb die Ladungsdichte nicht proportional zum Volumen und zur Kernladungszahl ansteigt, sondern mit zunehmendem Neutronenüberschuss etwas abnimmt. 1 P

## Aufgabe 8.21 Kernzerfälle ($\alpha-, \beta-, \gamma-$ Strahlung)

| 4 bis 5 Min. | | Punkte | (a.) 3 × ½ P<br>(b.) 3 × 1 P |
|---|---|---|---|

(a.) Woraus besteht $\alpha$ -, $\beta$ -, und $\gamma$ -Strahlung?

(b.) In welcher Weise verändert sich ein Atomkern ${}_Z^AX$ (mit $A =$ Nukleonenzahl, $Z =$ Ordnungszahl und $X,Y =$ Platzhalter für chemische Elementsymbole), wenn er diese drei Strahlungsarten aussendet? Komplettieren Sie zur Beantwortung dieser Frage die drei Reaktionsgleichungen,

${}_Z^AX \rightarrow \alpha + {}_?^?Y$ und ${}_Z^AX \rightarrow \beta^- + {}_?^?Y + ?$ und ${}_Z^AX \rightarrow \gamma + {}_?^?Y$

indem Sie alle mit Fragezeichen markierten Stellen ausfüllen.

## Lösung zu 8.21

Lösungsstrategie:

(a.) Dies ist eine Wissensfrage, deren Beantwortung man beherrschen sollte.

(b.) Bei den sich verändernden Kernen muss man die entsprechende Anzahl von Neutronen und Protonen verrechnen.

Lösungsweg, explizit:

½ P (a.) $\alpha$ -Strahlung = Heliumkerne, bestehend aus zwei Protonen und zwei Neutronen

½ P $\beta$ -Strahlung = Elektronen ( $\beta^-$ ) oder deren Antiteilchen, die Positronen ( $\beta^+$ ).

½ P $\gamma$ -Strahlung = elektromagnetische Wellen

(b.) Die gefragten Reaktionsgleichungen lauten vollständig:

1 P ${}_Z^AX \rightarrow {}_2^4\alpha^{2+} + {}_{Z-2}^{A-4}Y$ Beim Alphazerfall werden 2 Neutronen und 2 Protonen emittiert. Diese sind von der Kernladungszahl bzw. von der Nukleonenzahl zu subtrahieren.

1 P ${}_Z^AX \rightarrow \beta^- + {}_{Z+1}^{A}Y + \overline{\nu}_e$ Beim $\beta^-$ -Zerfall wird ein Neutron in ein Proton umgewandelt.

Dadurch bleibt die Nukleonenzahl erhalten, aber die Zahl der Protonen steigt um 1.

1 P ${}_Z^AX \rightarrow \gamma + {}_Z^AY$ Emission von $\gamma-$ Strahlung baut nur überschüssige Energie ab. Die Zahl der Kernteilchen wird dadurch nicht verändert.

**Stolperfalle**

Beim Betazerfall vergesse man nicht das Neutrino. Im Falle des $\beta^-$ -Zerfalls handelt es sich (aufgrund der Leptonenerhaltungszahl) um ein elektronisches Antineutrino $\overline{\nu}_e$ .

## Aufgabe 8.22 Kernphysikalische Reaktionsgleichungen

 (a…e.) je 1 Min.  Punkte (a…e.) je 1 P

Vervollständigen Sie die nachfolgenden kernphysikalischen Reaktionsgleichungen:

(a.) $n+{}^{14}_{7}N \rightarrow ....+p$ (b.) ${}^{16}_{8}O(d,p)$ (c.) ${}^{235}_{92}U(t,pf)$

(d.) $n+{}^{12}_{6}C \rightarrow ....+\alpha$ (e.) ${}^{234}_{90}Th \rightarrow ....+\beta^{-}$

## Lösung zu 8.22

Lösungsstrategie:

Um auf die Lösung zu kommen, muss man die Nukleonen korrekt zählen. Die abstrakten Beispiele von Aufgabe 8.21 sind jetzt auf konkrete Zahlenbeispiele zu übertragen.
Übrigens ist die Klammer eine Abkürzung mit der Bedeutung $...(x,y)...$ für $...+x \rightarrow y+...$ .

Lösungsweg, explizit:

(a.) $n+{}^{14}_{7}N \rightarrow {}^{14}_{6}C+p$ (b.) ${}^{16}_{8}O(d,p){}^{17}_{8}O$ (c.) ${}^{235}_{92}U(t,p){}^{238}_{93}Np$, wobei $Np$ spaltet

(d.) $n+{}^{12}_{6}C \rightarrow {}^{9}_{4}Be+\alpha$ (e.) ${}^{234}_{90}Th \rightarrow {}^{234}_{91}Pa+\beta^{-}+\overline{\nu}_{e}$ $5\times 1$P

Dabei sind:
$n=$ Neutron, $p=$ Proton, $d=$ Deuteron, $t=$ Triton, $\alpha=$ He-Kern und $f=$ fission (Spaltung).

Bei Aufgabenteil (e.) ist erneut die Stolperfalle mit dem Antineutrino eingebaut.

## Aufgabe 8.23 Neutronenüberschuss in Atomkernen

 9 Min.  Punkte 7 P

Worum handelt es sich beim sog. Neutronenüberschuss in Atomkernen?

Erklären Sie den Grund für diesen Neutronenüberschuss. Führen Sie diese Erklärung auf die fundamentalen Wechselwirkungen der Natur zurück.

Zusatzfrage: Warum ist der Neutronenüberschuss für große Kerne größer als für kleine Kerne?

## Lösung zu 8.23

Lösungsweg:

Auch in Atomkernen existiert eine Quantelung der Energie der Nukleonen, d.h. diese Energie kann nicht beliebige Werte annehmen, sondern nur diskrete Niveaus. ½ P
Alle Nukleonen, Protonen wie Neutronen, unterliegen der starken Wechselwirkung, die im Kern ein attraktives Potential zur Verfügung stellt. Alleine die Protonen unterliegen zusätzlich

der elektromagnetischen Wechselwirkung, die zusätzlich ein repulsives (=abstoßendes) Coulombpotential überlagert. Eine nicht maßstäbliche Skizze dieser Energieniveaus sieht man in Bild 8-10.

1 P

Da die Nukleonen sich ineinander umwandeln können, sind die beiden Potentialtöpfe für Protonen und für Neutronen energetisch miteinander verbunden, werden also bis zu einer gemeinsamen Linie miteinander mit Nukleonen gefüllt. Weil die Niveaus für die Protonen aber um die Coulomb-Verschiebung höher liegen als die Niveaus der Neutronen, sind im Potentialtopf der Protonen weniger Teilchen als im Potentialtopf der Neutronen (weil beide bis zum gleichen Füllstand aufgefüllt sind). Das Beispiel in Bild 8-10 enthält 14 Nukleonen, davon 8 Neutronen, aber nur 6 Protonen. Dies wäre ein Atomkern des Kohlenstoff-Isotops $^{14}C$ .

1½ P

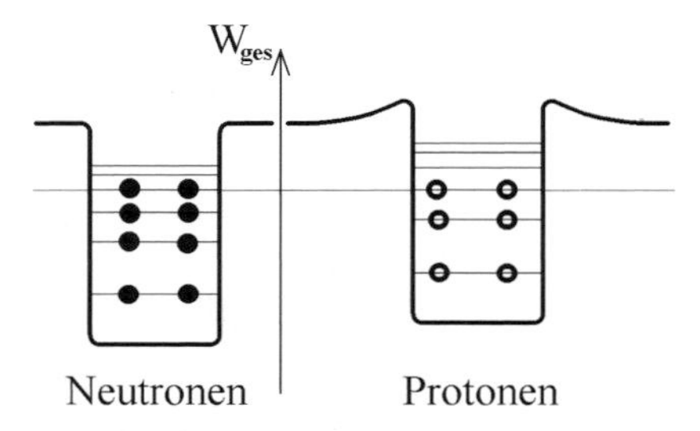


Das Bild ist nicht maßstäblich gezeichnet.

2 P

**Bild 8-10**
Im linken Teil des Bildes sieht man die Energieniveaus der Neutronen, die sich aus der starken Wechselwirkung ergeben.
Im rechten Teil des Bildes sieht man die Energieniveaus der Protonen, die sich von den Energieniveaus der Neutronen dadurch unterscheiden, dass zusätzlich zur anziehenden starken Wechselwirkung noch die abstoßende Coulomb-Wechselwirkung hinzukommt. Um den Betrag der Coulomb-Energie sind die Niveaus der Protonen gegenüber den Niveaus der Neutronen nach oben verschoben.

Zur Zusatzfrage, nach der Größe des Neutronenüberschusses:

Für höhere Energiewerte ist die Dichte der Energieniveaus der starken Wechselwirkung größer als für kleine Energiewerte. Die Energiedifferenz zwischen der Energie für Protonen und für Neutronen bleibt gleich, denn die Coulomb-Wechselwirkung ist von der Dichte der Niveaus der starken Wechselwirkung unabhängig. Bei der größeren Dichte der Niveaus bei großen Kernen passen in eine gegebene Energiedifferenz mehr einzelne Niveaus als bei der kleinen Dichte der Niveaus kleiner Kerne. Dadurch unterscheidet sich die Zahl der zur Verfügung stehenden Energieniveaus für Protonen und für Neutronen umso stärker, je mehr Energieniveaus in den Bereich der Energiedifferenz passen, d.h. je größer der Kern ist.

2 P

## Aufgabe 8.24 Kernspaltung als Kettenreaktion

| 5 Min. | | Punkte 3 P |
|---|---|---|

Zu welchem Zweck benötigt man in den meisten Kernspaltungsreaktoren den Moderator?

## Lösung zu 8.24

Lösungsstrategie:

Hier ist gelerntes Wissen zu reproduzieren und zu erläutern.

Lösungsweg, explizit:

Die bei der Spaltung schwerer Kerne entstehenden Spaltfragmente enthalten gemeinsam weniger Neutronen als der ursprüngliche schwere Kern, denn der Neutronenüberschuss ist für die kleinen Kernbruchstücke geringer als für den großen Kern vor der Spaltung. Aus diesem Grund werden bei der Spaltung einzelne Neutronen frei, die weitere Spaltprozesse auslösen können, sofern sie von einem ungespaltenen schweren Kern eingefangen werden. 1 P

Für das Auslösen weiterer Spaltprozesse (bei einer Kettenreaktion im Reaktor) ist die Energie der eingefangenen Neutronen völlig unerheblich; entscheidend ist nur, dass der Kern durch Einfangen eines Neutrons eine instabile Größe erreicht und dadurch spalten muss. Und die Einfangquerschnitte für Neutronen nehmen mit sinkender Energie der Neutronen zu. Für schnelle Neutronen sind sie zu klein, um eine Kettenreaktion der Spaltung aufrecht zu erhalten, daher moderiert man die Neutronen, d.h. man bremst sie. Dadurch werden die Einfangquerschnitte groß genug, um eine Kettenreaktion aufrechtzuerhalten. 1 P 1 P

## Aufgabe 8.25 Masse-Energie-Äquivalenz bei Kernzerfällen

| Zeit | Schwierigkeit | Punkte |
|---|---|---|
| 3 Min. | | 2 P |

Im Verlauf der Spaltung von $1.0\,kg$ Uran sei zwischenzeitlich eine Energie von ca. $20\,GWh$ freigeworden. Um wie viel wiegt die Summe aller Bruchstücke dann weniger als das Ausgangsmaterial? (Das soll nicht heißen, dass damit das Uran schon ausgebrannt ist.)

## Lösung zu 8.25

Lösungsstrategie:

Zu berechnen ist die Energie-Masse-Umwandlung nach Einstein's Masse-Energie-Äquivalenz.

Lösungsweg, explizit:

Vorab rechnen wir die Energie in SI-Einheiten um:

$$20\,GWh = \underbrace{20 \cdot 10^9\,Watt}_{20\text{ GW}} \cdot \underbrace{3600\sec}_{1\,Stunde} = 7.2 \cdot 10^{13}\,J$$ 1 P

$$E = mc^2 \quad \Rightarrow \quad m = \frac{E}{c^2} = \frac{7.2 \cdot 10^{13}\,J}{\left(2.998 \cdot 10^8\,\frac{m}{s}\right)^2} \stackrel{TR}{\approx} 8 \cdot 10^{-4}\,kg = 0.8\,Gramm$$ 1 P

## Aufgabe 8.26 Freie Neutronen bei der Kernspaltung

| | | |
|---|---|---|
| 5 Min. | | Punkte 3 P |

Bei der Kernspaltungs-Kettenreaktion erzeugen die Spaltungsvorgänge außer Spaltbruchstücken noch freie Neutronen, die evtl. weitere Spaltungsvorgänge auslösen können.

(a.) Erklären Sie den Grund, warum diese freien Neutronen entstehen.

(b.) Betrachten Sie das individuelle Beispiel eines $^{235}_{92}U$ -Kerns, bei dessen Spaltung z.B. ein Molybdän-Kern und ein Zinn-Kern entstehen könne. Konstruieren Sie ein mögliches Beispiel für die Zahl der dabei freiwerdenden Neutronen zur Veranschaulichung des in Aufgabenteil (a.) erläuterten Sachverhaltes.

## Lösung zu 8.26

Lösungsstrategie:

(a.) Die Antwort geht auf den Neutronenüberschuss zurück (vgl. Aufgabe 8.23).

(b.) Die Antwort zeigt ein denkbares Beispiel zu (a.), wobei die Neutronen und die Protonen zu zählen sind.

Lösungsweg, explizit:

(a.) Der Grund für das Entstehen der freien Neutronen liegt im Neutronenüberschuss. Dieser ist bei großen Kernen größer als bei kleinen Kernen. Deshalb beherbergen die beiden Spaltbruchstücke weniger Neutronen als der große Kern vor der Spaltung. Neutronen, die nicht in einem der Spaltfragment-Kerne bleiben können, können zu freien Neutronen werden. 1 P

(b.) Im Periodensystem findet man die natürlich vorkommenden Isotopengemische des Molybdäns $^{95.94}_{42}Mo$ und des Zinns $^{118.69}_{50}Sn$ . Würde der Urankern z.B. in die Kerne $^{96}_{42}Mo$ und $^{119}_{50}Sn$ spalten, so blieben 235-96-119 = 20 Neutronen übrig. Selbstverständlich könnten auch andere Isotope (und auch andere Kerne) als Bruchstücke entstehen und andere Spaltfragmente als nur Neutronen, aber das Beispiel illustriert den zu Aufgabenteil (a.) erläuterten Zusammenhang. 2 P

## Aufgabe 8.27 Halbwertszeiten und Zerfallsraten

| | | |
|---|---|---|
| (a.) 8 Min. | Punkte | (a.) 6 P |
| (b.) 3 Min. | | (b.) 2 P |
| (c.) 3 Min. | | (c.) 2 P |

Der $\alpha$ -Zerfall $^{238}_{92}U \rightarrow \alpha + ^{234}_{90}Th$ hat eine Halbwertszeit von $24.1\ Tagen$ .

(a.) Berechnen Sie die $\alpha$ -Aktivität dieses Zerfalls bei einem Präparat von genau 1.0 Gramm $^{238}_{92}U$ . Geben Sie das Ergebnis in Becquerel an. Geben Sie außerdem die statistische Unsicherheit dazu im Sinne eines $1\sigma$ -Konfidenzintervalls an.

(b.) Wie groß ist die $\alpha$ -Zählrate und ihre statistische Unsicherheit nach 1 Monat?

(c.) Wie groß ist die $\alpha$ -Zählrate und ihre statistische Unsicherheit nach 1 Jahr?

## ▾ Lösung zu 8.27

Lösungsstrategie:

Die Aktivität ist die Zahl der erzeugten $\alpha$-Teilchen pro Zeiteinheit. Sie ist gleichgroß wie die Zahl der in derselben Zeiteinheit zerfallenden Kerne. ½ P

Das Zerfallsgesetz, welches die Zahl der noch vorhandenen Atome als Funktion der Zeit angibt, ist allgemein bekannt als $N(t) = N_0 \cdot e^{-\lambda t}$ mit der Zerfallskonstanten $\lambda = \frac{\ln(2)}{T_{1/2}}$, wo $T_{1/2}$ die Halbwertszeit ist. Auch ist $N_0$ die Zahl der Kerne zum Zeitpunkt $t = 0$. ½ P

Dass bei einer gegebenen Zerfallswahrscheinlichkeit die Zahl der zerfallenden Kerne proportional zur Zahl der vorhandenen Kerne ist, liegt auf der Hand. ½ P

Die statistischen Unsicherheiten folgen der Poisson-Verteilung. (Sie sind im Physiker-Jargon auch salopp als „Wurzel-N-Fehler" bekannt. Wer diesen Ausdruck im Kopf hat, vergisst die Formel nicht.) ½ P

Lösungsweg, explizit:

Um $N(t)$ angeben zu können, müssen wir zuerst $N_0$ und $\lambda$ berechnen:

▪ Berechnung von $N_0$ mit simplem Dreisatz: 1 Mol $^{238}_{92}U$ hat die Masse von $238\,Gramm$ und enthält $6.022 \cdot 10^{23}$ Teilchen. → $238\,Gramm \mathrel{\hat{=}} 6.022 \cdot 10^{23} \quad \Big| \cdot \frac{1}{238}$

$$1\,Gramm \mathrel{\hat{=}} N_0 = \frac{6.022 \cdot 10^{23}\,Teilchen}{238} \overset{TR}{\approx} 2.53 \cdot 10^{21}\,Teilchen$$ 1½ P

▪ Berechnung des $\lambda$ aus der Halbwertszeit →

$$\lambda = \frac{\ln(2)}{T_{1/2}} = \frac{\ln(2)}{24.1\,Tage} = \frac{\ln(2)}{24.1 \cdot 24 \cdot 3600\,\text{sec}} \overset{TR}{\approx} 3.329 \cdot 10^{-7}\,\text{s}^{-1}$$ ½ P

▪ Aus $N(t)$ berechnen wie die Zahl der pro Zeiteinheit zerfallenden Kerne durch die Ableitung $\frac{dN(t)}{dt} = -\lambda \cdot N_0 \cdot e^{-\lambda t}$. Dort setzen wir die in der Aufgabenstellung gefragten Zeitpunkte $t$ in linearer Näherung, also für $dt = \Delta t = 1\text{sec.}$ ein, damit wir die Zahl der Zerfälle pro Sekunde erhalten:

(a.) $$\left|\frac{dN(t=0)}{dt}\right| = \left|-\lambda \cdot N_0 \cdot e^0\right| \overset{TR}{\approx} 3.329 \cdot 10^{-7}\,\text{s}^{-1} \cdot 2.53 \cdot 10^{21}\,Teilchen \overset{TR}{\approx} 8.422 \cdot 10^{14}\,\frac{Teilchen}{\text{sec.}} = 8.422 \cdot 10^{14}\,Bq$$ 1 P

Dies ist die Berechnung der Anfangsaktivität, d.h. der Aktivität zum Zeitpunkt $t = 0$.

▪ Der radioaktive Zerfall folgt der Poisson-Verteilung, deren Standardabweichung $\sigma$ die Wurzel aus dem Erwartungswert $\mu$ ist: $\sigma = \sqrt{\mu} = \sqrt{8.422 \cdot 10^{14}\,\frac{Teilchen}{\text{sec.}}} \overset{TR}{\approx} 2.9 \cdot 10^{7}\,Bq$. 1 P

**Stolperfalle**

Dass $\frac{dN(t)}{dt} = -\lambda \cdot N_0 \cdot e^{-\lambda t}$ ein negatives Vorzeichen trägt, drückt aus, dass die Zahl der vorhandenen Kerne $N(t)$ mit der Zeit abnimmt. Die Aktivität ist natürlich der Betrag $\left|\frac{dN(t)}{dt}\right|$, also kann das negative Vorzeichen bei der Berechnung der Aktivität einfach weggelassen werden.

(b.) Wenn $t = 1\,Monat \overset{TR}{\approx} 30\,Tage = 30 \cdot 24 \cdot 3600\,\text{sec.} = 2592000\,\text{sec.}$ vergangen sind, ist

$$\left|\frac{dN(t=1\,Monat)}{dt}\right| = \lambda \cdot N_0 \cdot e^{-\lambda \cdot t} = 3.329 \cdot 10^{-7}\,\text{s}^{-1} \cdot 2.53 \cdot 10^{21}\,Teilchen \cdot e^{-3.329 \cdot 10^{-7}\,\text{s}^{-1} \cdot 2592000\,\text{sec}}$$

1½ P $$\overset{TR}{\approx} 3.553 \cdot 10^{14}\,Bq\,.$$

½ P Die zugehörige statistische Unsicherheit ist $\sigma = \sqrt{3.553 \cdot 10^{14}\,Bq \frac{Teilchen}{\text{sec.}}} \overset{TR}{\approx} 1.9 \cdot 10^{7}\,Bq$.

(c.) Wenn $t = 1\,Jahr \overset{TR}{\approx} 365\,Tage = 365 \cdot 24 \cdot 3600\,\text{sec.} = 31536000\,\text{sec.}$ ist, dann ist

$$\left|\frac{dN(t=1\,Jahr)}{dt}\right| = \lambda \cdot N_0 \cdot e^{-\lambda \cdot t} = 3.329 \cdot 10^{-7}\,\text{s}^{-1} \cdot 2.53 \cdot 10^{21}\,Teilchen \cdot e^{-3.329 \cdot 10^{-7}\,\text{s}^{-1} \cdot 31536000\,\text{sec}}$$

1½ P $$\overset{TR}{\approx} 2.32 \cdot 10^{10}\,Bq\,.$$

½ P Die zugehörige statistische Unsicherheit ist $\sigma = \sqrt{2.319 \cdot 10^{10}\,Bq} \overset{TR}{\approx} 1.5 \cdot 10^{5}\,Bq$.

## Aufgabe 8.28 Radiokarbonmethode zur Altersdatierung

| 10 Min. | | Punkte 7 P |
|---|---|---|

Die Radiokarbonmethode wird auch $^{14}C$ – Methode genannt:

Bei einem Fossil, das in seiner Zusammensetzung einen Kohlenstoffanteil von 500 Gramm enthält, misst man eine Aktivität von 40 Zerfällen pro Sekunde. Datieren Sie das Fossil nach der Radiokarbonmethode.

Hinweise: Zu Lebzeiten enthalten Lebewesen Kohlenstoff etwa im Konzentrationsverhältnis $\frac{^{12}C}{^{14}C} = \frac{1}{1.3 \cdot 10^{-12}}$. Der $^{14}C$ zerfällt mit einer Halbwertszeit von $\tau = 5730\,Jahren$.

## Lösung zu 8.28

Lösungsstrategie:

1. Schritt → Anzahl der $^{14}C$ – Kerne zu Lebzeiten berechnen.
2. Schritt → $^{14}C$ – Aktivität zu Lebzeiten berechnen.
3. Schritt → Die Rückdatierung beruht auf der Abnahme der Aktivität bis heute.

Lösungsweg, explizit:

1. Schritt: 12 Gramm Kohlenstoff $\triangleq$ 1 Mol

$\Rightarrow$ 500 Gramm Kohlenstoff $\triangleq \frac{500}{12}$ Mol $\triangleq \frac{500}{12} \cdot 6.022 \cdot 10^{23}$ Atome ½ P

Davon sind $N_0 = \frac{500}{12} \cdot 6.022 \cdot 10^{23} \cdot 1.3 \cdot 10^{-12} \overset{TR}{\approx} 3.262 \cdot 10^{13}$ Stück $^{14}C$ – Atome (bzw. Kerne). 1 P

2. Schritt: Die Zahl der vorhandenen Kerne folgt dem Zerfallsgesetz $N(t) = N_0 \cdot e^{-\lambda t}$, worin die Zerfallskonstante $\lambda = \frac{\ln(2)}{T_{1/2}}$ aus der Halbwertszeit $T_{1/2}$ bestimmt werden kann: ½ P

$$\lambda = \frac{\ln(2)}{T_{1/2}} = \frac{\ln(2)}{5730\,Jahre} = \frac{\ln(2)}{5730 \cdot (365.25 \cdot 24 \cdot 3600\,\text{sec.})} \overset{TR}{\approx} 3.83325 \cdot 10^{-12} s^{-1}.$$ 1 P

Die Aktivität ist die Zahl der Zerfälle pro Zeiteinheit. Ähnlich wie in Aufgabe 8.27 erhält man sie als Betrag der Ableitung $\left|\frac{dN(t)}{dt}\right| = \lambda \cdot N_0 \cdot e^{-\lambda t}$.

Damit ergibt die Aktivität $\mathcal{A}$ als Zahl der Zerfälle pro Sekunde ($dt = 1s$) zu Lebzeiten gemäß:

$$\mathcal{A}_0 = \left|\frac{dN(t)}{dt}\right|_{\substack{bei \\ dt=0}} = \lambda \cdot N_0 \cdot e^{-\lambda t} \overset{TR}{\approx} 3.83325 \cdot 10^{-12} s^{-1} \cdot 3.262 \cdot 10^{13} Kerne \cdot e^{-3.83325 \cdot 10^{-12} s^{-1} \cdot 0} \overset{TR}{\approx} 125.04 \frac{Zerfälle}{\text{sec.}}.$$ 1½ P

3. Schritt: Da die Aktivität proportional zur Zahl der vorhandenen Kerne ist, nimmt sie proportional zu dieser im Laufe der Zeit ab. Somit gilt $\mathcal{A}(t) = \mathcal{A}_0 \cdot e^{-\lambda t}$.

Zur Rückdatierung lösen wir diesen Zusammenhang nach der Zeit auf:

$$\mathcal{A}(t) = \mathcal{A}_0 \cdot e^{-\lambda t} \quad \Rightarrow \quad \frac{\mathcal{A}(t)}{\mathcal{A}_0} = e^{-\lambda t} \quad \Rightarrow \quad -\lambda t = \ln\left(\frac{\mathcal{A}(t)}{\mathcal{A}_0}\right) \quad \Rightarrow \quad t = \frac{-1}{\lambda} \cdot \ln\left(\frac{\mathcal{A}(t)}{\mathcal{A}_0}\right).$$

Werte einsetzen: $t = \frac{-1}{\lambda} \cdot \ln\left(\frac{\mathcal{A}(t)}{\mathcal{A}_0}\right) = \frac{-1}{3.83325 \cdot 10^{-12} s^{-1}} \cdot \ln\left(\frac{40}{125}\right) \overset{TR}{\approx} 2.97 \cdot 10^{11}\,\text{sec.} \overset{TR}{\approx} 9419\,Jahre$. 2½ P

## Aufgabe 8.29 Natürliche Linienbreite angeregter Zustände

4 Min. Punkte 3 P

Beim $^{57}Fe$ existiert ein $\gamma$ – Übergang mit einer Energie von $E_\gamma = 14.4\,keV$ und einer natürlichen Linienbreite von $\Gamma = 4.7 \cdot 10^{-9}\,eV$. Wie groß ist die mittlere Lebensdauer des angeregten Niveaus?

## Lösung zu 8.29

Lösungsstrategie:

Das Stattfinden des Übergangs passiert mit einer statistisch bedingten Wahrscheinlichkeit innerhalb der Lebensdauer des angeregten Zustandes. Deshalb geht die Lösung auf die Heisenberg'sche Unschärferelation zurück, und zwar auf die Energie-Zeit-Unschärfe $\Delta E \cdot \Delta t \gtrsim \frac{\hbar}{2}$. ½ P

Lösungsweg, explizit:

Da die Unschärfe der Energie aber vom Energiemittelwert $E_\gamma$ nach beiden Seiten besteht ($\left[E_\gamma - \Delta E\,;E_\gamma + \Delta E\right]$), entspricht die Linienbreite $\Gamma = 2 \cdot \Delta E$. Daher muss gelten: $\Gamma \cdot \Delta t \gtrsim \hbar$

Dabei steht $\Delta t$ für die Lebensdauer (oft $\tau$ genannt) und wir lösen auf nach dieser Größe:

1½ P $\Gamma \cdot \tau \gtrsim \hbar \quad \Rightarrow \quad \tau = \frac{\hbar}{\Gamma}$.

Dabei bezieht sich das Rechenzeichen „$\gtrsim$"auf jedes einzelne individuelle Ereignis und dessen Unschärfe. Betrachtet man die Breite der statistischen Verteilung aller Einzelereignisse, so wird das „$\gtrsim$" durch ein „=" ersetzt.

Werte einsetzen: $\tau = \frac{\hbar}{\Gamma} = \frac{6.626 \cdot 10^{-34}\,Js}{2\pi \cdot 4.7 \cdot 10^{-9}\,eV \cdot 1.602 \cdot 10^{-19}\,\frac{J}{eV}} \overset{TR}{\approx} 1.4 \cdot 10^{-7}\,\text{sec.}$ = mittlere Lebensdauer.

1 P

Das bedeutet natürlich nicht, dass alle angeregten Zustände genau diese Lebensdauer haben. Vielmehr handelt es sich hier um eine mittlere Lebensdauer im Sinne einer statistischen Verteilung.

## Aufgabe 8.30 Fundamentale Wechselwirkungen der Natur

Welche vier fundamentalen Wechselwirkungen der Natur spielen in der Physik eine Rolle? Auf welche Teilchen kann jede dieser Wechselwirkungen einwirken?
Benennen Sie diese Wechselwirkungen und geben Sie Beispiele für deren Auftreten an.
Geben Sie auch deren relative Stärke im Verhältnis zueinander an, wobei die starke Wechselwirkung als Maßstab mit einer relativen Stärke von 100% dient.

## Lösung zu 8.30

Lösungsstrategie:

Es handelt sich um das Abfragen gelernten Wissens.

Lösungsweg, explizit:

Dies sind die vier fundamentalen Wechselwirkungen der Physik:

**Gravitation** → Sie wirkt prinzipiell auf alle Teilchen. Von Bedeutung ist sie aber bei makroskopischen Massen, z.B. bei Planetenbewegungen. Ihre relative Stärke wird etwa in der Größenordnung von $10^{-38}$ angegeben. 2 P

**Elektromagnetische Wechselwirkung →** Sie tritt zwischen allen elektrisch geladenen Teilchen auf. Von Bedeutung ist sie im Bereich der makroskopischen Elektrodynamik ebenso wie im mikroskopischen Bereich, wie z.B. in Atomen, wo sie die Elektronen im Feld des Atomkerns hält. Die typische Angabe ihrer relativen Stärke ist in der Größenordnung von etwa $10^{-2}$. 2 P

**Starke Wechselwirkung →** Sie tritt zwischen Quarks auf und deshalb zwischen den aus Quarks bestehenden Hadronen. Eine besondere Bedeutung liegt im Zusammenhalt der Atomkerne. Dadurch wurde sie entdeckt. Die positiven Ladungen der Atomkerne müssten aufgrund der Coulomb-Abstoßung auseinanderfliegen – wäre da nicht die starke Wechselwirkung, die gegenüber der Coulomb-Wechselwirkung dominiert. Die relative Stärke ist $1$. 2 P

**Schwache Wechselwirkung →** Wechselwirkungsteilnehmer sind Quarks (und damit Hadronen) aber auch Leptonen. Ihre bekannteste Bedeutung ist die Verantwortung für den Betazerfall. Ihre relative Stärke beziffert man meist in der Größenordnung von $10^{-5}$. 2 P

## Aufgabe 8.31 Wechselwirkungsquanten

 14 Min.  Punkte 10 P

(a.) Wie heißen die Wechselwirkungsquanten (= Austauschteilchen) der vier fundamentalen Wechselwirkungen und wie groß ist deren Reichweite?

(b.) Schätzen Sie aufgrund der Reichweite die Größenordnung der Ruhemasse und der Ruheenergie der Wechselwirkungsquanten ab.

## Lösung zu 8.31

Lösungsstrategie:

(a.) Hier wird nur gelerntes Wissen abgefragt.

(b.) Das Entstehen der Austauschteilchen verletzt den Energiesatz. Dies ist natürlich nur innerhalb des von der Heisenberg'schen Unschärferelation erlaubten Rahmens möglich. Da eine Ruhemasse, d.h. eine Energie berechnet werden soll, liegt der Ansatz in der Zeit-Energie-Unschärfe. 1 P

Lösungsweg, explizit:

Die Zeit-Energie-Unschärferelation lautet $\Delta E \cdot \Delta t \gtrsim \frac{\hbar}{2}$. $\quad (*1)$. ½ P

Da sich die Austauschteilchen (maximal) mit Lichtgeschwindigkeit ausbreiten können, ist die maximale Dauer ihrer Existenz $\Delta t \approx \frac{d}{c}_{(*2)}$, wo $d$ die Reichweite der Austauschteilchen und ½ P

$c$ die Lichtgeschwindigkeit ist. Eine längere Existenz würde die Energieerhaltung verletzen.

Einsetzen von $(*2)$ in $(*1)$ $\Rightarrow \Delta E \cdot \frac{d}{c} \approx \frac{\hbar}{2} \Rightarrow \Delta E \approx c \cdot \frac{\hbar}{2} \cdot \frac{1}{d}$, bzw. $m = \frac{\Delta E}{c^2} \approx \frac{1}{c} \cdot \frac{\hbar}{2} \cdot \frac{1}{d}$. 1 P

Da die Heisenberg'sche Unschärferelation nur eine Abschätzung der Unschärfe angibt, kann diese Angabe auch nur als Abschätzung der Ruhemasse $m$ bzw. Ruheenergie $\Delta E$ betrachtet werden.

Damit betrachten wir nun die einzelnen Wechselwirkungen und ihre Austauschteilchen:

1 P **Gravitation →** Austauschteilchen = Graviton; Reichweite $d=\infty \;\Rightarrow\; \Delta E=0\,;\; m=0$

**Elektromagnetische Wechselwirkung →** Austauschteilchen = Photon;
1 P Reichweite: $d=\infty \;\Rightarrow\; \Delta E=0\,;\; m=0$

**Starke Wechselwirkung →** Austauschteilchen = Gluonen; Reichweite: $10^{-15}m$

2 P $\Rightarrow\; \Delta E \approx 2.998\cdot 10^{8}\frac{m}{s}\cdot\frac{6.626\cdot 10^{-34}Js}{2\cdot 2\pi}\cdot\frac{1}{10^{-15}m} \overset{TR}{\approx} 1.6\cdot 10^{-11}J \overset{TR}{\approx} 99\,MeV \overset{TR}{\approx} 100\,MeV$

1 P Masse der Austauschteilchen: $m\approx\frac{\Delta E}{c^2}\approx\frac{1.6\cdot 10^{-11}J}{\left(2.998\cdot 10^{8}\frac{m}{s}\right)^2} \overset{TR}{\approx} 1.8\cdot 10^{-28}kg$

**Schwache Wechselwirkung →** Austauschteilchen = $W^+, W^-, Z^0$ – Bosonen;

2 P Reichweite: $10^{-18}m \;\Rightarrow\; \Delta E \approx 2.998\cdot 10^{8}\frac{m}{s}\cdot\frac{6.626\cdot 10^{-34}Js}{2\cdot 2\pi}\cdot\frac{1}{10^{-18}m} \overset{TR}{\approx} 1.6\cdot 10^{-8}J \overset{TR}{\approx} 99\,GeV \overset{TR}{\approx} 100\,GeV$

1 P Masse der Austauschteilchen: $m\approx\frac{\Delta E}{c^2}\approx\frac{1.6\cdot 10^{-8}J}{\left(2.998\cdot 10^{8}\frac{m}{s}\right)^2} \overset{TR}{\approx} 1.8\cdot 10^{-25}kg$

**Zur Beachtung**

Man lasse sich nicht von numerischen Unterschieden zwischen verschiedenen Lehrbüchern oder Literaturquellen irritieren. So wird z.B. mitunter statt der Heisenberg'schen Unschärferelation nach (∗1) die Abschätzung $\Delta E\cdot\Delta t\approx\hbar$ eingesetzt. Auch die Reichweite kann neben der Zehnerpotenz noch einen numerischen Vorfaktor enthalten. Man muss sich bewusst sein, dass die Abschätzungen der Energien im Wesentlichen nur die Zehnerpotenzen angeben sollen.
Im Übrigen wird die Unschärferelation in der Form $\Delta E\cdot\Delta t\approx\hbar$ häufig zur Bestimmung der Lebensdauer instabiler Teilchen und Zustände benutzt. Sie ist nicht nur auf $\gamma$ – Übergänge (wie etwa bei Aufgabe 8.29) anwendbar, sondern auf beliebige Übergänge und Zerfälle.

## Aufgabe 8.32 Grundbausteine der Materie

| | | Punkte |
|---|---|---|
| 9 Min. | | 6 P |

Welches sind die Grundbausteine der Materie, die man im heutigen Standardmodell der Elementarteilchenphysik als fundamentale Elementarteilchen betrachtet?

Nennen Sie alle diese Teilchen und geben sie an, wie viel elektrische Ladung sie tragen.

## Lösung zu 8.32

Lösungsstrategie:

Gelerntes Wissen wird abgefragt. Zum Lernen beachte man die Merkregel:
Quarks → „udcstb" (6 Stück) und ihre 6 Antis.
Leptonen → „$e\mu\tau$" (3 Stück) plus ihre 3 Neutrinos, dazu zu allen sechsen die Antis.

Lösungsweg, explizit:

Die gefragten Teilchen sind 6 Quarks und ihre 6 Antiteilchen, dazu 6 Leptonen und ihre 6 Antiteilchen.

- Die 6 Quarks: und ihre 6 Antiquarks (mit $e$ = Elementarladung):

$u$ = up-quark (Ladung $+\frac{2}{3}e$) $\overline{u}$ = anti up-quark (Ladung $-\frac{2}{3}e$)

$d$ = down-quark (Ladung $-\frac{1}{3}e$) $\overline{d}$ = anti down-quark (Ladung $+\frac{1}{3}e$)

$c$ = charm-quark (Ladung $+\frac{2}{3}e$) $\overline{c}$ = anti charm-quark (Ladung $-\frac{2}{3}e$)

$s$ = strange-quark (Ladung $-\frac{1}{3}e$) $\overline{s}$ = anti strange-quark (Ladung $+\frac{1}{3}e$)

$t$ = top-quark (Ladung $+\frac{2}{3}e$) $\overline{t}$ = anti top-quark (Ladung $-\frac{2}{3}e$)

$b$ = bottom-quark (Ladung $-\frac{1}{3}e$) $\overline{b}$ = anti bottom-quark (Ladung $+\frac{1}{3}e$) 3 P

- Die 6 Leptonen: und ihre 6 Antileptonen:

$e^-$ = Elektron (Ladung $-1e$) $e^+$ = Positron (Ladung $+1e$)

$\mu^-$ = Müon (Ladung $-1e$) $\mu^+$ = Antimüon (Ladung $+1e$)

$\tau^-$ = Tauon (Ladung $-1e$) $\tau^+$ = Antitauon (Ladung $+1e$)

$\nu_e$ = Elektronneutrino (Ladung $0$) $\overline{\nu}_e$ = elektronisches Antineutrino (Ladung $0$)

$\nu_\mu$ = Müonneutrino (Ladung $0$) $\overline{\nu}_\mu$ = müonisches Antineutrino (Ladung $0$)

$\nu_\tau$ = Tauonneutrino (Ladung $0$) $\overline{\nu}_\tau$ = tauonisches Antineutrino (Ladung $0$) 3 P

Dazu kommen noch die Austauschteilchen, die die Wechselwirkungen zwischen diesen Teilchen vermitteln: Graviton, Photon, W- und Z- Bosonen und Gluonen. (Vgl. Aufgabe 8.31.)

## Aufgabe 8.33 Spinresonanzen

 (a.) 8 Min. (b., c.) je 4 Min.  Punkte (a.) 5 P (b.,c.) je 3 P

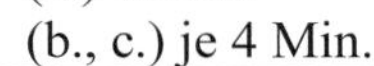

Welche Resonanzfrequenzen haben
(a.) Elektronen (b.) Protonen (c.) Neutronen
bei Anregung mit einem kleinen elektromagnetischen Wechselfeld in einem starken magnetostatischen Feld zu $B = 0.5\,Tesla$ ?

## ▾ Lösung zu 8.33

Lösungsstrategie:

**Stolperfalle**

Beim Elektron entspricht das magnetische Moment $\mu_e$ in etwa (bis auf Effekte der Vakuumpolarisation, die als Korrekturen der Quantenelektrodynamik zu verstehen sind und hier vernachlässigt werden) dem Bohr'schen Magneton $\mu_B$ : $\mu_e = \mu_B = \frac{e \cdot \hbar}{2m}$ (dem Betrage nach).

Bei den Nukleonen aber führt die Quarkstruktur zu folgenden magnetischen Momenten:
Für das Proton ist $\mu_p = +2.793 \cdot \mu_B$. Für das Neutron $\mu_n = -1.913 \cdot \mu_B$.

Spätestens das Auftauchen des Neutrons in der Aufgabenstellung müsste die Leser auf diese Stolperfalle aufmerksam machen, denn als ungeladenes Teilchen könnte es ohne seine innere Struktur gar kein magnetisches Moment haben.

Die Resonanzfrequenzen ergeben sich dann aus den nötigen Energien für das Umklappen der Spins im Magnetfeld. Regt man mit Wechselfeldern an, deren Quanten genau diese Energie tragen, so können die Spins resonant umklappen und man spricht von Spinresonanzen.

Lösungsweg, explizit:

(a.) Das magnetische Moment des Elektrons ist danach dem Betrage nach unter Vernachlässigung quantenelektrodynamischer Korrekturen

1½ P
$$|\mu_e| = \frac{e \cdot \hbar}{2m_e} = \frac{1.602 \cdot 10^{-19} C \cdot 6.626 \cdot 10^{-34} J\,s}{2 \cdot 9.1 \cdot 10^{-31} kg \cdot 2 \cdot \pi} \overset{TR}{\approx} 9.27288 \cdot 10^{-24} \frac{C \cdot \frac{kg \cdot m^2}{s^2} \cdot s}{kg} = 9.27288 \cdot 10^{-24} A \cdot m^2 .$$

(Der genaue Wert ist in Kap. 11.0 mit $\mu_e = -9.28476412 \cdot 10^{-24} \frac{J}{T}$ angegeben.)

½ P Die Energie im Magnetfeld ist $E_{up} = +\mu_e \cdot B$ für „spin up" und $E_{down} = -\mu_e \cdot B$ für „spin down" als Wechselwirkungsenergie zwischen dem magnetischen Moment und dem Magnetfeld (vgl. Aufgabe 3.41).

1 P Also ist die Energiedifferenz zum Umklappen des Spins $\Delta E = E_{up} - E_{down} = 2 \cdot \mu_e \cdot B$.

Wie man sieht, spielt das Vorzeichen für unsere Energiedifferenz keine Rolle und es genügt die Betrachtung des Betrags.

Resonant umgeklappt werden kann der Spin mit der passenden Frequenz $\nu$ zu $\Delta E = h \cdot \nu$. Einsetzen der beiden letztgenannten Gleichungen ineinander ergibt die gesuchte Frequenz:

$$\Delta E = h \cdot \nu = 2 \cdot \mu_e \cdot B \quad \Rightarrow \quad \nu = \frac{2 \cdot \mu_e \cdot B}{h} = \frac{2 \cdot 9.27288 \cdot 10^{-24} A \cdot m^2 \cdot 0.5 T}{6.626 \cdot 10^{-34} J\,s}$$

2 P
$$\overset{TR}{\approx} 1.39947 \cdot 10^{10} \frac{A \cdot m^2 \cdot V \cdot s}{J\,s \cdot m^2} = 1.39947 \cdot 10^{10} \frac{A \cdot \frac{J}{C} \cdot s}{J\,s} = 1.39947 \cdot 10^{10} Hz .$$

(b.) Der Rechenweg für das Proton verläuft in Analogie (ohne detaillierte Erläuterung):

2 P
$$\mu_p = +2.793 \cdot \mu_B = +2.793 \cdot \frac{e \cdot \hbar}{2m_p} = 2.793 \cdot \frac{1.602 \cdot 10^{-19} C \cdot 6.626 \cdot 10^{-34} J\,s}{2 \cdot 1.7626 \cdot 10^{-27} kg \cdot 2 \cdot \pi} \overset{TR}{\approx} 1.4105 \cdot 10^{-26} A \cdot m^2 .$$

(Ein genauerer Wert aus der Literatur ist nach Kap. 10.0 $\mu_p = 1.41060671 \cdot 10^{-26} \frac{J}{T}$.)

1 P
$$\nu = \frac{2 \cdot \mu_p \cdot B}{h} = \frac{2 \cdot 1.4105 \cdot 10^{-26} A \cdot m^2 \cdot 0.5 T}{6.626 \cdot 10^{-34} J\,s} \overset{TR}{\approx} 2.1287 \cdot 10^7 Hz = 21.287 MHz$$ als Resonanzfrequenz.

(c.) Ebenso verläuft der Rechenweg für das Neutron:

$$\mu_n = -1.913 \cdot \mu_B = -1.913 \cdot \frac{e \cdot \hbar}{2 m_n} = -1.913 \cdot \frac{1.602 \cdot 10^{-19} C \cdot 6.626 \cdot 10^{-34} J\,s}{2 \cdot 1.7649 \cdot 10^{-27} kg \cdot 2 \cdot \pi} \overset{TR}{\approx} -9.6479 \cdot 10^{-27} A \cdot m^2$$ 2 P

(Ein genauerer Wert aus der Literatur ist nach Kap. 11.0 $\mu_n = -9.6623645 \cdot 10^{-27} \frac{J}{T}$.)

Das negative Vorzeichen des magnetischen Moments spielt für die Energiedifferenz beim Umklappen des Spins keine Rolle, sondern nur für seine Richtung. Wir arbeiten also weiter mit dem Betrag des magnetischen Moments:

$$\nu = \frac{2 \cdot \mu_n \cdot B}{h} = \frac{2 \cdot 9.6479 \cdot 10^{-27} A \cdot m^2 \cdot 0.5 T}{6.626 \cdot 10^{-34} J\,s} \overset{TR}{\approx} 1.4561 \cdot 10^7 Hz = 14.561 MHz$$ als Resonanzfrequenz. 1 P

## Aufgabe 8.34 Kernfusion und Kernspaltung

17 Min.

Punkte
14 P

Kernfusion und Kernspaltung, Bindungsenergie der Nukleonen:

(a.) Die Masse des $^{238}U$ Atoms wird gemessen mit $238.050788247 u$.

(b.) Die Masse des $^{4}He$ Atoms wird gemessen mit $4.00260325415 u$.

Hinweise: Masse des Neutrons $m_n = 1.00866491574 u$
Masse des Wasserstoffatoms $m_H = 1.00782503207 u$
Masse des Protons $m_p = 1.007276463256 u$

Fragestellung: Berechnen Sie für beide Kerne die Bindungsenergie der Nukleonen und zwar einerseits die gesamte Bindungsenergie aller Nukleonen und andererseits die Bindungsenergie pro Nukleon.

Lösungstipp: Da hier Massedifferenzen zwischen fast gleich großen Massen entscheidend sind ist es ratsam so genau wie möglich zu rechnen, d.h. so viele Nachkommastellen wie verfügbar zu verarbeiten.

## Lösung zu 8.34

Lösungsstrategie:

Grundlage ist natürlich Einstein's Masse-Energie-Äquivalenz.

**Stolperfalle**

Man beachte, dass aus den Messungen die Atommassen bekannt sind und nicht die Massen der bloßen Atomkerne. Das hat praktische Gründe der Messtechnik. Allerdings sind Elektronenmassen und Bindungsenergien der Elektronen in den Atommassen enthalten. Diese kann man nur herausrechnen, wenn man die Elektronen nach einem Zerteilen des Kerns in einzelne Nukleonen auch wieder mitberücksichtigt. Da die Elektronen von den Protonen gebunden 1 P werden und nicht von den Neutronen, ordnet man nach dem Zerteilen des Kerns jedem Proton ein Elektron zu, denn dann sind genau alle Elektronen wieder gebunden. Ein Proton mit einem gebundenen Elektron ist ein Wasserstoffatom. Deshalb ist Einstein's Masse-Energie-Äquivalenz nicht auf Neutronen und Protonen anzuwenden, sondern auf Neutronen und Wasserstoffatome.

1 P

Die in der Aufgabenstellung angegebene Masse des Protons wird also für die Lösung gar nicht gebraucht – aber wenn man sie ignoriert, wird die Lösungsfindung auch nicht gestört.

Lösungsweg, explizit:

Für die „atomic mass unit" setzen wir den aus CODATA entnommenen Wert von Kapitel 11.0 ein, nämlich $1u = 1.66053886 \cdot 10^{-27}\,kg$.

Damit lassen sich die Massendefekte $\Delta m$ und daraus die Bindungsenergien $B$ der in der Aufgabenstellung genannten Atomkerne berechnen. Mit den üblichen Abkürzungen $Z$ = Protonenzahl, $A$ = Nukleonenzahl, $\Rightarrow$ $A-Z$ = Neutronenzahl schreiben wir die Berechnung:

2 P

$$\text{Massendefekt} \quad \Delta m = Z \cdot m_H + (A-Z) \cdot m_n$$

$$\Rightarrow \quad \text{Bindungsenergie} \quad \Delta E = \Delta m \cdot c^2 = c^2 \cdot \left(Z \cdot m_H + (A-Z) \cdot m_n\right)$$

Für die Werte der in der Aufgabenstellung genannten Uran- und Helium- Atome ergibt sich:

(a.) $\Delta m_U = (92 \cdot m_H + 146 \cdot m_n) - m_U$

$$\overset{TR}{\approx} \underbrace{(92 \cdot 1.00782503207u + 146 \cdot 1.00866491574u)}_{=239.9849806484u} - 238.050788247u \overset{TR}{\approx} 1.9341924u$$

$$\overset{TR}{\approx} 1.9341924u \cdot 1.66053886 \cdot 10^{-27}\,kg \overset{TR}{\approx} 3.2118 \cdot 10^{-27}\,kg$$

4 P

$$\Rightarrow \quad \Delta E = \Delta m_U \cdot c^2 \overset{TR}{\approx} 2.88662 \cdot 10^{-10}\,J \overset{TR}{\approx} 1801.7\,MeV\,.$$

Dies ist die Summe der Bindungsenergien aller Nukleonen. Die Bindungsenergie pro Nukleon erhält man, indem man durch die Zahl der Nukleonen dividiert. Im Falle des $^{238}U$ ist sie

1 P

$$\frac{\Delta E}{A} \overset{TR}{\approx} \frac{1801.7\,MeV}{238\,Nukleonen} \overset{TR}{\approx} 7.57 \frac{MeV}{Nukleon}\,.$$

(b.) $\Delta m_{He} = (2 \cdot m_H + 2 \cdot m_n) - m_{He}$

$$\overset{TR}{\approx} \underbrace{(2 \cdot 1.00782503207u + 2 \cdot 1.00866491574u)}_{=4.03297989562u} - 4.00260325415u \overset{TR}{\approx} 0.03037664147u$$

$$\overset{TR}{\approx} 0.03037664147u \cdot 1.66053886 \cdot 10^{-27}\,kg \overset{TR}{\approx} 5.0441593597 \cdot 10^{-29}\,kg$$

4 P

$$\Rightarrow \quad \Delta E = \Delta m_U \cdot c^2 \overset{TR}{\approx} 4.533464 \cdot 10^{-12}\,J \overset{TR}{\approx} 28.296\,MeV\,.$$

Diese Summe der Bindungsenergien aller Nukleonen dividieren wir wieder durch die Zahl der Nukleonen und erhalten die Bindungsenergie pro Nukleon:

1 P

$$\frac{\Delta E}{A} \overset{TR}{\approx} \frac{28.296\,MeV}{4\,Nukleonen} \overset{TR}{\approx} 7.07 \frac{MeV}{Nukleon}\,.$$

Die Bindungsenergie von Aufgabenteil (a.) steht im Zusammenhang mit der Kernspaltung. Allerdings ist klar, dass nicht der gesamte Energiebetrag bei der Spaltung jedes einzelnen Kerns frei wird, denn die Spaltfragmente sind auch wieder Atome, deren Kerne sich aus mehreren Nukleonen zusammensetzen (vgl. Aufgabe 8.26) und daher wieder Bindungsenergie enthalten.

Die Bindungsenergie von Aufgabenteil (b.) steht im Zusammenhang mit der Kernfusion. Bei diesem Prozess passieren außer der Verschmelzung von Wasserstoffen und Neutronen zu Helium noch eine Reihe weiterer Fusionen, sodass außer der Bindungsenergie von Aufgabenteil (b.) noch weitere Bindungsenergien frei werden.

## Aufgabe 8.35 Umrechnung Teilchenenergie - Temperatur

| | | Punkte |
|---|---|---|
| 4 Min. | | 2 P |

Bei Experimenten zur Kernfusion drückt man die Energie der einzelnen bewegten Teilchen in der Entsprechung einer Temperatur aus, weil die Teilchenbewegung (anders als in Beschleunigern) von ungerichteten Bewegungen dominiert ist. Dabei bezieht man sich auf die kinetische Gastheorie.

Rechnen Sie um:

(a.) Wie viel Energie hat ein Wasserstoffatom bei Raumtemperatur $T_R = 300K$ ?

(b.) Wie viel Energie hat ein Wasserstoffatom im Fusionsreaktor bei $T_F = 2 \cdot 10^8 K$ ?

Geben Sie Ihre Ergebnisse in der Einheit „Elektronvolt" an.

## Lösung zu 8.35

Lösungsstrategie:

Die Umrechnung zwischen der Energie pro Teilchen und der Temperatur geht auf die kinetische Gastheorie zurück. Wer Hilfe dazu braucht, lese in Kapitel 4 nach, z.B. Aufgabe 4.11.

Lösungsweg, explizit:

Wasserstoffatome haben als einatomiges Gas drei Freiheitsgrade der Translation, weshalb ihre thermische Energie $\overline{E_{kin}} = \frac{3}{2}kT$ ist, mit $k = 1.38 \cdot 10^{-23} \frac{J}{K}$ = Boltzmann-Konstante. Alles was noch zu leisten ist, ist eine Umrechnung der Einheiten in Elektronvolt.

(a.) $\overline{E_{kin}} = \frac{3}{2}kT_R = \frac{3}{2} \cdot 1.38 \cdot 10^{-23} \frac{J}{K} \cdot 300K = 6.21 \cdot 10^{-21} J \cdot \frac{1}{1.602 \cdot 10^{-19} \frac{J}{eV}} \overset{TR}{\approx} 0.039 eV$ 1 P

Faustregel: Die thermische Energie bei Zimmertemperatur beträgt in etwa $\frac{1}{25} eV$ .

(b.) Hier ist $\overline{E_{kin}} = \frac{3}{2}kT_R = \frac{3}{2} \cdot 1.38 \cdot 10^{-23} \frac{J}{K} \cdot 2 \cdot 10^8 K = 4.14 \cdot 10^{-15} J \cdot \frac{1}{1.602 \cdot 10^{-19} \frac{J}{eV}} \overset{TR}{\approx} 25.86 keV$ . 1 P

## Aufgabe 8.36 Laser, Funktionsprinzip

| 15 bis 18 Min. | | Punkte 14 P |
|---|---|---|

Zur Funktionsweise eines Lasers:
Was bedeutet die Abkürzung „LASER“?
Was versteht man unter der Besetzungsinversion der Energiezustände? Was muss man tun, um die Besetzungsinversion der Zustände zu erreichen?
Welchen Vorteil hat ein Vier-Niveau-Laser gegenüber einem Drei-Niveau-Laser?
Welchen Weg nimmt ein Elektron, wenn das Atom „lasert“?
Wie kommt die stimulierte Emission, die dem LASER seinen Namen verleiht, zustande?
Unterstützen Sie Ihre Antworten auch durch Skizzen der Niveaus und der Übergänge.

## Lösung zu 8.36

Lösungsstrategie:

Wer die Abkürzung „LASER“ zu interpretieren weiß, hat schon den halben Weg zum Verständnis geschafft: „**L**ight **A**mplification by **S**timulated **E**mission of **R**adiation“. 1 P

Zur Erläuterung auf Deutsch: Licht wird verstärkt durch stimulierte Emission von Strahlung.
Zu erklären sind also: 1. Die stimulierte Emission
2. Die Verstärkung des Lichts

Lösungsweg, explizit:

▪ Besetzungsinversion bedeutet, dass energetisch höhere Zustände stärker besetzt sind, als es dem thermodynamischen Gleichgewicht entspricht und energetisch niedrigere Zustände hingegen schwächer als im thermodynamischen Gleichgewicht. 1 P Dies erreicht man durch sogenanntes Pumpen, wobei die Elektronen energetisch hochgehoben werden und dann auf einen metastabilen Zwischenzustand gelangen, auf dem sie für eine gewisse Zeit „gefangen“ bleiben (siehe Bild 8-11). 1 P Dass dabei Energieniveaus für Elektronen in der Atomhülle betrachtet werden, versteht sich von selbst.

▪ Beim Drei-Niveau-Laser fallen die Elektronen aus dem metastabilen Zwischenzustand in den Grundzustand zurück, der natürlich nicht völlig entvölkert ist, also noch bis zu einem gewissen Grad Elektronen beherbergt. Deshalb geht die Besetzungsinversion bereits verloren, bevor der metastabile Zwischenzustand alle Elektronen an den Grundzustand abgeben konnte. 1½ P

▪ Beim Vier-Niveau-Laser hingegen fallen die Elektronen vom metastabilen Zwischenzustand in einen kaum bevölkerten angeregten Zustand. Dies sorgt dafür, dass die zum Arbeiten des Lasers notwendige Besetzungsinversion länger erhalten bleibt als beim Drei-Niveau-Laser. 1½ P

▪ Der Weg des Elektrons beim „lasern“ ist folgender: Das Elektron wird vom Grundzustand $E_1$ nach $E_3$ angehoben (dafür sorgt das Pumpen) und geht von dort rasch weiter in den metastabilen Zwischenzustand $E_2$. Sobald es dort von einem Photon stimuliert wird, fällt es herab in den Grundzustand, und zwar beim Drei-Niveau-Laser direkt, beim Vier-Niveau-Laser hingegen mit dem Umweg über das Niveau $E_4$ (siehe Bild 8-11). 2 P

▪ Die Verstärkung des Lichts versteht man wie folgt: Das Lasermedium befindet sich zwischen zwei Spiegeln, zwischen denen die Photonen hin- und herlaufen (im Sinne einer stehenden Welle). Trifft ein Photon auf ein Elektron im metastabilen Zwischenzustand, so stimuliert es das „Herabfallen“ des Elektrons unter Abgabe seiner Energie in Form von Emission eines weiteren Photons, welches als Welle mit der stimulierenden Welle phasengleich läuft. Auf diese Weise wurde die stimulierende Welle verstärkt. 1 P 1 P

Baut man einen der beiden Spiegel an den beiden Enden des Lasers mit einer gewissen Lichtdurchlässigkeit, so kann ein bestimmter Anteil der stehenden Welle entweichen. Dies ist das als Nutzen erzeugte Laserlicht. Man muss nur darauf achten, dass man pro Zeiteinheit nicht mehr Photonen (oder Lichtintensität) entweichen lässt, als durch die Verstärkung zwischen den Spiegeln wieder nachgeliefert werden. 1 P

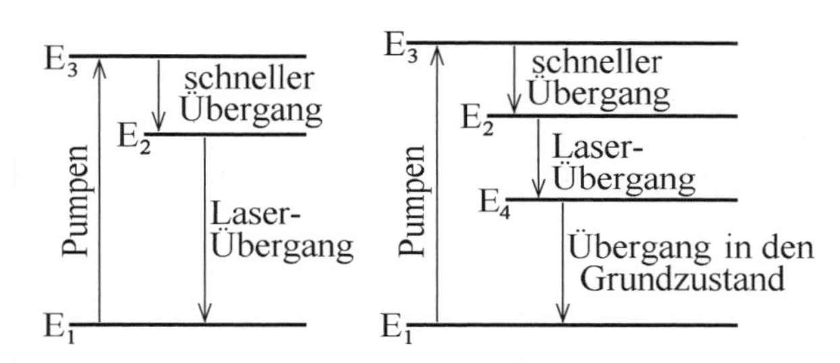


**Bild 8-11**
Drei-Niveau-Laser (links) und Vier-Niveau-Laser (rechts). Die Energieniveaus sind:
$E_1$ = Grundzustand
$E_3$ = angeregter Zustand
$E_2$ = metastabiler Zwischenzustand
$E_4$ = zusätzlicher Zwischenzustand

3 P

## Aufg. 8.37 Kernfusion: Einschlussmethoden, Lawson-Kriterium

| | | Punkte |
|---|---|---|
| 10 bis 12 Min. | | 8 P |

Zur Fusion leichter Kerne müssen diese einander sehr nahe kommen, damit die Coulomb-Barriere mit einer merklichen Wahrscheinlichkeit durchtunnelt werden kann. Zu diesem Zweck experimentiert man mit zwei möglichen Einschlussmethoden, dem Trägheitseinschluss und dem magnetischen Einschluss.

(a.) Erklären Sie die Funktionsweise dieser beiden Methoden. Beziehen Sie in diese Erklärung auch das Lawson-Kriterium mit ein.

(b.) Rechenaufgabe: Beim Trägheitseinschluss fliegen die Wasserstoffkerne schon sehr rasch nach dem Beginn der Fusion auseinander. Auf welche Ionendichte dürfen sie sich voneinander entfernen, damit der Einschluss wenigstens für $1\mu\text{sec}$ zur energetisch lohnenden Fusion ausreicht? Vergleichen Sie den errechneten Wert mit der Dichte festen Wasserstoffs von etwa $3\cdot 10^{28}\,\frac{Teilchen}{m^3}$.

## Lösung zu 8.37

Lösungsstrategie:

(a.) Erläuterung (Lernstoff)
(b.) Lawson-Kriterium (durchrechnen)

Lösungsweg, explizit:

(a.)

▪ Beim Trägheitseinschluss bringt man das Ausgangsmaterial (Wasserstoff) in den festen Aggregatzustand und beschießt es mit hochenergetischen Ionen oder mit konzentriertem Laserlicht. Wenn die Trägheitskräfte ausreichen, um das Plasma lange genug zusammenzuhalten, erfolgt eine Fusion der Kerne. 1 P

▪ Beim magnetischen Einschluss werden die Ionen des Plasmas durch spezielle Magnetfeld-Konfigurationen bei hoher Energie zusammengehalten und im eingeschlossenen Zustand soweit aufgeheizt, bis schließlich eine Fusion zustandekommt. Es kommt darauf an zu vermeiden, dass das Plasma auseinanderläuft, insbesondere beim Zünden der Fusion. 1 P

▪ Das Lawson-Kriterium lautet $n \cdot \tau \gtrsim 3 \cdot 10^{20} \frac{s}{m^3}$ (mit $n =$ Ionendichte und $\tau =$ Einschlussdauer). Ist es erfüllt, so kann die Fusion energetisch lohnend ausführbar sein. Ist es nicht erfüllt, so besteht diese Möglichkeit nicht. 1 P

Um das Lawson-Kriterium zu erfüllen, versucht man beim Trägheitseinschluss, die Ionendichte $n$ möglichst groß zu machen, daher wird der Wasserstoff als Ausgangsmaterial im festen Aggregatzustand bereitgestellt. Beim derzeitigen Stand der Forschung muss allerdings leider eine noch recht kurze Einschlussdauer in Kauf genommen werden, sodass mit dem Trägheitseinschluss noch keine befriedigenden Ergebnisse erzielt werden können. 1½ P

Beim magnetischen Einschluss (realisiert im Tokamak-Prinzip) geht man den umgekehrten Weg und versucht zur Erfüllung des Lawson-Kriteriums die Einschlussdauer $\tau$ zu maximieren. Dazu werden die schnellen Teilchen in einem Plasma gehalten. Diejenigen Teilchen, die eine Fusion vollziehen, haben ihr Ziel erreicht. Alle anderen Teilchen verbleiben im Plasma und stehen weiterhin zur Fusion zur Verfügung, da das Plasma möglichst lange nicht auseinanderfliegen soll (anders als der feste Wasserstoff beim Trägheitseinschluss). 1½ P

(b.) Dafür, dass eine energetisch lohnende Fusion zustandekommen kann, beachten wir das Lawson-Kriterium: $n \cdot \tau \gtrsim 3 \cdot 10^{20} \frac{s}{m^3}$. (siehe oben)

1 P Im Falle $\tau = 1\mu\text{sec}$ ist $n \gtrsim \frac{3 \cdot 10^{20} \frac{s}{m^3}}{\tau} = \frac{3 \cdot 10^{20} \frac{s}{m^3}}{10^{-6} s} = 3 \cdot 10^{26} \frac{Teilchen}{m^3}$.

Dem stehen $3 \cdot 10^{28} \frac{Teilchen}{m^3}$ des festen Wasserstoffs gegenüber. Es bleibt die Hoffnung, dass es gelingen wird, die für das Erhitzen notwendige Energie schnell genug einzukoppeln, bevor die Teilchen zu weit auseinanderlaufen. 1 P

## Aufgabe 8.38 Elektroneneinfang (electron capture)

| 3 Min. | | Punkte 2 P |
|---|---|---|

Welche Reaktion passiert beim Elektroneneinfang, bei dem der Atomkern ein Elektron einfängt?

## ▾ Lösung zu 8.38

Lösungsstrategie:

In Lehrbüchern schaut man unter „Elektroneneinfang“ nach oder unter „Electron capture“.

Lösungsweg, explizit:

Es handelt sich um das Gegenstück zum $\beta-$Zerfall. Das Wort „Elektroneneinfang“ drückt aus, dass ein Proton des Kerns ein Elektron einfängt und dadurch in ein Neutron umgewandelt wird. Die Reaktion passiert wie folgt: $p^{+}+e^{-}\rightarrow n+\nu_{e}$. 2 P

Zur Kontrolle prüfen wir einige Erhaltungszahlen: Links steht ein Nukleon, rechts auch. Links steht ein Lepton, rechts auch. Die Gesamtladung ist links wie rechts Null.

## Aufgabe 8.39 Betazerfall im Quarkmodell

(a.) 13 Min.
(b.) 11 Min.

Punkte (a.) 9 P
(b.) 7 P

(a.) Erklären Sie im Quarkmodell, warum Atomkerne zusammenhalten. Erklären Sie auch, warum die dafür verantwortliche Wechselwirkung nicht auf Nachbarkerne, also auf andere Atome, übergreift.

(b.) Erklären Sie den Beta-plus-Zerfall und den Beta-minus-Zerfall im Quarkmodell.

## ▾ Lösung zu 8.39

Lösungsstrategie:

**Lernhinweis**

Aus Quarks können vielerlei Teilchen zusammengesetzt werden, manche davon bestehen aus zwei Quarks, manche aus dreien. Der Aufbau enthält eine Systematik, deren Kenntnis heute zum Spezialwissen der Elementarteilchenphysiker zählt und wohl auch in diesem speziellen Fach der Physik geprüft wird. Für alle anderen Physik-Prüfungen lernt man diese Inhalte ebensowenig auswendig, wie man die Namen und die Elektronenkonfigurationen der chemischen Elemente im Periodensystem auswendig lernt.

Lediglich zwei der aus Quarks aufgebauten Teilchen sollte man sich merken: Das Neutron (udd = up+down+down-Quark) und das Proton (uud = up+up+down-Quark), denn aus ihnen setzen sich die Kerne der Atome zusammen, die uns im täglichen Leben ständig begegnen. Und auf diese beiden wollen wir uns im vorliegenden Buch beschränken.

Lösungsweg, explizit:

(a.) Aufgrund der elektrischen Ladung der Protonen würden Atomkerne wegen der Coulomb-Wechselwirkung auseinanderfliegen – wäre da nicht die starke Wechselwirkung, die die Nukleonen zusammenhält. Diese dominiert innerhalb des einzelnen Kerns gegenüber der Coulomb-Wechselwirkung, reicht aber nicht bis zu anderen Atomkernen. Im Quarkmodell verstehen wir diese starke Wechselwirkung innerhalb eines Atomkerns wie folgt: 1 P

Neutronen und Protonen tauschen miteinander Quarks aus, sodass sich die Zugehörigkeit des individuellen Quarks zum jeweiligen Nukleon ändert. Nach dem Austausch liegen wieder Gruppen von drei Quarks in Form von Nukleonen vor. Ein Beispiel hierfür ist in Bild 8-12 dargestellt. Dies lässt erkennen, wie eng im Atomkern der Zusammenhalt der Quarks ist, der durch die starke Wechselwirkung vermittelt wird. In Bild 8-12 sind als Austauschteilchen der starken Wechselwirkung Gluonen (als Wellenlinien) eingezeichnet, über die die Quarks miteinander in Wechselwirkung stehen. De facto tauscht ein Neutron mit einem Proton die Identität (Summengleichung $n+p \to p+n$). Die Reaktion im Quarkbild, die das Bindende der Kernkräfte erkennen lässt, ist in Bild 8-12 dargestellt. Tatsächlich stehen alle Nukleonen in einem Atomkern über die starke Wechselwirkung miteinander in Verbindung. 1 P 1 P

Zur Selbstkontrolle: Man kann die Ladungen der beiden Nukleonen aus den Ladungen der Quarks zusammenzählen. Mit Aufgabe 8.32 erinnern wir uns, dass das up-Quark die Ladung $+\frac{2}{3}e$ trägt, das down-Quark hingegen die Ladung $-\frac{1}{3}e$.

1 P $\Rightarrow$ $u+d+u$ trägt $+\frac{2}{3}e-\frac{1}{3}e+\frac{2}{3}e=\frac{4-1}{3}e=+1e$. Dies ist das Proton.

1 P Aber: $d+u+d$ trägt $-\frac{1}{3}e+\frac{2}{3}e-\frac{1}{3}e=\frac{-2+2}{3}e=0$. Dies ist das Neutron.

Ein Übergreifen der starken Wechselwirkung auf Nachbarkerne findet aufgrund der Reichweite der Gluonen nicht statt. Diese kennen wir aus Aufgabe 8.31 in der Größenordnung von etwa $10^{-15}m$. Das sind typische Abmessungen von Atomkernen. Aufgrund der Coulomb-Wechselwirkung kommen sich Atomkerne nicht nahe genug, um gegenseitig über die starke Wechselwirkung miteinander in Verbindung treten zu können - außer bei der Kernfusion. 1 P

3 P

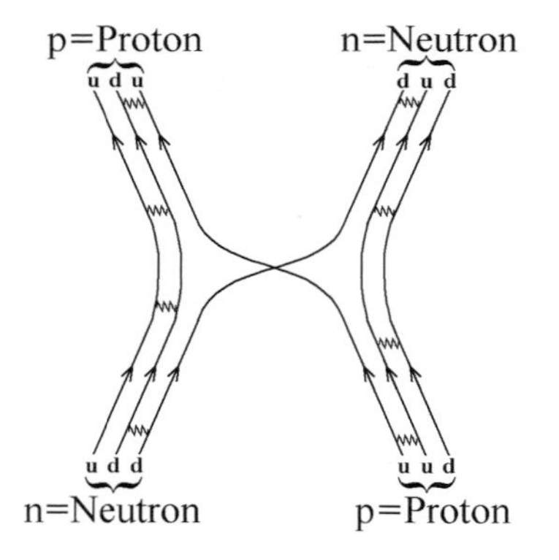


**Bild 8-12**
$n+p \to p+n$, dargestellt im Quarkbild.
Die ausgetauschten Gluonen sind als Wellenlinien zwischen den Quarks eingetragen.

(b.)

- Wie in Aufgabe 8.21 bereits erwähnt, wird beim $\beta^-$-Zerfall ein Neutron in ein Proton umgewandelt. Die Reaktion ist $n \to p+e^- +\overline{\nu_e}$, sie kann spontan stattfinden. 1 P

- Beim $\beta^+$-Zerfall zerfällt ein Proton in ein Neutron, wobei unter anderem ein Positron (=Anti-Elektron) emittiert wird, entsprechend der Reaktion $p^+ \to n+e^+ +\nu_e$. 1 P

Die Reaktion kann für ein freies Proton nicht spontan stattfinden, sondern sie setzt voraus, dass Energie zugeführt wird, da eine spontane Reaktion der Energieerhaltung zuwiderlaufen würde (siehe dazu auch Aufgabe 7.6). Gebunden im Atomkern, wo aus der Bindungsenergie die nötige Energie entnommen werden kann, kann ein Proton manchmal unter Beta-plus-Zerfall ein Positron emittieren.

Die beiden gefragten Reaktionen sind in Bild 8-13 dargestellt.

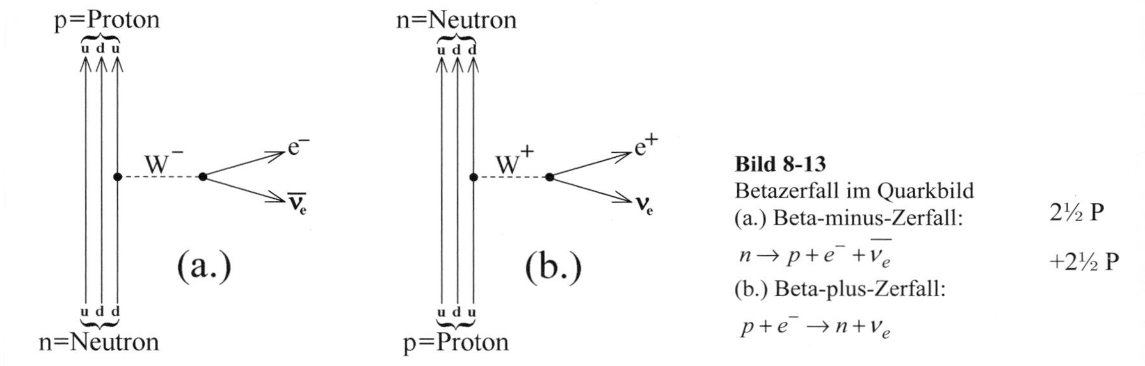


**Bild 8-13**
Betazerfall im Quarkbild
(a.) Beta-minus-Zerfall: 2½ P

$n \rightarrow p + e^- + \overline{\nu_e}$ +2½ P

(b.) Beta-plus-Zerfall:

$p + e^- \rightarrow n + \nu_e$

## Aufgabe 8.40 Teilchenbeschleuniger, Kollisionsmaschinen

(a.) 14 Min. Punkte (a.) 10 P
(b.) 6 Min. (b.) 4 P

Welche kleinsten räumlichen Strukturen können an Teilchenbeschleunigern aufgelöst werden,
(a.) wenn ein Proton mit einer (relativistisch bewegten) Energie von $E_p = 200\,GeV$ auf ein ruhendes Wasserstofftarget trifft?

(b.) wenn ein Elektron mit einer Energie von $E_{e-} = 30\,GeV$ in einer Kollisionsmaschine frontal auf ein Positron ebenfalls mit einer Energie von $E_{e+} = 30\,GeV$ trifft?

## Lösung zu 8.40

Lösungsstrategie:

Entscheidend für das Stattfinden einer Reaktion und für das Auflösen von Teilchenstrukturen ist der Impulsübertrag im Schwerpunktssystem. Die Situation ähnelt dem Beispiel folgender Fahrsituation auf der Straße. Fahren zwei Autos mit derselben Geschwindigkeit hintereinander her, so wird kein Impuls übertragen. Dabei macht auch eine Berührung (z.B. mit einem Abschleppseil) noch keinen Schaden, d.h. sie löst keine Strukturen auf. Der extreme Gegensatz wäre ein frontaler Stoß mit maximalem Impulsübertrag, der natürlich einer maximalen Streuung entspricht.

Die zum Impulsübertrag gehörende Wellenlänge gibt die räumliche Abmessung der auflösbaren Struktur an. 2 P

Lösungsweg, explizit:

(a.) Das Wasserstofftarget steht für ruhende Protonen, das leichte Elektron in der Hülle des Wasserstoffatoms sei zu vernachlässigen. (Analoge Verkehrssituation: Ein Auto fährt auf ein parkendes Auto auf. Der Impulsübertrag ist geringer als beim frontalen Stoß zweier fahrender Autos.) Also treffen bewegte Protonen auf ruhende. Beide haben die gleiche Ruhemasse.

1 P Wegen der relativistischen Geschwindigkeiten benötigen wir eine relativistische Berechnung der Impulse und der Schwerpunktsbewegung. Im Laborsystem sieht das so aus (da die Bewegung eindimensional ist, verzichten wir auf Vektorpfeile):

1 P ▪ Die Energie des bewegten Teilchens ist $E = \frac{p^2}{2m}$. (Seine Ruhemasse ist vernachlässigbar.)

½ P $\Rightarrow \quad p_b = \sqrt{2 \cdot m \cdot E}$ ist der Impuls des bewegten Teilchens (Index „b" für „bewegt").

½ P ▪ Der Impuls des ruhenden Targetteilchens ist $p_r = 0$ (Index „r" für „ruhend").

1 P ▪ Der Schwerpunktsimpuls ist dann $p_s = \frac{p_r + p_b}{2} = \frac{1}{2} \cdot \sqrt{2 \cdot m \cdot E} = \sqrt{\frac{1}{2} \cdot m \cdot E}$ .

▪ In dem für die räumliche Auflösung günstigsten Fall maximalen Impulsübertrags ruhen nach dem Stoß beide Teilchen im Schwerpunktssystem, sodass folgender Impulsübertrag stattfindet:

$$\Delta p = \underbrace{(p_b - p_s)}_{\substack{\text{vom bewegten} \\ \text{Teilchen abge-} \\ \text{gebener Impuls}}} + \underbrace{(p_r + p_s)}_{\substack{\text{vom ruhenden} \\ \text{Teilchen aufge-} \\ \text{nommener Impuls}}} = \left( \sqrt{2 \cdot m \cdot E} - \sqrt{\frac{1}{2} \cdot m \cdot E} \right) + \left( 0 + \sqrt{\frac{1}{2} \cdot m \cdot E} \right)$$

3 P

$$\Rightarrow \quad \Delta p = \sqrt{m \cdot E} \left( \sqrt{2} - \sqrt{\frac{1}{2}} + \sqrt{\frac{1}{2}} \right) = \sqrt{2 \cdot m \cdot E} \; .$$

Die räumliche Auflösung des Teilchenbeschleunigers im Sinne eines Mikroskops wird begrenzt durch Beugungserscheinungen der Teilchenwelle, also muss der Impuls aus dem Teilchenbild umgerechnet werden in eine deBroglie-Wellenlänge im Wellenbild:

1 P

$$\lambda = \frac{h}{\Delta p} = \frac{h}{\sqrt{2 \cdot m \cdot E}} \overset{TR}{\approx} \frac{6.626 \cdot 10^{-34} \, Js}{\sqrt{2 \cdot 1.67262171 \cdot 10^{-27} \, kg \cdot 200 \, GeV \cdot 1.602 \cdot 10^{-19} \, \frac{J}{eV}}} \overset{TR}{\approx} 6.40 \cdot 10^{-17} \, m \; .$$

(b.) Da sich beide Teilchen dem Betrage nach mit derselben Geschwindigkeit bewegen, ruht der Schwerpunkt im Laborsystem. Der Impulsübertrag im Schwerpunktssystem (= Laborsystem) ist also die Summe der beiden Einzelimpulse, da wir bei maximalem Impulsübertrag davon ausgehen, dass beide Teilchen nach dem Stoß im Laborsystem ruhen. Deshalb ist der Energieübertrag (bei gleichen Teilchenmassen) die Summe der beiden Einzelenergien, nämlich $E = E_{e+} + E_{e-} = 2 \cdot 30 \, GeV$ . Aus dem letztgenannten Kriterium lässt sich die deBroglie-

2½ P Wellenlänge des Wellenbildes wie folgt berechnen:

1½ P

$$E = h \cdot \frac{c}{\lambda} \quad \Rightarrow \quad \lambda = h \cdot \frac{c}{E} = \frac{6.626 \cdot 10^{-34} \, Js \cdot 2.998 \cdot 10^{8} \, \frac{m}{s}}{2 \cdot 30 \, GeV \cdot 1.602 \cdot 10^{-19} \, \frac{J}{eV}} \overset{TR}{\approx} 2.07 \cdot 10^{-17} \, m \; .$$

Dieses Beispiel demonstriert, dass die räumliche Auflösung in Kollisionsexperimenten bei vergleichbaren Energien immer besser ist als beim Beschießen ruhender Targets. In unserem Bsp. ist die Energie der Teilchen in der Kollisionsmaschine sogar niedriger gewählt als die Teilchenenergie beim Beschießen des ruhenden Targets und dennoch ist die räumliche Auflösung in der Kollisionsmaschine die bessere im Vergleich.

# 9 Statistische Unsicherheiten

Statistische Unsicherheiten werden zumeist in Praktika und Ausbildungslaboratorien ausführlich behandelt und treten in Abschlussprüfungen oder Klausuren nur am Rande auf. Demzufolge ist Kapitel 9 auch nur ein kurzes Randkapitel im vorliegenden Buch.

## Aufgabe 9.1 Statistische Mittelwerte

| | | | |
|---|---|---|---|
| (a.) 2 Min.<br>(b.) 4 Min.<br>(c.) 2 Min. | (a.) | (b.) | Punkte (a.) 1 P<br>(b.) 2½ P<br>(c.) 1½ P |

Mit einer Stoppuhr werde die Dauer eines physikalischen Vorgangs mehrmals bestimmt. Die Einzelwerte folgen einer Gauß-Verteilung. In unserem Beispiel lauten sie

15.4 s., 15.2 s., 15.7 s., 14.9 s., 16.1 s., 15.6 s., 15.0 s., 15.1 s., 15.6 s., 15.4 s.

(a.) Wie groß ist der wahrscheinlichste Wert $\overline{t}$ für die Dauer?

(b.) Wie groß ist das zugehörige $1\sigma-$ Konfidenzintervall $\Delta t$ für die Sicherheit von $\overline{t}$ ?

(c.) In welchem Intervall liegt $\overline{t}$ mit einer Wahrscheinlichkeit von 95.4 %?

## ▾ Lösung zu 9.1

Lösungsstrategie:

(a.) Gefragt ist der Erwartungswert der Gauß-Verteilung, der sich aufgrund der gleichen Wahrscheinlichkeiten aller Einzelmesswerte wie das arithmetische Mittel berechnet.

(b.) Gemeint ist die Standardabweichung des Mittelwertes von der Grundgesamtheit. Das ist etwas anderes als die Streuung der Einzelwerte um deren Mittelwert.

(c.) Der Wahrscheinlichkeit von 95.4 % entspricht ein $2\sigma-$Konfidenzintervall (bei der Gauß-Verteilung).

Die nötigen Formeln findet man unter anderem auch in Formelsammlungen der Mathematik.

Lösungsweg, explizit:

(a.) Die Berechnung lautet mit $N=10$ Messwerten

$$\overline{t}=\frac{1}{N}\cdot\sum_{i=1}^{N}t_i=\frac{1}{10}\cdot(15.4+15.2+15.7+14.9+16.1+15.6+15.0+15.1+15.6+15.4)s=15.4s\,. \qquad 1\,P$$

(b.)

**Stolperfalle**

Zwei Dinge müssen klar unterschieden werden:

- Die statistische Streuung der Einzelwerte um deren gemeinsamen Mittelwert und
- Die statistische Unsicherheit des Mittelwertes relativ zur Grundgesamtheit.

Der erstgenannte Wert kann exakt berechnet werden, der zweite folgt einer Abschätzung, die in der vorliegenden Aufgabenstellung gefragt ist.

Die Formel und die Berechnung hierfür lauten wie folgt:

$$\Delta t = \sqrt{\frac{1}{N\cdot(N-1)}\cdot\sum_{i=1}^{N}(\bar{t}-t_i)^2} = 1\sigma \quad \text{(nach Gauß)}$$

$$= \sqrt{\frac{1}{10\cdot 9}\cdot\left(\begin{array}{l}(15.4-15.4)^2+(15.2-15.4)^2+(15.7-15.4)^2+(14.9-15.4)^2+(16.1-15.4)^2\\ \quad +(15.6-15.4)^2+(15.0-15.4)^2+(15.1-15.4)^2+(15.6-15.4)^2+(15.4-15.4)^2\end{array}\right)}\,s$$

2½ P $$= \sqrt{\frac{1}{10\cdot 9}\cdot\left(0^2+0.2^2+0.3^2+0.5^2+0.7^2+0.2^2+0.4^2+0.3^2+0.2^2+0^2\right)}\,s = \sqrt{\frac{1.2}{90}}\,s \overset{TR}{\approx} 0.115\,s\ .$$

Anmerkung: Eine typische Schreibweise für den Mittelwert und seine Unsicherheit ist dann $t=\bar{t}\pm\Delta t = 15.40\pm 0.12$, wobei die Zahl der als signifikant angegebenen Stellen sich an der statistischen Unsicherheit $\Delta t$ orientiert.

**Arbeitshinweis**

In der Formel für $\Delta t$ steht unter der Wurzel im Summenzeichen der Ausdruck $(\bar{t}-t_i)^2$. Vertauscht man innerhalb der Klammer $\bar{t}$ und $t_i$, so ändert zwar die Klammer ihr Vorzeichen, nicht aber deren Quadrat, d.h. es gilt $(\bar{t}-t_i)^2=(t_i-\bar{t})^2$. Aus diesem Grunde wurde auch beim Einsetzen der Werte nicht darauf geachtet, in welcher Reihenfolge $t_i$ und $\bar{t}$ in der Klammer erscheinen.

Man möge sich also einerseits nicht an eventuellen (bedeutungslosen) Vertauschungen stören, andererseits kann man sich die Mühe des Sortierens dieser Werte auch im Prüfungsfall sparen.

(c.) In Aufgabenteil (b.) wurde $\Delta t$ berechnet als $1\sigma$. Im $1\sigma$ – Intervall liegt der Mittelwert mit einer Wahrscheinlichkeit von 68.3 %. Die Wahrscheinlichkeit von 95.4 % gehört zum $2\sigma$ – Intervall, sodass das gefragte Intervall sich einfach angeben lässt als

1½ P $$[\bar{t}-2\cdot\Delta t\,;\bar{t}+2\cdot\Delta t] \overset{TR}{\approx} [15.40-2\cdot 0.115\,;15.40+2\cdot 0.115]s = [15.17\,;15.63]s\ .$$

## Aufgabe 9.2 Gauß-Verteilung

| | | | |
|---|---|---|---|
| (a.) 4 Min. | | Punkte | (a.) 2 P |
| (b.) 5 Min. | | | (b.) 3 P |

Mit einem Digitalvoltmeter wird eine elektrische Spannung $U$ automatisch wiederholt aufgezeichnet. Die kleinste angezeigte Stelle ist 1 Volt. Die Werte folgen einer Gauß-Verteilung.

Die Messwerte zeigen 12 Mal den Wert $229\,Volt$

45 Mal den Wert $230\,Volt$

80 Mal den Wert $231\,Volt$

74 Mal den Wert $232\,Volt$

33 Mal den Wert $233\,Volt$

10 Mal den Wert $234\,Volt$

(a.) Wie groß ist der wahrscheinlichste Wert $\overline{U}$ ?

(b.) Geben Sie das zugehörige $3\sigma$-Konfidenzintervall für die statistische Unsicherheit des Mittelwertes relativ zur Grundgesamtheit an.

## ▾ Lösung zu 9.2

Lösungsstrategie:

Die Lösung ähnelt sehr derjenigen von Aufgabe 9.1. Sie unterscheidet sich von dieser einzig und allein durch die Tatsache, dass nicht alle Einzelwerte einzeln vorgegeben sind, sondern eine Gruppeneinteilung der Messwerte vorliegt. Im Prinzip fassen die Gruppen Intervalle von Messwerten zusammen, deren individuelle Intervallmittelwerte zur Berechnung der Verteilung einzusetzen sind. So entspricht z.B. dem angegebenen Wert von $231\,Volt$ ein Intervall von $230.5\,Volt$ bis $231.5\,Volt$.

Lösungsweg, explizit:

(a.) Wir setzen voraus, unser Digitalvoltmeter runde mathematisch. Also repräsentiert jeder Spannungswert genau eine Intervallmitte. So steht X Volt für das Intervall $\left[X-\frac{1}{2};X+\frac{1}{2}\right]V$.

Damit gliedert man die Summe zur Berechnung des Erwartungswertes durch Zusammenfassen gleicher Summanden wie folgt auf:

$$\overline{U}=\frac{1}{N}\cdot\sum_{i=1}^{N}U_i \qquad \text{mit } N=12+45+80+74+33+10=254 \text{ Messwerten}$$

$$=\frac{12}{254}\cdot 229V+\frac{45}{254}\cdot 230V+\frac{80}{254}\cdot 231V+\frac{74}{254}\cdot 232V+\frac{33}{254}\cdot 233V+\frac{10}{254}\cdot 234V\overset{TR}{\approx}231.40V\,. \qquad 2\,P$$

Diese Vorgehensweise findet man auch unter der Bezeichnung gewichtetes Mittel.

(b.) Fasst man bei der Berechnung der Standardabweichung auch wieder gleichartige Summanden zusammen, so erhält man

$$\Delta U = \sqrt{\frac{1}{N\cdot(N-1)}\cdot\sum_{i=1}^{N}\left(\overline{t}-t_i\right)^2} = 1\sigma \quad \text{(nach Gauß)}$$

$$= \sqrt{\frac{1}{254\cdot 253}\cdot\left(\begin{array}{r}12\cdot(231.4-229)^2+45\cdot(231.4-230)^2+80\cdot(231.4-231)^2+74\cdot(231.4-232)^2\\ +33\cdot(231.4-233)^2+10\cdot(231.4-234)^2\end{array}\right)}\;V$$

$$= \sqrt{\frac{1}{254\cdot 253}\cdot\left(12\cdot 2.4^2+45\cdot 1.4^2+80\cdot 0.4^2+74\cdot 0.6^2+33\cdot 1.6^2+10\cdot 2.6^2\right)}\;V = \sqrt{\frac{348.84}{64262}}\;V \overset{TR}{\approx} 0.074\,V.$$

Das gefragte $3\sigma$-Intervall lautet somit $\overline{U} \pm 3\cdot\Delta U \overset{TR}{\approx} (231.40 \pm 0.22)V$.

3 P

**Stolperfalle**

Man achte auch bei statistischen Berechnungen darauf, nicht die Einheiten zu vergessen.

## Aufgabe 9.3 Lineare Regression

| ⏲ (a.) 10 bis 12 Min.<br>(b.) 15 Min. | 🏋🏋 (a.) | 🏋🏋🏋 (b.) | Punkte (a.) 9 P<br>(b.) 11 P |
|---|---|---|---|
| Der Arbeitsaufwand variiert sehr je nach Art des zur Verfügung gestellten Taschenrechners. | | | |

Ein Gegenstand bewege sich auf einer eindimensionalen Bahnkurve mit konstanter Geschwindigkeit, sodass die Bewegung durch die Funktion $s(t) = v\cdot t + s_0$ beschrieben werde. Zur Bestimmung dieser Bahnkurve seien zu bestimmten Zeitpunkten $t_i$ die zugehörigen Orte $s_i$ gemessen worden. Die Messdatenpaare sind angegeben in Tabelle 9.1, wobei allerdings sämtliche Messwerte von statistischen Messunsicherheiten begleitet sind.

**Tabelle 9.1** Liste von Wertepaaren $t_i;s_i$ einer Bewegung, deren Geschwindigkeit und deren Startpunkt bestimmt werden soll.

| $t_i/\text{sec.}$ | 0 | 4 | 9 | 11 | 15 | 20 | 22 | 29 | 30 | 35 |
|---|---|---|---|---|---|---|---|---|---|---|
| $s_i/m$ | 25 | 32 | 35 | 38 | 44 | 48 | 56 | 62 | 65 | 70 |

(a.) Berechnen Sie die Geschwindigkeit $v$ und den Startpunkt $s_0$ der Bewegung mittels linearer Regression.

(b.) Berechnen Sie die Standardabweichungen der Geschwindigkeit und des Startpunktes, wobei Sie um der mathematischen Einfachheit willen den gesamten Messfehler der Ortsmessung zuordnen und die Unsicherheit der Zeitmessung (näherungsweise) ignorieren.

## Lösung zu 9.3

Lösungsstrategie:

(a.) Die üblichen Schritte der linearen Regression lauten:

- Heraussuchen der Regressionsformeln aus einer Formelsammlung.
- Bestimmung der in diesen Formeln enthaltenen Summen.
- Berechnung des Achsenabschnittes und der Steigung aus den obigen Summen.

(b.) Die Standardabweichung des Achsenabschnittes und der Steigung findet man ebenfalls in Formelsammlungen, zu deren Berechnung man die Ergebnisse von Aufgabenteil (a.) einsetzen kann. Üblicherweise findet man in diesen Formeln „normale" Variablen (ohne Statistik) und statistisch verteilte Variablen. Passend zur Vorgabe aus Aufgabenteil (b.) wäre in unserem Fall die Zeitmessung als „normale" Variable zu behandeln, da ihre statistische Unsicherheit ignoriert werden soll. Die Ortsmessung hingegen wäre als „statistische" Variable zu behandeln. In der praktischen Anwendung wird man immer Variablen mit großer Messunsicherheit als statistische Variablen behandeln, aber bei Variablen mit kleiner oder unbedeutender Unsicherheit ein statistisches Verhalten vernachlässigen.

Lösungsweg, explizit:

(a.) In Formelsammlungen findet sich die Regressionsgerade zumeist in der Form $y = ax + b$. Wir identifizieren die Funktion $s(t)$ mit $y$ und den freien Parameter $t$ (als Argument der Funktion $s$) mit $x$. Die Ausdrücke können dann z.B. wie folgt formuliert sein:

Die Steigung ist $a = \dfrac{S_{xy} - \frac{1}{N} \cdot S_x \cdot S_y}{\left(S_{x^2} - \frac{1}{N} \cdot S_x^2\right)}$. Sie entspricht der Geschwindigkeit $v$.

Der Achsenabschnitt ist $b = \frac{1}{N} \cdot S_y - a \cdot \frac{1}{N} \cdot S_x$. Er entspricht dem Startpunkt $s_0$.

Die darin enthaltenen Abkürzungen sind die Summen:

$$S_x = \sum_{i=1}^{N} x_i\,,\quad S_y = \sum_{i=1}^{N} y_i\,,\quad S_{x^2} = \sum_{i=1}^{N} x_i^2\,,\quad S_{y^2} = \sum_{i=1}^{N} y_i^2\,,\quad S_{xy} = \sum_{i=1}^{N} x_i \cdot y_i\,.$$

Der Lösungsstrategie folgend müssen zuerst die Summen berechnet werden, da diese in den Ausdrücken für die Steigung und den Achsenabschnitt benötigt werden. Dies geschieht so:

$$S_x = \sum_i x_i = \sum_i t_i = (0+4+9+11+15+20+22+29+30+35)s = 175s$$ 1 P

$$S_y = \sum_i y_i = \sum_i s_i = (25+32+35+38+44+48+56+62+65+70)m = 475m$$ 1 P

$$S_{x^2} = \sum_i x_i^2 = \sum_i t_i^2 = \left(0^2+4^2+9^2+11^2+15^2+20^2+22^2+29^2+30^2+35^2\right)s^2 = 4293s^2$$ 1 P

1 P $S_{y^2} = \sum_i y_i^2 = \sum_i s_i^2 = \left(25^2 + 32^2 + 35^2 + 38^2 + 44^2 + 48^2 + 56^2 + 62^2 + 65^2 + 70^2\right) m^2 = 24663\, m^2$

$$S_{xy} = \sum_i x_i \cdot y_i = \sum_i t_i \cdot s_i$$

1 P $= (0\cdot 25 + 4\cdot 32 + 9\cdot 35 + 11\cdot 38 + 15\cdot 44 + 20\cdot 48 + 22\cdot 56 + 29\cdot 62 + 30\cdot 65 + 35\cdot 70)\, m\cdot s = 9911\, m\cdot s$

Mit diesen Summen und mit $N = 10$ (als Zahl der Wertepaare) berechnen wir nun:

2 P Steigung $a = \frac{S_{xy} - \frac{1}{N}\cdot S_x \cdot S_y}{\left(S_{x^2} - \frac{1}{N}\cdot S_x^2\right)} = \frac{9911\, m\cdot s - \frac{1}{10}\cdot 175\, s\cdot 475\, m}{\left(4293\, s^2 - \frac{1}{10}\cdot 175^2\, s^2\right)} = \frac{1598.5\, m}{1230.5\, s} \overset{TR}{\approx} 1.30\frac{m}{s} = v$ (Geschwindigkeit),

1 P Achsenabschnitt $b = \frac{1}{N}\cdot S_y - a\cdot\frac{1}{N}\cdot S_x \overset{TR}{\approx} \frac{1}{10}\cdot 475\, m - 1.30\frac{m}{s}\cdot\frac{1}{10}\cdot 175\, s = 24.75\, m = s_0$ (Startpunkt).

Damit ist die lineare Regression fertig. Die Geradengleichung lautet

1 P $s(t) = v\cdot t + s_0 = 1.30\frac{m}{s}\cdot t + 24.75\, m$ .

(b.) Außer den Ergebnissen aus Aufgabenteil (a.) benötigt man zu der gefragten Berechnung noch die Kenntnis der Varianz der Ausgleichsgeraden. Laut Formelsammlung ist sie

$$\sigma_{Abw}^2 = \frac{1}{N-2}\cdot\sum_{i=1}^{N}\left(y_i - a x_i - b\right)^2$$

$$= \frac{1}{8}\cdot\left(\begin{array}{l} \left(25m - 1.30\frac{m}{s}\cdot 0s - 24.75m\right)^2 + \left(32m - 1.30\frac{m}{s}\cdot 4s - 24.75m\right)^2 \\ + \left(35m - 1.30\frac{m}{s}\cdot 9s - 24.75m\right)^2 + \left(38m - 1.30\frac{m}{s}\cdot 11s - 24.75m\right)^2 \\ + \left(44m - 1.30\frac{m}{s}\cdot 15s - 24.75m\right)^2 + \left(48m - 1.30\frac{m}{s}\cdot 20s - 24.75m\right)^2 \\ + \left(56m - 1.30\frac{m}{s}\cdot 22s - 24.75m\right)^2 + \left(62m - 1.30\frac{m}{s}\cdot 29s - 24.75m\right)^2 \\ + \left(65m - 1.30\frac{m}{s}\cdot 30s - 24.75m\right)^2 + \left(70m - 1.30\frac{m}{s}\cdot 35s - 24.75m\right)^2 \end{array}\right)$$

6 P
$$= \frac{1}{8}\cdot\left(\begin{array}{l} (0.25m)^2 + (2.05m)^2 + (1.45m)^2 + (1.05m)^2 + (0.25m)^2 + (2.75m)^2 \\ \qquad + (2.65m)^2 + (0.45m)^2 + (1.25m)^2 + (0.25m)^2 \end{array}\right) = 2.993125 m^2 .$$

Die Standardabweichungen der Steigung und des Achsenabschnittes (unter Beschränkung der statistischen Streuung auf die Funktionswerte, d.h. der Ortsangaben) findet man in Formelsammlungen gemäß:

2 P $\sigma_a^2 = \frac{N\cdot\sigma_{Abw}^2}{N\cdot S_{x^2} - S_x^2} = \frac{10\cdot 2.993125 m^2}{10\cdot 4293 s^2 - (175 s)^2} \overset{TR}{\approx} 0.0024\frac{m^2}{s^2} \Rightarrow \sigma_a = \sqrt{\sigma_a^2} \overset{TR}{\approx} 0.0493\frac{m}{s}$ $(\rightarrow \Delta v)$

$$\sigma_b^2 = \frac{S_{x^2} \cdot \sigma_{Abw}^2}{N \cdot S_{x^2} - S_x^2} = \frac{4293s^2 \cdot 2.993125m^2}{10 \cdot 4293s^2 - (175s)^2} \overset{TR}{\approx} 1.04425 \frac{m^2}{s^2} \Rightarrow \sigma_b = \sqrt{\sigma_b^2} \overset{TR}{\approx} 1.022 \frac{m}{s} \qquad (\rightarrow \Delta s_0).$$ 2 P

Gerundet auf eine sinnvolle Anzahl signifikanter Stellen ergibt sich für die gefragten Werte der Geschwindigkeit und des Startpunkts mit Standardabweichungen als $1\sigma$ – Intervalle:

$v \overset{TR}{\approx} (1.30 \pm 0.05) \frac{m}{s}$ und $s_0 \overset{TR}{\approx} (24.8 \pm 1.0) m$. 1 P

## Aufgabe 9.4 Gauß'sche Fehlerfortpflanzung

12 Min.

Punkte
9 P

Die sog. Abbildungsgleichung einer Linse ist bekannt als $\frac{1}{f} = \frac{1}{g} + \frac{1}{b}$, worin $f =$ Brennweite, $g =$ Gegenstandsweite und $b =$ Bildweite für die Entstehung eines scharfen Bildes ist.

Nehmen wir an, zur Bestimmung der Brennweite seien Gegenstandsweite und Bildweite gemessen mit $g = (20 \pm 3)\,cm$ und $b = (30 \pm 4)\,cm$. Die Fehlerangaben seien als $1\sigma$ – Intervalle einer Gauß-Verteilung zu verstehen.

Berechnen Sie aus diesen Angaben die Brennweite und deren $1\sigma$ – Intervall mit Hilfe der Gauß'schen Fehlerfortpflanzung.

## ▼ Lösung zu 9.4

Lösungsstrategie:

Die Gauß'sche Fehlerfortpflanzung ist eine Formel, nach der man für jeden Einsatzfall eine individuelle Berechnungsformel erstellen kann. Man muss also in zwei Schritten vorgehen:

1. Schritt → Wir setzen die in der Aufgabenstellung vorgegebene Gleichung (in unserem Bsp. die Abbildungsgleichung) in die Gauß'sche Fehlerfortpflanzung ein und leiten daraus eine Fehlerformel für unser Beispiel her.

2. Schritt → In die so entstandene Formel können wir nun Zahlen einsetzen, um damit die Unsicherheit der zusammengesetzten Größe zu bestimmen (in unserem Bsp. der Brennweite).

Lösungsweg, explizit:

▪ Die Berechnung der Brennweite selbst kann aus der in der Aufgabenstellung gegebenen Abbildungsgleichung nach einer simplen Umformung vorgenommen werden:

$$\frac{1}{f} = \frac{1}{g} + \frac{1}{b} \Rightarrow f = \frac{g \cdot b}{g + b} = \frac{20cm \cdot 30cm}{20cm + 30cm} = 12cm.$$ 1 P

▪ 1. Schritt der Fehlerfortpflanzung:

Die statistische Unsicherheit dieser Brennweite berechnen wir (wie gefordert) nach der Gauß'schen Fehlerfortpflanzung. Die Formel dafür lautet in der allgemeinen Fassung

$$\Delta y(x_1,...,x_N) = \sqrt{\sum_{i=1}^{N}\left(\frac{\partial y}{\partial x_i}\cdot\Delta x_i\right)^2} ,$$

wobei $x_1,...,x_N$ die $N$ Stück Einflussgrößen sind, von denen die Funktion $y$ abhängt und die $\Delta x_1,...,\Delta x_N$ die statistischen Unsicherheiten dieser Einflussgrößen. Da in unserem Fall $N = 2$ ist, schreiben wir für die beiden Einflussgrößen $g, b$ und deren Unsicherheiten $\Delta g, \Delta b$:

1 P $$\Delta f(g,b) = \sqrt{\left(\frac{\partial f}{\partial g}\cdot\Delta g\right)^2 + \left(\frac{\partial y}{\partial b}\cdot\Delta b\right)^2} , \qquad (*1)$$

Der Übersichtlichkeit halber bilden wir die partiellen Ableitungen separat (vor dem Einsetzen in die Wurzel):

1½ P $$f = \frac{g\cdot b}{g+b} \Rightarrow \frac{\partial f}{\partial g} = \frac{(g+b)\cdot b-(g\cdot b)\cdot 1}{(g+b)^2} = \frac{g\cdot b+b^2-g\cdot b}{(g+b)^2} = \frac{b^2}{(g+b)^2}$$ (mit Quotientenregel),

1½ P $$f = \frac{g\cdot b}{g+b} \Rightarrow \frac{\partial f}{\partial b} = \frac{(g+b)\cdot g-(g\cdot b)\cdot 1}{(g+b)^2} = \frac{g^2+b\cdot g-g\cdot b}{(g+b)^2} = \frac{g^2}{(g+b)^2}$$ (mit Quotientenregel).

Diese Ableitungen setzen wir nun in $(*1)$ ein und erhalten daraus:

2 P $$\Delta f(g,b) = \sqrt{\left(\frac{\partial f}{\partial g}\cdot\Delta g\right)^2 + \left(\frac{\partial y}{\partial b}\cdot\Delta b\right)^2} = \sqrt{\left(\frac{b^2}{(g+b)^2}\cdot\Delta g\right)^2 + \left(\frac{g^2}{(g+b)^2}\cdot\Delta b\right)^2} = \frac{\sqrt{b^4\cdot\Delta g^2+g^4\cdot\Delta b^2}}{(g+b)^2} .$$

Damit ist Schritt 1 der Gauß'schen Fehlerfortpflanzung abgeschlossen. Die Gauß'sche Fehlerfortpflanzung ist ein allgemeiner Ausdruck, in den man als Input die Formel zur Berechnung einer physikalischen Größe einsetzt, und als Output eine Formel zur Berechnung der statistischen Unsicherheit ebendieser physikalischen Größe bekommt. Diese letztgenannte Formel ist das Ergebnis unseres Schrittes 1.

▪ 2. Schritt der Fehlerfortpflanzung:

Wir setzen Werte in die Berechnung der statistischen Unsicherheit der zusammengesetzten Größe ein:

2 P $$\Delta f(g,b) = \frac{\sqrt{b^4\cdot\Delta g^2+g^4\cdot\Delta b^2}}{(g+b)^2} = \frac{\sqrt{(30cm)^4\cdot(3cm)^2+(20cm)^4\cdot(4cm)^2}}{(20cm+30cm)^2} \overset{TR}{\approx} 1.255\frac{\sqrt{cm^6}}{cm^2} = 1.255cm .$$

Das Ergebnis ist die Brennweite und deren $1\sigma$ – Konfidenzintervall mit $f = (12.0\pm 1.3)cm$ .

## Aufgabe 9.5 Gauß'sche Fehlerfortpflanzung

10 bis 12 Min. | Punkte 8 P

In Aufgabe 1.20 wurde der Zusammenhang zwischen der Motorleistung und der Fahrgeschwindigkeit eines Autos betrachtet. Ist die Leistung $P_2$ zum Fahren der Geschwindigkeit $v_2$ erforderlich, so wird für die Geschwindigkeit $v_1$ die Leistung $P_1 = \left(\frac{v_1}{v_2}\right)^3 \cdot P_2$ benötigt.

Nehmen wir hier nochmals die Werte aus Aufgabe 1.20, und gehen wir weiterhin von den nachfolgend genannten Messunsicherheiten bei der Bestimmung dieser Einzelwerte aus, so können wir auch die Unsicherheit der zum Erreichen der Geschwindigkeit $v_1$ nötigen Leistung als zusammengesetzte Größe mit Hilfe der Gauß'schen Fehlerfortpflanzung angeben. Diese Fehlerrechnung ist Inhalt der Aufgabe 9.5.
Die Einflussgrößen und deren Unsicherheiten seien:
$v_1 = (160 \pm 10)\,^{km}/_h$ $\quad v_2 = (110 \pm 5)\,^{km}/_h$ $\quad P_2 = (30 \pm 4)\,PS$

## Lösung zu 9.5

Lösungsstrategie:

Arbeitsweg wie Aufgabe 9.4. (Dies hier ist ein neues Zahlenbeispiel.)

Lösungsweg, explizit:

Hier sind bei der Gauß'schen Fehlerfortpflanzung drei Einflussgrößen zu berücksichtigen, somit gilt bei $N = 3$:

$$\Delta y(x_1,...,x_N) = \sqrt{\sum_{i=1}^{N}\left(\frac{\partial y}{\partial x_i}\cdot \Delta x_i\right)^2} \Rightarrow \Delta P_1(v_1, v_2, P_2) = \sqrt{\left(\frac{\partial P_1}{\partial v_1}\cdot \Delta v_1\right)^2 + \left(\frac{\partial P_1}{\partial v_2}\cdot \Delta v_2\right)^2 + \left(\frac{\partial P_1}{\partial P_2}\cdot \Delta P_2\right)^2}. \quad 2\,P$$

Die darin vorkommenden partiellen Ableitungen bestimmen wir vor dem Einsetzen in die Wurzel: $P_1 = \left(\frac{v_1}{v_2}\right)^3 \cdot P_2 \Rightarrow \frac{\partial P_1}{\partial v_1} = \frac{3\cdot v_1^2}{v_2^3}\cdot P_2$ und $\frac{\partial P_1}{\partial v_2} = -3\cdot\frac{v_1^3}{v_2^4}\cdot P_2$, dazu $\frac{\partial P_1}{\partial P_2} = \left(\frac{v_1}{v_2}\right)^3$. $\quad 3\times 1P$

Damit erhalten wir

$$\Delta P_1 = \sqrt{\left(\frac{3\cdot v_1^2}{v_2^3}\cdot P_2 \cdot \Delta v_1\right)^2 + \left(-3\cdot\frac{v_1^3}{v_2^4}\cdot P_2\cdot \Delta v_2\right)^2 + \left(\left(\frac{v_1}{v_2}\right)^3\cdot \Delta P_2\right)^2}. \quad 1\,P$$

und können die Werte der Aufgabenstellung einsetzen:

$$\Delta P_1 = \sqrt{\left(\frac{3\cdot(160\,^{km}/_h)^2}{(110\,^{km}/_h)^3}\cdot 30\,PS\cdot 10\,^{km}/_h\right)^2 + \left(3\cdot\frac{(160\,^{km}/_h)^3}{(110\,^{km}/_h)^4}\cdot 30\,PS\cdot 5\,^{km}/_h\right)^2 + \left(\left(\frac{160\,^{km}/_h}{110\,^{km}/_h}\right)^3\cdot 4\,PS\right)^2}$$

$$\overset{TR}{\approx} \sqrt{(17.31\,PS)^2 + (12.59\,PS)^2 + (12.31\,PS)^2} \overset{TR}{\approx} 24.7\,PS \overset{TR}{\approx} 25\,PS. \quad 2\,P$$

**Arbeitshinweis**

Generell reichen bei der Angabe der Unsicherheit zwei signifikante Stellen, wobei zum Weglassen der dritten Stelle immer aufgerundet wird. Die Angabe der zusammengesetzten physikalischen Größe geschieht mit derselben Genauigkeit (erkennbar an der kleinsten angegebenen Stelle) wie die Angabe deren Unsicherheit. Das ist eine allgemeine Regel, die für das Angeben statistischer Unsicherheiten überhaupt gilt.

Das Ergebnis der zusammengesetzten Größe $P_1 = 92\,PS$ kennen wir bereits aus Aufgabe 1.20, ein Bsp. für seine Unsicherheit haben wir jetzt bestimmt, also folgt $P_1 = (92 \pm 25)\,PS$ .

## Aufgabe 9.6 Poisson-Verteilung

| | | Punkte |
|---|---|---|
| 3 Min. | | 3 P |

In der Presse hat man immer wieder von Neutrino-Experimenten gehört, die in Bergwerken stattfanden und die mit sehr geringen Neutrino-Zählraten arbeiten mussten.

Nehmen wir an, bei solch einem Experiment sei eine Neutrinozählrate von 70 Ereignissen während der gesamten Messdauer aufgenommen worden.

Geben Sie die relative und die absolute statistische Unsicherheit dieser Zählrate im Sinne des $1\sigma$ – Intervalls an.

## Lösung zu 9.6

Lösungsstrategie:

Es handelt sich um „seltene Ereignisse“, d.h. die Wahrscheinlichkeit $p$ für das Stattfinden eines Einzelereignisses ist $p \ll 1$. Derartige Ereignisse folgen der Poisson-Verteilung. Dazu gehören übrigens nicht nur Neutrino-Zerfälle, sondern alle Arten radioaktiver Zerfälle. Man vergleiche hierzu auch Aufgabe 8.27.

Lösungsweg, explizit:

Zu den Eigenschaften der Poisson-Verteilung gehört auch die Aussage $\sigma = \sqrt{N}$ , wo $N$ die Zählrate und $\sigma$ deren statistische Standardabweichung ist. Das Ergebnis lautet also

1 P $\sigma = \sqrt{70} \overset{TR}{\approx} 8.37$ .

▪ Absolute Unsicherheit:

1 P Da die Zerfälle als natürliche Zahl gezählt wurden, kann man auf die nächst größere natürliche Zahl aufrunden und die Zählrate angeben gemäß $N = 70 \pm 9$ .

▪ Relative Unsicherheit:

Relative Unsicherheiten gibt man prozentual an, d.h. als $\frac{\Delta N}{N}$ .

1 P Für unser Beispiel der Poisson-Verteilung ergibt sich $\frac{\Delta N}{N} = \frac{\sqrt{N}}{N} = \frac{1}{\sqrt{N}} = \frac{1}{\sqrt{70}} \overset{TR}{\approx} 0.1195 \overset{TR}{\approx} 12\%$ .

# 10 Musterklausuren (verschiedener Hochschulen)

## Vorbemerkung

Die Besonderheit der Übungsaufgaben in Kapitel 10 ist: Es handelt sich um echte Klausuren verschiedener Hochschulen, so wie sie dort stattgefunden haben. Jede einzelne Klausur bildet einen Querschnitt über verschiedene Themen der jeweiligen Semester-Vorlesung. Für den Stil der Aufgabenstellungen zeichnet der Autor dieses Buches nicht verantwortlich. Für Studierende sollte es aber interessant sein zu sehen, was „andernorts" verlangt wird. Da die Klausuren zum Teil von Fachhochschulen und zum Teil von Universitäten stammen, können sie sich im Stil und im Niveau durchaus unterscheiden.

## Aufgabenstellungen und Musterlösungen

Anders als in den vorhergehenden Kapiteln werden in Kapitel 10 zuerst alle Aufgabenstellungen im Zusammenhang gezeigt und danach alle Musterlösungen. Dies hat den Sinn, dass man beim Umblättern nicht unerwünscht in die Nähe der Lösungen gerät. Im Übrigen sind die Kommentare außerordentlich knapp gehalten – entsprechend der Arbeitsweise bei echten Klausuren unter Zeitdruck.

## Klausur 10.1 Mechanik (1. Semester)

| 120 Minuten | Aufgabe | 1 | 2 | 3 | 4 | 5 | 6 | 7 | 8 | 9 | 10 | 11 | 12 |
|---|---|---|---|---|---|---|---|---|---|---|---|---|---|
| | Punkte | 9 | 6 | 17 | 7 | 18 | 10 | 8 | 14 | 9 | 11 | 17 | 26 |

Zum Bestehen sind 75 Punkte erforderlich. Hilfsmittel: nicht grafikfähiger Taschenrechner
Ergebnisse ohne Lösungsweg werden nicht anerkannt (keine Formelsammlung, keine Unterlagen).

**Aufgabe 1**

Satelliten startet man nicht am Nordpol oder am Südpol, sondern am Äquator, weil dieser von allen Orten auf der Erde am weitesten von der Rotationsachse der Erde entfernt liegt. Auf diese Weise spart man beim Weg von der Erdoberfläche zur Umlaufbahn genau den Betrag der Energie, den die Rotation des Satelliten um die Erdachse vor dem Start mit sich bringt.

Berechnen Sie diese Energie für einen 3000 kg schweren Satelliten.

(Hinweis: 1 Sternentag $= 86164\,\mathrm{sec.}$, Erdradius $= 6370\,km$)

**Aufgabe 2**

Wie groß ist die Schwerkraft, die der Mond auf einen Menschen an der Erdoberfläche ausübt? Wie viel Gewicht kann man mit dieser Kraft auf der Erdoberfläche hochheben?

Hinweise: Abstand Mond – Mensch: $R = 384000\,km$

Masse des Mondes $7.35 \cdot 10^{22}\,kg$

Masse des Menschen $80\,kg$

Gravitationskonstante $\gamma = 6.67 \cdot 10^{-11} m^3 \cdot kg^{-1} \cdot s^{-2}$

**Aufgabe 3**

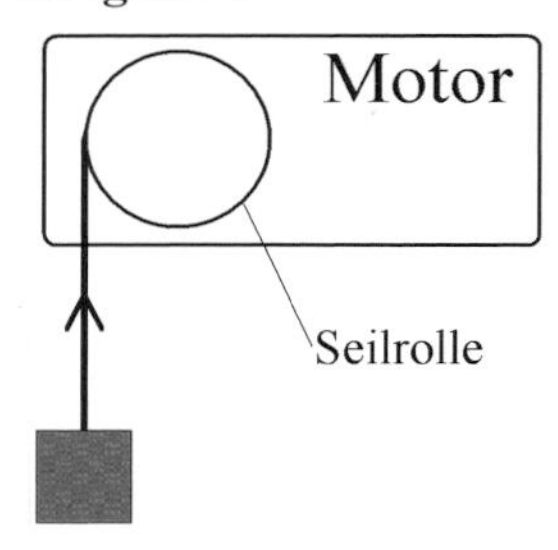


Ein Motor mit einer Seilrolle (Durchmesser $30\,cm$) habe eine Leistung von $P = 1\,kW$ und ziehe einen Körper der Masse $m = 20\,kg$ mit einer Schnur über ebendiese Seilrolle nach oben.

(a.) Translationsbewegung: Mit welcher Geschwindigkeit bewegt sich der Körper? (Angabe in Meter pro Sekunden)

(b.) Rotationsbewegung: Wie schnell dreht sich die Seilrolle? (Angabe in Umdrehungen pro Minute)

**Aufgabe 4**

Wie groß ist das Drehmoment des Motors in Aufgabe 3?

**Aufgabe 5**

Ein Stein fliege mit der nebenstehenden Bahnkurve, die eine um $x_m$ symmetrische Wurfparabel darstellt. Gegeben seien: $v_{ox} = 20\frac{m}{s}$, $v_{oy} = 80\frac{m}{s}$ und $g = 10\frac{m}{s^2}$.

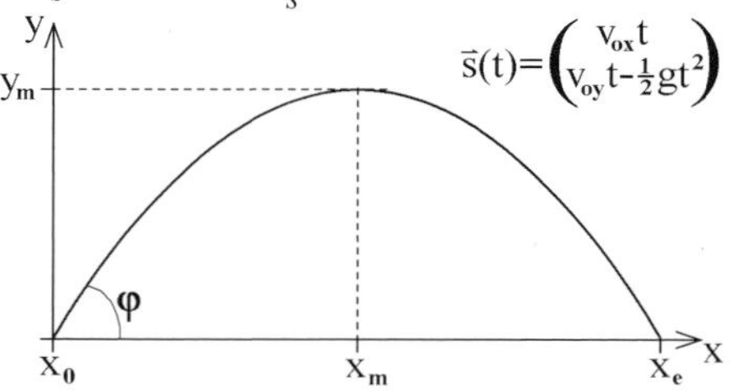


(a.) Zu welchem Zeitpunkt $t_m$ durchläuft der Stein den Punkt $(x_m, y_m)$?

(b.) Berechnen Sie $x_e$. (Wie weit fliegt der Stein?)

(c.) Berechnen Sie den höchsten Punkt, den der Stein in seinem Flug erreicht, also $y_m$.

**Aufgabe 6**

(a.) Wie groß ist in Aufgabe 5 der Abwurfwinkel $\varphi$ (siehe Bild bei Aufgabe 5)?
(b.) Wie groß ist der Betrag der Geschwindigkeit, mit der der Stein startet?
(c.) Wie groß ist der Betrag der Geschwindigkeit, mit der der Stein landet?

**Aufgabe 7**

Benennen Sie die vier grundlegenden Wechselwirkungen, auf denen alle Kräfte der Natur basieren.

**Aufgabe 8**

Erklären Sie das Zustandekommen der Gezeiten. Warum gibt es pro Erddrehung zweimal Flut und zweimal Ebbe?

**Aufgabe 9**

In dem nachfolgend gezeigten Rohr mit Verengung übt die Flüssigkeit auf den linksseitig gezeichneten Stempel eine Kraft von $100\,N$ aus. Wie groß ist die Kraft, die die Flüssigkeit auf den rechtsseitig gezeichneten Stempel ausübt?

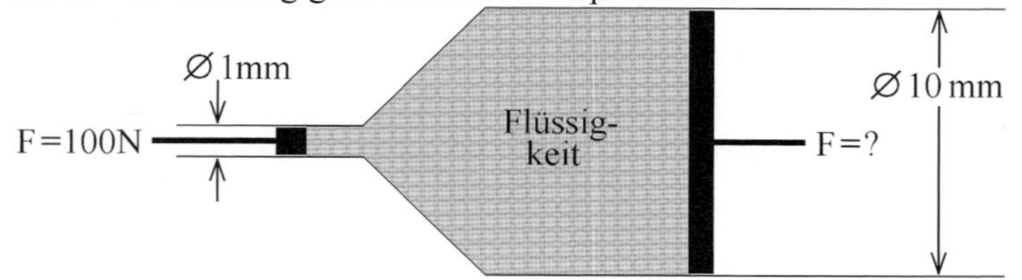


Das sich verengende Rohr ist zylindersymmetrisch um die Mittelachse.

**Aufgabe 10**

(a.) Mit welcher Kraft müssten Sie ein Auto schieben, damit es sich bewegt, wenn alle vier Räder blockieren?

Hinweise: $m_{Auto} = 800kg$ (Masse des Autos)

$\mu_H = 0.9$ (Haftreibungskoeffizient Gummi-Asphalt)

(b.) Wenn man die Bremsen loslässt und nun das Auto mit einer Kraft von $200N$ in Bewegung setzen kann – wie groß ist dann der Rollreibungskoeffizient zwischen den Rädern und der Straße?

**Aufgabe 11**

Ein Auto mit einer Motorleistung von $P = 100kW$ und einer Masse $m = 1200kg$ beschleunige aus dem Stand heraus gleichförmig über eine Dauer von 10 Sekunden.

(a.) Welche kinetische Energie hat es am Ende dieser Beschleunigungsphase von 10 Sekunden? (Angabe in Joule)

(b.) Wie schnell fährt es am Ende dieser Beschleunigungsphase von 10 Sekunden? (Angabe in km/h)

(c.) Berechnen Sie den Wert der gleichförmigen Beschleunigung. (Angabe in $m/s^2$ ).

(d.) Welche Strecke hat das Auto bei diesem Beschleunigungsvorgang zurückgelegt? (Angabe in Metern)

Vernachlässigen Sie bei allen Aufgabenteilen die Reibung.

**Aufgabe 12**

Betrachten wir nochmals das Auto aus Aufgabe 11. Nach Beendigung der Beschleunigungsphase folgt sofort eine Vollbremsung. Der Haftreibungskoeffizient zwischen Gummi und Asphalt betrage $\mu_H = 0.9$ .

(a.) Berechnen Sie die maximal mögliche Bremskraft bei idealer Vollbremsung.
(b.) Berechnen Sie die sich daraus ergebende (bremsende) Beschleunigung.
(c.) Berechnen Sie den Bremsweg.
(d.) Wie groß ist die mittlere mechanische Leistung der Bremsen?

## Klausur 10.2 Wärmelehre (2. Semester)

| 120 Min. | Aufgabe: | 1 | 2 | 3 | 4 | 5 | 6 | 7 | 8 | 9 | 10 | 11 | 12 | 13 | 14 | 15 |
|---|---|---|---|---|---|---|---|---|---|---|---|---|---|---|---|---|
| | Punkte: | 6 | 14 | 6 | 4 | 3 | 11 | 8 | 15 | 15 | 9 | 6 | 12 | 6 | 14 | 15 |

Zum Bestehen sind 72 Punkte erforderlich. Hilfsmittel: nicht grafikfähiger Taschenrechner
Ergebnisse ohne Lösungsweg werden nicht anerkannt. Formelsammlungen wurden vorgegeben.

**Aufgabe 1**

Vervollständigen Sie die nachfolgende Tabelle (zeilenweise):

| K | $°C$ | $°F$ |
|---|---|---|
| | 80 | |
| | | 400 |
| 77 | | |

**Aufgabe 2**

Wie viel Energie benötigt man, um $1kg$ Eis von $-10\,°C$ aus einem offenen Gefäß (bei Normal-Luftdruck) zu verdampfen? (Endergebnis bitte in kWh angeben.)

Hinweis: Spezifische Wärmekapazität des Wassers $c = 4186.8 \frac{J}{kg \cdot K}$

Spezifische Schmelzwärme des Wassers $c_S = 334 \cdot 10^3 \frac{J}{kg}$

Spezifische Verdampfungswärme des Wassers $c_V = 2257 \cdot 10^3 \frac{J}{kg}$

**Aufgabe 3**

Sie blasen einen Luftballon auf und lassen ihn dann eine Weile liegen. (Die Temperatur der Luft aus Ihrer Lunge sei $37\,°C$, die Umgebungstemperatur $10\,°C$.)

Um wie viel Prozent seines Volumens schrumpft der Ballon beim Abkühlen von $37\,°C$ auf $10\,°C$, wenn man den Druck im Inneren des Ballons näherungsweise als konstant betrachtet.

Hinweis: Behandeln Sie die Luft wie ein ideales Gas.

**Aufgabe 4**

Betrachten wir nochmals den Luftballon aus Aufgabe 3. Wie groß ist die mittlere Energie jedes einzelnen Gasmoleküls im Inneren des Luftballons direkt beim Aufblasen (also bei $T = 37\,°C$)?

**Aufgabe 5**

Berechnen Sie die Masse von einem (= 1.0) Liter Wasserstoffgas unter Normalbedingungen.

**Aufgabe 6**

Erklären Sie die Funktionsweise eines Pt100-Temperaturmessfühlers.

Gibt es eine Beeinflussung der Messgröße durch die Messung, und wenn ja – in welcher Weise?

**Aufgabe 7**

In einem Ultrahochvakuum (Druck $p = 3 \cdot 10^{-11} mbar$) herrsche eine Temperatur von $16.84\,°C$.

Wie viele Gasmoleküle befinden sich in einem (=1.0) Liter dieses Vakuums?

Behandeln Sie das so beschriebene Restgas als ideales Gas.

**Aufgabe 8**

Bei einer thermodynamischen Zustandsänderung dehne sich ein ideales Gas bei konstant gehaltener Temperatur von $200\,°C$ auf das Dreifache seines Volumens aus. Die Stoffmenge des Gases betrage $10^3\,Mol$.

(a.) Wie groß ist die benötigte Wärmezufuhr (in Joule angeben)?
(b.) Wie groß ist die verrichtete mechanische Arbeit (in Joule angeben)?
(c.) Wie ändern sich die innere Energie und die Enthalpie?

**Aufgabe 9**
Ein Dieselmotor verdichte $V_1 : V_2 = 1:20$.
Wie groß ist die Temperatur der komprimierten Luft, wenn diese zuvor mit $15\,°C$ angesaugt worden war, unter der Annahme
(a.) einer adiabatischen Kompression (mit zweiatomigen Molekülen)?
(b.) einer polytropen Kompression (mit Polytropenexponent $n_p = 1.38$)?
Geben Sie die Endergebnisse bitte in °Celsius an.

**Aufgabe 10**
Eine Stirling-Maschine werde mit Solarenergie betrieben. Die isochore Expansion beginne bei einer Temperatur von $120\,°C$ und ende bei einer Temperatur von $20\,°C$.
(a.) Berechnen Sie den maximalen Wirkungsgrad der idealen Maschine? (Angabe in Prozent)
(b.) Wie hoch müsste die Temperatur zu Beginn der isothermen Expansion sein, um einen maximalen Wirkungsgrad von 50 % zu erreichen? (Angabe in °Celsius)

**Aufgabe 11**
Sie halten mit Ihrer Hand ein Stück Kupferdraht (Querschnittsfläche $1mm^2$) in eine Kerzenflamme. Die Flamme habe eine Temperatur von $800\,°C$. Ihre Finger haben eine Temperatur von $37\,°C$. Der Abstand Ihrer Finger zur Kerzenflamme betrage $30cm$.
Welche Wärmeleistung überträgt der Draht von der Flamme in Ihre Finger?
Hinweis: Die Wärmeleitfähigkeit des Kupfers beträgt $\lambda = 384 \frac{Watt}{K \cdot m}$.

**Aufgabe 12**
Betrachten wir nochmals die Kerze aus Aufgabe 11.
(a.) Bei welcher Wellenlänge ist die ausgesandte Strahlungsdichte maximal?
(b.) Die Kerzenflamme habe eine Oberfläche von $A = 50cm^2$ und einen Emissionskoeffizienten von $\varepsilon = 0.2$ als grauer Strahler mit isotroper Abstrahlung der Strahlungsleistung in den Raum. Mit welcher Leistung wärmt die brennende Kerze ihre Umgebung auf? (Umgebungstemperatur $20\,°C$)

**Aufgabe 13**
Betrachten wir ein letztes Mal die Kerze aus Aufgabe 11 und 12.
Sie halten Ihre Hand im Abstand von $r = 30cm$ mit geöffneter Handfläche derart neben die Kerzenflamme, dass sie mit einer Querschnittsfläche von $A_{Hand} = 120cm^2$ die Strahlung der Kerze absorbiert. Mit welcher Leistung wärmt die Kerzenflamme Ihre Hand auf?
(Näherung: Setzen Sie der Einfachheit halber die Temperatur Ihrer Handfläche mit der Umgebungstemperatur gleich.)
Zusatzfrage: Warum spürt man die Heizleistung bei Aufgabe 11 in der Hand wesentlich mehr als die Heizleistung bei Aufgabe 13?

**Aufgabe 14**
Was versteht man unter dem „Joule-Thomson-Effekt“? (Bitte ausführlich erklären.)
Nennen Sie ein technisches Gerät, dessen Funktionsweise auf dem Joule-Thomson-Effekt beruht und stellen Sie diese Funktionsweise kurz dar.

**Aufgabe 15**
Erklären Sie, warum im Winter Seen nur an der Oberfläche zufrieren, aber nicht bis zum Grund. (Diese Eigenschaft ist überlebenswichtig für die Fische im See.)

## Klausur 10.3 Schwingungen, Wellen, Optik, Akustik (3. Sem.)

| 120 Minuten | Aufgabe: | 1 | 2 | 3 | 4 | 5 | 6 | 7 | 8 | 9 | 10 | 11 | 12 |
|---|---|---|---|---|---|---|---|---|---|---|---|---|---|
| | Punkte: | 6 | 6 | 8 | 9 | 9 | 6 | 7 | 8 | 2 | 11 | 9 | 3 |

Zum Bestehen sind 42 Punkte erforderlich. Hilfsmittel: ausgegebene Formelsammlung
Ergebnisse ohne Lösungsweg werden nicht anerkannt (kein Taschenrechner !!).

**Aufgabe 1**

Ein Fadenpendel schwingt mit einer Frequenz von $f = 2\,Hz$. Betrachten Sie den Fall kleiner Ausschläge. Die schwingende Masse beträgt $m = 1.5\,kg$.

(a.) Berechnen Sie die Länge des Fadens.

(b.) Wie ändert sich die Schwingungsfrequenz, wenn sich die schwingende Masse um 1.0 kg vergrößert?

(c.) Wie ändert sich die Schwingungsfrequenz, wenn man die Länge des Fadens verdoppelt?

Rechnen Sie mit einer Erdbeschleunigung $g = 10\frac{m}{s^2}$.

Das Ergebnis darf Brüche enthalten.
Reibung werde vernachlässigt.

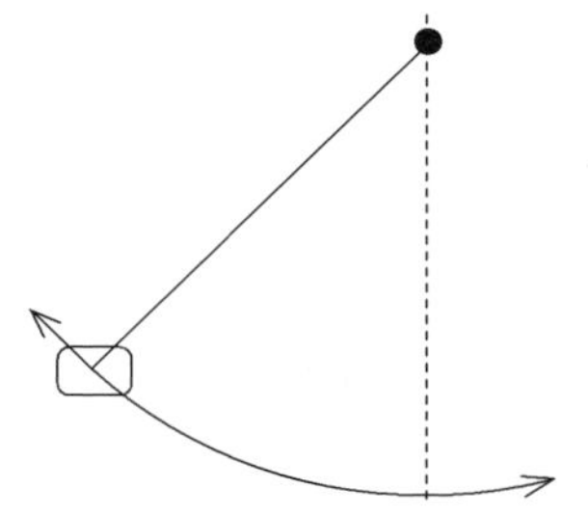

**Aufgabe 2**

Beim Stimmen eines Musikinstruments vergleichen Sie die Schwingungen einer Stimmgabel (Frequenz $f_1 = 440\,Hz$) mit der Schwingung des zu stimmenden Instruments ($f_2 = ?$). Dabei hören Sie eine Schwebung, zu der Sie alle 2.0 Sekunden ein Maximum der Intensität wahrnehmen. Welche beiden Werte der Frequenz $f_2$ sind möglich?

**Aufgabe 3**

Beugung von Licht am Doppelspalt.

Ein kohärentes Lichtbündel bestrahle einen Doppelspalt. Auf dem dahinter liegenden Schirm beobachten Sie ein Beugungsmuster.

(a.) Skizzieren Sie die Intensitätsverteilung auf dem Schirm als Funktion des Orts „X". Es genügt eine qualitative Angabe – quantitative Berechnungen werden bei späteren Teilaufgaben folgen. Bemühen Sie sich um eine möglichst präzise Zeichnung.

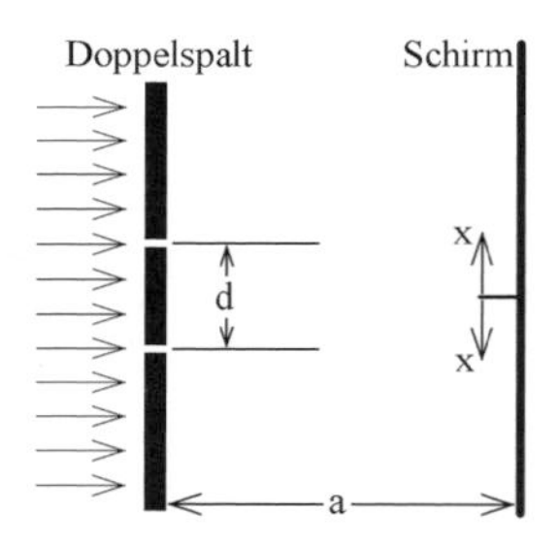


(b.) Berechnen Sie die Lage des ersten und des zweiten Beugungsmaximums als Abstand „X" vom Hauptmaximum unter der Voraussetzung: Spaltabstand $d = 0.01\,mm$, Lichtwellenlänge $\lambda = 500\,nm$, Schirmabstand $a = 20\,cm$. Sie dürfen dabei die Näherung $\varphi \approx \sin(\varphi)$ für kleine Auslenkungswinkel $\varphi$ sowie $\varphi \approx \tan(\varphi)$ benutzen.

**Aufgabe 4**

Ersetzen Sie in Aufgabe 3 den Doppelspalt durch ein optisches Gitter mit 201 Gitterlinien.

(a.) Wie verändert sich dadurch die Lage der Intensitätsmaxima?

(b.) In welcher Entfernung zum Hauptmaximum ist die Intensität erstmalig auf Null abgesunken? Geben Sie den Wert auch quantitativ an.

(c.) Erklären Sie, warum das Auflösungsvermögen bzgl. der Lichtwellenlänge bei Gitterspektrometern um so größer wird, je größer die Zahl der Spalte (pro Längeneinheit) ist.

**Aufgabe 5**

Erklären Sie in wenigen Worten oder in kurzen Formeln die prinzipielle Bedeutung folgender Begriffe im Zusammenhang mit der Akustik:

Schallgeschwindigkeit, Schallschnelle, Schalldruck, Schallausschlag
Schall-Leistung, Schallintensität, Schallintensitätspegel

**Aufgabe 6**

Intensitätspegeladdition

Sie hören gleichzeitig mehrere Schallquellen gegebener Intensitätspegel. Welchen Intensitätspegel nehmen Sie insgesamt wahr (es darf davon ausgegangen werden, dass keine Interferenzeffekte auftreten):

(a.) $L_{I,1} = 0dB$ und $L_{I,2} = 0dB$ $\Rightarrow$ $L_{I,ges} = ?$

(b.) $L_{I,1} = 0dB$ und $L_{I,2} = 20dB$ $\Rightarrow$ $L_{I,ges} = ?$

(c.) 10 Schallquellen mit je $50dB$ $\Rightarrow$ $L_{I,ges} = ?$

Formulieren Sie das Ergebnis in dB. Geben Sie nur ganze dB an, Nachkommastellen sollen weggelassen werden.

**Aufgabe 7**

Wie wird der Gegenstand „G" von der skizzierten Sammellinse abgebildet?

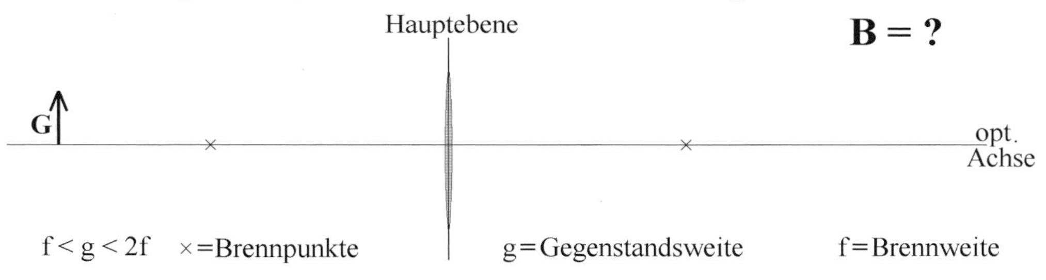


- Konstruieren Sie das Bild „B".
- Ist das Bild „B" reell oder virtuell?
- Steht es aufrecht oder umgekehrt?
- Wie ist die Vergrößerung?

**Aufgabe 8**

Im Laborversuch bestrahlen Sie eine Photoplatte mit monochromatischem Licht der Wellenlänge $\lambda = 660nm$ und messen den Photostrom $I$ als Funktion der angelegten Spannung $U$. Ab welcher Spannung (sog. Haltespannung) wird der Photostrom zu Null, wenn die Austrittsarbeit der Elektronen aus dem Material $1.0eV$ beträgt.

Rechnen Sie der Einfachheit halber mit $h = 6.6 \cdot 10^{-34} Js$, $c = 3 \cdot 10^8 \frac{m}{s}$ und $e = 1.6 \cdot 10^{-19} C$.

Beachten Sie beim Rechnen die Einheiten.

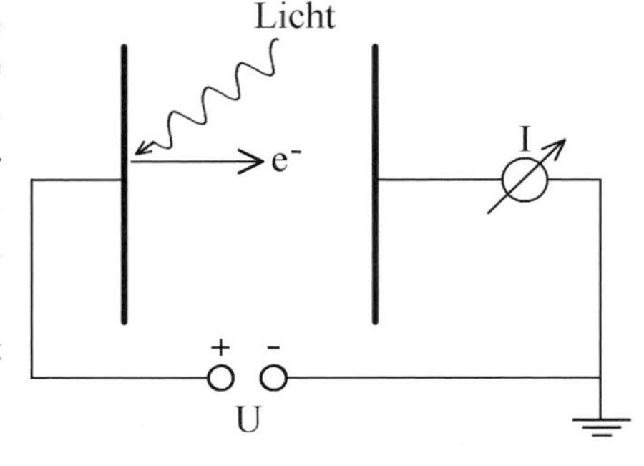

**Aufgabe 9**
Warum gibt es keine polarisierten Schallwellen in Luft?

**Aufgabe 10**
Vollführt ein Kolben auf einem abgeschlossenen Gasvolumen eine harmonische Schwingung, wenn man ihn einmal auslenkt und dann loslässt?

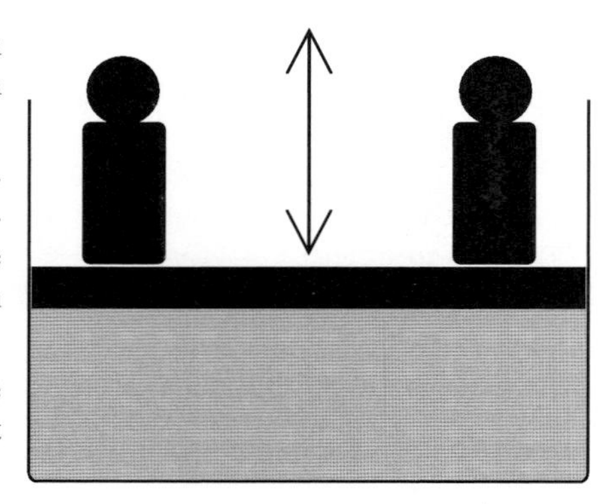

Begründen Sie Ihre Antwort unter Vernachlässigung der Reibung und mit Hilfe der Näherung, dass die durch die Schwingung bedingte Volumenveränderung gering ist gegenüber dem Volumen des Gases im Ruhezustand.

Die Schwingung verlaufe so schnell, dass die Vorgänge im Gas dabei als adiabatisch betrachtet werden sollen.

Stellen Sie die Differentialgleichung der Schwingung auf und leiten Sie die Eigenfrequenz $\omega_0$ ohne Dämpfung und ohne Anregung her. Dabei setzen Sie Volumen und Druck des Gases im Ruhezustand sowie die Masse und die Querschnittsfläche des Kolbens als bekannt voraus.

**Aufgabe 11**
Ein Zug fährt mit einer Geschwindigkeit von $180\frac{km}{h}$ unter einer Brücke durch und pfeift dabei. Sie stehen auf der Brücke und hören das Signal.

(a.) Wann ist der Ton höher – wenn der Zug sich der Brücke nähert, oder wenn er von ihr wegfährt?

(b.) Berechnen Sie das Frequenzverhältnis zwischen dem von Ihnen wahrgenommenen Ton beim Kommen und beim Wegfahren des Zuges. (Schallgeschwindigkeit $c = 340\frac{m}{s}$ )

(c.) Ordnen Sie das Frequenzverhältnis in etwa grob in die Reihe ein:

Terz 5:4 / Quarte 4:3 / Quinte 3:2 / Oktave 2:1

**Aufgabe 12**
Sie sehen ein Flugzeug fliegen, hören es aber erst, wenn es an Ihnen vorbei ist, und zwar, wenn Sie es unter einem Winkel von 30° gegen den Horizont sehen. Wie schnell fliegt das Flugzeug?

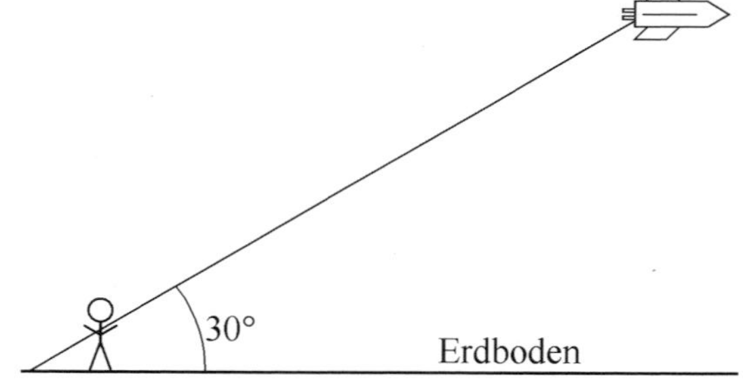

# Klausur 10.4 Verschiedene Themen (zweisemestrige Vorlesung)

| 120 Minuten | Aufgabe: | 1 | 2 | 3 | 4 | 5 | 6 | 7 | 8 | 9 | 10 | 11 | 12 |
|---|---|---|---|---|---|---|---|---|---|---|---|---|---|
| | Punkte: | 35 | 15 | 27 | 16 | 10 | 17 | 15 | 20 | 27 | 14 | 30 | 14 |

Zum Bestehen sind 120 Punkte erforderlich. Hilfsmittel: nicht grafikfähiger Taschenrechner
Ergebnisse ohne Lösungsweg werden nicht anerkannt.

**Aufgabe 1**

Intensitätspegeladdition von Schall

Sie hören gleichzeitig mehrere Quellen, die sich ohne Interferenz überlagern, und zwar

(a.) zwei Quellen je $0\,dB$.

(b.) vier Quellen je $0\,dB$.

(c.) fünf Quellen je $0\,dB$.

(d.) eine Quelle mit $60\,dB$ und eine Quelle mit $63\,dB$.

Welchen Intensitätspegel nehmen Sie in jedem dieser Fälle als Summenpegel wahr?

**Aufgabe 2**

Berechnen Sie die Brechkraft und die Brennweite einer konvex-konkaven Linse, deren sphärisch gekrümmte Oberflächen die Krümmungsradien gemäß der nebenstehenden Skizze aufweisen. Das Glas der Linse habe eine Brechzahl $n = 1.4$. Die Brechzahl der umgebenden Luft sei 1.0.

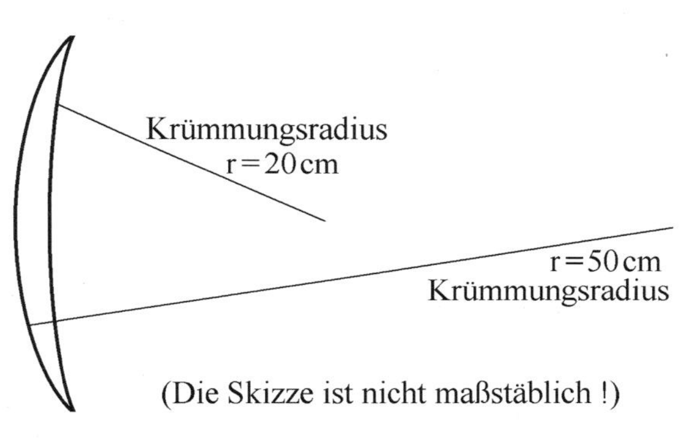


Angabe der Brechkraft bitte in Dioptrien. Angabe der Brennweite bitte in Zentimetern.

**Aufgabe 3**

Die Ruhemasse eines Elektrons beträgt in etwa $m_0 = 9.1094 \cdot 10^{-31} kg$.

Relativitätstheorie: Berechnen Sie die geschwindigkeitsabhängige Masse eines bewegten Elektrons, (a.) bei $v = 50\%\ c$. (b.) bei $v = 99\%\ c$. (c.) bei $v = 99.999\%\ c$.

(Darin ist $c$ = Vakuumlichtgeschwindigkeit.)

Wie groß ist im Fall (c.) die gesamte Energie des bewegten Elektrons?

Geben Sie Ihre Ergebnisse sowohl in Elektronvolt als auch in Joule an.

**Aufgabe 4**

Doppler-Effekt

An Ihnen fährt ein Auto vorbei mit einer Geschwindigkeit von $v = 108 \frac{km}{h}$.

(Schallgeschwindigkeit $c = 340 \frac{m}{s}$)

In welchem Frequenzverhältnis ändert sich das Fahrgeräusch, wenn das Auto Ihre Position passiert?

**Aufgabe 5**

Über Ihnen fliegt ein Flugzeug mit $v = 2000\frac{km}{h}$. Unter welchem Winkel $\alpha$ hören Sie den Überschallknall?

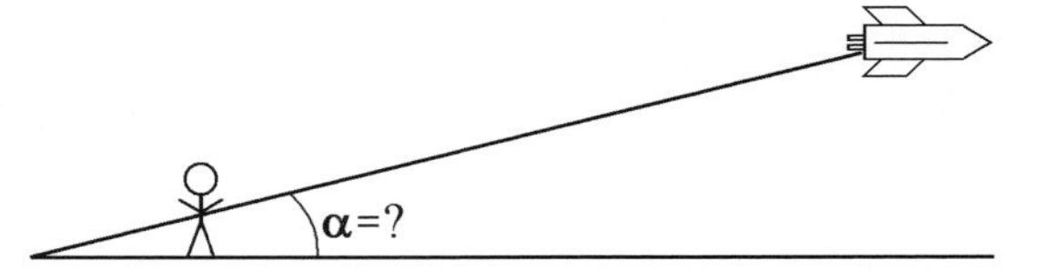


**Aufgabe 6**

Eine radioaktive Substanz zerfalle mit einer Halbwertszeit von 3 Jahren. (Zerfallsgesetz siehe Formelsammlung.)
Wie lange muss man warten, bis die Aktivität auf ein Zwanzigstel des jetzt vorhandenen Wertes abgefallen ist? (Angabe der Antwort in Monaten.)

**Aufgabe 7**

Wie verändert sich ein Atomkern ${}^{Z+N}_{Z}X$ beim $\alpha$ – Zerfall, beim $\beta^-$ – Zerfall und bei $\gamma$ – Emission?

**Aufgabe 8**

In einem Bildschirm werde ein Elektron mit einer Spannung von $U = 120V$ beschleunigt.
(a.) Berechnen Sie die kinetische Energie des Elektrons in Joule, sowie seine Geschwindigkeit in $\frac{km}{h}$.
(b.) Berechnen Sie die deBroglie-Wellenlänge der Elektronenwelle in Nanometern.
Anmerkung: Auf relativistische Korrekturen darf an dieser Stelle verzichtet werden.

**Aufgabe 9**

Interferenz und Beugung
Jeder kennt die Erfahrung, dass die Empfangsqualität eines Radios sich mit der Position in einem Zimmer ändert. Sie sollen nun als Ingenieure in einem großen Saal (Grundfläche $30m \times 30m$) für Musik sorgen und zwar per Radio. Jemand hat Ihnen zum Aufstellen des Empfängers einen Tisch platziert, und zwar an der Saalrückwand wie im nebenstehenden Bild eingezeichnet.

(a.) Die Senderfrequenz betrage $f = 200\,MHz$. Berechnen Sie die zugehörige Wellenlänge.

(b.) Erwarten Sie an dem im nebenstehenden Bild eingezeichneten Ort einen guten Empfang? Berechnen Sie zur Begründung Ihrer Antwort die Lage der Maxima und der Minima der Interferenz.

(c.) Sie können das Radio nicht näher zur Saalmitte rücken, nur an der Rückwand entlang weiter nach außen (näher zur unteren Wand), also zur Position die mit $y$ markiert ist. Welchen Abstand $y$ müssen Sie wählen, um einen möglichst guten Empfang zu bekommen?

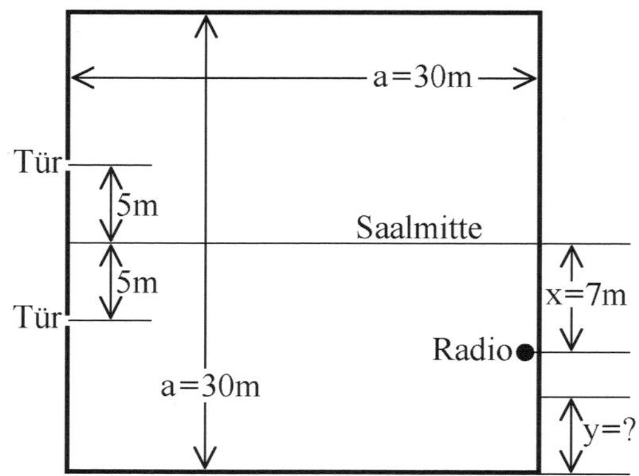


Die Wände des Saals absorbieren elektromagnetische Wellen, sodass nur durch die beiden Türen ein Funksignal eindringen kann. Reflexionen im Rauminneren betrachten wir nicht.

**Aufgabe 10**

Bei der Reflexion polarisierten Lichts an einer Glasoberfläche wird unter einem Winkel von $\varphi = 55°$ die reflektierte Intensität zu Null. Berechnen Sie den Brechungsindex des Glases. (Rechnung mit Skizze begründen!)

Anmerkung: Der Brechungsindex der Luft darf in guter Näherung mit $n_L = 1$ angesetzt werden.)

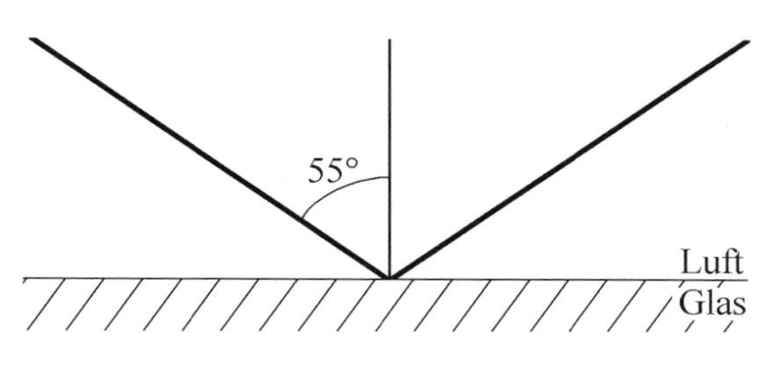


**Aufgabe 11**

Ein Serienschwingkreis habe die Eigenfrequenz der harmonischen Schwingung $f = 12kHz$.
In der nachfolgend gezeichneten Schaltung seien $L = 1mH$ und $C = ?$

(a.) Sei zunächst der Ohm'sche Widerstand vernachlässigbar klein ($R \to 0$, ungedämpfte harmonische Schwingung). Die Spannungsquelle betrachten wir in Aufgabenteil (a.) noch nicht. (Sie sei eine leitende Verbindung.) Berechnen Sie hierfür die Kapazität des Kondensators derart, dass sich die Eigenfrequenz gemäß Aufgabenstellung ergibt.

(b.) Berücksichtigen wir nun auch die Spannungsquelle und drehen wir am Potentiometer. Stellen wir dessen Widerstand auf $R = 70\Omega$ ein. Wie groß wird dann die Resonanzfrequenz der Schwingung mit Dämpfung und Anregung?

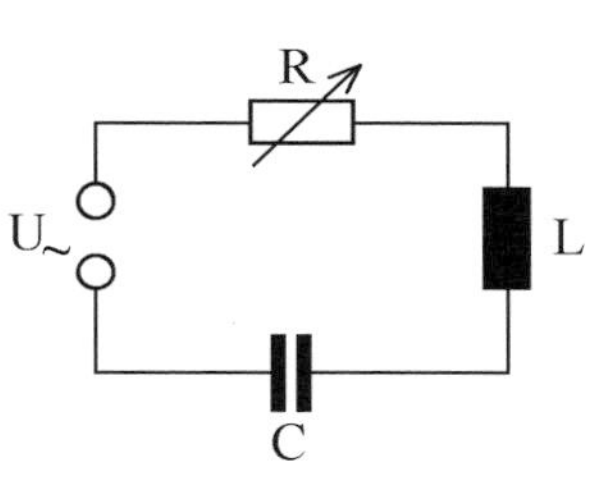


Hinweis: Beachten Sie beim Rechnen die Einheiten. Ohne korrektes Verarbeiten der Einheiten wird nicht die volle Punktzahl zuerkannt.

**Aufgabe 12**

Die nachfolgend gezeichnete Linse sei eine Streulinse.
(G = Gegenstand; F = Focus; o.A. = optische Achse, H.E. = Hauptebene)
(a.) Konstruieren Sie das Bild des Gegenstandes.
(b.) Ist das Bild virtuell oder reell?
(c.) Ist das Bild aufrecht oder umgekehrt?
(d.) Ist das Bild vergrößert oder verkleinert?

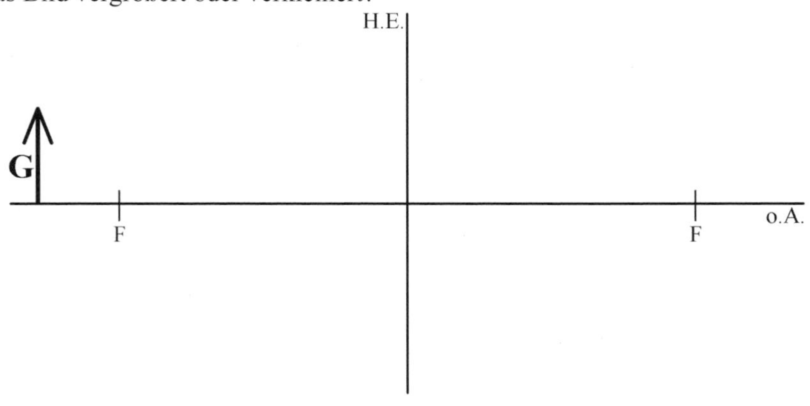

## Klausur 10.5 Elektromagn., Optik, Atom- & Kernphysik (3.Sem.)

| 180 Minuten | Aufgabe: | 1 | 2 | 3 | 4 | 5 | 6 | 7 | 8 | 9 |
|---|---|---|---|---|---|---|---|---|---|---|
| | Punkte: | 8 | 13 | 13 | 13 | 9 | 7 | 8 | 10 | 19 |

Hilfsmittel: Ein handschriftlicher Zettel (Vorder- und Rückseite), nicht programmierbarer Taschenrechner. Bestanden ist sicher mit 40 Punkten, eine Absenkung der Grenze um einige Punkte kann vorkommen. Studierenden ausländischer Muttersprache ist ein Wörterbuch gestattet.

**Aufgabe 1**

Ein Doppelspalt mit Spaltabstand $d = 18\mu m$ wird mit Licht der Wellenlängen $\lambda_1$ und $\lambda_2$ beleuchtet mit $\Delta\lambda = \lambda_1 - \lambda_2 \ll \lambda_1$. Der Schirm habe die Entfernung $a = 0.7m$ und sei weit vom Doppelspalt entfernt $a \gg d$.

(a) Berechnen Sie den Abstand $\Delta s$ auf dem Schirm für die Beugungsmaxima 1. Ordnung unter der Annahme, dass die betrachteten Winkel klein sind (in Bogenmaß: $\alpha \approx \sin(\alpha) \approx \tan(\alpha)$). (3P)

(b) Zeigen Sie, dass unter dieser Annahme der Abstand $\Delta s$ für die Beugungsmaxima der beliebigen Ordnung $N$ proportional zu $N$ ist. (3P)

(c) Welcher Abstand ergibt sich für die 5. Beugungsmaxima bei $\lambda_1 = 550nm$ und $\Delta\lambda = 10nm$? (2P)

**Aufgabe 2**

Gegeben sei das gezeigte Michelsoninterferometer. In einem Arm befindet sich ein durchsichtiges Gefäß, das zu Beginn mit Luft bei $1013hPa$ gefüllt ist. Der Brechungsindex der Luft skaliere mit $(n(p)-1)/p = const.$, wobei $n(1013hPa) = 1.0003$ sei. Die Lichtwellenlänge sei $\lambda = 625nm$ und die Arme des Interferometers seien so eingestellt, dass der Beobachter Verstärkung (= Helligkeit) bei $p = 1013hPa$ sieht. Beim Abpumpen der Luft aus dem durchsichtigen Gefäß verändert sich die optische Weglänge des einen Strahls. **Hinweis**: Hin- und Rückweg beachten!

(a.) Geben Sie eine Bestimmungsgleichung für die Brechzahl $n(p)$ in Abhängigkeit vom Druck an. (3P)

(b) Welche Wellenlänge hat das Licht im Gefäß in Abhängigkeit vom Druck, wenn $\lambda(1013hPa) = 625nm$ ist? (4P)

(c) Auf welchen Wert muss der Druck im Gefäß vermindert werden, wenn der Beobachter zum ersten Mal Auslöschung (destruktive Interferenz) beobachten soll? (4P)

(d) Geben Sie eine Bestimmungsgleichung für die Lichtgeschwindigkeit in Abhängigkeit vom Druck an. (2P)

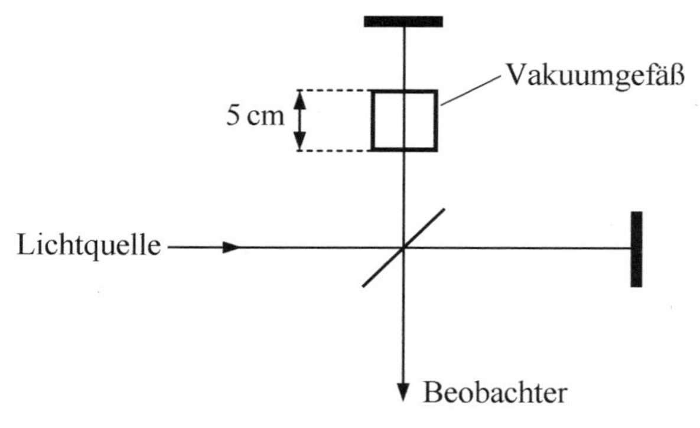

**Aufgabe 3**

Das radioaktive ${}^{14}_{6}C_8$ – Isotop wird durch Höhenstrahlung ständig produziert und von Lebewesen kontinuierlich aufgenommen. Nach dem Tod des Lebewesens endet die ${}^{14}C$ – Aufnahme, sodass die mit ${}^{14}C$ zusammenhängende Radioaktivität zur Altersbestimmung verwendet werden kann. Das Nuklid ${}^{14}_{6}C_8$ erleidet einen $\beta^-$-Zerfall mit der Halbwertszeit $T_{1/2} = 5730\,a$.

(a) Geben Sie die Massenzahl $A$, die Ordnungszahl $Z$ und die Neutronenzahl $N$ des Tochterkerns an. (3P)

(b) Wie groß ist die Lebensdauer $\tau$ eines ${}^{14}C$ – Kerns? (2P)

(c) Bei Ausgrabungen werden Holzreste eines Tempels gefunden. Bei $1g$ Kohlenstoff des gefundenen Materials werden 420 Zerfälle pro Stunde registriert, bei 1 g Kohlenstoff aus frischem Holz hingegen 750 Zerfälle pro Stunde. Wie alt ist die Substanz? (3P)

(d) Welches Alter ergäbe sich, wenn man annimmt, dass der ${}^{14}C$ -Gehalt in der Atmosphäre zur Entstehungszeit des Tempelholzes 5% höher war als jetzt? (3P)

(e) Bestimmen Sie die natürliche Linienbreite des ${}^{14}C$ Grundzustandes. (2P)

**Aufgabe 4** Bestimmen Sie

(a) die Brechkraft einer Linse mit Brennweite 27.5 cm, (2P)

(b) die Brennweite einer Brille mit Brechkraft –6.25 Dioptrien, (2P)

(c) den Durchmesser $D$ eines Objektivs mit Brennweite $f_0 = 50\,mm$ bei einer Blendenzahl $F = 11$. (2P)

(d) Geben Sie Brennweite $f$ und Abbildungsmaßstab $\beta$ einer Bikonvexlinse an, wenn die Gegenstandsweite $g = 10\,cm$ und die Bildweite $b = 1.3\,m$ beträgt. (4P)

(e) Bestimmen sie den Radius der Bikonvexlinse mit $n_L = 1.45$ $\left(n_a = 1,\ |r| = |r_l| = |r_r|\right)$. (3P)

**Aufgabe 5**

Ein doppelt positiv geladenes Heliumion $He^{2+}$ habe die Masse $m\left(He^{2+}\right) = 4.002\,m_u$ und werde von einer Spannung $U = 2.1\,kV$ beschleunigt.

(a) Bestimmen Sie die Geschwindigkeit $v$ des Ions nach der Beschleunigung. (3P)

(b) Wie groß ist der Krümmungsradius dieses Ions, wenn es sich senkrecht zu einem 0.34 T-Feld bewegt? (3P)

(c) Bestimmen Sie die Zeit, die das Ion zum Durchlaufen eines kompletten Kreises benötigt. (3P)

**Aufgabe 6**

Ein unendlich langes zylindrisches leitendes Rohr mit Radius $R_0$ und vernachlässigbarer Wanddicke besitze eine homogene Oberflächenladungsdichte $\sigma$ (Ladung pro Fläche). Bestimmen Sie die elektrische Feldstärke

(a) außerhalb des Zylinders $(r > R_0)$, (4P)

(b) innerhalb des Zylinders $(r < R_0)$. (3P)

**Aufgabe 7**

Ein 3000 pF-Kondensator werde auf 120 V aufgeladen und dann rasch mit einer Spule zu einem Schwingkreis verbunden. Die Schwingungsfrequenz wird zu $f_0 = 20\,kHz$ gemessen. Bestimmen Sie

(a) die Induktivität der Spule, (3P) (b) den Maximalwert des Stroms durch die Spule, (3P)

(c) die maximale Energie, die im Magnetfeld der Spule gespeichert wird. (2P)

**Aufgabe 8**

Elektronen werden in einer Röntgenröhre mit einer Spannung von $U = 70kV$ beschleunigt. Sie werden in einem Material gestoppt, das zum Teil aus Eisen, zum Teil aus einem unbekannten Material besteht. Die Wellenlänge der $K_\alpha$ – Linie aus Eisen wird zu $194\,pm$ bestimmt, die des unbekannten Materials zu $229\,pm$.

(a) Geben Sie die Ordnungszahl des unbekannten Materials an. (4P)

(b) Bestimmen Sie die kürzeste Wellenlänge, die durch Bremsstrahlung in diesem Aufbau hervorgerufen werden kann. (3P)

(c) Bestimmen Sie den ersten Winkel $\theta$, unter dem für die Eisen-$K_\alpha$-Strahlung Braggreflexion an einem Kristall mit Gitterebenenabstand $d = 0.7\,nm$ auftritt. (3P)

**Aufgabe 9**

Die Strahlung von der Sonne hat oberhalb der Erdatmosphäre eine *mittlere* Leistungsdichte von $1350\,W/m^2$. Nehmen Sie an, dass diese Energie in einer elektromagnetischen Welle steckt.

(a) Berechnen Sie die Amplitude des elektrischen Feldes. (3P)

(b) Berechnen Sie die Amplitude des magnetischen Feldes. (2P)

(c) Bestimmen Sie die in $1cm^3$ enthaltene mittlere Strahlungsenergie oberhalb der Erdatmosphäre. (4P)

(d) Welche mittlere Energie strahlt die Sonne in 1 s ab? Die Erde sei 150 Millionen km von der Sonne entfernt. (3P)

(e) 50% der Energie von der Sonne werden durch die Reaktion ${}^3_2He + {}^3_2He \rightarrow {}^4_2He + 2\,{}^1_1H$ freigesetzt. Wie viele dieser Reaktionen laufen in der Sonne pro Sekunde ab, wenn der Q-Wert 12.86 MeV beträgt? (3P)

(f) Berechnen Sie die Masse von ${}^4He$ in atomaren Masseneinheiten $m_u$. Verwenden Sie $m\left({}^1_1H\right) = m_p + m_e$ und die Bindungsenergie von ${}^3He$ sei $B\left({}^3He\right) = 7.718\,MeV$. (4P)

## Klausur 10.6 Schwingungen, Wellen, Optik, Elektrik (2. Sem.)

| 150 Minuten | Aufgabe: | Verständnisfragen | | Rechenaufgaben |
|---|---|---|---|---|
| | Punkte: | 10 × 1 Punkt | | 9 × 3 Punkte |

Zum Bestehen sind 50% der Punkte erforderlich. Hilfsmittel: Handgeschriebene Formelsammlung, Taschenrechner, Geodreieck und Stifte

### Teil 1 Verständnisfragen

1 Punkt pro Aufgabe

1. Welcher Zusammenhang besteht zwischen Frequenz $f$ und Periodendauer $T$ einer Schwingung?
2. Skizzieren Sie den zeitlichen Verlauf einer gedämpften Schwingung.
3. Welcher Zusammenhang besteht zwischen Frequenz $f$, Wellenlänge $\lambda$ und Ausbreitungsgeschwindigkeit $v_p$ einer harmonischen Welle?
4. Mit welcher Potenz des Abstandes von der Quelle nimmt die Amplitude einer Kugelwelle ab?
5. Geben Sie die Formel für den Betrag der Kraft zwischen 2 Ladungen $q_1$ und $q_2$ im Abstand $|\vec{r}|$ an.
6. Welcher Zusammenhang besteht zwischen elektrischem Feld $\vec{E}(\vec{r})$ und der Spannung $U$ zwischen zwei Punkten $\vec{r_1}$ und $\vec{r_2}$?

7. Welche Stromkonfiguration erzeugt einen magnetischen Dipol?
8. Erläutern Sie das Funktionsprinzip eines Gleichstrommotors. (Skizze)
9. Welche Größen schwingen in elektromagnetischen Wellen?
10. Erläutern Sie das Funktionsprinzip eines Mikroskops. (Skizze)

## Teil 2 Aufgaben

Aufgaben sind als leicht (*), mittelschwer (**) und schwer (***) markiert.

**Aufgabe 1**

An einer Feder mit Federkonstante $D = 2N/m$ hänge eine Masse $m = 0.5kg$ .
(a.)Mit welcher Frequenz $f$ schwingt die Masse, wenn Sie sie zur Zeit $t = 0s$ um $s = 20cm$ auslenken? (*)
(b.) Welche Geschwindigkeit hat die Masse nach $t = 3s$ ? (*)
(c.) Welche maximale Geschwindigkeit erreicht die Masse? (*)

**Aufgabe 2**

Eine mit der Frequenz $\omega_A$ angeregte Schwingung wird in komplexer Schreibweise durch

$$x(t) = B \cdot e^{i\omega_A \cdot t} \qquad \text{mit} \qquad B = \frac{K}{\omega_0^2 - \omega_A^2 + 2i\gamma\omega_A} \qquad (1)$$

beschrieben. Dabei ist $\omega_0 = 10/s$ die Eigenfrequenz des schwingenden Systems, $K = 1m/s^2$ die Stärke der Anregungsbeschleunigung und $\gamma = 0.1/s$ der verallgemeinerte Dämpfungsterm der Schwingung.
(a.) Geben Sie die reelle Amplitude der Schwingung $A(\omega)$ als Funktion der Anregungsfrequenz an. (**)
(b.) Wie groß ist die Amplitude bei einer Anregung von $\omega_A = 5/s$ und bei $\omega_A = 10/s$ ? (*)
(c.) Skizzieren Sie $A(\omega)$ für den $\omega_A$ – Bereich von $0/s$ bis $50/s$ und zeichnen Sie ein, wo sich $\omega_0$ befindet. (**)

**Aufgabe 3**

Ein GPS-Empfänger empfängt von einem Satelliten in 37.000 km Abstand eine elektromagnetische Welle der Amplitude $\left|\overline{E_0}\right| = 10^{-5}V/m$ und der Frequenz $f = 1.5\,MHz$ .
(a.) Wie lange braucht das GPS-Signal vom Satelliten zum Empfänger? (*)
(b.) Welche Wellenlänge hat das GPS-Signal? (*)
(c.) Wie groß ist die Amplitude des Signals in $10m$ Abstand von der als punktförmig angenommenen Strahlungsquelle im Satelliten? (**)

**Aufgabe 4:** Entsprechend der Zeichnung sind zwei positive und eine negative Ladung (geschlossene Kreise) mit jeweils $|Q| = 1\mu C$ in einer Reihe mit Abständen $a = 1m$ angebracht.

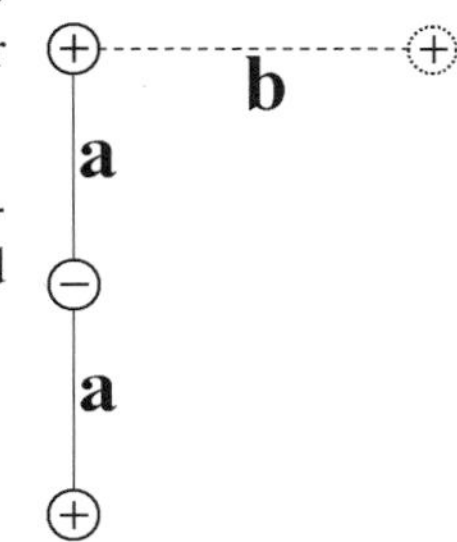


(a.) Berechnen Sie Betrag und Richtung der Kraft, die auf die gestrichelt gezeichnete Testladung mit $Q = 1\mu C$ wirkt, welche im Abstand $b = 1.5m$ von einer der positiven Ladungen angebracht ist.
(b ist senkrecht zu a).
(Zeichnen Sie das verwendete Koordinatensystem ein.) (***)
(b.) An welche Position muss man die Testladung bringen, damit keine Kraft auf sie wirkt? (**)

**Aufgabe 5**

Auf den Platten eines Plattenkondensator mit Plattengröße $A = 0.01 m^2$ und Plattenabstand $d = 0.05 m$ seien die Ladungen $+Q$ und $-Q$ mit $|Q| = 10 nC$ gespeichert.

(a.) Berechnen Sie die Kapazität des Kondensators. (*)

(b.) Geben Sie die Spannung $U$, die am Kondensator anliegt, und den Betrag des E-Feldes $|\vec{E}|$ im Kondensator an. (*)

(c.) Geben Sie Spannung $U$, Betrag des E-Feldes $|\vec{E}|$ und fließenden Strom $I$ an, die sich unmittelbar nach dem Eintauchen des Kondensators in destilliertes Wasser ($\varepsilon = 81$, $\rho = 10^5 \Omega m$) ergeben. (**)

**Aufgabe 6**

Ein $Xe^+$ -Ion ($m_{Xe} = 131 u$, $1u = 1.6 \cdot 10^{-27} kg$) fliege mit $v = 10^4 m/s$ durch ein senkrecht zu seiner Geschwindigkeit ausgerichtetes B-Feld der Stärke $|\vec{B}| = 0.1 T$.

(a.) Geben Sie die Stärke der auf das Ion wirkenden Lorentzkraft an. (*)

(b.) Wie groß ist der Radius der Ionenbahn im B-Feld? (**)

(c.) Welche elektrische Spannung $U$ braucht man zur Beschleunigung des Ions auf die genannte Geschwindigkeit? (*)

**Aufgabe 7**

Eine Spule mit $L = 10 mH$, ein Kondenstor mit $C = 10 \mu F$ und ein Widerstand mit $R = 10 \Omega$ seien parallel an eine Wechselspannung $U(t) = U_0 \cdot \cos(\omega \cdot t)$ $(U_0 = 1V, \omega = 100/s)$ angeschlossen.

(a.) Geben Sie Real- und Imaginäranteil des komplexen Widerstandes der Schaltung an. (***)

(b.) Geben Sie die Amplitude $I_0$ und die Phase $\phi$ des fließenden Gesamtstromes $I(t) = I_0 \cdot \cos(\omega \cdot t + \phi)$ an. (**)

**Aufgabe 8**

Die Linse einer Lupe habe eine Brennweite von 5 cm.

a) Wie groß ist das Bild eines 1 mm großen Objektes (Insekt), wenn man es 3.5 cm vor dem Linsenmittelpunkt platziert? (*)

b) Um wie viel cm muss man die Lupe relativ zum Objekt in welche Richtung verschieben, damit das Objekt doppelt so groß erscheint? (**)

**Aufgabe 9**

Zwei Linsen mit Brennweite 2 cm sind im Abstand von 23.5 cm angebracht. Im Abstand von 2.2 cm vor der ersten Linse befindet sich ein Objekt der Größe 1 cm.

a) Wie groß ist das Bild des Objektes, das Sie durch die zweite Linse sehen? (**)

b) In welchem Abstand von der zweiten Linse befindet sich das Bild? (*)

c) Ist das Bild genauso oder andersherum orientiert wie das Objekt? (*)

Konstanten:

Schallgeschwindigkeit: $v_p = 330 m/s$ | Lichtgeschwindigkeit: $v_p = 3 \cdot 10^8 m/s$

Dielektrizitätskonstante: $\varepsilon_0 = 8.85 \cdot 10^{-12} F/m$ | Vakuumpermeabilität: $\mu_0 = 4\pi \cdot 10^{-7} T m/A$

Elementarladung: $e = 1.6 \cdot 10^{-19} C$ | Elektronenmasse: $m_{Elektron} = 9.11 \cdot 10^{-31} kg$

- 3 Punkte pro Aufgabe
- je 1 Punkt für richtigen Ansatz, richtigen Lösungsweg und richtiges Ergebnis
- bei Teilaufgaben wird entsprechend gewichtet

# Lösung zur Klausur 10.1

**Aufgabe 1**

Wir betrachten den Satelliten bei seiner Rotation um die Erdachse in guter Näherung als Massepunkt und schreiben somit:

$$\left.\begin{array}{ll} \text{Trägheitsmoment der Rotation} & J = m\cdot R^2 \\ \text{Winkelgeschwindigkeit} & \omega = \frac{2\pi}{T} \\ \text{in der Rotationsenergie} & E_{rot} = \frac{1}{2}J\omega^2 \end{array}\right\} \Rightarrow E_{rot} = \frac{1}{2}m\cdot R^2\left(\frac{2\pi}{T}\right)^2$$

Werte eingesetzt: $E_{rot} = \frac{1}{2}\cdot 3000kg\cdot\left(6370\cdot 10^3 m\right)^2\left(\frac{2\pi}{86164\,\text{sec.}}\right)^2 \overset{TR}{\approx} 3.24\cdot 10^8 kg\cdot\frac{m^2}{s^2} = 3.24\cdot 10^8 J$

Dies ist die durch den Start am Äquator eingesparte Rotationsenergie.

**Aufgabe 2**

Wir verwenden Newton's Gravitationsformel $F_G = \gamma\cdot\frac{m_1\cdot m_2}{r^2}$ und setzen Werte ein:

$$F_G = 6.67\cdot 10^{-11} m^3\cdot kg^{-1}\cdot s^{-2}\cdot\frac{80kg\cdot 7.35\cdot 10^{22}kg}{\left(384\cdot 10^6 m\right)^2} \overset{TR}{\approx} 2.66\cdot 10^{-3}kg\cdot\frac{m}{s^2} = 2.66\,milli\,Newton\,.$$

So groß ist die Kraft, die der Mond auf einen Menschen an der Erdoberfläche ausübt. Das Gewicht, das man mit dieser Kraft auf der Erdoberfläche hochheben kann, findet man mit $g$ als Erdbeschleunigung gemäß

$$F = m\cdot g \;\Rightarrow\; m = \frac{F}{g} \overset{TR}{\approx} \frac{2.66\cdot 10^{-3}N}{9.81\frac{m}{s^2}} \overset{TR}{\approx} 2.7\cdot 10^{-4}kg = 0.27\,Milligramm\,.$$

**Aufgabe 3**

(a.) Seien $F$ = Kraft und $v$ = Geschwindigkeit sowie $g$ = Erdbeschleunigung. Dann gilt

$$\left.\begin{array}{l} P = F\cdot v \\ F = m\cdot g \end{array}\right\} \Rightarrow v = \frac{P}{F} = \frac{P}{m\cdot g} = \frac{1000W}{20kg\cdot 9.81\frac{m}{s^2}} \overset{TR}{\approx} 5.1\frac{kg\cdot\frac{m^2}{s^2}\cdot\frac{1}{s}}{kg\cdot\frac{m}{s^2}} = 5.1\frac{m}{s}\,.$$

Dies ist die Geschwindigkeit der Translationsbewegung (der hochzuhebenden Masse).

(b.) Sei $\omega$ = Winkelgeschwindigkeit und $r$ = Rollenradius, so gilt

$$v = \omega\cdot r \;\Rightarrow\; \omega = \frac{v}{r} \overset{TR}{\approx} \frac{5.1\frac{m}{s}}{0.15m} = 34\frac{1}{s} \quad \text{Winkelgeschwindigkeit} \quad \text{und}$$

$$T = \frac{2\pi}{\omega} \overset{TR}{\approx} \frac{2\pi}{34\frac{1}{s}} = 0.1848\text{s} \mathrel{\hat=} \underbrace{\frac{1\,Umdrehung}{0.1848\text{s}} = \frac{60\,U}{0.1848\,Min.}}_{weil\ 1\,Min.=60\text{sec.}} \overset{TR}{\approx} 325\frac{U}{Min.} \quad \text{für die Rotationsbewegung.}$$

**Aufgabe 4**

Wenn $M$ das gefragte Drehmoment ist, dann gilt mit den Bezeichnungen aus Aufgabe 3:

$$\left.\begin{array}{l} M = r\cdot F \\ F = m\cdot g \end{array}\right\} \Rightarrow M = r\cdot m\cdot g = 0.15m\cdot 20kg\cdot 9.81\frac{m}{s^2} = 29.43\,Nm \quad \text{als Drehmoment.}$$

**Aufgabe 5**

(a.) Aus Symmetriegründen liegt $x_m$ in der Mitte zwischen $x_o$ und $x_e$. Wir beginnen also der Einfachheit halber mit der Berechnung der beiden Nullstellen der Wurfparabel:

$v_{oy}t - \frac{1}{2}gt^2 = 0 \;\Leftrightarrow\; \left(v_{oy} - \frac{1}{2}gt\right)\cdot t = 0$ hat eine Nullstelle bei $t_o = 0$ und die andere bei

$$v_{oy} - \frac{1}{2}gt = 0 \;\Rightarrow\; t_e = \frac{2\cdot v_{oy}}{g} = \frac{2\cdot 80\frac{m}{s}}{10\frac{m}{s^2}} = 16s\ .$$

In der Mitte zwischen beiden Nullstellen liegt das Maximum bei $t_m = \frac{t_o + t_e}{2} = \frac{0s + 16s}{2} = 8s$.

(b.) In x-Richtung ist die Bewegung nicht beschleunigt, also gilt

$x_e = v_{ox}\cdot t_e = 20\frac{m}{s}\cdot 16s = 320m$ für die Flugweite des Steines.

(c.) Der Punkt mit maximalem $y$ wird zur Zeit $t_m$ erreicht, also ist

$y_m = v_{oy}\cdot t_m - \frac{1}{2}g\,t_m^2 = 80\frac{m}{s}\cdot 8s - \frac{1}{2}\cdot 10\frac{m}{s^2}(8s)^2 = 320m$ die maximale Flughöhe.

**Aufgabe 6**

(a.) Nach Definition des Tangens ist beim Zeitpunkt $t = 0$:

$$\tan(\varphi) = \frac{v_{oy}}{v_{ox}} = \frac{80\frac{m}{s}}{20\frac{m}{s}} = 4 \;\Rightarrow\; \varphi \overset{TR}{\approx} 75.96° = \text{Abwurfwinkel}$$

(b.) Der Betrag der Startgeschwindigkeit ist $|\vec{v}| = \sqrt{v_{ox}^2 + v_{oy}^2} = \sqrt{\left(80\frac{m}{s}\right)^2 + \left(20\frac{m}{s}\right)^2} \overset{TR}{\approx} 82.46\frac{m}{s}$

(c.) Aus Gründen der Energieerhaltung ist die Landegeschwindigkeit mit der Startgeschwindigkeit identisch.

**Aufgabe 7**

- Gravitation
- elektromagnetische Wechselwirkung
- starke Wechselwirkung
- schwache Wechselwirkung

**Aufgabe 8**

Die Erde rotiert nicht um ihren Mittelpunkt, sondern um den gemeinsamen Schwerpunkt des Zweikörpersystems aus Erde und Mond (siehe nachfolgende Skizze). Dieser Schwerpunkt liegt wohl im Inneren der Erdkugel, aber nicht in deren Mittelpunkt.

Auf der dem Mond zugewandten Seite sammelt sich ein „Wasserberg“ aufgrund der Gravitation zwischen Wasser und Mond.

Auf der dem gemeinsamen Schwerpunkt abgewandten Seite sammelt sich ein „Wasserberg“ aufgrund der Zentrifugalkraft der Rotation der Erde um den „gemeinsamen Schwerpunkt“. Diese steigt mit zunehmendem Abstand vom Rotationsmittelpunkt und ist deshalb auf der dem Mond abgewandten Seite am größten. Deshalb bildet sich dort ein Wasserberg.

Das entsprechende Wasser fehlt an den „Seiten“, die mit „Wassertal“ markiert sind.

Da sich die Erde einmal pro Tag unter beiden „Bergen“ und unter beiden „Tälern“ durchdreht, tritt pro Erdumdrehung zweimal Flut und zweimal Ebbe auf.

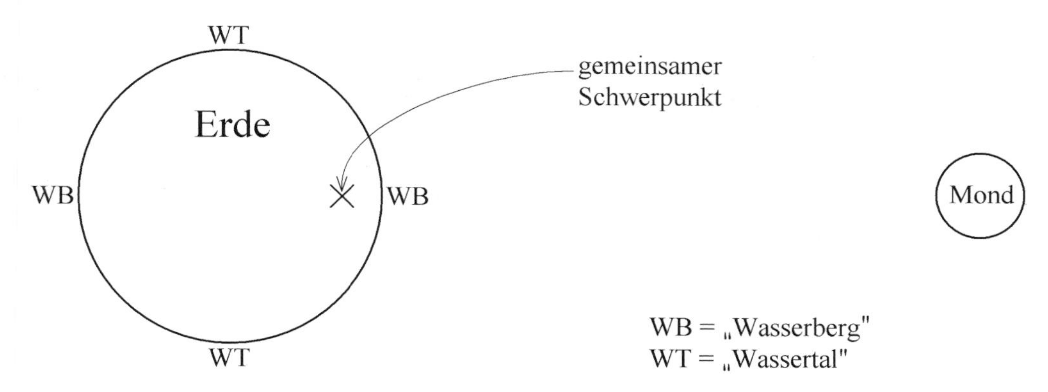


**Aufgabe 9**
Die Drücke sind überall innerhalb der eingezeichneten Flüssigkeit gleich: $p_{links} = p_{rechts}$

Nach der Definition des Druckes als Kraft $F$ pro Fläche $A$ gilt dann $\frac{F_{links}}{A_{links}} = \frac{F_{rechts}}{A_{rechts}}$.

Einsetzen der Querschnittsfläche der Rohrseiten liefert $\frac{F_{links}}{\pi \cdot r_{links}^2} = \frac{F_{rechts}}{\pi \cdot r_{rechts}^2}$.

$\Rightarrow \quad F_{rechts} = F_{links} \cdot \left( \frac{r_{rechts}}{r_{links}} \right)^2 = 100\,N \cdot \left( \frac{10\,mm}{1\,mm} \right)^2 = 10000\,N$ als Kraft auf den rechten Stempel.

**Aufgabe 10**
(a.) Die Haftreibungskraft $F_H$ muss überwunden werden, wobei die Normalkraft $F_N$ durch die Masse des Autos bestimmt wird:

$$\left. \begin{array}{l} F_H = \mu_H \cdot F_N \\ F_N = m_{Auto} \cdot g \end{array} \right\} \quad \Rightarrow \quad F_H = \mu_H \cdot m_{Auto} \cdot g = 0.9 \cdot 800kg \cdot 10\frac{m}{s^2} = 7200\,N \,.$$

Mit dieser Kraft muss man bei blockierten Rädern schieben, um eine Bewegung zu erreichen.
(b.) Der Formelansatz ist derselbe wie bei Aufgabenteil (a.), nur dass jetzt der Haftreibungskoeffizient $\mu_H$ durch den Rollreibungskoeffizienten $\mu_R$ ersetzt werden muss:

$$\left. \begin{array}{l} F_{RR} = \mu_R \cdot F_N \\ F_N = m_{Auto} \cdot g \end{array} \right\} \quad \Rightarrow \quad \mu_R = \frac{F_{RR}}{m_{Auto} \cdot g} = \frac{200\,N}{800\,kg \cdot 10\frac{m}{s^2}} = 0.025$$ für den Rollreibungskoeffizienten.

**Aufgabe 11**
(a.) Leistung $P$ ist Energie $W$ pro Zeit $t$: $P = \frac{W}{t} \quad \Rightarrow \quad W = P \cdot t = 10^5 W \cdot 10\,s = 10^6\,Joule$

(b.) $W = \frac{1}{2} m v^2 \quad \Rightarrow$ Geschwindigkeit $v = \sqrt{\frac{2W}{m}} = \sqrt{\frac{2 \cdot 10^6\,J}{1200\,kg}} \overset{TR}{\approx} 40.8\frac{m}{s} \overset{TR}{\approx} 147\frac{km}{h}$.

(c.) $a = \frac{v}{t} \overset{TR}{\approx} \frac{40.8\frac{m}{s}}{10\,s} = 4.08\frac{m}{s^2}$ für die Beschleunigung $a$.

(d.) Für die gleichförmig beschleunigte Bewegung ist die zurückgelegte Strecke

$$s = \frac{1}{2} a t^2 \overset{TR}{\approx} \frac{1}{2} \cdot 4.08\frac{m}{s^2} \cdot (10\,s)^2 = 204\,m \,.$$

**Aufgabe 12**

(a.) Die Haftreibungskraft begrenzt die Bremskraft $F_B$, wobei die Normalkraft $F_N$ durch die Masse des Autos bestimmt wird:

$$\left.\begin{aligned} F_B &= \mu_H \cdot F_N \\ F_N &= m_{Auto} \cdot g \end{aligned}\right\} \Rightarrow F_B = \mu_H \cdot m_{Auto} \cdot g = 0.9 \cdot 1200kg \cdot 10\frac{m}{s^2} = 10800\,N = \text{ maximale Bremskraft}$$

(b.) Ist die bremsende Beschleunigung $a_B$, so berechnen wir diese wie folgt:

$$F_B = m_{Auto} \cdot a_B \quad \Rightarrow \quad a_B = \frac{F_B}{m_{Auto}} = \frac{\mu_H \cdot m_{Auto} \cdot g}{m_{Auto}} = \mu_H \cdot g = 0.9 \cdot 10\tfrac{m}{s^2} = 9\tfrac{m}{s^2}.$$

Hinweis: Aus der Vorlesung wissen die Studierenden, dass die Erdbeschleunigung gerundet mit $g = 10\frac{m}{s^2}$ eingesetzt werden darf.

(c.) Mit $v =$ Geschwindigkeit, $s =$ Strecke $=$ Bremsweg und $t =$ Zeit berechnen wir

$$\left.\begin{aligned} a_B = \frac{v}{t} \quad &\Rightarrow \quad t = \frac{v}{a_B} \\ s = \frac{1}{2} a_B \cdot t^2 & \end{aligned}\right\} \Rightarrow s = \frac{1}{2} a_B \cdot \left(\frac{v}{a_B}\right)^2 = \frac{v^2}{2a_B} = \frac{\left(40.8\frac{m}{s}\right)^2}{2 \cdot 9\frac{m}{s^2}} = 92.6m \text{ für den Bremsweg.}$$

(d.) Mit $P =$ Leistung und $W =$ Energie berechnen wir

$$\left.\begin{aligned} P = \frac{W}{t} & \\ a = \frac{v}{t} \quad &\Rightarrow \quad t = \frac{v}{a} \end{aligned}\right\} \Rightarrow P = \frac{W}{\frac{v}{a}} = \frac{a \cdot W}{v} = \frac{9\frac{m}{s^2} \cdot 10^6 J}{40.8\frac{m}{s}} \overset{TR}{\approx} 220.6\,kW$$

Gemäß Aufgabenstellung werden Zahlenwerte soweit nötig aus Aufgabe 11 übernommen.

Konsistenzprüfung: Bei fast allen Autos erzeugen die Bremsen mehr Leistung als der Motor.

## Lösung zur Klausur 10.2

**Aufgabe 1**

Die Formeln zur Umrechnung der Temperaturskalen kennen wir aus Aufgabe 4.1:

- $\theta = \underbrace{\left(\frac{T - T_N}{K}\right)}_{\text{Input: } T \text{ in K}} {}^\circ C$ ;
- $T = \underbrace{T_N + \left(\frac{\theta}{{}^\circ C}\right)}_{\text{Input: } \theta \text{ in Celsius}} K$ ;
- $\vartheta = \underbrace{\left(32 + \frac{9}{5} \cdot \frac{\theta}{{}^\circ C}\right)}_{\text{Input: } \theta \text{ in Celsius}} {}^\circ F$
- $\theta = \underbrace{\left(\frac{5}{9} \cdot \frac{\vartheta}{{}^\circ F} - \frac{160}{9}\right)}_{\text{Input: } \vartheta \text{ in Fahrenheit}} {}^\circ C$

mit $T$ in Kelvin, $\theta$ in $^\circ$ Celsius und $\vartheta$ in Fahrenheit.

Damit wird die in der Aufgabenstellung gegebenen Tabelle zu:

| K | $^\circ C$ | $^\circ F$ |
|---|---|---|
| 353.16 | 80 | 176 |
| 477.6 | 204.4 | 400 |
| 77 | -196.16 | -321.09 |

**Aufgabe 2**

Da das Wasser bei $100\,°C$ verdampft, ist die Temperaturdifferenz $\Delta T = 110\,°C$. Man benötigt also Energie zum Erwärmen und dazu die Energien für zwei Phasenübergänge:

- zum Schmelzen des Eises: $E_S = 334 \cdot 10^3 \frac{J}{kg} \cdot 1kg = 334 \cdot 10^3 Joule$
- für die Temperaturerhöhung $E_T = m \cdot c \cdot \Delta T = 1kg \cdot 4186.8 \frac{J}{kg \cdot K} \cdot 110K \overset{TR}{\approx} 460.5 \cdot 10^3 Joule$
- zum Verdampfen des Wassers $E_S = 2257 \cdot 10^3 \frac{J}{kg} \cdot 1kg = 2257 \cdot 10^3 Joule$

Die Summe der drei Energien als Gesamtenergie ist zu bilden und dann in kWh umzurechnen. Für die Umrechnung gilt $1kWh = 1000 \frac{J}{s} \cdot 3600s = 3.6 \cdot 10^6 J$.

$$\Rightarrow E_{ges} = E_S + E_T + E_S \overset{TR}{\approx} 334 \cdot 10^3 J + 460.5 \cdot 10^3 J + 2257 \cdot 10^3 J = 3052.5 \cdot 10^3 J \cdot \frac{1\,kWh}{3.6 \cdot 10^6 J} \overset{TR}{\approx} 0.848\,kWh$$

**Aufgabe 3**

Wir bauen die Lösung auf der Zustandsgleichung des idealen Gases auf:

$$p \cdot V = N \cdot R \cdot T \quad \Rightarrow \quad \frac{V}{T} = \frac{N \cdot R}{p} = const. \quad \Rightarrow \quad \frac{V_1}{T_1} = \frac{V_2}{T_2} \quad \Rightarrow \quad \frac{V_1}{V_2} = \frac{T_1}{T_2} = \frac{(273.16 + 10)K}{(273.16 + 37)K} \overset{TR}{\approx} 91.29\%$$

Der Ballon behält beim Abkühlen $91.29\%$ seines Volumens, er schrumpft also um $100\% - 91.29\% = 8.71\%$ seines Ausgangsvolumens.

**Aufgabe 4**

Die Luft besteht überwiegend aus zweiatomigen Molekülen ($N_2, O_2$) von denen jedes nach dem Gleichverteilungssatz wegen seiner fünf Freiheitsgrade der Bewegung die Energie $\overline{W_{kin}} = \frac{5}{2} kT$ aufnimmt, also ist die mittlere Energie jedes einzelnen Gasmoleküls

$$\overline{W_{kin}} = \frac{5}{2} kT = \frac{5}{2} \cdot 1.381 \cdot 10^{-23} \frac{J}{K} \cdot (273.16 + 37)K \overset{TR}{\approx} 1.071 \cdot 10^{-20} J$$

**Aufgabe 5**

Die Molmasse kennen wir: $22.4\,ltr \mathrel{\hat{=}} 2\,Gramm$

Wir rechnen um auf einen Liter: $1\,ltr \mathrel{\hat{=}} \frac{2}{22.4} Gramm \overset{TR}{\approx} 89.3\,Milligramm$

**Aufgabe 6**

Es handelt sich um ein Widerstandsthermometer mit einem Platindraht als Temperaturmessfühler. Dieser hat bei $T = 0\,°C$ einen Ohm'schen Widerstand von $100\,\Omega$. Die Messgröße ist die temperaturbedingte Änderung des Ohm'schen Widerstandes des Drahtes.

Der Messfühler beeinflusst in der Tat die Messgröße, denn zur Widerstandsmessung muss ein kleiner Strom den Pt100-Draht durchfließen, d.h. der Messfühler wirkt als winzige elektrische Heizung. Dies wird um so mehr bemerkbar, je geringer die Wärmekapazität des zu vermessenden Wärmereservoirs ist.

**Aufgabe 7**

Wir lösen die Zustandsgleichung idealer Gase nach der Stoffmenge auf und erinnern uns, an die Einheiten des Druckes $1\,mbar = 1\,hPa = 1\,hekto\,Pascal = 10^2\,Pa = 100 \frac{N}{m^2}$, sowie $p =$ Druck, $V =$ Volumen, $N =$ Stoffmenge, $R =$ allgemeine Gaskonstante und $T =$ Temperatur.

$$p \cdot V = N \cdot R \cdot T \quad \Rightarrow \quad N = \frac{p \cdot V}{R \cdot T} = \frac{3 \cdot 10^{-11} mbar \cdot 10^{-3} m^3}{8.314 \frac{J}{mol \cdot K} \cdot (273.16 + 16.84) K} = \frac{3 \cdot 10^{-11} \cdot 10^2 \frac{N}{m^2} \cdot 10^{-3} m^3}{8.314 \frac{J}{mol \cdot K} \cdot 290 K}$$

$$\overset{TR}{\approx} 1.2443 \cdot 10^{-15} mol$$

Dreisatz $\Rightarrow \quad N \; enthält \; 1.2443 \cdot 10^{-15} mol \cdot 6.022 \cdot 10^{23} \frac{Moleküle}{mol} \overset{TR}{\approx} 749.3 \cdot 10^6 \, Moleküle$

Diese Moleküle erfüllen das Volumen eines Liters.

**Aufgabe 8**

(a.) Wegen des Konstanthaltens der Temperatur betrachten wir eine isotherme Expansion.

$\Rightarrow \quad \Delta U = 0$ Die innere Energie ändert sich nicht. Daher ist die Wärmezufuhr der mechanischen Arbeit gleich.

$$\Rightarrow \quad \text{Wärmezufuhr } \Delta Q = \underbrace{\int_{V_1}^{V_2} p \, dV = \int_{V_1}^{V_2} \frac{N R T}{V} dV}_{\text{wegen } p \cdot V = N \cdot R \cdot T} = N R T \cdot (\ln(V_2) - \ln(V_1)) = N R T \cdot \ln\left(\frac{V_2}{V_1}\right).$$

Werte einsetzen: $\Delta Q = N R T \cdot \ln\left(\frac{V_2}{V_1}\right) = 10^3 mol \cdot 8.314 \frac{J}{K \cdot mol} \cdot (273.16 + 200) K \cdot \ln\left(\frac{3}{1}\right) \overset{TR}{\approx} 4.32 \cdot 10^6 J$.

Dies ist die gefragte Wärmezufuhr.

(b.) Nach dem zweiten Hauptsatz der Thermodynamik ist $\Delta Q = \Delta U + \Delta W$

$\Rightarrow$ mechan. Arbeit $\Delta W = \Delta Q$, weil $\Delta U = 0$, also $\Delta W \overset{TR}{\approx} 4.32 \cdot 10^6 J$ für die mechan. Arbeit.

(c.) Wie bereits erwähnt, ist die innere Energie bei der isothermen Zustandsänderung $\Delta U = 0$. Auch die Enthalpie ändert sich bei isothermen Zustandsänderungen nicht: $\Delta H = 0$.

**Aufgabe 9**

(a.) Bei der adiabatischen Kompression ist $T \cdot V^{\kappa - 1} = const.$, mit $\kappa =$ Adiabatenexponent, $T =$ Temperatur, $V =$ Volumen.

$$\Rightarrow \quad T_1 \cdot V_1^{\kappa-1} = T_2 \cdot V_2^{\kappa-1} \quad \Rightarrow \quad \frac{T_1}{T_2} = \left(\frac{V_2}{V_1}\right)^{\kappa-1}. \qquad (*1)$$

Für Luft als überwiegend zweiatomiges Gas ( $N_2, O_2$ ) ist mit $f = 5$ Freiheitsgraden der Molekülbewegung $\kappa = \frac{c_p}{c_V} = 1 + \frac{2}{f} = 1 + \frac{2}{5} = 1.4$. Damit setzen wir Werte in $(*1)$ und erhalten:

$$\frac{T_1}{T_2} = \left(\frac{20}{1}\right)^{1.4-1} = 20^{0.4} \quad \Rightarrow \quad T_1 = T_2 \cdot 20^{0.4} = (273.16 + 15) K \cdot 20^{0.4} \overset{TR}{\approx} 955 K \overset{TR}{\approx} 681.9\,°C$$

Dabei ist $T_1$ die Temperatur der adiabatisch komprimierten Luft.

(b.) Die polytrope Kompression unterscheidet sich von der adiabatischen dadurch, dass der Adiabatenexponent $\kappa$ durch einen Polytropenexponent $n_P$ zu ersetzen ist.

$$\Rightarrow \quad T_1 = T_2 \cdot \left(\frac{V_2}{V_1}\right)^{n_P - 1} = (273.16 + 15) K \cdot 20^{0.38} \overset{TR}{\approx} 899.5 K \overset{TR}{\approx} 626.4\,°C$$

Nun ist $T_1$ die Temperatur der polytrop komprimierten Luft.

**Aufgabe 10**

(a.) Die Besonderheit der Stirling-Maschine ist, dass sie im Idealfall den Wirkungsgrad $\eta$ des Carnot'schen Kreisprozesses erreicht, nämlich $\eta = \frac{T_1 - T_2}{T_1}$ mit den Temperaturen $T_1 > T_2$.

Werte eingesetzt: $\eta = \frac{T_1 - T_2}{T_1} = \frac{100\,K}{(273.16+120)\,K} = 25.4\ \%$

(b.) Dazu müssen wir die Formel für den Wirkungsgrad nach $T_1$ auflösen, wobei $T_2 = 20\ °C$ bleibt. $\Rightarrow\ \eta = \frac{T_1 - T_2}{T_1} = 1 - \frac{T_2}{T_1}\ \Rightarrow\ \frac{T_2}{T_1} = 1 - \eta\ \Rightarrow\ T_1 = \frac{T_2}{1-\eta} \overset{TR}{\approx} \frac{293.16K}{1-0.5} \overset{TR}{\approx} 586.3\,K = 313.2\ °C$

Dies ist die Temperatur bei Beginn der isochoren Expansion.

**Aufgabe 11**

Für die Wärmeleitung gilt $\frac{dQ}{dt} = -\lambda \cdot A \cdot \frac{dT}{dl}$, mit $Q$ = Wärmemenge, $\frac{dQ}{dt}$ = Heizleistung, $A$ = Querschnittsfläche des Wärmeleiters und $\frac{dT}{dl}$ = Temperaturgradient.

Werte einsetzen: $\frac{dQ}{dt} = -\lambda \cdot A \cdot \frac{dT}{dl} = -384 \frac{Watt}{K \cdot m} \cdot 10^{-6} m^2 \cdot \frac{(800-37)\,K}{0.3\,m} \overset{TR}{\approx} -0.97664\,Watt$ Leistung.

**Aufgabe 12**

(a.) Das Maximum der Strahlungsdichte bekommen wir mit dem Wien'schen Verschiebungsgesetz: $\lambda_{max} = \frac{c \cdot h}{2.82 \cdot k \cdot T} = \frac{2.998 \cdot 10^8 \frac{m}{s} \cdot 6.626 \cdot 10^{-34} Js}{2.82 \cdot 1.38 \cdot 10^{-23} \frac{J}{K} \cdot (800+273)\,K} \overset{TR}{\approx} 4755\,nm$.

(b.) Die an die Umgebung abgestrahlte Heizleistung ergibt sich als Differenz aus der emittierten ($\phi_e$) und der absorbierten ($\phi_a$) Leistung der Strahlung, die wir mit Hilfe des Stefan-Boltzmann-Gesetzes berechnen (mit $\sigma$ als Stefan-Boltzmann-Konstante):

$$\phi_e - \phi_a = \varepsilon \cdot \sigma \cdot A \cdot \left(T_{Kerze}^4 - T_{Umgebung}^4\right) = 0.2 \cdot 5.67 \cdot 10^{-8} \frac{W}{m^2 \cdot K^4} \cdot \left(0.005 m^2\right) \cdot \left((273{+}800)^4 - (273{+}20)^4\right) \overset{TR}{\approx} 74.6\,Watt$$

**Aufgabe 13**

Entscheidend ist, welchen Raumwinkel die Hand gegenüber der Kerze einnimmt:

$$P_{Hand} = \underbrace{P_{Kerze}}_{=\phi_e - \phi_a} \cdot \underbrace{\frac{A_{Hand}}{4\pi r^2}}_{\text{Anteil des Raumwinkels}} \overset{TR}{\approx} 74.6\,W \cdot \frac{120\,cm^2}{4\pi \cdot (30\,cm)^2} \overset{TR}{\approx} 0.79\,Watt.$$

Zur Zusatzfrage:

Der Unterschied der Heizleistung zwischen Aufgabe 11 und Aufgabe 13 ist nicht so groß, dass man die Zahlenwerte die unterschiedliche Empfindung erklären könnten. Der entscheidende Punkt liegt in der Konzentration der Energie. Bei Aufgabe 13 wird die gesamte Handfläche erwärmt, wobei sich die Energie auf einen wesentlich größeren Bereich verteilt als bei Aufgabe 11, wo die gesamte Energie auf einen kleinen Punkt am Finger konzentriert wird. Da bei Aufgabe 11 also wesentlich weniger Substanz erwärmt wird als bei Aufgabe 13, wird die Temperaturdifferenz bei Aufgabe 11 spürbar größer ausfallen.

**Aufgabe 14**

Der Joule-Thomson-Effekt beschreibt das Verhalten realer Gase bei der Expansion. Aufgrund der Wechselwirkung zwischen den realen Gasmolekülen erniedrigt sich bei der Expansion die innere Energie (selbst bei adiabatischer Expansion). Die Folge ist ein Abkühlen auch ohne Wärmeaustausch mit der Umgebung.

Das bekannteste technische Gerät, dessen Funktionsweise auf dem Joule-Thomson-Effekt beruht, ist der Kühlschrank. Die Arbeitsweise ist folgende:

(i.) Man komprimiert das Gas, wodurch die innere Energie zunimmt.

(ii.) Von dem auf solche Weise erwärmten Gas lässt sich die Wärme leicht abführen. Dadurch hat das Gas verringerte innere Energie.

(iii.) Nun lässt man das Gas expandieren, wobei der Joule-Thomson-Effekt zur Abkühlung führt. Da bei (ii.) Wärme entnommen wurde, ist das Gas jetzt kälter als vor Schritt (i.). Auf dieser Abkühlung basiert die Funktionsweise des Kühlschrankes.

**Aufgabe 15**

Der Grund liegt letztlich in der Dichteanomalie des Wassers. Bei ca. $4\,°C$ hat das Wasser seine größte spezifische Dichte. Wird das Wasser wärmer als $4\,°C$, so ist die Dichte geringer. Ebenso sinkt die Dichte aber auch, wenn das Wasser kälter als $4\,°C$ wird.

Beim Abkühlen des Wetters friert der See von der Oberfläche her zu, sodass eine Eisschicht entsteht, die das Volumen des darunter liegenden Wassers begrenzt und sogar verringert, weil die Dichte des Eises geringer ist als die des $4\,°C$-Wassers. Dadurch wird ein Druck auf das flüssige Wasser unter dem Eis ausgeübt. Der Druck bewirkt, dass das flüssige Wasser beim Minimum des möglichen Volumens verbleibt, und damit bei $+4\,°C$. Der zugehörige Aggregatzustand ist flüssig, also friert das Wasser unter dem Eis nicht ein.

## Lösung zur Klausur 10.3

**Aufgabe 1**

(a.) Die Kreis-Eigenfrequenz $\omega$ und Eigenfrequenz $f$ des Fadenpendels sind bekannt (z.B. aus einer Formelsammlung): $\omega = 2\pi \cdot f = \sqrt{\frac{g}{l}}$. Wir lösen auf nach der Fadenlänge $l$:

$$\Rightarrow \quad \omega^2 = 4\pi^2 \cdot f^2 = \frac{g}{l} \quad \Rightarrow \quad l = \frac{g}{4\pi^2 \cdot f^2} = \frac{10\frac{m}{s^2}}{4\pi^2 \cdot \left(2s^{-1}\right)^2} = \frac{10}{16\pi^2}m\,.$$

(b.) Die Eigenfrequenz ist nicht von der Masse des Schwingkörpers abhängig. Sie ändert sich gar nicht (wenn wir Reibung vernachlässigen).

(c.) In Aufgabenteil (a.) sieht man die Proportionalität $\omega \propto \frac{1}{\sqrt{l}}$. Bei einer Verdopplung der Fadenlänge erniedrigt sich also $\omega$ um den Faktor $\sqrt{2}$.

## Aufgabe 2

Zur Betrachtung der Frequenzen beschränken wir uns auf die reine Schwebung, da eine Unreinheit der Schwebung an der Frequenz nichts ändert. Bei dieser folgt die Auslenkung der Funktion

$$\left.\begin{array}{l} \text{1. Schwingung: } s_1(t) = \hat{s}\cdot\cos(\omega_1\cdot t) \\ \text{2. Schwingung: } s_2(t) = \hat{s}\cdot\cos(\omega_2\cdot t) \end{array}\right\} \Rightarrow s_1(t)+s_2(t) = \underbrace{2\cdot\hat{s}\cdot\cos\left(\frac{\omega_1-\omega_2}{2}\cdot t\right)}_{\text{Die Amplitude ist mit der halben Differenzfrequenz moduliert.}}\cdot\cos\left(\frac{\omega_1+\omega_2}{2}\cdot t\right).$$

- Während der Zeit $T = \frac{2\pi}{\omega_D}$ durchläuft die Modulation der Amplitude 2 Extrema (1 Maximum und 1 Minimum) mit $\omega_D = \frac{\omega_1-\omega_2}{2} = \frac{2\pi f_1 - 2\pi\cdot f_2}{2} \Rightarrow T = \frac{2\pi}{\omega_D} = \frac{2\pi\cdot 2}{2\pi f_1 - 2\pi f_2} = \frac{2}{f_1 - f_2}$.

- Da die hörbare Wahrnehmung der Intensität dem Quadrat der Amplitude proportional ist, fallen beide Extrema (Minimum und Maximum) der Amplitudenmodulation auf Maxima der Intensität. Demnach ist der Abstand zwischen zwei Intensitätsmaxima $\frac{T}{2} = \frac{1}{f_1 - f_2}$.

- Für $T = 2\,\text{sec.}$ ergibt sich dann: $f_1 - f_2 = \frac{2}{T} = \frac{2}{2\,\text{sec.}} = 1\,Hz$. Die beiden möglichen Frequenzen liegen also bei $f_2 = 439\,Hz$ oder alternativ bei $f_2 = 441\,Hz$.

## Aufgabe 3

(a.) Die gefragte Skizze der Intensitätsverteilung zeigt das nachfolgende Bild. Die räumliche Lage der Extrema („$x$") wird in Aufgabenteil (b.) berechnet. Nach Betrachtung dieser Berechnung versteht man auch mühelos die Skizze der Intensitätsverteilung.

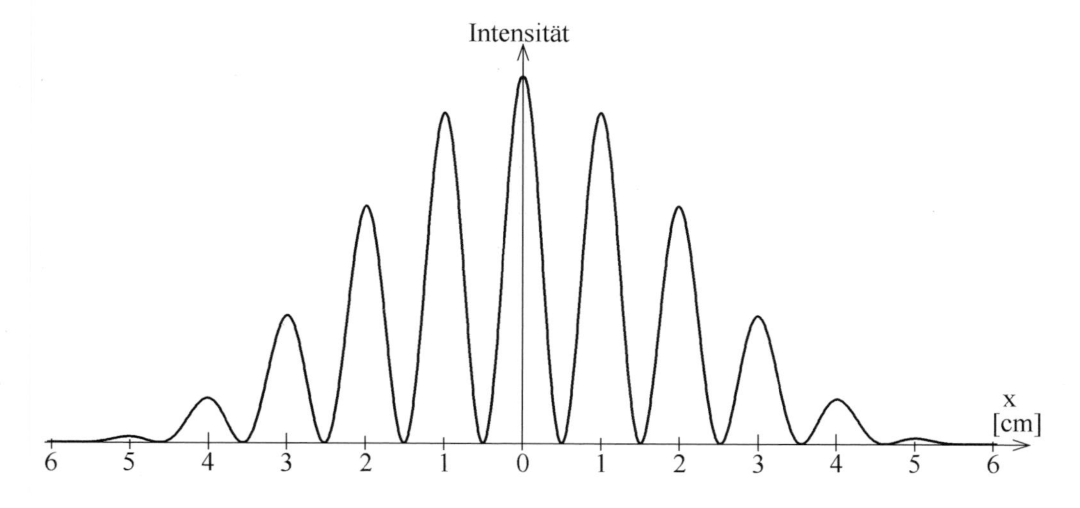

(b.) Die typische Konstruktion zur Berechnung der Intensitätsextrema zeigt die nebenstehende Skizze.

Dabei ist der räumliche Gangunterschied zwischen den beiden zur Interferenz gelangenden Strahlen als $g$ bezeichnet und der Auslenkungswinkel als $\varphi$.

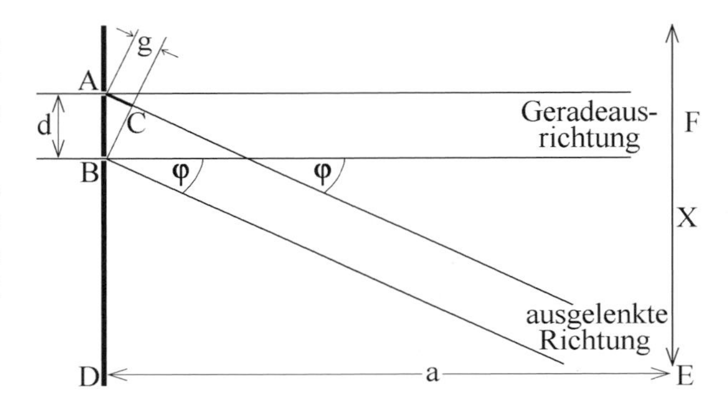


Vorgeführt wird die typische Berechnung der Beugungsmaxima:

$$\left.\begin{array}{ll}\text{Im Dreieck ABC gilt} \rightarrow & g = d \cdot \sin(\varphi) \\ \text{Interferenzmaxima liegen bei} & g = n \cdot \lambda\end{array}\right\} \Rightarrow n \cdot \lambda = d \cdot \sin(\varphi).$$

Im Dreieck AEF gilt $\rightarrow \frac{x}{a} = \tan(\varphi) \quad \Rightarrow \quad x = a \cdot \tan(\varphi)$.

Da die Auslenkungen nicht all zu groß sind, wendet man die Näherung $\sin(\varphi) \approx \tan(\varphi)$ an und erhält damit $\frac{n \cdot \lambda}{d} = \sin(\varphi) \approx \tan(\varphi) = \frac{x}{a} \quad \Rightarrow \quad x \approx \frac{n \cdot a \cdot \lambda}{d}$.

Werte eingesetzt: $x \approx n \cdot \frac{200\,mm \cdot 500 \cdot 10^{-9}\,m}{0.01\,mm} = n \cdot 0.01m = n \cdot 1cm$ .

Dies ist die Lage der Interferenzmaxima. Wie man sieht, liegt

- das erste Beugungsmaximum ( $n = 1$ ) bei $x \approx 1cm$ , und
- das zweite Beugungsmaximum ( $n = 2$ ) bei $x \approx 2cm$

in Übereinstimmung mit dem für die Musterlösung aus einer exakten (näherungsfreien) Formel grafisch konstruierten Bild.

## Aufgabe 4

(a.) Die Lage der Maxima verändert sich nicht, nur deren Breite.
(b.) Zwischen zwei Maxima liegen $(N-1)$ Minima in äquidistanten Abständen. Dabei ist $N$ die Zahl der Spalte im Gitter.

Alle diese Minima haben die Intensität Null. Zwischen ihnen liegen winzig kleine aber von Null verschiedene Intensitäten. Im streng mathematischen Sinne könnte man dort auch Maxima bestimmen, denn zwischen zwei Nullstellen muss ein Extremum liegen. Das tut man aber normalerweise nicht, da diese „Zwischen-Intensitäten" für Messzwecke praktisch unbrauchbar sind. Deshalb bezeichnet man sie normalerweise auch nicht als Extrema.

Quantitative Angabe des Abstandes der ersten Nullstelle neben dem Maximum:
Aus Aufgabe 3 kennen wir den Abstand zweier Maxima beim Doppelspalt mit $x = 10\,mm$.

Beim Gitter mit $N = 201$ Gitterlinien liegt die erste Nullstelle der Intensität im Abstand $\frac{x}{N-1} = \frac{10\,mm}{200} = 0.05\,mm = 50\,\mu m$ neben dem für Messzwecke nutzbaren Maximum.

(c.) Das Absinken der Intensität sehr dicht neben jedem Maximum auf Null lässt die Maxima sehr scharf und schmal werden (Veranschaulichung: siehe nachfolgende Skizze). Dadurch wird die Trennung sehr kleiner Unterschiede der Wellenlänge möglich. Aus Aufgabenteil (b.) wissen wir: Je mehr Spalten vorhanden sind, um so schmäler werden die Maxima.

Der obere Teil des Bildes zeigt zwei breite Maxima zu zwei verschiedenen Wellenlängen $\lambda_1$ und $\lambda_2$. Der untere Bildabschnitt zeigt zwei schmale Maxima zu denselben Wellenlängen, deren Positionen ganz offensichtlich wesentlich besser lokalisierbar sind als die Lage der breiten Maxima.

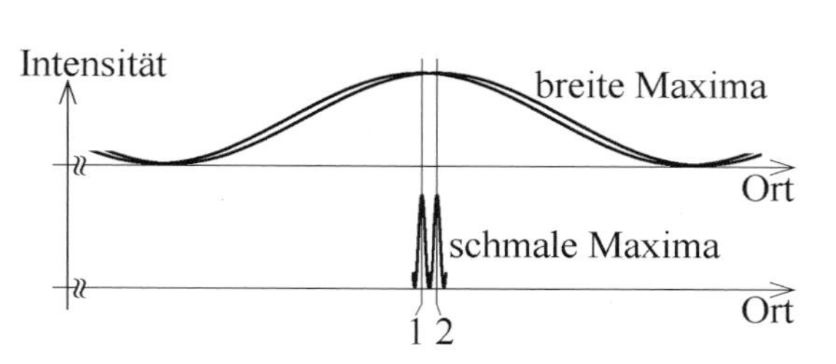


**Aufgabe 5**

▪ Schallgeschwindigkeit = Ausbreitungsgeschwindigkeit der Schallwellen.

▪ Schallschnelle = Bewegungsgeschwindigkeit der einzelnen Oszillatoren. Diese sind beim Schall gedachte Volumenelemente innerhalb des Ausbreitungsmediums.

▪ Schalldruck: Breitet sich Schall als Longitudinalewelle aus, wie prinzipiell immer in Fluiden, so variiert der Druck lokal (von Ort zu Ort). Schalldruck und Schallschnelle sind gemeinsam geeignet, jedes Schallfeld vollständig zu charakterisieren.

▪ Schallausschlag = Auslenkung der schallübertragenden Oszillatoren, also der Volumenelemente des Ausbreitungsmediums, aus deren Ruhelage.

▪ Schall-Leistung = Übertragene Energie pro Zeit. Aus Schalldruck $p$ und Schallschnelle $v$ kann die durch eine Fläche $A$ fließende Leistung $\mathfrak{P}$ berechnet werden gemäß $\mathfrak{P} = A \cdot p \cdot v$.

▪ Schallintensität $I$ ist Leistung pro Fläche und kann daher aus Druck und Schnelle berechnet werden zu $\mathfrak{I} = \frac{\mathfrak{P}}{A} = p \cdot v$.

▪ Schallintensitätspegel: Der Pegel ist ein logarithmisches Verfahren zur Angabe physikalischer Größen. Speziell der Intensitätspegel ist definiert als $L_I = 10 \cdot \lg\left(\frac{I}{I_0}\right)$ mit $I_0 = 10^{-12} \frac{W}{m^2}$.

**Aufgabe 6** Schallpegeladdition

(a.) Bei der Überlagerung zweier Quellen gleicher Intensität ist der Summenpegel um $3dB$ höher als jeder der einzelnen Pegel: $L_{I,1} = 0dB$, $L_{I,2} = 0dB \Rightarrow L_{I,ges} = 3dB$.

(b.) Linear addiert werden nicht die Pegel sondern die Intensitäten, also muss umgerechnet werden. Dazu lösen wir die Formel des Intensitätspegels aus Aufgabe 5 nach der Intensität auf: $L_I = 10 \cdot \lg\left(\frac{I}{I_0}\right) \Rightarrow \frac{1}{10} \cdot L_I = \lg\left(\frac{I}{I_0}\right) \Rightarrow \frac{I}{I_0} = 10^{\frac{1}{10} \cdot L_I} \Rightarrow I = I_0 \cdot 10^{\frac{1}{10} \cdot L_I}$.

Die beiden linear zu addierenden Intensitäten sind dann (wobei das dB keine Einheit ist):

$$\left.\begin{array}{l} L_{I,1} = 0dB \Rightarrow I_1 = I_0 \cdot 10^{\frac{1}{10} \cdot 0dB} = I_0 = 10^{-12} \frac{W}{m^2} \\ L_{I,2} = 20dB \Rightarrow I_2 = I_0 \cdot 10^{\frac{1}{10} \cdot 20dB} = I_0 \cdot 10^2 = 10^{-10} \frac{W}{m^2} \end{array}\right\} \Rightarrow \begin{array}{l} \text{Summenintensität:} \\ I_1 + I_2 = 1.01 \cdot 10^{-10} \frac{W}{m^2}. \end{array}$$

Rückrechnung in Pegel liefert: $L_{I,ges} = 10 \cdot \lg\left(\frac{I}{I_0}\right) = 10 \cdot \lg\left(\frac{1.01 \cdot 10^{-10} \frac{W}{m^2}}{10^{-12} \frac{W}{m^2}}\right) = 10 \cdot \lg(101)\, dB \overset{TR}{\approx} 20.043\, dB$ .

Ohne Angabe von Nachkommastellen merkt man, dass die leisere der beiden Schallquellen deutlich übertönt wird: $\Rightarrow \quad L_{I,ges} = 20\, dB$ .

(c.) 10 Schallquellen gleicher Intensität erzeugen einen Summenpegel, der gegenüber jedem Einzelpegel um $10\, dB$ erhöht ist: 10 Quellen je $50 dB \quad \Rightarrow \quad L_{I,ges} = 60\, dB$ .

**Aufgabe 7**

Die gefragte Abbildung ist in der nachfolgenden Skizze konstruiert, wobei die Linse zugunsten der besseren Erkennbarkeit der Hauptebene weggelassen wurde. Eingezeichnet wurde wie üblich der Parallelstrahl, der Mittelpunktsstrahl und der Brennpunktsstrahl.

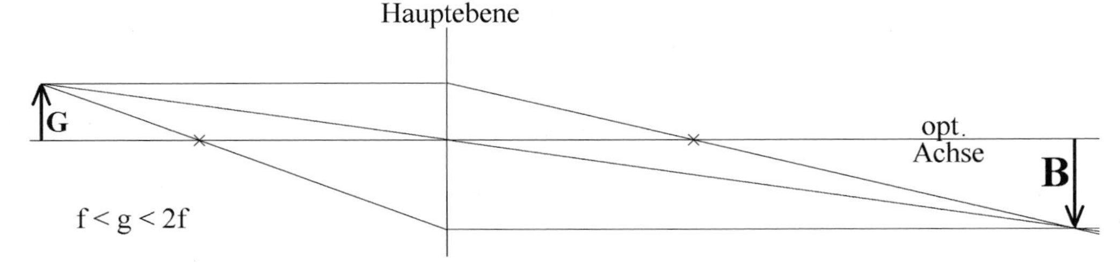


▪ Das Bild „B" ist reell, denn die Strahlen schneiden sich abbildungsseitig. Das Bild kann also durch Anbringen eines Schirmes direkt sichtbar gemacht werden.

▪ Offensichtlich steht das Bild auf dem Kopf (= umgekehrt) und ist vergrößert.

**Aufgabe 8**

▪ Das Photon trägt die Energie $W_\gamma = \frac{h \cdot c}{\lambda}$. Diese wird auf das Elektron übertragen, abzüglich der Austrittsarbeit $W_A \quad \Rightarrow \quad$ Energie des Elektrons $W_{el} = W_\gamma - W_A = \frac{h \cdot c}{\lambda} - W_A$ beim Verlassen der Photoplatte.

▪ Wir setzen Werte ein:

$$W_{el} = \frac{h \cdot c}{\lambda} - W_A = \frac{6.6 \cdot 10^{-34} J\, s \cdot 3 \cdot 10^8 \frac{m}{s}}{660 \cdot 10^{-9} m} - 1.6 \cdot 10^{-19} J = 3 \cdot 10^{-19} J - 1.6 \cdot 10^{-19} J = 1.4 \cdot 10^{-19} J .$$

Dies ist die Energie der Elektronen direkt beim Verlassen der Metallplatte.

▪ Die Haltespannung muss diese Energie genau aufzehren:

$$W_{el} = e \cdot U \quad \Rightarrow \quad U = \frac{W_{el}}{e} = \frac{1.4 \cdot 10^{-19} J}{1.6 \cdot 10^{-19} C} = \frac{1.4}{1.6} V = \frac{14}{16} V = 0.875 V = \text{Haltespannung}$$

Hat die Spannung $U$ mindestens diesen Wert, so wird der Photostrom zu Null.

**Aufgabe 9**

Schallwellen in Luft sind (wie in allen Fluiden) prinzipiell Longitudinalwellen. Polarisieren lassen sich aber nur Transversalwellen. Longitudinalwellen haben keine Schwingungsebene und können daher auch keine Polarisationsebene haben.

**Aufgabe 10**

▪ Das für eine harmonische Schwingung nötige lineare Kraftgesetz ergibt sich mit Hilfe der adiabatischen Kompression des idealen Gases. Damit stellt man wie üblich die Schwingungs-Differentialgleichung auf und löst diese.
Die Schwingungs-Differentialgleichung folgt wie üblich aus einem Kräftegleichgewicht, hier zwischen der Druckkraft des Gases $F_D$ und der Trägheitskraft der schwingenden Kugel $F_T$:

$$F_D = F_T \quad \Rightarrow \quad \underbrace{p(x) \cdot A}_{F_D} = \underbrace{m \cdot \ddot{x}}_{F_T} . \qquad (*1)$$

Dabei ist $x$ die Auslenkung des Kolbens aus der Ruhelage und $A$ seine Querschnittsfläche.

▪ Den Druck als Funktion der Auslenkung $p(x)$ finden wir anhand der adiabatischen Zustandsänderungen des Gases für die gilt: $p \cdot V^{\kappa} = C = const.$, wo $\kappa =$ Adiabatenexponent.
Demnach hat $p \cdot V^{\kappa}$ in der Ruhelageposition denselben Wert wie in der ausgelenkten Position: $p(x) \cdot (V(x))^{\kappa} = p_0 \cdot V_0^{\kappa}$

$$\Rightarrow \quad p(x) = p_0 \cdot \left( \frac{V_0}{V(x)} \right)^{\kappa} = p_0 \cdot \left( \frac{V_0}{V_0 + A \cdot x} \right)^{\kappa} = p_0 \cdot \left( \frac{V_0 + A \cdot x}{V_0} \right)^{-\kappa} = p_0 \cdot \left( 1 + \frac{A\,x}{V_0} \right)^{-\kappa} . \qquad (*2)$$

Dabei wurde $V(x) = V_0 + A \cdot x$ eingesetzt, denn das Volumen bei ausgelenkter Kugel $V(x)$ ergibt sich als Volumen im Ruhezustand $V_0$ plus der auslenkungsbedingten Änderung $V(x)$.

▪ In mathematischen Formelsammlungen findet man die Taylorreihe

$$(1 \pm \alpha)^{-m} = 1 \mp m \cdot \alpha + \frac{m \cdot (m+1)}{2!} \alpha^2 \mp \frac{m \cdot (m+1) \cdot (m+2)}{3!} \alpha^3 + \ldots + (\pm 1)^n \cdot \frac{m \cdot (m+1) \cdot (m+2) \cdot (m+n-1)}{n!} \alpha^n ,$$

die man nach dem ersten Summanden im Sinne einer Näherung abbricht:

$$(1 + \alpha)^{-m} \approx 1 - m \cdot \alpha \qquad \text{für } \alpha \ll 1.$$

Mit $\alpha = \frac{A\,x}{V_0}$ und $\kappa = m$ entspricht dies der in der Aufgabenstellung empfohlenen Näherung

$$A \cdot x \ll V_0 \quad \Rightarrow \quad \frac{A \cdot x}{V_0} \ll 1 .$$

▪ Damit lässt sich $(*2)$ vereinfachen zu $\quad p(x) = p_0 \cdot \left( 1 + \frac{A\,x}{V_0} \right)^{-\kappa} \approx p_0 \cdot \left( 1 - \kappa \cdot \frac{A\,x}{V_0} \right)$

Dies setzen wir in die Differentialgleichung $(*1)$ ein und erhalten:

$$p(x) \cdot A = m \cdot \ddot{x} \quad \Rightarrow \quad p_0 \cdot \left( 1 - \kappa \cdot \frac{A\,x}{V_0} \right) \cdot A = m \cdot \ddot{x} \quad \Rightarrow \quad m \cdot \ddot{x} + \kappa \cdot p_0 \cdot \frac{A^2\,x}{V_0} - p_0 \cdot A = 0$$

$$\Rightarrow \quad \ddot{x} + \frac{\kappa \cdot p_0 \cdot A^2}{m \cdot V_0} \cdot x = \frac{p_0 \cdot A}{m} .$$

Da der Ausdruck $\frac{p_0 \cdot A}{m}$ auf der rechten Seite als Konstante nur die Ruhelageposition, d.h. den Nullpunkt von $x$ beeinflusst, nicht aber die Harmonizität der Schwingung, ist die Harmonizität der Schwingung an dieser Stelle der Berechnung bereits nachgewiesen – in der Näherung kleiner überstrichener Volumina $A \cdot x \ll V_0$.

- Zur Berechnung der Kreis-Eigenfrequenz darf der konstante Summand entfallen und wir erhalten die Differentialgleichung: $\ddot{x} + \frac{\kappa \cdot p_0 \cdot A^2}{m \cdot V_0} \cdot x = 0$

(Wer dies nicht nachvollziehen kann, möge die Aufgaben 2.3 und 2.9 betrachten.)

Berechnung der Eigenfrequenz: Die Lösung der Differentialgleichung und deren zweite Ableitung kennt man als $x(t) = \hat{x} \cdot \sin(\omega_0 t + \varphi_0) \Rightarrow \ddot{x}(t) = -\omega_0^2 \cdot \hat{x} \cdot \sin(\omega_0 t + \varphi_0) = -\omega_0^2 \cdot x(t)$

und wir erkennen durch Koeffizientenvergleich die Kreis-Eigenfrequenz $\omega_0 = \sqrt{\frac{\kappa \cdot p_0 \cdot A^2}{m \cdot V_0}}$.

**Aufgabe 11**

(a.) Solange sich der Zug dem Hörer nähert, ist der Ton höher als er von Mitreisenden empfunden wird. Sobald sich der Zug vom Hörer entfernt, ist der Ton niedriger als nach der Wahrnehmung der Mitreisenden.

(b.) Wenn $f_Q$ die Frequenz der Quelle ist wie die Mitreisenden sie hören, dann hört man auf der Brücke $f_{E,1} = f_Q \cdot \frac{c}{c-v}$ solange der Zug sich der Brücke nähert, und $f_{E,2} = f_Q \cdot \frac{c}{c+v}$ wenn der Zug von der Brücke wegfährt. Die Formeln findet man unter dem Stichwort „Doppler-Effekt". Das Frequenzverhältnis ist somit:

$$\frac{f_{E,1}}{f_{E,2}} = \frac{f_Q \cdot \frac{c}{c-v}}{f_Q \cdot \frac{c}{c+v}} = \frac{c+v}{c-v} = \frac{340\frac{m}{s} + 50\frac{m}{s}}{340\frac{m}{s} - 50\frac{m}{s}} = \frac{390}{290} = \frac{39}{29}.$$

(c.) Dies ist beinahe eine Quarte, die dem Frequenzverhältnis 4:3 entspricht.

**Aufgabe 12**

In Formelsammlungen findet man unter dem Stichwort „Mach'scher Kegel" oder unter dem Stichwort „Überschallknall" die Angabe $\sin(\alpha) = \frac{c}{v}$.

Darin ist mit Bewegungsgeschwindigkeit $v$ größer als die Schallgeschwindigkeit $c$.

Wert einsetzen: $v = \frac{c}{\sin(\alpha)} = \frac{340\frac{m}{s}}{\sin(30°)} \overset{TR}{\approx} \frac{340}{0.5}\frac{m}{s} \overset{TR}{\approx} 680\frac{m}{\sec}$.

Das Flugzeug fliegt mit zweifacher Schallgeschwindigkeit.

# Lösung zur Klausur 10.4

**Aufgabe 1**

(a.) Eine Verdopplung der Intensität entspricht einer Erhöhung des Pegels um $3dB$:

$$"0dB"+"0dB" \quad \Rightarrow \quad L_{Summe} = 3dB$$

(b.) Vier Quellen entsprechen einer Verdopplung der Intensität und dann noch einer weiteren Verdopplung $\Rightarrow$ Intensitätserhöhung und $3dB$ und nochmals $3dB \Rightarrow L_{Summe} = 6dB$.

(c.) 5 Quellen sind halb so viel wie 10 Quellen. Intensitäts-Verzehnfachung erhöht den Pegel um $10dB$. Intensitäts-Halbierung senkt ihn um 2dB $\Rightarrow L_{Summe} = 0dB + 10dB - 3dB = 7dB$.

(d.) Hier muss die Pegelrechnung explizit durchgeführt werden. Zu den gegebenen Pegeln berechnen wir die Intensitäten (mit $I_0 = 10^{-12} \frac{W}{m^2}$) und summieren diese dann linear auf:

$$\left.\begin{array}{l} L_{I,1} = 60dB \quad \Rightarrow \quad I_1 = I_0 \cdot 10^{\frac{60}{10}dB} = 10^{6-12} \frac{W}{m^2} = 10^{-6} \frac{W}{m^2} \\ L_{I,2} = 63dB \quad \Rightarrow \quad I_2 = I_0 \cdot 10^{\frac{63}{10}dB} = 10^{10^{6.3-12}} \frac{W}{m^2} = 2 \cdot 10^{-6} \frac{W}{m^2} \end{array}\right\} \Rightarrow \begin{array}{c} \text{Summenintensität:} \\ I_1 + I_2 = 3 \cdot 10^{-6} \frac{W}{m^2} \end{array}$$

Zuletzt folgt die Rückrechnung in Pegel: $L_{I,ges} = 10 \cdot \lg\left(\frac{I}{I_0}\right) = 10 \cdot \lg\left(\frac{3 \cdot 10^{-6} \frac{W}{m^2}}{10^{-12} \frac{W}{m^2}}\right) \overset{TR}{\approx} 64.8dB$

Ohne Angabe von Nachkommastellen: $\Rightarrow L_{Summe} = 65dB$.

**Aufgabe 2**

Die Linsenmachergleichung lautet: $D = \underbrace{(n-1) \cdot \left(\frac{1}{r_1} + \frac{1}{r_2}\right)}_{\text{"einfachere" Form der Linsenmachergleichung}} + \frac{(n-1)^2}{n} \cdot \frac{d}{r_1 \cdot r_2}$, wo $r_1$ und $r_2$ die beiden Krümmungsradien sind, mit positivem Vorzeichen bei konvexer Krümmung und negativem Vorzeichen bei konkaver Krümmung, von der Linsenmitte aus betrachtet. Der grau gedruckte Teil kann nur bei bekannter Dicke der Linse berücksichtigt werden, die wir nicht kennen. Also entfällt der grau gedruckte Teil der Linsenmachergleichung und wir arbeiten mit der weniger präzisen Angabe, die man aus der „einfachen Form" in schwarz gewinnen kann. Dazu setzen wir die Radien $r_1 = 0.2m$ und $r_2 = 0.5m$, sowie die Brechzahl $n = 1.4$ ein:

$$D = (1.4-1) \cdot \left(\frac{1}{0.2m} + \frac{1}{0.5m}\right) = 0.4 \cdot \left(5m^{-1} - 2m^{-1}\right) = 0.4 \cdot 3m^{-1} = 1.2\,Dioptrien$$ für die Brechkraft.

Deren Kehrwert gibt die Brennweite $f = \frac{1}{D} = \left(1.2m^{-1}\right)^{-1} = \frac{1}{1.2}m = 83.\overline{3}\,cm$.

**Aufgabe 3**

Laut Formelsammlung ist die relativistisch bewegte Masse $m(v) = \frac{m_0}{\sqrt{1-\frac{v^2}{c^2}}}$. Man kann sich das auch leicht merken, weil die bewegte Masse schwerer ist als die ruhende Masse.

Wir setzen die Werte der einzelnen Aufgabenteile ein:

(a.) $\frac{v}{c}=0.5 \Rightarrow \sqrt{1-\frac{v^2}{c^2}}=\sqrt{1-0.5^2}=\sqrt{0.75} \Rightarrow m(v)=\frac{m_0}{\sqrt{0.75}} \overset{TR}{\approx} 1.0519\cdot 10^{-30}kg$

(b.) $\frac{v}{c}=0.99 \Rightarrow \sqrt{1-\frac{v^2}{c^2}}=\sqrt{1-0.99^2}=\sqrt{0.0199} \Rightarrow m(v)=\frac{m_0}{\sqrt{0.0199}} \overset{TR}{\approx} 6.4575\cdot 10^{-30}kg$

(c.) $\frac{v}{c}=0.99999 \Rightarrow \sqrt{1-\frac{v^2}{c^2}}=\sqrt{1-0.99999^2}=\sqrt{1.99999\cdot 10^5} \Rightarrow m(v)=\frac{m_0}{\sqrt{1-\frac{v^2}{c^2}}} \overset{TR}{\approx} 2.0369\cdot 10^{-28}kg$

Die Gesamtenergie des bewegten Elektrons im Fall (c.) ist nach Einstein $E=mc^2$, wo $m$ die bewegte Masse des Teilchens ist. Weiterhin benutzen wir zur Umrechnung der Energieeinheiten die Beziehung $1eV=1.602\cdot 10^{-19}Joule$:

$$W_{ges}=m(v)\cdot c^2=2.0369\cdot 10^{-28}kg\cdot\left(2.998\cdot 10^8\tfrac{m}{s}\right)^2 \overset{TR}{\approx} 1.831\cdot 10^{-11}Joule \overset{TR}{\approx} 1.143\cdot 10^8 eV .$$

**Aufgabe 4** Doppler-Effekt mit bewegter Quelle:

Zuerst Annäherung ( $Q\rightarrow E$ ): $f_{E,1}=f_Q\cdot\frac{c}{c-v}$

Danach Entfernung ( $E \quad Q\rightarrow$ ): $f_{E,2}=f_Q\cdot\frac{c}{c+v}$

Frequenzverhältnis: $\frac{f_{E,1}}{f_{E,2}}=\frac{f_Q\cdot\frac{c}{c-v}}{f_Q\cdot\frac{c}{c+v}}=\frac{c+v}{c-v}=\frac{(340+30)\frac{m}{s}}{(340-30)\frac{m}{s}}=\frac{370}{310}=\frac{37}{10}$.

**Aufgabe 5**

Wir müssen die Mach'sche Formel zum Überschallknall nach dem Winkel $\alpha$ auflösen:

$$\sin(\alpha)=\frac{c}{v} \Rightarrow \alpha=\arcsin\left(\frac{c}{v}\right)=\arcsin\left(\frac{340\cdot 3.6\frac{km}{h}}{2000\frac{km}{h}}\right)=\arcsin(0.612)\overset{TR}{\approx} 37.7^\circ .$$

Dabei wurde als Schallgeschwindigkeit $c=340\frac{m}{s}$ eingesetzt.

**Aufgabe 6**

Nach dem Zerfallsgesetz $N(t)=N_0\cdot e^{-\lambda\cdot t}$ sind zum Zeitpunkt $t$ noch $N(t)$ Kerne vorhanden, wobei $N_0$ die Zahl der vorhandenen Kerne zum Zeitpunkt $t=0$ war.

- Wir beginnen mit der Bestimmung der Zerfallskonstanten $\lambda$, indem wir als Zeit die Halbwertszeit $t=\tau$ einsetzen:

$$N=\tfrac{1}{2}N_0=N_0\cdot e^{-\lambda\cdot t} \Rightarrow \ln\left(\tfrac{1}{2}\right)=-\lambda\cdot t \Rightarrow \ln(2)=\lambda\cdot t \Rightarrow \lambda=\frac{\ln(2)}{\tau}=\frac{\ln(2)}{36\,Monate} \qquad (*1)$$

- Damit berechnen wir die Zeit $t_x$ zu $\frac{N_x(t)}{N_0}=\frac{1}{20}$:

$$\Rightarrow \frac{N_x(t)}{N_0}=\frac{1}{20}=e^{-\lambda\cdot t_x} \Rightarrow -\lambda\cdot t_x=\ln\left(\frac{1}{20}\right) \Rightarrow \lambda\cdot t_x=\ln(20) \Rightarrow t_x=\frac{\ln(20)}{\lambda}$$

Dort setzen wir $\lambda$ nach $(*1)$ ein: $t_x = \frac{\ln(20)}{\frac{\ln(2)}{\tau}} = \tau \cdot \frac{\ln(20)}{\ln(2)} = 36\,Monate \cdot \frac{\ln(20)}{\ln(2)} \overset{TR}{\approx} 155.6\,Monate$.

Nach dieser Zeitspanne ist die Aktivität auf ein Zwanzigstel der jetzigen abgesunken.

**Aufgabe 7**

Der üblichen Schreibweise folgend ist $Z =$ Protonenzahl und $N =$ Neutronenzahl.

$\alpha-$Zerfall: $\;{}^{Z+N}_{Z}X \rightarrow {}^{Z+N-4}_{Z-2}Y + {}^{4}_{2}\alpha$ (Abgabe zweier Neutronen und zweier Protonen.)

$\beta^- -$Zerfall: $\;{}^{Z+N}_{Z}X \rightarrow {}^{Z+N}_{Z+1}Y' + e^- + \overline{\nu_e}$ (u.a. Umwandlung eines Neutrons in ein Proton)

$\gamma-$Emission: $\;{}^{Z+N}_{Z}X^* \rightarrow {}^{Z+N}_{Z}X + \gamma$, mit $X^*$ =Kern in einem anderen als dem Grundzustand

**Aufgabe 8**

(a.) Kinetische Energie: $W_{kin} = e \cdot U = 1.602 \cdot 10^{-19} C \cdot 120 V \overset{TR}{\approx} 1.9224 \cdot 10^{-17} C \cdot \frac{J}{C} = 1.9224 \cdot 10^{-17} J$.

Dazu ist die Geschwindigkeit

$$\frac{1}{2} m v^2 = e \cdot U \quad \Rightarrow \quad v = \sqrt{\frac{2eU}{m}} = \sqrt{\frac{2 \cdot 1.602 \cdot 10^{-19} C \cdot 120 V}{9.1 \cdot 10^{-31} kg}} \overset{TR}{\approx} 6.497 \cdot 10^6 \frac{m}{s} \overset{TR}{\approx} 2.34 \cdot 10^7 \frac{km}{h}.$$

(b.) Die deBroglie-Wellenlänge kann bei dieser Geschwindigkeit nichtrelativistisch berechnet werden: $\lambda = \frac{h}{p} = \frac{h}{m \cdot v} = \frac{6.626 \cdot 10^{-34} J s}{9.11 \cdot 10^{-31} kg \cdot 6.497 \cdot 10^6 \frac{m}{s}} \overset{TR}{\approx} 1.12 \cdot 10^{-10} \frac{kg \cdot \frac{m^2}{s^2} \cdot s}{kg \cdot \frac{m}{s}} = 0.112\, nm$.

**Aufgabe 9**

(a.) Die Wellenlänge ist $\lambda = \frac{c}{f} = \frac{3 \cdot 10^8 \frac{m}{s}}{2 \cdot 10^8 \frac{1}{s}} = 1.5\,m$.

(b.) Interferenzmaxima am Doppelspalt treten auf laut Formelsammlung bei $\sin(\alpha) = \frac{n \cdot d}{\lambda}$ $(*)$, wo $\alpha$ der Auslenkungswinkel gegenüber der Geradeausrichtung ist und $n$ die Ordnung des Maximums, sowie $d$ der Abstand der beiden Einzelspalte (= Türen) zueinander.

(Anmerkung: Man kann sich die Formel $(*)$ auch selbst überlegen, aber das war bei der vorliegenden Klausur nicht gefragt.)

$$\Rightarrow \quad \alpha_n = \arcsin\left(\frac{n \cdot \lambda}{d}\right) = \arcsin\left(\frac{n \cdot 1.5m}{10m}\right) \quad \Rightarrow$$

Maximum für $n = 0$: $\alpha_0 = 0°$

Maximum für $n = 1$: $\alpha_1 = 8.627°$

Maximum für $n = 2$: $\alpha_2 = 17.457°$

Den Winkel zum Radio bestimmen wir aus dessen Positionskoordinate $x$ wie folgt:

$$\tan(\alpha) = \frac{x}{a} \quad \Rightarrow \quad \alpha = \arctan\left(\frac{x}{a}\right) = \arctan\left(\frac{7m}{30m}\right) \overset{TR}{\approx} 13.134°.$$

Diese Position liegt ziemlich genau in der Mitte zwischen $\alpha_1$ und $\alpha_2$, d.h. etwa in der Mitte zwischen zwei Maxima. Dort liegt ein Interferenzminimum, also erwarten wir einen schlechten Empfang.

(c.) Der bestmögliche Empfang ist beim Interferenzmaximum der niedrigsten Ordnung zu erwarten. Aus Gründen der Randbedingungen in der Aufgabenstellung können wir bei Winkeln $\alpha > 13.134°$ aufstellen. Die niedrigste Ordnung, die dieser Bedingung genügt, ist die zweite, also richten wir die Lage des Radios bei $\alpha_2 = 17.457°$ aus. Die zugehörige Position $x$ lautet $x = a \cdot \tan(\alpha_2) = 30m \cdot \tan(17.457°) \overset{TR}{\approx} 9.43m$.

Das gefragte $y$ ist dann $y = \frac{30m}{2} - x \overset{TR}{\approx} (15 - 9.43)m = 5.56m$.

Man muss also das Radio knapp zweieinhalb Meter weiter Richtung Saalrand schieben.

**Aufgabe 10**

Da das Licht polarisiert auf die Oberfläche trifft, wirkt diese als Analysator. Offensichtlich ist die Polarisationsrichtung des einfallenden Lichts senkrecht zur Polarisationsebene bei der Reflexion am Glas ausgerichtet, denn nur so kann die reflektierte Intensität verschwinden.

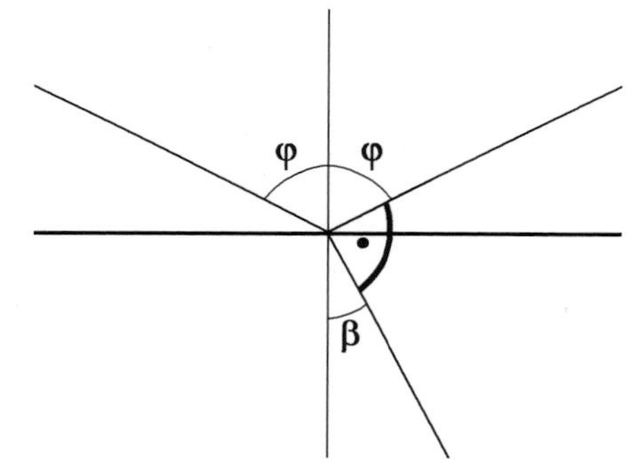


Gefragt ist also das Brewster'sche Gesetz. Nach diesem ist $\beta + \varphi = 90°$ $(*1)$ für maximale Polarisation bei der Reflexion an einer Oberfläche. Dazu betrachte man das nebenstehende Bild, in dem auch die Winkel $\varphi$ und $\beta$ erläutert sind, wobei das Brechungsgesetz $n_{Glas} = \frac{\sin(\varphi)}{\sin(\beta)}$ $(*2)$ anzuwenden ist.

Der für das Brewster-Gesetz elementar wichtige rechte Winkel ist dick gezeichnet.

Wir setzen $(*1)$ in $(*2)$ ein und erhalten schließlich den Brechungsindex des Glases:

$$n_{Glas} = \frac{\sin(\varphi)}{\sin(\beta)} = \frac{\sin(\varphi)}{\sin(90° - \varphi)} = \frac{\sin(\varphi)}{\cos(\varphi)} = \tan(\varphi) \quad \Rightarrow \quad n_{Glas} = \tan(55°) \overset{TR}{\approx} 1.428 .$$

**Aufgabe 11**

(a.) Die Resonanzfrequenz des elektrischen Schwingkreises ohne Anregung und Dämpfung ist $\omega_0 = \sqrt{\frac{1}{LC}} = 2\pi f_0 \quad \Rightarrow \quad \frac{1}{LC} = 4\pi^2 f_0^2 \quad \Rightarrow \quad C = \frac{1}{4\pi^2 f_0^2 \cdot L}$.

Werte einsetzen:

$$C = \frac{1}{4\pi^2 \cdot \left(12 \cdot 10^3 Hz\right)^2 \cdot 10^{-3} H} = \frac{1}{4\pi^2 \cdot \left(12 \cdot 10^3\right)^2 \cdot s^{-2} \cdot 10^{-3} \frac{V \cdot s^2}{C}} \overset{TR}{\approx} 1.759 \cdot 10^{-7} \frac{C}{V} = 1.759 \cdot 10^{-7} F .$$

Die gesuchte Kapazität ist also $C = 175.9 nF$.

(b.) Mit der Dämpfungskonstanten $\delta = \frac{R}{2L}$ und $\omega_0$ nach Aufgabenteil (a.) folgt die Resonanzfrequenz $\omega_{\text{Res}} = \sqrt{\omega_0^2 - 2\delta^2}$ . $\Rightarrow$ $\omega_{\text{Res}} = \sqrt{\frac{1}{LC} - 2\left(\frac{R}{2L}\right)^2} = \sqrt{\frac{1}{LC} - 2\frac{R^2}{4 \cdot L^2}} = \sqrt{\frac{2L - CR^2}{2L^2 C}}$ .

Wir setzen Werte ein:

$$\omega_{\text{Res}} = \sqrt{\frac{2L - CR^2}{2L^2 C}} = \sqrt{\frac{2 \cdot 10^{-3} \frac{V \cdot s^2}{C} - 1.759 \cdot 10^{-7} \frac{C}{V} \cdot \left(70 \frac{V \cdot s}{C}\right)^2}{2 \cdot \left(10^{-3} \frac{V \cdot s^2}{C}\right)^2 \cdot 1.759 \cdot 10^{-7} \frac{C}{V}}}$$

$$= \sqrt{\frac{\left(2 \cdot 10^{-3} - 8.6191 \cdot 10^{-4}\right) \frac{V \cdot s^2}{C}}{3.518 \cdot 10^{-13} \cdot \frac{V}{C} \cdot s^4}} = 56.877\, kHz \quad \text{als Kreis-Resonanzfreuenz}.$$

Die Resonanzfrequenz ist dann $f_{\text{Res}} = \frac{\omega_{\text{Res}}}{2\pi} \overset{TR}{\approx} 9.052\, kHz$ .

**Aufgabe 12**

Die gefragte Konstruktion sieht man nachfolgend. Der Gegenstand ist „G“, sein Bild ist „A“ (Abbild). Die drei üblicherweise eingezeichneten Strahlen sind der einfallende Parallelstrahl „P“, der Mittelpunktsstrahl „M“ und der einfallende Brennpunktsstrahl „B“.

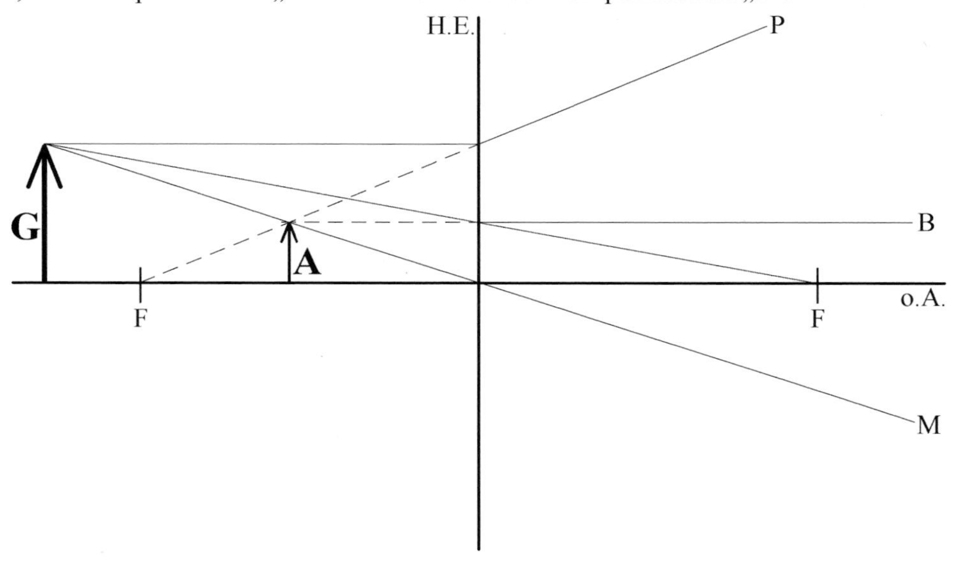


(b.) Das Bild ist virtuell, denn die Linse bringt die Strahlen nicht zum Schneiden, d.h. man könnte das Bild nicht mit einem Schirm sichtbar machen. Lediglich die gedachten (= virtuellen) Verlängerungen der Strahlen schneiden sich.

(c. und d.) Das Bild steht aufrecht und ist gegenüber dem Gegenstand verkleinert.

## Lösung zur Klausur 10.5

**Aufgabe 1**

Dies ist eine klassische Übungsaufgabe, deren Lösungsweg die Studierenden auswendig kennen sollten. Stichwort: Zweistrahlinterferenz

Wir beginnen mit einer Skizze, um Übersicht über die gefragte Konstruktion und über die Einführung der verwendeten Symbole zu erhalten. Neu eingeführt wurde:
$g$ = Gangunterschied der beiden Wellen

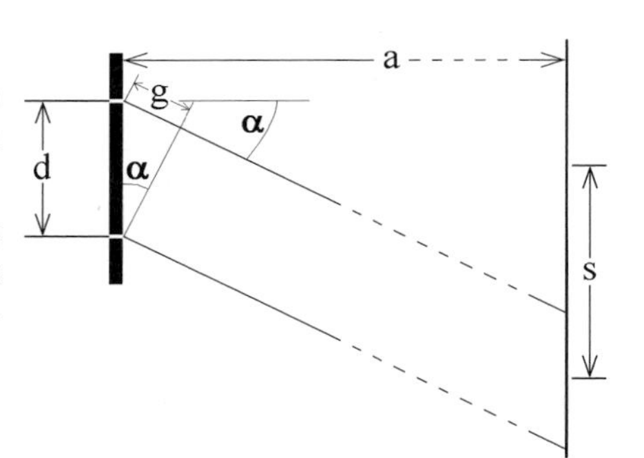


Der bekannte klassische Rechenweg sei als Vorüberlegung ohne Erläuterung demonstriert:

Für Interferenzmaxima ist: $g = N \cdot \lambda$

In der Skizze erkennt man: $\sin(\alpha) = \frac{g}{d} \Rightarrow g = d \cdot \sin(\alpha)$

$\Rightarrow \underbrace{d \cdot \alpha \approx N \cdot \lambda}_{\text{wegen } \alpha \approx \sin(\alpha)}$

Die Lage der Punkte auf dem Schirm erkennt man: $\underbrace{\tan(\alpha) = \frac{s}{a} \Rightarrow \alpha \approx \frac{s}{a}}_{\text{wegen } \alpha \approx \tan(\alpha)}$

$\Rightarrow d \cdot \frac{s}{a} = N \cdot \lambda \Rightarrow s = \frac{N \cdot a \cdot \lambda}{d}$

Da für die vorliegende Aufgabe speziell nach $\Delta\lambda = \lambda_2 - \lambda_1$ gefragt ist, fügen wir dem klassischen Weg noch eine Überlegung hinzu (mit $\Delta s = s_2 - s_1$):

Für $\lambda_1$ ist $s_1 = \frac{N \cdot a \cdot \lambda_1}{d}$

Für $\lambda_2$ ist $s_2 = \frac{N \cdot a \cdot \lambda_2}{d}$

$$\Rightarrow s_2 - s_1 = \frac{a}{d} \cdot (\lambda_2 - \lambda_1) \cdot N \Rightarrow \Delta s = \frac{a}{d} \cdot \Delta\lambda \cdot N . \qquad (*1)$$

Damit lösen wir nun die drei auf dem Aufgabenblatt gestellten Aufgabenteile:

(a.) Für die Maxima erster Ordnung ist $N = 1$. Damit führt $(*1)$ zu

$\Delta s = \frac{a}{d} \cdot \Delta\lambda \cdot N = \frac{0.7\,m}{18\,\mu m} \cdot \Delta\lambda \cdot 1 \overset{TR}{\approx} 38889 \cdot \Delta\lambda$ . Für das in Aufgabenteil (c.) gegebene $\Delta\lambda = 10\,nm$ ergäbe sich dann ein $\Delta s$ von $\Delta s = \frac{0.7\,m}{18\,\mu m} \cdot 10\,nm \overset{TR}{\approx} 0.3\overline{8}\,mm$ .

(b.) Dies ist mit Gleichung $(*1)$ bewiesen, denn offensichtlich ist $\Delta s \propto N$ .

(c.) Wir setzen abermals Werte in $(*1)$ ein und erhalten mit $N = 5$ :

$s_1 = \frac{a}{d} \cdot \lambda_1 \cdot N = \frac{0.7\,m}{18\,\mu m} \cdot 550\,nm \cdot 5 \overset{TR}{\approx} 0.1069\overline{4}\,m = 10.69\overline{4}\,cm$ für die Auslenkung zum Max. 5. Ordnung.

$\Delta s = \frac{a}{d} \cdot \Delta\lambda \cdot N = \frac{0.7\,m}{18\,\mu m} \cdot 10\,nm \cdot 5 \overset{TR}{\approx} 0.0019\overline{4}\,m = 1.9\overline{4}\,mm$ als Abstand der beiden Maxima 5. Ordnung.

**Aufgabe 2**

(a.) In der gegebenen Beziehung $\frac{n(p)-1}{p}=C$ $(*2)$ bestimmen wir die Konstante $C$ anhand der Werte eines gegebenen Punktes: $\frac{n(p)-1}{p}=\frac{1.0003-1}{101300\,Pa}\overset{TR}{\approx}2.9615\cdot10^{-9}\,Pa^{-1}\overset{TR}{\approx}C$ .

Auflösen von $(*2)$ nach $n(p)$ führt nun zu der gesuchten Bestimmungsgleichung:

$$\frac{n(p)-1}{p}=C \quad\Rightarrow\quad n(p)-1=p\cdot C \quad\Rightarrow\quad n(p)=1+p\cdot C . \qquad (*3)$$

(b.) Nach der Definition des Brechungsindex gilt $n=\frac{c_{Vakuum}}{c_{Medium}}$. (mit $c=$ Lichtgeschw.):

Wegen $c=\lambda\cdot f$ (mit $f$ als Frequenz) folgt $c\propto\lambda$ $\Rightarrow$ $n=\frac{c_{Vakuum}}{c_{Medium}}=\frac{\lambda_{Vakuum}}{\lambda_{Medium}}=\underbrace{1+p\cdot C}_{wegen\,(*3)}$ .

Durch Einsetzen der in der Aufgabenstellung gegebenen Werte berechnen wir $\lambda_{Vakuum}$ :

$$\lambda_{Vakuum}=(1+p\cdot C)\cdot\lambda_{Medium}=\left(1+101300Pa\cdot2.9615\cdot10^{-9}\,Pa^{-1}\right)\cdot625\,nm=1.0003\cdot625\,nm$$
$$=625.1875nm$$

Kennen wir solchermaßen $\lambda_{Vakuum}$, so können wir $\lambda_{Medium}$ als Funktion des Druckes angeben: $\lambda_{Medium}=\frac{\lambda_{Vakuum}}{1+p\cdot C}=\frac{625.1875nm}{1+p\cdot C}$ (mit $C$ nach Aufgabenteil (a.)).

(c.) Sei $\lambda_L$ die Wellenlänge im Medium bei Anfangs-Luftdruck ($1013hPa$) und $\lambda_P$ die Wellenlänge im Medium im gepumpten Zustand, d.h. bei einem Druck kleiner als $1013hPa$. Bezeichnen wir außerdem mit $s_0=5cm$ die Länge des Vakuumgefäßes, so können wir sagen:

Bei der ersten destruktiven Interferenz passen in die Länge $2\cdot s_0$

- bei Anfangsluftdruck genau $x$ Wellenlängen $\lambda_L$ (mit $\lambda_L$=625$nm$ laut Aufgabenstellung).
- im gepumpten Zustand genau $\left(x-\frac{1}{2}\right)$ Wellenlängen $\lambda_P$.

(Die Wellenlänge ist bei Unterdruck etwas größer als bei vollem Luftdruck.)

Da $x\cdot\lambda_L$ ebenso $2\cdot s_0$ ergibt, wie $\left(x-\frac{1}{2}\right)\cdot\lambda_P$, können wir gleichsetzen:

$$x\cdot\lambda_L=\left(x-\tfrac{1}{2}\right)\cdot\lambda_P \quad\Rightarrow\quad \lambda_P=\frac{x}{x-\frac{1}{2}}\cdot\lambda_L=\frac{2x}{2x-1}\cdot\lambda_L .$$

Wir identifizieren $\lambda_P$ mit der in Aufgabenteil (b.) berechneten druckabhängigen Wellenlänge und setzen diese nun ein:

$\frac{2x}{2x-1}\cdot\lambda_L=\lambda_P=\frac{\lambda_{Vakuum}}{1+p\cdot C}=\frac{n_0\cdot\lambda_L}{1+p\cdot C}$, wo die Abkürzung $n_0=1.0003$ eingeführt wurde. Kürzen wir die beiden äußersten Seiten dieser Gleichung durch $\lambda_L$, so erhalten wir $\frac{2x}{2x-1}=\frac{n_0}{1+p\cdot C}$ .

Da wie oben ausgeführt genau $x$ Wellenlängen von $\lambda_L$ in $2 \cdot s_0$ passen, ist $x \cdot \lambda_L = 2 \cdot s_0 \;\Rightarrow\; x = \frac{2 \cdot s_0}{\lambda_L}$. Damit ersetzen wir $x$ und lösen nach dem gefragten Druck $p$ auf:

$$\frac{2x}{2x-1} = \frac{n_0}{1+p\cdot C} \;\Rightarrow\; \frac{n_0}{1+p\cdot C} = \underbrace{\frac{2\cdot\frac{2\cdot s_0}{\lambda_L}}{2\cdot\frac{2\cdot s_0}{\lambda_L}-1}\cdot\frac{\lambda_L}{\lambda_L} = \frac{4\cdot s_0}{4\cdot s_0-\lambda_L}}_{\text{Erweiterung beseitigt Doppelbrüche}} \;\Rightarrow\; 1+p\cdot C = n_0\cdot\frac{4\cdot s_0-\lambda_L}{4\cdot s_0}$$

$$\Rightarrow\; p\cdot C = n_0\cdot\frac{4\cdot s_0-\lambda_L}{4\cdot s_0}-1 \;\Rightarrow\; p = \frac{n_0}{C}\cdot\frac{4\cdot s_0-\lambda_L}{4\cdot s_0}-\frac{1}{C} \overset{TR}{\approx} 100244.5\,Pa,$$

wobei $s_0 = 0.05\,m$, $\lambda_L = 625\,nm$ und $n_0 = 1.0003$, sowie $C$ nach Teil (a.) eingesetzt wurde. Dieser Druck führt zum ersten Interferenz-Minimum.

(d.) Da die Frequenz $f$ des Lichts nicht geändert wird, ist nach $c = \lambda \cdot f$ die Lichtgeschwindigkeit $c$ proportional zur Wellenlänge $\lambda$. Daher gilt $n = \frac{c_{Vakuum}}{c_{Medium}} = \frac{\lambda_{Vakuum}}{\lambda_{Medium}} = 1 + p \cdot C$

$\Rightarrow\; c_{Medium} = \frac{c_{Vakuum}}{1+p\cdot C}$ bei bekannter Vakuumlichtgeschwindigkeit.

**Aufgabe 3**

(a.) Der $\beta^-$-Zerfall lautet ${}^{14}_{6}C_8 \rightarrow {}^{14}_{7}C_7 + \beta^- + \overline{\nu_e}$, denn im Kern wandelt sich ein Neutron in ein Proton um. Wie man sieht, ist beim Tochterkern $A = 14$, $Z = 7$, $N = 7$.

(b.) Das Zerfallsgesetz des radioaktiven Zerfalls lautet $N(t) = N_0 \cdot e^{-\lambda t}$ mit $\lambda = \frac{1}{\tau} = \frac{\ln(2)}{T_{1/2}}$

$\Rightarrow\; \tau = \frac{T_{1/2}}{\ln(2)} = \frac{5730\,Jahre}{\ln(2)} \overset{TR}{\approx} 8266.6\,a$ für die Lebensdauer.

(c.) Zum Auflösen des Zerfallsgesetzes nach der Zeit verwendet man typischerweise folgenden Rechenweg:

$$N(t) = N_0\cdot e^{-\lambda t} \;\Rightarrow\; \frac{N(t)}{N_0} = e^{-\lambda t} \;\Rightarrow\; -\lambda t = \ln\left(\frac{N(t)}{N_0}\right) \;\Rightarrow\; t = \frac{-1}{\lambda}\cdot\ln\left(\frac{N(t)}{N_0}\right) = \frac{1}{\lambda}\cdot\ln\left(\frac{N_0}{N(t)}\right).$$

Die Werte der Aufgabenstellung liefern das Alter $t = \tau\cdot\ln\left(\frac{N_0}{N(t)}\right) = 8266.6\,a\cdot\ln\left(\frac{750}{420}\right) \overset{TR}{\approx} 4793\,a$.

(d.) Dann wäre $N_0$ um 5 % höher. Nennen wir es dann $N_0^{\mathrm{I}} = 750\cdot 1.05 = 787.5$. Bis diese Zählrate auf $N\left(t^{\mathrm{I}}\right) = 420$ abgeklungen ist, ist eine größere Zeit nötig als bei Aufgabenteil (c.), nämlich $t^{\mathrm{I}} = \tau\cdot\ln\left(\frac{N_0^{\mathrm{I}}}{N(t)}\right) = 8266.6\,a\cdot\ln\left(\frac{787.5}{420}\right) \overset{TR}{\approx} 5196.5\,a$.

(e.) Man vergleiche mit Aufgabe 8.29, wo man den Zusammenhang zwischen der Lebensdauer $\tau$ und der natürlichen Linienbreite $\Gamma$ findet gemäß $\tau = \frac{\hbar}{\Gamma} \Rightarrow \Gamma = \frac{\hbar}{\tau}$.

Werte einsetzen $\Rightarrow$ $\Gamma = \frac{\hbar}{\tau} = \frac{6.626 \cdot 10^{-34} J\,s \cdot \frac{1}{2\pi}}{8266.6 \cdot 365.25 \cdot 24 \cdot 3600\,s} \overset{TR}{\approx} 4.04 \cdot 10^{-46} J \overset{TR}{\approx} 2.5 \cdot 10^{-27} eV$.

**Aufgabe 4**

(a.) Die Brechkraft ist der Kehrwert der Brennweite: $\frac{1}{f} = \frac{1}{0.275m} = 3.\overline{63}\,dpt$.

(b.) Die Brennweite ist der Kehrwert der Brechkraft: $f = \frac{1}{-6.25\,dpt} = 0.16m = 16cm$.

(c.) Für die Blendenzahl bei Objektivblenden gilt $\frac{1}{F} := \frac{D}{f} \Rightarrow D = \frac{f}{F} = \frac{50mm}{11} = 4.\overline{54}\,mm$.

(d.) Die Abbildungsgleichung lautet $\frac{1}{f} = \frac{1}{g} + \frac{1}{b}$. Wir lösen nach der Brennweite auf und setzen Werte ein: $\Rightarrow \frac{1}{f} = \frac{b+g}{g \cdot b} \Rightarrow f = \frac{g \cdot b}{b+g} = \frac{0.10m \cdot 1.3m}{0.10m + 1.3m} \overset{TR}{\approx} 9.2857\,cm$.

Den Abbildungsmaßstab kennt man als $\beta = \frac{B}{G} = \frac{b}{g} = \frac{1.30m}{0.1m} = 13$, wo $B$ die Bildgröße und $G$ die Gegenstandsgröße ist.

(e.) Da die Linsendicke unbekannt ist, arbeiten wir mit der einfachen Form der Linsenmachergleichung: $\frac{1}{f} = (n_L - 1) \cdot \left( \frac{1}{r_l} + \frac{1}{r_r} \right)$.

Die Vorzeichen der Radien sind von der Linsenmitte aus zu betrachten und positiv im Falle konvexer Krümmung. Da die Linse beidseits konvex ist, tragen beide Radien positive Vorzeichen. Mit $r_l = r_r =: r$ lösen wir auf nach $r$ wie folgt:

$$\frac{1}{f} = (n_L - 1) \cdot \frac{2}{r} \Rightarrow r = 2f \cdot (n_L - 1) \overset{TR}{\approx} 2 \cdot 9.2857\,cm \cdot (1.45 - 1) \overset{TR}{\approx} 8.357\,cm.$$

Dieses $r$ ist der Krümmungsradius jeder der beiden konvexen Seiten.

**Aufgabe 5**

(a.) Die zugeführte elektrische Energie wandelt sich in kinetische um: $q \cdot U = \frac{1}{2} m v^2$

$\Rightarrow v = \sqrt{\frac{2 \cdot q \cdot U}{m}}$ mit $q = 2e =$ Ladung des Helium-Ions und $m = m\left(He^{2+}\right)$.

Werte einsetzen $\Rightarrow$ $v = \sqrt{\frac{2 \cdot 2 \cdot 1.602 \cdot 10^{-19} C \cdot 2100V}{4.002 \cdot 1.66 \cdot 10^{-27} kg}} \overset{TR}{\approx} 4.5 \cdot 10^5 \sqrt{\frac{J}{kg}} = 4.5 \cdot 10^5 \frac{m}{s}$.

(b.) Die Zentripetalkraft wird durch die Lorentzkraft zur Verfügung gestellt. Setzt man die beiden einander gleich, so kann man nach dem Krümmungsradius $r$ der Flugbahn des Ions auflösen, wobei wegen der Orthogonalität der an der Lorentzkraft beteiligten Vektoren das Einsetzen der Beträge ausreicht:

$\frac{m \cdot v^2}{r} = q \cdot |\vec{v}| \cdot |\vec{B}| \quad \Rightarrow \quad \frac{m \cdot v}{r} = q \cdot B$ Einsetzen der Werte liefert

$$r = \frac{m \cdot v}{q \cdot B} = \frac{4.002 \cdot 1.66 \cdot 10^{-27} kg \cdot 4.5 \cdot 10^5 \frac{m}{s}}{2 \cdot 1.602 \cdot 10^{-19} C \cdot 0.34 T} \overset{TR}{\approx} 0.02744 \frac{kg \cdot \frac{m}{s}}{C \cdot \frac{V \cdot s}{m^2}} = 0.02744 \frac{kg \cdot \frac{m}{s}}{J \cdot \frac{s}{m^2}}$$

$$= 0.02744 \frac{kg \cdot \frac{m^3}{s^2}}{J} = 0.02744 m = 2.744 cm$$ für den Radius der Flugbahn.

Dabei ist das Weglassen der Vektorpfeile gleichbedeutend mit einer Betragsbildung.

(c.) Die Strecke eines Umlaufs ist bekannt, die Geschwindigkeit auch, also berechnen wir die Umlaufdauer zu $v = \frac{s}{t} \quad \Rightarrow \quad t = \frac{s}{v} = \frac{2\pi r}{v} = \frac{2\pi \cdot 2.744 \cdot 10^{-2} m}{4.5 \cdot 10^5 \frac{m}{s}} \overset{TR}{\approx} 3.83 \cdot 10^{-7} s$.

**Aufgabe 6**

(a.) Im Außenraum des Zylinders gilt folgende Überlegung:

▪ Aus Symmetriegründen müssen die $\vec{E}$-Feldlinien immer senkrecht auf der Oberfläche stehen, d.h. es ist überall $\vec{E} \parallel d\vec{A}$. Die Richtung des Feldes ist damit klar: Sie zeigt radial von der Symmetrieachse des Zylinders nach außen.

▪ Den Betrag der Feldstärke berechnen wir mit Hilfe des Gauß'schen Satzes. Dafür benötigen wir eine geschlossene Fläche, die die Ladung umschließt. Als solche verwenden wir eine zum Rohr konzentrische Zylinderfläche mit demjenigen Durchmesser $r$, für den die Feldstärke berechnet werden soll.

Wir führen eine Idealisierung ein zur Anwendung des Gauß'schen Satzes: Die Enden des Zylinders ignorieren wir, denn sie stehen senkrecht auf der Mantelfläche des Zylinders, sodass speziell für diese Enden $\vec{E} \perp d\vec{A}$ ist und damit das Skalarprodukt $\vec{E} \cdot d\vec{A}$ verschwindet. Überdies wurde in der Aufgabenstellung ein unendlich langer Zylinder vorausgesetzt, was wohl andeuten soll, dass in guter Näherung die beiden Enden des Zylinders vernachlässigt werden können.

Mit der oben beschriebenen Zylinderfläche vom Durchmesser $r$ wenden wir nun den Gauß'schen Satz an. Da im Außenraum $r > R_0$ ist, wird die gesamte Ladung des Rohres $Q$ von ihr umschlossen, und es gilt $\oint \vec{E} \cdot d\vec{A} = \frac{Q}{\varepsilon_0}$. $\quad (*1)$

Das Ringintegral erstreckt sich über die geschlossene Zylinderfläche und wird wie folgt gelöst: $\oint\limits_{Zylinder} \vec{E} \cdot d\vec{A} \overset{(*2)}{=} \oint\limits_{Zylinder} E \cdot dA \overset{(*3)}{=} E \cdot \oint\limits_{Zylinder} dA \overset{(*4)}{=} E \cdot 2\pi r \cdot l$. $\quad (*5)$

Begründung für die Umformungen:

Die Gleichheit $(*2)$ gilt wegen $\vec{E} \parallel d\vec{A}$.

Die Gleichheit $(*3)$ gilt wegen $E = |\vec{E}| = const.$ auf der Zylinderoberfläche.

Bei $(*4)$ ist das Integral über die Fläche eben die Zylinderoberfläche als Umfang mal Länge.

Setzt man nun $(*5)$ in $(*1)$ ein, so erhält man $\frac{Q}{\varepsilon_0} = E \cdot 2\pi r \cdot l$. $(*6)$

In der Aufgabenstellung gegeben ist nicht die Ladung $Q$, sondern die Flächenladungsdichte $\sigma = \frac{Q}{A}$. Wegen der Rohroberfläche $A = 2\pi R_0 \cdot l$ folgt $\sigma = \frac{Q}{2\pi R_0 \cdot l} \Rightarrow Q = \sigma \cdot 2\pi R_0 \cdot l$.

Damit führt $(*6)$ zu $\frac{\sigma \cdot 2\pi R_0 \cdot l}{\varepsilon_0} = E \cdot 2\pi r \cdot l \Rightarrow E = \frac{\sigma \cdot R_0}{\varepsilon_0 \cdot r}$. $(*7)$

Dies ist der Betrag des Feldes, welches das Rohr in seinem Außenraum erzeugt.

Konsistenzcheck: In manchen Formelsammlungen findet man das Feld eines unendlich langen geraden Drahtes mit $E = \frac{1}{2\pi\varepsilon_0} \cdot \frac{\lambda}{r}$, wobei $\lambda = \frac{Q}{l}$ die Ladung pro Längeneinheit ist. Umrechnung in die Flächenladungsdichte geschieht so: $\sigma = \frac{Q}{A} = \frac{Q}{l \cdot 2\pi R_0} = \frac{\lambda}{2\pi R_0} \Rightarrow \lambda = \sigma \cdot 2\pi R_0$.

Wir setzen diese Umrechung in die Angabe des E-Feldes ein: $E = \frac{1}{2\pi\varepsilon_0} \cdot \frac{\lambda}{r} = \frac{1}{2\pi\varepsilon_0} \cdot \frac{\sigma \cdot 2\pi R_0}{r}$

Kürzen durch $2\pi$ bestätigt das unter $(*7)$ bereits berechnete Ergebnis $E = \frac{\sigma}{\varepsilon_0} \cdot \frac{R_0}{r}$.

Ähnlich wie eine geladene Kugel in ihrem Außenraum dasselbe elektrostatische Feld erzeugt wie eine Punktladung im Kugelmittelpunkt, so erzeugt eine geladener Zylinder in seinem Außenraum dasselbe elektrostatische Feld wie ein Draht in der Zylinder-Mittelachse.

(b.) Auch auf den Innenraum des Zylinders lässt sich die Analogie zur geladenen Kugel übertragen: In beiden Fällen ist das elektrostatische Feld im Innenraum NULL.

Formal lässt sich diese Aussage wieder mit dem Gauß'schen Satz begründen, und zwar wie folgt: Wir legen einen zum Rohr konzentrischen Zylinder mit dem Zylinderradius $r < R_0$ ins Innere des Rohres. Die von diesem $r$ – Zylinder umschlossene Ladung ist $Q = 0$, denn die Ladung befindet sich auf dem Rohr außerhalb dieses Zylinders. Demnach muss $\oint \vec{E} \cdot d\vec{A} = \frac{Q}{\varepsilon_0} = 0$ sein. Das Ring-Flächenintegral verschwindet, wenn $\vec{E}$ überall auf dem $r$ – Zylinder verschwindet, d.h. es muss dort überall $\vec{E} = \vec{0}$ sein.

**Aufgabe 7**

(a.) Wir beziehen uns auf die Eigenfrequenz der harmonischen Schwingung des Schwingkreises:

$$\omega_0 = \sqrt{\frac{1}{L \cdot C}} \Rightarrow \omega_0^2 = \frac{1}{L \cdot C} \Rightarrow L = \frac{1}{\omega_0^2 \cdot C} = \frac{1}{(2\pi \cdot f_0)^2 \cdot C}.$$

Werte einsetzen: $L = \frac{1}{\left(2\pi \cdot 20 \cdot 10^3\, Hz\right)^2 \cdot 3000 \cdot 10^{-12}\, F} \overset{TR}{\approx} 21.1 \cdot 10^{-3} \frac{s^2}{\frac{C}{V}} = 21.1 \cdot 10^{-3} \frac{V}{\frac{A}{s}} = 21.1\, milli\, Henry$.

Aus Gründen der Arbeitseffektivität lösen wir zuerst Aufgabenteil (c.) und danach (b.).

(c.) Die Gesamtenergie der Schwingung oszilliert zwischen dem Kondensator und der Spule hin und her. Da wir die Daten des Kondensators kennen, können wir die Gesamtenergie der Schwingung ausrechnen als Energie des Kondensators in demjenigen Moment, in dem alle

Energie in ihm steckt. Das ist der Fall, wenn die maximale Spannung von $U = 120V$ über ihm anliegt. Die Energie des Kondensators ist in diesem Augenblick

$$E = \frac{1}{2}CU^2 = \frac{1}{2} \cdot 3000 \cdot 10^{-12} F \cdot (120V)^2 = 21.6 \cdot 10^{-6} \frac{C}{V} \cdot \left(V \cdot \frac{J}{C}\right) = 21.6 \mu J \quad (21.6 \; mikro\,Joule).$$

Dies ist einerseits die maximale Energie des Kondensators, andererseits aber auch die maximale Energie der Spule, denn genau eine viertel Schwingungsperiode nachdem der Kondensator die gesamte Energie der Schwingung enthält, ist diese Energie vollständig in die Spule geflossen.

(b.) Aus dieser Kenntnis der maximalen Spulenenergie bestimmen wir den maximalen Spulenstrom: $E = \frac{1}{2} L \cdot I^2 \;\; \Rightarrow \;\; I = \sqrt{\frac{2E}{L}}$

Werte einsetzen liefert den maximalen Strom:

$$I = \sqrt{\frac{2 \cdot 21.6 \cdot 10^{-6} J}{21.1 \cdot 10^{-3} H}} \overset{TR}{\approx} 0.04525 \cdot \sqrt{\frac{J\,A}{V\,s}} = 0.04525 \cdot \sqrt{\frac{J\,A}{\frac{J}{C}s}} = 0.04525 \cdot \sqrt{\frac{J\,A}{\frac{J}{C}s}} = 0.04525 \cdot \sqrt{\frac{C \cdot A}{s}} = 0.04525\,A\,.$$

**Aufgabe 8**

Für Atome mit mehreren Elektronen wird die Energie $E$ der für die Röntgen-Absorptionskanten verantwortlichen „tieferliegenden" Elektronen angegeben mit $\frac{E}{h} = R \cdot (Z-s)^2 \cdot \frac{1}{n^2}$, wo $Z$ die Kernladungszahl ist, $R = 3.2898423 \cdot 10^{15} s^{-1}$ die Rydberg-Konstante, $h$ das Planck'sche Wirkungsquantum, $n$ die Hauptquantenzahl und $s$ die Abschirmungszahl. Die Letztgenannte ist durch den Einfluss der anderen Elektronen auf das betrachtete Elektron bedingt.

Speziell die $K_\alpha$-Linie bezeichnet den Übergang zwischen $n=1$ und $n=2$, sodass die dafür entscheidende Energie $E(n=2)-E(n=1)$ ist. Demzufolge ist die zugehörige Frequenz des Überganges

$$\nu = \frac{E(n=2)-E(n=1)}{h} = R \cdot (Z-s)^2 \cdot \left(\frac{1}{n_1^2} - \frac{1}{n_2^2}\right)_{(*3)} = R \cdot (Z-s)^2 \cdot \left(\frac{1}{1^2} - \frac{1}{2^2}\right) = \frac{3}{4} R \cdot (Z-s)^2 .$$

Der Zusammenhang wurde systematisch für verschiedene Absorptionskanten verschiedener Atome im Moseley-Diagramm untersucht, woraus man unter anderem die Abschirmzahlen $s$ für die verschiedenen charakteristischen Röntgenlinien ermittelt hat. Für die $K_\alpha$-Linie ist $s = 1$.

Daraus folgern wir für unsere Aufgabe $\nu \propto (Z-1)^2 \;\; \Rightarrow \;\; \frac{\nu}{(Z-1)^2} = const.$

Dies erlaubt das Aufstellen einer Verhältnisgleichung

$\frac{\nu_{Fe}}{(Z_{Fe}-1)^2} = \frac{\nu_X}{(Z_X-1)^2}$ mit Fe für Eisen und X für das unbekannte Element.

$$\Rightarrow \;\; (Z_X - 1)^2 = \underbrace{\frac{\nu_X}{\nu_{Fe}} \cdot (Z_{Fe}-1)^2 = \frac{\lambda_{Fe}}{\lambda_X} \cdot (Z_{Fe}-1)^2}_{\text{Umformung aufgrund } c=\lambda\cdot\nu \;\Rightarrow\; \lambda \propto \frac{1}{\nu}} = \frac{194\,pm}{229\,pm} \cdot (26-1)^2$$

$$\Rightarrow \quad Z_X - 1 = \sqrt{\frac{194\,pm}{229\,pm} \cdot (26-1)^2} \overset{TR}{\approx} 23.010 \quad \Rightarrow \quad Z_X = 24. \quad (Z \text{ ist eine natürliche Zahl.})$$

Die Ordnungszahl 24 verrät, dass das zu bestimmende chemisches Element das Chrom ist.

(b.) Die kürzest mögliche Wellenlänge $\lambda_{\min}$ entspricht dem vollständigen Stoppen eines Elektrons auf einmal unter Emission eines Photons. Damit ist klar, dass gelten muss:

$$E = h \cdot \nu_{\max} = h \cdot \frac{c}{\lambda_{\min}} \quad \Rightarrow \quad \lambda_{\min} = \frac{h \cdot c}{E} = \frac{6.626 \cdot 10^{-34} Js \cdot 2.998 \cdot 10^8 \frac{m}{s}}{70 \cdot 10^3 eV \cdot 1.602 \cdot 10^{-19} \frac{J}{eV}} \overset{TR}{\approx} 1.77 \cdot 10^{-11} = 17.7\,pm$$

(c.) Bragg-Reflexionen sind Beugungsmaxima, die wir als solche bestimmen. Dafür ist eine Skizze hilfreich, die man in Bild 6-2 findet. Der Winkel $\vartheta$ dort heißt jetzt $\theta$. Alle anderen Bezeichnungen können direkt übernommen werden. Die gefragte Konstruktion ist die klassische Zweistrahlinterferenz, die nachfolgend kurz wiedergegeben sei:

$$\left.\begin{array}{l} \sin(\theta) = \frac{g/2}{d} \quad \Rightarrow \quad g = 2d \cdot \sin(\theta) \\ \text{Maxima liegen bei } g = n \cdot \lambda \end{array}\right\} \quad \Rightarrow \quad 2d \cdot \sin(\theta) = n \cdot \lambda \quad \Rightarrow \quad \sin(\theta) = \frac{n \cdot \lambda}{2d}$$

Mit $n = 1$ gemäß Aufgabenstellung setzen wir Werte ein:

$$\sin(\theta) = \frac{\lambda}{2d} = \frac{194 \cdot 10^{-12} m}{2 \cdot 0.7 \cdot 10^{-9} m} \quad \Rightarrow \quad \theta \overset{TR}{\approx} 7.965°.$$

Dies ist der kleinste Winkel, unter dem Bragg-Reflexionen auftreten.

**Aufgabe 9**

Was in der Aufgabenstellung als mittlere Leistungsdichte vorgegeben wurde, ist gleichzeitig der Betrag des Poynting-Vektors $\vec{S} = \vec{E} \times \vec{H}$.

(a., b.) Da $\vec{E} \perp \vec{H}$, gilt $|\vec{S}| = |\vec{E}| \cdot |\vec{H}|$ oder kurz $S = E \cdot H$. Da die magnetische Energiedichte der elektrischen gleich sein muss, gilt:

$$w = \tfrac{1}{2}\varepsilon_0 \cdot E^2 + \tfrac{1}{2}\mu_0 H^2 = \varepsilon_0 \cdot E^2 = \mu_0 H^2 \quad (*1),$$

wo $E$ = Amplitude der elektr. Feldstärke und $B$ = Amplitude der magnetischen Feldstärke.

Damit ist der Zusammenhang zwischen den Feldstärken $E$ und $H$ klar und man kann den Poynting-Vektor durch jeweils eine der beiden Feldstärken ausdrücken:

$$S = E \cdot H = \begin{cases} \sqrt{\frac{\mu_0}{\varepsilon_0}} \cdot H \cdot H \quad \Rightarrow \quad H = \sqrt{S \cdot \sqrt{\frac{\varepsilon_0}{\mu_0}}} = \sqrt{1350 \frac{W}{m^2} \cdot \sqrt{\frac{\varepsilon_0}{\mu_0}}} \overset{TR}{\approx} 1.893 \frac{A}{m} \\ E \cdot \sqrt{\frac{\varepsilon_0}{\mu_0}} \cdot E \quad \Rightarrow \quad E = \sqrt{S \cdot \sqrt{\frac{\mu_0}{\varepsilon_0}}} = \sqrt{1350 \frac{W}{m^2} \cdot \sqrt{\frac{\mu_0}{\varepsilon_0}}} \overset{TR}{\approx} 713.15 \frac{V}{m}. \end{cases}$$

Wer mehr Details lesen möchte, betrachte Aufgabe 3.46.

(c.) Die Energiedichte der elektromagnetischen Welle berechnen wir nach $(*1)$, denn die Energie schwingt zwischen dem elektrischen und dem magnetischen Feld hin- und her. Zur

Kontrolle berechnen wir sowohl die elektrische als auch die magnetische Energiedichte, denn beide müssen zum selben Ergebnis führen:

$$w = \varepsilon_0 \cdot E^2 = 8.854 \cdot 10^{-12} \tfrac{A \cdot s}{V \cdot m} \cdot \left(713.15 \tfrac{V}{m}\right)^2 \overset{TR}{\approx} 4.503 \cdot 10^{-6} \tfrac{A \cdot s \cdot V^2}{V \cdot m \cdot m^2} = 4.503 \cdot 10^{-6} \tfrac{J}{m^3}$$

$$w = \mu_0 H^2 = 4\pi \cdot 10^{-7} \tfrac{V \cdot s}{A \cdot m} \cdot \left(1.893 \tfrac{A}{m}\right)^2 \overset{TR}{\approx} 4.503 \cdot 10^{-6} \tfrac{J}{m^3}.$$

Umrechnung auf das Volumen $1cm^3$ führt zu der gefragten Energie $W$ pro Kubikzentimeter:

$$W = w \cdot V \overset{TR}{\approx} 4.503 \cdot 10^{-6} \tfrac{J}{m^3} \cdot 1cm^3 = 4.503 \cdot 10^{-6} \cdot 10^{-6} J = 4.503 \cdot 10^{-12} J.$$

(d.) Der Betrag des Poynting-Vektors wird auch als Intensität $I$ bezeichnet und heißt dann

$$S = I = \frac{P}{A} = \frac{Leistung}{Fläche} \quad \Rightarrow \quad P = A \cdot S = 4\pi R^2 \cdot S = 4\pi \cdot \left(150 \cdot 10^9 m\right)^2 \cdot 1350 \tfrac{W}{m^2} \overset{TR}{\approx} 3.817 \cdot 10^{26} \frac{Joule}{Sekunde}.$$

Dies ist die von der Sonne abgestrahlte mittlere Leistung als Energie pro Zeit.

Dabei ist die Fläche $A = 4\pi R^2$ die Kugeloberfläche einer Kugel um die Sonne mit den Radius $R = 150 \cdot 10^9 m$, denn aus der Aufgabenstellung ist uns die Intensität der Sonnenstrahlung in diesem Abstand zur Sonne bekannt.

(e.) Wenn eine Reaktion die Energie von $12.86\,MeV$ freisetzt, so benötigt man zur Erzeugung der Hälfte der in Aufgabenteil (d.) berechneten Energie pro Sekunde ca. $N$ Reaktionen, mit

$$N = \frac{\frac{1}{2} \cdot 3.817 \cdot 10^{26} J}{12.86 \cdot 10^6 eV \cdot 1.602 \cdot 10^{-19} \frac{J}{eV}} \overset{TR}{\approx} 9.264 \cdot 10^{37} \text{ Reaktionen}.$$

(f.)

• Da auf dem Aufgabenblatt bewusst die Bindungsenergie des ${}^3He$ und nicht des ${}^4He$ gegeben ist, muss davon ausgegangen werden, dass die Kenntnis der letztgenannten Größe nicht vorausgesetzt werden darf. Die Bindungsenergie des ${}^3He$ entspricht nach der Energie-Masse-Äquivalenz einer Masse von $\frac{B}{c^2} = \frac{7.718 \cdot 10^6 eV \cdot 1.60217653 \cdot 10^{-19} \frac{J}{eV}}{\left(2.99792458 \cdot 10^8 \frac{m}{s}\right)^2} \overset{TR}{\approx} 8.2856139 \cdot 10^{-3} \cdot m_u$.

Dabei wurde vorausgesetzt, dass $m_u = 1.66053886 \cdot 10^{-27} kg$ ist.

▪ Da aber die Masse des Protons und des Elektrons verwendet werden soll, muss des weiteren davon ausgegangen werden, dass die Massen der Elementarteilchen $m_n = 1.00866491 \cdot m_u$, $m_p = 1.00727646 \cdot m_u$ und $m_e = 5.4858 \cdot 10^{-4} m_u$ als bekannt vorausgesetzt werden dürfen.

▪ Um eine Beziehung zwischen den Kernen ${}^3He$ und ${}^4He$ herstellen zu können, steht uns aus Aufgabenteil (e.) die Reaktion ${}^3_2He + {}^3_2He \rightarrow {}^4_2He + 2\,{}^1_1H$ mit dem genanntem Q-Wert von $Q = 12.86\,MeV$ zur Verfügung. Nach der Energie-Masse-Äquivalenz entspricht dieser einer Masse von $\frac{Q}{c^2} = \frac{12.86 \cdot 10^6 eV \cdot 1.60217653 \cdot 10^{-19} \frac{J}{eV}}{\left(2.99792458 \cdot 10^8 \frac{m}{s}\right)^2} \overset{TR}{\approx} 1.3805778 \cdot 10^{-2} \cdot m_u$.

▪ Basierend auf der Reaktion ${}^3_2He + {}^3_2He \to {}^4_2He + 2\,{}^1_1H$ fügen wir nun die genannten Größen zusammen. Nach dieser muss folgende Energieerhaltung erfüllt sein:

$$m\left({}^3_2He\right)+m\left({}^3_2He\right)=m\left({}^4_2He\right)+2\cdot m\left({}^1_1H\right)+\frac{Q}{c^2} \quad \Big| \text{Auflösen nach } m\left({}^4_2He\right)$$

$$\Rightarrow \quad m\left({}^4_2He\right)=2\cdot m\left({}^3_2He\right)-2\cdot m\left({}^1_1H\right)-\frac{Q}{c^2}$$

Ein ${}^3He$ besteht aus zwei ${}^1_1H$ und einem Neutron:

Einsetzen von $m\left({}^3_2He\right)=2\cdot m\left({}^1_1H\right)+m_n-\frac{B\left({}^3He\right)}{c^2}$

$$\Rightarrow \quad m\left({}^4_2He\right)=2\cdot\left(2\cdot m\left({}^1_1H\right)+m_n-\frac{B\left({}^3He\right)}{c^2}\right)-2\cdot m\left({}^1_1H\right)-\frac{Q}{c^2}$$

$$=4\cdot m\left({}^1_1H\right)+2\cdot m_n-2\cdot\frac{B\left({}^3He\right)}{c^2}-2\cdot m\left({}^1_1H\right)-\frac{Q}{c^2}$$

$$=2\cdot m\left({}^1_1H\right)+2\cdot m_n-2\cdot\frac{B\left({}^3He\right)}{c^2}-\frac{Q}{c^2} = 2\cdot m_p+2\cdot m_e+2\cdot m_n-\frac{Q+2\cdot B\left({}^3He\right)}{c^2}$$

Werte eingesetzt:

$$m\left({}^4_2He\right)=2\cdot 1.00727646\cdot m_u+2\cdot 5.4858\cdot 10^{-4} m_u+2\cdot 1.00866491\cdot m_u$$
$$-\left(1.3805778\cdot 10^{-2}\cdot m_u+2\cdot 8.2856139\cdot 10^{-3}\cdot m_u\right)\overset{TR}{\approx} 4.0026029\cdot m_u\,.$$

Zum Vergleich: Der Literaturwert für die Masse des Heliumatoms liegt bei $4.0026032\cdot m_u$.

# Lösung zur Klausur 10.6

## Teil 1: Antworten auf die Verständnisfragen

(1.) $T=\frac{1}{f}$

(2.) Siehe nebenstehende Skizze.

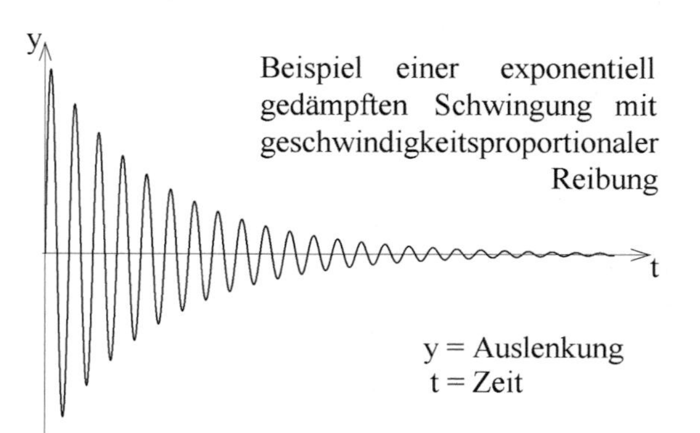


(3.) $v_p=\lambda\cdot f$

(4.) Amplitude $A\propto\frac{1}{r}$ ($r$ = Abstand)

Grund: Intensität $I\propto\frac{1}{r^2}$ und $I\propto A^2$

(5.) Coulombgesetz: $F=\frac{q_1\cdot q_2}{4\pi\varepsilon_0\cdot r^2}$

(6.) $U = -\int\limits_{\vec{r_1}}^{\vec{r_2}} \vec{E} \cdot d\vec{r}$

(7.) Eine kreisförmige Leiterschleife

(8.) Siehe nebenstehende Skizze. Die zugehörige Erklärung ist folgende:
Eine stromdurchflossene Leiterschleife erzeugt ein magnetisches Dipolmoment, welches im Feld eines Permanentmagneten ein Drehmoment erfährt. Wird die Leiterschleife auf einer drehbaren Achse gelagert, so dreht sie sich. Nach der bisherigen Beschreibung würde das Drehmoment auf die Leiterschleife in dem Moment verschwinden, in dem ihr Dipolmoment nach dem äußeren Magnetfeld ausgerichtet ist. Um ein Weiterdrehen der Leiterschleife zu ermöglichen, ist sie mit einem sog. Kommutator verbunden, der den Stromfluss in der Leiterschleife im Augenblick des Verschwindens des Drehmoments umpolt. Verantwortlich dafür ist der Kontakt mit den feststehenden Bürsten. Dadurch entsteht ein neues Drehmoment, welches die Leiterschleife weiterdreht.

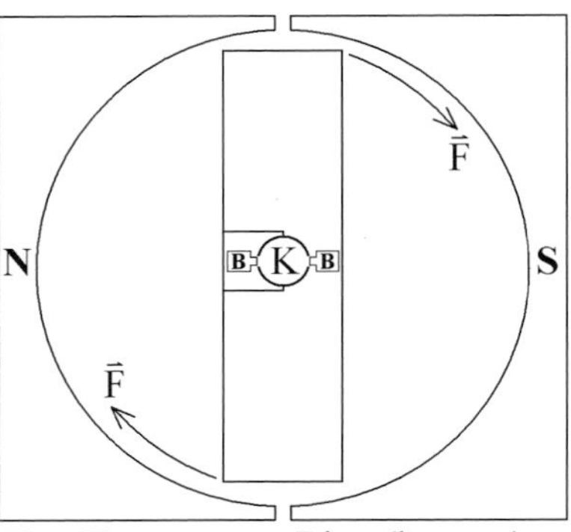


K = Kommutator-Ring (bewegt)
B = Bürsten (feststehend)
$\vec{F}$ = Kraft

Darüberhinausgehende technische Verfeinerungen können die Laufeigenschaften des Elektromotors verbessern.

(9.) Elektrische und magnetische Felder.

(10.) Siehe nebenstehende Skizze.
Die zugehörige Erklärung ist folgende:

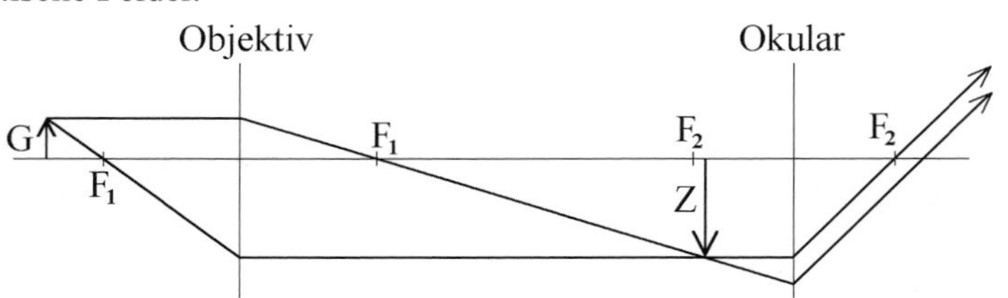


Ein Objektiv erzeugt von einem Gegenstand „G“ ein reelles vergrößertes Zwischenbild „Z“. Dieses wird mit einem Okular nochmals vergrößert, allerdings zu einem virtuellen Bild, welches man dann mit dem Auge sehen kann. $F_1$ und $F_2$ sind die Brennpunkte der beiden Linsen.

## Teil 2: Antworten auf die Rechenaufgaben

### Aufgabe 1

(a.) Wenn man die Masse wie in der Aufgabenstellung beschrieben auslenkt und dann loslässt, so bildet sich eine harmonische Schwingung aus mit der Eigen-Kreisfrequenz $\omega = \sqrt{\frac{D}{m}} = \sqrt{\frac{2N}{0.5kg \cdot m}} = \sqrt{4 \cdot \frac{kg \cdot m}{kg \cdot m \cdot s^2}} = 2\,Hz \;\Rightarrow$ Frequenz $f = \frac{\omega}{2\pi} = \frac{2Hz}{2\pi} = \frac{1}{\pi}Hz$ .

(b.) Die Bahnkurve der Schwingung lautet $s(t) = A \cdot \cos(\omega t)$, wobei die Berücksichtigung des Nullphasenwinkels in der Verwendung des Cosinus enthalten ist. $A = 20\,cm$ ist die Amplitude der Auslenkung. Die Ableitung nach der Zeit führt zur Geschwindigkeit $\dot{s}(t) = -A\,\omega \sin(\omega t)$.

Zur Zeit $t = 3s$ ist $\dot{s}(t = 3s) = -20cm \cdot 2s^{-1} \cdot \sin\left(2s^{-1} \cdot 3s\right) \overset{TR}{\approx} +11.1766 \frac{cm}{s}$ (Radianten verwenden).

(c.) Die maximale Geschwindigkeit erreicht der Oszillator, wenn der Sinus sein Maximum erreicht, also bei $\sin(...) = 1 \Rightarrow \dot{s}_{\max} = A \cdot \omega = 20cm \cdot 2s^{-1} \overset{TR}{\approx} 40.0 \frac{cm}{s}$ (dem Betrage nach).

**Aufgabe 2**

(a.) Der Betrag der komplexen Amplitude ist die reelle Amplitude. Zur Betragsbildung wenden wir die Rechenregel $z = a + i \cdot b \in \mathbb{C} \Rightarrow |z| = \sqrt{a^2 + b^2}$ auf den Nenner der in der Aufgabenstellung gegebenen Amplitude $B$ an und erhalten $|B| = \sqrt{\frac{K^2}{\left(\omega_0^2 - \omega_A^2\right)^2 + \left(2\gamma\omega_A\right)^2}}$.

(b.) Werte einsetzen: $\left|B(\omega_A = 5Hz)\right| = \sqrt{\frac{\left(1\frac{m}{s^2}\right)^2}{\left((10Hz)^2 - (5Hz)^2\right)^2 + \left(2 \cdot 0.1s^{-1} \cdot 5Hz\right)^2}} \overset{TR}{\approx} 1.333 \cdot 10^{-2} m$

$$\left|B(\omega_A = 10Hz)\right| = \sqrt{\frac{\left(1\frac{m}{s^2}\right)^2}{\left((10Hz)^2 - (10Hz)^2\right)^2 + \left(2 \cdot 0.1s^{-1} \cdot 10Hz\right)^2}} \overset{TR}{\approx} 0.5m.$$

(c.) Wegen der Erkennbarkeit auf dem Papier wurde $\omega_A$ von $0...20s^{-1}$ gezeichnet. Die Kreisfrequenz $\omega_0$ befindet sich bei $10\,Hz$.

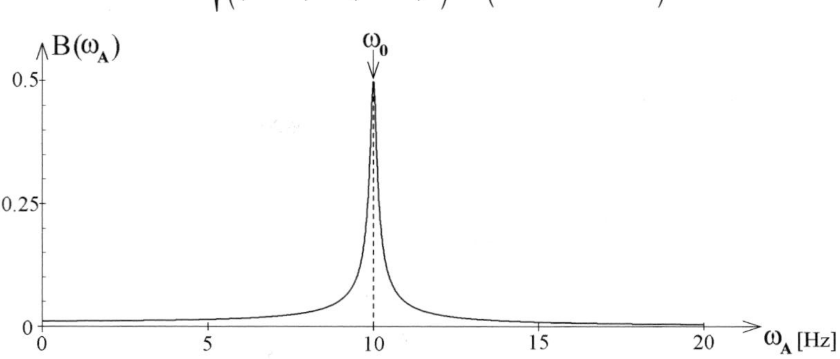


**Stolperfallen**

- Man beachte, dass die Amplitude für $\omega_A \to 0$ nicht gegen Null geht, für $\omega_A \to \infty$ aber doch.
- $\omega_0$ ist nicht die Resonanzfrequenz, auch wenn man den Unterschied im Maßstab der Zeichnung mit bloßem Auge nicht erkennt.

**Aufgabe 3**

(a.) Die Ausbreitungsgeschwindigkeit $v$ der elektromagnetischen Wellen im Weltraum ist die Vakuumlichtgeschwindigkeit $c$, also gilt $v=\frac{s}{t}=\frac{\text{Strecke}}{\text{Zeit}} \Rightarrow t=\frac{s}{v}=\frac{37\cdot 10^6 m}{2.998\cdot 10^8 \frac{m}{s}} \overset{TR}{\approx} 0.12342\,\text{sec}.$

Dies ist die gefragte Signallaufzeit.

(b.) Für die Wellenlänge $\lambda$ gilt $c=\lambda f \Rightarrow \lambda=\frac{c}{f}=\frac{2.998\cdot 10^8 \frac{m}{s}}{1.5\cdot 10^6 \frac{1}{s}} \overset{TR}{\approx} 199.86\,m$.

(c.) Mit $I=$ Intensität, $A=$ Amplitude und $r=$ Abstand gelten die Proportionalitäten:

$$\left.\begin{matrix} I \propto A^2 \\ I \propto \frac{1}{r^2} \end{matrix}\right\} \Rightarrow A^2 \propto I \propto \frac{1}{r^2} \Rightarrow A \propto \frac{1}{r}, \text{ bzw. } A\cdot r = const.$$

Daraus stellen wir die folgende Verhältnisgleichung auf: $A_1\cdot r_1 = A_2 \cdot r_2$

$\Rightarrow A_2 = A_1\cdot\frac{r_1}{r_2}=10^{-5}\frac{V}{m}\cdot\frac{37\cdot 10^6 m}{10 m}=37\frac{V}{m}$ als Amplitude der Feldstärke im Abstand von $10m$.

**Aufgabe 4**

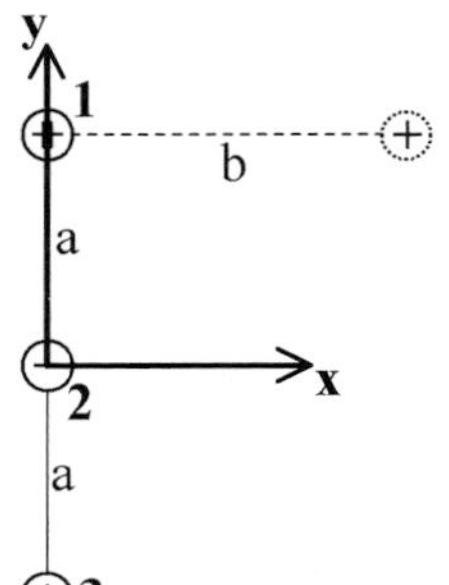


- Das verwendete Koordinatensystem ist nebenstehend eingezeichnet. Dort sind auch Ziffern „1“, „2“ und „3“ eingetragen, die für die Nummerierung der Kräfte in der nachfolgenden Berechnung dienen.
- Das Coulombgesetz findet man in vektorieller Schreibweise mitunter in der Formulierung $\vec{F}=\frac{Q_1\cdot Q_2\cdot\vec{r}}{4\pi\varepsilon_0\cdot|\vec{r}|^3}$.
- In unserer Aufgabe ist $Q_1=-Q_2=Q=10^{-6}C$.
- Für die Vektoren reicht eine zweidimensionale (x,y-) Betrachtung.
- Die Kraft zwischen der Ladung Nr.1 und der Testladung kann besonders einfach in vektorieller Form ausgedrückt werden, da sie in x-Richtung wirkt: $\vec{F}_1=\frac{Q^2}{4\pi\varepsilon_0\cdot b^2}\cdot\begin{pmatrix}1\\0\end{pmatrix}$
- Der Vektor von Ladung Nr. 2 zur Testladung ist $\vec{r}=\begin{pmatrix}b\\a\end{pmatrix}$ und sein Betrag $|\vec{r}|=\sqrt{b^2+a^2}$.

Damit ist die zugehörige Coulombkraft $\vec{F}_2=\frac{-Q^2}{4\pi\varepsilon_0\cdot\left(b^2+a^2\right)^{3/2}}\cdot\begin{pmatrix}b\\a\end{pmatrix}$.

Anmerkung: Das negative Vorzeichen ist nötig, da $\vec{F}_2$ im Gegensatz zu den anderen beiden Kräften anziehend wirkt, denn $Q_2$ ist negativ.

▪ Der Vektor von Ladung Nr. 3 zur Testladung ist $\vec{r} = \begin{pmatrix} b \\ 2a \end{pmatrix}$ und sein Betrag $|\vec{r}| = \sqrt{b^2 + 4a^2}$ .

Damit ist die zugehörige Coulombkraft $\vec{F}_3 = \dfrac{Q^2}{4\pi\varepsilon_0 \cdot \left(b^2 + 4a^2\right)^{3/2}} \cdot \begin{pmatrix} b \\ 2a \end{pmatrix}$.

▪ Da die Addition der Kräfte in Formeln zu recht unhandlichen Ausdrücken führt, wollen wir zuerst die in der Aufgabenstellung gegebenen Werte einsetzen und danach erst addieren:

$$\vec{F}_1 = \begin{pmatrix} 3.99446746133 \cdot 10^{-3} N \\ 0 N \end{pmatrix}; \quad \vec{F}_2 = \begin{pmatrix} -2.300952341717 \cdot 10^{-3} N \\ -1.53396822781 \cdot 10^{-3} N \end{pmatrix}; \quad \vec{F}_3 = \begin{pmatrix} 8.628049716477 \cdot 10^{-4} N \\ 1.1504066288637 \cdot 10^{-3} N \end{pmatrix}$$

Deren Summe lautet $\vec{F}_1 + \vec{F}_2 + \vec{F}_3 = \begin{pmatrix} 2.55632009126 \cdot 10^{-3} N \\ -3.83561598948 \cdot 10^{-4} N \end{pmatrix}$. Das ist die gefragte Kraft.

(b.) Kräftefreie Positionen für die Testladung können aus Symmetriegründen nur auf der x-Achse liegen, denn nur so kann eine Kraftkomponente in y-Richtung vermieden werden. Um die Aufgabe zu lösen, müssen wir also bestimmen, welche Positionen auf der x-Achse für ein kräftefreies Liegen der Testladung möglich sind.

Dazu stellen wir in gleicher Weise wie bei Aufgabenteil (a.) die drei Einzelkräfte auf, jetzt aber mit der Testladung auf der x-Achse. Wir begnügen uns nun mit der Betrachtung der x-Komponente der Kräftesumme, die Null werden muss:

$$\vec{F}_1 = \frac{+Q^2}{4\pi\varepsilon_0 \cdot \left(x^2 + a^2\right)^{3/2}} \cdot \begin{pmatrix} +x \\ -a \end{pmatrix} \quad \text{und} \quad \vec{F}_2 = \frac{+Q^2}{4\pi\varepsilon_0 \cdot x^2} \cdot \begin{pmatrix} -1 \\ 0 \end{pmatrix} \quad \text{und} \quad \vec{F}_3 = \frac{+Q^2}{4\pi\varepsilon_0 \cdot \left(x^2 + a^2\right)^{3/2}} \cdot \begin{pmatrix} +x \\ +a \end{pmatrix}.$$

Im Übrigen sieht man, dass die y-Komponente der Kräftesumme Null wird.

Die Vorzeichen drücken aus, ob die Kräfte in positiver oder in negativer Richtung der jeweiligen Komponente wirken. Da die Summe der x-Komponenten der drei Kräfte verschwinden muss, schreiben wir für die x-Komponenten:

$$F_{1,x} + F_{2,x} + F_{3,x} = \frac{+Q^2 \cdot x}{4\pi\varepsilon_0 \cdot \left(x^2 + a^2\right)^{3/2}} + \frac{-Q^2}{4\pi\varepsilon_0 \cdot x^2} + \frac{+Q^2 \cdot x}{4\pi\varepsilon_0 \cdot \left(x^2 + a^2\right)^{3/2}} = 0 .$$

Wir kürzen durch $\dfrac{Q^2}{4\pi\varepsilon_0}$ und lösen nach $x$ auf:

$$\frac{x}{\left(x^2 + a^2\right)^{3/2}} + \frac{-1}{x^2} + \frac{x}{\left(x^2 + a^2\right)^{3/2}} = 0 \;\Rightarrow\; \frac{2x}{\left(x^2 + a^2\right)^{3/2}} - \frac{1}{x^2} = 0 \;\Rightarrow\; \frac{2x}{\left(x^2 + a^2\right)^{3/2}} = \frac{1}{x^2}$$

$$\Rightarrow \quad 2x^3 = \left(x^2 + a^2\right)^{3/2} \qquad \Big| \text{Wir rechnen nun die ganze Gleichung hoch } \tfrac{2}{3}.$$

$$\Rightarrow \quad 2^{\frac{2}{3}} x^2 = \left(x^2 + a^2\right) \Rightarrow 2^{\frac{2}{3}} x^2 - x^2 = a^2 \Rightarrow \left(2^{\frac{2}{3}} - 1\right) \cdot x^2 = a^2 \Rightarrow x^2 = \frac{a^2}{2^{\frac{2}{3}} - 1} \Rightarrow x = \pm \frac{a}{\sqrt{2^{\frac{2}{3}} - 1}}$$

Mit $a = 1m$ folgt $x \overset{TR}{\approx} \pm 1.304766m$ .

Plausibilitätsprüfung: Aus Gründen der Spiegelsymmetrie zur y-Achse müssen sich zwei Positionen für $x$ ergeben, die beide gleich weit von der y-Achse entfernt liegen.

Anmerkung: Zeichnet man die x-Komponente der Kräftesumme $F_{1,x} + F_{2,x} + F_{3,x}$ als Funktion von $x$ auf, so stellt man fest, dass für Abstände $|x| < \frac{a}{\sqrt{2^{\frac{2}{3}} - 1}}$ die Testladung zur y-Achse hingezogen wird, für Abstände $|x| > \frac{a}{\sqrt{2^{\frac{2}{3}} - 1}}$ hingegen die Testladung eine Gesamtkraft von der y-Achse weg erfährt.

**Aufgabe 5**

(a.) Die Kapazität des Plattenkondensators ist

$$C = \varepsilon_0 \cdot \frac{A}{d} = \varepsilon_0 \cdot \frac{0.01m^2}{0.05m} \overset{TR}{\approx} 1.771 \cdot 10^{-12} \frac{A \cdot s}{V \cdot m} \cdot m = 1.771 \cdot 10^{-12} \frac{C}{V} = 1.771 \cdot 10^{-12} F \; .$$

(b.) Die Spannung zwischen den Platten berechnen wir aus der Definition der Kapazität:

$$C = \frac{Q}{U} \quad \Rightarrow \quad U = \frac{Q}{C} = \frac{10nC}{1.771 \cdot 10^{-12} F} \overset{TR}{\approx} 5647V \; .$$

Das elektrische Feld im Plattenkondensator ist homogen und lautet dem Betrage nach:

$$E = \frac{U}{d} \overset{TR}{\approx} \frac{5647V}{0.05m} = 112940 \frac{V}{m} \; .$$

(c.)

▪ Unmittelbar im Moment des Eintauchens ins Wasser ist die Ladung auf den Kondensatorplatten noch voll erhalten. Mit $\varepsilon_r = 81$ erhöht sich die Kapazität des Kondensators im Wasser auf $C_{\text{mit Materie}} = \varepsilon_0 \varepsilon_r \cdot \frac{A}{d} = \varepsilon_r \cdot C \overset{TR}{\approx} 81 \cdot 1.771 \cdot 10^{-12} F \overset{TR}{\approx} 1.4345 \cdot 10^{-10} F$ .

▪ Da die Ladung bei erhöhter Kapazität unverändert bleibt, ist die Spannung zwischen den Platten nur noch $U_{\text{im Wasser}} = \frac{Q}{C_{\text{mit Materie}}} = \frac{U}{\varepsilon_r} \overset{TR}{\approx} \frac{5647V}{81} \overset{TR}{\approx} 69.7V$ . Es ist klar, dass dies voraussetzt, dass der Kondensator nicht an einer Spannungsquelle angeschlossen ist, ansonsten wäre die Situation völlig anders.

▪ Durch das Absenken der Spannung wird auch die Feldstärke abgesenkt. Wieder ist $E = \frac{U}{d}$, diesmal allerdings für die Werte im Wasser:

$$E = \frac{U_{\text{im Wasser}}}{d} = \frac{Q}{C_{\text{mit Materie}} \cdot d} = \frac{Q}{\varepsilon_r \cdot C \cdot d} = \frac{U_{\text{ohne Materie}}}{\varepsilon_r \cdot d} = \frac{E_{\text{ohne Materie}}}{\varepsilon_r} \overset{TR}{\approx} \frac{112940}{81} \frac{V}{m} \overset{TR}{\approx} 1394.3 \frac{V}{m} \; .$$

▪ Der Stromfluss als Funktion der Zeit entspricht einer typischen Entladekurve eines Kondensators. Diese ist in der vorliegenden Aufgabenstellung nicht gefragt. Im allerersten Moment der leitenden Verbindung, also direkt nach dem Eintauchen, liegt noch die volle Spannung zwischen den Kondensatorplatten an und es gilt

$$\left.\begin{array}{l} I=\frac{U}{R} \\ R=\rho\cdot\frac{l}{A} \end{array}\right\} \Rightarrow \quad I=\frac{U\cdot A}{\rho\cdot l}$$, wo $l$ die Leiterlänge und $A$ seine Querschnittsfläche ist.

Einzusetzen sind natürlich die Werte im Wasser:

$$I=\frac{U\cdot A}{\rho\cdot l}\overset{TR}{\approx}\frac{69.7V\cdot 0.01m^2}{10^5\Omega\cdot m\cdot 0.05m}=1.394\cdot 10^{-4}\tfrac{V}{\Omega}=0.1394\,milli\,Ampere\,.$$

**Aufgabe 6**

(a.) Da alle an der Lorentzkraft beteiligten Vektoren senkrecht aufeinander stehen, können wir mit deren Beträgen rechnen und schreiben somit für die gefragte Lorentzkraft:

$$\left|\vec{F}\right|=q\cdot\left|\vec{v}\right|\cdot\left|\vec{B}\right|$$

$$=1.602\cdot 10^{-19}C\cdot 10^4\tfrac{m}{s}\cdot 0.1T=1.602\cdot 10^{-16}C\cdot\tfrac{m}{s}\cdot\frac{V\,s}{m^2}=1.602\cdot 10^{-16}C\cdot\frac{J}{C\cdot m}=1.602\cdot 10^{-16}N\,.$$

(b.) Da die Lorentzkraft die für Ionenbahn nötige Zentripetalkraft zur Verfügung stellt, ergibt sich der Radius dieser Bahn aus dem Gleichsetzen der beiden genannten Kräfte:

$$q\cdot v\cdot B=\frac{m\cdot v^2}{r} \quad\Rightarrow\quad r=\frac{m\cdot v^2}{q\cdot v\cdot B}=\frac{m\cdot v}{q\cdot B}=\frac{131\cdot 1.6\cdot 10^{-27}kg\cdot 10^4\frac{m}{s}}{1.602\cdot 10^{-19}C\cdot 0.1T}\overset{TR}{\approx}1.308\cdot 10^{-1}\frac{kg\cdot m\cdot m^2}{C\cdot s\cdot V\,s}\,.$$

$$=0.1308\frac{kg\cdot m^2}{s^2\cdot J}\cdot m=0.1308\,m=13.08\,cm$$ für den Radius der Ionenbahn.

(c.) Hier wird elektrische Energie in kinetische umgewandelt, wir setzen also die beiden Energieformen gleich und rechnen um:

$$e\cdot U=\tfrac{1}{2}mv^2 \quad\Rightarrow\quad U=\frac{mv^2}{2e}=\frac{131\cdot 1.6\cdot 10^{-27}kg\cdot\left(10^4\frac{m}{s}\right)^2}{2\cdot 1.602\cdot 10^{-19}C}\overset{TR}{\approx}65.5\frac{J}{C}=65.5V$$ für die Spannung.

**Aufgabe 7**

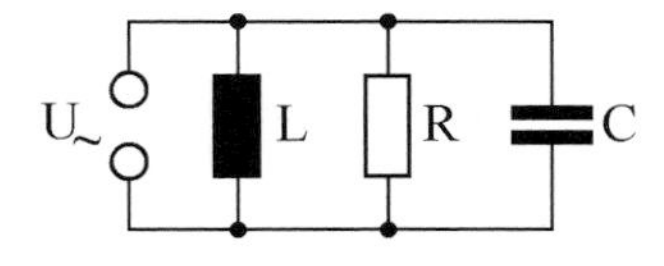


Die an der Schaltung beteiligten Impedanzen sind: $Z_R=R$ für den Ohm'schen Widerstand, $Z_L=i\omega L$ für die Spule und $Z_C=\frac{1}{i\omega C}$ für den Kondensator.

Bei der Parallelschaltung addieren sich die Leitwerte als Kehrwerte der Impedanzen linear, sodass der Leitwert der Schaltung lautet: $\frac{1}{Z}=\frac{1}{R}+i\omega C+\frac{1}{i\omega L}$.

Wir fassen Real- und Imaginärteil zusammen: $\frac{1}{Z}=\frac{1}{R}+i\cdot\left(\omega C-\frac{1}{\omega L}\right)_{(*1)}=\frac{\omega L+i\cdot\left(R\omega^2LC-R\right)}{R\,\omega L}$.

Nach dieser Vorüberlegung beginnen wir mit der Beantwortung der einzelnen Aufgabenteile:

(a.) Kehrwertbildung liefert den gefragten komplexen Wechselstromwiderstand, wobei zur Separation des Realteils vom Imaginärteil mit dem komplex Konjugierten des Nenners (in grauer Farbe) erweitert wird:

$$Z = \frac{R\omega L}{\omega L + i\cdot\left(R\omega^2 LC - R\right)} \cdot \frac{\omega L - i\cdot\left(R\omega^2 LC - R\right)}{\omega L - i\cdot\left(R\omega^2 LC - R\right)} = \frac{R\omega^2 L^2 - i\cdot\left(R^2\omega^3 L^2 C - R^2\omega L\right)}{\omega^2 L^2 + \left(R\omega^2 LC - R\right)^2}.$$

Es ist also $\mathrm{Re}(z) = \dfrac{R\omega^2 L^2}{\omega^2 L^2 + \left(R\omega^2 LC - R\right)^2} \overset{TR}{\approx} 9.92062501\cdot 10^{-2}\,\Omega$

und $\qquad \mathrm{Im}(z) = \dfrac{R^2\omega L - R^2\omega^3 L^2 C}{\omega^2 L^2 + \left(R\omega^2 LC - R\right)^2} \overset{TR}{\approx} 0.991070445\,\Omega.$

(b.) Den Strom rechnen wir mit der auf Impedanzen erweiterten Formulierung des Ohm'schen Gesetzes aus, nämlich $U = Z\cdot I \;\Rightarrow\; I = U\cdot\frac{1}{Z}$, wobei wir den Leitwert aus $(*1)$ bereits kennen. Da allerdings nach Betrag und Phase des Stromes gefragt ist, gelingt die Berechnung am bequemsten, wenn wir den komplexen Leitwert $\frac{1}{z}$ in die Exponentialdarstellung einer komplexen Zahl bringen:

Betrag → $\left|\frac{1}{Z}\right| = \sqrt{\mathrm{Re}^2\left(\frac{1}{z}\right) + \mathrm{Im}^2\left(\frac{1}{z}\right)} = \sqrt{\left(\frac{1}{R}\right)^2 + \left(\omega C - \frac{1}{\omega L}\right)^2} \overset{TR}{\approx} 1.00399253\,\Omega^{-1}$

Phase → $\varphi = \arg\left(\dfrac{\mathrm{Im}\left(\frac{1}{z}\right)}{\mathrm{Re}\left(\frac{1}{z}\right)}\right) = \arctan\left(\dfrac{\omega C - \frac{1}{\omega L}}{\frac{1}{R}}\right) = \arctan\left(R\omega C - \frac{R}{\omega L}\right) = \arctan(-9.99) \overset{TR}{\approx} -84.28373.$

Für die Amplitude des Stromes folgt dann $I_0 = U_0\cdot\left|\frac{1}{Z}\right| \overset{TR}{\approx} 1V\cdot 1.00399253\,\Omega^{-1} = 1.00399253\,A.$

Weiterhin drückt das negative Vorzeichen der Phase des Leitwerts aus, dass der Strom gegenüber der Spannung nacheilt. Man kann sich das leicht in der Gauß'schen Zahlenebene veranschaulichen, indem man die Spannung $U(t)$ in dem Augenblick aufträgt, in dem sie in Richtung der Realachse zeigt. $I(t)$ ist das Produkt $I(t) = U(t)\cdot\left|\frac{1}{z}\right|\cdot e^{i\varphi}$. In unserem Beispiel ist der Strom also um $-84.28373$ gegenüber $U(t)$ verdreht. Man sieht das im nebenstehenden Schaubild.

Im(U,I)
U(t)
Re(U,I)
φ
I(t)

Schließlich übertragen wir das komplexe Ergebnis in die auf dem Aufgabenblatt gefragte reelle Funktion des Wechselstromes:

$I(t) = I_0\cdot\cos(\omega\cdot t + \varphi) \overset{TR}{\approx} 1.00399253\,A\cdot\cos(100\,Hz\cdot t + 84.28373)$

**Stolperfalle**

Winkelfunktionen tragen im Falle des Nacheilens einen positiven Nullphasenwinkel im Argument. Man verwechsele das nicht mit der Phase des komplexen Leitwertes. Man orientiere sich daran, dass der Strom gegenüber der Spannung nacheilt.

**Aufgabe 8**

(a.) Mit Hilfe der Abbildungsgleichung bestimmen wir die Bildweite $b$ bei bekannter Gegenstandsweite $g = 3.5cm$ und bekannter Brennweite $f = 5cm$ :

$$\frac{1}{f} = \frac{1}{g} + \frac{1}{b} \Rightarrow \frac{1}{b} = \frac{1}{f} - \frac{1}{g} = \frac{g-f}{f \cdot g} \Rightarrow b = \underbrace{\frac{f \cdot g}{g-f}}_{(*1)} = \frac{5cm \cdot 3.5cm}{3.5cm - 5cm} = -\frac{35}{3}cm .$$

Die negative Bildweite lässt erkennen, dass es sich um ein virtuelles Bild handelt.

Der gefragte Abbildungsmaßstab ist definiert als Quotient aus Bildgröße $B$ und Gegenstandsgröße $G$ und kann nun berechnet werden nach der Gleichung $\frac{B}{G} = \left|\frac{b}{g}\right|$. Setzen wir $(*1)$ in diese Gleichung ein und berücksichtigen das negative Vorzeichen der Bildweite $b$, so erhalten wir $\frac{B}{G} = \left|\frac{b}{g}\right| = -\frac{b}{g} = \frac{-f}{g-f} = -\frac{-5cm}{3.5cm - 5cm} = \frac{5}{1.5} = \frac{10}{3}$ für den Abbildungsmaßstab.

(b.) Will man den Abbildungsmaßstab verdoppeln, so muss $\left(\frac{B}{G}\right)_{neu} = \frac{20}{3}$ werden. Wir stellen dazu eine neue Gegenstandsweite $\tilde{g}$ ein, die wir wieder über den Abbildungsmaßstab berechnen gemäß $\left(\frac{B}{G}\right)_{neu} = \left|\frac{b}{\tilde{g}}\right| = -\frac{b}{\tilde{g}} = \frac{-f}{\tilde{g}-f} = \frac{20}{3}$ .

Da die Gegenstandsweite $\tilde{g}$ gefragt ist, lösen wir nach ihr auf:

$$\frac{-f}{\tilde{g}-f} = \frac{20}{3} \Rightarrow \frac{\tilde{g}-f}{-f} = \frac{3}{20} \Rightarrow \frac{\tilde{g}}{-f} + 1 = \frac{3}{20} \Rightarrow \tilde{g} = -f \cdot \left(\frac{3}{20} - 1\right) = \frac{17}{20} f = \frac{17}{20} \cdot 5cm = 4.25cm .$$

In der Aufgabenstellung ist gefragt, in welcher Weise die Lupe von $g$ zu $\tilde{g}$ verschoben werden muss. Sie muss ein wenig vom Gegenstand weggezogen werden, und zwar um $0.75cm$ , damit sich ihr Abstand zum Gegenstand von $3.5cm$ auf $4.25cm$ erhöht.

**Aufgabe 9**

Beschrieben wird der Aufbau eines Mikroskops. Das Lösen der Aufgabe wird erleichtert, wenn man die gefragte Konstruktion Rechenschritt für Rechenschritt in eine Handskizze einträgt, denn auf diese Weise erhält man eine Vorstellung von der Anordnung der Bilder und der Linsen. Wie die Skizze am Ende mit allen Elementen aussieht, ist nachfolgend wiedergegeben, und zwar maßstäblich, aber nicht im Maßstab 1:1. „G" ist der Gegenstand, „F" sind die Brennpunkte der Linsen, „RZB" ist das sog. reelle Zwischenbild und „VB" ist das virtuelle Bild, das man schließlich durch das Okular sieht. Die Erklärung findet sich im Anschluss an das Bild in den Schritten 1, 2, 3 zur Lösung von Aufgabenteil (a.).

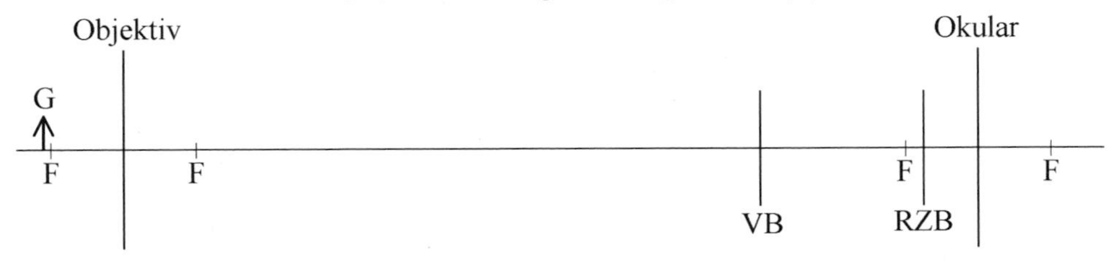

(a.) Schritt 1 → Die erste Linse erzeugt ein Bild, welches wir in prinzipieller Analogie zu Aufgabe 8 bestimmen können. Zunächst wird die Bildweite wie gemäß $(*1)$ aus Aufgabe 8 bestimmt mit Brennweite $f = 2cm$ und Gegenstandsweite $g = 2.2cm$:

$$\frac{1}{f} = \frac{1}{g} + \frac{1}{b} \quad \Rightarrow \quad b = \frac{f \cdot g}{g - f} = \frac{2cm \cdot 2.2cm}{2.2cm - 2cm} = 22cm \ .$$

Das positive Vorzeichen spricht für ein reelles Bild, das im Mikroskop als reelles Zwischenbild bekannt ist. Aufgrund des in der Aufgabenstellung beschriebenen Aufbaus liegt seine Position im Abstand von $23.5cm - 22cm = 1.5cm$ vor der zweiten Linse. Dies ist gleichzeitig die Gegenstandsweite für die Abbildung mit der zweiten Linse (dem Okular).

Schritt 2 → Die Größe des reellen Zwischenbildes bestimmen wir in Analogie zum Rechenweg von Aufgabe 8 gemäß $\frac{B}{G} = \left|\frac{b}{g}\right| = \frac{b}{g} = \frac{22cm}{2.2cm} = 10 \quad \Rightarrow \quad B = G \cdot 10 = 1cm \cdot 10 = 10cm$ .

Schritt 3 → Dieses reelle Zwischenbild wird durch die zweite Linse nochmals abgebildet, sodass hinter der zweiten Linse folgendes Bild entsteht:

- Seine Position berechnen wir mit $f = 2cm$ und $g = 1.5cm$ wie gewohnt gemäß

$$\frac{1}{f} = \frac{1}{g} + \frac{1}{b} \quad \Rightarrow \quad b = \frac{f \cdot g}{g - f} = \frac{2.0cm \cdot 1.5cm}{1.5cm - 2.0cm} = -6cm \ .$$

Das negative Vorzeichen bringt zum Ausdruck, dass es sich um ein virtuelles Bild handelt.

- Der Abbildungsmaßstab der zweiten Linse wird berechnet gemäß

$$\frac{B}{G} = \left|\frac{b}{g}\right| = -\frac{b}{g} = -\frac{-6cm}{1.5cm} = 4 \quad \Rightarrow \quad B = G \cdot 4 = 10cm \cdot 4 = 40cm \ .$$

Dies ist die gefragte Bildgröße bei Betrachtung durch die zweite Linse.

Man kann den Sachverhalt auch so ausdrücken:

$$\left.\begin{array}{l}\text{Das Objektiv vergrößert 10fach} \\ \text{Das Okular vergrößert 4fach}\end{array}\right\} \Rightarrow \text{Gesamtvergrößerung: 40fach} \ .$$

(b.) Das Ergebnis ist ein Nebenergebnis von Aufgabenteil (a.) in Schritt 3. Das virtuelle Bild befindet sich $6cm$ hinter dem Okular (vgl. auch Skizze zu Beginn der Lösung.)

(c.) Das Objektiv erzeugt ein reelles aber umgedrehtes Bild. Diese Orientierung wird vom Okular erhalten, sodass insgesamt das Bild gegenüber dem Objekt umgekehrt ist.

# 11 Anhang: Formeln und Register

Die Zusammenstellung der Formeln soll das Lösen der Aufgaben unterstützen. Sie soll Ideen für Lösungsansätze liefern und **nicht als Formelsammlung** fungieren. Es wurden nur solche Formeln und Werte angegeben, die man direkt für das Lösen der Aufgaben benötigt. **Auf Vollständigkeit und Systematik wurde bewusst verzichtet.** Die Reihenfolge der Formeln folgt in etwa der erstmaligen Benutzung in den Aufgaben, solange diese Anordnung thematisch nicht verwirrt. Ist eine Formel einmal eingeführt, so wird sie für den Rest des Buches vorausgesetzt. **Das logische Verknüpfen der Formeln untereinander und das Umformen nach den Regeln der Mathematik bleibt den Musterlösungen vorbehalten**, da hierin der eigentliche Nutzen der Übungsaufgaben steckt. Im Übrigen sind Formeln, die man typischerweise in mathematischen Formelsammlungen findet, meist nicht angegeben, ebenso wie elementare einfache Formeln, die die Leser ohne Formelsammlung auswendig wissen sollten.

Eine umfassendere Formelsammlung mit inhaltlicher Systematik findet man z.B. unter dem Titel „Physik in Formeln und Tabellen" von J. Berber, H. Kacher und R. Langer, Teubner Verlag, 10. Aufl. 2005.

## 11.0 Anmerkung zur Liste einiger Naturkonstanten

Die auf der Innenseite des hinteren Buchumschlages genannten Werte dienen lediglich Übungszwecken und sind zusammengestellt zum Lösen der Aufgaben des vorliegenden Buches. Nicht alle Werte sind hinreichend exakt, um technischen oder wissenschaftlichen Zwecke dienen zu können. So wird z.B. ein Wert für den Erdradius angegeben unter der Annahme, die Erde sei als Kugel zu betrachten. In Wirklichkeit ist die Erde aber ein an den Polen abgeplattetes Rotationsellipsoid mit Halbachsen unterschiedlicher Länge. Deshalb wird den Lesern geraten, die Benutzung der nachfolgenden Werte auf das Lösen der Übungsaufgaben dieses Buches zu beschränken.

Wer genaue Werte von Naturkonstanten sucht, sei auf die CODATA-Publikation verwiesen, aus der auch einige der nachfolgenden Daten entnommen sind. Bei Drucklegung des vorliegenden Buches war sie im Internet zu finden unter http://physics.nist.gov/cuu/Constants/ .

Die dort angegebenen Werte werden fortlaufend an neue Erkenntnisse angepasst, was sich hauptsächlich in der Präzision der Angaben bemerkbar macht. Für unsere Übungsaufgaben genügen zumeist gerundete Werte, sodass bei den Musterlösungen in den seltensten Fällen so viele Stellen eingesetzt werden, wie bei CODATA angegeben sind. Darüberhinaus enthält die CODATA-Publikation Angaben zur Genauigkeit der Werte, worauf hier verzichtet wird, weil dies bei Physikprüfungen im Grundstudium praktisch nicht abgefragt wird.

Übrigens sind in der Liste nur solche Werte genannt, die im Buch des öfteren benutzt werden. Solche Werte die im Buch nur selten benötigt werden, findet man direkt bei den einzelnen Aufgaben.

**Anmerkung zu den nachfolgenden Formeln**

Das Weglassen von Vektorpfeilen meint eine Betragsbildung, die vorgenommen werden kann, wenn dies zum Lösen der Aufgabe, mit der die Formel eingeführt wird, nicht stört.

# 11.1 Formeln zu Kapitel 1

**Translationsbewegung** Voraussetzung: $\vec{s}$ = Ortsvektor bzw. Bahnkurve, $t$ = Zeit

**Geschwindigkeit** $\vec{v} = \frac{d\vec{s}}{dt} = \dot{\vec{s}}$

**Beschleunigung** $\vec{a} = \frac{d^2\vec{s}}{dt^2} = \ddot{\vec{s}} = \frac{d\vec{v}}{dt} = \dot{\vec{v}}$

**Gleichförmig beschleunigte Translation** ( $\vec{a}$ = const.): Seien $\vec{v}_0$ = Startgeschwindigkeit und $\vec{s}_0$ = Anfangsort

$\vec{v}(t) = \vec{v}_0 + \vec{a} \cdot t$ und $\vec{s}(t) = \vec{s}_0 + \vec{v}_0 \cdot t + \frac{1}{2}\vec{a} \cdot t^2$

---

**Kraft zur Beschleunigung einer Masse** $m$ **:** $\vec{F} = m \cdot \vec{a} = \frac{d\vec{p}}{dt}$ mit $\vec{p} = m \cdot \vec{v}$ = Impuls

---

**Leistung** $P = \frac{W}{t} = \vec{F} \cdot \vec{v}$ mit $W = \int \vec{F}\, d\vec{s}$ = Arbeit und $t$, $\vec{F}$, $\vec{v}$, $\vec{s}$ wie oben.

---

**Kinetische Energie** $W_{kin} = \frac{1}{2} m v^2$ mit $m$ = bewegte Masse und $\vec{v}$ = Geschwindigkeit

---

**Potentielle Energie im Schwerefeld der Erde nahe der Erdoberfläche** $W_{pot} = m \cdot g \cdot h$

mit $g$ = Erdbeschleunigung und $h$ = Hubhöhe

---

**Ebene Rotationsbewegung** Seien: $\vec{\varphi}$ = Drehwinkel, $\vec{\omega}$ = Winkelgeschwindigkeit, $\vec{\alpha}$ = Winkelbeschleunigung, wobei die Vektoren senkrecht auf der Rotationsebene stehen.

$\vec{\omega} = \frac{d\vec{\varphi}}{dt}$ und $\vec{\alpha} = \frac{d^2\vec{\varphi}}{dt^2}$

---

**Gleichförmig beschleunigte Rotation** ( $\vec{\alpha}$= const.): Seien $\vec{\omega}_0$ = Anfangswinkelgeschw. und $\vec{\varphi}_0$ = Anfangswinkel

$\vec{\omega}(t) = \vec{\omega}_0 + \vec{\alpha} \cdot t$ und $\vec{\varphi}(t) = \vec{\varphi}_0 + \vec{\omega}_0 \cdot t + \frac{1}{2}\vec{\alpha} \cdot t^2$

---

**Rotationsenergie** $W_{Rot} = \frac{1}{2} J \cdot \omega^2$ mit $J = \int r^2\, dm$ = Massenträgheitsmoment der Rotation

Für einen Massepunkt ist $J = m \cdot r^2$.

---

**Zentralkraft** $F_z = \frac{m \cdot v^2}{r}$, auch: $F_Z = m \cdot \omega^2 \cdot r$, mit $m$ = Masse, $r$ = Bahnradius und $v$ = Geschwindigkeit

$\omega$ = Winkelgeschwindigkeit der Rotation

**Drehmoment** $\vec{M} = \vec{r} \times \vec{F}$ mit $\vec{r}$ = Hebelarmlänge und $\vec{F}$ = wirkende Kraft

**Lage des Schwerpunktes aus** $n$ **Massepunkten** $\vec{r}_S = \dfrac{m_1 \cdot \vec{r}_1 + m_1 \cdot \vec{r}_1 + ... + m_n \cdot \vec{r}_n}{m_n \cdot \vec{r}_n}$ mit $m_i$ als Massen

und $\vec{r}_i$ als deren Ortsvektoren ( $i = 1...n$ )

**Kreisfrequenz** $\omega = 2\pi \cdot f$ mit $f$ = Frequenz

**Dichte** $\rho = \frac{m}{V}$ für einen Körper mit der Masse $m$ und dem Volumen $V$

**Drehmoment** $\vec{M} = \vec{L} \times \vec{\omega}$ mit $\vec{L}$ = Drehimpuls und $\vec{\omega}$ = Winkelgeschwindigkeit

**Drehimpuls** $L = J \cdot \omega$ mit $J$ = Massenträgheitsmoment, $\omega$ = Winkelgeschwindigkeit

**Energie einer Feder** $W_{Hooke} = \dfrac{1}{2} D s^2$ mit $D$ = Hooke'sche Federkonstante, $s$ = Federweg

**Festkörper-Reibung** $F_{\|} = \mu \cdot F_{\perp}$ mit $F_{\perp}$ = Normalkraft, $F_{\|}$ = Reibungskraft und $\mu$ = Reibungskoeffizient

mögliche $\mu$ sind: $\mu_H$ für Haftreibung, $\mu_G$ für Gleitreibung und $\mu_R$ für Rollreibung

**Fluidreibung** $F = 6\pi \eta r v$ (bekannt als Stokes'sche Reibungskraft bei laminarer Strömung an einer Kugel) mit $r$ = Kugelradius, $v$ = Fluid-Geschwindigkeit, $\eta$ = Viskosität des reibenden Fluids

**Coriolisbeschleunigung** $\vec{a}_c = 2 \cdot \vec{v} \times \vec{\omega}$ worin $\vec{\omega}$ = Winkelgeschwindigkeit des bewegten Bezugssystems und $\vec{v}$ = Geschwindigkeit des im bewegten Bezugssystems bewegten Punktes

**Gravitationskraft nach Newton** $F_G = \gamma \cdot \dfrac{m_1 \cdot m_2}{r^2}$ mit $\gamma$ = Gravitationskonstante, $m_1, m_2$ = Massen und $r$ = Abstand der beiden Massen zueinander

**Potentielle Energie im zentralsymmetrischen Schwerefeld** $W_{pot} = \gamma \cdot m_1 \cdot m_2 \cdot \left( \dfrac{1}{r_A} - \dfrac{1}{r_E} \right)$

mit $r_A$ und $r_E$ als Anfangs- und End- Abstand der beiden Massen zueinander

**Drehmoment als Vektor** $\vec{L} = \underline{J} \cdot \vec{\omega}$ (Beträge siehe oben), dabei ist $\underline{J} = \begin{pmatrix} +J_{xx} & -J_{xy} & -J_{xz} \\ -J_{yx} & +J_{yy} & -J_{yz} \\ -J_{zx} & -J_{zy} & +J_{zz} \end{pmatrix}$

Die **Matrixelemente** berechnet man: $J_{xx} = \int\limits_{(V)} \left(y^2 + z^2\right) dm$ , $J_{yy} = \int\limits_{(V)} \left(x^2 + z^2\right) dm$ , $J_{zz} = \int\limits_{(V)} \left(x^2 + y^2\right) dm$ ,

sowie $J_{xy} = \int\limits_{(V)} x \cdot y \, dm$ , $J_{yx} = \int\limits_{(V)} y \cdot x \, dm$ , $J_{xz} = \int\limits_{(V)} x \cdot z \, dm$ , $J_{yz} = \int\limits_{(V)} y \cdot z \, dm$ , usw.

**Hydrostatischer Druck** $p(h) = \rho \cdot g \cdot h$ mit $\rho$ = Dichte, $h$ = Höhe der Flüssigkeit, $g$ = Erdbeschleunigung

---

**Druck** $p = \frac{F}{A}$ mit $F$ = Kraft, $A$ = Querschnittsfläche

---

**Volumenzunahme einer Flüssigkeit unter Temperatur** $\Delta V = V \cdot \gamma \cdot \Delta T$ worin $\gamma$ = Wärmedehnkoeffizient

**Volumenabnahme einer Flüssigkeit unter Druck** $\Delta V = V \cdot \kappa \cdot \Delta p$ mit $\kappa$ = Kompressionsmodul

und $\Delta V$ = Volumenänderung, $\Delta T$ = Temperaturänderung, $\Delta p$ = Druckänderung

---

**Oberflächenspannung einer Flüssigkeit** $\sigma = \frac{\Delta W}{\Delta A}$ mit $\Delta W$ Arbeit zur Vergrößerung der Oberfläche um $\Delta A$

---

**Binnendruck eines Flüssigkeitstropfens** $p = \frac{2\sigma}{r}$ mit $\sigma$ = Oberflächenspannung und $r$ = Tropfenradius

---

**Volumenstrom durch ein Rohr** $\dot{V} = \frac{\pi \cdot \Delta p}{8\eta l} \cdot R^4$ (Gesetz von Hagen-Poiseuille)

mit $\Delta p$ = Druckdifferenz, $\eta$ = Viskosität der Flüssigkeit, $l$ = Länge des Rohes, $R$ = Rohrdurchmesser

---

**Newton'sche Reibung** $F = \frac{1}{2} c_W \, \rho A v^2$ (Reibungskraft eines Körpers im Fluid mit turbulenter Strömung)

mit $\rho$ = Dichte, $c_W$ = Luftwiderstandsbeiwert, $A$ = Querschnittsfläche, $v$ = Relativgeschwindigkeit

---

**Zugversuch** Elastizitätsmodul $E = \frac{\Delta\sigma}{\Delta\varepsilon}$ (für elastische, reversible Verformungen)

mit Zugspannung $\sigma = \frac{F}{A} = \frac{\text{Kraft}}{\text{Querschnittsfläche}}$ und Dehnung $\varepsilon = \frac{\Delta l}{l_0} = \frac{\text{Längenänderung}}{\text{Anfangslänge}}$

---

**Schubmodul** $G = \frac{E}{2 \cdot (1+\mu)}$ und Kompressionsmodul $K = \frac{E}{3 \cdot (1-2\mu)}$ mit $\mu$ = Poisson-Zahl ( $0 \le \mu \le \frac{1}{2}$ )

---

**Materialspannung am Biegebalken** $\sigma_{\max} = \frac{M}{W}$ mit $M$ = Biegemoment, $W$ = Widerstandsmoment

$M$ und $W$ findet man in Tabellenwerken für verschiedene Balkenformen.

---

# 11.2 Formeln zu Kapitel 2

**Harmonische Schwingung**, Auslenkung $y(t) = A \cdot \sin(\omega_0 t + \varphi_0)$

mit $A$ = Amplitude, $t$ = Zeit, $\omega_0$ = Eigenkreisfrequenz und $\varphi_0$ = Nullphasenwinkel

---

**Eigenkreisfrequenzen verschiedener harmonischer Schwingungen**

**Federpendel** $\omega_0 = \sqrt{\frac{D}{m}}$ (vgl. Bild 2-1) mit $D$ = Hooke'sche Federkonstante, $m$ = Masse

**Fortsetzung: Eigenkreisfrequenzen verschiedener harmonischer Schwingungen**

**Fadenpendel** $\omega_0 = \sqrt{\frac{g}{l}}$ (Bild 2-3, kleine Auslenkungen) mit $g$ = Erdbeschleunigung, $l$ = Fadenlänge

---

**Flüssigkeitsschwingung im U-Rohr** $\omega_0 = \sqrt{\frac{2g}{l}}$ (Bild 2-5) mit $l$ = Länge der Flüssigkeitssäule

---

**Torsionspendel** $\omega_0 = \sqrt{\frac{C}{J}}$ (Bild 2-6) mit $C$ = Federkonstante, $J$ = Massenträgheitsmoment des Schwingers

---

**Elektrischer LC-Serienschwingkreis** $\omega_0 = \sqrt{\frac{1}{LC}}$ (Bild 2-7) mit $L$ = Induktivität und $C$ = Kapazität

---

**Zylindrischer Schwimmer** $\omega_0 = \frac{d}{2} \cdot \sqrt{\frac{\pi \rho g}{m}}$ (Bild 2-8) mit $d$ = Durchmesser des Zylinders,

$\rho$ = Dichte der Flüssigkeit, $g$ = Erdbeschleunigung und $m$ = Masse des Schwimmkörpers

---

**Kugel auf Gassäule** $\omega_0 = \sqrt{\frac{\kappa \cdot p_0 \cdot A^2}{m \cdot V_0}}$ (Bild 2-10) mit $A$ = Kugeldurchmesser, $p_0$ = Druck im Ruhezustand,

$V_0$ = Gasvolumen im Ruhezustand und $\kappa$ = Adiabatenkoeffizient, $m$ = Masse

---

**Differentialgleichung der gedämpften Schwingung** $y'' + a \cdot y' + b \cdot y = 0$ mit $a$ und $b$ Systemgrößen.

**Schwingfall** $\left(\frac{a}{2}\right)^2 - b < 0$ | **aperiodischer Grenzfall** $\left(\frac{a}{2}\right)^2 - b = 0$ | **Kriechfall** $\left(\frac{a}{2}\right)^2 - b > 0$

(Lösungsansätze zur Differentialgleichung für diese Fälle findet man in mathematischen Formelsammlungen.)

---

**Schwingung mit Dämpfung und Anregung** $y(t) = A \cdot \sin(\omega_E \cdot t - \alpha)$ mit $\omega_E$ = Erregerfrequenz

$\Rightarrow$ Amplitude $A = \frac{F_0}{m} \cdot \left[\left(\omega_0^2 - \omega_E^2\right)^2 + (2 \cdot \delta \cdot \omega_E)^2\right]^{-\frac{1}{2}}$

und Phasenwinkel $\alpha$, wobei $\tan(\alpha) = -\frac{2\delta\,\omega_E}{\omega_0^2 - \omega_E^2}$

---

**Drehmoment** $M$ **eines Drahtes bei Verdrillung um den Winkel** $\varphi$ $M = G \cdot \frac{\pi \cdot R^4}{2 \cdot l} \cdot \varphi$

mit $G$ = Schubmodul, $R$ = Drahtradius und $l$ = Drahtlänge

---

**Schwebung** $y_{1+2} = 2A \cdot \cos(\omega_S t) \cdot \sin(\omega_m t)$,

Addition der Schwingungen $y_1 = A \cdot \cos(\omega_1 t)$ und $y_2 = A \cdot \cos(\omega_2 t)$

mit $\omega_S = \frac{\omega_1 - \omega_2}{2}$ = Schwebungskreisfrequenz und $\omega_m = \frac{\omega_1 + \omega_2}{2}$ = Mittenkreisfrequenz

---

**Eindimensionale Welle, Wellenfunktion** $s(x,t) = A \cdot \cos(\omega_0 \cdot t - k \cdot x + \varphi_0)$ mit $k$ = Wellenzahl, andere Bezeichnungen siehe oben

**Transversalwellen auf Seil, Ausbreitungsgeschwindigkeit** $c = \sqrt{\frac{\sigma}{\rho}}$ mit $\sigma = \frac{F}{A}$ = Materialspannung,

$\rho = \frac{m}{V}$ = Dichte des Mediums (= Seil-Materials)

---

**Modalanalyse, Stehwellenbedingung** $L = n \cdot \frac{\lambda}{2}$ bei zwei festen oder bei zwei losen Enden

$L = \left(n - \frac{1}{2}\right) \cdot \frac{\lambda}{2}$ bei einem festen und einem losen Ende

mit $n \in \mathbb{N}$, $L$ = Länge des schwindenden Mediums, $\lambda$ = Wellenlänge

---

**Longitudinalwellen in Flüssigkeiten, Ausbreitungsgeschwindigkeit** $c = \sqrt{\frac{K}{\rho}}$

mit $K$ = Kompressionsmodul und $\rho$ = Dichte

---

**Intensität einer Welle** $I = \frac{P}{A}$, wobei die Leistung $P$ durch die Fläche $A$ läuft.

---

**Pegel** $L_I = 10 \cdot \lg\left(\frac{I}{I_0}\right) \Leftrightarrow I = I_0 \cdot 10^{\frac{1}{10} \cdot L_I}$ mit $I$ = Intensität und $I_0 = 10^{-12} \frac{W}{m^2}$

---

**Interferenzmaxima bei Beugung am Doppelspalt** $n \cdot \lambda = d \cdot \sin(\varphi)$ mit $n \in \mathbb{N}_0$, $\lambda$ = Wellenlänge

$d$ = Abstand der beiden Spaltöffnungen, $\varphi$ = Auslenkwinkel

---

**Doppler-Effekt** $f_E = f_Q \cdot \frac{c \mp v_E}{c \pm v_Q}$ mit $f$ = Frequenz, Indizes „Q" ≙ Quelle und „E" ≙ Empfänger

$c$ = Schallgeschwindigkeit und $v$ = Geschwindigkeit der Bewegung

Vorzeichen: $+v_E$ und $-v_Q$ für ein Annähern, hingegen $-v_E$ und $+v_Q$ für ein Entfernen

---

**Überschallknall, Mach'scher Kegel**: Öffnungswinkel $\alpha$, mit $\sin(\alpha) = \frac{c}{v}$ gültig für $v > c$ (siehe Bild 2-23)

$c$ = Schallgeschwindigkeit und $v$ = Geschwindigkeit der Bewegung

---

**Schallgeschwindigkeit in Gasen** $c = \sqrt{\frac{\kappa \cdot R \cdot T}{m_m}}$ mit $\kappa$ = Isentropenexponent, $R$ = allgemeine Gaskonstante,

$T$ = Temperatur und $m_m$ = Molmasse des Gases.

---

**Raumakustik**: Hallradius $r_H \approx \sqrt{\frac{\tilde{\alpha} \cdot S}{16\pi}}$ (Abschätzung), mit $\tilde{\alpha} \cdot S$ = offene Fensterfläche

---

**Sabine'sche Nachhallformel** $\frac{T_N}{\text{sec.}} \approx \frac{0.163 \cdot V \cdot m^{-3}}{\tilde{\alpha} \cdot S \cdot m^{-2} + \left(0.46 \cdot \alpha_L \cdot m^{-2}\right) \cdot V \cdot m^{-3}}$ mit $T_N$ = Nachhallzeit,

$\tilde{\alpha} \cdot S$ = offene Fensterfläche, $\alpha_L$ = Schalldämpfung der Luft, $V$ = Volumen des Raumes, $m$ = Meter

# 11.3 Formeln zu Kapitel 3

**Elektrische Feldstärke einer Punktladung** $E = \frac{1}{4\pi\varepsilon_0} \cdot \frac{Q}{r^2}$ mit $Q$ = Ladung, $r$ = Abstand

---

**Coulombgesetz** $F = \frac{1}{4\pi\varepsilon_0} \cdot \frac{Q_1 \cdot Q_2}{r^2}$ (Kraft zwischen zwei Punktladungen) mit $Q_1$, $Q_2$ = Ladungen

---

**Flächenladungsdichte auf einer Kugeloberfläche** $\sigma = \frac{Q}{4\pi R^2}$ mit $R$ = Kugelradius, $Q$ = Ladung

---

**Coulomb-Potential einer Punktladung** $V(r) = \frac{Q}{4\pi\varepsilon_0 \cdot r}$ mit $Q$ = Ladung, $r$ = Abstand

---

**Kapazität eines Kugelkondensators** $C = 4\pi\varepsilon_0 \cdot r$ mit $r$ = Radius

---

**Kapazität eines Plattenkondensators** $C = \frac{\varepsilon_0 \cdot A}{d}$ mit $A$ = Fläche, $d$ = Abstand der Platten

---

**Energie eines Kondensators** $W = \frac{1}{2} C U^2$ mit $C$ = Kapazität, $U$ = elektrische Spannung

---

**Energie einer Spule** $W_{ges} = \frac{1}{2} L I^2$ mit $L$ = Induktivität, $I$ = Strom

---

**Energiedichte des elektrischen Feldes** $u = \frac{1}{2}\varepsilon_0 \cdot E^2$ mit $E$ = elektrische Feldstärke, Energie $W = \int u \, dV$

---

**Energie einer Ladung nach Durchlaufen einer Spannung** $W = U \cdot q$ mit $q$ = Ladung, $U$ = Spannung

---

**Elektrisches Dipolmoment** $\vec{p} = \vec{l} \cdot Q$ mit $Q$ = Ladung, $\vec{l}$ = Abstand der Ladungsschwerpunkte

---

**Drehmoment eines Dipols im elektrischen Feld** $\vec{M} = \vec{p} \times \vec{E}$ mit $\vec{p}$ = Dipolmoment, $\vec{E}$ = elektrische Feldstärke

---

**Satz von Gauß-Ostrogradski** $\phi = \oiint_A \vec{E} \, d\vec{A} = \frac{Q}{\varepsilon_0}$ mit $\phi$ = elektrischer Fluss, $\vec{E}$ = elektrische Feldstärke,

$A$ = geschlossene Fläche, $Q$ = Ladung im Inneren der Fläche $A$

---

**Definition der Kapazität** $C = \frac{Q}{U}$ mit $Q$ = Ladung, $U$ = Spannung

---

**Kapazität eines Plattenkondensators mit Dielektrikum** $C = \frac{\varepsilon_0 \cdot \varepsilon_r \cdot A}{d}$ mit $A$ = Querschnittsfläche

$d$ = Plattenabstand, $\varepsilon_r$ = Dielektrizitätszahl

---

**Definition des Stroms** $I = \frac{Q}{t}$ mit $Q$ = Ladung, $t$ = Zeit

**Ohm'sches Gesetz** $U = R \cdot I$ mit $U$ = Spannung, $R$ = Widerstand, $I$ = Strom

---

**Kondensatorspannung** $U(t) = U_0 \cdot e^{\frac{-t}{R \cdot C}}$ beim Entladen der Kapazität $C$ über einen Ohm'schen Widerstand $R$

---

**Elektrische Leistung** $P = U \cdot I = R \cdot I^2$ mit $U$ = Spannung, $R$ = Widerstand, $I$ = Strom

---

**Hintereinanderschaltung zweier Widerstände** $R_{ges} = R_1 + R_2$ mit $R_1, R_2$ = Widerstände

---

**Parallelschaltung zweier Widerstände** $\frac{1}{R_{ges}} = \frac{1}{R_1} + \frac{1}{R_2} \Leftrightarrow R_{ges} = \frac{R_1 \cdot R_2}{R_1 + R_2}$ mit $R_1, R_2$ = Widerstände

---

**Hintereinanderschaltung zweier Kapazitäten** $\frac{1}{C_{ges}} = \frac{1}{C_1} + \frac{1}{C_2} \Leftrightarrow C_{ges} = \frac{C_1 \cdot C_2}{C_1 + C_2}$

---

**Parallelschaltung zweier Kapazitäten** $C_{ges} = C_1 + C_2$ mit $C_1, C_2$ = Kapazitäten

---

**Impedanzen** $z_R = R$ (Ohm'scher Widerstand)| $z_R = i\omega L$ (Spule)| $z_C = \frac{1}{i\omega C}$ (Kondensator)

mit $R$ = Widerstand, $L$ = Induktivität, $C$ = Kapazität, $\omega$ = Kreisfrequenz des Stromes, $i = \sqrt{-1}$

---

**LC-Serienschwingkreis mit Dämpfung und Anregung,** sei $\delta = \frac{R}{2L}$, $R, L, C$ (siehe Bild 3-23)

**Resonanzfrequenz dieses Schwingkreises** $\omega_R = \sqrt{\frac{1}{LC} - 2 \cdot \left(\frac{R}{2L}\right)^2}$

Amplitude $A = \frac{U_0}{L} \cdot \frac{1}{\sqrt{\left(\omega_0^2 - \omega_E^2\right)^2 + \left(2 \cdot \delta \cdot \omega_E\right)^2}}$

mit $U_0$ = Amplitude der anregenden Wechselspannung $U(t) = U_0 \cdot \sin(\omega_E t)$ und $\omega_E$ = Erregerfrequenz

---

**Stromdichte** $j = \frac{I}{A}$ mit $A$ = Querschnittsfläche des stromdurchflossenen Leiters, $I$ = Strom

---

**Spezifischer Widerstand** $\rho = R \cdot \frac{A}{l}$ mit $A$ = Querschnittsfläche, $l$ = Drahtlänge, $R$ = Ohm'scher Widerstand

---

**Temperaturabhängigkeit des spezifischen elektrischen Widerstandes** $\rho(T) = \rho_0 \cdot (1 + \alpha \cdot \Delta T)$ mit

$\alpha$ = Temperaturkoeffizient, $\rho_0$ = spez. Widerstand bei Referenztemperatur $T_0$, und Temperatur $T = T_0 + \Delta T$

---

**Lorentzkraft** $\vec{F} = q \cdot (\vec{v} \times \vec{B})$ (auf bewegte Ladungen im Magnetfeld zur magnetischen Induktion $\vec{B}$)

mit $q$ = bewegte Ladung, $\vec{v}$ = Geschwindigkeit der Bewegung, $\vec{B} = \mu_0 \cdot \vec{H}$ = magnetische Induktion

**Magnetischer Fluss** $\Phi = \int_{(A)} \vec{B} \cdot d\vec{A}$ mit $\vec{B}$= magn. Induktion, $A$= Fläche, die alle Feldlinien einmal schneidet

---

**Induktivität einer zylindrischen Spule** $L = \mu_0 \cdot A \cdot \frac{n^2}{l}$ mit $l$ = Zylinderlänge, $A$ = Windungsquerschnitt und $n$ = Windungszahl

---

**Effektivwerte** $I_{eff} = \frac{I(t)}{\sqrt{2}}$ und $U_{eff} = \frac{U(t)}{\sqrt{2}}$ für sinusförmigen Wechselstrom $I(t)$ bzw. Wechselspannung $U(t)$

---

**Magnetfeld eines unendlichen langen geraden Leiters** $H = \frac{I}{2\pi r}$ mit $I$ = Strom, $r$ = Abstand zum Leiter

---

**Lorentzkraft** $\vec{F} = I \cdot \vec{l} \times \vec{B}$ (auf stromdurchflossene Leiter im Magnetfeld)

mit $I$= Strom, $\vec{l}$ = Länge und Richtung des Leiters, $\vec{B}$ = magnetische Induktion

---

**Magnetisches Feld im Abstand** $a$ **vom Zentrum einer Leiter-Kreisschleife**

$$H = \frac{I \cdot r^2}{2 \cdot \left(a^2 + r^2\right)^{3/2}}$$ mit $I$ = Strom, $r$ = Radius der Leiter-Kreisschleife

---

**Magnetisches Dipolmoment einer Leiterschleife** $\vec{m} = I \cdot \vec{A}$ mit $A$ = Flächeninhalt der Schleife, $I$ = Strom

---

**Drehmoment auf Leiterschleife im Magnetfeld** $\vec{M} = \vec{m} \times \vec{B}$ mit $\vec{m}$ = magnetisches Dipolmoment, $I$ = Strom

---

**Gesetz von Biot-Savart** $\vec{H}(\vec{r}) = \frac{1}{4\pi} \int_{Leiter} \frac{I \cdot d\vec{s} \times (\vec{s} - \vec{r})}{|\vec{s} - \vec{r}|^3}$ mit $\vec{s}$ = Bahnkurve des Leiters, $\vec{r}$ = Ort

---

**Induktivität einer Kreiszylinderspule** $L = \mu_0 \cdot n^2 \cdot \left(\sqrt{l^2 + R^2} - R\right) \cdot \frac{A}{l^2}$

mit $n$ = Windungszahl, $l$ = Spulenlänge, $A$ = Querschnittsfläche, $R$ = Spulenradius

---

**Energiedichte des magnetischen Feldes** $u = \frac{1}{2}\mu_0 \cdot \vec{H}^2$ mit $\vec{H}$ = magnetische Feldstärke

---

**Energiedichte einer elektromagnetischen Welle** $w = \frac{1}{2}\varepsilon_0 E^2 + \frac{1}{2}\mu_0 H^2 = \varepsilon_0 E^2 = \mu_0 H^2$

---

**Poynting-Vektor (einer elektromagnetischen Welle)** $\vec{S} = \vec{E} \times \vec{H}$ mit $\vec{E}$ = elektrische Feldstärke

## 11.4 Formeln zu Kapitel 4

**Umrechnung von Temperaturskalen** mit $[T]=K$, $[\vartheta]={}^\circ F$ und $[\theta]={}^\circ C$, dazu $T_N = 273.15K$

$$\underbrace{\theta = \left(\frac{T-T_N}{K}\right){}^\circ C}_{\text{Input: } T \text{ in K}} \; ; \; \underbrace{T = T_N + \left(\frac{\theta}{{}^\circ C}\right)K}_{\text{Input: } \theta \text{ in Celsius}} \; ; \; \underbrace{\vartheta = \left(32 + \frac{9}{5}\cdot\frac{\theta}{{}^\circ C}\right){}^\circ F}_{\text{Input: } \theta \text{ in Celsius}} \quad \underbrace{\theta = \left(\frac{5}{9}\cdot\frac{\vartheta}{{}^\circ F} - \frac{160}{9}\right){}^\circ C}_{\text{Input: } \vartheta \text{ in Fahrenheit}}$$

---

**Wärmemenge fester oder flüssiger Stoffe** $\Delta Q = m \cdot c \cdot \Delta T$ mit $c$ = spezifische Wärmekapazität, $\Delta T$ = Temperaturänderung, $m$ = Masse

---

**Latente Wärmemenge bei Phasenübergängen** $\Delta Q = m \cdot c_{Ph}$ mit $c_{Ph}$ = spezifische Phasenübergangswärme

---

**Zustandsgleichung idealer Gase** $p \cdot V = N \cdot R \cdot T$ mit $p$ = Druck, $V$ = Volumen, $N$ = Stoffmenge, $R = 8.314 \frac{J}{mol \cdot K}$ = allgemeine Gaskonstante, $T$ = Temperatur.

---

**Gibbs'sche Phasenregel** $P + F = K + Z$ mit $P$ = Zahl der Phasen, $F$ = Zahl der Freiheitsgrade, $K$ = Zahl der chemischen Komponenten, $Z$ = Zahl der betrachteten Zustandsgrößen

---

**Maxwell'sche Geschwindigkeitsverteilung**: Verteilungsfunktion $f(v) = \sqrt{\frac{2}{\pi}} \cdot \left(\frac{m}{kT}\right)^{3/2} \cdot v^2 \cdot e^{-\frac{mv^2}{2kT}}$

mit $v$ = Geschwindigkeit der Moleküle, $\overline{v^2}$ = Mittelwert der Geschwindigkeitsquadrate, $m$ = Molekülmasse, $T$ = Temperatur, $k$ = Boltzmann-Konstante.

**Mittlere Stoßhäufigkeit $Z$ der Moleküle pro Sekunde** ($\Delta t = 1\,\text{sec.}$) $\frac{Z}{\Delta t} = \sqrt{2} \cdot \pi \cdot d^2 \cdot \frac{N}{V} \cdot \overline{v}$

mit $d$ = mittlerer Moleküldurchmesser, $\overline{v}$ = mittlere Teilchengeschw., $N$ = Zahl der Moleküle pro Volumen $V$

**Mittlere freie Weglänge der Moleküle** $\overline{l} = \frac{\overline{v} \cdot \Delta t}{Z} = \frac{1}{\sqrt{2} \cdot \pi \cdot d^2 \cdot \frac{N}{V}}$ (Symbole siehe oben)

**Mittlere Geschwindigkeit** $\overline{v} = \sqrt{\frac{8}{3\pi}} \cdot \sqrt{\overline{v^2}}$ (Symbole siehe oben)

**Wahrscheinlichste Geschwindigkeit** $v_W = \overline{v} \cdot \frac{\sqrt{\pi}}{2}$ (Symbole siehe oben)

---

**Barometrische Höhenformel** (Gibt den Druck $p$ in der Höhe $h$ an)

$p(h) = p_0 \cdot e^{-\frac{\rho_0}{p_0} \cdot g \cdot h}$ mit $h$ = Höhe über Meeresniveau, $g$ = Erdbeschleunigung

$p_0$ = Druck auf Meereshöhe, $\rho_0$ = Luftdichte auf Meereshöhe

**Molare Wärmekapazität nach dem Gleichverteilungssatz** $c_{mol} = N_A \cdot \frac{f}{2} \cdot k$ , $N_A, k$ siehe Kap.11.0

mit $f$ = Zahl der thermodynamischen Freiheitsgrade der Molekülbewegung

$\Rightarrow$ Spezifische Wärmekapazität: $c = \frac{c_{mol}}{A_R}$ mit $A_R$ = relative Molekülmasse

---

**Adiabatenkoeffizient idealer Gase** $\kappa = 1 + \frac{2}{f}$ mit $f$ = Zahl der thermodynamischen Freiheitsgrade

---

**Adiabatische Zustandsänderungen** $p \cdot V^{\kappa} = const.$ mit $p$ = Druck, $V$ = Volumen, $\kappa$ = Adiabatenexponent

---

**Energieerhaltung der Wärmelehre** $\underbrace{\Delta Q}_{\text{Wärmemenge}} = \underbrace{\Delta U}_{\text{innere Energie}} + \underbrace{\Delta W}_{\text{mechan. Arbeit}}$ (Erster Hauptsatz der Thermodynamik)

---

**Volumenarbeit eines Gases** $W_{Vol} = \int_{\Delta V} p \cdot dV$ mit $p$ = Druck, $\Delta V$ = Volumenänderung

---

**Molare Wärmekapazität bei konstantem Volumen** $c_{V,mol} = \frac{5}{2} R$ mit $R$ = allgemeine Gaskonstante

**Molare Wärmekapazität bei konstantem Druck** $c_{p,mol} = \frac{7}{2} R$ mit $R$ = allgemeine Gaskonstante

---

**Wirkungsgrad thermodynamischer Kreisprozesse** $\eta = \frac{W_{\text{mechanisch}}}{W_{\text{zugeführt}}} = \frac{Q_{\text{zu(geführt)}} - Q_{\text{ab(geführt)}}}{Q_{\text{zu(geführt)}}}$

mit $W$ = Arbeit, $Q$ = Wärmemengen

---

**Carnot'scher Kreisprozess, Wirkungsgrad** $\eta = \frac{T_1 - T_2}{T_1} = 1 - \frac{T_2}{T_1}$

mit $T_1$ = höhere Temperatur, $T_2$ = niedrigere Temperatur

---

**Entropiezunahme bei Temperaturänderung** $\Delta S = m \cdot \int_{T_1}^{T_2} \frac{c}{T} \cdot dT$

(makroskopische Betrachtung) mit $T_1$ = Anfangstemperatur, $T_2$ = Endtemperatur

---

**Entropiezunahme (mikroskopische Betrachtung)** $\Delta S = k \cdot \ln\left(\frac{W_2}{W_1}\right)$

$W_1, W_2$ = Realisierungswahrscheinlichkeiten des Anfangs- und des Endzustandes,

$k$ = Boltzmann-Konstante

---

**Zustandsgleichung realer Gase** $\left(p + \frac{a}{V^2}\right) \cdot (V - b) = N \cdot R \cdot T$ (nach „van der Waals")

(mit $p, V, N, R, T$ siehe oben) und $b$ = Kovolumen, $\frac{a}{V^2}$ = Binnendruck.

**Kritische Werte realer Gase**

Krit. Druck $p_{krit} = \frac{a}{27b^2}$ | Krit. Temperatur $T_{krit} = \frac{8a}{27NRb}$ | Inversionstemperatur $T_{inv} = \frac{27}{4} T_{krit}$

---

**Längenänderung eines Festkörpers unter Temperaturänderung** $l(T) = l_0 \cdot (1 + \gamma \cdot \Delta T)$

mit $\Delta T$ = Temperaturdifferenz und $l_0$ = ursprüngliche Bezugslänge

---

**Wärmetransport mittels Wärmeleitung** $\dot{Q} = \frac{\lambda \cdot A}{\Delta x} \cdot \Delta T$ (transportierte Leistung) mit $\lambda$ = Wärmeleitfähigkeit, $A$ = Querschnittsfläche, $\Delta x$ = Länge des Wärmeleiters, $\Delta T$ = Temperaturdifferenz

---

**Wärmetransport mittels Konvektion** $\dot{Q} = \frac{d}{dt}(m \cdot c_P \cdot \Delta T) = c_P \cdot \Delta T \cdot \frac{dm}{dt}$ (transportierte Leistung, ohne Druckgradient) $m$ = transportierte Masse, $c_p$ = Wärmekapazität bei konst. Druck, $\Delta T$ = Temperaturdifferenz

---

**Wärmetransport mittels Wärmestrahlung** $\Delta\phi = \phi_a - \phi_e = \varepsilon \cdot \sigma \cdot A \cdot \left(T_u^4 - T_k^4\right)$ (Stefan-Boltzmann-Gesetz)

mit $\phi_a$ = absorbierte Strahlungsleistung, $\phi_e$ = emittierte Strahlungsleistung, $\sigma$ = Stefan-Boltzmann-Konstante, $T_u$ = Umgebungstemperatur, $T_k$ = Köpertemperatur, $A$ = Oberfläche des Körpers

---

**Wien'sches Verschiebungsgesetz** $\lambda_{\max} = \frac{c \cdot h}{2.82\,kT}$ (Maximum der Strahlungsleistung eines schwarzen Körpers)

$c$ = Vakuumlichtgeschwindigkeit, $h$ = Planck'sches Wirkungsquantum und $k$ = Boltzmann-Konstante

---

**Planck'sches Strahlungsgesetz**

$$\rho(\lambda, T) = \frac{8\pi h}{\lambda^3} \cdot \frac{1}{\left(e^{\frac{hc}{\lambda kT}} - 1\right)}$$

(Spektrale Energiedichte der emittieren Strahlung eines schwarzen Strahlers)

mit $h, c, k$ = Naturkonstanten, $\lambda$ = Wellenlänge, $T$ = Temperatur

---

## 11.5 Formeln zu Kapitel 5

**Brechungsgesetz von Snellius** $\frac{n_1}{n_2} = \frac{\sin(\beta)}{\sin(\alpha)}$ (vgl. Bild 5-1) mit $n_1$, $n_2$ = Brechzahlen der beiden Medien, und $\alpha, \beta$ = Winkel der Strahlen gegenüber der Flächennormalen der brechenden Fläche

---

**Abbildungsgleichung sphärischer Spiegel und sphärischer Linsen** $\frac{1}{f} = \frac{1}{g} + \frac{1}{b}$ mit $f$ = Brennweite, $g$ = Gegenstandsweite, $b$ = Bildweite

---

**Brennweite sphärischer Spiegel** $f = \frac{1}{2} \cdot R$ mit $R$ = Krümmungsradius

**Vergrößerungsmaßstab** $m = \frac{B}{G} = \frac{b}{g}$ (für Linsen und gekrümmte Spiegel) mit $B$ = Bildgröße,

$G$ = Gegenstandsgröße, $g$ = Gegenstandsweite, $b$ = Bildweite

---

**Brechkraft einer Linse** $D = \frac{1}{f}$ mit $f$ = Brennweite, Einheit: $[D] = \mathit{Dioptrie}$

**Brechkraft einer Kombination aus zwei Linsen** $\frac{1}{f_K} = \frac{1}{f_1} + \frac{1}{f_2} - \frac{d}{f_1 \cdot f_2}$, grob genähert $\frac{1}{f_K} \approx \frac{1}{f_1} + \frac{1}{f_2}$

mit $f_1, f_2$ = Einzelbrennweiten, $d$ = Abstand der Hauptebenen der beiden Einzellinsen

---

**Linsenmachergleichung** $D = (n-1) \cdot \left( \frac{1}{r_1} + \frac{1}{r_2} \right) + \frac{(n-1)^2}{n} \cdot \frac{d}{r_1 \cdot r_2}$

mit $r_1$, $r_2$ = Krümmungsradien der Oberflächen (mit positivem Vorzeichen bei konvexer Krümmung und negativem Vorzeichen bei konkaver Krümmung bei Betrachtung von der Linsenmitte aus)
und $d$ = Dicke der Linse

**Näherung der Linsenmachergleichung bei unbekannter Linsendicke** $D = (n-1) \cdot \left( \frac{1}{r_1} + \frac{1}{r_2} \right)$

---

**Winkelvergrößerung am Fernrohr** $v = \frac{\theta'}{\theta} = \frac{f_{ob}}{f_{ok}}$ mit $f_{ob}$ = Objektivbrennweite, $f_{ok}$ = Okularbrennweite,

$\theta, \theta'$ = Winkel der Strahlen zu getrennt auflösbaren Punkten

---

**Polarisation:** Brewster-Winkel $\alpha = \arctan(n)$ mit $n$ = Brechungsindex des polarisiert reflektierenden Mediums

---

**Energie eines Photons** $W_\gamma = h \cdot \nu = h \cdot \frac{c}{\lambda}$ mit $h$ = Planck'sches Wirkungsquantum, $c$ = Lichtgeschwindigkeit,

$\lambda$ = Wellenlänge des Lichtes und $\nu$ = Frequenz des Lichtes.

---

**Photoeffekt** Energie des emittierten Elektrons $W_{el} = W_\gamma - W_A = h \cdot \frac{c}{\lambda} - W_A$

mit $W_\gamma$ = Energie des Photons, $W_A$ = Austrittsarbeit des Elektrons

---

**DeBroglie-Wellenlänge eines bewegten Teilchens mit Ruhemasse** $p = \frac{h}{\lambda} = \hbar \cdot k \quad \Leftrightarrow \quad \lambda = \frac{h}{p}$

mit $p$ = Impuls, $\lambda$ = Wellenlänge und $k = \frac{2\pi}{\lambda}$ Wellenzahl

**Impuls eines Photonen** $p = \frac{h}{\lambda} = \hbar \cdot k$ und $h$ = Planck'sches Wirkungsquantum, $\hbar = \frac{h}{2\pi}$

---

**Beugung einer Lichtwelle am Einzelspalt, Intensitätsverteilung** $I(\varphi) \propto b^2 \cdot \frac{\sin^2\left(\frac{\pi \cdot b}{\lambda} \cdot \sin(\varphi)\right)}{\left(\frac{\pi \cdot b}{\lambda} \cdot \sin(\varphi)\right)^2}$

mit $b$ = Spaltbreite, $\varphi$ = Ablenkwinkel, $\lambda$ = Wellenlänge

**Lage der Minima bei Beugung am Einzelspalt** $b \cdot \sin(\varphi) = m \cdot \lambda \quad \Rightarrow \quad \varphi = \arcsin\left(m \cdot \frac{\lambda}{b}\right)$ mit $m \in \mathbb{N}$;

$\lambda, b$ siehe oben

---

**Lage der Maxima bei Beugung am Einzelspalt** $b \cdot \sin(\varphi) = \left(m + \frac{1}{2}\right) \cdot \lambda \quad \Rightarrow \quad \varphi = \arcsin\left(\left(m + \frac{1}{2}\right) \cdot \frac{\lambda}{b}\right)$

($m \in \mathbb{N}$, $\lambda, b$ siehe oben)

---

## 11.6 Formeln zu Kapitel 6

**Fundamentale Translationsvektoren des reziproken Gitters**

$$\vec{A} = 2\pi \cdot \frac{\vec{b} \times \vec{c}}{\vec{a} \cdot \left(\vec{b} \times \vec{c}\right)}; \; \vec{B} = 2\pi \cdot \frac{\vec{c} \times \vec{a}}{\vec{a} \cdot \left(\vec{b} \times \vec{c}\right)}; \; \vec{C} = 2\pi \cdot \frac{\vec{a} \times \vec{b}}{\vec{a} \cdot \left(\vec{b} \times \vec{c}\right)}$$

mit $\vec{a}$, $\vec{b}$, $\vec{c}$ = fundamentale Translationsvektoren des Kristallgitters

---

**Zugversuch:** Dehnung $\varepsilon := \frac{\Delta l}{l}$ mit $l$ = Länge, $\Delta l$ = Längenänderung,

Materialspannung $\sigma := \frac{F}{A}$ mit $F$ = Zugkraft, $A$ = Anfangsquerschnittsfläche

Elastizitätsmodul $E = \frac{\sigma}{\varepsilon} \quad \Leftrightarrow \quad \sigma = \varepsilon \cdot E$ (im elastischen Bereich)

---

**Energie beim Drehen eines elektr. Dipols im elektrischen Feld**

$dW = p \cdot E \cdot \sin(\vartheta)\, d\vartheta \Rightarrow W = \int_{\Theta}^{0^\circ} |\vec{p}| \cdot |\vec{E}| \cdot \sin(\vartheta)\, d\vartheta$ bei paralleler Anfangsorientierung $\Theta = 0^\circ$ bis zum Winkel $\Theta \neq 0^\circ$

---

**Wirkung eines Dielektrikums auf die Kapazität eines Kondensators** $\varepsilon_r = \frac{C_{mit}}{C_{ohne}}$,

mit $\varepsilon_r$ = Dielektrizitätszahl, $C_{mit}$, $C_{ohne}$ = Kapazitäten mit und ohne Dielektrikum.

---

**Supraleitung** Energie zum Aufbrechen eines Cooper-Paares $E_C = \frac{7}{2} k \cdot T_c$ mit $T_C$ = kritische Temperatur,

$k$ = Boltzmann-Konstante

---

**Tunneleffekt** Von $N$ Teilchen in einem Potentialtopf mit endlichen Wänden durchdringen im Zeitintervall $dt$ die Anzahl $dN$ die seitlichen Barrieren des Potentialtopfes (siehe Bilder 6-21 und 6-22). Dabei ist

$$dN = N \cdot \frac{-h}{2ma^2} \cdot e^{\frac{-2d}{\hbar} \cdot \sqrt{2m \cdot (W_0 - W_e)}} \cdot dt,$$

mit $h$ = Planck'sches Wirkungsquantum, $m$ = Teilchenmasse, $a$ = Breite des Potentialtopfes, $d$ = Dicke der Potentialwände zu beiden Seiten des Topfes, $W_0$ = Höhe des Potentialwände, $W_e$ = Teilchenenergie.

## 11.7 Formeln zu Kapitel 7

**Impuls eines Photons** $p = \frac{E}{c}$ mit $E$ = Photonenenergie, $c$ = Vakuumlichtgeschwindigkeit

Alternativ auch: **Impuls eines Photons** $p = \hbar k = \frac{h}{\lambda}$ mit $h$ = Planck'sches Wirkungsquantum, $\hbar = \frac{h}{2\pi}$

---

**Galilei-Transformation** $(t, x, y, z) = (t', x' + v \cdot t', y', z')$ mit $v$ = Relativgeschwindigkeit der Bezugssysteme $x, y, z$ und $x', y', z'$ zueinander (bei Relativbewegung der Systeme in x-Richtung)

---

**Lorentz-Transformation** $(t, x, y, z) = \left( \frac{t' + \frac{v \cdot x'}{c^2}}{\sqrt{1 - \frac{v^2}{c^2}}}, \frac{x' + v \cdot t'}{\sqrt{1 - \frac{v^2}{c^2}}}, y', z' \right)$ (Symbole wie bei Galilei-Transformation)

für eine Relativbewegung in x-Richtung. Darin ist $c$ = Vakuumlichtgeschwindigkeit.

---

**Einstein's Masse-Energie-Äquivalenz** $E = m \cdot c^2$ mit $E$ = Energie, $m$ = Masse, $c$ = Lichtgeschwindigkeit

---

**Zeitdilatation** $\Delta t' = \frac{\Delta t}{\sqrt{1 - \frac{v^2}{c^2}}}$ $v$ = Geschwindigkeit des Bezugssystems relativ zum Beobachter

$c$ = Vakuumlichtgeschwindigkeit

---

**Längenkontraktion** $\Delta l' = \Delta l \cdot \sqrt{1 - \frac{v^2}{c^2}}$ $\Delta t$, $\Delta l$, $m$ = Zeit, Länge, Masse für relativ zu ihr ruhende Beobachter

$\Delta t'$, $\Delta l'$, $m'$ = Zeit, Länge, Masse für relativ zu ihr bewegte Beobachter

---

**Massenzunahme** $m' = \frac{m}{\sqrt{1 - \frac{v^2}{c^2}}}$ Anmerkung: Der Faktor $\gamma = \sqrt{1 - \frac{v^2}{c^2}}$ taucht wiederholt auf.

---

**Gesamtenergie von Teilchen mit einer Geschwindigkeit sehr nahe der Vakuumlichtgeschwindigkeit**

$W_{ges} = m \cdot c^2 = \frac{m_0}{\sqrt{1 - \frac{v^2}{c^2}}} \cdot c^2$ mit $m_0$ = Ruhemasse, $m$ = bewegte Masse, $c$ = Lichtgeschwindigkeit

Alternative Möglichkeit der Angabe: $W_{ges} = \sqrt{W_0^2 + (c \cdot p)^2}$ mit $p$ = Impuls, $W_0$ = Ruheenergie

---

**Kinetische Energie einer relativistisch bewegten Masse** $E_v = mc^2 - m_0 c^2$

mit $m_0$ = Ruhemasse und $m$ = bewegte Masse

---

**Relativistische Addition von Geschwindigkeiten** $v_{A/C} = \frac{v_{A/B} + v_{B/C}}{1 + \frac{v_{A/B} \cdot v_{B/C}}{c^2}}$ (vgl. Bild 7-5) mit

$v_{A/B}$ = Geschwindigkeit des „B" im Bezugssystem des „A",

$v_{B/C}$ = Geschwindigkeit des „C" im Bezugssystem des „B",

$v_{A/C}$ = Geschwindigkeit des „C" im Bezugssystem des „A".

---

**Relativistischer Dopplereffekt** $f_E = f_Q \cdot \sqrt{\frac{c + v}{c - v}}$ mit $f_Q$ = Frequenz im Bezugssystem der Quelle,

$f_E$ = Frequenz im Bezugssystem des Empfängers, $v$ = Relativgeschwindigkeit zwischen Quelle und Empfänger

## 11.8 Formeln zu Kapitel 8

**Bohr'sches Atommodell** Erstes Bohr'sche Postulat $L = n \cdot \hbar$, Quantelung der Bahndrehimpulse $L$ der um den Kern umlaufenden Elektronen, mit $n \in \mathbb{N}$ und $\hbar = \frac{h}{2\pi}$, $h$ = Planck'sches Wirkungsquantum

---

**Bohr'sche Bahnradien** $r = \frac{\varepsilon_0 \cdot h^2}{\pi \cdot m \cdot q \cdot e} \cdot n^2$ mit $e$= Elementarladung, $q = -e$, $m$= Elektronenmasse

---

**Gesamtenergie des Elektrons in der Hülle des Wasserstoffatoms** $W_{ges} = W_{kin} + W_{pot} = \frac{-m q^4}{8 \varepsilon_0^2 h^2 n^2}$

mit $q$= Elementarladung, $m$= Elektronenmasse, $h$ = Planck'sches Wirkungsquantum, $n \in \mathbb{N}$

---

**Quantenmechanisches Atommodell,** Stehwellenbedingung für Elektronen in der Atomhülle: $2\pi r = n \cdot \lambda$

mit $2\pi r$= Bahnumfang, $\lambda$= Wellenlänge des Elektrons, $n \in \mathbb{N}$

---

**Wellenfunktion einer räumlich eindimensionalen ebenen Welle** $\Psi(x,t) = A \cdot e^{i(k \cdot x - \omega t)}$

mit $k$= Wellenzahl, $\omega$= Kreisfrequenz, $x$= Raumdimension, $t$= Zeit

---

**D'Alembert'sche Wellengleichung in einer Dimension** $\frac{\partial^2}{\partial t^2} \Psi(x,t) = c^2 \cdot \frac{\partial^2}{\partial x^2} \Psi(x,t)$

mit $\Psi$ = Wellenfunktion, $c = \frac{\omega}{k}$ Ausbreitungsgeschwindigkeit

---

**Schrödingergleichung** $H \Psi = E \Psi$,

mit $H = \frac{p^2}{2m} + V(x)$ = Hamiltonoperator und $E$ als dessen Energieeigenwerte

**Impulsoperator** $p = -\hbar i \cdot \frac{\partial}{\partial x} \Leftrightarrow \frac{\partial}{\partial x} = \frac{i}{\hbar} p$, mit $x$= Ort, $p$= Impuls, $\hbar = \frac{h}{2\pi}$, $i = \sqrt{-1}$

**Energieoperator** $E = +\hbar i \cdot \frac{\partial}{\partial t} \Leftrightarrow \frac{\partial}{\partial t} = \frac{-i}{\hbar} E \Rightarrow \frac{\partial^2}{\partial t^2} = \frac{-E}{\hbar}$ mit $t$= Zeit, $E$ = Energie, $\hbar = \frac{h}{2\pi}$

---

**Energiewerte von Teilchen im eindimensionalen Potentialtopf mit unendlich hohen Wänden** $E_n = \frac{h^2 \cdot n^2}{8 m L^2}$

mit $n \in \mathbb{N}$, $L$= Länge des Potentialtopfs, $m$= Teilchenmasse, $h$= Planck-Wirkungsquantum

**Aufenthaltswahrscheinlichkeit quantenmechanischer Wellen** $|\psi(x,t)|^2$

**Normierungsbedingung** $\int_{-\infty}^{+\infty} |\psi(x,t)|^2 dx = 1$

**Hamiltonoperator für Elektronen im zentralsymmetrischen Coulombpotential des Kerns eines Wasserstoffatoms**

$$H = \frac{p^2}{2m} + V(x) = \frac{(-\hbar i)^2}{2m} \cdot \vec{\nabla}^2 + \frac{q}{4\pi\varepsilon_0 r} = \frac{-\hbar^2}{2m} \cdot \Delta + \frac{q}{4\pi\varepsilon_0 r} \quad \text{mit } p, m, \hbar, q, i \text{ siehe oben,}$$

$r$ = Abstand vom Kern, $V(x)$ = Coulombpotential, $\vec{\nabla}$ = Nabla-Operator, $\Delta = \vec{\nabla}^2$

---

**Bahndrehimpuls des Elektrons in der Atomhülle** $L = \sqrt{l \cdot (l+1)} \cdot \hbar$ mit $l$ = Bahndrehimpulsquantenzahl

z-Komponente des Bahndrehimpulses (Elektron in Atomhülle) $L_Z = m \cdot \hbar$ mit $m$ = Magnetquantenzahl

z-Komponente des Elektronenspins $s_z = s \cdot \hbar = \pm \frac{1}{2} \hbar$ mit $s$ = Spinquantenzahl

---

**Potentielle Energie eines magnetischen Moments in einem Magnetfeld** ist $W_{Pot} = -\vec{\mu} \cdot \vec{B}$

mit $\vec{\mu}$ = Magnetisches Moment, $\vec{B} = \mu_0 \cdot \vec{H}$ magnetische Induktion des Magnetfeldes $\vec{H}$

---

**Compton-Wellenlänge eines ruhemassebehafteten Teilchens** $\lambda_C = \dfrac{h \cdot c}{m}$

mit $m$ = Ruhemasse, $h$ = Planck'sches Wirkungsquantum, $c$ = Vakuumlichtgeschwindigkeit

---

**Compton-Effekt** Wellenlängenverschiebung des stoßenden Photons: $\Delta\lambda = \lambda_C \cdot (1 - \cos(\varphi))$

mit $\lambda_C$ = Compton-Wellenlänge des ruhemassebehafteten Stoßpartners, $\varphi$ = Ablenkwinkel des Photons

---

**Heisenberg'sche Unschärferelation**

**Orts-Impuls-Unschärfe** $\Delta x \cdot \Delta p_x \gtrsim \frac{\hbar}{2}$ ; $\Delta y \cdot \Delta p_y \gtrsim \frac{\hbar}{2}$ ; $\Delta z \cdot \Delta p_z \gtrsim \frac{\hbar}{2}$

mit $\Delta x, \Delta y, \Delta z$ = Ortsunschärfe (3 Koordinaten) und $\Delta p_x, \Delta p_y, \Delta p_z$ = Impulsunschärfe (3 Koordinaten)

**Energie-Zeit-Unschärfe** $\Delta E \cdot \Delta t \gtrsim \frac{\hbar}{2}$ mit $\Delta E$ = Energieunschärfe, $\Delta t$ = Zeitunschärfe

---

**Abschätzung für den Radius von Atomkernen (nach Rutherford-Streuexperimenten)** $R = r_0 \cdot A^{1/3}$

mit $r_0 = (1.3 \pm 0.1) \cdot 10^{-15} m$ und $A$ = Zahl der Nukleonen.

---

**Strahlungsarten**

$\alpha$ – Strahlung = Heliumkerne

$\beta$ – Strahlung = Elektronen ( $\beta^-$ ) oder Positronen ( $\beta^+$ )

$\gamma$ – Strahlung = elektromagnetische Wellen

Deuteron $d$ = 1 Proton plus 1 Neutron

Triton $t$ = 1 Proton plus 2 Neutronen

---

**Radioaktiver Zerfall, Zerfallsgesetz:** $N(t) = N_0 \cdot e^{-\lambda t}$ = Zahl der vorhandenen Atome als Funktion der Zeit

mit $t$ = Zeit, $\lambda = \dfrac{\ln(2)}{T_{1/2}}$ = Zerfallskonstante, $T_{1/2}$ = Halbwertszeit $N_0$ = Zahl der Kerne zur Zeit $t = 0$.

Darin: Zahl der pro Zeiteinheit $dt$ zerfallenden Kerne $\dfrac{dN(t)}{dt} = -\lambda \cdot N_0 \cdot e^{-\lambda t}$

**Magnetisches Moment des Elektrons** $\mu_e = -\mu_B = -\frac{e \cdot \hbar}{2m}$ (ohne Korrekturen der QED)

Genauere Werte der magnetischen Momente des Elektrons, des Protons und des Neutrons: siehe Kapitel 11.0

---

**Kernfusion im Reaktor, Lawson-Kriterium** $n \cdot \tau \gtrsim 3 \cdot 10^{20} \frac{s}{m^3}$ mit $n$ = Ionendichte und $\tau$ = Einschlußdauer

Das Lawson-Kriterium entscheidet über das Zustandekommen einer energetisch lohnenden Fusionsreaktion.

---

# 11.9 Formeln zu Kapitel 9

**Arithmetisches Mittel**: $\overline{x} = \frac{1}{N} \cdot \sum_{i=1}^{N} x_i$ (ist gleichzeitig der Erwartungswert der Gauß-Verteilung)

mit $x_i$ = Einzelwerte, $N$ = Anzahl der Einzelwerte.

---

$1\sigma$ – **Konfidenzintervall der Gauß-Verteilung** (halbe Breite):

$$\Delta x = \sqrt{\frac{1}{N \cdot (N-1)} \cdot \sum_{i=1}^{N} (\overline{x} - x_i)^2}$$ (als Unsicherheit des Mittelwertes relativ zur Grundgesamtheit)

---

**Regressionsgerade** $y = ax + b$ für Wertepaare $(x_i, y_i)$ : mit $N$ = Anzahl der Wertepaare

Steigung $a = \frac{S_{xy} - \frac{1}{N} \cdot S_x \cdot S_y}{\left(S_{x^2} - \frac{1}{N} \cdot S_x^2\right)}$ | Achsenabschnitt $b = \frac{1}{N} \cdot S_y - a \cdot \frac{1}{N} \cdot S_x$

mit den Summen $S_x = \sum_{i=1}^{n} x_i$ | $S_y = \sum_{i=1}^{n} y_i$ | $S_{x^2} = \sum_{i=1}^{n} x_i^2$ | $S_{y^2} = \sum_{i=1}^{n} y_i^2$ | $S_{xy} = \sum_{i=1}^{n} x_i \cdot y_i$

Varianz der für Regressionsgeraden $\sigma_{Abw}^2 = \frac{1}{N-2} \cdot \sum_{i=1}^{N} (y_i - ax_i - b)^2$

Standardabweichungen der Steigung $\sigma_a = \sqrt{\frac{N \cdot \sigma_{Abw}^2}{N \cdot S_{x^2} - S_x^2}}$

Standardabweichungen des Achsenabschnittes $\sigma_b = \sqrt{\frac{S_{x^2} \cdot \sigma_{Abw}^2}{N \cdot S_{x^2} - S_x^2}}$

---

**Gauß'sche Fehlerfortpflanzung:**

$$\Delta y(x_1, \ldots, x_N) = \sqrt{\sum_{i=1}^{N} \left( \frac{\partial y}{\partial x_i} \cdot \Delta x_i \right)^2}$$

, mit $x_1, \ldots. x_N$ Einflussgrößen, von denen die Funktion $y$ abhängt und $N$ = Anzahl dieser Einflussgrößen sowie $\Delta x_1, \ldots. \Delta x_N$ Unsicherheiten der Einflussgrößen.

# 11.10 Gebrauch verschiedener Koordinatensysteme

Der Gebrauch der am häufigsten verwendeten dreidimensionalen Koordinatensysteme ist in den Bildern 11-1, 11-2 und 11-3 dargestellt. Formeln zur Umrechnung zwischen diesen Koordinatensystemen sind jeweils in den einzelnen Bildlegenden aufgeführt.

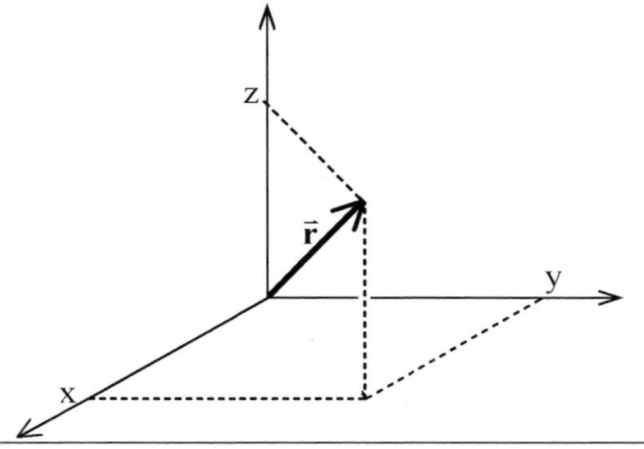


**Bild 11-1**
Kartesisches Koordinatensystem
Angegeben wird $(x\,;y\,;z)$

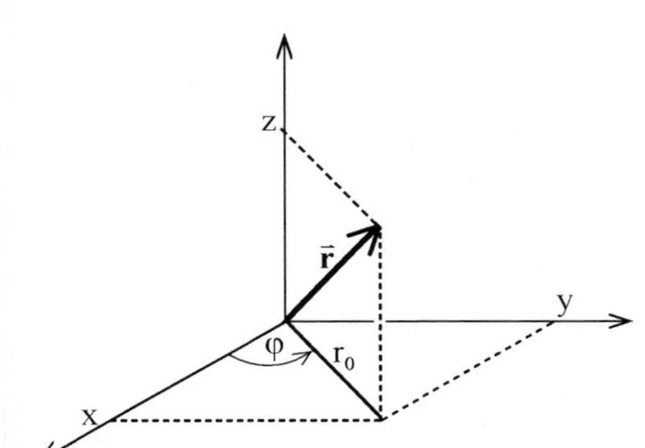


**Bild 11-2**
Zylinderkoordinatensystem
Angegeben wird $(r_0\,;\varphi\,;z)$.

Die Umrechnung in kartesische Koordinaten lautet:

$$x = r_0 \cdot \cos(\varphi) \qquad r_0 = \sqrt{x^2 + y^2}$$

$$y = r_0 \cdot \sin(\varphi) \qquad \varphi = \arctan\left(\frac{y}{x}\right)$$

$$z = z \qquad z = z$$

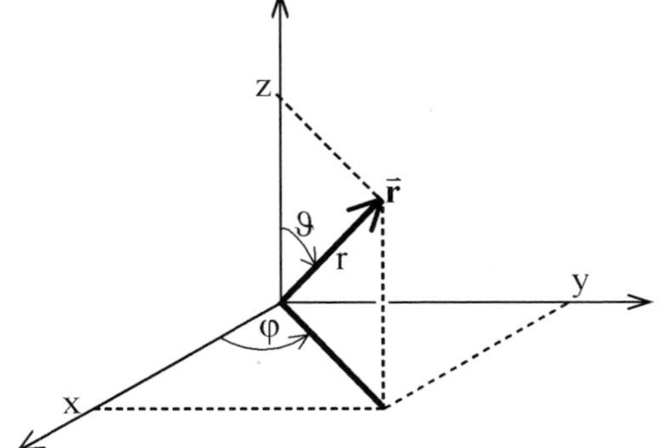


**Bild 11-3**
Kugelkoordinaten
Angegeben wird $(r\,;\vartheta\,;\varphi)$.

Die Umrechnung in kartesische Koordinaten lautet:

$$x = r \cdot \sin(\vartheta) \cdot \cos(\varphi) \qquad r = \sqrt{x^2 + y^2 + z^2}$$

$$y = r \cdot \sin(\vartheta) \cdot \sin(\varphi) \qquad \varphi = \arctan\left(\frac{y}{x}\right)$$

$$z = r \cdot \cos(\vartheta) \qquad \vartheta = \arctan\left(\frac{\sqrt{x^2+y^2}}{z}\right)$$

# Sachwortverzeichnis

## B

## C



## D

## E

## H

## I



## K

## Q



## R

## S

## T

## U



## V



## W

## Z